Zeitwirtschaft mit SAP®

SAP PRESS ist eine gemeinschaftliche Initiative von SAP SE und der Rheinwerk Verlag GmbH. Unser Ziel ist es, Ihnen als Anwendern qualifiziertes SAP-Wissen zur Verfügung zu stellen. SAP PRESS vereint das Know-how der SAP und die verlegerische Kompetenz von Rheinwerk. Die Bücher bieten Ihnen Expertenwissen zu technischen wie auch zu betriebswirtschaftlichen SAP-Themen.

Damit Sie nach weiteren Titeln Ihres Interessengebiets nicht lange suchen müssen, haben wir eine kleine Auswahl zusammengestellt.

Nikolaus Krasser, Melanie Rehkopf
SAP SuccessFactors Employee Central. Prozesse, Best Practices, Implementierung
578 Seiten, 2023, gebunden
ISBN 978-3-8362-9159-0
www.sap-press.de/5585

Christian Gärtner, Christian Lübke, Cathleen Müller, Markus Renner, Thomas Stöbe
SAP-Personalwirtschaft. Das Praxishandbuch
714 Seiten, 6., aktualisierte und erweiterte Auflage 2022, gebunden
ISBN 978-3-8362-8735-7
www.sap-press.de/5430

Nikolaus Krasser, Melanie Rehkopf
SAP SuccessFactors. Grundlagen, Prozesse, Implementierung
671 Seiten, 2., aktualisierte und erweiterte Auflage 2019, gebunden
ISBN 978-3-8362-7241-4
www.sap-press.de/4962

Angelika Beck, Richard Haßmann, Manuela Ittner, Markus Renner
Personalabrechnung mit SAP
805 Seiten, 2023, gebunden
ISBN 978-3-8362-9549-9
www.sap-press.de/5713

Andreas Niebling, Ulrich Bertel, Jérôme Unger

Zeitwirtschaft mit SAP®

Rheinwerk Publishing

Liebe Leserin, lieber Leser,

um die Pflicht zur Zeiterfassung wird derzeit im Zuge des sogenannten Stechuhr-Urteils viel diskutiert. Unternehmen, die SAP ERP HCM einsetzen, nutzen jedoch bereits lange die vielfältigen und flexiblen Funktionen, die die Software zur Verfügung stellt.

Bei der Lektüre dieses Buches, nun in der 2. Auflage erschienen, wurde mir die Komplexität des Themas Zeitwirtschaft, insbesondere bei Nutzung des SAP-Systems, erneut bewusst. Eine Fülle von Abhängigkeiten, Gestaltungsmöglichkeiten und Schnittstellen bringt nicht nur Anfänger, sondern auch gestandene Personaler an ihre Grenzen. Und in SAP-Zeitwirtschaftsprojekten liegt die Kunst darin, zu entscheiden, wann man den SAP-Standard nutzen und wann einen eigenen Weg beschreiten sollte.

Unsere Autoren kennt die Zeitwirtschaft mit SAP ERP HCM wie seine Westentasche. In diesem Buch zeigen sie Ihnen, wie Sie mit den richtigen Handgriffen das SAP-System optimal einrichten. Außerdem haben sie jede Menge Tipps und Tricks parat, um selbst anspruchsvolle Anforderungen im Rahmen eigener Erweiterungen umzusetzen. Ich bin mir sicher, dass Ihnen dieses Buch wertvolle Dienste in Ihrem Zeitwirtschaftsprojekt leisten wird!

Wir freuen uns stets über Lob, aber auch über kritische Anmerkungen, die uns helfen, unsere Bücher zu verbessern. Scheuen Sie sich nicht, sich bei mir zu melden; Ihr Feedback ist jederzeit willkommen.

Ihre Eva Tripp
Lektorat SAP PRESS

eva.tripp@rheinwerk-verlag.de
www.rheinwerk-verlag.de
Rheinwerk Verlag · Rheinwerkallee 4 · 53227 Bonn

Auf einen Blick

Wir hoffen, dass Sie Freude an diesem Buch haben und sich Ihre Erwartungen erfüllen. Ihre Anregungen und Kommentare sind uns jederzeit willkommen. Bitte bewerten Sie doch das Buch auf unserer Website unter **www.rheinwerk-verlag.de/feedback**.

An diesem Buch haben viele mitgewirkt, insbesondere:

Lektorat Eva Tripp, Stefanie Häb
Herstellung Stefanie Meyer
Typografie und Layout Vera Brauner
Einbandgestaltung Silke Braun
Coverbilder iStock: 1146511178 © MicroStockHub
Satz SatzPro, Krefeld
Druck Beltz Grafische Betriebe GmbH, Bad Langensalza

Dieses Buch wurde gesetzt aus der TheAntiquaB (9,35/13,7 pt) in FrameMaker.
Gedruckt wurde es mit mineralölfreien Farben auf chlorfrei gebleichtem, FSC®-zertifiziertem Offsetpapier (90 g/m²).
Hergestellt in Deutschland.

Bibliografische Information der Deutschen Nationalbibliothek:
Die Deutsche Nationalbibliothek verzeichnet diese Publikation in der Deutschen Nationalbibliografie; detaillierte bibliografische Daten sind im Internet über *http://dnb.dnb.de* abrufbar.

ISBN 978-3-8362-9114-9

2., aktualisierte und erweiterte Auflage 2023, 1., korrigierter Nachdruck 2024

Informationen zu unserem Verlag und Kontaktmöglichkeiten finden Sie auf unserer Verlagswebsite **www.rheinwerk-verlag.de**. Dort können Sie sich auch umfassend über unser aktuelles Programm informieren und unsere Bücher und E-Books bestellen.

Inhalt

20 Zeitnachweis 465

21 SAP-Fiori-Self-Services in der Zeitwirtschaft 479

22 Zeitwirtschaft in SAP SuccessFactors 501

Anhang 519

Einleitung

Die Personalzeitwirtschaft ist neben der Personaladministration und der Personalabrechnung eine Kernkomponente von SAP ERP Human Capital Management (SAP ERP HCM). Im Gegensatz zur Personalabrechnung, der durch den Gesetzgeber ein enger Rahmen mit recht wenig individuellem Gestaltungsspielraum gesteckt ist, sind die Möglichkeiten für die Personalzeitwirtschaft deutlich größer. Die geltenden Arbeitszeitgesetze definieren lediglich Grundsätze, während der Löwenanteil der Vorschriften für die Bewertung von Arbeitszeit Tarifverträgen und Betriebsvereinbarungen entstammt. Nicht selten kommen individuelle Vereinbarungen im Unternehmen hinzu, die häufig historisch gewachsen sind und im »Nasenprinzip« ihren Ursprung haben.

Das Customizing von Abwesenheiten, Zeitkontingenten, Zeitzuschlägen und anderen Faktoren bildet die Basis einer funktionierenden Personalzeitwirtschaft im SAP-ERP-HCM-System. Die Auswertung der erfassten Arbeitszeiten, die Ermittlung von Mehrarbeit und die Bewertung von Sonn-, Feiertags- und Nachtzuschlägen sind zentrale Funktionen der Zeitauswertung. Die Möglichkeiten, die SAP mit dem Customizing und insbesondere mit Rechenschemen und -regeln sowie den darin verwendeten Funktionen und Operationen für die Zeitauswertung zur Verfügung stellt, sind äußerst vielfältig. Dennoch reichen selbst diese nicht immer aus. Die Zeitauswertungsschemen des SAP-Standards dienen in Zeitwirtschaftsprojekten wegen des hohen Individualisierungsgrades eher als Muster oder Kopiervorlage, als dass sie unverändert eingesetzt werden könnten. Während das Personalabrechnungsschema bei nahezu allen SAP-Kunden in einer in weiten Teilen unveränderten Form genutzt wird, ist die Vielfalt in den Zeitauswertungsschemen ungleich höher.

Wir möchten unsere in zahlreichen Zeitwirtschaftsprojekten gesammelten Erfahrungen nutzen, um Ihnen in diesem Buch zu zeigen, wie Sie mit den Bausteinen, die das SAP-System zur Verfügung stellt, eine integrierte Lösung erreichen, die auch hohen Ansprüchen gerecht wird. In den Fällen, in denen Sie im Customizing nicht allen Anforderungen Ihres Projekts entsprechen können, haben Sie die Option, das SAP-System durch die Nutzung von User-Exits und BadIs oder mithilfe von Eigenentwicklungen zu erweitern. Wenn Sie all diese Möglichkeiten ausschöpfen, lassen sich letztlich alle Anforderungen in Zeitwirtschaftsprojekten erfüllen.

Wie Sie den schmalen Grat zwischen der möglichst weitgehenden Nutzung des SAP-Standards und einer klugen Erweiterung des Systems am besten beschreiten, schildern wir in unserem Buch. Dazu beschreiben wir zunächst, wie der Standard vorgeht, und erläutern anschließend, wie und wo in SAP-Zeitwirtschaftsprojekten kundeneigene Lösungen gefunden und entwickelt werden können. Außerdem zeigen wir Ihnen, wie es Ihnen über die rein fachlichen Anforderungen hinaus gelingt, die Zeitwirtschaft in eine zeitgemäße Systemlandschaft zu integrieren. In vielen aktuellen Projekten unterstützen wir unsere Kunden bei der Optimierung ihrer komplexen Architekturen. Insbesondere das Payroll Control Center (PCC) in der Entgeltabrechnung und SAP-Fiori-basierte Anwendungen wie FLOW in der Zeitwirtschaft ermöglichen eine nahtlose Einbindung bewährter SAP-ERP-HCM-Module in aktuelle Cloud-Lösungen wie SAP SuccessFactors Employee Central.

Zielgruppen des Buches

Unser Buch richtet sich an die folgenden Zielgruppen:

- **Projektleiter und Projektteammitglieder**
  Steht ein Zeitwirtschaftsprojekt bevor, sind umfassende Kenntnisse der SAP-Zeitwirtschaft nicht »nice-to-have«, sondern ein Muss für alle Mitglieder des Projektteams. Dieses Buch bietet sich sowohl für Einsteiger als auch zur Vertiefung für alle Projektteammitglieder an.
- **Berater und Customizing-Verantwortliche**
  Noch vor wenigen Jahren waren technische Experten für das SAP-System fast ausschließlich bei SAP selbst oder bei Beratungshäusern angestellt. Diese Situation hat sich grundlegend geändert: Viele SAP-Kunden haben in ihrem Unternehmen ein hohes Maß an Wissen gesammelt, das häufig durch die Erfahrung von externen Beratern »nur« ergänzt wird – auf diese Weise entsteht oft eine sehr fruchtbare Zusammenarbeit. Dieses Buch richtet sich an beide Personengruppen: Berater und Customizing-Verantwortliche im Unternehmen.
- **Key-User**
  Allen Anwendern, denen ein tieferes Verständnis der Prozesse und Programme wichtig ist, mit denen sie täglich arbeiten, gibt das Buch einen umfassenden Überblick über die Technik im SAP-System.
- **Entwickler**
  Programmierer, die die volle Leistungsfähigkeit des SAP-Systems kennenlernen wollen oder einen Ansatz für spezifische Lösungen finden müssen, erfahren in diesem Buch, wie sich ein Weg finden lässt.

Wir wenden uns mit diesem Buch explizit an Anwender mit Vorkenntnissen im Customizing des SAP-Systems. Daher beschreiben wir nicht alle Customizing-Aktivitäten in der Zeitwirtschaft im Detail, um den Rahmen des Buches nicht zu sprengen. So verzichten wir z. B. bewusst auf eine Anleitung zur Generierung von Vorschlagswerten durch Merkmale, da diese auch in der Personaladministration und in der Personalabrechnung zum Einsatz kommen und wir davon ausgehen, dass Ihnen deren Handhabung bereits bekannt ist.

Aufbau des Buches

In diesem Buch behandeln wir im Einzelnen die folgenden Themen:

In **Kapitel 1**, »Customizing der Arbeitszeitpläne«, beschreiben wir den Aufbau von Arbeitszeitplanregeln als Grundlage der Personalzeitwirtschaft. Bei der Gestaltung der einzelnen Elemente (Pausen-, Tagesarbeitszeit- und Periodenarbeitszeitpläne) ist zu beachten, dass ihre Ausprägungen für die Steuerung der Zeitauswertung entscheidend sind. Ein Beispiel dafür ist die Zeitlohnartenauswahl auf der Basis von Feiertagsklassen, Tagesarbeitszeitplanklassen und Bewertungsklassen der Periodenarbeitszeitpläne.

Kapitel 2, »Customizing der Infotypen der Zeitwirtschaft«, behandelt die für die Zeitwirtschaft relevanten Infotypen.

Dazu gehören die Infotypen, die für die Erfassung der An- und Abwesenheiten genutzt werden. Diese Erfassung ist eine der zentralen Aufgaben von Personalabteilungen und beeinflusst sowohl die Zeitauswertung als auch die Personalabrechnung entscheidend. Wir gehen auf alle, beim Customizing zu beachtenden Aspekte ein.

Vertretungen bilden die temporäre Abänderung des Sollarbeitszeitplans eines Mitarbeiters ab oder steuern eine abweichende Bezahlung, wenn ein anderer Arbeitsplatz für eine begrenzte Zeit übernommen wird. Bereitschaftszeiten werden im Infotyp 2004 erfasst. Wir behandeln die Wertung von Bereitschaftszeiten als Arbeitszeit, die Bezahlung von Bereitschaftspauschalen, die Gutschrift von Bereitschaftszeiten in Zeitkonten, die Unterscheidung von Ruf- oder Einsatzbereitschaften und die Bewertung von Einsatzzeiten in der Bereitschaft.

Der Infotyp 2005 dient der Erfassung von zusätzlichen Arbeitszeiten für Mitarbeiter in der Negativzeitwirtschaft. Es erfolgt eine Darstellung der Funktion des Infotyps und der Zusammenhänge von Arbeitszeitplänen und Pausenplänen für die zu erfassenden Mehrarbeitszeiten.

Über den Infotyp 2006 erfolgt die Verwaltung von Zeitkontingenten, wie Jahres-, Sonder- und Behindertenurlaube, und von Kontingenten, die in der Zeitauswertung aufgebaut und abgetragen werden. Wir beschreiben umfassend alle Grundeinstellungen des Customizings.

Der Infotyp 2007 dient der Genehmigung von Arbeitszeiten außerhalb des vorgegebenen Sollarbeitszeitrahmens. Wir erläutern unterschiedliche Kontingenttypen, die Abtragung von Kontingenten durch die Zeitauswertung und die Möglichkeiten der unterschiedlichen Mehrarbeitsverrechnungsarten. Erklärt wird die Funktion des Infotyps 2012 zur Beeinflussung von Zeitkonten, zur Generierung von Lohnarten und Kontingenten sowie als Steuerungsinfotyp in der Zeitauswertung.

Kapitel 3, »Zeitbindung und Kollisionsprüfungen«, zeigt Ihnen, wie Sie die Reaktion des SAP-Systems auf das Vorliegen sich zeitlich überschneidender Zeitwirtschaftsinformationen für einen Mitarbeiter festlegen. Dies geschieht durch die Zeitbindungen von Infotypen und deren Subtypen sowie durch die Steuerungsmechanismen der Zeitbindungsreaktionen. Das Verhalten des SAP-Systems in solchen Fällen ist entscheidend für die Qualität der Datenerfassung. Insbesondere erleichtert eine sinnvolle Einstellung des Systems die Arbeit des Datenerfassers erheblich. Wir erklären, welche Kollisionsprüfungen SAP vorsieht und was Sie beim Einrichten neuer Subtypen in den Zeitwirtschaftsinfotypen beachten sollten.

Kapitel 4, »Customizing der Personalzeitereignisse«, erläutert die Einstellung für die von externen Zeiterfassungssystemen an das SAP-System übertragenen Buchungen. Diese Buchungen umfassen das Kommen und Gehen, Pausen, Dienstgänge sowie Betriebsdaten wie auftrags- oder kostenstellenbezogene Arbeitszeiten. Wir beschreiben die Steuerung der Zulässigkeit der Buchung von Zeitereignisarten und Zutritten über den Infotyp 0050 (Zeiterfassungsinformationen) und die Schnittstelle HR-PDC sowie die Besonderheiten der Speicherung von Zeitereignissen in der Tabelle TEVEN.

Kapitel 5, »User Interfaces«, stellt die SAP-Pflegeoberflächen für Zeitbeauftragte und ihre verschiedenen Sichten im Überblick dar. Auf eine umfassendere Betrachtung des Time Manager's Workplace verzichten wir an dieser Stelle bewusst, da sich in der Praxis häufig zeigt, dass er insbesondere in produzierenden Betrieben nicht eingesetzt werden kann, weil die Pflege mit diesem Werkzeug zu zeitaufwendig ist. Wir stellen Ihnen alternative und moderne Pflegeoberflächen vor.

Kapitel 6, »Schemen der Zeitwirtschaft«, stellt Ihnen die verschiedenen Zeitauswertungsschemen vor und zeigt Ihnen, welches Schema für welchen Zweck verwendet wird. Wir beschreiben den grundsätzlichen Aufbau von Personalrechenschemen, die Funktion der einzelnen Schemen und die Unterschiede zwischen den Schemen.

Kapitel 7, »Initialisierung der Zeitauswertung«, erklärt das Setzen von Modifikatoren für die Tabellenzugriffssteuerung.

Kapitel 8, »Paarbildung, Tageszuordnung und Verarbeitungszustände«, erläutert die Vorgehensweise zur Verarbeitung von Zeitbuchungen und deren logische Zusammenfassung zu Zeitpaaren und die Zuordnung zu Kalendertagen. Wir zeigen Ihnen, welche Möglichkeiten es gibt, um durch Steuerungsparameter die Verarbeitung von Zeitereignissen zu beeinflussen.

In **Kapitel 9**, »Zeitdaten bereitstellen«, beschreiben wir den Block der Zeitauswertung, der für das Einlesen von Infotypsätzen, Arbeitszeitplänen und Zeitpaaren sowie für die dynamische Zuordnung von Tagesarbeitszeitplänen zuständig ist. Außerdem erfolgt die Auswertung der Fehler aus der Paarbildung in diesem Block der Zeitauswertung.

Kapitel 10, »Toleranzen und Fehlerprüfungen«, zeigt, wie das Ausrichten von Abwesenheiten, die Fehlerprüfungen für den auszuwertenden Tag und die Fehlerprüfungen pro Zeitpaar funktionieren.

In **Kapitel 11**, »Sollarbeitszeiten ermitteln«, erhalten Sie eine Beschreibung der Funktion TIMTP. Außerdem beschreiben wir die Systematik der Zeitartenfindung über die Tabelle T555Z sowie die Funktionen PBRKS und DYNBR zur Auswertung der Pausenvorgaben. Wir erklären Ihnen außerdem die Funktion DEFTP zur Bestimmung von Sollpaaren nach dem Arbeitszeitplan für den aktuellen Tag.

Kapitel 12, »Mehrarbeitszeiten ermitteln«, zeigt, wie die Ermittlung von Mehrarbeit mit Anwesenheitskontingenten und die automatische Mehrarbeitsermittlung funktionieren. Außerdem werden die Ermittlung von Mehrarbeit auf Tages- und Wochenbasis, die Mehrarbeitsermittlung für Teilzeitkräfte und die Rundung von Mehrarbeiten vorgestellt.

In **Kapitel 13**, »Zeitlohnartengenerierung«, erklären wir Ihnen den Ablauf der Zeitlohnartenauswahl auf der Basis von Tagesgruppierungen, die durch die Funktion DAYMO gesetzt werden. Wir behandeln außerdem die Auswahl von Zeitlohnarten über die Tabelle T510S unter der Berücksichtigung von Tagesarbeitszeitplanklassen und Verarbeitungstypen. Zudem erfahren Sie, wie eine Ausfallbezahlung realisiert werden kann.

Kapitel 14, »Zeitkonten führen«, gibt Ihnen eine umfassende Beschreibung der Vorgehensweise bei der Bildung von Tagessalden und der daraus abgeleiteten Summen für Soll-, Ist- und Produktivstunden. Wir erklären Ihnen die Verarbeitung von Zeitumbuchungsvorgaben aus dem Infotyp 2012 zur Veränderung der gebildeten Salden und die Kumulation von Tagessalden in Periodensalden in der Funktion CUMBT. Außerdem gehen wir auf die Generierung von Abwesenheitskontingenten in der Funktion QUOTA ein.

Kapitel 15, »Endeverarbeitung«, zeigt, wie am Monatsende z. B. die Kappung von Periodensalden über die Funktion LIMIT und der Export der Zeitauswertungsergebnisse ablaufen.

Kapitel 16, »Funktionen der Zeitauswertung«, erläutert zunächst den Begriff *Funktion* und beschreibt detailliert die wichtigsten Funktionen in der Zeitauswertung. Außerdem geben wir Ihnen eine Übersicht über alle Funktionen mitsamt ihren Parametern.

Kapitel 17, »Operationen der Zeitwirtschaft«, geht von der Erläuterung des Begriffs *Operation* aus und behandelt anschließend die SAP-Standardoperationen und ihre Parameter.

Kapitel 18, »Kundeneigene Funktionen und Operationen«, zeigt Ihnen die richtige Vorgehensweise beim Anlegen einer kundeneigenen Funktion oder Operation: Welche Includes werden verwendet? Wann ist eine kundeneigene Entwicklung sinnvoll und notwendig?

Kapitel 19, »Integration in die Personalabrechnung«, beschreibt die Zusammenhänge zwischen Personalzeitwirtschaft und Personalabrechnung: Wie werden die Ergebnisse aus der Zeitauswertung in der Entgeltabrechnung verwertet, und welche Funktionalitäten der Zeitwirtschaft können in die Personalabrechnung ausgelagert werden?

Kapitel 20, »Zeitnachweis«, stellt die verschiedenen Technologien vor, mit denen Sie die ermittelten Ergebnisse aus der Zeitwirtschaft Ihren Mitarbeitern zur Verfügung stellen können. Des Weiteren werden Möglichkeiten vorgestellt, um eigene Anpassungen vornehmen zu können.

Kapitel 21, »SAP-Fiori-Self-Services in der Zeitwirtschaft«, gibt Ihnen einen Überblick über die verschiedenen SAP-Fiori-Apps der Personalzeitwirtschaft und erläutert deren technische Einrichtung.

Kapitel 22, »Zeitwirtschaft in SAP SuccessFactors«: Dieses Buch wäre nicht komplett, wenn wir nicht auch die Cloud-Lösung SAP SuccessFactors Employee Central Time Management näher beleuchten würden. Hier erfahren Sie die grundlegenden Unterschiede zwischen dem Zeitmanagement in SAP SuccessFactors und in SAP ERP HCM.

Der **Anhang** gibt Ihnen eine Reihe von wertvollen Übersichten: Allen voran geben wir Ihnen einen ausführlichen Einblick in die User-Exits und BAdIs, die für die Erweiterungen der Zeitwirtschaft eingesetzt werden können: Welche Ansätze zur Erweiterung des SAP-Standards bieten User-Exits und BAdIs? Wir beschreiben dazu exemplarisch ausgewählte BAdIs und User-Exits.

Außerdem nennen wir Ihnen die wichtigsten Tabellen sowie Personalrechenregeln und -schemen. Wir zeigen Ihnen die Funktionen und Operationen für die Zeitauswertung mit allen Parametern, die Merkmale, die in der Zeitwirtschaft zur Anwendung kommen, und wichtige Transaktionen. Abschließend erhalten Sie noch Kurzbeschreibungen zu Infotypen, die in den anderen Kapiteln nicht erläutert wurden, wie z. B. Infotyp 2050 (Jahreskalender) oder 2051 (Monatskalender).

In diesem Buch geben wir Ihnen immer wieder Know-how aus unserer Beratungspraxis mit auf den Weg. Diese Tipps und Hinweise finden Sie in den Infokästen, die mit den folgenden Symbolen gekennzeichnet sind:

[+] Die mit diesem Symbol gekennzeichneten Kästen geben Ihnen spezielle Empfehlungen, die Ihnen die Arbeit erleichtern können.

[»] Das Symbol »Hinweis« macht Sie auf Themen oder Bereiche aufmerksam, bei denen Sie besonders achtsam sein oder die Sie sich merken sollten.

[zB] Beispiele, die durch dieses Symbol kenntlich gemacht sind, weisen auf Erfahrungen aus der Praxis hin und veranschaulichen die dargestellten Funktionen.

Kapitel 1
Customizing der Arbeitszeitpläne

Arbeitszeitplanregeln bilden die Grundlage für die Bewertung von Arbeitszeiten sowie für die An- oder Abwesenheiten. Sie haben damit eine zentrale Bedeutung für Zeitwirtschaft, Entgeltabrechnung, Personaleinsatzplanung und weitere Komponenten von SAP ERP HCM. Dieses Kapitel zeigt, wie Sie Ihre unternehmensspezifischen Arbeitszeitregelungen einrichten.

Arbeitszeitplanregeln, die im normalen Sprachgebrauch als Schichtpläne bezeichnet werden, sind in vielerlei Hinsicht zentrale Elemente der Personalzeitwirtschaft, -abrechnung und -administration in SAP ERP HCM. Sie dienen als Basis für die Bewertung von Arbeitszeiten und für die Bildung von Zeitkonten, aber auch für die Bewertung von An- und Abwesenheiten. In der Personalabrechnung kann auf der Grundlage der Informationen aus dem Infotyp 0007 (Sollarbeitszeit) die Kürzung von Entgelt vorgenommen werden, z. B. wenn ein Mitarbeiter unbezahlt abwesend ist. Auch andere Komponenten von SAP ERP HCM nutzen Arbeitszeitplanregeln als Grundlage. Zu nennen ist hier insbesondere die Personaleinsatzplanung.

Dieses Kapitel erläutert alle Elemente einer Arbeitszeitplanregel und deren Aufbau. Ein wichtiger Aspekt für die Definition von Arbeitszeitplanregeln innerhalb eines Zeitwirtschaftsprojekts sind die verschiedenen Gruppierungen, die für Personalteilbereiche und Mitarbeiterkreise vor der Definition von Arbeitszeitplanregeln zu vergeben sind.

1.1 Grundlagen

Arbeitszeitplanregeln in SAP ERP HCM setzen sich aus verschiedenen Elementen zusammen, die in mehreren Tabellen definiert werden. Konzeptionell entscheidend sind auch hier – wie überall in der HCM-Zeitwirtschaft – Gruppierungen für die Tabellen auf Basis der organisatorischen Merkmale **Personalteilbereich** und **Mitarbeiterkreis**. Diese Gruppierungen können eine Unternehmens- und/oder eine Mitarbeiterstruktur 1:1 abbilden. Das heißt, dass Sie z. B. jedem Personalteilbereich eine eigene Gruppierung für Tagesarbeitszeitpläne zuweisen oder eine Zusammenfassung von Personalteilbereichen oder Mitarbeiterkreisen bewirken. Durch eine genaue Analyse

Ihrer Unternehmens- und Mitarbeiterstruktur erreichen Sie schon im Vorfeld des Projekts, dass durch die Vergabe von Gruppierungswerten eine Struktur entsteht, die so fein wie nötig und dabei so grob wie möglich ausfällt. Bedenken Sie, dass nachträgliche Änderungen in einer einmal definierten Struktur mit erheblichem Aufwand verbunden sind, weil die Tabellen, in denen Gruppierungswerte für Mitarbeiterkreise und Personalteilbereiche gepflegt werden, nicht zeitgebunden sind.

Eine Option zur Verringerung des Customizing-Aufwands für das Einrichten der Arbeitszeitpläne besteht in der Gruppierung der Personalteilbereiche für Tagesarbeitszeitpläne. Hier können Sie die Gruppierungen von Personalteilbereichen für Arbeitszeitpläne (MOTPR) zu Gruppierungen für Tagesarbeitszeitpläne (MOSID) zusammenfassen. Diese Gruppierungen sind für die Definition von Arbeitszeitplanregeln relevant. Der SAP-Standard bildet eine 1:1-Beziehung zwischen der Gruppierung der Personalteilbereiche für Arbeitszeitpläne und für Tagesarbeitszeitpläne ab. Das heißt, dass der Gruppierungswert für die Arbeitszeitpläne 01 der Gruppierung für die Tagesarbeitszeitpläne 01 entspricht. Diese Beziehung wird in der Praxis unserer Erfahrung nach selten geändert. Aus diesem Grund gehen wir an dieser Stelle nicht weiter auf das Thema ein.

Das kleinste Element im Customizing von Arbeitszeitplanregeln ist der Arbeitspausenplan. Dieser wird Tagesarbeitszeitplänen zugeordnet, die, wiederum in einem Periodenarbeitszeitplan zusammengefasst, einen Schichtrhythmus abbilden. Periodenarbeitszeitpläne werden in den Arbeitszeitplanregeln mit Feiertagskalendern zusammengeführt und bilden durch das Generieren der Arbeitszeitplanregeln die Monatsarbeitszeitpläne.

Die so erstellten Arbeitszeitplanregeln werden den Mitarbeitern im Infotyp 0007 (Sollarbeitszeit) zugeordnet. Durch diese Zuordnung ergibt sich für den Mitarbeiter ein persönlicher Schichtplan (PSP) auf Basis des zuvor generierten Monatsarbeitszeitplans. Dieser beinhaltet Arbeitstage, arbeitsfreie Tage, Feiertage und Sollarbeitszeiten. Auf dieser Basis erfolgt die Bewertung von geleisteten Arbeitszeiten und von An- und Abwesenheiten. Die Stundenanzahlen für tägliche, monatliche und jährliche Sollstunden können für die Entgeltabrechnung bei der Kürzung von Bezügen im Falle unbezahlter Abwesenheiten (Aliquotierung) sowie für Auswertungen und Statistiken relevant sein.

Sie sehen in Abbildung 1.1 eine Vollzeitarbeitszeitplanregel, die mit einem Arbeitszeitanteil von 100 % im Infotyp 0007 (Sollarbeitszeit) erfasst wurde. Die Werte im Block **Arbeitszeit** ermittelt das SAP-System aus der Tabelle T508A, in der die Arbeitszeitplanregel definiert wurde. Die Werte in den Feldern **Arbeitszeitanteil**, **Arbeitsstd. pro Tag** und **Wöch. Arbeitstage** sind überschreibbar. So können Sie eine Vollzeitarbeitszeitplanregel auf eine Teilzeitbeschäftigung reduzieren. Die Werte können auch erhöht werden, sodass ein Arbeitszeitanteil über 100 % abgebildet werden kann.

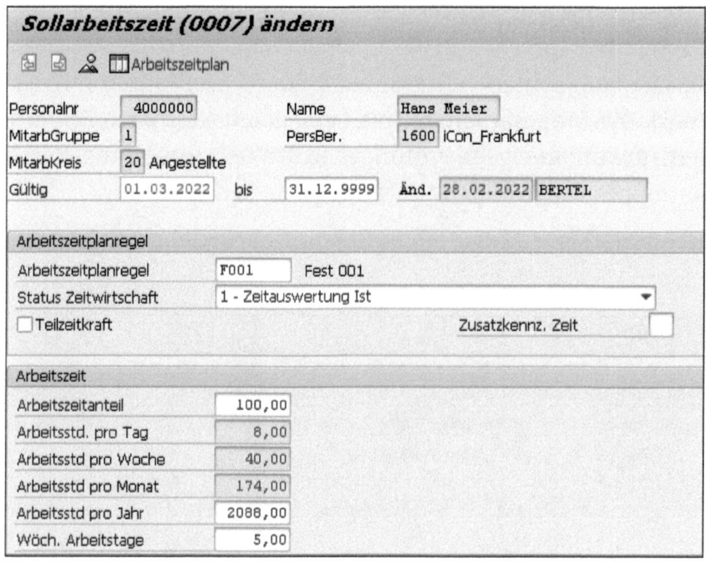

Abbildung 1.1 Infotyp 0007 (Sollarbeitszeit) – Vollzeit

Welche Felder im Block **Arbeitszeit** eingabebereit sind, steuern Sie über das Merkmal WRKHR, das Sie über den Customizing-Pfad **Personalzeitwirtschaft • Arbeitszeitpläne • Sollarbeitszeit • Eingabebereitschaft der Stundenanzahlfelder** erreichen.

Durch die Reduktion des Arbeitszeitanteils über das Feld **Arbeitszeitanteil** wird im Beispiel aus Abbildung 1.2 eine Arbeitszeitplanregel mit einer Sollzeit von 40 Stunden pro Woche auf 24 Stunden Sollzeit pro Woche verringert.

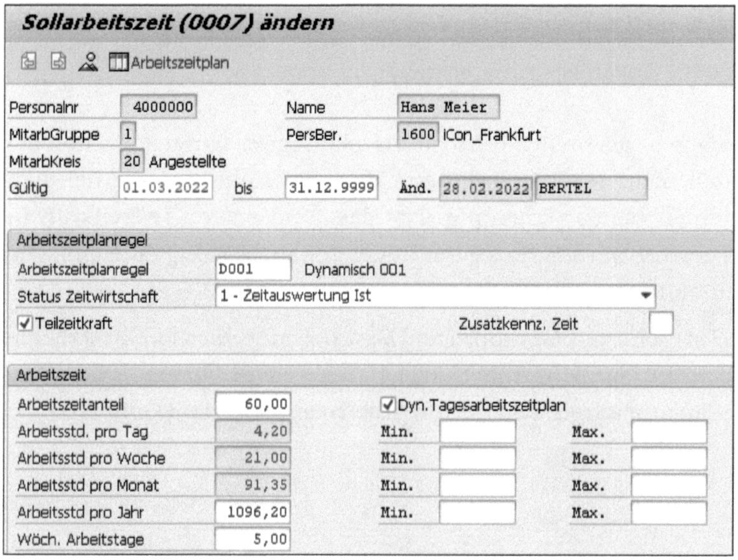

Abbildung 1.2 Infotyp 0007 (Sollarbeitszeit) – dynamische Teilzeit

Das Kennzeichen **Teilzeitkraft** wird automatisch gesetzt, wenn Sie einen Arbeitszeitanteil kleiner 100 % erfassen. Wir sprechen in diesem Fall von einem dynamischen Teilzeitmodell im Gegensatz zum echten Teilzeitmodell. Im rechten unteren Block des Infotyps wird der Block **Dyn. Tagesarbeitszeitplan** eingeblendet. In den Feldern haben Sie die Möglichkeit, für kundeneigene Prüfungen in der Zeitauswertung Werte für die minimale Arbeitszeit pro Tag, Woche, Monat oder Jahr zu erfassen.

Im Infotyp 0007 (Sollarbeitszeit) wurde hier ein echtes Teilzeitmodell erfasst (siehe Abbildung 1.3).

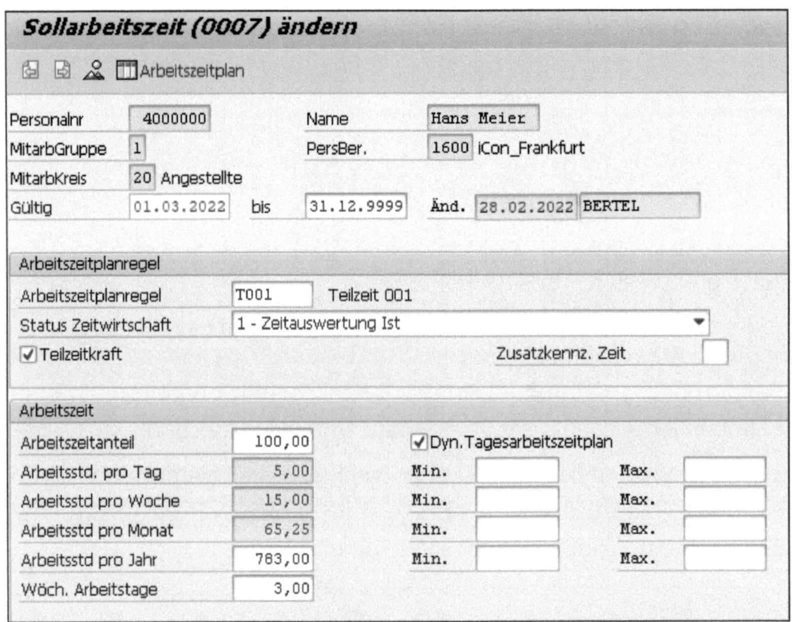

Abbildung 1.3 Infotyp 0007 (Sollarbeitszeit) – echtes Teilzeitmodell

Als echte Teilzeitmodelle bezeichnen wir Arbeitszeitplanregeln, deren Sollzeiten bei 100 % Arbeitszeitanteil nicht einer Vollzeitbeschäftigung in Ihrem Unternehmen entsprechen. Beachten Sie bei der Erfassung, dass das Kennzeichen **Teilzeitkraft** in diesem Fall manuell gesetzt werden muss, um in der Zeitauswertung eine einfache Selektion von Teilzeitkräften zu ermöglichen.

Mit Transaktion PT03 (Arbeitszeitpläne anzeigen) lässt sich eine neu erstellte Arbeitszeitplanregel leicht überprüfen (siehe Abbildung 1.4). Das gleiche Bild sehen Sie, wenn Sie im Infotyp 0007 (Sollarbeitszeit) den Button **Arbeitszeitplan** anklicken.

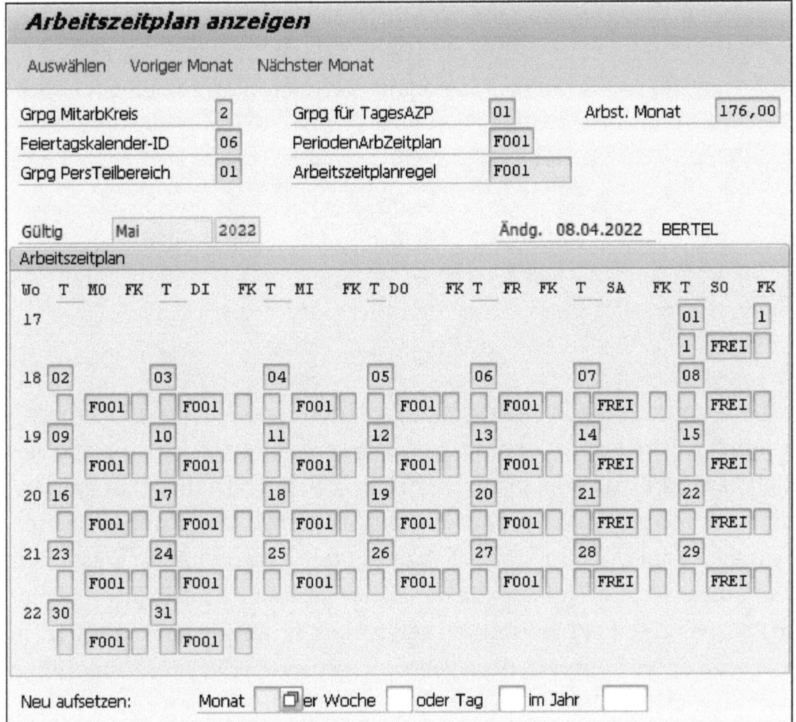

Abbildung 1.4 Arbeitszeitplan

1.2 Personalteilbereiche gruppieren

In Tabelle T001P ist für jeden Personalteilbereich ein Gruppierungswert für Tagesarbeitszeitpläne zu vergeben. Sie erreichen diese Tabelle über den Customizing-Pfad **Personalzeitwirtschaft • Arbeitszeitpläne • Gruppierungen der Personalteilbereiche • Personalteilbereiche für Tagesarbeitszeitplan gruppieren**. Weitere Informationen zu diesem Thema finden Sie in den folgenden Abschnitten.

1.3 Arbeitspausenpläne

Das Arbeitszeitgesetz regelt, dass die Arbeit bei einer Arbeitszeit von sechs bis neun Stunden pro Tag für mindestens 30 Minuten und ab neun Stunden Gesamtarbeitszeit für mindestens 45 Minuten unterbrochen werden muss. In der Praxis sind unternehmensspezifische Pausenregelungen zu finden, die von dieser gesetzlichen Regelung deutlich abweichen. Diese Regelungen für Arbeitspausenpläne pflegen Sie in der Tabelle T550P, die Sie über den Customizing-Pfad **Personalzeitwirtschaft • Arbeitszeitpläne • Tagesarbeitszeitpläne • Arbeitspausenpläne definieren** erreichen (siehe Abbildung 1.5).

Grpg	Pause	Nr	Beginn	Ende	V	unbez.	bezahlt	n.Std	BZtpkt	PaTyp 1	Pa
01	D001	01			☐	0,50		6,00			
01	D001	02			☐	0,25		9,00			
01	F001	01	09:00	09:15	☐	0,25					
01	F001	02	12:30	13:00	☐	0,50					

Abbildung 1.5 Tabelle T550P (Arbeitspausenpläne)

Es sind verschiedene Varianten von Arbeitspausenplänen möglich, sowohl dynamische Modelle als auch solche mit Pausenabzügen in fest definierten Uhrzeitintervallen. Grundsätzlich kann ein Pausenplan aus mehreren Pausen bestehen. Für Pausenpläne mit festen Uhrzeiten gilt, dass der Pausenabzug immer genau zu den Uhrzeiten stattfindet, die im Pausenplan definiert sind. Arbeitet der Mitarbeiter zu dieser Zeit nicht, erfolgt kein Pausenabzug. Das Prinzip der dynamischen Pausenpläne verfolgt den Ansatz, eine Pause nach einer bestimmten geleisteten Arbeitszeit abzuziehen. Im Pausenplan selbst wird dabei definiert, nach wie vielen Stunden die Pause abgezogen werden muss. Wichtig ist vor allem für Gleitzeitpläne, die über einen weiten Gleitzeitrahmen (z. B. 0 bis 24 Uhr) verfügen, das Feld **BZtpkt** (Bezugszeitpunkt). Es definiert, ab wann Pausen, z. B. bei der Erfassung von Abwesenheiten, zu berechnen sind.

Beispiel zur Berechnung des Pausenabzugs

Sie definieren einen Tagesarbeitszeitplan mit einem Sollarbeitszeitrahmen von 0 bis 24 Uhr und einen Pausenplan mit 30 Minuten Pausenabzug nach sechs Stunden. Bleibt das Feld **BZtpkt** leer, erfolgt die interne Berechnung des Pausenabzugs ab 0 Uhr, d. h. von 6 Uhr bis 6:30 Uhr. Beginnt die Normalarbeitszeit um 8 Uhr, erfolgt bei der Bewertung des Tagesarbeitszeitplans kein Pausenabzug. Das heißt, dass sich die Normalarbeitszeit bei einer Sollzeit von acht Stunden ab 8 Uhr bis 16 Uhr berechnet. Erfassen Sie auf Basis dieses Tagesarbeitszeitplans eine Abwesenheit, wird diese ohne Pause, aber trotzdem nur mit acht Stunden bewertet.

Bei ganztägigen Abwesenheiten sollte dies keine weiteren Probleme verursachen, bei der Erfassung einer untertägigen Abwesenheit, wie z. B. einem Arztbesuch, kann es jedoch irritierend wirken, wenn kein Pausenabzug eingerechnet wird. Um dies zu verhindern, können Sie im Feld **BZtpkt** den Wert »N« eingeben. In diesem Fall erfolgt die Berechnung des Pausenabzugs bei der Bewertung des Tagesarbeitszeitplans ab Beginn der Normalarbeitszeit, in unserem Beispiel also ab 8 Uhr. Der Normalarbeitszeitrahmen berechnet sich dann in diesem Beispiel von 8 Uhr bis 16:30 Uhr, weil von 14 Uhr bis 14:30 Uhr der Pausenabzug erfolgt.

In der Zeitauswertung wird der Pausenabzug in der Standardvorgehensweise ab der ersten Kommen-Zeit des Mitarbeiters berechnet. Stempelt ein Mitarbeiter, dem der Tagesarbeitszeitplan aus unserem Beispiel zugeordnet ist, an einem Tag zum ersten Mal den Kommen-Zeitpunkt 7:30 Uhr, wird ihm die Pause von 13:30 bis 14:00 Uhr abgezogen.

Wie sich die Lage der Pause in der Zeitauswertung beeinflussen lässt und wie die Anrechnung von Unterbrechungen auf die Sollpause realisiert werden kann, wird ausführlich in Kapitel 11, »Sollarbeitszeiten ermitteln«, behandelt.

Im Folgenden beschreiben wir alle weiteren Felder der Tabelle T550P und ihre Bedeutung:

- **Grpg (Gruppierung der Personalteilbereiche für Tagesarbeitszeitpläne)**
  Die Gruppierung der Personalteilbereiche wird in der Tabelle T001P festgelegt. Durch diese Gruppierung können Personalteilbereiche, für die gleiche arbeitszeitliche Regelungen gelten, zusammengefasst werden, um auf die gleichen Tagesarbeitszeitpläne zugreifen zu können.
- **Pause**
  Die Bezeichnung der Pause (vierstellig) ist frei wählbar. Der Text wird in allen Wertehilfen angezeigt, die sich auf das Feld **Arbeitspausenplan** beziehen – z. B. bei der Erfassung einer abweichenden Pause im Infotyp 2003 (Vertretungen) –, und sollte deshalb eindeutig und sprechend sein.
- **Nr (Nummer)**
  Die laufende Nummer der Pause definiert eine Reihenfolge der Einzelpausen innerhalb des Pausenplans.
- **Beginn**
  Die Beginn-Uhrzeit der Pause legt für statische Pausen den Zeitpunkt des Pausenabzugs fest.
- **Ende**
  Die Ende-Uhrzeit der Pause legt für statische Pausen den Zeitpunkt des Pausenabzugs fest.
- **V (Vortageskennzeichen)**
  Das Vortageskennzeichen wird benötigt, wenn z. B. Pausenpläne für Nachtschichten definiert werden sollen und Sollzeitbeginn bzw. -ende auf zwei unterschiedlichen Tagen liegen, z. B. bei einer Sollarbeitszeit von 22 bis 6 Uhr. Der Pausenabzug soll von 1:00 Uhr bis 1:30 in der Nacht erfolgen. Damit die Pause dem richtigen Tag – also dem Beginn-Tag der Arbeitsaufnahme – zugeordnet werden kann, muss im Pausenplan die Uhrzeit 1:00 bis 1:30 in Verbindung mit dem Vortageskennzeichen angegeben werden.
- **unbez. (unbezahlt)**
  Hier müssen Sie die unbezahlte Dauer der Pause dezimal angeben.

- **bezahlt**
  Hier wird die bezahlte Dauer der Pause dezimal erfasst. Beachten Sie, dass bezahlte Pausen bei der Sollzeitermittlung eines Tagesarbeitszeitplans nicht abgezogen, sondern als Arbeitszeit gewertet werden, wie dies z. B. häufig in Nachtschichten der Fall ist.
- **n.Std (nach Stunden)**
  In diesem Feld wird festgelegt, nach wie vielen Stunden der Pausenabzug (dynamische Pausen) erfolgt.
- **BZtpkt (Bezugszeitpunkt)**
  Das Feld **BZtpkt** bestimmt, ab welchem Zeitpunkt die Berechnung des Abzugs einer dynamischen Pause erfolgen soll.
- **PaTyp 1 (Pausentyp 1)**
  Das Feld **PaTyp 1** steuert die Selektion von Pausenmodellen für den Infotyp 2005 (Mehrarbeiten).
- **PaTyp 2 (Pausentyp 2)**
  Bei dem Feld **PaTyp 2** handelt es sich um ein frei verwendbares Feld zur Kennzeichnung von Pausen. Dieses kann z. B. in der Zeitauswertung verwendet werden.

Ändern Sie Pausenpläne, die bereits in Tagesarbeitszeitplänen verwendet werden, hat dies gegebenenfalls Auswirkungen auf die Sollzeiten dieser Tagesarbeitszeitpläne, z. B. wenn Sie die Pausendauer eines Pausenplans von 0,5 auf 0,75 Stunden ändern. Sie müssen die entsprechenden Tagesarbeitszeitpläne nicht direkt in der Tabelle T550A aktualisieren, sondern können mit dem Report RPUTPR00 alle Änderungen an Pausenplänen in die Tabelle T550A (Tagesarbeitszeitpläne) übertragen. Der Report erstellt eine Batch-Input-Mappe mit allen notwendigen Änderungen. Sie erreichen den Report auch über den Customizing-Pfad **Personalzeitwirtschaft • Arbeitszeitpläne • Tagesarbeitszeitpläne • Arbeitspausenpläne definieren • Tagesarbeitszeitpläne neu bewerten**. Sollten durch Ihre Änderungen an Pausenplänen neue Sollzeiten in den Tagesarbeitszeitplänen berechnet worden sein, ist es außerdem erforderlich, die Monatsarbeitszeitpläne neu zu generieren. Wie Sie Arbeitspausenpläne in Tagesarbeitszeitplänen verwenden und wie diese definiert werden, erfahren Sie im nächsten Abschnitt.

1.4 Tagesarbeitszeitpläne

Tagesarbeitszeitpläne sind als Hauptelement der Zeitbewertung zu verstehen. Aus ihnen setzen sich die im nächsten Abschnitt beschriebenen Periodenarbeitszeitpläne zusammen, die im Zusammenspiel mit Feiertagskalendern Arbeitszeitplanregeln bilden. Auf Basis der Tagesarbeitszeitpläne erfolgen u. a. Zeitauswertung, An- und Abwesenheitsbewertung sowie die Ermittlung von Steuer- und SV-Tagen in der Personalabrechnung.

Tagesarbeitszeitpläne werden in der Tabelle T550A gepflegt (siehe Abbildung 1.6), die Sie über den Customizing-Pfad **Personalzeitwirtschaft • Arbeitszeitpläne • Tagesarbeitszeitpläne • Tagesarbeitszeitpläne definieren** erreichen.

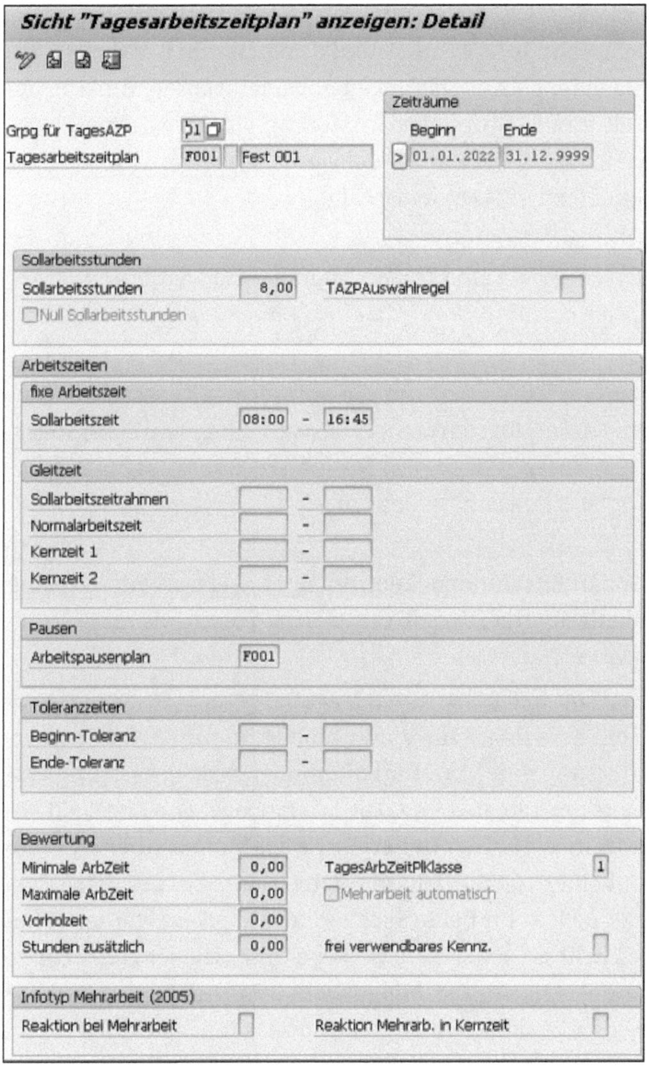

Sicht "Tagesarbeitszeitplan" anzeigen: Detail

Zeiträume: Beginn 01.01.2022 – Ende 31.12.9999

Grpg für TagesAZP: 1
Tagesarbeitszeitplan: F001 Fest 001

Sollarbeitsstunden
Sollarbeitsstunden: 8,00 | TAZPAuswahlregel
Null Sollarbeitsstunden

Arbeitszeiten
fixe Arbeitszeit
Sollarbeitszeit: 08:00 - 16:45
Gleitzeit
Sollarbeitszeitrahmen -
Normalarbeitszeit -
Kernzeit 1 -
Kernzeit 2 -
Pausen
Arbeitspausenplan: F001
Toleranzzeiten
Beginn-Toleranz -
Ende-Toleranz -

Bewertung
Minimale ArbZeit: 0,00 | TagesArbZeitPlKlasse: 1
Maximale ArbZeit: 0,00 | Mehrarbeit automatisch
Vorholzeit: 0,00
Stunden zusätzlich: 0,00 | frei verwendbares Kennz.

Infotyp Mehrarbeit (2005)
Reaktion bei Mehrarbeit | Reaktion Mehrarb. in Kernzeit

Abbildung 1.6 Tabelle T550A (Sicht V_T550A) – Tagesarbeitszeitpläne

Im Folgenden beschreiben wir alle Felder der Tabelle T550A und ihre Bedeutung:

- **Grpg für TagesAZP (Gruppierung der Personalteilbereiche für Tagesarbeitszeitpläne)**
  Dieses Feld bezieht sich auf die Gruppierung der Personalteilbereiche für Tagesarbeitszeitpläne (Tabelle T001P). Sie definieren Tagesarbeitszeitpläne für die Personalteilbereiche, in deren Gruppierung Sie diese anlegen.

- **Tagesarbeitszeitplan**
  In diesem Feld legen Sie die Bezeichnung des Tagesarbeitszeitplans (vierstellig) fest.
- **Variante**
  Durch dieses Feld, das Sie in Abbildung 1.7 und Abbildung 1.8 sehen, kann ein Tagesarbeitszeitplan in verschiedenen Ausprägungen angelegt werden, um z. B. bei einer Wochensollarbeitszeit von 35 Stunden von Montag bis Donnerstag je 7,25 Stunden und freitags sechs Stunden Sollzeit zu realisieren, ohne verschiedene Tagesarbeitszeitpläne verwenden zu müssen (einstellig).
- **Text zum Tagesarbeitszeitplan (15-stellig)**
  Die Texte von Tagesarbeitszeitplänen sind frei definierbar und werden sprachabhängig in der Tabelle T550S gespeichert.
- **Sollarbeitsstunden**
  Bei den Sollarbeitsstunden handelt es sich um die Sollzeit des Tagesarbeitszeitplans. Die Anzahl in diesem Feld ergibt sich rechnerisch aus der Spanne von Sollarbeitsbeginn bis -ende (fixe Arbeitszeit) bzw. von Normalarbeitszeitbeginn bis -ende (Gleitzeitmodelle), abzüglich unbezahlter Pausen.
- **Null Sollarbeitsstunden**
  Das Kennzeichen **Null Sollarbeitsstunden** kennzeichnet Tagesarbeitszeitpläne ohne Sollstunden für arbeitsfreie Tage. Dieses Kennzeichen wird automatisch aktiviert, wenn ein solcher Plan definiert wird.
- **TAZPAuswahlregel (Tagesarbeitszeitplanauswahlregel)**
  Sie erfassen über dieses Feld eine Regel zur Variantenbestimmung von Tagesarbeitszeitplänen bei der Erfassung von Abwesenheiten oder der Generierung von Monatsarbeitszeitplänen aus der Tabelle T550X. Die hier angegebene Regel gilt sowohl für die Variantenbestimmung bei der Generierung der Monatsarbeitszeitpläne als auch für die Auswahl einer Tagesarbeitszeitplanvariante bei der Erfassung. In der Tabelle T550X können Regeln für beide Sachverhalte angelegt werden (Pflegesichten siehe Bildunterschriften). Existiert eine Regel mit gleicher Nummer in beiden Sichten, gelten diese Regeln für die Tagesarbeitszeitpläne, in denen diese Regel hinterlegt ist, in beiden Zusammenhängen. Damit kann bewirkt werden, dass für Freitage die Variante B des Tagesarbeitszeitplans bei der Monatsarbeitszeitplangenerierung ausgewählt wird und bei der Erfassung von Abwesenheiten eines bestimmten Typs (**Grpg. Ab/A** = 2) generell die Variante A des gleichen Tagesarbeitszeitplans verwendet wird. Dazu sehen Sie in den beiden folgenden Screenshots die Regel 50 als Beispiel (siehe Abbildung 1.7 und Abbildung 1.8).

  Existiert eine Regel nur in einer der beiden Sichten, kommt die Regel auch nur in diesem Zusammenhang zur Anwendung.

Regeln zur Variantenbestimmung bei Monatsarbeitszeitplangen.					
Regel	Nr	Feiertagskl...	FtKlFolgetag	Woch...	Variante
50	01	XXXXXXXXXX	XXXXXXXXXX	....X..	B

Abbildung 1.7 Tabelle T550X (Sicht V_T550X) – Tagesarbeitszeitplanauswahlregel für die Monatsarbeitszeitplangenerierung

Regeln für Tagesarbeitszeitplan bei Abwesenheitserfassung						
Regel	Nr	Feiertagskl...	FtKlFolgetag	GrpgAb/A...	Woch...	Variante
50	01	XXXXXXXXXX	XXXXXXXXXX	..X......	XXXXXXX	A

Abbildung 1.8 Tabelle T550X (Sicht V_550X_B) – Tagesarbeitszeitplanauswahlregel bei der Abwesenheitserfassung

- **Sollarbeitszeit**
  Die Sollarbeitszeit definiert Sollarbeitsbeginn und -ende eines fixen Arbeitszeitplans ohne Gleitzeitrahmen (siehe Abbildung 1.6).
- **Sollarbeitszeitrahmen**
  In diesem Feld definieren Sie den Rahmen eines Gleitzeittagesarbeitszeitplans, in dem der Mitarbeiter seine tägliche Sollzeit erbringen muss. Zeiten, die innerhalb des Gleitzeitrahmens über die Sollzeit hinausgehen, werden in der Regel einem Zeitkonto gutgeschrieben.
- **Normalarbeitszeit**
  In diesem Feld definieren Sie die Anzahl der Sollstunden für den Tagesarbeitszeitplan (siehe die Definition der Sollarbeitsstunden). Die hier hinterlegten Beginn- und Ende-Uhrzeiten werden z. B. bei der Erfassung von uhrzeitlosen Abwesenheiten zur Berechnung der Abwesenheitsdauer verwendet.
- **Kernzeit 1 und Kernzeit 2**
  In diesen Feldern können Sie Zeitfenster definieren, in denen eine Anwesenheitspflicht für die betreffenden Mitarbeiter besteht. Verstöße gegen die Kernzeitregelung werden von der Zeitauswertung als Kernzeitverletzung gemeldet.
- **Arbeitspausenplan**
  In diesem Feld hinterlegen Sie einen Pausenplan aus der Tabelle T550P. Zur Auswahl stehen dabei nur Pausenpläne, die in der gleichen Gruppierung **Personalteilbereich für Tagesarbeitszeitpläne** angelegt sind.
- **Beginn-Toleranz und Ende-Toleranz**
  Hier können Toleranzzeiten hinterlegt werden, innerhalb derer die Kommen- und Gehen-Buchungen eines Mitarbeiters ab- bzw. aufgerundet werden.

Beispiel für Toleranzzeiten

Der Tagesarbeitszeitplan eines Mitarbeiters definiert einen Sollarbeitsbeginn um 6 Uhr. Es ist eine Toleranzzeit für den Beginn von 6 Uhr bis 6:03 Uhr hinterlegt. Liegt die Kommen-Buchung des Mitarbeiters innerhalb der Toleranzzeit, also z. B. um 6:02 Uhr, rundet die Zeitauswertung die Kommen-Zeit auf 6 Uhr ab. Geht der Mitarbeiter um 15:58 bei einem Sollarbeitsende um 16 Uhr und einer Toleranzzeit von drei Minuten, rechnet die Zeitauswertung mit einer aufgerundeten Gehen-Zeit von 16 Uhr.

- **Minimale ArbZeit (minimale Arbeitszeit)**
  Dieses Feld kann in der Zeitauswertung ausgelesen und zur Prüfung von Arbeitszeitvorgaben verwendet werden. Gegebenenfalls kann dabei ein Hinweis bei Verstößen ausgegeben werden.
- **Maximale ArbZeit (maximale Arbeitszeit)**
  Dieses Feld wird ebenfalls in der Zeitauswertung ausgewertet und kann wie das Feld **Minimale ArbZeit** für kundeneigene Prüfungen verwendet werden. Darüber hinaus hat der Wert dieses Feldes eine weitergehende Bedeutung bei der Ermittlung von Soll- und Mehrarbeitszeiten: Es übersteuert den Wert der Konstante TGMAX. In dieser Konstante aus der Tabelle T511K (Abrechnungskonstanten) ist der Wert für die maximal pro Tag zu wertende Arbeitszeit hinterlegt. Sollzeiten werden von der Zeitauswertung nur bis zu diesem Wert ermittelt. Mehrarbeit wird ebenfalls nur bis zu dieser Stundenobergrenze generiert. Hat die Konstante TGMAX den Wert »12 Stunden«, können Sie diesen durch eine Eingabe im Feld **Maximale ArbZeit** nach oben oder unten speziell für den betreffenden Arbeitszeitplan übersteuern, indem Sie z. B. den Wert »10« oder bei völlig offenen Plänen den Wert »24« eingeben.
- **Vorholzeit**
  Dieses Feld kann in der Zeitauswertung genutzt werden, um zusätzliche Arbeitszeiten zu genehmigen und in einem bestimmten Rahmen in einem Zeitkonto zu sammeln. Auf diese Weise können bei den betreffenden Mitarbeitern z. B. täglich die ersten zehn Minuten von geleisteten Mehr- oder Gleitzeitstunden in einem gesonderten Zeitkonto gesammelt werden, um diese für Brückentage zu nutzen.
- **Stunden zusätzlich (zusätzliche Stunden)**
  Der Wert in diesem Feld kann ebenfalls in der Zeitauswertung ausgelesen werden und zu ähnlichen Zwecken verwendet werden wie das Feld **Vorholzeit**.
- **TagesArbZeitPlKlasse (Tagesarbeitszeitplanklasse)**
  Dieses Feld dient der Klassifizierung des Tagesarbeitszeitplans für die Zeitlohnartenauswahl und der Bewertung von An- und Abwesenheiten. Die Tagesarbeits-

zeitplanklasse 0 ist dabei Modellen ohne Sollstunden vorbehalten, d. h., Pläne für arbeitsfreie Tage sind in der Regel durch die Tagesarbeitszeitplanklasse 0 gekennzeichnet.

- **Mehrarbeit automatisch**
  Dieses Kennzeichen kann in der Zeitauswertung für die Generierung von Mehrarbeitszeit ohne zusätzliche Genehmigungsschritte genutzt werden. Es wird z. B. in der SAP-Rechenregel T015 ausgewertet.
- **frei verwendbares Kennz. (frei verwendbares Kennzeichen)**
  Dieses Feld macht seinem Namen nur eingeschränkt Ehre. Der SAP-Kunde kann dieses Feld zwar frei verwenden, es steht aber in der Zeitauswertung keine Standardoperation zur Auswertung zur Verfügung. Sie können es demnach entweder für Zwecke verwenden, die nicht in der Zeitauswertung liegen, oder Sie nutzen eine kundeneigene Operation, um den Wert des Feldes in der Zeitauswertung auslesen zu können.
- **Reaktion bei Mehrarbeit und Reaktion Mehrarb. in Kernzeit (Reaktion bei Mehrarbeit in Kernzeit)**
  Diese beiden Felder sind in erster Linie für Tagesarbeitszeitpläne relevant, die für Mitarbeiter verwendet werden, die nicht an der Zeitauswertung teilnehmen. Für solche Mitarbeiter können Mehrarbeiten im Infotyp 2005 (Mehrarbeiten) erfasst werden, die dann entweder in der Negativzeitauswertung oder im Zeitwirtschaftsteil der Entgeltabrechnung verarbeitet und ausgewertet werden. Bei der Erfassung der Mehrarbeit erfolgt eine Prüfung der zu erfassenden Mehrarbeitszeiten auf ihre relative Lage zum Tagesarbeitszeitplan. Schneidet die Mehrarbeit den Tagesarbeitszeitplan oder die Kernzeit des Tagesarbeitszeitplans, reagiert das System in der hier festgelegten Weise entweder nicht oder mit der Ausgabe einer Warnung, oder die Eingabe wird durch eine Fehlermeldung verhindert.

Sie haben nun die Pausenpläne in die Tagesarbeitszeitpläne integriert. Wie Sie die Tagesarbeitszeitpläne zu einem Periodenarbeitszeitplan zusammenfassen, erfahren Sie im nächsten Abschnitt.

Namenskonventionen für Tagesarbeitszeitpläne

Beschränken Sie sich bei der Vergabe von »sprechenden« Bezeichnungen für Tagesarbeitszeitpläne auf die erste Stelle – z. B. »G« für Gleitzeitpläne oder »T« für Teilzeitpläne. Die weiteren drei Stellen des Feldes sollten Sie numerisch fortlaufend benennen. Die Erfahrung zeigt, dass sprechende Schlüssel keinen dauerhaften Bestand haben.

1.5 Periodenarbeitszeitpläne

In diesem Abschnitt zeigen wir Ihnen, wie Sie in der Tabelle T551A Periodenarbeitszeitpläne definieren und diese mehrfach in Arbeitszeitplanregeln verwenden.

In Periodenarbeitszeitplänen werden Tagesarbeitszeitpläne zu Arbeitswochen zusammengefasst. In Abbildung 1.9 sehen Sie drei Periodenarbeitszeitpläne (3S01, D001 und F001). Die Pläne D001 und F001 umfassen jeweils eine Woche mit den Tagesarbeitszeitplänen D001 und FREI bzw. F001 und FREI. Der Periodenarbeitszeitplan 3S01 definiert einen dreischichtigen Wechselschichtplan über drei Wochen, der die Tagesarbeitszeitpläne 3F01, 3N01, 3S01 und FREI beinhaltet.

Grpg	PAZP	PeriodenArbZeitplTxt	W..	01	02	03	04	05	06	07
01	3S01	3-Schicht	001	3F01	3F01	3F01	3F01	3F01	FREI	3N01
01	3S01	3-Schicht	002	3N01	3N01	3N01	3N01	FREI	FREI	FREI
01	3S01	3-Schicht	003	3S01	3S01	3S01	3S01	3S01	FREI	FREI
01	D001	Dynamisch 001	001	D001	D001	D001	D001	D001	FREI	FREI
01	F001	Fest 001	001	F001	F001	F001	F001	F001	FREI	FREI

Abbildung 1.9 Tabelle T551A (Sichten V_T551A) – Periodenarbeitszeitpläne

Bei der Definition eines Periodenarbeitszeitplans legen Sie für die ausgewählte Gruppierung des Personalteilbereichs die Bezeichnung des Periodenarbeitszeitplans, den Text zum Periodenarbeitszeitplan und die Abfolge von Tagesarbeitszeitplänen pro Woche fest. Einen Periodenarbeitszeitplan definieren Sie über den Customizing-Pfad **Personalzeitwirtschaft • Arbeitszeitpläne • Periodenarbeitszeitpläne • Periodenarbeitszeitpläne definieren**. Dabei können Sie mehrere Wochen in Folge definieren. Tag 01 in der Tabelle ist nicht zwangsläufig der Montag der ersten Arbeitswoche. Sie können mit dem Ausrollen des Periodenarbeitszeitplans auf den Feiertagskalender (Generierung der Arbeitszeitplanregel) an jedem beliebigen Tag innerhalb des Periodenarbeitszeitplans aufsetzen und so auf Basis eines Periodenarbeitszeitplans so viele verschiedene Arbeitszeitplanregeln definieren, wie Ihr Plan Aufsetzpunkte beinhaltet.

Die mehrfache Verwendung von Periodenarbeitszeitplänen in Arbeitszeitplanregeln möchten wir anhand eines Beispiels verdeutlichen: Sie benötigen auf der Basis des oben angezeigten Periodenarbeitszeitplans 3S01 drei Arbeitszeitplanregeln, die für den 2. Mai 2022 entweder Früh-, Spät- oder Nachtschicht beinhalten. Dazu verwenden Sie diesen hier definierten Periodenarbeitszeitplan in allen drei Arbeitszeitplanregeln und nutzen den Aufsetzpunkt, um zu steuern, welcher Tagesarbeitszeitplan an diesem Tag gilt. Um die Arbeitszeitplanregel mit Frühschicht am 2. Mai zu definieren, gilt der Aufsetzpunkt 001 (siehe Tabelle 1.1), also der erste Tag der ersten Woche des Periodenarbeitszeitplans.

	Mo	Di	Mi	Do	Fr	Sa	So
Datum	2.5.	3.5.	4.5.	5.5.	6.5.	7.5.	8.5.
Aufsetzpunkt	001	002	003	004	005	006	007
Tagesarbeitszeitplan	3F7	3F7	3F7	3F7	3F7	FREI	3N7
Datum	9.5.	10.5.	11.5.	12.5.	13.5.	14.5.	15.5.
Aufsetzpunkt	008	009	010	011	012	013	014
Tagesarbeitszeitplan	3N7	3N7	3N7	3N7	FREI	FREI	FREI
Datum	16.5.	17.5.	18.5.	19.5.	20.5.	21.5.	22.5.
Aufsetzpunkt	015	016	017	018	019	020	021
Tagesarbeitszeitplan	3S7	3S7	3S7	3S7	3S7	FREI	FREI

Tabelle 1.1 Dreischichtiger Wechselschichtplan – Aufsetzpunkt 001

Für den Spätschichtplan gilt der Aufsetzpunkt 008 (siehe Tabelle 1.2), also der erste Tag der zweiten Woche des Periodenarbeitszeitplans.

	Mo	Di	Mi	Do	Fr	Sa	So
Datum	2.5.	3.5.	4.5.	5.5.	6.5.	7.5.	8.5.
Aufsetzpunkt	008	009	010	011	012	013	014
Tagesarbeitszeitplan	3N7	3N7	3N7	3N7	FREI	FREI	FREI
Datum	9.5.	10.5.	11.5.	12.5.	13.5.	14.5.	15.5.
Aufsetzpunkt	015	016	017	018	019	020	021
Tagesarbeitszeitplan	3S7	3S7	3S7	3S7	3S7	FREI	FREI
Datum	16.5.	17.5.	18.5.	19.5.	20.5.	21.5.	22.5.
Aufsetzpunkt	001	002	003	004	005	006	007
Tagesarbeitszeitplan	3F7	3F7	3F7	3F7	3F7	FREI	3N7

Tabelle 1.2 Dreischichtiger Wechselschichtplan – Aufsetzpunkt 008

Für den Nachtschichtplan gilt der Aufsetzpunkt 015 (siehe Tabelle 1.3), also der erste Tag der dritten Woche des Periodenarbeitszeitplans.

	Mo	Di	Mi	Do	Fr	Sa	So
Datum	2.5.	3.5.	4.5.	5.5.	6.5.	7.5.	8.5.
Aufsetzpunkt	015	016	017	018	019	020	021
Tagesarbeitszeitplan	3S7	3S7	3S7	3S7	3S7	FREI	FREI
Datum	9.5.	10.5.	11.5.	12.5.	13.5.	14.5.	15.5.
Aufsetzpunkt	001	002	003	004	005	006	007
Tagesarbeitszeitplan	3F7	3F7	3F7	3F7	3F7	FREI	3N7
Datum	16.5.	17.5.	18.5.	19.5.	20.5.	21.5.	22.5.
Aufsetzpunkt	008	009	010	011	012	013	014
Tagesarbeitszeitplan	3N7	3N7	3N7	3N7	FREI	FREI	FREI

Tabelle 1.3 Dreischichtiger Wechselschichtplan – Aufsetzpunkt 015

Ab dem so definierten Aufsetzpunkt wird der Periodenarbeitszeitplan beim Generieren der Arbeitszeitplanregeln über den Jahreskalender ausgerollt, um die Monatsarbeitszeitplanregel zu erstellen. Dabei ergibt sich in unserem Beispiel »Frühschicht« am 2. Mai 2022 ein Plan, der nach dem 22.5.2022 in der im Periodenarbeitszeitplan definierten Reihenfolge fortgesetzt wird, mit folgender Abfolge von Tagesarbeitszeitplänen. Das heißt, für den 23.5.2022 gilt wiederum der Frühschichttagesarbeitszeitplan 3F7.

Für die Bewertung von Arbeitszeiten mit Zuschlägen für Mehr-, Sonn-, Feiertags- oder Nachtarbeit muss für den Periodenarbeitszeitplan eine Bewertungsklasse vergeben werden. Diese wird in der Zeitlohnartenauswahl über die Tabelle T510S ausgewertet und muss erfasst sein, um für Mitarbeiter auf Basis dieses Periodenarbeitszeitplans fehlerfrei die Zeitauswertung und die Entgeltabrechnung durchführen zu können. Sie erfassen die Bewertungsklasse in der Tabelle T551C (siehe Abbildung 1.10).

Grpg	PeriodenAZP	Bezeichnung	Beginn	Ende	Bewertungsklass...
01	3S01	3-Schicht	01.01.2022	31.12.9999	5
01	D001	Dynamisch 001	01.01.2022	31.12.9999	1
01	F001	Fest 001	01.01.2022	31.12.9999	1
01	T001	TZ 15h/Woche	01.01.2022	31.12.9999	1

Abbildung 1.10 Tabelle T551C (Sicht V_551C_B) – Bewertungsklasse für Periodenarbeitszeitpläne

Eine weitere Klassifizierung des Periodenarbeitszeitplans müssen Sie ebenfalls in der Tabelle T551C in Form der Auszählklasse vornehmen. Die Auszählklasse wird bei der Bewertung von An- und Abwesenheiten auf Basis des Periodenarbeitszeitplans in der jeweiligen Auszählregel ausgewertet (siehe Abbildung 1.11).

Grpg	PeriodenAZP	Bezeichnung	Beginn	Ende	Auszählkl.
01	3S01	3-Schicht	01.01.2022	31.12.9999	3
01	D001	Dynamisch 001	01.01.2022	31.12.9999	1
01	F001	Fest 001	01.01.2022	31.12.9999	1
01	T001	TZ 15h/Woche	01.01.2022	31.12.9999	2

Abbildung 1.11 Tabelle T551C (Sicht V_T551C) – Auszählklasse der Periodenarbeitszeitpläne

1.6 Regeln für Tagestypen

Tagestypen steuern in der Personalzeitwirtschaft für jeden Kalendertag, ob es sich um einen bezahlten Arbeitstag, einen freien unbezahlten Tag oder um einen freien bezahlten Tag handelt. Mit den Regeln für Tagestypen legen Sie fest, welcher Tagestyp an jedem Wochentag mit einer bestimmten Feiertagsklasse gelten soll. Das heißt, dass definiert wird, welcher Tagestyp z. B. für einen Feiertag mit Feiertagsklasse 1 an einem Wochentag (Montag bis Freitag), an einem Samstag und an einem Sonntag gilt. Diese Regeln werden den Arbeitszeitplanregeln zugeordnet und bei der Generierung der Monatsarbeitszeitpläne auf Basis von Periodenarbeitszeitplänen und Feiertagskalendern ausgewertet. Der Tagestyp findet bei der Generierung von Zeitlohnarten und bei der Bewertung von An- und Abwesenheiten Verwendung.

Tagestypen pflegen Sie in der Tabelle T553T, die über den Customizing-Pfad **Personalzeitwirtschaft • Arbeitszeitpläne • Tagestypen • Tagestypen definieren** zu erreichen ist.

SAP liefert die Tagestypen blank, 1, 2 und 3 aus (siehe Abbildung 1.12).

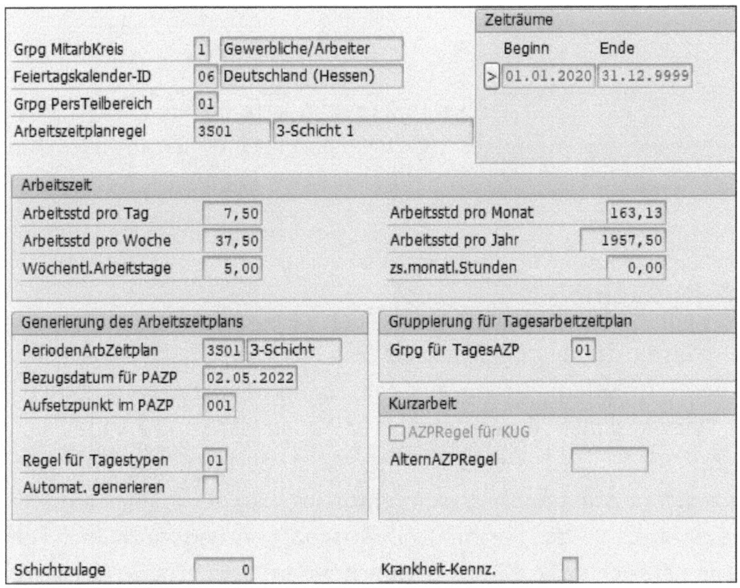

Abbildung 1.12 Tabelle T553T (Sicht V_T553T) – Tagestypen

Folgende Tagestypen stehen zur Verfügung:

- Blank: für einen bezahlten Arbeitstag
- 1: für einen freien bezahlten Arbeitstag – also z. B. einen Feiertag, der auf einen Wochentag fällt
- 2: für einen unbezahlten freien Tag
- 3: für einen Sondertag

Regeln für Tagestypen pflegen Sie in der Tabelle T553A, die Sie über den Customizing-Pfad **Personalzeitwirtschaft • Arbeitszeitpläne • Tagestypen • Bestimmungsregeln festlegen** erreichen (siehe Abbildung 1.13).

MOTT...	TAGWO	TAGSA	TAGSO
1	1 1111111	1 1111111	1 1111111
2			
3	1 1111111	1111111	1 1111111
10	1 1111111	1 1111111	1 1111111

Abbildung 1.13 Tabelle T553A (Regeln für Tagestypen)

Sie haben außerdem die Möglichkeit, Sondertage zu definieren, indem Sie zu einer Regel für Tagestypen in der Tabelle T553S das Datum hinterlegen, für das der Tagestyp 3 (oder ein kundeneigener Tagestyp) ermittelt werden soll. Als Beispiel sei hier das Datum eines Firmenjubiläums genannt, an dem allen Mitarbeitern ein freier Tag gewährt wird (siehe Abbildung 1.14).

Regel	Datum	Tagestyp	Tagestypentext
03	23.02.2022	3	frei/Sondertag

Abbildung 1.14 Tabelle T553S (Sondertage)

Alle Elemente, die Sie bisher in diesem Abschnitt kennengelernt haben, werden letztlich in Arbeitszeitplanregeln zusammengefasst. Diese beschreiben wir im nächsten Abschnitt.

1.7 Arbeitszeitplanregeln

Arbeitszeitplanregeln führen die zuvor definierten Periodenarbeitszeitpläne mit den Feiertagskalendern der Personalteilbereiche zusammen, für die die Arbeitszeitplanregeln gelten sollen. Feiertagskalender werden von SAP ausgeliefert. Es handelt sich dabei um mandantenunabhängige Tabellen. Nehmen Sie Änderungen an Feiertagen oder Feiertagskalendern vor, müssen Sie diese im Einstiegsbild der Pflegetransaktion, die Sie über den Customizing-Pfad **Personalzeitwirtschaft • Arbeitszeitpläne • Feiertagsklassen Festlegen** erreichen, in einen entsprechenden Workbench-Transportauftrag aufnehmen. In der Regel reicht es aus, die Feiertagsklassen entsprechend

Ihren betrieblichen Anforderungen anzupassen. Sollten Sie dennoch eigene Feiertagskalender benötigen, können Sie diese ebenfalls in dieser Customizing-Aktivität anlegen.

Vor der Definition von Arbeitszeitplanregeln müssen Sie die Gruppierungen von Mitarbeiterkreisen vornehmen, für die die gleichen Arbeitszeitplanregeln gelten sollen. In der Regel findet hier eine Unterscheidung zwischen gewerblichen Personen und Angestellten statt. Sie können diese Gruppierungen jedoch auch verfeinern, wenn Sie stark unterschiedliche Regelungen für einzelne Mitarbeiterkreise haben und die Arbeitszeitplanregeln voneinander trennen wollen, oder Sie verzichten auf eine Gruppierung, wenn Sie für alle Mitarbeiterkreise gleiche Arbeitszeitregelungen vereinbart haben. Sie vergeben die zuvor definierten Gruppierungswerte für Mitarbeiterkreise in der Tabelle T503 (Sicht V_503_D), die Sie über den Customizing-Pfad **Personalzeitwirtschaft • Arbeitszeitpläne • Arbeitszeitpläne und Arbeitszeitplanregeln • Gruppierungen der Mitarbeiterkreise definieren** erreichen.

Darüber hinaus müssen Sie jedem Personalteilbereich einen Feiertagskalender zuordnen (Tabelle T001P), der für den Standort des Personalteilbereichs Gültigkeit hat. Diese Einstellung nehmen Sie über den Customizing-Pfad **Personalzeitwirtschaft • Arbeitszeitpläne • Arbeitszeitpläne und Arbeitszeitplanregeln • Gruppierungen für Feiertagskalender definieren** vor.

Arbeitszeitplanregeln pflegen Sie in der Tabelle T508A, die Sie über den Customizing-Pfad **Personalzeitwirtschaft • Arbeitszeitpläne • Arbeitszeitpläne und Arbeitszeitplanregeln • Arbeitszeitpläne und Arbeitszeitplanregeln festlegen** erreichen (siehe Abbildung 1.15).

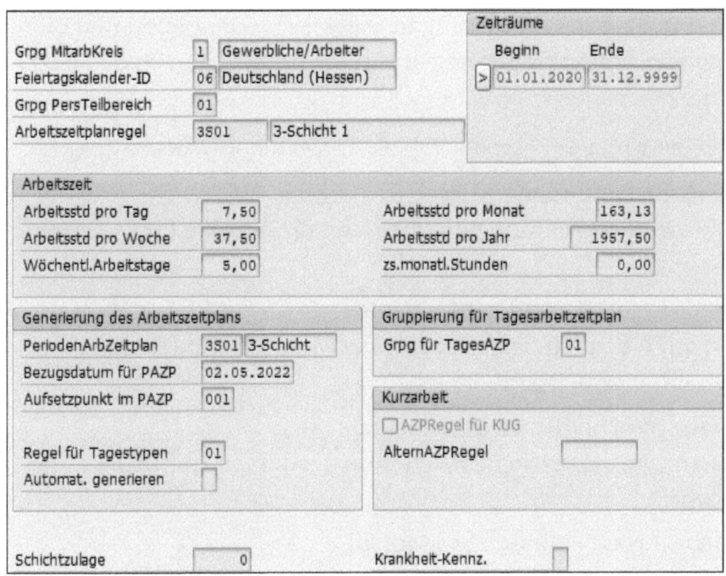

Abbildung 1.15 Tabelle T508A (Sicht V_T508A) – Arbeitszeitplanregeln

Bei der Definition von Arbeitszeitplanregeln können Sie alle Periodenarbeitszeitpläne verwenden, die für die Gruppierung der Personalteilbereiche angelegt wurden, für die die neue Arbeitszeitplanregel erstellt werden soll. Zunächst müssen Sie auf Basis der Einstellungen in der Tabelle T503 (Gruppierung Mitarbeiterkreise) entscheiden, für welche Gruppierung die neue Arbeitszeitplanregel erstellt werden soll (SAP-Standard: 1 für gewerbliche Personen und 2 für Angestellte). Im Block **Arbeitszeit** erfassen Sie die tägliche, wöchentliche, monatliche und jährliche Sollarbeitszeit und die wöchentlichen Arbeitstage. Diese Werte können nicht automatisch vom SAP-System ermittelt werden, weil die Faktoren für die Ermittlung in der Regel tarifabhängig sind oder unternehmensspezifisch definiert werden.

Im Block **Generierung des Arbeitszeitplans** legen Sie fest, welcher Periodenarbeitszeitplan die Basis der Arbeitszeitplanregel definiert und mit welchem Datum auf welchem Aufsetzpunkt bei der Generierung der Monatsarbeitszeitpläne begonnen wird.

Die Gruppierung für Tagesarbeitszeitpläne ergibt sich aus der Tabelle T508Z und entspricht in aller Regel der Gruppierung von Personalteilbereichen für Arbeitszeitpläne in der Tabelle T001P.

Im Block **Kurzarbeit** entscheiden Sie, ob die Arbeitszeitplanregel zur Abbildung von Kurzarbeitszeiträumen verwendet werden bzw. welche Arbeitszeitplanregel als Alternativplan bei Kurzarbeit zur Anwendung kommen soll.

Das Feld **Schichtzulage** gibt Ihnen die Möglichkeit, prozentuale Zuschläge für die Schichtarbeit zu hinterlegen. Der hier erfasste Wert kann sowohl in der Zeitauswertung als auch in der Entgeltabrechnung ausgewertet werden und damit zur Bildung von entsprechenden Lohnarten genutzt werden.

Das Feld **Krankheit-Kennz.** ist zur Verwendung in Österreich vorgesehen und dient der Zusammenfassung von Arbeitszeitplanregeln, für die die gleichen landesspezifischen Regelungen gelten.

Im Folgenden beschreiben wir alle Felder der Tabelle T508A und ihre Bedeutung:

- **Arbeitsstd pro Tag (Arbeitsstunden pro Tag)**
  Hier hinterlegen Sie die durchschnittliche Arbeitszeit pro Tag, die für Mitarbeiter mit dieser Arbeitszeitplanregel gelten soll.
- **Arbeitsstd pro Woche (Arbeitsstunden pro Woche)**
  Die Arbeitsstunden pro Woche sind das Produkt der Multiplikation der wöchentlichen Arbeitstage mit den Arbeitsstunden pro Tag.
- **Wöchentl.Arbeitstage (Wöchentliche Arbeitstage)**
  In diesem Feld erfassen Sie die vertraglich vereinbarten durchschnittlichen Arbeitstage pro Woche.
- **Arbeitsstd pro Monat (Arbeitsstunden pro Monat)**
  Die Arbeitsstunden pro Monat sind das Produkt aus der durchschnittlichen

wöchentlichen Arbeitszeit und der durchschnittlichen Wochenanzahl pro Monat. Durchschnittlich hat ein Monat unter der Berücksichtigung von Schaltjahren gerundet 4,35 Wochen. Tariflich oder unternehmensspezifisch bedingt können Sie hier jedoch auch einen abweichenden Wert festlegen.

- **Arbeitsstd pro Jahr (Arbeitsstunden pro Jahr)**
  Die Arbeitsstunden pro Jahr sind das Produkt aus den monatlichen Arbeitsstunden und zwölf Monaten pro Jahr.
- **zs.monatl.Stunden (zusätzliche monatliche Stunden)**
  Über dieses Feld bilden Sie nationale Besonderheiten ab. Das Feld findet im Standard keine festgelegte Verwendung.

[zB]

Beispiel für das Zusatzkontingent bei Gleitzeit

Sie möchten allen Mitarbeitern mit einer bestimmten Arbeitszeitplanregel monatlich ein Kontingent von 20 Stunden zuteilen, das im Rahmen einer Gleitzeitregelung erarbeitet werden und in einem Zeitkonto gesammelt werden kann. Den Wert für das monatliche Kontingent (hier 20 Stunden) können Sie im Feld **zs.monatl.Stunden** erfassen und in der Zeitauswertung auswerten.

- **PeriodenArbZeitplan (Periodenarbeitszeitplan)**
  Hier ordnen Sie den Periodenarbeitszeitplan zu, der die Basis für den zu generierenden Monatsarbeitszeitplan bildet.
- **Bezugsdatum für PAZP (Bezugsdatum für Periodenarbeitszeitplan)**
  Sie erfassen hier das Datum, an dem die Generierung des Monatsarbeitszeitplans mit dem Aufsetzpunkt des Periodenarbeitszeitplans im Jahreskalender beginnt. Der Monatsarbeitszeitplan wird dabei aber für den kompletten Generierungszeitraum angelegt und nicht erst ab dem Bezugsdatum. Das Bezugsdatum dient lediglich als Verankerung des Periodenarbeitszeitplans auf dem Jahreskalender. Idealerweise nutzen Sie dazu ein Datum, das auf einen Montag fällt.
- **Aufsetzpunkt im PAZP (Aufsetzpunkt im Periodenarbeitszeitplan)**
  Zu diesem Feld finden Sie die Definition und entsprechende Beispiele in Abschnitt 1.5, »Periodenarbeitszeitpläne«.
- **Regel für Tagestypen**
  Hier müssen Sie die Regel hinterlegen, die für die zu definierende Arbeitszeitplanregel gelten soll (siehe Regeln für Tagestypen).
- **Automat. Generieren (automatisches Generieren)**
  Ist der Monatsarbeitszeitplan einer Arbeitszeitplanregel für einen Zeitraum noch nicht generiert, und Sie wollen z. B. eine Abwesenheit für diesen Zeitraum erfassen, legen Sie in diesem Feld die Reaktion des Systems für diesen Zustand fest. Sie können den Monatsarbeitszeitplan intern nachgenerieren und optional eine Mel-

dung ausgeben lassen, sodass das Erfassen der Abwesenheit ermöglicht wird. Alternativ wird der Monatsarbeitszeitplan nicht nachgeneriert; dann kann auch keine Abwesenheit erfasst werden. Da beim Nachgenerieren der Monatsarbeitszeitplan nur intern nachgeneriert und nicht auf der Datenbank gespeichert wird, müssen Sie darauf achten, dass die Abwesenheiten nach dem »echten« Nachgenerieren mit dem Datenbank-Update richtig bewertet sind.

- **Grpg. für TagesAZP (Gruppierung für Tagesarbeitszeitplan)**
  Die Gruppierung für Tagesarbeitszeitpläne ergibt sich aus der Gruppierung des Personalteilbereichs für Arbeitszeitpläne (siehe Schlüsselfelder der Tabelle) und kann nicht geändert werden.
- **AZPRegel für KUG (Arbeitszeitplanregel für Kurzarbeit)**
  Hierbei handelt es sich um ein Kennzeichen, das festlegt, ob die Arbeitszeitplanregel zur Eingabe im Infotyp 49 (Kurzarbeit) zur Verfügung steht. Kreuzen Sie dieses Feld an, kann diese Arbeitszeitplanregel ausschließlich im Infotyp 49 (Kurzarbeit) verwendet werden. Solche Arbeitszeitplanregeln definieren die Arbeitszeit während der Kurzarbeitsphasen und dienen der Ausfallberechnung.
- **AlternAZPRegel (alternative Arbeitszeitplanregel)**
  Geben Sie hier eine Arbeitszeitplanregel ein, die bei Kurzarbeit alternativ zur eigentlichen Arbeitszeitplanregel des Mitarbeiters gelten soll, können Sie diese mittels eines SAP-Standardreports im Infotyp 49 (Kurzarbeit) für die jeweiligen Gewährungszeiträume eintragen.

Die beiden Felder **Schichtzulage** und **Krankheit-Kennz.** wurden zu Beginn dieses Abschnitts bereits beschrieben.

1.8 Arbeitszeitplanregeln generieren

Mit den Transaktionen PT01 oder PT_SHF00 generieren Sie manuell oder maschinell Monatsarbeitszeitpläne. Auch erreichen Sie diese Transaktionen über den Customizing-Pfad **Personalzeitwirtschaft • Arbeitszeitpläne • Arbeitszeitpläne und Arbeitszeitplanregeln • Arbeitszeitpläne manuell/maschinell generieren**.

Beim Generieren der Arbeitszeitplanregeln wird die Tabelle T552A gefüllt. In dieser Tabelle befindet sich für die generierten Perioden jeder Arbeitszeitplanregel der Schlüssel zur eindeutigen Identifizierung der Arbeitszeitplanregel. Dieser besteht aus den folgenden Feldern:

- Gruppierung der Mitarbeiterkreise
- Feiertagskalender
- Gruppierung der Personalteilbereiche für Arbeitszeitpläne

- Arbeitszeitplanregel
- Kalenderjahr
- Monat

Darüber hinaus werden die Sollstunden des Monats (Summe der Sollstunden der Tagesarbeitszeitpläne) und des Anwenders, der den Monatsarbeitszeitplan generiert hat, gespeichert. Für jeden Kalendertag wird ein Eintrag in der Tabelle erstellt, der den Tag hinsichtlich Tagesarbeitszeitplan und -variante, Tagestyp, Feiertagsklasse und Konfessionsschlüssel genau festlegt.

Der Periodenarbeitszeitplan wird dabei mit allen Arbeitswochen zum Bezugsdatum im Jahreskalender mit dem Aufsetzpunkt, der in der Arbeitszeitplanregel definiert ist, aufgesetzt und in beide Richtungen ausgerollt, bis alle im Selektionsbild eingegebenen Perioden generiert sind. Die Tagesarbeitszeitplanauswahlregeln der Tagesarbeitszeitpläne und die Regeln für die Tagestypen aus der Arbeitszeitplanregel bestimmen, welche Attribute für jeden Tag in der Tabelle T552A gespeichert werden sollen. Einen Überblick über die Vorgehensweise bei der Generierung sehen Sie in Abbildung 1.16.

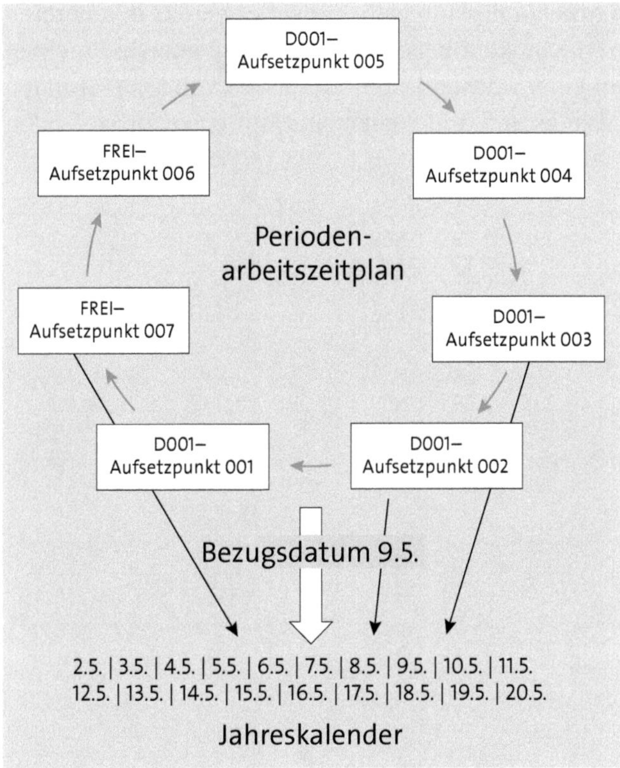

Abbildung 1.16 Monatsarbeitszeitplan generieren

1.9 Fazit

Sie haben in diesem Kapitel das Customizing von Arbeitszeitplänen in SAP ERP HCM kennengelernt. Das genaue Verständnis dieses Themas dient Ihnen als Basis für Zeitwirtschaftsprojekte, ist aber, wie bereits in der Einleitung erwähnt, ebenso wichtig für andere Komponenten von SAP ERP HCM.

Widmen Sie den Gruppierungen von Personalteilbereichen und Mitarbeiterkreisen vor Beginn des eigentlichen Arbeitszeitplan-Customizings entsprechend hohe Aufmerksamkeit, denn Fehler in diesem Bereich sind schwer zu korrigieren.

Die Bedeutung der Namenskonventionen für die Bezeichnung von Arbeitszeitplanelementen wird unserer Erfahrung nach häufig falsch bewertet: Aus unserer Sicht bewirkt eine durchdachte Gruppierungsmatrix mehr Übersichtlichkeit, als durch Namenskonventionen auf Dauer erreichbar ist.

Für Arbeitszeitplanregeln hat es sich bewährt, die ersten vier bis fünf Stellen des achtstelligen Feldes für eine Klassifizierung zu nutzen und die letzten drei bis vier Stellen für eine fortlaufende Nummerierung zu verwenden. Nutzen Sie nicht alle Stellen des Feldes für einen sprechenden Schlüssel. Im Folgenden finden Sie ein Beispiel für die Bezeichnung von Arbeitszeitplanregeln, wie wir es bereits in mehreren Projekten umgesetzt haben: G3500001 steht bei einer Arbeitszeitplanregel für einen Gleitzeitplan (erste Stelle G) mit einer wöchentlichen Arbeitszeit von 35,00 Stunden (3500 auf den Stellen 2 bis 5). Die letzten drei Stellen sind mit einer fortlaufenden Nummerierung ab 001 belegt.

Kapitel 2
Customizing der Infotypen der Zeitwirtschaft

In der Zeitwirtschaft ist eine überschaubare Anzahl von Infotypen relevant – die erforderlichen Customizing-Einstellungen für einige Infotypen sind hingegen sehr umfangreich. In diesem Kapitel erfahren Sie, welche Infotypen in der Zeitwirtschaft genutzt werden und welche Customizing-Einstellungen Sie vornehmen müssen.

In diesem Kapitel beschreiben wir Ihnen die Infotypen der Zeitwirtschaft. SAP definiert Infotypen als Informationseinheiten: Das heißt, dass in Infotypen die Daten logisch und thematisch zusammengefasst werden. In der Zeitwirtschaft sind dies die Infotypen 2001 bis 2013. Sie erfahren, welche Möglichkeiten Sie bei der Erfassung der Informationen haben, die Sie in der Zeitwirtschaft benötigen. Darüber hinaus behandeln wir die wichtigsten Bildsteuerungen und die Voraussetzungen zur exakten Abbildung der Informationen im Detail. Dazu führen wir Sie durch den Einführungsleitfaden (IMG) und besprechen alle Customizing-Einstellungen, die für die einzelnen Infotypen möglich und erforderlich sind.

Bei den Customizing-Einstellungen verweisen wir, wo es möglich ist, auf die Pflegesicht der zu bearbeitenden transparenten Tabelle, die Sie mithilfe von Transaktion SM30 (Aufruf View-Pflege) erreichen. Die Infotypen der Zeitwirtschaft können Sie mit den Transaktionen PA30 (Personalstammdaten pflegen) oder PA61 (Zeitdaten pflegen) bearbeiten.

2.1 Infotyp 2001 (Abwesenheiten)

Zum Einstieg in diesen Abschnitt möchten wir Ihnen die Unterschiede der Erfassungsbilder vorstellen, wie sie Ihnen bei der Pflege oder Anzeige unterschiedlicher Abwesenheitsarten, die innerhalb dieses Infotyps als Subtyp auftreten können, angezeigt werden.

Mithilfe des Infotyps 2001 (Abwesenheiten) erfassen Sie die Zeiträume während der Sollarbeitszeit eines Mitarbeiters, in denen er nicht im Unternehmen anwesend und auch nicht (z. B. auf einer Dienstreise) außerhalb des Unternehmens tätig ist. Diese Abwesenheiten können sein:

- Urlaub
- Krankheit mit und ohne Attest
- Elternzeit
- Mutterschutz

Der Infotyp 2001 enthält nicht nur Daten für die zeitwirtschaftliche Betrachtung, sondern aus der Art der Abwesenheit müssen auch sozialversicherungsrechtliche und steuerliche Aspekte sowie melderechtliche Gegebenheiten (DEÜV-Meldungen) und nicht zuletzt entgeltliche Berechnungen abgeleitet werden können. Dies gilt z. B. für Krankheit oder Mutterschutz.

Aus diesem Grund wird im Infotyp 2001 anhand der Abwesenheitsart, die Sie in der Personalstammdatenpflege anlegen oder ändern können, ermittelt, welches Erfassungsbild (Dynpro) zur Erfassung oder Änderung genutzt werden soll. Die Tabelle T554S, die die möglichen Abwesenheiten enthält, beinhaltet somit auch eine Zuordnung der Abwesenheitsart zu einem Erfassungs-Dynpro. In einer Teilsicht der Tabelle T554S (Abwesenheitsart 0100) ist z. B. für die Abwesenheitsart 0100 (Urlaub) die Dynpro-Nummer 2001 für das Erfassungs-Dynpro hinterlegt (siehe Abbildung 2.1).

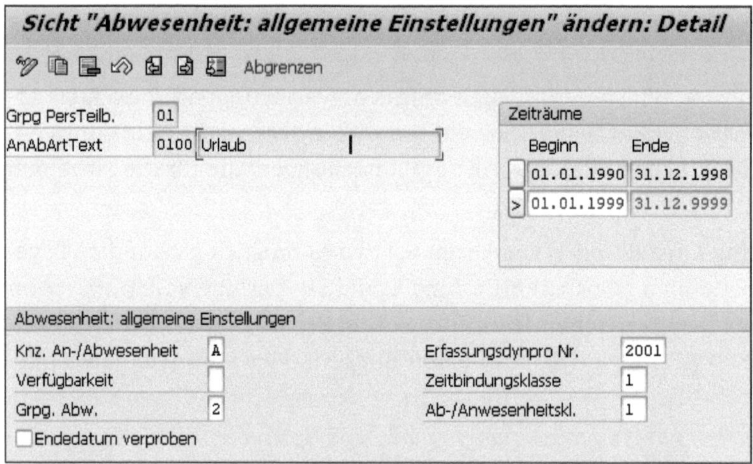

Abbildung 2.1 Teilsicht der Tabelle T554S – Abwesenheitsart 0100

Für die Abwesenheitsart 0200 (Krankheit mit Attest) ist das Erfassungs-Dynpro 2002 vorgesehen.

Die Erfassungsbilder für diese beiden Abwesenheiten unterscheiden sich durch die verschiedenen Dynpro-Nummern in ihrem Aufbau und Informationsgehalt. So können Sie z. B. die Abwesenheit **Urlaub für einen Tag** mit Transaktion PA61 (Zeitdaten pflegen), dem Infotyp 2001 und der Abwesenheitsart 0100 erfassen (siehe Abbildung 2.2).

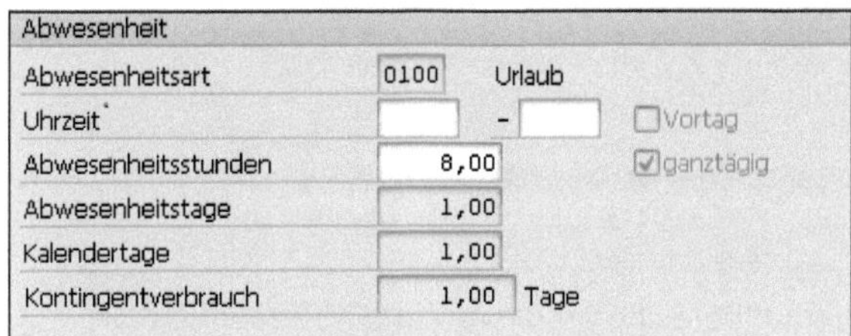

Abbildung 2.2 Ausschnitt aus dem Erfassungs-Dynpro »Urlaub«

Etwas umfangreicher sind die Informationen im Dynpro für die Erfassung der Abwesenheitsart **Krankheit** (siehe Abbildung 2.3).

Arbeitsunfähigkeit
Abwesenheitsart 0200 Krankheit mit Attest
Uhrzeit - Vortag
Abwesenheitsstunden 7,20 ganztägig
Abwesenheitstage 1,00
Kalendertage 1,00

Abrechnung
Abrechnungsstunden 7,20
Abrechnungstage 1,00

Fristen für Bezahlung
Verknüpfungen
anrechenbare Tage
Ende Lohnfortzahlung 06.03.2022
Krankengeldzuschuß 07.03.2022 - 23.07.2022
Bescheinigter Beginn

Abbildung 2.3 Ausschnitt aus dem Erfassungs-Dynpro »Krankheit«

Für beide dargestellten Beispiele sind für die Zeitwirtschaft in aller Regel nur die Angaben **Uhrzeit**, **Abwesenheitsstunden**, **Abwesenheitstage** und **Kalendertage** von Bedeutung.

Das Customizing für die Abwesenheiten erreichen Sie über den Customizing-Pfad **Personalzeitwirtschaft • Zeitdatenerfassung und -verwaltung • Abwesenheiten • Abwesenheitskatalog**.

Als Erstes müssen Sie eine Gruppierung der Personalbereiche/-teilbereiche für die Abwesenheitsarten vornehmen. Durch die Möglichkeit, verschiedenen Personalbereichen/-teilbereichen unterschiedliche Gruppierungen zuzuordnen, können Sie z. B. Abwesenheiten in diesen Personalteilbereichen unterschiedlich bewerten lassen. Wählen Sie die Customizing-Aktivität **Personalteilbereiche für An-/Abwesenheiten gruppieren**, um die Gruppierung einzurichten. Sie gelangen anschließend in die Sicht V_001P_D (siehe Abbildung 2.4).

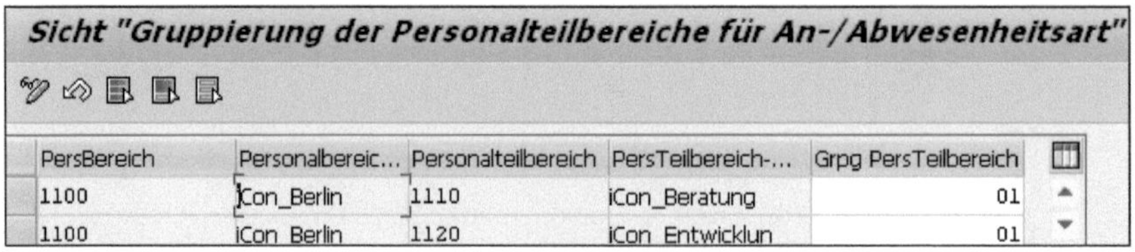

Sicht "Gruppierung der Personalteilbereiche für An-/Abwesenheitsart"

PersBereich	Personalbereic...	Personalteilbereich	PersTeilbereich-...	Grpg PersTeilbereich
1100	iCon_Berlin	1110	iCon_Beratung	01
1100	iCon_Berlin	1120	iCon_Entwicklun	01

Abbildung 2.4 Gruppierung der Personalteilbereiche für die An- und Abwesenheitsart

Die Sicht V_001P_D ist eine Sicht auf eine zentrale Tabelle T001P, in der alle benötigten Gruppierungen für Personalbereiche/-teilbereiche hinterlegt werden.

SAP liefert im Standard bereits eine Vielzahl von Abwesenheitsarten aus. Sie sollten bei Ihrer SAP-Einführung deshalb genau prüfen, ob Sie wirklich noch eigene Abwesenheitsarten mit eigener Gruppierung benötigen. Die kürzlich vorgenommenen Gesetzesänderungen, wie z. B. das maschinelle Meldeverfahren zur Erstattung von Arbeitgeberleistungen nach dem Aufwendungsausgleichsgesetz (AAG) zum Jahreswechsel 2010/2011 betreffen zwar weniger den zeitwirtschaftlichen als den steuerrechtlichen und sozialversicherungsrechtlichen Teil des SAP-Systems. Sie müssen jedoch Ihre eigenen Abwesenheitsarten in den verschiedenen Gruppierungen auch in Bezug auf steuerrechtliche oder sozialversicherungsrechtliche Angaben hin untersuchen und gegebenenfalls umständlich anpassen.

Über die Customizing-Aktivität **Abwesenheitsarten definieren** gelangen Sie in die Sicht V_T554S, in der Sie die Eingabeprüfungen für die Abwesenheitsarten festlegen können (siehe Abbildung 2.5).

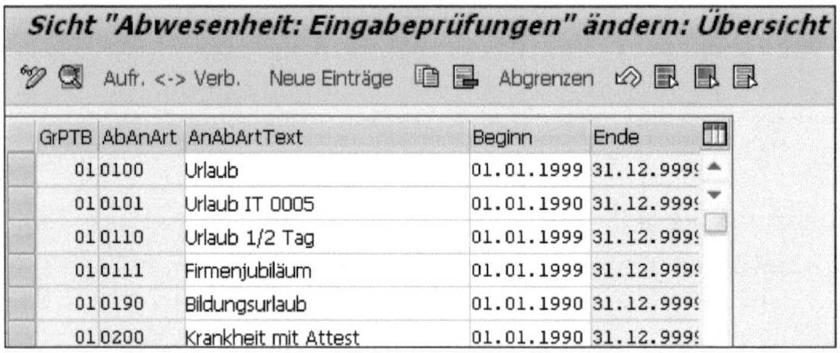

Sicht "Abwesenheit: Eingabeprüfungen" ändern: Übersicht

Aufr. <-> Verb.   Neue Einträge   Abgrenzen

GrPTB	AbAnArt	AnAbArtText	Beginn	Ende
01	0100	Urlaub	01.01.1999	31.12.999
01	0101	Urlaub IT 0005	01.01.1990	31.12.999
01	0110	Urlaub 1/2 Tag	01.01.1999	31.12.999
01	0111	Firmenjubiläum	01.01.1999	31.12.999
01	0190	Bildungsurlaub	01.01.1990	31.12.999
01	0200	Krankheit mit Attest	01.01.1990	31.12.999

Abbildung 2.5 Abwesenheit – Eingabeprüfungen

Per Doppelklick auf eine Zeile oder durch Markieren einer Zeile und einen Klick auf die Lupen-Button (**Detail**) gelangen Sie in die Sicht zum Ändern der Eingabeprüfungen der jeweiligen Abwesenheitsart (siehe Abbildung 2.6).

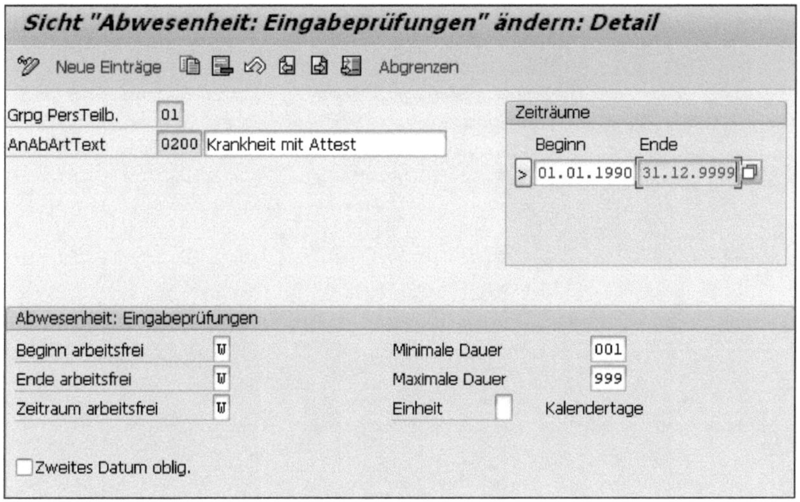

Abbildung 2.6 Eingabeprüfungen – Detail

Anhand der Ausprägungen, die Sie in dieser Sicht definieren, wird beim Erfassen der Abwesenheitsarten eine Reihe von Prüfungen vorgenommen. Das SAP-System prüft z. B., ob das Beginn-Datum oder das Ende-Datum der Abwesenheit auf einen arbeitsfreien Tag gemäß Monatsarbeitszeitplan fällt. Darüber hinaus wird geprüft, ob eventuell der komplette Zeitraum der Abwesenheit nur aus arbeitsfreien Tagen gemäß Monatsarbeitszeitplan besteht. Auf diese Prüfung reagiert das SAP-System dann entsprechend den im Folgenden gezeigten Einstellungen: Die möglichen Ausprägungen für die Felder **Beginn arbeitsfrei**, **Ende arbeitsfrei** und **Zeitraum arbeitsfrei** lauten:

- E: Die Eingabe wird verweigert, Error.
- W: Die Eingabe wird akzeptiert, aber mit Warnung.
- I: Die Eingabe wird akzeptiert, aber mit Information.
- Blank: Die Eingabe wird ohne Warnung akzeptiert.

Das Feld **Minimale Dauer** beschreibt die Mindestanzahl von Tagen, die eine Abwesenheit dauern muss, damit sie überhaupt im SAP-System gespeichert werden kann. Analog dazu definiert das Feld **Maximale Dauer** die Maximalzahl an Tagen, die nicht überschritten werden darf. Die Zahl 999 beinhaltet dabei nicht 999 Tage, sondern eine beliebig lange Dauer. Das Feld **Einheit** bestimmt die Art der Tage, die zur Zählung herangezogen werden. Standardmäßig wird in Kalendertagen gezählt. So ist es durchaus möglich, dass Sie eine Abwesenheit mit dem Ende-Datum 31.12.9999 erfassen können (siehe Abbildung 2.7).

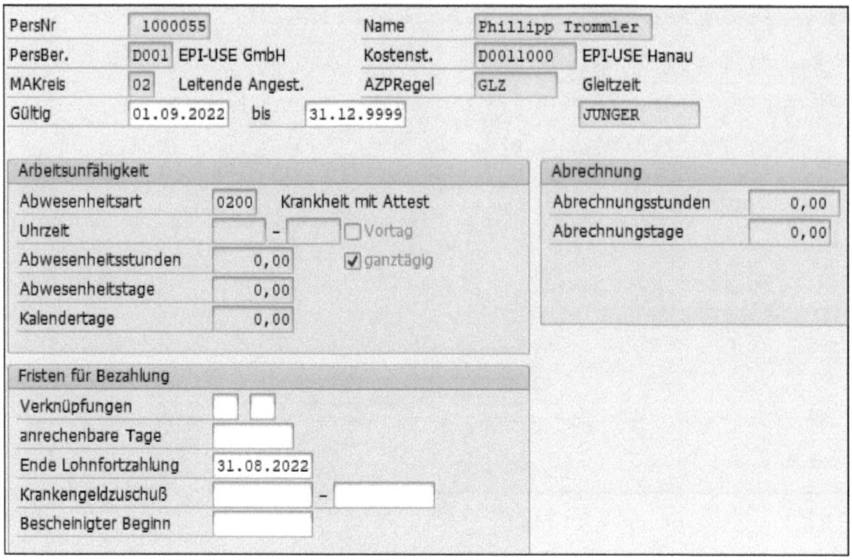

PersNr 1000055 Name Phillipp Trommler
PersBer. D001 EPI-USE GmbH Kostenst. D0011000 EPI-USE Hanau
MAKreis 02 Leitende Angest. AZPRegel GLZ Gleitzeit
Gültig 01.09.2022 bis 31.12.9999 JUNGER

Arbeitsunfähigkeit
Abwesenheitsart 0200 Krankheit mit Attest
Uhrzeit – Vortag
Abwesenheitsstunden 0,00 ganztägig
Abwesenheitstage 0,00
Kalendertage 0,00

Abrechnung
Abrechnungsstunden 0,00
Abrechnungstage 0,00

Fristen für Bezahlung
Verknüpfungen
anrechenbare Tage
Ende Lohnfortzahlung 31.08.2022
Krankengeldzuschuß –
Bescheinigter Beginn

Abbildung 2.7 Abwesenheit – Ende unendlich

Manche Sachbearbeiter wählen diese Form der Erfassung, wenn sie das Ende der Krankheit nicht kennen. Da Sie aber kaum Ihre Monatsarbeitszeitpläne bis zum 31.12.9999 generiert haben, können hier keine Abwesenheitszeiten ermittelt werden. Sie sollten in diesen Fällen Ihren Abwesenheitssatz einfach nur bis zum Ende des aktuellen oder nächsten Jahres erfassen.

[+]

Kalendertage anzeigen

Das Feld **Kalendertage** kann nur einen Wert bis maximal »999,99« aufnehmen. Wird Ihnen bei der Erfassung einer Abwesenheit die Anzahl 999,99 im Feld **Kalendertage** angezeigt, prüfen Sie, ob diese auch richtig berechnet wurde. Anderenfalls empfehlen wir Ihnen, den Abwesenheitszeitraum zu teilen (splitten).

Für den Fall, dass Sie einen Zeitraum angeben, für den der Arbeitszeitplan nicht generiert wurde, erhalten Sie eine entsprechende Fehlermeldung. Sie können dies umgehen, indem Sie, wie in Abschnitt 2.7, »Infotyp 2007 (Anwesenheitskontingente)«, beschrieben, das Feld **automat. Generieren** in der Tabelle T508A (Sicht V_T508A) pflegen.

Eine weitere Prüfung können Sie aktivieren, indem Sie das Kennzeichen **Zweites Datum oblig.** Markieren (siehe Abbildung 2.6). Damit muss der Bearbeiter bereits im Einstiegsbild im Menü **Zeitdaten** bzw. **Stammdaten** den Gültigkeitszeitraum eines Datensatzes im Anlegen- und Kopiermodus festlegen.

Wenn Sie Abwesenheiten im SAP-System einrichten, müssen Sie deren Auszählung definieren. Die Auszählung legt fest, welche Tage oder Stunden innerhalb des zu betrachtenden Abwesenheitszeitraums mit welchen Faktoren in die Abwesenheitsberechnung eingehen. Die Einstellungen zur Abwesenheitsauszählung erreichen Sie über den Customizing-Pfad **Personalzeitwirtschaft • Zeitdatenerfassung und -verwaltung • Abwesenheiten • Abwesenheitskatalog • Abwesenheitsauszählung**.

Wir betrachten im Hinblick auf die Auszählung zunächst die Gruppierung der Mitarbeiterkreise für Zeitkontingente. Das Zeitkontingent ist ein besonderes Merkmal der Abwesenheitsauszählung: Eine Reihe von Abwesenheiten wird noch einmal weiter unterteilt und bestimmten Kontingenten zugewiesen. Besonders Urlaubsarten unterteilen sich oft in Tarifurlaub, Schichturlaub und Schwerbehindertenurlaub, um nur einige zu nennen. Alle diese Urlaubsarten müssen Kontingenten zugewiesen und dazu gruppiert werden. Der erste Schritt ist dabei die Gruppierung der Mitarbeiterkreise für Zeitkontingente (siehe Abbildung 2.8).

Sicht "Gruppierung der Mitarbeiterkreise für Zeitkontingente" ändern:

MitarbGruppe	MitarbGruppenbez.	Mitarbeiter...	MitarbKreisbez.	GrMK Zeitko...
1	Aktive	20	Angestellte	1
1	Aktive	21	Monatslöhner	1
1	Aktive	22	AT-Angestellte	1
1	Aktive	50	Angestellte	1
1	Aktive	51	AT-Angestellte	1
1	Aktive	52	Stundenlöhner	1
1	Aktive	53	Azubis	1
1	Aktive	54	Praktikanten	1
1	Aktive	55	Angestellte	1
1	Aktive	60	Angestellte O	1
1	Aktive	61	Stundenlöhner O	1
1	Aktive	62	AT-Angestellte O	1

Abbildung 2.8 Gruppierung der Mitarbeiterkreise für Zeitkontingente

Das SAP-System ermöglicht es, Mitarbeiterkreise im Hinblick auf die Zulässigkeit von Zeitkontingenttypen zu unterscheiden. Unserer Erfahrung nach und nach der Empfehlung von SAP ist hier eine Unterscheidung nicht zwingend erforderlich, und Sie können die Standardausprägung des SAP-Systems übernehmen. Der Customizing-Punkt **Erfassungsbilder und Zeitbindungsklassen festlegen** wird in Kapitel 3, »Zeitbindung und Kollisionsprüfungen«, beschrieben. An dieser Stelle beschäftigen wir uns mit der eigentlichen Abwesenheitsauszählung und betrachten zunächst ihren betriebswirtschaftlichen Hintergrund:

Das SAP-System zieht bei der Eingabe einer An- oder Abwesenheit die Sollstundenanzahl aus dem für diesen Tag geltenden Tagesarbeitszeitplan heran. Dies kann in einigen Fällen zu unerwünschten Ergebnissen, nicht nur innerhalb der Zeitwirtschaft, sondern auch in der anhängenden Entgeltabrechnung führen.

Ein einfaches Beispiel soll das verdeutlichen: Ihre Mitarbeiter arbeiten nach einem tariflichen oder betrieblichen Arbeitszeitregime, in dem vorgesehen ist, an den Tagen Montag bis Donnerstag acht Stunden und am Freitag nur sechs Stunden zu arbeiten. Dann steht die Abwesenheitsauszählung vor der Aufgabe, von einer Wochenstundengröße von 38 Stunden und somit durchschnittlich 7,6 Stunden täglich auszugehen. Das heißt also, dass jeder Tag der Abwesenheit, wenn Sie ihn als ganzen Tag betrachten wollen, mit 7,6 Stunden ausgezählt und bewertet wird. Diese Auszählung der täglichen Dauer einer An- oder Abwesenheit können Sie anhand von Regeln beeinflussen, die Sie in diesem Abschnitt festlegen. Wir haben schon kurz angesprochen, dass die Dauer einer An- oder Abwesenheit im SAP-System in unterschiedlichen Einheiten berechnet wird, die in den Infotypen 2001 (Abwesenheiten) und 2002 (Anwesenheiten) gleichzeitig geführt werden:

- **Kalendertage**
  Die Kalendertage berechnet das SAP-System anhand der real innerhalb einer An- oder Abwesenheit verstrichenen Tage, wobei bei eintägigen An- oder Abwesenheiten nur ganztägige An-/Abwesenheiten gezählt werden.
- **An-/Abwesenheitsstunden, An-/Abwesenheitstage**
  Die An-/Abwesenheitsstunden bzw. die An-/Abwesenheitstage werden auf der Basis der im Arbeitszeitplan hinterlegten Sollstunden berechnet, d. h. also, dass nur Tage in die Berechnung einfließen, an denen der Mitarbeiter auch Sollstunden hat.
- **Abrechnungsstunden, Abrechnungstage**
  Die Abrechnungsstunden bzw. Abrechnungstage werden für die Abtragung von Kontingenten und in der Personalabrechnung verwendet. Die Berechnung der Abrechnungstage und Abrechnungsstunden erfolgt über die Einstellungen zur An-/Abwesenheitsauszählung. Hier können auch die An-/Abwesenheitstage in die Berechnung einfließen, an denen der Mitarbeiter keine Sollstunden hat.

Für die Umsetzung der An-/Abwesenheitsauszählung stehen Ihnen zwei Möglichkeiten zur Verfügung:

- Auszählung einer An-/Abwesenheit durch die Multiplikation mit einem festgelegten Prozentsatz
- Beeinflussung der ermittelten Sollstundenanzahl

Bei der ersten Möglichkeit, der Auszählung einer An-/Abwesenheit durch die Multiplikation mit einem festgelegten Prozentsatz, legen Sie in Abhängigkeit von dem Wochentag, der Feiertagsklasse, des Tagestyps usw. mithilfe eines Kontingentmultiplikators Regeln zur Ermittlung von Abrechnungstagen und Abrechnungsstunden fest. Die ermittelte Anzahl können Sie durch die Verwendung von Rundungsregeln noch verändern. Die Abrechnungstage und Abrechnungsstunden bilden die Vorgabe für die Kontingentabtragung und stehen der Personalabrechnung zur Verarbeitung zur Verfügung.

Als zweite Möglichkeit können Sie bei bestimmten ganztägigen An-/Abwesenheiten die Berechnung beeinflussen, indem Sie die zugrundeliegende Sollstundenanzahl durch die Zuweisung einer anderen Tagesarbeitszeitplanvariante verändern.

Im Customizing-Leitfaden treffen Sie gegebenenfalls noch auf eine ältere Variante der Abwesenheitsauszählung, die aber nicht mehr unterstützt wird. Gehen Sie deshalb immer nur nach der neuen Variante vor. Die Varianten sind eindeutig durch ihre Überschrift mit dem Zusatz (alt) bzw. (neu) gekennzeichnet.

Dazu müssen Sie jetzt den Customizing-Pfad **Personalzeitwirtschaft • Zeitdatenerfassung und -verwaltung • Abwesenheiten • Abwesenheitskatalog • Abwesenheitsauszählung** aufrufen und hier den ersten Unterpunkt **Auszählklassen des Periodenarbeitsplanes definieren** bearbeiten. Sie gelangen in die Sicht V_T551C der Tabelle T551C (siehe Abbildung 2.9).

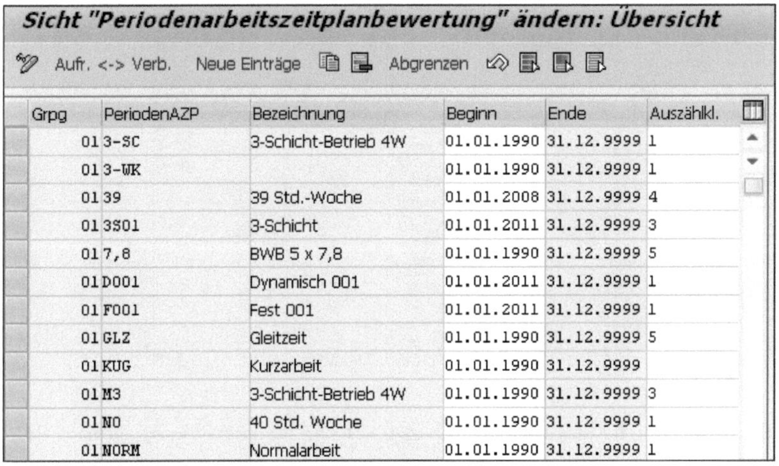

Sicht "Periodenarbeitszeitplanbewertung" ändern: Übersicht

Aufr. <-> Verb. Neue Einträge Abgrenzen

Grpg	PeriodenAZP	Bezeichnung	Beginn	Ende	Auszähkl.
01	3-SC	3-Schicht-Betrieb 4W	01.01.1990	31.12.9999	1
01	3-WK		01.01.1990	31.12.9999	1
01	39	39 Std.-Woche	01.01.2008	31.12.9999	4
01	3S01	3-Schicht	01.01.2011	31.12.9999	3
01	7,8	BWB 5 x 7,8	01.01.1990	31.12.9999	5
01	D001	Dynamisch 001	01.01.2011	31.12.9999	1
01	F001	Fest 001	01.01.2011	31.12.9999	1
01	GLZ	Gleitzeit	01.01.1990	31.12.9999	5
01	KUG	Kurzarbeit	01.01.1990	31.12.9999	
01	M3	3-Schicht-Betrieb 4W	01.01.1990	31.12.9999	3
01	NO	40 Std. Woche	01.01.1990	31.12.9999	1
01	NORM	Normalarbeit	01.01.1990	31.12.9999	1

Abbildung 2.9 Periodenarbeitszeitplanbewertung ändern

Sie müssen hier für Ihre Periodenarbeitszeitpläne eine Auszählklasse für die Bewertung von Ab-/Anwesenheiten festlegen. Mithilfe dieser Klasse gruppieren Sie Ihre Periodenarbeitszeitpläne hinsichtlich der An-/Abwesenheitsauszählung und können sie bei den Regeln für die An-/Abwesenheitsauszählung als ein Kriterium verwenden. Sie können diese Auszählklasse verwenden, wenn Sie Periodenarbeitszeitpläne mit Tagesarbeitszeitplänen verwenden, die eine hohe Anzahl (circa zehn Stunden) beinhalten und für die es andererseits viele freie Tage gibt. Dies wäre das Gegenbeispiel zu dem bereits angeführten Fall, in dem ein Mitarbeiter von Montag bis Donnerstag länger als am Freitag arbeitet und die Wochenstundenzahl damit sozusagen »geglättet« wird. Eine solche Glättung würde in diesem Fall nicht stattfinden. Ein freier Tag wird nicht geglättet; allerdings sind die Arbeitstage z. B. mehr als 1,00 Urlaubstage wert. Wenn Sie also solche Periodenarbeitszeitpläne einer Mitarbeitergruppe zuordnen und erreichen wollen, dass diese Tage dann z. B. mit 1,25 bewertet werden sollen, vergeben Sie hier als Auszählklasse eine 2, wenn wir davon ausgehen, dass dies Ihren Normalfall abbilden soll.

Jeder Periodenarbeitszeitplan muss eine Auszählklasse erhalten. Als Standard können Sie zunächst die Auszählklasse 1 nutzen. Bei der späteren Pflege der Auszählungsregeln müssen Sie für jede Klasse eine eigene Regel festlegen.

Im nächsten Arbeitsschritt müssen Sie Ihre Personalteilbereiche im Hinblick auf die Zulässigkeit von Zeitkontingenttypen gruppieren. Das heißt, dass Sie eine Einteilung Ihrer Personalteilbereiche festlegen, für die dieselben Ab- und Anwesenheitskontingenttypen zulässig sein sollen. Wählen Sie dazu über den Pfad **Personalzeitwirtschaft • Zeitdatenerfassung und -verwaltung • Abwesenheiten • Abwesenheitskatalog • Abwesenheitsauszählung • Regeln zur Abwesenheitsauszählung** die Customizing-Aktivität **Personalteilbereiche für Zeitkontingente gruppieren** (siehe Abbildung 2.10).

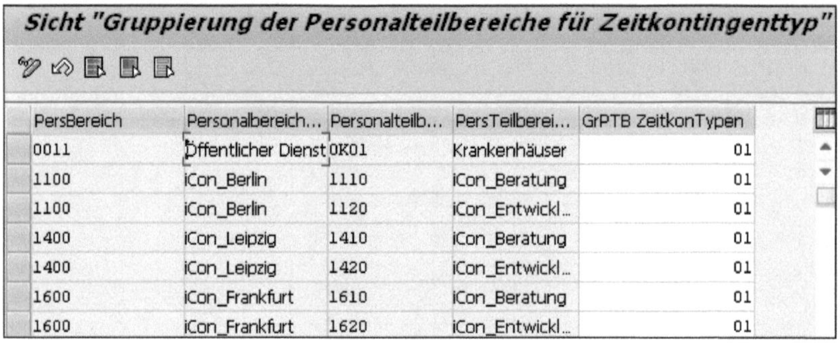

Sicht "Gruppierung der Personalteilbereiche für Zeitkontingenttyp"

PersBereich	Personalbereich...	Personalteilb...	PersTeilberei...	GrPTB ZeitkonTypen
0011	Öffentlicher Dienst	0K01	Krankenhäuser	01
1100	iCon_Berlin	1110	iCon_Beratung	01
1100	iCon_Berlin	1120	iCon_Entwickl...	01
1400	iCon_Leipzig	1410	iCon_Beratung	01
1400	iCon_Leipzig	1420	iCon_Entwickl...	01
1600	iCon_Frankfurt	1610	iCon_Beratung	01
1600	iCon_Frankfurt	1620	iCon_Entwickl...	01

Abbildung 2.10 Gruppierung der Personalteilbereiche für den Zeitkontingenttyp

Kontrollieren Sie zunächst, ob alle Ihre durch Kopieren von bereits bestehenden Personalteilbereichen entstandenen Personalteilbereiche eine Ausprägung in der Gruppierung besitzen. Außerdem müssen Sie recherchieren, ob Sie unterschiedliche Kontingenttypen für Ihre Bereiche benötigen. Ist dies nicht der Fall, verwenden Sie beim Einrichten Ihres SAP-Systems zunächst immer die Gruppierung 01 für den Zeitkontingenttyp.

Nachdem Sie nun einige Vorarbeiten geleistet haben, müssen Sie im nächsten Schritt über die Customizing-Aktivität **Auszählungsregelungen festlegen** die Auszählungsregeln anlegen. Über diese Aktivität gelangen Sie in eine komplexe Sicht, die aus mehreren Tabellen besteht, einen sogenannten View-Cluster (siehe Abbildung 2.11). SAP bezeichnet diese Sicht auch als Dialogstruktur mit Teilstrukturen, die unterschiedliche Tabellen abbilden, wobei diese aber in einem logischen Zusammenhang stehen.

Sie gelangen in die Verarbeitung, indem Sie auf der linken Seite (**Dialogstruktur**) die zu bearbeitende Zeile durch einen Doppelklick markieren. Daraufhin wird auf der rechten Seite der Teil des Customizings angezeigt, der für das entsprechende Thema relevant ist. Wieder durch Doppelklick auf eine Zeile der rechten Tabellenhälfte oder durch Markieren einer Zeile und einen Klick auf den Lupen-Button gelangen Sie in die Einzelbearbeitung.

Sicht "Auszählungsregelung" ändern: Übersicht

Neue Einträge

Dialogstruktur
- Auszählungsregelung
- Abtragungsregeln für Abwesenheitskontingente
- Abtragungsregeln für Anwesenheitskontingente
- Rundungsregeln

GrMK	GrPTB	Ausz.Regelung	Text	Nummer
1	01	001	bezahlte Arbeit	001
1	01	010	Urlaub	001
1	01	010	Urlaub	002
1	01	012	Bildungsurlaub	001
1	01	012	Bildungsurlaub	002
1	01	020	Frei unbezahlt Kind krank	001
1	01	030	AZV-Tag	001

Abbildung 2.11 Auszählungsregelung festlegen

Sie bearbeiten damit die Dialogstruktur, wie sie auf der linken Seite in Abbildung 2.12 dargestellt ist, durch Markieren der einzelnen Einträge von oben nach unten.

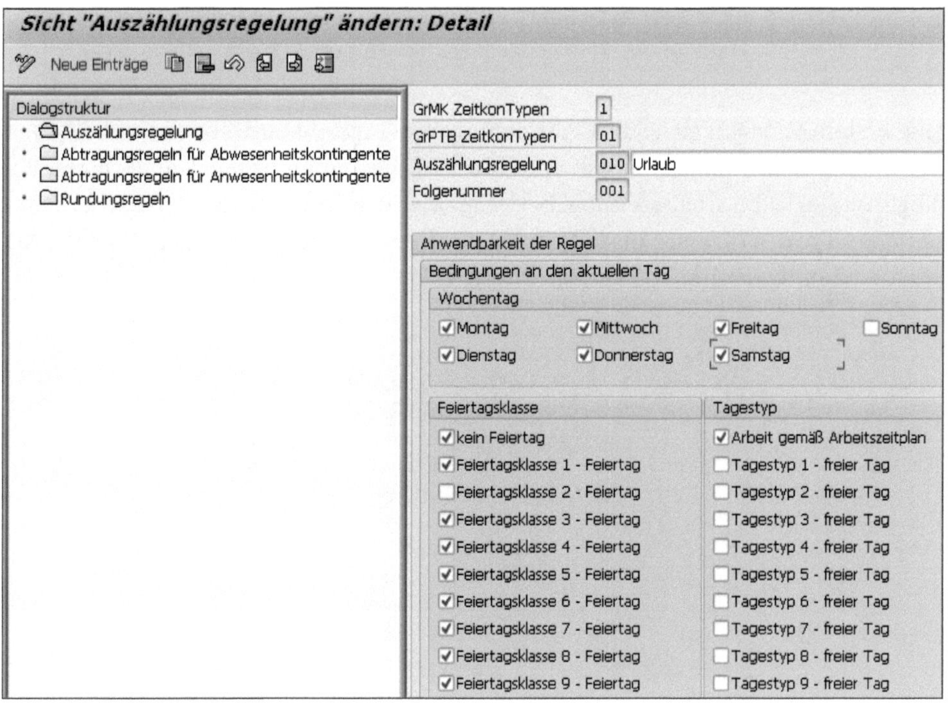

Abbildung 2.12 Detailsicht der Auszählungsregelung »Urlaub«

Zum Beispiel markieren Sie in der Sicht links den Punkt **Auszählungsregelung** und erhalten dadurch rechts eine Sicht auf alle Auszählungsregelungen. Hier werden Ihnen die zurzeit gültigen Auszählungsregelungen innerhalb Ihrer Gruppierungen **Mit-**

arbeiterkreis und **Personalteilbereich** zur Bearbeitung angeboten. Innerhalb Ihrer Gruppierungen haben Sie nun die Möglichkeit, zu jeder Auszählungsregelung mehrere Unterregeln anzulegen. Beispielhaft wollen wir uns in der Einzelbearbeitung die Auszählungsregelung für Urlaub anschauen.

Sie haben in dieser Teilsicht die Möglichkeit, Bedingungen an den aktuellen Tag zu definieren. Die erste Bedingung prüft den Wochentag. Für diese Regelung zählen alle Tage außer Sonntag. Die zweite Bedingung wird an die Feiertagsklasse des Tages gestellt. Dafür gelten alle Feiertagsklassen außer 2. Das heißt, dass die Regelung auch für Feiertage gilt. Dies wird aber durch die dritte Bedingung (**Tagestyp**) eingeschränkt. Durch die Aktivierung des Kennzeichens **Arbeit gemäß Arbeitszeitplan** kommen nur Tage in Betracht, an denen der Mitarbeiter auch wirklich arbeiten müsste.

[»]

Feiertagsklasse bei Schichtarbeit

Es existieren möglicherweise Arbeitszeitplanregeln in Ihrem Unternehmen im sogenannten vollkontinuierlichen Schichtsystem, für die es praktisch keinen Feiertag als arbeitsfreien Tag gibt. Dies wird durch zusätzliche freie Tage ausgeglichen. Für solche Arbeitszeitplanregeln geht auch ein Feiertag in die Auszählung mit ein. Konsequenterweise müsste dann in unserem Beispiel auch der Sonntag markiert sein.

Eine weitere Möglichkeit ist die Einbeziehung von Tagestypen, wenn Ihnen freie Tage mit unterschiedlicher Ausprägung des Blocks **Tagestyp** vorliegen. Die nächsten Bedingungen an den Arbeitszeitplan betreffen die Auszählklasse des Periodenarbeitszeitplans und die Tagesarbeitszeitplanklasse, die Sollstunden des Tages sowie die Art der An- oder Abwesenheit (siehe Abbildung 2.13).

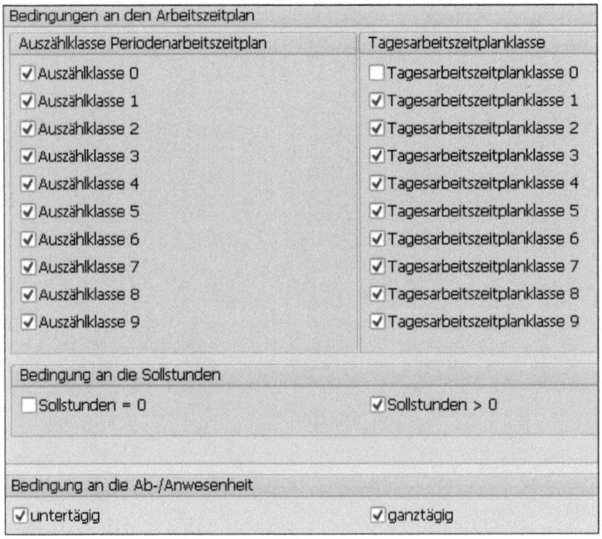

Abbildung 2.13 Bedingungen an den Arbeitszeitplan

Durch Markieren der Auszählklassen und Tagesarbeitszeitplanklassen legen Sie fest, welche Periodenarbeitszeitpläne und Tagesarbeitszeitpläne gemäß ihrer Klasse zur Auszählung beitragen sollen. Der Block **Bedingung an die Sollstunden** besagt, dass nur Tage mit mehr als null Stunden in die Auszählung eingehen. Der Block **Bedingung an die Ab-/Anwesenheit** ist unterteilt in untertägige und ganztägige Ab- oder Anwesenheiten. Beide Möglichkeiten sind im SAP-System zugelassen. Die eigentliche Auszählung wird durch die in Abbildung 2.14 gezeigten Angaben bestimmt.

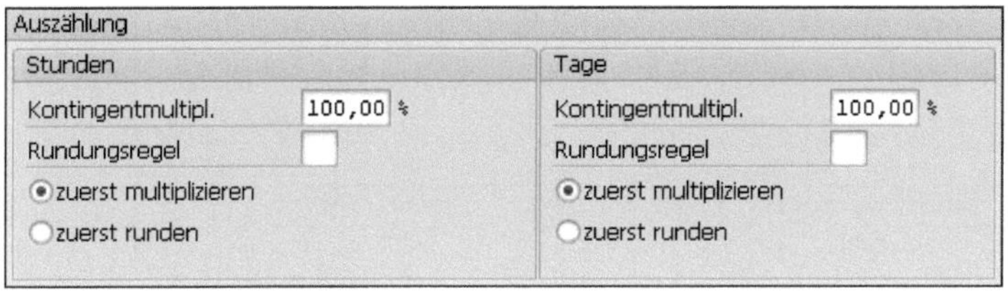

Auszählung

Stunden		Tage	
Kontingentmultipl.	100,00 %	Kontingentmultipl.	100,00 %
Rundungsregel		Rundungsregel	
(•) zuerst multiplizieren		(•) zuerst multiplizieren	
( ) zuerst runden		( ) zuerst runden	

Abbildung 2.14 Auszählung

Sie können hier in den Blöcken **Stunden** und **Tage** unterschiedliche Prozentwerte zur Berechnung der Abrechnungsstunden und der Abrechnungstage angeben und bestimmen damit, wie die Abrechnungsstunden und -tage ermittelt werden und wie die Ab-/Anwesenheiten für die Kontingentabtragung ausgezählt werden sollen. Wenn z. B. Mitarbeiter zehn Stunden am Tag arbeiten, gegenüber acht Stunden normaler Arbeitszeit, müssen Sie den Kontingentmultiplikator auf 125 % setzen, um den Urlaubstag auf 1,25 zu setzen.

Durch die Angabe einer Rundungsregel sagen Sie dem SAP-System, wie ein ermittelter Auszählungswert gerundet werden soll. Die Radiobuttons **zuerst multiplizieren** und **zuerst runden** steuern, ob bei der Auszählung zuerst die Abrechnungsstunden und -tage durch die Auswertung des Kontingentmultiplikators ermittelt werden oder erst die anhand der Sollstunden ermittelten Ab-/Anwesenheitsstunden und -tage gerundet werden sollen. Ohne Angabe einer Rundungsregel ist die Auswahl ohne Bedeutung. Eine Rundung vor der Berechnung empfiehlt sich insbesondere bei untertägigen Ab-/Anwesenheiten. Die Rundungsregeln, die Teil der Dialogstruktur (siehe Abbildung 2.11) sind, beschreiben wir in diesem Abschnitt weiter unten. Schließlich müssen Sie noch die **Abtragungsregel** angeben (siehe Abbildung 2.15).

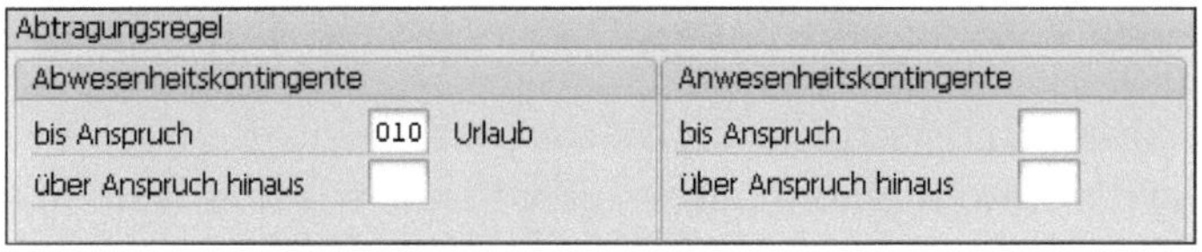

Abtragungsregel

Abwesenheitskontingente			Anwesenheitskontingente	
bis Anspruch	010	Urlaub	bis Anspruch	
über Anspruch hinaus			über Anspruch hinaus	

Abbildung 2.15 Abtragungsregel

Die Definition dieser Abtragungsregel erfolgt in unserer Dialogstruktur (siehe weiter vorne) im nächsten Schritt. Hier wird die bereits vorhandene bzw. die von Ihnen eingerichtete Regel eingetragen, hinter der sich, allgemein gesagt, eine Vorschrift verbirgt, welches Kontingent wie abgetragen wird, oder, einfacher ausgedrückt, wie sich z. B. ein Urlaubsanspruch durch Abwesenheiten verringert. Unter dem Eintrag **über Anspruch hinaus** können Sie eine weitere Kontingentabtragung definieren, wenn das »obere« Kontingent bereits abgetragen wurde und die Möglichkeit bestehen soll, danach ein weiteres Kontingent abzutragen.

Um die Rundungsregeln einzustellen, kehren Sie zurück in das Ausgangsbild (siehe weiter vorne) und markieren durch einen Doppelklick auf der linken Seite den Ordner **Rundungsregel**. Nun erscheinen die voreingestellten Rundungsregeln (siehe Abbildung 2.16).

RdReg	Bezeichnung	Nr.	Untergrenze	inkl.	Obergrenze	inkl.	Zielwert	roll.
01	kaufmännisch rund...	001	0,50000	☑	1,50000	☐	1,00000	☑
02	prozentual runden	001		☐	0,25000	☐		☐
02	prozentual runden	002	0,25000	☑	0,75000	☐	0,50000	☐
02	prozentual runden	003	0,75000	☑	99.999,99999	☑	1,00000	☐

Abbildung 2.16 Rundungsregeln

Falls Sie zur Auszählung einen Stunden- oder Tagesmultiplikator verwenden, werden bei der Auszählung der An-/Abwesenheiten unter Umständen Werte mit mehreren Nachkommastellen ermittelt. Für die Kontingentabtragung und die Abrechnung möchten Sie aber höchstwahrscheinlich solche Werte nicht verwenden. Sie werden deshalb eine auf Ihr Unternehmen zugeschnittene Rundungsregel anwenden wollen. Diese Rundungsregeln hinterlegen Sie anhand von konkreten Zahlen. Dabei können Sie festlegen, ob nur innerhalb des genannten Intervalls gerundet werden soll, ob das Intervall rolliert werden soll oder ob die angegebenen Ober- und Untergrenzen mit in die Berechnung einfließen sollen. Sie können für eine Rundungsregel auch mehrere Teilregeln hinterlegen, die sich durch Folgenummern unterscheiden. Das System durchläuft die Teilregeln dann fortlaufend, bis eine Regel zutrifft.

Die im Standard bereits hinterlegte Regel 01 ermittelt immer ganzzahlige Werte:

- Von »0« bis »0,5« exklusive den Wert »0«.
- Von »0,5« inklusive bis »1,5« exklusive den Wert »1«.
- Von »1,5« inklusive bis »2,5« exklusive den Wert »2« usw., weil das Intervall rollierend betrachtet werden soll.

Wir haben weiter oben schon den Begriff *Kontingentabtragung* benutzt und leiten damit in das Customizing der Abwesenheiten über, die von einem Kontingent abgetragen werden. Wir befinden uns immer noch in der Sicht, die in Abbildung 2.11 dargestellt ist. Durch einen Doppelklick auf den Teildialog **Abtragungsregeln für Abwesenheitskontingente** erscheinen auf der rechten Seite der Sicht mögliche Abtragungsregeln, eingeteilt nach unseren Gruppierungen **Mitarbeiterkreis** und **Personal-**

teilbereich. Hier müssen Sie je eine Abtragungsregel für die unterschiedlichen, in Ihrem Unternehmen vorhandenen Abwesenheitskontingente hinterlegen.

Falls Sie die vorhandenen Abtragungsregeln nicht verwenden möchten, kopieren Sie diese Einträge z. B. auf die GruOppierungen **Mitarbeiterkreis 9** und **Personalteilbereich 99**. Damit wissen Sie, dass diese Gruppierung die erstmalige Standardausprägung war. Danach verändern Sie die jeweilige Regel. Jetzt markieren Sie auf der rechten Seite die gewünschte Zeile, und nach einem Klick auf die Lupe erreichen Sie die in Abbildung 2.17 gezeigte Sicht.

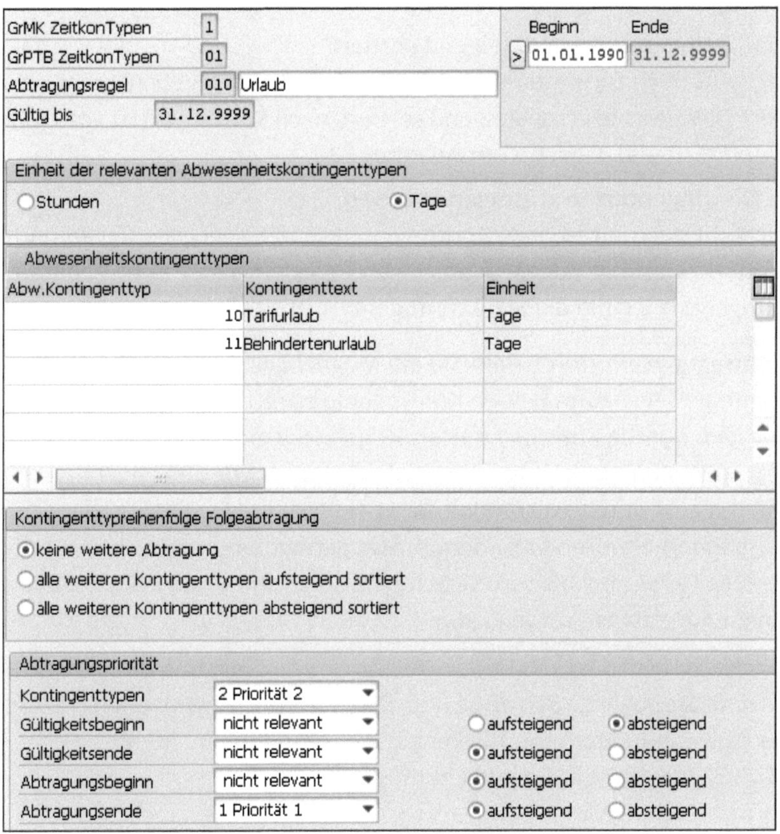

Abbildung 2.17 Abtragungsregeln für Abwesenheitskontingente

In dieser Sicht definieren Sie Regeln zur Abtragung von Kontingenten. Diese Regeln werden innerhalb Ihrer festgelegten Gruppierungen **Mitarbeiterkreis** und **Personalteilbereich** für Zeitkontingenttypen erstellt. Im Feld **Abtragungsregel** legen Sie eine sprechende Bezeichnung für diese Regel fest. Im Block **Einheit der relevanten Abwesenheitskontingenttypen** bestimmen Sie die Einheit **Tage** oder **Stunden** für die abzutragenden Abwesenheitskontingenttypen. In der Tabellensicht **Abwesenheitskontingenttypen** hinterlegen Sie die Abwesenheitskontingenttypen, die von dieser Regel bearbeitet/abgetragen werden sollen. Der Abwesenheitskontingenttyp ist der Subtyp für den Infotyp 2006 (Abwesenheitskontingente). In der Teilsicht **Kontingenttypreihenfolge Folgeabtragung** entscheiden Sie sich, wie mit den hier nicht aufgeführten Abwesenheitskontingenten verfahren werden soll, die der Mitarbeiter eventuell auch noch neben den aufgeführten Kontingenten hat. Sie können hier zwischen drei Möglichkeiten wählen:

- **Keine weitere Abtragung**
  Die Abtragung beschränkt sich tatsächlich nur auf die Kontingente, die im Block **An-** bzw. **Abwesenheitskontingentarten** angegeben worden sind.
- **Alle weiteren Kontingentarten aufsteigend sortiert**
  Die Abtragung wird noch für weitere Kontingente mit der angegebenen Zeiteinheit abgetragen. Dies geschieht, aufsteigend sortiert, nach Kontingentart, also z. B. nach Kontingentart 01 und danach Kontingentart 03.
- **Alle weiteren Kontingentarten absteigend sortiert**
  Die Abtragung wird noch für weitere Kontingente mit der angegebenen Zeiteinheit abgetragen. Dies erfolgt dagegen, absteigend sortiert, nach Kontingentart, also z. B. Kontingentart 03 und danach Kontingentart 01.

In der Teilsicht **Abtragungspriorität** haben Sie die Möglichkeit, Kriterien auszuwählen, wie die Reihenfolge der abzutragenden Kontingente ermittelt werden soll. In unserem Beispiel werden nur die Kontingentarten 10 und 11 abgetragen, und zwar erst dasjenige mit dem kleinsten Abtragungsende und dann nach Kontingentart aufsteigend. Diese Einstellung ist durchaus sinnvoll, da es vielfach vorgegeben ist, dass der Behindertenurlaub innerhalb eines Kalenderjahres abgetragen werden soll, der Tarifurlaub in den meisten Fällen aber bis zum 31. März des Folgejahres und in Einzelfällen auch darüber hinaus abgetragen werden kann.

Auf den ersten Blick erscheint das Customizing der Abwesenheiten und ihrer Auszählung sehr kompliziert. Sie haben durch diese Komplexität jedoch die Möglichkeit, die Verarbeitung der Abwesenheiten sehr differenziert zu gestalten. In älteren Releaseständen von SAP ERP HCM war das noch nicht möglich.

2.2 Infotyp 2002 (Anwesenheiten)

Im Infotyp 2002 (Anwesenheiten) erfassen Sie die Zeiten Ihrer Mitarbeiter, die einer genaueren Bewertung der Arbeitszeit dienen. Eine Dienstreise könnte z. B. als Abwesenheit interpretiert werden, da der Mitarbeiter nicht im Unternehmen anwesend ist. Diese Dienstreise wird jedoch als Anwesenheit angesehen, da der Mitarbeiter für Ihr Unternehmen tätig ist. Im Normalfall beginnt eine Dienstreise zu Hause und endet auch zu Hause, sodass es dem Mitarbeiter nicht möglich ist, seine Kommen- und Gehen-Zeiten an einem Terminal zu buchen. Der Personalzeitbearbeiter erfasst somit den Beginn und das Ende einer Dienstreise manuell. Außer Dienstreisen können Sie im Infotyp 2002 (Anwesenheiten) Arbeitsstunden erfassen, die Sie bestimmten Aufträgen/Kostenstellen zuweisen wollen, bei denen Sie also eine Kostenverteilung vornehmen möchten. Standardmäßig finden Sie u. a. die folgenden Anwesenheiten im SAP-System:

- Dienstreise
- Seminar/Kurs/Lehrgang
- Berufsschule
- Betriebsratstätigkeit
- Anwesenheit gg. Konti Std.
- Istkostenverteilung
- Betriebsversammlung
- Produktivstunden
- Mehrarbeitsstunden

Für diese Anwesenheitsarten gelten im Wesentlichen zwei unterschiedliche Erfassungsbilder, mit und ohne Kontingentabtragung (siehe Abbildung 2.18).

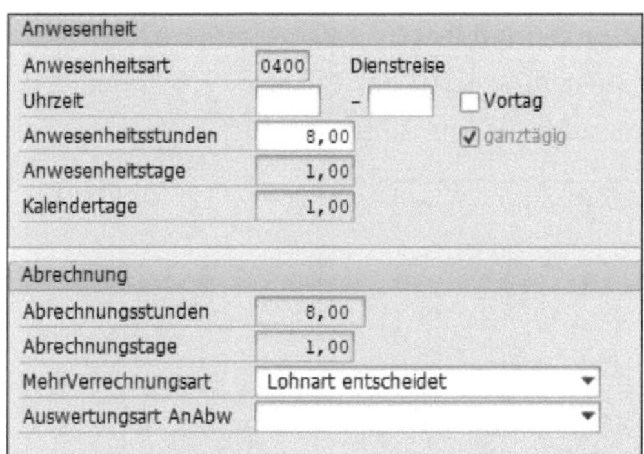

Anwesenheit

Anwesenheitsart	0400	Dienstreise	
Uhrzeit		-	☐ Vortag
Anwesenheitsstunden	8,00		☑ ganztägig
Anwesenheitstage	1,00		
Kalendertage	1,00		

Abrechnung

Abrechnungsstunden	8,00
Abrechnungstage	1,00
MehrVerrechnungsart	Lohnart entscheidet
Auswertungsart AnAbw	

Abbildung 2.18 Erfassungs-Dynpro für die Dienstreise

Falls Sie keine Uhrzeiten eingeben, errechnet das System die Anwesenheitsstunden aus dem Sollarbeitsplan des Mitarbeiters und daraus die Anwesenheitstage und Kalendertage. Sie können den Tag jedoch genauer mit Uhrzeiten erfassen, wie Sie anhand einer Dienstreise in Abbildung 2.19 sehen können.

Anwesenheit

Anwesenheitsart	0400	Dienstreise	
Uhrzeit	06:00	- 19:00	☐ Vortag
Anwesenheitsstunden	12,00		☐ ganztägig
Anwesenheitstage	1,00		
Kalendertage	0,00		

Abbildung 2.19 Dienstreise mit Uhrzeiten

Hier berechnet das System die Stunden ebenfalls anhand des Sollarbeitsplans, abzüglich der Pausen. Durch Markieren des Feldes **Vortag** ordnen Sie die Dienstreise dem Vortag zu. Wollen Sie nur die Stunden verändern, entfernen Sie die Uhrzeitangaben und geben die Anwesenheitsstunden ein. Nach einer Bestätigung mit [↵] erscheinen die berechneten Uhrzeiten (siehe Abbildung 2.20).

Anwesenheit			
Anwesenheitsart	0400	Dienstreise	
Uhrzeit	08:00	- 16:00	☐ Vortag
Anwesenheitsstunden	7,00		☐ ganztägig
Anwesenheitstage	0,88		
Kalendertage	0,00		

Abbildung 2.20 Dienstreise nach der Stundeneingabe

Das System beginnt dann immer, die Stunden ab Beginn der Sollarbeit laut Arbeitszeitplan zu berechnen. Das Customizing für die Anwesenheiten erreichen Sie über den Customizing-Pfad **Personalzeitwirtschaft • Zeitdatenerfassung und -verwaltung • Anwesenheiten/Istarbeitszeiten**. Viele Elemente des Customizings der Anwesenheiten sind ähnlich denen der Abwesenheiten. Wir konzentrieren uns daher nur auf die abwesenheitstypischen Customizing-Einstellungen. Der erste zu bearbeitende Punkt im Einführungsleitfaden lautet **Anwesenheitsarten definieren**. Durch einen Klick auf den Button **Ausführen** gelangen Sie in eine Sicht der Tabelle T554S. Hier können Sie die Anwesenheiten bearbeiten (siehe Abbildung 2.21).

Sicht "Anwesenheit: Eingabeprüfungen" ändern: Übersicht

Aufr. <-> Verb. Neue Einträge Abgrenzen

GrPTB	AbAnArt	An-/AbwArtText	Beginn	Ende
01	0400	Dienstreise	01.01.1990	31.12.9999
01	0420	Seminar/Kurs/Lehrgang	01.01.1990	31.12.9999
01	0430	Berufsschule/Blockunterr.	01.01.1990	31.12.9999
01	0440	Betriebsrattätigkeit	01.01.1990	31.12.9999
01	0460	Anwesenh. gg. Konti Std.	01.01.1990	31.12.9999
01	0470	Istkostenverteilung	01.01.1990	31.12.9999
01	0700	Betriebsversammlung	01.01.1990	31.12.9999

Abbildung 2.21 Tabelle T554S (Sicht V_554S_B) – Anwesenheit: Eingabeprüfungen

Per Doppelklick auf den gewünschten Eintrag gelangen Sie in die Detailsicht (siehe Abbildung 2.22).

Alle Felder dieser Sicht haben dieselben Funktionen wie die Felder der entsprechenden Sicht des Infotyps 2001 (Abwesenheiten), den wir in Abschnitt 2.1, »Infotyp 2001 (Abwesenheiten)«, beschrieben haben.

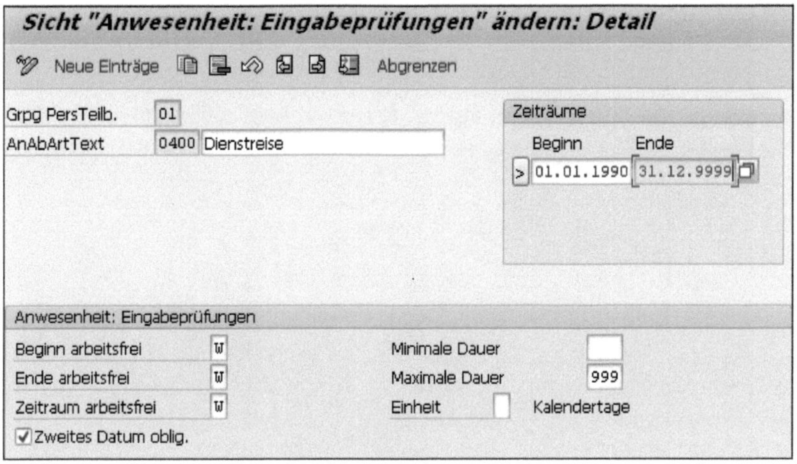

Abbildung 2.22 Sicht V_554S_B – Detailsicht

2.3 Infotyp 2003 (Vertretungen)

Über den normalen Sprachgebrauch hinaus sind in SAP ERP HCM Vertretungen mehr als die vorübergehende Übernahme von Aufgaben einer anderen Person. SAP bezeichnet auch die geplante Abweichung vom eigentlichen Arbeitszeitplan eines Mitarbeiters als Vertretung. Vertretungen werden, ebenso wie die temporäre Übernahme eines anderen Arbeitsplatzes, im Infotyp 2003 (Vertretungen) erfasst. Die Zuweisung einer abweichenden Planstelle oder eines abweichenden Arbeitsplatzes im Infotyp 2003 (Vertretungen) kann dabei durch die Erfassung einer Uhrzeitvertretung nicht nur für die Arbeitszeit des Mitarbeiters relevant sein, sondern sich auch auf die Bezahlung auswirken.

Der persönliche Schichtplan eines Mitarbeiters ergibt sich durch die Zuordnung einer Arbeitszeitplanregel im Infotyp 0007 (Sollarbeitszeit). Abweichungen von der planmäßigen Arbeitszeit können in verschiedenen Varianten im Infotyp 2003 (Vertretungen) erfasst werden.

Das Erfassungsbild des Infotyps 2003 (Vertretungen) ist in die folgenden Blöcke unterteilt (siehe Abbildung 2.23):

- Individuelle Arbeitszeit
- Tagesarbeitszeitplan
- Pausen
- Arbeitszeitplanregel
- Abweichende Bezahlung gemäß Tagestyp (Einzelfeld)

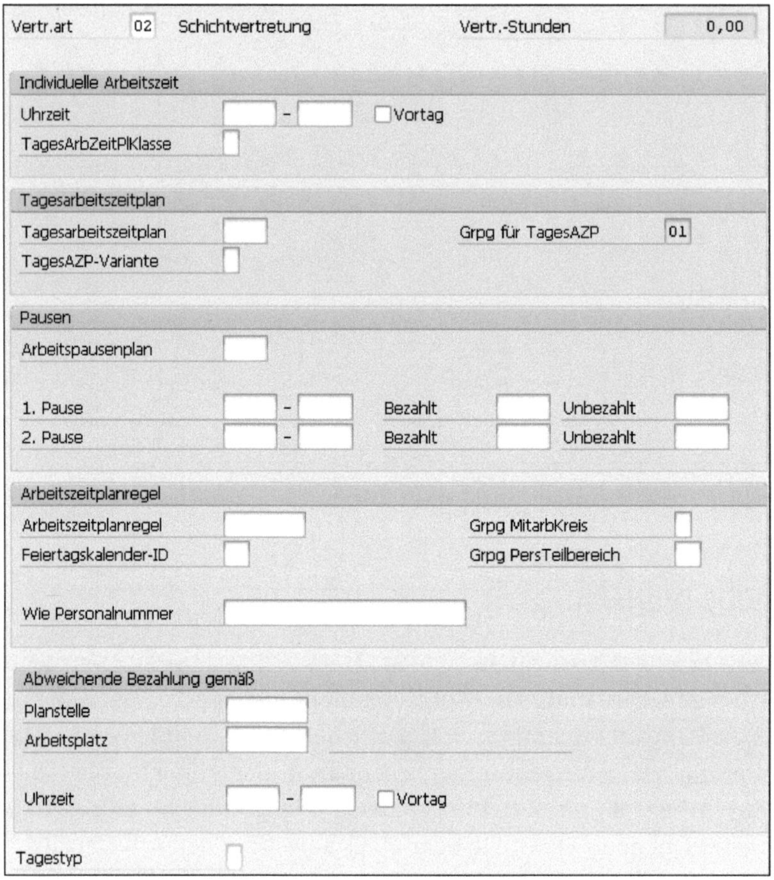

Vertr.art 02 Schichtvertretung Vertr.-Stunden 0,00

Individuelle Arbeitszeit
Uhrzeit - Vortag
TagesArbZeitPlKlasse

Tagesarbeitszeitplan
Tagesarbeitszeitplan Grpg für TagesAZP 01
TagesAZP-Variante

Pausen
Arbeitspausenplan
1. Pause - Bezahlt Unbezahlt
2. Pause - Bezahlt Unbezahlt

Arbeitszeitplanregel
Arbeitszeitplanregel Grpg MitarbKreis
Feiertagskalender-ID Grpg PersTeilbereich
Wie Personalnummer

Abweichende Bezahlung gemäß
Planstelle
Arbeitsplatz
Uhrzeit - Vortag

Tagestyp

Abbildung 2.23 Erfassungsbild des Infotyps 2003 (Vertretungen)

Das Customizing des Infotyps beschränkt sich auf die Definition folgender Bereiche:

- Personalteilbereiche für Vertretungsarten
- Vertretungsarten
- Vorschläge für Vertretungsarten

Über den Customizing-Pfad **Personalzeitwirtschaft • Zeitdatenerfassung und -verwaltung • Vertretungen • Personalteilbereiche für Vertretungsarten definieren** gelangen Sie in die Sicht V_001P_E der Tabelle T001P, in der alle Gruppierungsinformationen auf der Basis von Personalteilbereichen erfasst werden (siehe Abbildung 2.24).

PersBereich	Personalbereichstext	Personalteilbereich	PersTeilbereic...	Grpg PersTeilb...
1600	iCon_Frankfurt	1610	iCon_Beratung	01
1600	iCon_Frankfurt	1620	iCon_Entwicklun	01

Abbildung 2.24 Tabelle T001P (Sicht V_001P_E) – Personalbereich/-teilbereich

In der oben genannten Customizing-Aktivität zur Personalteilbereichsgruppierung müssen Sie für jeden Personalteilbereich, in dem der Infotyp 2003 (Vertretungen) genutzt werden soll, einen Gruppierungswert vergeben. Sie haben durch die Vergabe unterschiedlicher Gruppierungswerte die Möglichkeit, unterschiedliche Vertretungsarten je Gruppierung anzulegen. Sollten Sie keine Unterscheidung nach Personalteilbereichen benötigen, ist es ausreichend, allen Personalteilbereichen einen einheitlichen Gruppierungswert zu geben.

[«]

Gruppierung der Personalteilbereiche für Vertretungsarten

Die Gruppierung von Personalteilbereichen für Vertretungsarten, die Sie im entsprechenden Customizing-Schritt vornehmen, gilt auch für Bereitschaften. Beachten Sie dies bei der Konzeption Ihrer Gruppierungsmatrix.

Über den Customizing-Pfad **Personalzeitwirtschaft • Zeitdatenerfassung und -verwaltung • Vertretungen • Vertretungsarten definieren** gelangen Sie in die Sicht V_T556 der Tabelle T556, in der die Vertretungsarten definiert werden (siehe Abbildung 2.25). Die Tabelle umfasst die folgenden Felder:

- GrPTB (Gruppierung PTB)
- Ver... (Vertretungsart)
- Vertretungsartentext
- Zeitbindungsklasse
- NachteilsA (Kennzeichen Nachteilsausgleich)
- KUG-Vart (Kennzeichen KUG-Vertretungsart)

GrPTB	Ver...	Vertretungsartentext	Zeitbindungsklasse	NachteilsA	KUG-VArt
01	01	Meistervertretung	01	☐	☐
01	02	Schichtvertretung	02	☑	☐
01	03	Kug-Vertretung	01	☐	☑

Abbildung 2.25 Tabelle T556 (Sicht V_T556) – Vertretungsarten

Die Vertretungsarten, die Sie definieren möchten, müssen Sie innerhalb der Gruppierung für Personalteilbereiche anlegen, die für den betreffenden Personalteilbereich im ersten Schritt des Customizings für den Infotyp 2003 (Vertretungen) vergeben wurde.

Das Feld **Ver...** muss mit einem zweistelligen Wert belegt werden, den Sie alphanumerisch vergeben können. Eine besondere Bedeutung kommt der Vertretungsart 03 (KUG-Vertretung) zu. Diese Vertretungsart wird im SAP-Standard genutzt, um die Berechnung von Entgeltausfall durch Kurzarbeit vorzunehmen. Sollten Sie diese Vertretungsart anderweitig verwenden wollen, denken Sie daran, die entsprechenden Schemen der Personalabrechnung anzupassen.

Der Text zu den Vertretungsarten wird in der Tabelle T556T sprachabhängig gespeichert und kann bis zu einer Länge von 25 Zeichen frei vergeben werden.

Die Zeitbindungsklasse, die Sie je Vertretungsart vergeben, ist entscheidend für die Reaktion des Systems bei der Kollision von Daten in Zeitwirtschaftsinfotypen. Bei der Speicherung von neu zu erfassenden Daten wird geprüft, ob zum gleichen Zeitpunkt bereits Daten in anderen Infotypen der Zeitwirtschaft erfasst sind. In einer Customizing-Tabelle ist hinterlegt, wie das System in einer solchen Konstellation reagieren soll, z. B. mit einer Warnung für den Anwender. Mehr dazu erfahren Sie in Kapitel 3, »Zeitbindung und Kollisionsprüfungen«.

Das Kennzeichen **NachteilsA** (Nachteilsausgleich) dient dazu, in der Personalabrechnung mögliche finanzielle Einbußen des Mitarbeiters durch die Versetzung in eine andere Schicht auszugleichen. Im Abrechnungsschema XCOM besteht die Möglichkeit, Zeitlohnarten zu generieren, die der Mitarbeiter erhalten hätte, wenn er an einem mit einer Vertretung belegten Tag in seiner ursprünglichen Schicht gearbeitet hätte (Hätte-Prinzip). Dies kann z. B. bei einer betrieblich veranlassten Versetzung von einer Nacht- in eine Tagschicht notwendig sein.

Das Kennzeichen **KUG-Vart** bewirkt, dass die mit dieser Vertretungsart erfassten Abweichungen vom Arbeitszeitplan nur an Tagen berücksichtigt werden, für die ein Satz im Infotyp 0049 (Kurzarbeit) existiert. Ist dies der Fall, werden alle anderen gegebenenfalls parallel erfassten Vertretungsarten nicht berücksichtigt. Ist der Infotyp 0049 (Kurzarbeit) für einen Mitarbeiter erfasst, kann in der Personalabrechnung im Schema DT00 auf Basis der durch die Kurzarbeitsvertretungen erfassten Arbeitszeitpläne der Verdienstausfall durch die Kurzarbeit ermittelt und bewertet werden.

Um Vertretungen in der Zeitauswertung zu verarbeiten, muss im Zeitauswertungsschema die Funktion A2003 aufgerufen werden (siehe Abbildung 2.26).

000230	A2003					Verarbeitung Arbeitsplatzvertretung

Abbildung 2.26 Funktion A2003 im Schema TM00 aufrufen

Rufen Sie die Funktion A2003 in Ihrem Zeitauswertungsschema nicht auf, werden abweichende Informationen zum Arbeitszeitplan aus dem Infotyp 2003 (Vertretungen) nicht in der Zeitauswertung verarbeitet. Die Bewertung der Arbeitszeit erfolgt dann auf Basis des persönlichen Schichtplans des Mitarbeiters, der jedoch in der Zeitauswertung etwa durch die dynamische Zuweisung eines Tagesarbeitszeitplans noch übersteuert werden kann. In diesem Zusammenhang kann auch die Verwendung unterschiedlicher Vertretungsarten sinnvoll sein. So können Sie in der Zeitauswertung durch die Abfrage der Vertretungsart steuern, dass bei Vorliegen von bestimmten Vertretungsarten trotzdem eine dynamische Zuweisung von Tagesarbeitszeitplänen erfolgen soll. Auf diese Weise können Sie realisieren, dass für einen Mitarbeiter, der für eine bestimmte Zeit von einer einschichtigen Arbeitszeit in den Drei-Schicht-Betrieb versetzt wird, eine dynamische Zuweisung von Tagesarbeitszeitplänen erfolgt. Durch die Verwendung einer anderen Vertretungsart können Sie bewirken, dass ein im Infotyp 2003 (Vertretungen) erfasster direkter Wechsel aus der Nachtschicht in die Tagschicht die dynamische Zuweisung verhindert. Zur dynamischen Zuweisung von Tagesarbeitszeitplänen erfahren Sie mehr in Kapitel 9, »Zeitdaten bereitstellen«.

In der Zeitauswertung sehen Sie im Protokoll der Funktion A2003 (siehe Abbildung 2.27), dass für den Mitarbeiter am 18.07.2022 eine Tagesarbeitszeitplanvertretung mit dem Tagesarbeitszeitplan 3N01 erfasst worden ist.

A2003 Verarbeitung Arbeitsplatzvertretung

Eingabe

Tabelle P2003

Beginn	Ende	AZPRegel	TagesAZP	Variante	Tagestyp	TAZPKlasse
18.07.2022	18.07.2022		3N01			

Abbildung 2.27 Eingabetabelle der Funktion A2003

In der Tabelle PSP wird dieser Tagesarbeitszeitplan anstelle des ursprünglichen Tagesarbeitszeitplans GLZ angezeigt (siehe Abbildung 2.28).

Tabelle PSP

Datum	Grpg	TAZP	Variante	Klasse	TaTyp	FtKla	PAZP	Stunden	Aktiv
18.07.2022	01	3N01		5	0	0	GLZ	8,00	X

Abbildung 2.28 Tabelle PSP mit Vertretung – Tagesarbeitszeitplan 3N01

2.4 Infotyp 2004 (Bereitschaften)

Bereitschaften sind Arbeitszeiten von Mitarbeitern außerhalb ihres normalen Schichtplans. Der SAP-Standard unterscheidet die Bereitschaftsarten **Rufbereitschaft** und **Präsenzbereitschaft**. Aus der Beratungspraxis sind uns jedoch vielfältige weitere Ausprägungen bekannt. Generell dient die Erfassung von Bereitschaften im Infotyp 2004 (Bereitschaften) der Auswertung von Bereitschaftszeiten mit und ohne Einsatzzeiten in der Zeitauswertung (siehe Abbildung 2.29).

Auf der Grundlage der Bereitschaften können Sie so Vergütungen von Bereitschaftspauschalen, Zeitgutschriften und die automatische Bewertung von Einsatzzeiten während der Bereitschaften realisieren. Diese Verarbeitung setzt voraus, dass die Bereitschaften in der Zeitauswertung eingelesen werden. Das Einlesen von Bereitschaften aus dem Infotyp 2004 (Bereitschaften) erfolgt durch die Funktion P2004, die im Schema TM00 im Block **Zeitdaten bereitstellen** aufgerufen wird (siehe Abbildung 2.30).

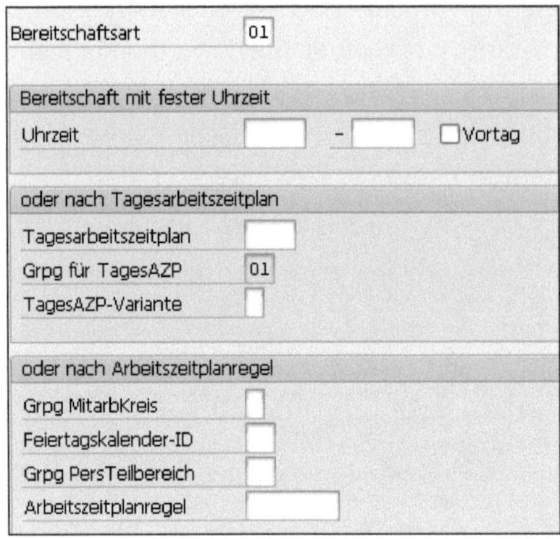

Abbildung 2.29 Erfassungsbild des Infotyps 2004 (Bereitschaften)

```
000280 P2004                Bereitstellen Rufbereitschaft des Tages
```

Abbildung 2.30 Funktion P2004 im kundeneigenen Schema aufrufen

Funktion P2004 aufrufen

Die Funktion P2004 wird in den Standardschemen der Zeitauswertung (TM00, TM01, TM04) nicht prozessiert. Möchten Sie den Infotyp 2004 (Bereitschaften) in der Zeitauswertung verarbeiten, müssen Sie die Funktion P2004 in Ihrem kundeneigenen Schema aufrufen. Ergänzen Sie Ihr Schema dazu im Block **Zeitdaten bereitstellen**, z. B. nach dem Aufruf der Funktion P2002 (Bereitstellen Anwesenheiten des Tages) durch die im Folgenden abgebildete Zeile.

Für diese Funktion stehen die Parameter 2 und 3 zur Verfügung. Durch den Parameter 2 können Sie steuern, Paare welchen Paartyps durch die von der Funktion P2004 einzulesenden TIP-Einträge übersteuert werden sollen. Auf diese Weise können z. B. An- oder Abwesenheitsinformationen aus den Infotypen 2001 (Abwesenheiten) und 2002 (Anwesenheiten) durch Bereitschaftszeiten aus dem Infotyp 2004 (Bereitschaften) überschrieben werden. Mit dem Parameter 3 steuern Sie, ob bei mehrtägigen Bereitschaften die Uhrzeiten aus dem Infotyp 2004 (Bereitschaften) als Beginn und Ende für den jeweils ersten und letzten Tag der Gültigkeitsdauer interpretiert werden oder ob die Uhrzeiten für jeden Tag innerhalb des Gültigkeitszeitraums des Satzes als Beginn und Ende der Bereitschaft gewertet werden sollen.

Sie erfassen beispielsweise eine Bereitschaft vom 11.07.2022 bis zum 15.07.2022 mit der Beginn-Uhrzeit 19:00 Uhr und der Ende-Uhrzeit 23:00 Uhr. Wird die Funktion P2004 mit dem Parameter 3 = blank aufgerufen, wird am 11.07.2022 ein Satz in die interne Tabelle TIP mit Beginn-Uhrzeit 19:00 und Ende-Uhrzeit 24:00 gestellt. Vom 12.07.2022 bis zum 14.07.2022 wird jeweils ein Satz mit Beginn-Uhrzeit 00:00 Uhr und Ende-Uhrzeit 24:00 erzeugt, und am letzten Tag der Bereitschaft, dem 15.07.2022, wird ein Satz mit der Beginn-Uhrzeit 00:00 Uhr und der Ende-Uhrzeit 23:00 in der Tabelle TIP generiert. Wird die Funktion P2004 mit dem Parameter 3 = TED aufgerufen, wird für jeden Tag der Bereitschaftsdauer ein Satz mit Beginn-Uhrzeit 19:00 Uhr und Ende-Uhrzeit 23:00 Uhr in der Tabelle TIP zur weiteren Verarbeitung bereitgestellt. Zur Verarbeitung von Einsätzen während einer Bereitschaft stellt Ihnen der SAP-Standard diverse Personalrechenschemen und Personalrechenregeln zur Verfügung (z. B. Schema OKC1), die jedoch hauptsächlich zur Abbildung der Besonderheiten im öffentlichen Dienst konzipiert sind. Diese können Sie gegebenenfalls zur Abbildung Ihrer eigenen Regelungen als Vorlage nutzen.

Das Customizing der Bereitschaften erreichen Sie über den Customizing-Pfad **Personalzeitwirtschaft • Zeitdatenerfassung und -verwaltung • Bereitschaften**. Im ersten Schritt müssen Sie die Personalteilbereiche für die Bereitschaften gruppieren. Diese vergeben Sie über den Customizing-Pfad **Personalzeitwirtschaft • Zeitdatenerfassung und -verwaltung • Bereitschaften • Personalteilbereiche für Bereitschaftsarten gruppieren**. Sie gelangen in diesem Schritt in die Sicht V_001P_E der Tabelle T001P. Die Gruppierung, die Sie hier vergeben, gilt sowohl für Bereitschaftsarten als auch für Vertretungsarten; achten Sie bei der Erstellung Ihrer Gruppierungsmatrix für Personalteilbereiche darauf.

Im nächsten Schritt des Customizings, das Sie über den Pfad **Personalzeitwirtschaft • Zeitdatenerfassung und -verwaltung • Bereitschaften • Bereitschaftsarten definieren** erreichen, gelangen Sie in die Tabelle T557 (Sicht V_T557). In dieser Tabelle definieren Sie Bereitschaftsarten als Subtypen für den Infotyp 2004 (Bereitschaften), siehe Abbildung 2.31.

GrPTB	BerArt	Bereitschaftsartentext	Ber.art	ZBKl	Verf.	Bereitschaftstyp
01	01	Rufbereitschaft	R	01		1 Rufbereitschaft
01	02	Bereitschaftsdienst<=10%	1	02		2 Bereitschaftsdienst
01	03	Bereitschaftsdienst<=25%	2	02		2 Bereitschaftsdienst
01	04	Bereitschaftsdienst<=40%	3	02		2 Bereitschaftsdienst
01	05	Bereitschaftsdienst<=49%	4	02		2 Bereitschaftsdienst

Abbildung 2.31 Tabelle T557 (Sicht V_T557) – Bereitschaftsarten

Die Tabelle besteht aus den folgenden Feldern:

- **GrPTB (Gruppierung Personalteilbereich)**
  Es handelt sich hier um Gruppierung von Personalteilbereichen für Vertretungs- und Bereitschaftsarten (MOVER).

- **BerArt (Bereitschaftsart)**
  Das Feld **Bereitschaftsart** muss mit einem zweistelligen Wert belegt werden, den Sie alphanumerisch vergeben können.
- **Bereitschaftsartentext**
  Der Text zu den Bereitschaftsarten wird in der Tabelle T557T sprachabhängig gespeichert und kann bis zu einer Länge von 25 Zeichen frei vergeben werden.
- **Ber.art (interner Schlüssel für die Bereitschaftsart)**
  Der interne Schlüssel für die Bereitschaftsart dient der Kennzeichnung von Einträgen in der internen Tabelle TIP in der Zeitauswertung und kann in den Personalrechenregeln mit der Operation OUTTPINTKY abgefragt werden.
- **ZBKl (Zeitbindungsklasse)**
  Die Zeitbindungsklasse, die Sie pro Bereitschaftsart vergeben, ist entscheidend für die Reaktion des Systems bei der Kollision von Daten in Zeitwirtschaftsinfotypen. Bei der Speicherung von neu zu erfassenden Daten wird geprüft, ob zum gleichen Zeitpunkt bereits Daten in anderen Infotypen der Zeitwirtschaft erfasst sind. In einer Customizing-Tabelle ist hinterlegt, wie das System in einer solchen Konstellation reagieren soll, z. B. mit einer Warnung für den Anwender. Wir beschreiben dies ausführlicher in Kapitel 3, »Zeitbindung und Kollisionsprüfungen«.
- **Verf. (Kennzeichen für die Verfügbarkeit)**
  Das Kennzeichen für die Verfügbarkeit (**Verf.**) wird von Anwendungen wie z. B. der Personaleinsatzplanung ausgewertet. Sie können damit bewirken, dass ein Mitarbeiter, für den eine Bereitschaft im Infotyp 2004 (Bereitschaften) erfasst wurde, für die Personaleinsatzplanung oder auch für das Veranstaltungsmanagement als verfügbar oder nicht verfügbar gekennzeichnet ist.
- **Bereitschaftstyp**
  Das Feld **Bereitschaftstyp** klassifiziert Ihre Bereitschaftsart als Rufbereitschaft, Dienst oder Einsatz und wird von Funktionsbausteinen ausgewertet, die hauptsächlich in der Logistik Anwendung finden.

In den beiden nächsten Schritten im Customizing der Bereitschaften deklarieren Sie Tagesarbeitszeitpläne und Arbeitszeitplanregeln, die zur Eingabe im Infotyp 2004 (Bereitschaften) bereitstehen. Diese Option steht Ihnen alternativ zur Eingabe von Bereitschaften mit Beginn- und Ende-Uhrzeit zur Verfügung. Die Informationen aus den zugrundeliegenden Tagesarbeitszeitplänen werden im Zusammenhang mit der Bereitschaft einer speziellen Verarbeitung unterzogen. Pausen werden bei der Verarbeitung von Bereitschaften in der Zeitauswertung nicht berücksichtigt. Die Beginn- und Ende-Uhrzeit der Bereitschaft werden bei Tagesarbeitszeitplänen mit festen Arbeitszeiten aus den Feldern der Sollarbeitszeit und bei Gleitzeittagesarbeitszeitplänen aus der Normalarbeitszeit abgeleitet.

Sie kennzeichnen Tagesarbeitszeitpläne, die zur Eingabe im Infotyp 2004 (Bereitschaften) zur Verfügung stehen, in der Tabelle T550A (Sicht V_550A_B), die Sie über den Customizing-Pfad **Personalzeitwirtschaft • Zeitdatenerfassung und -verwaltung • Bereitschaften • Tagesarbeitszeitpläne für Bereitschaft festlegen** erreichen (siehe Abbildung 2.32).

Grpg	Tagesarbeit...	Variante	TagesAZP Text	Beginn	Ende	Bereitschaft
01	GLZ		Gleitzeit	01.01.2012	31.12.9999	☑
01	GLZ	A	Gleitzeit	01.01.1990	31.12.9999	☐
01	GLZ	B	Gleitzeit	01.01.1990	31.12.9999	☐
01	N-11		Nacht	01.01.2011	31.12.9999	☐
01	NGHT			01.01.1990	31.12.9999	☐
01	NO		8 Std. o. Pause	01.01.1990	31.12.9999	☐
01	NORM		Normalarbeit	01.01.1990	31.12.9999	☐
01	NRMZ		Normalarb. Zin	01.01.2008	31.12.9999	☐
01	RDO			01.01.1990	31.12.9999	☐
01	REG			01.01.1990	31.12.9999	☐
01	REST			01.01.1990	31.12.9999	☐
01	RUFB		Rufbereitschaft	01.01.1990	31.12.9999	☑

Abbildung 2.32 Tabelle T550A (Sicht V_550A_B) – Tagesarbeitszeitplan: Zulässigkeit für die Bereitschaft

Arbeitszeitplanregeln, die zur Eingabe im Infotyp 2004 (Bereitschaften) zur Eingabe zulässig sein sollen, müssen Sie analog zur Verfahrensweise für Tagesarbeitszeitpläne in der Tabelle T508A (Sicht V_508A_B) kennzeichnen (siehe Abbildung 2.33).

Gr...	Grpg. MK f. AZP	Feiertagskal.-ID	Text	G...	AZPRegel	Bereitschaft
1	Gewerbliche/Arbei...	08	Deutschland (	01	NORM	☐
1	Gewerbliche/Arbei...	08	Deutschland...	01	RUFB	☑
1	Gewerbliche/Arbei...	11	Deutschland...	01	GLZ	☐

Abbildung 2.33 Tabelle T508A (Sicht V_508A_B) – Arbeitszeitplanregel

Beachten Sie bei beiden Verfahrensweisen, dass die Auswahl von Tagesarbeitszeitplanvarianten, z. B. bei der Erfassung einer Abwesenheit im Infotyp 2001 (Abwesenheiten), bei gleichzeitigem Vorliegen einer Bereitschaft auf Basis eines Tagesarbeitszeitplans oder einer Arbeitszeitplanregel nicht durchgeführt wird. Das heißt, dass in solchen Konstellationen der persönliche Schichtplan des Mitarbeiters und nicht der Tagesarbeitszeitplan oder die Arbeitszeitplanregel als Basis relevant ist, die im Infotyp 2004 (Bereitschaften) erfasst wurde.

2.5 Infotyp 2005 (Mehrarbeiten)

Im Infotyp 2005 (Mehrarbeiten) erfassen Sie Mehrarbeitszeiten von Mitarbeitern, die nicht an der positiven Zeitauswertung teilnehmen, wenn diese gesondert vergütet oder für eine Zeitgutschrift gewertet werden sollen. Daten aus diesem Infotyp werden in den Schemen der Negativzeitauswertung (z. B. TM01) verarbeitet und in den Zeitwirtschaftsteilen der Personalabrechnungsschemen (z. B. TC00) durch die Funktion P2005 eingelesen und können anschließend weiterverarbeitet werden.

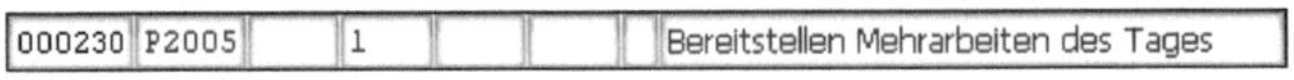

000230	P2005		1				Bereitstellen Mehrarbeiten des Tages

Abbildung 2.34 Funktion P2005 im Schema TM01 aufrufen

Der Infotyp 2005 (Mehrarbeiten) umfasst zwei Blöcke (siehe Abbildung 2.35), die zum einen der Erfassung der Mehrarbeitszeit und zum anderen der Erfassung der darin enthaltenen Pausen dienen.

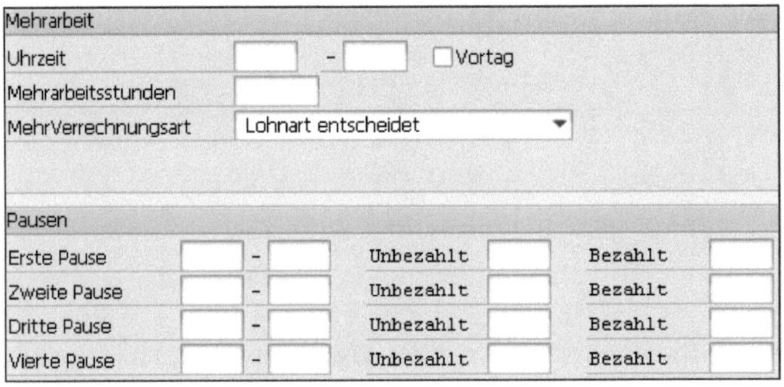

Abbildung 2.35 Erfassungsbild des Infotyps 2005 (Mehrarbeiten)

Im Block **Mehrarbeit** erfassen Sie die Dauer der Mehrarbeit mit der entsprechenden Beginn- und Ende-Uhrzeit. Die Dauer der Mehrarbeit errechnet sich aus diesen beiden Uhrzeiten, abzüglich der im unteren Block erfassten Pausen. Darüber hinaus legen Sie im Feld **MehrVerrechnungsart** (Mehrarbeitsverrechnungsart) fest, wie die zu erfassende Mehrarbeit bewertet werden soll. Hier stehen in der Regel verschiedene Ausprägungen zur Verfügung wie z. B. **Lohnart entscheidet**, **Vergütung** oder **Zeitgutschrift**.

Im Block **Pausen** können Sie bis zu vier Pausen jeweils mit Beginn- und Ende-Uhrzeit erfassen. Die erfassten Mehrarbeitszeiten werden gegen die Informationen aus dem Tagesarbeitszeitplan verprobt. Dabei wird geprüft, ob die erfassten Mehrarbeiten Überschneidungen zu Pausen aus dem persönlichen Schichtplan für den relevanten Zeitraum aufweisen. Wie das System in diesem Fall reagiert, legen Sie bei der Definition der Arbeitspausenpläne fest. Näheres dazu erfahren Sie in Kapitel 1, »Customizing der Arbeitszeitpläne«.

Das Customizing für den Infotyp 2005 (Mehrarbeiten) beschränkt sich auf den Punkt zur Definition von Mehrarbeitsverrechnungsarten. Diesen Punkt erreichen Sie über den Customizing-Pfad **Personalzeitwirtschaft • Zeitdatenerfassung und -verwaltung**

• **Mehrarbeiten** • **Arten der Mehrarbeitsverrechnung definieren** und gelangen in die Tabelle T555R (siehe Abbildung 2.36).

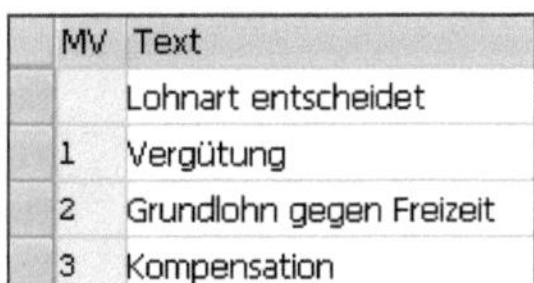

MV	Text
	Lohnart entscheidet
1	Vergütung
2	Grundlohn gegen Freizeit
3	Kompensation

Abbildung 2.36 Tabelle T555R (Mehrarbeitsverrechnungsarten)

Die hier definierten Arten der Mehrarbeitsverrechnung finden ebenso in den Infotypen 2002 (Anwesenheiten), 2007 (Anwesenheitskontingente), 2010 (Entgeltbelege) und 2052 (Wochenerfassung mit Leistungsverr.) Anwendung. Beachten Sie deshalb, dass bei der Definition alle Anforderungen auch in diesen Infotypen berücksichtigt werden. Die Mehrarbeitsverrechnungsart ist ein einstelliger alphanumerischer Wert. Diesen Wert können Sie in den Personalrechenregeln der Zeitauswertung aus der internen Tabelle TIP mit der Operation OUTTPCLTYP oder aus der internen Tabelle OT mit der Operation OUTOTCLTYP auslesen und damit z. B. steuern, ob Lohnarten zur Auszahlung kommen oder in Zeit verrechnet werden.

2.6 Infotyp 2006 (Abwesenheitskontingente)

Im Infotyp 2006 (Abwesenheitskontingente) erfassen Sie die Kontingente, die für Abwesenheiten mit Kontingentabtragung und für die Kontingentprüfung vorgesehen sind. Sie gelangen mithilfe der Transaktionen PA30 oder PA61 (Zeitdaten pflegen) in die Pflege des Infotyps 2006. Wenn Sie ein bereits vorhandenes Kontingent eines Mitarbeiters pflegen möchten, bietet sich Ihnen im Wesentlichen das in Abbildung 2.37 dargestellte Bild.

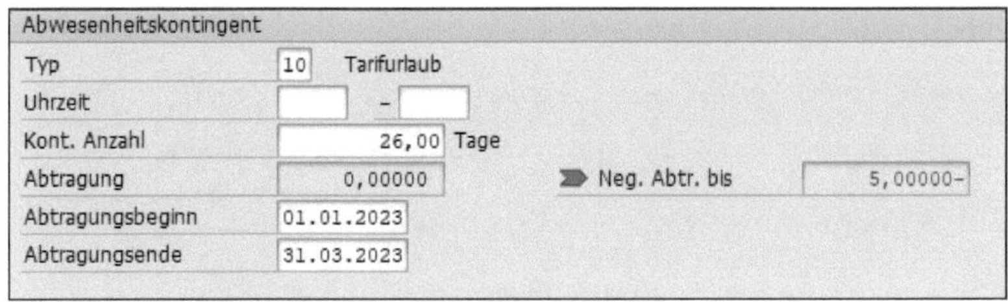

Abbildung 2.37 Abwesenheitskontingent pflegen

Für den Kontingenttyp **Tarifurlaub** wurde in diesem Fall eine Kontingenthöhe von 26 Tagen für den entsprechenden Mitarbeiter angelegt. Die Höhe können Sie manuell vorgeben, sofern im Rahmen der Zeitauswertung dieses Kontingent nicht automatisch ermittelt wird. Das Feld **Abtragungsbeginn** enthält das Datum, ab wann dieses

Kontingent verfügbar und abtragbar ist. Analog enthält das Feld **Abtragungsende** das Ende-Datum der Verfügbarkeit und der Abtragungsmöglichkeit. Sie erkennen, dass für die Folgejahre die Verfügbarkeit und Abtragung der Kontingente zeitlich überlappen können.

SAP betrachtet die Kontingentabtragung logischerweise immer chronologisch, d. h., solange noch von einem »alten« Kontingent abgetragen werden kann, wird dieses genutzt. Erst wenn kein »altes« Kontingent mehr vorhanden oder das Abtragungsende erreicht ist, wird von einem zeitlich folgenden Kontingent abgetragen. Die Infotypinhalte können durch die Einstellungen im Customizing vorgeschlagen werden. Im Folgenden beschäftigen wir uns mit dem Customizing. Sie verwenden wieder Transaktion SPRO, um in den Einführungsleitfaden zu gelangen. Über den Pfad **Personalzeitwirtschaft • Zeitdatenerfassung und -verwaltung • Verwaltung von Zeitkonten durch An-/Abwesenheitskontingente** finden Sie alle relevanten Einstellungsmöglichkeiten für Abwesenheitskontingente. Ihre Kontingente können Sie z. B. unter den folgenden Gesichtspunkten gruppieren bzw. verfeinern:

- Zuordnung Ihrer Mitarbeiterkreise zu Zeitkontingenten
- Zuordnung Ihrer Personalteilbereiche zu Zeitkontingenten und zur Zeiterfassung (Zeitartenfindung) bei Einsatz der Zeitauswertung

Bei der Generierung von Abwesenheitskontingenten können Sie über die Kontingenttypauswahlregelgruppe festlegen, unter welchen Bedingungen und anhand welcher Regeln Abwesenheitskontingente generiert werden sollen.

Über den Customizing-Pfad **Festlegen von Gruppierungen für Zeitkontingente** können Sie Ihre Mitarbeiter im Hinblick auf die Zulässigkeit von Zeitkontingenttypen zusammenfassen (IMG-Aktivität **Mitarbeiterkreise für Zeitkontingente gruppieren**). Damit erreichen Sie eine Einteilung Ihrer Mitarbeiterkreise, für die dieselben Abwesenheitskontingenttypen und Anwesenheitskontingenttypen definiert werden (siehe Abbildung 2.38).

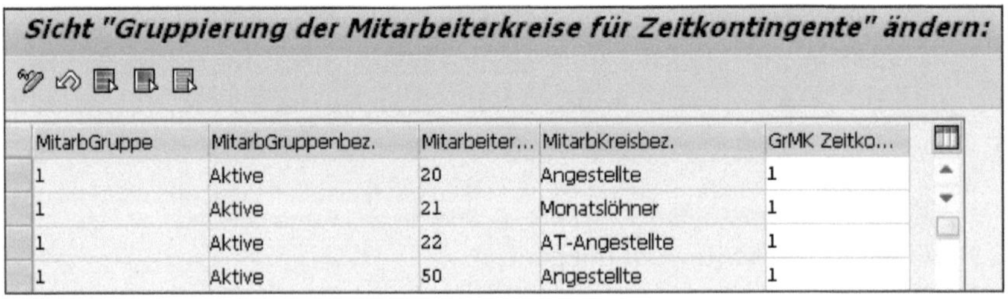

Sicht "Gruppierung der Mitarbeiterkreise für Zeitkontingente" ändern:

MitarbGruppe	MitarbGruppenbez.	Mitarbeiter...	MitarbKreisbez.	GrMK Zeitko...
1	Aktive	20	Angestellte	1
1	Aktive	21	Monatslöhner	1
1	Aktive	22	AT-Angestellte	1
1	Aktive	50	Angestellte	1

Abbildung 2.38 Tabelle T503 (Sicht V_503_E) – Gruppierung der Mitarbeiterkreise

[«] 2

Gruppierung von Mitarbeiterkreisen für den Zeitkontingenttyp

Die SAP-Standardauslieferung beinhaltet Musterbeispiele für die Gruppierung für den Zeitkontingenttyp 1; daher sollten Sie beim Einrichten Ihres Systems zunächst grundsätzlich die Gruppierung für den Zeitkontingenttyp 1 verwenden.

Ebenso verfahren Sie, indem Sie Ihre Personalteilbereiche gruppieren. (IMG-Punkt **Personalteilbereiche für Zeitkontingente gruppieren**). Sie fassen also hier Ihre Personalteilbereiche zusammen, für die dieselben Bedingungen an die Zulässigkeit und Generierung von Zeitkontingenten gelten sollen (siehe Abbildung 2.39).

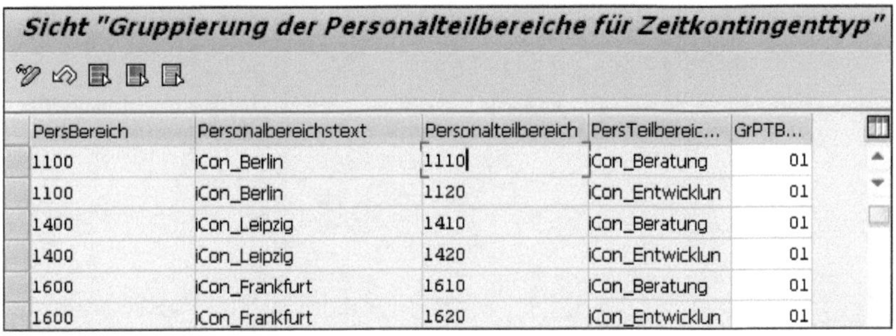

Sicht "Gruppierung der Personalteilbereiche für Zeitkontingenttyp"

PersBereich	Personalbereichstext	Personalteilbereich	PersTeilbereic...	GrPTB...
1100	iCon_Berlin	1110	iCon_Beratung	01
1100	iCon_Berlin	1120	iCon_Entwicklun	01
1400	iCon_Leipzig	1410	iCon_Beratung	01
1400	iCon_Leipzig	1420	iCon_Entwicklun	01
1600	iCon_Frankfurt	1610	iCon_Beratung	01
1600	iCon_Frankfurt	1620	iCon_Entwicklun	01

Abbildung 2.39 Tabelle T001P (Sicht V_001P_I) – Gruppierung der Personalteilbereiche

[«]

Gruppierung von Personalteilbereichen für den Zeitkontingenttyp

Die SAP-Standardauslieferung beinhaltet auch in dieser Tabelle Musterbeispiele für die Gruppierung für den Zeitkontingenttyp 01; verwenden Sie daher auch hier beim Einrichten Ihres Systems zunächst grundsätzlich die Gruppierung für den Zeitkontingenttyp 01.

In der folgenden IMG-Aktivität **Zeitkontingenttypen** definieren Sie Nummernkreisintervalle und Kontingenttypen. SAP liefert hier ein voreingestelltes Intervall 01 für Kontingente mit dem Nummernbereich 1–999999999999999 aus, den Sie dann unverändert übernehmen können. Falls diese Voreinstellung nicht existiert, legen Sie den Nummernbereich in der soeben dargestellten Form an. In der IMG-Aktivität **Abwesenheitskontingenttypen definieren** bestimmen Sie nun Ihre Abwesenheitskontingenttypen (Freizeitansprüche und Urlaubsarten), abhängig von den in den vorangegangen Aktivitäten festgelegten Gruppierungen der Mitarbeiterkreise und Personalteilbereiche. Sie führen die IMG-Aktivität aus und erreichen die in Abbildung 2.40 dargestellte Sicht.

Sicht "Abwesenheitskontingenttyp" ändern: Übersicht

Aufr. <-> Verb. Neue Einträge Abgrenzen

GrMK	GrPTB	Abw.Kontingenttyp	Kontingenttext	Beginn	Ende
1	01	10	Tarifurlaub	01.01.1990	31.12.9999
1	01	11	Behindertenurlaub	01.01.1990	31.12.9999
1	01	12	Bildungsurlaub	01.01.1900	31.12.9999

Abbildung 2.40 Sicht V_T556A (Abwesenheitskontingenttyp ändern)

Durch Markieren des gewünschten Eintrags und einen Klick auf den Lupen-Button oder einfach durch einen Doppelklick auf den entsprechenden Eintrag erreichen Sie die Detailsicht (siehe Abbildung 2.41).

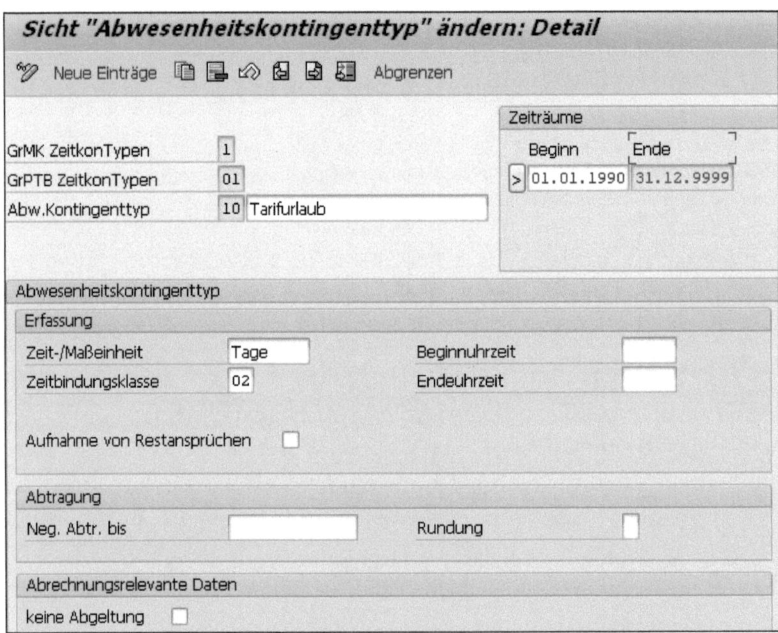

Abbildung 2.41 Abwesenheitskontingenttyp ändern – Detailsicht

In dieser Sicht definieren Sie einige »globale« Eigenschaften Ihres Abwesenheitskontingenttyps:

- **Zeit-/Maßeinheit**
  In diesem Abwesenheitskontingenttyp hinterlegen Sie die Einheit, die für die jeweilige Berechnung zugrunde gelegt werden soll.
- **Zeitbindungsklasse**
  Hier geben Sie die Zeitbindungsklasse zur Kollisionsprüfung (siehe Kapitel 3, »Zeitbindung und Kollisionsprüfungen«) an.

- **Beginnuhrzeit/Endeuhrzeit**
  In diesen Feldern können Sie Vorschlagswerte für die Beginn- und Ende-Uhrzeit angeben, sofern Sie als Zeit(maßeinheit) den Wert **Stunden** angegeben haben. Diese werden dann bei der Erfassung von Abwesenheitskontingenttypen im Infotyp 2006 (Abwesenheitskontingente) vorgeschlagen.
- **Aufnahme von Restansprüchen**
  Dieses Feld hat nur Relevanz, falls Sie noch den Infotyp 0005 (Urlaubsanspruch) nutzen und diesen durch den Infotyp 2006 (Abwesenheitskontingente) ablösen wollen. Dann können Sie hier festlegen, dass Ihr Kontingent den Resturlaub aus Infotyp 0005 (Urlaubsanspruch) mit übernehmen soll.
- **Neg. Abtr. bis (negative Abtragung bis)**
  Falls Sie bei einer manuellen Abtragung Ihres Kontingents zulassen wollen, dass dies über den Anspruch hinaus abgetragen werden kann, geben Sie hier den Wert in Stunden oder Tagen an. Für die Zeitauswertung ist dieses Feld nicht relevant.
- **Rundung**
  Mithilfe der Ausprägungen dieses Feldes steuern Sie die Berechnung der Abrechnungstage aus den Abwesenheitstagen. Die Wirksamkeit dieses Feldes erfolgt bei der Eingabe einer Abwesenheitsart im Infotyp 2001 (Abwesenheiten). Bei der Urlaubsabtragung erhält dieses Feld eine besondere Relevanz, da bei einer Urlaubsführung in Tagen in aller Regel nur ganze oder halbe Urlaubstage erlaubt sind. Das Feld erlaubt die folgenden Eingaben und ermittelt die Höhe der Abtragung bei untertägigen Urlaubstagen wie folgt:
  - Wert »0« – Der Wert wird aus dem Feld **Kontingentmultiplikator** aus der Regeltabelle für Abwesenheiten und Urlaubsauszählung (Tabelle T554X) ermittelt.
  - Wert »1« – Falls die ermittelten Stunden nicht genau einem halben Urlaubstag entsprechen, werden dennoch 0,5 Urlaubstage berechnet und abgetragen. Für eine eventuelle stundenweise Abtragung gelten jedoch die eingegebenen Zeiten.
  - Wert »2«: Jeder ermittelte Wert wird vom Kontingent abgetragen.
  - Wert »3«: Die Rundung erfolgt nach dem folgendem Schema: Wenn die Stundenanzahl kleiner oder gleich 24 % der Sollstundenzahl ist, wird kein Urlaubstag berechnet. Wenn die Stundenanzahl zwischen 25 % und 74 % der Sollstundenanzahl beträgt, wird ein halber Urlaubstag berechnet. Wenn die Stundenanzahl größer oder gleich 75 % der Sollstundenzahl ist, wird auf einen ganzen Urlaubstag aufgerundet.
  - Wert »4«: Sie legen im Customizing in der Sicht V_T511K eine Konstante URLRN an. Dann wird diese Konstante als Prozentsatz der Sollarbeitsstunden interpretiert. Im Standard beträgt diese Konstante 60 %. Übersteigt eine Abwesenheitszeit diesen Anteil der Sollstunden, wird ein ganzer Urlaubstag und im anderen Fall ein halber Urlaubstag berechnet.

- **Keine Abgeltung**
  Wenn Sie diesen Eintrag markieren, ist der aktuelle Kontingenttyp nicht mehr für die Abgeltung zugelassen.

Im nächsten Schritt müssen Sie Ihre Urlaubskontingente als solche kennzeichnen. Dies ist für bestimmte Auswertungen bei der Ermittlung der Urlaubsrückstellung, im Bescheinigungswesen und bei der Steuerberechnung bei DBA notwendig (Doppelbesteuerungsabkommen). Dazu führen Sie nun die IMG-Aktivität **Abwesenheitskontingenttypen definieren und Urlaub kennzeichnen** aus und gelangen in die Sicht V_T556A (siehe Abbildung 2.42).

Sicht "Abwesenheitskontingenttypen allgemein" ändern: Übersicht

Aufr. <-> Verb. Neue Einträge Abgrenzen

Dialogstruktur
- Abwesenheitskontingenttypen
  - Urlaub kennzeichnen

GrMK	GrPTB	Abw.Kontingenttyp	Kontingenttext	Beginn	Ende
1	01	10	Tarifurlaub	01.01.1990	31.12.9999
1	01	11	Behindertenurlaub	01.01.1990	31.12.9999
1	01	12	Bildungsurlaub	01.01.1900	31.12.9999

Abbildung 2.42 Tabelle T556A (Sicht V_T556A) – Urlaub kennzeichnen

Hier markieren Sie die gewünschte Zeile und klicken auf den Eintrag links vom View-Cluster **Urlaub kennzeichnen**. Sie erhalten die Sicht, die Sie in Abbildung 2.43 sehen. Hier müssen Sie nun nur noch den Eintrag in der Spalte **Urlaub** markieren.

Sicht "Urlaub kennzeichnen" ändern: Übersicht

Aufr. <-> Verb. Neue Einträge Abgrenzen

Dialogstruktur
- Abwesenheitskontinger
  - Urlaub kennzeichnei

Urlaub kennzeichnen

G..	G...	A...	Kontingenttext	Gültig ab	Gültig bis	Urlaub
1	1	10	Tarifurlaub	01.01.1990	31.12.9999	☑

Abbildung 2.43 Tabelle T556A (Sicht V_T556A) – Urlaub kennzeichnen: Detail

Nachdem wir Sie mit den Grundeinstellungen von Abwesenheitsansprüchen anhand des Beispiels »Urlaub« vertraut gemacht haben, möchten wir Ihnen nun die Verfahren zur Berechnung der Abwesenheitsansprüche vorstellen. Für die Berechnung von Abwesenheitsansprüchen gibt es die folgenden beiden Verfahren:

- Sie können sich Vorschlagswerte generieren lassen, indem Sie den Freizeitanspruch mithilfe des Reports RPTQTA00 (Generierung von Abwesenheitskontingenten) mitarbeiterübergreifend oder in Einzelverarbeitung im Dialog beim Anlegen eines Infotypsatzes erzeugen.
- Sie wählen den automatischen Aufbau, bei dem der Freizeitanspruch innerhalb der Zeitauswertung generiert wird.

Auf den folgenden Seiten befassen wir uns mit der Berechnung von Abwesenheitsansprüchen und bewegen uns dazu wieder im Einführungsleitfaden. Wir befinden uns im IMG an der Stelle **Berechnung von Abwesenheitsansprüchen**.

Beide unter diesem Punkt folgenden Aktivitäten – **Generierung von Kontingenten in der Zeitauswertung zulassen** und **Generierung von Kontingenten ohne Zeitauswertung zulassen** – führen auf die dieselbe Sicht V_556A_B (siehe Abbildung 2.44).

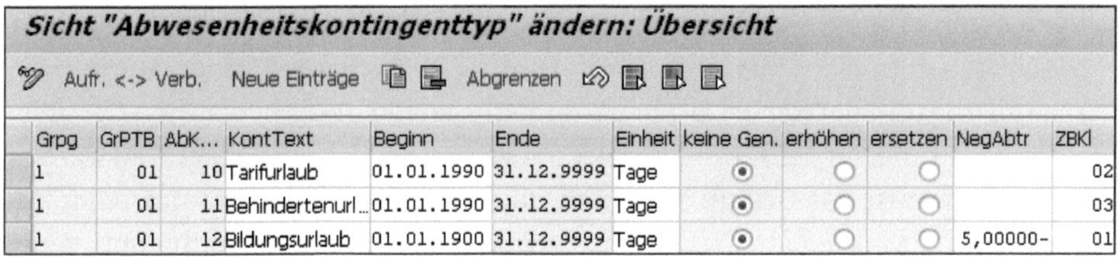

Sicht "Abwesenheitskontingenttyp" ändern: Übersicht

Aufr. <-> Verb. Neue Einträge Abgrenzen

Grpg	GrPTB	AbK...	KontText	Beginn	Ende	Einheit	keine Gen.	erhöhen	ersetzen	NegAbtr	ZBKl
1	01	10	Tarifurlaub	01.01.1990	31.12.9999	Tage	◉	○	○		02
1	01	11	Behindertenurl...	01.01.1990	31.12.9999	Tage	◉	○	○		03
1	01	12	Bildungsurlaub	01.01.1900	31.12.9999	Tage	◉	○	○	5,00000-	01

Abbildung 2.44 Abwesenheitskontingenttyp ändern

In der Sicht **Abwesenheitskontingenttyp** können Sie Ihre Abwesenheitskontingenttypen entsprechend Ihrer vorgenommenen Eingruppierung nach Mitarbeiterkreis und Personalteilbereich hinsichtlich der gewünschten Generierungsart auseinandersteuern.

Wenn Sie hier das Feld **keine Gen.** (keine Generierung) markieren, legen Sie fest, dass der Abwesenheitskontingenttyp nicht innerhalb der Zeitauswertung, sondern nur durch die Pflege des Infotyps 2006 (Abwesenheitskontingente) aufgebaut werden soll.

Lassen Sie dieses Feld unmarkiert, und aktivieren Sie stattdessen eines der Kennzeichen **erhöhen** oder **ersetzen**, haben Sie sich für die maschinelle Generierung über die Zeitauswertung entschieden. Damit geben Sie dem System bekannt, wie mit dem Kontingent verfahren werden soll, ob ein in der Zeitauswertung ermittelter Wert das Kontingent erhöht oder ob dieser Wert das neue Kontingent darstellen soll. Sie haben in den letzten beiden Fällen nicht mehr die Möglichkeit, den Infotyp 2006 (Abwesenheitskontingente) direkt zu pflegen, sondern können manuell nur mithilfe des Infotyps 2013 (Kontingentkorrekturen) eingreifen. Im Feld **NegAbtr** können Sie einen Wert in Stunden oder Tagen angeben, mit dem das Kontingent über den zugesicherten Anspruch hinaus abgetragen werden kann. Dieses Feld wird nur bei der manuellen Abtragung eines Kontingents, nicht aber durch die Zeitauswertung berücksichtigt.

Als Nächstes legen Sie Ihre Generierungsregeln für Abwesenheitskontingente fest. Wählen Sie dazu im IMG den Pfad **Personalwirtschaft • Zeitdatenerfassung und -verwaltung • Verwaltung von Zeitkonten durch An- und Abwesenheitskontingente • Berechnung von Abwesenheitsansprüchen • Generierungsregeln für Abwesenheitskon-**

tingente. Die folgenden Beschreibungen sind sehr komplex. Aus diesem Grund und weil wir die Reihenfolge des Customizing-Leitfadens beibehalten wollen, haben wir diese Beschreibungen mit Unterabschnitten versehen.

2.6.1 Kontingentauswahlregelgruppe festlegen

Sie führen hier die Aktivität **Kontingenttypauswahlregelgruppe festlegen** aus und gelangen in ein Pop-up-Fenster zur Auswahl und Bearbeitung der Rechenregel MODT der Zeitwirtschaft und des Merkmals QUOMO, im dem Sie festlegen können, wie sich die Zeitauswertung und der Report RPTQTA00 verhalten sollen und mit welchen Gruppierungen auf die Tabellen der Abwesenheitskontingenttypauswahl zugegriffen werden soll. Hintergrund ist der Gedanke, anhand unterschiedlicher organisatorischer Zuordnungen Ihrer Mitarbeiter auch unterschiedliche Abwesenheitskontingente generieren zu können. Dazu dient die Kontingenttypauswahlregelgruppe.

[+]

Merkmal QUOMO verwenden

Das Merkmal QUOMO können Sie bei der Generierung von Vorschlagswerten für die Erfassung von Abwesenheitskontingenten, beim maschinellen Ermitteln von Abwesenheitskontingenten mithilfe des Reports RPTQTA00 und bei der Zeitauswertung verwenden.

Beim Einsatz der Zeitauswertung ruft die Funktion MOD eine Standardregel oder eine von Ihnen angepasste Personalrechenregel auf, in der Sie aufgrund organisatorischer Eingruppierungen Ihrer Mitarbeiter und mithilfe der Operation MODIF Q=xx für jede dieser Gruppierungen die Kontingenttypauswahlregelgruppe festlegen, mit der die Zeitauswertung für die betreffenden Mitarbeiter auf die Einträge der Tabelle T559L (Abwesenheitskontingenttypauswahl) zugreifen soll.

2.6.2 Basisanspruch festlegen

In der Aktivität **Basisansprüche festlegen** legen Sie Regelungen fest, wie ein Gesamtanspruch für einen Abwesenheitskontingenttyp ermittelt werden soll. Dieser Basisanspruch bildet die Berechnungsgrundlage, aus der pro Kumulationszeitraum der auch gegebenenfalls anteilige Abwesenheitsanspruch berechnet werden soll. Durch das Ausführen der IMG-Aktivität gelangen Sie in die Sicht V_T559E der Tabelle T559E (siehe Abbildung 2.45).

Durch Markieren des gewünschten Eintrags und einen Klick auf die Lupe oder einfach per Doppelklick auf den Eintrag erreichen Sie die Detailsicht (siehe Abbildung 2.46).

Sicht "Basisanspruch für Generierung von Abwesenheitskontingenten" ändern

Aufr. <-> Verb. Neue Einträge Abgrenzen

GrMK	GrPTB	GrPTB	AbwKoTyp	Kontingenttext	Regelung	Folgenummer	Beginn	Ende
1	01	01	10	Tarifurlaub	001	001	01.01.1990	31.12.9999
1	01	01	10	Tarifurlaub	001	002	01.01.1990	31.12.9999
1	01	01	11	Behindertenurlaub	001	001	01.01.1990	31.12.9999
1	01	01	12	Bildungsurlaub	001	001	01.01.1990	31.12.9999

Abbildung 2.45 Tabelle T559E (Einstiegsbild der Sicht V_T559E)

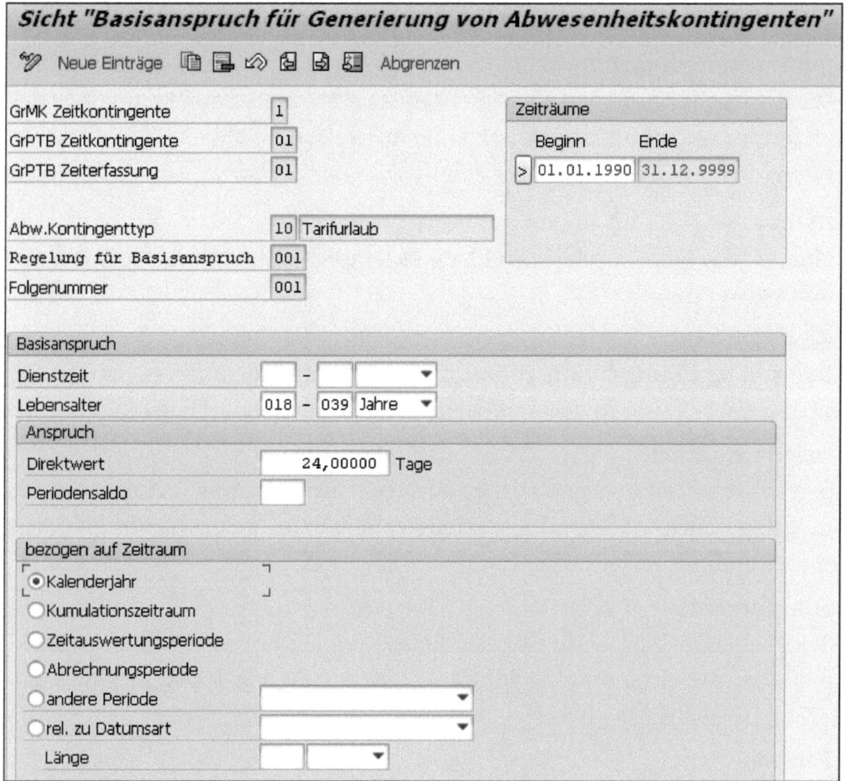

Abbildung 2.46 Sicht V_T559E (Basisanspruch für die Generierung von Abwesenheitskontingenten)

Auf diese Sicht haben das bereits angesprochene Merkmal QUOMO und die Personalrechenregel der Zeitwirtschaft noch keinen Einfluss. Die Gruppierungen ergeben sich hier aus den Zuordnungen Ihrer Mitarbeiterkreise laut Tabelle T503 und den Zuordnungen Ihrer Personalbereiche/-teilbereiche laut Tabelle T001P.

Sie können den Basisanspruch anhand von Dienst- oder Lebensalter ermitteln und einen Direktwert in Tagen oder Stunden vorgeben. Wenn Sie die Zeitauswertung zur

Generierung der Abwesenheitskontingente verwenden, können Sie die Regelung weiter verfeinern. Dazu benötigen Sie eine von Ihnen eingerichtete Personalrechenregel im Zeitauswertungsschema, in der Sie in Abhängigkeit von organisatorischen Zuordnungen der Mitarbeiter oder Ergebnissen der Zeitauswertung individuell eine spezielle Zeitart mit dem Basisanspruch füllen. Diese Zeitart, die das System dann bei der Ermittlung des Anspruchs lesen soll, hinterlegen Sie hier in dieser Sicht. Wenn Sie pro Dienst- oder Lebensalterintervall unterschiedliche Basisansprüche für Ihre Mitarbeiter haben, legen Sie in dieser Sicht einen neuen Eintrag zu derselben Regelnummer und einer neuen Folgenummer an. Der angegebene Beginn des Intervalls gilt immer inklusive und das Ende immer exklusive.

Anschließend müssen Sie sich entscheiden, auf welchen Zeitraum sich die Ermittlung des Basisanspruchs beziehen soll, wobei der Basiszeitraum immer zum Ende des Kumulationszeitraums ermittelt wird. Folgende Auswahlmöglichkeiten sind im System vorhanden:

- **Kalenderjahr**
  Das System soll das Zeitintervall vom 1.1. eines Jahres bis 31.12. eines Jahres als Basiszeitraum verwenden.
- **Kumulationszeitraum**
  Das System soll den Kumulationszeitraum, ein Zeitintervall, auf das sich die Berechnung des erarbeiteten Anspruchs bezieht, als Basiszeitraum verwenden.
- **Zeitauswertungsperiode**
  Das System soll eine Zeitauswertungsperiode, die Periodizität der Zeitauswertung, die Sie im Arbeitsschritt **Abrechnungsperioden anlegen** festgelegt haben, als Basiszeitraum verwenden.
- **Abrechnungsperiode**
  Das System soll eine Abrechnungsperiode, die am Ende des Kumulationszeitraums geltende Abrechnungsperiode des Abrechnungskreises des auszuwertenden Mitarbeiters, als Basiszeitraum verwenden.
- **andere Periode**
  Hier können Sie eine individuelle Periode festlegen. Diese müssen Sie als Periodenparameter im Arbeitsschritt **Periodenparameter definieren** im Customizing der Personalabrechnung hinterlegt haben.
- **rel. zu Datumsart (Relativ zu Datumsart)**
  Dieser Zeitraum ergibt sich in Abhängigkeit einer Datumsart aus dem Infotyp 0041 (Datumsangaben). Den Basiszeitraum legen Sie dann über die Felder zur Länge fest (z. B. ab Eintrittsdatum des Mitarbeiters mit einem Zeitraum von zwölf Monaten).
- **Länge**
  Hier erfassen Sie letztlich die Länge in Bezug zur Datumsart (z. B. zwölf Monate).

2.6.3 Gültigkeits- und Abtragungszeiträume festlegen

Für jeden Abwesenheitskontingenttyp müssen Sie den Gültigkeitszeitraum und den Abtragungszeitraum festlegen. Sie führen diese Aktivität aus und gelangen in das Einstiegsbild der Sicht V_T559D (siehe Abbildung 2.47).

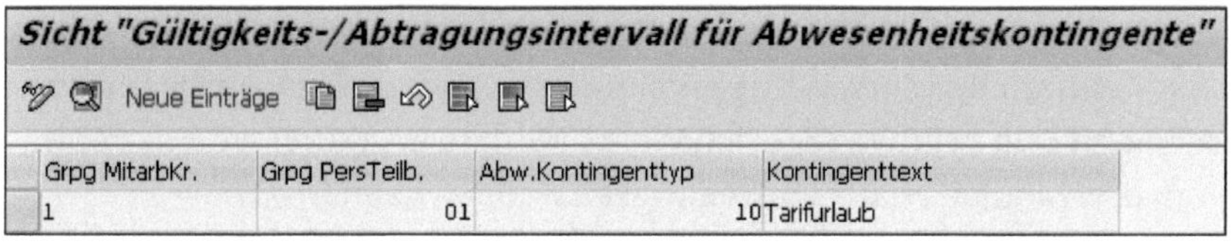

Sicht "Gültigkeits-/Abtragungsintervall für Abwesenheitskontingente"

Neue Einträge

Grpg MitarbKr.	Grpg PersTeilb.	Abw.Kontingenttyp	Kontingenttext
1	01	10	Tarifurlaub

Abbildung 2.47 Einstiegsbild der Sicht V_T559D

Durch Markieren des gewünschten Tabelleneintrags und einen Klick auf die Lupe gelangen Sie in die Detailsicht der Sicht (siehe Abbildung 2.48).

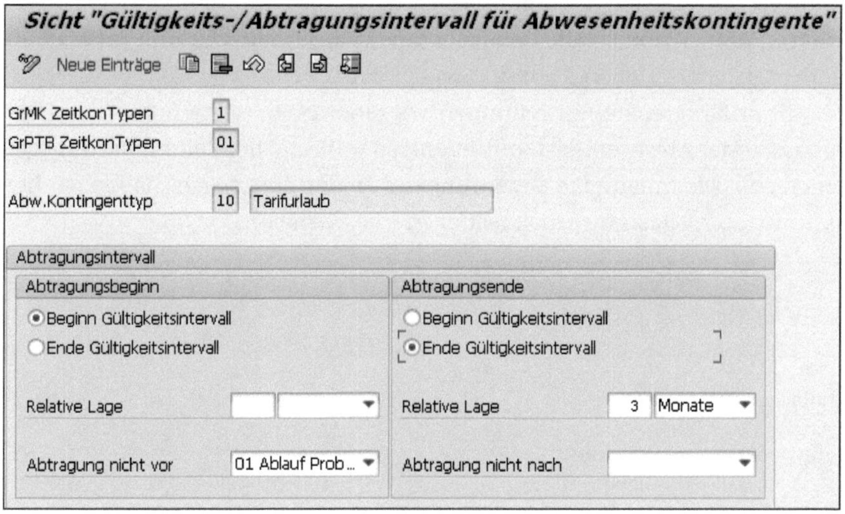

Sicht "Gültigkeits-/Abtragungsintervall für Abwesenheitskontingente"

Neue Einträge

GrMK ZeitkonTypen 1
GrPTB ZeitkonTypen 01

Abw.Kontingenttyp 10 Tarifurlaub

Abtragungsintervall

Abtragungsbeginn		Abtragungsende	
◉ Beginn Gültigkeitsintervall		○ Beginn Gültigkeitsintervall	
○ Ende Gültigkeitsintervall		◉ Ende Gültigkeitsintervall	
Relative Lage		Relative Lage	3 Monate
Abtragung nicht vor	01 Ablauf Prob...	Abtragung nicht nach	

Abbildung 2.48 Detailsicht der Sicht V_ T559D

Sie definieren in den Blöcken **Abtragungsbeginn** und **Abtragsende** den Zeitraum, innerhalb dessen das Abwesenheitskontingent durch eine Abwesenheit abgetragen werden kann.

Der Gültigkeitszeitraum wird nur für Abwesenheitskontingente festgelegt, die über die Zeitauswertung generiert werden. Ihnen werden in unserer Beispielsicht nur für die Abwesenheitskontingente, bei denen Sie im Arbeitsschritt **Generierung von Kontingenten in der Zeitauswertung ersetzen** oder **erhöhen** markiert haben, die Felder zur Festlegung des Gültigkeitszeitraums angeboten. Abtragungszeitraum und Gültigkeitszeitraum müssen nicht identisch sein.

In unserem Beispiel ist die am häufigsten anzutreffende Ausprägung zur Abtragung von Tarifurlaub dargestellt: Im vorangegangenen Abschnitt haben wir das Kalenderjahr als Bezugszeitraum festgelegt (siehe Abbildung 2.46). Dies ist jetzt unser Gültigkeitszeitraum. Nun soll die Abtragung jeweils vom 01.01. des jeweiligen Kalenderjahres bis zum 31.03. des Folgejahres möglich sein. Dazu aktivieren Sie im Block **Abtragungsbeginn** das Kennzeichen **Beginn Gültigkeitsintervall** und im Block **Abtragungsende** das Kennzeichen **Ende Gültigkeitsintervall**. Zusätzlich geben Sie im Block **Abtragungsende** im Feld **Relative Lage** den Wert **3 Monate** an. Damit wird das Abtragungsende um drei Monate relativ zum Gültigkeitsintervall verlängert.

Wenn Sie ein Abwesenheitskontingent vorbereitet haben, das durch die Zeitauswertung ermittelt werden soll, müssen Sie, wie schon erwähnt, Angaben zu Gültigkeitsintervallen machen. Wir verdeutlichen auch dies anhand eines Beispiels.

In dieser Sicht V_T559D haben Sie die Möglichkeit, für Ihre Abwesenheitskontingenttypen die unterschiedlichsten Varianten an Gültigkeitszeiträumen zu bestimmen (siehe Abbildung 2.49). Wenn Sie die Detailsichten **Lebensarbeitszeit** und **Tarifurlaub** miteinander vergleichen, stellen Sie fest, dass bei der Lebensarbeitszeit für das Gültigkeitsintervall umfangreiche Einstellungen vorgenommen werden können. Dies liegt daran, dass dieser Abwesenheitskontingenttyp während der Zeitauswertung generiert werden soll. Die inhaltliche Bedeutung der Felder dieser Sicht haben wir bereits in Abschnitt 2.6.2, »Basisanspruch festlegen«, beschrieben.

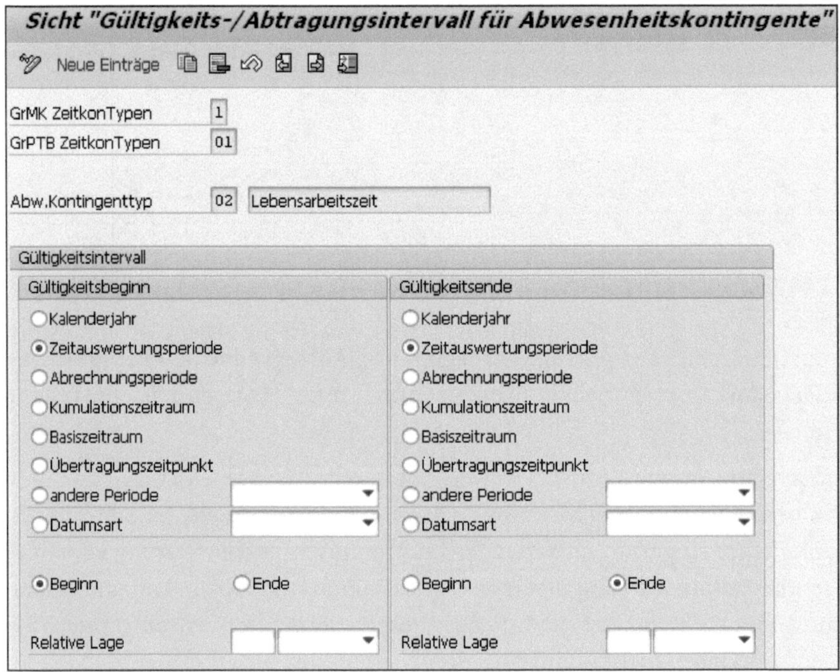

Abbildung 2.49 Abwesenheitskontingent mit Generierung in der Zeitauswertung

2.6.4 Regeln zur Kürzung der Kontingentansprüche

Gekürzte Kontingentansprüche treten in aller Regel bei inaktiven Mitarbeitern und Teilzeitmitarbeitern auf. Hier müssen Sie anhand Ihrer Betriebsvereinbarungen klären, wie solche Kontingente sinnvoll gekürzt werden sollen und welche Methoden Sie dafür anwenden. Diese Methoden beschreiben Sie in der IMG-Aktivität **Regeln zur Kürzung der Kontingentansprüche festlegen.** Bei der Ausführung der Aktivität gelangen Sie in ein Auswahl-Pop-up-Fenster (siehe Abbildung 2.50).

Aktivitäten

Au...	Bezeichnung der Aktivität
	Kürzungsregeln definieren
	Kürzungskennzeichen für Abwesenheiten zuordnen

Abbildung 2.50 Aktivitäten auswählen

Hier gelangen Sie durch einen Doppelklick auf die Aktivität **Kürzungsregeln definieren** in die Bearbeitung der Tabelle T559M (siehe Abbildung 2.51).

Sicht "Kürzungsregeln für Generierung von Abwesenheitskontingente"

Neue Einträge

Kürzungsregel	Bezeichnung
01	Arbeitszeitanteil gemäß Sollarbeitszeit
02	anteilige Kürzung bei mehr als 25% Inaktivität
03	Kürzung mit inaktiven Tagen
04	Vollständige Kürzung für Inaktivität
05	Kürzung gem. Arbeitszeitanteil und inaktiven Tagen
06	Arbeitszeitanteil gemäß Sollarbeitszeit (AZV-Tag)

Abbildung 2.51 Kürzungsregeln (Tabelle T559M)

In dieser Sicht beschreiben Sie Ihre benötigten Regeln/Methoden zur Kürzung der Abwesenheitskontingente. Wiederum durch einen Doppelklick auf den Eintrag oder Markieren des Eintrags und einen Klick auf die Lupe gelangen Sie in die Detailpflege der Tabelle (siehe Abbildung 2.52).

Die Sicht für die Kürzungsregel ist in die beiden folgenden Blöcke unterteilt:

- Kürzungsvorschrift für Teilzeitmitarbeiter
- Kürzungsvorschrift für inaktive Tage

Wir betrachten zunächst die Kürzungsvorschrift für Teilzeitmitarbeiter: Im Block **Grunddaten** legen Sie über Kennzeichen fest, ob gekürzt werden soll und, wenn ja, auf welcher Grundlage.

Sie haben die Auswahl der Kürzung anhand des Kennzeichens **Arbeitszeitanteil laut Infotyp Sollarbeitszeit**, anhand des Kennzeichens **Beschäftigungsgrad laut Infotyp Basisbezüge** oder anhand der Angaben zu den wöchentlichen Arbeitstagen eines Mitarbeiters aus dem Infotyp 0007 (Sollarbeitszeit) vorgenommen. Im letzten Fall erfolgt die Kürzung des Kumulationsanspruchs, indem der Wert aus dem Feld **wöchentliche Arbeitstage** aus dem Infotyp 0007 (Sollarbeitszeit) und der Sicht V_T510I (Tarifliche Arbeitszeit) miteinander in Beziehung gesetzt werden. Voraussetzung für die Relevanz einer dieser Kürzungsmethoden ist, dass für den Mitarbeiter mindestens einmal im betreffenden Kumulationszeitraum das Teilzeitkennzeichen im Infotyp 0007 (Sollarbeitszeit) aktiv war und der bearbeitende Sachbearbeiter die Berechtigung zum Lesen dieser Infotypen besitzt.

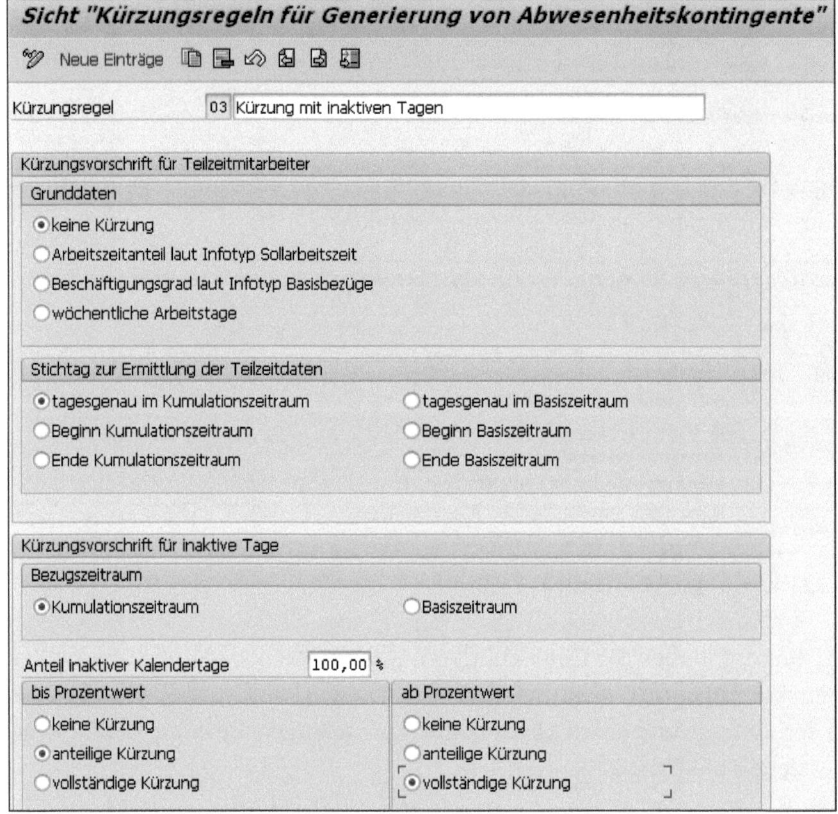

Abbildung 2.52 Detailsicht der Kürzungsregel

Kontingentaufbau über die Zeitauswertung

Beachten Sie außerdem, dass bei einem Kontingentaufbau über die Zeitauswertung die Funktion CHECK mit dem Parameter 2 = BP (Basic Pay) in Ihrem Zeitauswertungsschema enthalten sein muss. Mit dieser Ausprägung wird der Infotyp 0008 (Basisbezüge) für die Zeitauswertung eingelesen und in die interne Tabelle WPBP gestellt.

Im Block **Stichtag zur Ermittlung der Teilzeitdaten** legen Sie wiederum über die Aktivierung von Kennzeichen fest, welcher Zeitpunkt zur Ermittlung der Teilzeitdaten gelten soll. Für den hier angegebenen Zeitpunkt fragt das System die Stammdaten des Mitarbeiters ab und ermittelt, ab wann ein Wechsel der Arbeitszeiten berücksichtigt werden soll. Wenn Sie sich z. B. für eine tagesgenaue Stichtagsermittlung entschieden haben, werden auch Teilzeiträume der Infotypen 0007 (Sollarbeitszeit) und 0008 (Basisbezüge) bei Basisbezugs- bzw. Sollarbeits-Splits berücksichtigt. Andererseits können Sie auch festlegen, dass eine untermonatige Änderung des Arbeitszeitanteils erst mit Beginn des nächsten Kumulationszeitraums für die Kontingentgenerierung berücksichtigt werden soll.

Wir wenden uns nun dem Block **Kürzungsvorschrift für inaktive Tage** zu: Im Block **Bezugszeitraum** entscheiden Sie sich für den zu betrachtenden Zeitraum. Dies kann der Kumulationszeitraum (im Normalfall bei Urlaub das Kalenderjahr) oder der Basiszeitraum sein. Im Feld **Anteil inaktiver Kalendertage** geben Sie eine Prozentzahl ein, die als Obergrenze betrachtet wird, und legen in den Blöcken **bis Prozentwert** und **ab Prozentwert** fest, wie jeweils gekürzt werden soll. Dies würde für unser Beispiel aus bedeuten, dass bei einem Anteil inaktiver Tage unter 100 % anteilig und ab 100 % vollständig gekürzt werden soll.

Nachdem Sie Ihre Customizing-Einstellungen gesichert haben, gelangen Sie wieder in das Pop-up-Fenster, das Sie in Abbildung 2.50 gesehen haben. Durch einen Doppelklick auf die Zeile **Kürzungskennzeichen für Abwesenheiten zuordnen** öffnen Sie die Sicht `V_554S_M` der Tabelle `T554S` (siehe Abbildung 2.53).

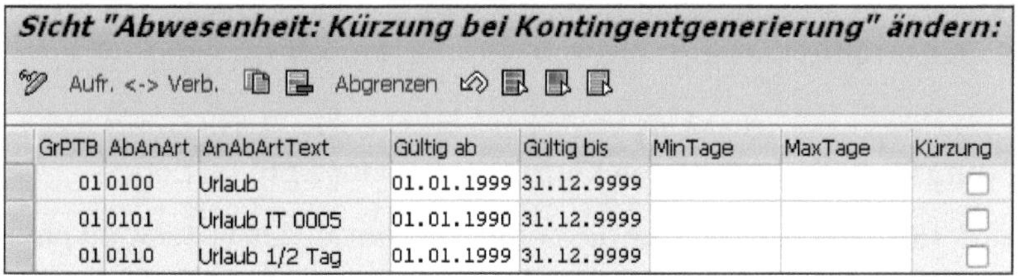

Sicht "Abwesenheit: Kürzung bei Kontingentgenerierung" ändern:

Aufr. <-> Verb. Abgrenzen

GrPTB	AbAnArt	AnAbArtText	Gültig ab	Gültig bis	MinTage	MaxTage	Kürzung
01	0100	Urlaub	01.01.1999	31.12.9999			☐
01	0101	Urlaub IT 0005	01.01.1990	31.12.9999			☐
01	0110	Urlaub 1/2 Tag	01.01.1999	31.12.9999			☐

Abbildung 2.53 Kürzung bei Abwesenheiten

In der Sicht **Abwesenheit: Kürzung bei Kontingentgenerierung** können Sie Abwesenheiten bestimmen, die zusätzlich wie inaktive Tage behandelt werden sollen. Inaktive Tage können z. B. bei Ein- oder Austritt eines Mitarbeiters, aber auch durch unbezahlte Urlaubstage entstehen. Diese Kürzung erreichen Sie durch die Aktivierung des Kennzeichens **Kürzung**. Über die Felder **MinTage** und **MaxTage** können Sie Ihre Abwesenheiten derart filtern, dass erst ab einer bestimmten Anzahl von Kalendertagen eine Kürzung bei der Kontingentgenerierung vorgenommen werden soll, bzw. eine Obergrenze festlegen, bis zu der diese Abwesenheitstage in die Kürzungsberechnung einfließen.

2.6.5 Regeln zur Rundung der Kontingentansprüche

Bisher haben Sie mehr oder weniger komplizierte Regeln zur Erstellung Ihrer Kontingentansprüche festgelegt. Insbesondere wenn Sie Ihre Kontingentansprüche über die Zeitauswertung generieren lassen, können diese Ansprüche unübersichtliche Nachkommastellen enthalten und sind auch daher nicht sehr komfortabel abzutragen. Aus diesem Grund ergibt sich die Aufgabe, diese Ansprüche geschickt runden zu lassen. Diese Rundung legen Sie in der Tabelle T559R fest (Sicht V_T559R, siehe Abbildung 2.54).

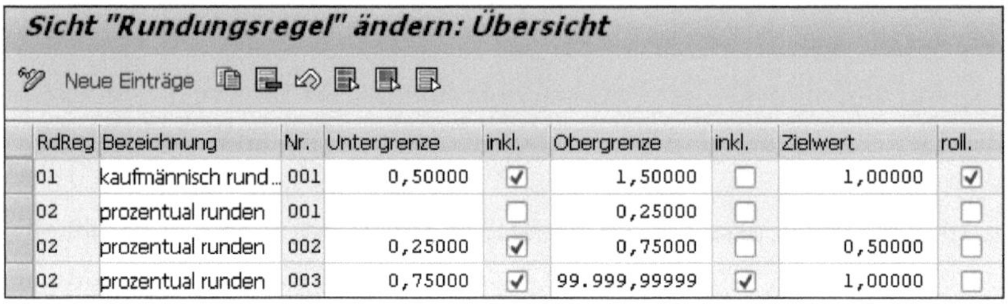

Sicht "Rundungsregel" ändern: Übersicht

Neue Einträge

RdReg	Bezeichnung	Nr.	Untergrenze	inkl.	Obergrenze	inkl.	Zielwert	roll.
01	kaufmännisch rund...	001	0,50000	☑	1,50000	☐	1,00000	☑
02	prozentual runden	001		☐	0,25000	☐		☐
02	prozentual runden	002	0,25000	☑	0,75000	☐	0,50000	☐
02	prozentual runden	003	0,75000	☑	99.999,99999	☑	1,00000	☐

Abbildung 2.54 Rundungsregeln

Als Beispiel betrachten wir die Rundungsregel **01 kaufmännisch runden**, weil dies die am meisten genutzte Rundungsregel ist. Die Rundungsregel hat die folgenden Ausprägungen: Ab einer Untergrenze von 0,50000 inklusive bis zu einer Obergrenze von 1,50000 exklusive wird immer der Zielwert 1,00000 ermittelt. Diese Rundung soll rollierend in jedem Zahlenintervall angewandt werden. Damit erreichen Sie eine Rundung auf ganzzahlige Werte für jedes Intervall. Wird z. B. ein Anspruch zwischen 2,50000 und 3,49999 ermittelt, wird als Zielwert 3,00000 berechnet.

2.6.6 Generierungsvorschriften für die Kontingenttypauswahl festlegen

Im Customizing der Generierungsvorschriften für die Kontingenttypauswahl sind im Prinzip alle Regeln zur Kontingenttypauswahl in einem View-Cluster dargestellt (siehe Abbildung 2.55). Beim Abarbeiten der einzelnen Aktivitäten in der Dialogstruktur wird Ihnen auffallen, dass sich einiges wiederholt und einiges Neues zu beachten ist. So können Sie z. B. den Basisanspruch in der Dialogstruktur pflegen, der Ihnen innerhalb der Auswahlregel auf der Registerkarte **Basisanspruch** angezeigt wird, oder Sie können die entsprechende Regel zum Basisanspruch auswählen.

In dieser Aktivität können Sie Regeln hinterlegen, anhand derer automatisch Freizeitansprüche für Mitarbeiter aufgebaut werden. Für den Fall, dass Sie Regeln für die Generierung von Abwesenheitskontingenten über den Report RPTQTA00 bzw. für die Ermittlung von Vorschlagswerten einrichten, steht Ihnen nur eine eingeschränkte Sicht auf die Customizing-Tabelle zur Verfügung. In dieser sind alle für diese Methoden nicht relevanten Felder ausgeblendet. Das System erkennt anhand Ihrer Angaben im Arbeitsschritt **Generierung von Kontingenten ohne Zeitauswertung zulassen**, welche Sicht auf die Customizing-Tabelle angezeigt werden soll (siehe auch die bereits besprochene unterschiedliche Sicht bei Lebensarbeitszeit und Tarifurlaub in Abbildung 2.48 und Abbildung 2.49).

Sicht "Auswahlregeln" ändern: Übersicht

Aufr. <-> Verb. Neue Einträge Abgrenzen

Dialogstruktur
- Auswahlregeln
- Kontingenttypen
- Basisanspruch
- Gültigkeits-/Abtragungsintervall
- Gültigkeitsintervall für Vorschlagswerte
- Kürzungsregeln
- Kürzungskennzeichen für Abwesenheiten
- Rundungsregeln

GrMK	GrPTB	GrPTB	KontGrp	Regel	Regelbezeichnung	AbwKoTyp	Kontingenttext	Beginn	Ende
1	01	01	01	002	Freizeit aus Mehrarbeit	02	Lebensarbeitszeit	01.01.1990	1.12.9999
1	01	01	01	010	Vorschlagswerte Urlaub	10	Tarifurlaub	01.01.1990	31.12.9999
1	01	01	01	011	Vorschlagswerte Urlaub	11	Behindertenurlaub	01.01.1990	31.12.9999
1	01	01	01	012	Vorschlagswerte Bildung ...	12	Bildungsurlaub	01.01.1990	31.12.9999
1	01	01	02	001	rollierende Kontingente (...	06	autom. Mehrarbeitsausgl.	01.01.1990	31.12.9999
1	01	01	03	030	AZV-Tag	30	AZV-Tag (öffentl. Dienst)	01.01.1900	31.12.9999
1	01	01	03	031	Firmenjubiläum	31	Firmenjubiläum	01.01.1900	31.12.9999

Abbildung 2.55 View-Cluster der Tabelle T559L

Wenn Sie Ihre Abwesenheitskontingente in Abhängigkeit von anrechenbaren Anwesenheitszeiten generieren möchten, müssen Sie Ihre Zeitarten definiert haben, und zwar eine Zeitart für die Ermittlung der geleisteten Anwesenheitszeiten und eine Zeitart für die Ermittlung des Faktors, mit dem der anteilige Basisanspruch multipliziert werden soll. Diese Zeitarten müssen Sie mithilfe einer eigenen Personalrechenregel Ihres Zeitauswertungsschemas ermitteln. Betrachten wir nun die möglichen Eintragungen unserer Tabelle T559L. Sie befinden sich in der Einstiegssicht, wie in Abbildung 2.55 dargestellt. Durch Markieren der gewünschten Zeile und per Klick auf die Lupe gelangen Sie in die Detailsicht (siehe Abbildung 2.56).

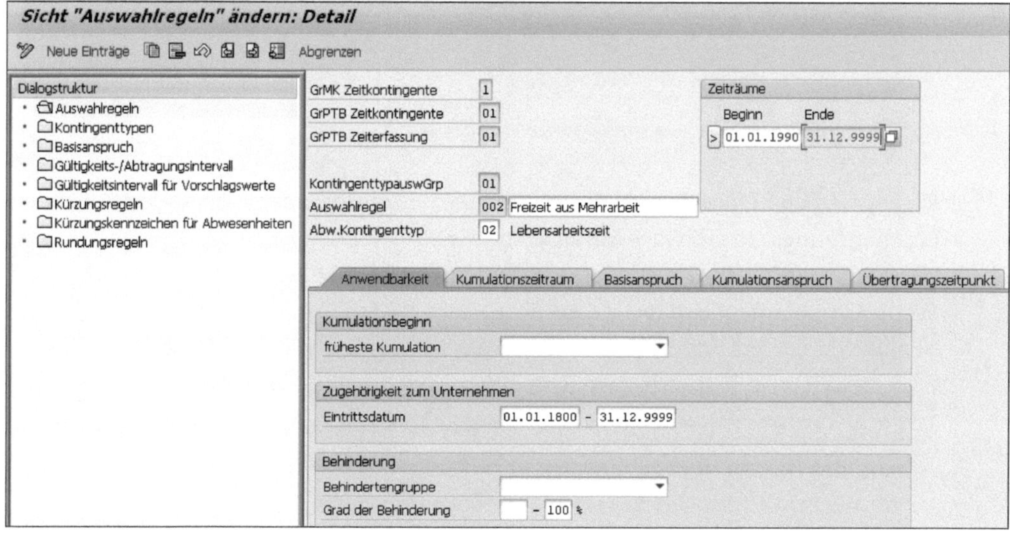

Abbildung 2.56 Detailsicht der Auswahlregeln

Auf der Registerkarte **Anwendbarkeit** legen Sie den Beginn der frühesten Kumulation, das Eintrittsdatum und Angaben zur Behinderung fest. Falls Sie hier keine Unterscheidungen vornehmen möchten, lassen Sie die Felder unausgefüllt, oder Sie verwenden beim Eintrittsdatum einen entsprechend großen Zeitraum (z. B. wie angegeben 01.01.1800–31.12.9999).

Im Feld **früheste Kumulation** können Sie einen Termin festlegen, an dem frühestens eine Berechnung der Kumulationsansprüche erfolgen soll. Hier sind Eingaben mit Terminarten aus dem Infotyp 0019 (Terminverfolgung) möglich. Sie können z. B. damit erreichen, dass die Berechnung der Kumulationsansprüche eines Mitarbeiters nicht vor Ablauf seiner Probezeit erfolgen soll. Wenn Sie darüber hinaus für länger beschäftigte Mitarbeiter günstigere Regeln hinterlegen als für neue Mitarbeiter, geben Sie unter **Eintrittsdatum** unterschiedliche Staffeln an. Außerdem können Sie auch für Mitarbeiter mit einer Behinderung abhängig vom **Grad der Behinderung** und der **Behindertengruppe** Unterscheidungen treffen.

Im Block **Kumulationszeitraum** legen Sie fest, über welchen Zeitraum die Kontingentansprüche der Mitarbeiter anteilig zum Basiszeitraum generiert werden sollen (siehe Abbildung 2.57).

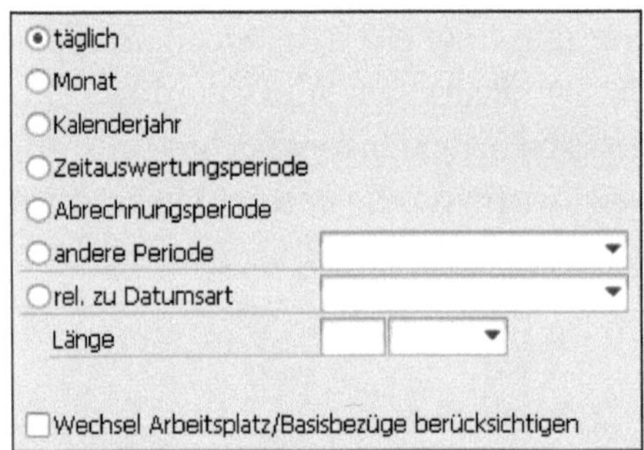

Abbildung 2.57 Bereich »Kumulationszeitraum«

Sie können hier einerseits kalenderbezogene Zeiträume, aber auch andererseits den Beschäftigungszeitraum des Mitarbeiters als Basis für den Zeitraum verwenden. Verwenden Sie dafür eine Datumsart aus dem Infotyp 0041 (Datumsangaben), und legen Sie die Länge individuell fest. Diese Datumsart sollte die gleiche sein, die Sie gegebenenfalls bereits bei der Ermittlung des Basiszeitraums verwendet haben.

Im Block **Basisanspruch** hinterlegen Sie den Basisanspruch, der als Grundlage zur Berechnung des Kumulationsanspruchs dienen soll (siehe Abbildung 2.58). Wenn dieser anhand des Dienst- oder Lebensalters ermittelt wird, geben Sie zusätzlich den Stichtag für die Ermittlung des Dienst- bzw. Lebensalters an.

Zusätzlich haben Sie im Block **Basisanspruch** die Möglichkeit, die Funktionen der Dienstzeitberechnung der Personaladministration zu nutzen. Dazu können Sie hier einen Berechnungsablauf eingeben. Informationen zur Dienstzeitberechnung erhalten Sie in der SAP-Bibliothek unter dem Customizing-Pfad **Personalmanagement • Personaladministration • Auswertungsgrundlagen • Dienstzeitberechnung**.

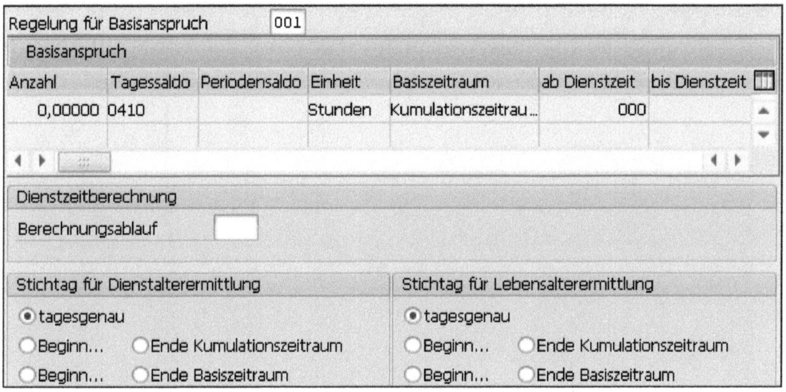

Abbildung 2.58 Bereich »Basisanspruch«

Im Block **Kumulationsanspruch** hinterlegen Sie Vorgaben zur Verarbeitung der Kumulationsansprüche (siehe Abbildung 2.59). Sie erreichen damit, dass Kumulationsansprüche weiterverarbeitet werden, die pro Zeitauswertungslauf ermittelt werden.

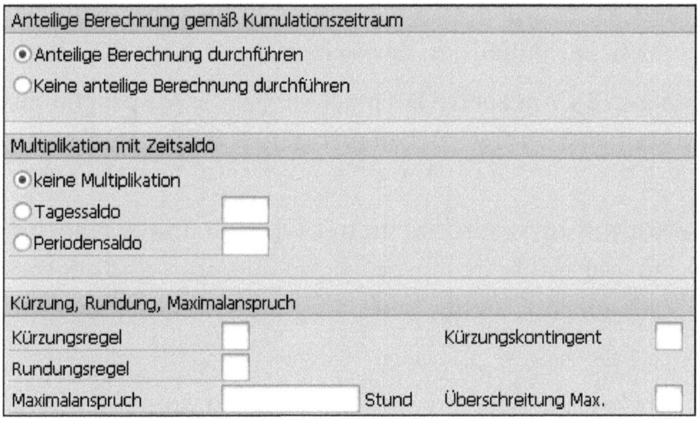

Abbildung 2.59 Block »Kumulationsanspruch«

Sie müssen also bei der Angabe der Werte den Kumulationszeitraum berücksichtigen, den Sie angegeben haben.

Wenn Sie die Kumulationsansprüche abhängig von anrechenbaren Anwesenheitszeiten generieren möchten, geben Sie im Block **Multiplikation mit Zeitsaldo** je nach Bedarf einen Tagessaldo oder einen Periodensaldo an. Dies wäre dann die zweite Zeitart, die wir schon früher in diesem Kapitel angesprochen haben. Die durch Kürzung oder Überschreitung des Maximalanspruchs entstehenden Kappungsdifferenzen können Sie in Alternativkontingenten festhalten. Überlegen Sie, ob Sie diese Differenzen abstellen wollen, und ordnen Sie die jeweiligen Kontingenttypen zu.

Im Block **Übertragungszeitpunkt** definieren Sie, wann die ermittelten Ansprüche in den Infotyp 2006 (Abwesenheitskontingente) übertragen werden sollen (siehe Abbildung 2.60). Diesen Zeitpunkt können Sie wiederum von einer Datumsart abhängig machen.

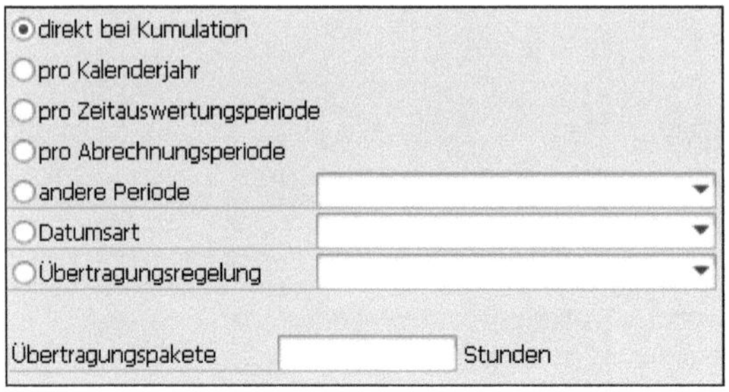

direkt bei Kumulation
pro Kalenderjahr
pro Zeitauswertungsperiode
pro Abrechnungsperiode
andere Periode
Datumsart
Übertragungsregelung
Übertragungspakete Stunden

Abbildung 2.60 Block »Übertragungszeitpunkt«

Die Datumsart wird ohne die Jahresangabe aus dem Infotyp 0041 (Datumsarten) gelesen. Damit können Sie z. B. erreichen, dass ein Urlaubsanspruch jedes Jahr zum Jahrestag der Einstellung eines Mitarbeiters übertragen werden soll. Bei Bedarf können Sie im Feld **Übertragungspakete** einen Mindestwert für die Kumulationsansprüche angeben. Erst wenn dieser erreicht ist, aktualisiert das System den Infotyp 2006.

Im Block **Gesamtanspruch** können Sie Angaben dazu machen, wie die Ansprüche, die in den Infotyp 2006 (Abwesenheitskontingente) übertragen wurden, verarbeitet werden sollen.

Sie können festlegen, ob die Kontingentansprüche im Infotyp 2006 (Abwesenheitskontingente) gerundet bzw. auf einen Maximalanspruch hin überprüft und gegebenenfalls gekappt werden sollen (siehe Abbildung 2.61).

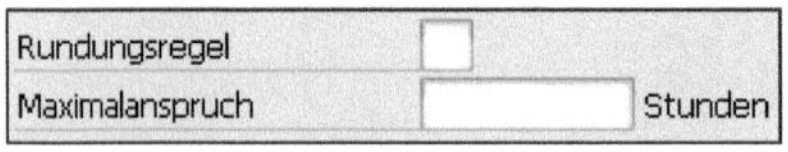

Rundungsregel
Maximalanspruch Stunden

Abbildung 2.61 Bereich »Gesamtanspruch«

2.6.7 Erweiterungen für die Kontingenttypauswahl entwickeln

Zusätzlich zu den besprochenen Customizing-Möglichkeiten für die Kontingenttypauswahl haben Sie die Möglichkeit, eigene Erweiterungen zu entwickeln. Dies kann z. B. erforderlich sein, wenn Sie für bestimmte Arbeitsplätze mit hoher Gesundheitsbelastung zusätzliche Kontingentberechnungen durchführen wollen. Dafür liefert SAP die Erweiterung `HRPTIM03` aus. Mit ihr können Sie die angebotenen Kriterien zum Aufbau von Abwesenheitskontingenten weiter verfeinern. Sie hinterlegen dazu in vordefinierten User-Exits eigenes Coding.

Folgende User-Exits sind dafür vorhanden:

- `EXIT_SAPLHRV_001`: Anwendbarkeit der Auswahlregel
- `EXIT_SAPLHRV_002`: Vorgaben für die Verarbeitung des durch die Zeitauswertung ermittelten Kumulationsanspruchs
- `EXIT_SAPLHRV_003`: Regeln zur Kürzung der Kontingentansprüche
- `EXIT_SAPLHRV_004`: Vorgaben zur Verarbeitung der ermittelten Basisansprüche
- `EXIT_SAPLHRV_005`: Überleitungsvorgabe: Veränderung der Ergebnisse der Kontingentgenerierung
- `EXIT_SAPLHRV_006`: Verarbeitung von individuellen Regelungen zur Bestimmung des Ein- und Austrittsdatums

Ein Beispiel für eine solche Verfeinerung wäre die Berücksichtigung bestimmter Arbeitsplätze als zusätzliche Bedingung, die bei einer Auswahlregel erfüllt sein muss. Dazu verwenden Sie den User-Exit `EXIT_SAPLHRLV_001`.

2.7 Infotyp 2007 (Anwesenheitskontingente)

Im Infotyp 2007 (Anwesenheitskontingente) erfassen Sie Genehmigungen für Anwesenheitszeiten. In der Regel sind dies Anwesenheitszeiten, die über die reguläre Sollzeit hinausgehen, also Mehrarbeitsgenehmigungen. Sie können jedoch auch jährliche Kontingente, z. B. für Fortbildungen, vergeben. Die Abtragung der Kontingente erfolgt durch die Zeitauswertung oder durch das Erfassen von Anwesenheiten im Infotyp 2002 (Anwesenheiten). Das Erfassungsbild des Infotyps 2007 (Anwesenheitskontingente) umfasst die folgenden Felder (siehe Abbildung 2.62):

- Typ
- Uhrzeit von
- Uhrzeit bis
- Kont. Anzahl (Kontingentanzahl)
- Abtragung (nur Anzeige)
- Neg. Abtr. bis (negative Abtragung bis) – nur Anzeige
- MehrVerrechnungsart (Mehrarbeitsverrechnungsart)

Im Feld **Typ** legen Sie zunächst fest, welches Anwesenheitskontingent Sie erfassen möchten, also welcher Subtyp ausgewählt werden soll. Die Felder **Uhrzeit von** und

Uhrzeit bis bieten die Möglichkeit, die Abtragung des Anwesenheitskontingents auf ein Zeitintervall einzuschränken. Die Anzahl der zu genehmigenden Anwesenheitszeit erfassen Sie im Feld **Kont. Anzahl**.

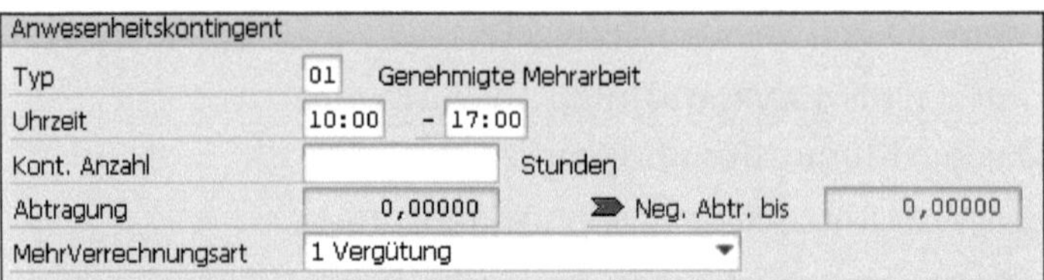

Abbildung 2.62 Erfassungsbild des Infotyps 2007 (Anwesenheitskontingente)

Wie gegebenenfalls entstehende Zeitlohnarten zur Vergütung der Mehrarbeit zu verrechnen sind, geben Sie im Feld **MehrVerrechnungsart** ein. Hier stehen Ihnen alle Mehrarbeitsverrechnungsarten zur Auswahl, die in der Tabelle T555R definiert wurden (siehe Abschnitt 2.5, »Infotyp 2005 (Mehrarbeiten)«). Das Feld **Abtragung** wird durch die Zeitauswertung bei der Verarbeitung des Anwesenheitskontingents gefüllt. Im Feld **Neg. Abtr. bis** wird Ihnen ein Wert angezeigt, wenn im Customizing festgelegt wurde, dass der ausgewählte Anwesenheitskontingenttyp bis zu einer Untergrenze negativ abgetragen werden kann.

Im Customizing der Infotypen 2006 (Abwesenheitskontingente) und 2007 (Anwesenheitskontingente) gibt es Überschneidungen insbesondere im Block der Gruppierungen von Mitarbeiterkreisen und Personalteilbereichen. Diese in den Tabellen T503 (Mitarbeiterkreise) und T001P (Personalteilbereiche) vergebenen Gruppierungswerte gelten für beide Infotypen. Sie finden das Customizing für diese Gruppierungswerte über den Pfad **Personalzeitwirtschaft • Zeitdatenerfassung und -verwaltung • Verwaltung von Zeitkonten durch An-/Abwesenheitskontingente • Festlegen von Gruppierungen für Zeitkontingente**. Näheres dazu erfahren Sie in Abschnitt 2.6.1, »Kontingentauswahlregelgruppe festlegen«. Dies gilt auch für den nächsten Schritt des Customizings – Nummernkreisintervalle für An- und Abwesenheiten sowie für An- und Abwesenheitskontingente definieren –, den Sie über den Customizing-Pfad **Personalzeitwirtschaft • Zeitdatenerfassung und -verwaltung • Verwaltung von Zeitkonten durch An-/Abwesenheitskontingente • Zeitkontingenttypen • Nummernkreisintervalle anlegen** erreichen.

In der ersten Stufe der Sicht V_T556P definieren Sie die Anwesenheitskontingenttypen innerhalb der jeweiligen Gruppierung der Mitarbeiterkreise und Personalteilbereiche. Sie erreichen diese Aktivität über den Customizing-Pfad **Personalzeitwirtschaft • Zeitdatenerfassung und -verwaltung • Verwaltung von Zeitkonten durch An-/Abwesenheitskontingente • Zeitkontingenttypen • Anwesenheitskontingenttypen definieren** (siehe Abbildung 2.63).

GrMK	GrPTB	Anwkontingenttyp	Kontingenttext	Beginn	Ende
1	01	01	Genehmigte Mehrarbeit	01.01.1900	31.12.9999
1	01	02	Genehmigte Hilfsarbeit	01.01.1900	31.12.9999
1	01	03	Genehmigte Anwesenheit	01.01.1900	31.12.9999
1	01	23	Genehmigte Mehrarbeit	01.01.2011	31.12.9999
1	05	10	Betriebsratgenehmigung	01.01.1900	31.12.9999

Abbildung 2.63 Tabelle T556P (erste Stufe der Sicht V_T556P) – Anwesenheitskontingente

Die weiteren Eigenschaften Ihres Anwesenheitskontingents legen Sie in der zweiten Stufe der Pflegesicht V_T556P fest (siehe Abbildung 2.64).

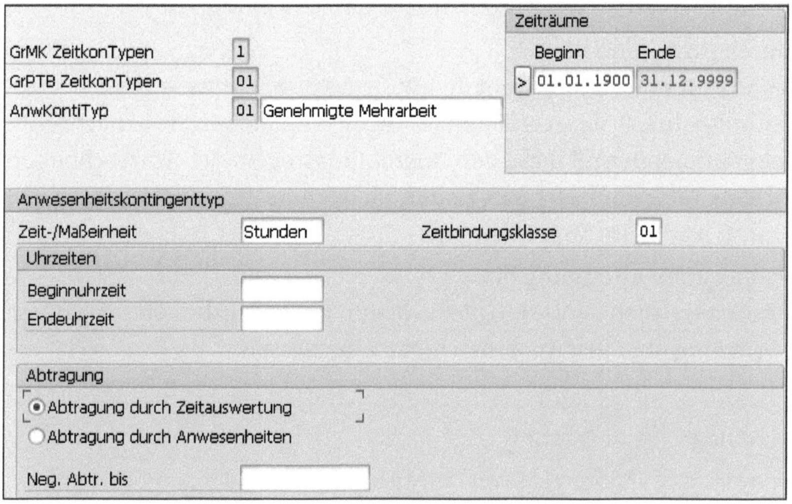

GrMK ZeitkonTypen 1
GrPTB ZeitkonTypen 01
AnwKontiTyp 01 Genehmigte Mehrarbeit
Zeiträume
Beginn Ende
01.01.1900 31.12.9999
Anwesenheitskontingenttyp
Zeit-/Maßeinheit Stunden
Zeitbindungsklasse 01
Uhrzeiten
Beginnuhrzeit
Endeuhrzeit
Abtragung
Abtragung durch Zeitauswertung
Abtragung durch Anwesenheiten
Neg. Abtr. bis

Abbildung 2.64 Tabelle T556P (zweite Stufe der Pflegesicht V_T556P) – Anwesenheitskontingente

Die zweite Stufe der Pflegesicht V_T556P umfasst die folgenden Felder:

- **Zeit/Maßeinheit**
  Im Feld **Zeit/Maßeinheit** legen Sie fest, ob das Kontingent in Stunden oder in Tagen geführt werden soll.
- **Zeitbindungsklasse**
  Die Zeitbindungsklasse regelt die Reaktion des Systems bei der Überschneidung von Informationen in Zeitwirtschaftsinfotypen. Sie können auf diese Weise erreichen, dass das SAP-System eine Warnung ausgibt, wenn eine Mehrarbeitsgenehmigung für einen Tag erfasst werden soll, für den bereits eine Abwesenheit wie Urlaub oder Krankheit vorliegt.
- **Beginn-/Endeuhrzeit**
  Eine Eingabe in den Feldern **Beginnuhrzeit** und **Endeuhrzeit** bewirkt, dass die hier erfassten Uhrzeiten beim Anlegen eines Kontingents im Infotyp 2007 (Anwesenheitskontingente) als Vorschlagswerte herangezogen werden.

- **Abtragung durch Zeitauswertung**
  Von den Kennzeichen **Abtragung durch Zeitauswertung** und **Abtragung durch Anwesenheiten** kann nur eines aktiviert werden, sodass die Abtragung Ihres Kontingents entweder durch die Zeitauswertung oder durch die Erfassung von Anwesenheitszeiten im Infotyp 2002 (Anwesenheiten) erfolgt.

  Eine Kombination aus beiden Verfahren für einen Anwesenheitskontingenttyp ist nicht möglich.

  Für Anwesenheitskontingenttypen, die durch die Zeitauswertung abgetragen werden, können Sie keine Abtragungsregel definieren. Die Abtragung erfolgt durch die entsprechenden Funktionen (z. B. GOT) in der Zeitauswertung.
- **Abtragung durch Anwesenheiten**
  Haben Sie ein Anwesenheitskontingent definiert, das durch Anwesenheiten abgetragen werden soll, wie z. B. ein Fortbildungskontingent, müssen Sie zunächst Abtragungsregeln definieren und diese den Auszählungsregeln der Anwesenheiten zuordnen. Zu den Auszählungsregeln finden Sie weitere Informationen in Abschnitt 2.2, »Infotyp 2002 (Anwesenheiten)«.
- **Neg. Abtr. bis (negative Abtragung bis)**
  Im Feld **Neg. Abtr. bis** haben Sie die Möglichkeit, durch die Eingabe eines negativen Wertes die Abtragung über den Anspruch hinaus zuzulassen.

[zB]

Beispiel für eine negative Abtragung

Sie vergeben ein jährliches Kontingent von fünf Tagen für Fortbildungen. Sie können durch die Eingabe des Wertes »-2« in diesem Feld erreichen, dass in Ausnahmefällen eine Abtragung von bis zu sieben Tagen innerhalb des Gültigkeitszeitraums des Kontingents möglich ist.

Abtragungsregeln zur Abtragung von Anwesenheitskontingenten durch die Erfassung von Anwesenheiten im Infotyp 2002 (Anwesenheiten) definieren Sie in der Tabelle T556R (Sicht V_T556R). Diese erreichen Sie über den Customizing-Pfad **Personalzeitwirtschaft • Zeitdatenerfassung und -verwaltung • Verwaltung von Zeitkonten durch An-/Abwesenheitskontingente • Zeitkontingenttypen • Abtragung von Kontingenten durch An-/Abwesenheiten • Abtragungsregeln für An-/Abwesenheitskontingente festlegen.**

Die Pflegesicht V_T556R ist ebenfalls zweistufig. Das heißt, dass Sie bei der Ausführung der Customizing-Aktivität zunächst in das Übersichtsbild der Tabelle T556R gelangen (siehe Abbildung 2.65). Durch einen Doppelklick auf einen Eintrag oder durch Aufrufen der Detailsicht können Sie sich die zweite Stufe der Sicht anzeigen lassen (siehe Abbildung 2.66).

GrMK	GrPTB	Abtragungsregel	Text	Beginn	Ende
1	01	001	genehmigte Mehrarbeit	01.01.1990	31.12.9999
1	99	003	Genehmigte Anwesenheit	01.01.1990	31.12.9999
1	99	004	Kurs/Schulung	01.01.1990	31.12.9999

Abbildung 2.65 Tabelle T556R (erste Stufe der Sicht V_T556R) – Abtragungsregeln

In der zweiten Stufe der Pflegesicht legen Sie in den verschiedenen Bildblöcken die Eigenschaften Ihres Anwesenheitskontingents hinsichtlich der Abtragung durch Anwesenheiten fest (siehe Abbildung 2.66).

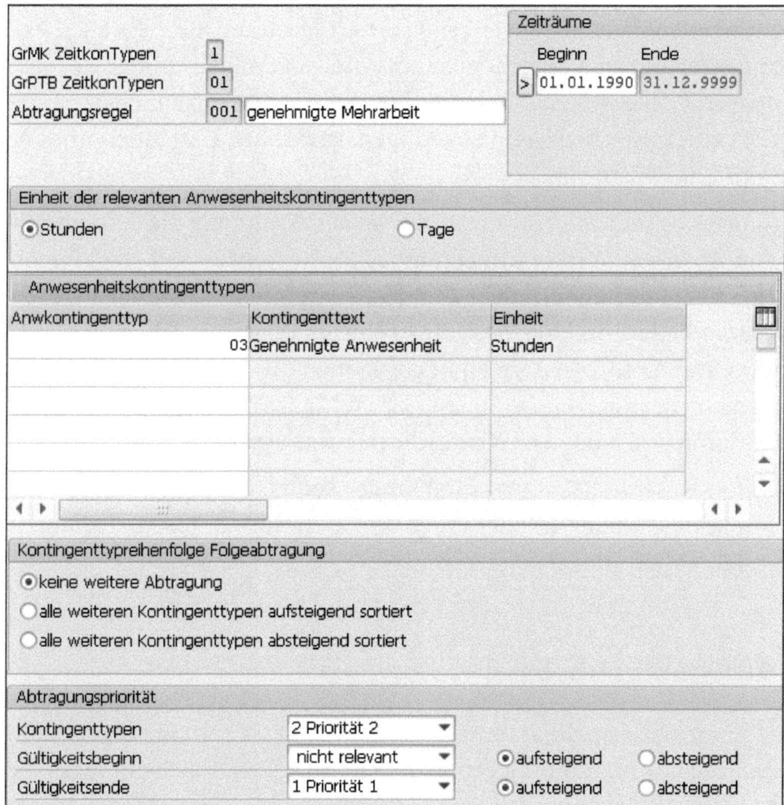

Abbildung 2.66 Tabelle T556R (zweite Stufe der Sicht V_T556R) – Abtragungsregeln

Im Block **Einheit der relevanten Anwesenheitskontingenttypen** legen Sie fest, ob die Abtragungsregel Kontingente verarbeitet, die in Stunden oder Tagen geführt werden. Sie können durch eine Abtragungsregel nur Anwesenheitskontingente mit gleicher Zeiteinheit abtragen.

Im Block **Anwesenheitskontingenttypen** geben Sie die Anwesenheitskontingenttypen ein, die durch die Abtragungsregel verarbeitet werden sollen. Sie können hier nur Anwesenheitskontingenttypen angeben, die die gleiche Zeiteinheit haben, die im vorangegangenen Block ausgewählt wurde.

Im Block **Kontingenttypreihenfolge Folgeabtragung** legen Sie fest, ob weitere Kontingente, die in der Abtragungsregel nicht explizit erfasst sind, trotzdem abgetragen werden können. Sie haben hier die Möglichkeit, durch die Aktivierung des Kennzeichens **Keine weitere Abtragung** zu verhindern, dass andere als die explizit genannten Kontingenttypen abgetragen werden. Durch die Aktivierung der Alternativoptionen **alle weiteren Kontingenttypen auf-/absteigend sortiert** bewirken Sie, dass auch Anwesenheitskontingente, die nicht explizit genannt sind, abgetragen werden. Je nach aktivierter Option werden die weiteren Anwesenheitskontingente in der Reihenfolge des Kontingenttyps auf- oder absteigend abgetragen, wenn ihre Zeiteinheit mit der der Abtragungsregel übereinstimmt.

Im Block **Abtragungspriorität** geben Sie an, durch welche Merkmale die Reihenfolge der Abtragung von Anwesenheitskontingenten bestimmt werden soll. Sie können zwischen den Kriterien **Kontingenttypen**, **Gültigkeitsbeginn** und **Gültigkeitsende** auswählen und jedem Kriterium eine Priorität zuweisen. Legen Sie z. B. eine Abtragungsregel nur für einen Kontingenttyp an und erlauben die Abtragung von weiteren Kontingenten nicht, hat die Vergabe einer Priorität für das Kriterium **Kontingenttypen** keine Auswirkung und kann den Wert **nicht relevant** erhalten.

Die Abtragung von Anwesenheitskontingenten in der Zeitauswertung erfolgt in der Regel durch die Funktion `GOT` oder seltener durch die Operation `COLTQ`. Dazu erfahren Sie mehr in Kapitel 12, »Mehrarbeitszeiten ermitteln«.

2.8 Infotyp 2010 (Entgeltbelege)

Der Infotyp 2010 (Entgeltbelege) dient Ihnen zur Erfassung von Zeitlohnarten, die in der Entgeltabrechnung zur Auszahlung gebracht werden sollen. Das heißt, dass die geldliche Bewertung von geleisteten Arbeitszeiten bei den Mitarbeitern, die an der Zeitauswertung teilnehmen, in der Regel durch die automatische Bewertung in der Zeitauswertung gebildet wird. Den Infotyp 2010 (Entgeltbelege) können Sie nutzen, um in Ausnahmefällen die automatische Generierung von Zeitlohnarten in der Zeitauswertung zu korrigieren, oder um für Mitarbeiter, die nicht an der Zeitauswertung teilnehmen, Zeitlohnarten zu erfassen und zur Auszahlung zu bringen. Die Funktion `P2010` zur Verarbeitung von Entgeltbelegen ist eine Funktion der Personalabrechnung. Die Funktion `P2010` wird nicht in Zeitauswertungsschemen, sondern in Schemen der Personalabrechnung eingesetzt.

Infotyp 2010 (Entgeltbelege)

Der Infotyp 2010 (Entgeltbelege) ist kein Infotyp für die Zeitauswertung. Die hier erfassten Lohnarten werden in der Zeitauswertung nicht verarbeitet. Die Zeitlohnarten werden ausschließlich in der Personalabrechnung verarbeitet.

Das Erfassungsbild des Infotyps 2010 (Entgeltbelege) beinhaltet Felder, die Ihnen diverse Möglichkeiten der Erfassung bieten (siehe Abbildung 2.67). Welche Lohnarten zur Eingabe zulässig sind, wird im Customizing in der Tabelle T512Z (Eingabezulässigkeit von Lohnarten je Infotyp) festgelegt. Welche Eingaben in den weiteren Feldern gemacht werden müssen oder können, bestimmen die Eigenschaften der ausgewählten Lohnart. Dazu erfahren Sie im folgenden Abschnitt zum Thema Customizing mehr. Sollten Sie bestimmte Felder des Infotyps 2010 (Entgeltbelege) nicht benötigen, besteht die Möglichkeit, diese in der Tabelle T588M (Sicht V_T588M – Bildsteuerung Infotypen) über das Feld **Bildsteuerung Infotypen** auszublenden.

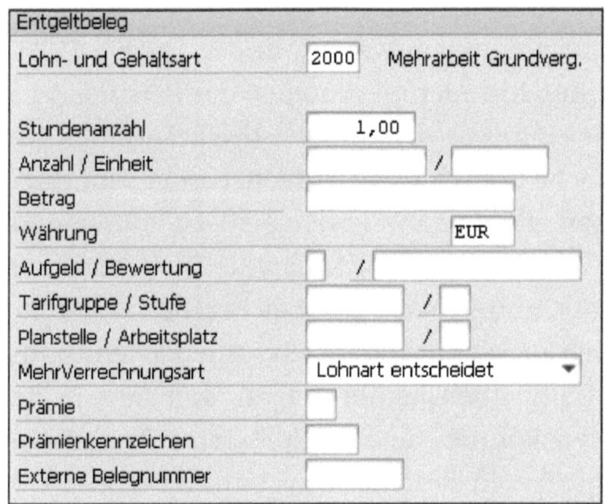

Abbildung 2.67 Erfassungsbild des Infotyps 2010 (Entgeltbelege)

Das Erfassungsbild des Infotyps 2010 (Entgeltbelege) umfasst die folgenden Felder:

Das Feld **Lohn- und Gehaltsart** ist als Subtyp des Infotyps 2010 (Entgeltbelege) ein Mussfeld, d. h., dass hier zwingend eine zulässige Lohnart erfasst werden muss. Sie können entweder eine **Stundenanzahl** oder eine Kombination der Felder **Anzahl/Einheit** und **Betrag** erfassen. Geben Sie keinen Betrag ein, wird entweder die Stundenanzahl oder der Wert im Feld **Anzahl** mit der im Feld **Einheit** erfassten Größe durch die Personalabrechnung bewertet. Welche Kombinationen von Eingaben in den Feldern **Anzahl/Einheit** und **Betrag** möglich sind, können Sie ebenfalls im Customizing des Infotyps einstellen. Die gültige Währung ergibt sich aus der organisatorischen Zuordnung des Mitarbeiters und ist nicht änderbar.

Die Felder **Aufgeld/Bewertung** ermöglichen es Ihnen, einen von der Personalabrechnung ermittelten Stundensatz für eine Lohnart, der sich in der Regel aus einer Bewertungsgrundlage ergibt, zu beeinflussen. Sie können den maschinell ermittelten Stundensatz ersetzen, verringern oder erhöhen. Wollen Sie die Bewertungsgrundlage ersetzen, lassen Sie das Feld **Aufgeld** frei und geben den neuen Stundensatz im Feld **Bewertung** ein. Zur Verringerung oder Erhöhung des Stundensatzes verwenden Sie im Feld **Aufgeld** das Kennzeichen **+** oder **–** und geben den Aufgeld- oder Abzugsbetrag im Feld **Bewertung** ein. Durch die Vorgabe einer Bezahlung auf Basis einer vom Infotyp 0008 (Basisbezüge) abweichenden **Tarifgruppe/Stufe** bewirken Sie, dass die erfasste Lohnart in der Personalabrechnung mit der Tarifzuordnung aus dem Infotyp 2010 (Entgeltbelege) bewertet wird.

Die abweichende Bezahlung gemäß alternativer **Planstelle** oder **Arbeitsplatz** setzt voraus, dass die verwendeten Objekte über zahlungsrelevante Informationen verfügen, d. h., es existiert eine Sollbezahlungsvorgabe. Über das Feld **MehrVerrechnungsart** bestimmen Sie, ob die vorgegebene Anzahl einer Lohnart geldlich bewertet und zur Auszahlung gebracht wird oder ob die Stundenanzahl einem Zeitkonto gutgeschrieben wird. Die hier angebotenen Ausprägungen werden in der Tabelle T555R (Sicht (V_T555R) definiert und gleichermaßen in anderen Infotypen der Personalzeitwirtschaft verwendet. Im Customizing des Infotyps 2010 (Entgeltbelege) können Sie in einer Prämientabelle für unterschiedliche Sachverhalte wie z. B. Lärm-, Schmutz- und Erschwerniszulagen Prämien erfassen, die Sie dann in den Feldern **Prämie** und **Prämienkennzeichen** eingeben können. Auf diese Weise können Sie für bestimmte Zeiten oder Tätigkeiten in der Personalabrechnung einen zusätzlichen Betrag je Zeiteinheit generieren lassen. Sollten Sie Daten aus einem anderen System oder einer anderen Anwendung in den Infotyp 2010 (Entgeltbelege) übertragen, weil Sie z. B. die SAP-Personalzeitwirtschaft nicht einsetzen, können Sie das Feld **Externe Belegnummer** nutzen, um den Ursprung des Datensatzes in dem Fremdsystem zu belegen.

Das Customizing für den Infotyp 2010 (Entgeltbelege) finden Sie nicht im Zeitwirtschaftsteil des Einführungsleitfadens, sondern unter **Personalmanagement • Personaladministration • Abrechnungsdaten • Entgeltbelege**. Daher verzichten wir in diesem Buch auf eine ausführliche Beschreibung. Hier müssen Sie unter der Aktivität **Lohnartenkatalog erstellen** zunächst den Lohnartenkatalog um die von Ihnen benötigten Lohnarten für den Infotyp 2010 (Entgeltbelege) erweitern. Nutzen Sie dazu die Funktion zum Kopieren von Lohnarten, und verwenden Sie als Kopiervorlage eine Lohnart aus dem SAP-Lohnartenkatalog oder eine Ihrer kundeneigenen Lohnarten für den Infotyp 2010 (Entgeltbelege). Die Eigenschaften Ihrer kopierten Lohnart müssen Sie gegebenenfalls in der Tabelle T512W anpassen. Im zweiten Schritt – **Lohnartengruppe 'Entgeltbelege' prüfen** – ergänzen Sie den Lohnartenkatalog des Infotyps 2010 (Entgeltbelege) um Ihre neue Lohnart, wenn der Lohnartenkatalog diese noch nicht beinhaltet.

Die nächsten Schritte dienen der Konfiguration Ihrer Lohnart. Sie können den Text der Lohnart ändern, die Eingabezulässigkeit für den Infotyp 2010 (Entgeltbelege) in der Tabelle T512Z ergänzen und festlegen, für welche Personalteilbereichs- und Mitarbeiterkreisgruppierungen Ihre Lohnart eingegeben werden kann. Der letzte Schritt setzt voraus, dass die Gruppierungen für Personalteilbereiche und Mitarbeiterkreise bereits vergeben sind. Diese Aktivitäten erreichen Sie in den nächsten beiden Schritten des Customizings für den Infotyp 2010 (Entgeltbelege). In den Tabellen T503 (siehe Abbildung 2.68) und T001P (siehe Abbildung 2.69) vergeben Sie dazu je Mitarbeiterkreis und Personalteilbereich einen einstelligen Wert zwischen »0« und »9«.

MitarbGruppe	MitarbGruppenbez.	Mitarbeiterk...	MitarbKreisbez.	Grpg MitarbKreis
1	Aktive	20	Angestellte	3
1	Aktive	21	Monatslöhner	1
1	Aktive	22	AT-Angestellte	3
1	Aktive	50	Angestellte	3

Abbildung 2.68 Tabelle T503 (Sicht V_503_G) – Gruppierung Mitarbeiterkreise für Primärlohnart

PersBereich	Personalbereichstext	Personalteilbereich	PersTeilbereich-...	Grpg PersTeilb...
1100	iCon_Berlin	1110	iCon_Beratung	2
1100	iCon_Berlin	1120	iCon_Entwicklun	2
1400	iCon_Leipzig	1410	iCon_Beratung	3
1400	iCon_Leipzig	1420	iCon_Entwicklun	3
1600	iCon_Frankfurt	1610	iCon_Beratung	1
1600	iCon_Frankfurt	1620	iCon_Entwicklun	1

Abbildung 2.69 Tabelle T001P (Sicht V_001P_K) – Gruppierung Personalteilbereiche für Primärlohnart

Daraus ergibt sich eine Matrix aus Mitarbeiterkreisen und Personalteilbereichen, in der Sie die Zulässigkeit je Lohnart für die Gruppierungen der Personalteilbereiche und Mitarbeiterkreise in der Tabelle T511 (Sicht V_511_B) festlegen (siehe Abbildung 2.70). Hier bestimmen Sie durch die Eingabe des Wertes »1« für eine Mitarbeiterkreis- oder Personalteilbereichsgruppierung, dass die ausgewählte Lohnart für die zugehörigen Mitarbeiterkreise und Personalteilbereiche erfasst werden kann.

Gruppierungswerte bei der Primärlohnartengruppierung

Die Vergabe von Gruppierungswerten für Mitarbeiterkreise und Personalteilbereiche ist nicht verpflichtend. Sollten Sie alle Lohnarten für alle Gruppierungen von Mitarbeiterkreisen und Personalteilbereichen freigeben wollen, besteht die Möglichkeit, alle Gruppierungswerte auf blank zu setzen, also keinen Gruppierungswert zu vergeben. Damit sind alle Lohnarten in allen Gruppierungen zulässig.

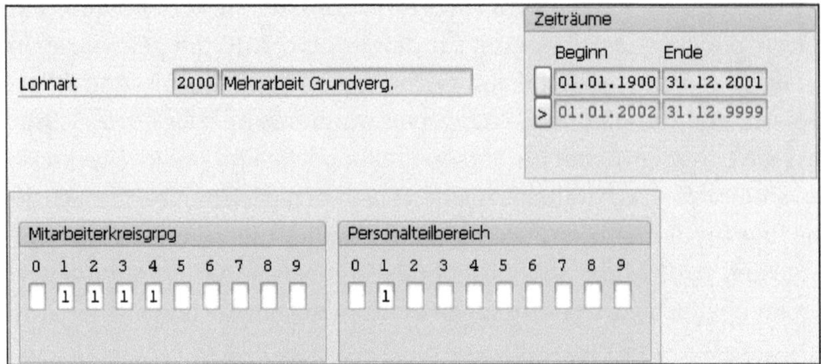

Abbildung 2.70 Tabelle T511 (Sicht V_511_B) – Zulässigkeit von Lohnarten je Gruppierung der Mitarbeiterkreise und Personalteilbereiche

Die Einstellungen, die Sie in den Schritten zur Vergabe von Gruppierungswerten für Mitarbeiterkreise und Personalteilbereiche vornehmen, führen Sie auch im Customizing anderer Infotypen wie im Infotyp 0008 (Basisbezüge), 0014 (Wiederkehrende Be- und Abzüge) oder im 0015 (Ergänzende Zahlungen) durch. Bedenken Sie deshalb, dass Ihre Gruppierungsmatrix auch die Anforderungen dieser Infotypen ausreichend berücksichtigen muss.

2.9 Infotyp 2011 (Zeitereignisse)

Der Infotyp 2011 (Zeitereignisse) enthält Informationen über die Kommen- und Gehen-Zeiten eines Mitarbeiters. Eine ausführliche Beschreibung dazu finden Sie in Abschnitt 4.4, »Die Tabelle TEVEN und ihre Besonderheiten«.

2.10 Infotyp 2012 (Zeitumbuchungsvorgaben)

Der Infotyp 2012 (Zeitumbuchungsvorgaben) dient der Erfassung von Korrekturvorgaben für die Ergebnisse der Zeitauswertung. Zeitumbuchungsvorgaben werden in der Zeitauswertung verarbeitet. Sie können auf diese Weise Salden korrigieren und diese z. B. in Zeitlohnarten umbuchen.

Die Erfassungsmaske des Infotyps umfasst im SAP-Standard die beiden Felder **Zeitumbuchungsart** und **Anzahl Stunden** (siehe Abbildung 2.71).

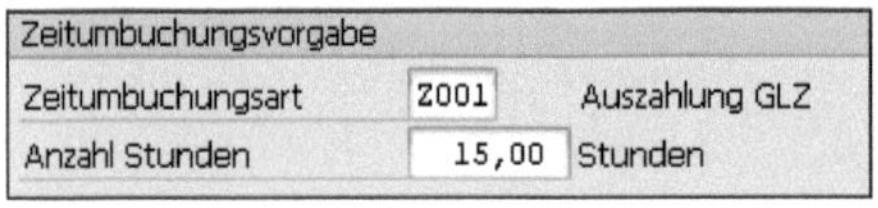

Zeitumbuchungsvorgabe
Zeitumbuchungsart Z001 Auszahlung GLZ
Anzahl Stunden 15,00 Stunden

Abbildung 2.71 Erfassungsbild des Infotyps 2012 (Zeitumbuchungsvorgaben)

Die Zeitumbuchungsart im gleichnamigen Feld ist der Subtyp des Infotyps und spezifiziert, welche Zeitumbuchungsvorschrift in der Zeitauswertung verarbeitet wird. Im Feld **Anzahl Stunden** erfassen Sie die umzubuchende Stundenanzahl. Welche Zeitkonten durch die Zeitauswertung bei der Verarbeitung des Infotyps 2012 (Zeitumbuchungsvorgaben) betroffen sind und wie die vorgegebene Stundenanzahl diese Zeitkonten verändert, legen Sie im Customizing des Infotyps fest.

Das Customizing des Infotyps 2012 erreichen Sie über den Customizing-Pfad **Personalzeitwirtschaft • Zeitauswertung • Zeitauswertung uhrzeitbasiert • Saldenbearbeitung • Zeitumbuchung.** Definieren Sie zunächst in der Customizing-Aktivität **Zeitumbuchungsarten definieren** in der Tabelle T555P (Sicht V_T555P) einen Subtyp für den Infotyp 2012 (Zeitumbuchungsvorgaben), siehe Abbildung 2.72.

GrPTB	UArt	Zeitumbuchungsarttext	Beginn	Ende	ZtArt	Bed
01	0005	Umbuchung: GKZ-Saldo	01.01.1901	31.12.9999		
01	0098	Umbuchung: Verbr Url/Jahr	01.01.1901	31.12.9999		
01	0100	GLZ auf FW, Dif. vergüten	01.01.1901	31.12.9999	0005	>
01	0101	GLZ auf FW, Dif. Freizeit	01.01.1901	31.12.9999	0005	>
01	0410	Umbuchung: Frei a. Mehrz.	01.01.1901	31.12.9999		

Abbildung 2.72 Tabelle T555P (Sicht V_T555P) – Personalzeitumbuchungsart

In der Tabelle T555P definieren Sie innerhalb der Gruppierung des Personalteilbereichs für die Zeiterfassung (Feld **GrPTB**) zunächst die Zeitumbuchungsart im Feld **UArt** als vierstelligen, alphanumerischen Wert. Dazu erfassen Sie im Feld **Zeitumbuchungsarttext** einen beschreibenden Text. Die zeitliche Gültigkeit legen Sie über die Felder **Beginn** und **Ende** fest. Optional können Sie im Feld **ZtArt** (Zeitart) eine Zeitart angeben, die auf den Wert der im Infotyp 2012 (Zeitumbuchungsvorgaben) erfassten Stundenanzahl gesetzt wird. Geben Sie im Feld **Bed** (Bedingung) zusätzlich das Kennzeichen »<« oder »>« ein, wird diese Operation nur durchgeführt, wenn die Zeitart den im Infotyp erfassten Wert über- oder unterschreitet.

So möchten Sie beispielsweise erreichen, dass bei allen Mitarbeitern, für die die Zeitumbuchungsart Z000 mit der Stundenanzahl 50 erfasst ist, das diesen Wert überschreitende Gleitzeitguthaben in der Zeitart 0005 (GLZ-Saldo) in die kundeneigene Zeitart Z100 (GLZ-Langzeit) umgebucht wird. Sie legen dazu den folgenden Eintrag in der Tabelle T555P (Sicht V_T555P) an und definieren in den weiteren Customizing-Schritten die entsprechende Vorschrift zur Umbuchung in Zeitarten (siehe Abbildung 2.73).

GrPTB	UArt	Zeitumbuchungsarttext	Beginn	Ende	ZtArt	Bed
01	Z000	GLZ lfd. in GLZ Langzeit	01.01.2110	31.12.9999	0005	>

Abbildung 2.73 Tabelle T555P (Sicht V_T555P) – Zeitumbuchungsart Z000

In den folgenden drei Punkten des Customizings spezifizieren Sie die Verarbeitung der zuvor definierten Zeitumbuchungsarten näher. Sie haben die Möglichkeit, Zeitumbuchungsvorschriften für Zeitarten, Lohnarten oder Abwesenheitskontingente zu definieren. Auch Kombinationen aus den genannten Szenarien sind möglich und gegebenenfalls notwendig.

In der Tabelle T555J (Sicht V_T555J) definieren Sie Vorschriften zur Umbuchung in die Zeitarten. Für die Übertragung von Zeitsalden von einem Konto in ein zweites Konto legen Sie hier Einträge für das Entnahmekonto ebenso wie für das Zielkonto an (siehe Abbildung 2.74).

GrPTB	UArt	Zeitart	Zeitartentext	+/-	%	Min	Max
01	0701	0005	GLZ-Saldo	+	100,00	9999,99-	9999,99
01	0701	0410	Freizeit aus Mehrarbeit	-	100,00	9999,99-	9999,99
01	0701	0710	Umbuchung Gleitzeit	-	100,00	9999,99-	9999,99
01	0701	0711	Umbuchung Mehrarbeit	+	100,00	9999,99-	9999,99

Abbildung 2.74 Tabelle T555J (Sicht V_T555J) – Vorschriften zur Umbuchung in Zeitarten

Die Felder **GrPTB** (Gruppierung Personalteilbereich) und **UArt** (Zeitumbuchungsart) beinhalten die zuvor definierten Zeitumbuchungsarten je Gruppierung Personalteilbereich. Im Feld **Zeitart** legen Sie fest, welche Zeitarten (Definition in Tabelle T555A) durch die Zeitumbuchungsvorschrift verarbeitet werden sollen. Für jede Zeitart, die durch die Zeitumbuchung erhöht oder verringert werden soll, müssen Sie demnach einen eigenen Eintrag anlegen.

Das Feld **+/-** bestimmt, ob eine Entnahme aus dem Tagessaldo oder eine Erhöhung des Saldos stattfindet. Durch das Feld **%** können Sie festlegen, mit welchem prozentualen Anteil der im Infotyp 2012 (Zeitumbuchungsvorgaben) eingegebene Wert in die entsprechende Zeitart gebucht wird. Auf diese Weise können Sie z. B. erreichen, dass durch eine Zeitumbuchungsvorgabe zwei unterschiedliche Zeitarten zu je 50 % gefüllt werden oder dass durch eine Zeitumbuchungsvorgabe zu 50 % eine Zeitart gefüllt wird und zu 50 % eine Auszahlung durch die Umbuchung in eine Lohnart erfolgt. Die Felder **Min** und **Max** ermöglichen es Ihnen, einen unteren und oberen Grenzwert für den Wert der Zeitart nach der Umbuchung festzulegen. Sollen keine Grenzwerte gelten, erfassen Sie den Wert »-9999,99« im Feld **Min** und den Wert »9999,99« im Feld **Max**.

Sie sehen in die Zeitumbuchungsvorschrift für die Zeitumbuchungsart 0701 (Mehrzeit gegen Freizeit in Gleitzeit). Durch diese Umbuchungsvorschriften werden die folgenden Zeitarten verarbeitet:

- Zeitarten 0005 (GLZ-Saldo) und 0711 (Umbuchung Mehrarbeit): Die Zeitumbuchungsvorgabe wird zu 100 % positiv gebucht. Es gelten keine Grenzwerte.
- Zeitarten 0410 (Freizeit aus Mehrarbeit) und 0710 (Umbuchung Gleitzeit): Die Zeitumbuchungsvorgabe wird zu 100 % negativ gebucht. Es gelten keine Grenzwerte.

Zur Verdeutlichung lesen Sie folgendes Beispiel: Erfassen Sie im Infotyp 2012 (Zeitumbuchungsvorgaben) die Zeitumbuchungsart 0701 mit dem Wert 20 Stunden, wird das Gleitzeitkonto (Zeitart 0005) des Mitarbeiters um 20 Stunden erhöht und das Konto für Freizeit aus Mehrarbeit (Zeitart 0410) um 20 Stunden verringert.

Die Zeitarten 0710 (Umbuchung Gleitzeit) und 0711 (Umbuchung Mehrarbeit) werden in der gleichen Weise erhöht oder verringert. Dies dient bei diesen Zeitarten in der Regel dokumentarischen Zwecken, z. B. um den umgebuchten Wert auf dem Zeitnachweis anzudrucken. Dies ist über die eigentlich zu be- oder entlastenden Zeitarten nicht möglich, da der umzubuchende Wert die Tageseinzelsalden der Zeitarten direkt verändert. Da dies jedoch auch durch die normalen Verarbeitungsschritte der Zeitauswertung geschieht, kann sich ein von der Zeitumbuchungsvorgabe abweichender Wert ergeben. So ergibt sich z. B. dann, wenn der Mitarbeiter an dem Tag, an dem Sie 20 Stunden in sein Gleitzeitkonto umbuchen, eine Stunde länger arbeitet und diese Stunde in seinem Gleitzeitkonto gutgeschrieben wird, für die Zeitart 0005 (GLZ-Saldo) für diesen Tag der Wert 21 Stunden.

In der Tabelle T555K (Sicht V_T555K) definieren Sie Vorschriften zur Umbuchung in Lohnarten. Sie legen in diesem Schritt die Bildung von Lohnarten durch die Funktion P2012 fest. Die Vorschriften zur Umbuchung von Lohnarten für eine Zeitumbuchungsart werden in der Regel durch Vorschriften zur Umbuchung in Zeitarten vervollständigt. Ein Beispiel für eine typische Anwendung dieser Kombination von Zeitumbuchungsvorschriften für Zeitarten und Lohnarten ist die Auszahlung von Gleitzeitguthaben. Dabei wird durch die Erfassung einer Zeitumbuchungsvorgabe der Gleitzeitsaldo einerseits verringert und andererseits die Generierung von Lohnarten zur Auszahlung des Guthabens bewirkt. Die Zeitumbuchungsart Z001 bewirkt eine Auszahlung von Gleitzeitguthaben durch die Lohnarten 2000 (Mehrarbeit Grundvergütung) und 2010 (Mehrarbeit 25 %), siehe Abbildung 2.75 und Abbildung 2.76.

GrPTB	UArt	Zeitart	Zeitartentext	+/-	%	Min	Max
01	Z001	0005	GLZ-Saldo	-	100,00	9999,99-	9999,99

Abbildung 2.75 Tabelle T555J (Sicht V_T555J) – Vorschriften zur Umbuchung in Zeitarten

GrPTB	UArt	Zeitumbuchungsarttext	Lohnart	Lohnart-Langtext	+/-	%	Info
01	Z001	Auszahlung GLZ	2000	Mehrarbeit Grundverg.	-	100,00	M
01	Z001	Auszahlung GLZ	2010	Mehrarbeit 25 %	-	100,00	M

Abbildung 2.76 Tabelle T555K (Sicht V_T555K) – Vorschriften zur Umbuchung in Lohnarten

Die Tabelle T555K bezieht sich in den Feldern **GrPTB** (Gruppierung Personalteilbereich) und **UArt** (Zeitumbuchungsart) wiederum auf die Tabelle T555P, in der die Zeitumbuchungsarten als Subtypen des Infotyps 2012 (Zeitumbuchungsvorgaben) definiert wurden. Außerdem legen Sie im Feld **Lohnart** fest, welche Lohnarten durch die Zeitumbuchungsvorgabe generiert werden sollen. Das Feld **+/-** bestimmt, ob die

Lohnart mit positivem oder negativem Vorzeichen erzeugt wird. Das Feld **Info** gibt für die Personalabrechnung vor, ob die Lohnart z. B. aus Sollarbeit oder Mehrarbeit resultiert. Dies führt gegebenenfalls zu unterschiedlichen geldlichen oder steuerlichen Bewertungen.

Eine weitere Option besteht in der Definition von Umbuchungsvorschriften in Abwesenheitskontingente. Sie haben dadurch die Möglichkeit, Abwesenheitskontingente, die in der Zeitwirtschaft durch die Funktion QUOTA verarbeitet werden, durch eine Zeitumbuchungsvorgabe zu erhöhen oder zu verringern. Sie definieren dazu in der Tabelle T555L, analog zu den bereits beschriebenen Vorgehensweisen bei der Umbuchung in Zeit- oder Lohnarten, je Zeitumbuchungsart, in welches Abwesenheitskontingent des Infotyps 2006 (Abwesenheitskontingente) der Wert einer Zeitumbuchungsvorgabe übertragen werden soll (siehe Abbildung 2.77).

GrPTB	UArt	Zeitumbuchungsarttext	Gr...	GrPTB	AbK...	Kontingenttext	+/-	%
01	Z002	GLZ > Lebensarbeitszeit	1	01	02	Lebensarbeitszeit	-	100,00

Abbildung 2.77 Tabelle T555L (Sicht V_T555L) – Vorschriften zur Umbuchung in Abwesenheitskontingente

Die Tabelle T555L bezieht sich in den Feldern **GrPTB** (Gruppierung Personalteilbereich) und **UArt** (Zeitumbuchungsart) ebenfalls auf die Tabelle T555P, in der die Zeitumbuchungsarten definiert wurden. In den Feldern **Grpg MK** (Gruppierung Mitarbeiterkreis) und **GrPTB** (Gruppierung Personalteilbereich), das hier zum zweiten Mal innerhalb der Tabelle verwendet wird, bezieht sich die Tabelle auf die Mitarbeiterkreisgruppierung und die Personalteilbereichsgruppierung für Abwesenheitskontingente. Es ergibt sich dadurch die Notwendigkeit festzustellen, für welche Teile Ihrer Gruppierungsmatrix der Mitarbeiterkreise und Personalteilbereiche Sie Zeitumbuchungen in Abwesenheitskontingente vornehmen müssen.

Im Feld **AbK...** (Abwesenheitskontingenttyp) legen Sie fest, welches Abwesenheitskontingent durch die Umbuchungsvorschrift befüllt werden soll. Die Felder **+/-** und **%** entsprechen in ihrer Bedeutung den namensgleichen Feldern in der Definition von Umbuchungsvorschriften in Zeitarten und Lohnarten.

[»]

Umbuchungsvorschriften in Abwesenheitskontingenten

Sie können Zeitumbuchungsvorgaben für Mitarbeiter aller Personalteilbereiche verwenden, für deren Gruppierung des Personalteilbereichs für Zeiterfassung Sie diese definiert haben. Verwenden Sie die Zeitumbuchungsvorgabe jedoch für Mitarbeiter, deren Gruppierung für Abwesenheitskontingente bei der Definition der Umbuchungsvorschrift in Abwesenheitskontingente nicht berücksichtigt wurde, erhalten Sie einen Abbruch in der Zeitauswertung bei der Generierung von Abwesenheitskontingenten.

Die bis hier beschriebenen Optionen zur Nutzung des Infotyps 2012 (Zeitumbuchungsvorgaben) werden in der Funktion P2012 (Verarbeitung der Zeitumbuchungsvorgaben) in der Zeitauswertung ausgeführt. Diese Funktion wird in der Regel im Block **Zeitkonten führen** ohne die Angabe einer Personalrechenregel im Parameter 1 aufgerufen (siehe Abbildung 2.78).

Zeile	Fkt	Par1	Par2	Par3	Par4	D	Text
000760	BLOCK	BEG					Zeitkonten führen
000770	RTIP	TR10					Tagessalden bilden
000780	P2012						Zeitumbuchungsvorgaben bearbeiten
000790	ACTIO	TR30					Gleitzeitsaldo/Mehrarbeit-/Produktivstd.

Abbildung 2.78 Funktion P2012 im Zeitauswertungsschema TM00 aufrufen

Sie können den Infotyp 2012 (Zeitumbuchungsvorgaben) alternativ nutzen, ohne Vorschriften für die Umbuchung in Zeitarten, Lohnarten oder Abwesenheitskontingente zu definieren. Sie können dabei spezielle Anforderungen in kundeneigenen Rechenregeln umsetzen und diese durch die Funktion P2012 aufrufen. Die im Infotyp 2012 (Zeitumbuchungsvorgaben) erfassten Sätze stehen dann in der Rechenregel zur weiteren Verarbeitung zur Verfügung.

Welche Zeitumbuchungsarten Sie in der Rechenregel verarbeiten, legen Sie in der Rechenregel durch die Angabe einer Zeitart fest (siehe Abbildung 2.79).

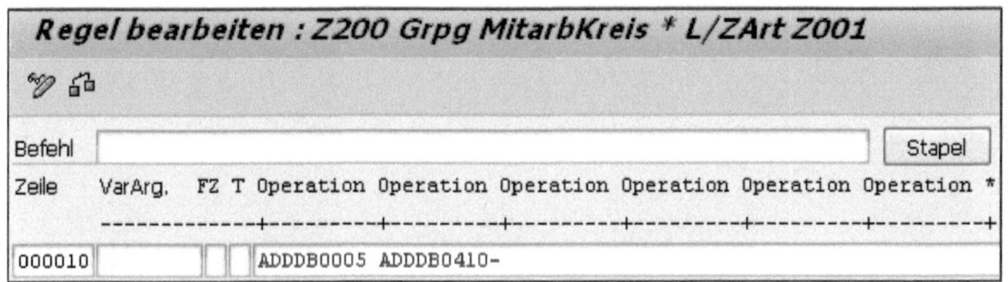

Abbildung 2.79 Rechenregel Z200 unter der Angabe der Zeitart Z001 aufrufen

Die Angabe der Zeitart Z001 bewirkt in diesem Beispiel, dass die Personalrechenregel Z200 die Zeitumbuchungsart Z001 verarbeitet.

Darüber hinaus können Subtypen des Infotyps 2012 (Zeitumbuchungsvorgaben) auch als Schalter dienen, die eine bestimmte Verarbeitung bewirken. So können im Time Manager's Workplace Ankreuzfelder genutzt werden, die bewirken, dass für einen Tag pauschal sämtliche Mehrarbeit genehmigt wird. Diese Ankreuzfelder verweisen auf einen festgelegten Subtyp des Infotyps 2012 (Zeitumbuchungsvorgaben). Durch das Ankreuzen des Feldes wird ein Satz des Infotyps 2012 (Zeitumbuchungsvorgaben) für den ausgewählten Mitarbeiter mit dem entsprechenden Subtyp angelegt, der in der Zeitauswertung verarbeitet werden kann. Mehr dazu lesen Sie in Kapitel 5, »User Interfaces«, und Kapitel 12, »Mehrarbeitszeiten ermitteln«.

2.11 Infotyp 2013 (Kontingentkorrekturen)

Mit dem Infotyp 2013 (Kontingentkorrekturen) können Sie Abwesenheitsansprüche verändern, die automatisch durch die Zeitauswertung generiert werden. Wir haben in Abschnitt 2.6, »Infotyp 2006 (Abwesenheitskontingente)«, besprochen, dass innerhalb der Zeitauswertung automatisch Sätze des Infotyps 2006 (Abwesenheitskontingente) erzeugt und aktualisiert werden können. Die bei einem Zeitauswertungslauf erzeugten Abwesenheitsansprüche (Kumulationsansprüche) werden zunächst in einer Tabelle gespeichert. Erst wenn ein in den Systemeinstellungen festgelegtes Datum erreicht ist, werden die Kumulationsansprüche in den Infotyp 2006 (Abwesenheitskontingente) übertragen. Dazu rufen Sie mit Transaktion PA61 (Zeitdaten pflegen) die Personalstammpflege der Zeitdaten auf. Dort wählen Sie das zu korrigierende Kontingent im Subtyp aus und erreichen das in Abbildung 2.80 gezeigte Bild.

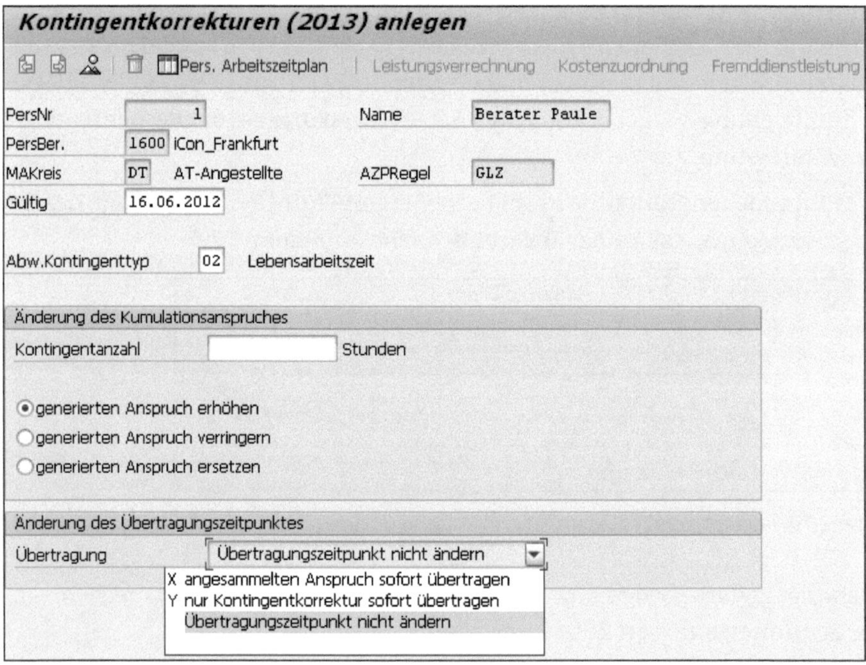

Abbildung 2.80 Kontingentkorrekturen anlegen

Hier können Sie im Feld **Kumulationsanspruch** einen Kumulationsanspruch erhöhen, verringern oder ersetzen sowie die Kumulationsansprüche sofort im Infotyp 2006 (Abwesenheitskontingente) zur Abtragung bereitstellen.

Die Änderungen werden erst beim nächsten Zeitauswertungslauf berücksichtigt. Die Zeitauswertung rechnet ab dem Tag erneut ab, für den die Kontingentkorrektur eingegeben worden ist, d. h., dass der Infotyp rückrechnungsrelevant ist.

Die Ergebnisse der Kontingentkorrektur können Sie dann über Transaktion PT50 einsehen. Ebenso können Sie mit der Kontingentübersicht direkt Sätze dieses Infotyps anlegen. Im Feld **Übertragung** können Sie Angaben machen, wann der korrigierte Kontingentanspruch übertragen werden soll. In aller Regel werden die Kontingentkorrekturen nicht direkt im Infotyp 2006 (Abwesenheitskontingente) Berücksichtigung finden, weil die Zeitauswertung den Infotyp erst zu dem von Ihnen im Customizing festgelegten Übertragungszeitpunkt aktualisiert.

Möchten Sie die korrigierten Kumulationsansprüche direkt im Infotyp 2006 (Abwesenheitskontingente) zur Verfügung stellen, können Sie die durch die Zeitauswertung angesammelten Kumulationsansprüche und die im Infotyp angegebene Kontingentanzahl auch sofort übertragen. Dazu wählen Sie **angesammelten Anspruch sofort übertragen**.

Die Zeitauswertung kann beim automatischen Aufbau der Kontingente die im Infotyp 2006 (Abwesenheitskontingente) bereits vorhandenen Kumulationsansprüche entweder ersetzen oder erhöhen. Eine Änderung der Kumulationsansprüche durch den Infotyp 2013 (Kontingentkorrekturen) ist daher in aller Regel nur sinnvoll, wenn der betreffende Kumulationsanspruch durch die Zeitauswertung erhöht wird. Wenn der Kumulationsanspruch durch die Kontingentkorrektur ersetzt werden soll, ist bei ersetzenden Kontingenten nur die Funktion **angesammelten Anspruch sofort übertragen** sinnvoll: Würde der Anspruch nicht sofort übertragen, würde die Zeitauswertung diese Korrektur sofort wieder überschreiben. Wenn ein Kumulationsanspruch durch die Kontingentkorrektur ersetzt wird, können Sie nur einen Satz pro Tag erfassen, da eine zweite Kontingentkorrektur die erste überschreiben und damit unwirksam machen würde.

2.12 Fazit

In diesem Kapitel haben Sie erfahren, dass die Customizing-Einstellungen für einige Infotypen, wie z. B. für den Infotyp 2006, sehr umfangreich sind. Speziell hier gibt es eine Fülle von Möglichkeiten, um anhand der unterschiedlichen Gruppierungen das Customizing für die einzelnen Bereiche Ihres Unternehmens zu variieren. Dies birgt jedoch auch die Gefahr der Unübersichtlichkeit.

Machen Sie sich, bevor Sie die Einstellungen vornehmen, mit allen Gruppierungen vertraut, und überlegen Sie, welcher Detailliertheitsgrad für Ihr Unternehmen erforderlich ist. Wir können Ihnen nur empfehlen, sich so nah wie nur möglich an den Standard bzw. an das voreingestellte Customizing zu halten.

Kapitel 3
Zeitbindung und Kollisionsprüfungen

Dass ein Mitarbeiter nicht gleichzeitig Urlaub nehmen und sich krank melden kann, liegt auf der Hand: Hier kollidieren zwei unterschiedliche Abwesenheiten miteinander. Die Zeitwirtschaft weist im Hinblick auf solche Überschneidungen einige Besonderheiten auf. Das Customizing von Zeitbindung und Kollisionsprüfung lernen Sie in diesem Kapitel kennen.

Alle Infotypen der Zeitwirtschaft sowie der Personalwirtschaft im Allgemeinen, weisen eine Zeitbindung auf. Im SAP-System wird durch die Zeitbindung z. B. festgelegt, ob für einen Mitarbeiter ein Infotypsatz vorhanden sein muss, ob weitere Sätze des gleichen Infotyps existieren oder ob sich diese im Gültigkeitszeitraum überschneiden dürfen. Für einige Infotypen können Sie auch in Abhängigkeit vom Subtyp unterschiedliche Zeitbindungen vergeben.

Die Zeitbindung hat für die Infotypen der Zeitwirtschaft eine besondere Relevanz. In der Personaladministration legen Sie fest, wie das SAP-System reagieren soll, wenn die Erfassung oder Änderung von Datensätzen Auswirkungen auf bereits vorhandene Datensätze hat. Es ist möglich, die vorhandenen Datensätze zeitlich abzugrenzen, zu ändern oder komplett zu löschen. Solche Regeln müssen Sie auch für die Infotypen der Zeitwirtschaft definieren – allerdings sind diese Regeln etwas komplexer als in der Personaladministration.

Dieses Kapitel soll Ihnen die Funktionen der Zeitbindung und Kollisionsprüfungen in der Zeitwirtschaft erklären. Wir zeigen Ihnen anhand von Beispielen, welche typischen Kollisionen in der Zeitwirtschaft auftreten können, um Sie dann mit dem Customizing vertraut zu machen.

3.1 Einführung

Es ist unmöglich, in der Zeitwirtschaft den Überblick darüber zu behalten, welche Infotypen mit ihren unterschiedlichen Subtypen für die einzelnen Mitarbeiter bereits erfasst wurden. Kollisionen zwischen den Datensätzen sind also eher die Regel als die Ausnahme. Der Sachbearbeiter muss deshalb durch das SAP-System über solche Kollisionen informiert werden.

Bei der Einführung der SAP-Zeitwirtschaft müssen Sie sich im ersten Schritt darüber klar werden, welche Infotypen Sie nutzen wollen und welche Ausprägungen der Subtypen möglich sind. Im zweiten Schritt definieren Sie feste Regeln, unter welchen Umständen solche Kollisionen für Infotypen der Zeitwirtschaft erlaubt oder verboten sind. Dabei geht es wie in der Personaladministration nicht nur um das Vorhandensein gleicher Infotypen oder Subtypen, sondern auch um die Länge des Zeitraums, den die einzelnen Datensätze abdecken.

Sie müssen festlegen, welche Konsequenzen und Bearbeitungsmöglichkeiten diese Überschneidungen haben sollen. Die Kollisionsprüfungen sollen ausschließen, dass sich widersprechende Datensätze im SAP-System vorliegen. Es muss z. B. verhindert werden, dass für den gleichen Zeitraum ein An- und ein Abwesenheitssatz für einen Mitarbeiter im SAP-System enthalten ist. Im Customizing können Sie genau einstellen, wie das System beim Auftreten von Kollisionen reagieren soll.

In der Zeitwirtschaft wird die Zeitbindung über die folgenden Elemente gesteuert:

- **Zeitbindungsklassen**
  Zeitbindungsklassen werden für die einzelnen Infotypen und Subtypen der Zeitwirtschaft vergeben und legen fest, welche Kollisionsregeln für diese Infotypen und Subtypen gelten sollen.
- **Zeitbindungstabellen**
  In einer Zeitbindungstabelle werden die Beziehungen zwischen neuen Zeitinfotypsätzen und den Infotypsätzen, mit denen sie möglicherweise kollidieren, definiert. Damit wird festgelegt, welche zeitlichen Kollisionen zwischen einzelnen Infotypen bzw. Subtypen der Zeitwirtschaft erlaubt sind.
- **Zeitbindungskennzeichen**
  Jeder in einer Zeitbindungstabelle definierten Kollisionsbeziehung ist ein entsprechendes Zeitbindungskennzeichen zugeordnet. Diese Kennzeichen bestimmen bei der Erfassung von Daten in Abhängigkeit der aufgetretenen Kollision und der beteiligten Infotypen Folgendes:
  - ob der neue Satz Eingang ins System finden kann
  - ob eine Warnmeldung ausgegeben wird
  - ob der neue Satz mit einer Fehlermeldung abgelehnt wird

Die möglichen Zeitbindungskennzeichen sind:

- A: Der alte Satz wird abgegrenzt, und alle Kollisionen werden angezeigt.
- E: Ein Hinzufügen des neuen Satzes ist nicht möglich, und alle Kollisionen werden angezeigt.
- W: Ein Hinzufügen des neuen Satzes ist möglich, verändert aber nicht den alten Satz. Alle Kollisionen werden angezeigt.
- N: Systemverhalten wie bei Ausprägung W; es werden keine Kollisionen angezeigt.

Bevor wir in das Customizing einsteigen, möchten wir Sie im nächsten Abschnitt anhand eines Beispiels mit dem Thema Zeitbindung und Kollisionsprüfung vertraut machen.

3.2 Beispiel: Zeitbindung in der Zeitwirtschaft

Ein typisches Beispiel für eine Kollision wäre folgende Konstellation: Ihr Mitarbeiter nimmt eine Woche Urlaub, und Sie erfassen mit Transaktion PA30 oder PA63 diese Abwesenheit im SAP-System (siehe Abbildung 3.1).

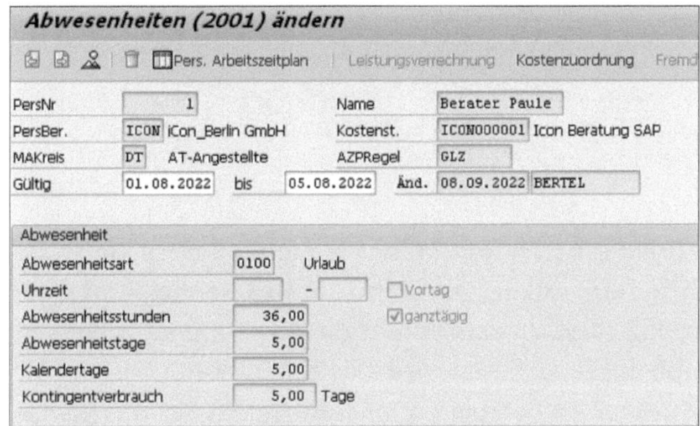

Abbildung 3.1 Abwesenheit »Urlaub« erfassen

Alle hier angezeigten Informationen, die die Zeitwirtschaft betreffen, resultieren aus der dem Mitarbeiter zugeordneten Arbeitszeitplanregel. Für die Kollisionsprüfung sind jedoch die Gültigkeitszeiträume und bei untertägigen Abwesenheiten gegebenenfalls die Beginn- und Ende-Uhrzeit relevant.

Am letzten Tag des Urlaubs informiert Sie Ihr Mitarbeiter über eine Krankheit an diesem letzten Tag. Sie müssen diesen Krankheitstag natürlich ebenfalls erfassen (siehe Abbildung 3.2).

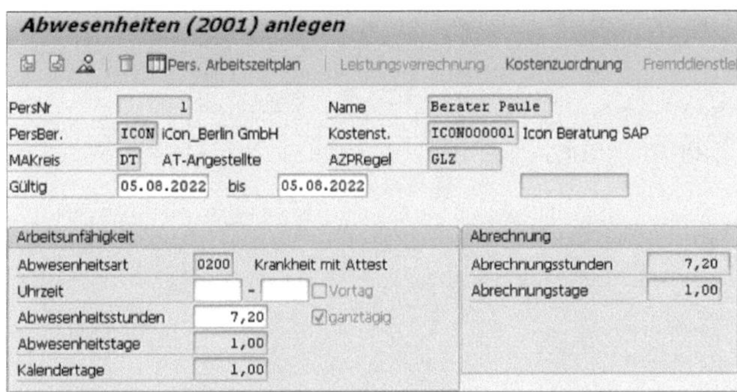

Abbildung 3.2 Abwesenheit »Krankheit« erfassen

Daraufhin teilt Ihnen das SAP-System mit, dass zu diesem Datum (05.08.2022) bereits eine Abwesenheit vorhanden ist, mit der die neu zu erfassende Abwesenheit kollidiert (siehe Abbildung 3.3).

Kollision Zeitinfotypen

Personalnr	1	Name	Berater Paule
MitarbGruppe	1	PersBer.	ICON iCon_Berlin GmbH
MitarbKreis	DT AT-Angestellte	Kostenstelle	ICON000001 Icon Beratung SAP

Zu sichernder Satz

R...	Beginn	Ende	von	bis	Infty	Infotyp	Art	Subtyp
	05.08.2022	05.08.2022			2001	Abwesenheiten	0200	Krankheit mit At.

Kollisionen mit

R...	Beginn	Ende	von	bis	Infty	Infotyp	Art	Subtyp
	01.08.2022	05.08.2022			2001	Abwesenheiten	0100	Urlaub

Abbildung 3.3 Kollisionshinweis

Gerade dieser Fall tritt in der praktischen Arbeit immer wieder auf. Deshalb ist das SAP-System bereits im Standard so eingestellt, dass, wenn die Abwesenheit **Krankheit** für einen bestimmten Tag angelegt wird, zu dem bereits die Abwesenheit **Urlaub** erfasst ist, die Abwesenheit **Urlaub** ausgeschnitten wird. Das bedeutet für Sie, dass Sie die Abwesenheit **Urlaub** nicht gesondert bearbeiten müssen. Indem Sie den Kollisionshinweis mit [↵] bestätigen, erledigt die Kollisionsprüfung und Zeitbindung diese Arbeit für Sie. Das Ergebnis ist in Abbildung 3.4 dargestellt: Es existieren zwei Abwesenheitssätze, und der Urlaub wurde um einen Tag gekürzt.

Abwesenheiten (2001) Liste

PersNr	1	Name	Berater Paule
PersBer.	ICON iCon_Berlin GmbH	Kostenst.	ICON000001 Icon Beratung SAP
MAKreis	DT AT-Angestellte	AZPRegel	GLZ
Auswahl	01.08.2022 bis 05.08.2022	Art	

Abwesenheiten

Beginn	Ende	A...	An-/AbwArtText	von	bis	AbwT...	St
05.08.2022	05.08.2022	0200	Krankheit mit Attest			1,00	
01.08.2022	04.08.2022	0100	Urlaub			4,00	

Abbildung 3.4 Ergebnis der Kollisionsprüfung

Nach diesem einleitenden Beispiel beschreiben wir im nächsten Abschnitt die für die Kollisionsprüfung erforderlichen bzw. bereits vorhandenen Customizing-Einstellungen.

3.3 Customizing der Zeitbindungsklassen der Abwesenheiten

Ausgehend von unserem Einführungsbeispiel möchten wir Ihnen in diesem Abschnitt die notwendigen Customizing-Einstellungen erläutern. Dazu rufen Sie Transaktion SPRO (Customizing – Projektbearbeitung) auf. Sie finden diese Transaktion auch im SAP-Menü unter **Werkzeuge • Customizing IMG • Projektbearbeitung**. Der Customizing-Pfad **Personalzeitwirtschaft • Zeitdatenerfassung und -verwaltung • Abwesenheiten • Abwesenheitskatalog • Erfassungsbilder und Zeitbindungsklassen festlegen** enthält die notwendigen Aktionen für die Einstellungen der Zeitbindungsklassen.

Wenn Sie diese Customizing-Aktivität ausführen, gelangen Sie in eine Sicht der Tabelle T554S, die Ihnen als Einstieg alle vorhandenen Abwesenheiten anbietet (siehe Abbildung 3.5).

Sicht "Abwesenheit: allgemeine Einstellungen" ändern: Übersicht

Aufr. <-> Verb. Abgrenzen

Gr...	AbA...	An-/AbwArtText	Beginn	Gültig bis
01	0100	Urlaub	01.01.1999	31.12.9999
01	0101	Urlaub IT 0005	01.01.1990	31.12.9999
01	0110	Urlaub 1/2 Tag	01.01.1999	31.12.9999
01	0111	Firmenjubiläum	01.01.1999	31.12.9999
01	0190	Bildungsurlaub	01.01.1990	31.12.9999
01	0200	Krankheit mit Attest	01.01.1990	31.12.9999

Abbildung 3.5 Sicht der Tabelle T554S

Markieren Sie den gewünschten Eintrag, und klicken Sie auf den Button mit der Lupe (**Detail**). Daraufhin gelangen Sie in die Einzelsicht. Im Folgenden betrachten wir die Einträge der Abwesenheitsart 0100 (Urlaub), siehe Abbildung 3.6.

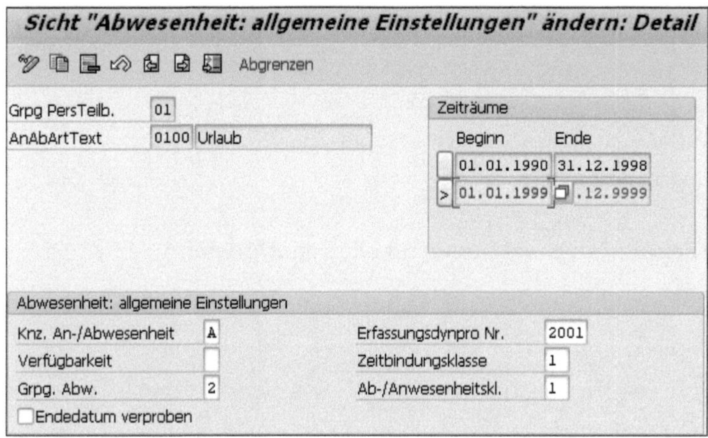

Abbildung 3.6 Allgemeine Einstellungen für die Abwesenheitsart 0100 (Urlaub)

Der Abwesenheitsart 0100 (Urlaub) ist z. B. die Zeitbindungsklasse 01 zugeordnet. Sie können sich nun in dieser Sicht mit den Zeitbindungsklassen aller Abwesenheitsarten vertraut machen, die für die Reaktionen bei der Kollisionsprüfung verantwortlich sind. Mit der Zeitbindungsklasse gruppieren Sie hier für den Infotyp 2001 (Abwesenheiten) auf der Ebene Subtyp/Abwesenheit alle Abwesenheiten, die innerhalb der Kollisionsprüfung gleichartige Reaktion auslösen sollen. Sie werden also gleichartige An-/Abwesenheiten mit derselben Zeitbindungsklasse versehen, um gleiche Kollisionsbedingungen zu erreichen.

Für unser Beispiel haben wir also die Bedingung Zeitbindungsklasse 01 (Urlaub) gegen die Zeitbindungsklasse 02 (Krankheit) genutzt und wollen jetzt zu den Einstellungen gelangen, mit denen Sie die Kollisionsreaktionen festlegen können. Über den Customizing-Pfad **Personalwirtschaft • Zeitdatenerfassung und -verwaltung • Reaktionen bei Überschneidung von Zeitinfotypen festlegen** erreichen Sie die Sicht V_554Y_B der Tabelle T554Y (siehe Abbildung 3.7).

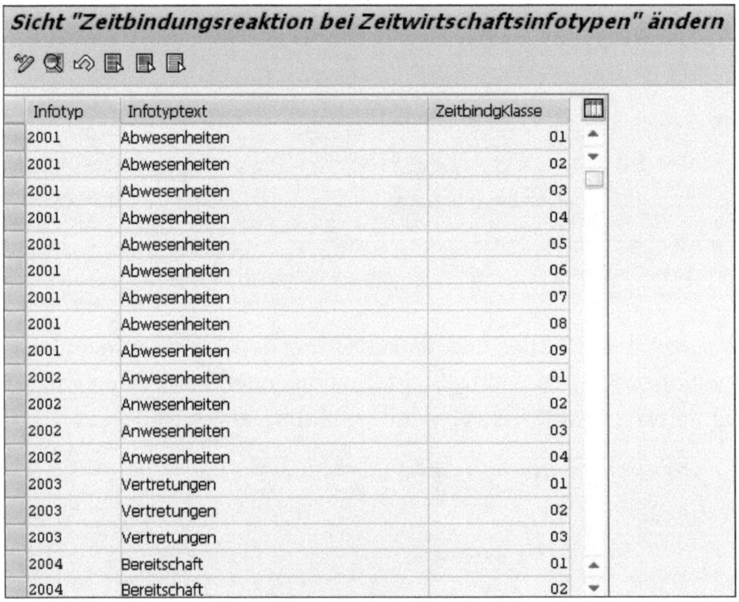

Sicht "Zeitbindungsreaktion bei Zeitwirtschaftsinfotypen" ändern

Infotyp	Infotyptext	ZeitbindgKlasse
2001	Abwesenheiten	01
2001	Abwesenheiten	02
2001	Abwesenheiten	03
2001	Abwesenheiten	04
2001	Abwesenheiten	05
2001	Abwesenheiten	06
2001	Abwesenheiten	07
2001	Abwesenheiten	08
2001	Abwesenheiten	09
2002	Anwesenheiten	01
2002	Anwesenheiten	02
2002	Anwesenheiten	03
2002	Anwesenheiten	04
2003	Vertretungen	01
2003	Vertretungen	02
2003	Vertretungen	03
2004	Bereitschaft	01
2004	Bereitschaft	02

Abbildung 3.7 Zeitbindungsreaktionen

Diese Sicht enthält die Zeitbindungsreaktionen für alle Zeitinfotypen:

- 2001 (Abwesenheiten)
- 2002 (Anwesenheiten)
- 2003 (Vertretungen)
- 2004 (Bereitschaft)
- 2005 (Mehrarbeit)

- 2006 (Abwesenheitskontingent)
- 2007 (Anwesenheitskontingent)
- 2011 (Zeitereignisse)

In unserem Beispiel haben wir zuerst eine Abwesenheit (Urlaub) erfasst, die die Zeitbindungsklasse 01 besitzt. Danach haben wir eine Abwesenheit (Krankheit) mit der Zeitbindungsklasse 02 erfasst. Um zu ermitteln, wie die neue Abwesenheit **Krankheit** sich gegenüber bereits gespeicherten Abwesenheiten verhält, markieren Sie entsprechend der Tabellensicht die Zeile **Infotyp 2001** und **Zeitbindungsklasse 02**. Danach klicken Sie auf den Button **Detailsicht** und gelangen in die Tabellendarstellung, wie sie in Abbildung 3.8 dargestellt ist.

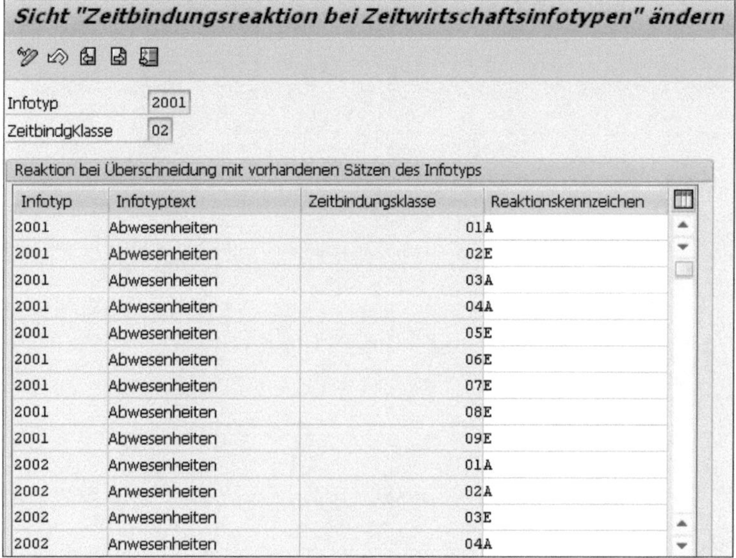

Infotyp	Infotyptext	Zeitbindungsklasse	Reaktionskennzeichen
2001	Abwesenheiten	01	A
2001	Abwesenheiten	02	E
2001	Abwesenheiten	03	A
2001	Abwesenheiten	04	A
2001	Abwesenheiten	05	E
2001	Abwesenheiten	06	E
2001	Abwesenheiten	07	E
2001	Abwesenheiten	08	E
2001	Abwesenheiten	09	E
2002	Anwesenheiten	01	A
2002	Anwesenheiten	02	A
2002	Anwesenheiten	03	E
2002	Anwesenheiten	04	A

Abbildung 3.8 Reaktion bei Überschneidung mit vorhandenen Sätzen

Diese Detailsicht führt Sie zu den Varianten der Kollisionen des vorhandenen Infotyps 2001 mit der Zeitbindungsklasse 02. Sie erkennen in dieser Sicht die Reaktionen bei Kollisionen unterschiedlicher Zeitbindungsklassen zu unterschiedlichen Infotypen. In unserem Beispiel trifft die Zeitbindungsklasse 02 (Krankheit) auf die Zeitbindungsklasse 01 (Urlaub), und die Reaktion wird durch A (der alte Satz wird abgegrenzt) festgelegt.

3.4 Customizing der Zeitbindungsklassen bei Vertretungsarten

Einige Unternehmen setzen neben der SAP-Zeitwirtschaft eine externe Software für die Personaleinsatzplanung ein. Die Informationen dieser Software werden in diesem Fall meist über eigene Schnittstellenprogramme an das SAP-System geliefert. Bei dieser Vorgehensweise kann es vorkommen, dass Informationen zeitlich überlagert werden.

Der Mitarbeiter der Einsatzplanung erfasst in der externen Software z. B. eine abweichende Schicht, die zeitlich in eine im SAP-System erfasste Abwesenheit Krankheit hineinreicht. Das Schnittstellenprogramm kann mithilfe der Kollisionsprüfung diesen Zustand erkennen und entsprechende Fehlermeldungen auswerten. Der SAP-Sachbearbeiter muss dann die Entscheidung für die weitere Verarbeitung treffen. Wir wollen anhand eines Beispiels deutlich machen, wie sich das System in solch einem Fall verhält. Dazu haben wir für unseren Mitarbeiter mit Transaktion PA63 eine Abwesenheit Krankheit erfasst und wollen anschließend eine Vertretung mit einem abweichenden Tagesarbeitszeitplan anlegen (siehe Abbildung 3.9).

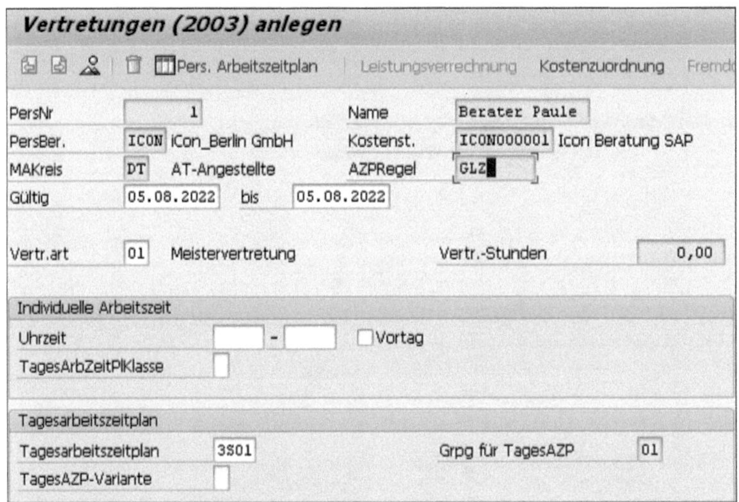

Abbildung 3.9 Vertretung anlegen

Wenn Sie diesen Satz sichern wollen oder nur die Enter-Taste drücken, erhalten Sie einen Kollisionshinweis (siehe Abbildung 3.10).

Diese Meldung ist »nur« ein Hinweis, dass eine Kollision vorliegt. Die Customizing-Einstellungen würden hier erlauben, diesen Satz zu sichern.

Sie gelangen mit Transaktion SPRO in den Einführungsleitfaden und hier über den Pfad **Personalzeitwirtschaft • Zeitdatenerfassung und -verwaltung • Vertretungen • Vertretungsarten definieren** zur Pflege der Zeitbindungsklasse für Vertretungen.

Sie führen diese Customizing-Aktivität aus und gelangen daraufhin in die Sicht V_T556 der Tabelle T556, in der Sie die Zeitbindungsklasse für Vertretungen pflegen (siehe Abbildung 3.11).

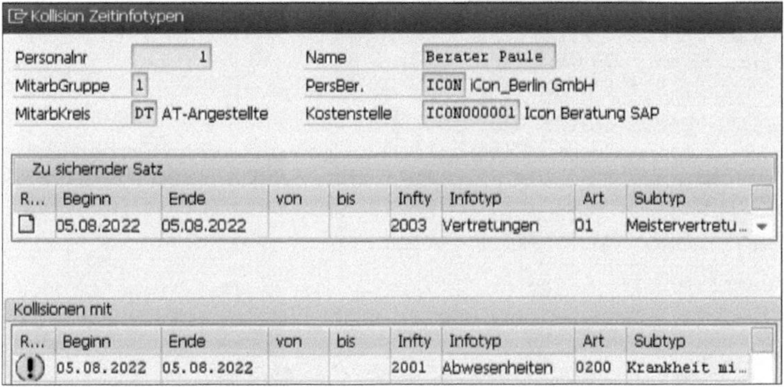

Abbildung 3.10 Kollisionshinweis

Sicht "Vertretungsarten" ändern: Übersicht

Neue Einträge

Gr...	Ve...	Vertretungsartentext	Zeitbind...	NachteilsA	KUG-VArt
01	01	Meistervertretung	01	☐	☐
01	02	Schichtvertretung	02	☑	☐
01	03	Kug-Vertretung	01	☐	☑
01	04	Tätigk.Vertretung Knapp.	01	☐	☐
01	05	Istplanvertretung	03	☐	☐

Abbildung 3.11 Sicht »Vertretungsarten«

3.5 Customizing der Zeitbindungsklassen bei Anwesenheiten

Das Customizing der Zeitbindungsklassen bei Abwesenheiten haben wir mithilfe unseres Beispiels bereits beschrieben. Die Einstellungen bei der Pflege der Anwesenheiten sind fast analog. Sie führen wieder Transaktion SPRO aus, um in den Customizing-Leitfaden zu gelangen. Über den Pfad **Personalzeitwirtschaft • Zeitdatenerfassung und -verwaltung • Anwesenheiten/Istarbeitszeiten • Erfassungsbilder und Zeitbindungsklasse festlegen** gelangen Sie zur Pflege der Zeitbindungsklassen für Anwesenheiten.

Sie führen diese Customizing-Aktivität aus und gelangen in die Sicht V_554S_N der Tabelle T554S, in der Sie nur die Anwesenheiten bearbeiten können (siehe Abbildung 3.12).

Durch einen Doppelklick oder Markieren des gewünschten Tabelleneintrags erreichen Sie das Detailbild u. a. mit der Möglichkeit zur Pflege der Zeitbindungsklasse für Anwesenheiten (siehe Abbildung 3.13).

Sie sehen in der Sicht **Anwesenheit** außer der Zeitbindungsklasse noch weitere Informationen, die zu der entsprechenden Anwesenheit oder Abwesenheit gehören. Sie können alle Felder verändern.

Sicht "Anwesenheit: allgemeine Einstellungen" ändern:

Aufr. <-> Verb. Abgrenzen

Gr...	AbA...	AnAbArtText	Beginn	Ende
01	0400	Dienstreise	01.01.1990	31.12.999
01	0420	Seminar/Kurs/Lehrgan	01.01.1990	31.12.999
01	0430	Berufsschule/Blockun	01.01.1990	31.12.999
01	0440	Betriebsrattätigkeit	01.01.1990	31.12.999

Abbildung 3.12 Sicht »Anwesenheit«

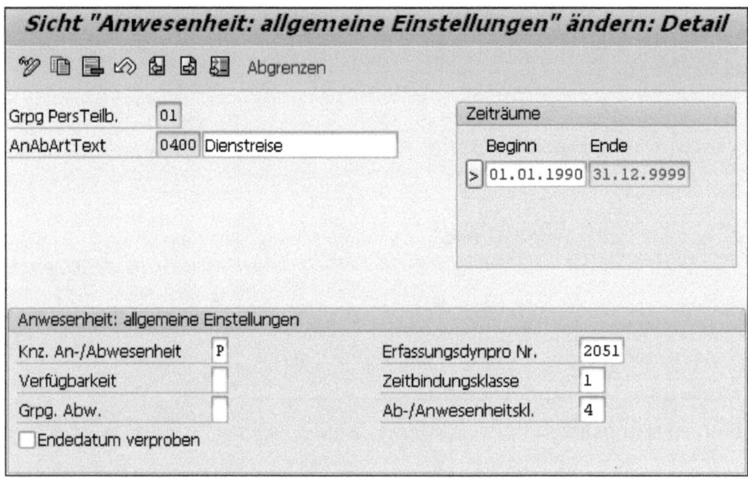

Abbildung 3.13 Sicht »Anwesenheit« ändern

[»]

Anpassung der Anwesenheiten

Beachten Sie, dass Sie wirklich nur die für die Zeitbindung relevanten Einträge ändern, und auch nur dann, wenn Sie sicher sind, dass dies unbedingt erforderlich ist. Durch möglicherweise ungewollte Änderungen in den nicht für die Zeitbindung relevanten Informationen, etwa bei der Erfassungs-Dynpro-Nummer verändern Sie das Bild zur Erfassung Ihrer An- und Abwesenheiten.

3.6 Customizing der Zeitbindungsklassen bei Abwesenheitskontingenten

Die Customizing-Einstellungen der Zeitbindungsklassen bei Abwesenheitskontingenten können Sie in aller Regel komplett übernehmen. In diesen Einstellungen führen Kollisionen in Verbindung mit den anderen Infotypen der Zeitwirtschaft – bis auf einige besondere Gruppierungen – nicht zu Fehlern. Aus unserer Sicht ist es auch nicht sinnvoll, z. B. beim Bearbeiten eines Abwesenheitskontingents, gegen bestehende Abwesenheits- oder Anwesenheitssätze Kollisionen zu prüfen.

Falls Sie dennoch Kollisionen sichtbar machen wollen, um z. B. Hinweise zu generieren, erreichen Sie die Pflege der Zeitbindungsklasse bei Abwesenheitskontingenten mithilfe von Transaktion SPRO und damit wieder über den Customizing-Pfad **Personalzeitwirtschaft • Zeitdatenerfassung und -verwaltung • Verwaltung von Zeitkonten durch An-/Abwesenheitskontingente • Zeitkontingenttypen • Abwesenheitskontingenttypen.**

Sie führen diese Customizing-Aktivität wieder aus und erreichen die Sicht V_T556A der Tabelle T556A zur Bearbeitung von Abwesenheitskontingenttypen (siehe Abbildung 3.14).

Sicht "Abwesenheitskontingenttyp" ändern: Übersicht

Aufr. <-> Verb. Neue Einträge Abgrenzen

Gr...	Gr...	Abw.Kontingenttyp	Kontingenttext	Beginn	Ende
1	01	02	Lebensarbeitszeit	01.01.1990	31.12.9999
1	01	06	autom. Mehrarbeitsausgl.	01.01.1990	31.12.9999
1	01	10	Tarifurlaub	01.01.1990	31.12.9999
1	01	11	Behindertenurlaub	01.01.1990	31.12.9999

Abbildung 3.14 Sicht V_T556A (Abwesenheitskontingenttypen)

Durch einen Doppelklick auf einen Eintrag, z. B. **Tarifurlaub**, erreichen Sie die Detailsicht mit der Zeitbindungsklasse (siehe Abbildung 3.15).

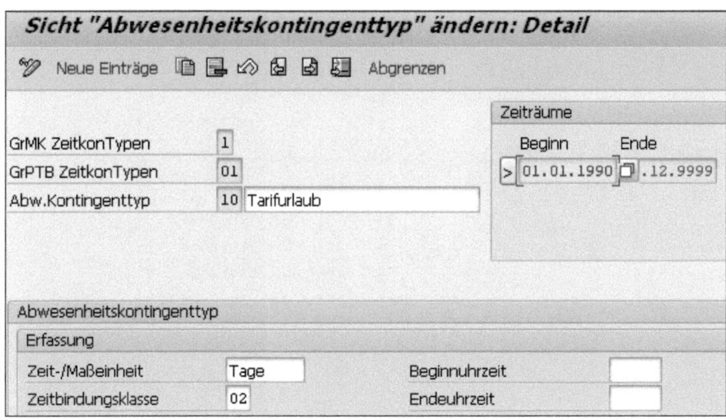

Abbildung 3.15 Zeitbindungsklasse für den Abwesenheitskontingenttyp

3.7 Customizing der Zeitbindungsklassen bei Bereitschaftsarten

Wir betrachten die Kollisionsprüfung bei den Bereitschaftsarten im Folgenden etwas genauer. Es handelt sich hierbei im weiteren Sinne um eine Anwesenheit. Daher ist es erforderlich, Bereitschaften Ihrer Mitarbeiter gegen bereits vorhandene Abwesenheitssätze oder Anwesenheitssätze zu prüfen.

Abbildung 3.16 zeigt Ihnen den Customizing-Punkt zur Pflege der Bereitschaftsarten mit ihren Zeitbindungsklassen.

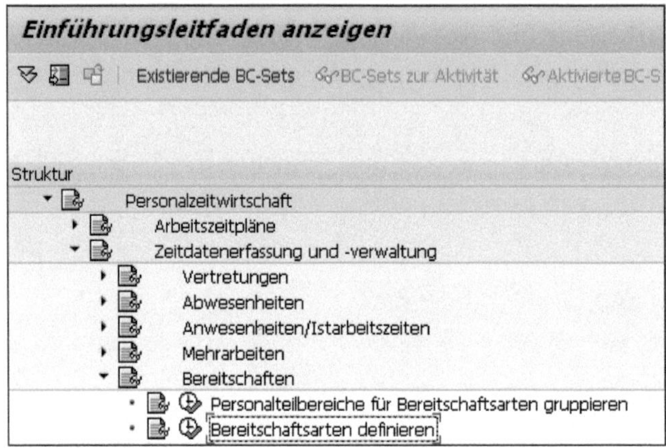

Abbildung 3.16 Bereitschaftsarten definieren

Sie führen diese Aktivität aus und gelangen in die Sicht V_T557 der Tabelle T557. Hier werden die Zeitbindungsklassen, ebenso wie z. B. bei den Abwesenheiten, auf der Subtypebene gepflegt (siehe Abbildung 3.17).

Sicht "Bereitschaftsart" ändern: Übersicht

Neue Einträge

Gr...	BerArt	Bereitschaftsartentext	Ber.art	ZBKl	Verf.	Bereitschaftstyp
01	01	Rufbereitschaft	R	01		1 Rufbereitschaft
01	02	Bereitschaftsdienst<=10%	1	02		2 Bereitschaftsdienst
01	03	Bereitschaftsdienst<=25%	2	02		2 Bereitschaftsdienst
01	04	Bereitschaftsdienst<=40%	3	02		2 Bereitschaftsdienst
01	05	Bereitschaftsdienst<=49%	4	02		2 Bereitschaftsdienst

Abbildung 3.17 Zeitbindungsklasse bei den Bereitschaftsarten

3.8 Customizing der Zeitbindungsklassen bei Anwesenheitskontingenten

In Abschnitt 2.7 haben Sie erfahren, dass Sie im Infotyp 2007 (Anwesenheitskontingente) Genehmigungen für Anwesenheitszeiten insbesondere Genehmigungen für Mehrarbeiten erfassen können. Wenn Sie diese Genehmigungen für einen längeren

Zeitraum pauschal erteilen, ist eine Kollisionsprüfung (z. B. gegen Abwesenheiten) nicht sinnvoll. Ein anderes Bild ergibt sich, wenn Sie diese Genehmigungen immer nur zeitlich begrenzt erteilen. Hier kann eine Kollisionsprüfung gegen die anderen bereits erfassten Infotypen Ihrer Mitarbeiter ein wirksames Kontrollinstrument sein.

Den Einstieg zur Pflege der Zeitbindungsklasse bei Anwesenheitskontingenten finden Sie unter dem Customizing-Pfad **Personalzeitwirtschaft • Zeitdatenerfassung und -verwaltung • Verwaltung von Zeitkonten durch An-/Abwesenheitskontingente • Zeitkontingenttypen • Anwesenheitskontingenttypen definieren**. Durch das Ausführen dieser Aktivität gelangen Sie in die Sicht V_T556P (siehe Abbildung 3.18).

Sicht "Anwesenheitskontingenttyp" ändern: Übersicht

Aufr. <-> Verb. Neue Einträge Abgrenzen

Gr...	Gr...	Anwkontingenttyp	Kontingenttext	Beginn	Ende
1	01	01	Genehmigte Mehrarbeit	01.01.2022	31.12.9999
1	01	02	Genehmigte Hilfsarbeit	01.01.2022	31.12.9999
1	01	03	Genehmigte Anwesenheit	01.01.2022	31.12.9999
1	01	23	Genehmigte Mehrarbeit	01.01.2022	31.12.9999

Abbildung 3.18 Anwesenheitskontingenttyp ändern

Durch einen Doppelklick auf einen Eintrag der Tabellensicht gelangen Sie in die Detailpflege (siehe Abbildung 3.19).

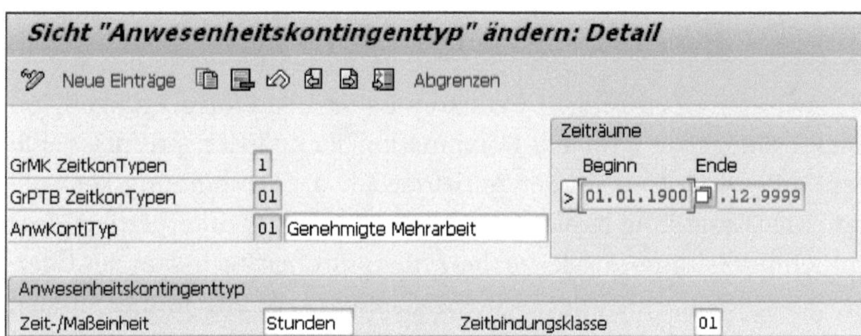

Abbildung 3.19 Anwesenheitskontingenttyp »Detail«

3.9 Zeitbindungsreaktionen

Wir haben Ihnen die Zeitbindungsklassen und Zeitbindungstabellen beschrieben und stellen Ihnen schließlich die Zeitbindungskennzeichen im Zusammenhang dar. Diesen Zusammenhang finden Sie in der Sicht V_T554Y der Tabelle T554Y. Führen Sie dazu Transaktion SM30 aus, und pflegen Sie die Einträge der Sicht V_T554Y (siehe Abbildung 3.20).

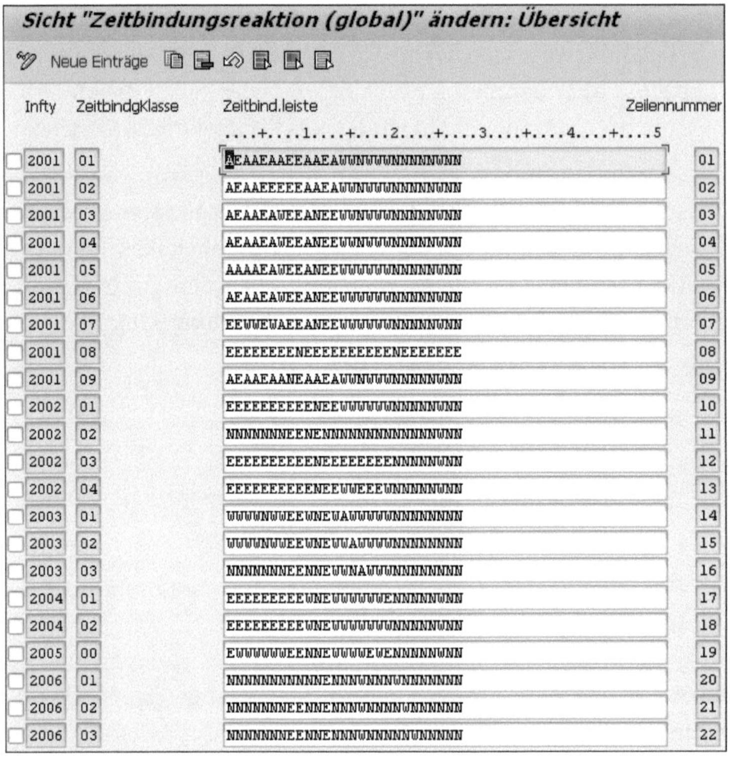

Sicht "Zeitbindungsreaktion (global)" ändern: Übersicht

Neue Einträge

Infty	ZeitbindgKlasse	Zeitbind.leiste ....+....1....+....2....+....3....+....4....+....5	Zeilennummer
2001	01	AEAAEAAEEAAEAWWNWWWNNNNNWNN	01
2001	02	AEAAEEEEEAAEAWWNWWWNNNNNWNN	02
2001	03	AEAAEAWEEANEEWWNWWWNNNNNWNN	03
2001	04	AEAAEAWEEANEEWWNWWWNNNNNWNN	04
2001	05	AAAAEAWEEANEEWWWWWWNNNNNWNN	05
2001	06	AEAAEAWEEANEEWWWWWWNNNNNWNN	06
2001	07	EEWWEWAEEANEEWWWWWWNNNNNWNN	07
2001	08	EEEEEEEEENEEEEEEEEEENEEEEEEE	08
2001	09	AEAAEAANEAAEAWWNWWWNNNNNWNN	09
2002	01	EEEEEEEEEENEEWWWWWWNNNNNWNN	10
2002	02	NNNNNNNEENENNNNNNNNNNNNNWNN	11
2002	03	EEEEEEEEEENEEEEEEEENNNNNNWNN	12
2002	04	EEEEEEEEEENEEWWEEEWNNNNNWNN	13
2003	01	WWWWNWWEEWNEWAWWWWWWNNNNNNN	14
2003	02	WWWWNWWEEWNEWWAWWWWWNNNNNNN	15
2003	03	NNNNNNNEENNEWWNAWWWNNNNNNNN	16
2004	01	EEEEEEEEEWNEWWWWWENNNNNNWNN	17
2004	02	EEEEEEEEEWNEWWWWWWWNNNNNWNN	18
2005	00	EWWWWWWEENNEWWWWEWENNNNNWNN	19
2006	01	NNNNNNNNNNNENNNWNNNNWNNNNNN	20
2006	02	NNNNNNNEENNENNNWNNNNWNNNNNN	21
2006	03	NNNNNNNEENNENNNWNNNNNWNNNNN	22

Abbildung 3.20 Zeitbindungsreaktionen (global)

In dieser etwas gewöhnungsbedürftigen Sicht können Sie neue Ausprägungen von Zeitbindungsklassen anlegen und für jede Kombination der Kollisionsprüfung der in dieser Tabelle enthaltenen Infotypen der Zeitwirtschaft das Zeitbindungskennzeichen bestimmen. Die Darstellung in dieser Tabellensicht wird so interpretiert, dass die Spaltennummer der Zeitbindungsleiste der Zeilennummer (rechts) in der Übersicht entspricht. Die Zeilennummer der rechten Leiste verweist also immer auf den Infotyp und die Zeitbindungsklasse in den beiden links sichtbaren Spalten. So steht z. B. im Infotyp 2001 mit der Zeitbindungsklasse 01 in der Spalte 10 der Zeitbindungsleiste der Buchstabe A als Zeitbindungsreaktion. Dies beschreibt die Reaktion mit dem Eintrag in der Zeile 10 der Tabelle, also Infotyp 2002 und Zeitbindungsklasse 01.

3.10 Fazit

Wir haben in diesem Kapitel im Einzelnen die Customizing-Aktivitäten zur Pflege von Zeitbindung und Kollisionsprüfungen für die folgenden Infotypen besprochen:

- 2001 (Abwesenheiten)
- 2002 (Anwesenheiten)

- 2003 (Vertretungen)
- 2004 (Bereitschaft)
- 2006 (Abwesenheitskontingent)
- 2007 (Anwesenheitskontingent)

Für die folgenden Infotypen existieren keine Möglichkeiten, um unterschiedliche Zeitbindungsklassen je Infotyp/Subtyp einzurichten:

- 2005 (Mehrarbeit)
- 2011 (Zeitereignisse)
- 2012 (Zeitumbuchungsvorgaben)
- 2013 (Kontingentkorrekturen)

Diese Infotypen können aufgrund ihrer Eigenschaften und ihrer Verarbeitung in der Zeitwirtschaft immer mehrfach innerhalb desselben Zeitraums auftreten. Sie werden daher immer mit der Zeitbindungsklasse 00 versehen und sind mit dieser Klasse auch in der Tabelle T554Y enthalten.

SAP liefert eine durchdachte Ausprägung der Zeitbindungsklassen aus. Im Normalfall können Sie diese in der vorliegenden Form übernehmen. Nehmen Sie eine Änderung oder Erweiterung tatsächlich nur im äußersten Bedarfsfall vor.

Kapitel 4
Customizing der Personalzeitereignisse

Personalzeitereignisse dienen der Dokumentation von Arbeitsbeginn und -ende, Dienstgängen und Kontierungsinformationen. Die Erfassung erfolgt an Lesegeräten von Zeiterfassungssubsystemen über Employee-Self-Service-Dienste in Portalen, per Smartphone oder manuell durch eine direkte Eingabe im SAP-System. Dieses Kapitel zeigt Ihnen, wie Sie Personalzeitereignisse im SAP-System einrichten.

Personalzeitereignisarten (im Folgenden auch Zeitereignisarten genannt) dokumentieren die Arbeitszeiten und definieren den Anwesenheitszustand Ihrer Mitarbeiter im SAP-System. Die Buchungen erfolgen in der Regel in Subsystemen des SAP-Systems. Es handelt sich dabei um Soft- und Hardwaresysteme, die zumeist über zertifizierte Schnittstellen (KK1/HR-PDC) mit dem SAP-System kommunizieren (siehe Abschnitt 4.3, »Schnittstellen«). Da die alte Version KK1 der Schnittstelle nur noch bei sehr wenigen SAP-Kunden im Einsatz ist, beschränken wir uns hier auf die Beschreibung der HR-PDC-Schnittstelle.

Die gebuchten Zeitereignisse werden in Tabelle `TEVEN` und, falls mit einer Kontierungsinformation versehen, zusätzlich in der Tabelle `TEVEN_MORE` gespeichert und im Infotyp 2011 (Zeitereignisse) angezeigt. Beim Infotyp 2011 handelt es sich somit nicht um einen Infotyp im klassischen Sinne, der mit einer Datenbanktabelle der Personaladministration verknüpft ist und zur Speicherung der Daten dient.

In diesem Kapitel erfahren Sie, welche Bedeutung Zeitereignisse für die Zeitwirtschaft haben und wie die Kommunikation zwischen dem SAP-System und angeschlossenen Subsystemen erfolgt.

4.1 Personalzeitereignisarten

Die Zeitereignisarten, die Sie verwenden möchten, müssen in den verwendeten Subsystemen mit dem SAP-System übereinstimmen. Aus diesem Grund erfolgt die Definition der Zeitereignisarten innerhalb des SAP-Systems nicht in einer Customizing-Tabelle. Stattdessen sind die gebräuchlichen Zeitereignisarten als Festwerte an der

Domäne RETYP des gleichnamigen Datenelements definiert. Eine Erweiterung der Zeitereignisarten ist demnach nicht modifikationsfrei möglich. Sollte eine Modifikation notwendig sein – was die Ausnahme sein dürfte –, sollten Sie die Notwendigkeit der Abstimmung mit dem Subsystemhersteller bedenken.

Aus der Abfolge von Zeitereignissen ergibt sich der Anwesenheitszustand eines Mitarbeiters. Liegt beispielsweise für Ihren Mitarbeiter zum Zeitpunkt der Anwesenheitskontrolle (Transaktion PT62 (Anwesenheitskontrolle) – Report RPTEAB00) nur eine Kommen-Buchung (Zeitereignisart P10) vor, folgert das SAP-System daraus, dass Ihr Mitarbeiter aktuell anwesend ist.

Liegt nach der Kommen-Buchung eine weitere Buchung vor, hängt es von der Bedeutung dieser Buchung ab, wie der Anwesenheitszustand im SAP-System interpretiert wird. Folgt der Kommen-Buchung eine Gehen-Buchung (Zeitereignisart P20), geht das SAP-System davon aus, dass Ihr Mitarbeiter aktuell nicht mehr anwesend ist. Bei einer nachfolgenden Buchung Pausenbeginn (Zeitereignisart P15) wird der Status **in Pause** ermittelt.

Tabelle 4.1 listet die im SAP-Standard verfügbaren Zeitereignisarten im Überblick auf.

Zeitereignisart	Text
01	Kommen
02	Gehen
03	Kommen oder Gehen
04	Dienstgang Beginn
05	Dienstgang Ende
06	Dienstgang Beginn oder Ende
07	Dienstgang Beginn zu Hause
08	Dienstgang Ende zu Hause
09	Dienstgang Beginn oder Ende zu Hause
A10	Beginn Abrüsten PP
A20	Teilende Abrüsten PP
A30	Unterbrechen Abrüsten PP
A40	Ende Abrüsten PP
B10	Beginn Bearbeiten PP
B20	Teilende Bearbeiten PP

Tabelle 4.1 Zeitereignisarten im SAP-Standard

Zeitereignisart	Text
B30	Unterbrechen Bearbeiten PP
B40	Ende Bearbeiten PP
I20	Lohnschein PM Teilrückmeldung
I40	Lohnschein PM Endrückmeldung
K10	zurzeit nicht verwendet
K20	zurzeit nicht verwendet
K30	zurzeit nicht verwendet
L20	Lohnschein PP Teilrückmeldung
L40	Lohnschein PP Endrückmeldung
N10	Beginn Arbeiten PM
N20	Teilende Arbeiten PM
N30	Unterbrechung Arbeiten PM
N40	Ende Arbeiten PM
P01	Kommen oder Gehen
P02	Pause Beginn oder Ende
P03	Dienstgang Beginn oder Ende
P04	Dienstgang Beginn oder Ende zu Hause
P05	Zwischenbuchung
P10	Kommen
P11	Wechsel
P15	Beginn Pause
P20	Gehen
P25	Ende Pause
P30	Dienstgang Beginn
P35	Dienstgang Beginn zu Hause
P40	Dienstgang Ende
P45	Dienstgang Ende zu Hause

Tabelle 4.1 Zeitereignisarten im SAP-Standard (Forts.)

Zeitereignisart	Text
P50	externe Lohnart
P60	Infobuchung
R10	Beginn Rüsten PP
R20	Teilende Rüsten PP
R30	Unterbrechen Rüsten PP
R40	Ende Rüsten PP
S10	Beginn Störung (noch nicht freigegeben)
S40	Ende Störung (noch nicht freigegeben)
T20	Lohnschein PS Teilrückmeldung
T40	Lohnschein PS Endrückmeldung
V20	Teilende variable Leistung PP
V40	Ende variable Leistung PP
W10	Beginn Arbeiten PS
W20	Teilende Arbeiten PS
W30	Unterbrechung Arbeiten PS
W40	Ende Arbeiten PS

Tabelle 4.1 Zeitereignisarten im SAP-Standard (Forts.)

Die Buchung dieser Zeitereignisse erfolgt in der Regel in Subsystemen des SAP-Systems. Es ist jedoch auch möglich, Employee-Self-Services dafür zu nutzen. So können z. B. Ihre Mitarbeiter einen Service in einem Internetportal nutzen, um vergessene Buchungen nachzutragen oder falsche Buchungen zu korrigieren.

Welche Zeitereignisse für einen Mitarbeiter erfasst werden können, wird über die Erfassung der Gruppierung für die Arbeitszeitereignisarten im Infotyp 0050 (Zeiterfassungsinformationen) entschieden. Dazu erfahren Sie im nächsten Abschnitt mehr.

4.2 Gruppierungen für Personalzeitereignisarten

Um die Auswahl möglicher Zeitereignisarten auf die für den einzelnen Mitarbeiter notwendige Teilmenge zu reduzieren, können Sie die Personalzeitereignisarten in Gruppen zusammenfassen. Die so definierten Gruppen ordnen Sie Ihren Mitarbeitern im Infotyp 0050 (Zeiterfassungsinformationen) zu (siehe Abbildung 4.1). Dabei können Sie jedem Mitarbeiter nur eine Arbeitszeitereignisgruppierung zuordnen.

Zeiterfassungsinformation (0050) ändern

PersNr	4000000	Name	Hans Meier
PersBer.	1600 ICon_Frankfurt		
MAKreis	20 Angestellte	AZPRegel	D001 Dynamisch 001
Gültig	01.01.2022 bis 31.12.2022	Änd.	25.11.2022 WITTMER

Zeitausweis

Zeitausweisnummer	04000000
Ausweisversion	

Schnittstellendaten		Zeitvariablen	
ArbeitszeitereignGrp	01	Gruppierung ZARegel	4 Überzeit DACZ
Grupp. Subsystem	001	Gleitzeit-Maximum	
Grupp. An-/Abwesen.	001	Gleitzeit-Minimum	
Grupp. Mitarb.Ausg.	001	Zeitzuschlag/-Abzug	
Zutrittskontrollgr.		Pauschale Mehrarbeit	
Mailkennzeichen		Zusätzl. Kennzeichen	
Persönlicher Code			

Abbildung 4.1 Infotyp 0050 (Zeiterfassungsinformationen)

Sollten Sie mehrere Gruppierungen benötigen, definieren Sie diese in der Tabelle T705P, die Sie über den Customizing-Pfad **Personalzeitwirtschaft • Personalzeitereignisse • Allgemeine Einstellungen • Personalzeitereignisarten in Gruppen zusammenfassen** erreichen. Sie können auf diese Weise z. B. steuern, dass nicht allen Mitarbeitern die Berechtigung erteilt wird, Dienstgänge oder kontierte Buchungen für die Betriebsdatenerfassung (BDE) vorzunehmen. Die so definierten Gruppen müssen den Subsystemen zur entsprechenden Verarbeitung bekannt gemacht werden, indem die Tabelle an das Subsystem heruntergeladen wird. Diese Funktion beschreiben wir ausführlicher im folgenden Abschnitt.

4.3 Schnittstellen

Es gibt zu viele unterschiedliche Subsysteme für die Zeiterfassung, als dass wir sie Ihnen hier vollständig vorstellen könnten. Wir geben Ihnen in diesem Abschnitt einen Überblick über die Schnittstelle des SAP-Systems für Subsysteme. Außerdem konzentrieren wir uns darauf, welche Programme in der Kommunikation zwischen SAP- und Subsystem zur Anwendung kommen.

Die Einrichtung der Schnittstelle erfordert eine technische Verbindung zwischen Subsystem und SAP-System in Form einer sogenannten RFC-Verbindung (RFC = Remote Function Call). Diese Verbindung dient einem ALE-Szenario (ALE = Application

Link Enabling) als Basis, in dem die Parameter der Verbindung genauer definiert werden. Die aktuelle Version dieser Schnittstelle wird als HR-PDC (PDC = Plant Data Collection) bezeichnet. Über diese Schnittstelle erfolgt der Austausch der notwendigen Daten.

SAP sendet die folgenden Daten an das Zeiterfassungssubsystem:

- Personalministamm
- Zeitereignisarten
- An-/Abwesenheitsgründe
- Salden
- Planstellen
- Kontierungsobjekte (Kostenstellen, Innenaufträge, Projekte)
- Upload-Anforderung Zeitereignisse

Das Zeiterfassungssubsystem liefert auf der anderen Seite die eigentlichen Zeitereignisse (inklusive der An- und Abwesenheitsgründe) an das SAP-System.

Alle für die Kommunikation zwischen dem SAP-System und den angeschlossenen Subsystemen der Zeitdatenerfassung erforderlichen Reports können Sie aus der Oberfläche **Subsystemanbindung** starten (siehe Abbildung 4.2). Die Oberfläche für die Anbindung der Subsysteme können Sie mit Transaktion PT80 aufrufen. Hier finden Sie auf der Registerkarte **Zeitereignisse** alle in den folgenden Abschnitten beschriebenen Kommunikationsreports.

Abbildung 4.2 Transaktion PT80 (Subsystemanbindung) – Registerkarte »Zeitereignisse«

4.3.1 Upload-Anforderung für Zeitereignisse

Die Upload-Anforderung für Zeitereignisse sendet dem Subsystem die Aufforderung, Zeitereignisse an das SAP-System zu liefern. Das Subsystem liefert diese nicht selbsttätig, sondern nur auf Anforderung des SAP-Systems. Diese Vorgehensweise stellt sicher, dass Zeitereignisse nicht zu einem Zeitpunkt geliefert werden, zu dem das SAP-System nicht zur Verfügung steht, weil etwa Systemwartungsarbeiten vorgenommen werden. Mittels der Upload-Anforderung ist sichergestellt, dass Zeitereignisse vom Subsystem nur dann gesendet werden, wenn SAP in der Lage ist, diese zu empfangen.

Das Selektionsbild des Reports ermöglicht es, das Senden der Upload-Anforderung auf bestimmte Zielsysteme einzuschränken, sodass die Upload-Anforderung, falls nötig, zu verschiedenen Zeitpunkten an unterschiedliche Subsysteme gesendet werden kann (siehe Abbildung 4.3).

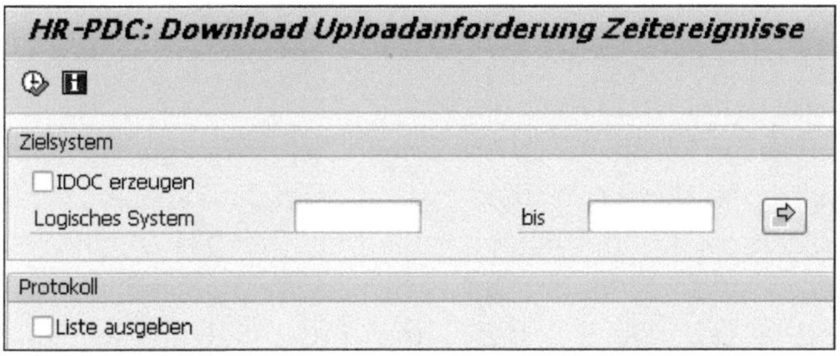

Abbildung 4.3 Selektionsbild Report RPTCC106 (Upload-Anforderung Zeitereignisse)

Das Auswahlfeld **IDOC erzeugen** legt fest, ob das Programm die Upload-Anforderung tatsächlich als IDoc (IDoc = Intermediate Document) an das ALE-Verteilungsmodell sendet. Das Auswahlfeld **Protokoll** dient Testzwecken. Sie können damit nachvollziehen, an welche Zielsysteme eine Upload-Anforderung gesendet wurde. Die Daten werden nach dem Upload zunächst in der Tabelle `CC1TEV` zwischengespeichert, um sicherzustellen, dass die Verbuchung korrekt erfolgen kann.

4.3.2 Personalzeitereignisse verbuchen

Der Report `SAPCDT45` verbucht Zeitereignisse, die nach erfolgter Upload-Anforderung von Subsystemen an das SAP-System gesendet wurden, aus der Tabelle `CC1TEV` in die Zieltabellen `TEVEN` und `TEVEN_MORE`. Ist eine Personalnummer, für die Zeitereignisse verbucht werden sollen, aktuell gesperrt, z. B. weil ein Sachbearbeiter Daten erfasst, können die Zeitereignisse nicht verbucht werden. Die Daten bleiben in diesem Fall in der Tabelle `CC1TEV` erhalten und werden beim nächsten Lauf des Reports verbucht.

Die Verbuchung der Zeitereignisse kann im Selektionsbild durch Aktivieren das Kennzeichens **Liste ausgeben** kontrolliert werden (siehe Abbildung 4.4). Das Kennzeichen

aktualisieren bewirkt, dass die zu verbuchenden Zeitereignisse tatsächlich verbucht werden, und muss demnach für produktive Verbuchungsläufe aktiviert werden.

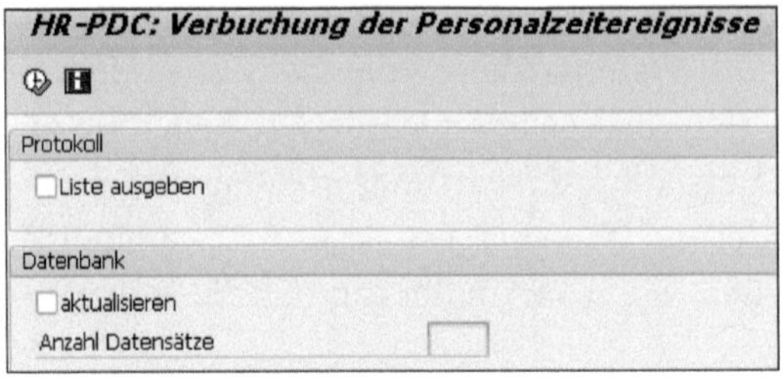

HR-PDC: Verbuchung der Personalzeitereignisse
Protokoll
Liste ausgeben
Datenbank
aktualisieren
Anzahl Datensätze

Abbildung 4.4 Selektionsbild Report SAPCDT45 (Verbuchung der Personalzeitereignisse)

Die Verbuchung der Zeitereignisse erfolgt paketweise. Im Selektionsparameter **Anzahl Datensätze** können Sie die Anzahl der in einem Paket maximal zu verbuchenden Zeitereignisse beschränken, wenn dies z. B. aus Performancegründen notwendig sein sollte.

Zeitereignisse ohne Kontierungsinformationen (Auftrag, Kostenstelle usw.) werden durch den Verbuchungslauf in die Tabelle TEVEN übertragen. Zeitereignisse, die eine solche Kontierungsinformation mitliefern, werden zusätzlich in der Tabelle TEVEN_MORE gespeichert. Dort werden die Kontierungsinformationen des Zeitereignisses hinterlegt. In beiden Tabellen ist die Nummer des Personalzeitereignisses gespeichert. Die Nummer, die für jedes Zeitereignis vergeben wird, muss eindeutig sein und wird über das Nummernkreisobjekt PD_SEQ_NR ermittelt.

Sie können das zu nutzende Nummernintervall in der Customizing-Aktivität **Personalzeitwirtschaft • Personalzeitereignisse • Allgemeine Einstellungen • Nummernkreis für Zeitereignisse und Kontierungsdaten anlegen** beeinflussen.

Ist ein Zeitereignis bereits in das SAP-System geladen und verbucht, soll aber erneut verbucht werden, können Sie in der Tabelle T705B, die Sie über den Customizing-Pfad **Zeitwirtschaft • Zeitauswertung • Allgemeine Einstellungen • Einstellungen zur Paarbildung festlegen** erreichen, durch Änderung des Parameters für den Verarbeitungszustand A00 einstellen, wie das System in diesem Fall reagieren soll. Im Auslieferungszustand ist der Wert des Parameters »blank«. Das heißt, dass bei der Verbuchung der Zeitereignisse keine Prüfung auf Doppelungen erfolgt. Sie können die Werte »1« oder »2« vergeben, wobei »1« bedeutet, dass doppelte Zeitereignisse nicht gebucht werden und die betreffenden Einträge der Tabelle CC1TEV in den Fehlervorrat gestellt werden. Der Wert »2« bewirkt, dass Doppelungen ignoriert werden.

4.3.3 Personalministamm downloaden

Der Download des Personalministamms dient dazu, die angeschlossenen Subsysteme der Zeiterfassung mit den Daten zu versorgen, die notwendig sind, um Ihren Mitarbeitern zu ermöglichen, das Subsystem bestimmungsgemäß zu nutzen (siehe Abbildung 4.5). In diesem Personalministamm sind alle Daten aus den Infotypen zusammengefasst, die das Subsystem benötigt, um z. B. die Rechte für Zutritte und die Buchung von Zeitereignissen durch Ihre Mitarbeiter zu vergeben.

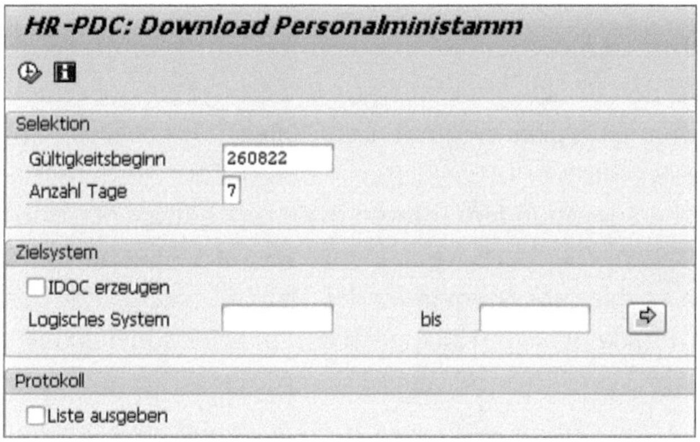

HR-PDC: Download Personalministamm

Selektion
Gültigkeitsbeginn 260822
Anzahl Tage 7

Zielsystem
IDOC erzeugen
Logisches System bis

Protokoll
Liste ausgeben

Abbildung 4.5 Selektionsbild Report RPTCC101 (Download Personalministamm)

Der Report RPTCC101 überträgt die folgenden Daten an das ausgewählte logische System (Zielsystem der Datenübertragung):

- Zeitausweisnummer aus dem Infotyp 0050 (Zeiterfassungsinformationen)
- Gültigkeitsdauer von bis (in der Regel aktuelles Tagesdatum + im Selektionsbild gewählte Anzahl an Tagen)
- Ausweisversion aus dem Infotyp 0050 (Zeiterfassungsinformationen)
- Personalnummer
- Namen
- Sprache
- Gruppierung des Personalteilbereichs des Mitarbeiters für An- und Abwesenheiten
- Ländergruppierung
- Gruppierung der Subsystemanbindung aus dem Infotyp 0050 (Zeiterfassungsinformationen)
- Gruppierung des Mitarbeiterkreises für Arbeitszeitpläne
- Zutrittskontrollgruppe aus dem Infotyp 0050 (Zeiterfassungsinformationen)
- persönlichen Code aus dem Infotyp 0050 (Zeiterfassungsinformationen)
- E-Mail-Kennzeichen aus dem Infotyp 0050 (Zeiterfassungsinformationen)
- Gruppierung für An- und Abwesenheiten aus dem Infotyp 0050 (Zeiterfassungsinformationen)

- Arbeitszeitereignisartgruppe aus dem Infotyp 0050 (Zeiterfassungsinformationen)
- Buchungskreis aus dem Infotyp 0001 (Organisatorische Zuordnung)
- Kostenstelle aus dem Infotyp 0001 (Organisatorische Zuordnung)
- Vielzweckfeld (20-stellig)
- Kundenfeld (40-stellig)

Die hier aufgeführten Daten werden für alle Mitarbeiter an das Subsystem gesendet, die zum Zeitpunkt des gewählten Gültigkeitsbeginns (in der Regel das aktuelle Tagesdatum) einen gültigen Satz des Infotyps 0050 (Zeiterfassungsinformationen) sowie eine gültige organisatorische Zuordnung im Infotyp 0001 und gültige persönliche Daten im Infotyp 0002 haben. Die Sätze werden mit dem im Selektionsbild festgelegten Gültigkeitsbeginn an das Subsystem gesendet. Das Gültigkeitsende der Sätze errechnet sich aus dem Gültigkeitsbeginn zuzüglich der im Selektionsbild festgelegten Anzahl an Tagen.

Das heißt, dass ein Satz, der z. B. mit Gültigkeitsbeginn 28.08.2013 und einer Anzahl von sieben Tagen erstellt wird, das Gültigkeitsende 04.09.2013 erhält. Die an das Subsystem gesendeten Personalstammsätze ersetzen dort in aller Regel den kompletten vorhandenen Datenbestand. Alle Sätze, die im letzten Download an das Subsystem gesendet wurden, werden im Subsystem zunächst gelöscht, und der Datenbestand wird durch die gesendeten Daten neu aufgebaut. Diese Logik ist auch dafür verantwortlich, dass der Report keine Selektion einzelner Personalnummern erlaubt, sondern immer alle Personalnummern selektiert.

Die beiden Felder **Vielzweckfeld** und **Kundenfeld** können Sie zur Realisierung kundenspezifischer Anforderungen nutzen. Zum Befüllen können Sie z. B. den User-Exit `EXIT_SAPLRPTC_001` in der Erweiterung `HRPTIM05` ausprogrammieren. Auf diese Weise ist eine modifikationsfreie Änderung des Datensatzes zum Zeitpunkt des Downloads möglich. Durch diese Erweiterung haben wir in einem Projekt für einen Kunden eine automatisierte Zuordnung von Zutrittsberechtigungen realisiert. Inzwischen gibt es dafür eine eigene Schnittstelle ACS-PDC, die eine komplette Zutrittssteuerung inklusive der direkten Anbindung von Zeiterfassungs- und Zutrittskontrollgeräten an das SAP-System ermöglicht. Auf diese Weise können Sie auf ein Subsystem verzichten und vereinfachen Ihre Systemlandschaft.

Die weiteren Auswahlfelder im Block **Zielsystem** legen fest, ob der Report ein IDoc zur Übertragung per ALE an das Subsystem erstellt. Durch die Selektion bestimmter logischer Zielsysteme können Sie insbesondere dann, wenn mehrere Subsysteme angebunden sind, selektieren, welche Zielsysteme versorgt werden sollen.

Zusätzlich besteht die Möglichkeit, durch Markieren des Auswahlfeldes **Liste ausgeben** im Block **Protokoll** die Datensätze zu kontrollieren, die zum Download an das Subsystem erzeugt werden. Wenn Sie den Report als Hintergrundjob einplanen, ist es zu empfehlen, diesen Schalter in der entsprechenden Reportvariante nicht zu aktivieren.

Die erzeugten Datensätze werden als IDoc an das ALE-Verteilungsmodell übergeben und durch dieses an die definierten Zielsubsysteme gesendet.

4.3.4 Kostenstellen, Innenaufträge, Projekte und Objekte downloaden

Die folgenden Reports senden Kontierungsobjekte bzw. Objekte des Organisationsmanagements an das Zeitwirtschaftssubsystem:

- RPTCC107 (Download Kostenstellen)
- RPTCC111 (Download Innenaufträge)
- RPTCC108 (Download Projekte)
- RPTCC110 (Download Objekte)

Die auf diese Weise an das Subsystem übertragenen Objekte können Sie, abhängig von den Funktionen, die Hard- und Software des Subsystems bieten, nutzen, um Arbeitszeiten auf bestimmte Kostenstellen, Aufträge oder Projekte zu kontieren. Diese Kontierungen werden in der Personalabrechnung, in der Betriebsdatenerfassung und in anderen Anwendungen von SAP ERP HCM weiterverarbeitet und können anschließend z. B. in der Kostenrechnung ausgewertet werden.

Objekte des Organisationsmanagements (OM) können Sie an den Zeiterfassungsterminals nutzen, um die Erfassung von bezahlungsrelevanten Wechseln der Planstelle oder der Organisationseinheit Ihrer Mitarbeiter während der Arbeitszeit zuzulassen.

Die Eingabeoptionen in den Blöcken **Zielsystem** und **Protokoll** verhalten sich bei allen hier genannten Reports entsprechend der Beschreibung der vorangegangenen Reports und werden deshalb nicht weiter beschrieben.

Eine Pflichteingabe im nachfolgend gezeigten Selektionsbild des Reports RPTCC107 (Download Kostenstellen) ist der Kostenrechnungskreis (siehe Abbildung 4.6). Alle anderen Selektionsparameter können Sie nutzen, um die zu selektierenden Kostenstellen einzuschränken.

Das Selektionsbild des Reports RPTCC111 ermöglicht Ihnen Einschränkungen der zu selektierenden Innenaufträge über die Auswahl von Innenauftragsgruppen oder von Kostenrechnungskreisen, Buchungskreisen und Werken (siehe Abbildung 4.7).

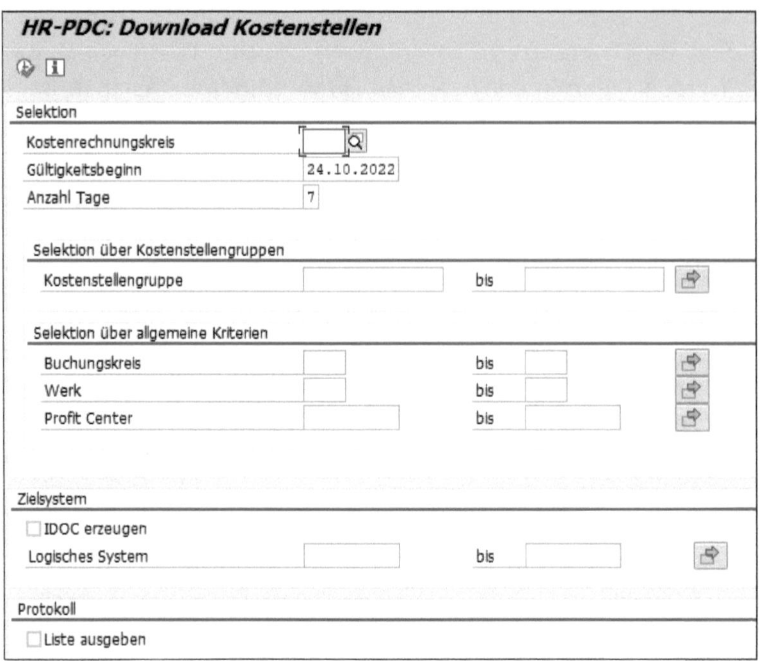

Abbildung 4.6 Selektionsbild des Reports RPTCC107 (Download Kostenstellen)

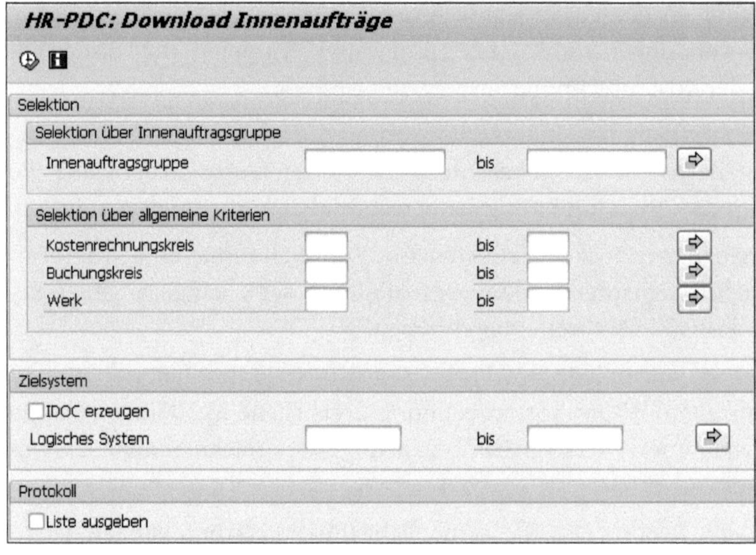

Abbildung 4.7 Selektionsbild des Reports RPTCC111 (Download Innenaufträge)

Das Selektionsbild des Reports RPTCC108 erlaubt die Selektion der an die Subsysteme zu sendenden Projekte über die Kriterien **Kostenrechnungskreis**, **Buchungskreis** und **Werk** (siehe Abbildung 4.8).

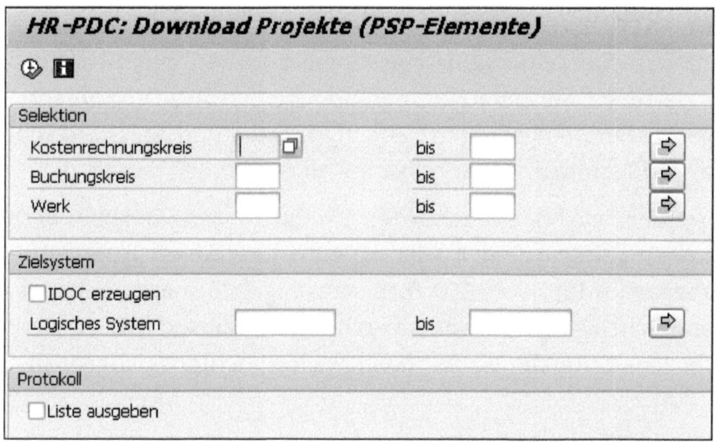

Abbildung 4.8 Selektionsbild des Reports RPTCC108 (Download Projekte)

Im Gegensatz zu den vorher genannten Reports sendet der Report RPTCC110 nicht Kostenrechnungselemente, sondern Objekte des Organisationsmanagements an das Subsystem der Zeiterfassung (siehe Abbildung 4.9).

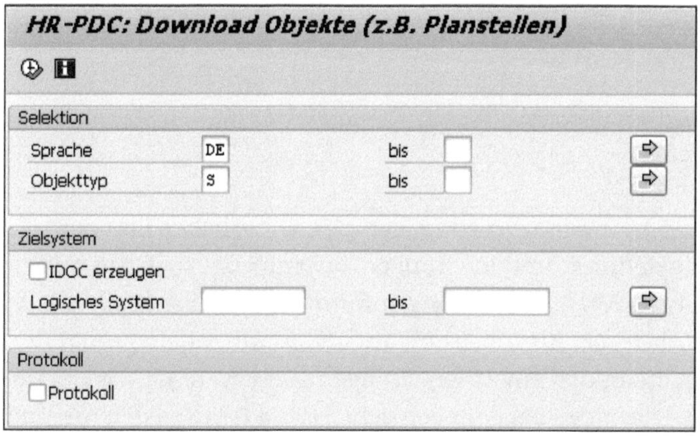

HR-PDC: Download Objekte (z.B. Planstellen)

Selektion

Sprache DE bis

Objekttyp S bis

Zielsystem

IDOC erzeugen

Logisches System bis

Protokoll

Protokoll

Abbildung 4.9 Selektionsbild des Reports RPTCC110 (Download Objekte)

Sie können im Selektionsbild des Reports Einschränkungen der Sprache vornehmen und die Objekttypen selektieren, die an das Subsystem übertragen werden sollen. Dabei können alle im SAP-System definierten Objekttypen, z. B. Planstellen, Organisationseinheiten usw., ausgewählt werden. Sinnvoll ist es hierbei, nur die tatsächlich benötigten Objekte an das Subsystem zu senden, da unter Umständen im SAP-System sehr viele Objekte existieren und damit der Download entsprechend umfangreich wird.

4.3.5 Zeitereignisarten und An-/Abwesenheitsgründe downloaden

Die Reports RPTCC105 (Download Zeitereignisartgruppen) und RPTCC103 (Download An-/Abwesenheitsgründe) teilen den Zeiterfassungssubsystemen die in den entsprechenden Gruppierungen zusammengefassten Zeitereignisarten und An-/Abwesenheitsgründe mit, die an den Terminals der Subsysteme erfasst werden dürfen.

Die Zeitereignisarten werden, wie oben beschrieben, im Customizing in zuvor definierten Gruppen zusammengefasst (siehe Abbildung 4.10). Eine dieser Gruppierungen wird jedem Mitarbeiter im Infotyp 0050 (Zeiterfassungsinformationen) zugeordnet. Durch den hier beschriebenen Download erfahren die Subsysteme die definierten Gruppen und welche Zeitereignisarten den jeweiligen Gruppen zugeordnet sind.

Abbildung 4.10 Selektionsbild des Reports RPTCC105 (Download Zeitereignisartgruppierungen)

Die gleiche Logik gilt für die An- und Abwesenheitsgründe. Diese haben Sie ebenfalls im Customizing SAP-seitig definiert und in Gruppen zusammengefasst. Sie weisen Ihrem Mitarbeiter im Infotyp 0050 (Zeiterfassungsinformationen) eine Gruppierung im Feld **Gruppierung An-/Abwesen.** (Gruppierung An- und Abwesenheitsgründe) zu. Den Subsystemen werden die in den einzelnen Gruppen zulässigen An- und Abwesenheitsgründe durch den Download bekannt gemacht. Da die Texte zu den An- und Abwesenheitsgründen ebenfalls an die Subsysteme gesendet werden, muss der Download für alle benötigten Sprachen durchgeführt werden.

Das Selektionsbild des Reports RPTCC103 ermöglicht Ihnen durch die Selektion des Zielsystems die Versorgung einzelner Systeme (siehe Abbildung 4.11). Das Aktivieren der Auswahlfelder **IDOC erzeugen** und **Liste ausgeben** ermöglicht es Ihnen, einen Test ohne tatsächlichen Download durchzuführen. Der Selektionsparameter **Sprache** erlaubt es, den Download der Texte zu den An- und Abwesenheitsgründen so zu steuern, dass jedes Zielsystem mit den Texten in der selektierten Sprache versorgt wird. Die weiteren Parameter entsprechen denen des Reports RPTCC105.

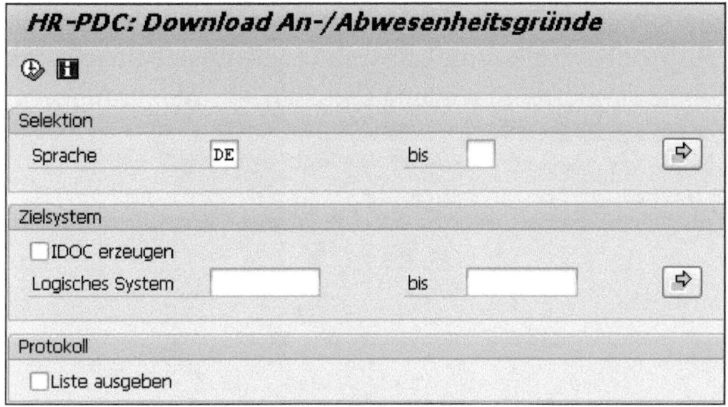

Abbildung 4.11 Selektionsbild des Reports RPTCC103 (Download An-/Abwesenheitsgründe)

4.3.6 Salden downloaden

Der Report RPTCC102 sendet Salden, die in der Zeitauswertung des SAP-Systems ermittelt wurden, an die Subsysteme, damit diese dort z. B. an den Zeiterfassungsterminals angezeigt werden können (siehe Abbildung 4.12). Auf diese Weise ist es möglich, Ihren Mitarbeitern an den Endgeräten des Subsystems Informationen zum aktuellen Stand ihres Gleitzeitkontos oder ihren Resturlaub anzuzeigen.

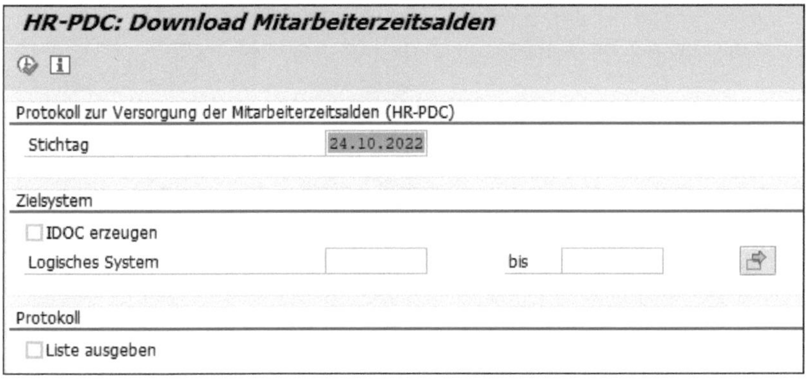

HR-PDC: Download Mitarbeiterzeitsalden
Protokoll zur Versorgung der Mitarbeiterzeitsalden (HR-PDC)
Stichtag 24.10.2022
Zielsystem
IDOC erzeugen
Logisches System bis
Protokoll
Liste ausgeben

Abbildung 4.12 Selektionsbild des Reports RPTCC102 (Download Mitarbeiterzeitsalden)

Im Selektionsbild des Reports RPTCC102 ist es erforderlich, einen Stichtag für die Gültigkeit der zu sendenden Daten vorzugeben. Vorschlagswert ist dabei der aktuelle Tag. Das heißt, dass die Daten mit der Gültigkeit zum aktuellen Zeitpunkt der Übertragung an das Subsystem geliefert werden.

Welche Zeitsalden das SAP-System an das Subsystem zur dortigen Anzeige sendet, legen Sie über den Customizing-Pfad **Personalzeitwirtschaft • Personalzeitereignisse • Personalzeitereignisse • Am Terminal anzuzeigende Daten** fest. Im ersten der beiden

Schritte dieser Customizing-Aktivität stellen Sie in der Tabelle T550A ein, dass für die Zeitarten, die das System zum Download an die Subsysteme bereitstellen soll, das Feld **Abstellen für Zeitkonten** den Wert »1« **Abstellung** enthält (siehe Abbildung 4.13).

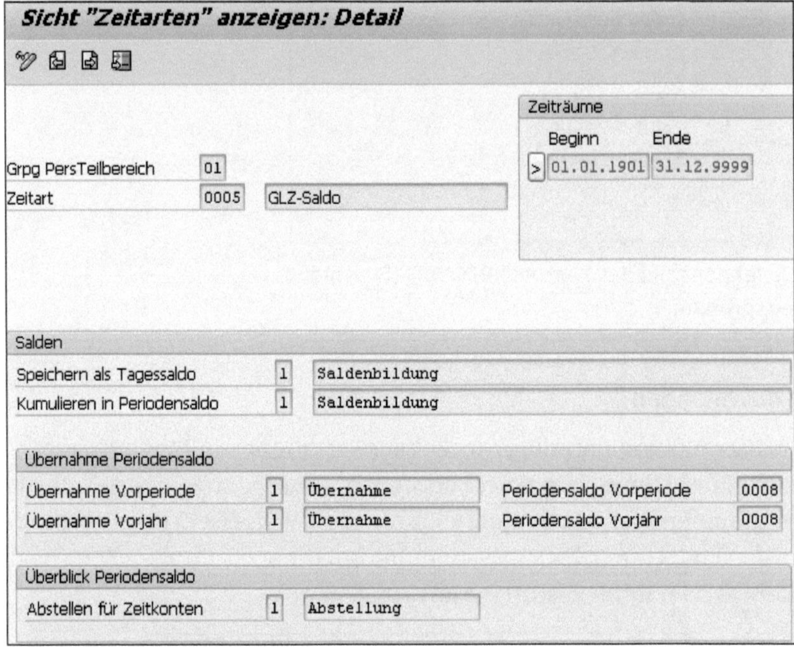

Abbildung 4.13 Tabelle T550A (Zeitarten)

Im zweiten Schritt der Customizing-Aktivität definieren Sie, in welchem Infofeld die Subsysteme mit welcher Information versorgt werden. Es stehen in der Schnittstelle insgesamt zehn Infofelder zur Verfügung, die mit den folgenden Informationen versorgt werden können:

- Datum des letzten von der Zeitauswertung ausgewerteten Tages
- Informationen zu An- und Abwesenheitskontingenten aus den Infotypen 2006 und 2007, in denen Ab- und Anwesenheitskontingente geführt werden
- Stände des Resturlaubs aus dem Infotyp 0005 (Urlaubsanspruch)
- Ergebnisse der Leistungslohnberechnung
- Zeitarten aus den Zeitauswertungsergebnissen

Beachten Sie beim Customizing der an das Subsystem zu sendenden Informationen die beiden Gruppierungswerte der Mitarbeiterkreise für Arbeitszeitpläne (Tabelle T503) und der Personalteilbereiche für die Zeiterfassung (Tabelle T001P). Durch diese Gruppierungen ist es möglich, die an den Terminals anzuzeigenden Daten spezifisch zu gestalten.

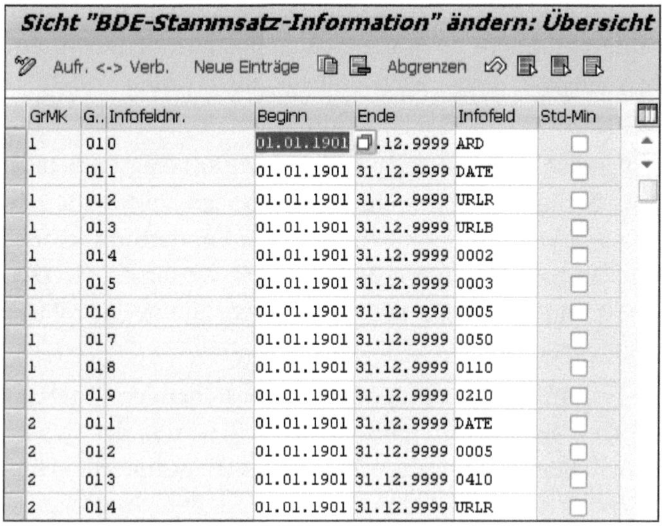

Sicht "BDE-Stammsatz-Information" ändern: Übersicht

Aufr. <-> Verb. Neue Einträge Abgrenzen

GrMK	G..	Infofeldnr.	Beginn	Ende	Infofeld	Std-Min
1	01	0	01.01.1901	.12.9999	ARD	☐
1	01	1	01.01.1901	31.12.9999	DATE	☐
1	01	2	01.01.1901	31.12.9999	URLR	☐
1	01	3	01.01.1901	31.12.9999	URLB	☐
1	01	4	01.01.1901	31.12.9999	0002	☐
1	01	5	01.01.1901	31.12.9999	0003	☐
1	01	6	01.01.1901	31.12.9999	0005	☐
1	01	7	01.01.1901	31.12.9999	0050	☐
1	01	8	01.01.1901	31.12.9999	0110	☐
1	01	9	01.01.1901	31.12.9999	0210	☐
2	01	1	01.01.1901	31.12.9999	DATE	☐
2	01	2	01.01.1901	31.12.9999	0005	☐
2	01	3	01.01.1901	31.12.9999	0410	☐
2	01	4	01.01.1901	31.12.9999	URLR	☐

Abbildung 4.14 Tabelle T555I (BDE-Stammsatzinformationen)

4.4 Die Tabelle TEVEN und ihre Besonderheiten

Zeitereignisse werden in der Personaladministration im Infotyp 2011 (Zeitereignisse) angezeigt. Im Gegensatz zu nahezu allen anderen Infotypen der Personaladministration und Personalzeitwirtschaft werden die Daten dieses Infotyps nicht in Datenbanktabellen gehalten, deren Bezeichnung mit PA beginnt (z. B. PA0001 für den Infotyp 0001 (Organisatorische Zuordnung)). Stattdessen werden sie in der Tabelle `TEVEN` gespeichert. Dort werden alle Zeitereignisse gespeichert, wenn sie nach dem Upload vom Subsystem aus der Tabelle `CC1TEV` verbucht wurden. Zeitereignisse, die vom Subsystem mit einer Zusatzinformation zur Kontierung geliefert wurden, werden zusätzlich in der Tabelle `TEVEN_MORE` abgelegt. In dieser Tabelle werden die Kontierungsinformationen der Buchung gespeichert. Auch alle manuell erfassten Zeitereignisse (z. B. über Transaktion PA61 (Zeitdaten pflegen)) werden in diesen Tabellen gespeichert (siehe Abbildung 4.15).

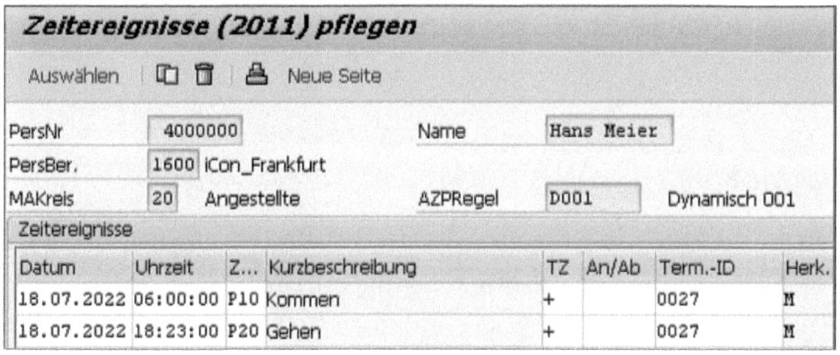

Zeitereignisse (2011) pflegen

Auswählen Neue Seite

PersNr 4000000 Name Hans Meier
PersBer. 1600 iCon_Frankfurt
MAKreis 20 Angestellte AZPRegel D001 Dynamisch 001

Zeitereignisse

Datum	Uhrzeit	Z...	Kurzbeschreibung	TZ	An/Ab	Term.-ID	Herk.
18.07.2022	06:00:00	P10	Kommen	+		0027	M
18.07.2022	18:23:00	P20	Gehen	+		0027	M

Abbildung 4.15 Transaktion PA61 (Zeitdaten pflegen) – Listerfassung Infotyp 2011

Eine weitere Besonderheit der Tabelle ist ihr Löschkonzept: Da aus arbeitsrechtlicher Sicht den Zeitereignissen eine besondere dokumentarische Bedeutung zukommt, können Zeitereignisse nicht auf den üblichen Wegen (Pflege über Transaktion PA30 oder PA61) von der Datenbank gelöscht werden.

In den Transaktionen PA30 (Personalstammdaten pflegen) und PA61 (Zeitdaten pflegen) steht die Funktion zum Löschen von Zeitereignissen zwar zur Verfügung, die Daten werden dadurch aber nicht von der Datenbank gelöscht, sondern mit einem Stornokennzeichen versehen. Die so »gelöschten« Zeitereignisse werden in den Dialogen von Transaktionen PA30 und PA61 nicht mehr angezeigt, sind in der Tabelle TEVEN aber nach wie vor vorhanden.

Ähnlich verhält sich das SAP-System auch bei Änderungen an bestehenden Zeitereignissen: Verändern Sie die Uhrzeit eines Zeitereignisses manuell, wird in der Tabelle TEVEN eine Kopie des ursprünglichen Datensatzes mit der manuell geänderten Uhrzeit angelegt. Der ursprüngliche Satz bleibt erhalten und wird mit dem Stornokennzeichen versehen.

In Abbildung 4.16 sehen Sie das ursprüngliche Zeitereignis vom 18.07.2022 um 7:32 Uhr. Die Uhrzeit der Buchung wurde in Transaktion PA61 auf die Uhrzeit 7:52 Uhr geändert. Das ursprüngliche Zeitereignis wurde dabei mit einem Stornokennzeichen versehen (siehe die letzte Spalte **STOK**).

LDATE	LTIME	ERTIM	SATZ...	TER...	ORI...	DAL...	STOK...
18.07.2022	07:32:00	16:11:45	P10	0027		=	X
18.07.2022	16:00:00	16:11:45	P15	0027		=	X
18.07.2022	16:00:00	16:13:01	P20	0027		=	X
18.07.2022	17:00:00	16:13:23	P20	0027		=	X

Abbildung 4.16 Auszug aus der Tabelle TEVEN

4.5 Weitere Funktionen der HR-PDC-Schnittstelle

In den vorangehenden Abschnitten haben Sie erfahren, welche zentralen Funktionen auf der Registerkarte **Zeitereignisse** von Transaktion PT80 zu finden sind. Neben dieser Registerkarte gibt es noch die Registerkarten **Kommunikations-Protokoll**, **Mitarbeiter-Ausgaben** und **Logistik-Integration**, die wir Ihnen in den folgenden Abschnitten vorstellen.

4.5.1 Kommunikationsprotokoll

Das Kommunikationsprotokoll liefert Ihnen eine Übersicht über alle zwischen dem SAP-System und Ihren Zeitwirtschaftssubsystemen erfolgten Datentransfers (siehe Abbildung 4.17).

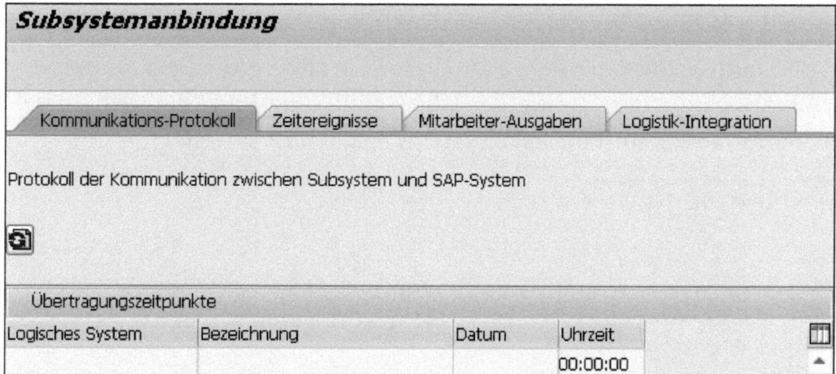

Abbildung 4.17 Transaktion PT80 (Subsystemanbindung) – Kommunikationsprotokoll

Fehler, die bei der Übertragung von Zeitereignissen entstehen, können Sie sich durch einen Klick auf den Button [Zeitereignisse] anschauen. Es erscheint daraufhin das in Abbildung 4.18 gezeigte Bild.

Rückmeldevorrat	Datum	Uhrzeit	Bearbeiter	Datum	Uhrzeit
CC1 20220830 192200	30.08.2022	19:22:00			00:00:00
CC1 20220831 075604	31.08.2022	07:56:04			00:00:00
CC1 20220831 191209	31.08.2022	19:12:09			00:00:00
CC1 20220901 080212	01.09.2022	08:02:12			00:00:00
CC1 20221004 133826	04.10.2022	13:38:26			00:00:00
CC1 20221104 121224	04.11.2022	12:12:24			00:00:00
CC1 20221111 200425	11.11.2022	20:04:25			00:00:00
CC1 20230201 150423	01.02.2023	15:04:23			00:00:00
CC1 20230208 180814	08.02.2023	18:08:14			00:00:00
CC1 20230209 140418	09.02.2023	14:04:18			00:00:00
CC1 20230328 135606	28.03.2023	13:56:06			00:00:00
CC1 20230330 183417	30.03.2023	18:34:17			00:00:00
CC1 20230419 134811	19.04.2023	13:48:11			00:00:00

Abbildung 4.18 Fehlervorrat bei der Verbuchung der Zeitereignisse

In dieser Übersicht sehen Sie alle Zeitereignisse, die vom Subsystem geliefert wurden und nicht verbucht werden konnten. Durch einen Doppelklick auf eine Zeile gelangen Sie in die Detailsicht des jeweiligen Fehlers. Fehler bei der Verbuchung entstehen u. a., wenn eine Personalnummer während der Verbuchung gesperrt ist. Der nächste Verbuchungslauf bucht solcherart fehlerhafte Zeitereignisse nach. Diese Fehler sollten kein Grund für eine manuelle Nachbearbeitung sein. Anders ist dies, wenn z. B. Mitarbeiter mit einer im SAP-System nicht vergebenen Zeitausweisnummer Zeitereignisse buchen. Solche Fehler sollten Sie regelmäßig aus dem Arbeitsvorrat löschen bzw. nachbearbeiten.

4.5.2 Mitarbeiterausgaben

Auf der Registerkarte **Mitarbeiter-Ausgaben** finden Sie alle Reports, die für die Nutzung dieser Funktionalität benötigt werden (siehe Abbildung 4.19). Diese Schnittstelle liefert z. B. Daten eines Kantinenbezahlsystems an das SAP-System.

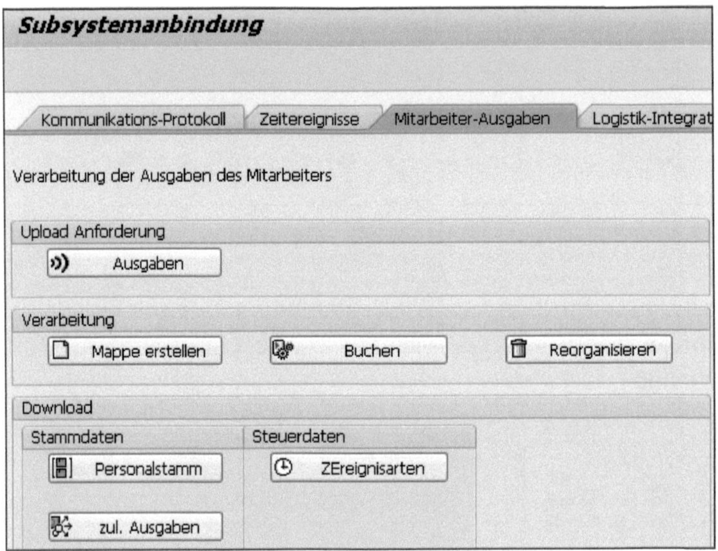

Abbildung 4.19 Transaktion PT80 (Subsystemanbindung) – Registerkarte »Mitarbeiter-Ausgaben«

Auf diesem Weg können Ihre Mitarbeiter in einer angeschlossenen Kantine bargeldlos ihren Verzehr bezahlen. Die Daten werden als Abzugslohnarten per Batch-Input in die Infotypen 0015 (Wiederkehrende Be- und Abzüge) oder 2010 (Entgeltbelege) gebucht und in der Personalabrechnung mit dem Entgelt des Mitarbeiters verrechnet. Alternativ ist z. B. die Anbindung von Mitarbeitereinkaufskassensystemen oder Verkaufsautomaten möglich. Die gesamte Logik der Schnittstelle entspricht der beschriebenen Vorgehensweise auf der Registerkarte **Zeitereignisse** (siehe Abschnitt 4.3, »Schnittstellen«) und wird daher hier nicht näher beschrieben. Das Customizing zu dieser Funktionalität erreichen Sie über den Pfad **Personalzeitwirtschaft • Personalzeitereignisse • Mitarbeiterausgaben**.

4.5.3 Logistikintegration

Die Funktionen auf der Registerkarte **Logistik-Integration** beziehen sich auf die Themen Zeit-, Prämien- und Akkordlohn (siehe Abbildung 4.20).

Abbildung 4.20 Transaktion PT80 (Subsystemanbindung) – Registerkarte »Logistik-Integration«

Durch die Nutzung dieser Lohnfindungssysteme können Sie Daten aus Ihrer Produktion direkt in der Personalabrechnung verarbeiten. Da es sich bei dieser Komponente nicht um ein originäres Thema der Zeitwirtschaft handelt, verzichten wir an dieser Stelle auf eine eingehendere Beschreibung. Das Customizing zu dieser Funktionalität erreichen Sie über den Pfad **Personalzeitwirtschaft • Personalzeitereignisse • Betriebsdatenerfassung**.

4.6 Fazit

In diesem Kapitel haben wir Ihnen die Kommunikation zwischen dem SAP-System und angebundenen Subsystemen zur Zeiterfassung erläutert. Sie haben einen Überblick über die verschiedenen Datenflüsse und deren Kontrolle erhalten.

Achten Sie bei der Wahl eines Subsystems auf eine zertifizierte Schnittstelle zu Ihrem SAP-ERP-HCM-System, und bedenken Sie dabei auch das Release Ihres SAP-Systems.

Darüber hinaus halten wir die Entscheidung, welche Daten in welchem System gepflegt werden, für sehr wichtig. Viele Subsysteme bieten zusätzliche Funktionen wie z. B. eine Besucherverwaltung an, deren Nutzung Sie davor bewahren kann, solche Sachverhalte etwa durch die Führung von Dummy-Personalnummern in Ihrem SAP-ERP-HCM-System abzubilden. Viele häufig gewünschte Funktionen lassen sich aber auch ohne Nutzung des Subsystems abbilden. Sie vermeiden dadurch Redundanzen und reduzieren Wartungs- und Schulungskosten.

Kapitel 5
User Interfaces

User Interfaces sind die Schnittstellen zwischen Mensch und Maschine. Sie sind die grafischen Benutzeroberflächen, die die Bedienung des SAP-Systems ermöglichen. Ergonomie und intuitive Bedienbarkeit sind daher die oberste Priorität bei ihrer Gestaltung und Einrichtung.

Um eine zielorientierte und gleichwohl schnelle und effektive Bedienbarkeit des SAP-Systems zu gewährleisten, ist es von immenser Bedeutung, dass Sie bei dessen Einrichtung prozessorientiert und detailliert die Zuständigkeiten in Ihrem System analysieren. Besonders in der Personalzeitwirtschaft können Sie das Tagesgeschäft durch eine anwenderorientierte Gestaltung der User Interfaces (Benutzeroberflächen) extrem vereinfachen.

Der SAP-Standard bietet in der Personalzeitwirtschaft einen sogenannten Arbeitsvorrat und seit vielen Jahren den Time Manager's Workplace (TMW) als User Interface an. Der Arbeitsvorrat ist heute nur noch selten im Einsatz, weil er kaum noch weiterentwickelt wird. Er wurde durch den Time Manager's Workplace weitgehend abgelöst, eine grafisch orientierte Eingabeoberfläche, die neben der reinen Datenerfassung auch planerische Elemente beinhaltet.

In unseren Projekten haben wir – insbesondere in produzierenden Betrieben – festgestellt, dass ein Zeitbeauftragter häufig für 100 und mehr Mitarbeiter zuständig ist. Die Pflege der Zeitdaten mithilfe der genannten SAP-Standards ist unter diesen Umständen sehr zeitaufwendig. Außerdem benötigen insbesondere ungeübte Anwender eine lange Schulungs- und Einarbeitungsphase. Auch der vermehrte Einsatz von ESS-/MSS-Prozessen (Employee Self-Services und Manager Self-Services) und von SAP-Fiori-Apps führt dazu, dass sich die Eingabe von Zeitdaten vom Zeitsachbearbeiter weg hin zum Mitarbeiter oder zu den Vorgesetzten verlagert. Dadurch ergibt sich die Notwendigkeit, Zeitdaten, bevor sie im System gespeichert werden, über Genehmigungsworkflows zu validieren. Auch die grafische Darstellung der User Interfaces hat in den vergangenen Jahren viel an Bedeutung hinzugewonnen. In vielen Projekten werden deshalb häufig Alternativen zu den SAP-Standards gewünscht. Aus diesem Grund kommt dem Thema Eigenentwicklungen in diesem Kapitel ein wichtiger Stellenwert zu.

In diesem Kapitel erklären wir Ihnen das Customizing und die Anwendung des Arbeitsvorrats und des Time Manager's Workplace in Grundzügen. Darüber hinaus zeigen wir Ihnen, welche Optionen kundeneigene User Interfaces bieten. In Abschnitt 5.4 zeigen wir Ihnen anhand der Zeiterfassung mit FLOW, welche Möglichkeiten User Interfaces mit SAP Fiori bieten.

5.1 Arbeitsvorrat

Der Arbeitsvorrat ist eine Anwendung, die Auswertungen und Bearbeitungsanwendungen für die Personalzeitwirtschaft zusammenfasst. Sie rufen den Arbeitsvorrat mit Transaktion PT40 auf und gelangen in ein Selektionsbild, in dem Sie sowohl Mitarbeiter selektieren als auch die Anwendung auswählen können, die Sie für diese Mitarbeiter starten wollen (siehe Abbildung 5.1).

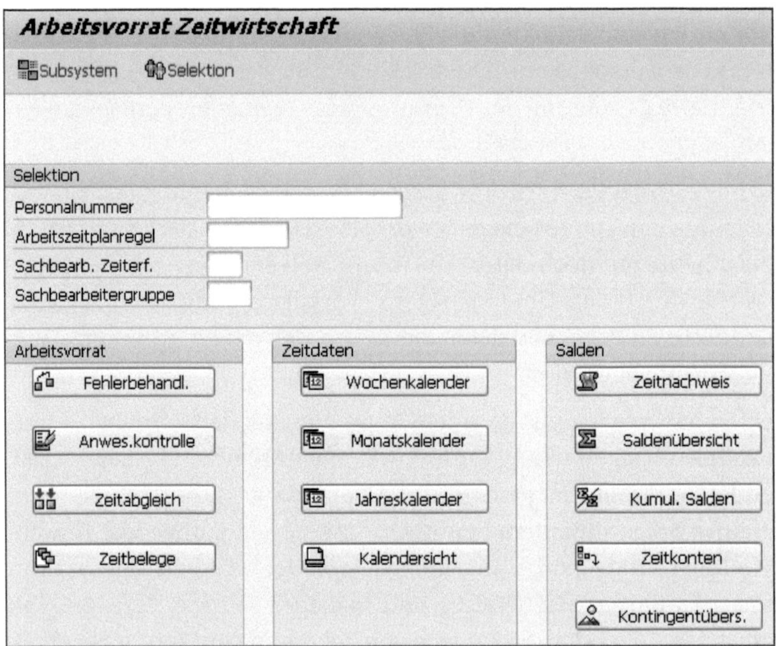

Abbildung 5.1 Transaktion PT40 (Arbeitsvorrat Zeitwirtschaft)

Der obere Bildbereich dient der Mitarbeiterselektion. Der untere Bereich ist in die Blöcke **Arbeitsvorrat**, **Zeitdaten** und **Salden** unterteilt und beinhaltet die Anwendungen, die aus dem Arbeitsvorrat heraus aufgerufen werden können. Ein Klick auf den Button **Subsystem** führt Sie direkt in Transaktion PT80 (Subsystemanbindung), die wir Ihnen in Kapitel 4, »Customizing der Personalzeitereignisse«, ausführlich beschrieben haben.

Sie können Ihre Mitarbeiter direkt im Block **Selektion** auswählen, indem Sie in das Feld **Personalnummer** diese eintragen und in den Feldern **Arbeitszeitplanregel**, **Sachbearb. Zeiterf.** und **Sachbearbeitergruppe** Selektionen vornehmen. Die beiden letztgenannten Felder können Sie nur in Kombination verwenden. In den Feldern dieses Blocks ist keine Mehrfachselektion möglich.

Alternativ können Sie die Mitarbeiterselektion durch einen Klick auf den Button **Selektion** starten. In diesem Fall werden Sie aufgefordert, die Selektionsmethode zu wählen, nach der Sie vorgehen möchten (siehe Abbildung 5.2). Sie können entscheiden, ob Sie die zu bearbeitenden Mitarbeiter anhand der Stammdaten oder über die Organisationsstruktur auswählen möchten.

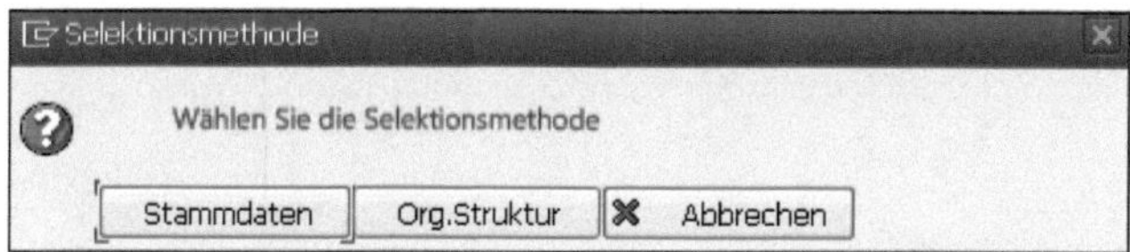

Abbildung 5.2 Pop-up-Fenster zur Auswahl der Selektionsmethode

Im Bildbereich zur Anwendungsselektion stehen Ihnen die folgenden Anwendungen zur Verfügung:

- Fehlerbehandlung: Report RPTERR01 (Zeitwirtschaft: Fehlerbehandlung)
- Anwesenheitskontrolle: Report RPTEAB00 (Anwesenheitskontrolle)
- Zeitabgleich: Report RPTCMP01 (Zeitabgleich)
- Zeitbelege
- Wochenkalender: Infotyp 2052 (Wochenerfassung mit Leistungsverr.)
- Monatskalender: Infotyp 2051 (Monatskalender)
- Jahreskalender: Infotyp 2050 (Jahreskalender)
- Kalendersicht: Report RPTABS50 (Ab-/Anwesenheitsdaten – Kalendersicht)
- Zeitnachweis: Report RPTEDT00 (Zeitnachweisformular)
- Saldenübersicht: Report RPTEDT00 (Zeitnachweisformular)
- Kumulierte Salden: Report RPTBAL00 (Kumulierte Zeitauswertungsergebnisse – Zeitsalden/-lohnarten)
- Zeitkonten: Report RPTDOW00 (Zeitkonten)
- Kontingentübersicht: Transaktion PT50 (Kontingentübersicht)

Auf die Anwendungen, zu denen wir in Klammern die aufgerufenen Reports, Infotypen oder Transaktionen angegeben haben, gehen wir in diesem Abschnitt nicht näher ein. Einige werden in diesem Buch beschrieben, und andere sind durch überarbeitete Nachfolgeversionen nicht mehr praxisrelevant.

Die Anwendung **Zeitbelege** startet den Report `RPLTIM01` (Zeiterfassungsübersichtsliste) und gibt Ihnen eine Übersicht über die für die ausgewählten Mitarbeiter erfassten Infotypsätze folgender Infotypen (siehe Abbildung 5.3):

- 2001 (Abwesenheiten)
- 2002 (Anwesenheiten)
- 2006 (Abwesenheitskontingente)
- 2007 (Anwesenheitskontingente)
- 2011 (Zeitereignisse)

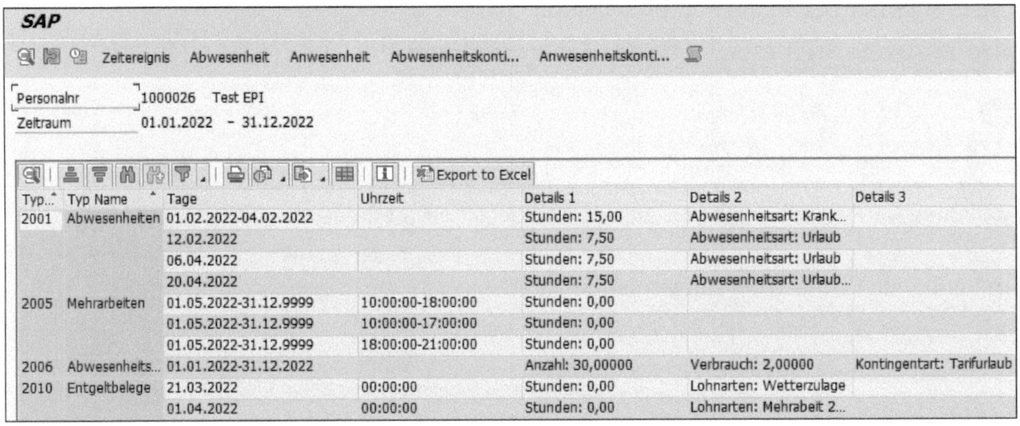

SAP

Zeitereignis Abwesenheit Anwesenheit Abwesenheitskonti... Anwesenheitskonti...

Personalnr 1000026 Test EPI
Zeitraum 01.01.2022 - 31.12.2022

Export to Excel

Typ...	Typ Name	Tage	Uhrzeit	Details 1	Details 2	Details 3
2001	Abwesenheiten	01.02.2022-04.02.2022		Stunden: 15,00	Abwesenheitsart: Krank...	
		12.02.2022		Stunden: 7,50	Abwesenheitsart: Urlaub	
		06.04.2022		Stunden: 7,50	Abwesenheitsart: Urlaub	
		20.04.2022		Stunden: 7,50	Abwesenheitsart: Urlaub...	
2005	Mehrarbeiten	01.05.2022-31.12.9999	10:00:00-18:00:00	Stunden: 0,00		
		01.05.2022-31.12.9999	10:00:00-17:00:00	Stunden: 0,00		
		01.05.2022-31.12.9999	18:00:00-21:00:00	Stunden: 0,00		
2006	Abwesenheits...	01.01.2022-31.12.2022		Anzahl: 30,00000	Verbrauch: 2,00000	Kontingentart: Tarifurlaub
2010	Entgeltbelege	21.03.2022	00:00:00	Stunden: 0,00	Lohnarten: Wetterzulage	
		01.04.2022	00:00:00	Stunden: 0,00	Lohnarten: Mehrabeit 2...	

Abbildung 5.3 Ausgabe des Reports RPLTIM01 (Zeiterfassungsübersichtsliste)

In der Anwendung haben Sie die Möglichkeit, Sätze der genannten Infotypen zu erfassen oder zu ändern. Damit steht Ihnen für einfache Aufgaben eine übersichtliche Erfassungsmaske zur Verfügung. Die Ausgabe der Infotypsätze können Sie auf alle Daten erweitern, die im selektierten Zeitraum existieren (siehe Abbildung 5.4).

Darüber hinaus können Sie die Zeitauswertung starten und sich über den Menüpunkt **Springen** das Zeitauswertungsergebnis im Cluster B2 ansehen.

Der Arbeitsvorrat ist veraltet und wird in der Praxis unserer Erfahrung nach kaum noch genutzt. Er wurde durch den Time Manager's Workplace abgelöst, der einen deutlich größeren Funktionsumfang bietet. So können Sie durch die Definition von Profilen jedem Anwender eine arbeitsplatz- und aufgabenspezifische Sicht zur Verfügung stellen.

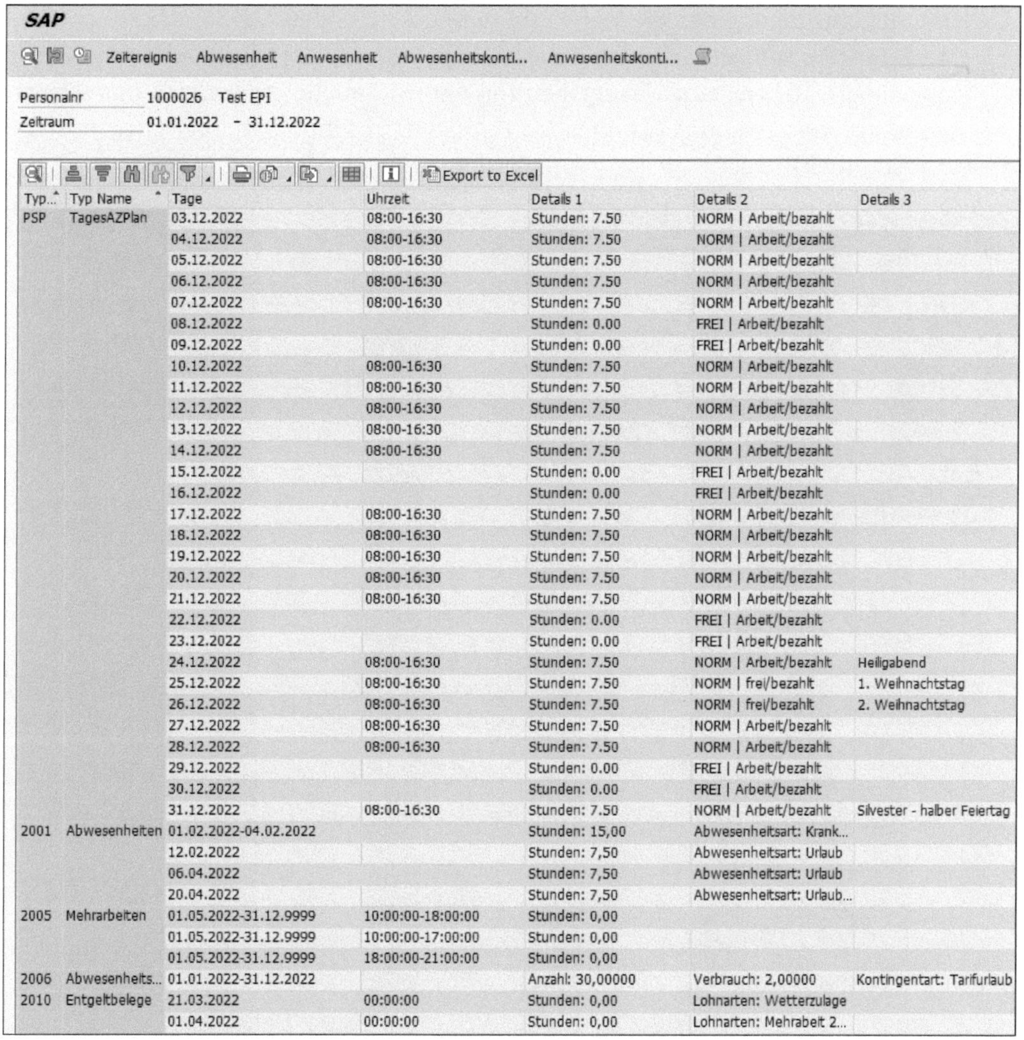

SAP

Zeitereignis Abwesenheit Anwesenheit Abwesenheitskonti... Anwesenheitskonti...

Personalnr 1000026 Test EPI
Zeitraum 01.01.2022 - 31.12.2022

Export to Excel

Typ...	Typ Name	Tage	Uhrzeit	Details 1	Details 2	Details 3
PSP	TagesAZPlan	03.12.2022	08:00-16:30	Stunden: 7.50	NORM | Arbeit/bezahlt	
		04.12.2022	08:00-16:30	Stunden: 7.50	NORM | Arbeit/bezahlt	
		05.12.2022	08:00-16:30	Stunden: 7.50	NORM | Arbeit/bezahlt	
		06.12.2022	08:00-16:30	Stunden: 7.50	NORM | Arbeit/bezahlt	
		07.12.2022	08:00-16:30	Stunden: 7.50	NORM | Arbeit/bezahlt	
		08.12.2022		Stunden: 0.00	FREI | Arbeit/bezahlt	
		09.12.2022		Stunden: 0.00	FREI | Arbeit/bezahlt	
		10.12.2022	08:00-16:30	Stunden: 7.50	NORM | Arbeit/bezahlt	
		11.12.2022	08:00-16:30	Stunden: 7.50	NORM | Arbeit/bezahlt	
		12.12.2022	08:00-16:30	Stunden: 7.50	NORM | Arbeit/bezahlt	
		13.12.2022	08:00-16:30	Stunden: 7.50	NORM | Arbeit/bezahlt	
		14.12.2022	08:00-16:30	Stunden: 7.50	NORM | Arbeit/bezahlt	
		15.12.2022		Stunden: 0.00	FREI | Arbeit/bezahlt	
		16.12.2022		Stunden: 0.00	FREI | Arbeit/bezahlt	
		17.12.2022	08:00-16:30	Stunden: 7.50	NORM | Arbeit/bezahlt	
		18.12.2022	08:00-16:30	Stunden: 7.50	NORM | Arbeit/bezahlt	
		19.12.2022	08:00-16:30	Stunden: 7.50	NORM | Arbeit/bezahlt	
		20.12.2022	08:00-16:30	Stunden: 7.50	NORM | Arbeit/bezahlt	
		21.12.2022	08:00-16:30	Stunden: 7.50	NORM | Arbeit/bezahlt	
		22.12.2022		Stunden: 0.00	FREI | Arbeit/bezahlt	
		23.12.2022		Stunden: 0.00	FREI | Arbeit/bezahlt	
		24.12.2022	08:00-16:30	Stunden: 7.50	NORM | Arbeit/bezahlt	Heiligabend
		25.12.2022	08:00-16:30	Stunden: 7.50	NORM | frei/bezahlt	1. Weihnachtstag
		26.12.2022	08:00-16:30	Stunden: 7.50	NORM | frei/bezahlt	2. Weihnachtstag
		27.12.2022	08:00-16:30	Stunden: 7.50	NORM | Arbeit/bezahlt	
		28.12.2022	08:00-16:30	Stunden: 7.50	NORM | Arbeit/bezahlt	
		29.12.2022		Stunden: 0.00	FREI | Arbeit/bezahlt	
		30.12.2022		Stunden: 0.00	FREI | Arbeit/bezahlt	
		31.12.2022	08:00-16:30	Stunden: 7.50	NORM | Arbeit/bezahlt	Silvester - halber Feiertag
2001	Abwesenheiten	01.02.2022-04.02.2022		Stunden: 15,00	Abwesenheitsart: Krank...	
		12.02.2022		Stunden: 7,50	Abwesenheitsart: Urlaub	
		06.04.2022		Stunden: 7,50	Abwesenheitsart: Urlaub	
		20.04.2022		Stunden: 7,50	Abwesenheitsart: Urlaub...	
2005	Mehrarbeiten	01.05.2022-31.12.9999	10:00:00-18:00:00	Stunden: 0,00		
		01.05.2022-31.12.9999	10:00:00-17:00:00	Stunden: 0,00		
		01.05.2022-31.12.9999	18:00:00-21:00:00	Stunden: 0,00		
2006	Abwesenheits...	01.01.2022-31.12.2022		Anzahl: 30,00000	Verbrauch: 2,00000	Kontingentart: Tarifurlaub
2010	Entgeltbelege	21.03.2022	00:00:00	Stunden: 0,00	Lohnarten: Wetterzulage	
		01.04.2022	00:00:00	Stunden: 0,00	Lohnarten: Mehrabeit 2...	

Abbildung 5.4 Ausgabe des Reports RPLTIM01 (Zeiterfassungsübersichtsliste) – expandierte Sicht

5.2 Time Manager's Workplace

Der Time Manager's Workplace (TMW) ist eine profilgesteuerte Arbeitsoberfläche, die den Zeitbeauftragten eine ergonomische und intuitive Erfassung, Bearbeitung und Kontrolle von Zeitdaten ermöglicht. Die deutsche Bezeichnung *Arbeitsplatz Personalzeitmanagement* hat sich in der Praxis nicht durchsetzen können, weshalb wir hier nur vom Time Manager's Workplace sprechen.

Im Customizing können Sie viele Sichten und Funktionen der Benutzeroberfläche beeinflussen. SAP liefert für den Time Manager's Workplace verschiedene Szenarien aus, die sich an den Standardaufgaben von Zeitbeauftragten orientieren. Im Szenario »Zeitangabenverwaltung« können Sie Zeitdaten für Ihre Mitarbeiter pflegen (siehe Abbildung 5.5).

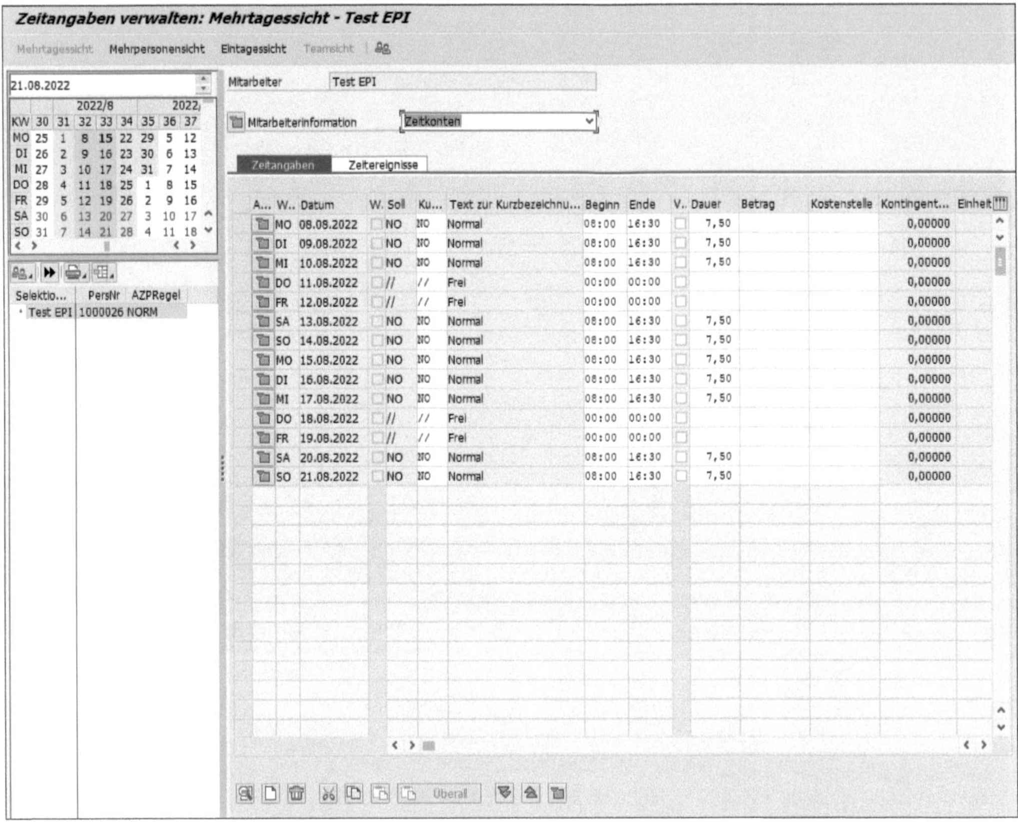

Abbildung 5.5 Time Manager's Workplace – Szenario »Zeitangabenverwaltung«

Das zweite Szenario ist die Meldungsbearbeitung, innerhalb derer Sie die für Ihre Mitarbeiter in der Zeitauswertung generierten Hinweise und Fehlermeldungen bearbeiten können (siehe Abbildung 5.6). Diese beiden Szenarien können auch in einem Profil vereint werden, sodass beide Aufgaben mit diesem einen Profil erledigt werden können. Sie können innerhalb der Anwendung zwischen den Szenarien wechseln.

Welches Szenario beim Aufruf des Time Manager's Workplace als Einstieg erscheint, können Sie ebenfalls über das dem Mitarbeiter zugeordnete Profil steuern.

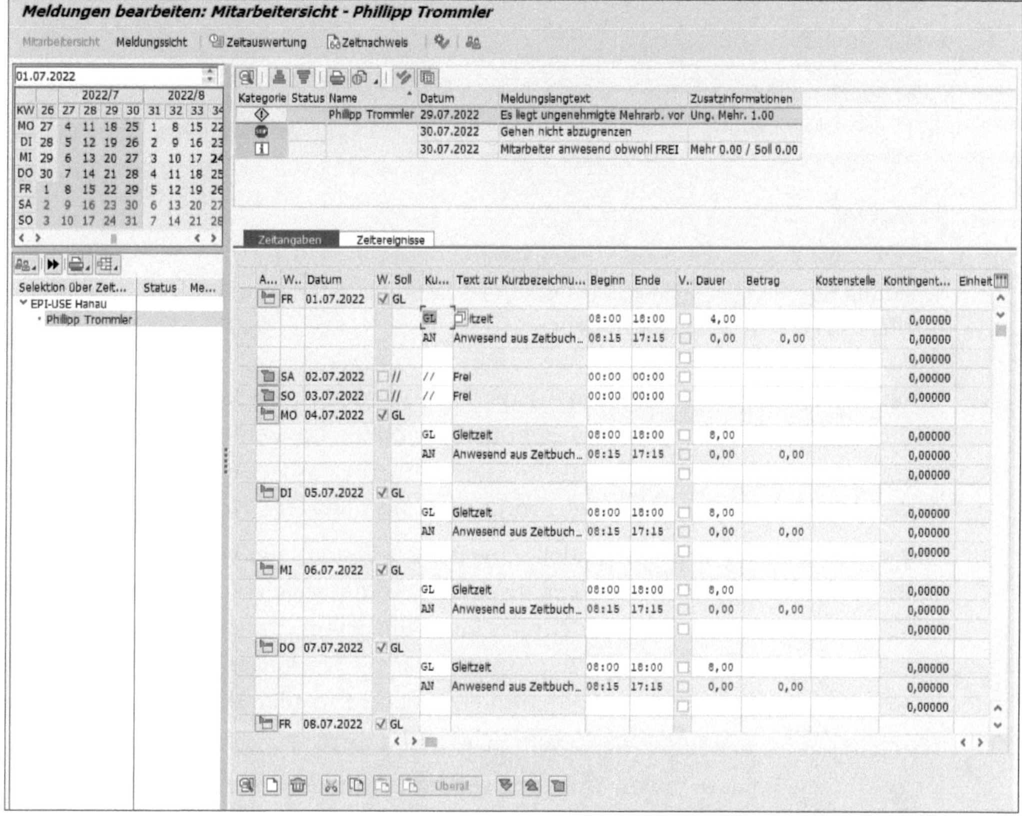

Abbildung 5.6 Time Manager's Workplace – Szenario »Meldungsbearbeitung«

Sie rufen den Time Manager's Workplace mithilfe von Transaktion PTMW auf. Dies setzt voraus, dass dem Anwender in seinem Benutzerstamm bereits ein Profil zugewiesen wurde, indem in seinen Benutzervorgaben die Parameter `PT_TMW_PROFILE` und `PT_TMW_TDLANGU` gesetzt worden sind (siehe Abbildung 5.7).

Adresse | Festwerte | Parameter

Parameter

Parameter-ID	Parameterwert	Kurzbeschreibung
PT_TMW_PROFILE	SAP_XX_TIME_ADMIN	Arbeitsplatz Personalzeitmanagement - Profil
PT_TMW_TDLANGU	SET_AT/001	Definitionsbereich/Teilmenge

Abbildung 5.7 Benutzervorgaben zur Zuweisung des TMW-Profils

Der Anwender kann über Transaktion PTMW_PROF selbst auswählen, welches Profil, welchen Definitionsbereich und welche Teilmenge des Definitionsbereichs er verwenden möchte (siehe Abbildung 5.8). Diese Transaktion wird in der Regel in Produktivsystemen nicht berechtigt.

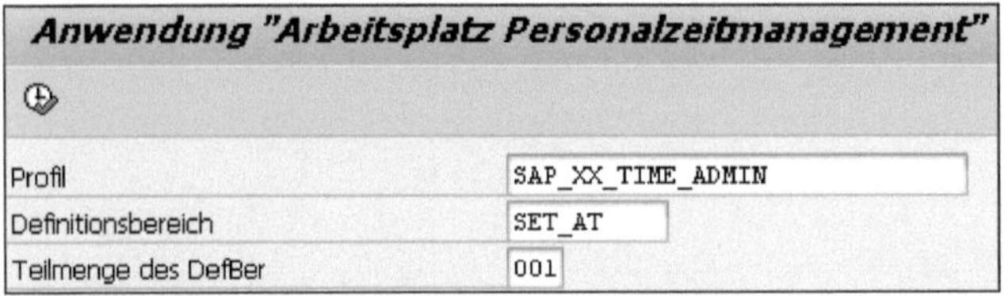

Abbildung 5.8 Selektionsbild von Transaktion PTMW_PROF (Anwendung Arbeitsplatz Personalzeitmanagement)

Durch den Aufruf von Transaktion PTMW_PROF werden die im Selektionsbild ausgewählten Selektionsparameter als Benutzerparameter im Benutzerstamm gespeichert. Beim anschließenden Aufruf von Transaktion PTMW werden diese als Vorgabe für den Aufruf des entsprechenden Profils im Time Manager's Workplace genutzt.

Sollten Sie für einen Ihrer Anwender keine Benutzerparameter vergeben, wird beim Aufruf von Transaktion PTMW automatisch das Selektionsbild von Transaktion PTMW _PROF aufgerufen. Ist der Anwender nicht zum Aufruf von Transaktion PTMW_PROF berechtigt, kann er in diesem Fall den Time Manager's Workplace nicht starten, ohne dass zuvor die genannten Benutzerparameter gepflegt worden sind.

Die Bildbereiche der Szenarien »Zeitangabenverwaltung« und »Meldungsbearbeitung« können Sie in dem von SAP vorgegebenen Rahmen ebenfalls profilspezifisch gestalten. So können Sie z. B. die Gestaltung der Mitarbeiterliste (siehe Abbildung 5.9) und der Mitarbeiterinformationen beeinflussen (siehe Abbildung 5.10).

Abbildung 5.9 Time Manager's Workplace – Bildbereich »Mitarbeiterliste«

In beiden Bildbereichen können Sie sowohl die anzuzeigenden Inhalte als auch die Platzierung der Informationen innerhalb des Bildbereichs gestalten, indem Sie im Customizing unter **Personalzeitwirtschaft • Arbeitsplatz Personalzeitmanagement • Bildbereiche • Mitarbeiterliste • Darstellung der Mitarbeiterliste festlegen** definieren, welche Informationen in den Spalten der Mitarbeiterliste angezeigt werden sollen. Dazu stehen Ihnen unterschiedliche Felder aus den Stammdaten Ihrer Mitarbeiter zur Verfügung, aus denen Sie auswählen können, welche davon die für Ihre Zeitbeauftragten relevanten Informationen enthalten. Darüber hinaus legen Sie fest, in welcher Reihenfolge die ausgewählten Felder angezeigt werden und ob es Hierarchiestufen in der Darstellung der Liste geben soll.

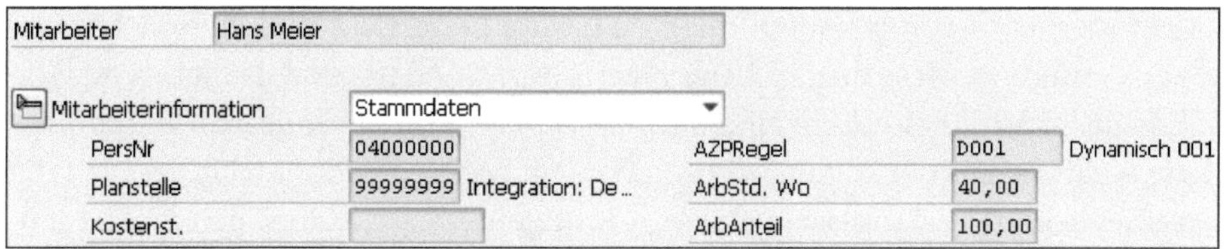

Abbildung 5.10 Time Manager's Workplace – Bildbereich »Mitarbeiterinformationen«

Durch Hierarchiestufen können Sie die Liste z. B. nach Kostenstellen unterteilen und damit übersichtlich gestalten. Anschließend ordnen Sie über den Customizing-Pfad **Personalzeitwirtschaft • Arbeitsplatz Personalzeitmanagement • Bildbereiche • Mitarbeiterliste • Feldauswahlen den Profilen zuordnen** die definierte Feldauswahl für die Mitarbeiterliste den Profilen zu, in denen sie verwendet werden soll.

Zu den beiden Szenarien »Zeitangabenverwaltung« und »Meldungsbearbeitung« existieren jeweils unterschiedliche Sichten. Für die Zeitangabenverwaltung stehen die folgenden Sichten zur Verfügung:

- Mehrtagessicht
- Mehrpersonensicht
- Eintagessicht
- Teamsicht

Diese Sichten unterscheiden sich sowohl durch die Anzahl der anzuzeigenden Mitarbeiter als auch durch den Anzeigezeitraum. Welche Sichten Ihren Zeitbeauftragten zur Verfügung stehen, legen Sie ebenfalls wieder in den Profilen fest.

Mit der Teamsicht können Sie Ihren Zeitsachbearbeitern eine grafische Benutzeroberfläche zur Verfügung stellen, die auch einen Überblick über die erfassten Zeitdaten mehrerer Mitarbeiter ermöglicht (siehe Abbildung 5.11). In dieser Sicht können Sie die Daten per Drag & Drop erfassen. Dazu wird Ihnen am linken Rand der Sicht eine Liste der zulässigen Kurzbezeichnungen angezeigt, aus der Sie die Kurzbezeichnung des zu erfassenden Datensatzes auswählen und mit gedrückter rechter Maustaste in das Datumsfeld im rechten Bildbereich ziehen.

Zeitangaben Teamsicht

Kurzbezei...
//
A
ARZT
B

Name	Mo, 30. ...	Di, 31. Jul	Mi, 1. A...	Do, 2. A...	Fr, 3. Aug	Sa, 4. A...	So, 5. A...
Esther Schneider	GL	GL	GL	GL	GL	//	//
Max Mustermann	GL	GL	GL	GL	GL	//	//

Abbildung 5.11 Time Manager's Workplace – Teamsicht in der Zeitangabenverwaltung

Zur Meldungsbearbeitung stehen Ihnen eine Mitarbeitersicht und eine Meldungssicht zur Verfügung. Diese beiden Sichten verfolgen einen unterschiedlichen Ansatz: Während in der Mitarbeitersicht alle zugeordneten Mitarbeiter angezeigt werden, für die eine Meldung aus der Zeitauswertung vorliegt, werden in der Meldungssicht die unterschiedlichen Meldungssachgebiete (z. B. ungenehmigte Mehrarbeit und fehlende Zeitdaten) angezeigt, sodass die Bearbeitung der Meldungen nach diesem Kriterium gestaltet werden kann.

Die Zeitdatenpflege erfolgt im Time Manager's Workplace prinzipiell über die Verwendung von Kurzbezeichnungen. Sie legen dazu für jede Zeitangabe – also z. B. Subtypen von Infotypen – eine Kurzbezeichnung fest. So können die Kurzbezeichnungen »U« für die Zeitangabe »Urlaub« und »K« für eine krankheitsbedingte Abwesenheit stehen.

Die Kurzbezeichnungen werden innerhalb eines Definitionsbereichs angelegt und anschließend in Teilmengen zusammengefasst. Auf diese Weise ist es möglich, unterschiedlichen Anwendern aus der Gesamtmenge der definierten Kurzbezeichnungen nur einen bestimmten Teil der Kurzbezeichnungen, also eine Teilmenge, zur Verfügung zu stellen. Innerhalb der Teilmengen sind alle Kurzbezeichnungen des zugrundeliegenden Definitionsbereichs enthalten, können jedoch tabellengesteuert innerhalb des Definitionsbereichs aktiviert oder deaktiviert werden (siehe Abbildung 5.12).

Sicht "Verwendung der Kurzbezeichnungen in einer Teilmenge" ändern

Def.Bereich SET_DE Def. Kurzbez. (Ländergrp. 01)
Teilmenge 001 Istdaten mit Zeitereignissen

Verwendung der Kurzbezeichnungen in einer Teilmenge

Ku...	Kurzbezeichnungstext	Vorrangi...	Erfassbar...	Nur Anzeige	Inaktiv	Datenkat....	Gru...
R20	Teilende Rüsten PP	○	○	○	◉	IT/2011	
R30	Unterbrechen Rüsten PP	○	○	○	◉	IT/2011	
R40	Ende Rüsten PP	○	○	○	◉	IT/2011	
RB	Rufbereitschaft	○	○	○	◉	IT/2004	01/01
S	Spät	◉	○	○	○	IT/2003	/01
SOLL	Sollvorgabe	◉	○	○	○	IT/2003	
SZ	Schmutzzulage	◉	○	○	○	IT/2010	01
T	Zeitumbuchung	◉	○	○	○	IT/2012	
U	Urlaub	◉	○	○	○	IT/2001	01
U	Urlaub	○	◉	○	○	IT/2001	01

Abbildung 5.12 Sicht V_TMW_TDSUBLA (Verwendung der Kurzbezeichnungen in einer Teilmenge)

Die Mitarbeiterselektion für Ihre Zeitbeauftragten kann auf unterschiedliche Weise durchgeführt werden. Sie weisen jedem Profil eine Standardselektion zu, die für Ihre

Zeitbeauftragten nach unterschiedlichen Methoden (z. B. nach dem im Infotyp 0001 (Organisatorische Zuordnung) eingestellten Zeitsachbearbeiter eine Mitarbeiterliste erstellt, ohne dass der Zeitbeauftragte die Selektion selbst beeinflussen muss oder kann. Die optional zuzuweisenden interaktiven Selektionsmethoden ermöglichen Ihren Zeitbeauftragten, selbst eine Selektion von Mitarbeitern durchzuführen. Sollten Sie dies nicht wünschen, weisen Sie dem Profil der Zeitbeauftragten keine interaktive Selektionsmethode zu.

Das Customizing des Time Manager's Workplace bietet wesentlich mehr Möglichkeiten, als wir sie in diesem Buch darstellen können. Wir können Ihnen hier lediglich einen Eindruck von diesen Möglichkeiten vermitteln. Neben dem Gestaltungsspielraum, den Ihnen das Customizing bietet, existieren einige Erweiterungsmöglichkeiten für den SAP-Standard. Damit können Sie z. B. die Mitarbeiterselektion in einem kundeneigenen Funktionsbaustein durchführen oder den Auswahlzeitraum des Kalenders in einem BAdI beeinflussen.

Unsere Erfahrungen mit dem Time Manager's Workplace sind nicht uneingeschränkt positiv. Muss der Zeitbeauftragte mehr als 30 Mitarbeiter bearbeiten, sinkt die Performance des Time Manager's Workplace rapide. Das heißt, dass die Laufzeit der Anwendung häufig schon beim Aufruf den für Kunden akzeptablen Rahmen überschreitet, weil die Menge an einzulesenden Daten immens groß ist. Außerdem wurde von unseren Kunden häufiger bemängelt, dass die Teamsicht den planerischen Anspruch vieler Zeitbeauftragter nicht befriedigend abdeckt, weil die darzustellenden Übersichtszeiträume zu klein sind.

Für die Bearbeitung einer überschaubaren Menge von Mitarbeitern eignet sich der Time Manager's Workplace aus unserer Sicht sehr gut. In Unternehmen, in denen große Mitarbeiterzahlen bei den Zeitbeauftragten oder auch in der Personalabteilung viel »Tagesgeschäft« verursachen, wurden wir häufig mit der Anforderung konfrontiert, kundeneigene Lösungen zur Zeitdatenpflege zu entwickeln. Einige dieser Entwicklungen stellen wir Ihnen im nächsten Abschnitt vor.

5.3 Kundeneigene User Interfaces

In einem unserer Einführungsprojekte für die SAP-Zeitwirtschaft bei einem Kunden aus der Lebensmittelindustrie wurden Anforderungen analysiert, die sich mit den SAP-Standard-Methoden nicht abbilden ließen. Einem Zeitbeauftragten sind häufig bis zu 200 Mitarbeiter zugeordnet, deren Daten er pflegen muss. Durch eine streng produktionsorientierte Organisation wechseln die Zuständigkeiten der Zeitbeauftragten zudem oftmals täglich. Durch die hohen Mitarbeiteranzahlen ergaben sich in ersten Tests inakzeptabel lange Laufzeiten beim Aufruf des Time Manager's Workplace. So war schnell klar, dass wir eine kundeneigene Lösung entwickeln mussten, die alle Kundenanforderungen abdeckt. Mittlerweile setzen wir diese Lösung in ähnlicher Form bei vielen Kunden ein. Da sich diese Lösung als Alternative zum Time Manager's Workplace in der Praxis bewährt hat, möchten wir sie Ihnen an dieser Stelle kurz vorstellen.

Unsere Lösung basiert technisch auf dem SAP List Viewer (ALV). Dies haben wir dahingehend erweitert, dass z. B. im An- bzw. Abwesenheitskalender eine Eingabe per Drag & Drop möglich ist. Die Programme sind auf der Basis von Advanced ABAP so optimiert, dass möglichst geringe Laufzeiten garantiert sind. Die Bildsteuerung erfolgt über Profile, die den Zeitbeauftragten individuell zugewiesen werden. Für diese Profile werden in Customizing-Tabellen alle Bildelemente definiert. Auf diese Weise können Sie festlegen, welche Infotypen und Subtypen innerhalb der Profile genutzt werden können, welche Felder in welcher Form zur Anzeige oder Eingabe zur Verfügung stehen, welche Kurzbezeichnungen für welche Subtypen stehen und in welcher Farbe diese in den Benutzeroberflächen dargestellt werden. So können Sie individuelle Anpassungen vornehmen, ohne in die Programme eingreifen zu müssen.

Die Arbeitsoberflächen sind miteinander verlinkt, sodass Sie aus jeder der Oberflächen auf die beiden anderen Oberflächen wechseln können. So können Sie entweder per Doppelklick auf definierte Felder oder durch Klicks auf die entsprechenden Buttons in der Funktionsleiste auf die gewünschte Arbeitsoberfläche springen. Im User Interface **Arbeitsoberfläche Zeit** und in der Meldungsbearbeitung können Sie Ihre Ausgabelisten über die Funktionsleiste filtern und sortieren. Beispielsweise können Sie in der Meldungsbearbeitung über die Spalte **Meldungsart** die Meldungen filtern, die nur zur Kenntnis genommen und anschließend als bearbeitet gekennzeichnet werden müssen. Durch das Markieren der kompletten Spalte können Sie dies anschließend in einem Arbeitsgang als bearbeitet kennzeichnen.

Beim Speichern oder beim Verlassen der Oberflächen wird im Hintergrund für alle Mitarbeiter, deren Zeitdaten geändert wurden, die Zeitauswertung gestartet. Nach dem Zwischenspeichern werden im Anschluss an die Zeitbewertung alle Daten auf der Oberfläche aktualisiert angezeigt. Welche Varianten des Zeitauswertungstreibers `RPTIME00` durch die Oberflächen im Hintergrund gestartet werden, können Sie in den Customizing-Tabellen einstellen.

Alle Standardprüfungen der erfassten Daten, wie z. B. die Zeitbindungsreaktionen des SAP-Systems bei der Überschneidung von erfassten Infotypsätzen, werden wie bei der direkten Erfassung in den Infotypen durchlaufen. Dabei werden die Standardroutinen von SAP genutzt, sodass bei der Durchführung von Änderungen am SAP-Standard keine Nacharbeiten in den Oberflächen notwendig sind. In den folgenden Abschnitten beschreiben wir die drei Oberflächen, mit denen mehrere unserer Kunden als Alternative zum Time Manager's Workplace arbeiten: **Arbeitsoberfläche Zeit**, **Meldungsbearbeitung** und **An-/Abwesenheitskalender**.

5.3.1 User Interface »Arbeitsoberfläche Zeit«

Zur Pflege der täglichen Zeitdaten war es uns wichtig, alle Pflegeprozesse, die von Zeitbeauftragten durchgeführt werden, auf einer Oberfläche zu vereinen. Unser Ziel war es, pro Tag eine Zeile anzuzeigen, in der alle Daten dargestellt und gepflegt werden können. Davon weichen wir nur ab, wenn für einen Tag mehr als ein Zeitpaar vorliegt.

Für jede Zeile stehen in der hier gezeigten Version folgende Felder zur Verfügung (siehe Abbildung 5.13):

- **Stammdaten**
  - Personalnummer (Ausgabe)
  - Name sortierfähig (Ausgabe)
- **Datumsangaben**
  - Datum (Ausgabe)
  - Wochentag (Ausgabe)
  - Gebuchte Beginnzeit (Ausgabe)
  - Gebuchte Endezeit (Ausgabe)
  - Gerechnete Beginnzeit (Ausgabe)
  - Gerechnete Endezeit (Ausgabe)
- **Tagessalden**
  - Sollzeit (Ausgabe)
  - Produktivzeit (Ausgabe)
  - Freistunden/Gleitzeitkonto des Tages (Ausgabe)
  - Mehrarbeit (Ausgabe)
  - Ungenehmigte Mehrarbeit (Ausgabe)
- **Genehmigung/Übersteuerung Arbeitszeit**
  - Alles genehmigen – Monat (Eingabe)
  - Genehmigung zurücknehmen – Monat (Eingabe)
  - Alles genehmigen (Eingabe)
  - Genehmigung zurücknehmen (Eingabe)
  - Gerechnete Arbeitszeit übersteuern (Ausgabe/Eingabe)
- **Arbeitszeitplan**
  - Tagesarbeitszeitplan (Ausgabe/Eingabe)
  - Tagesarbeitszeitplanvariante (Ausgabe/Eingabe)
  - Arbeitszeitplanregel (Ausgabe)
- **An-/Abwesenheit**
  - An-/Abwesenheit (Ausgabe/Eingabe)

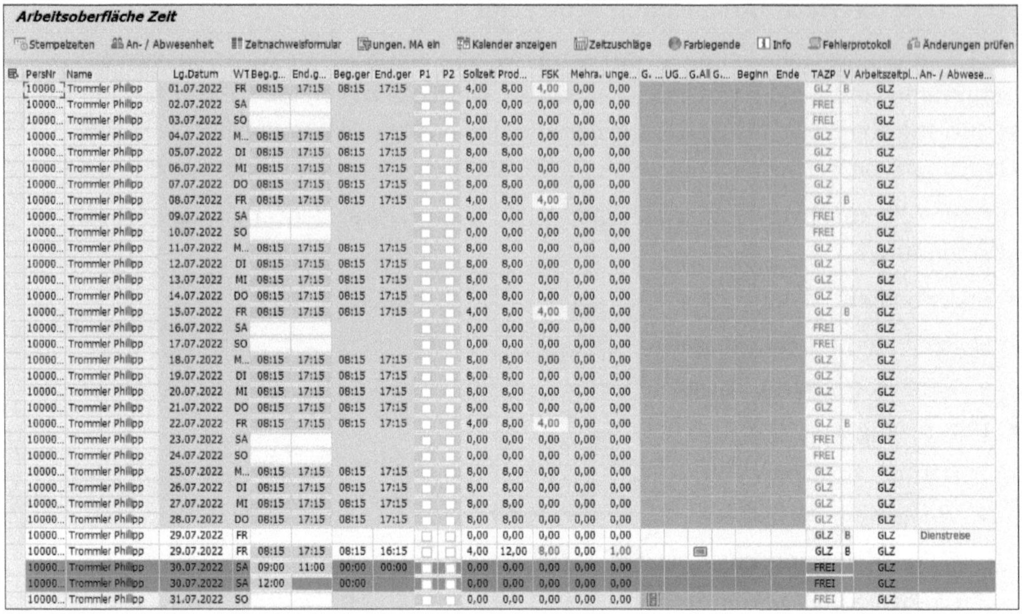

Arbeitsoberfläche Zeit

Stempelzeiten | An- / Abwesenheit | Zeitnachweisformular | ungen. MA ein | Kalender anzeigen | Zeitzuschläge | Farblegende | Info | Fehlerprotokoll | Änderungen prüfen

PersNr	Name	Lg.Datum	WT	Beg.g...	End.g...	Beg.ger	End.ger	P1	P2	Sollzeit	Prod...	FSK	Mehra.	unge...	G. ...	UG...	G.All	G....	Beginn	Ende	TAZP	V	Arbeitszeitpl...	An- / Abwese...
10000...	Trommler Philipp	01.07.2022	FR	08:15	17:15	08:15	17:15			4,00	8,00	4,00	0,00	0,00							GLZ	B	GLZ	
10000...	Trommler Philipp	02.07.2022	SA							0,00	0,00	0,00	0,00	0,00							FREI		GLZ	
10000...	Trommler Philipp	03.07.2022	SO							0,00	0,00	0,00	0,00	0,00							FREI		GLZ	
10000...	Trommler Philipp	04.07.2022	M...	08:15	17:15	08:15	17:15			8,00	8,00	0,00	0,00	0,00							GLZ		GLZ	
10000...	Trommler Philipp	05.07.2022	DI	08:15	17:15	08:15	17:15			8,00	8,00	0,00	0,00	0,00							GLZ		GLZ	
10000...	Trommler Philipp	06.07.2022	MI	08:15	17:15	08:15	17:15			8,00	8,00	0,00	0,00	0,00							GLZ		GLZ	
10000...	Trommler Philipp	07.07.2022	DO	08:15	17:15	08:15	17:15			8,00	8,00	0,00	0,00	0,00							GLZ		GLZ	
10000...	Trommler Philipp	08.07.2022	FR	08:15	17:15	08:15	17:15			4,00	8,00	4,00	0,00	0,00							GLZ	B	GLZ	
10000...	Trommler Philipp	09.07.2022	SA							0,00	0,00	0,00	0,00	0,00							FREI		GLZ	
10000...	Trommler Philipp	10.07.2022	SO							0,00	0,00	0,00	0,00	0,00							FREI		GLZ	
10000...	Trommler Philipp	11.07.2022	M...	08:15	17:15	08:15	17:15			8,00	8,00	0,00	0,00	0,00							GLZ		GLZ	
10000...	Trommler Philipp	12.07.2022	DI	08:15	17:15	08:15	17:15			8,00	8,00	0,00	0,00	0,00							GLZ		GLZ	
10000...	Trommler Philipp	13.07.2022	MI	08:15	17:15	08:15	17:15			8,00	8,00	0,00	0,00	0,00							GLZ		GLZ	
10000...	Trommler Philipp	14.07.2022	DO	08:15	17:15	08:15	17:15			8,00	8,00	0,00	0,00	0,00							GLZ		GLZ	
10000...	Trommler Philipp	15.07.2022	FR	08:15	17:15	08:15	17:15			4,00	8,00	4,00	0,00	0,00							GLZ	B	GLZ	
10000...	Trommler Philipp	16.07.2022	SA							0,00	0,00	0,00	0,00	0,00							FREI		GLZ	
10000...	Trommler Philipp	17.07.2022	SO							0,00	0,00	0,00	0,00	0,00							FREI		GLZ	
10000...	Trommler Philipp	18.07.2022	M...	08:15	17:15	08:15	17:15			8,00	8,00	0,00	0,00	0,00							GLZ		GLZ	
10000...	Trommler Philipp	19.07.2022	DI	08:15	17:15	08:15	17:15			8,00	8,00	0,00	0,00	0,00							GLZ		GLZ	
10000...	Trommler Philipp	20.07.2022	MI	08:15	17:15	08:15	17:15			8,00	8,00	0,00	0,00	0,00							GLZ		GLZ	
10000...	Trommler Philipp	21.07.2022	DO	08:15	17:15	08:15	17:15			8,00	8,00	0,00	0,00	0,00							GLZ		GLZ	
10000...	Trommler Philipp	22.07.2022	FR	08:15	17:15	08:15	17:15			4,00	8,00	4,00	0,00	0,00							GLZ	B	GLZ	
10000...	Trommler Philipp	23.07.2022	SA							0,00	0,00	0,00	0,00	0,00							FREI		GLZ	
10000...	Trommler Philipp	24.07.2022	SO							0,00	0,00	0,00	0,00	0,00							FREI		GLZ	
10000...	Trommler Philipp	25.07.2022	M...	08:15	17:15	08:15	17:15			8,00	8,00	0,00	0,00	0,00							GLZ		GLZ	
10000...	Trommler Philipp	26.07.2022	DI	08:15	17:15	08:15	17:15			8,00	8,00	0,00	0,00	0,00							GLZ		GLZ	
10000...	Trommler Philipp	27.07.2022	MI	08:15	17:15	08:15	17:15			8,00	8,00	0,00	0,00	0,00							GLZ		GLZ	
10000...	Trommler Philipp	28.07.2022	DO	08:15	17:15	08:15	17:15			8,00	8,00	0,00	0,00	0,00							GLZ		GLZ	
10000...	Trommler Philipp	29.07.2022	FR							0,00	0,00	0,00	0,00	0,00							GLZ	B	GLZ	Dienstreise
10000...	Trommler Philipp	29.07.2022	FR	08:15	17:15	08:15	16:15			4,00	12,00	8,00	0,00	1,00							GLZ	B	GLZ	
10000...	Trommler Philipp	30.07.2022	SA	09:00	11:00	00:00	00:00			0,00	0,00	0,00	0,00	0,00							FREI		GLZ	
10000...	Trommler Philipp	30.07.2022	SA	12:00		00:00				0,00	0,00	0,00	0,00	0,00							FREI		GLZ	
10000...	Trommler Philipp	31.07.2022	SO							0,00	0,00	0,00	0,00	0,00							FREI		GLZ	

Abbildung 5.13 User Interface »Arbeitsoberfläche Zeit« (kundeneigene Lösung)

Die Zeitbeauftragten haben mit diesen Eingabefeldern die Möglichkeit, alle bei unserem Kunden täglich anfallenden Aufgaben zu erledigen.

In den Feldern zur Genehmigung der Arbeitszeit können Sie die gestempelte Zeit eines Mitarbeiters durch einen Klick auf den orangefarbenen Button in der Spalte **G.All** (Alles genehmigen) komplett akzeptieren. Dabei ist auch eine gegebenenfalls notwendige Mehrarbeitsgenehmigung eingeschlossen. Über den Button **G.All.z** (Genehmigung zurücknehmen) können die Zeiten per Klick auf das Pfeilsymbol genauso schnell wieder herausgenommen werden. Beide Buttons gibt es zusätzlich am Monatsende. Hier können alle Zeiten für den gesamten Monat genehmigt und dann einzeln oder für den gesamten Monat auch wieder zurückgenommen werden.

In den beiden roten Eingabefeldern **Beginn** und **Ende** können Sie die gerechnete Zeit übersteuern. Dies ist z. B. dann erforderlich, wenn ein Mitarbeiter, dessen Sollzeit um 6 Uhr beginnt und um 14:30 Uhr endet, bereits um 5:15 Uhr gekommen und erst um 15:30 Uhr gegangen ist. Möchten Sie in diesem Fall die Zeit vor Beginn der Sollzeit nicht genehmigen, die Zeit nach Sollzeitende aber zum Teil als Mehrarbeit werten, geben Sie im Feld **Beginn** die zu berechnende Beginn-Zeit »6:00« Uhr und im Feld **Ende** die zu berechnende Ende-Zeit »15:00« Uhr ein. Ergebnis ist die Berechnung der Arbeitszeit von 6:00 bis 15:00 Uhr, inklusive der Genehmigung der Mehrarbeit von 14:30 bis 15:00 Uhr.

Im Feld mit orangefarbener Schrift **TAZP** (Tagesarbeitszeitplan) wird der aktuell für den Tag gültige Tagesarbeitszeitplan des Mitarbeiters angezeigt und kann durch die Eingabe eines Alternativplans geändert werden. Dazu steht eine Wertehilfe für das Feld mit den möglichen Alternativplänen zur Verfügung. Bei der Erfassung eines solchen Tagesarbeitszeitplans legt das User Interface **Arbeitsoberfläche Zeit** im Hintergrund einen Vertretungssatz im Infotyp 2003 (Vertretungen) mit dem abweichenden Arbeitszeitplan an.

Die gleiche Funktionalität weist das Feld **V** (Variante Tagesarbeitszeitplan) auf. Sofern eine Variante für den Tagesarbeitszeitplan im Customizing vorhanden ist, kann dieser über die Wertehilfe zugewiesen werden. Das Feld färbt sich dann grün ein, wohingegen es bei einer dynamischen Zuweisung orange eingefärbt wird. Die dynamische Zuordnung von Tagesarbeitszeitplänen haben wir in Kapitel 9, »Zeitdaten bereitstellen«, beschrieben.

Das Feld **Arbeitszeitplan** zeigt, welche Arbeitszeitplanregel im Infotyp 0007 (Sollarbeitszeit) hinterlegt ist.

Im Feld **An-/Abwesenheit** werden bereits erfasste An- oder Abwesenheiten aus den Infotypen 2001 (Abwesenheiten) oder 2002 (Anwesenheiten) angezeigt und können hier geändert werden. Dazu können Sie per Doppelklick auf das Feld einen speziellen Pflegedialog aufrufen, der z. B. zur Erfassung einer untertägigen An- oder Abwesenheit erforderlich ist. Ganztägige Abwesenheiten können Sie direkt auf der Oberfläche erfassen.

In der Funktionsleiste stehen Ihnen weitere Anwendungen zum Aufruf bereit. Hier können Sie z. B. den Zeitnachweis, eine Anzeige der für den markierten Tag ermittelten Zeitzuschlagslohnarten oder Änderungsbelege aufrufen. Viele dieser Funktionen stehen auch per Doppelklick auf Zellen (z. B. Zeitzuschlagslohnarten im Feld **Personalnummer**) zur Verfügung, um die Informationen noch schneller zu erhalten.

Wenn für den Mitarbeiter definierte Zeitzuschlagslohnarten gebildet wurden, wird automatisch die Personalnummer an diesen Tagen gelb hervorgehoben. Ebenso wird die gesamte Zeile gelb markiert, wenn Meldungen aus der Zeitwirtschaft für diesen Tag existieren.

5.3.2 User Interface »An-/Abwesenheitskalender«

Der mit dem User Interface **Arbeitsoberfläche Zeit** über den Button **An-/Abwesenheit** verlinkte An-/Abwesenheitskalender ist sowohl ein planerisches Tool als auch eine Erfassungsoberfläche. Der Kalender umfasst zwei verschiedene Sichten: eine Tagessicht (siehe Abbildung 5.14) und eine Wochensicht.

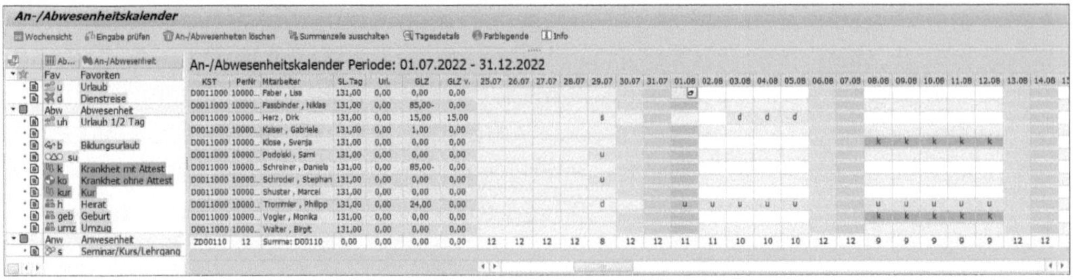

Abbildung 5.14 »An-/Abwesenheitskalender« – Tagessicht (kundeneigene Lösung)

In beiden Sichten können Sie die Daten per Direkteingabe oder per Drag & Drop erfassen. Dazu sehen Sie am linken Bildrand eine Übersicht mit den Kurzbezeichnungen der möglichen Eingaben. Per Rechtsklick auf einen Eintrag können Sie diesen als Favoriten speichern. Im Kalender sind Mehrfachmarkierungen durch Drücken und Halten der [Strg]-Taste oder durch die Markierung eines kompletten Blocks per Maus möglich. So können Sie die Eingabe von Urlaubsdaten für einen längeren Zeitraum über alle Mitarbeiter eines Bereichs sehr schnell durchführen. Zugleich gibt Ihnen die Oberfläche in den Summenzeilen einen Überblick, wie viele Mitarbeiter nach der Eingabe aller Abwesenheiten pro Tag in der gewählten organisatorischen Einheit noch zur Verfügung stehen. Neben dem Namen werden Ihnen die Sollarbeitstage, der verbleibende Urlaub sowie der Gleitzeitsaldo und der Gleitzeitsaldo des Vormonats angezeigt.

Der Bereich der Kurzbezeichnung kann minimiert werden, sodass im rechten Bildbereich (je nach Bildschirmgröße und eingestellter Auflösung) ein ganzer oder mehrere Monate tagesgenau angezeigt werden können.

In der Wochensicht werden die Daten komprimiert dargestellt. Eine Zelle steht in dieser Sicht für eine Kalenderwoche (siehe Abbildung 5.15). Jede Zelle hat eine Breite von sieben Zeichen, wobei jedes Zeichen für einen Wochentag steht. Ist ein Wochentag mit einer An- oder Abwesenheit belegt, erscheint an der entsprechenden Stelle der Zelle die Kurzbezeichnung der erfassten An- oder Abwesenheit. Nicht belegte Tage werden mit einem Punkt markiert.

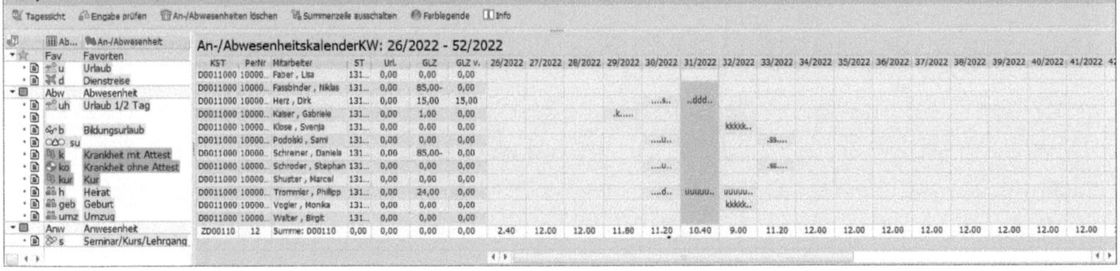

Abbildung 5.15 User Interface »An-/Abwesenheitskalender« – Wochensicht (kundeneigene Lösung)

Auch in der Wochensicht erfassen Sie An- oder Abwesenheiten per Drag & Drop. Auf diese Weise müssen Sie noch weniger Zellen markieren, um z. B. einen Betriebsurlaub für Ihren kompletten Zuständigkeitsbereich zu erfassen. Eine solche Erfassung ist in dieser Sicht innerhalb kürzester Zeit möglich.

5.3.3 User Interface »Meldungsbearbeitung«

Zur Bearbeitung der in der Zeitauswertung generierten Meldungen steht Ihnen das User Interface **Meldungsbearbeitung** zur Verfügung. Viele der Zeitbeauftragten starten ihre Zeitdatenpflege mit dem Aufruf der Meldungsbearbeitung und verzweigen von dort aus in das User Interface **Arbeitsoberfläche Zeit** oder in das User Interface **An-/Abwesenheitskalender**.

Welche Meldungen den Zeitbeauftragten angezeigt werden, ist profilgesteuert. So ist gewährleistet, dass jeder Anwender nur genau die Meldungen bearbeitet, für die er zuständig ist. Mit dieser Methode können Sie z. B. Meldungen über fehlende Zeitdaten den Zeitbeauftragten und Meldungen zu Entgeltkürzungen der Personalabteilung zuordnen.

Für jede Meldung wird auf der Oberfläche eine Zeile angezeigt (siehe Abbildung 5.16). Durch die Farbgebung der jeweiligen Zeile wird signalisiert, ob es sich bei der Meldung um einen Hinweis (beige, z. B. »Mitarbeiter zu spät zur Arbeit«, um eine Information (gelb, z. B. »Mitarbeiter anwesend, obwohl FREI«) oder um eine Abbruchmeldung (rot, z. B. »Gehen nicht abzugrenzen«) handelt. Aus diesem Grund haben wir hier im Gegensatz zum User Interface **Arbeitsoberfläche Zeit** auf eine farbliche Differenzierung der einzelnen Spalten verzichtet.

Für jede Zeile stehen in der hier gezeigten Version folgende Felder zur Verfügung:

- **Stammdaten**
  - Kostenstelle (Ausgabe)
  - Personalnummer (Ausgabe)
  - Name sortierfähig (Ausgabe)
- **Datumsangaben**
  - Datum (Ausgabe)
  - Wochentag (Ausgabe)
- **Meldungsdetails**
  - Fehlertyp (Ausgabe)
  - Meldungsart (Ausgabe)
  - Meldungslangtext
  - Meldungszusatz (Ausgabe)
  - Nachrichtentyp (Ausgabe)

- **Bearbeitungsfelder**
  - Kennzeichen Bearbeitungsstatus
  - Mail an Personalabteilung schicken

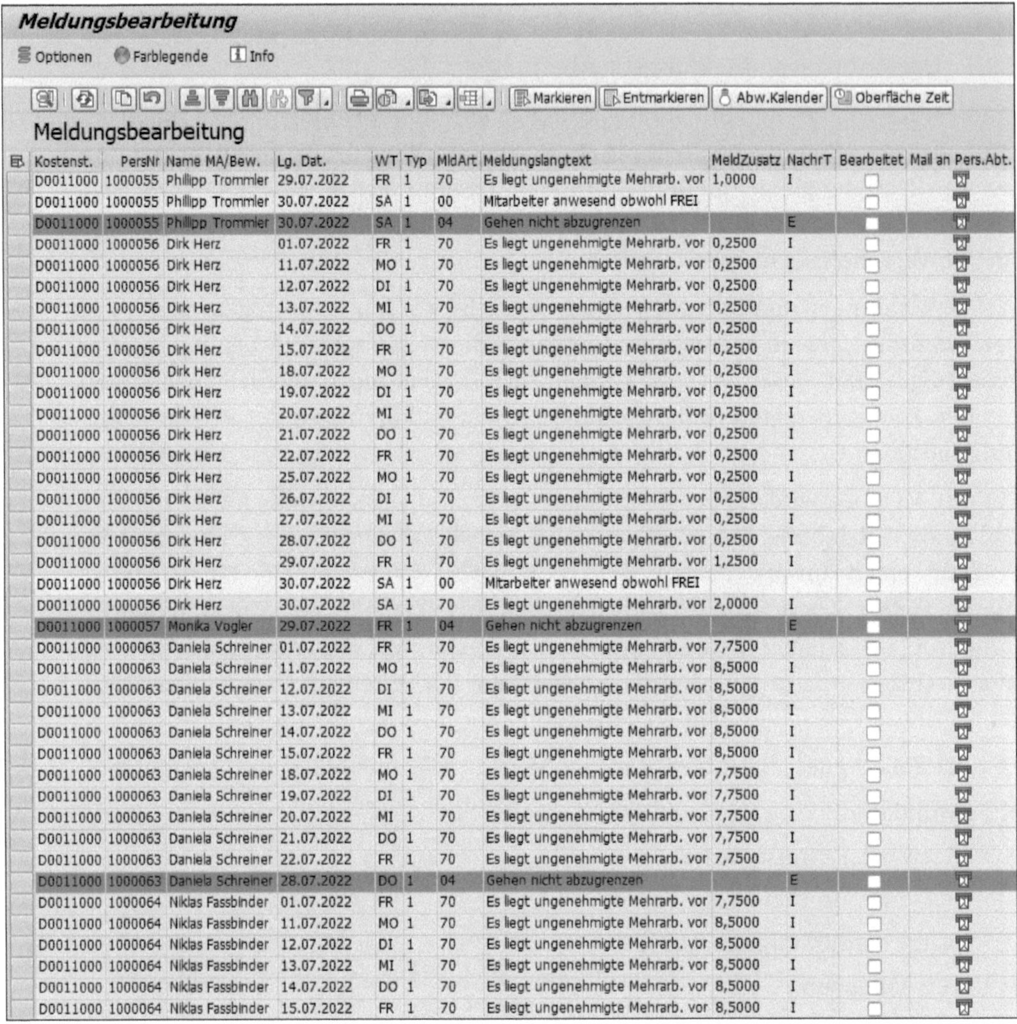

Meldungsbearbeitung

Optionen Farblegende Info

Markieren Entmarkieren Abw.Kalender Oberfläche Zeit

Meldungsbearbeitung

Kostenst.	PersNr	Name MA/Bew.	Lg. Dat.	WT	Typ	MldArt	Meldungslangtext	MeldZusatz	NachrT	Bearbeitet	Mail an Pers.Abt.
D0011000	1000055	Phillipp Trommler	29.07.2022	FR	1	70	Es liegt ungenehmigte Mehrarb. vor	1,0000	I		
D0011000	1000055	Phillipp Trommler	30.07.2022	SA	1	00	Mitarbeiter anwesend obwohl FREI				
D0011000	1000055	Phillipp Trommler	30.07.2022	SA	1	04	Gehen nicht abzugrenzen		E		
D0011000	1000056	Dirk Herz	01.07.2022	FR	1	70	Es liegt ungenehmigte Mehrarb. vor	0,2500	I		
D0011000	1000056	Dirk Herz	11.07.2022	MO	1	70	Es liegt ungenehmigte Mehrarb. vor	0,2500	I		
D0011000	1000056	Dirk Herz	12.07.2022	DI	1	70	Es liegt ungenehmigte Mehrarb. vor	0,2500	I		
D0011000	1000056	Dirk Herz	13.07.2022	MI	1	70	Es liegt ungenehmigte Mehrarb. vor	0,2500	I		
D0011000	1000056	Dirk Herz	14.07.2022	DO	1	70	Es liegt ungenehmigte Mehrarb. vor	0,2500	I		
D0011000	1000056	Dirk Herz	15.07.2022	FR	1	70	Es liegt ungenehmigte Mehrarb. vor	0,2500	I		
D0011000	1000056	Dirk Herz	18.07.2022	MO	1	70	Es liegt ungenehmigte Mehrarb. vor	0,2500	I		
D0011000	1000056	Dirk Herz	19.07.2022	DI	1	70	Es liegt ungenehmigte Mehrarb. vor	0,2500	I		
D0011000	1000056	Dirk Herz	20.07.2022	MI	1	70	Es liegt ungenehmigte Mehrarb. vor	0,2500	I		
D0011000	1000056	Dirk Herz	21.07.2022	DO	1	70	Es liegt ungenehmigte Mehrarb. vor	0,2500	I		
D0011000	1000056	Dirk Herz	22.07.2022	FR	1	70	Es liegt ungenehmigte Mehrarb. vor	0,2500	I		
D0011000	1000056	Dirk Herz	25.07.2022	MO	1	70	Es liegt ungenehmigte Mehrarb. vor	0,2500	I		
D0011000	1000056	Dirk Herz	26.07.2022	DI	1	70	Es liegt ungenehmigte Mehrarb. vor	0,2500	I		
D0011000	1000056	Dirk Herz	27.07.2022	MI	1	70	Es liegt ungenehmigte Mehrarb. vor	0,2500	I		
D0011000	1000056	Dirk Herz	28.07.2022	DO	1	70	Es liegt ungenehmigte Mehrarb. vor	0,2500	I		
D0011000	1000056	Dirk Herz	29.07.2022	FR	1	70	Es liegt ungenehmigte Mehrarb. vor	1,2500	I		
D0011000	1000056	Dirk Herz	30.07.2022	SA	1	00	Mitarbeiter anwesend obwohl FREI				
D0011000	1000056	Dirk Herz	30.07.2022	SA	1	70	Es liegt ungenehmigte Mehrarb. vor	2,0000	I		
D0011000	1000057	Monika Vogler	29.07.2022	FR	1	04	Gehen nicht abzugrenzen		E		
D0011000	1000063	Daniela Schreiner	01.07.2022	FR	1	70	Es liegt ungenehmigte Mehrarb. vor	7,7500	I		
D0011000	1000063	Daniela Schreiner	11.07.2022	MO	1	70	Es liegt ungenehmigte Mehrarb. vor	8,5000	I		
D0011000	1000063	Daniela Schreiner	12.07.2022	DI	1	70	Es liegt ungenehmigte Mehrarb. vor	8,5000	I		
D0011000	1000063	Daniela Schreiner	13.07.2022	MI	1	70	Es liegt ungenehmigte Mehrarb. vor	8,5000	I		
D0011000	1000063	Daniela Schreiner	14.07.2022	DO	1	70	Es liegt ungenehmigte Mehrarb. vor	8,5000	I		
D0011000	1000063	Daniela Schreiner	15.07.2022	FR	1	70	Es liegt ungenehmigte Mehrarb. vor	8,5000	I		
D0011000	1000063	Daniela Schreiner	18.07.2022	MO	1	70	Es liegt ungenehmigte Mehrarb. vor	7,7500	I		
D0011000	1000063	Daniela Schreiner	19.07.2022	DI	1	70	Es liegt ungenehmigte Mehrarb. vor	7,7500	I		
D0011000	1000063	Daniela Schreiner	20.07.2022	MI	1	70	Es liegt ungenehmigte Mehrarb. vor	7,7500	I		
D0011000	1000063	Daniela Schreiner	21.07.2022	DO	1	70	Es liegt ungenehmigte Mehrarb. vor	7,7500	I		
D0011000	1000063	Daniela Schreiner	22.07.2022	FR	1	70	Es liegt ungenehmigte Mehrarb. vor	7,7500	I		
D0011000	1000063	Daniela Schreiner	28.07.2022	DO	1	04	Gehen nicht abzugrenzen		E		
D0011000	1000064	Niklas Fassbinder	01.07.2022	FR	1	70	Es liegt ungenehmigte Mehrarb. vor	7,7500	I		
D0011000	1000064	Niklas Fassbinder	11.07.2022	MO	1	70	Es liegt ungenehmigte Mehrarb. vor	8,5000	I		
D0011000	1000064	Niklas Fassbinder	12.07.2022	DI	1	70	Es liegt ungenehmigte Mehrarb. vor	8,5000	I		
D0011000	1000064	Niklas Fassbinder	13.07.2022	MI	1	70	Es liegt ungenehmigte Mehrarb. vor	8,5000	I		
D0011000	1000064	Niklas Fassbinder	14.07.2022	DO	1	70	Es liegt ungenehmigte Mehrarb. vor	8,5000	I		
D0011000	1000064	Niklas Fassbinder	15.07.2022	FR	1	70	Es liegt ungenehmigte Mehrarb. vor	8,5000	I		

Abbildung 5.16 User Interface »Meldungsbearbeitung« (kundeneigene Lösung)

Ihren Zeitbeauftragten stehen vier Arten zur Bearbeitung einer vorliegenden Meldung zur Wahl:

- **Arbeitsoberfläche Zeit**
  Erfassung oder Änderung von Zeitdaten im User Interface **Arbeitsoberfläche Zeit** durch Markieren einer Zeile und Anklicken des Buttons **Oberfläche Zeit** in der Funktionsleiste oder per Doppelklick z. B. auf die Personalnummer.

- **An-/Abwesenheitskalender**
  Erfassung oder Änderung von Zeitdaten im User Interface **An-/Abwesenheitskalender** durch Markieren einer Zeile und einen Klick auf den Button **Abw.Kalender** in der Funktionsleiste oder per Doppelklick z. B. auf den Meldungslangtext.
- **Keine Bearbeitung**
  Es erfolgt keine Bearbeitung auf einer der anderen Oberflächen. Die Meldung wird durch Setzen des Häkchens im Feld **Bearbeitet** als bearbeitet gekennzeichnet.
- **E-Mail an Personalabteilung**
  Für Meldungen, die ein Zeitbeauftragter nicht selbst bearbeiten kann, besteht die Möglichkeit, eine E-Mail direkt an den Sachbearbeiter für die Zeiterfassung zu senden. Dazu nutzen Sie den Button **Mail an Pers.Abt.**

Beim Absprung auf das User Interface **Arbeitsoberfläche Zeit** aus der Meldungsbearbeitung gibt ein benutzerspezifischer Parameter vor, welcher Zeitraum vor und nach dem Datum der Meldungserzeugung angezeigt werden soll. Dieser Parameter kann durch einen Klick auf den Button **Optionen** in der Funktionsleiste gesetzt werden. Dadurch wird ein Dialog geöffnet, in dem Sie die Auswahl zwischen den Zeiträumen aktueller Tag, ganzer Monat oder dem aktuellen Tag ± 2 Tage haben (siehe Abbildung 5.17).

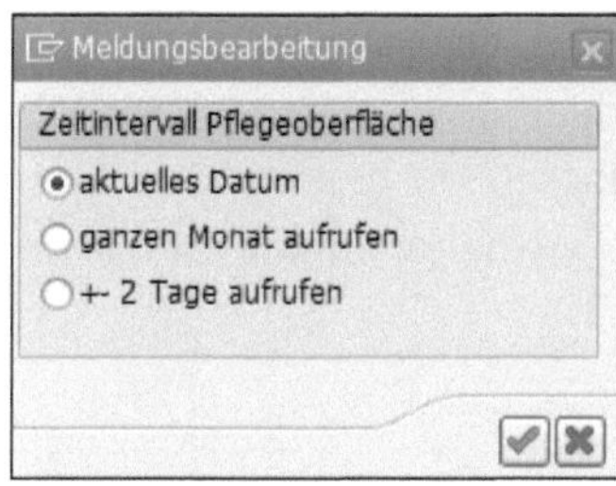

Abbildung 5.17 Parameterdialog zur Steuerung des Auswahlzeitraums im User Interface »Arbeitsoberfläche Zeit«

Der Aufruf des An-/Abwesenheitskalenders aus der Meldungsbearbeitung heraus bietet sich an, wenn für einen Mitarbeiter eine mehrtägige An- oder Abwesenheit erfasst werden muss. In diesem Fall ist die Erfassung im An-/Abwesenheitskalender in der Regel schneller als auf dem User Interface **Arbeitsoberfläche Zeit**.

Meldungen, die keiner Nachbearbeitung bedürfen, weil sie nur Informationscharakter haben oder weil Sie eine ungenehmigte Mehrarbeit nicht genehmigen möchten, können Sie als bearbeitet kennzeichnen. Die so gekennzeichneten Meldungen werden beim nächsten Aufruf der Meldungsbearbeitung nicht mehr angezeigt. Sollten Sie eine Meldung irrtümlich als bearbeitet gekennzeichnet haben und diese erneut bearbeiten wollen, können Sie im Selektionsbild der Meldungsbearbeitung die Option auswählen, um auch bearbeitete Meldungen anzuzeigen.

Das Versenden einer E-Mail an den Personalsachbearbeiter erfolgt über den E-Mail-Ausgang des SAP-Systems. Es wird demnach eine externe E-Mail versendet und keine SAP-Mail. Die Option, eine SAP-Mail zu versenden, ist prinzipiell vorhanden, wird aber von den meisten Kunden nicht gewünscht, weil die Mitarbeiter es gewohnt sind, per E-Mail zu kommunizieren. Versendet der Zeitbeauftragte eine E-Mail an den Personalsachbearbeiter, werden Betreff und Text automatisch mit Informationen vorbelegt. Diese umfassen z. B. Personalnummer, Name, Datum, die erste Kommen-Buchung des Tages, die letzte Gehen-Buchung des Tages und den Langtext der Meldung, zu der die E-Mail geschrieben wurde. Der vorgegebene Text kann durch den Zeitbeauftragten durch einen eigenen Text präzisiert werden.

5.4 Zeiterfassung mit FLOW

In diesem Abschnitt möchten wir Ihnen die grafische Oberfläche FLOW vorstellen. Sie nutzt vollumfänglich die SAP-Fiori-Technologie, wodurch sie sich in eine bestehende SAP-Fiori-Umgebung nahtlos einfügt und auch in moderne Cloud-Umgebungen wie SAP SuccessFactors eingebunden werden kann. Mit einem modernen Erscheinungsbild erleichtert FLOW die Pflege und Qualität Ihrer Zeitdaten unter der Einbindung von Mitarbeitern, Vorgesetzten sowie Zeitsachbearbeitern. Darüber hinaus geben Dashboards einen schnellen Überblick über den Status der Zeitwirtschaft, aber auch über relevante Daten für Vorgesetzte. Im Folgenden befassen wir uns mit den Sichten, die der Mitarbeiter, der Vorgesetzte und der Zeitsachbearbeiter auf die für ihn relevanten Zeitdaten erhält.

5.4.1 Die Mitarbeitersicht

Wir starten mit der Mitarbeitersicht. Unter der Seite **Meine Zeiterfassung** sehen Sie die wichtigsten **Kacheln** (siehe Abbildung 5.18):

- Mitarbeiterkalender (Eingabe)
- Meine Buchungen (Eingabe)
- Meine Vorgänge (Eingabe)
- Abwesenheiten in den kommenden Wochen (Ausgabe)
- Anwesenheiten in den kommenden Wochen (Ausgabe)
- Zeitkonten (Ausgabe)
- Überstunden (Ausgabe)
- Vertretungen (Ausgabe)
- Bereitschaften in den kommenden Wochen (Ausgabe)

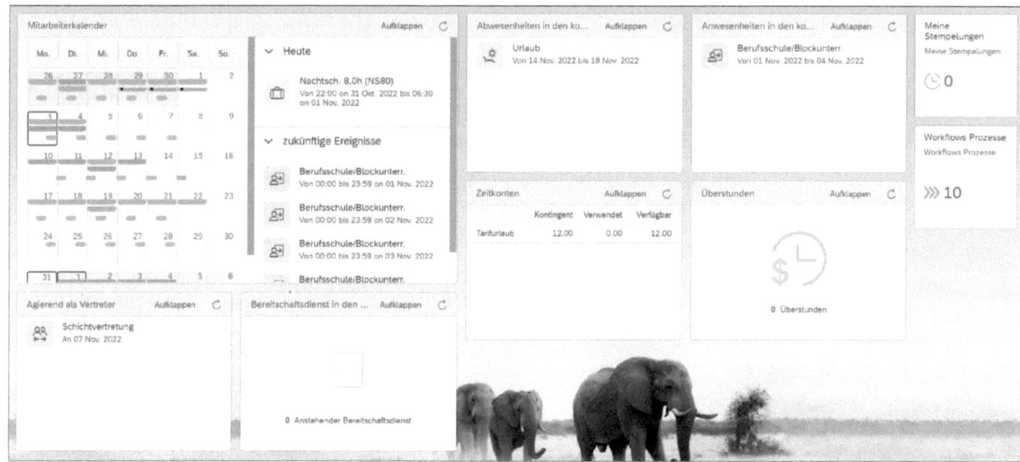

Abbildung 5.18 »FLOW« – Meine Zeiterfassung (kundeneigene Lösung)

Als Mitarbeiter haben Sie über **Meine Buchungen** die Möglichkeit, Ihre Arbeitszeit bei z. B. fehlenden Stempelungen zu vervollständigen. Über den Mitarbeiterkalender erhalten Sie einen schnellen Überblick über An- und Abwesenheiten, Sollarbeitszeit und Istzeit (siehe Abbildung 5.19).

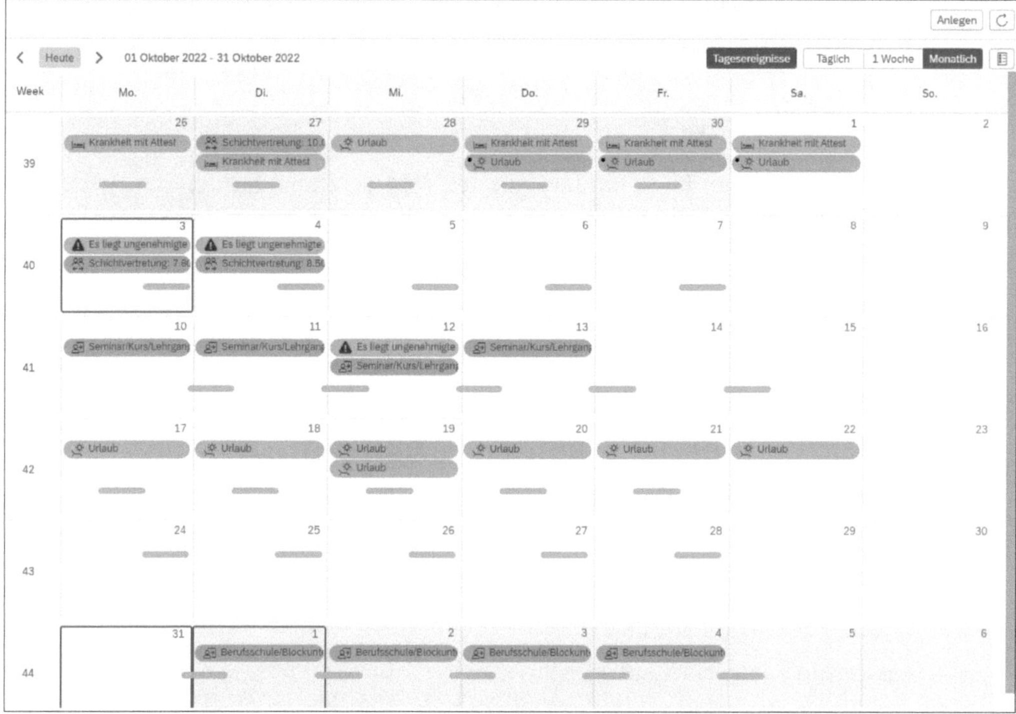

Abbildung 5.19 FLOW – Mitarbeiterkalender (kundeneigene Lösung)

Ihre laufenden Genehmigungsprozesse können Sie über die Kachel **Meine Vorgänge** einsehen. Sie erhalten dort dann auch die Information, ob der Antrag noch beim Vorgesetzten zur Genehmigung aussteht oder schon bearbeitet wurde.

Die Kacheln **Abwesenheiten in den kommenden Wochen**, **Anwesenheiten in den kommenden Wochen** und **Bereitschaften in den kommenden Wochen** geben nochmal eine Ankündigung über bald anstehende Ereignisse. Über Vertretungen können Sie eigenständig einen Antrag für eine Schichtvertretung stellen, die dann per Workflow dem Verantwortlichen zur Genehmigung geschickt wird.

Über die Kacheln **Überstunden** und **Zeitkonten** sehen Sie jeweils den aktuellen Stand Ihrer Urlaubskonten und Ihrer geleisteten Überstunden.

Die zweite, für Sie als Mitarbeiter relevante Kachel ist **Mein Reporting**. Hier stehen Ihnen zwei Reports zur Verfügung:

- Meine Qualifikationen
- Mein Arbeitszeitmonitoring

Die Kachel **Mein Arbeitszeitmonitoring** zeigt an, wie viele Arbeitsstunden Sie seit dem letzten freien Tag abgeleistet haben. Ab einer von Ihrem Unternehmen definierten Anzahl färbt sich die Anzeige zuerst orange und dann rot.

Außerdem wird angezeigt, an wie vielen aufeinanderfolgenden Tagen Sie ohne Unterbrechung gearbeitet haben.

5.4.2 Die Managersicht

Werfen wir nun einen Blick auf die Sicht des Vorgesetzten oder des Managers. Hier liegt das Augenmerk auf einer schnellen Übersicht über das eigene Team. Die Zuordnung geschieht über das Organisationsmanagement (OM), sodass der Vorgesetzte die ihm zugeordneten Mitarbeiter sehen kann. Andere Auswertungswege sind aber konfigurierbar. Dem Vorgesetzten wird per Profil das Teamreporting und das Abwesenheitsreporting zugewiesen. Selbsverständlich hat auch er für seine eigene Personalnummer Zugriff auf **Meine Zeiterfassung** und **Mein Reporting**.

Das Teamreporting besteht aus den folgenden Kacheln:

- Anwesenheitsmonitor
- Arbeitszeitmonitoring
- Mehrarbeitsmonitor
- Ablaufende Qualifikationen
- Auswertung der Ursachencodes

- Vollständigkeitsbericht für die Abrechnung
- Stundenverteilung

Der Anwesenheitsmonitor gibt Ihnen als Vorgesetztem Auskunft darüber, welche Mitarbeiter für den aktuellen Tag An- oder Abwesenheiten erfasst haben. Mit dem Arbeitszeitmonitoring haben Sie die gleiche Auswertung wie unter **Mein Reporting**, nur diesmal für Ihr Team. In der Kachel **Mehrarbeitsmonitor** werden Ihnen die Mitarbeiter gezeigt, die Mehrarbeit über die von Ihrem Unternehmen festgelegten Stunden hinaus geleistet haben.

Für Ihre Zeitdaten können Sie zur besseren Auswertung Ursachencodes hinterlegen. Diese werden in der Kachel **Auswertung der Ursachencodes** gezeigt. So können Sie z. B. für Vertretungen schnell erkennen, ob sie viele Vertretungen haben, um fehlende Mitarbeiter zu kompensieren oder um zusätzliche Arbeit zu bewältigen. Der Vollständigkeitsbericht für die Abrechnung ermöglicht es Ihnen, auf einen Blick zu sehen, ob alle für die Abrechnung relevanten Meldungen von Ihnen bearbeitet wurden. Das hilft Ihnen dabei, Rückrechnungen in der Abrechnung zu minimieren, die auf fehlende Daten zurückgehen. Der letzte Report, **Stundenverteilung**, zeigt Ihnen, wie groß der Anteil Ihrer Abwesenheitsstunden ist und setzt dieses in Relation zu einem gesetzten Ziel.

Im Abwesenheitsreporting finden Sie die folgenden Kacheln:

- Abwesenheitsmonitor
- Abwesenheitsverteilung
- Zeitkonten
- Nicht belegte Stunden

Der Abwesenheitsmonitor zeigt an, welche Abwesenheiten in Ihrem Team in den nächsten drei Monaten anstehen, während die Abwesenheitsverteilung Ihnen in einem Tortendiagramm aufbereitet, wie sich die Abwesenheiten des vergangenen Monates prozentual verteilen. Wie in der Mitarbeitersicht finden Sie auch hier die Kachel **Zeitkonten**, um die Kontingente Ihres Teams zu sehen. Im Report **Nicht belegte Stunden** werden über Ihr Team Sollstunden ohne Zeitereignisse aufsummiert, und über einen Klick werden Ihnen die Stunden pro Mitarbeiter angezeigt.

5.4.3 Die Zeitsachbearbeitersicht

In der dritten Sicht des Zeitsachbearbeiters geht es vor allem um das Erfassen von Zeitdatendaten sowie um die Korrektur von Fehlern aus der Zeitauswertung. Hier finden Sie u. a. die folgenden Seiten und Kacheln:

- Übersicht Zeiterfassung
  - Zeit verwalten
  - Genehmigungen
- Administration
  - Workflow Prozesse

Der Einstieg über **Zeit verwalten** gibt schnell einen Blick in die Anzahl der zu bearbeitenden Meldungen sowie die Anzahl fehlender Stempelungen (siehe Abbildung 5.20).

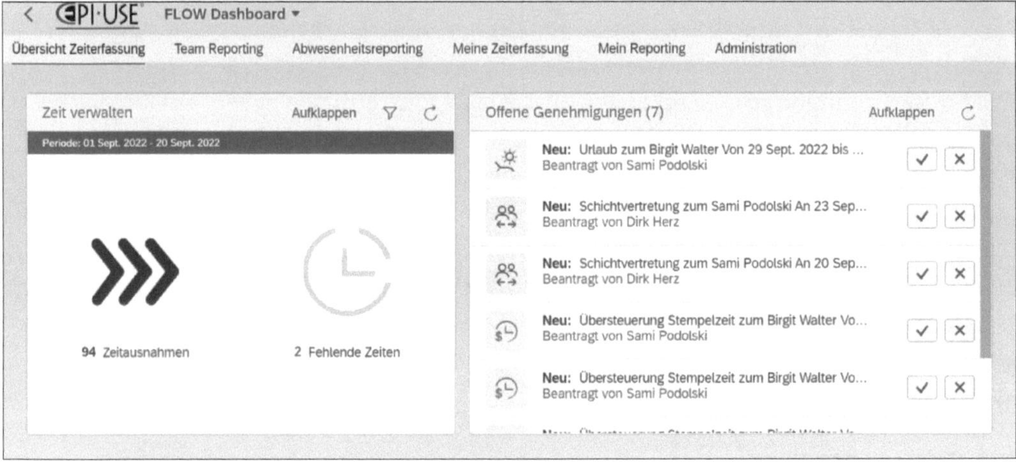

Abbildung 5.20 FLOW – Übersicht Zeiterfassung (kundeneigene Lösung)

In der Kalendersicht können Sie zwischen einem Zeitraum von einem Tag, einer Woche oder zwei Wochen wählen. Über **Anlegen** können Sie neue Infotypsätze anlegen, um z. B. Abwesenheiten zu erfassen. Mit **Meldungen bearbeiten** erhalten Sie alle angezeigten Meldungen in einer Listensicht zur Bearbeitung. Ihre Änderungen werden zunächst im Arbeitsvorrat gespeichert, und erst wenn Sie alles final freigeben, werden die entsprechenden Workflows angestoßen. Diese können bis auf die Subtypebene unterschiedlich konfiguriert werden, in Abhängigkeit davon, wer den Infotyp anlegt und für wen. So können Sie beispielsweise eine Vertretung für einen Mitarbeiter erfassen, und der Vorgesetzte des Mitarbeiters bekommt die Aufforderung zur Genehmigung.

Unter **Genehmigungen** finden Sie alle Workflows, die Sie selbst genehmigen müssen.

In der Sicht **Administration** finden Sie außerdem die Kachel **Workflowdetails**, die es Ihnen ermöglicht zu sehen, welcher Workflow welchen Status hat und wer als Nächstes agieren muss (siehe Abbildung 5.21).

	Datensatztyp	Datensatzstatus	Erstellungsdatum	Anforderer	Betroffener Mitarbeiter	Genehmigender	Periode Datensatz	Zuletzt geändertes Datum	
☐	Berufsschule/Blockunterr.	Gesichert	21 Sept. 2022	Marcel Shuster	Marcel Shuster		Von 10 Okt. 2022 bis 14 Okt. 2022	17:43, 21 Sept. 2022	›
☐	Betriebsversammlung	Gesichert	03 Nov. 2022	Marcel Shuster	Marcel Shuster	Phillipp Trommler	An 14 Nov. 2022	14:46, 03 Nov. 2022	›
☐	Betriebsversammlung	Gesichert	03 Nov. 2022	Marcel Shuster	Marcel Shuster	Phillipp Trommler	An 14 Nov. 2022	14:44, 03 Nov. 2022	›
☐	Betriebsversammlung	Gesichert	21 Sept. 2022	Marcel Shuster	Marcel Shuster		An 24 Sept. 2022	17:44, 21 Sept. 2022	›
☐	Betriebsversammlung	Gesichert	16 Sept. 2022	Phillipp Trommler	Marcel Shuster		An 05 Okt. 2022	15:06, 16 Sept. 2022	›
☐	Gehen	Gesichert	21 Sept. 2022	Dirk Herz	Marcel Shuster			15:06, 21 Sept. 2022	›
☐	Gleitzeitausgleich	Gesichert	21 Sept. 2022	Marcel Shuster	Marcel Shuster		An 23 Sept. 2022	17:42, 21 Sept. 2022	›
☐	Gleitzeitausgleich	Gesichert	21 Sept. 2022	Dirk Herz	Marcel Shuster		An 01 Sept. 2022	14:56, 21 Sept. 2022	›
☐	Kommen	Gesichert	21 Sept. 2022	Dirk Herz	Marcel Shuster			15:06, 21 Sept. 2022	›
☐	Krankheit mit Attest	Anfrage zurückgezogen	03 Nov. 2022	Marcel Shuster	Marcel Shuster	Dirk Herz	An 03 Nov. 2022	14:14, 03 Nov. 2022	›
☐	Schichtvertretung	Zur Genehmigung gesendet	22 Sept. 2022	Marcel Shuster	Marcel Shuster	Phillipp Trommler	An 14 Sept. 2022	16:13, 22 Sept. 2022	›
☐	Schichtvertretung	Zur Genehmigung gesendet	22 Sept. 2022	Marcel Shuster	Marcel Shuster	Dirk Herz	An 24 Okt. 2022	12:36, 22 Sept. 2022	›
☐	Schichtvertretung	Zur Genehmigung gesendet	21 Sept. 2022	Marcel Shuster	Marcel Shuster	Phillipp Trommler	An 25 Sept. 2022	17:48, 21 Sept. 2022	›
☐	Schichtvertretung	Zur Genehmigung gesendet	21 Sept. 2022	Marcel Shuster	Marcel Shuster	Phillipp Trommler	An 30 Sept. 2022	17:48, 21 Sept. 2022	›
☐	Schichtvertretung	Zur Genehmigung gesendet	21 Sept. 2022	Marcel Shuster	Marcel Shuster	Phillipp Trommler	An 04 Okt. 2022	17:48, 21 Sept. 2022	›
☐	Schichtvertretung	Zur Genehmigung	21 Sept. 2022	Marcel Shuster	Marcel Shuster	Phillipp Trommler	An 03 Okt. 2022	17:48, 21 Sept. 2022	›

Abbildung 5.21 FLOW – Workflowdetails (kundeneigene Lösung)

5.5 Fazit

Sie haben in diesem Kapitel einen Überblick über die User Interfaces zur Zeitdatenpflege erhalten, die der SAP-Standard bietet. Außerdem haben Sie erfahren, welche Optionen SAP zur Verfügung stellt, um User Interfaces selbst zu entwickeln. Welcher Weg der richtige ist, hängt entscheidend davon ab, wie stark Ihre Zeitbeauftragten mit der Pflege von Zeitdaten belastet sind. Ziel sollte ein hoher Grad an Genauigkeit in der Pflege der Zeitdaten sein. Diese Qualität ist entscheidend für die Korrektheit der Zeitauswertungsergebnisse. Im nächsten Kapitel geben wir Ihnen einen Überblick über die Schemen der Zeitauswertung, die die von Ihren Zeitdaten gepflegten Daten auswertet.

Prüfen Sie bei der Einführung von Benutzeroberflächen, den sogenannten User Interfaces, im Vorfeld ausführlich, welche Prozesse diese abdecken sollen und wie Ihre Zeitbeauftragten durch eine rationelle Arbeitsweise Zeit einsparen können. In der Regel sind schnelle und eindeutige Pflegeprozesse signifikant weniger fehleranfällig als Prozesse, die nicht klar nachvollziehbar sind und in zu vielen Einzelaktionen erfolgen.

Insbesondere wenn die Zeitdatenpflege nicht von gesondert eingesetztem Personal, sondern als Nebenfunktion von Produktions- oder Verwaltungsmitarbeitern durchgeführt wird, bieten übersichtliche und effektive Pflegeprozesse einen echten Mehrwert, der sich in der Regel schnell auszahlt. Bei Kunden, bei denen wir prozessorientierte User Interfaces zur Ablösung von Standardmethoden eingeführt haben, führte dies zu einer zeitlichen Entlastung der Zeitbeauftragten mit Faktoren von 30–80 %!

Kapitel 6
Schemen der Zeitwirtschaft

Die SAP-Zeitwirtschaft benutzt wie die Personalabrechnung Schemen und Regeln zur Steuerung der Zeitabrechnung. In diesem Kapitel beschreiben wir die wichtigsten Schemen und stellen Ihnen die Bearbeitung mit dem Schemeneditor vor.

Ein Personalrechenschema (im Folgenden kurz *Schema* genannt) umfasst Inhalt und Ablauf eines Auswertungsprogramms. Dies ist in unserem Fall das Zeitauswertungsprogramm RPTIME00, das die Zeitabrechnung steuert. In diesem Kapitel machen wir Sie mit den wichtigsten Standardschemen in der Zeitwirtschaft vertraut. Wir beschränken uns dabei auf die internationalen Schemen, die allgemeingültigen Charakter haben. Wir verzichten auf die Erläuterung der Schemen, die speziell für bestimmte Tarife der Bauwirtschaft (Schema TCDB), des öffentlichen Dienstes in Deutschland (Schemen OK00 und OK10) oder für Tarife der Druckindustrie (Schema TDRT) genutzt werden können.

6.1 Schema TM00

Das Schema TM00 steuert die Auswertung von Zeitdaten durch den Zeitauswertungsreport RPTIME00. Sie können mit diesem Schema Zeitsalden, Zeitlohnarten und Zeitkontingente berechnen. Die an den Zeiterfassungsgeräten erfassten Personalzeitereignisse (bzw. die Zeitpaare, die durch die Paarbildung aus den Zeitereignissen gebildet wurden) sowie die Daten, die Ihre Sachbearbeiter im Dialog erfasst haben, werden durch dieses Schema eingelesen und verarbeitet (Positiverfassung der Zeitdaten).

Typische Zeitdaten sind neben Kommen- und Gehen-Buchungen z. B. An- und Abwesenheiten. Dabei wird von einigen Voraussetzungen ausgegangen: Zum Beispiel müssen alle für die Arbeitszeit anrechenbaren Zeiten (Istzeiten) vollständig erfasst worden sein, und alle Zeitdaten müssen Uhrzeiten tragen oder ganztägige Sätze sein.

Sind all diese Voraussetzungen erfüllt, vergleicht das Schema TM00 die Istzeiten mit den im Tagesarbeitszeitplan hinterlegten Sollvorgaben (Sollarbeitsbeginn, Sollarbeitsende, Kernzeiten, Pausenzeiten).

So ist z. B. im Zusammenhang mit der Mehrarbeitsermittlung zu beachten, dass Zeiten vor Sollarbeitszeitbeginn und nach Sollarbeitszeitende nicht automatisch als Arbeitszeit anerkannt werden, sondern genehmigt werden müssen. In Kapitel 12, »Mehrarbeitszeiten ermitteln«, wird dies ausführlich beschrieben.

Darüber hinaus sollen durch die Zeitauswertung Zeitsalden und Zeitlohnarten gebildet werden. Bei der Mehrarbeitsermittlung wird im Schema TM00 davon ausgegangen, dass Zeiten vor Sollarbeitszeitbeginn bzw. nach Sollarbeitszeitende nicht automatisch als Arbeitszeit anerkannt werden, sondern zuvor gesondert genehmigt werden müssen.

In diesem Abschnitt stellen wir die Struktur des Schemas TM00 im Überblick dar. Die einzelnen Arbeitsschritte des Schemas beschreiben wir ausführlich in den folgenden Kapiteln.

Die Grundstruktur des Schemas TM00 sieht folgendermaßen aus (siehe Listing 6.1).

```
COM              Zeitauswertung uhrzeitbasiert
BINI             Beginn der Initialisierung
  MOD  MODT GEN  Gruppierungen festlegen
EINI             Ende der Initialisierung
  **
BDAY             Beginn der Tagesverarbeitung
                        Bereitstellen der Zeitdaten
                        Toleranzen und Fehlerprüfungen
                        Sollarbeitszeiten ermitteln
                        Mehrarbeitszeiten ermitteln
                        Zeitlohnarten auswählen
                        Mehrarbeitslohnarten verrechnen
EDAY             Ende der Tagesverarbeitung
  **
BEND             Beginn der Endeverarbeitung,
  IF EOM         falls letzter Tag der Periode
  ENDIF
EEND             Ende der Endeverarbeitung
```

Listing 6.1 Struktur des Schemas TM00

Das Schema ist in einzelne Blöcke unterteilt, und diese werden durch bestimmte Funktionen eingeleitet und auch beendet. Diese Blöcke sind:

- **Block »Initialisierung«**
  Dieser Block wird einmal bei Periodenbeginn bzw. am ersten Tag der Zeitauswertung ausgeführt. Der Block wird durch die Funktion BINI eingeleitet und mit der Funktion EINI beendet.

- **Block »Tagesverarbeitung«**
  Dieser Block wird für jeden Tag der Zeitauswertungsperiode ausgeführt. In ihm werden alle relevanten Zeitdaten bereitgestellt und finden alle tagesbezogenen Prüfungen und Berechnungen statt. Der Block wird durch die Funktion BDAY eingeleitet und mit der Funktion EDAY beendet.
- **Block »Endeverarbeitung«**
  Dieser Block wird einmal nach dem letzten Tag der Zeitauswertungsperiode bzw. – wenn die Zeitauswertung über mehrere Kalendermonate durchgeführt wird – am letzten Tag der Periode ausgeführt. Im Allgemeinen werden hier die kumulativen Salden bearbeitet und die Inhalte der Tagestabellen in Tabellen mit gesammelten Werten überführt. Der Block wird durch die Funktion BEND eingeleitet und mit der Funktion EEND beendet.

6.2 Schema TM01

Das Schema TM01 nutzen Sie, wenn Sie keine Istzeiten erfassen, sondern nur die Abweichungen vom Arbeitszeitplan berücksichtigen möchten. Genau wie das Schema TM00 nutzt auch das Schema TM01 den Zeitauswertungsreport RPTIME00, um Zeitsalden, Zeitlohnarten und Zeitkontingente zu bilden. Dabei bildet ein Sollpaar, das gemäß den Beginn- und Ende-Arbeitszeiten aus dem persönlichen Arbeitszeitplan des Mitarbeiters generiert wird, die Bewertungsgrundlage für die Zeitauswertung. Demzufolge gehen Sie davon aus, dass Ihre Mitarbeiter so arbeiten, wie ihr täglicher Arbeitszeitplan dies vorsieht. Lediglich Anwesenheiten aus dem Infotyp 2002 und Abwesenheiten aus dem Infotyp 2001 (Abwesenheiten) bewirken eine Differenz zwischen Soll und Ist.

Im Unterschied zum Schema TM00 werden automatisch für alle erfassten Anwesenheitszeiten, die außerhalb der Sollvorgaben aus dem persönlichen Arbeitszeitplan liegen, Mehrarbeiten generiert. Zusätzlich können Sie über die Erfassung von Mehrarbeiten mithilfe des Infotyps 2005 Mehrarbeitszeiten unter der Berücksichtigung von Mehrarbeitspausen kontrolliert genehmigen.

Wie das Schema TM00 besteht auch das Schema TM01 aus verschiedenen Funktionen und Personalrechenregeln, die die Zeitauswertung durchführen. Die für das Schema TM00 dargestellte Struktur finden Sie auch im Schema TM01 wieder.

6.3 Schema TM02

Fast jedes Unternehmen beschäftigt heute externe Dienstleister als Berater oder zur Ausführung gewerblicher Arbeiten. Die Stunden, die diese Dienstleister für Ihr Unternehmen erbringen, können Sie im SAP-System ermitteln lassen und dem Controlling-Bereich zur Verfügung stellen. Wenn Sie also in Ihrem Unternehmen diese sogenannten Fremddienstleister innerhalb der Zeitwirtschaft auswerten möchten, steht Ihnen das Schema TM02 für die Verarbeitung von Anwesenheiten und Abwesenheiten solcher Mitarbeiter zur Verfügung. Das Schema verarbeitet nur Mitarbeiter, die im Infotyp 0007 (Sollarbeitszeit) den Status **8** (Fremddienstleister) eingetragen haben. Im Schema TM02 werden keine Zeitkonten, sondern nur Lohnarten für diese Fremddienstleister generiert, die auch nicht über Ihre Personalabrechnung abgerechnet werden, sondern für eine Leistungsverrechnung genutzt werden können. Es ist strukturell wie das Schema TM00 aufgebaut.

6.4 Schema TM04

Mithilfe des Schemas TM04 können Sie An- und Abwesenheiten verarbeiten, für die nur die Anzahl der Stunden relevant sind. Die genauen Beginn-/Ende-Uhrzeiten spielen für dieses Schema keine Rolle. In der Regel wird die Arbeitszeit in diesem Fall über den Infotyp 2002 (Anwesenheiten) und nicht über Kommen-/Gehen-Buchungen (Infotyp 2011 (Zeitereignisse)) erfasst. Falls dennoch Kommen-/Gehen-Buchungen verarbeitet werden sollen, ist allein die Zeitdauer zwischen den Buchungen relevant. Der Zeitpunkt der Buchung spielt hingegen keine Rolle. Dadurch haben auch die möglicherweise im Tagesarbeitszeitplan hinterlegten Uhrzeiten keine Bedeutung. Aus dem Tagesarbeitszeitplan werden nur die Stundenangaben wie Sollstunden und die tägliche minimale Arbeitszeit ausgewertet. Sie können also mit dem Schema TM04 sowohl die sogenannte Negativerfassung (Erfassung der Abweichungen vom Arbeitszeitplan) als auch die Positiverfassung (Erfassung sämtlicher Anwesenheiten, Istzeiten) realisieren.

Wenn Sie die Negativerfassung nutzen, werden die Sollstunden laut Tagesarbeitszeitplan generiert. Davon werden erfasste Abwesenheiten und bestimmte Anwesenheitszeiten abgezogen. Für alle Schemen der Zeitauswertung gilt, dass die Entscheidung, welche Art der Verarbeitung gewählt werden soll, vom Status der Zeitwirtschaft aus dem Infotyp 0007 (Sollarbeitszeit) abhängt. Dieser Status muss immer am Anfang des Schemas ermittelt werden.

Im Schema TM04 werden alle erfassten Zeiten als Arbeitszeit interpretiert. Das Schema enthält verschiedene Personalrechenregeln, mit denen Sie die Mehrarbeitsvoraussetzungen festlegen können. Sie können z. B. festlegen, dass die Mehrarbeit nach einer definierten Anzahl gearbeiteter Stunden am Tag oder in der Woche oder nach einer festgelegten Anzahl aufeinanderfolgend gearbeiteter Tage in der Woche beginnt.

Darüber hinaus wird im Schema TM04 dargestellt, wie Regelungen abgebildet werden können, die sich auf die Lohn- und Gehaltsabrechnungsperiode beziehen, wobei diese Perioden für verschiedene Mitarbeiter unterschiedlich sein können und auch nicht mit der Zeitauswertungsperiode übereinstimmen. Im einfachsten Fall bestimmt sich eine Periode immer durch den ersten und den letzten Tag des Monats. Andere Perioden können durch eine Woche oder 14 Tage definiert sein. Im Gegensatz zum Schema TM00 wird im Schema TM04 die maximale tägliche Arbeitszeit bei der Soll- und Mehrarbeitsermittlung nicht berücksichtigt.

6.5 Der Schemeneditor

Mit den in den vorangegangen Abschnitten beschriebenen Standardschemen können Sie unterschiedliche Bedingungen und Gegebenheiten Ihres Unternehmens abbilden. Wenn Sie diese Standardschemen in Ihrem Unternehmen einsetzen wollen, müssen Sie jedoch zunächst die Personalrechenregeln anpassen und diese in Ihr Schema aufnehmen. Zu diesem Zweck verwenden Sie den Schemeneditor, den wir Ihnen in diesem Abschnitt vorstellen.

Die Abrechnungstreiber von SAP stellen eine Reihe von Funktionen und Operationen zur Verfügung, die zu Schemen zusammengestellt werden müssen.

Wir unterscheiden zwischen Haupt- und Teilschemen: Ein Hauptschema kann dem Abrechnungstreiber (hier dem Report RPTIME00) direkt als Parameter übergeben werden, wenn es als ausführbar gekennzeichnet ist. Sie können ein nicht ausführbares Schema als Teilschema (z. B. mit der Funktion COPY) in ein anderes Schema einbinden. Dieses »rufende« Schema muss nicht ausführbar sein; es kann genauso gut ein Teilschema sein. Ob ein Schema ausführbar ist oder nicht, wird in den Attributen eines Schemas gespeichert. Diese Attribute müssen Sie selbst pflegen, sobald Sie ein Schema neu erstellen. Wenn Sie ein Schema kopieren, werden die Attribute hingegen aus dem Quellschema übernommen und sogenannte Verwaltungsinformationen neu gesetzt.

Schemen werden im SAP-System in Tabellen abgebildet. Für die Standardschemen sind dies die Tabellen T52C0 (auch als Auslieferungsschicht bezeichnet) und T52C2 für die Zeilentexte sowie für die Kundenschemen die Tabellen T52C1 (Modifikationsschicht) und T52C3 für die Zeilentexte. Aus diesem Grund ist es nicht zwingend notwendig, für die Kundenschemen einen neuen Namen zu vergeben. Sie können demzufolge ein Standardschema modifizieren und unter demselben Namen speichern. Dadurch bleibt das Standardschema erhalten und ist in der Tabelle T52C0 gespeichert. Ihr modifiziertes Schema wird mit demselben Namen in der Tabelle T52C1 gespeichert. Damit existieren zwei Schemen desselben Namens, getrennt aufbewahrt, in den angegebenen Tabellen. Beim Bearbeiten mit dem Editor oder beim Aufruf innerhalb einer Abrechnung wird immer erst in der Kundentabelle nachgesehen, ob das zu bearbeitende Schema dort vorhanden ist. Nachteilig dabei ist, dass Sie danach mit dem Schemeneditor nie wieder das Standardschema bearbeiten können, es sei denn, Sie verwenden den Vergleichsmodus, den wir in Abschnitt 6.6.7, »Weitere Hilfsmittel für die Schemabearbeitung«, beschreiben. Zum Betrachten des Standardschemas können Sie auch den Data Browser (Transaktion SE16) benutzen. Für eine Beibehaltung des Namens könnte die Tatsache sprechen, dass Ihr zu bearbeitendes Schema als Teilschema in verschiedenen anderen Schemen aufgerufen wird (z. B. Fiktivläufe innerhalb der Lohn- und Gehaltsabrechnung). Wenn Sie also in diesem Fall den Namen im Kundennamensraum wählen, müssten Sie auch alle Schemen umbenennen, die dieses Schema aufrufen.

6.6 Arbeiten mit dem Schemeneditor

Wir wollen den Schemeneditor anhand des Schemas `TM00` bzw. einer Kopie dieses Schemas, Schema `ZM00`, erklären. Um eine Kopie eines Schemas zu erstellen, rufen Sie Transaktion PE01 (Pflege von Personalrechenschemen) auf (siehe Abbildung 6.1), oder Sie navigieren im SAP-Easy-Access-Menü über den Pfad **Personal • Personalzeitwirtschaft • Administration • Werkzeuge • Werkzeugauswahl • Schema pflegen**.

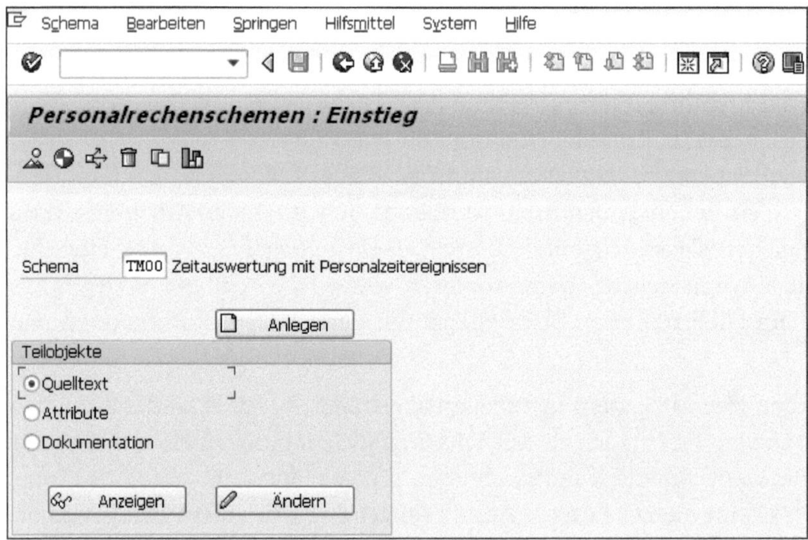

Abbildung 6.1 In den Schemeneditor einsteigen

Als Nächstes geben Sie den Namen in das Feld **Schema** ein und klicken auf den Button **Kopieren** . Daraufhin öffnet sich ein Pop-up-Fenster (siehe Abbildung 6.2). Geben Sie hier den Namen der Kopie in das Feld **nach Schema** ein, und bestätigen Sie Ihre Eingabe mit dem Drücken der [↵]-Taste oder durch einen Klick auf .

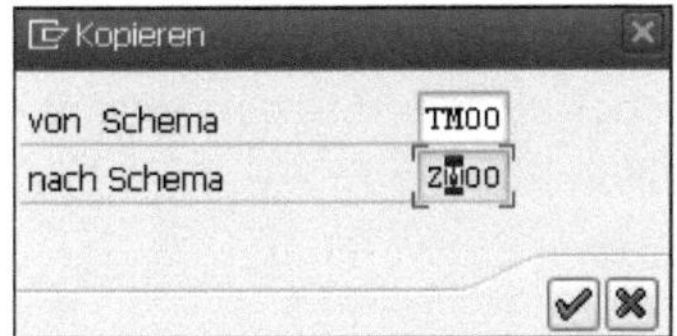

Abbildung 6.2 Pop-up-Fenster »Kopieren«

6

Anschließend öffnet sich ein weiteres Pop-up-Fenster mit der Aufforderung, einen Transportauftrag auszuwählen oder anzulegen. Wählen Sie einen Transportauftrag aus, oder legen Sie einen neuen Auftrag an, und bestätigen Sie mit [↵]. Danach ist Ihr neues Schema gesichert. Das SAP-System zeigt Ihnen wieder das Einstiegsbild von Transaktion PE01 mit dem neuen Schemanamen an.

Jetzt können Sie die Attribute des Schemas anzeigen oder ändern, indem Sie den Radiobutton **Attribute** im Bereich **Teilobjekte** markieren (siehe Abbildung 6.1). Klicken Sie daraufhin auf den Button **Ändern**, um die Attribute zu ändern, oder auf den Button Anzeigen, wenn Sie sich die Attribute nur anzeigen lassen möchten (siehe Abbildung 6.3).

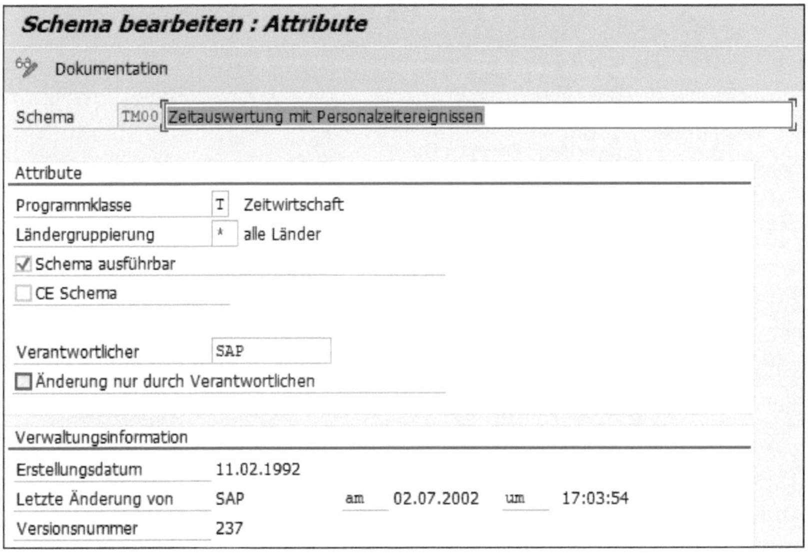

Schema bearbeiten : Attribute
Dokumentation
Schema TM00 Zeitauswertung mit Personalzeitereignissen
Attribute
Programmklasse T Zeitwirtschaft
Ländergruppierung * alle Länder
Schema ausführbar
CE Schema
Verantwortlicher SAP
Änderung nur durch Verantwortlichen
Verwaltungsinformation
Erstellungsdatum 11.02.1992
Letzte Änderung von SAP am 02.07.2002 um 17:03:54
Versionsnummer 237

Abbildung 6.3 Attribute eines Schemas

Im Feld **Schema** können Sie den Beschreibungstext zum Schema ändern. Die Felder **Programmklasse** und **Ländergruppierung** sollten Sie unverändert lassen (die Zeitauswertung verwendet die **Ländergruppierung** »*«). Das Kennzeichen **Schema ausführbar** müssen Sie aktivieren, wenn Ihr Schema das Hauptschema ist und ausführbar sein soll. Das Kennzeichen **CE Schema** (Concurrent Employment = Mehrfachbeschäftigung) ist für die Schemen erforderlich, mit denen Sie die Formen von Mehrfachbeschäftigungen abbilden möchten. Im Feld **Verantwortlicher** können Sie den Verantwortlichen für das Schema ändern. Außerdem können Sie Änderungen durch andere Mitarbeiter verhindern, indem Sie das Kennzeichen **Änderung nur durch Verantwortlichen** aktivieren.

Wenn Sie das Schema selbst aufrufen wollen, müssen Sie zum Einstiegsbild zurückkehren und auf den Radiobutton **Quelltext** klicken. Nachdem Sie den Button **Ändern** angeklickt haben, gelangen Sie in eine Tabellenansicht (siehe Abbildung 6.4). In dieser Tabellenansicht können Sie Ihr Schema bearbeiten und es an Ihre Bedürfnisse anpassen.

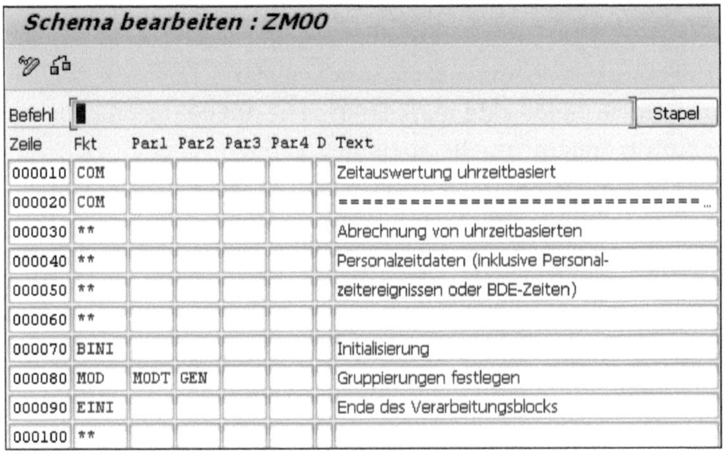

Schema bearbeiten : ZM00

Befehl [ ] Stapel

Zeile	Fkt	Par1	Par2	Par3	Par4	D	Text
000010	COM						Zeitauswertung uhrzeitbasiert
000020	COM						============================== ...
000030	**						Abrechnung von uhrzeitbasierten
000040	**						Personalzeitdaten (inklusive Personal-
000050	**						zeitereignissen oder BDE-Zeiten)
000060	**						
000070	BINI						Initialisierung
000080	MOD	MODT	GEN				Gruppierungen festlegen
000090	EINI						Ende des Verarbeitungsblocks
000100	**						

Abbildung 6.4 Tabellensicht der Schemabearbeitung

Dazu stehen Ihnen mehrere Werkzeuge zur Verfügung: Einige allgemeine Befehle können Sie über die Befehlszeile eingeben. Zum Kopieren, Löschen, Verschieben und Einfügen von Zeilen steht Ihnen der Zahlenblock mit den Zeilennummern zur Verfügung, in den Sie Befehle eingeben, um die Zeilen zu bearbeiten. Die Zeilennummern selbst können Sie nicht ändern; diese Nummerierung führt das System selbst durch. Beim Kopieren, Ändern, Löschen und Einfügen werden immer sofort alle Zeilen neu nummeriert. Die eigentlichen Änderungen nehmen Sie dann in den einzelnen Zeilen vor.

Alle Zeilen eines Schemas sind in Zehnerschritten nummeriert. In der Spalte **Fkt** steht in aller Regel ein Funktionsaufruf. In der Spalte **Par1** können Sie einen Regelnamen und in den Spalten **PAR2** bis **PAR4** funktionsspezifische Parameter vergeben. In der Spalte **D** können Sie Zeilen kommentieren und deaktivieren. Wenn Sie in Spalte **D** ein »*« eingeben, wird die entsprechende Zeile als Kommentar interpretiert und nicht verarbeitet.

6.6.1 Kommandos in der Befehlszeile

In diesem und im folgenden Abschnitt beschreiben wir Ihnen die Editorbefehle zur Bearbeitung von Schemen. Sie lernen die Befehle und Kommandos, die Sie in der Befehlszeile eingeben können, kennen und erfahren, welche Auswirkungen diese auf das bearbeitete Schema haben. Die Kommandos können Sie in einer Kurzform (ein Buchstabe) oder in einer Langform verwenden. In Tabelle 6.1 haben wir die Kommandos für Sie zusammengestellt.

Kommando	Beschreibung
A oder ATTACH nn = Zeilennummer	Mit diesem Kommando können Sie auf die angegebene Zeile positionieren, d. h., diese Zeile rückt auf die erste Zeile der aktuellen Schemaansicht.
CHECK	Sie können das Schema auf Korrektheit hin überprüfen.
F oder FETCH <Schema>	Mit diesem Kommando holen Sie sich ein anderes Schema in den Editor.
FIND <String>	Sie können nach einem Wort oder Teil eines Wortes suchen.
I oder INSERT <Anzahl>	Sie können <Anzahl> leere Zeile(n) an die letzte Zeile im Editor anhängen.
PRINT	Sie können das Schema als Liste am Bildschirm ausgeben und dort wählen, ob Sie die Teilschemen auflösen wollen und ob das Schema gemäß den logischen Blöcken zur besseren Übersichtlichkeit eingerückt werden soll. Dann können Sie die Liste auf dem Drucker ausgeben.
R oder REPLACE <String1> <String2>	Sie können alle Vorkommen von <String1> durch <String2> ersetzen.
U oder UPDATE	Sie können hiermit das Schema sichern (neben der allgemeinen Methode über den Button **Sichern** oder über die Funktionstaste [F1]).

Tabelle 6.1 Kommandos in der Befehlszeile

6.6.2 Kommandos in einer oder mehreren Editorzeilen

In diesem Abschnitt haben wir für Sie die Kommandos zusammengestellt, mit denen Sie einzelne oder mehrere Zeilen eines Schemas neu positionieren, Leerzeilen erzeugen und Zeilen löschen können (siehe Tabelle 6.2). Außerdem beschreiben wir ein Kommando zur Behandlung von Teilschemen, die mit COPY in einem Schema eingefügt sind.

Kommando	Beschreibung
*	Die mit dem Stern markierte Zeile wird als erste Zeile im Editor angezeigt. Dieses Kommando hat damit dieselbe Wirkung wie das Kommando ATTACH.
C wie Copy	Sie möchten diese eine Zeile kopieren; anschließend müssen Sie angeben, wohin die Zeile kopiert werden soll, siehe die Kommandos A und B.
CC ... CC wie Copy	Sie möchten eine zusammenhängende Gruppe von Zeilen kopieren, und anschließend müssen Sie angeben, wohin die Zeilen kopiert werden sollen, siehe die Kommandos A und B.
M wie Move	Sie möchten eine Zeile verschieben (ausschneiden und kopieren), und anschließend müssen Sie angegeben, wohin die Zeile verschoben werden soll, siehe die Kommandos A und B.
MM ... MM wie Move	Sie möchten eine zusammenhängende Gruppe verschieben (ausschneiden und kopieren), und anschließend müssen Sie angeben, wohin die Zeilen verschoben werden sollen, siehe die Kommandos A und B.
A wie After	Mit diesem Kommando markieren Sie die Zielzeile für ein C/CC- bzw. M/MM-Kommando; die vorher ausgewählte oder anschließend auszuwählende Zeile bzw. die Zeilengruppe wird hinter dieser Zeile eingefügt.
B wie Before	So markieren Sie die Zielzeile für ein C/CC- bzw. M/MM-Kommando; die vorher ausgewählte oder anschließend auszuwählende Zeile bzw. die Zeilengruppe wird vor dieser Zeile eingefügt.
I wie Insert	Sie möchten eine leere Zeile hinter dieser Zeile einfügen.
In wie Insert n Zeilen	Sie möchten n leere Zeilen hinter dieser Zeile einfügen.
D wie Delete	Sie markieren eine Zeile, die Sie löschen möchten.
DD ... DD wie Delete	Sie markieren eine Gruppe aufeinanderfolgender Zeilen, die Sie löschen möchten.
R wie Repeat	Sie markieren eine Zeile, die Sie duplizieren möchten.
Rn wie Repeat n Zeilen	Sie markieren eine Zeile, die Sie n-mal duplizieren möchten.

Tabelle 6.2 Kommandos in den Editorzeilen

Kommando	Beschreibung
XX ... XX	Zur späteren Verarbeitung markieren Sie eine Gruppe aufeinanderfolgender Zeilen. Diese werden im X-Puffer gespeichert.
X	Damit können Sie den Inhalt des X-Puffers hinter diese Zeile kopieren.
>	Sie möchten ein Teilschema auflösen. Dieses Kommando kann nur angewandt werden, wenn in der Zeile die Funktion COPY steht und die Zeile aktiviert ist. Dabei wird diese Zeile deaktiviert. Anschließend werden die Zeilen des aufzulösenden Schemas eingefügt, und das Ende wird durch END OF COPY ... gekennzeichnet.
<	Mit diesem Kommando nehmen Sie die Auflösung des Schemas zurück. Dieses Kommando ist das Gegenstück zu Kommando >. Der Bereich zwischen der Funktion COPY und END OF COPY ... wird gelöscht, und die Zeile mit der Funktion COPY wird wieder aktiviert.
RESET	Mit diesem Zeilenkommando können Sie alle vorher eingegebenen Zeilenkommandos wieder löschen. Dies ist z. B. sinnvoll, falls Sie sich mit Ihren Zeilenkommandos vertippt haben.

Tabelle 6.2 Kommandos in den Editorzeilen (Forts.)

6.6.3 Schemen auflösen

Im Normalfall brauchen Sie ein Teilschema nicht aufzulösen. Wenn es sich jedoch um ein eigenes (Kunden)schema handelt, können Sie sich durch das Auflösen schnell einen Überblick über den Ablauf der Funktionen und Personalrechenregeln verschaffen. Sie können außerdem aus dem aufgelösten Teilschema in die vorhandenen Personalrechenregeln navigieren, um diese Regeln zu kontrollieren oder zu ändern.

Teilschema auflösen

Die Befehle > und < sollten Sie nur im Anzeigemodus des Schemeneditors verwenden. Falls Sie im Änderungsmodus ein Teilschema auflösen, wird die Zeile mit dem Aufruf des Teilschemas deaktiviert. Wenn Sie im aufgelösten Bereich Änderungen durchführen, werden diese nicht gespeichert.

Wie Sie ein Schema auflösen, demonstrieren wir Ihnen am Beispiel unseres Schemas ZM00, das in Zeile 510 ein Teilschema mit COPY aufruft. Dieses lösen wir mit dem Zeilenbefehl > auf (siehe Abbildung 6.5).

Schema bearbeiten : ZM00

Befehl [ ] Stapel

Zeile	Fkt	Par1	Par2	Par3	Par4	D	Text
000510	COPY	ZF20				*	Pause auf Grund gearb. Stdn.
000520	BLOCK	BEG					Pausenabzug aufgrund gearbeiteter Std.
000530	IF	TF20					Falls keine ganztägige An/Abwesenheit
000540	PTIP	ZF20	GEN				Pause zu Sollarbeit Be20111124
000550	RTIP	ZF21	GEN				Bestimmung Arbeitszeit
000560	PRINT		TES				Andruck Hilfszeitarten
000570	IF	ZF22					Falls Mindestpause nicht erreicht
000580	SORT	TIP	DES				Sortiere TIP absteigend
000590	PTIP	TF23	GEN				Zusätzlicher Pausenabzug von hinten
000600	PRINT		TES				Andruck Hilfszeitarten
000610	ENDIF						Endif (Pausenabzug)
000620	ENDIF						Endif (Ganztägige Sätze)
000630	PRINT		TES				Andruck Hilfszeitarten
000640	BLOCK	END					
000650						*	END OF COPY ZF20
000660	PTIPA	TP10	GEN				Abwesenheiten kürzen

Abbildung 6.5 Teilschema auflösen

Bestätigen Sie den Zeilenbefehl mit [↵]. Daraufhin erhalten Sie im Editor die in Abbildung 6.6 dargestellte Ansicht.

Schema bearbeiten : ZM00

Befehl [ ] Stapel

Zeile	Fkt	Par1	Par2	Par3	Par4	D	Text
000510	COPY	ZF20				*	Pause auf Grund gearb. Stdn.
000520	BLOCK	BEG					Pausenabzug aufgrund gearbeiteter Std.
000530	IF	TF20					Falls keine ganztägige An/Abwesenheit
000540	PTIP	ZF20	GEN				Pause zu Sollarbeit Be20111124
000550	RTIP	ZF21	GEN				Bestimmung Arbeitszeit
000560	PRINT		TES				Andruck Hilfszeitarten
000570	IF	ZF22					Falls Mindestpause nicht erreicht
000580	SORT	TIP	DES				Sortiere TIP absteigend
000590	PTIP	TF23	GEN				Zusätzlicher Pausenabzug von hinten
000600	PRINT		TES				Andruck Hilfszeitarten
000610	ENDIF						Endif (Pausenabzug)
000620	ENDIF						Endif (Ganztägige Sätze)
000630	PRINT		TES				Andruck Hilfszeitarten
000640	BLOCK	END					
000650						*	END OF COPY ZF20
000660	PTIPA	TP10	GEN				Abwesenheiten kürzen

Abbildung 6.6 Aufgelöstes Teilschema ZF20

Sie sehen hier, wie unser Teilschema ZF20 aufgelöst wurde. Die Zeile mit dem Befehl COPY ZF20 wurde deaktiviert, und alle Zeilen des Teilschemas ZF20 wurden in das Hauptschema ZM00 integriert. Zur besseren Übersicht wird auch das Ende des aufgelösten Teilschemas markiert. Wenn Sie jetzt Änderungen in den Zeilen 520 bis 640 vornehmen, hat dies keine Auswirkungen auf den Inhalt des originalen Teilschemas ZF20, sondern Sie ändern damit das Hauptschema ZM00. Bevor Sie ein geändertes Schema sichern, können Sie eine Syntaxprüfung vornehmen. Dazu klicken Sie auf den Button **Prüfen** oder drücken die Taste [F6]. Das System markiert Ihnen im Fehlerfall die fehlerhafte Zeile, die Sie natürlich korrigieren müssen. Wenn Ihr Schema korrekt ist, werden Sie es erneut sichern und in der Zeitauswertung testen.

6.6.4 Schema drucken

Sie haben die Möglichkeit, ein Schema für die Dokumentation oder zu anderen Zwecken auszudrucken. Klicken Sie dazu im Schemeneditor auf den Button **Drucken**, oder geben Sie in der Befehlszeile den Befehl print ein. Daraufhin öffnet sich eine Druckansicht, deren Aussehen Sie noch weiter anpassen können (siehe Abbildung 6.7).

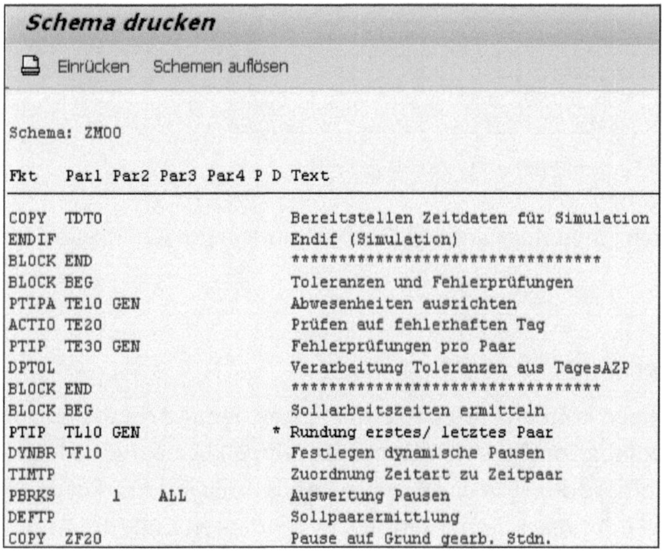

```
Schema drucken

Einrücken   Schemen auflösen

Schema: ZM00

Fkt   Par1 Par2 Par3 Par4 P D Text

COPY  TDTO                    Bereitstellen Zeitdaten für Simulation
ENDIF                         Endif (Simulation)
BLOCK END                     **********************************
BLOCK BEG                     Toleranzen und Fehlerprüfungen
PTIPA TE10 GEN                Abwesenheiten ausrichten
ACTIO TE20                    Prüfen auf fehlerhaften Tag
PTIP  TE30 GEN                Fehlerprüfungen pro Paar
DPTOL                         Verarbeitung Toleranzen aus TagesAZP
BLOCK END                     **********************************
BLOCK BEG                     Sollarbeitszeiten ermitteln
PTIP  TL10 GEN              * Rundung erstes/ letztes Paar
DYNBR TF10                    Festlegen dynamische Pausen
TIMTP                         Zuordnung Zeitart zu Zeitpaar
PBRKS      1    ALL           Auswertung Pausen
DEFTP                         Sollpaarermittlung
COPY  ZF20                    Pause auf Grund gearb. Stdn.
```

Abbildung 6.7 Bildschirmausgabe des Schemas ZM00

In unserem Beispiel haben wir die Anzeige mithilfe der Bildlaufleiste am rechten Rand der Bildschirmdarstellung oder über die Buttons zum Blättern so weit geblättert, dass die COPY-Funktion des Teilschemas sichtbar wird. Klicken Sie auf den Button **Schemen Auflösen**, um sich auch den Inhalt des Teilschemas anzeigen zu lassen. Wenn Sie anschließend den Button **Einrücken** anklicken, werden die Funktionen und Regelaufrufe auf die zugehörigen Ebenen gerückt (siehe Abbildung 6.8).

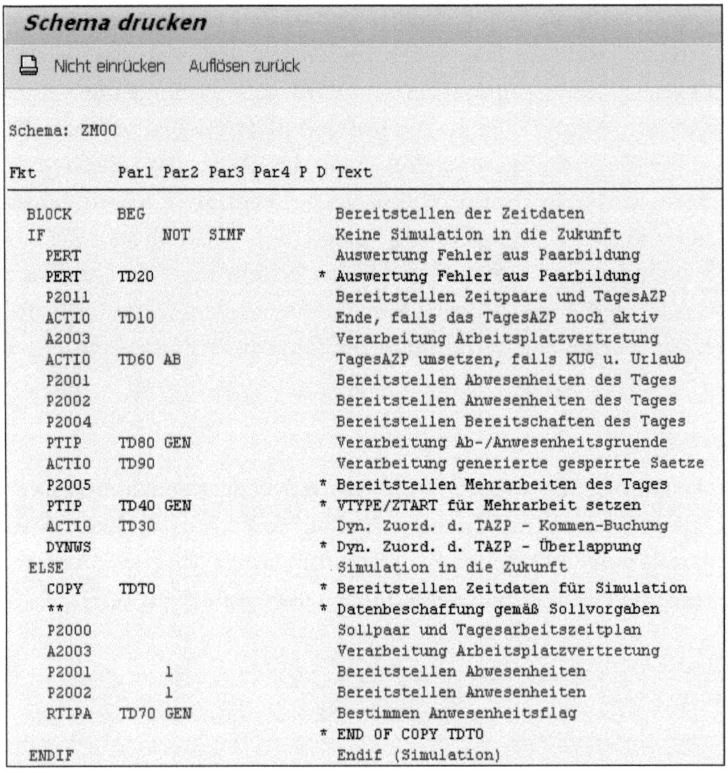

Schema drucken

Nicht einrücken Auflösen zurück

```
Schema: ZM00

Fkt        Par1 Par2 Par3 Par4 P D Text

  BLOCK    BEG                     Bereitstellen der Zeitdaten
  IF            NOT  SIMF          Keine Simulation in die Zukunft
    PERT                           Auswertung Fehler aus Paarbildung
    PERT   TD20                  * Auswertung Fehler aus Paarbildung
    P2011                          Bereitstellen Zeitpaare und TagesAZP
    ACTIO  TD10                    Ende, falls das TagesAZP noch aktiv
    A2003                          Verarbeitung Arbeitsplatzvertretung
    ACTIO  TD60 AB                 TagesAZP umsetzen, falls KUG u. Urlaub
    P2001                          Bereitstellen Abwesenheiten des Tages
    P2002                          Bereitstellen Anwesenheiten des Tages
    P2004                          Bereitstellen Bereitschaften des Tages
    PTIP   TD80 GEN                Verarbeitung Ab-/Anwesenheitsgruende
    ACTIO  TD90                    Verarbeitung generierte gesperrte Saetze
    P2005                        * Bereitstellen Mehrarbeiten des Tages
    PTIP   TD40 GEN              * VTYPE/ZTART für Mehrarbeit setzen
    ACTIO  TD30                    Dyn. Zuord. d. TAZP - Kommen-Buchung
    DYNWS                        * Dyn. Zuord. d. TAZP - Überlappung
  ELSE                             Simulation in die Zukunft
    COPY   TDTO                  * Bereitstellen Zeitdaten für Simulation
    **                           * Datenbeschaffung gemäß Sollvorgaben
    P2000                          Sollpaar und Tagesarbeitszeitplan
    A2003                          Verarbeitung Arbeitsplatzvertretung
    P2001       1                  Bereitstellen Abwesenheiten
    P2002       1                  Bereitstellen Anwesenheiten
    RTIPA  TD70 GEN                Bestimmen Anwesenheitsflag
                                 * END OF COPY TDTO
  ENDIF                            Endif (Simulation)
```

Abbildung 6.8 Druckaufbereitung (eingerückt und aufgelöst)

Schließlich können Sie durch einen Klick auf den **Drucken**-Button Ihr Schema an den Drucker senden.

6.6.5 Im Schema navigieren

Über den Menüpunkt **Springen** können Sie jederzeit zwischen dem Attribut, der Dokumentation und dem Quelltext navigieren. Mit einem Doppelklick auf eine Regel oder ein Teilschema wechseln Sie direkt in den Anzeige-/Änderungsmodus. Auf diese Weise können Sie die Regel oder das Schema sehr leicht bearbeiten und Ihre Änderungen sichern. Wenn Sie den Button **Stapel** anklicken, werden Ihnen Ihre Navigationsaktivitäten angezeigt.

6.6.6 Schema in der Grafikdarstellung anzeigen

Wenn Sie im Einstiegsbild im Pulldown-Menü **Hilfsmittel • Strukturgrafik** auswählen, wechselt die Darstellung von der Tabellensicht in die grafische Ansicht (siehe Abbildung 6.9). Dasselbe Ergebnis erreichen Sie auch über den Grafik-Button im Einstiegsbild.

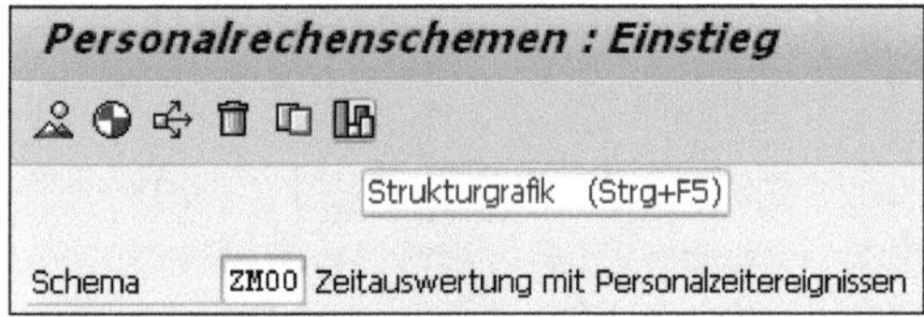

Abbildung 6.9 Wechsel zur grafischen Ansicht

Im Einstiegsbild zur Pflege/Anzeige von Schemen markieren Sie jetzt **Quelltext** und klicken auf den **Anzeige**-Button; damit gelangen Sie in die in Abbildung 6.10 gezeigte Darstellung.

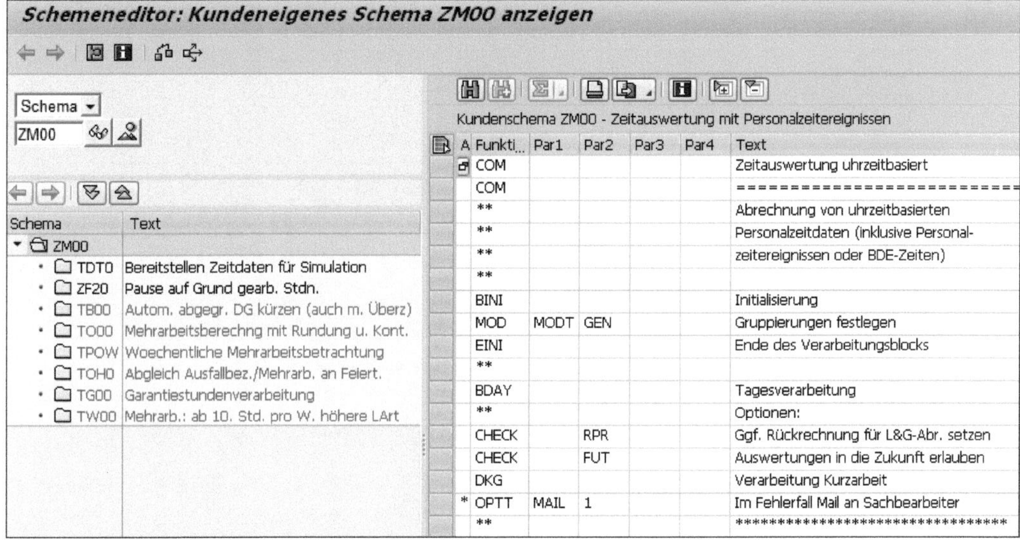

Abbildung 6.10 Grafische Ansicht eines Schemas

Dieselbe Anzeige erreichen Sie durch Ausführen von Transaktion PE01N. In dieser Darstellung können Sie zwar keine Änderungen vornehmen, jedoch können Sie hier sehr komfortabel zwischen den einzelnen Bestandteilen (Schema, Unterschema, Regel) navigieren. Auf der linken Seite der Ansicht wird Ihnen Ihr Hauptschema mit den darin enthaltenen Teilschemen angezeigt. Die schwarz angezeigten Schemen sind als Teilschemen aktiv im Hauptschema enthalten, und die grau angezeigten sind vorhanden, aber deaktiviert (kommentiert). Durch einen Doppelklick auf ein Teilschema oder eine Regel gelangen Sie jeweils in die Anzeige dieser Schemen oder Regeln. Dabei werden Ihnen die Schemen in Tabellenform und die Regeln in einer Baumstruktur angezeigt. In Abbildung 6.11 haben wir das Teilschema TDT0 aufgerufen.

Mit einem Doppelklick auf die Regel TD70 können Sie sich die Regel anzeigen lassen (siehe Abbildung 6.12). Die Anzeige der Regel TD70 wird hier in einer Baumstruktur vorgenommen.

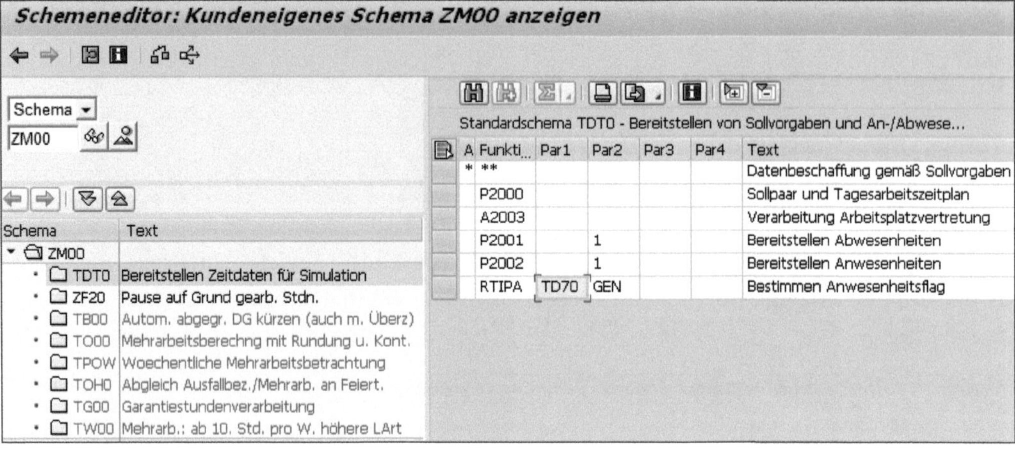

Abbildung 6.11 Darstellung des Teilschemas

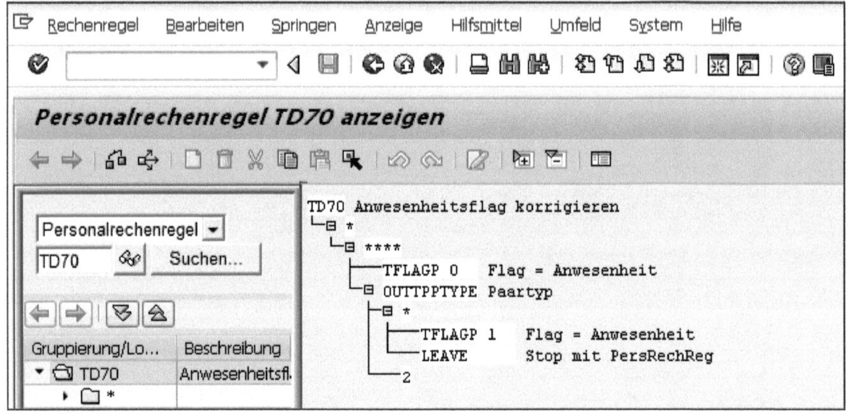

Abbildung 6.12 Regel anzeigen

Hier können Sie eine Operation mit dem Cursor markieren und gelangen über das Pulldown-Menü über **Umfeld • Quelltext der Operation** in die Coding-Ansicht. Mit der [F1]-Taste gelangen Sie in die Dokumentation der markierten Elemente.

6.6.7 Weitere Hilfsmittel für die Schemabearbeitung

Mit Transaktion PE01 können Sie sich eine Übersicht über Ihre Schemen verschaffen. Positionieren Sie dazu Ihren Cursor auf dem Eingabefeld für den Schemanamen, und klicken Sie auf den Button **Werte-Hilfe** rechts neben dem Eingabefeld, oder drücken Sie die [F4]-Taste. Daraufhin öffnet sich das Selektionsbild des Reports RPUSCD00 (siehe Abbildung 6.13).

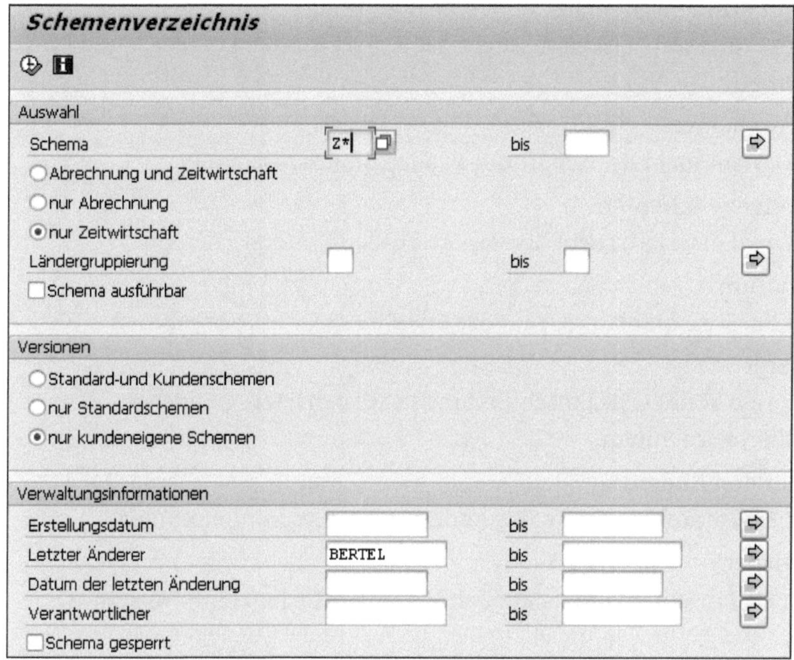

Abbildung 6.13 Selektionsbild für das Schemenverzeichnis

Hier haben Sie die Möglichkeit, z. B. alle Ihre eigenen Schemen der Zeitauswertung in einer Übersicht darstellen zu lassen. Das Selektionsbild des Reports bietet Ihnen die folgenden Auswahlmöglichkeiten an:

- **Schema**
  Hier können Sie die zu selektierenden Schemen mit ihren Namen eingeben oder auch einen generischen Namen (z. B. Z*) wählen.
- **Abrechnung und Zeitwirtschaft**
  Wenn Sie diese Auswahl markieren, sucht der Report in allen Schemen der Personalabrechnung und der Zeitwirtschaft.
- **Nur Abrechnung**
  Wenn Sie diese Auswahl markieren, sucht der Report in allen Schemen der Personalabrechnung.
- **Nur Zeitwirtschaft**
  Mit dieser Option sucht der Report in allen Schemen der Zeitwirtschaft.
- **Ländergruppierung**
  Hier können Sie Einschränkungen auf die Ländergruppierungen vornehmen, was in der Zeitwirtschaft eigentlich nicht erforderlich ist, da diese die Ländergruppierung * besitzen.

- **Standard- und Kundenschemen**
  Wenn Sie diese Auswahl markieren, sucht der Report in allen Standard- und Kundenschemen.
- **Nur Standardschemen**
  Mit dieser Auswahl sucht der Report nur in allen Standardschemen.
- **Nur kundeneigene Schemen**
  Ist diese Auswahl markiert, sucht der Report in allen Kundenschemen.
- **Erstellungsdatum**
  Hier können Sie Einschränkungen auf das Erstellungsdatum vornehmen.
- **Letzter Änderer**
  Mit dieser Option können Sie Einschränkungen auf den letzten Änderer (SAP-Anwender) vornehmen.
- **Datum der letzten Änderung**
  Hier werden Einschränkungen auf das Änderungsdatum vorgenommen.
- **Verantwortlicher**
  Hier können Sie Einschränkungen auf den Verantwortlichen (SAP-Anwender) vornehmen.
- **Erstellungsdatum**
  Mit dieser Option nehmen Sie Einschränkungen auf das Erstellungsdatum vor.
- **Schema gesperrt**
  Wenn Sie diese Auswahl markieren, werden nur gesperrte Schemen selektiert.

Wenn Sie nun alle Ihre Auswahlkriterien gesetzt haben, klicken Sie auf den **Ausführen**-Button oder drücken die (F8)-Taste, und Sie gelangen in die Übersicht. Für unser Beispiel wird die Liste erzeugt, die Sie in Abbildung 6.14 sehen.

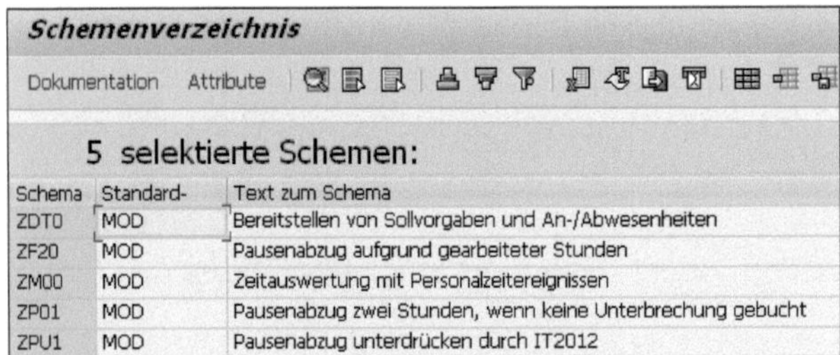

Schemenverzeichnis

Dokumentation Attribute

5 selektierte Schemen:

Schema	Standard-	Text zum Schema
ZDT0	MOD	Bereitstellen von Sollvorgaben und An-/Abwesenheiten
ZF20	MOD	Pausenabzug aufgrund gearbeiteter Stunden
ZM00	MOD	Zeitauswertung mit Personalzeitereignissen
ZP01	MOD	Pausenabzug zwei Stunden, wenn keine Unterbrechung gebucht
ZPU1	MOD	Pausenabzug unterdrücken durch IT2012

Abbildung 6.14 Übersicht der Schemen

Aus dieser Ansicht können Sie in die Dokumentation eines Schemas oder in die Ansicht der Attribute aller Schemen verzweigen. Die Bezeichnung **MOD** in der zweiten Spalte weist darauf hin, dass dieses Schema modifiziert wurde und damit ein Kundenschema ist.

Eine weitere Funktionalität von Transaktion PE01 ist die Möglichkeit, zwei Schemen miteinander zu vergleichen. Dazu starten Sie erneut Transaktion PE01 und lassen sich z. B. Ihr Schema anzeigen. Durch einen Klick auf den Button **Schema** gelangen Sie in ein Pulldown-Menü (siehe Abbildung 6.15).

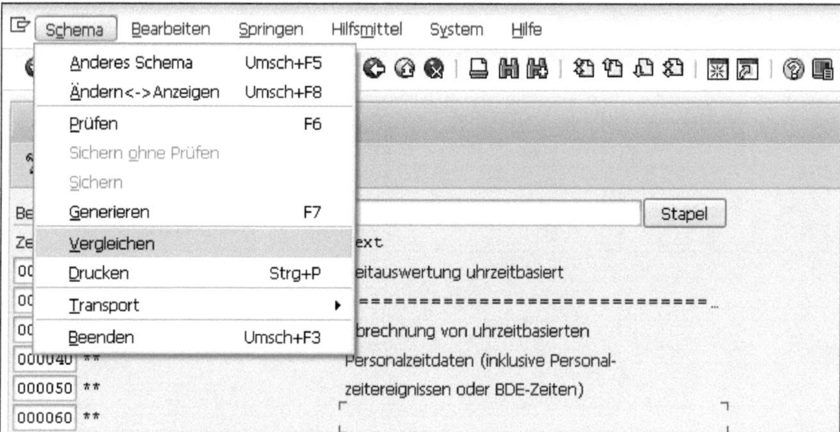

Abbildung 6.15 Vergleichsmodus aufrufen

Hier klicken Sie auf die Auswahl **Vergleichen** und öffnen damit ein Pop-up-Fenster (siehe Abbildung 6.16). Darin können Sie das Schema auswählen, mit dem Sie Ihr Schema vergleichen wollen.

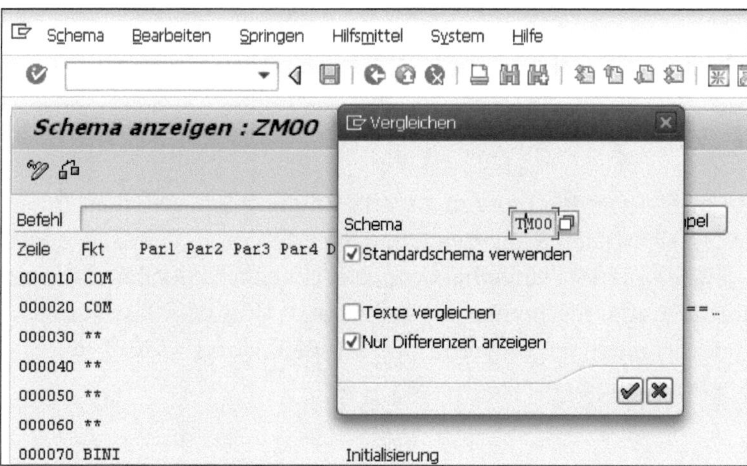

Abbildung 6.16 Vergleichsschema angeben

In unserem Beispiel haben wir das Schema TM00 gewählt und wollen hier das Standardschema zum Vergleich heranziehen. Dazu haben wir das Kennzeichen **Standardschema verwenden** aktiviert. Darüber hinaus möchten wir nur die Differenzen zu unserem Schema ZM00 anzeigen und haben deshalb das Kennzeichen **nur Differenzen anzeigen** aktiviert. Nach der Bestätigung mit [↵] gelangen Sie in die Auswertung des Vergleichs (siehe Abbildung 6.17).

Vergleich von Schemen

Folgende Zeilen wurden verändert:

1	2	Fkt	Par1	Par2	Par3	Par4	P	D	Text
020		PERT							Auswertung Fehler aus Paarbildung
021		PERT	TD20					*	Auswertung Fehler aus Paarbildung
	020	PERT	TD20						Auswertung Fehler aus Paarbildung

Folgende Zeilen wurden eingefügt:

1	2	Fkt	Par1	Par2	Par3	Par4	P	D	Text
028		P2004							Bereitstellen Bereitschaften des Tages

Folgende Zeilen wurden verändert:

1	2	Fkt	Par1	Par2	Par3	Par4	P	D	Text
047		DYNBR	TF10						Festlegen dynamische Pausen
	045	DYNBR	TF10					*	Festlegen dynamische Pausen

Folgende Zeilen wurden eingefügt:

1	2	Fkt	Par1	Par2	Par3	Par4	P	D	Text
051		COPY	ZF20						Pause auf Grund gearb. Stdn.

Abbildung 6.17 Vergleich auswerten

In dieser Vergleichsansicht werden Ihnen dann alle Unterschiede zwischen Ihrem Schema und dem Vergleichsschema angezeigt, und Sie erfahren z. B., welche Zeilen Sie geändert oder welche Zeilen Sie eingefügt oder gelöscht haben. SAP liefert immer wieder neue Inhalte der Standardschemen aus. Daher ist es sinnvoll, diese Funktion zu nutzen, um Kundenschemen in gewissen Zeitabständen (Jahreswechsel, Releasewechsel) mit den Standardschemen abzugleichen.

6.7 Fazit

Wir haben Ihnen in diesem Kapitel die unserer Auffassung nach wichtigsten Bestandteile des Schemeneditors erläutert. Sie haben erfahren, wie Sie z. B. ein Schemenverzeichnis anzeigen und drucken, wie Sie Schemenbestandteile anzeigen und drucken können und wie Sie die Quelltexte von Schemen vergleichen können. Für Ihre Aufgabe, die Anforderungen Ihres Unternehmens mit der SAP-Zeitwirtschaft abzubilden, haben wir Sie mit den Funktionen für das Kopieren eines Schemas, das Ändern von Schemenbestandteilen und für das Anlegen und Löschen von Schemen vertraut gemacht. Sie kennen die Vorgehensweise, um die Syntax des Quelltextes von Schemen zu prüfen, und Sie sind in der Lage, in und zwischen Schemenbestandteilen zu navigieren. Außerdem hat dieses Kapitel gezeigt, wie Sie in Personalrechenregeln abspringen können, um sie zu betrachten oder zu verändern. Außerdem haben Sie die Möglichkeit kennengelernt, in der Anzeigefunktion für Quelltext zwischen Tabellen- und Grafikdarstellung zu wählen.

Die Schemen der Zeitwirtschaft bestehen nicht aus sehr vielen verschachtelten COPY-Befehlen, mit denen Teilschemen in das rufende Schema gezogen werden, wie dies in der Personalabrechnung der Fall ist. Für die Schemen der Zeitauswertung empfehlen wir Ihnen daher, einen eigenen Namen zu vergeben (also einen Kundennamen). Dies erleichtert auch Änderungen, die Sie im Laufe der Zeit möglicherweise vornehmen müssen. Sie können dann mit dem Schemanamen (durch fortlaufende Nummerierung in den letzten beiden Stellen) praktisch eine Historie aufbauen.

Kapitel 7
Initialisierung der Zeitauswertung

Die Zeitauswertung erfolgt durch den Zeitauswertungstreiber RPTIME00. Sie können die Verarbeitung durch die Konfiguration eines Zeitauswertungsschemas beeinflussen. Dieses Kapitel zeigt Ihnen, wie Sie die Zeitauswertung steuern können.

Durch die Zeitauswertung werden im System vorliegende Zeitdaten, Anwesenheiten, Abwesenheiten und Zeitereignisse Ihrer Mitarbeiter geprüft und ausgewertet. Die Ergebnisse stehen in Form von Zeitnachweisen zur Verfügung und werden eventuell von anderen Komponenten wie z. B. der Personalabrechnung weiterverwertet.

Insbesondere für die positive Zeitwirtschaft – also für die Verarbeitung von Zeitereignissen – durch den Zeitauswertungstreiber RPTIME00 ist ein Schema notwendig, in dem die individuellen Regelungen Ihres Unternehmens abgebildet werden können. SAP liefert als Kopiervorlage für die Auswertung von Zeitereignissen das Schema TM00. Dieses Schema beinhaltet in der von SAP konfigurierten Version eine Reihe von Standardverarbeitungsroutinen, die eine einfache Version der Zeitauswertung ermöglichen. In aller Regel bildet das Schema jedoch nur einen Teil der Kundenanforderungen an eine positive Zeitwirtschaft ab. Tarifverträge, Betriebsvereinbarungen und individuelle Regelungen führen häufig dazu, dass sich die kundeneigene Version des Zeitauswertungsschemas deutlich von der SAP-Version unterscheidet.

Da es in der Zeitauswertung weniger gesetzliche Vorgaben gibt, die Einfluss auf die Konfiguration des Auswertungsschemas haben als in der Personalabrechnung, empfehlen wir Ihnen, eine Kopie des Schemas TM00 für die Realisierung Ihrer Anforderungen an das Zeitauswertungsschema anzulegen. In diesem kopierten Schema haben Sie dann die Möglichkeit, alle Ihre speziellen Anforderungen abzubilden.

Es ist sinnvoll, die von SAP vorgegebene Unterteilung des Schemas in einzelne Verarbeitungsblöcke – ähnlich der Einteilung in Unterschemen der Abrechnungsschemen – beizubehalten. Bei sehr hoher Komplexität Ihres Auswertungsschemas empfehlen wir Ihnen, die einzelnen Verarbeitungsblöcke in Unterschemen auszulagern; dies erhöht die Übersichtlichkeit.

Eine weitere dringende Empfehlung ist es, beim Aufbau Ihres eigenen Schemas den von SAP vorgegebenen Ablauf der Zeitauswertungsschritte beizubehalten. Die Reihenfolge der Kapitel zur Zeitauswertung in diesem Buch orientiert sich ebenfalls an dieser Abfolge von Bearbeitungsschritten. Als ersten Schritt durchläuft die Zeitauswertung dabei die Initialisierung. Die währenddessen durchzuführenden Verarbeitungen werden in diesem Kapitel beschrieben. Grundlage unserer Darstellung des Zeitauswertungsschemas ist immer das SAP-Schema TM00.

7.1 Der Initialisierungsblock

In Abbildung 7.1 sehen Sie den Initialisierungsblock des Schemas TM00. Der Initialisierungsblock beginnt in der Zeile 70 und endet in der Zeile 90. Er wird durch die Funktion BINI eingeleitet und durch die Funktion EINI abgeschlossen.

000010	COM						Zeitauswertung uhrzeitbasiert
000020	COM						================================ ...
000030	**						Abrechnung von uhrzeitbasierten
000040	**						Personalzeitdaten (inklusive Personal-
000050	**						zeitereignissen oder BDE-Zeiten)
000060	**						
000070	BINI						Initialisierung
000080	MOD	MODT	GEN				Gruppierungen festlegen
000090	EINI						Ende des Verarbeitungsblocks
000100	**						

Abbildung 7.1 Zeitauswertungsschema TM00 (Initialisierungsblock)

Dieser Block wird unserer Erfahrung nach nur sehr selten in größerem Umfang verändert. Meist beschränken sich Änderungen auf die Ersetzung der SAP-Personalrechenregel MODT durch eine kundeneigene Rechenregel. Den Aufruf der Rechenregel sollten Sie an dieser Stelle immer durch die Funktion MOD realisieren. Die Funktion MOD sorgt u. a. für die Bereitstellung von Gruppierungswerten auf der Mitarbeiterkreisebene, die für die weitere Verarbeitung zwingend erforderlich sind.

Zu Beginn der Zeitauswertung vergeben Sie im Initialisierungsblock Modifikatoren für Tabellenzugriffe. Dabei wird in Abhängigkeit von strukturellen Merkmalen des Mitarbeiters eine Rechenregel durchlaufen, die durch die Funktion MOD aufgerufen wird. Diese Rechenregel – im Schema TM00 die Rechenregel MODT – bestimmt für den auszuwertenden Monat, welche Einträge in den Tabellen T510S (Zeitlohnartenauswahl), T555Z (Zeitkennung – Zeitart und Verarbeitungstyp), T554C (Bewertung von Abwesenheiten) und T559P (Limits für Zeitsalden) für den Mitarbeiter in der weiteren Verarbeitung angewandt werden. Der Aufruf durch die Funktion MOD bewirkt, dass die aufgerufene Rechenregel für jeden in der aktuellen Periode gültigen Satz in der Tabelle WPBP (Arbeitsplatz/Basisbezüge) durchlaufen wird. So ist sichergestellt, dass durch einen Wechsel des Mitarbeiterkreises innerhalb der Zeitauswertungsperiode alle Tage mit den jeweils vorgesehenen Modifikatoren verarbeitet werden können.

7.2 Die Personalrechenregel MODT

In dieser Rechenregel wird zunächst festgelegt, ob die Gruppierung des Mitarbeiterkreises, mit der die Regel prozessiert wird, aus der Tabelle T503 oder aus dem Infotyp 0050 (Zeiterfassungsinformationen) gelesen wird. Dies geschieht durch die Operation PAYTP (siehe Abbildung 7.2).

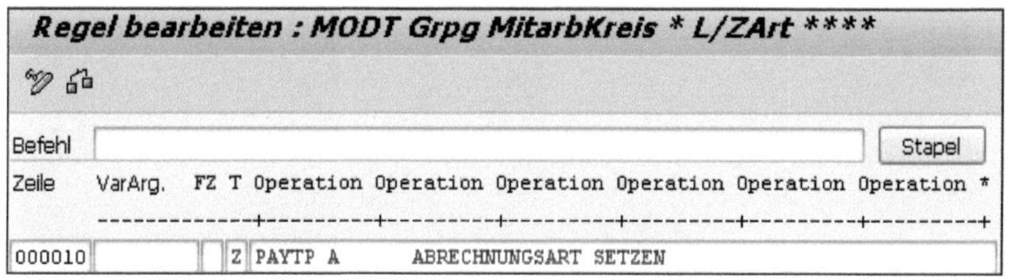

Abbildung 7.2 Zweig * der Personalrechenregel MODT

Wird für die Operation in der Personalrechenregel der Parameter A gesetzt, wird für alle weiteren Verarbeitungsschritte die Gruppierung des Mitarbeiterkreises, dem der Mitarbeiter angehört, für die Personalrechenregeln aus der Tabelle T503 verwendet (siehe Abbildung 7.3). Die Customizing-Aktivität zur Vergabe der Gruppierungswerte erreichen Sie über den Pfad **Personalzeitwirtschaft • Zeitauswertung • Einstellungen zur Auswertungssteuerung • Mitarbeiterkreise für die Personalrechenregel gruppieren**.

MitarbGruppe	MitarbGruppenbez.	Mita...	MitarbKreisbez.	Grpg PRechR...	Grpg Tarifregel
1	Aktive	20	Angestellte	3	3
1	Aktive	21	Monatslöhner	1	1
1	Aktive	22	AT-Angestellte	3	1
1	Aktive	50	Angestellte	3	3
1	Aktive	51	AT-Angestellte	3	4
1	Aktive	52	Stundenlöhner	1	1
1	Aktive	53	Azubis	3	3

Abbildung 7.3 Tabelle T503 (Gruppierung der Mitarbeiterkreise für Personalrechenregeln)

Die Customizing-Aktivität zur Vergabe der Gruppierungswerte erreichen Sie über den Pfad **Personalzeitwirtschaft • Zeitauswertung • Einstellungen zur Auswertungssteuerung • Mitarbeiterkreise für die Personalrechenregel gruppieren**.

[+]

Werte bei der Gruppierung der Mitarbeiterkreise für Rechenregeln

Bei der Gruppierung von Mitarbeiterkreisen für Rechenregeln in der Tabelle T503 sollten Sie den Hinweis in der Dokumentation befolgen, die von SAP gesetzten Werte nicht zu ändern. Diese Gruppierungswerte sind in der Personalabrechnung von enormer Bedeutung, und ihre Änderung hätte dort weitreichende Auswirkungen.

Wenn die zeitwirtschaftlichen Regelungen in Ihrem Unternehmen nicht auf Basis der Mitarbeiterkreise abgebildet werden können, sondern eine individuelle, mitarbeiterbezogene Steuerung erfordern, nutzen Sie den Wert »S« als Parameter der Operation PAYTP. Dadurch wird das Feld **Gruppierung ZARegel** (Gruppierung der Mitarbeiter für die Zeitauswertungsregel) aus dem Infotyp 0050 (Zeiterfassungsinformationen) ausgewertet (siehe Abbildung 7.4).

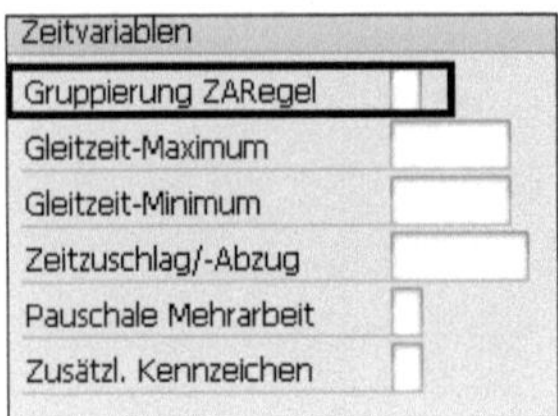

Abbildung 7.4 Feld »Gruppierung ZARegel« im Infotyp 0050 (Zeiterfassungsinformationen)

In diesem Feld können Sie einen mitarbeiterspezifischen Wert erfassen. Die Werte, die in dem Feld erfasst werden können, definieren Sie in der Tabelle T555N, die Sie über den Customizing-Pfad **Personalzeitwirtschaft • Zeitauswertung • Einstellungen zur Auswertungssteuerung • Mitarbeiter für Zeitauswertungsregel gruppieren** erreichen.

Zur möglichen Nutzung dieses Feldes lesen Sie das folgende Beispiel: An den fünf Standorten Ihres Unternehmens existieren insgesamt sechs grundsätzlich unterschiedliche Regelungen für die Arbeitszeit. Daraus ergibt sich die im Folgenden dargestellte Matrix (siehe Tabelle 7.1).

	Frankfurt	München	Berlin	Gelsenkirchen	Freiburg
Feste Arbeitszeit ohne Zeitkonto	1	2	2	1	1
Feste Arbeitszeit mit Zeitkonto	3	4	4	4	3
Gleitzeit ohne Mehrarbeit	5	5	5	5	5
Gleitzeit mit Mehrarbeit	6	8	7	7	6
Teilzeit ohne Zeitkonto	9	9	9	9	9
Teilzeit mit Zeitkonto	A	B	B	A	C

Tabelle 7.1 Matrix für die mitarbeiterspezifische Gruppierung von Zeitauswertungsregeln (Arbeitszeitregelung/Standort)

Die zwölf Werte »1« bis »C« können Sie in der Tabelle T555N definieren und Ihren Mitarbeitern im Infotyp 0050 (Zeiterfassungsinformationen) im Feld **Gruppierung ZA-**

Regel zuordnen. In der Zeitauswertung werden dann alle Rechenregeln, die mit der Mitarbeiterkreisgruppierung für Rechenregeln aufgerufen werden, für jede Gruppierung aus dem Infotyp 0050 (Zeiterfassungsinformationen) verarbeitet. Ein Beispiel der Mitarbeiterkreisgruppierung für Rechenregeln ist z. B. der Aufruf der Personalrechenregel mit der Funktion `PTIP` und dem Parameter `3 = ABRT`. Auf diese Weise lassen sich mitarbeiter-/standortspezifische Zeitauswertungsregelungen abbilden.

SAP verwendet die Funktion `PTIP` für die Gruppierung der Mitarbeiter für die Zeitauswertungsregel in der Auslieferungsversion des Zeitauswertungsschemas `TM00` nicht. Möglicherweise existieren in Ihrem Unternehmen Regelungen, die sich auf die hier beschriebene Weise realisieren lassen. Aus unserer Sicht ist eine Prüfung der praktischen Anwendbarkeit dieses Verfahrens ratsam.

Es besteht, abweichend von den beschriebenen Vorgehensweisen, die Möglichkeit weiterer Parametrisierungen der Operation `PAYTP`. So kann z. B. durch die Parametrisierung `PAYTPV1` bewirkt werden, dass die Gruppierung den Wert »1« erhält.

Nachdem die Quelle des Gruppierungswertes für Ihren Mitarbeiter im Zweig * der Rechenregel festgelegt worden ist, wird die weitere Verarbeitung in den Zweigen der entsprechenden Gruppierung fortgeführt. Zweig 1 für die Mitarbeiterkreisgruppierung 1 legt die folgenden Werte fest (siehe Abbildung 7.5):

- `Modif W = 01` (Zeitlohnartenauswahl)
- `Modif T = 01` (Zeitkennung, Zeitart und Verarbeitungstyp)
- `Modif A = 01` (Bewertung von Abwesenheiten)
- `Modif L = 01` (Limits für Zeitsalden)

Die Rechenregel `MODT` setzt außer dem Modifikator `W` für die Zeitlohnartenauswahl alle Modifikatoren auf den gleichen Wert. Der Wert für den Modifikator W wird in den unterschiedlichen Zweigen auf die folgenden Werte gesetzt:

- Zweig 1: 01
- Zweig 2: 02
- Zweig 3: 03
- Zweig 8: 02

Abbildung 7.5 zeigt den Zweig 1.

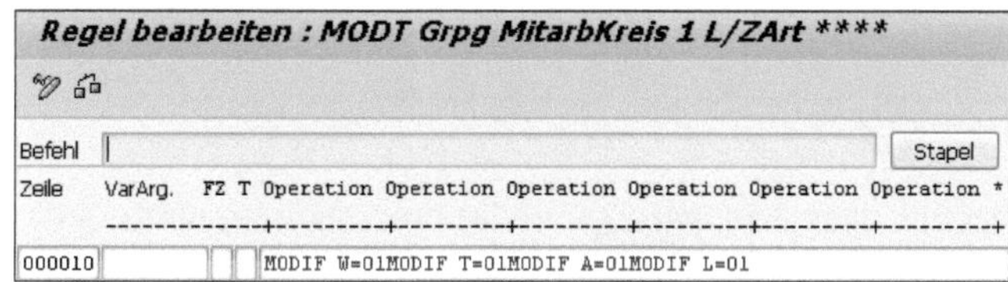

Abbildung 7.5 Zweig 1 der Personalrechenregel MODT für alle Mitarbeiterkreise mit der Gruppierung 1 für Personalrechenregeln

7.3 Verarbeitung des Initialisierungsblocks

In dem in den folgenden Abbildungen gezeigten Ausschnitt aus dem Protokoll der Zeitauswertung sehen Sie, wie die Verarbeitung der Rechenregel für einen Mitarbeiter erfolgt. Abbildung 7.6 zeigt, dass in der Eingabe der Rechenregel die Tabelle WPBP mit den organisatorischen Daten des Mitarbeiters zur Verfügung gestellt wird. Der Mitarbeiter gehört dem Mitarbeiterkreis 20 an. Sollte der Mitarbeiter während einer Zeitauswertungsperiode den Mitarbeiterkreis wechseln oder eine andere organisatorische Veränderung stattfinden, liegen in der Tabelle WPBP entsprechend mehrere Einträge vor, die dazu führen, dass die Initialisierung und damit die Rechenregel MODT für den jeweiligen Zeitraum erneut prozessiert wird.

MOD MODT GEN Gruppierungen festlegen

Eingabe

Tabelle WPBP

APZNR	Beginn	Ende	Maßnahme	Bezeichnung	Gr	BuKrs	PBer	Kostenst.	MAGr	MAKr
01	30.06.2022	30.06.2022	01	Einstellung		1000	1600		1	20
02	01.07.2022	01.08.2022	01	Einstellung		1000	1600		1	20

Abbildung 7.6 Personalrechenregel MODT eingeben

Bei der Verarbeitung der Personalrechenregel legen Sie zunächst fest, dass die Gruppierung des Mitarbeiterkreises aus der Tabelle T503 (Gruppierung Mitarbeiterkreise) bestimmt werden muss. In dieser Tabelle erkennen Sie, dass die Gruppierung für Personalrechenregeln für den Mitarbeiterkreis 20 auf den Wert »3« festgelegt wurde (siehe Abbildung 7.3). Aus diesem Grund wird die Verarbeitung der Rechenregel nach dem Durchlaufen der Operation PAYTP im Zweig 3 für die Mitarbeiterkreisgruppierung 3 fortgesetzt. Dies erkennen Sie an der Zahl 3 ab der zweiten Verarbeitungszeile in der Spalte **GRPReg** (siehe Abbildung 7.7).

Verarbeitung

Aufruf der Regel MODT

Regel	GRPReg	Ztart	Vargt	Operation
MODT	*	****		PAYTP A Setze Grpg PRechRegl
MODT	3	****		MODIF W=03 Modifikator setzen
MODT	3	****		MODIF T=01 Modifikator setzen
MODT	3	****		MODIF A=01 Modifikator setzen
MODT	3	****		MODIF L=01 Gruppierung T559P

Abbildung 7.7 Verarbeitungsprotokoll der Personalrechenregel MODT

In der Spalte **Operation** sehen Sie, dass im Zweig 3 die vier Operationen MODIF W=03, MODIF T=01, MODIF A=01 und MODIF L=01 durchlaufen werden. Die an dieser Stelle durch diese Operationen gesetzten Modifikatoren gelten für alle in der Zeitauswertungsperiode zu verarbeitenden Tage.

Die in der Initialisierung festgelegten Modifikatoren können in der weiteren Verarbeitung in allen Verarbeitungsblöcken neu vergeben werden. Sollten Sie z. B. die Steuerung der Zeitlohnartenauswahl in Abhängigkeit vom Tagesarbeitszeitplan des aktuellen Tages steuern müssen, ist es durchaus möglich, den in der Initialisierung vergebenen Modifikator zu überschreiben und dadurch eine verfeinerte Steuerung für die Generierung von Zeitlohnarten zu realisieren.

Prinzipiell ist es auch möglich, weitere und über das Festlegen von Gruppierungen hinausgehende Verarbeitungen in den Block der Initialisierung zu legen. Darüber hinaus können Sie in einer kundeneigenen Rechenregel auch weitere Modifikatoren setzen. Zum Beispiel können Sie durch die Operation `MODIF S=xx` die Gruppierung für die dynamische Zuordnung von Tagesarbeitszeitplänen durch einen Vergleich von Soll und Ist vergeben. Ob die Erweiterung des Initialisierungsblocks sinnvoll und notwendig ist, müssen Sie individuell entscheiden; unserer Erfahrung nach ist sie nur selten notwendig.

7.4 Fazit

Sie haben nun den ersten Verarbeitungsschritt der Zeitauswertung kennengelernt und erfahren, welche einleitenden Verarbeitungsschritte in der Initialisierung stattfinden. In Kapitel 8, »Paarbildung, Tageszuordnung und Verarbeitungszustände«, bis Kapitel 15, »Endeverarbeitung«, erfahren Sie mehr über alle weiteren Schritte in der Zeitauswertung.

Bedenken Sie bei der Ausgestaltung des Initialisierungsblocks Ihres kundeneigenen Zeitauswertungsschemas, welche Daten Sie bei der Vergabe von Gruppierungswerten benötigen. Oft sind tagesgenaue Informationen Basis einer solchen Zuordnung, die Ihnen zum Zeitpunkt der Initialisierung nicht zur Verfügung stehen. Sie können in weiteren Rechenregeln zu jedem Zeitpunkt bedarfsgenau weitere oder neue Gruppierungswerte vergeben.

Kapitel 8
Paarbildung, Tageszuordnung und Verarbeitungszustände

Zeitereignisse müssen zu Paaren zusammengefasst und einem Tag zugeordnet werden, bevor die Zeitauswertung sie bewerten kann. Wir zeigen Ihnen in diesem Kapitel, wie Sie diesen Prozess mithilfe von Verarbeitungszuständen beeinflussen und Ihre Daten auf Vollständigkeit hin prüfen können.

Die Zeitauswertung kann nur vollständige Zeitpaare verarbeiten. Daher müssen zunächst logische Zeitpaare gebildet und die Zeitereignisse Tagen zugeordnet werden, bevor die Daten in der Tagesauswertung verarbeitet werden können. Dies geschieht in verschiedenen Prüfungen, die Sie durch die Einstellungen im Customizing zum Teil beeinflussen können.

Zunächst werden die Zeitereignisse, die von den Zeiterfassungssystemen geliefert werden, in eine logische Reihenfolge gebracht. Dabei wird für jeden einzelnen zu verarbeitenden Tag sowohl der Vortag als auch der Folgetag für die Paarbildung und für Prüfungen einbezogen. Berücksichtigt werden auch der Tagesarbeitszeitplan des Mitarbeiters für den aktuellen Tag und eine gegebenenfalls in der Tabelle T552V eingerichtete dynamische Zuordnung von Tagesarbeitszeitplänen. Damit wird erreicht, dass ein möglichst großer Anteil von Zeitereignissen logisch zugeordnet und zu Zeitpaaren zusammengefasst werden kann.

Im gesamten Ablauf der Paarbildung werden mehrfach die sogenannten Verarbeitungszustände aus den Einstellungen zur Paarbildung verarbeitet. Mit diesen Parametern aus der Tabelle T705B (Verarbeitungszustände BDE) können Sie die Bildung von Zeitpaaren und die Zuordnung von Zeitereignissen zu einem bestimmten Tag beeinflussen. Eine weitere Möglichkeit, um auf diese Verarbeitungsschritte der Zeitauswertung Einfluss zu nehmen, sind User-Exits bzw. BAdIs (Business Add-Ins), die wir Ihnen später im Anhang vorstellen.

8.1 Verarbeitungszustände

In der Paarbildung treten immer wieder Situationen auf, wie z. B. eine unvollständige Reihenfolge von Zeitbuchungen, in denen das Systemverhalten unter Umständen beeinflusst werden muss. Diese Situationen bezeichnet SAP als Verarbeitungszustände. In der Tabelle T705B (Verarbeitungszustände BDE), die Sie über den Customizing-Pfad **Zeitwirtschaft • Zeitauswertung • Allgemeine Einstellungen • Einstellungen zur Paarbildung festlegen** erreichen, können Sie festlegen, wie sich das System in unterschiedlichen Situationen der Zeitdatenverarbeitung verhalten soll.

In Tabelle 8.1 sehen Sie alle Verarbeitungszustände (hier kurz VAZ), die während der Paarbildung der SAP-Zeitauswertung verarbeitet werden. Außerdem sehen Sie die möglichen Rückgabewerte (Returncodes), deren Ausprägungen wir Ihnen im Folgenden erläutern.

VAZ	Beschreibung	Mögliche Ausprägungen		
		Returncode X	Returncode Y	Returncode Z
A00	Wiederholte Verbuchung von Zeitereignissen	blank, 1, 2		
A01	Erster Satz des Tages	blank, 1, 2	blank, 1	
A03	Mitarbeiter hat frei – Schätzung Tagesbeginn bzw. -ende	blank, 1, 2		
A04	Mitarbeiter hat frei – Schätzung Tagesbeginn bzw. -ende	blank, 1, 2		
A05	Kurz aufeinanderfolgende Zeitereignisse	blank, 1		
A06	Grenzwert für kurz aufeinanderfolgende Zeitereignisse	n = Sekunden		
A07	Zuordnung eines Zeitereignisses zu einem Tag: aktueller Tag oder Vortag	n = Dauer		
A10	Kommen oder Gehen	blank, 1		
A11	Dienstgang Beginn oder Ende	blank, 1		
C01	Mitarbeiter ist abwesend und meldet 'Dienstgang Ende'	blank, 1		

Tabelle 8.1 Verarbeitungszustände und Ausprägungen

VAZ	Beschreibung	Mögliche Ausprägungen		
		Returncode X	Returncode Y	Returncode Z
C02	Mitarbeiter ist abwesend und meldet 'Gehen'	blank, 1		
C03	Mitarbeiter ist abwesend und meldet 'Dienstgang Beginn'	blank, 1		
C04	Mitarbeiter ist abwesend und meldet 'Dienstgang – Beginn oder Ende'	blank, 1		
C05	Mitarbeiter ist abwesend und meldet 'Beginn Pause'	blank, 1		
C11	Mitarbeiter ist anwesend und meldet 'Kommen'	blank, 1		
C12	Mitarbeiter ist anwesend und meldet 'Dienstgang Ende'	blank, 1		
C21	Mitarbeiter ist auf Dienstgang und meldet 'Kommen'	blank, 1		
C22	Mitarbeiter ist auf Dienstgang und meldet 'Gehen'	blank, 1		
C31	Mitarbeiter ist in Pause und meldet 'Kommen'	blank, 1		
F03	Kontierung fehlt	blank, 1		
F04	Kontierung fehlt: Suchtiefe	xx = Tage		
F07	Zeitereignis trifft auf schon mit Daten gefüllten Lohnschein	blank, 1, 2		
F08	Ermittlung der Produktiv-, Rüst- und Maschinenzeit	0, 1, 2	0, 1, 2	0, 1, 2
G01	Verbuchung der Lohnscheine	blank, 1, 2		
G02	Bereitstellung von Istzeiten für die Logistik	blank, 1, 2		
L00	Wiederholte Verbuchung von Arbeitszeitereignissen	blank, 1		

Tabelle 8.1 Verarbeitungszustände und Ausprägungen (Forts.)

Im Folgenden erläutern wir Ihnen die verschiedenen Verarbeitungszustände und die Bedeutung der als Returncodes bezeichneten Steuerungswerte.

- **A00 (Wiederholte Verbuchung von Zeitereignissen)**
  Der Verarbeitungszustand A00 legt fest, wie das System reagiert, wenn ein Zeitereignis bereits im SAP-System existiert und nochmals verbucht werden soll. Dies kann z. B. passieren, wenn bei der Verbuchung von Zeitereignissen ein Programmabbruch ausgelöst wird und die Verbuchung wiederholt werden soll.

  Die Bedeutungen der möglichen Ausprägungen für den Returncode X sind:
  - » « (blank): Es findet keine Prüfung auf Dopplungen statt.
  - »1«: Doppelte Zeitereignisse werden nicht verbucht und in den Fehlervorrat (Transaktion PT80) gestellt.
  - »2«: Doppelte Zeitereignisse werden nicht verbucht.
- **A01 (Erster Satz des Tages)**
  Dieser Verarbeitungszustand wird relevant, wenn ein Zeitereignis das erste Ereignis eines Tages ist. Sie müssen in diesem Schritt durch den Wert des Returncodes X entscheiden, ob dieses Zeitereignis dem aktuellen oder dem folgenden Tag zuzuordnen ist. Denken Sie dabei z. B. an die Mitarbeiter in der Nachtschicht, deren erste Kommen-Buchung zwar vor 24 Uhr des Vortages liegt, deren Schicht jedoch trotzdem erst am Folgetag beginnt. In diesem Fall muss das Zeitereignis dem Folgetag zugeordnet werden. Dazu wird der Tagesarbeitszeitplan des Mitarbeiters als Grundlage herangezogen. Ist die Zeitereignisart nicht eindeutig als Kommen- oder Gehen-Buchung identifizierbar, muss über den Returncode Y festgelegt werden, ob die erste Buchung des Tages in jedem Fall als Kommen-Buchung interpretiert werden soll.

  Die Bedeutungen der möglichen Ausprägungen für den Returncode X sind:
  - » « (blank): Tagesarbeitszeitplan gemäß PSP (Persönlicher Schichtplan) als Basis der Tageszuordnung.
  - »1«: Erster Schritt: Tagesarbeitszeitplan gemäß PSP als Basis der Tageszuordnung. Wenn dabei eine Zuordnung des Zeitereignisses zum Folgetag ermittelt wird, erfolgt im zweiten Schritt die Tageszuordnung auf Basis eines dynamisch ermittelten Tagesarbeitszeitplans aus der Tabelle T552V (Dynamische Zuordnung des Tagesarbeitszeitplans).
  - »2«: Die Tageszuordnung erfolgt auf Basis eines dynamisch ermittelten Tagesarbeitszeitplans aus der Tabelle T552V (Dynamische Zuordnung des Tagesarbeitszeitplans).

  Die Bedeutungen der möglichen Ausprägungen für den Returncode Y sind:
  - » « (blank): Keine automatische Interpretation der ersten Buchung als Kommen-Buchung.
  - »1«: Die erste Meldung des Tages wird automatisch als Kommen gewertet.

- **A03 (Mitarbeiter hat frei – Schätzung Tagesbeginn bzw. -ende)**
  Bei der Zuordnung von Zeitereignissen zu Tagen spielen Informationen aus dem für den Tag gültigen Tagesarbeitszeitplan eine wichtige Rolle. Ist der aktuelle Tag arbeitsfrei und das zu verarbeitende Zeitereignis das erste des Tages, kann hier festgelegt werden, mit welchem Sollzeitrahmen bzw. mit welchem geschätzten Beginn und Ende des Tages in der Tageszuordnung und Paarbildung gerechnet werden soll. Die gewählte Vorgehensweise trifft auch für Zeitereignisse zu, die am Folgetag erfasst, aber manuell dem aktuellen Tag zugeordnet wurden. Sollte der Tagesarbeitszeitplan einen Sollarbeitszeitrahmen beinhalten, wird mit diesem Rahmen gerechnet.

  Die Bedeutungen der möglichen Ausprägungen für den Returncode X sind:

  - » « (blank): Der Beginn und das Ende werden auf 0 Uhr gesetzt. Das heißt, dass kein Rahmen vorgegeben wird.
  - »1«: Der Beginn wird auf 0 Uhr und das Ende auf 24 Uhr gesetzt.
  - »2«: Zunächst wird eine dynamische Zuordnung von Tagesarbeitszeitplänen gemäß der Tabelle der T552V (Dynamische Zuordnung des Tagesarbeitszeitplans) durchgeführt. Wenn dabei kein Tagesarbeitszeitplan für den aktuellen Tag ermittelt werden kann, wird der geschätzte Beginn auf 0 Uhr und das geschätzte Ende auf 24 Uhr gesetzt.

- **A04 (Mitarbeiter hat frei – Schätzung Tagesbeginn bzw. -ende)**
  Dieser Verarbeitungszustand ist relevant, wenn der aktuelle Tag arbeitsfrei und das zu verarbeitende Zeitereignis das erste des Folgetages ist. Darüber hinaus darf das Zeitereignis nicht manuell dem aktuellen Tag zugeordnet sein. In diesem Fall kann hier festgelegt werden, mit welchem Sollzeitrahmen bzw. welchem geschätzten Beginn und Ende des Tages in der Tageszuordnung und Paarbildung gerechnet werden soll. Sollte der Tagesarbeitszeitplan einen Sollarbeitszeitrahmen beinhalten, wird mit diesem Rahmen gerechnet.

  Die Bedeutungen der möglichen Ausprägungen für den Returncode X sind:

  - » « (blank): Beginn und Ende werden auf 0 Uhr gesetzt. Das heißt, dass kein Rahmen vorgegeben wird.
  - »1«: Der Beginn wird auf 0 Uhr und das Ende auf 24 Uhr gesetzt.
  - »2«: Zunächst wird eine dynamische Zuordnung von Tagesarbeitszeitplänen gemäß der Tabelle T552V (Dynamische Zuordnung des Tagesarbeitszeitplans) durchgeführt. Wenn dabei kein Tagesarbeitszeitplan für den aktuellen Tag ermittelt werden kann, wird der geschätzte Beginn auf 0 Uhr und das geschätzte Ende auf 24 Uhr gesetzt.

- **A05 (Kurz aufeinanderfolgende Zeitereignisse)**
  Folgen zwei Zeitereignisse in zeitlich sehr geringem Abstand, kann es sein, dass

eine der beiden Buchungen eine Fehlbuchung ist. Sie können hier festlegen, wie sich das SAP-System in diesem Fall verhalten soll.

Die Bedeutungen der möglichen Ausprägungen für den Returncode X sind:

- » « (blank): Beide Zeitereignisse werden verbucht.
- »1«: Nur das zweite Zeitereignis wird gebucht, wenn der Abstand nicht größer als der im Verarbeitungszustand A06 definierte Wert ist.

- **A06 (Grenzwert für kurz aufeinanderfolgende Zeitereignisse)**

  Hier geben Sie den zum Verarbeitungszustand A05 gehörigen Wert in Sekunden an. Innerhalb der so definierten Zeitspanne wird jeweils nur das zweite Zeitereignis gebucht.

- **A07 (Zuordnung eines Zeitereignisses zu einem Tag: aktueller Tag oder Vortag)**

  Der Verarbeitungszustand A07 bestimmt, wie die Zeitauswertung in der Paarbildung reagieren soll, wenn das zu verarbeitende Zeitereignis nicht das erste Zeitereignis des Tages ist. Ist dieser Tag nicht logisch abgeschlossen, d. h., es existiert ein offenes Zeitpaar, und das Zeitereignis wurde nach Mitternacht erfasst, legen Sie durch den Returncode dieses Verarbeitungszustands fest, wie das SAP-System reagieren soll.

  Sie können dazu hier eine Zeitspanne definieren, innerhalb derer das SAP-System das Zeitereignis noch dem Vortag zuordnen soll. Sie geben diese Zeitspanne in einem dreistelligen Wert an, wobei die erste Stelle für Stunden und die zweite und dritte Stelle für Industrieminuten stehen.

- **A10 (Kommen oder Gehen)**

  Buchen Ihre Mitarbeiter bei Arbeitsbeginn und -ende die gleiche Zeitereignisart, z. B. P01 (Kommen oder Gehen), legen Sie durch den Verarbeitungszustand A10 fest, wie das SAP-System diese Zeitereignisse zu Paaren zusammenfassen soll.

  Die Bedeutungen der möglichen Ausprägungen für den Returncode X sind:

  - » « (blank): Die Zeitereignisse werden in einer logischen Reihenfolge verbucht.
  - »1«: Es werden logische Paare gebildet. Das heißt, dass zunächst der Anwesenheitszustand des Mitarbeiters ermittelt wird. Das folgende Zeitereignis wird dementsprechend als Kommen oder Gehen interpretiert.

- **A11 (Dienstgang Beginn oder Ende)**

  Buchen Ihre Mitarbeiter bei Dienstgangbeginn und -ende die gleiche Zeitereignisart, z. B. P03 (Dienstgangbeginn oder -ende), legen Sie durch den Verarbeitungszustand A11 fest, wie das SAP-System diese Zeitereignisse zu Paaren zusammenfassen soll.

  Die Bedeutungen der möglichen Ausprägungen für den Returncode X sind:

  - » « (blank): Die Zeitereignisse werden in einer logischen Reihenfolge verbucht.

- »1«: Es werden logische Paare gebildet. Das heißt, dass zunächst der Anwesenheitszustand des Mitarbeiters ermittelt wird. Das folgende Zeitereignis wird dementsprechend als Dienstgangbeginn oder Dienstende interpretiert.

- **C01 (Mitarbeiter ist abwesend und meldet 'Dienstgang Ende')**
  Der Verarbeitungszustand C01 wird als Programmschritt durchlaufen, wenn ein Mitarbeiter das Ende eines Dienstgangs bucht, obwohl er aktuell im System nicht als anwesend ermittelt werden kann. Die Standardreaktion des SAP-Systems ist, dass diese Situation durch eine Verarbeitung in der Zeitauswertung abgefangen werden muss, indem das von der Paarbildung erzeugte Paar ohne Beginn-Uhrzeit automatisch abgegrenzt wird. Sie können alternativ durch die Verwendung des Returncodes 1 bewirken, dass die Paarbildung mit einem Fehler die Zeitauswertung beendet.

  Die Bedeutungen der möglichen Ausprägungen für den Returncode X sind:
  - » « (blank): Es wird ein Paar ohne Beginn gebildet, das in der Zeitauswertung verarbeitet werden muss.
  - »1«: Die Zeitauswertung bricht ab und gibt einen Fehler aus.

- **C02 (Mitarbeiter ist abwesend und meldet 'Gehen')**
  Der Verarbeitungszustand C02 wird als Programmschritt durchlaufen, wenn ein Mitarbeiter das Zeitereignis **Gehen** bucht, obwohl er aktuell im System als abwesend ermittelt wird. Möchten Sie eine solche Situation nicht durch eine Verarbeitung in der Zeitauswertung abfangen und das von der Paarbildung in diesem Schritt erzeugte Paar ohne Beginn-Uhrzeit automatisch abgrenzen, können Sie durch die Verwendung des Returncodes 1 bewirken, dass die Paarbildung mit einem Fehler die Zeitauswertung beendet.

  Die Bedeutungen der möglichen Ausprägungen für den Returncode X sind:
  - » « (blank): Es wird ein Paar mit dem Status **2** ohne Beginn-Uhrzeit gebildet, das in der Zeitauswertung verarbeitet werden muss.
  - »1«: Die Zeitauswertung bricht ab und gibt einen Fehler aus.

- **C03 (Mitarbeiter ist abwesend und meldet 'Dienstgang Beginn')**
  Der Verarbeitungszustand C03 wird als Programmschritt durchlaufen, wenn ein Mitarbeiter den Beginn eines Dienstgangs bucht, obwohl er aktuell im System als abwesend ermittelt wird. Möchten Sie eine solche Situation nicht durch eine Verarbeitung in der Zeitauswertung abfangen und das von der Paarbildung in diesem Schritt erzeugte Paar ohne Beginn-Uhrzeit automatisch abgrenzen, können Sie durch die Verwendung des Returncodes 1 bewirken, dass die Paarbildung mit einem Fehler die Zeitauswertung beendet.

Die Bedeutungen der möglichen Ausprägungen für den Returncode X sind:

- » « (blank): Es wird ein Paar mit dem Status **2** ohne Beginn-Uhrzeit gebildet, das in der Zeitauswertung verarbeitet werden muss.
- »1«: Die Zeitauswertung bricht ab und gibt einen Fehler aus.

- **C04 (Mitarbeiter ist abwesend und meldet 'Dienstgang – Beginn oder Ende')**

  Der Verarbeitungszustand C04 wird als Programmschritt durchlaufen, wenn ein Mitarbeiter den Beginn oder das Ende (z. B. mit Zeitereignisart P03 (Dienstgangbeginn oder -ende) eines Dienstgangs bucht, obwohl er aktuell im System als abwesend ermittelt wird. Möchten Sie eine solche Situation nicht durch eine Verarbeitung in der Zeitauswertung abfangen und das von der Paarbildung in diesem Schritt erzeugte Paar ohne Beginn-Uhrzeit automatisch abgrenzen, können Sie durch die Verwendung des Returncodes 1 bewirken, dass die Paarbildung mit einem Fehler die Zeitauswertung beendet.

  Die Bedeutungen der möglichen Ausprägungen für den Returncode X sind:

  - » « (blank): Es wird ein Paar mit dem Status **7** ohne Beginn-Uhrzeit gebildet, das in der Zeitauswertung verarbeitet werden muss.
  - »1«: Die Zeitauswertung bricht ab und gibt einen Fehler aus.

- **C05 (Mitarbeiter ist abwesend und meldet 'Beginn Pause')**

  Der Verarbeitungszustand C05 wird als Programmschritt durchlaufen, wenn ein Mitarbeiter den Beginn einer Pause bucht, obwohl er aktuell im System als abwesend ermittelt wird. Möchten Sie eine solche Situation nicht durch eine Verarbeitung in der Zeitauswertung abfangen und das von der Paarbildung in diesem Schritt erzeugte Paar ohne Beginn-Uhrzeit automatisch abgrenzen, können Sie durch die Verwendung des Returncodes 1 bewirken, dass die Paarbildung mit einem Fehler die Zeitauswertung beendet.

  Die Bedeutungen der möglichen Ausprägungen für den Returncode X sind:

  - » « (blank): Es wird ein Paar mit dem Status **2** ohne Beginn-Uhrzeit gebildet, das in der Zeitauswertung verarbeitet werden muss.
  - »1«: Die Zeitauswertung bricht ab und gibt einen Fehler aus.

- **C11 (Mitarbeiter ist anwesend und meldet 'Kommen')**

  Der Verarbeitungszustand C11 wird als Programmschritt durchlaufen, wenn ein Mitarbeiter ein Kommen bucht, obwohl er aktuell im System als anwesend ermittelt wird. Möchten Sie in dieser Situation nicht, dass die Zeitauswertung mit einem Fehler beendet wird, können Sie dies durch die Verwendung des Returncodes 1 verhindern.

  Die Bedeutungen der möglichen Ausprägungen für den Returncode X sind:

  - » « (blank): Die Zeitauswertung bricht ab und gibt einen Fehler aus.
  - »1«: Es wird ein Paar gebildet, und die Zeitauswertung wird fortgesetzt. Der Anwesenheitszustand bleibt für den Mitarbeiter unverändert.

- **C12 (Mitarbeiter ist anwesend und meldet 'Dienstgang Ende')**
  Der Verarbeitungszustand C12 wird als Programmschritt durchlaufen, wenn ein Mitarbeiter das Ende eines Dienstgangs bucht, obwohl er aktuell im System als anwesend ermittelt wird. Möchten Sie in dieser Situation nicht, dass die Zeitauswertung mit einem Fehler beendet wird, können Sie dies durch die Verwendung des Returncodes 1 verhindern.

  Die Bedeutungen der möglichen Ausprägungen für den Returncode X sind:

  - » « (blank): Die Zeitauswertung bricht ab und gibt einen Fehler aus.
  - »1«: Es wird ein Paar gebildet, und die Zeitauswertung wird fortgesetzt. Der Anwesenheitszustand bleibt für den Mitarbeiter unverändert.

- **C21 (Mitarbeiter ist auf Dienstgang und meldet 'Kommen')**
  Der Verarbeitungszustand C21 wird als Programmschritt durchlaufen, wenn ein Mitarbeiter die Zeitereignisart **Kommen** oder **Gehen** bucht, obwohl er aktuell im System als auf Dienstgang ermittelt wird. Möchten Sie in dieser Situation, dass die Zeitauswertung mit einem Fehler beendet wird, können Sie dies durch die Verwendung des Returncodes 1 erreichen. Alternativ wird die Kommen- oder Gehen-Buchung als Kommen interpretiert, das Dienstgangzeitpaar beendet und die Zeitauswertung fortgesetzt.

  Die Bedeutungen der möglichen Ausprägungen für den Returncode X sind:

  - » « (blank): Der Dienstgang wird abgegrenzt, und die Buchung wird als Kommen interpretiert. Die Zeitauswertung wird fortgesetzt.
  - »1«: Die Zeitauswertung bricht ab und gibt einen Fehler aus.

- **C22 (Mitarbeiter ist auf Dienstgang und meldet 'Gehen')**
  Der Verarbeitungszustand C22 wird als Programmschritt durchlaufen, wenn ein Mitarbeiter das Zeitereignis **Gehen** bucht, obwohl er sich aktuell auf einem Dienstgang befindet. Möchten Sie in dieser Situation nicht, dass die Zeitauswertung mit einem Fehler beendet wird, können Sie dies durch die Verwendung des Returncodes 1 verhindern.

  Die Bedeutungen der möglichen Ausprägungen für den Returncode X sind:

  - » « (blank): Die Zeitauswertung bricht ab und gibt einen Fehler aus.
  - »1«: Die Gehen-Buchung grenzt den Dienstgang ab, und die Zeitauswertung wird fortgesetzt.

- **C31 (Mitarbeiter ist in Pause und meldet 'Kommen')**
  Der Verarbeitungszustand C31 wird als Programmschritt durchlaufen, wenn ein Mitarbeiter das Zeitereignis **Kommen** bucht, obwohl er sich aktuell in der Pause befindet. Möchten Sie in dieser Situation, dass die Zeitauswertung mit einem Fehler beendet wird, können Sie dies durch die Verwendung des Returncodes 1 erreichen.

Die Bedeutungen der möglichen Ausprägungen für den Returncode X sind:

- » « (blank): Die Kommen-Buchung grenzt die Pause ab, und die Zeitauswertung wird fortgesetzt. Der Anwesenheitszustand ändert sich in **anwesend**.
- »1«: Die Zeitauswertung bricht ab und gibt einen Fehler aus.
- **F03 (Kontierung fehlt)**
  Wenn für ein Zeitereignis eine Kontierung erwartet wird, diese aber nicht vorhanden ist, legen Sie durch die Verarbeitungszustände F03 fest, ob eine Kontierungsinformation aus der Vergangenheit für den zu generierenden Lohnschein übernommen werden soll.
- Die Bedeutungen der möglichen Ausprägungen für den Returncode X sind:
- » « (blank): Es wird kein Lohnschein generiert.
- »1«: Es wird in der Vergangenheit nach einer Kontierung gesucht, mit der ein Lohnschein erstellt werden kann. Im Verarbeitungszustand F04 können Sie festlegen, wie viele Tage die Suche umfassen soll. Wird innerhalb dieser Zeitspanne keine Kontierung gefunden, wird kein Lohnschein eröffnet.

- **F04 (Kontierung fehlt: Suchtiefe)**
  Mit dem Returncode X legen Sie fest, wie viele Tage die Suche im Verarbeitungszustand F03 umfassen soll. Geben Sie einen zweistelligen Wert an.
- **F07 (Zeitereignis trifft auf schon mit Daten gefüllten Lohnschein)**
  Existiert für einen Mitarbeiter bereits ein gültiger Lohnschein, und der Mitarbeiter bucht ein Zeitereignis, durch das ein weiterer Lohnschein erzeugt werden soll, wird der Verarbeitungszustand F07 durchlaufen. Durch die Vorgabe eines Returncodes legen Sie fest, wie das System reagieren soll.

  Die Bedeutungen der möglichen Ausprägungen für den Returncode X sind:
  - » « (blank): Es wird kein Lohnschein generiert und eine Fehlermeldung ausgegeben.
  - »1«: Es wird ein neuer Lohnschein generiert, für den nur in die leeren Felder die Daten aus dem aktuellen Zeitereignis übernommen werden. Alle anderen Informationen werden aus dem bereits vorhandenen Lohnschein beibehalten.
  - »2«: Es wird ein neuer Lohnschein generiert, für den die Daten aus dem aktuellen Zeitereignis übernommen werden.
- **F08 (Ermittlung der Produktiv-, Rüst- und Maschinenzeit)**
  Der Verarbeitungszustand F08 legt fest, ob die Produktiv-, Rüst- und Maschinenzeit ermittelt werden und ob bei deren Ermittlung Pausen abgezogen werden sollen. Wenn die Pausen abgezogen werden sollen, werden sie aus dem Pausenmodell des Tagesarbeitszeitplans ermittelt.

Die Bedeutungen der möglichen Ausprägungen für den Returncode X sind:

- »0«: Es wird keine Produktivzeit berechnet.
- »1«: Die Produktivzeit wird berechnet, und es erfolgt kein Pausenabzug gemäß des Tagesarbeitszeitplans. Die Pausen müssen gestempelt werden.
- »2«: Die Produktivzeit wird berechnet, und der Pausenabzug erfolgt gemäß Tagesarbeitszeitplan.

Die Bedeutungen der möglichen Ausprägungen für den Returncode Y sind:

- »0«: Es wird keine Rüstzeit berechnet.
- »1«: Die Rüstzeit wird berechnet, und es erfolgt kein Pausenabzug gemäß dem Tagesarbeitszeitplan. Die Pausen müssen gestempelt werden.
- »2«: Die Rüstzeit wird berechnet, und der Pausenabzug erfolgt gemäß dem Tagesarbeitszeitplan.

Die Bedeutungen der möglichen Ausprägungen für den Returncode Z sind:

- »0«: Es wird keine Maschinenzeit berechnet.
- »1«: Die Maschinenzeit wird berechnet, und es erfolgt kein Pausenabzug gemäß dem Tagesarbeitszeitplan. Die Pausen müssen gestempelt werden.
- »2«: Die Maschinenzeit wird berechnet, und der Pausenabzug erfolgt gemäß dem Tagesarbeitszeitplan.

- **G01 (Verbuchung der Lohnscheine)**

  Durch die Einstellungen für den Verarbeitungszustand G01 legen Sie fest, ob Lohnscheine, die aus Zeitereignissen generiert wurden, in den Leistungslohn gebucht werden oder nicht.

  Die Bedeutungen der möglichen Ausprägungen für den Returncode X sind:

  - »0«: Es erfolgt keine Verbuchung der Lohnscheine in den Leistungslohn.
  - »1«: Die Zeitauswertung generiert Lohnscheine für den Leistungslohn.
  - »2«: Sowohl die Zeitauswertung als auch die Verbuchung von Zeitereignissen generieren Lohnscheine für den Leistungslohn.

- **G02 (Bereitstellung von Istzeiten für die Logistik)**

  Sie können von der Zeitauswertung ermittelte Istzeiten an die SAP-Logistik-Komponente übergeben. Über die Einstellungen zum Verarbeitungszustand G02 legen Sie fest, ob und wann Lohnscheine aus der Zeitauswertung in den Leistungslohn verbucht werden.

  Die Bedeutungen der möglichen Ausprägungen für den Returncode X sind:

  - »0«: Es werden keine Lohnscheine in den Leistungslohn verbucht.
  - »1«: Die Lohnscheine werden nur aus der Zeitauswertung verbucht.
  - »2«: Sowohl die Zeitauswertung als auch die Verbuchung von Zeitereignissen buchen die generierten Lohnscheine in den Leistungslohn.

- **L00 (Wiederholte Verbuchung von Arbeitszeitereignissen)**
  Dieser Verarbeitungszustand ist obsolet und wird deshalb hier nicht beschrieben.

Zu nahezu allen Verarbeitungszuständen existieren Erweiterungsmöglichkeiten in Form von User-Exits und/oder BAdI-Implementierungen. Mit diesen können Sie weiterführende Anforderungen realisieren.

Unserer Erfahrung nach sind insbesondere im Zusammenhang mit Schichtarbeit sowie Zeit- und Leistungslohn die Steuerungsoptionen der Tabelle T705B (Verarbeitungszustände BDE) unter Umständen schnell erschöpft. Die angesprochenen Exits und BAdIs ermöglichen in solchen Fällen eine kundeneigene Anpassung (siehe dazu auch den Anhang B).

Im nächsten Abschnitt erfahren Sie, wie Sie festlegen können, wie weit in die Vergangenheit die Paarbildung zu Beginn der Zeitauswertung rückwirkend durchgeführt wird.

Um zu verhindern, dass alte Daten immer wieder aufs Neue geändert werden, sollten Sie eine Rückrechnungstiefe festlegen. Dadurch vermeiden Sie, dass die Zeitdaten ständig neu bewertet werden und Änderungen in der Entgeltabrechnung nach sich ziehen.

Die Rückrechnungstiefe können Sie im SAP-System auf verschiedene Arten festlegen. Entweder definieren Sie strukturelle Einheiten, für die eine gemeinsame Rückrechnungstiefe festgelegt wird, oder Sie legen die Rückrechnungstiefe individuell je Mitarbeiter im Infotyp 0003 (Abrechnungsstatus) fest.

Wenn Sie sich für die strukturelle – also mitarbeiterübergreifende – Festlegung entscheiden, müssen Sie zunächst über das Merkmal TIMMO einen Modifikator für den Zugriff auf die Tabelle T569R (Rückrechnungstiefen Zeitwirtschaft) vergeben. In diesem Merkmal können Sie auf die organisatorischen Merkmale **Buchungskreis**, **Personalbereich**, **Personalteilbereich**, **Mitarbeitergruppe**, **Mitarbeiterkreis** und **Ländergruppierung** Ihrer Mitarbeiter zugreifen, um für diese bei Bedarf jeweils unterschiedliche Modifikatoren zu vergeben. In der Tabelle T569R werden vier verschiedene Rückrechnungstypen vergeben: **Leistungslohn** (01), **Zeitauswertung** (02), **Zeitnachweis** (03) und **Paarbildung** (04). Im Merkmal TIMMO legen Sie einen Modifikator fest, der für alle Rückrechnungstypen gilt. Sie vergeben im Merkmal TIMMO z. B. für den Personalbereich 1600 (iCon Frankfurt) den Wert »03« (siehe Abbildung 8.1).

Zeile	Variables Argument	F	D	Operationen
000010			D	WERKS
000020	****			&TIMMO=01, ALLE ANDEREN
000030	1600			&TIMMO=03, I/CON FRANKFURT

Abbildung 8.1 Merkmal TIMMO

Sie können nun in der Tabelle T569R für jeden Rückrechnungstyp unter dem Modifikator 03 unterschiedliche Rückrechnungstiefen festlegen. Die Pflegesicht dieser Tabelle erreichen Sie im SAP-Easy-Access-Menü unter **Personal • Personalzeitwirtschaft • Administration • Einstellungen**.

Abbildung 8.1 zeigt, dass für alle Mitarbeiter, die dem Personalbereich 1600 angehören, im Merkmal TIMMO der Modifikator 03 vergeben wurde. In Abbildung 8.2 sehen Sie, dass in der Tabelle T569R für den Rückrechnungstyp 02 (Zeitauswertung) für diese Mitarbeiter das Datum 01.07.2011 als tiefstes Rückrechnungsdatum festgelegt ist.

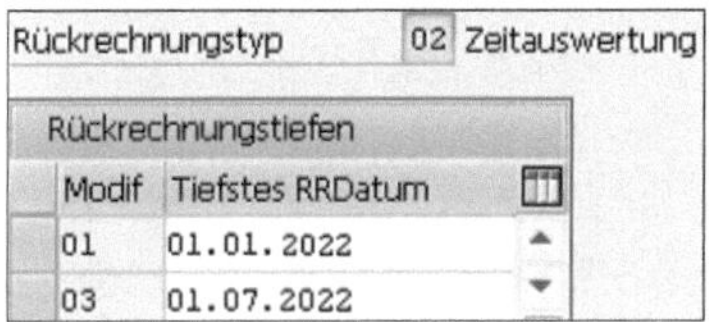
Rückrechnungstyp 02 Zeitauswertung

Rückrechnungstiefen

Modif	Tiefstes RRDatum
01	01.01.2022
03	01.07.2022

Abbildung 8.2 Tabelle T569R (Sicht V_T569R) – Rückrechnungstyp »Zeitauswertung«

In Abbildung 8.3 erkennen Sie, dass für den Rückrechnungstyp 03 (Zeitnachweis) für die Mitarbeiter aus dem Personalbereich 1600 das tiefste Rückrechnungsdatum auf den 01.06.2011 festgelegt ist.

Rückrechnungstyp 03 Zeitnachweis

Rückrechnungstiefen

Modif	Tiefstes RRDatum
01	01.01.2022
03	01.06.2022

Abbildung 8.3 Tabelle T569R (Sicht V_T569R) – Rückrechnungstyp »Zeitnachweis«

Die individuelle Festlegung der Rückrechnungstiefe nehmen Sie im Infotyp 0003 (Abrechnungsstatus) vor (siehe Abbildung 8.4).

Zeitauswertung

Pers.tiefste Rückr	01.07.2022
Rückrechn.BDE	01.01.2022
☐ BDE-Fehlerknz	

Abbildung 8.4 Infotyp 0003 (Abrechnungsstatus) – Block »Zeitauswertung«

Im Feld **Pers. Tiefste Rückr** (Persönliche tiefste Rückrechnung) legen Sie fest, bis zu welchem Datum die Rückrechnung maximal in die Vergangenheit stattfinden kann. Im Feld **Rückrechn.BDE** (Rückrechnung BDE) ist die notwendige Rückrechnungstiefe für die Zeitauswertung gespeichert. Liegt in den Zeitauswertungsergebnissen ein noch nicht verarbeiteter Fehler vor, ist das Feld **BDE-Fehlerknz** (BDE-Fehlerkennzeichen) markiert. Die beiden letztgenannten Felder werden durch die Zeitauswertung aktualisiert und können nur in Einzelfällen manuell verändert werden.

Rückrechnungstiefe

Die Einstellungen, die Sie in der Tabelle T569R zur Begrenzung der Rückrechnungstiefen vornehmen, sind Customizing-Einstellungen. Jede Änderung unterliegt damit dem Transportmanagement. Sollte es in Ihrem Unternehmen häufiger vorkommen, dass in Einzelfällen weiter zurückgerechnet werden muss, ist eine individuelle Festlegung der Rückrechnungstiefe im Infotyp 0003 (Abrechnungsstatus) möglicherweise die bessere Option. Diese Einstellung können Sie per kundeneigenem Report für alle davon betroffenen Mitarbeiter einstellen und bei Bedarf individuell ändern.

Nutzen Sie beide Verfahren kombiniert, wird das jeweils höhere Datum in der Zeitauswertung herangezogen. Wenn Sie nur sicherstellen möchten, dass bestimmte Anwender oder Anwendergruppen nicht beliebig weit in der Vergangenheit Daten der Zeitwirtschaft ändern, empfehlen wir Ihnen, den Infotyp 0130 (Prüfverfahren) einzusetzen.

Leider liefert SAP unseres Wissens nur einen Standardreport in englischer Version (RPUTRBK0), der das maschinelle Setzen des Datums für die persönliche Rückrechnungstiefe ermöglicht. Alternativ können Sie einen kundeneigenen Report dafür erstellen.

Im Anschluss an die bisher beschriebene programminterne Bildung von Zeitpaaren und die Zuordnung von Zeitereignissen zu Tagen erfolgt die Zeitauswertung in Form der Verarbeitung des Zeitauswertungsschemas. Einer der ersten Schritte in der Zeitauswertung ist die Auswertung der Fehler aus der Paarbildung in den Personalrechenregeln. Diese beschreiben wir im nächsten Abschnitt.

8.2 Fehler aus der Paarbildung/Tageszuordnung

Fehler, die bei der Paarbildung oder Tageszuordnung entstehen, werden zur Ausgabe im Protokoll der Zeitauswertung in einer internen Fehlertabelle gespeichert und durch die Zeitauswertungsfunktion PERT (Bearbeiten der Fehlertabelle PERT) ausgegeben. Die Funktion können Sie optional mit einer Rechenregel aufrufen, die Sie im Zeitauswertungsschema unter dem Parameter 1 angeben müssen. Im Auslieferungszustand des Schemas TM00 wird die Funktion PERT unter der Verwendung der Personalrechenregel TD20 aufgerufen (siehe Abbildung 8.5). Sie können die Funktion jedoch auch ohne Angabe einer Personalrechenregel aufrufen. In diesem Fall bricht die Zeitauswertung bei einem Fehler in der Paarbildung ab. Die erzeugte Fehlermeldung wird in der Fehlertabelle der Zeitauswertungsergebnisse (Cluster B2) gespeichert. Sie können diese z. B. mit dem Report RPTERL00 (Anzeigen von Zeitauswertungsmeldungen) auswerten.

000180	BLOCK	BEG						Bereitstellen der Zeitdaten
000190	IF		NOT	SIMF				Keine Simulation in die Zukunft
000200	PERT	TD20						Auswertung Fehler aus Paarbildung
000210	P2011							Bereitstellen Zeitpaare und TagesAZP

Abbildung 8.5 Zeitauswertungsfunktion PERT mit der Rechenregel TD20 im Schema TM00 aufrufen

Die Funktion PERT stellt der aufgerufenen Rechenregel TD20 die in der Paarbildung und Tageszuordnung ermittelten Fehler in der internen Tabelle ert_for_rule zur Verfügung (siehe Abbildung 8.6). In der Rechenregel können Sie nach Fehlertyp oder Fehlernummer unterscheiden, wenn Sie unterschiedliche Systemreaktionen wünschen. Anschließend werden die so verarbeiteten Meldungen durch die Funktion PERT in die interne Tabelle FEHLER zur weiteren Verarbeitung in der Zeitauswertung weitergereicht. In der Standardausprägung der Rechenregel werden alle ermittelten Fehler in das Protokoll der Zeitauswertung übergeben. Die Zeitauswertung wird für den Mitarbeiter beendet, weil alle Fehler in der Personalrechenregel TD20 mit dem Abbruchkennzeichen **E** (= ERROR) ausgegeben werden und damit die Zeitauswertung für den Mitarbeiter beendet wird.

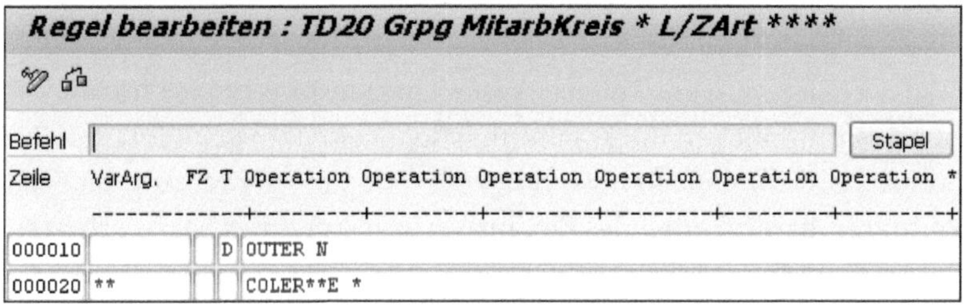

Regel bearbeiten : TD20 Grpg MitarbKreis * L/ZArt ****

Befehl | Stapel

```
Zeile   VarArg.  FZ T Operation Operation Operation Operation Operation Operation *
        ------------+---------+---------+---------+---------+---------+---------+
000010              D OUTER N
000020  **            COLER**E *
```

Abbildung 8.6 Personalrechenregel TD20 (Verarbeitung der Fehler aus der Paarbildung)

Alle Fehler in der Paarbildung führen demnach noch vor der Bereitstellung der Zeitdaten zu einem Abbruch der Zeitauswertung. Aus diesem Grund sollten Sie in jedem Zeitauswertungsschema die Funktion PERT zu Beginn der Verarbeitung verwenden.

Sollen bestimmte Fehler aus der Paarbildung nicht zu einem Abbruch führen, oder soll ein vom SAP-Standard abweichender Fehlertext ausgegeben werden, können Sie dies durch den Aufruf einer kundeneigenen Rechenregel realisieren. In dieser Rechenregel können Sie für den entsprechenden Fehler eine eigene Verarbeitung durch die Operation COLER umsetzen (siehe Abbildung 8.7). In dieser Abbildung sehen Sie, dass durch die Operation OUTER N die Meldungsart des aktuell zu verarbeitenden Fehlers abgefragt wird. Fehler mit der Meldungsart 36 werden durch die Operation COLERZ1E unter einer neuen Meldungsart, nämlich Z1, weitergereicht. Auf diese Weise wurde realisiert, dass nicht der Standardtext der Meldung 36 in der Zeitauswertung ausgegeben wird, sondern ein kundenspezifischer Meldungstext mit der Meldungsart Z1.

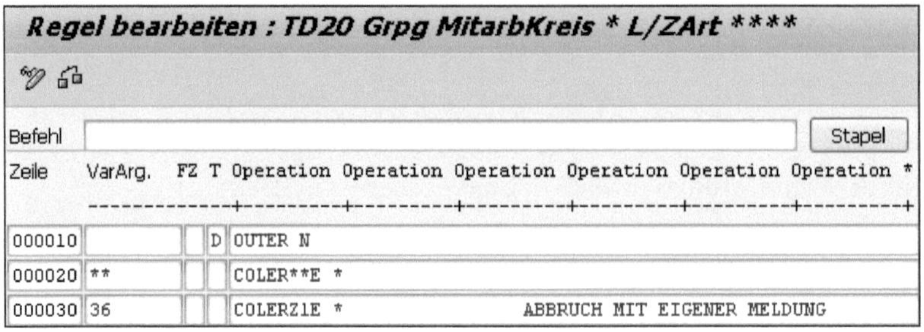

```
Regel bearbeiten : TD20 Grpg MitarbKreis * L/ZArt ****

Befehl                                                    Stapel
Zeile   VarArg.  FZ T Operation Operation Operation Operation Operation Operation *
                 ------------+---------+---------+---------+---------+---------+---------+
000010              D OUTER N
000020  **            COLER**E *
000030  36            COLERZ1E *               ABBRUCH MIT EIGENER MELDUNG
```

Abbildung 8.7 Personalrechenregel ZD20 (Aufruf mit der Funktion PERT zur Ausgabe einer kundeneigenen Fehlermeldung)

Sie können verhindern, dass die Zeitauswertung bei der Verarbeitung von bestimmten Meldungsarten abbricht, indem Sie bei der Operation COLER den Parameter 2 (Abbruchkennzeichen) nicht mit einem »E« belegen, wie in Abbildung 8.7, sondern mit den Werten »F«, »I« oder »blank«. In diesen Fällen wird die Zeitauswertung fortgesetzt. Ob dies sinnvoll ist, müssen Sie im Einzelfall entscheiden.

8.3 Fazit

Nachdem die Zeitauswertung nun aus Zeitereignissen mindestens bis zur notwendigen und maximal bis zur möglichen Rückrechnungstiefe Zeitpaare gebildet und diese hinsichtlich ihrer Konsistenz geprüft hat, erfolgt die weitere Verarbeitung der Zeitdaten im Block **Zeitdaten bereitstellen** des Zeitauswertungsschemas. Dazu erfahren Sie mehr im nächsten Kapitel.

Häufig erschließt sich die Funktionsweise der in diesem Kapitel beschriebenen Verarbeitungsprozesse, die vor den im Protokoll nachvollziehbaren Schritten der Zeitauswertung durchlaufen werden, nicht auf den ersten Blick. Oft wird erst bei der konkreten Suche nach Fehlern in diesem Bereich klar, wie durch die Parameter der Verarbeitungszustände Einfluss auf die Verarbeitung genommen werden kann. In vielen Projekten ist in diesem Bereich keine Anpassung notwendig, oder es treten erst im Produktivbetrieb Konstellationen auf, die Eingriffe an dieser Stelle notwendig werden lassen. Beschäftigen Sie sich in einem frühen Stadium Ihrer Zeitwirtschaftsprojekte mit diesem Thema, und machen Sie sich mit der Funktionsweise der Verarbeitungszustände vertraut. Dadurch werden Sie ein besseres Verständnis für die beschriebenen Prozesse entwickeln, das Ihnen hilft, die Ursachen von Paarbildungs- oder Zuordnungsfehlern schneller zu identifizieren.

Kapitel 9
Zeitdaten bereitstellen

Für eine korrekte Zeitauswertung müssen Sie alle relevanten Zeitdaten bereitstellen. Dazu gehören der Arbeitszeitplan und die Zeitereignisse, Abwesenheiten und Anwesenheiten, Vertretungen und gegebenenfalls Informationen zur Kurzarbeit. Wir stellen Ihnen im Folgenden die einzelnen Zeitdaten genauer vor.

9

In diesem Kapitel beschreiben wir die Zeitdaten, die Sie dem Zeitauswertungstreiber RPTIME00 zur Verfügung stellen müssen. Sie erfahren, welche Funktionen erforderlich sind, um diese Zeitdaten verarbeiten zu können.

Zunächst stellen wir Ihnen die Rahmendaten wie Arbeitszeit- und Pausenpläne sowie Zeitereignisse genauer vor. In den folgenden Abschnitten widmen wir uns den manuell zu erfassenden Eingaben wie Abwesenheiten und Anwesenheiten. Schließlich gehen wir noch auf die Kurzarbeit ein und zeigen Ihnen, wie Sie die Zeitdaten überprüfen können. Wir besprechen das zugehörige Customizing, stellen Ihnen Funktionen für das Zeitauswertungsschema vor und zeigen Ihnen die dazugehörigen Personalrechenregeln.

9.1 Arbeitszeitplan und Zeitereignisse

In diesem Abschnitt erfahren Sie, was Sie festlegen müssen, um die Rahmendaten (Arbeitszeitpläne und Zeitereignisse) einlesen zu können. Aus den Informationen des Tagesarbeitszeitplans werden Intervalle gebildet und mit Zeitkennungen versehen. Dies sind z. B. Sollzeit, Überzeit, Kernzeit und Pause. Die derart ermittelten Zeitintervalle werden in der internen Tabelle TZP (Sollzeiten) gespeichert. Die interne Tabelle TIP (Istzeiten) enthält Zeitintervalle mit Informationen, die aus den Zeitbuchungen (Kommen und Gehen) sowie aus gegebenenfalls manuell erfassten Daten wie Anwesenheiten oder Abwesenheiten resultieren. Beide Tabellen TZP und TIP werden überlagert und ergeben im Ergebnis eine neue Tabelle TIP mit neuen Zeitintervallen, wobei die Zeitkennungen der Tabelle TZP als Zeitkennung in die Tabelle TIP für gleiche Zeitintervalle übernommen werden. Damit beschreibt die Zeitkennung die einzelnen Zeitintervalle in ihrer Lage zum Tagesarbeitszeitplan. Die Zeitkennung wird in der Zeitauswertung und in der Zeitdatenverarbeitung der Abrechnung verwendet. Sie beschreibt die Eigenschaft jedes Zeitpaares.

Im Customizing-Leitfaden gelangen Sie über den Pfad **Personalzeitwirtschaft • Zeitauswertung • Zeitauswertung uhrzeitbasiert • Bereitstellen der Zeitdaten** in die Bearbeitung der Zeitdaten.

In den folgenden Abschnitten lernen Sie die einzelnen Arbeitsschritte kennen.

9.1.1 Einzulesende Arbeitspausen festlegen

Im Arbeitsschritt **Einzulesende Arbeitspausen festlegen** können Sie Regeln festlegen, die bestimmen, welche Pausen des Arbeitspausenplans von der Zeitauswertung eingelesen werden sollen. Standardmäßig werden alle Pausen des zum Tagesarbeitszeitplan gehörigen Arbeitspausenplans eingelesen.

Sie können aber auch festlegen, dass z. B. in der Zeitauswertung nur Pausen innerhalb der Sollarbeitszeiten oder mit einem bestimmten Pausentyp berücksichtigt werden sollen. Dazu müssen Sie den *Pausen*, die Sie unter bestimmten Bedingungen einlesen möchten, in der Sicht V_T550P (Tabelle T550P) einen Pausentyp zuordnen. Anschließend können Sie Ihre einzulesenden Pausen anhand dieses Pausentyps filtern, indem Sie in Ihr Zeitauswertungsschema die Regel TD00 oder eine daraus kopierte Regel einfügen. Fügen Sie diese Regel im Block zwischen den Funktionen BDAY und EDAY und vor dem Einlesen des Tagesarbeitszeitplans (Funktionen P2000 bzw. P2011) in das Schema ein. Sie müssen die Regel mit der Funktion ACTIO aufrufen. Die Regel TD00 setzt ein Kennzeichen für die Pausenverarbeitung und bestimmt, dass nur Pausen innerhalb des Sollarbeitszeitrahmens eingelesen werden. Dies erreichen Sie durch die Operation TFLAG (siehe Abbildung 9.1).

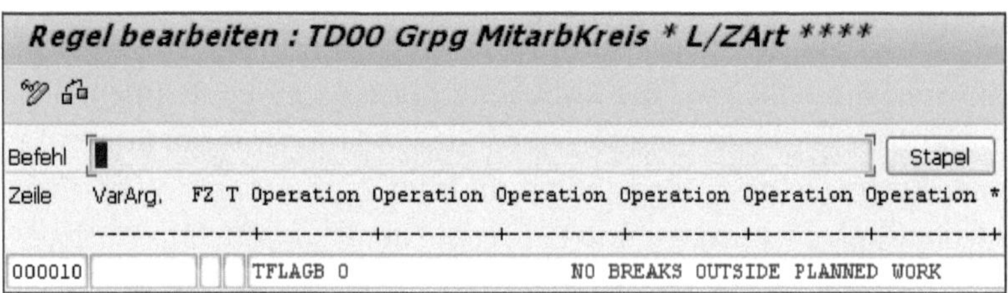

Abbildung 9.1 Regel TD00 (Steuerung der Pausenverarbeitung)

Die Operation TFLAG benötigt zur Verarbeitung eine bestimmte Parameterausprägung, die in diesem Fall B 0 sein muss (keine Pausen außerhalb der Sollarbeitszeit). Weitere Möglichkeiten der Parameterausprägung können Sie in der SAP-Dokumentation der Operation nachlesen. Sie finden diese Regel im Schema TM01.

9.1.2 Arbeitszeitplan und Zeitereignisse einlesen

Im Arbeitsschritt **Arbeitszeitplan und Zeitereignisse einlesen** richten Sie die Funktion P2011 ein, die den Tagesarbeitszeitplan sowie Zeitpaare einliest, die aus den Zeitbuchungen des Tages erzeugt wurden. Diese Funktion rufen Sie im Block zwischen den Funktionen BDAY und EDAY im Schema auf (siehe Abbildung 9.2).

000180	BLOCK	BEG					Bereitstellen der Zeitdaten
000190	IF		NOT	SIMF			Keine Simulation in die Zukunft
000200	PERT	TD20					Auswertung Fehler aus Paarbildung
000210	P2011						Bereitstellen Zeitpaare und TagesAZP

Abbildung 9.2 Funktion P2011 aufrufen

Die Funktion P2011 liest zuerst den aktuellen Tagesarbeitszeitplan (PSP) in die interne Tabelle TZP ein. Dabei werden alle Uhrzeiten dezimalisiert. Anschließend werden die Zeitpaare, die aus den Zeitbuchungen des Tages gebildet wurden, in die interne Tabelle TIP gestellt. Auch hier werden alle Uhrzeiten dezimalisiert. Ein Beispiel für die Verarbeitung durch die Funktion P2011 sehen Sie in Abbildung 9.3.

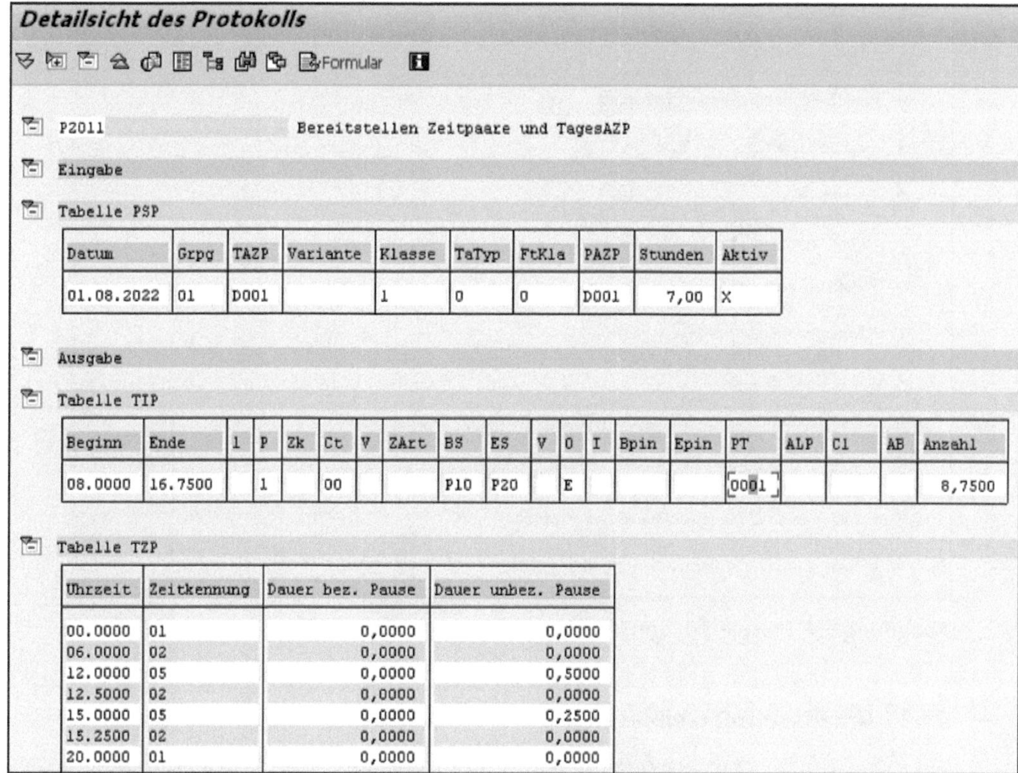

Detailsicht des Protokolls

Formular

P2011 Bereitstellen Zeitpaare und TagesAZP

Eingabe

Tabelle PSP

Datum	Grpg	TAZP	Variante	Klasse	TaTyp	FtKla	PAZP	Stunden	Aktiv
01.08.2022	01	D001		1	0	0	D001	7,00	X

Ausgabe

Tabelle TIP

Beginn	Ende	1	P	Zk	Ct	V	ZArt	BS	ES	V	O	I	Bpin	Epin	PT	ALP	C1	AB	Anzahl
08.0000	16.7500		1		00			P10	P20		E				0001				8,7500

Tabelle TZP

Uhrzeit	Zeitkennung	Dauer bez. Pause	Dauer unbez. Pause
00.0000	01	0,0000	0,0000
06.0000	02	0,0000	0,0000
12.0000	05	0,0000	0,5000
12.5000	02	0,0000	0,0000
15.0000	05	0,0000	0,2500
15.2500	02	0,0000	0,0000
20.0000	01	0,0000	0,0000

Abbildung 9.3 Funktion P2001 aufrufen

Das dargestellte Zeitpaar erhält durch diese Funktion den Paartyp **Anwesenheitspaar** (1 in Spalte **P** der Tabelle TIP) und das Herkunftskennzeichen **Zeitereignis** (**E** in der Spalte **O** der Tabelle TIP). Wenn Sie die Verarbeitung der Zeitpaare verfeinern wollen, stehen Ihnen für diese Funktion verschiedene Parameter zur Verfügung. Die Ausprägung der Parameter und ihre Wirkung entnehmen Sie der Online-Dokumentation zur Funktion P2011.

Viele Informationen zu den Inhalten der internen Tabellen erhalten Sie auch im Protokoll der Zeitauswertung. Positionieren Sie z. B. den Cursor auf den Inhalt der Spalte **1**, und drücken Sie die [F1]-Taste. Jetzt werden Ihnen die möglichen Inhalte der Spalte **1** in der Tabelle TIP angezeigt (siehe Abbildung 9.4).

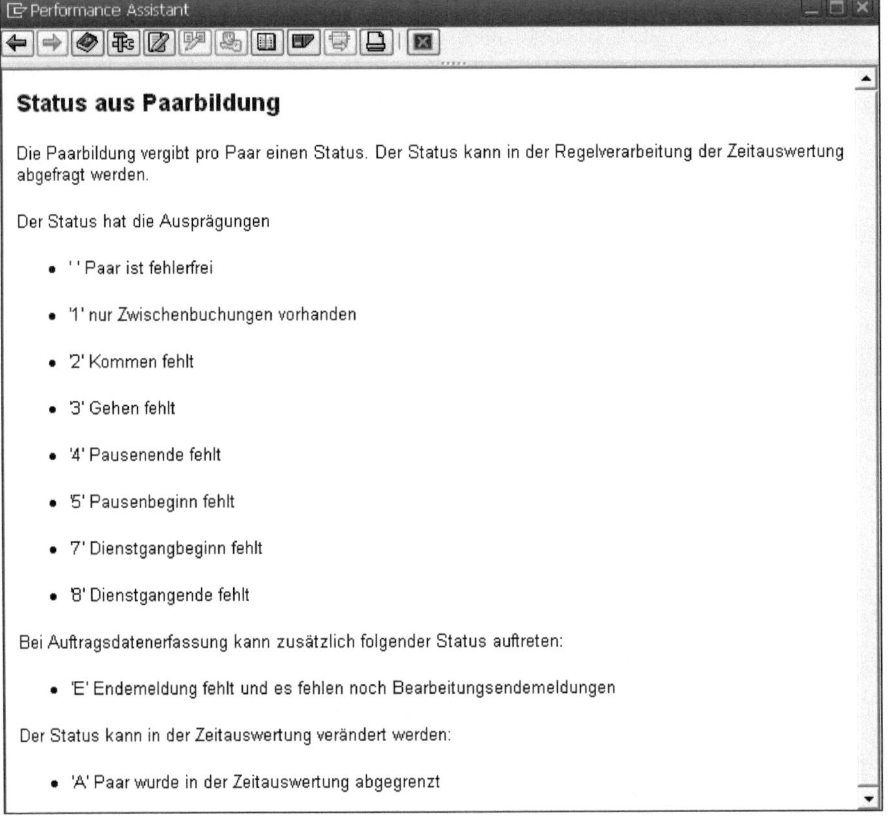

Abbildung 9.4 Beispiel für den Inhalt der Spalte 1 der Tabelle TIP

9.1.3 Arbeitszeitplan einlesen

Eine Variante der Zeitauswertung ist die Verarbeitung ohne Zeitbuchungen. In diesem Fall werden die Zeitpaare aus den Sollarbeitszeitpaaren oder aus den erfassten Anwesenheiten (Infotyp 2002) gebildet.

Diese Vorgehensweise ist dann sinnvoll, wenn Sie alle Anwesenheiten der Mitarbeiter ausschließlich über den Infotyp 2002 (Anwesenheiten) erfassen. In diesem Fall lesen Sie den Tagesarbeitszeitplan ein, generieren aber daraus keine Sollpaare.

Falls Sie nur die Abweichungen vom Tagesarbeitszeitplan erfassen möchten, interpretieren Sie die Sollarbeitszeit als Anwesenheit. Erzeugen Sie daher ein Anwesenheitszeitpaar auf der Grundlage der Sollarbeitszeit, die im Tagesarbeitszeitplan festgelegt wurde. Für diese Fälle nutzen Sie die Funktion P2000 (Tagesarbeitszeitplan einlesen/Zeitpaare aus TAZPL bilden).

[«]

Generierte Sollarbeitszeitpaare auf dem Zeitnachweisformular

Beginn und Ende der generierten Sollarbeitszeitpaare sind normalerweise nicht auf dem Zeitnachweisformular zu sehen. Falls Sie möchten, dass diese Informationen ebenfalls dargestellt werden, verwenden Sie SAVE als vierten Parameter der Funktion P2000.

Informationen zu weiteren Parametern der Funktion P2000 sowie zu den Ausprägungen finden Sie in der Online-Hilfe von SAP.

9.1.4 Dynamische Zuordnung von Tagesarbeitszeitplänen aufgrund von Kommen-Buchungen

Im Normalfall lassen Sie für Ihre Mitarbeiter die Zeitauswertung mit den Arbeitszeitplänen durchführen, die ihnen über den Infotyp 0007 (Arbeitszeit) zugeordnet sind. Sie haben jedoch auch die Möglichkeit, für Ihre Mitarbeiter einen anderen Tagesarbeitszeitplan für die Zeitauswertung heranzuziehen. Bei dieser Vorgehensweise überschreiben Sie den Tagesarbeitszeitplan laut Sollarbeitszeit. Diese Möglichkeit können Sie z. B. nutzen, um Ihrem Mitarbeiter aufgrund seiner Kommen-Buchung einen Spätschicht-Tagesarbeitszeitplan zuzuweisen, obwohl er plangemäß Frühschicht hätte.

[«]

Dynamische Zuordnung von Tagesarbeitszeitplänen

Die dynamische Zuordnung von Tagesarbeitszeitplänen kann nur durchgeführt werden, wenn zu demselben Zeitpunkt keine Vertretung für den Mitarbeiter vorliegt.

Im Einführungsleitfaden gelangen Sie über den Pfad **Personalzeitwirtschaft • Zeitauswertung • Zeitauswertung uhrzeitbasiert • Bereitstellen der Zeitdaten • Arbeitszeitplan und Zeitereignisse • Dynamische Zuordnung aufgrund von Kommen-Buchungen • Tagesarbeitszeitplan dynamisch zuordnen** oder mit Transaktion SM30 (Aufruf View-Pflege) in die Pflege der Sicht V_T552V (Tabelle T552V), siehe Abbildung 9.5.

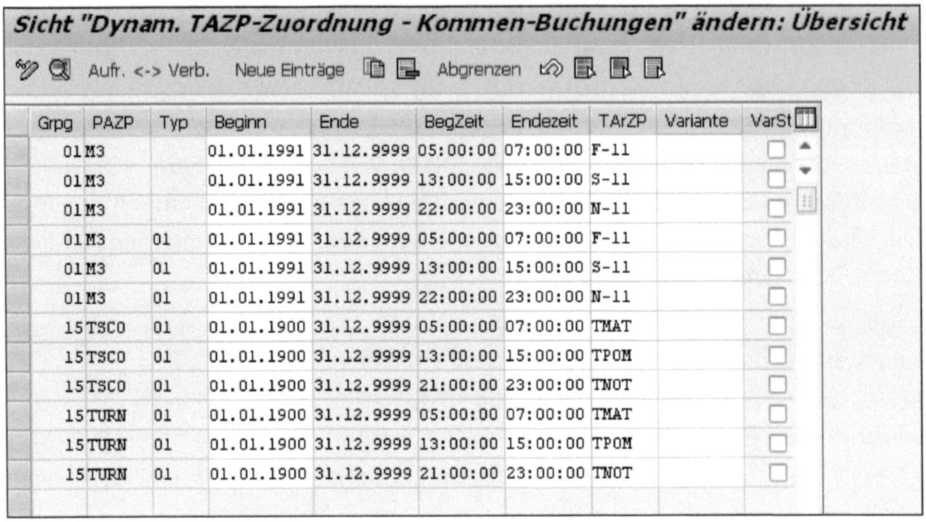

Sicht "Dynam. TAZP-Zuordnung - Kommen-Buchungen" ändern: Übersicht

Aufr. <-> Verb. Neue Einträge Abgrenzen

Grpg	PAZP	Typ	Beginn	Ende	BegZeit	Endezeit	TArZP	Variante	VarSt
01	M3		01.01.1991	31.12.9999	05:00:00	07:00:00	F-11		☐
01	M3		01.01.1991	31.12.9999	13:00:00	15:00:00	S-11		☐
01	M3		01.01.1991	31.12.9999	22:00:00	23:00:00	N-11		☐
01	M3	01	01.01.1991	31.12.9999	05:00:00	07:00:00	F-11		☐
01	M3	01	01.01.1991	31.12.9999	13:00:00	15:00:00	S-11		☐
01	M3	01	01.01.1991	31.12.9999	22:00:00	23:00:00	N-11		☐
15	TSCO	01	01.01.1900	31.12.9999	05:00:00	07:00:00	TMAT		☐
15	TSCO	01	01.01.1900	31.12.9999	13:00:00	15:00:00	TPOM		☐
15	TSCO	01	01.01.1900	31.12.9999	21:00:00	23:00:00	TNOT		☐
15	TURN	01	01.01.1900	31.12.9999	05:00:00	07:00:00	TMAT		☐
15	TURN	01	01.01.1900	31.12.9999	13:00:00	15:00:00	TPOM		☐
15	TURN	01	01.01.1900	31.12.9999	21:00:00	23:00:00	TNOT		☐

Abbildung 9.5 Sicht V_T552V (Teil 1)

Die Prüfung, ob Kommen-Buchungen in vorgegebene Zeitspannen passen, also die dynamische Zuordnung von Tagesarbeitszeitplänen, wird nicht willkürlich vorgenommen. So müssen Sie z. B. festlegen, für welchen Personalteilbereich die dynamische Zuordnung gelten soll. Zu diesem Zweck können Sie die Personalteilbereiche in der Spalte **Grpg** gruppieren. Eine weitere Einschränkung nehmen Sie anhand des Periodenarbeitszeitplans der Mitarbeiter vor. In den Spalten **BegZeit** und **Endezeit** können Sie eine Zeitspanne bestimmen. Sobald eine Kommen-Buchung in dieser Zeitspanne zwischen **BegZeit** und **Endezeit** liegt, wird der Tagesarbeitszeitplan dynamisch zugeordnet, der in der Spalte **TArZP** angegeben ist. Falls Sie für die möglichen dynamischen Zuordnungen Varianten von Tagesarbeitszeitplänen nutzen wollen, geben Sie in der Spalte **Variante** die Variante eines Tagesarbeitszeitplans an.

Durch Scrollen des Bildes nach rechts werden die Spalten **VarSt.** und **OrigVar.** sichtbar (siehe Abbildung 9.6).

Mit der Markierung im Feld **VarSt.** können Sie steuern, ob die Variante des Tagesarbeitszeitplans über die Tabelle `T550X` (Tagesarbeitszeitplanauswahlregel) ermittelt werden soll (siehe Kapitel 1, »Customizing der Arbeitszeitpläne«). Das Feld in der Spalte **OrigVar.** können Sie markieren, wenn die Variante des Tagesarbeitszeitplans aus dem Originaltagesarbeitszeitplan übernommen werden soll.

Mit der Spalte **T...** (Typ) für die Tagesarbeitszeitplanzuordnung können Sie Ihre dynamische Zuordnung weiter verfeinern. Mithilfe einer eigenen Personalrechenregel, die mit dem Befehl `ACTIO` aufgerufen wird, können Sie mit der Operation `MODIF S=nn` den Typ bestimmen, der z. B. aufgrund des Mitarbeiterkreises Ihrer Mitarbeiter gesetzt wird. Dieser wird anschließend in einer Personalrechenregel über den Parameter der Operation DYNDP ausgewertet. Diese Operation ist in der Regel TD30 enthalten (siehe Abbildung 9.7). In dieser Regel wird noch einmal geprüft, ob Vertretungen vorliegen. Falls keine dynamische Tagesarbeitszeitplanzuordnung möglich ist, werden anhand von Returncodes Fehlermeldungen erzeugt.

Sicht "Dynam. TAZP-Zuordnung - Kommen-Buchungen" ändern: Übersicht

Aufr. <-> Verb. Neue Einträge Abgrenzen

G.	Beginn	Ende	BegZeit	Endezeit	T...	Varia...	VarSt.	OrigVar.
01	01.01.1991	31.12.9999	05:00:00	07:00:00	F-11		☐	☐
01	01.01.1991	31.12.9999	13:00:00	15:00:00	S-11		☐	☐
01	01.01.1991	31.12.9999	22:00:00	23:00:00	N-11		☐	☐
01	01.01.1991	31.12.9999	05:00:00	07:00:00	F-11		☐	☐
01	01.01.1991	31.12.9999	13:00:00	15:00:00	S-11		☐	☐
01	01.01.1991	31.12.9999	22:00:00	23:00:00	N-11		☐	☐
15	01.01.1900	31.12.9999	05:00:00	07:00:00	TMAT		☐	☐
15	01.01.1900	31.12.9999	13:00:00	15:00:00	TPOM		☐	☐
15	01.01.1900	31.12.9999	21:00:00	23:00:00	TNOT		☐	☐
15	01.01.1900	31.12.9999	05:00:00	07:00:00	TMAT		☐	☐
15	01.01.1900	31.12.9999	13:00:00	15:00:00	TPOM		☐	☐
15	01.01.1900	31.12.9999	21:00:00	23:00:00	TNOT		☐	☐

Abbildung 9.6 Sicht V_T552V (Teil 2)

Regel bearbeiten : TD30 Grpg MitarbKreis * L/ZArt **

Befehl Stapel

Zeile	VarArg.	FZ	T	Operation Operation Operation Operation Operation Operation *
000010			D	SUBST **
000020	N		D	DYNDP 01 RETCD
000030	N *			
000040	N 2			COLER24
000050	N 3			
000060	N 4			COLER23
000070	N 5			
000080	N 8			
000090	Y			

Abbildung 9.7 Regel TD30

Die Regel TD30 können Sie in eine eigene Regel kopieren. Für diese kopierte Regel können Sie die dynamische Zuordnung von Tagesarbeitszeitplänen abhängig von der organisatorischen Zuordnung der Mitarbeiter oder dem Arbeitstag variabel gestalten.

9.1.5 Dynamische Zuordnung von Tagesarbeitszeitplänen aufgrund von Überlappung Soll/Ist

Eine weitere Möglichkeit ist die Auswertung der Überlappung der Istzeiten mit den Sollvorgaben des Tagesarbeitszeitplans. Dazu wird der Tagesarbeitszeitplan verwendet, der die größte Überlappung mit dem Tagesarbeitszeitplan laut Sollplan hat. Ein Beispiel soll dies verdeutlichen: Ihr Mitarbeiter hat um 12.00 Uhr eingestempelt und um 20.00 Uhr ausgestempelt. Mit der dynamischen Zuordnung würde für diesen Mitarbeiter der Tagesarbeitszeitplan mit dem Zeitrahmen 14.00 bis 22:00 Uhr am besten passen, da hier eine Überlappung von sechs Stunden vorliegt.

Dabei können Sie aus einer Menge von Tagesarbeitszeitplänen denjenigen bestimmen lassen, bei dem die Überlappung der Sollvorgaben mit den Istzeiten optimal ist. Hierzu wird die Funktion DYNWS verwendet. Die dynamische Zuordnung wird in diesem Fall allerdings nur dann vorgenommen, wenn für den Mitarbeiter am auszuwertenden Tag nur Zeitpaare vorliegen, die aus dem Infotyp 2011 (Zeitereignisse), dem Infotyp 2002 (Anwesenheiten), dem Infotyp 2005 (Mehrarbeiten) oder dem Infotyp 2004 (Bereitschaften) entstanden sind. Auch hier können Sie durch die Ausprägungen des Feldes **Typ** für dieselbe Gruppierung der Personalteilbereiche für Tagesarbeitszeitpläne und denselben Periodenarbeitszeitplan unterschiedliche Mengen von Tagesarbeitszeitplänen festlegen (siehe Abschnitt 9.1.4, »Dynamische Zuordnung von Tagesarbeitszeitplänen aufgrund von Kommen-Buchungen«). Dazu können Sie eine eigene Regel einrichten, die Sie wie die Funktion DYNWS in Ihr Schema einbauen. In diesem Fall müssen Sie zuerst Ihre Regel mit ACTIO und anschließend die Funktion DYNWS aufrufen.

Tagesarbeitszeitplanzuordnung

Im Gegensatz zur dynamischen Tagesarbeitszeitplanzuordnung über die Personalrechenregel TD30, d. h., abhängig von der ersten Kommen-Buchung, kann die dynamische Zuordnung nicht innerhalb der Paarbildung ausgeführt werden. Die Funktion DYNWS verarbeitet nur Zeitpaare mit Uhrzeiten.

Im Einführungsleitfaden gelangen Sie über den Pfad **Personalzeitwirtschaft • Zeitauswertung • Zeitauswertung uhrzeitbasiert • Bereitstellen der Zeitdaten • Arbeitszeitplan und Zeitereignisse • Dynamische Zuordnung aufgrund von Kommen-Buchungen • Dyn. Zuordnung aufgrund von Überlappung Soll/Ist** oder durch das Ausführen von Transaktion SM30 (Aufruf View-Pflege) in die Pflege der Sicht V_T552W (Tabelle T552W), siehe Abbildung 9.8.

Hier können Sie die Tagesarbeitszeitpläne für unterschiedliche Gruppierungen, Personalteilbereiche, Periodenarbeitszeitpläne und Typen festlegen. Dafür müssen Sie für die zusammengehörigen Einträge lediglich eine fortlaufende Nummerierung in der Spalte **N** eingeben. Wenn Sie keine eigene Regel mit der Operation `MODIF S=nn` zur Festlegung des Typs nutzen, bleibt die Spalte **Typ** frei (blank).

Sicht "Dynam. TAZP-Zuordnung - Überlappung Soll/Ist" ändern: Übersicht

Aufr. <-> Verb. Neue Einträge Abgrenzen

Grpg	PAZP	Typ	N.	Beginn	Ende	TagesAZP	Variante	VarSt.
01	M3		001	01.01.1996	31.12.9999	F-11		☐
01	M3		002	01.01.1996	31.12.9999	S-11		☐
01	M3		003	01.01.1996	31.12.9999	N-11		☐
01	M3	01	001	01.01.1996	31.12.9999	F-11		☐
01	M3	01	002	01.01.1996	31.12.9999	S-11		☐
01	M3	01	003	01.01.1800	31.12.9999	S-11		☐
70	NORM		001	01.01.2008	31.12.9999	GLZ		☑
70	NORM		002	01.01.2008	31.12.9999	GLZ	Z	☐

Abbildung 9.8 Tabelle T552W (Sicht V_T552W) – Überlappung Soll/Ist

9.1.6 Zeitereignisse mit An- oder Abwesenheitsgrund bearbeiten

Sie können Ihren Mitarbeitern erlauben, bestimmte Ab- oder Anwesenheiten am Terminal selbst einzugeben. In diesem Fall müssen Sie festlegen, wie solche Zeitereignisse bearbeitet werden sollen. Die Verarbeitung in der Zeitauswertung sieht dann folgendermaßen aus:

- Gemäß dem An- bzw. Abwesenheitsgrund wird ein Zeitpaar generiert.
- Dieses Zeitpaar muss natürlich abgegrenzt werden.
- Ein gesperrter Infotypsatz wird erstellt.

Entsperrung von gesperrten Infotypen

Gesperrte Infotypsätze müssen Sie anschließend entsperren. Der Tag wird in diesem Fall nur vorläufig abgerechnet und mit einem Rückrechnungskennzeichen markiert.

Rufen Sie den Customizing-Pfad **Personalzeitwirtschaft • Personalzeitereignisse • Personalzeitereignisse** auf. Hier finden Sie verschiedene Möglichkeiten, mit denen Sie die An- und Abwesenheitsgründe verarbeiten können.

Rufen Sie zunächst **Gruppierungen für An- und Abwesenheiten am Subsystem festlegen** auf. Daraufhin öffnet sich die Pflege der Sicht `V_T705I` (siehe Abbildung 9.9). Auch können Sie Transaktion SM30 (Aufruf View-Pflege) zur Pflege der Sicht `V_T705I` (Tabelle `T705I`) nutzen.

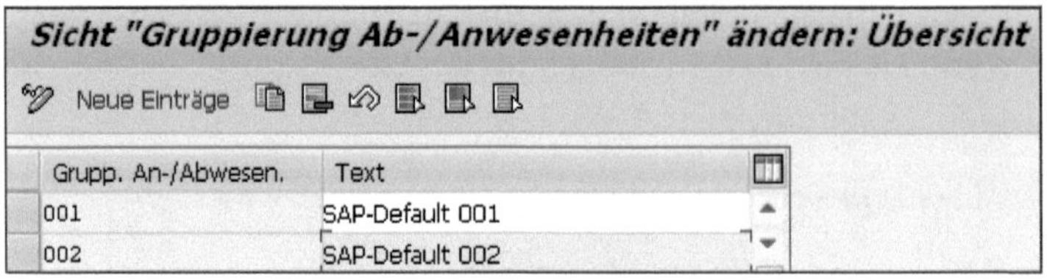

Sicht "Gruppierung Ab-/Anwesenheiten" ändern: Übersicht

Neue Einträge

Grupp. An-/Abwesen.	Text
001	SAP-Default 001
002	SAP-Default 002

Abbildung 9.9 Tabelle T705I (Sicht V_T705I)

Hier nehmen Sie gültige Gruppierungen von An- und Abwesenheitsgründen für Ihre Mitarbeiter vor, die Sie im Infotyp 0050 (Zeiterfassungsinformationen) hinterlegen können. Starten Sie als Nächstes die Funktion **An-/Abwesenheitsgründe pflegen**. Daraufhin öffnet sich die Pflegeansicht der Tabelle T705A. Hier können Sie festlegen, für welche Gruppierungen welche An- und Abwesenheitsgründe möglich sind (siehe Abbildung 9.10).

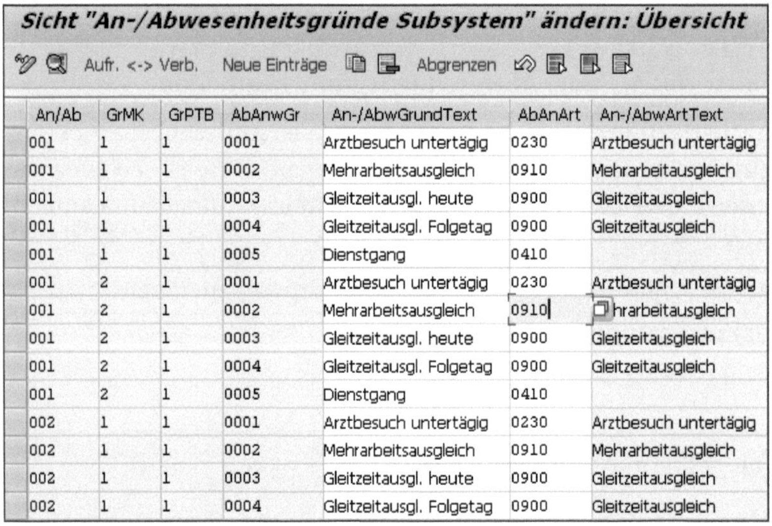

Sicht "An-/Abwesenheitsgründe Subsystem" ändern: Übersicht

Aufr. <-> Verb. Neue Einträge Abgrenzen

An/Ab	GrMK	GrPTB	AbAnwGr	An-/AbwGrundText	AbAnArt	An-/AbwArtText
001	1	1	0001	Arztbesuch untertägig	0230	Arztbesuch untertägig
001	1	1	0002	Mehrarbeitsausgleich	0910	Mehrarbeitausgleich
001	1	1	0003	Gleitzeitausgl. heute	0900	Gleitzeitausgleich
001	1	1	0004	Gleitzeitausgl. Folgetag	0900	Gleitzeitausgleich
001	1	1	0005	Dienstgang	0410	
001	2	1	0001	Arztbesuch untertägig	0230	Arztbesuch untertägig
001	2	1	0002	Mehrarbeitsausgleich	0910	hrarbeitausgleich
001	2	1	0003	Gleitzeitausgl. heute	0900	Gleitzeitausgleich
001	2	1	0004	Gleitzeitausgl. Folgetag	0900	Gleitzeitausgleich
001	2	1	0005	Dienstgang	0410	
002	1	1	0001	Arztbesuch untertägig	0230	Arztbesuch untertägig
002	1	1	0002	Mehrarbeitsausgleich	0910	Mehrarbeitausgleich
002	1	1	0003	Gleitzeitausgl. heute	0900	Gleitzeitausgleich
002	1	1	0004	Gleitzeitausgl. Folgetag	0900	Gleitzeitausgleich

Abbildung 9.10 Tabelle T705A (Sicht V_T705A)

Gemäß Ihrer Gruppierung für An- und Abwesenheitsgründe, Ihrer Gruppierung der Mitarbeiterkreise für Arbeitszeitpläne und Ihrer Gruppierung der Personalteilbereiche für An- und Abwesenheitsarten legen Sie hier Ihre Abwesenheitsgründe fest und ordnen diesen die entsprechenden An- oder Abwesenheiten zu. Öffnen Sie die Detailansicht, indem Sie doppelt auf eine Zeile klicken oder eine Zeile markieren und auf den Button mit der Lupe klicken (siehe Abbildung 9.11).

Hier müssen Sie im Feld **Beg/Ende-Abgrenz...** nur noch festlegen, wie das generierte Ab- oder Anwesenheitspaar abgegrenzt werden soll. Verwenden Sie die Wertehilfe [F4], um sich die verschiedenen Möglichkeiten anzeigen zu lassen (siehe Abbildung 9.12).

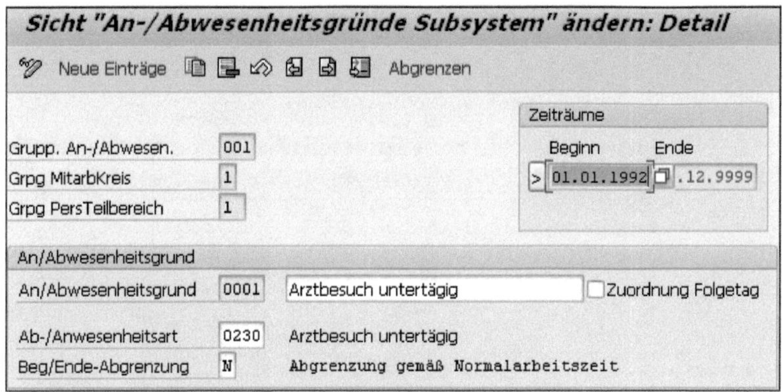

Abbildung 9.11 Sicht V_T705A – Detailbild

Abgrenzung Beginn/Endeuhrzeit für An-/Abwesenheitsgründe (1)

Beg/Ende-Abgrenz...	Kurzbeschreibung
	Abgrenzung wird in Regelverarbeitung gesteuert
C	Abgrenzung gemäß Kernarbeitszeit
N	Abgrenzung gemäß Normalarbeitszeit
P	Abgrenzung gemäß Sollarbeitszeit

Abbildung 9.12 Werteauswahl – Abgrenzung

Die Verbindung zum Personalstamm Ihrer Mitarbeiter erfolgt über den Infotyp 0050 (Zeiterfassungsinformationen) im Block **Schnittstellendaten** über das Erfassungsfeld **Grupp. An-/Abwesen** (siehe Abbildung 9.13).

Schnittstellendaten	
ArbeitszeitereignGrp	01
Grupp. Subsystem	001
Grupp. An-/Abwesen.	001
Grupp. Mitarb.Ausg.	001
Zutrittskontrollgr.	
Mailkennzeichen	
Persönlicher Code	

Abbildung 9.13 Ausschnitt aus dem Infotyp 0050 (Zeiterfassungsinformationen)

Damit haben Sie festgelegt, welcher Ihrer Mitarbeiter zu einer Gruppierung der Erfassung von An- und Abwesenheitsgründen gehört und welche An- oder Abwesenheiten er am Subsystem selbst erfassen darf.

Im Schema der Zeitauswertung wird die Verarbeitung der Anwesenheits- und Abwesenheitsgründe mithilfe der Personalrechenregel TD80 realisiert (siehe Abbildung 9.14).

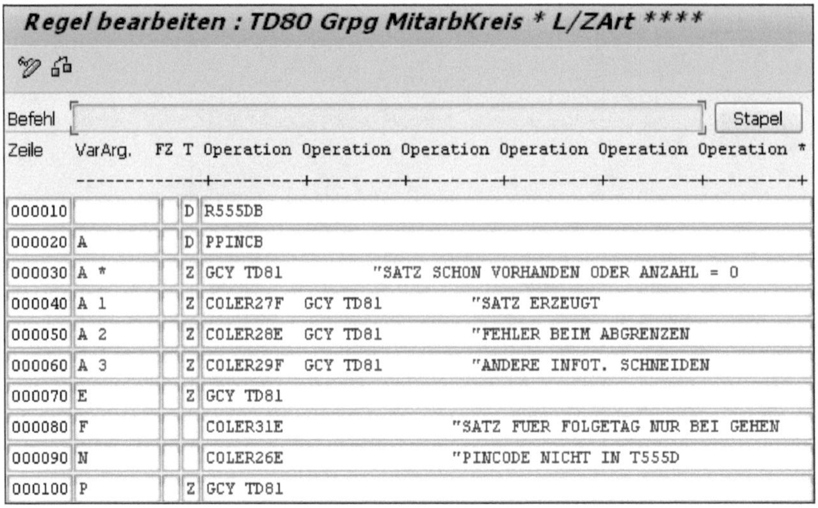

Regel bearbeiten : TD80 Grpg MitarbKreis * L/ZArt ****

Befehl [ ] Stapel

```
Zeile  VarArg.   FZ T Operation Operation Operation Operation Operation Operation *
                 ------------+---------+---------+---------+---------+---------+---------+
000010              D R555DB
000020 A            D PPINCB
000030 A *          Z GCY TD81          "SATZ SCHON VORHANDEN ODER ANZAHL = 0
000040 A 1          Z COLER27F  GCY TD81          "SATZ ERZEUGT
000050 A 2          Z COLER28E  GCY TD81          "FEHLER BEIM ABGRENZEN
000060 A 3          Z COLER29F  GCY TD81          "ANDERE INFOT. SCHNEIDEN
000070 E            Z GCY TD81
000080 F              COLER31E                  "SATZ FUER FOLGETAG NUR BEI GEHEN
000090 N              COLER26E                  "PINCODE NICHT IN T555D
000100 P            Z GCY TD81
```

Abbildung 9.14 Personalrechenregel TD80

In dieser Regel verarbeitet die Operation R555D die Tabelle V_T705A (An-/Abwesenheitsgründe Subsystem) für den Anwesenheits- oder Abwesenheitsgrund, der für das aktuell zu verarbeitende Zeitpaar angegeben ist. Die Operation prüft u. a., ob eine Abwesenheit/Anwesenheit generiert werden soll. Dies ist der Fall, wenn dem gerade verarbeiteten An-/Abwesenheitsgrund eine An-/Abwesenheitsart in der Tabelle T705A zugeordnet ist. Die Operation PPINC prüft anschließend, ob ein entsprechender Infotypsatz generiert werden konnte. Die genaue Verarbeitungsweise entnehmen Sie der Online-Dokumentation der Regel TD80 bzw. der Online-Dokumentation der in der Regel enthaltenen Operationen. Falls Sie generell keine Verarbeitung von Anwesenheits- oder Abwesenheitsgründen zulassen wollen, können Sie die Regel TD80 im Zeitauswertungsschema einfach deaktivieren.

In den folgenden Abschnitten erläutern wir Ihnen, wie die Informationen von Abwesenheiten, Anwesenheiten, Vertretungen und Mehrarbeiten in die Zeitauswertung gelangen, und beschreiben, was Sie beim Einsatz von Kurzarbeit beachten und einrichten müssen.

9.2 Abwesenheiten

Die Zeitauswertung kann nur exakt funktionieren, wenn alle Tage eines Auswertungszeitraums mit Zeitangaben belegt sind. Dafür ist es erforderlich, auch alle Abwesenheiten tagesgenau zu erfassen und der Zeitauswertung zur Verfügung zu stellen.

9.2.1 Abwesenheitsdaten bereitstellen

Im ersten Schritt beschreiben wir die Verarbeitung von manuell erfasster Abwesenheit, z. B. Urlaub und Krankheit, oder anderer Subtypen des Infotyps 2001 (Abwesenheiten). Die Abwesenheiten werden im Schema der Zeitauswertung durch die Funktion P2001 bereitgestellt (siehe Abbildung 9.15).

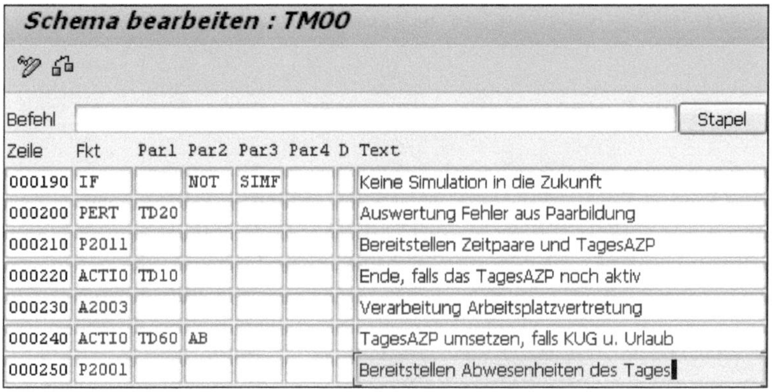

Schema bearbeiten : TM00

Befehl | Stapel

Zeile	Fkt	Par1	Par2	Par3	Par4	D	Text
000190	IF		NOT	SIMF			Keine Simulation in die Zukunft
000200	PERT	TD20					Auswertung Fehler aus Paarbildung
000210	P2011						Bereitstellen Zeitpaare und TagesAZP
000220	ACTIO	TD10					Ende, falls das TagesAZP noch aktiv
000230	A2003						Verarbeitung Arbeitsplatzvertretung
000240	ACTIO	TD60	AB				TagesAZP umsetzen, falls KUG u. Urlaub
000250	P2001						Bereitstellen Abwesenheiten des Tages

Abbildung 9.15 Ausschnitt aus dem Schema TM00

Falls Sie die Abwesenheiten mit Uhrzeiten erfasst haben, können z. B. die Abwesenheiten mit anderen eingelesenen Daten zeitlich kollidieren. Die Funktion P2001 richtet in diesem Fall die kollidierenden Anwesenheitszeiten so aus, dass keine überlappenden Zeiten entstehen. Wenn Sie die reine Stundenerfassung (ohne Uhrzeiten) gewählt haben, ist diese Option nicht relevant. Der SAP-Standard ist derart ausgerichtet, dass z. B. Ihre manuell erfasste untertätige Abwesenheit genau diesen Zeitraum aus dem vorliegenden Zeitpaar ausschneidet und den Anwesenheitszeitraum damit splittet. Die Funktion P2001 ist standardmäßig im Schema TM00 enthalten. Sie liest die Abwesenheiten für den auszuwertenden Tag in die Tabelle TIP ein. Untertägige Abwesenheiten werden mit dem erfassten Uhrzeitintervall in die Tabelle TIP gestellt. Für ganztägige Abwesenheiten wird ein Zeitpaar gemäß der Normalarbeitszeit laut Tabelle T550A (Tagesarbeitszeitplan) erzeugt.

9.2.2 Am Terminal erfasste ganztägige Abwesenheiten bereitstellen

Sie können Ihren Mitarbeitern gestatten, auch ganztägige Abwesenheiten am Terminal zu erfassen. Diese werden genauso verarbeitet wie die untertägigen Abwesenheiten. Die Verarbeitung dieser Zeitpaare erfolgt in der Personalrechenregel TD90 (siehe Abbildung 9.16).

Regel bearbeiten : TD90 Grpg MitarbKreis * L/ZArt ****

Befehl | Stapel

Zeile	VarArg.	FZ	T	Operation Operation Operation Operation Operation Operation *
000010			D	INSLR W
000020	0			
000030	1			COLER33F NEXTR "SATZ IN TIP GESTELLT
000040	1	1		
000050	2			COLER34E NEXTR "MEHRERE GESP. UNTERSCH. SAETZE VO
000060	2	1		
000070	3			COLER35 NEXTR "GESPERRTER UND UNGESP. GLEICHER S
000080	3	1		
000090	4			COLER51 NEXTR "SATZ UM EINEN TAG ERWEITERT
000100	4	1		

Abbildung 9.16 Personalrechenregel TD90

Der Aufruf der Regel TD90 erfolgt im Schema TM00 unmittelbar nach der Regel TD80. Sie verarbeitet mithilfe der Operation INSLR die in der Regel TD80 gegebenenfalls generierten ganztägigen An- bzw. Abwesenheiten. Aus diesen noch nicht entsperrten Infotypen erzeugt die Operation ein Sollpaar für die Zeitauswertung.

Automatisch generierte Infotypsätze

Falls nur eine automatisch erzeugte An- bzw. Abwesenheit an dem aktuell zu bearbeitenden Tag vorhanden ist, wird der Tag vorläufig abgerechnet. Es wird jedoch eine Rückrechnung auf den Tag gesetzt. Anschließend muss der Sachbearbeiter für die Zeitwirtschaft diesen Infotyp im Dialog entsperren. Durch die gesetzte Rückrechnung erfolgt dann in der folgenden Zeitauswertung die endgültige Auswertung des Tages. Da dieser Satz jetzt korrekt und entsperrt vorliegt, kann er im Rückrechnungslauf auch durch die Regel TD80 nicht noch einmal erzeugt werden.

9.2.3 Abwesenheitsdaten ausrichten

Wenn für Ihren Mitarbeiter eine untertägige Abwesenheit mit Uhrzeiten erfasst wurde, müssen Sie prüfen, ob die Abwesenheit zeitlich zur Anwesenheit passt. Dazu finden Sie im Folgenden drei Beispiele:

- Ihr Mitarbeiter ist bis 13.30 Uhr anwesend. Ab 13.00 Uhr ist für ihn ein Arztbesuch erfasst. Die Zeitpaare werden so ausgerichtet, dass die Abwesenheit **Arztbesuch** um 13.30 Uhr beginnt und ein Hinweis ausgegeben wird.

- Ihr Mitarbeiter ist bis 13.00 Uhr anwesend. Ab 13.30 Uhr ist für ihn ein Arztbesuch erfasst. Zwischen An- und Abwesenheit gibt es damit eine nicht nachgewiesene Zeit. Dies führt zu einer Fehlermeldung innerhalb der Zeitauswertung.
- Ihr Mitarbeiter ist bis 13.20 Uhr anwesend. Ab 13.30 Uhr ist für ihn ein Arztbesuch erfasst. Zwischen An- und Abwesenheit gibt es also auch in diesem Fall eine nicht nachgewiesene Zeit. Allerdings liegt die Zeit zwischen Ende der Anwesenheit und Beginn der Abwesenheit in einem Toleranzbereich. Der Beginn des Abwesenheitszeitpaares wird in der Zeitauswertung auf 13.20 Uhr vorverlegt.

Dies wird in der Personalrechenregel TE10 überprüft (siehe Abbildung 9.17).

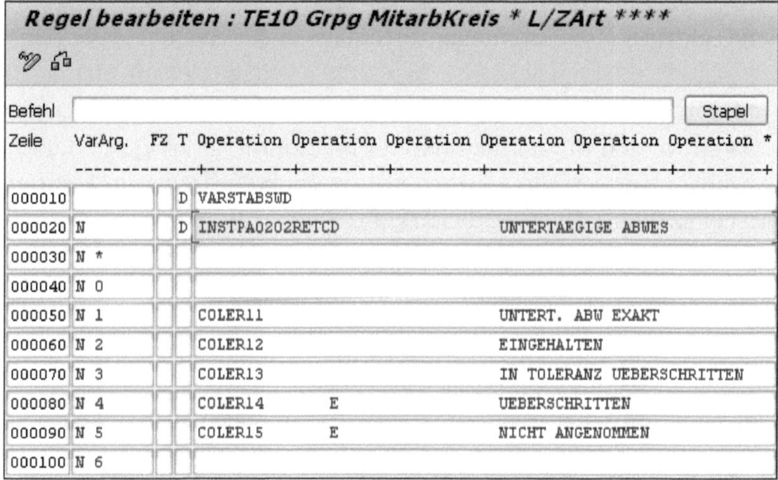

Abbildung 9.17 Ausschnitt aus der Personalrechenregel TE10

In der Personalrechenregel TE10 richtet sich die Operation INSTP Zeitpaare der Tages-Input-Tabelle TIP nach dem Ende-Zeitpunkt (hier die erste Ziffernfolge 02) des vorherigen Paares und dem Beginn-Zeitpunkt (hier die zweite Ziffernfolge 02) des Nachfolgepaares aus. Diese Ausrichtung ist erforderlich, da oft die mit den Uhrzeiten erfassten Abwesenheiten genau mit den Beginn- oder Ende-Zeiten der vor- und nachgelagerten Anwesenheiten aus dem Zeiterfassungssystem übereinstimmen.

Mit der Ziffernfolge 02 geben Sie jeweils die Toleranzzeit in Minuten an. Falls Sie diese Prüfung (Regelung) anwenden wollen, kopieren Sie die Personalrechenregel in den Kundennamensraum und verwenden Ihre eigenen Toleranzzeiten.

9.3 Anwesenheiten

Mit den Anwesenheitszeiten verhält es sich wie mit den Abwesenheiten. Die Zeitauswertung kann auch hier nur exakt funktionieren, wenn alle Tage eines Auswertungszeitraums mit Zeitangaben belegt sind. Sie können alle Zeiten Ihrer Mitarbeiter mithilfe von Anwesenheiten oder nur die Abweichungen vom Arbeitszeitplan erfassen. Im Gegensatz zu den Abwesenheiten können Anwesenheiten auch über den Sollarbeitszeitrahmen erfasst und z. B. für die Mehrarbeitsermittlung herangezogen werden.

9.3.1 Anwesenheiten bereitstellen

Manuell erfasste Anwesenheiten (Infotyp 2002) werden im Schema durch die Funktion P2002 bereitgestellt. Falls Sie Zeitdaten mit Uhrzeiten erfasst haben, können die Anwesenheiten mit den Zeiten anderer eingelesener Daten kollidieren. Die Funktion P2002 gleicht solche zeitlichen Überlappungen automatisch aus. Wenn Sie die reine Stundenerfassung (ohne Uhrzeiten) gewählt haben, ist dies nicht relevant. Standardmäßig liest die Funktion P2002 alle im Infotyp 2002 (Anwesenheiten) erfassten Daten ein. Untertägige Daten werden mit dem erfassten Uhrzeitintervall bzw. mit der erfassten Stundenanzahl eingelesen. Für ganztägige Anwesenheiten wird ein Zeitpaar mit den Normalarbeitszeiten oder Sollarbeitszeiten des Tagesarbeitszeitplans erzeugt. Falls sich die eingelesenen Anwesenheiten mit schon vorhandenen Zeitpaaren überschneiden, bleiben diese unverändert.

Funktion P2002 zum Einlesen der Anwesenheiten

Unserer Erfahrung nach wird der Infotyp 2002 in jedem Unternehmen für die Zeitauswertung genutzt, und aufgrund seiner Eigenschaften sollten Sie die Funktion P2002 zum Einlesen der Anwesenheiten nicht deaktivieren.

9.3.2 Manuell erfasste Mehrarbeiten bereitstellen

Im Infotyp 2005 (Mehrarbeiten) können Sie Angaben zu Mehrarbeiten manuell erfassen. Diese Mehrarbeiten können Sie mit der Funktion P2005 für die Zeitauswertung bereitstellen. Diese Funktion müssen Sie nach der Funktion P2001 in Ihr Zeitauswertungsschema aufnehmen, falls sie im Standard deaktiviert ist. In der Zeitauswertung werden daraufhin gegebenenfalls die schon eingelesenen Abwesenheitspaare abgegrenzt.

Manuelle Mehrarbeitserfassung über die Funktion P2005

Im Normalfall werden Mehrarbeiten aus erfassten Anwesenheitszeiten ermittelt, die über die Sollarbeitszeit hinausgehen. Daher müssen Sie die Funktion P2005 nur aktivieren, wenn Sie zusätzlich zur automatischen Mehrarbeitsgenerierung aus den Anwesenheitszeitpaaren abweichende Mehrarbeiten auch manuell über den Infotyp 2005 (Mehrarbeiten) erfassen wollen.

9.3.3 Arbeitsplatzvertretungen bearbeiten

Im Infotyp 2003 (Vertretungen) können Sie außer abweichenden Arbeitsplänen auch Angaben zu einer abweichenden Bezahlung hinterlegen (siehe Kapitel 2, »Customizing der Infotypen der Zeitwirtschaft«). Sie können diese Informationen (Planstellen/Arbeitsplatzschlüssel) mit der Funktion A2003 für die Zeitauswertung bereitstellen. Wenn Sie diese Informationen in der Zeitauswertung verarbeiten lassen, werden sie an alle Zeitdaten geheftet, die von diesem Vertretungszeitraum betroffen sind. Außerdem werden dieselben Informationen an Lohnarten vererbt, die ihrerseits innerhalb des Vertretungszeitraums generiert worden sind. Dadurch können diese Informationen auch in der Lohn- und Gehaltsabrechnung ausgewertet und bewertet werden. Die Funktion A2003 ist standardmäßig im Schema der Zeitauswertung aktiviert.

Sie können beeinflussen, welche Zeitdaten die Information über die Arbeitsplatzvertretung erben soll. Dies steuern Sie durch die Position der Funktion A2003 im Schema. Sie vererbt die Arbeitsplatzinformation auf alle bereits eingelesenen Zeitdaten. Für Abwesenheiten und Anwesenheiten kann eine alternative Bezahlung direkt in diesen Infotypen festgelegt werden. Falls die Arbeitsplatzinformationen der Vertretung nur auf Anwesenheitszeiten, die durch die Funktionen P2000 oder P2011 eingelesen wurden, wirken sollen, müssen Sie die Funktion A2003 vor den Funktionen P2001 und P2002 aufrufen.

9.4 Kurzarbeit

Falls Sie mit Ihrem Unternehmen Kurzarbeit einsetzen, müssen Sie einige Einstellungen vornehmen. Bei der Generierung des persönlichen Monatsarbeitszeitplans müssen Sie den Infotyp 0049 (Kurzarbeit) berücksichtigen. Damit wird für Tage, an denen kurz gearbeitet wird, ein anderer Tagesarbeitszeitplan verwendet. Außerdem wird hier die Reaktion des SAP-Systems beim Zusammentreffen von Kurzarbeit und Urlaub definiert.

9.4.1 Kurzarbeitsdaten bereitstellen

Über den Customizing-Pfad **Personalzeitwirtschaft • Zeitauswertung • Zeitauswertung uhrzeitbasiert • Bereitstellen der Zeitdaten • Kurzarbeit • Kurzarbeitsdaten bereitstellen** gelangen Sie in die Sicht V_556_B (Tabelle T556), siehe Abbildung 9.18. Die Sicht V_556_B können Sie auch mithilfe von Transaktion SM30 (Aufruf View-Pflege) bearbeiten.

Sicht "Kurzarbeitsvertretung" ändern: Übersicht

Gr...	Vertr.art	Text	KUG-Vertretung
01	01	Meistervertretung	☐
01	02	Schichtvertretung	☐
01	03	Kug-Vertretung	☑

Abbildung 9.18 Sicht V_556_B (Kurzarbeitsvertretung)

Hier definieren Sie für jede Gruppierung der Personalteilbereiche für Vertretungsarten Ihre Vertretungsart, die Sie als KuG-Vertretung (KuG = Kurzarbeitergeld) verwenden möchten. Zusätzlich sollten Sie in Ihrem Schema die Funktion DKG zum Einlesen des Infotyps 0049 (Kurzarbeit) aktivieren. Rufen Sie diese im Block der Tagesverarbeitung nach BDAY auf (siehe Abbildung 9.19).

Schema bearbeiten : TM00

Befehl | Stapel

Zeile	Fkt	Par1	Par2	Par3	Par4	D	Text
000110	BDAY						Tagesverarbeitung
000120	**						Optionen:
000130	CHECK		RPR				Ggf. Rückrechnung für L&G-Abr. setzen
000140	CHECK		FUT				Auswertungen in die Zukunft erlauben
000150	DKG						Verarbeitung Kurzarbeit

Abbildung 9.19 Ausschnitt aus dem Schema TM00

[»]

Funktion DKG bei Kurzarbeit aktivieren

Falls Sie in Ihrem Unternehmen keine Kurzarbeit einsetzen, können Sie diese Funktion deaktivieren. Denken Sie jedoch unbedingt daran, diese Funktion zu aktivieren, sobald Sie Kurzarbeit einsetzen.

Sie können mehrere Vertretungsarten als KuG-Vertretung zulassen. Die Funktion DKG liest diese ein und verarbeitet sie. Möchten Sie jedoch generell nur eine Vertretungsart zulassen, können Sie dies durch eine Parameterausprägung der Funktion DKG steuern. Lesen Sie dazu die Online-Dokumentation der Funktion.

9.4.2 Zusammentreffen von Urlaub und Kurzarbeit bearbeiten

Wird innerhalb des KuG-Zeitraums Urlaub genommen, müssen Sie entscheiden, wie dieser Zustand verarbeitet werden soll. Standardmäßig sind für diese Urlaubstage nicht die Arbeitszeitplanregeln aus dem Infotyp 0049 (Kurzarbeit), sondern die Arbeitszeitplanregeln des Infotyps 0007 (Arbeitszeit) für die weitere Berechnung relevant. Dazu können Sie die (modifizierte) Personalrechenregel TD60 nutzen (siehe Abbildung 9.20).

Regel bearbeiten : TD60 Grpg MitarbKreis * L/ZArt **

Befehl [ ] Stapel

Zeile	VarArg.	FZ	T	Operation Operation Operation Operation Operation Operation *
000010			D	TKUZR
000020	N			
000030	Y		D	SUBST 03
000040	Y N		D	SUBST **
000050	Y N N		Z	GCY TD61
000060	Y N Y			
000070	Y Y		Z	GCY TD61

Abbildung 9.20 Personalrechenregel TD60

In der Regel TD60 prüft die Operation TKUZR, ob der gerade verarbeitete Tag in einen KuG-Zeitraum fällt. Falls dies der Fall ist, prüft die Operation SUBST, ob die Vertretungsart 03 vorliegt. Wenn auch diese Prüfung mit **Ja** beantwortet wird, erfolgt ein Absprung in die Personalunterrechenregel TD61 (siehe Abbildung 9.21).

Regel bearbeiten : TD61 Grpg MitarbKreis * L/ZArt **

Befehl [ ] Stapel

Zeile	VarArg.	FZ	T	Operation Operation Operation Operation Operation Operation *
000010			D	VARABDAY
000020	N			
000030	Y		D	VARABTYP
000040	Y *			
000050	Y ****			
000060	Y 0100			DAYPG0007

Abbildung 9.21 Personalunterrechenregel TD61

In der Unterregel TD61 prüft die Operation VARAB mit der Ausprägung DAY, ob eine ganztägige Abwesenheit vorliegt. Ist dies der Fall, prüft dieselbe Operation mit der Ausprägung TYP, ob die Abwesenheitsart 0100 (Urlaub) vorliegt. Für diesen Fall (Urlaub liegt vor) holt die Operation DAYPG mit der Ausprägung 0007 die Arbeitszeitplanregel aus dem Infotyp 0007 (Arbeitszeit), mit der dann die weitere Verarbeitung erfolgt.

9.5 Zeitdaten prüfen

Wir haben in diesem Kapitel beschrieben, dass am Terminal erfasste Ab- oder Anwesenheitsgründe zu einer Generierung eines entsprechenden gesperrt geschriebenen Infotypsatzes führen. Bei der Anwendung des sogenannten Vier-Augen-Prinzips werden ebenfalls Infotypen zuerst gesperrt geschrieben und anschließend von einem Prüfer freigegeben. Ob das Prüfverfahren in Ihrem System aktiv ist, erkennen Sie an der Einstellung des Berechtigungsschalters **APPRO** (HR: Prüfverfahren). Durch das Ausführen von Transaktion OOAC (HR: Berechtigungsschalter) gelangen Sie in die Sicht der Berechtigungshauptschalter der Tabelle T77SO (siehe Abbildung 9.22).

Setzen Sie den Schalter in der Spalte **Wert Kürz.** auf den Wert »1«, um das Prüfverfahren zu aktivieren. Wenn Sie die Prüfung der Zeitdaten aktiviert haben, werden Infotypen und die speziellen Subtypen (hier Ab- und Anwesenheitsarten) daraufhin überprüft, ob sie bereits freigegeben wurden. Dazu müssen Sie für Ihre Mitarbeiter den Infotyp 0130 (Prüfverfahren) anlegen. Für diesen Fall existiert ein voreingestellter Subtyp T1 (Zeitdaten (1. Stufe)).

Sicht "HR: Berechtigungshauptschalter" ändern: Übersicht

Dokumentation

Systemschalter (aus Tabelle T77SO)

Gru...	sm. Kürzel	Wert Kürz.	Beschreibung
AUTSW	ADAYS	15	HR: Toleranzzeit der Berechtigungsprüfung
AUTSW	APPRO	0	: Prüfverfahren

Abbildung 9.22 Berechtigungshauptschalter der Tabelle T77SO

Das Customizing der Prüfverfahren erreichen Sie über den Customizing-Pfad **Personalmanagement • Personaladministration • Werkzeuge • Berechtigungsverwaltung • Prüfverfahren**. Wählen Sie dort **Prüfverfahren festlegen** aus, um die Pflege der Sicht V_T591A aufzurufen. Sie können die Sicht V_T591a auch durch das Ausführen von Transaktion SM30 (Aufruf View-Pflege) bearbeiten. In Abbildung 9.23 sehen Sie die Subtypen des Infotyps 0130 in einer eingeschränkten Sicht der Tabelle T591A. Der Eintrag kann als Kopiervorlage für Ihre eigenen Subtypeigenschaften für Prüfverfahren genutzt werden.

Sicht "Infosubtypeigenschaften" ändern: Übersicht

Neue Einträge

Subtypeigenschaften für Prüfverfahren

Subtyp	Bezeichnung
T1	Zeitdaten (1. Stufe)

Abbildung 9.23 Tabelle T591A (Sicht V_T591A) – Infosubtypeigenschaften

In der anschließenden Aktivität **Infotypen den Prüfverfahren zuordnen** wählen Sie z. B den Infotyp 2001 (Abwesenheiten) aus. Sie gelangen nach der Bestätigung der Eingabe in die Sicht V_T584A (Tabelle T584A) und geben hier für Ihre gewünschten Abwesenheitsarten das Prüfverfahren an. Im vorliegenden Beispiel ist dies die Zuordnung des Prüfverfahrens T1 zur Abwesenheitsart 0230 (siehe Abbildung 9.24).

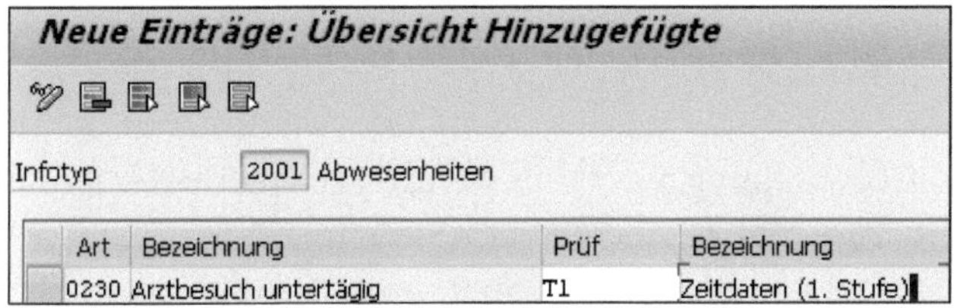

Abbildung 9.24 Sicht (V_T584A) – Prüfverfahren Infotypzuordnung

Starten Sie als Nächstes die Aktivität **Infotyp Prüfverfahren in der Zeitauswertung verwenden** im Customizing-Pfad **Personalzeitwirtschaft • Zeitauswertung • Zeitauswertung uhrzeitbasiert • Bereitstellen der Zeitdaten • Prüfung der Zeitdaten**. Daraufhin können Sie die Personalrechenregel TMAP bearbeiten (siehe Abbildung 9.25). Natürlich können Sie auch Transaktion PE02 zur Bearbeitung der Regel ausführen.

Regel bearbeiten : TMAP Grpg MitarbKreis * L/ZArt ****

Befehl [ ] Stapel

Zeile	VarArg.	FZ	T	Operation Operation Operation Operation Operation Operation *
000010			D	TIMAP*
000020	0			ALLE DATEN SIND GEPRÜFT
000030	1			COLER66F
000040	2			COLER67I
000050	3			COLER68F
000060	4			COLER69I

Abbildung 9.25 Personalrechenregel TMAP

Die Personalrechenregel TMAP prüft mithilfe der Operation TIMAP, ob die Zeitdaten bzw. Stammdaten des Mitarbeiters im Infotyp 0130 (Prüfverfahren), die durch die Zeitauswertung eingelesen wurden, schon freigegeben sind. Liegen am gerade ausgewerteten Tag nicht freigegebene Datensätze vor, wird eine entsprechende Fehlermeldung ausgegeben, und die Zeitauswertung wird für den betreffenden Mitarbeiter beendet und eine Rückrechnung auf diesen Tag gesetzt.

9.6 Fazit

Wir haben in diesem Kapitel das Prüfverfahren nur grob skizziert. Wenn Sie es einsetzen wollen, lesen Sie dazu die Systemdokumentation von SAP. Analysieren Sie Ihre Arbeitsabläufe in der Zeitwirtschaft, und prüfen Sie, ob die Abläufe als kritisch gewertet werden, d. h., ob sie erhebliche finanzielle Auswirkungen zur Folge haben können. Prüfen Sie auch, wie viele Sachbearbeiter Sie für diese Aufgaben einsetzen oder einsetzen wollen.

Bei einer eher übersichtlichen Arbeitsteilung durch nur wenige Sachbearbeiter lohnt sich ein Vier-Augen-Prinzip mit Prüfverfahren nicht. Wenn Sie jedoch viele Sachbearbeiter einsetzen müssen, die ein Mehrfaches an Eingaben im SAP-System vornehmen, steigt naturgemäß die Fehlerquote, und die Anwendung des Vier-Augen-Prinzips ist in Verbindung mit dem Prüfverfahren sehr sinnvoll.

Kapitel 10
Toleranzen und Fehlerprüfungen

Im vorangehenden Kapitel haben wir Ihnen gezeigt, wie Sie die Zeitdaten für die Zeitauswertung bereitstellen. Dennoch kommt es vor, dass nicht alle Daten zueinanderpassen. In diesem Kapitel erfahren Sie, wie Sie die Daten prüfen und korrigieren können.

Für die manuelle Erfassung der Zeitdaten Ihrer Mitarbeiter können mehrere Sachbearbeiter zuständig sein. Diese erfassen z. B. Abwesenheiten, die ihnen der Vorgesetzte der betreffenden Mitarbeiter oder die Mitarbeiter selbst melden. Die Beginn- und Ende-Zeiten dieser Abwesenheiten stimmen dann nicht immer mit den Kommen- und Gehen-Buchungen überein, die die Mitarbeiter vorgenommen haben. Dadurch würden in der Zeitauswertung Überlagerungen oder »leere« Zeiträume entstehen. Diese Zustände manuell zu korrigieren, erfordert einen hohen zeitlichen Aufwand. Aus diesem Grund sind im Schema TM00 Mechanismen vorhanden, die diese Korrekturen maschinell vornehmen. Wir beschreiben Ihnen in diesem Kapitel diese Mechanismen, die sich im Verarbeitungsblock **Toleranzen und Fehlerprüfungen** des Zeitauswertungsschemas TM00 befinden. Für diesen Block sind keine Customizing-Einstellungen erforderlich. Stattdessen nutzen Sie Personalrechenregeln mit speziellen Operationen und Funktionen, die Sie in diesem Kapitel kennenlernen.

10.1 Abwesenheiten ausrichten

In der Einleitung haben wir die möglichen Abweichungen zwischen den Uhrzeiten manuell erfasster Abwesenheiten und den Kommen- und Gehen-Buchungen der Mitarbeiter herausgestellt. Die Ausrichtung dieser Abwesenheiten zu den anderen Zeitpaaren steht in diesem Block an erster Stelle. Sie finden den Verarbeitungsblock **Toleranzen und Fehlerprüfungen** im Schema TM00, wie in Abbildung 10.1 dargestellt.

000370	BLOCK	BEG					Toleranzen und Fehlerprüfungen
000380	PTIPA	TE10	GEN				Abwesenheiten ausrichten
000390	ACTIO	TE20					Prüfen auf fehlerhaften Tag
000400	PTIP	TE30	GEN				Fehlerprüfungen pro Paar
000410	DPTOL						Verarbeitung Toleranzen aus TagesAZP
000420	BLOCK	END					********************************

Abbildung 10.1 Verarbeitungsblock »Toleranzen und Fehlerprüfung«

Die erste Personalrechenregel in diesem Verarbeitungsblock ist die Regel TE10 (Einfügen von Abwesenheiten), siehe Abbildung 10.2. Sie können die Regel mit der Funktion PTIPA aufrufen (Bearbeite Abwesenheiten der Tages-Input-Tabelle TIP). Der Name einer Personalrechenregel passt dabei nicht immer zu den Kommentaren im Schema: Hier werden die Abwesenheiten tatsächlich ausgerichtet, denn die Personalrechenregel TE10 prüft, wie die Uhrzeiten einer Abwesenheit zu den Anwesenheitspaaren passen. Das Prüfungsergebnis enthält je nach Lage der Abwesenheit einen Hinweis oder einen Eintrag in die Fehlertabelle. Wenn eine Abwesenheit mit einer Anwesenheit überlappt, wird die Abwesenheit relativ zur Anwesenheit ausgerichtet.

```
Regel               Grpg MitarbKreis     Lohn-/Zeitart
Var.Arg.  F T Operation Operation Operation Operation Operation Operation *

TE10                  *                ****
          D VARSTABSWD
N         D INSTPA0202RETCD                UNTERTAEGIGE ABWES
N *
N 0
N 1         COLER11                        UNTERT. ABW EXAKT
N 2         COLER12                        EINGEHALTEN
N 3         COLER13                        IN TOLERANZ UEBERSCHRITTEN
N 4         COLER14       E                UEBERSCHRITTEN
N 5         COLER15       E                NICHT ANGENOMMEN
N 6
Y         D OUTTPPTYPE                     GANZTAEGIGE ABWES
Y *       D OUTTPTIMDS
Y * *       FILLPT01  COLOP*               ANWESENHEIT
Y * **      FILLPT01  COLOP*               ANWESENHEIT OD. MEHRARBEIT
Y * 07      COLOP*                         MEHRARBEITSPAUSE UNBEZ.
Y * 08      COLOP*                         MEHRARBEITSPAUSE BEZ.
Y 2         COLOP*                         ABWESENHEIT
```

Abbildung 10.2 Personalrechenregel TE10 (Einfügen von Abwesenheiten)

In Abbildung 10.2 ist die Regel TE10 dargestellt; die Abarbeitungsfolge möchten wir Ihnen nun sinngemäß beschreiben. Über die Operation VARST und den Parameter ABSWD können Sie prüfen, ob eine vorliegende Abwesenheit ganztägig ist. Ist dies nicht der Fall, wird die Abwesenheit mit der Operation INSTPA und einer Toleranz von je zwei Minuten am Ende-Zeitpunkt des vorherigen Paares und dem Beginn-Zeitpunkt des Nachfolgepaares ausgerichtet. Bei ganztägigen Abwesenheiten wird den eventuell vorhandenen Anwesenheiten über die Operation FILLP (Änderung von Informationen eines Zeitpaares) und den Parameter P (Paartyp) sowie mit dem Eintrag »01« die Zeitkennung **Überzeit** zugewiesen, um eine Anwesenheit gegebenenfalls wie Mehrarbeit zu behandeln.

So haben wir beispielhaft für unseren Mitarbeiter die Zeitbuchungen so gespeichert, wie es in Abbildung 10.3 dargestellt ist.

Zusätzlich liegt eine untertägige Abwesenheit mit der Beginn-Zeit 10:12 und der Ende-Zeit 14:03 vor. Sowohl die Beginn-Zeit als auch die Ende-Zeit der Abwesenheit weichen also um zwei Minuten von den erfassten Zeitpaaren ab (siehe Abbildung 10.4).

Zeitereignisse			
Datum	Uhrzeit	Z..	Kurzbeschreibung
18.04.2022	05:30:00	P10	Kommen
18.04.2022	10:10:00	P20	Gehen
18.04.2022	14:05:00	P10	Kommen
18.04.2022	14:15:00	P20	Gehen

Abbildung 10.3 Zeitereignisse eines Tages

Abwesenheit			
Abwesenheitsart	0230	Arztbesuch untertägig	
Uhrzeit	10:12	- 14:03	Vortag
Abwesenheitsstunden	3,10		ganztägig
Abwesenheitstage	0,39		
Kalendertage	0,00		

Abbildung 10.4 Infotyp 2001 (Abwesenheiten) – untertägige Abwesenheit 0230

Dies führt zu dem folgenden Ergebnis in der Tages-Input-Tabelle der Zeitauswertung (siehe Abbildung 10.5): Die Ende-Uhrzeiten aller Zeitpaare stimmen nicht mit den Beginn-Uhrzeiten der nachfolgenden Zeitpaare überein.

Tabelle TIP

Beginn	Ende	1	P	Zk	Ct	V	ZArt	BS	ES	V	O	I	Bpin	Epin	PT	ALP	Cl	AB	Anzahl
05.5000	10.1667		1		00			P10	P20		E				000C				4,6667
10.2000	14.0500	0	2		02	A					A							01	3,8500
14.0833	14.2500		1		00			P10	P20		E				000D				0,1667

Abbildung 10.5 Tabelle TIP vor der Bearbeitung durch die Regel TE10

Nach der Bearbeitung durch die Regel TE10 ergibt sich der in Abbildung 10.6 gezeigte Zustand.

Tabelle TIP

Beginn	Ende	1	P	Zk	Ct	V	ZArt	BS	ES	V	O	I	Bpin	Epin	PT	ALP	Cl	AB	Anzahl
05.5000	10.1667		1		00			P10	P20		E				000C				4,6667
10.1667	14.0833	0	2		02	A					A							01	3,9166
14.0833	14.2500		1		00			P10	P20		E				000D				0,1667

Abbildung 10.6 Tabelle TIP nach der Bearbeitung durch die Regel TE10

Da in unserem Beispiel die Beginn- und Ende-Zeiten der untertägigen Abwesenheit innerhalb der Toleranz von zwei Minuten liegen, werden die erfassten Zeiten angepasst. Dies hat zur Folge, dass sich der Zeitraum der Abwesenheit entsprechend vergrößert. Diese Veränderung des Zeitpaares erfolgt nur in der Zeitauswertung; eine Veränderung der untertägigen Abwesenheit im Infotyp 2001 (Abwesenheiten) findet nicht statt.

Die Regel TE10 ist also ein sehr gutes Werkzeug, um kleine Lücken oder Überlappungen automatisch zu schließen. Im folgenden Abschnitt besprechen wir Prüfungen, die einen ganzen Tag betrachten.

10.2 Auf fehlerhaften Tag prüfen

Ob ein abzurechnender Tag fehlerhaft ist, können Sie mithilfe der Personalrechenregel TE20 (Tagesbezogene Fehlerprüfungen) überprüfen (siehe Abbildung 10.7). Da Sie an dieser Stelle den Tag selbst und nicht Einträge der Tages-Input-Tabelle bearbeiten wollen, müssen Sie die Regel im Schema über ACTIO aufrufen. Die Personalrechenregel TE20 prüft in mehreren Schritten verschiedene Konstellationen, um festzustellen, ob ein Mitarbeiter erlaubt an- oder abwesend ist. In Abhängigkeit des Tagestyps werden verschiedene Aktionen durchgeführt, die z. B. zu den folgenden Ergebnissen führen können:

- Es wird ein Fehler erzeugt.
- Es muss ein Sollpaar generiert werden.
- Der Tag ist so zu behandeln, als hätte der Mitarbeiter frei.

```
Regel                Grpg MitarbKreis      Lohn-/Zeitart
Var.Arg. F T Operation Operation Operation Operation Operation Operation *

TE20                  *                    ****
           D VARSTFREE                     SOLLSTUNDEN = 0?
N          D VARSTPRSNT                    MITARBEITER ANWESEND?
N N        D VARSTABSCE                    MITARBEITER ABWESEND?
N N N      D VARSTDAYTY                    TAGESTYP?
N N N *
N N N 0      COLER01F                      UNERLAUBT ABWESEND
N N N 1      ADDDB0600TGENTG               SOLLPAAR GENERIEREN
N N N 2      DAYPGOFF                      TAZP MIT SOLLSTD = 0
N N Y      D VARSTDAYTY                    TAGESTYP?
N N Y *
N N Y 0
N N Y 1    Z ADDDB0600TGCY TE21            ABWESENHEIT AM FEIERTAG
N N Y 2      DAYPGOFF                      TAZP MIT SOLLSTD = 0
N Y        D VARSTABSWD                    GANZTAEGIGE ABWESENHEIT?
N Y N      D VARSTDAYTY                    TAGESTYP?
N Y N *
N Y N 1      COLER08   ADDDB0600TGENTG               SOLLPAAR GENERIEREN
N Y N 2      DAYPGOFF                      TAZP MIT SOLLSTD = 0
N Y Y        COLER02E                      BEI GANZT. ABWES. ANWES.
Y          D VARSTPRSNT                    MITARBEITER ANWESEND?
Y N
Y Y          COLER00                       ANWESEND, OBWOHL FREI
```

Abbildung 10.7 Personalrechenregel TE20 (Tagesbezogene Fehlerprüfung)

Über die Operation VARST und verschiedene Parameter können Sie allgemeine Statusfelder abfragen und die Antwort darauf in das variable Argument stellen lassen (Regelspalte **Var.Arg.**). Die erste Abfrage in der Regel TE20 lautet z. B. VARSTFREE. Dies ist die Prüfung, ob der Mitarbeiter am betrachteten Tag einen Tagesarbeitszeitplan zugeordnet hat, der aus null Sollstunden besteht. Dies kann z. B. der Tagesarbeitszeitplan FREI oder ein von Ihnen ähnlich eingerichteter Plan mit null Sollstunden sein. Die Antwort auf die Operation VARST mit dem Parameter free ist dann Y (Yes) oder nein N (No) und wird in das variable Argument gestellt.

Die geläufigsten Parameter der Operation VARST in dieser Regel finden Sie in der Tabelle 10.1.

Parameter	Bedeutung
FREE	Fragt ab, ob der Tagesarbeitszeitplan Sollstunden = 0 beinhaltet.
PRSNT	Fragt ab, ob der Mitarbeiter anwesend ist.
PRSWD	Fragt ab, ob der Mitarbeiter ganztägig anwesend ist.
ABSCE	Fragt ab, ob der Mitarbeiter abwesend ist.
ABSWD	Fragt ab, ob der Mitarbeiter ganztägig abwesend ist.
DAYTY	Fragt ab, welcher Tagestyp vorliegt (0–9).

Tabelle 10.1 Parameter der Operation VARST und ihre Bedeutung

Mit diesen Operationen können Sie in der Regel TE20 eine logische Kette von Abfragen und deren Ergebnisbehandlung aufbauen. Dadurch wird z. B. automatisch ein fehlerhafter Tag erkannt, wenn ein Mitarbeiter anwesend ist, obwohl sein Tagesarbeitszeitplan null Sollstunden beinhaltet. In diesem Fall wird sowohl die erste Abfrage VARSTFREE als auch die folgende Abfrage VARSTPRSNT mit Y beantwortet. Daraufhin wird die Fehlermeldung 00 aus der Operation COLER generiert, wie wir sie in der Sicht V_T555E (Zeitauswertungsmeldungen) angelegt haben (siehe Abbildung 10.8).

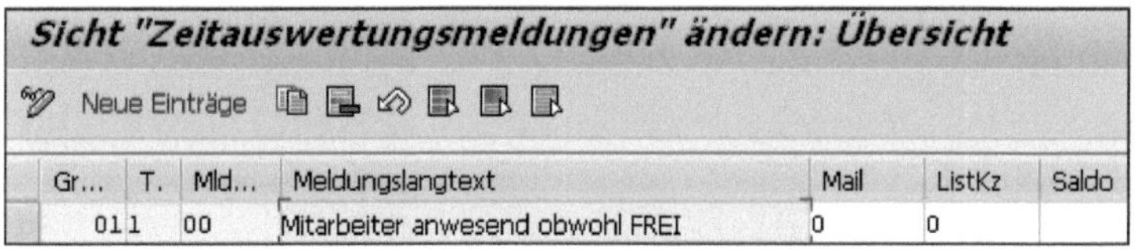

Sicht "Zeitauswertungsmeldungen" ändern: Übersicht

Neue Einträge

Gr...	T.	Mld...	Meldungslangtext	Mail	ListKz	Saldo
01	1	00	Mitarbeiter anwesend obwohl FREI	0	0	

Abbildung 10.8 Tabelle T555E (Sicht V_T555E) – Zeitauswertungsmeldungen

10.3 Paare auf Fehler überprüfen

Mit der Personalrechenregel TE30 (Paarbezogene Fehlerprüfungen) können Sie alle Zeitpaare der Tages-Input-Tabelle (TIP) überprüfen (siehe Abbildung 10.9). Diese Regel wird im Zeitauswertungsschema mit PTIP aufgerufen.

```
Regel              Grpg MitarbKreis     Lohn-/Zeitart
Var.Arg.  F T Operation Operation Operation Operation Operation Operation *

TE30                 *                  ****
          D OUTTPSTAT1                        STATUS AUS PAARBILDUNG
*           COLOP*                            OK
2           COLER03E                          BEGINN FEHLT
3         D HRS=BRELTIHRS-SWTE  HRS?CDELIM    AZE VOR DELIM STD.?
3 *       D DELIME    RETCD
3 * *       COLER04E                          GEHEN NICHT ABZUGRENZEN
3 * O       COLER20F  COLOP*                  MORGEN NOCHMAL (GEHT SPÄTER)
3 >         COLER04E                          GEHEN NICHT ABZUGRENZEN
4           COLER17E                          PAUSENENDE FEHLT
5           COLER16E                          PAUSENBEGINN FEHLT
7         D DELIMB    RETCD
7 *         COLER05E                          DG-BEGINN FEHLT
7 O         COLER20   FILLP1A   COLOP*    COLPABA
8         D DELIME    RETCD
8 *         COLER06E                          DG-ENDE FEHLT
8 O       D FILLP1A   COLOP*    HRS=BRELTIHRS-SWTE  HRS?CDELIM
8 O *       COLER20F                          PAAR VORLÄUFIG;MORGEN NOCHMAL
8 O >       COLER20   COLPAEA                 PAAR VERAENDERN IN PT
E           COLER50E
```

Abbildung 10.9 Personalrechenregel TE30 (Paarbezogene Fehlerprüfungen)

Mit der Operation OUTTP und dem Parameter STAT1 können Sie in der Personalrechenregel TE30 den Status jedes Zeitpaares überprüfen. Das mögliche Ergebnis der Abfrage muss als variables Argument in der Spalte **Var.Arg.** der Personalrechenregel hinterlegt sein. Anhand des ermittelten Status können Sie erkennen, ob das Zeitpaar fehlerfrei gebildet wurde oder ob die Beginn- bzw. die Ende-Zeit nicht abgegrenzt werden konnte. Die Personalrechenregel TE30 gibt bei unvollständigen Paaren entsprechende Meldungen mit der Operation COLERnn aus, wobei nn für eine bestimmte Fehlermeldung aus der Tabelle T555E steht. Diese sogenannten offenen Zeitpaare resultieren meist aus der fehlenden Beginn- oder Ende-Buchung bei Dienstgängen. Solche offenen Paare können Sie mithilfe der Operation DELIM automatisch mit Zeiten aus dem Tagesarbeitszeitplan ergänzen lassen. Der Tag wird daraufhin vorläufig ausgewertet und muss mit den richtigen Buchungen wiederholt werden.

Falls Sie keine automatische Abgrenzung von Zeitpaaren vornehmen lassen wollen, können Sie stattdessen die Personalrechenregel TE31 (Paarbezogene Fehlerprüfungen) verwenden, siehe Abbildung 10.10.

```
Regel              Grpg MitarbKreis     Lohn-/Zeitart
Var.Arg.  F T Operation Operation Operation Operation Operation Operation *

TE31                 *                  ****
          D OUTTPSTAT1                        STATUS PAIR CONSTRUCTION
*           COLOP*                            OK
2           COLER03E
3           COLER04E
4           COLER17E
5           COLER16E
7           COLER05E
8           COLER06E
E           COLER50E
```

Abbildung 10.10 Personalrechenregel TE31 (Paarbezogene Fehlerprüfungen)

Diese Regel beendet die Zeitauswertung, sobald ein Zeitpaar nicht vervollständigt werden kann. Die Ausprägung E im Parameter der Operation COLER führt zum Abbruch der Zeitauswertung für den Mitarbeiter.

10.4 Toleranzen aus dem Tagesarbeitszeitplan verarbeiten

Bisher haben wir verschiedene Personalrechenregeln innerhalb der Toleranzen und Fehlerprüfungen betrachtet. Dieser letzte Abschnitt beschreibt in einer Kurzform die Funktion DPTOL (Toleranzen des Tagesarbeitszeitplans). Daher besteht der letzte Schritt im Verarbeitungsblock **Toleranzen und Fehlerprüfungen** aus der Verarbeitung der Zeitpaare unter der Berücksichtigung der im Tagesarbeitszeitplan angegebenen Toleranzen. Wie Sie diese Toleranzen einstellen, haben wir bereits in Abschnitt 1.4, »Tagesarbeitszeitpläne«, beschrieben.

Die Funktion DPTOL verarbeitet ausschließlich Zeitpaare mit Uhrzeiten. Über verschiedene Parameter kann die Verarbeitung der Zeitpaare gesteuert werden. Zum Beispiel können Sie festlegen, ob Zeitpaare, die innerhalb der Toleranzzeit liegen, gelöscht oder nicht gelöscht werden sollen. Darüber hinaus können Sie über die Steuerung der Parameter festlegen, ob und wie Abwesenheiten oder auch Anwesenheitskontingente berücksichtigt und bearbeitet werden sollen. In der standardmäßig im Schema TM00 vorliegenden Form ohne die Angabe von Parametern werden Paare innerhalb der Toleranzzeit nicht gelöscht, Abwesenheitspaare modifiziert und Anwesenheitskontingente nicht berücksichtigt. Liegen für einen Mitarbeiter Zeitbuchungen vor, die innerhalb einer durch Toleranzbeginn und -ende spezifizierten Zeitspanne liegen, werden diese Zeitbuchungen auf den Sollarbeitsbeginn (oder das Sollarbeitsende) des Mitarbeiters gerundet.

Die genauen Ausprägungen der Parameter und ihre Wirkung entnehmen Sie der Systemdokumentation zur Funktion DPTOL.

10.5 Fazit

Die Möglichkeiten, die die in diesem Kapitel besprochenen Regeln und die Funktion DPTOL bieten, bedürfen eines ausgeprägten technischen Verständnisses. Wenn Sie an dieser Stelle Änderungen vornehmen wollen, um eigene Prüfmechanismen zu aktivieren, sollten Sie bereits ausreichende Kenntnis über die Technik der Personalrechenregeln und Funktionen besitzen. Sehr gut ist in diesem Zusammenhang auch die Kenntnis der Programmiersprache ABAP, um gegebenenfalls über das Coding der Operationen und Funktionen die Wirkungsweise eingehender zu verstehen.

Kapitel 11
Sollarbeitszeiten ermitteln

Der Tagesarbeitszeitplan eines Mitarbeiters gibt vor, in welchem Rahmen Arbeitszeit als Sollzeit gewertet wird und welche Pausen abzuziehen sind. So wird die Grundlage für die weiteren Verarbeitungsschritte der Zeitauswertung geschaffen. Dieses Kapitel zeigt Ihnen, wie Sie solche Sollarbeitszeiten ermitteln.

Nachdem aus Zeitereignissen Zeitpaare gebildet, diese hinsichtlich ihrer Konsistenz geprüft und alle Zeitdaten bereitgestellt worden sind, erfolgt im Verarbeitungsblock **Sollarbeitszeiten ermitteln** der Abgleich zwischen Soll und Ist. Das heißt, dass die tatsächlichen Zeitdaten mit den Sollvorgaben des Tagesarbeitszeitplans abgeglichen werden. Pausen werden ausgerichtet und von der Arbeitszeit abgezogen. Sie können außerdem die Lage und Dauer von Abwesenheiten bearbeiten und unter Umständen zahlreiche andere Bearbeitungsschritte einfügen.

Dieser Block ist damit einer der zentralen Schritte in der Zeitauswertung. Auch deshalb, weil hier die Basis für den nächsten wichtigen Verarbeitungsblock, die Mehrarbeitsermittlung, erfolgt. Erst wenn die Sollzeiten richtig bewertet worden sind, kann das SAP-System Mehrarbeiten, Zeitkonten und Zeitzuschläge korrekt ermitteln.

11.1 Tabelle TZP (Tageszeitpunkte)

Bereits im Block **Bereitstellen der Zeitdaten** wurde die interne Tabelle TZP (Tageszeitpunkte) durch die Funktion P2011 (TAZPl einlesen/erfasste Zeitpaare in die TIP stellen) gefüllt. Die Funktion P2011 stellt die in der Paarbildung gebildeten Zeitpaare zur weiteren Verarbeitung in die Tabelle TIP (Zeitdaten eines Tages für die Zeitauswertung). Anschließend liest sie den für den aktuellen Tag gültigen Tagesarbeitszeitplan ein und bildet daraus die Tabelle TZP. Beim Einlesen des Tagesarbeitszeitplans wird der Infotyp 2003 (Vertretungen) immer berücksichtigt. Ist also eine Vertretung erfasst, die einen abweichenden Tagesarbeitszeitplan beinhaltet, wird dieser als Grundlage für die Bildung der Tabelle TZP und damit für die Ermittlung der Sollzeit herangezogen.

Die Tabelle TZP bildet die im Tagesarbeitszeitplan hinterlegten Sollvorgaben ab. Dabei werden die Rahmen- und Kernzeiten sowie die Pausenvorgaben berücksichtigt. In der ersten Spalte der Tabelle TZP, die Sie in Abbildung 11.1 sehen, finden Sie die Uhrzeit der gebildeten Zeitscheibe. Als Zeitscheibe bezeichnen wir dabei ein Uhrzeitintervall in der Tabelle TZP, auf dessen Basis ein Eintrag in der Tabelle TIP generiert wird. Die zweite Spalte zeigt die vergebene Zeitkennung der Zeitscheibe. Ob der Pausenabzug bezahlt oder unbezahlt erfolgt, sehen Sie anhand der Überschriften der Spalten 3 und 4. Die Dauer der bezahlter Pausenabzüge wird in der dritten Spalte dargestellt, und die Dauer der unbezahlten Pausen ist der vierten Spalte zu sehen.

Tabelle TZP

Uhrzeit	Zeitkennung	Dauer bez. Pause	Dauer unbez. Pause
00.0000	01	0,0000	0,0000
06.0000	02	0,0000	0,0000
12.0000	05	0,0000	0,5000
12.5000	02	0,0000	0,0000
15.0000	05	0,0000	0,2500
15.2500	02	0,0000	0,0000
20.0000	01	0,0000	0,0000

Abbildung 11.1 Zeitauswertungsprotokoll – Tabelle TZP ohne Kernzeiten

Die Vorgaben aus dem Tagesarbeitszeitplan werden als Zeitscheiben mit entsprechender Kennung in der Tabelle TZP umgesetzt und als Zeitkennung bezeichnet. Der Sollarbeitszeitrahmen definiert dabei den Beginn der Füllzeit, die die Zeitkennung 02 erhält. Zeiten außerhalb des Sollarbeitszeitrahmens erhalten die Zeitkennung 01 (Überzeit), und im Tagesarbeitszeitplan definierte Kernarbeitszeiten erhalten die Zeitkennung 03 (Kernzeit). Für die Klassifikation von Pausenzeiten stehen die Zeitkennungen 04 bis 09 zur Verfügung. Dabei bedeutet:

- 04 (Pause in Kernzeit)
- 05 (Pause in Sollzeit)
- 06 (Pause bezahlt)
- 07 (Pause Infotyp 2005 (Mehrarbeiten) unbezahlt)
- 08 (Pause Infotyp 2005 (Mehrarbeiten) bezahlt)
- 09 (Pause in Überzeit)

Beginnt der Sollarbeitszeitrahmen eines Tagesarbeitszeitplans wie in Abbildung 11.1 um 6:00 Uhr, erhält die Zeitscheibe zwischen 0:00 Uhr und 6:00 Uhr, also vor Beginn des Sollarbeitszeitrahmens, die Zeitkennung 01 (Überzeit). Nach dem Ende des Sollarbeitszeitrahmens, hier 20:00 Uhr, wird ebenfalls eine Zeitscheibe mit der Zeitkennung 01 gebildet.

In unserem Beispiel enthält der zugrundeliegende Tagesarbeitszeitplan einen Pausenplan, der eine halbstündige Pause von 12:00 Uhr bis 12:30 Uhr und eine viertelstündige Pause von 15:00 bis 15:15 beinhaltet. Diese beiden Zeitscheiben erhalten die Zeitkennung 05 (Pause in Füllzeit). Alle übrigen Zeitscheiben von 6:00 bis 12:00 Uhr, von 12:30 bis 15:00 Uhr und von 15:15 bis 20:00 Uhr werden mit der Zeitkennung 02 (Füllzeit) gebildet.

Zusätzliche Zeitscheiben ergeben sich, wenn der Tagesarbeitszeitplan Kernzeiten enthält. Kernzeiten liegen innerhalb der Füllzeit. Sie definieren in der Regel dadurch Pflichtanwesenheitszeiten für Ihre Mitarbeiter. Verstöße gegen diese Anwesenheitspflicht meldet die Zeitauswertung mit dem Schema TM00 durch die Ausgabe eines Hinweises. Die Tabelle TZP wird bei Tagesarbeitszeitplänen mit Kernzeiten umfangreicher (siehe Abbildung 11.2).

Tabelle TZP

Uhrzeit	Zeitkennung	Dauer bez. Pause	Dauer unbez. Pause
00.0000	01	0,0000	0,0000
08.0000	02	0,0000	0,0000
09.0000	03	0,0000	0,0000
09.5000	04	0,0000	0,2500
10.0000	03	0,0000	0,0000
11.5000	05	0,0000	0,7500
13.5000	02	0,0000	0,0000
14.0000	03	0,0000	0,0000
16.0000	02	0,0000	0,0000
18.0000	01	0,0000	0,0000
22.0000	09	0,0000	0,1667
22.1667	01	0,0000	0,0000

Abbildung 11.2 Zeitauswertungsprotokoll – Tabelle TZP mit Kernzeiten

Sie erkennen, dass der zugrundeliegende Tagesarbeitszeitplan einen Sollarbeitszeitrahmen von 8 Uhr bis 18 Uhr umfasst. Die Kernzeiten beginnen um 9:00 bzw. 14:00 Uhr und enden um 11:30 bzw. 16:00 Uhr. Von 22:00 bis 22:10 Uhr ist eine unbezahlte Pause in Überzeit (Zeitkennung 09) vorgesehen, die zum Abzug kommt, wenn der Mitarbeiter zu dieser Zeit arbeitet.

Die Tabelle TZP (Tageszeitpunkte) unterteilt den Arbeitstag eines Mitarbeiters in Zeitscheiben und gibt damit das Raster für die Bewertung der Istzeiten vor, ohne diese jedoch in diesem Schritt bereits zu berücksichtigen. Der Abgleich von Soll und Ist erfolgt in den im folgenden Abschnitt beschriebenen nächsten Schritten.

11.2 Zeitpaare runden

Der erste optionale Schritt im Block **Sollarbeitszeiten ermitteln** der Zeitauswertung ist die Rundung von Zeitpaaren. Im Schema TM00 finden Sie die deaktivierte Personalrechenregel TL10 (Runden erstes/letztes Paar). Diese Personalrechenregel liefert Ihnen ein Beispiel, wie Sie das erste und letzte Zeitpaar eines Tages auf die nächste bzw. letzte volle Viertelstunde auf- oder abrunden. Den Aufruf der Personalrechenregel sehen Sie in Abbildung 11.3.

000430	BLOCK	BEG						Sollarbeitszeiten ermitteln
000440	PTIP	TL10	GEN				*	Rundung erstes/ letztes Paar
000450	DYNBR	TF10					*	Festlegen dynamische Pausen

Abbildung 11.3 Zeitauswertungsschema TM00 – Personalrechenregel TL10 aufrufen

Dass die Personalrechenregel TL10 deaktiviert ist, erkennen Sie anhand des Sterns in der siebten Spalte des Schemas. Im Änderungsmodus von Transaktion PE01 (Pflege von Rechenschemen) werden deaktivierte Zeilen andersfarbig (in der Regel in Schwarz anstatt in Rot) dargestellt. Die Personalrechenregel TL10 können Sie durch die Funktion PTIP (Bearbeiten der Zeitdatentabelle TIP) aufrufen. Näheres zu dieser Funktion erfahren Sie in Kapitel 16, »Funktionen der Zeitauswertung«.

Die Personalrechenregel TL10 enthält eine Abfrage auf den Mitarbeiterkreis DI (Stundenlöhner), siehe Abbildung 11.4. Sie verwenden diese Personalrechenregel üblicherweise nur als Kopiervorlage, um Ihre eigenen unternehmensspezifischen Anforderungen zu realisieren, die von der Vorlage üblicherweise nicht abgedeckt werden.

000010			D	VARSTFIRST
000020	N		D	VARSTLAST
000030	N *			COLOP*
000040	N Y		D	OUTWPPERSB
000050	N Y *			COLOP*
000060	N Y **			COLOP*
000070	N Y DI			ROUNDE<15 COLOP*
000080	Y		D	OUTWPPERSB
000090	Y *			COLOP*
000100	Y **			COLOP*
000110	Y DI		D	ROUNDB>15 VARSTLAST
000120	Y DI N			COLOP*
000130	Y DI Y			ROUNDE<15 COLOP*

Abbildung 11.4 Personalrechenregel TL10 (Runden erstes/letztes Paar)

In der Verarbeitung der Personalrechenregel wird zunächst durch die Operation VARST (Bereitstellung allgemeiner Felder) mit den Parameterwerten FIRST und LAST festgestellt, ob das aktuell zu verarbeitende Zeitpaar das erste, das letzte oder sowohl das erste als auch das letzte des aktuellen Tages ist. Näheres zu den Operationen der Personalrechenregeln erfahren Sie in Kapitel 17, »Operationen der Zeitwirtschaft«.

Ist das aktuelle Zeitpaar in der Tabelle TIP das erste, das letzte oder das einzige Zeitpaar des Tages, also gleichermaßen das erste und letzte Zeitpaar, wird durch die Operation OUTWP (Bereitstellung von Arbeitsplatzdaten) mit dem Parameter PERSB die bereits erwähnte Abfrage auf den Mitarbeiterkreis durchgeführt. Gehört der Mitarbeiter dem Mitarbeiterkreis DI an, werden die Beginn- und/oder Ende-Uhrzeit des aktuellen Paares durch die Operationen ROUND (Rundung von Uhrzeiten oder dem Stundenanzahlfeld) mit den Parametern B>15 und E>15 auf die nächste bzw. letzte

Viertelstunde auf- oder abgerundet. Anschließend wird das Zeitpaar in jedem Fall durch die Operation COLOP (Übermitteln von Daten in die interne Tabelle TOP) mit dem Parameter * verändert in der Tabelle TIP gespeichert und so für die weitere Verarbeitung zur Verfügung gestellt.

Zeitereignisse runden

Die dem Zeitpaar zugrundeliegenden Zeitereignisse in der Tabelle TEVEN werden durch die Rundungsoperationen nicht verändert. Auch die aus den Zeitereignissen in der Paarbildung erzeugte Tabelle PT, die die Zeitpaare des Tages enthält, wird durch die Rundungsoperationen nicht verändert. Möchten Sie die Zeitpaare in der Tabelle PT durch die Rundungsoperationen verändern, um z. B. die gerundeten Zeitpaare auf dem Zeitnachweis anzudrucken, verwenden Sie zusätzlich die Operation COLPA.

Das Protokoll der Verarbeitung der von der Personalrechenregel TL10 kopierten Personalrechenregel ZL10 zeigt Ihnen den Ablauf der Verarbeitung: Die Entscheidungsoperationen VARSTFIRST, OUTWPPERSB und VARSTLAST werden mit den Werten »Y« (Yes), »20« (für den Mitarbeiterkreis 20) und »Y« (Yes) positiv beschieden.

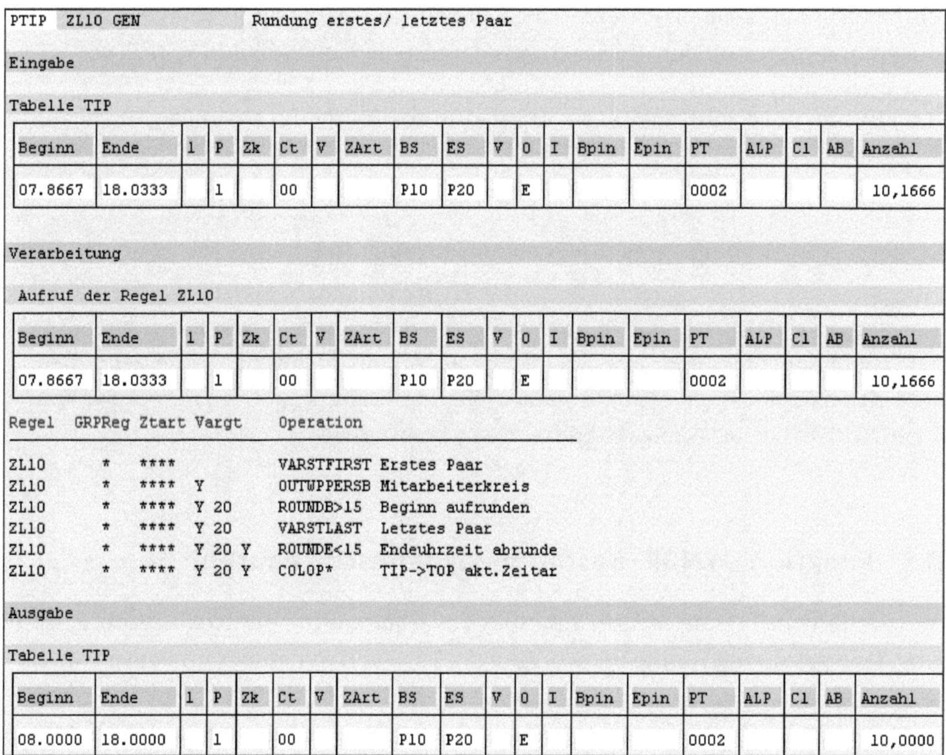

PTIP ZL10 GEN Rundung erstes/ letztes Paar

Eingabe

Tabelle TIP

Beginn	Ende	1	P	Zk	Ct	V	ZArt	BS	ES	V	O	I	Bpin	Epin	PT	ALP	C1	AB	Anzahl
07.8667	18.0333		1		00			P10	P20		E				0002				10,1666

Verarbeitung

Aufruf der Regel ZL10

Beginn	Ende	1	P	Zk	Ct	V	ZArt	BS	ES	V	O	I	Bpin	Epin	PT	ALP	C1	AB	Anzahl
07.8667	18.0333		1		00			P10	P20		E				0002				10,1666

```
Regel  GRPReg Ztart Vargt    Operation
ZL10     *    ****           VARSTFIRST Erstes Paar
ZL10     *    ****  Y        OUTWPPERSB Mitarbeiterkreis
ZL10     *    ****  Y 20     ROUNDB>15  Beginn aufrunden
ZL10     *    ****  Y 20     VARSTLAST  Letztes Paar
ZL10     *    ****  Y 20 Y   ROUNDE<15  Endeuhrzeit abrunde
ZL10     *    ****  Y 20 Y   COLOP*     TIP->TOP akt.Zeitar
```

Ausgabe

Tabelle TIP

Beginn	Ende	1	P	Zk	Ct	V	ZArt	BS	ES	V	O	I	Bpin	Epin	PT	ALP	C1	AB	Anzahl
08.0000	18.0000		1		00			P10	P20		E				0002				10,0000

Abbildung 11.5 Zeitauswertungsprotokoll – Verarbeitung der Personalrechenregel ZL10

Damit steht fest, dass es sich bei dem aktuellen Zeitpaar um das einzige Zeitpaar des Tages handelt, dessen Beginn um 7:52 Uhr und dessen Ende um 18:02 Uhr gestempelt wurde. Darüber hinaus wurde die in der Personalrechenregel ZL10 gesetzte Bedingung erfüllt, dass die Rundung nur für Mitarbeiter des Mitarbeiterkreises 20 durchgeführt wird. Damit wird die Beginn-Uhrzeit des Zeitpaares von 7:52 Uhr auf 8:00 Uhr und die Ende-Uhrzeit von 18:02 Uhr auf 18:00 Uhr verändert. Gleichzeitig wird die Stundenanzahl von 10,1666 Stunden auf zehn Stunden reduziert.

In der entsprechenden Zeile des Zeitnachweises sehen Sie das Ergebnis der Rundung ohne die Verwendung der Operation COLPA (siehe Abbildung 11.6). Die gerundete Gesamtarbeitszeit von zehn Stunden ergibt abzüglich der Pausenvorgabe von 45 Minuten eine Produktivzeit von 9,25 Stunden; die Beginn- und Ende-Uhrzeit wird ungerundet dargestellt.

19 Di	07:52 18:02 10,17	7,00	7,00	0,00	0,00	D001

Abbildung 11.6 Zeitnachweis nach der Rundung ohne die Operation COLPA

Verwenden Sie die Operation COLPA (Überführe in Paartabelle) in Ihrer kundeneigenen Personalrechenregel zwischen der Rundung der Zeitpaare und dem Zurückschreiben in die Tabelle TIP, werden die Zeitpaare in der Tabelle PT ebenfalls gerundet und entsprechend auf dem Zeitnachweis dargestellt (siehe Abbildung 11.7).

19 Di	08:00 18:00 10,00	7,00	7,00	0,00	0,00	D001

Abbildung 11.7 Zeitnachweis nach der Rundung mit der Operation COLPA

Überprüfung Rundungsregelungen von Zeitereignissen

Die Rundung von Zeitereignissen ist unserer Erfahrung nach ein in Projekten häufig kontrovers diskutiertes Thema: Oftmals liegen diesen Regelungen firmenhistorisch bedingte Annahmen zugrunde, die nicht mehr der Arbeitsplatzrealität entsprechen. Da sich daraus ein unverhältnismäßig hoher Realisierungsaufwand ergeben kann, lohnt sich in der Regel eine Überprüfung des Sachverhalts.

11.3 Funktion DYNBR (Bestimme dynamische Pausen)

Der zweite Verarbeitungsschritt im Block **Sollarbeitszeiten ermitteln** ist die Ermittlung der Startuhrzeit für die Berechnung der Lage von dynamischen Pausen. Als dynamische Pausen werden solche Arbeitspausenpläne bezeichnet, für die keine Beginn- und Ende-Uhrzeit festgelegt wird, sondern eine Arbeitszeitdauer, nach der die Pause abgezogen werden muss (siehe Abbildung 11.8). Sie sehen einen Pausenplan, in dem definiert wurde, dass eine Pause von 0,25 Stunden nach vier Stunden und eine weitere Pause von 0,75 Stunden nach sechs Stunden Arbeitszeit abzuziehen ist. Mehr Informationen zur Systematik von Arbeitspausenplänen finden Sie in Kapitel 1, »Customizing der Arbeitszeitpläne«.

Grpg	Pause	Nr	Beginn	Ende	V	unbez.	bezahlt	n.Std	BZtpkt	PaTyp 1	Pa
01	M3	01			☐	0,25	0,00	4,00			
01	M3	02			☐	0,75	0,00	6,00			

Abbildung 11.8 Tabelle T550P (Sicht V_T550P) – Arbeitspausenpläne – dynamische Pause

Wenn Sie die Funktion DYNBR (Bestimme dynamische Pausen) nicht verwenden, richtet sich der Beginn des Pausenabzugs nach dem in der Tabelle T550P (Arbeitspausenpläne) festgelegten Bezugszeitpunkt. Sie bestimmen damit, ob der Pausenabzug nach dem Beginn der Soll- oder der Normalarbeitszeit im Tagesarbeitszeitplan ausgerichtet wird. In der betrieblichen Praxis kommt diese Steuerung jedoch eher selten zur Anwendung, wenn die Arbeitszeiten Ihrer Mitarbeiter durch eine positive Zeitauswertung verarbeitet werden.

Der Beginn der dynamischen Pausen ergibt sich dann in der Regel aus der ersten Kommen-Buchung Ihres Mitarbeiters. Nimmt Ihr Mitarbeiter an einem Tag seine Arbeit um 7:30 Uhr auf, erfolgt nach dem Arbeitspausenplan der erste Abzug in Höhe von 15 Minuten um 11:30 Uhr. Der zweite Abzug gemäß Arbeitspausenplan M3 in Höhe von 45 Minuten erfolgt um 13:30 Uhr. Die Steuerung der Abzugszeitpunkte vollzieht die Funktion DYNBR, deren Aufruf im Schema TM00 ebenfalls nicht aktiv ist. In Abbildung 11.9 sehen Sie in der Zeile 450 in der Spalte 7 einen Stern, und die Zeile ist schwarz. Dies bedeutet, dass die Zeile nicht aktiv ist.

000440	PTIP	TL10	GEN			*	Rundung erstes/ letztes Paar
000450	DYNBR	TF10				*	Festlegen dynamische Pausen
000460	TIMTP						Zuordnung Zeitart zu Zeitpaar

Abbildung 11.9 Zeitauswertungsschema TM00 – Funktion DYNBR (Bestimme dynamische Pausen) aufrufen

Die veränderte Lage der Pausenpaare wird in diesem Fall auf der Grundlage der Beginn-Uhrzeit des ersten Zeitpaares des Tages errechnet. Diese Uhrzeit wird während der Verarbeitung der Funktion DYNBR ermittelt und in der Zeitart T001 in der Tagessaldentabelle TES gespeichert. Die im Beispiel aufgerufene Personalrechenregel TF10 nimmt nur an Tagen des Tagestyps 1 Einfluss auf die Berechnung der Beginn-Uhrzeit für den Pausenabzug. An solchen Tagen wird die ermittelte Uhrzeit durch den Beginn der Sollarbeitszeit übersteuert. Die Arbeitsweise der Funktion kann durch vier im Zeitauswertungsschema zu vergebende Parameter beeinflusst werden (siehe Abbildung 11.10).

000440	PTIP	TL10	GEN			*	Rundung erstes/ letztes Paar
000450	DYNBR	TF10				*	Festlegen dynamische Pausen
000460	TIMTP						Zuordnung Zeitart zu Zeitpaar

Abbildung 11.10 Zeitauswertungsschema TM00 – Parameter der Funktion DYNBR (Bestimme dynamische Pausen)

Folgende Parameterausprägungen sind möglich:

- **Parameter 1 (Angabe einer Personalrechenregel)**

  Angabe einer Personalrechenregel zur Bearbeitung der Zeitart T001
- **Parameter 2 (Berechnung Startuhrzeit)**
  - Blank: Die Startuhrzeit ist die Beginn-Uhrzeit des ersten Zeitpaares des aktuellen Tages. Existiert für den aktuellen Tag kein Zeitpaar, gilt stattdessen der Beginn der Sollzeit des Tages als Startuhrzeit.
  - P: Der Sollarbeitszeitbeginn des für den aktuellen Tag gültigen Tagesarbeitszeitplans wird als Startuhrzeit ermittelt.
  - N: Der Normalarbeitszeitbeginn des für den aktuellen Tag gültigen Tagesarbeitszeitplans wird als Startuhrzeit ermittelt.
  - C: Der Kernarbeitszeitbeginn des für den aktuellen Tag gültigen Tagesarbeitszeitplans wird als Startuhrzeit ermittelt.
- **Parameter 3 (Anrechnung von Unterbrechungen)**
  - Blank: Keine Anrechnung von Unterbrechungen. Die Beginn-Zeit der Pause liegt so weit von der Startuhrzeit entfernt, wie es im Arbeitspausenplan definiert ist.
  - Yz: Die Beginn-Zeit der Pause liegt so weit von der Startuhrzeit entfernt, bis die im Arbeitspausenplan definierte Zeit mit Zeitpaaren des Paartyps yz ermittelt wurde.
- **Parameter 4 (Pausen in Überzeiten)**
  - Blank: Der Pausenabzug erfolgt auch in der Überzeit.
  - N: Der Pausenabzug erfolgt nur, wenn die Pause nicht komplett in der Überzeit liegt.

Im Zeitauswertungsprotokoll der Funktion DYNBR, die hier ganz ohne Parameterwerte aufgerufen wurde, sehen Sie, dass sich in der Tabelle TZP die Lage der Zeitscheiben mit der Zeitkennung 05 verändert (siehe Abbildung 11.11). In der Eingabe beginnen diese um 12:00 bzw. 15:00 Uhr, und in der Ausgabe sind die Beginn-Zeiten auf 13:30 bzw. 16:30 Uhr verschoben.

In der Verarbeitung der Funktion wurde die Beginn-Uhrzeit 7:30 Uhr ermittelt und als Wert »7,5000« der Zeitart T001 in der Tabelle TES gespeichert (siehe Abbildung 11.12).

DYNBR TF10 Festlegen dynamische Pausen

Eingabe

Tabelle PSP

Tabelle TZP

Uhrzeit	Zeitkennung	Dauer bez. Pause	Dauer unbez. Pause
00.0000	01	0,0000	0,0000
06.0000	02	0,0000	0,0000
12.0000	05	0,0000	0,5000
12.5000	02	0,0000	0,0000
15.0000	05	0,0000	0,2500
15.2500	02	0,0000	0,0000
20.0000	01	0,0000	0,0000

Verarbeitung

Ausgabe

Tabelle PSP

Tabelle TZP

Uhrzeit	Zeitkennung	Dauer bez. Pause	Dauer unbez. Pause
00.0000	01	0,0000	0,0000
06.0000	02	0,0000	0,0000
13.5000	05	0,0000	0,5000
14.0000	02	0,0000	0,0000
16.5000	05	0,0000	0,2500
16.7500	02	0,0000	0,0000
20.0000	01	0,0000	0,0000

Abbildung 11.11 Zeitauswertungsprotokoll – Verarbeitung der Funktion DYNBR (Bestimme dynamische Pausen)

Tabelle TES

Zeitart	Bezeichnung	Anzahl
T001	Beginnuhrzeit dyn. Pausen	7,5000

Abbildung 11.12 Zeitauswertungsprotokoll – Tabelle TES

In Projekten wird häufig gewünscht, die Pausen z. B. erst nach sechs Stunden Nettoarbeitszeit abzuziehen. Sie erreichen dies, indem Sie für den Parameter 3 beim Aufruf der Funktion DYNBR den Wert »13« vergeben. Dadurch werden Pausen erst dann abgezogen, wenn die für den Abzug der Pausen definierten Stundenanzahlen durch Zeitpaare des Paartyps 1 und 3 erreicht wurden. Zeitpaare mit dem Paartyp 1 entsprechen den gestempelten Anwesenheitszeiten, und Zeitpaare des Paartyps 3 ergeben sich aus den im Infotyp 2002 (Anwesenheiten) erfassten Anwesenheitszeiten oder aus den am Zeiterfassungssystem gestempelten Dienstgangbuchungen. Damit werden Unterbrechungen mit dem Paartyp 0 oder im Infotyp 2001 (Abwesenheiten) erfasste Abwesenheitszeiten mit dem Paartyp 2 bei der Ermittlung der vorgegebenen Zeitspanne nicht berücksichtigt.

11.4 Funktion TIMTP (Zuordnung der Zeitarten)

Nachdem die Lage der dynamischen Pausen festgelegt worden ist, erfolgt einer der zentralen Schritte in der Zeitauswertung: die Vergabe von Zeitarten für die Zeitpaare in der Tabelle TIP. Jedes Zeitpaar des aktuellen Tages ist zu diesem Zeitpunkt durch den Paartyp des Paares charakterisiert. Die folgenden Ausprägungen werden für die Paartypen verwendet:

- 0: Nicht erfasste Zeiten
- 1: Gestempelte Anwesenheitszeiten
- 2: Erfasste Abwesenheiten
- 3: Erfasste Anwesenheiten

Die Funktion TIMTP (Zuordnung von Zeitarten zu den Zeitpaaren) unterteilt die Zeitpaare des aktuellen Tages gemäß der Tabelle TZP in Zeitscheiben. In diesem ersten Schritt erhalten die Zeitpaare in der Tabelle TIP ein weiteres Merkmal: die Zeitkennung. Dies gilt jedoch nur für Zeitpaare, die noch keine Zeitkennung haben. Haben Sie in einem früheren Verarbeitungsschritt bereits Zeitkennungen vergeben, werden diese in der Funktion TIMTP nicht verändert. Zur Bedeutung der Zeitkennung lesen Sie Abschnitt 11.2, »Zeitpaare runden«.

Im zweiten Verarbeitungsschritt der Funktion TIMTP wird die Tabelle T555Z (Zeitkennung – Zeitart und Verarbeitungstyp) verarbeitet. Alle Zeitpaare erhalten in diesem Schritt einen Verarbeitungstyp und eine Zeitart, die sich aus den bisherigen Kennzeichen der Zeitpaare und den Werten aus der Tabelle T555Z ergeben. Die Funktion verarbeitet die Eingabewerte aus den Tabellen TIP und TZP sowie Anwesenheiten aus dem Infotyp 2002 (Anwesenheiten), für die gegebenenfalls abweichende Pausen erfasst wurden.

Die Zeitpaare in der Tabelle TIP tragen zu diesem Zeitpunkt einen Paartyp und die zuvor vergebene Zeitkennung. Für die Verarbeitung der Tabelle T555Z ergibt sich aus diesen beiden Merkmalen eine Matrix, die durch die Personalteilbereichsgruppierung für die Zeiterfassung aus der Tabelle T001P und der Zeitartenfindungsgruppe (Modifikator T für Zeitkennung, Zeitart und Verarbeitungstyp, der im Initialisierungsteil der Zeitauswertung vergeben wird). ergänzt wird, Aus diesen Parametern werden der Verarbeitungstyp und die Zeitart jedes Zeitpaares aus der Tabelle T555Z bestimmt (siehe Abbildung 11.13). Sie sehen in der dritten Spalte **Zk** des Tabellenausschnitts für die Personalteilbereichsgruppierung 01 (Spalte 1) und die Zeitartenfindungsgruppe 01 (Spalte 2) die möglichen neun verschiedenen Zeitkennungen.

Horizontal sehen Sie in den Spalten **VTyp 0** (Verarbeitungstyp für den Paartyp 0) und **ZArt 0** (Zeitart für den Paartyp 0) bis zur letzten Spalte **ZArt 3** (Zeitart für den Paartyp 3) die dafür zu vergebenden Verarbeitungstypen und Zeitarten. In dieser Einstellung erhält ein Paar mit der Zeitkennung 03 (Kernzeit) und dem Paartyp 1 (gestempelte

Anwesenheit) den Verarbeitungstyp P (Anwesenheitspaar) und die Zeitart 0210 (Kernzeit Anwesenheit). In einem weiteren Beispiel erhält ein Zeitpaar mit der Zeitkennung 08 (Pause Mehrarbeitsinfotyp 2005 (bezahlt) und dem Paartyp 3 (Erfasste Anwesenheit) den Verarbeitungstyp M (Mehrarbeit) und die Zeitart 0540 (Pause bezahlt).

GrPTB	Gru...	Zk	VTyp 0	ZArt 0	VTyp 1	ZArt 1	VTyp 2	ZArt 2	VTyp 3	ZArt 3	Beginn	Ende
01	01	01				0310		0320		0330	01.01.1900	31.12.9999
01	01	02	K	0000	P	0110	A	0120	P	0130	01.01.1900	31.12.9999
01	01	03	K	0235	P	0210	A	0220	P	0230	01.01.1900	31.12.9999
01	01	04	K	0000	K	0510		0520	K	0530	01.01.1900	31.12.9999
01	01	05	K	0000	K	0510		0520	K	0530	01.01.1900	31.12.9999
01	01	06	K	0000	A	0540	A	0540	A	0540	01.01.1900	31.12.9999
01	01	07	K	0000	K	0510		0520	K	0530	01.01.1900	31.12.9999
01	01	08			M	0540	M	0540	M	0540	01.01.1900	31.12.9999
01	01	09	K	0000	K	0510		0520	K	0530	01.01.1900	31.12.9999

Abbildung 11.13 Tabelle T555Z (Zeitkennung – Zeitart und Verarbeitungstyp)

Abbildung 11.14 zeigt Ihnen das Zeitauswertungsprotokoll der Funktion TIMTP.

TIMTP Zuordnung Zeitart zu Zeitpaar

Eingabe

Tabelle TZP

Uhrzeit	Zeitkennung	Dauer bez. Pause	Dauer unbez. Pause
00.0000	01	0,0000	0,0000
06.0000	02	0,0000	0,0000
13.5000	05	0,0000	0,5000
14.0000	02	0,0000	0,0000
16.5000	05	0,0000	0,2500
16.7500	02	0,0000	0,0000
20.0000	01	0,0000	0,0000

Tabelle TIP

Beginn	Ende	l	P	Zk	Ct	V	ZArt	BS	ES	V	O	I	Bpin	Epin	PT	ALP	Cl	AB	Anzahl
07.5000	18.0333		1		00			P10	P20		E				0002				10,5333

Tabelle P2002

Kein Eintrag in dieser Tabelle vorhanden

Ausgabe

Tabelle TZP

Tabelle TIP

Beginn	Ende	l	P	Zk	Ct	V	ZArt	BS	ES	V	O	I	Bpin	Epin	PT	ALP	Cl	AB	Anzahl
06.0000	07.5000		0	02	00	K	0000												1,5000
07.5000	13.5000		1	02	00	P	0110	P10	P20		E				0002				6,0000
13.5000	14.0000		1	05	00	K	0510	P10	P20		E				0002				0,5000
14.0000	16.5000		1	02	00	P	0110	P10	P20		E				0002				2,5000
16.5000	16.7500		1	05	00	K	0510	P10	P20		E				0002				0,2500
16.7500	18.0333		1	02	00	P	0110	P10	P20		E				0002				1,2833
18.0333	20.0000		0	02	00	K	0000												1,9667

Abbildung 11.14 Zeitauswertungsprotokoll – Verarbeitung der Funktion TIMTP (Zuordnung von Zeitarten zu den Zeitpaaren)

Das in der Eingabetabelle TIP stehende Zeitpaar mit dem Paartyp 1 (Gestempelte Anwesenheit) wird anhand der Vorgaben aus der Tabelle TZP in fünf Zeitpaare aufgeteilt. Zusätzlich generiert die Funktion TIMTP Zeitpaare mit dem Paartyp 0 (Nicht erfasste Zeit), die den Arbeitszeitrahmen vom Beginn des Sollarbeitszeitrahmens bis hin zum tatsächlichen Beginn der Arbeit und vom Ende der Arbeit bis zum Ende des Sollarbeitszeitrahmens auffüllen. Diese Paare erhalten den Verarbeitungstyp K (wird in der SAP-Dokumentation als Kernnachtarbeit bezeichnet). Die fünf Zeitpaare, die aus der tatsächlich gestempelten Arbeitszeit entstanden sind, tragen in der Füllzeit (Zeitkennung 02) den Verarbeitungstyp P (Anwesenheitspaar) und die Zeitart 0110 (Füllzeit Anwesenheit). Die Pausenzeitpaare sind durch den Verarbeitungstyp K und die Zeitart 0510 (Pause Anwesenheit) gekennzeichnet, die in der Tabelle T555Z für diese Zeitpaare ermittelt wurden.

Für die Funktion TIMTP steht derzeit nur der Parameter 4 zur Steuerung der Verarbeitung zur Verfügung. Sie steuern über diesen Parameter, wie die Zeitauswertung Zeitpaare in der Tabelle TIP ohne Uhrzeiten verarbeiten soll. Hat dieser Parameter den Wert »blank«, werden uhrzeitlose Zeitpaare nicht verarbeitet. Sollten der Funktion dennoch Zeitpaare ohne Uhrzeiten zugeführt werden, bricht die Zeitauswertung mit einem technischen Fehler ab. Setzen Sie den Wert des Parameters 4 auf TIME, werden uhrzeitlose Paare von der Funktion TIMTP nicht verarbeitet, sondern zur späteren Bearbeitung unverändert weitergereicht.

11.5 Funktion PBRKS (Pausen einbauen)

Die Anforderung, Pausen in einer bestimmten Rahmenzeit abzuziehen, kann durch die Definition eines entsprechenden Arbeitspausenplans und durch die Verwendung der Funktion PBRKS in der Zeitauswertung umgesetzt werden. Eine solche Vorgabe kann z. B. lauten, dass zwischen 11:00 und 14:00 Uhr eine mindestens halbstündige Pause zu nehmen ist. Ein entsprechender Arbeitspausenplan ist in Abbildung 11.15 zu sehen.

Grpg	Pause	Nr	Beginn	Ende	V	unbez.	bezahlt	n.Std	BZtpkt
01	R001	01	11:00	14:00	☐	0,50			

Abbildung 11.15 Pausenplan mit Rahmenzeit

Die Verarbeitung dieser Vorgaben erfolgt in der Zeitauswertung durch die Funktion PBRKS. Für die Steuerung der Verarbeitungsweise der Funktion stehen vier Parameter zur Verfügung. Parameter 1 steuert in einer optional anzugebenden Personalrechenregel, ob von der Standardverarbeitung, zuerst unbezahlte und danach bezahlte Pausen zu verarbeiten, abgewichen werden soll. Dies erfolgt durch die Operation TMBRE (Generierung von Pausenzeit). Eine entscheidende Rolle bei der Verarbeitung solcher

Arbeitspausenpläne spielen die betrieblichen Sollvorgaben hinsichtlich der Anrechnung von Unterbrechungen der Arbeitszeit auf den Pausenabzug. Grundsätzlich ist es möglich, Unterbrechungen der Arbeitszeit ganztägig auf den Sollpausenabzug anzurechnen. In der Regel werden Unterbrechungen jedoch nur dann angerechnet, wenn sie vor oder im Rahmen des vorzunehmenden Pausenabzugs erfolgt sind. Dies kann z. B. der Fall sein, wenn Unterbrechungen von Ihren Mitarbeitern ausgestempelt werden und diese auf den Pausenabzug angerechnet werden sollen, wenn sie vor oder während des Pausenrahmens erfolgen. In welcher Reihenfolge Unterbrechungen auf den Pausenabzug angerechnet werden sollen, steuern Sie über den Parameter 2 der Funktion PBRKS. Sie haben damit die Möglichkeit festzulegen, ob Pausen grundsätzlich vorrangig in An- oder Abwesenheitszeiten abgezogen oder ob zunächst nicht erfasste Zeiten (siehe Beispiel in Abbildung 11.8) als Pause angerechnet werden sollen.

Der Parameter 3 legt fest, ob nicht erfasste Zeiten innerhalb des Sollarbeitszeitrahmens als Pause angerechnet werden sollen. Sie haben die Möglichkeit, nicht erfasste Zeiten nur dann anzurechnen, wenn sie an den Pausenrahmen angrenzen. Diese Option kann eingeschränkt auf nicht erfasste Zeiten eingeschränkt werden, die an den Beginn oder das Ende des Pausenrahmens angrenzen. Eine weitere Option ist die Anrechnung aller Unterbrechungen vor dem Beginn des Pausenrahmens.

Anrechnung von nicht erfassten Zeiten

Eine Ausprägung des Parameters 3, um alle nicht erfassten Zeiten des Tages, also auch solche nach dem Ende des Pausenrahmens, als Pause anzurechnen, bietet der SAP-Standard nicht. In verschiedenen Projekten bestand diese Anforderung und wurde von uns durch eine kundeneigene Funktion realisiert, die im Wesentlichen eine Kopie der Standardfunktion PBRKS ist und um die erforderliche Ausprägung des Parameters 3 und deren Verarbeitung erweitert wurde.

Den Parameter 4 der Funktion PBRKS müssen Sie in der Regel nur verändern, wenn Sie in einer Negativzeitauswertung eine Pausenverarbeitung benötigen. Sie steuern in diesem Fall die Verarbeitung von uhrzeitlosen Einträgen in der Tabelle TIP durch den Parameter.

11.6 Funktion DEFTP (Sollpaarermittlung)

Die Funktion DEFTP verarbeitet die zu diesem Zeitpunkt bereits ermittelten Zeitpaare, die aufgrund ihres Paartyps zu Sollpaaren gemacht werden sollen. Die Funktion verarbeitet Zeitpaare, die aus einer gestempelten Zeit resultieren und den Paartyp A tragen, und solche, die aus einer im Infotyp 2002 (Anwesenheiten) erfassten Anwesenheit, wie z. B. einer Dienstreise, gebildet wurden und durch den Paartyp P gekennzeichnet sind. Diese Zeitpaare erhalten in chronologischer Abfolge den Paartyp S (Sollzeit). Bei der Vergabe des Paartyps S wird geprüft, ob die tägliche maximale Arbeitszeit überschritten wurde. Diese Obergrenze wird in der Tabelle T511K (Abrechnungskonstanten) in der Konstante TGMAX erfasst (siehe Abbildung 11.16).

Konstante	Info	Abrechnungskonstante	Beginn	Ende	Wert
TGMAX		taegliche Maximal-Arbeitszeit	01.01.1985	31.12.9999	10,00

Abbildung 11.16 Tabelle T511K (Abrechnungskonstanten) – Konstante TGMAX

Im Allgemeinen gilt die gesetzliche Obergrenze von täglich maximal zehn Stunden Arbeitszeit. Dieser Wert ist von SAP als Auslieferungswert in der Konstanten hinterlegt. Gilt in Ihrem Unternehmen ein abweichender Wert, können Sie entweder die Konstante TGMAX entsprechend ändern oder den allgemeinen Wert aus der Konstanten durch die Eingabe eines Wertes im Feld **Maximale ArbZeit** des Tagesarbeitszeitplans übersteuern, das Sie im Block **Bewertung** finden (siehe Abbildung 11.17).

Bewertung

Minimale ArbZeit	0,00	TagesArbZeitPlKlasse	3
Maximale ArbZeit	0,00	Mehrarbeit automatisch	
Vorholzeit	0,00		
Stunden zusätzlich	0,00	frei verwendbares Kennz.	

Abbildung 11.17 Tabelle T550A (Tagesarbeitszeitpläne) – Block »Bewertung«

Diese Vorgehensweise wählen Sie, wenn Sie unterschiedliche Obergrenzen für die tägliche Arbeitszeit in Ihrem Unternehmen realisieren müssen. Dies kann notwendig sein, wenn allgemein die gesetzliche Obergrenze von zehn Stunden gilt, für die Mitarbeiter in bestimmten Schichten jedoch z. B. zwölf Stunden als Obergrenze gelten sollen. Sie können dann den allgemein gültigen Wert in der Tabelle T511K unverändert lassen und tragen nur für die entsprechenden Schichten im Tagesarbeitszeitplan die abweichende Obergrenze ein.

Der Parameter 2 der Funktion DEFTP steuert, welche Zeitkennung Zeitpaare erhalten, die die maximale tägliche Arbeitszeit überschreiten. Bleibt der Parameterwert »blank« bestehen, behalten diese Zeitpaare ihre ursprüngliche Zeitkennung. Wollen Sie diese Paare schon von der Funktion als Überzeitpaare kennzeichnen lassen, vergeben Sie den Wert »01« im Parameter 2 des Funktionsaufrufs. Sie können diese Überzeitpaare dann z. B. in der Mehrarbeitsermittlung weiterverarbeiten.

Zusätzlich zu den bereits beschriebenen Verarbeitungsschritten werden durch die Funktion DEFTP die Zeitarten 0000 und 0001 gebildet. Diese Zeitarten sind Hilfszeitarten, denen in der Mehrarbeitsermittlung und bei der Verarbeitung von untertägigen Abwesenheiten in der Zeitauswertung eine zentrale Rolle zukommt.

Die Zeitart 0000 (Hilfszeitart 1) beinhaltet nach der Funktion DEFTP die Summe aller Zeitpaare, denen in der Verarbeitung der Verarbeitungstyp S (Sollzeit) zugewiesen wurde. Die Zeitart 0001 (Hilfszeitart 2) beinhaltet die Summe aller Zeitpaare, die den Verarbeitungstyp S erhalten haben und aus Anwesenheitszeiten stammen. Das heißt, dass sie in der Eingabe der Funktion den Verarbeitungstyp P hatten.

In dem Zeitauswertungsprotokoll der Funktion DEFTP sehen Sie die Verarbeitung eines Tages, für den Anwesenheitszeiten von 7:30 Uhr bis 13:02 Uhr gebucht wurden (siehe Abbildung 11.18). Ab 13:02 Uhr ist für den Mitarbeiter eine untertägige Abwesenheit erfasst worden. Die Zeitarten 0000 und 0001 beinhalten demnach in der Ausgabe unterschiedliche Werte, nämlich 8,75 Stunden in der Zeitart 0000 und 5,5333 Stunden in der Zeitart 0001. Die Zeitart 0000 beinhaltet also die Summe aller Zeitpaare mit dem Verarbeitungstyp S von 7:30 bis 17:00 Uhr, abzüglich der Pausen in Höhe von einer Stunde. Die Zeitart 0001 bildet sich aus der reinen Anwesenheitszeit von 7:30 bis 13:02 Uhr (ohne Abzug einer Pause).

DEFTP Sollpaarermittlung

Eingabe

Tabelle TIP

Beginn	Ende	1	P	Zk	Ct	V	ZArt	BS	ES	V	O	I	Bpin	Epin	PT	ALP	Cl	AB	Anzahl
06.0000	07.5000		0	02	00	K	0000												1,5000
07.5000	13.0333		1	02	00	P	0110	P10	P20		E				0002				5,5333
13.0333	13.5000	0	2	02	02	A	0120				A							01	0,4667
13.5000	14.0000	0	2	05	02		0520				A							01	0,5000
14.0000	16.5000	0	2	02	02	A	0120				A							01	2,5000
16.5000	16.7500	0	2	05	02		0520				A							01	0,2500
16.7500	17.0000	0	2	02	02	A	0120				A							01	0,2500
17.0000	20.0000		0	02	00	K	0000												3,0000

Ausgabe

Tabelle TIP

Beginn	Ende	1	P	Zk	Ct	V	ZArt	BS	ES	V	O	I	Bpin	Epin	PT	ALP	Cl	AB	Anzahl
06.0000	07.5000		0	02	00	K	0000												1,5000
07.5000	13.0333		1	02	00	S	0110	P10	P20		E				0002				5,5333
13.0333	13.5000	0	2	02	02	S	0120				A							01	0,4667
13.5000	14.0000	0	2	05	02		0520				A							01	0,5000
14.0000	16.5000	0	2	02	02	S	0120				A							01	2,5000
16.5000	16.7500	0	2	05	02		0520				A							01	0,2500
16.7500	17.0000	0	2	02	02	S	0120				A							01	0,2500
17.0000	20.0000		0	02	00	K	0000												3,0000

Tabelle TES

Zeitart	Bezeichnung	Anzahl
T001	Beginnuhrzeit dyn. Pausen	7,5000
0000	Hilfs-Zeitart 1	8,7500
0001	Hilfs-Zeitart 2	5,5333

Abbildung 11.18 Zeitauswertungsprotokoll – Verarbeitung der Funktion DEFTP (Festlegung der Sollarbeitszeitpaare)

11.7 Abwesenheiten kürzen

In vielen Unternehmen können Mitarbeiter an Tagen, für die eine untertägige Abwesenheit in Kombination mit Anwesenheitszeiten vorliegt, durch die Dauer der Abwesenheit kein Gleitzeitguthaben erarbeiten. Ein Beispiel für einen solchen Fall wäre ein Arztbesuch vor Aufnahme der Arbeit. In diesem Fall müssen die erfassten Abwesenheiten durch die Zeitauswertung gekürzt werden. Diese Aufgabe übernehmen die Personalrechenregeln TP10 (Berücksichtigen der Abwesenheiten, wenn der Gleitzeitsaldo > 0 ist) und TP11 (Berücksichtigen der Abwesenheiten, wenn der Gleitzeitsaldo > 0 ist).

Die Personalrechenregel TP10 wird mit der Funktion PTIPA aufgerufen und damit nur durchlaufen, wenn für den aktuellen Tag eine Abwesenheit vorliegt. Sie verarbeitet die Einträge der Tabelle TIP und prüft zunächst, ob das Tagessoll überschritten wurde, indem der Wert der Zeitart 0000 (siehe Abschnitt 11.7, »Abwesenheiten kürzen«) mit dem Tagessoll verglichen wird.

Wert der Zeitart 0000 in der Personalrechenregel TP10

Die Zeitart 0000 enthält die Summe aller An- und Abwesenheitszeiten des Tages. Durch den Vergleich in der Zeile 10 HRS=D0000 HRS?S erhält das Stundenanzahlfeld zunächst den Wert der Zeitart 0000 und wird mit der Sollzeit des Tages verglichen. Übersteigt der Wert der Zeitart 0000 die Sollzeit des Tages, wird der übersteigende Anteil der Zeitart 0000 in das Stundenanzahlfeld geschrieben.

So hat z. B. die Zeitart 0000 den Wert »8,2« (Stunden), und die Sollzeit des Tages hat den Wert »7,5« (Stunden). Nach dem Vergleich der beiden Werte hat das Stundenanzahlfeld den Wert »0,7«.

Ist dies nicht der Fall, werden alle Einträge in der Tabelle TIP durch die Operation COLOP* in der Zeile 20 unverändert weitergereicht. Ist die Sollzeit überschritten und würde somit ein Gleitzeitguthaben erarbeitet, werden alle Zeitpaare mit dem Paartyp 2, also Abwesenheitspaare, durch die Operation VARABCAT auf ihre Klasse für die Zeitauswertung abgefragt. Diesen Wert erfassen Sie in der Tabelle T554S für jede Abwesenheit und steuern so, welche Abwesenheiten für eine Kürzung infrage kommen. Dies sind in der Regel Abwesenheiten, die untertägig erfasst werden können. In der Personalrechenregel TP10 werden solche Abwesenheiten für die weitere Verarbeitung selektiert, die nicht den Wert »02« oder »03« in der Klasse für die Zeitauswertung haben (siehe Abbildung 11.19). Zeitpaare, die aus Abwesenheiten stammen, die einen anderen Wert haben, werden zur weiteren Verarbeitung an die Personalrechenregel TP11 weitergereicht.

000010			D	HRS=D0000 HRS?S
000020	*			COLOP*
000030	>		D	OUTTPPTYPE
000040	> *			COLOP*
000050	> 2		D	OUTTPVTYPE
000060	> 2 *			COLOP*
000070	> 2 S		D	VARABCAT
000080	> 2 S **		Z	GCY TP11
000090	> 2 S 02			COLOP*
000100	> 2 S 03			COLOP*

Abbildung 11.19 Personalrechenregel TP10 (Berücksichtigen der Abwesenheiten, wenn der Gleitzeitsaldo > 0 ist)

Die Personalrechenregel TP11 subtrahiert die Anzahl des aktuellen im Zugriff befindlichen Zeitpaares vom aktuellen Wert des Stundenanzahlfeldes (siehe Abbildung 11.20). Dieses ist noch von der vorherigen Abfrage in der Zeile 10 der Personalrechenregel TP10 gefüllt und enthält an dieser Stelle den die Sollzeit übersteigenden Anteil der Zeitart 0000. Von diesem Wert wird die Stundenanzahl des aktuell in der Verarbeitung befindlichen Zeitpaares in der Tabelle TIP abgezogen. Anschließend wird der verbleibende Wert erneut mit der Sollzeit des Tages verglichen. Entspricht der Wert der Zeitart 0000 nach der Subtraktion der Sollzeit des Tages, wird der Wert der Zeitart 0000 durch die Sollzeit überschrieben (Zeile 20), und das Zeitpaar wird gelöscht.

000010			D	HRS-PNUM	HRS?S			
000020	*			HRS=S	ADDDB0000Z			
000030	<			HRS=R	GENTPE	*HRS=S	ADDDB0000Z	
000040	>			HRS=PNUM	ADDDB0000-			

Abbildung 11.20 Personalrechenregel TP11 (Berücksichtigen der Abwesenheiten, wenn der Gleitzeitsaldo > 0 ist)

Ist der Wert nach der Subtraktion kleiner als die Sollzeit (Zeile 30), muss von dem aktuellen Zeitpaar so viel abgeschnitten werden, dass die Sollzeit insgesamt erfüllt ist. Dies wird durch die Operation GENTPE bewirkt. Der Rest des Zeitpaares wird gelöscht, und die Zeitart 0000 erhält den Wert der Sollzeit des Tages. Ist der Wert des Stundenanzahlfeldes trotz der Subtraktion noch größer als die Sollzeit des Tages, wird das aktuelle Zeitpaar komplett gelöscht, und die Stundenanzahl des Zeitpaares wird von dem Wert der Zeitart 0000 subtrahiert.

In der Tabelle T554S (An- und Abwesenheitsarten) werden die Abwesenheitsarten im Feld KLBDE (Klasse für Zeitauswertung) hinsichtlich ihrer Kürzungsrelevanz gekennzeichnet. Sie sehen in Abbildung 11.21 die Tabellensicht V_554S_E, welche lediglich die beiden Felder **Klasse für Zeitauswertung** und **Klasse Verarbeitungstyp/Zeitart** darstellt.

GrPTB	AbAnArt	AnAbArtText	Beginn	Ende
01	0100	Urlaub	01.01.1999	31.12.999
01	0101	Urlaub IT 0005	01.01.1990	31.12.999
01	0110	Urlaub 1/2 Tag	01.01.1999	31.12.999
01	0111	Firmenjubiläum	01.01.1999	31.12.999
01	0190	Bildungsurlaub	01.01.1990	31.12.999
01	0200	Krankheit mit Attest	01.01.1990	31.12.999
01	0201	Krankheit PKV ohne KrkGld	01.01.1990	31.12.999
01	0210	Krankheit ohne Attest	01.01.1990	31.12.999
01	0215	Krankheit Folgeerkrankung	01.01.2006	31.12.999
01	0220	Kur	01.01.1990	31.12.999
01	0221	Kur, reduziert bezahlt	01.01.1990	31.12.199
01	0222	Kur, voll bezahlt gg. Url	01.01.1990	31.12.199
01	0223	Kur, Urlaubsabzug für AG	01.01.1990	31.12.199
01	0224	Kur, von Krankenkasse	01.01.1990	31.12.999
01	0230	Arztbesuch untertägig	01.01.1990	31.12.999

Abbildung 11.21 Tabelle T554S (Sicht V_554S_E) – Klasse für die Zeitauswertung

Klasse für die Zeitauswertung vergeben

Achten Sie bei der Vergabe von Werten für Abwesenheiten in der Klasse für Zeitauswertung darauf, dass Sie tatsächlich nur den Abwesenheiten einen Wert ungleich 02 oder 03 vergeben, die in der Personalrechenregel TP11 gekürzt werden sollen. Alternativ können Sie in einer Kopie der Personalrechenregel eine eigene Abfrage auf einen Wert umsetzen und dadurch nur die Abwesenheiten selektieren, für die die Kürzung erfolgen soll. Beachten Sie dies auch, wenn Sie kundeneigene Abwesenheiten anlegen und dazu Standardeinträge kopieren.

Um die Arbeitsweise der Personalrechenregeln TP10 und TP11 zu verdeutlichen, zeigen wir Ihnen im Folgenden ein Beispiel der Verarbeitung aus dem Protokoll der Zeitauswertung. In dem Beispiel liegt für den Mitarbeiter eine Anwesenheitszeit aus den Zeitbuchungen von 7:30 Uhr bis 13 Uhr vor. Eine untertägige Abwesenheit (Arztbesuch) ist von 13 Uhr bis 18 Uhr erfasst. Aus der Zeitspanne von 7:30 Uhr bis 18 Uhr, abzüglich des Pausenabzugs in Höhe von 0,75 Stunden, ergäbe sich ohne Kürzung der Abwesenheit bei einer Sollzeit von sieben Stunden ein Gleitzeitplus in Höhe von 2,75 Stunden. Sie sehen in der Eingabe der Personalrechenregel TP10 von 13 Uhr bis 18 Uhr ein ungekürztes Zeitpaar mit dem Paartyp 2 (Spalte **P**) und dem Verarbeitungstyp S (Spalte **V**), (siehe Abbildung 11.22).

Die Verarbeitung erfolgt in der zuvor beschriebenen Weise (siehe Abbildung 11.23). Das Abwesenheitspaar von 13 bis 18 Uhr wird aufgrund seiner Eigenschaften selektiert und um 2,75 Stunden gekürzt, weil sich in der Summe ansonsten ein Gleitzeitplus in dieser Höhe ergeben würde.

PTIPA TP10 GEN Abwesenheiten kürzen

Eingabe

Tabelle TIP

Beginn	Ende	1	P	Zk	Ct	V	ZArt	BS	ES	V	O	I	Bpin	Epin	PT	ALP	Cl	AB	Anzahl
06.0000	07.5000		0	02	00	K	0000												1,5000
07.5000	09.0000		1	02	00	S	0110	P10	P20		E				0002				1,5000
09.0000	09.2500		1	05	00	K	0510	P10	P20		E				0002				0,2500
09.2500	11.0000		1	02	00	S	0110	P10	P20		E				0002				1,7500
11.0000	11.5000		1	05	00	K	0510	P10	P20		E				0002				0,5000
11.5000	13.0000		1	02	00	S	0110	P10	P20		E				0002				1,5000
13.0000	18.0000	0	2	02	02	S	0120				A							01	5,0000
18.0000	20.0000		0	02	00	K	0000												2,0000

Abbildung 11.22 Tabelle TIP in der Eingabe der Personalrechenregel TP10

Aufruf der Regel TP10

Beginn	Ende	1	P	Zk	Ct	V	ZArt	BS	ES	V	O	I	Bpin	Epin	PT	ALP	Cl	AB	Anzahl
13.0000	18.0000	0	2	02	02	S	0120				A							01	5,0000

```
Regel   GRPReg Ztart Vargt     Operation

TP10      *    ****            HRS=D0000  Setzen
TP10      *    ****            HRS?S      Entscheidungsop. HR
TP10      *    ****  >         OUTTPPTYPE Paartyp
TP10      *    ****  > 2       OUTTPVTYPE Verarb.typ
TP10      *    ****  > 2 S     VARABCAT   AbwesArt in VarArg
TP10      *    ****  > 2 S **  GCY TP11   Springe auf Zyklus
TP11      *    ****            HRS-PNUM   Subtraktion
TP11      *    ****            HRS?S      Entscheidungsop. HR
TP11      *    ****  <         HRS=R      Setzen
TP11      *    ****  <         GENTPE   * Trenne Zeitpaar Ende
TP11      *    ****  <         HRS=S      Setzen
TP11      *    ****  <         ADDDB0000Z Initial. Tagessaldo
```

Abbildung 11.23 Verarbeitung des Abwesenheitspaares durch die Personalrechenregel TP10

In der Ausgabe der Personalrechenregel TP10 sehen Sie das um 2,75 Stunden gekürzte Abwesenheitspaar in der Tabelle TIP (siehe Abbildung 11.24).

Ausgabe

Tabelle TIP

Beginn	Ende	1	P	Zk	Ct	V	ZArt	BS	ES	V	O	I	Bpin	Epin	PT	ALP	Cl	AB	Anzahl
06.0000	07.5000		0	02	00	K	0000												1,5000
07.5000	09.0000		1	02	00	S	0110	P10	P20		E				0002				1,5000
09.0000	09.2500		1	05	00	K	0510	P10	P20		E				0002				0,2500
09.2500	11.0000		1	02	00	S	0110	P10	P20		E				0002				1,7500
11.0000	11.5000		1	05	00	K	0510	P10	P20		E				0002				0,5000
11.5000	13.0000		1	02	00	S	0110	P10	P20		E				0002				1,5000
15.7500	18.0000	0	2	02	02	S	0120				A							01	2,2500
18.0000	20.0000		0	02	00	K	0000												2,0000

Abbildung 11.24 Tabelle TIP in der Ausgabe der Personalrechenregel TP10

Beachten Sie, dass die Abwesenheiten im Infotyp 2001 (Abwesenheiten) durch diese Verarbeitung nicht gekürzt werden. Es werden lediglich die Zeitpaare in der Tabelle TIP verändert, nicht die zugrundeliegenden Infotypsätze in der Datenbank.

11.8 Abwesenheiten mit Zeitkompensation

Abwesenheiten, die von Zeitkonten abtragen, wie z. B. Gleitzeitausgleich, werden in der Zeitauswertung von der Personalrechenregel TP20 (Verarbeiten der Abwesenheiten mit Zeitkompensation) durchgeführt (siehe Abbildung 11.25). Die Personalrechenregel wird durch die Funktion RTIPA aufgerufen und demnach nur durchlaufen, wenn für den aktuellen Tag Abwesenheiten vorliegen. Der Zugriff auf die Tabelle TIP erfolgt dabei nur lesend, d. h., dass keine Änderungen an der Tabelle TIP vorgenommen werden.

000010			D	OUTTPPTYPE
000020	*			
000030	2		D	OUTTPVTYPE
000040	2 *			
000050	2 S		D	OUTTPABTYP
000060	2 S *			
000070	2 S ****			
000080	2 S 0900			ADDDB0005-ADDDB0007-
000090	2 S 0910			ADDDB0410-ADDDB0407-

Abbildung 11.25 Personalrechenregel TP20

Die Personalrechenregel TP20 selektiert durch die Operation OUTTPPTYPE zunächst Paare mit dem Paartyp 2, sodass nur Abwesenheitspaare weiterverarbeitet werden. Die nächste Selektion erfolgt durch die Operation OUTTPVTYPE, die nur Paare mit dem Verarbeitungstyp S auswählt. Damit ist sichergestellt, dass keine Pausen- oder Überzeitpaare für die Abtragung der Zeitkonten herangezogen werden. Anschließend erfolgt eine Abfrage auf die Abwesenheitsart des TIP-Eintrags.

Im Auslieferungszustand verarbeitet die Personalrechenregel TP20 die Abwesenheitsarten 0900 (Gleitzeitausgleich) und 0910 (Mehrarbeitsausgleich). Die Stundenanzahl von Zeitpaaren, die aus solchen Abwesenheiten resultieren, wird jeweils von den Zeitarten subtrahiert, die in der Personalrechenregel angesprochen werden. Durch die Saldenbildung (Funktion CUMBT) reduzieren die so entstehenden negativen Tagessalden das Zeitkonto. In der Personalrechenregel TP20 werden durch die Abwesenheit 0900 die Tagessalden 0005 (GLZ-Saldo) und 0007 (GLZ-Ausgleich) negativ gefüllt. Die Abwesenheit 0910 subtrahiert die Werte aus den Tagessalden 0410 (Freizeit aus Mehrarbeit) und 0407 (Mehrzeitausgleich).

Sollten Sie weitere Abwesenheitsarten verwenden, die von Zeitkonten abtragen, erstellen Sie eine Kopie der Personalrechenregel TP20, erweitern die kopierte Personalrechenregel entsprechend und rufen diese im Schema der Zeitauswertung auf. Beachten Sie, dass durch die Personalrechenregel nur die Zeitkonten geführt werden. Sollten Sie Ihre Zeitkonten durch die Zeitauswertung auch als Abwesenheitskontingente im Infotyp 2006 (Abwesenheitskontingente) führen, sind weitere Verarbeitungsschritte gegebenenfalls notwendig. Diese können in einer Personalrechenregel durch die Operation UPDTQ oder bei entsprechenden Customizing-Einstellungen durch die Funktion QUOTA realisiert werden.

11.9 Dienstgänge kürzen

Verlassen Ihre Mitarbeiter das Unternehmen in dienstlichem Auftrag und kehren nicht am gleichen Tag zurück, wird das Verlassen des Unternehmens häufig durch eine sogenannte Dienstgangbuchung an den Zeiterfassungsgeräten dokumentiert. Ein Beispiel dafür ist eine Tätigkeit im Außendienst. Diese Dienstgangbuchungen können durch die Zeitauswertung abgegrenzt werden, wenn keine Endbuchung dafür vorliegt. Dies erfolgt in der Personalrechenregel TE30.

In der Verarbeitung durch diese Personalrechenregel werden offene Zeitpaare durch die Operation DELIM abgegrenzt. Mit welcher Uhrzeit die Paare abgegrenzt werden, steuern Sie durch die Parameter der Operation. Diese legen fest, ob der Beginn oder das Ende des aktuellen Zeitpaares abgegrenzt wird – und mit welcher Vorgabe aus dem Tagesarbeitszeitplan. Zur Wahl stehen die Beginn- und Ende-Uhrzeiten der Kern-, Normal- und Sollarbeitszeit. Näheres dazu erfahren Sie in Kapitel 10, »Toleranzen und Fehlerprüfungen«. Je nach gewähltem Abgrenzungszeitpunkt in der Personalrechenregel TE30 kann es durch die abgegrenzten Dienstgänge zur Entstehung von Gleitzeitguthaben kommen. Ist dies nicht erwünscht, können Sie bei der Personalrechenregel TB10 ähnlich vorgehen wie bei der Kürzung von untertägigen Abwesenheiten.

Die Personalrechenregel ist im Schema TM00 deaktiviert und muss aktiviert werden, wenn Sie die Verarbeitung nutzen möchten (siehe Abbildung 11.26). Vor der Verarbeitung der Zeitpaare in der Tabelle TIP werden diese durch die Funktion SORT TIP DES in der Reihenfolge ihrer Uhrzeiten absteigend sortiert, um die anschließende Kürzung vom Ende der Arbeitszeit her vorzunehmen.

000430	BLOCK	BEG					Sollarbeitszeiten ermitteln
000440	PTIP	TL10	GEN			*	Rundung erstes/ letztes Paar
000450	DYNBR	TF10				*	Festlegen dynamische Pausen
000460	TIMTP						Zuordnung Zeitart zu Zeitpaar
000470	PBRKS		1	ALL			Auswertung Pausen
000480	DEFTP						Sollpaarermittlung
000490	PTIPA	TP10	GEN				Abwesenheiten kürzen
000500	RTIPA	TP20	GEN				Abwesenheiten mit Zeitkompensation
000510	SORT	TIP	DES				
000520	PTIP	TB10	GEN			*	Automatisch abgegrenzte DG kürzen
000530	COPY	TB00				*	Autom. abgegr. DG kürzen (auch m. Überz)
000540	BLOCK	END					********************************

Abbildung 11.26 Schema TM00 – Block »Sollarbeitszeiten ermitteln«

Die Personalrechenregel TB10 prüft zunächst, ob die Sollzeit des Tages übererfüllt ist (siehe Abbildung 11.27). Dabei kann durch den Wert der Konstante TEDEG in der Tabelle T511K (Abrechnungskonstanten) noch ein Toleranzwert eingeräumt werden, sodass die Sollzeit um diesen Wert überschritten werden kann, ohne dass eine Kürzung der Dienstgänge erfolgt.

000010			D	HRS=D0000 HRS-CTEDEGHRS?S
000020	*			COLOP*
000030	>		D	OUTTPVTYPE
000040	> *			COLOP*
000050	> S		D	OUTTPPTYPE
000060	> S *			COLOP*
000070	> S 3		D	OUTTPSTAT1
000080	> S 3 *			COLOP*
000090	> S 3 A		Z	GCY TB11

Abbildung 11.27 Personalrechenregel TB10 (Kürzen von automatisch abgegrenzten Dienstgängen)

Der Wert der Konstante ist im Auslieferungszustand des SAP-Systems 2 Stunden (siehe Abbildung 11.28). Wünschen Sie einen anderen Wert oder keine Toleranz, ändern Sie den Wert der Konstante entsprechend.

Konstante	Info	Abrechnungskonstante	Beginn	Ende	Wert
TEDEG		Autom. Abgrenzen Dienstgang	01.01.1900	31.12.9999	2,0

Abbildung 11.28 Tabelle T511K – Konstante TEDEG (Autom. Abgrenzen Dienstgang)

Ist die Sollzeit inklusive der eingestellten Toleranz überschritten, selektiert die Personalrechenregel TB10 alle Zeitpaare mit dem Verarbeitungstyp S (Sollzeit). Damit werden keine Pausen- oder Überzeitpaare verarbeitet. Sollten Sie auch Überzeitpaare, also Zeitpaare, die außerhalb des Arbeitszeitrahmens oder nach der maximalen täglichen Arbeitszeit entstanden sind, in die Verarbeitung einbeziehen wollen, aktivieren Sie das Schema TB00. Von den so gefundenen Zeitpaaren in der Tabelle TIP selektieren Sie nun die Zeitpaare mit dem Paartyp 3, den Zeitpaare immer haben, die aus gebuchten Dienstgängen entstanden sind. Aus den so gefundenen Zeitpaaren werden diejenigen ausgewählt, die bei der Paarbildung den Status **A** erhalten haben. Dieses Kennzeichen wird mit der Operation OUTTPSTAT1 abgefragt. Alle automatisch abgegrenzten Zeitpaare tragen die Kennzeichnung **A**. Dies erkennen Sie in der Tabelle TIP in der Spalte 1 (siehe Abbildung 11.29).

PTIP TB10 GEN Automatisch abgegrenzte DG kürzen

Eingabe

Tabelle TIP

Beginn	Ende	1	P	Zk	Ct	V	ZArt	BS	ES	V	O	I	Bpin	Epin	PT	ALP	C1	AB	Anzahl
18.2500	20.0000	A	3	02	00		0330	P30			E				0003				1,7500
15.2500	18.2500	A	3	02	00	S	0130	P30			E				0003				3,0000
15.0000	15.2500	A	3	05	00	K	0530	P30			E				0003				0,2500
12.5000	15.0000	A	3	02	00	S	0130	P30			E				0003				2,5000
12.0000	12.5000	A	3	05	00	K	0530	P30			E				0003				0,5000
07.5000	12.0000		1	02	00	S	0110	P10	P30		E				0002				4,5000
06.0000	07.5000		0	02	00	K	0000												1,5000

Abbildung 11.29 Tabelle TIP in der Eingabe der Personalrechenregel TB10

Das Stundenanzahlfeld enthält zu diesem Zeitpunkt das Ergebnis aus dem Vergleich der Zeitart 0000 (abzüglich des Toleranzwertes aus der Konstanten TEDEG) mit der Sollzeit des Tages. Hat Ihr Mitarbeiter also am aktuellen Tag zehn Stunden gearbeitet, die Toleranz beträgt zwei Stunden, und die Sollzeit des Tages sind sieben Stunden, enthält das Stundenanzahlfeld zu diesem Zeitpunkt den Wert »1«. Zur weiteren Verarbeitung wird in die Personalrechenregel TB11 verzweigt (siehe Abbildung 11.30). In der Personalrechenregel TB11 wird die Stundenanzahl des aktuellen Zeitpaares von diesem Wert subtrahiert und das Ergebnis erneut mit der Sollzeit des Tages verglichen. Ist der berechnete Wert kleiner als die Sollzeit, wird der entsprechende Wert vom Beginn des aktuell in der Verarbeitung befindlichen Zeitpaares abgetrennt und der Rest des Zeitpaares gelöscht. Durch die Operation COLPAEA wird die Ende-Uhrzeit des gekürzten Zeitpaares auch in der Tabelle PT entsprechend geändert, sodass auf dem Zeitnachweis die veränderte Uhrzeit angezeigt wird. Die Zeitart 0000 (Hilfszeitart 1) wird durch die Summe aus der Sollzeit des Tages und dem Toleranzwert aus der Konstanten TEDEG überschrieben.

000010			D	HRS-PNUM HRS?S
000020	<			HRS=R HRS*-1,00 HRS+PBEG FILLPE HRS=CTEDEGNEXTR
000030	<	1		HRS+S ADDDB0000ZCOLPAEA COLOP*
000040	=			HRS=CTEDEGHRS+S ADDDB0000Z
000050	>			HRS=PNUM ADDDB0000-

Abbildung 11.30 Personalrechenregel TB11 (Kürzen von automatisch abgegrenzten Dienstgängen)

Ist der berechnete Wert größer oder gleich der Sollzeit, wird das Zeitpaar gelöscht und die Zeitart 0000 für die weitere Verarbeitung entsprechend verändert.

Möchten Sie bewirken, dass auch Überzeitpaare in der Tabelle TIP in die Kürzung von automatisch abgegrenzten Dienstgängen einbezogen werden, die entstanden sind, weil die maximale tägliche Arbeitszeit überschritten wurde oder die Zeit außerhalb des durch den Tagesarbeitszeitplan vorgegebenen Arbeitszeitrahmens lag, können Sie das Schema TB00 in Ihrem Zeitauswertungsschema aktivieren. In diesem Schema wird vor dem Aufruf der Personalrechenregel TB10 noch die Personalrechenregel TB20 prozessiert (siehe Abbildung 11.31). Darin werden Überzeitpaare mit der Zeitkennung 01 (Überzeit) in Sollpaare mit der Zeitkennung 02 (Füllzeit) gewandelt und mit der Zeitart 0130 (Füllzeit Dienstgang) weitergereicht. Darüber hinaus wird die Zeitart 0000 (Hilfszeitart 1) für die weitere Verarbeitung um die Stundenanzahl des aktuellen Zeitpaares erhöht.

000010			D	OUTTPSTAT1
000020	*			COLOP*
000030	A		D	OUTTPVTYPE
000040	A *		D	OUTTPPTYPE
000050	A * *			COLOP*
000060	A * 3		D	OUTTPTIMDS
000070	A * 3 **			COLOP*
000080	A * 3 01			ADDDB0000 FILLPVS FILLPT02 COLOP 0130
000090	A S			COLOP*

Abbildung 11.31 Personalrechenregel TB20 (Überzeit bei automatisch abgegrenzten Dienstgängen)

Durch diese Verarbeitungsschritte wird bewirkt, dass automatisch abgegrenzte Dienstgänge nicht zu einer unerwünschten Überschreitung der Sollzeit führen. In der Regel ist in solchen Fällen eine Meldung der tatsächlichen Ende-Uhrzeit des Dienstgangs durch den Mitarbeiter erforderlich, um diese manuell durch Sachbearbeiter oder Zeitbeauftragte nacherfassen zu können.

Wir haben in der Praxis erlebt, dass eine sehr »großzügige« Regelung der automatischen Abgrenzung bei solchen Konstellationen die Motivation einiger betroffener Mitarbeiter beeinträchtigte, die tatsächliche Ende-Uhrzeit des Dienstgangs zu melden. Dies führte in diesem Fall dazu, dass der Wert der Konstante TEDEG auf den Wert »0« gesetzt wurde, sodass die Sollzeit durch automatisch abgegrenzte Dienstgänge nicht überschritten werden kann.

11.10 Fallbeispiele

In diesem Abschnitt möchten wir Ihnen einige Beispiele aus unserer Beratungspraxis vorstellen, die zeigen, wie vielfältig die Anforderungen in Zeitwirtschaftsprojekten sind und wie diese umgesetzt werden können. Wir beschreiben, wie sich Pausenabzüge durch einfache Eingaben variabel unterdrücken lassen und wie dies in einer kundeneigenen Arbeitsoberfläche umgesetzt wurde. Ein weiteres Beispiel ist die Erhöhung des Pausenabzugs, wenn die Arbeitszeit innerhalb des vorgegebenen Pausenrahmens nicht unterbrochen wurde.

11.10.1 Individuelle Unterdrückung von Pausenabzügen

In einem unserer Projekte wurde definiert, dass unter bestimmten Umständen der Pausenabzug bei Mitarbeitern reduziert oder komplett unterdrückt werden muss. In den Tagesarbeitszeitplänen der Produktionsmitarbeiter ist ein Pausenplan hinterlegt, der in der Früh- und Spätschicht jeweils 45 Minuten Pause und in der Nachtschicht nur 30 Minuten Pause abzieht. In der Frühschicht findet dieser Pausenabzug von 9.00 bis 9:15 Uhr und von 12:30 bis 13:00 Uhr statt. In der Spätschicht erfolgt der Abzug von 18:00 bis 18:15 sowie von 20:30 bis 21:00 Uhr. In der Nachtschicht wird die Pause von 00:30 bis 01:00 Uhr abgezogen. Die Anforderung, den Zeitbeauftragten einfache Pflegemaßnahmen anzubieten, wodurch diese Pausenabzüge einzeln individuell täglich unterdrückt werden können, ist mit den im Schema TM00 enthaltenen Verarbeitungsroutinen nicht abzubilden.

Unser Lösungsansatz beruht auf der Erfassung von Zeitumbuchungen im Infotyp 2012 (Zeitumbuchungsvorgaben). Dieser Infotyp eignet sich aufgrund seiner flexiblen Anwendungsmöglichkeiten sehr gut, um Schalter für die Verarbeitung zu erfassen. Der Infotyp wird in diesem Fall sozusagen »missbraucht«, um das Durchlaufen einer bestimmten Verarbeitungsroutine in der Zeitauswertung zu bewirken. Eine Zeitumbuchung im eigentlichen Sinne (siehe Kapitel 2, »Customizing der Infotypen der Zeitwirtschaft«) des Infotyps 2012 (Zeitumbuchungsvorgaben) findet nicht statt. Der SAP-Standard verwendet diese Vorgehensweise ebenfalls, um im Time Manager's Workplace (TMW) durch das einfache Setzen eines Häkchens bestimmte Verarbeitungen zu bewirken.

Da der Time Manager's Workplace bei unserem Kunden nach mehrjähriger Nutzung durch eine kundeneigene Oberfläche abgelöst werden sollte, bestand die Anforderung, diese Verarbeitung in die neue Oberfläche zu integrieren. Dies wurde durch zwei Kennzeichen realisiert, durch deren Aktivierung im Hintergrund für die ausgewählte Personalnummer eine oder auch beide der eigens zu diesem Zweck geschaffenen Zeitumbuchungsarten im Infotyp 2012 (Zeitumbuchungsvorgaben) angelegt werden. Dazu erfahren Sie mehr am Ende dieses Abschnitts.

In der Zeitauswertung wird durch die Funktion P2012 eine Personalrechenregel aufgerufen, die diese beiden Zeitumbuchungsarten verarbeitet. Das Customizing der Zeitumbuchungsarten wurde auf die reine Definition beschränkt. Vorschriften für die Umbuchung in Zeitarten, Lohnarten oder Abwesenheitskontingente wurden nicht angelegt. In der Rechenregel, die die beiden Zeitumbuchungsarten verarbeitet, werden zwei Schalterzeitarten (im Beispiel die Zeitarten ZPU1 (Pause 1 unterdrücken) und ZPU2 (Pause 2 unterdrücken) auf den Wert »1« gesetzt, wenn die Zeitumbuchungen erfasst worden sind. Im Infotyp 2012 gegebenenfalls erfasste Stundenanzahlen haben durch diese Art der Verarbeitung keine Auswirkungen. Die beiden folgenden Abbildungen zeigen, wie Personalrechenregeln aufgebaut sein können, die Zeitumbuchungen aus dem Infotyp 2012 (Zeitumbuchungsvorgaben) subtypspezifisch verarbeiten. Abbildung 11.32 zeigt die Verarbeitung des Subtyps ZPU1 (Pausenabzug 1 unterdrücken).

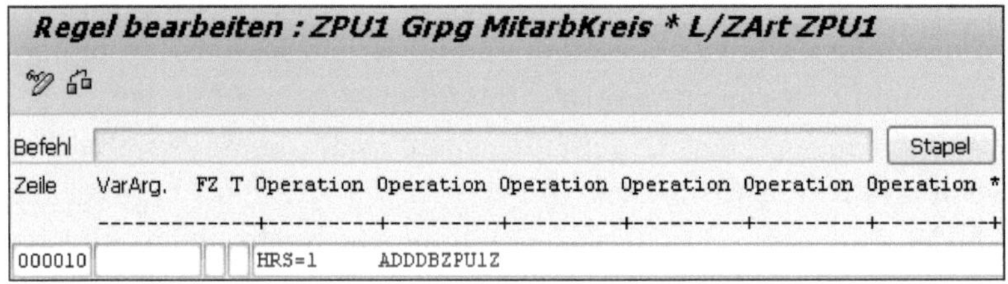

Abbildung 11.32 Personalrechenregel ZPU1 (Pausenabzug unterdrücken) – Zweig »* Zeitart ZPU1«

Abbildung 11.33 zeigt die Verarbeitung des Subtyps ZPU2 (Pausenabzug 2 unterdrücken) in der Personalrechenregel ZPU1.

Regel bearbeiten : ZPU1 Grpg MitarbKreis * L/ZArt ZPU2

Befehl Stapel

Zeile VarArg. FZ T Operation Operation Operation Operation Operation Operation *

000010 HRS=1 ADDDBZPU2Z

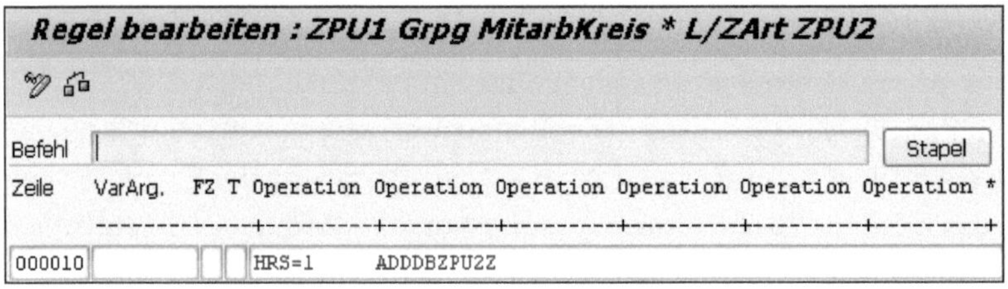

Abbildung 11.33 Personalrechenregel ZPU1 (Pausenabzug unterdrücken) – Zweig »* Zeitart ZPU2«

Der zeitartengenaue Aufruf der Personalrechenregel mit der Funktion P2012 bewirkt, dass nur die Zeitumbuchungsarten ZPU1 und ZPU2 verarbeitet werden.

Die Zeitarten ZPU1 und ZPU2, die in den beiden Zweigen der Personalrechenregel jeweils mit dem Wert »1« gefüllt werden, werden in den beiden folgenden Personalrechenregeln abgefragt. Sie dienen als Kennung dafür, dass die Zeitumbuchungsarten ZPU1 und/oder ZPU2 erfasst wurden, um den Abzug der Pause 1 und/oder der Pause 2 zu verhindern. Zur Verbesserung der Übersichtlichkeit wurde die gesamte beschriebene Verarbeitung in ein Unterschema verlegt, das im Block **Sollarbeitszeiten ermitteln** aufgerufen wird (siehe Abbildung 11.34).

000010	BLOCK	BEG					Pausenabzug unterdrücken durch IT2012
000020	P2012	ZPU1					IT2012 einlesen
000030	PRINT		TES				Tagesalden drucken
000040	PTIP	ZPU2					Pause 1 wandeln
000050	IF	ZPU3					Pause 2 vorhanden und wandeln?
000060	PTIP	ZPU4					Pause 2 wandeln
000070	ENDIF						Ende: Pause 2 vorhanden und wandeln?
000080	BLOCK	END					Ende Pausenabzug unterdrücken

Abbildung 11.34 Kundeneigenes Unterschema ZPU1 (Pausenabzug unterdrücken durch IT2012)

Der Aufruf des Unterschemas erfolgt im Hauptschema TM00 zwischen den Aufrufen der Funktionen PBRKS (Bearbeiten der Pausenvorgaben) und DEFTP (Festlegung der Sollarbeitszeitpaare), siehe Abbildung 11.35.

000430	BLOCK	BEG					Sollarbeitszeiten ermitteln
000440	PTIP	TL10	GEN			*	Rundung erstes/ letztes Paar
000450	DYNBR	TF10				*	Festlegen dynamische Pausen
000460	TIMTP						Zuordnung Zeitart zu Zeitpaar
000470	PBRKS		1	ALL			Auswertung Pausen
000480	COPY	ZPU1					Pausenabzug unterdrück durch IT2012
000490	DEFTP						Sollpaarermittlung
000500	PTIPA	TP10	GEN				Abwesenheiten kürzen
000510	RTIPA	TP20	GEN				Abwesenheiten mit Zeitkompensation
000520	SORT	TIP	DES				
000530	PTIP	TB10	GEN			*	Automatisch abgegrenzte DG kürzen
000540	PRINT		TES				
000550	COPY	TB00				*	Autom. abgegr. DG kürzen (auch m. Überz)
000560	BLOCK	END					********************************

Abbildung 11.35 Unterschemas ZPU1 im Zeitauswertungsschema TM00 (Zeile 480) aufrufen

Der Aufruf an dieser Stelle erfolgt, weil zu diesem Zeitpunkt der Zeitauswertung die Verarbeitung der Vorgaben aus dem Tagesarbeitszeitplan bzw. dem Arbeitspausenplan bereits abgeschlossen ist, die Sollpaarermittlung jedoch noch nicht durchlaufen wurde. So werden Zeitpaare, die im Schema ZPU1 zu Sollarbeitspaaren gewandelt wurden, in der Verarbeitung der Funktion DEFTP bei der Prüfung auf die maximale tägliche Arbeitszeit und bei der Bildung der Zeitarten 0000 (Hilfszeitart 1) und 0001 (Hilfszeitart 2) voll einbezogen, siehe Abschnitt 11.6, »Funktion DEFTP (Sollpaarermittlung)«.

Die weiteren Verarbeitungsschritte zur Wandlung von Pausen in der Arbeitszeit finden in den Personalrechenregeln ZPU2 und ZPU4 statt. Zunächst möchten wir Ihnen eine Beschreibung der Personalrechenregel ZPU2, in der die Wandlung der ersten Pause vorgenommen wird, geben. Die Personalrechenregel umfasst die beiden Zweige

* 0510 und * 0530 und wird zeitartengenau aufgerufen. Dadurch wird sichergestellt, dass nur Zeitpaare in der Tabelle TIP verarbeitet werden, die von der Funktion TIMTP als Pausenpaare gemäß der Tabelle TZP gebildet und denen die Zeitarten 0510 (Pause Anwesenheit), siehe Abbildung 11.36, oder 0530 (Pause Dienstgang), siehe Abbildung 11.37, zugeordnet wurden. Sollten Sie in der Tabelle T555Z (Zeitkennung – Zeitart und Verarbeitungstyp) andere Zeitarten für die Zeitkennungen 04 bis 09 zugeordnet haben, müssen Sie gegebenenfalls weitere Zeitarten in der Personalrechenregel verarbeiten.

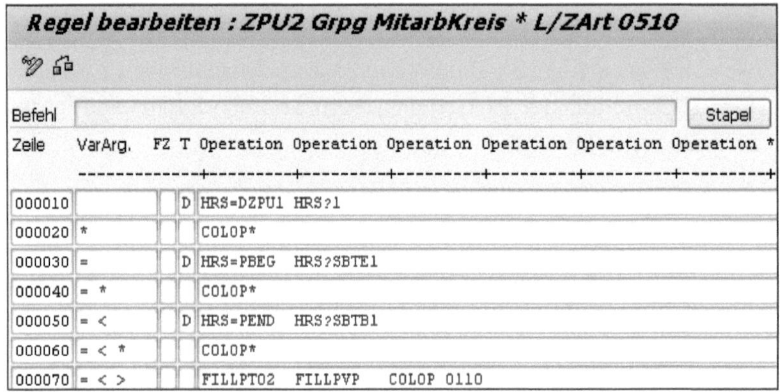

Regel bearbeiten : ZPU2 Grpg MitarbKreis * L/ZArt 0510

Befehl | Stapel

Zeile	VarArg.	FZ	T	Operation Operation Operation Operation Operation Operation *
000010			D	HRS=DZPU1 HRS?1
000020	*			COLOP*
000030	=		D	HRS=PBEG HRS?SBTE1
000040	= *			COLOP*
000050	= <		D	HRS=PEND HRS?SBTB1
000060	= < *			COLOP*
000070	= < >			FILLPT02 FILLPVP COLOP 0110

Abbildung 11.36 Personalrechenregel ZPU2 (Pause 1 zu Sollzeit) – Zweig »* 0510«

Regel bearbeiten : ZPU2 Grpg MitarbKreis * L/ZArt 0530

Befehl | Stapel

Zeile	VarArg.	FZ	T	Operation Operation Operation Operation Operation Operation *
000010			D	HRS=DZPU1 HRS?1
000020	*			COLOP*
000030	=		D	HRS=PBEG HRS?SBTE1
000040	= *			COLOP*
000050	= <		D	HRS=PEND HRS?SBTB1
000060	= < *			COLOP*
000070	= < >			FILLPT02 FILLPVP COLOP 0130

Abbildung 11.37 Personalrechenregel ZPU2 (Pause 1 zu Sollzeit) – Zweig »* 0530«

Die Personalrechenregel ZPU2 fragt zunächst ab, ob die erste Pause des Tages als Arbeitszeit gewertet werden soll, d. h., dass der Wert der Zeitart ZPU1 mit dem Wert »1« verglichen wird. Liegt eine Zeitumbuchung ZPU1 für den aktuellen Tag vor, wurde der Wert der Zeitart in der Personalrechenregel ZPU1 auf den Wert »1« gesetzt. Hat die Zeitart den Wert »1«, wird das aktuelle Zeitpaar durch den Vergleich der Beginn- und Ende-Uhrzeit mit den Vorgaben aus dem Arbeitspausenplan hinsichtlich Beginn und

Ende der ersten Pause überprüft. Ist die Beginn-Uhrzeit des Paares kleiner als das Ende der ersten Pause und die Ende-Uhrzeit des Paares größer als der Beginn der ersten Pause, handelt es sich um ein Zeitpaar, das aus dem Abzug der ersten Pause resultiert und in Sollzeit umgewandelt wird.

Vor der Verarbeitung zur Wandlung der zweiten Pause in der Personalrechenregel ZPU4 wird in der Personalrechenregel ZPU3 geprüft, ob die Wandlung der zweiten Pause gewünscht ist und ob der aktuelle Tagesarbeitszeitplan eine zweite Pause enthält (siehe Abbildung 11.38). Die Prüfung auf das Vorhandensein der zweiten Pause durch die Operation RETCD nach dem Aufruf der Operation HRS=SBDU2 (Dauer der zweiten Pause) ist notwendig, weil die Operation HRS beim Zugriff auf Daten der zweiten Pause auf die Daten der ersten Pause zugreift, wenn keine zweite Pause im Plan enthalten ist. Damit würde in der Konstellation, dass die Unterdrückung der zweiten Pause angefordert wird, aber nur eine Pause im Tagesarbeitszeitplan enthalten ist, diese eine Pause in Sollzeit gewandelt, obwohl nur die Wandlung der zweiten Pause gewünscht war.

000010			D	HRS=DZPU2 HRS?1	WANDLUNG ANGEFORDERT? PRR ZPU1
000020	*			SCOND=F IF	KEINE WANDLUNG ANGEFORDERT
000030	=		D	HRS=SBDU2 RETCD	WANDLUNG ANGEFORDERT
000040	= *			SCOND=F IF	KEINE 2. PAUSE IM PLAN > KEINE WANDLUNG
000050	= 2			SCOND=T IF	2. PAUSE WIRD GEWANDELT IN PRR ZPU4

Abbildung 11.38 Personalrechenregel ZPU3 (Abfrage, ob Pause 2 vorhanden und umgewandelt werden soll)

Die Wandlung selbst findet auf relativ einfache Weise statt, indem in den Personalrechenregeln ZPU2 und ZPU4 durch die Operation FILLPT02 die Zeitkennung 02 und durch die Operation FILLPVP der Verarbeitungstyp P (Anwesenheitspaar) vergeben wird. Die beiden Zweige der Personalrechenregel ZPU2 unterscheiden sich in der Vergabe der neuen Zeitarten für die gewandelten Zeitpaare. Im Zweig * 0510 wird durch die Operation COLOP 0110 die Zeitart 0110 (Füllzeit Anwesenheit) vergeben, und im Zweig * 0530 wird durch die Operation COLOP 0130 die Zeitart 0130 (Füllzeit Dienstgang) vergeben. Die Personalrechenregel ZPU4 hat den gleichen Aufbau wie die Personalrechenregel ZPU2. Es entfällt jedoch die Abfrage, ob die zweite Pause umgewandelt werden soll, da diese Bedingung bereits in der zuvor prozessierten Personalrechenregel ZPU3 abgefragt wurde. Die Personalrechenregel ZPU4 wird demnach nur durchlaufen, wenn eine zweite Pause im Tagesarbeitszeitplan enthalten ist und die Wandlung der zweiten Pause durch die Erfassung der Zeitumbuchungsart ZPU2 im Infotyp 2012 (Zeitumbuchungsvorgaben) angefordert wurde.

Die Erfassung dieser Zeitumbuchungsvorgaben erfolgt in unserem Beispiel in einer kundeneigenen Erfassungsoberfläche über zwei Kennzeichen (siehe Abbildung 11.39).

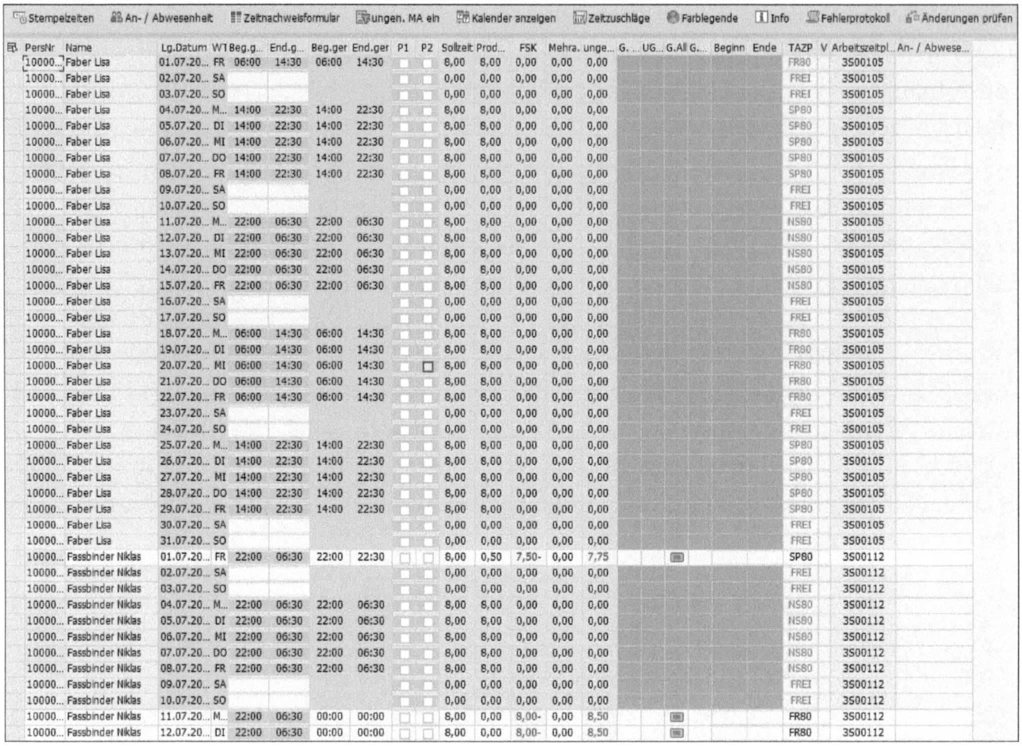

Stempelzeiten | An- / Abwesenheit | Zeitnachweisformular | ungen. MA ein | Kalender anzeigen | Zeitzuschläge | Farblegende | Info | Fehlerprotokoll | Änderungen prüfen

PersNr	Name	Lg.Datum	WT	Beg.g...	End.g...	Beg.ger	End.ger	P1	P2	Sollzeit	Prod...	FSK	Mehra.	unge...	G. ...	UG...	G.All	G...	Beginn	Ende	TAZP	V	Arbeitszeitpl...	An- / Abwese...
10000...	Faber Lisa	01.07.20...	FR	06:00	14:30	06:00	14:30			8,00	8,00	0,00	0,00	0,00							FR80		3S00105	
10000...	Faber Lisa	02.07.20...	SA							0,00	0,00	0,00	0,00	0,00							FREI		3S00105	
10000...	Faber Lisa	03.07.20...	SO							0,00	0,00	0,00	0,00	0,00							FREI		3S00105	
10000...	Faber Lisa	04.07.20...	M...	14:00	22:30	14:00	22:30			8,00	8,00	0,00	0,00	0,00							SP80		3S00105	
10000...	Faber Lisa	05.07.20...	DI	14:00	22:30	14:00	22:30			8,00	8,00	0,00	0,00	0,00							SP80		3S00105	
10000...	Faber Lisa	06.07.20...	MI	14:00	22:30	14:00	22:30			8,00	8,00	0,00	0,00	0,00							SP80		3S00105	
10000...	Faber Lisa	07.07.20...	DO	14:00	22:30	14:00	22:30			8,00	8,00	0,00	0,00	0,00							SP80		3S00105	
10000...	Faber Lisa	08.07.20...	FR	14:00	22:30	14:00	22:30			8,00	8,00	0,00	0,00	0,00							SP80		3S00105	
10000...	Faber Lisa	09.07.20...	SA							0,00	0,00	0,00	0,00	0,00							FREI		3S00105	
10000...	Faber Lisa	10.07.20...	SO							0,00	0,00	0,00	0,00	0,00							FREI		3S00105	
10000...	Faber Lisa	11.07.20...	M...	22:00	06:30	22:00	06:30			8,00	8,00	0,00	0,00	0,00							NS80		3S00105	
10000...	Faber Lisa	12.07.20...	DI	22:00	06:30	22:00	06:30			8,00	8,00	0,00	0,00	0,00							NS80		3S00105	
10000...	Faber Lisa	13.07.20...	MI	22:00	06:30	22:00	06:30			8,00	8,00	0,00	0,00	0,00							NS80		3S00105	
10000...	Faber Lisa	14.07.20...	DO	22:00	06:30	22:00	06:30			8,00	8,00	0,00	0,00	0,00							NS80		3S00105	
10000...	Faber Lisa	15.07.20...	FR	22:00	06:30	22:00	06:30			8,00	8,00	0,00	0,00	0,00							NS80		3S00105	
10000...	Faber Lisa	16.07.20...	SA							0,00	0,00	0,00	0,00	0,00							FREI		3S00105	
10000...	Faber Lisa	17.07.20...	SO							0,00	0,00	0,00	0,00	0,00							FREI		3S00105	
10000...	Faber Lisa	18.07.20...	M...	06:00	14:30	06:00	14:30			8,00	8,00	0,00	0,00	0,00							FR80		3S00105	
10000...	Faber Lisa	19.07.20...	DI	06:00	14:30	06:00	14:30			8,00	8,00	0,00	0,00	0,00							FR80		3S00105	
10000...	Faber Lisa	20.07.20...	MI	06:00	14:30	06:00	14:30			8,00	8,00	0,00	0,00	0,00							FR80		3S00105	
10000...	Faber Lisa	21.07.20...	DO	06:00	14:30	06:00	14:30			8,00	8,00	0,00	0,00	0,00							FR80		3S00105	
10000...	Faber Lisa	22.07.20...	FR	06:00	14:30	06:00	14:30			8,00	8,00	0,00	0,00	0,00							FR80		3S00105	
10000...	Faber Lisa	23.07.20...	SA							0,00	0,00	0,00	0,00	0,00							FREI		3S00105	
10000...	Faber Lisa	24.07.20...	SO							0,00	0,00	0,00	0,00	0,00							FREI		3S00105	
10000...	Faber Lisa	25.07.20...	M...	14:00	22:30	14:00	22:30			8,00	8,00	0,00	0,00	0,00							SP80		3S00105	
10000...	Faber Lisa	26.07.20...	DI	14:00	22:30	14:00	22:30			8,00	8,00	0,00	0,00	0,00							SP80		3S00105	
10000...	Faber Lisa	27.07.20...	MI	14:00	22:30	14:00	22:30			8,00	8,00	0,00	0,00	0,00							SP80		3S00105	
10000...	Faber Lisa	28.07.20...	DO	14:00	22:30	14:00	22:30			8,00	8,00	0,00	0,00	0,00							SP80		3S00105	
10000...	Faber Lisa	29.07.20...	FR	14:00	22:30	14:00	22:30			8,00	8,00	0,00	0,00	0,00							SP80		3S00105	
10000...	Faber Lisa	30.07.20...	SA							0,00	0,00	0,00	0,00	0,00							FREI		3S00105	
10000...	Faber Lisa	31.07.20...	SO							0,00	0,00	0,00	0,00	0,00							FREI		3S00105	
10000...	Fassbinder Niklas	01.07.20...	FR	22:00	06:30	22:00	22:30			8,00	0,50	7,50-	0,00	7,75							SP80		3S00112	
10000...	Fassbinder Niklas	02.07.20...	SA							0,00	0,00	0,00	0,00	0,00							FREI		3S00112	
10000...	Fassbinder Niklas	03.07.20...	SO							0,00	0,00	0,00	0,00	0,00							FREI		3S00112	
10000...	Fassbinder Niklas	04.07.20...	M...	22:00	06:30	22:00	06:30			8,00	8,00	0,00	0,00	0,00							NS80		3S00112	
10000...	Fassbinder Niklas	05.07.20...	DI	22:00	06:30	22:00	06:30			8,00	8,00	0,00	0,00	0,00							NS80		3S00112	
10000...	Fassbinder Niklas	06.07.20...	MI	22:00	06:30	22:00	06:30			8,00	8,00	0,00	0,00	0,00							NS80		3S00112	
10000...	Fassbinder Niklas	07.07.20...	DO	22:00	06:30	22:00	06:30			8,00	8,00	0,00	0,00	0,00							NS80		3S00112	
10000...	Fassbinder Niklas	08.07.20...	FR	22:00	06:30	22:00	06:30			8,00	8,00	0,00	0,00	0,00							NS80		3S00112	
10000...	Fassbinder Niklas	09.07.20...	SA							0,00	0,00	0,00	0,00	0,00							FREI		3S00112	
10000...	Fassbinder Niklas	10.07.20...	SO							0,00	0,00	0,00	0,00	0,00							FREI		3S00112	
10000...	Fassbinder Niklas	11.07.20...	M...	22:00	06:30	00:00	00:00			8,00	0,00	8,00-	0,00	8,50							FR80		3S00112	
10000...	Fassbinder Niklas	12.07.20...	DI	22:00	06:30	00:00	00:00			8,00	0,00	8,00-	0,00	8,50							FR80		3S00112	

Abbildung 11.39 Kundeneigene Arbeitsoberfläche für Zeitbeauftragte

Das hier gewählte und beschriebene Beispiel ist bewusst einfach gestaltet. Die tatsächlichen Anforderungen in Zeitwirtschaftsprojekten können deutlich komplexer sein und damit auch eine deutlich komplexere Realisierung erfordern.

11.10.2 Pausenabzug erhöhen, wenn nicht ausgestempelt

Für Mitarbeiter im Angestelltenverhältnis eines unserer Kunden gilt an einem Standort die Regelung, dass in einem definierten Zeitraum von 12:00 bis 14:00 Uhr eine Pause zu machen ist. Diese Pause muss dokumentiert werden, indem ein Gehen und ein Kommen an einem Zeiterfassungsterminal erfasst werden. Die so dokumentierte Unterbrechung der Arbeitszeit hat laut der entsprechenden Betriebsvereinbarung eine Dauer von mindestens 30 Minuten. Zur Erfüllung dieser Bedingungen ist es ausreichend, wenn der Beginn oder das Ende der Unterbrechung innerhalb des definierten Zeitrahmens erfolgt, d. h., dass die Pause auch dann als gemacht gilt, wenn der Mitarbeiter um 11:35 Uhr mit seiner Pause beginnt und die Arbeit um 12:05 Uhr wieder aufnimmt, ebenso wenn er das Unternehmen um 13:50 Uhr verlässt und um 14:30 Uhr zurückkehrt. Als erfüllt gilt die Pausenvorgabe auch dann, wenn für den

Mitarbeiter innerhalb des Pausenrahmens eine An- oder Abwesenheit erfasst ist. In diesem Fall wird davon ausgegangen, dass dienstlich bedingt keine Gelegenheit bestand, die Pause entsprechend den Vorschriften zu machen.

Erfolgt keine durch Stempelzeiten dokumentierte Unterbrechung und liegt keine An- oder Abwesenheit vor, muss dem Mitarbeiter eine Pause in Höhe von zwei Stunden von 12:00 bis 14:00 Uhr abgezogen werden.

Als Anforderung an die Zeitauswertung wurde vom Kunden definiert, dass sowohl die Prüfung des Sachverhalts als auch als Konsequenz daraus gegebenenfalls der zweistündige Abzug voll automatisiert erfolgen soll.

Die Realisierung erfolgte in der Zeitauswertung im Block **Sollarbeitszeiten ermitteln** in den folgenden Schritten:

- Selektion der betroffenen Mitarbeiter
- Prüfung, ob eine relevante Unterbrechung gebucht wurde
- Prüfung, ob eine An- oder Abwesenheit im Pausenrahmen vorliegt
- Generierung des zweistündigen Pausenpaares, falls nötig
- Kennzeichnung des generierten Pausenpaares
- Abgleich des Pausenpaares mit den vorhandenen Zeitinformationen
- Abschließende Bearbeitung des Pausenpaares für die weitere Verarbeitung in der Zeitauswertung

Die notwendigen Personalrechenregeln wurden hier ebenfalls in ein Unterschema ausgelagert, das am Ende der Sollarbeitszeitermittlung aufgerufen wird (siehe Abbildung 11.40).

000010	BLOCK	BEG						Pausenabzug im Pausenrahmen
000020	RTIP	ZP01	GEN					Unterbrechung im Pausenrahmen prüfen
000030	ACTIO	ZP02						Pausenpaar generieren
000040	PTIP	ZP03	GEN					Pausenpaar bearbeiten
000050	ACTIO	ZP04						Abgleich Pausenpaar + überlag. Zeitpaare
000060	PTIP	ZP05	GEN					Überlagerte Paare nachbearbeiten
000070	BLOCK	END						Ende: Pausenabzug im Pausenrahmen

Abbildung 11.40 Kundeneigenes Unterschema ZP01 (Pausenabzug im Pausenrahmen)

In der Personalrechenregel ZP01 (Relevante Unterbrechung vorhanden?), siehe Abbildung 11.41, werden zunächst alle Paare der Paartypen 0 (Nichterfasste Zeit), 2 (Abwesenheiten) und 3 (Anwesenheiten) auf eine Überschneidung mit dem Pausenrahmen aus dem Arbeitspausenplan des Tagesarbeitszeitplans hin überprüft. Ist eine Überschneidung vorhanden, wird die Schalterzeitart ZP01 auf den Wert »1« gesetzt.

000010	BLOCK	BEG						Pausenabzug im Pausenrahmen
000020	RTIP	ZP01	GEN					Unterbrechung im Pausenrahmen prüfen
000030	ACTIO	ZP02						Pausenpaar generieren
000040	PTIP	ZP03	GEN					Pausenpaar bearbeiten
000050	ACTIO	ZP04						Abgleich Pausenpaar + überlag. Zeitpaare
000060	PTIP	ZP05	GEN					Überlagerte Paare nachbearbeiten
000070	BLOCK	END						Ende: Pausenabzug im Pausenrahmen

Abbildung 11.41 Personalrechenregel ZP01 (Relevante Unterbrechung vorhanden?)

Die Personalrechenregel ZP02 (Pausenpaar generieren) prüft, ob die Schalterzeitart ZP01 (Unterbrechung vorhanden) den Wert »1« hat (siehe Abbildung 11.42). Wenn ja, ist keine weitere Aktion erforderlich, da in der Personalrechenregel ZP01 festgestellt wurde, dass eine anrechenbare Unterbrechung im Pausenrahmen vorliegt. Ist der Wert ungleich »1«, wird durch die Operation GENTGPAUSH ein Zeitpaar in der Tabelle TIP generiert, dessen Dauer durch die Differenz aus dem Ende und dem Beginn des Pausenrahmens bestimmt wird (hier 14 Uhr–12 Uhr = 2 Stunden). Das Paar erhält durch den Parameter PAUS zur Operation GENTG im Feld BGCOD (An-/Abwesenheitsgrund der Beginn-Buchung) eine eindeutige Kennzeichnung, die im weiteren Verlauf der Verarbeitung abgefragt werden kann.

000010			D	HRS=DZP01 HRS?1
000020	*			HRS=SBTE1 HRS-SBTB1 GENTGPAUSHHRS=SBDU1 ADDDB0000-
000030	=			"UNTERBRECHUNG VORHANDEN, KEINE AKTION NOTWENDIG

Abbildung 11.42 Personalrechenregel ZP02 (Pausenpaar generieren)

In der Personalrechenregel ZP03 (Pausenpaar bearbeiten) wird das zuvor generierte Pausenpaar in seinen Eigenschaften verändert (siehe Abbildung 11.43). Es erhält die Beginn- und die Ende-Uhrzeit aus dem Pausenrahmen, den Verarbeitungstyp Z (für den nachfolgenden Abgleich), den Paartyp 1 (Anwesenheitspaar) sowie die Zeitkennung 05 (Pause in Füllzeit) und wird mit der Zeitart 0510 (Pause Anwesenheit) weitergeleitet.

000010			D	OUTTPBGCOD
000020	*			COLOP*
000030	**			COLOP*
000040	***			COLOP*
000050	****			COLOP*
000060	PAUS			HRS=SBTB1 FILLPB HRS=SBTE1 FILLPE FILLPVZ *
000070	PAUS	1		FILLPP1 FILLPT05 COLOP 0510

Abbildung 11.43 Personalrechenregel ZP03 (Pausenpaar bearbeiten)

Der nächste Schritt umfasst den Abgleich zwischen dem generierten Zeitpaar und den in diesem Zeitraum bereits vorhandenen Zeitpaaren, die von dem generierten

Paar überlagert werden müssen, um den Pausenabzug zu realisieren. Dieser Abgleich wird durch die Operation COMOT in der Personalrechenregel ZP04 (Abgleich Pausenpaar und überlagerte Paare) erreicht (siehe Abbildung 11.44).

000010				COMOTZ K

Abbildung 11.44 Personalrechenregel ZP04 (Abgleich Pausenpaar und überlagerte Paare)

Die Operation COMOTZ K sucht zu allen Paaren (Parameter 2 = blank) des Verarbeitungstyps Z (Parameter 1 = Z) Paare, die sich mit diesem überschneiden, und überlagert die gefundenen Zeitpaare in der Tabelle TIP. Die dadurch entstehenden neuen Zeitpaare erhalten den Verarbeitungstyp K (Parameter 3 = K) und behalten die Zeitkennung und die Zeitart des überlagerten Zeitpaares. Alle anderen Eigenschaften, wie auch die Kennzeichnung PAUS im Feld BGCOD (An-/Abwesenheitsgrund der Beginn-Buchung), werden aus dem generierten Zeitpaar übernommen. Zur Verdeutlichung des Verarbeitungsschrittes zeigen wir Ihnen die Tabelle TIP zunächst vor dem Aufruf der Personalrechenregel ZP04 (siehe Abbildung 11.45).

11

000010			D	OUTTPBGCOD
000020	*			COLOP*
000030	**			COLOP*
000040	***			COLOP*
000050	****			COLOP*
000060	PAUS		D	OUTTPPTYPE
000070	PAUS *			COLOP*
000080	PAUS 1			FILLPT05 COLOP 0510
000090	PAUS 2			FILLPT05 COLOP 0520
000100	PAUS 3			FILLPT05 COLOP 0530

Abbildung 11.45 Tabelle TIP vor dem Aufruf der Personalrechenregel ZP04 (Abgleich Pausenpaar und überlagerte Paare)

Nach der Verarbeitung der Personalrechenregel ZP04 mit dem Aufruf der Operation COMOTZ K hat das Zeitpaar mit der Kennung PAUS die Zeitpaare von 12.00 bis 12.75 und von 12.75 bis 14.00 überlagert (siehe Abbildung 11.46). Beide Paare tragen die Kennzeichnung PAUS, besitzen aber noch Zeitkennung und Zeitart der ursprünglichen und nun überlagerten Zeitpaare.

Beginn	Ende	l	P	Zk	Ct	V	ZArt	BS	ES	V	O	I	Bpin	Epin	PT	ALP	Cl	AB	Anzahl
06.0000	07.5000		0	02	00	K	0000												1,5000
07.5000	12.0000		1	02	00	S	0110	P10	P20		E				0002				4,5000
12.0000	12.7500		1	05	00	K	0510						PAUS						0,7500
12.7500	14.0000		1	02	00	K	0110						PAUS						1,2500
14.0000	17.7500		1	02	00	S	0110	P10	P20		E				0002				3,7500
17.7500	20.0000		0	02	00	K	0000												2,2500

Abbildung 11.46 Tabelle TIP nach dem Durchlaufen der Personalrechenregel ZP04 (Abgleich Pausenpaar und überlagerte Paare)

Um die durch den Abgleich neu entstandenen Zeitpaare hinsichtlich ihrer Zeitkennung und der Zeitart entsprechend zu verändern, wird im Anschluss noch die Personalrechenregel ZP05 (Pausenpaare abschließend bearbeiten) prozessiert, die diese Eigenschaften verändert (siehe Abbildung 11.47).

000010			D	OUTTPBGCOD
000020	*			COLOP*
000030	**			COLOP*
000040	***			COLOP*
000050	****			COLOP*
000060	PAUS			OUTTPPTYPE
000070	PAUS *			colop*
000080	PAUS 1			FILLPT05 COLOP 0510
000090	PAUS 2			FILLPT05 COLOP 0520
000100	PAUS 3			FILLPT05 COLOP 0530

Abbildung 11.47 Personalrechenregel ZP05 (Pausenpaare abschließend bearbeiten)

Dazu werden zunächst alle Zeitpaare mit der Kennung PAUS selektiert. Diese Zeitpaare werden hinsichtlich ihres Paartyps überprüft. Alle Zeitpaare erhalten unabhängig von ihrem Verarbeitungstyp die Zeitkennung 05 (Pause in Füllzeit). Zeitpaare mit dem Paartyp 1 (Anwesenheitspaare) werden mit der Zeitart 0510 (Pause Anwesenheit) weitergereicht. Zeitpaare mit dem Paartyp 2 (Abwesenheitspaare) erhalten die Zeitart 0520 (Pause Abwesenheit) und Zeitpaare mit Paartyp 3 (Dienstgang) die Zeitart 0530 (Pause Dienstgang). Damit ist die Verarbeitung, wie wir sie zu Beginn des Abschnitts beschrieben haben, abgeschlossen. In dem Schema werden die vorhandenen Zeitpaare des Tages daraufhin überprüft, ob innerhalb des im Tagesarbeitszeitplan definierten Pausenrahmens eine Unterbrechung der Arbeitszeit stattgefunden hat. Ist dies nicht der Fall, wird eine Pause in die Dauer des Pausenrahmens eingebaut und von der Arbeitszeit abgezogen.

11.11 Fazit

Die Sollarbeitszeitermittlung und die im nächsten Kapitel beschriebene Mehrarbeitsermittlung sind die zentralen Verarbeitungsschritte in der Zeitauswertung. Zahlreiche Faktoren, wie z. B. das Customizing von Tagesarbeitszeit- und Arbeitspausenplänen sowie von An- und Abwesenheiten, haben entscheidenden Einfluss auf die Verarbeitung. In der Praxis sind insbesondere die in diesem Schritt erfolgende Berechnung von Pausenabzügen häufig Thema für ausgiebige Diskussionsrunden. Wir haben versucht, in diesem Kapitel möglichst erschöpfend Einflussfaktoren zu beschreiben. Trotzdem ist uns bewusst, dass wir weder alle möglichen Konstellationen erfassen noch unsere gesamte Erfahrung in diesem Kapitel unterbringen können.

Wir empfehlen Ihnen, dem hier beschriebenen Thema angemessene Aufmerksamkeit in Ihren Projekten zu widmen. Für jede Anforderung existieren mehrere Lösungswege, die zum Ziel führen; jedoch ist nicht jede Lösung ein guter Wegbereiter für die anschließenden Verarbeitungsschritte. Beachten Sie bei der Suche nach Lösungen auf jeden Fall die Abfolge der Verarbeitungsschritte. Die Bildung von Salden sollte z. B. in jedem Fall im Block **Zeitkonten führen** erfolgen, und die Fehlerprüfung von Zeitpaaren sollte ebenfalls im entsprechenden Block der Zeitauswertung stattfinden. Häufig erscheint es zunächst einfacher, an einer anderen Stelle im Schema einzugreifen. Leider erweist sich dies dann oft in der weiteren Arbeit als äußerst schwierig.

Kapitel 12
Mehrarbeitszeiten ermitteln

Bevor ein Mitarbeiter Mehrarbeit leistet, muss diese durch unterschiedlichste Genehmigungsverfahren legitimiert werden. In der Regel leiten Zeitbeauftragte durch Genehmigungsschritte die Mehrarbeitsermittlung ein, aber auch automatisierte Genehmigungsverfahren kommen häufig zum Einsatz. In diesem Kapitel lernen Sie die unterschiedlichen Möglichkeiten zur Umsetzung Ihrer unternehmensspezifischen Prozesse kennen.

Nachdem die Arbeitszeit eines Tages gegen die Sollvorgaben aus dem Tagesarbeitszeitplan abgeglichen und entsprechend bewertet worden ist, ist der nächste Schritt in der Zeitauswertung die Ermittlung von Mehrarbeitszeit. Mehrarbeiten können auf täglicher, wöchentlicher oder gar monatlicher Basis ermittelt werden. Die firmenspezifischen Regelungen sind in diesem Bereich besonders vielfältig und erfordern oftmals ein hohes Maß an Anpassungen der Standardabläufe in der Zeitauswertung.

Um diesen Schritt der Zeitauswertung optimal abwickeln zu können, ist es unabdingbar, dass alle notwendigen Vorbereitungen im vorangehenden Schritt der Sollarbeitszeitermittlung geleistet wurden. Insbesondere der korrekten Ermittlung von Überzeiten und der Bildung der Zeitarten 0000 (Hilfszeitart 1) und 0001 (Hilfszeitart 2) kommt dabei eine entscheidende Bedeutung zu (siehe Kapitel 11, »Sollarbeitszeiten ermitteln«). Darüber hinaus ist im Vorfeld eine eingehende Analyse der im Unternehmen geltenden Richtlinien für die Ermittlung von Mehrarbeit notwendig, um schon in der Konzeptionsphase alle Varianten berücksichtigen zu können.

Die spätere Implementierung einer zusätzlichen Variante der Mehrarbeitsermittlung zieht unserer Erfahrung nach häufig einen unverhältnismäßig hohen Aufwand nach sich, weil oft auch andere Zeitauswertungsschritte wie die Sollarbeitszeitermittlung oder die Generierung von Zeitlohnarten davon betroffen sind.

Wir beschreiben in diesem Kapitel die unterschiedlichen Methoden der Mehrarbeitsermittlung und deren Realisierung im SAP-ERP-HCM-System. Zunächst lernen Sie den Block **Mehrarbeitszeiten ermitteln** im Zeitauswertungsschema `TM00` kennen, und anschließend stellen wir Ihnen die Verarbeitungsschritte im Detail vor.

12.1 Mehrarbeitsermittlung im Schema TM00

Der Block **Mehrarbeitszeiten ermitteln** im Schema TM00 besteht aus acht Zeilen, von denen nur drei Zeilen im Auslieferungszustand des Schemas aktiv sind (siehe Abbildung 12.1). In diesen drei Zeilen wird eine einfache Form der Mehrarbeitsermittlung verarbeitet, indem die Personalrechenregel T020 (Bildung von Mehrarbeitspaaren) aufgerufen wird; zum Abschluss der Mehrarbeitsermittlung wird schließlich das Kernnachtarbeitskennzeichen ermittelt. Die Personalrechenregel T020 wird zweimal hintereinander aufgerufen und verarbeitet dabei die Anwesenheitskontingenttypen 01 (Genehmigte Mehrarbeit) und 02 (Genehmigte Hilfsarbeit) aus dem Infotyp 2007 (Anwesenheitskontingente) in gleicher Weise.

000530	BLOCK	END					********************************
000540	BLOCK	BEG					Mehrarbeitszeiten ermitteln
000550	GOT	T020	01				Mehrarbeitsberechng mit Konting. 2007 01
000560	GOT	T020	02				Mehrarbeit aufgrund mit Konting. 2007 02
000570	PTIP	T010	GEN			*	Auswertung Mehrarbeitsgenehmigg. in I50
000580	PTIP	T015	GEN			*	Auswertung Mehrarbeitsgenehmigg. in TAZP
000590	PTIP	T016	GEN			*	Mehrarbeitsermittlung ohne Genehmigung
000600	COPY	T000				*	Mehrarbeitsberechng mit Rundung u. Kont.
000610	COPY	TPOW				*	Woechentliche Mehrarbeitsbetrachtung
000620	KNTAG			K			Bestimmung Kernnachtarbeitskennzeichen
000630	BLOCK	END					********************************

Abbildung 12.1 Zeitauswertungsschema TM00 – Block »Mehrarbeitszeiten ermitteln«

Die inaktiven Zeilen des Schemas umfassen die Ermittlung von Mehrarbeitszeiten aufgrund einer pauschalen Genehmigung im Infotyp 50 (Zeiterfassungsinformationen), eine Genehmigung im Tagesarbeitszeitplan (Kennzeichen **Mehrarbeit automatisch**), eine Mehrarbeitsermittlung ohne gesonderte Genehmigung, eine Ermittlung auf Basis von Kontingenten, aber mit Rundung der ermittelten Mehrarbeitszeit, und eine Mehrarbeitsermittlung auf Wochenbasis.

Die Transaktionen PE01 und PE02 bei der Mehrarbeitsermittlung nutzen

Sollten Sie für eine bestimmte Anforderung im Schema TM00 zunächst keinen Lösungsansatz finden, lohnt sich häufig die Suche nach Schemen oder Personalrechenregeln, die einen Lösungsansatz bieten, in den Transaktionen PE01 (Pflege von Rechenschemen) und PE02 (Pflege von Personalrechenregeln).

Damit liefert SAP eine große Bandbreite an möglichen Mehrarbeitsermittlungsmethoden aus. Unsere Erfahrung zeigt, dass diese verschiedenen Methoden in Projekten oft ähnlich einem Baukasten den Vorgaben entsprechend zusammengefügt und angepasst werden müssen. Darüber hinaus liefert SAP eine Reihe von Unterschemen und Personalrechenregeln aus, die im Schema TM00 nicht verwendet werden, die Sie aber bei Bedarf für spezifische Anforderungen in Ihrer kundeneigenen Version des Zeitauswertungsschemas verwenden können.

12.2 Mehrarbeitsberechnung mit Kontingenten

Die Definition von Anwesenheitskontingenttypen über die Customizing-Aktivität **Anwesenheitskontingenttypen definieren**, die Sie über den Customizing-Pfad **Personalzeitwirtschaft • Zeitdatenerfassung und -verwaltung • Verwalten von Zeitkonten durch Ab-/Anwesenheitskontingente • Zeitkontingenttypen** erreichen, haben Sie in der so aufgerufenen Sicht V_T556P vorgenommen. Diese Sicht zur Tabelle T556P (Anwesenheitskontingente) dient der Definition von Anwesenheitskontingenttypen, zeigt jedoch nicht alle Felder der Tabelle.

In der Sicht V_556P_B sehen Sie zusätzlich die Felder **ZtArt** und **AltZt** (siehe Abbildung 12.2). In diesen beiden Feldern definieren Sie zum einen, welche Zeitarten bei der Ermittlung von Mehrarbeit durch die Operation GENOT für die ermittelte Mehrarbeit vergeben werden. Zum anderen definieren Sie, welche Zeitart für Zeitpaare vergeben wird, die nicht mehr zu Mehrarbeitspaaren gemacht werden können, weil das entsprechende Anwesenheitskontingent erschöpft ist.

Grpg	GrPTB	AnK...	Kontingenttext	Beginn	Ende	ZtArt	AltZt
1	01	01	Genehmigte Mehrarbeit	01.01.1900	31.12.9999	0040	0411
1	01	02	Genehmigte Hilfsarbeit	01.01.1900	31.12.9999	0420	0421

Abbildung 12.2 Tabelle T556P (Sicht V_556P_B) – Anwesenheitskontingenttypen

Sie haben auf diese Weise die Möglichkeit, spezielle Zeitarten für Zeitpaare zu vergeben, die durch die Zeitauswertung zu Mehrarbeitspaaren wurden. Der SAP-Standard sieht für Mehrarbeitspaare die Zeitart 0040 (Geleistete Mehrarbeit) und die Alternativzeitart 0411 (Mehrarbeit über Konti) vor. Benötigen Sie eine besondere Kennzeichnung von Mehrarbeitspaaren, können Sie diese in die Tabelle T556P eintragen.

Die Ermittlung von Mehrarbeit mit Anwesenheitskontingenten erfolgt in den Personalrechenregeln, die mit der Funktion GOT oder in Sonderfällen mit der Funktion GOU aufgerufen werden. Die Funktion GOU wird in der wöchentlichen Mehrarbeitsermittlung verwendet und in Abschnitt 12.5, »Mehrarbeitsberechnung ohne Genehmigung«, beschrieben. Die Funktion GOT ruft eine Personalrechenregel auf, in deren Verarbeitung bei Vorliegen eines Anwesenheitskontingents aus Soll- oder Überzeit Mehrarbeit wird. Diese Funktion wird unter der Verwendung aller vier Parameter im Schema verarbeitet und umfasst folgende Parameter:

- In Parameter 1 geben Sie die aufzurufende Personalrechenregel an.
- Mit Parameter 2 legen Sie fest, welcher Anwesenheitskontingenttyp verarbeitet werden soll.
- Parameter 3 steuert, ob die bei der Erfassung des Anwesenheitskontingents angegebenen Uhrzeiten bei der Ermittlung der Mehrarbeit berücksichtigt werden und wie die interne Tabelle TIP in der Eingabe der Funktion sortiert ist.
- Durch den Parameter 4 lässt sich eine Einschränkung der Verarbeitung auf Zeitpaare einer bestimmten Zeitkennung und/oder von bestimmten Paartypen umsetzen.

Die Funktion selektiert damit schon vor Aufruf der Personalrechenregel bestimmte Zeitpaare aus der Tabelle TIP, die für die Mehrarbeitsermittlung infrage kommen. In der Personalrechenregel können die von der Funktion selektierten Anwesenheitskontingente durch die Operation GENOT verarbeitet und abgetragen werden.

Abbildung 12.3 zeigt, wie Anwesenheitskontingente zur Genehmigung von Mehrarbeiten im Infotyp 2007 (Anwesenheitskontingente) erfasst werden. Sie haben dabei auch die Möglichkeit, Uhrzeiten zu erfassen, innerhalb derer die Mehrarbeit ermittelt wird. Ob diese Uhrzeiten bei der Ermittlung der Mehrarbeit in der Zeitauswertung berücksichtigt werden, wird durch den Parameter 3 beim Aufruf der Funktionen GOT oder GOU festgelegt.

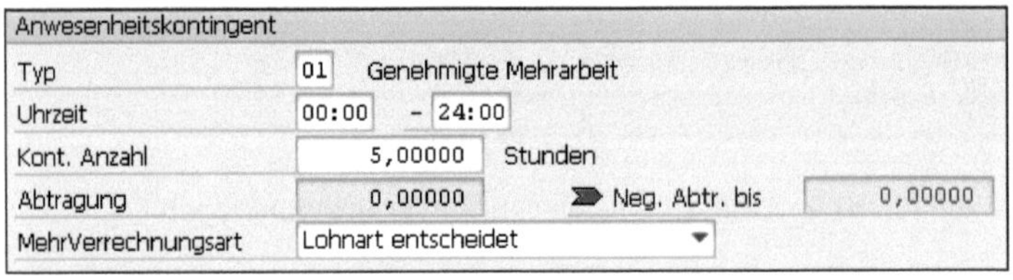

Anwesenheitskontingent			
Typ	01	Genehmigte Mehrarbeit	
Uhrzeit	00:00	- 24:00	
Kont. Anzahl	5,00000	Stunden	
Abtragung	0,00000	Neg. Abtr. bis	0,00000
MehrVerrechnungsart	Lohnart entscheidet		

Abbildung 12.3 Infotyp 2007 (Anwesenheitskontingente)

Die im Schema TM00 in den Zeilen 550 und 560 aufgerufene Personalrechenregel T020 (Bildung von Mehrarbeitspaaren) selektiert zunächst nur Paare der Paartypen 1 (Gestempelte Anwesenheiten) und 3 (Erfasste Anwesenheiten IT2002 (Anwesenheiten)) und stellt diese zur weiteren Verarbeitung der Personalrechenregel T021 zur Verfügung (siehe Abbildung 12.4).

000010			D	OUTTPPTYPE	
000020	*			COLOP*	
000030	1		Z	GCY T021	CLOCK-IN, CLOCK-OUT
000040	3		Z	GCY T021	ATTENDANCE I2002

Abbildung 12.4 Personalrechenregel T020 (Bildung von Mehrarbeitspaaren)

In der Personalrechenregel T021 findet eine relativ komplexe Verarbeitung statt, die wir hier aufgrund ihrer zentralen Bedeutung für das Thema der Mehrarbeitsermittlung in allen Einzelschritten beschreiben möchten (siehe Abbildung 12.5).

000010			D	HRS=D0000 HRS?S
000020	*		D	OUTTPVTYPE
000030	* *		D	HRS=D0001 HRS?CTGMAX
000040	* * *			COLOP* KEINE REAKTION, DA NICHT ANRECHENBARE UEBERZEIT
000050	* * <		D	HRS+PNUM HRS?CTGMAX
000060	* * < *			GENOT C ADDDB0001
000070	* * < >			HRS=R GENTPE GENOT C ADDDB0001
000080	* S		D	HRS-PNUM HRS?S
000090	* S *			HRS=PNUM GENOT ADDDB0000-
000100	* S <			HRS=R GENTPB SGENOT ADDDB0000-
000110	<		D	OUTTPVTYPE
000120	< *		D	HRS+PNUM HRS?S
000130	< * *			HRS=PNUM ADDDB0000 ADDDB0001 GENTPB 02S
000140	< * >		D	HRS=D0001 HRS+PNUM HRS?CTGMAX TAEGLICHE MAX-ZEIT
000150	< * > *			HRS=S HRS-D0000 ADDDB0001 GENTPB 02SNEXTR
000160	< * > *	1		HRS=S ADDDB0000ZGENOT C ADDDB0001
000170	< * > >			HRS=R GENTPE HRS=S HRS-D0000 ADDDB0001 GENTPB 02S*
000180	< * > >	1		HRS=S ADDDB0000ZGENOT C ADDDB0001
000190	< S			COLOP* KEINE REAKTION, DA SCHON IN SOLLZEIT ENTHALTEN

Abbildung 12.5 Personalrechenregel TO21 (Bildung von Mehrarbeitspaaren)

Zunächst erfolgt in der Zeile 10 eine Überprüfung, ob der Wert der Zeitart 0000 (Hilfszeitart 1), der durch die Funktion DEFTP, siehe Abschnitt 11.6, »Funktion DEFTP (Sollpaarermittlung)«, gebildet wurde, die Sollzeit des Tages übersteigt.

Rufen Sie sich nochmals ins Gedächtnis, dass die Zeitart 0000 (Hilfszeitart 1) nach der Funktion DEFTP die Summe aller Zeitpaare beinhaltet, denen in der Verarbeitung der Verarbeitungstyp S (Sollzeit) zugewiesen wurde. Die Zeitart 0001 (Hilfszeitart 2) beinhaltet die Summe aller Zeitpaare, die den Verarbeitungstyp S erhalten haben und aus Anwesenheitszeiten stammen, d. h. in der Eingabe der Funktion den Verarbeitungstyp P hatten.

Fehlerhafte Ermittlung von Mehrarbeitspaaren in der Personalrechenregel TO21

In einigen Konstellationen von Zeitereignissen und Anwesenheitskontingenten kommt es in der Zeitauswertung in der Verarbeitung der Personalrechenregel T021 (Bildung von Mehrarbeitspaaren) zu einer in der zeitlichen Abfolge nicht vollständig korrekten Ermittlung von Mehrarbeitspaaren. Das heißt, dass Mehrarbeitspaare zeitlich vor den letzten Sollzeitpaaren in der Tabelle TIP ermittelt werden. Dies kann bei der anschließenden Ermittlung von Zeitlohnarten, die auf der Basis der Tabelle TIP erfolgt, zu Problemen führen, wenn für zuschlagspflichtige Zeiten unterschiedlich hohe

Zuschläge z. B. für Sollarbeit und Mehrarbeit in der Nacht zu generieren sind. Hier sind häufig Anpassungen entweder in der Personalrechenregel selbst oder auch im Aufruf im Zeitauswertungsschema durch die Verwendung von unterschiedlichen Parametern erforderlich.

Die weiteren Verarbeitungsschritte in der Personalrechenregel gliedern sich in zwei Blöcke:

1. Die Sollzeit des Tages ist in den Zeilen 20 bis 100 erreicht oder überschritten.
2. Die Sollzeit ist in den Zeilen 110 bis 190 nicht erreicht.

Diese beiden Blöcke beschreiben wir in den folgenden beiden Abschnitten.

12.2.1 Erreichte oder überschrittene Sollzeit des Tages

Innerhalb des Blocks **Sollzeit des Tages erreicht oder überschritten** erfolgt in der Zeile 20 die Prüfung auf den Verarbeitungstyp des aktuell im Zugriff befindlichen Zeitpaares aus der internen Tabelle TIP. Unterschieden wird in Zeitpaare mit dem Verarbeitungstyp S (Sollzeit), also Paare die in der Sollarbeitszeitermittlung als Sollzeitpaare gekennzeichnet wurden (Zeilen 80 bis 100), und alle anderen Paare (Zeilen 30 bis 70). Ist das aktuelle Zeitpaar nicht mit dem Verarbeitungstyp S gekennzeichnet, erfolgt im nächsten Schritt in der Zeile 30 die Prüfung, ob die Zeitart 0001 (Hilfszeitart 2, deren Bildung finden Sie in Abschnitt 12.2, »Mehrarbeitsberechnung mit Kontingenten«) die maximale tägliche Arbeitszeit (Konstante TGMAX aus der Tabelle T511K) überschreitet. Wenn ja, wird das Zeitpaar in der Zeile 40 durch die Operation COLOP* unverändert weitergereicht, da die Überzeit damit nicht genehmigungsfähig ist.

Wurde die maximale tägliche Arbeitszeit nicht überschritten, wird in der Zeile 50 geprüft, ob sie überschritten würde, wenn das aktuelle Zeitpaar als Arbeitszeit gewertet würde. Dies geschieht, indem zu dem Wert der Zeitart 0001 die Stundenanzahl des aktuellen Zeitpaares addiert wird. Ist die maximale Arbeitszeit nicht überschritten, wird das aktuelle Zeitpaar in der Zeile 60 der Personalrechenregel weiterverarbeitet und durch die Operation GENOT C komplett in Mehrarbeit umgewandelt. Die Stundenanzahl des aktuellen Zeitpaares wird durch die Operation ADDDB0001 in die Zeitart 0001 addiert.

Ist die Maximalarbeitszeit durch die Summenbildung überschritten, erfolgt die weitere Verarbeitung in der Zeile 70 der Personalrechenregel. In der Zeile 70 wird die gebildete Summe mit dem Wert der Konstante TGMAX verglichen. Der die maximale tägliche Arbeitszeit übersteigende Wert wird vom Ende des Zeitpaares abgetrennt. Der Rest des Zeitpaares wird durch die Operation GENOT C dem verarbeiteten Anwesenheitskontingent entsprechend in Mehrarbeit umgewandelt.

So arbeitet ein Mitarbeiter an einem Tag mit sieben Stunden Sollzeit von 5:30 bis 17:45 Uhr. Von 11:00 bis 11:30 Uhr wird eine bezahlte Pause abgezogen. Zum Zeitpunkt der Verarbeitung der Personalrechenregel T021 hat die Zeitart 0000 den Wert »8« (Stunden) und die Zeitart 0001 den Wert »7,5« (Stunden). Die Tabelle TIP in der Eingabe der Verarbeitung der Personalrechenregel sehen Sie in Abbildung 12.6.

Beginn	Ende	1	P	Zk	Ct	V	ZArt	BS	ES	V	O	I	Bpin	Epin	PT	ALP	C1	AB	Anzahl
05.5000	06.0000		1	01	00		0310	P10	P20		E				0001				0,5000
06.0000	11.0000		1	02	00	S	0110	P10	P20		E				0001				5,0000
11.0000	11.5000		1	06	00	S	0540	P10	P20		E				0001				0,5000
11.5000	14.0000		1	02	00	S	0110	P10	P20		E				0001				2,5000
14.0000	17.7500		1	01	00		0310	P10	P20		E				0001				3,7500

Abbildung 12.6 Tabelle TIP in der Eingabe der Personalrechenregel TO21 (Bildung von Mehrarbeitspaaren)

In der Verarbeitung der Tabelle TIP ist diese absteigend sortiert, d. h., dass die Funktion GOT mit dem Parameter 3 = blank aufgerufen wird. Das erste Zeitpaar in der Verarbeitung ist das Zeitpaar von 14:00 bis 17:45 Uhr. Durch die Addition der Anzahl des aktuellen Zeitpaares (3,75 Stunden) zum Wert der Zeitart 0001 (7,5 Stunden) ergibt sich die Summe von 11,25 Stunden. Dieser Wert übersteigt den Wert der Konstante TGMAX (10 Stunden) um 1,25 Stunden. Von diesem Zeitpaar wird demnach am Ende ein neues Zeitpaar mit der Stundenanzahl 1,25 abgetrennt und unverändert weitergereicht. Der Rest des Zeitpaares (2,5 Stunden) wird in Mehrarbeit umgewandelt (siehe Abbildung 12.7).

Beginn	Ende	1	P	Zk	Ct	V	ZArt	BS	ES	V	O	I	Bpin	Epin	PT	ALP	C1	AB	Anzahl
05.5000	06.0000		1	01	00		0310	P10	P20		E				0001				0,5000
06.0000	11.0000		1	02	00	S	0110	P10	P20		E				0001				5,0000
11.0000	11.5000		1	06	00	S	0540	P10	P20		E				0001				0,5000
11.5000	14.0000		1	02	00	S	0110	P10	P20		E				0001				2,5000
14.0000	16.5000		1	01	00	M	0040	P10	P20		E				0001				2,5000
16.5000	17.7500		1	01	00		0310	P10	P20		E				0001				1,2500

Abbildung 12.7 Tabelle TIP in der Ausgabe der Personalrechenregel TO21 (Bildung von Mehrarbeitspaaren)

12.2.2 Nicht erreichte Sollzeit des Tages

Ist die Sollzeit des Tages nicht erreicht worden, erfolgt die Verarbeitung in den Zeilen 110 bis 190 der Personalrechenregel T021 (Bildung von Mehrarbeitspaaren). Ziel der Verarbeitung in diesem Block ist es, vor der Bildung von Mehrarbeitspaaren die Sollzeitvorgabe zu erfüllen, indem Überzeitpaare im durch das erfasste Anwesenheitskontingent genehmigten Rahmen zunächst in Sollzeitpaare umgewandelt werden. Erst wenn die Sollzeit erfüllt ist, werden Mehrarbeitspaare erzeugt.

Auch in diesem Teil der Personalrechenregel findet zunächst in der Zeile 110 eine Abfrage auf den Verarbeitungstyp des aktuellen Zeitpaares statt. Paare mit dem Verarbeitungstyp S (Sollzeit) werden in der Zeile 190 durch die Operation COLOP* unverändert weitergereicht, da diese bereits in der Sollzeit und in den entsprechend gebildeten Zeitarten enthalten sind. Für Paare mit anderen Verarbeitungstypen wird geprüft, ob die Sollzeit des Tages durch die Addition der Stundenanzahl des aktuellen Zeitpaares zum Wert der Zeitart 0001 überschritten wird. Ist dies nicht der Fall, wird das Zeitpaar durch die Verarbeitung in der Zeile 130 der Personalrechenregel komplett in ein Sollzeitpaar umgewandelt. Die Stundenanzahl des Paares wird durch die Operationen ADDDB0000 und ADDDB0001 in die Zeitarten 0000 und 0001 addiert, um beim nächsten zu verarbeitenden Zeitpaar mit den korrekten Werten rechnen zu können.

Wird das Tagessoll durch die Addition überschritten, erfolgt in der Zeile 140 die Prüfung auf Überschreitung der maximalen täglichen Arbeitszeit. Wird diese durch das aktuelle Zeitpaar nicht überschritten, wird in den Zeilen 150 und 160 zunächst die fehlende Sollzeit des Tages ermittelt, indem von der Sollzeit (Operation HRS=S) durch die Operation HRS-D0000 der Wert der Zeitart 0000 subtrahiert wird. Diese Stundenanzahl wird durch die Operation ADDDB0001 in die Zeitart 0001 addiert. Außerdem wird in der Größe dieses Wertes durch die Operation GENTPB 02S ein Sollpaar vom Beginn des aktuellen Zeitpaares abgetrennt und mit der Zeitkennung 02 (Füllzeit) und dem Verarbeitungstyp S (Sollzeit) versehen.

Durch die Operation NEXTR wird die weitere Verarbeitung des Zeitpaares in der Zeile 160 fortgesetzt. Hier wird durch die beiden Operationen HRS=S ADDDB0000Z zunächst der aktuelle Wert der Zeitart 0000 durch die Sollzeit des Tages überschrieben. Die Zeitarten 0000 und 0001 müssen bei der Verarbeitung jedes Zeitpaares mit den richtigen Werten versehen werden, damit, wie bereits oben erwähnt, bei der Verarbeitung des nächsten Zeitpaares korrekte Berechnungen erfolgen können.

Durch die Operation GENOT C wird der nach der Abtrennung des Sollpaares verbliebene Teil des Zeitpaares entsprechend den Vorgaben des erfassten Anwesenheitskontingents in Mehrarbeit umgewandelt. Die Stundenanzahl des zu Mehrarbeit werdenden Teils wird abschließend durch die Operation ADDDB0001 in die Zeitart 0001 addiert.

Wird die maximale tägliche Sollzeit gemäß der Prüfung in der Zeile 140 überschritten, wird das aktuelle Zeitpaar in den Zeilen 170 und 180 der Personalrechenregel weiterverarbeitet. Hier wird zunächst durch die Operation GENTPE vom Ende des aktuellen Zeitpaares ein Teil in der Größe der die maximale tägliche Arbeitszeit überschreitenden Stundenanzahl abgetrennt, der aus diesem Grund nicht in Sollzeit oder Mehrarbeit umgewandelt werden kann. Die restlichen Verarbeitungsschritte sind identisch mit den zuvor beschriebenen Schritten in den Zeilen 150 und 160. Das heißt, dass ein weiterer Teil vom Beginn des Zeitpaares abgetrennt wird, um die Sollzeit des Tages zu erfüllen, und der verbleibende Rest wird in Mehrarbeit umgewandelt.

[«]

Mehrarbeitsermittlung bei nicht erfüllter Sollzeit

Diese Konstellation tritt in erster Linie dann auf, wenn Mitarbeiter nicht den Vorgaben entsprechend ihres Arbeitszeitplans arbeiten. Sollte dies in Ihrem Unternehmen nicht die Ausnahme sein und damit zu aufwendigen und gegebenenfalls unerwünschten Genehmigungsprozessen führen, prüfen Sie die Optionen, die Ihnen die offenere Gestaltung Ihrer Tagesarbeitszeitpläne oder eine dynamische Zuweisung von Alternativmodellen bieten.

12.3 Mehrarbeitsberechnung nach dem Infotyp 0050 (Zeiterfassungsinformationen)

Im Infotyp 0050 (Zeiterfassungsinformationen) können Sie im Feld **Pauschale Mehrarbeit** eine Genehmigung vergeben, deren Verarbeitung im Zeitauswertungsschema zu realisieren ist. Ein Beispiel für die Umsetzung finden Sie in der Personalrechenregel T010 (Pauschale Mehrarbeitsgenehmigung (P0050)), die im Schema TM00 aufgerufen wird und nur prüft, ob das Feld den Wert »X« hat. Wenn ja, erfolgt die weitere Verarbeitung in der Personalrechenregel T016 (Mehrarbeitsermittlung für die Zeitpaare in der Überzeit). Die Personalrechenregel T016 selektiert Zeitpaare in der internen Tabelle TIP, die durch die Zeitkennung 01 als Überzeitpaare gekennzeichnet sind, und prüft, ob diese Paare aus gestempelten oder erfassten Anwesenheitszeiten resultieren (Paartyp 1 oder 3). Die Zeitpaare, die diese Bedingungen erfüllen, werden in der Personalrechenregel T011 (Ermittlung Mehrarbeitspaare) weiterverarbeitet.

Beachten Sie, dass es sich bei dem Feld **Pauschale Mehrarbeit** im Infotyp 0050 (Zeiterfassungsinformationen) um ein einstelliges Charakterfeld handelt (siehe Abbildung 12.8), in das nicht nur der Wert »X« eingegeben werden kann, sondern auch jeder andere alphanumerische Wert. So besteht einerseits die Option, verschiedene Varianten einer pauschalen Mehrarbeitsgenehmigung zu realisieren, und andererseits wird der eingegebene Wert während der Eingabe nicht auf Korrektheit verprobt. Die Verarbeitung von Alternativregelungen müssen Sie in einer kundeneigenen Personalrechenregel umsetzen.

Die Personalrechenregel T011 (Ermittlung Mehrarbeitspaare) verfährt ähnlich wie die zuvor ausführlich beschriebene Personalrechenregel T021 (Bildung von Mehrarbeitspaaren), siehe Abschnitt 12.2, »Mehrarbeitsberechnung mit Kontingenten«. Es wird zunächst eine Prüfung durchgeführt, ob die Sollzeit des Tages erfüllt wurde. Wenn das der Fall ist, wird geprüft, ob die maximale tägliche Arbeitszeit aus der Konstante TGMAX (Tabelle T511K) überschritten ist. Mehrarbeit wird dann maximal bis zum Erreichen dieser Obergrenze ermittelt. Ist die Sollzeit des Tages nicht erfüllt, wird durch die Überzeitpaare zunächst die Sollzeit des Tages aufgefüllt und danach bis zur Obergrenze der maximalen täglichen Arbeitszeit die Mehrarbeit ermittelt.

Schnittstellendaten		Zeitvariablen	
ArbeitszeitereignGrp	01	Gruppierung ZARegel	
Grupp. Subsystem	001	Gleitzeit-Maximum	
Grupp. An-/Abwesen.	001	Gleitzeit-Minimum	
Grupp. Mitarb.Ausg.	001	Zeitzuschlag/-Abzug	
Zutrittskontrollgr.		Pauschale Mehrarbeit	
Mailkennzeichen		Zusätzl. Kennzeichen	
Persönlicher Code			

Abbildung 12.8 Infotyp 0050 (Zeiterfassungsinformationen) – Feld »Pauschale Mehrarbeit«

12.4 Mehrarbeitsberechnung mit Genehmigung TAZP

In der Tabelle T550A (Tagesarbeitszeitplan) haben Sie die Möglichkeit, über das Kennzeichen **Mehrarbeit automatisch** eine pauschale Genehmigung für Mehrarbeit zu hinterlegen. Wenn Sie das Häkchen in diesem Ankreuzfeld setzen, erteilen Sie die Genehmigung für die Mehrarbeit (siehe Abbildung 12.9).

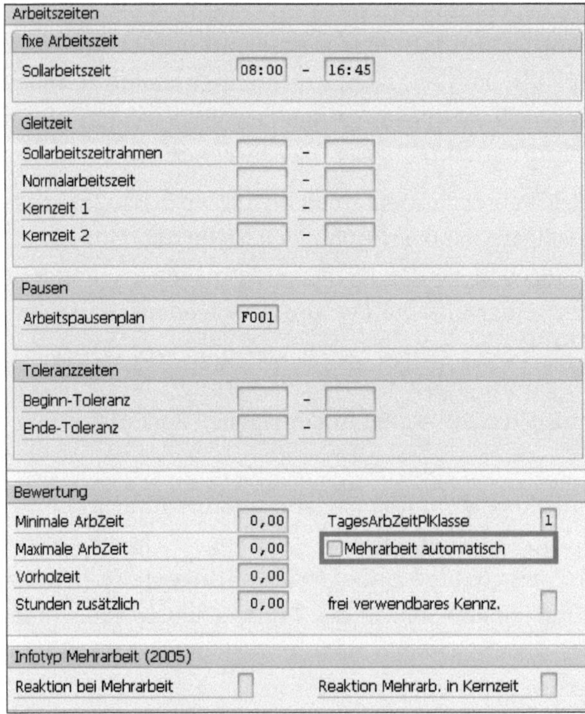

Abbildung 12.9 Tabelle T550A (Sicht V_T550A) – Tagesarbeitszeitplan – Kennzeichen »Mehrarbeit automatisch«

In der Personalrechenregel T015 (Auswertung Mehrarbeitsgenehmigung aus Tagesarbeitszeitplan (T550A)) wird ausgewertet, ob der Tagesarbeitszeitplan für den aktuellen Wert mit dieser pauschalen Genehmigung versehen ist. Wenn ja, wird zur weiteren Verarbeitung in die Personalrechenregel T016 (Mehrarbeitsermittlung für die Zeitpaare in der Überzeit) verzweigt. Die weitere Verarbeitung entspricht der in Abschnitt 12.3, »Mehrarbeitsberechnung nach dem Infotyp 0050 (Zeiterfassungsinformationen)«, beschriebenen Vorgehensweise, da die gleichen Personalrechenregeln verwendet werden.

12.5 Mehrarbeitsberechnung ohne Genehmigung

Eine Möglichkeit, um Mehrarbeit gänzlich ohne Genehmigung zu generieren, ist der direkte Aufruf der Personalrechenregel T016 (Mehrarbeitsermittlung für die Zeitpaare in der Überzeit). Die Personalrechenregel ist im Schema TM00 nicht aktiv (siehe Abbildung 12.10). Bei Bedarf aktivieren Sie die Zeile 580 im Schema oder binden eine kundeneigene Personalrechenregel ein, die Ihre Anforderungen abdeckt.

12

000540	BLOCK	BEG					Mehrarbeitszeiten ermitteln
000550	GOT	T020	02				Mehrarbeit aufgrund mit Konting. 2007 02
000560	PTIP	T010	GEN			*	Auswertung Mehrarbeitsgenehmigg. in I50
000570	PTIP	T015	GEN			*	Auswertung Mehrarbeitsgenehmigg. in TAZP
000580	PTIP	T016	GEN			*	Mehrarbeitsermittlung ohne Genehmigung
000590	COPY	T000				*	Mehrarbeitsberechng mit Rundung u. Kont.
000600	COPY	TPOW				*	Woechentliche Mehrarbeitsbetrachtung
000610	KNTAG			K			Bestimmung Kernnachtarbeitskennzeichen
000620	BLOCK	END					********************************

Abbildung 12.10 Zeitauswertungsschema TM00 – Personalrechenregel T016 (Mehrarbeitsermittlung für die Zeitpaare in der Überzeit) aufrufen

Die Verarbeitung von Überzeitpaaren erfolgt dann, wie in Abschnitt 12.3, »Mehrarbeitsberechnung nach dem Infotyp 0050 (Zeiterfassungsinformationen)«, beschrieben, in der Personalrechenregel T011 (Ermittlung Mehrarbeitspaare), jedoch unabhängig von jeglichem Genehmigungsverfahren.

12.6 Mehrarbeitsermittlung mit Rundung

Möchten Sie die erzeugte Mehrarbeit nicht zeitgenau generieren, sondern nach einem festgelegten Algorithmus runden, können Sie in Ihrem Zeitauswertungsschema das Unterschema T000 (Rundung von Mehrarbeitsstunden) aktivieren (siehe Abbildung 12.11). Das Unterschema T000 ist im Schema TM00 ebenfalls nicht aktiv und muss gegebenenfalls in der Zeile 590 aktiviert werden. In diesem Schema werden

Mehrarbeiten durch das Anwesenheitskontingent 01 (Genehmigte Mehrarbeit) ermittelt und entsprechend dem Wert der Konstante TMRND aus der Tabelle T511K (Abrechnungskonstanten) gerundet.

000540	BLOCK	BEG					Mehrarbeitszeiten ermitteln
000550	GOT	T020	02				Mehrarbeit aufgrund mit Konting. 2007 02
000560	PTIP	T010	GEN			*	Auswertung Mehrarbeitsgenehmigg. in I50
000570	PTIP	T015	GEN			*	Auswertung Mehrarbeitsgenehmigg. in TAZP
000580	PTIP	T016	GEN			*	Mehrarbeitsermittlung ohne Genehmigung
000590	COPY	T000					Mehrarbeitsberechng mit Rundung u. Kont.
000600	COPY	TPOW				*	Woechentliche Mehrarbeitsbetrachtung
000610	KNTAG			K			Bestimmung Kernnachtarbeitskennzeichen
000620	BLOCK	END					********************************

Abbildung 12.11 Zeitauswertungsschema TM00 – Unterschema T000 (Rundung von Mehrarbeitsstunden) aufrufen

Die Verarbeitung im Schema T000 erfolgt in drei Schritten, wie Sie es in Abbildung 12.12 sehen:

1. Zunächst erfolgt in den Personalrechenregeln T030 und T031 (Mehrarbeitsermittlung mit Rundung) eine zeitgenaue Ermittlung der Mehrarbeit auf Basis der im Infotyp 2007 (Anwesenheitskontingente) erfassten Mehrarbeitsgenehmigung.
2. Im zweiten Schritt wird die so ermittelte vorläufige Mehrarbeit, die mit dem Verarbeitungstyp U gekennzeichnet ist, in der Personalrechenregel T040 (Rundung von Mehrarbeitsstunden) auf den gewünschten Wert abgerundet.
3. Im dritten Schritt wird die gerundete Mehrarbeit durch die Personalrechenregel T050 (Mehrarbeitsgenerierung) in Mehrarbeit umgewandelt. Die gekürzten Zeitpaare und damit die Rundungsreste werden mit dem Verarbeitungstyp S (Sollzeit) versehen und mit der Zeitart 0110 (Füllzeit Anwesenheit) weitergereicht.

000010	**						Alternative zur Mehrarbeitsbetrachtung
000020	**						Mehrarbeitsstd. auf x Std. abrunden
000030	GOT	T030	01				Kennzeichnen Mehrarb. mit Vtype = U
000040	ACTIO	T040					Mehrarbeiten auf x Stunden kuerzen
000050	GOT	T050	01				Mehrarbeit aufgrund Kontingent erzeugen

Abbildung 12.12 Unterschema T000 (Rundung von Mehrarbeitsstunden)

Die Verarbeitung durch die im ersten Schritt aufgerufenen Personalrechenregeln T030 und T031 entspricht weitgehend der in Abschnitt 12.2, »Mehrarbeitsberechnung mit Kontingenten«, beschriebenen Verarbeitung in den Personalrechenregeln T020 und T021. Deshalb gehen wir an dieser Stelle nicht weiter darauf ein.

In der Personalrechenregel T040 (Rundung von Mehrarbeitsstunden) findet durch die Operation HRS=CTMRND zunächst die Vorgabe der Rundungsbasis statt. Der Wert der

Konstante ist im SAP-Auslieferungszustand »0,50« (Stunden), siehe Abbildung 12.13. Benötigen Sie einen anderen Rundungsfaktor, ändern Sie den Wert der Konstanten entsprechend, oder Sie verwenden in einer kundeneigenen Personalrechenregel eine ebenso kundeneigene Rundungskonstante. Wir empfehlen Ihnen in jedem Fall die Verwendung einer Konstante, da Sie damit die Möglichkeit haben, den Wert datumsgenau zu verändern. Prinzipiell besteht aber auch die Möglichkeit, den Wert direkt in der Personalrechenregel, z. B. durch die Operation HRS=0,25, vorzugeben.

Konstante	Info	Abrechnungskonstante	Beginn	Ende	Wert
TMRND		Abrundungsfaktor Mehrarbeit	01.01.1985	31.12.9999	0,50

Abbildung 12.13 Tabelle T511K (Sicht V_T511K) – Konstante TMRND (Abrundungsfaktor Mehrarbeit)

Die anschließend aufgerufene Operation RNDOTUV rundet die zuvor ermittelten Mehrarbeitszeitpaare in der internen Tabelle TIP. Die Personalrechenregel T040 wird zwar mit der Funktion ACTIO aufgerufen, verarbeitet aber dennoch die Tabelle TIP.

Ein Beispiel für den noch nicht gerundeten Eingang der Personalrechenregel finden Sie in Abbildung 12.14. Sie erkennen zwei Zeitpaare, die in der zuvor prozessierten Personalrechenregel T031 den Verarbeitungstyp U (Vorläufige Mehrarbeit) erhalten haben. Diese haben in der Summe eine Stundenanzahl von 1,6333 Stunden.

Beginn	Ende	1	P	Zk	Ct	V	ZArt	BS	ES	V	O	I	Bpin	Epin	PT	ALP	Cl	AB	Anzahl
06.0000	12.0000		1	02	00	S	0110	P10	P20		E				0001				6,0000
12.0000	12.5000		1	05	00	K	0510	P10	P20		E				0001				0,5000
12.5000	13.5000		1	02	00	S	0110	P10	P20		E				0001				1,0000
13.5000	15.0000		1	02	00	U	0110	P10	P20		E				0001				1,5000
15.0000	15.2500		1	05	00	K	0510	P10	P20		E				0001				0,2500
15.2500	15.3833		1	02	00	U	0110	P10	P20		E				0001				0,1333
15.3833	20.0000		0	02	00	K	0000												4,6167

Abbildung 12.14 Tabelle TIP in der Eingabe der Personalrechenregel T040 (Rundung von Mehrarbeitsstunden)

Durch die Verarbeitung der Operation RNDOTUV wird vom ersten der beiden Zeitpaare der Rundungsrest mit der Anzahl von 0,1333 Stunden abgetrennt und erhält den Verarbeitungstyp V, womit das abgetrennte Paar zur späteren Umwandlung in Sollzeit gekennzeichnet ist (siehe Abbildung 12.15).

Die Operation RNDOT kann in zwei Syntaxvarianten aufgerufen und je nach Variante mit drei oder vier Parametern versehen werden. In beiden Syntaxvarianten bestimmen die ersten beiden einstelligen Parameter, die direkt an die Operation anschließen, Zeitpaare welchen Verarbeitungstyps verarbeitet werden und welcher Verarbeitungstyp für die Paare vergeben wird, die sich als Rest der Rundung ergeben. Durch die anderen Parameter haben Sie – je nach verwendeter Syntaxvariante – als Alternative zur hier verwendeten Variante die Option, ohne Verwendung der Operation HRS=CTMRND eine zeitliche Rundungsvorgabe vorzunehmen (z. B. RNDOTUV050).

Beginn	Ende	1	P	Zk	Ct	V	ZArt	BS	ES	V	O	I	Bpin	Epin	PT	ALP	C1	AB	Anzahl
06.0000	12.0000		1	02	00	S	0110	P10	P20		E				0001				6,0000
12.0000	12.5000		1	05	00	K	0510	P10	P20		E				0001				0,5000
12.5000	13.5000		1	02	00	S	0110	P10	P20		E				0001				1,0000
13.5000	13.6333		1	02	00	V	0110	P10	P20		E				0001				0,1333
13.6333	15.0000		1	02	00	U	0110	P10	P20		E				0001				1,3667
15.0000	15.2500		1	05	00	K	0510	P10	P20		E				0001				0,2500
15.2500	15.3833		1	02	00	U	0110	P10	P20		E				0001				0,1333
15.3833	20.0000		0	02	00	K	0000												4,6167

Abbildung 12.15 Tabelle TIP in der Ausgabe der Personalrechenregel TO40 (Rundung von Mehrarbeitsstunden)

Außerdem können Sie festlegen, ob die Rundung für die Gesamtsumme der ermittelten Mehrarbeit oder für jedes Einzelpaar durchgeführt und ob die Rundungsreste am Beginn oder am Ende der Zeitpaare abgetrennt werden sollen.

Die Personalrechenregel TO50 wandelt abschließend die gerundeten Mehrarbeitspaare mit dem Verarbeitungstyp U (Vorläufige Mehrarbeit) durch die Operation GENOT in Mehrarbeitszeitpaare mit dem Verarbeitungstyp M (Mehrarbeit) und der Zeitart 0040 (Geleistete Mehrarbeit) um. Die abgetrennten Rundungsreste, die hier den Verarbeitungstyp V tragen, werden mit dem Verarbeitungstyp S (Sollarbeit) und der Zeitart 0110 (Füllzeit Anwesenheit) weitergereicht (siehe Abbildung 12.16).

Beginn	Ende	1	P	Zk	Ct	V	ZArt	BS	ES	V	O	I	Bpin	Epin	PT	ALP	C1	AB	Anzahl
06.0000	12.0000		1	02	00	S	0110	P10	P20		E				0001				6,0000
12.0000	12.5000		1	05	00	K	0510	P10	P20		E				0001				0,5000
12.5000	13.5000		1	02	00	S	0110	P10	P20		E				0001				1,0000
13.5000	13.6333		1	02	00	S	0110	P10	P20		E				0001				0,1333
13.6333	15.0000		1	02	00	M	0040	P10	P20		E				0001				1,3667
15.0000	15.2500		1	05	00	K	0510	P10	P20		E				0001				0,2500
15.2500	15.3833		1	02	00	M	0040	P10	P20		E				0001				0,1333
15.3833	20.0000		0	02	00	K	0000												4,6167

Abbildung 12.16 Tabelle TIP in der Ausgabe der Personalrechenregel TO50 (Mehrarbeitsgenerierung)

Die Verarbeitung in der Zeile 40 der Personalrechenregel TO50 (Mehrarbeitsgenerierung) bewirkt, dass die bei der Rundung der Mehrarbeit entstehenden Zeitpaare als Sollzeit gewertet werden (siehe Abbildung 12.17).

000010			D	OUTTPVTYPE
000020	*			COLOP* NORMALARBEIT
000030	U			GENOT MEHRARBEIT
000040	V			FILLPVS COLOP 0110 GEKÜRZTE MEHRARBEIT IN 0110

Abbildung 12.17 Personalrechenregel TO50 (Mehrarbeitsgenerierung)

In unserem konkreten Beispiel führt dies dazu, dass für den aktuellen Tag 1,5 Stunden Mehrarbeit erzeugt werden und zusätzlich ein Gleitzeitplus von 0,1333 Stunden ermittelt wird, weil die Sollzeit um diese Stundenanzahl überschritten wird. In der Mehrzahl stellen unsere Kunden die Anforderung, dass Rundungsreste als Überzeit gewertet werden und damit weder als Zeitguthaben noch als Mehrarbeit gewertet werden sollen. Für diese Fälle muss die Personalrechenregel T050 in der Zeile 40 entsprechend angepasst werden. Um die Rundungsreste als Überzeit zu werten, verwenden Sie z. B. die Operationen FILLPV und COLOP 0310. Damit werden diese Zeitpaare ohne Verarbeitungstyp und mit der Zeitart 0310 (Überzeit Anwesenheit) weitergereicht und fließen nicht in das Zeitguthaben des Mitarbeiters ein.

12.7 Mehrarbeitsermittlung auf Wochenbasis

In vielen Tarifverträgen und Betriebsvereinbarungen ist festgelegt, dass Mehrarbeit nur dann ermittelt werden darf, wenn die wöchentliche Sollzeit durch den Mitarbeiter erfüllt wurde. Auch andere Perioden sind als Betrachtungszeitraum denkbar (z. B. zweiwöchentliche oder monatliche Basis). Da diese jedoch weitaus seltener eingesetzt werden als die klassische Betrachtung einer Arbeitswoche, wollen wir uns hier auf die Beschreibung der Wochenbetrachtung beschränken.

Für die Zeitauswertung bedeutet dies, dass im ersten Schritt jeder Tag des zu betrachtenden Zeitraums einzeln bewertet werden muss. Es werden dabei nach den Vorgaben der Tagesarbeitszeitpläne Sollzeiten ermittelt und je nach realisierter Ermittlungsmethode Mehrarbeiten generiert, soweit eine Mehrarbeitsgenehmigung vorliegt. Alle auf diese Weise ermittelten Daten werden zusätzlich in speziellen Zeitarten der Wochenbetrachtung gesammelt. Am Ende der Woche (in der Regel Sonntag) werden diese saldiert und mit der Wochensollvorgabe verglichen. Ergibt dieser Vergleich, dass das Wochensoll erfüllt wurde, erfolgt keine weitere Aktion. Im Falle einer Unterschreitung des Wochensolls erfolgt eine interne Rückrechnung in der Zeitauswertung bis zum Beginn der Woche.

Der Anstoß dieser Rückrechnung erfolgt durch die Operation GOTC. Beim Aufruf dieser Operation wird eine Zeitart angegeben, die zuvor mit dem Korrekturwert für die Woche gefüllt wird, also der Stundenanzahl, die zur Erfüllung des Wochensolls fehlt. Dieser Wert wird beim Anstoß der Rückrechnung zur erneuten Betrachtung der einzelnen Wochentage genutzt, um an Tagen, an denen im ersten Durchlauf der Zeitauswertung Mehrarbeit ermittelt wurde, zusätzliche Sollzeit zu generieren, um das Wochensoll zu erfüllen. Dieser Vorgang wird so lange durchlaufen, bis die fehlende Sollzeit generiert oder sämtliche potenzielle Mehrarbeit in Sollzeit umgewandelt wird. Ein Beispiel zur Realisierung einer solchen Betrachtungsmethode liefert das SAP-Schema TPOW, das wir im folgenden Abschnitt genauer betrachten.

12.7.1 Schema TPOW

Das Zeitauswertungsschema TPOW (Wöchentliche Mehrarbeitsbetrachtung) ist in zwei Teile untergliedert, nämlich in die Mehrarbeitsermittlung und in die Wochenendeverarbeitung (siehe Abbildung 12.18).

000010	BLOCK	BEG					Wöchentliche Mehrarbeitsberechnung
000020	**						1.TEIL: MEHRARBEITSERMITTLUNG
000030	**						Hier wird unter Einbeziehen der
000040	**						wöchentlichen Sollstunden die Mehr-
000050	**						arbeit ermittelt.
000060	GOU	TP01	01				Kontingent 01: Vorläufige Mehrarbeit
000070	RTIP	TP02	GEN				Summation tägliche Soll- u. Mehrarbeit
000080	ACTIO	TP03					Bereitstellen Korrektur für Mehrarbeit
000090	PTIP	TP04	GEN				Korrektur Mehrarbeit
000100	GOT	TP05	01				Kontingent 01: Endgültige Mehrarbeit
000110	**						2.TEIL: WOCHENENDEVERARBEITUNG
000120	**						Hier werden die in der Woche geleisteten
000130	**						Sollstunden mit der Sollvorgabe für die
000140	**						Woche verglichen und daraus die
000150	**						Korrekturvorgabe für die Mehrarbeit
000160	**						ermittelt.
000170	ACTIO	TP06					Fehlende Sollzeit ermitteln
000180	ACTIO	TP07					Anstoß interne Rückrechnung
000190	BLOCK	END					

Abbildung 12.18 Zeitauswertungsschema TPOW (Wöchentliche Mehrarbeitsbetrachtung)

Die Mehrarbeitsermittlung erfolgt in den Zeilen 60 bis 100 durch die dort aufgerufenen Personalrechenregeln und die Wochenendeverarbeitung in den Zeilen 170 und 180.

12.7.2 1. Teil der Wochenbetrachtung: Mehrarbeitsermittlung

Die Funktionsweise der Personalrechenregeln zur Mehrarbeitsermittlung beschreiben wir im folgenden Abschnitt.

Personalrechenregel TP01 (Mehrarbeit/Woche: Vorläufige Ermittlung der Mehrarbeit)

Die Personalrechenregel TP01 wird mit der Funktion GOU aufgerufen, die die interne Tabelle TIP verarbeitet, und selektiert Zeitpaare der Paartypen 1 (Gestempelte Anwesenheitszeit), 2 (Erfasste Abwesenheit) und 3 (Erfasste Anwesenheiten), siehe Abbildung 12.19.

Die weitere Verarbeitung der auf diese Weise selektierten Zeitpaare erfolgt in der Personalrechenregel TP0A (Mehrarbeit/Woche: Vorläufige Ermittlung der Mehrarbeit).

000010			D	OUTTPPTYPE
000020	0			COLOP*
000030	1		Z	GCY TPOA ANWESEND
000040	2		Z	GCY TPOA ERFASSTE ABWESENHEIT
000050	3		Z	GCY TPOA DIENSTGANG

Abbildung 12.19 Personalrechenregel TP01 (Mehrarbeit/Woche: Vorläufige Ermittlung der Mehrarbeit)

Personalrechenregel TPOA (Mehrarbeit/Woche: Vorläufige Ermittlung der Mehrarbeit)

Die Verarbeitung der Personalrechenregel TPOA entspricht grundlegend der zuvor beschriebenen Verarbeitung der Personalrechenregel T021 (siehe Abbildung 12.20).

000010			D	HRS=D0000 HRS?S
000020	*		D	OUTTPVTYPE
000030	* *		D	HRS=D0001 HRS?CTGMAX
000040	* * *			COLOP* NEXTR KEINE REAKTION, DA NICHT ANRECHENBARE U
000050	* * *	1		
000060	* * <		D	HRS+PNUM HRS?CTGMAX
000070	* * < *			GENOT CU ADDDB0001
000080	* * < >			HRS=R GENTPE GENOT CU ADDDB0001
000090	* S		D	HRS-PNUM HRS?S
000100	* S *			HRS=PNUM GENOT AU ADDDB0000-
000110	* S <			HRS=R GENTPB SGENOT AU ADDDB0000-
000120	<		D	OUTTPVTYPE
000130	< *		D	HRS+PNUM HRS?S
000140	< * *			HRS=PNUM ADDDB0000 ADDDB0001 GENTPB 02S
000150	< * >			HRS=D0001 NEXTR TAEGLICHE MAX-ZEIT
000160	< * >	1	D	HRS+PNUM HRS?CTGMAX
000170	< * > *			HRS=S HRS-D0000 ADDDB0001 GENTPB 02SHRS=S NEXTR
000180	< * > *	1		ADDDB0000ZGENOT CU ADDDB0001
000190	< * > >			HRS=R GENTPE HRS=S HRS-D0000 ADDDB0001 NEXTR
000200	< * > >	1		GENTPB 02SHRS=S ADDDB0000ZGENOT CU ADDDB0001
000210	< S			COLOP* NEXTR KEINE REAKTION, DA SCHON IN SOLLZEIT EN
000220	< S	1		

Abbildung 12.20 Personalrechenregel TPOA (Mehrarbeit/Woche: Vorläufige Ermittlung der Mehrarbeit)

Da die Personalrechenregel jedoch nicht durch die Funktion GOT, sondern durch die alternativ zu verwendende Funktion GOU zur Ermittlung vorläufiger Mehrarbeit aufgerufen wird, weicht das Ergebnis der Verarbeitung insofern ab, dass die ermittelten Mehrarbeitspaare nicht mit dem Verarbeitungstyp M (Mehrarbeit), sondern mit dem Verarbeitungstyp U (Vorläufige Mehrarbeit) gekennzeichnet werden (siehe Abbildung 12.21).

Beginn	Ende	1	P	Zk	Ct	V	ZArt	BS	ES	V	O	I	Bpin	Epin	PT	ALP	Cl	AB	Anzahl
06.0000	12.0000		1	02	00	S	0110	P10	P20		E				0001				6,0000
12.0000	12.7500		1	05	00	K	0510	P10	P20		E				0001				0,7500
12.7500	13.7500		1	02	00	S	0110	P10	P20		E				0001				1,0000
13.7500	14.0000		1	02	00	U	0040	P10	P20		E				0001				0,2500
14.0000	16.7500		1	02	00	U	0040	P10	P20		E				0001				2,7500
16.7500	18.3833		1	02	00		0310	P10	P20		E				0001				1,6333
18.3833	20.0000		0	02	00	K	0000												1,6167

Abbildung 12.21 Tabelle TIP in der Ausgabe der Personalrechenregel TPOA (Mehrarbeit/ Woche: Vorläufige Ermittlung der Mehrarbeit)

Sie sehen in der Ausgabe der Personalrechenregel, dass zwei Zeitpaare, von 13:75 bis 14:00 Uhr und von 14:00 bis 16:75 Uhr, als vorläufige Mehrarbeit mit dem Verarbeitungstyp U versehen wurden. Die geleistete Arbeitszeit nach 16:75 Uhr wurde wegen der Überschreitung der maximalen täglichen Arbeitszeit als Überzeit bewertet und wird ohne Verarbeitungstyp mit der Zeitart 0310 (Überzeit Anwesenheit) weitergereicht.

Personalrechenregel TPO2 (Mehrarbeit/Woche: Summation tägl. Soll- u. Mehrarbeit)

Im nächsten Verarbeitungsschritt werden durch die Personalrechenregel TP02 (Mehrarbeit/Woche: Summation tägl. Soll- u. Mehrarbeit) die zuvor ermittelten Soll- und Mehrarbeitszeiten in Zeitarten gesammelt (siehe Abbildung 12.22). Die Summation erfolgt in die Zeitarten 0920 (Me/Wo: Tägl. Sollzeit) und 0921 (Me/Wo: vorl. Mehrarbeit).

000010			D	OUTTPVTYPE
000020	*			
000030	S		D	OUTTPPTYPE
000040	S *			ADDDB0920
000050	S 2		D	OUTTPORIGS
000060	S 2 *			ADDDB0920
000070	S 2 A		D	VARABCAT
000080	S 2 A **			ADDDB0920
000090	U			ADDDB0921

Abbildung 12.22 Personalrechenregel TP02 (Mehrarbeit/Woche: Summation tägl. Soll- u. Mehrarbeit)

Die Personalrechenregel selektiert Zeitpaare anhand des Verarbeitungstyps. Zeitpaare mit dem Verarbeitungstyp U (Vorläufige Mehrarbeit) werden in die Zeitart 0921 summiert. Für Zeitpaare mit dem Verarbeitungstyp S (Sollarbeit) erfolgt zusätzlich eine Abfrage auf den Paartyp und für Paare mit dem Paartyp 2 (Abwesenheiten) eine Abfrage auf die Klasse **Zeitauswertung der Abwesenheit**. Im Auslieferungszustand der Personalrechenregel erfolgt jedoch keine Unterscheidung der Verarbeitung nach diesem Merkmal. Sie sehen in der Zeile 80 der Personalrechenregel, dass für alle Klassen dieselbe Verarbeitung durchgeführt wird. Sollten Sie an dieser Stelle eine Unterscheidung benötigen, weil Sie bestimmte Abwesenheiten nicht als Sollzeit für die Wochenbetrachtung werten möchten (z. B. unbezahlte Abwesenheiten), kopieren Sie die Personalrechenregel und erweitern die Kopie um die entsprechende Ausprägung. Ein Beispiel finden Sie in der in Abbildung 12.23 gezeigten Personalrechenregel TPO2, in der die Abwesenheiten der Klasse 05 für die Zeitauswertung nicht als Sollzeit gewertet werden.

000010			D	OUTTPVTYPE
000020	*			
000030	S		D	OUTTPPTYPE
000040	S *			ADDDB0920
000050	S 2		D	OUTTPORIGS
000060	S 2 *			ADDDB0920
000070	S 2 A		D	VARABCAT
000080	S 2 A **			ADDDB0920
000090	S 2 A 05			UNBEZAHLTE ABWESENHEITEN NICHT ALS SOLLZEIT WERTEN
000100	U			ADDDB0921

Abbildung 12.23 Erweiterte Kopie der Personalrechenregel TPO2 (Mehrarbeit/Woche: Summation tägl. Soll- u. Mehrarbeit)

Die gebildeten Summen finden Sie nach der Verarbeitung in der internen Tabelle TES (siehe Abbildung 12.24). In diese Tabelle wurden die Zeitart 0920 mit dem Wert »7« (Stunden) und die Zeitart 0921 mit dem Wert »3« (Stunden) abgestellt.

Zeitart	Bezeichnung	Anzahl
0000	Hilfs-Zeitart 1	7,0000
0001	Hilfs-Zeitart 2	10,0000
0920	Me/Wo: Taegl. Sollzeit	7,0000
0921	Me/Wo: vorl. Mehrarbeit	3,0000

Abbildung 12.24 Tabelle TES nach der Verarbeitung der Personalrechenregel TPO2

Damit steht für die weiteren Verarbeitungsschritte der Wert der geleisteten Sollzeit und der Mehrarbeit am aktuellen Tag zur Verfügung.

Personalrechenregel TPO3 (Mehrarbeit/Woche: Bereitstellen der Mehrarbeitskorrektur)

Als nächster Schritt in der Wochenmehrarbeitsermittlung wird die Personalrechenregel TP03 (Mehrarbeit/Woche: Bereitstellen der Mehrarbeitskorrektur) durchlaufen (siehe Abbildung 12.25).

000010				SUM 0928 HRS+D0928 ADDDB0980ZSUM 0922 ADDDB0980- KORREKTUR

Abbildung 12.25 Personalrechenregel TP03 (Mehrarbeit/Woche: Bereitstellen der Mehrarbeitskorrektur)

Darin erfolgt zunächst eine Summierung der Zeitart 0928 (Me/Wo: Kor.vorgabe (Woche)) über die laufende Woche. Auf Bedeutung und Inhalt dieser Zeitart gehen wir später noch ein. Die Wochensummenbildung erfolgt durch die Operation SUM 0928. Diese wertet die Tabelle ZES (Zeitsalden pro Tag) der laufenden Woche bis zum aktuellen Tag aus und bildet eine Wochensumme der Zeitart, die im Parameter der Zeitart festgelegt wurde – hier also die Zeitart 0928. Da für den aktuellen Tag die Tabelle ZES zu diesem Zeitpunkt der Verarbeitung noch nicht gebildet wurde, muss der Wert des aktuellen Tages durch die Operation HRS+D0928 noch zu der gebildeten Summe hinzuaddiert werden.

Die gebildete Gesamtsumme wird durch die Operation ADDDB0980Z in die Zeitart 0980 (Tägl. Korrekturvorgabe) übergeben. Durch die Verwendung des Parameters Z am Ende der Operation wird ein gegebenenfalls bereits in der Zeitart enthaltener Wert überschrieben. Die Operation SUM wird auch im nächsten Verarbeitungsschritt verwendet, um eine Wochensumme der Zeitart 0922 (Me/Wo: Zusätzl. Sollzeit) zu bilden. Diese Summe wird anschließend durch die Operation ADDDB0980- von der Anzahl der Zeitart 0980 subtrahiert. Als Ergebnis erhalten wir im ersten Durchlauf der Zeitauswertung keinen Wert für die Zeitart 0980, weil die Zeitart 0928 nur im Korrekturlauf, also in der Rückrechnung, vorliegt und die Zeitart 0922 nur dann gebildet wird, wenn die Zeitart 0980 einen Wert enthält (siehe Abbildung 12.26).

Zeitart	Bezeichnung	Anzahl
0000	Hilfs-Zeitart 1	10,0000
0001	Hilfs-Zeitart 2	10,0000
0920	Me/Wo: Taegl. Sollzeit	10,0000
0980	tägl. Korrekturvorgabe	0,0000

Abbildung 12.26 Tabelle TES nach der Verarbeitung der Personalrechenregel TP03

Personalrechenregel TP04 (Mehrarbeit/Woche: Korrektur Mehrarbeit)

In der durch die Funktion PTIP aufgerufene Personalrechenregel TP04 (Mehrarbeit/Woche: Korrektur Mehrarbeit) erfolgt durch die Abfrage auf den Wert der Zeitart 0980 (Zeile 10: Operationen HRS=D0980 HRS?0) zunächst die Prüfung, ob eine Korrektur der vorläufigen Mehrarbeit erforderlich ist (siehe Abbildung 12.27).

Ist dies der Fall, erfolgt die nächste Prüfung auf den Verarbeitungstyp des aktuellen Zeitpaares. Nur Zeitpaare mit dem Verarbeitungstyp U (Vorläufige Mehrarbeit) werden zur weiteren Verarbeitung an die Personalrechenregel TP0C weitergereicht. Alle anderen Zeitpaare bleiben unverändert.

000010			D	HRS=D0980 HRS?0,00	IST KORREKTUR NÖTIG?
000020	*			COLOP*	
000030	>		D	OUTTPVTYPE	
000040	> *			COLOP*	
000050	> U		Z	GCY TPOC	

Abbildung 12.27 Personalrechenregel TPO4 (Mehrarbeit/Woche: Korrektur Mehrarbeit)

Das aktuelle Rechenfeld enthält zum jetzigen Zeitpunkt den Wert der Zeitart 0980. Wie bereits zuvor beschrieben, kann die Zeitart 0980 im ersten Durchlauf der Zeitauswertung keinen Wert enthalten. Aus diesem Grund wird die Personalrechenregel TPOC in diesem Durchlauf nicht prozessiert.

Personalrechenregel TPO5 (Mehrarbeit/Woche: Endgültige Mehrarbeit)

Zum Zeitpunkt des Aufrufs der Personalrechenregel TPO5 (Mehrarbeit/Woche: Endgültige Mehrarbeit) ist, wie zuvor beschrieben, im ersten Durchlauf der Wochenbetrachtung keine Korrektur der ermittelten Mehrarbeit erfolgt. Alle Zeitpaare, die durch die Personalrechenregel TPOA als vorläufige Mehrarbeitszeitpaare mit dem Verarbeitungstyp U gekennzeichnet wurden, sind beim Aufruf der Personalrechenregel TPO5 unverändert (siehe Abbildung 12.28).

000010			D	OUTTPVTYPE	
000020	*			COLOP*	
000030	U			GENOT C ADDDB0929	VERGABE VERARBEITUNGSTYP M

Abbildung 12.28 Personalrechenregel TPO5 (Mehrarbeit/Woche: Endgültige Mehrarbeit)

Die Personalrechenregel wird durch die Funktion GOT (Generierung von Mehrarbeitszeitpaaren) aufgerufen, verarbeitet den Anwesenheitskontingenttyp 01 und wandelt durch die Operation GENOT C alle zuvor selektierten Zeitpaare des Verarbeitungstyps U in Mehrarbeitszeitpaare mit Verarbeitungstyp M um (siehe Abbildung 12.28). Zusätzlich wird die Stundenanzahl durch die Operation ADDDB0929 des umgewandelten Zeitpaares in die Zeitart 0929 (Me/Wo: tägl. Mehrarbeit) summiert.

12.7.3 2. Teil der Wochenbetrachtung: Wochenendeverarbeitung

Die Funktionsweise der Personalrechenregeln zur Wochenendeverarbeitung beschreiben wir im folgenden Abschnitt.

Personalrechenregel TPOB (Mehrarbeit/Woche: Summation der Protokollzeitarten)

Da die in der Personalrechenregel TPOB (Mehrarbeit/Woche: Summation der Protokollzeitarten) gebildeten Wochensummen für die weitere Verarbeitung von großer Bedeutung sind, möchten wir an dieser Stelle zunächst die Arbeitsweise dieser Personalrechenregel beschreiben, obwohl diese nur unter bestimmten Bedingungen durch die im nächsten Abschnitt beschriebene Personalrechenregel TP06 prozessiert wird (siehe Abbildung 12.29).

000010				SUM 0920 NEXTR WO. SOLLZEIT
000020		1		HRS+D0920 ADDDB0924 NEXTR
000030		2		SUM 0921 NEXTR WÖ. VORL. MEHR.
000040		3		HRS+D0921 ADDDB0925 NEXTR
000050		4		SUM 0922 NEXTR ZUS. WÖ. SOLLZ.
000060		5		HRS+D0922 ADDDB0926 NEXTR
000070		6		SUM 0929 NEXTR WÖ. MEHR.
000080		7		HRS+D0929 ADDDB0927

Abbildung 12.29 Personalrechenregel TPOB (Mehrarbeit/Woche: Summation der Protokollzeitarten)

Die Personalrechenregel TPOB bildet die folgenden Wochensummen:

- Wöchentliche Sollzeit: Zeitart 0920 (Me/Wo: Tägl. Sollzeit) – Addition in Zeitart 0924 (Me/Wo: Wöch. Sollzeit)
- Vorläufige Mehrarbeit: Zeitart 0921 (Me/Wo: vorl. Mehrarbeit) – Addition in die Zeitart 0925 (Me/Wo: Wöch. Mehrarbeit)
- Zusätzliche Sollzeit: Zeitart 0922 (Me/Wo: Zusätzl. Sollzeit) – Addition in die Zeitart 0926 (Me/Wo: Zus. wöch. Sollz.)
- Wöchentliche Mehrarbeit: Zeitart 0929 (Me/Wo: tägl. Mehrarbeit) – Addition in die Zeitart 0927 (Me/Wo: Mehrarbeit)

Die Vorgehensweise ist für alle genannten Zeitarten identisch: Die Operation SUM bildet eine Wochensumme bis zum aktuellen Tag, und die Operation ADDDB addiert zu dieser einen gegebenenfalls vorhandenen Wert vom aktuellen Tag hinzu. Die Summe wird jeweils in die genannten Zielzeitarten geschrieben.

Personalrechenregel TPO6 (Mehrarbeit/Woche: Fehlende Sollzeit ermitteln)

Der erste Verarbeitungsschritt in der Wochenendeverarbeitung ist die Ermittlung der fehlenden Sollzeit in der Personalrechenregel TP06 (Mehrarbeit/Woche: Fehlende Sollzeit ermitteln), siehe Abbildung 12.30. Die Personalrechenregel wird nur an Sonntagen prozessiert. Sie erkennen dies an der Abfrage in der Zeile 10 durch die Operation VARSTWDY 7. Diese Operation hat die Rückgabewerte »Y« (= Yes) oder »N« (= No). Nur an Sonntagen wird der Rückgabewert »Y« ermittelt. An Sonntagen wird die Verarbeitung demnach in der Zeile 30 fortgesetzt.

In der Zeile 30 verzweigt die Personalrechenregel zunächst zur Bildung von Wochensummen in die im vorangegangenen Abschnitt beschriebene Personalrechenregel TPOB.

000010			D	VARSTWDY 7
000020	N			
000030	Y		P	PCY TPOB NEXTR SUMMATION ZEITARTEN
000040	Y	1	D	HRS=D0924 HRS?TWEHRS WÖ. SOLLZEIT AUSREICHEND?
000050	Y *		D	HRS=D0926 HRS?0,00 JA, ZUSÄTZLICHE SOLLSTD. ZURÜCK
000060	Y * *			
000070	Y * >			ADDDB0923-
000080	Y <		D	HRS=D0925 HRS?0,00 IST MEHRARBEIT GELEISTET WORDEN?
000090	Y < *			NEIN
000100	Y < >		D	HRS=D0924 HRS+D0926 HRS?TWEHRS
000110	Y < > <			HRS=R HRS*-1,00 HRS<D0927 ADDDB0923
000120	Y < > =			
000130	Y < > >			HRS=R ADDDB0923-

Abbildung 12.30 Personalrechenregel TP06 (Mehrarbeit/Woche: Fehlende Sollzeit ermitteln)

Anschließend erfolgt durch die Operationen HRS=D0924 und HRS?TWEHRS ein Vergleich zwischen dem zuvor in der Personalrechenregel TP0B ermittelten Wert der Zeitart 0924 (Me/Wo: Wöch. Sollzeit) und der individuellen Wochensollzeit Ihres Mitarbeiters (Arbeitszeitplanregel). Auf diese Weise wird festgestellt, ob Ihr Mitarbeiter seine Wochensollvorgabe erfüllt hat. Ist dies nicht der Fall, wird in der Zeile 50 der Personalrechenregel geprüft, ob eine zusätzliche Sollzeit gebildet wurde. Ist dies der Fall, wird die die Wochensollvorgabe überschreitende Anzahl von der Zeitart 0923 (Me/Wo: Korrektur Mehrarb.) subtrahiert, um im anschließenden Rückrechnungslauf die aus der vorläufigen Mehrarbeit gebildete zusätzliche Sollzeit doch noch in Mehrarbeit umzuwandeln.

Da dies jedoch in der Praxis ein durch die Systematik der Wochenbetrachtung bedingt eher unwahrscheinlicher Fall ist, wollen wir an dieser Stelle nicht weiter darauf eingehen. Stattdessen beschäftigen wir uns mit der Konstellation, für die die Wochenbetrachtung konzipiert wurde: Die Wochensollzeit ist in der Summe nicht erfüllt, und trotzdem wurde an einzelnen Tagen der Woche Mehrarbeit ermittelt.

Dieser Fall wird in den Zeilen 80 bis 130 der Personalrechenregel TP06 (Mehrarbeit/Woche: Fehlende Sollzeit ermitteln) bearbeitet. Es steht an dieser Stelle fest, dass die Wochensollzeit nicht erfüllt wurde. Als nächster Schritt wird nun durch die Operationen HRS=D0925 und HRS?0,00 geprüft, ob in der Woche Mehrarbeit geleistet wurde, die zum Auffüllen der fehlenden Wochensollzeit genutzt werden kann. Ist dies nicht der Fall, endet die Verarbeitung der Personalrechenregel in der Zeile 90. Wurde Mehrarbeit geleistet, ist der Wert der Zeitart 0925 (Me/Wo: Wöch. Mehrarbeit) größer als null, und die Verarbeitung wird in der Zeile 100 fortgesetzt. Dort wird durch die Operationen HRS=D0924, HRS+D0926 und HRS?TWEHRS geprüft, wie sich die Summe aus der in der laufenden Woche erarbeiteten Sollzeit (Zeitart 0924) und der zusätzlich gebildeten Sollzeit (Zeitart 0926) im Vergleich zur Wochensollvorgabe verhält.

Ist die Summe genauso groß wie die Wochensollzeit (Zeile 120), ist keine zusätzliche Aktion notwendig, und die Verarbeitung der Personalrechenregel wird beendet.

Ist die Summe aus den beiden Zeitarten kleiner als das Wochensoll (Zeile 110), wird durch die Operationen HRS=R und HRS*-1,00 die Unterschreitung der Wochensollzeit (das Rechenfeld enthält den negativen Wert aus dem zuvor beschriebenen Vergleich der Sollzeitsummen mit dem Wochensoll) mit dem Wert »-1« multipliziert und damit positiv. Dieser Wert wird durch die Operation HRS<D0927 (Maximumbildung) auf die in der Woche geleistete Mehrarbeit begrenzt, sodass in der anstehenden Rückrechnung nicht mehr vorläufige Mehrarbeit in zusätzliche Sollzeit umgewandelt werden soll, als vorhanden ist. Der so ermittelte Wert wird anschließend durch die Operation ADDDB0923 in die Zeitart 0923 (Me/Wo: Korrektur Mehrarb.) abgestellt.

Ist die Summe aus den beiden Zeitarten 0924 und 026 größer als die Wochensollvorgabe, wird in der Zeile 130 der übersteigende Anteil durch die Operationen HRS=R ADDDB0923- negativ in die Zeitart 0923 (Me/Wo: Korrektur Mehrarb.) abgestellt, um eine Korrektur der zusätzlichen Sollzeit in der Rückrechnung vorzunehmen.

Personalrechenregel TP07 (Mehrarbeit/Woche: Anstoß interne Rückrechnung)

Die Personalrechenregel TP07 (Mehrarbeit/Woche: Anstoß interne Rückrechnung) prüft, ob die Zeitart 0923 (Me/Wo: Korrektur Mehrarb.) einen Wert ungleich null enthält (siehe Abbildung 12.31). Ist dies der Fall, wird in der Zeile 20 der Personalrechenregel durch die Operation GOTC 0928 eine interne Rückrechnung ausgelöst.

000010			D	HRS=D0923 HRS?0,00	
000020	*			GOTC 0928	ANSTOß RÜCKRECHNUNG 1 WOCHE
000030	=				KEINE INTERNE RÜCKRECHNUNG NÖTIG

Abbildung 12.31 Personalrechenregel TP07 (Mehrarbeit/Woche: Anstoß interne Rückrechnung)

Der Operation GOTC und der hier verwendeten Zeitart 0928 (Me/Wo: Kor.vorgabe (Woche)) kommt in der Ermittlung von Mehrarbeit auf Wochenbasis eine besondere Bedeutung zu. Diese wollen wir Ihnen an dieser Stelle etwas näher erläutern.

Die Operation GOTC (Anforderung eines internen Rückrechnungslaufs der Zeitabrechnung) verfügt nur über zwei Parameter, durch die Sie die Korrekturperiode (zwei Stellen) und die Zeitart (vier Stellen) festlegen, die bei der Anwendung der Operation im Rückrechnungslauf den Korrekturwert enthält. Die Korrekturperiode kann auf unterschiedliche Weise festgelegt werden, z. B. durch den Standardwochenrahmen, der durch das Merkmal LDWAY festgelegt ist, oder durch die aktuelle Zeitauswertungsperiode. Lassen Sie den Wert des Parameters leer, wird der Standardwochenrahmen von Montag bis Sonntag verwendet. Das heißt, dass – wenn erforderlich – am Sonntag eine Rückrechnung auf Montag ausgelöst wird.

Sie sehen in Abbildung 12.32 die Tabelle TES, die für die Zeitart 0923 (Me/Wo: Korrektur Mehrarb.) den Wert »2,0000« enthält.

Zeitart	Bezeichnung	Anzahl
0000	Hilfs-Zeitart 1	0,0000
0001	Hilfs-Zeitart 2	0,0000
0980	tägl. Korrekturvorgabe	0,0000
0924	Me/Wo: Woech. Sollzeit	33,0000
0925	Me/Wo: Woech. Mehrarbeit	14,1300
0926	Me/Wo: Zus. woe. Sollz.	0,0000
0927	Me/Wo: Mehrarbeit	14,1300
0923	Me/Wo: Korrektur Mehrarb.	2,0000

Abbildung 12.32 Tabelle TES in der Eingabe der Personalrechenregel TPO7

In der Verarbeitung der Personalrechenregel TP07 wird damit festgestellt, dass die Zeitart 0923 einen Wert ungleich null enthält (siehe Abbildung 12.33).

ACTIO TP07 Anstoß interne Rückrechnung

Verarbeitung

Aufruf der Regel TP07

Regel	GRPReg	Ztart	Vargt	Operation	
TP07	*	****		HRS=D0923	Setzen
TP07	*	****		HRS?0,00	Entscheidungsop. HR
TP07	*	****	*	GOTC 0928	Kor.Periode.+ ZTART

Abbildung 12.33 Protokoll der Verarbeitung der Personalrechenregel TPO7

Die Operation GOTC wird prozessiert und die Tagesverarbeitung an dieser Stelle verlassen. Im Protokoll der Zeitauswertung erscheint in unserem Beispiel der Hinweis »Korrektur Mehrarbeit vom 18.07.2022 bis 24.07.2022« (siehe Abbildung 12.34).

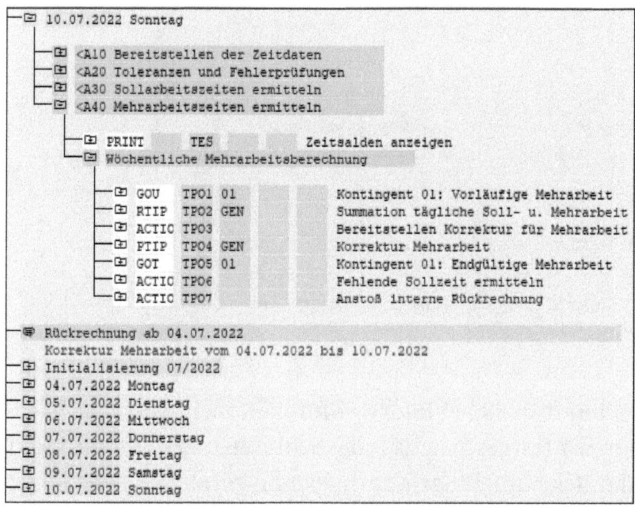
10.07.2022 Sonntag
<A10 Bereitstellen der Zeitdaten
<A20 Toleranzen und Fehlerprüfungen
<A30 Sollarbeitszeiten ermitteln
<A40 Mehrarbeitszeiten ermitteln
PRINT TES Zeitsalden anzeigen
Wöchentliche Mehrarbeitsberechnung
GOU TP01 01 Kontingent 01: Vorläufige Mehrarbeit
RTIP TP02 GEN Summation tägliche Soll- u. Mehrarbeit
ACTIO TP03 Bereitstellen Korrektur für Mehrarbeit
PTIP TP04 GEN Korrektur Mehrarbeit
GOT TP05 01 Kontingent 01: Endgültige Mehrarbeit
ACTIO TP06 Fehlende Sollzeit ermitteln
ACTIO TP07 Anstoß interne Rückrechnung
Rückrechnung ab 04.07.2022
Korrektur Mehrarbeit vom 04.07.2022 bis 10.07.2022
Initialisierung 07/2022
04.07.2022 Montag
05.07.2022 Dienstag
06.07.2022 Mittwoch
07.07.2022 Donnerstag
08.07.2022 Freitag
09.07.2022 Samstag
10.07.2022 Sonntag

Abbildung 12.34 Protokoll der Zeitauswertung – Beendigung der Tagesverarbeitung durch die Operation GOTC in der Personalrechenregel TPO7

Die Operation GOTC stellt den Wert der Zeitart 0923 zum Zeitpunkt ihres Aufrufs in der Zeitart 0928 am neuen Aufsetzpunkt der Zeitauswertung am Wochenanfang in der Tabelle TES zur Verfügung. Damit können in der Mehrarbeitsermittlung die zur Erfüllung der Wochensollvorgabe erforderlichen Korrekturen vorgenommen werden.

Die Korrekturvorgabe in unserem Beispiel von zwei Stunden fehlender Sollzeit steht in der Rückrechnung auf den Wochenanfang bereits zu Beginn der Tagesverarbeitung zur Verfügung (siehe Abbildung 12.35).

Zeitart	Bezeichnung	Anzahl
0928	Me/Wo: Kor.vorgabe(Woche)	2,0000

Abbildung 12.35 Tabelle TES zu Beginn der Tagesverarbeitung in der Rückrechnung auf den Wochenanfang

Die Zeitart 0928 weist in ihrer Definition in der Tabelle T555A (Zeitarten) eine Besonderheit auf (siehe Abbildung 12.36). Das Feld **Speichern als Tagessaldo** hat für diese Zeitart nicht den Wert »blank« oder »0« (Keine Saldenbildung) oder »1« (Saldenbildung), sondern den Wert »2« (Saldenbildung ohne vorheriges Storno (Vorsicht!)).

Grpg PersTeilbereich 01
Zeitart 0928 Me/Wo: Kor.vorgabe(Woche)
Zeiträume
Beginn Ende
01.01.1901 31.12.9999
Salden
Speichern als Tagessaldo 2 Saldenbildung ohne vorheriges Storno (Vorsicht!)
Kumulieren in Periodensaldo keine Saldenbildung
Übernahme Periodensaldo
Übernahme Vorperiode keine Übernahme Periodensaldo Vorperiode
Übernahme Vorjahr keine Übernahme Periodensaldo Vorjahr
Überblick Periodensaldo
Abstellen für Zeitkonten keine Abstellung

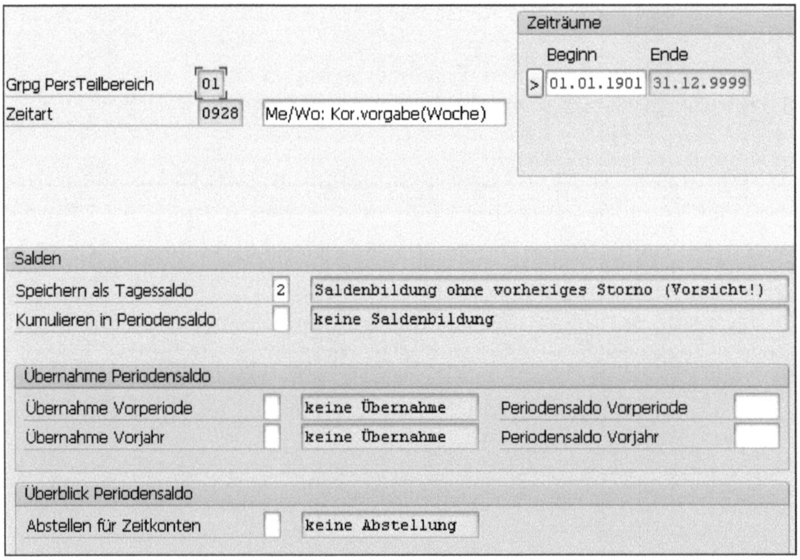

Abbildung 12.36 Tabelle T555A (Sicht V_T555A) – Detailsicht der Zeitart 0928 (Me/Wo: Kor.vorgabe (Woche))

Dieser Wert bewirkt, dass die Zeitart 0928 bei Rückrechnungen nicht storniert wird. In zahlreichen Projekten haben wir festgestellt, dass die Schlüsselung in diesem Feld eher zu Problemen führt. In der Regel nutzen wir deshalb eine kundeneigene Zeitart oder schlüsseln die Zeitart 0928 auf den Wert »1« um. Unter Umständen kann die Schlüsselung mit dem Wert »2« jedoch auch sinnvoll und notwendig sein.

In der Tagesverarbeitung im Rückrechnungslauf wird der nun vorhandene Korrekturwert der Zeitart 0928 wie im Abschnitt »Personalrechenregel TP03 (Mehrarbeit/Woche: Bereitstellen der Mehrarbeitskorrektur)« zunächst um die bereits in der Woche gebildete zusätzliche Sollzeit reduziert und in die Zeitart 0980 (tägl. Korrekturvorgabe) übertragen (siehe Abbildung 12.37).

Zeitart	Bezeichnung	Anzahl
0928	Me/Wo: Kor.vorgabe(Woche)	2,0000
0000	Hilfs-Zeitart 1	7,0000
0001	Hilfs-Zeitart 2	11,6333
0920	Me/Wo: Taegl. Sollzeit	7,0000
0921	Me/Wo: vorl. Mehrarbeit	4,6333
0980	tägl. Korrekturvorgabe	2,0000

Abbildung 12.37 Tabelle TES in der Ausgabe der Personalrechenregel TP03

Dieser Wert steht anschließend der Personalrechenregel TP04 (Mehrarbeit/Woche: Korrektur Mehrarbeit), deren Funktion wir ebenfalls bereits oben beschrieben haben, zur Verfügung und führt in der Verarbeitung dazu, dass Zeitpaare in der internen Tabelle TIP, die durch den Verarbeitungstyp U die Kennzeichnung als vorläufige Mehrarbeit tragen, in zusätzliche Sollzeit umgewandelt werden und damit zur Erfüllung der Wochensollvorgabe beitragen.

Die in Abbildung 12.38 dargestellte Eingabe der Personalrechenregel TP04 (Mehrarbeit/Woche: Korrektur Mehrarbeit) bzw. TPOC (Korrektur Mehrarbeit) zeigt, dass in unserem Beispiel drei Zeitpaare die Kennzeichnung als vorläufige Mehrarbeit tragen (siehe Abbildung 12.38). Diese werden in der anschließenden Verarbeitung der Personalrechenregel um den in der Zeitart 0980 vorgegebenen Korrekturwert reduziert und in zusätzliche Sollzeit zur Erfüllung der Wochensollvorgabe umgewandelt.

Beginn	Ende	l	P	Zk	Ct	V	ZArt	BS	ES	V	O	I	Bpin	Epin	PT	ALP	C1	AB	Anzahl
06.0000	12.0000		1	02	00	S	0110	P10	P20		E				0001				6,0000
12.0000	12.5000		1	05	00	K	0510	P10	P20		E				0001				0,5000
12.5000	13.5000		1	02	00	S	0110	P10	P20		E				0001				1,0000
13.5000	15.0000		1	02	00	U	0040	P10	P20		E				0001				1,5000
15.0000	15.2500		1	05	00	K	0510	P10	P20		E				0001				0,2500
15.2500	16.7500		1	02	00	U	0040	P10	P20		E				0001				1,5000
16.7500	18.3833		1	02	00	U	0040	P10	P20		E				0001				1,6333
18.3833	20.0000		0	02	00	K	0000												1,6167

Abbildung 12.38 Tabelle TIP in der Eingabe der Personalrechenregel TPOC

Die zusätzlichen Sollzeitpaare erhalten durch die Personalrechenregel TPOC den Verarbeitungstyp S und die der Zeitkennung 02 (Füllzeit) zugeordnete Zeitart in unserem Beispiel die Zeitart 0110 (Füllzeit Anwesenheit), siehe Abbildung 12.39. Bei der Bildung der zusätzlichen Sollzeit wird die Stundenanzahl aller neuen Zeitpaare in der Zeitart 0922 (Me/Wo: Zusätzl. Sollzeit) gesammelt.

Beginn	Ende	1	P	Zk	Ct	V	ZArt	BS	ES	V	O	I	Bpin	Epin	PT	ALP	C1	AB	Anzahl
06.0000	12.0000		1	02	00	S	0110	P10	P20		E				0001				6,0000
12.0000	12.5000		1	05	00	K	0510	P10	P20		E				0001				0,5000
12.5000	13.5000		1	02	00	S	0110	P10	P20		E				0001				1,0000
13.5000	15.0000		1	02	00	S	0110	P10	P20		E				0001				1,5000
15.0000	15.2500		1	05	00	K	0510	P10	P20		E				0001				0,2500
15.2500	15.7500		1	02	00	S	0110	P10	P20		E				0001				0,5000
15.7500	16.7500		1	02	00	U	0040	P10	P20		E				0001				1,0000
16.7500	18.3833		1	02	00	U	0040	P10	P20		E				0001				1,6333
18.3833	20.0000		0	02	00	K	0000												1,6167

Abbildung 12.39 Tabelle TIP in der Ausgabe der Personalrechenregel TPOC

Dieser Wert wird an den folgenden Tagen benötigt, um die bereits gebildete zusätzliche Sollzeit in der Personalrechenregel TP03 von der Korrekturvorgabe für die Woche zu subtrahieren, damit die notwendigen Korrekturen nur so lange vorgenommen werden, bis das Wochensoll erfüllt ist.

In unserem Beispiel führt dies dazu, dass bereits am zweiten Tag der Rückrechnungswoche in der Personalrechenregel TP03 kein Wert mehr für die Zeitart 0980 ermittelt wird, da bereits am Montag die fehlenden zwei Stunden zur Erfüllung der Wochensollvorgabe zusätzlich gebildet werden konnten (siehe Abbildung 12.40).

Zeitart	Bezeichnung	Anzahl
0000	Hilfs-Zeitart 1	5,0000
0001	Hilfs-Zeitart 2	5,0000
0920	Me/Wo: Taegl. Sollzeit	5,0000
0980	tägl. Korrekturvorgabe	0,0000

Abbildung 12.40 Tabelle TES in der Ausgabe der Personalrechenregel TP03 am zweiten Tag der Rückrechnungsperiode

Unternehmen, die eine wöchentliche Mehrarbeitsermittlung anwenden, stellen in der Regel die Anforderung, diese auch für Teilzeitmitarbeiter anzuwenden. In der Anwendung bedeutet dies, dass Mehrarbeit erst nach dem Erreichen der tariflichen Wochensollzeit ermittelt werden darf. Im Schema TPOW ist dies für dynamische Teilzeitmodelle durch die Personalrechenregel TP06 gewährleistet, die die geleistete Wochenarbeitszeit mit der durchschnittlichen Wochensollzeit aus der Arbeitszeitplanregel vergleicht und auf diese Weise feststellt, ob zusätzliche Sollzeit gebildet werden muss. Für Teilzeitkräfte, für die eine individuelle Arbeitszeitplanregel erstellt wurde, die eine entsprechend reduzierte Wochensollzeit enthält, greift die Personalrechenregel TP06 nicht, weil die fehlende Sollzeit nur auf Basis der individuellen Wochensollzeit ermittelt wird. Passen Sie für diese Fälle die Personalrechenregel TP06 so an, dass die Ermittlung der Wochensollzeit für die betreffenden Teilzeitmodelle auf der gewünschten Basis erfolgt.

Im SAP-Standard bewirkt die Wochenmehrarbeitsbetrachtung bei Teilzeitmitarbeitern, dass so lange zusätzliche Sollzeit gebildet wird, bis die durchschnittliche Wochensollzeit aus der Arbeitszeitplanregel erreicht ist, und erst danach Mehrarbeit entstehen kann. Die so gebildete zusätzliche Sollzeit wird mit der Standardverarbeitung in den weiteren Schritten der Zeitauswertung dem Zeitkonto gutgeschrieben. Verfügen Ihre Teilzeitmitarbeiter über ein Zeitkonto ohne oder mit entsprechend hoher Obergrenze, kann diese Verarbeitung alle Anforderungen abdecken.

Häufig wird jedoch die Anforderung gestellt, für die Teilzeitmitarbeiter die Stunden bis zum Erreichen der tariflichen Wochensollzeit trotzdem zur Auszahlung zu bringen. Die Auszahlung kann nach unterschiedlichen Modalitäten erfolgen. In vielen Fällen wird Mehrarbeit bis zum Erreichen der wöchentlichen Sollzeit nur mit einer Grundvergütung (Stundensatz) und ohne Mehrarbeitszuschläge vergütet. Das Schema TOW2 (Wöchentliche Mehrarbeitsbetrachtung für Teilzeitmitarbeiter) bietet für diese Anforderung eine Musterlösung (siehe Abbildung 12.41).

000010	BLOCK	BEG					Wöchentl. Mehrarbeit f. Teilzeitmitarb.
000020	**						In diesem Schema wird unter Einbeziehen
000030	**						der Vollzeit-Wochenarbeitszeit die
000040	**						Mehrarbeit für Teilzeitmitarbeiter
000050	**						bestimmt
000060	IF			PART			Teilzeitmitarbeiter Beginn
000070	ACTIO	TOWC					Initialisierung anrechenbare Stunden
000080	PRINT		TES				Einzelsalden nach Initialisierung 0907
000090	PTIP	TOWD	GEN				Evtl. Änderung Verarbeitungstyp M->N
000100	ACTIO	TOWE					Korrektur anrechenbare Stunden
000110	ENDIF						Teilzeitmitarbeiter Ende
000120	BLOCK	END					

Abbildung 12.41 Schema TOW2 (Wöchentliche Mehrarbeitsbetrachtung für Teilzeitmitarbeiter)

Das Schema TOW2 ändert den Verarbeitungstyp von Mehrarbeitspaaren in der Tabelle TIP von M (Mehrarbeit) in N. Der Verarbeitungstyp N hat normalerweise die Bedeutung **Kern-Nachtarbeit DS**, wird hier aber verwendet, um die Zeitpaare zu kennzeichnen, die nur mit Grundvergütung und ohne Zuschläge bewertet werden sollen. Sie können das Schema entsprechend abändern und anstelle der Personalrechenregel TOWD (Mehrarbeit/Woche: Vergleich Teilzeit- mit Vollzeitmitarbeitern) eine kundeneigene Personalrechenregel aufrufen, in der Sie einen anderen oder in der Tabelle T510V (Prüftabelle Verarbeitungstypen T510S (Lohnartengenerierung)) selbst definierten Verarbeitungstyp vergeben. Im weiteren Verlauf der Zeitauswertung können Sie bei der Verarbeitung der Tabelle T510S (Zeitlohnartenauswahl) für Paare dieses Verarbeitungstyps die entsprechende Lohnart zur Bewertung der Grundstunden generieren lassen.

12.8 Sonderanforderungen

In zahlreichen Projekten wurden wir mit Anforderungen konfrontiert, die sich durch den in diesem Kapitel beschriebenen SAP-Standard nicht abbilden lassen. Tarifliche Grundsätze oder betriebliche Vereinbarungen lassen gerade im Bereich der Mehrarbeitsermittlung häufig sehr massive Anpassungen notwendig werden. Man könnte sogar sagen, dass nur in den allerwenigsten Zeitwirtschaftsprojekten die Mehrarbeitsermittlung am Ende nahe am SAP-Standard erfolgt. Um Ihnen zu verdeutlichen, welche Anforderungen Anpassungen in diesem Bereich erforderlich machen können, schildern wir Ihnen im Folgenden einige Beispiele aus unserer Praxis.

12.8.1 Wochenmehrarbeit und unbezahlte Mehrarbeit

Einer unserer Kunden vereinbart mit Mitarbeitern in bestimmten Bereichen eine gewisse Anzahl von unbezahlten, d. h. mit dem Grundentgelt abgegoltenen, Mehrarbeitsstunden pro Woche. Mehrarbeit, die über die Wochensollvorgabe und die unbezahlten Stunden hinausgeht, wird mit dem üblichen Verfahren bewertet.

Die unbezahlten Mehrarbeitsstunden werden jedoch nicht in der Summe von der ermittelten Mehrarbeit abgezogen, sondern die vereinbarte Stundenanzahl wird auf die wöchentlichen Arbeitstage umgelegt. Das heißt, geht man von einer vertraglich vereinbarten Anzahl von fünf unbezahlten Wochenmehrarbeitsstunden aus, ist je Arbeitstag eine Mehrarbeitsstunde als mit dem Gehalt abgegolten zu werten. Liegt in der Woche jedoch ein Feiertag oder ein Abwesenheitstag, muss die Wochenstundenanzahl entsprechend reduziert werden. Mehrarbeit am Wochenende wird für die Wochensollerfüllung herangezogen, ist aber nicht als unbezahlte Mehrarbeit relevant.

Diese Logik muss mit einer klassischen Wochenmehrarbeitsermittlung kombiniert werden, bei der Mehrarbeit erst dann entstehen kann, wenn die Wochensollvorgabe erfüllt wurde.

Im ersten Schritt der Zeitauswertung muss also geprüft werden, ob die Wochensollvorgabe erfüllt ist und wie viele Arbeitstage die Woche tatsächlich umfasst. Aus diesen beiden Berechnungen muss dann gegebenenfalls ein Korrekturwert für die Wochenbetrachtung in der Mehrarbeitsermittlung ermittelt und darüber hinaus die Anzahl der mit dem Gehalt abgegoltenen Stunden in der aktuellen Woche berechnet werden. Beide Werte können erst am Ende der Woche korrekt ermittelt werden. Berechnungsbeispiele finden Sie in Tabelle 12.1.

Beispiel 1						
Wochentag	Ist	Soll	Δ	Korrektur Woche	Unbez. MA	Mehrarbeit
Mo	10	8	2	2	0	0
Di	9	8	1		1	0
Mi	10	8	2		1	1
Do	9	8	1		1	0
Fr	6	8	−2	−2	0	0
Sa						
So						
∑	44	40	4	0	3	1

Beispiel 2						
Wochentag	Ist	Soll	Δ	Korrektur Woche	Unbez. MA	Mehrarbeit
Mo	10	8	2		1	1
Di	12	8	4		1	3
Mi	10	8	2		1	1
Do	10	8	2		1	1
Fr	9	8	1		1	0
Sa						
So						
∑	51	40	11	0	5	6

Beispiel 3						
Wochentag	Ist	Soll	Δ	Korrektur Woche	Unbez. MA	Mehrarbeit
Mo	9	8	1	1	0	0
Di	7	8	−1		0	0
Mi	6	8	−2		0	0
Do	8	8	0		0	0
Fr	8	8	0		0	0
Sa						
So						
∑	38	40	−2	1	0	0

Beispiel 4						
Wochentag	Ist	Soll	Δ	Korrektur Woche	Unbez. MA	Mehrarbeit
Mo	9	8	1	1	0	0
Di	7	8	−1		0	0
Mi	6	8	−2		0	0
Do	8	8	0		0	0
Fr	8	8	0		0	0
Sa	6		6	2	0	4
So	4		4		0	4
∑	48	40	8	3	0	8

Tabelle 12.1 Beispielrechnungen für die Wochenmehrarbeitsbetrachtung mit zwei Korrekturwerten (MA = Mehrarbeit)

Daraus ergeben sich für die Wochenbetrachtung zwei Korrekturwerte:

- Korrektur der Wochenmehrarbeitsermittlung.
- Die errechnete Anzahl unbezahlter Mehrarbeitsstunden, die die im Anschluss an die Wochenbetrachtung verbleibenden Mehrarbeitsstunden jedoch nicht übersteigen darf.

Da die Operation GOTC nur mit einer Korrekturzeitart aufgerufen werden kann und somit nur einer der beiden Korrekturwerte im Standardverfahren für die Rückrechnung auf den Wochenanfang zurückgegeben werden kann, mussten wir eine Alternativlösung entwickeln, die beide Korrekturwerte berücksichtigt. Da wir in allen unseren Projekten anstreben, den SAP-Standard so weit wie möglich zu nutzen, haben wir uns für eine Kombination aus der regulären Wochenbetrachtung und einer Ergänzung des Standards in Form einer kundeneigenen Funktion entschieden. Diese kundeneigene Funktion exportiert den ermittelten Wert für die unbezahlten Wochenmehrarbeitsstunden in das ABAP-Memory. Der Rückrechnungsanstoß erfolgt durch die Operation GOTC. Im Rückrechnungslauf, der durch das Vorhandensein der mit der Operation GOTC zurückgelieferten Zeitart identifiziert wird, erfolgt der Import der unbezahlten Wochenmehrarbeitsstunden aus dem ABAP-Memory. Beide Schritte erfolgen durch eine Operation, die mit unterschiedlichen Parametern aufgerufen wird.

Der Ablauf der Mehrarbeitsbetrachtung erfolgt in den nachfolgend beschriebenen Schritten, die wir im Anschluss auch zusätzlich als Ablaufdiagramm schematisch darstellen (siehe Abbildung 12.42):

- **Tagesverarbeitung**
  - Mehrarbeitsbetrachtung auf Tagesbasis
  - Berechnung der unbezahlten Wochenmehrarbeitsstunden
- **Wochenendeverarbeitung**
  - Prüfung, ob das Wochensoll erfüllt ist
  - Prüfung, ob die Mehrarbeit ermittelt worden ist
  - Rückrechnungswerte »1« und »2« berechnen
  - Export der unbezahlten Wochenmehrarbeit in das ABAP-Memory
  - Rückrechnung auslösen
  - Import der unbezahlten Wochenmehrarbeit aus dem ABAP-Memory
  - Vorläufige Mehrarbeit in zusätzliche Sollzeit wandeln
  - Abzug der unbezahlten Wochenmehrarbeit von der endgültigen Mehrarbeit

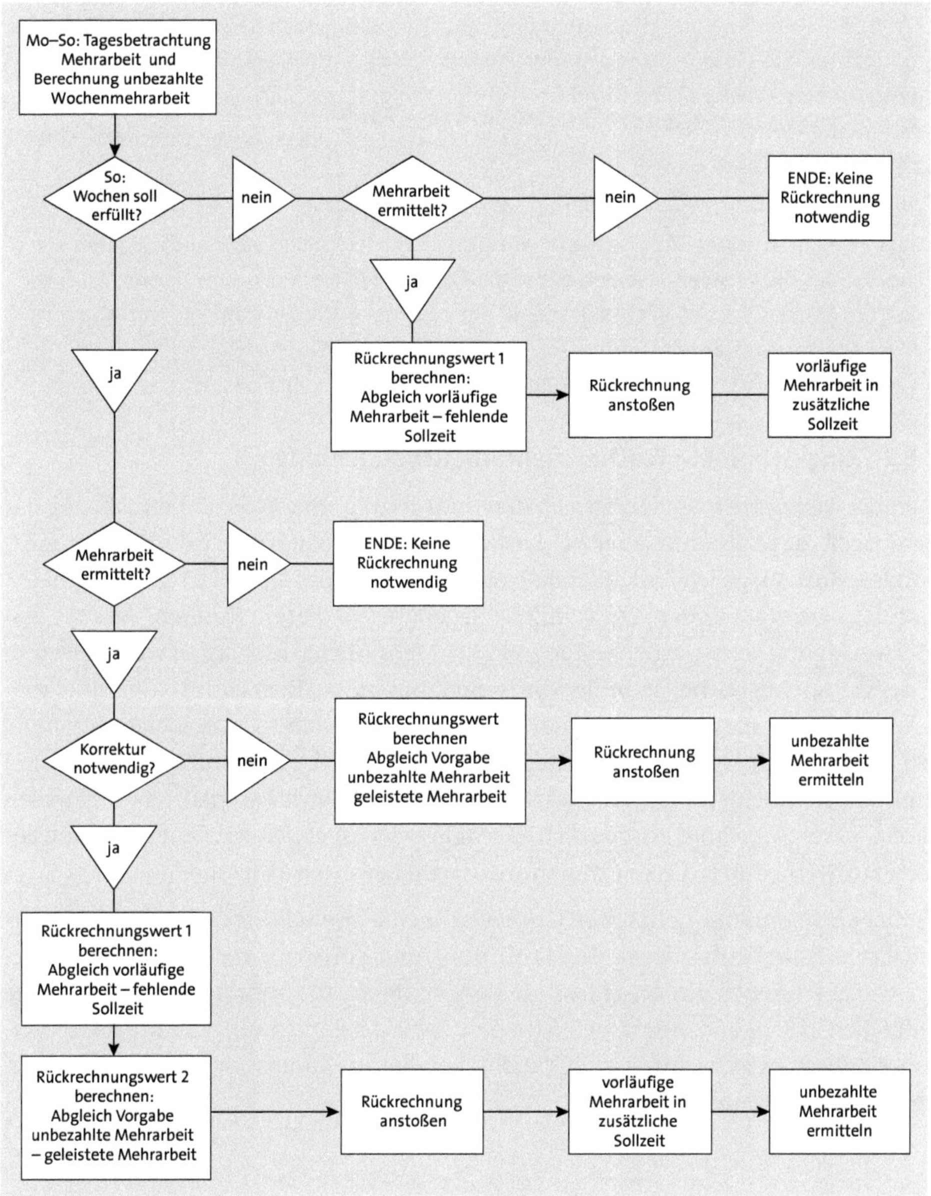

Mo–So: Tagesbetrachtung Mehrarbeit und Berechnung unbezahlte Wochenmehrarbeit

So: Wochen soll erfüllt?

nein

Mehrarbeit ermittelt?

nein

ENDE: Keine Rückrechnung notwendig

ja

Rückrechnungswert 1 berechnen: Abgleich vorläufige Mehrarbeit – fehlende Sollzeit

Rückrechnung anstoßen

vorläufige Mehrarbeit in zusätzliche Sollzeit

ja

Mehrarbeit ermittelt?

nein

ENDE: Keine Rückrechnung notwendig

ja

Korrektur notwendig?

nein

Rückrechnungswert berechnen Abgleich Vorgabe unbezahlte Mehrarbeit geleistete Mehrarbeit

Rückrechnung anstoßen

unbezahlte Mehrarbeit ermitteln

ja

Rückrechnungswert 1 berechnen: Abgleich vorläufige Mehrarbeit – fehlende Sollzeit

Rückrechnungswert 2 berechnen: Abgleich Vorgabe unbezahlte Mehrarbeit – geleistete Mehrarbeit

Rückrechnung anstoßen

vorläufige Mehrarbeit in zusätzliche Sollzeit

unbezahlte Mehrarbeit ermitteln

Abbildung 12.42 Schematischer Ablauf der Wochenmehrarbeitsbetrachtung mit zwei Korrekturwerten

Korrekturwerte bei der Wochenmehrarbeitsermittlung

Achten Sie bei der Erstellung einer kundeneigenen Variante der Wochenmehrarbeitsermittlung auf die korrekte Ermittlung des Korrekturwertes für den Rückrechnungsanstoß.

Ermitteln Sie einen Korrekturwert, der höher ist als die ermittelte vorläufige Mehrarbeit, laufen Sie Gefahr, dass sich der Rückrechnungsanstoß wiederholt. Es werden dann für eine Woche bis zu fünf Rückrechnungen durchgeführt. Die Ergebnisse werden häufig trotzdem richtig ermittelt, weil die Korrektur nur für die vorläufige Mehrarbeit durchgeführt wird.

Die maximale Anzahl der Rückrechnungen ist durch die Operation GOTC begrenzt, sodass es nicht zu einer Endlosschleife kommen kann. Dennoch verschlechtert ein solcher Fehler die Laufzeit der Zeitauswertung deutlich, insbesondere dann, wenn es sich um einen generellen Fehler handelt, der bei einer hohen Anzahl von Mitarbeitern zu Wiederholungsläufen führt.

12.8.2 Eingeschränkte Wochenmehrarbeitsbetrachtung

In einem weiteren Projekt ergab sich die Anforderung, eine Wochenbetrachtung der Mehrarbeit zu realisieren, aber bei bestimmten Mitarbeitern nur die Mehrarbeitsstunden zum Ausgleich fehlender Sollzeit heranzuziehen, die mit 25 % Mehrarbeitszuschlag bewertet wurden. Die tarifliche Regel war bei diesem Kunden, dass die ersten zwei Mehrarbeitsstunden je Tag mit 25 % Mehrarbeitszuschlag zu werten waren; ab der dritten Mehrarbeitsstunde wurde ein Zuschlag in Höhe von 50 % gezahlt, und in der Nacht war für die ersten beiden Mehrarbeitsstunden 40 % Zuschlag zu zahlen. Es ließ sich damit keine generelle Regel ableiten, die z. B. besagt hätte, dass generell nur die ersten beiden Mehrarbeitsstunden zum Ausgleich heranzuziehen gewesen wären. Es war unbedingt erforderlich, die Mehrarbeitsstunden vor der Ermittlung der Korrekturwerte durch die Zeitlohnartenauswahl bewerten zu lassen.

Wir haben uns aus den genannten Gründen für eine Zweiteilung der Wochenmehrarbeitsbetrachtung entschieden. Die Ermittlung und Korrektur der Mehrarbeit erfolgten, wie beschrieben, im Anschluss an die Sollarbeitszeitermittlung. Die Ermittlung der täglichen Soll- und Mehrarbeitsstunden sowie die Berechnung des Korrekturwertes und der Rückrechnungsanstoß fanden bei diesem Kunden erst im Anschluss an die Zeitlohnartenauswahl statt.

12.9 Vereinfachtes Genehmigungsverfahren im Time Manager's Workplace

Ein weiteres Genehmigungsverfahren bietet SAP in der Zeitwirtschaftsoberfläche Time Manager's Workplace (TMW) an. Hier kann durch das einfache und schnelle Setzen eines Häkchens eine pauschale Mehrarbeitsgenehmigung für den betreffenden Tag erteilt werden. Das Setzen des Häkchens bewirkt im Hintergrund das Anlegen einer Zeitumbuchungsvorgabe im Infotyp 2012 (Zeitumbuchungsvorgaben). Diese führt nicht zu einer Zeitgutschrift, sondern wird in der Zeitauswertung lediglich als Kennzeichen dafür interpretiert, dass eine Mehrarbeitsgenehmigung erteilt wurde. Eine Musterlösung zur Interpretation der Zeitumbuchungsvorgabe TFOA (Mehrarbeit genehmigt) finden Sie im Schema TOFO (Mehrarbeitsgenehmigung durch Umbuchungsvorgabe), siehe Abbildung 12.43. In diesem Schema wird zunächst durch einen zeitartengenauen Aufruf der Personalrechenregel TOFO (Zeitumbuchungsvorgabe TFOA verarbeiten) ausschließlich die Zeitumbuchungsvorgabe TFOA verarbeitet.

000010	BLOCK	BEG					Mehrarbeitsgenehm. durch Umb.vorg. TFOA
000020	P2012	TOFO					Zeitumbuchungsvorgabe TFOA verarbeiten
000030	PTIP	TOF1	GEN				Mehrarbeitsermittlung durchführen
000040	BLOCK	END					

Abbildung 12.43 Schema TOFO (Mehrarbeitsgenehmigung durch Umbuchungsvorgabe)

Sie erreichen dies, indem die Zeitart der Personalrechenregel der zu diesem Zweck definierten Zeitumbuchungsvorgabe entspricht (siehe Abbildung 12.44). Der Aufruf der Personalrechenregel erfolgt durch die Funktion P2012. Durch die Vorgabe der Zeitart in der aufgerufenen Personalrechenregel ist gewährleistet, dass ausschließlich die gewünschte Zeitumbuchungsvorgabe verarbeitet wird.

Regel bearbeiten : TOFO Grpg MitarbKreis * L/ZArt TFOA

Befehl [ ] Stapel

Zeile	VarArg.	FZ	T	Operation	Operation	Operation	Operation	Operation	Operation *
000010				HRS=1	ADDDBTFOAZ				

Abbildung 12.44 Personalrechenregel TOFO (Zeitumbuchungsvorgabe TFOA verarbeiten)

In der Verarbeitung der Personalrechenregel TOFO wird die Stundenanzahl der Zeitart TFOA (Kennz. Mehrarb. genehmigt) auf den Wert »1« gesetzt – unabhängig davon, ob in der Zeitumbuchungsvorgabe selbst eine Stundenanzahl erfasst worden ist.

Anschließend wird in der Personalrechenregel TOF1 (Mehrarbeitsermittlung aufgrund der Zeitumbuchungsvorgabe TFOA der Wert der Zeitart TFOA abgefragt (siehe Abbildung 12.45). Ist dieser ungleich »1«, werden die Zeitpaare unverändert weitergereicht. Ist der Wert gleich »1«, wird die Verarbeitung der Zeitpaare in der Personalrechenregel T016 (Mehrarbeitsermittlung für die Zeitpaare in der Überzeit) fortgesetzt.

000010			D	HRS=DTFOA HRS?1
000020	*			COLOP*
000030	=		Z	GCY T016

Abbildung 12.45 Personalrechenregel TFO1 (Mehrarbeitsermittlung aufgrund Zeitumbuchungsvorgabe TFOA)

In der Personalrechenregel T016 werden alle Zeitpaare selektiert, die aus Überzeit resultieren und deshalb die Zeitkennung 01 (Überzeit) haben (siehe Abbildung 12.46). Paare mit dem Paartyp 1 (Gestempelte Anwesenheit) und 3 (Erfasste Anwesenheit) werden von der Personalrechenregel zur weiteren Verarbeitung an die Personalrechenregel T011 weitergereicht.

000010			D	OUTTPTIMDS
000020	**			COLOP*
000030	01		D	OUTTPPTYPE
000040	01 *			COLOP*
000050	01 1		Z	GCY T011
000060	01 3		Z	GCY T011

Abbildung 12.46 Personalrechenregel TO16 (Mehrarbeitsermittlung für die Zeitpaare in der Überzeit)

In der Personalrechenregel T011 (Ermittlung Mehrarbeitspaare) wird Mehrarbeit aus Überzeitpaaren generiert, wenn die Sollzeit des Tages erfüllt wurde und dadurch die maximale tägliche Arbeitszeit (Konstante TGMAX) nicht überschritten wird (siehe Abbildung 12.47).

000010			D	HRS=D0000 HRS?S
000020	*		D	HRS=D0001 HRS?CTGMAX
000030	* *			COLOP*
000040	* <		D	HRS+PNUM HRS?CTGMAX
000050	* < *			HRS=PNUM ADDDB0001 FILLPVM COLOP 0040
000060	* < >			HRS=R GENTPE HRS=PNUM ADDDB0001 FILLPVM COLOP 0040
000070	<		D	HRS+PNUM HRS?S
000080	< *			HRS=PNUM ADDDB0000 ADDDB0001 GENTPB 02S
000090	< >		D	HRS=D0001 HRS+PNUM HRS?CTGMAX
000100	< > *		Z	GCY T012
000110	< > >			HRS=R GENTPE NEXTR
000120	< > >	1	Z	GCY T012

Abbildung 12.47 Personalrechenregel TO11 (Ermittlung Mehrarbeitspaare)

Beachten Sie, dass in dieser Musterlösung lediglich Überzeitpaare in der Mehrarbeitsermittlung verarbeitet werden. Bei Mitarbeitern mit einem weiten Arbeitszeitrahmen und ohne Beschränkung der maximalen täglichen Arbeitszeit kann dies dazu führen, dass keine Mehrarbeit ermittelt wird, weil keine Überzeitpaare entstehen. Sollten Sie beabsichtigen, z. B. alle Zeiten, die die tägliche Sollzeit übersteigen und die maximale tägliche Arbeitszeit nicht überschreiten, in Mehrarbeit umzuwandeln, ist eine Anpassung der Verarbeitung unabdingbar.

[+]

Entwicklung von Lösungen in der Mehrarbeitsermittlung

Im Laufe unserer langjährigen Tätigkeit im Beratungs- und Realisierungsgeschäft haben wir gelernt, die SAP-Standards in der Personalzeitwirtschaft als eine Art Baukasten zu verstehen: In jedem Projekt ist es notwendig, die von SAP angebotenen technischen Abläufe neu zu kombinieren und anzupassen. Durch Tarifverträge oder gesetzliche Regelungen standardisierte Abläufe wie in der Personalabrechnung sind in der Personalzeitwirtschaft wesentlich seltener zu finden.

Diese Aussage bewahrheitet sich vor allem in der Umsetzung der Mehrarbeitsermittlung immer wieder. Häufig ist es notwendig, auch neue Wege zu beschreiten, um eine Anforderung praktisch umzusetzen. Dabei ist es kaum zu vermeiden, gelegentlich in eine »Sackgasse« zu geraten, die nicht zum angestrebten Ziel führt. Erfahrung und eine durchdachte Konzeption helfen in diesem Zusammenhang, können aber auch nicht vollständig verhindern, hin und wieder einen Schritt zurück und einen neuen Anfang machen zu müssen.

12.10 Bestimmung der Kernnachtarbeitskennzeichen

Nach § 3b EStG (Einkommenssteuergesetz) sind Zuschläge für Sonn-, Feiertags- und Nachtarbeit steuerfrei, soweit sie eine bestimmte Höhe nicht überschreiten. Für Nachtarbeit liegt diese Grenze bei 25 % des Grundlohns. Eine Ausnahme gilt hier für die sogenannte Kernnachtarbeit. Für die Kernnachtarbeit liegt die Obergrenze für die Steuerfreiheit bei 40 % vom Grundlohn des Arbeitnehmers. Der erhöhte steuerfreie Anteil für Kernnachtarbeit kann gewährt werden, wenn zwischen 0 und 4 Uhr gearbeitet wurde, nachdem die Arbeit vor Mitternacht aufgenommen worden ist.

Die Berechnung der steuerfreien Anteile von Zeitzuschlägen erfolgt in der Personalabrechnung im Schema DAL0 (Aliquotierung und Abstellung (Bruttozusammenfassung) Deutschland). Zunächst wird der Basisgrundlohn in der Personalrechenregel DS3A im Block **Basisgrundlohnermittlung** errechnet (siehe Abbildung 12.48).

000030	IF		XIT				XIT-Eintraege vorhanden?
000040	PIT	DS3A	P39				Ermittlung Basisgrundlohn (§3b)
000050	ENDIF						IF XIT Ende
000060	BLOCK	END					

Abbildung 12.48 Personalabrechnungsschema DAL0 (Aliquotierung und Abstellung (Bruttozusammenfassung) Deutschland) – Block »Basisgrundlohnermittlung«

Im Block **Steuerfreie Anteile berechnen** wird in verschiedenen Verarbeitungsschritten die Steuerfreiheit der in der Zeitauswertung generierten Zeitzuschläge für Sonn-,

Feiertags- und Nachtarbeit ermittelt (siehe Abbildung 12.49). Da es sich dabei jedoch um ein originäres Thema der Personalabrechnung handelt, wollen wir an dieser Stelle nicht weiter darauf eingehen.

000340	BLOCK	BEG					Na/So/Fe-Zuschläge: steuerfreie Anteile
000350	IF		XIT				XIT-Eintraege vorhanden?
000360	PRT	DS3B	P39				Ermittlung Grundlohn (§3b)
000370	XIT		XIT				Uhrzeitintervalle disjunkt machen
000380	PRINT	NP	KNT				Kernnachtarbeit (Leiste KNTAG)
000390	XIT		10Y				Auswertung der T510Y
000400	XIT		VAL				XIT Bewerten
000410	PRINT	NP	XIT				XIT nach Bewertung
000420	ACTIO	DS3C	A				Ermittlung Grundlohn (§3b) Monatsbasis
000430	PIT	DS3D		NOAB			Ermittlung Grundlohn (§3b) Stundenbasi
000440	PIT	DS3E		NOAB			Ermittlung Grundlohn (§52(3))
000450	XIT		S90				Berechnung Steuerfreiheit (§3b)
000460	PIT	DS3F		NOAB			Berechnung Steuerfreiheit (§52(3))
000470	PIT	DS3G		NOAB			Abstellung Grundlohn
000480	ENDIF						IF XIT Ende
000490	BLOCK	END					

Abbildung 12.49 Personalabrechnungsschema DALO (Aliquotierung und Abstellung (Bruttozusammenfassung) Deutschland) – Block »Steuerfreie Anteile berechnen«

Die Berechnung der steuerfreien Anteile nach § 3b EStG erfolgt durch die Funktion XIT. Diese Funktion wertet (mit unterschiedlichen Parametern aufgerufen) die sogenannte Kernnachtarbeitsleiste aus, die in der Zeitauswertung durch die Funktion KNTAG (Füllen der Leiste KNTAG für Kernnachtarbeit) erstellt wird (siehe Abbildung 12.50).

000660	KNTAG			K			Bestimmung Kernnachtarbeitskennzeichen

Abbildung 12.50 Funktion KNTAG im Zeitauswertungsschema TM00 aufrufen

In der Ausgabe der Funktion KNTAG sehen Sie im Protokoll der Zeitauswertung, ob für den aktuellen Tag Kernnachtarbeit festgestellt worden ist (siehe Abbildung 12.51).

```
KNTAG            K        Bestimmung Kernnachtarbeitskennzeichen
Verarbeitung
 Bestimmung Kernnachtarbeitskennzeichen

Kennzeichen am laufenden Tag:        1
Bisher ermittelte Kennzeichen: ....x....1....x....2....x....3.
                                    0000000000000000000001
```

Abbildung 12.51 Protokoll der Zeitauswertung in der Ausgabe der Funktion KNTAG

Im Cluster B2 (Zeitauswertungsergebnisse) wird dieses Kennzeichen in der Tabelle KNTAG (Mitternachtsübergreifende Arbeit) gespeichert (siehe Abbildung 12.52). In der Abbildung sehen Sie, dass für den 22.07.2022 festgestellt wurde, dass die Bedingungen für das Vorliegen von Kernnachtarbeit erfüllt sind. Für diesen Tag wird in der Tabelle KNTAG der Wert »1« gespeichert. Liegt keine Kernnachtarbeit vor, wird der Wert »0« abgestellt.

Tag	Datum	Kernnachtarbeitskennzeichen
1	01.07.2022	0
2	02.07.2022	0
3	03.07.2022	0
4	04.07.2022	0
5	05.07.2022	0
6	06.07.2022	0
7	07.07.2022	0
8	08.07.2022	0
9	09.07.2022	0
10	10.07.2022	0
11	11.07.2022	0
12	12.07.2022	0
13	13.07.2022	0
14	14.07.2022	0
15	15.07.2022	0
16	16.07.2022	0
17	17.07.2022	0
18	18.07.2022	0
19	19.07.2022	0
20	20.07.2022	0
21	21.07.2022	0
22	22.07.2022	1
23	23.07.2022	0
24	24.07.2022	0

Abbildung 12.52 Cluster B2 (Zeitauswertungsergebnisse) – Tabelle KNTAG (Mitternachtsübergreifende Arbeit)

In der Personalabrechnung wird die Kernnachtarbeitstabelle aus dem Zeitwirtschaftsergebnis eingelesen und in den nachfolgenden Schritten ausgewertet (siehe Abbildung 12.53).

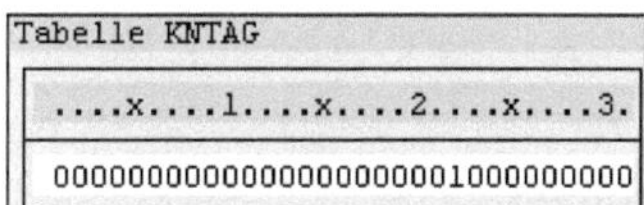

Tabelle KNTAG

....x....1....x....2....x....3.
0000000000000000000001000000000

Abbildung 12.53 Tabelle KNTAG im Protokoll der Personalabrechnung

Die Feststellung, dass am 21. Tag des betrachteten Abrechnungsmonats eine Kernnachtarbeit vorliegt, führt dazu, dass in der Tabelle XIT, in der alle für die Ermittlung von steuerfreien Anteilen relevanten Zeitlohnarten gespeichert sind (siehe Abbildung 12.54), am 22.7.2022 ein steuerfreier Anteil in Höhe von 40 % für die Lohnart MQ30 in der Zeit von 24:00 bis 28:00 Uhr festgelegt ist.

Tabelle XIT

Datum	Beginn	Ende	VT	LArt	% Stfrei	Anzahl Stunden	Betrag / Stunde	Währg	Betrag bezahlt	Wäh
22.07.2022	230000	240000		MQ30	02500	1,00	4,02	EUR	4,02	EUR
22.07.2022	240000	280000		MQ30	04000	4,00	4,02	EUR	16,08	EUR
22.07.2022	280000	300000		MQ30	02500	2,00	4,02	EUR	8,04	EUR

Abbildung 12.54 Tabelle XIT im Protokoll der Personalabrechnung

Das Verarbeitungsprotokoll der Funktion XIT mit dem Parameter S90 (Berechnung Steuerfreiheit § 3b) zeigt, wie sich diese Wertung geldlich auswirkt (siehe Abbildung 12.55).

```
                    Einzelbetrachtung der Zuschlagslohnarten

Zuschläge für Arbeit am 01.07.2022 von 22:00 bis 22:30 :

(1)  Für 0,50  Stunden wird bezahlt:      4,4250 ( Zuschlagslohnart: MQ30 )
(2)  Kernnachtarbeit ?                      nein
(3)  Steuerfreier Prozentsatz gem. §3b:       25
(4)  Maximal steuerfrei pro Stunde:       6,3225 (  25 % von  25,29 (Grundlohn) )
(5)  Maximal steuerfrei im Zeitraum:      3,1613
(6)  Tatsächlich steuerfrei:              3,1613 (Minimum aus Zeile (1) und (5) )
(7)  Tatsächlich steuerpflichtig:         1,2637

Zuschläge für Arbeit am 04.07.2022 von 22:00 bis 24:00 :

(1)  Für 2,00  Stunden wird bezahlt:     17,7000 ( Zuschlagslohnart: MQ30 )
(2)  Kernnachtarbeit ?                      nein
(3)  Steuerfreier Prozentsatz gem. §3b:       25
(4)  Maximal steuerfrei pro Stunde:       6,3225 (  25 % von  25,29 (Grundlohn) )
(5)  Maximal steuerfrei im Zeitraum:     12,6450
(6)  Tatsächlich steuerfrei:             12,6450 (Minimum aus Zeile (1) und (5) )
(7)  Tatsächlich steuerpflichtig:         5,0550

Zuschläge für Arbeit am 04.07.2022 von 24:00 bis 28:00 :

(1)  Für 4,00  Stunden wird bezahlt:     35,4000 ( Zuschlagslohnart: MQ30 )
(2)  Kernnachtarbeit ?                        ja
(3)  Steuerfreier Prozentsatz gem. §3b:       40
(4)  Maximal steuerfrei pro Stunde:      10,1200 (  40 % von  25,29 (Grundlohn) )
(5)  Maximal steuerfrei im Zeitraum:     40,4800
(6)  Tatsächlich steuerfrei:             35,4000 (Minimum aus Zeile (1) und (5) )
(7)  Tatsächlich steuerpflichtig:         0,0000
```

Abbildung 12.55 Verarbeitungsprotokoll der Funktion XIT mit dem Parameter S90 (Berechnung Steuerfreiheit § 3 b)

Aus diesem Ablauf lässt sich die Auswirkung der Ermittlung des Kernnachtarbeitskennzeichens in der Zeitauswertung nachvollziehen. Der Aufruf der Funktion KNTAG sollte demnach in Ihrem Zeitauswertungsschema nicht fehlen.

12.11 Fazit

Wir haben an verschiedenen Stellen dieses Kapitels bereits darauf hingewiesen, dass es sich bei der Ermittlung von Mehrarbeit unserer Erfahrung nach um eines der komplexesten Themen der Personalzeitwirtschaft handelt. Es verwundert nicht, dass die Umsetzung dieses Themas im SAP-ERP-HCM-System in aller Regel eine ebenso hohe Komplexität aufweist. In vielen unserer Projekte hat die Realisierung der Mehrarbeitsermittlung einen Anteil von annähernd 50 % des Aufwands für die Konfiguration des Zeitauswertungsschemas ausgemacht. Sie haben in diesem Kapitel sowohl die von SAP ausgelieferten Standards als auch Lösungen für besondere Anforderungen kennengelernt. Letztlich bestimmen die spezifischen Anforderungen in Ihren Projekten, welche Teile Sie davon verwenden können und welche Teile Sie gegebenenfalls selbst entwickeln müssen. Greifen Sie so weit wie möglich auf die von SAP ausgelieferten Lösungen zurück, und entwickeln Sie nur dann selbst, wenn es unumgänglich ist.

Wir lehnen uns bereits bei der Erstellung von Konzepten für Zeitwirtschaftsprojekte stark an dem schematischen Ablauf der Zeitauswertung an. Die durch das Zeitauswertungsschema vorgegebene Struktur ist sehr gut dazu geeignet, diesen Konzepten Struktur zu geben. Unterteilen Sie das Konzept für Ihr kundeneigenes Zeitauswertungsschema in Anlehnung an die Verarbeitungsblöcke des Schemas TM00, ergibt sich unserer Erfahrung nach eine einfach und gut nachvollziehbare Arbeitsgrundlage für Ihr Zeitwirtschaftsprojekt. Verwenden Sie die auf diese Weise entstehenden Konzepte in der Umsetzungsphase und im späteren Produktivbetrieb als Basis für eine fortzuführende Dokumentation, stellen Sie auf diese Weise sicher, dass alle Teile Ihres Zeitauswertungsschemas auch bei der Durchführung von Änderungen in der betrieblichen Logik oder in der Umsetzung stets aktuell dokumentiert sind.

Kapitel 13
Zeitlohnartengenerierung

Die Lohn- und Gehaltsarten sind ein Kapitel für sich – ohne sie geht nichts. In der SAP-Zeitauswertung können Sie durch Customizing-Einstellungen vorgeben, wo, wann und für wen Lohnarten automatisch generiert werden sollen. Wie Sie dazu vorgehen, erfahren Sie in diesem Kapitel.

In Kapitel 2, »Customizing der Infotypen der Zeitwirtschaft«, haben wir Ihnen den Infotyp 2010 (Entgeltbelege) vorgestellt, in dem Sie Zeitlohnarten erfassen können (z. B. für Mehrarbeiten und Arbeiten an einem Samstag oder Sonntag). Wenn wir von Zeitlohnarten sprechen, meinen wir damit immer Lohnarten, die zum Zeitpunkt der Bewertung in einer Lohn- und Gehaltsabrechnung überwiegend als wichtigste Information eine Stundenanzahl besitzen. Diese Stundenanzahl kann in der Zeitauswertung ermittelt werden oder – wenn sie manuell im Infotyp 2010 erfasst wird – vom zuständigen Sachbearbeiter vorgegeben sein. Die automatische Zeitlohnartengenerierung (im Folgenden: Lohnartengenerierung) innerhalb der Zeitauswertung nimmt Ihnen diese Arbeit ab. Bei der automatischen Zeitlohnartengenerierung können Sie die Bedingungen dafür, welche Lohnarten zu welcher Zeit Ihrem Mitarbeiter bezahlt werden sollen, im Customizing festlegen. Damit werden die Mitarbeiter in der Zeitwirtschaft von monatlich wiederkehrenden Arbeiten befreit und können sich anderen Aufgaben widmen.

In diesem Kapitel erklären wir Ihnen, wie Sie die Lohnartengenerierung im Customizing einrichten und nutzen. Außerdem stellen wir Ihnen die organisatorischen und technischen Voraussetzungen anhand von Beispielen vor.

13.1 Organisatorische Voraussetzungen

Bei der Generierung Ihrer Zeitlohnarten müssen Sie einige organisatorische Voraussetzungen beachten, die in jedem Unternehmen individuell ausgeprägt sind. Einerseits sind die organisatorischen Voraussetzungen abhängig von der Unternehmensstruktur, und andererseits liegen sie in den gesetzlichen Regelungen begründet. Beispiele für Ersteres sind die Zugehörigkeit Ihrer Personalbereiche und Personalteilbereiche zu einem Bundesland oder die Art und Ausprägung Ihrer Mitarbeiterkreise.

Beispiele für Zweiteres sind die in Deutschland geltenden Arbeitszeitgesetze, in denen z. B. Arbeitszeiten und Ruhezeiten festgelegt sind.

Ruhezeiten werden meistens auf das Wochenende gelegt und sollen mindestens 24 Stunden dauern. Damit ist Sonntagsarbeit eigentlich nicht zulässig; allerdings gibt es zahlreiche Ausnahmen wie z. B. die Schichtarbeit. Schichtarbeiter haben Anspruch auf eine zusätzliche Vergütung zu ihrem Grundlohn, wenn sie an Sonntagen, Feiertagen oder nachts arbeiten. Darüber hinaus leisten Schichtarbeiter, ebenso wie möglicherweise auch andere Mitarbeiter Ihres Unternehmens, Arbeit über die tariflich vorgegebene Arbeitszeit hinaus oder verlagern ihre Arbeitszeit und sollen deshalb einen Zuschlag wegen Mehrarbeit erhalten. Die Regelungen, zu welcher Zeit Sonntags-, Feiertags- oder Nachtzuschläge gezahlt werden, sind Teil Ihres Tarifvertrags oder Ihrer Betriebsvereinbarung.

Wenn in Ihrem Unternehmen also Zuschläge solcher Art an Ihre Mitarbeiter gezahlt werden, können Sie diese Zuschläge mithilfe Ihres SAP-Systems in Form von Lohnarten ermitteln lassen. Dazu erstellen Sie zunächst eine Übersicht in tabellarischer Form (z. B. in Microsoft Excel), die auflistet, welche Schichtsysteme in Ihrem Unternehmen zum Einsatz kommen und welche Zuschläge in welchem Tagesabschnitt uhrzeitgenau gezahlt werden sollen. Ein Beispiel für eine solche Übersicht finden Sie in Tabelle 13.1.

Arbeitszeitplan – Beispiel	Normal-AZ	Uhrzeit von bis	Uhrzeit von bis	Uhrzeit von bis
3-S-FRÜH	06:00–14:00	00:00–06:00		
Lohnart		3-S-Nacht-zuschlag		
3-S-SPÄT	14:00–22:00	20:00–22:00		
Lohnart		3-S-Nacht-zuschlag		
3-S-NACHT	22:00–06:00	22:00–06:00		
Lohnart		3-S-Nacht-zuschlag		
3-S-NACHT	22:00–06:00 mit Uhrzeit-intervall	22:00–24:00	00:00–04:00	04:00–06:00

Tabelle 13.1 Vorschlag für eine Übersicht zur Lohnartengenerierung (AZ = Arbeitszeit)

Arbeitszeitplan – Beispiel	Normal-AZ	Uhrzeit von bis	Uhrzeit von bis	Uhrzeit von bis
Lohnart		3-S-Nacht-zuschlag	3-S-Nacht-zuschlag mit erhöhter Steuerfreiheit in Kernnacht	3-S-Nacht-zuschlag
2-S-FRÜH	06:00–14:00	00:00–06:00		
Lohnart		2-S-Nacht-zuschlag		
2-S-SPÄT	14:00–22:00	20:00–22:00		
Lohnart		2-S-Nacht-zuschlag		

Tabelle 13.1 Vorschlag für eine Übersicht zur Lohnartengenerierung (AZ = Arbeitszeit)

Jedem Schichtsystem ordnen Sie diese Zuschlagsarten zu und können daraus ableiten, wie die Lohnarten gestaltet werden müssen, die diese Zuschläge abbilden sollen. Damit haben Sie die ersten Voraussetzungen für das Customizing geschaffen.

In den folgenden Abschnitten zeigen wir Ihnen, wie Sie diese Informationen weiter verfeinern müssen und welche anderen Faktoren auch noch Einfluss auf die Lohnartengenerierung haben.

13.2 Einfluss von Bewertungsklassen

In Kapitel 1, »Customizing der Arbeitszeitpläne«, haben wir u. a. die Bewertungsklassen von Tagesarbeitszeitplänen und Periodenarbeitszeitplänen beschrieben. Der richtige Einsatz dieser Bewertungsklassen erlaubt es Ihnen, auf einfache Weise z. B. für unterschiedliche Schichten unterschiedliche bzw. für gleichartige Schichten auch gleichartige Bewertungen festzulegen.

Sie erhalten mit diesen Bewertungsklassen ein Hilfsmittel, um Ihre Tages- und Periodenarbeitszeitpläne inhaltlich zu kennzeichnen. Diese Kennzeichnung Ihrer Perioden- und Tagesarbeitszeitpläne mit Bewertungsklassen benötigen Sie, um Regeln aufstellen zu können, wann welche Lohnart für welches Schichtregime generiert werden soll. Tabelle 13.2 kann Ihnen als Muster für solche Ausprägungen dienen.

Tagesarbeitszeitplan-bewertungsklasse	Periodenarbeitszeitplan-bewertungsklasse	Bedeutung
1	1	Normalschicht
2	2	2-Schicht
3	3	3-Schicht
4	4	4-Schicht
5	5	Gleitzeit

Tabelle 13.2 Beispiel für einfache Kombinationen von Bewertungsklassen

Im SAP-System ist die Bewertungsklasse einstellig numerisch. Sie können daher hier die Werte von »0« bis »9« verwenden, wobei »0« im SAP-Standard für einen arbeitsfreien Tag mit 0 Sollstunden steht. In der Sicht V_T510S (Tabelle T510S) müssen Sie jetzt die Bewertungsklassen um Wochentage und Uhrzeiten erweitern. Hier definieren Sie, welche Lohnart an welchem Tag und zu welcher Zeitspanne generiert werden soll.

Damit haben Sie eine genaue Übersicht Ihrer zu generierenden Lohnarten geschaffen. Sie haben sozusagen Ihren betrieblichen Standard abgebildet. Dieser wird oft nicht einzuhalten sein. Ihre Mitarbeiter werden nicht immer nach dem einmal zugewiesenen Arbeitszeitplan arbeiten, d. h., dass Sie Ihre Mitarbeiter in eine andere Schicht versetzen müssen. Die einfachste Form dieser Schichtversetzung ist im SAP-System die Zuweisung eines Vertretungsarbeitsplans. Dies geschieht im Infotyp 2003 (Vertretungen), in dem der Mitarbeiter für den entsprechenden Zeitraum einen neuen Perioden- oder Tagesarbeitszeitplan erhält.

Unserer Erfahrung nach treten im Bereich der 2- und 3-Schichten die meisten Veränderungen bei den geplanten Arbeitszeiten auf. Mitarbeitern, die planmäßig nur im 2-Schicht-Rhythmus arbeiten, wird einen Vertretungsplan im 3-Schicht-Rhythmus zugewiesen oder umgekehrt. Diese Vertretungsarbeitszeitpläne verwenden in der Regel andere Bewertungsklassen als der ursprüngliche Arbeitszeitplan. Sie haben jetzt die Aufgabe, solche Vertretungen bei der Lohnartengenerierung ebenfalls zu berücksichtigen und dafür zu sorgen, dass auch in diesen Fällen die richtigen Lohnarten generiert werden. Auch solche zusätzlichen Bewertungsklassen können Sie vorab in der bereits besprochenen Tabelle darstellen und Lohnarten definieren, die Ihre Mitarbeiter in diesen Fällen erhalten sollen.

Tabelle 13.3 soll Ihnen dies veranschaulichen. Ihr Mitarbeiter arbeitet normalerweise mit einem Arbeitszeitplan mit der Bewertungsklasse 2 (2-Schicht) im Tagesarbeitszeitplan und Periodenarbeitszeitplan. Durch eine Vertretung in Form eines anderen Tagesarbeitszeitplans mit der Bewertungsklasse 3 (3-Schicht) entsteht eine Kombination der Bewertungsklassen.

Tagesarbeitszeitplan-bewertungsklasse	Periodenarbeitszeitplan-bewertungsklasse	Bedeutung
3: entstanden durch die Vorgabe eines Vertretungstagesarbeitszeitplans	2: dem Mitarbeiter planmäßig zugewiesener Periodenarbeitszeitplan	2-Schicht-Mitarbeiter arbeitet vorübergehend im 3-Schicht-System, dadurch entstehen gegebenenfalls höhere Zuschläge.

Tabelle 13.3 Beispiel einer Kombination unterschiedlicher Bewertungsklassen

Die Tabelle ist hier nur als Beispiel vorgesehen, Sie können sich jedoch in einer ähnlichen Tabelle eine Übersicht darüber verschaffen, welche Wechselkombinationen gegebenenfalls in Ihrem Unternehmen möglich sind.

Sie haben mit der Übersichtstabelle der zu generierenden Lohnarten eine weitere Voraussetzung für das Customizing der Zeitlohnarten geschaffen. Natürlich ist die Tabelle, die Sie erstellt haben, nicht endgültig, weil immer neue Betriebsvereinbarungen oder Tarifverträge Sie zwingen, Ihre Aufstellung zu überarbeiten und neu zu bewerten. Sie wird aber Ihre wichtigste Unterlage für die Zeitlohnartengenerierung bleiben. Im folgenden Abschnitt erläutern wir Ihnen das Customizing anhand von Beispielen.

13.3 Einstieg in die Lohnartengenerierung

Die Vorschriften zur Lohnartengenerierung definieren Sie in der Tabelle T510S. SAP-Tabellen haben im Allgemeinen Schlüsselfelder, die jeden Eintrag eindeutig definieren. Die Schlüsselfelder der Tabelle T510S (Lohnartengenerierung) sorgen dafür, dass für jeden Mitarbeiter und für jede Uhrzeit die passenden Lohnarten generiert werden. Alle Ausgangsdaten wie die richtige Eingruppierung der Mitarbeiter und die Zeiten werden vom Zeitauswertungsschema während der Zeitauswertung ermittelt und gewährleisten den richtigen Einstieg in die Tabelle.

SAP liefert auch die Tabelle T510S mit Mustereinträgen aus, die Sie für Ihre Ausprägungen als Kopiervorlage nutzen können. Wie Sie diese Einträge interpretieren bzw. für Ihre Einstellungen nutzen können, besprechen wir im nächsten Abschnitt. Grundlegende Voraussetzung für dieses Customizing ist jedoch, dass Sie alle zu generierenden Lohnarten bereits im SAP-System angelegt haben.

13.3.1 Tabelle T510S (Anspruch)

Sie können Vorschriften zur Lohnartengenerierung direkt in der in Abbildung 13.1 gezeigten Sicht V_T510S pflegen, die Sie über Transaktion SM30 aufrufen können oder im Customizing-Leitfaden über den Menüpfad **Personalzeitwirtschaft • Zeitauswertung • Zeitauswertung uhrzeitbasiert • Zeitlohnartenauswahl und Mehrarbeitsverrechnung • Generierungsvorschriften festlegen** erreichen.

Sicht "Zeitlohnartenauswahlregel" ändern: Übersicht

Aufr. <-> Verb. Neue Einträge Abgrenzen

ZL...	Tg...	N.	Regelbezeichnung	Lohnart	Lohnart-Langtext	Begi
01	01	001	Normalstunden	MI10	Normalstunden	01.0
01	01	050	Mehrarbeit 25 %	MM10	Mehrarbeit 25 %	01.0
01	01	055	Mehrarbeit 50 %	MM20	Mehrarbeit 50 %	01.0
01	01	070	Zuschlag Nacht 35%	MQ30	Zuschlag Nacht 35%	01.0

Abbildung 13.1 Einstieg in die Zeitlohnauswahlregel in der Sicht V_T510S

Der erste Schlüssel (Spalte **ZL...**) ist die sogenannte Zeitlohnartenauswahlregelgruppe, die alle Mitarbeiter zusammenfasst, die dieselben Lohnarten erhalten sollen. Sie wird über die Funktion MOD und die Personalrechenregel MODT im Initialisierungsblock des Zeitauswertungsschemas festgelegt. In dieser Regel können Sie organisatorische Eigenschaften des Mitarbeiters wie z. B. Personalbereich, Personalteilbereich oder Mitarbeiterkreisgruppierung auswerten und entsprechend die Zeitlohnartenauswahlregelgruppe setzen.

Unabhängig von der Funktion MOD und der Regel MODT können Sie die Zeitlohnartenauswahlregelgruppe auch während der Zeitauswertung neu setzen. Dafür müssen Sie eine eigene Regel erstellen, die Sie im Schema mit der Funktion ACTIO aufrufen. Dies kann z. B. dann notwendig sein, wenn Sie zeitlich abgegrenzte Sachverhalte bei der Lohnartengenerierung abbilden wollen. Im Standard-Zeitauswertungsschema werden beim Start der Verarbeitung über die Operation PAYTP die Mitarbeiterkreisgruppierungen für die einzelnen Personalrechenregeln abgefragt. Anhand der Operation MODIF W wird dabei auch die Zeitlohnartenauswahlregelgruppe festgelegt, mit der die Zeitauswertung für die betreffenden Mitarbeiter auf die Einträge der Tabelle T510S (Zeitlohnartenauswahl) zugreifen soll.

Die Abfrage auf die Mitarbeiterkreisgruppierung ist dann sinnvoll, wenn Sie unterschiedliche Lohnarten z. B. für angestellte und gewerbliche Mitarbeiter generieren lassen wollen. Es können aber auch unterschiedliche Betrachtungsweisen bei mehreren Personalbereichen bzw. Personalteilbereichen notwendig sein, die sich gegebenenfalls in verschiedenen Tarifgebieten befinden oder unterschiedliche Betriebsvereinbarungen haben.

Sie verwenden also diesen ersten Schlüssel (Spalte **ZL...**), um die organisatorische Zuordnung Ihres Mitarbeiters abzufragen. Der zweite Schlüssel (Spalte **Tg...**) steht für die Tagesgruppierung. Mit der Tagesgruppierung werden die Wochen- und Feiertage durch das Zeitauswertungsschema nach ihren Eigenschaften des Tages sortiert. Die Tagesgruppierung wird im Standard durch die Funktion DAYMO auf einen festen Wert gesetzt und muss immer vor der Lohnartengenerierung im Zeitauswertungsschema vorhanden sein. Die Funktion DAYMO liefert anhand der Eigenschaften des zu verarbeitenden Tages entsprechende Rückgabewerte. Der Aufruf der Funktion im Zeitauswertungsschema erfordert die Angabe von vier Parametern und sieht im Standard wie folgt aus: DAYMO 01 02 02 02.

Die einzelnen Parameter haben die folgende Bedeutung:

- **Parameter 1**
  01 wird gesetzt, wenn der aktuelle Tag Montag bis Samstag und kein Feiertag ist.
- **Parameter 2**
  02 wird gesetzt, falls der aktuelle Tag ein Sonntag und kein Feiertag ist.
- **Parameter 3**
  02 wird gesetzt, falls der aktuelle Tag Montag bis Samstag und ein Feiertag ist.
- **Parameter 4**
  02 wird gesetzt, falls der aktuelle Tag ein Sonntag und ein Feiertag ist.

In dieser standardmäßigen Ausprägung haben wir für vier unterschiedliche Sachverhalte nur zwei verschiedene Rückgabewerte. Wir können uns aber vorstellen, diese Rückgabewerte in ihrer Ausprägung wie folgt zu setzen: DAYMO 01 02 03 04.

Damit haben wir jetzt für jede mögliche Eigenschaft eines Tages einen eigenen Rückgabewert und können in der Tabelle T510S die Lohnartengenerierung übersichtlich darstellen.

Mit diesen beiden Schlüsseln haben Sie in der Tabelle eine Gruppierung erreicht, die gleiche organisatorische Zuordnungen mit der gleichen Tageseigenschaft zusammenfasst. Die Tagesgruppierung, die Sie verwenden, können Sie auch in Ihre eigene Übersichtstabelle übernehmen. Sie erhalten aus unserer Sicht damit eine geeignete Dokumentation, und dies hilft Ihnen bei der Durchführung von Änderungen und Erweiterungen der Lohnartengenerierung.

13.3.2 Detailfunktionen der Tabelle T510S

Sie haben mit der Definition der Schlüssel in den Spalten **ZL...** und **TgGrp...** in der Tabelle T510S die notwendige Vorarbeit geleistet. Sie wissen damit, für welche Zeitlohnartenauswahlregelgruppe und welche Tagesgruppierung Lohnarten generiert werden sollen. Als Nächstes zeigen wir Ihnen in Ausschnitten aus dem Protokoll der Zeitabrechnung die Daten an, die Einfluss auf die Lohnartengenerierung haben.

Dazu starten Sie die Zeitabrechnung mit Transaktion PT60 und markieren im Startbild den Parameter **Ablaufprotokoll anzeigen**. Damit erhalten Sie für jeden Tag des gewünschten Abrechnungszeitraums ein detailliertes Protokoll. Unter der Überschrift **Initialisierung** sehen Sie den Aufruf und die Verarbeitung durch die Funktion MOD und die Regel MODT (siehe Abbildung 13.2). Hier wird die Zeitlohnartenauswahlregelgruppe mit dem Wert »03« geliefert.

```
Aufruf der Regel MODT
Regel  GRPReg Ztart Vargt    Operation

MODT      *   ****           PAYTP A     Setze Grpg PRechRegl
MODT      3   ****           MODIF W=03 Modifikator setzen
```

Abbildung 13.2 Regel MODT aufrufen

Die Zeitlohnartenauswahlregelgruppe wird im Standard nur einmal am ersten Tag der Zeitabrechnungsperiode bzw. am ersten Tag eines neuen Monats ermittelt.

Weiter unten im Protokoll der Zeitauswertung, unter der Überschrift **Zeitlohnarten auswählen**, erhalten Sie Informationen der Zeitlohnartengenerierung.

13.3.3 Beispiel: Lohnartengenerierung aus der Sollarbeit

In diesem Abschnitt zeigen wir Ihnen anhand eines Beispiels, auf welche Weise das Zusammenspiel von Zeitlohnauswahlregelgruppe, Tagen, Uhrzeiten und Bewertungsklassen zu einer Lohnartengenerierung führt (oder auch nicht führt). In diesem Zusammenhang machen wir Sie auch mit dem Protokoll der Zeitauswertung bekannt.

In Abbildung 13.3 sehen Sie drei Schritte, die immer tagesgenau in der Zeitabrechnung durchgeführt werden.

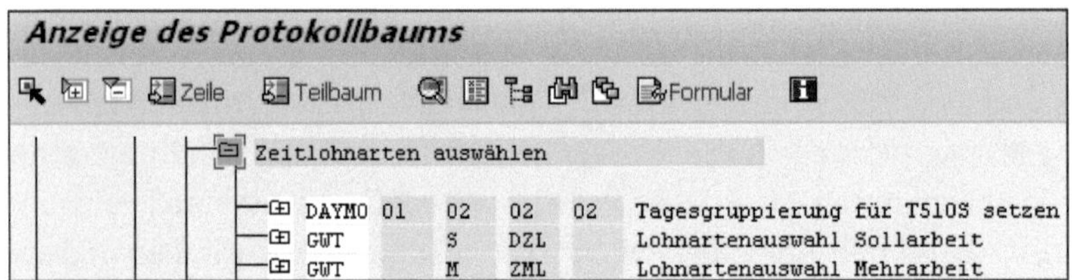

Abbildung 13.3 Protokollausschnitt aus der Lohnartengenerierung

Diese Schritte haben die folgende Bedeutung:

1. Die Lohnartengenerierung wird mit dem Aufruf der Funktion DAYMO vorbereitet, die Ihnen die Eigenschaften des Tages liefert.

2. Aufruf der Funktion GWT mit den Parametern S und DZL mit der Aufgabe, die Generierung von Lohnarten aus der Sollarbeitszeit durchzuführen und die Lohnarten anschließend in der Tabelle DZL abzustellen.
3. Aufruf der Funktion GWT mit den Parametern M und ZML mit der Aufgabe, die Generierung von Lohnarten aus der Mehrarbeitszeit durchzuführen und die Lohnarten anschließend in der Tabelle ZML abzustellen.

Wir wollen Ihnen nun die drei Schritte anhand unseres Abrechnungsbeispiels erläutern:

Im ersten Schritt liefert uns die Funktion DAYMO die Tagesgruppierung mit dem Wert »01«, wie es aus der vertieften Protokolldarstellung ersichtlich ist (siehe Abbildung 13.4).

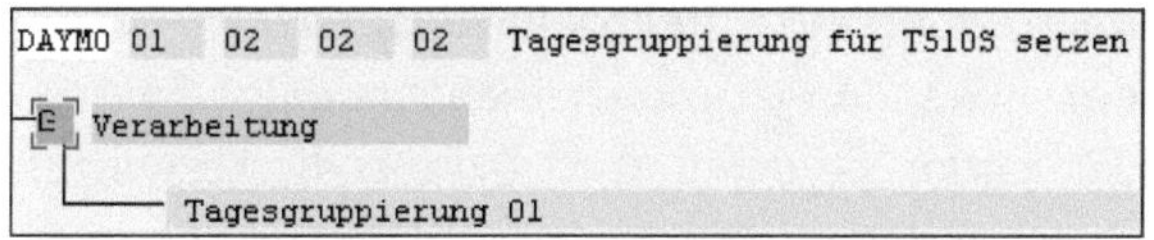

Abbildung 13.4 Ergebnis der Funktion DAYMO

13

Wir haben damit unseren Einstieg in die Tabelle T510S (Zeitlohnartenauswahl) ermittelt: Die Zeitlohnauswahlregelgruppe lautet 03 und die Tagesgruppierung 01.

Im zweiten Schritt versucht die Funktion GWT S DZL, aus den vorliegenden Zeiten des Mitarbeiters an diesem Tag Lohnarten zu generieren. Alle Informationen, die für diese Generierung benötigt werden, erhält die Funktion GWT aus der Tabelle TIP (Tagesinput) der Zeitabrechnung, aus dem persönlichen Schichtplan (PSP) des Mitarbeiters und natürlich aus dem Wochentag, dargestellt als numerischer Wert von »1« bis »7«. Abbildung 13.5 zeigt die Aufteilung eines Arbeitstages in der Tabelle TIP in Arbeitszeit und Pausen.

Tabelle TIP

Beginn	Ende	I	P	Zk	Ct	V	ZArt	BS	ES	V	O	I	Bpin	Epin	PT	ALP	C1	AB	Anzahl
14.0000	18.0000		1	02	00	S	0110	P10	P20		E				0004				4,0000
18.0000	18.2500		1	05	00	K	0510	P10	P20		E				0004				0,2500
18.2500	20.0000		1	02	00	S	0110	P10	P20		E				0004				1,7500
20.0000	20.7500		1	05	00	K	0510	P10	P20		E				0004				0,7500
20.7500	22.7500		1	02	00	S	0110	P10	P20		E				0004				2,0000

Abbildung 13.5 Protokollausschnitt der TIP-Einträge

Für die Einträge in der Tabelle TIP werden im zweiten Schritt für alle Zeitpaare mit dem Kennzeichen **S** (Sollarbeit) in der Spalte **V** (Verarbeitungstyp) Lohnarten gesucht. Dazu wird jeder Eintrag der Tabelle TIP mit dem Verarbeitungstyp S mit Einträgen der Tabelle T510S verglichen – und zwar für die Gruppen 03 und 01. Abbildung 13.6 zeigt die Einträge in der Tabelle T510S für diese Kombination.

ZL...	Tg...	N.	Lohnart	Lohnart-Langtext	Beginn	Ende
03	01	050	MM10	Mehrarbeit 25 %	01.01.1990	31.12.9999
03	01	070	MQ30	Zuschlag Nacht 35%	01.01.1985	31.12.9999

Abbildung 13.6 Einstieg in die Tabelle T510S

Die Lohnarten stehen in einem überschreibbaren Feld und sind damit keine Schlüssel der Tabelle. Stattdessen werden sie über eine dreistellige Zahl in der Spalte **N** aufgerufen. Dies ist die sogenannte Folgenummer innerhalb der Zeitlohnauswahlregelgruppe und der Tagesgruppierung – ein von Ihnen festgelegter, aufsteigender numerischer Wert.

Warum dies so ist und warum unsere Empfehlung lautet, diese Nummerierung in 5er- oder 10er-Schritten vorzunehmen, wollen wir Ihnen hier erläutern. Wenn Sie Lohnarten für Ihr System einrichten, verwenden Sie meist eine vierstellige numerische Ziffernfolge. Erfahrungsgemäß achten Sie dabei auch darauf, die Lohnarten sinnvoll zu gruppieren, z. B. danach, für welchen Infotyp die Lohnarten zugelassen sein sollen. In der Tabelle T510S können Sie die Reihenfolge der Lohnartengenerierung bestimmen und festlegen, ob sie gegebenenfalls an einer bestimmten Stelle beendet werden soll.

Sie müssten beim Einrichten der Lohnarten dann auch diesen Aspekt der Lohnartengenerierung beachten. Dies ist jedoch für die Tabelle T510S nicht erforderlich. Hier bestimmen Sie durch die fortlaufende Nummerierung innerhalb der Zeitlohnauswahlregelgruppe und der Tagesgruppierung die Reihenfolge der Lohnartengenerierung. Damit müssen Ihre vierstelligen Lohnartenkennungen keinen Bezug zur eventuellen Lohnartengenerierung haben. Durch die eingangs auch erwähnte Staffelung bei der Nummerierung in Zehnerschritten können Sie auch immer noch neue Regeln an der richtigen Stelle hinzufügen.

In der Zeitauswertung erfolgt der Vergleich von Einträgen in der Tabelle TIP mit Einträgen der Tabelle T510S. Auch diese Aktion der Zeitauswertung ist im Protokoll zu sehen, wie es in Abbildung 13.7 dargestellt ist.

Sie erkennen, dass für das letzte Zeitpaar von 20:45 bis 22:45 Uhr die Lohnart MQ30 (Zuschlag Nacht 35 %) generiert werden konnte – und zwar entsprechend den Bedingungen an die Zeit ab 22:00 Uhr. Da das Zeitpaar um 22:45 Uhr endet, erhält der Mitarbeiter somit 0,75 Stunden Nachtzuschlag. Diese Generierung war aber nur erfolgreich, weil alle Bedingungen an den Tag erfüllt waren, wie Wochentagnummer, Feiertagsklasse, Tagesarbeitszeitplanbewertungsklasse und Periodenarbeitszeitplanbewertungsklasse.

Das Ergebnis der Lohnartengenerierung wird in die Tabelle DZL aufgenommen (siehe Abbildung 13.8).

```
Regel 070 : Zuschlag Nacht 35%
Lohnart MQ30 Zuschlag Nacht 35%
Verarbeitungstyp SM                                   Bedingung erfüllt

Bedingungen/Tag               Ist   Soll
Wochentag                     1     1234567           Bedingung erfüllt
Ft. Vortag   (Kl./Zul.)       0     012               Bedingung erfüllt
Ft. Akt. Tag (Kl./Zul.)       0     012               Bedingung erfüllt
Ft. Folgetag (Kl./Zul.)       0     012               Bedingung erfüllt
Klasse PeriodenAZP            5        3 5            Bedingung erfüllt
Klasse TagesAZP               3        3 5            Bedingung erfüllt
Tagestyp                      0     012               Bedingung erfüllt

Bedingungen/Zeit
Uhrzeit                                 22:00 - 30:00
Untergrenze
Obergrenze
Zu zählende Verarbeitungstypen
Zählen nur im Intervall
Festwert
Regel verlassen
ZlAuswahl beenden

Verarbeitete Paare
Uhrzeit              Anzahl        Generierte Lohnart
14:00 - 18:00        4,0000          -      Uhrzeitbedingung nicht erfüllt
18:15 - 20:00        1,7500          -      Uhrzeitbedingung nicht erfüllt
20:45 - 22:45        2,0000        0,750 Std. MQ30 Zuschlag Nacht 35%
```

Abbildung 13.7 Protokollierung der Lohnartengenerierung

Tabelle DZL

Datum	Beginn	Ende	Lohnart	Lohnartentext	Info	ALP	C1	AB	Anzahl
04.04.2022	22:00	22:45	MQ30	Zuschlag Nacht 35%	S				0,7500

Abbildung 13.8 Tabelle DZL mit generiertem Nachtzuschlag

Auf der Grundlage der Einträge in der Tabelle TIP wird nun im dritten Schritt versucht, für alle Zeitpaare mit dem Kennzeichen **M** (Mehrarbeit) in der Spalte **V** (Verarbeitungstyp) Lohnarten zu generieren. Im vorliegenden Beispiel liegt an diesem Tag keine Mehrarbeit vor, also wird hier nichts generiert.

Im Folgenden zeigen wir Ihnen ein Beispiel für die Generierung von Zeitlohnarten für die Mehrarbeit:

Für unseren Mitarbeiter wurde dazu im Infotyp 2002 (Anwesenheiten) ein Anwesenheitssatz von 22:45 bis 24:00 Uhr erfasst und gleichzeitig im Infotyp 2007 (Anwesenheitskontingent) für diesen Tag ein Kontingent erfasst und die Mehrarbeit freigegeben. Anschließend wurde für diesen Tag die Zeitauswertung durchgeführt. Abbildung 13.9 zeigt den Inhalt der Tabelle TIP zum Zeitpunkt der Lohnartengenerierung.

In der Zeitauswertung werden nun wieder die schon beschriebenen drei Schritte abgearbeitet. Dabei liefern in den ersten beiden Schritten die Funktionen DAYMO und GWT S DZL dasselbe Ergebnis wie im Beispiel »Lohnartengenerierung aus Sollarbeit«, nämlich den Nachtzuschlag für die Zeit von 22:00 Uhr bis 22:45 Uhr (siehe Abbildung 13.10).

Tabelle TIP

Beginn	Ende	l	P	Zk	Ct	V	ZArt	BS	ES	V	O	I	Bpin	Epin	PT	ALP	Cl	AB	Anzahl
14.0000	18.0000		1	02	00	S	0110	P10	P20		E				0003				4,0000
18.0000	18.2500		1	05	00	K	0510	P10	P20		E				0003				0,2500
18.2500	20.0000		1	02	00	S	0110	P10	P20		E				0003				1,7500
20.0000	20.7500		1	05	00	K	0510	P10	P20		E				0003				0,7500
20.7500	22.7500		1	02	00	S	0110	P10	P20		E				0003				2,0000
22.7500	24.0000	0	3	01	05	M	0040				P								1,2500

Abbildung 13.9 TIP-Einträge mit Mehrarbeit

Tabelle DZL

Datum	Beginn	Ende	Lohnart	Lohnartentext	Info	ALP	Cl	AB	Anzahl
05.04.2022	22:00	22:45	MQ30	Zuschlag Nacht 35%	S				0,7500

Abbildung 13.10 Tabelle DZL mit generiertem Nachtzuschlag

Im dritten Schritt generiert die Funktion `GWT M ZML` jetzt zusätzlich aus dem Zeitpaar von 22:00 bis 24:00 Uhr die Lohnart **Mehrarbeit**. Dabei wurden in der Tabelle `TIP` Zeitabschnitte ausgewertet, die den Verarbeitungstyp M besitzen. Der Protokollausschnitt verdeutlicht Ihnen hier wieder, welche Prüfungen vorgenommen wurden und ob sie erfolgreich waren (siehe Abbildung 13.11).

```
 Regel 050 : Mehrarbeit 25 %
Lohnart MM10 Mehrarbeit 25 %
Verarbeitungstyp M                                      Bedingung erfüllt

Bedingungen/Tag                Ist   Soll
Wochentag                      2     123456             Bedingung erfüllt
Ft. Vortag   (Kl./Zul.)        0     0123456789         Bedingung erfüllt
Ft. Akt. Tag (Kl./Zul.)        0     0                  Bedingung erfüllt
Ft. Folgetag (Kl./Zul.)        0     0123456789         Bedingung erfüllt
Klasse PeriodenAZP             5        3 5             Bedingung erfüllt
Klasse TagesAZP                3        3 5             Bedingung erfüllt
Tagestyp                       0     012                Bedingung erfüllt

Bedingungen/Zeit
Uhrzeit
Untergrenze
Obergrenze                                2,00
Zu zählende Verarbeitungstypen           M
Zählen nur im Intervall
Festwert
Regel verlassen
ZlAuswahl beenden

Verarbeitete Paare
Uhrzeit             Anzahl        Generierte Lohnart
22:45 - 24:00       1,2500         1,250 Std. MM10 Mehrarbeit 25 %
```

Abbildung 13.11 Protokollierung der Lohnartengenerierung für die Mehrarbeit

Das Ergebnis der Lohnartengenerierung ist die Lohnart MM10 (Mehrarbeit), die für 1,25 Stunden generiert wurde. Da dieses Beispiel immer noch für die Zeit ab 22:00 Uhr gilt, muss auch für diesen Zeitabschnitt noch Nachtzuschlag anfallen. Die Regel unter der Nummer 070 der Tabelle T510S erlaubt es, für die Zeit ab 22:00 Uhr auch Sollarbeits- und Mehrarbeitspaare (Verarbeitungstypen S und M) zu betrachten. Das Resultat sehen Sie in Abbildung 13.12.

```
 Regel 070 : Zuschlag Nacht 35%
Lohnart MQ30 Zuschlag Nacht 35%
Verarbeitungstyp SM                                     Bedingung erfüllt

Bedingungen/Tag                  Ist   Soll
Wochentag                        2     1234567          Bedingung erfüllt
Ft. Vortag   (Kl./Zul.)          0     012              Bedingung erfüllt
Ft. Akt. Tag (Kl./Zul.)          0     012              Bedingung erfüllt
Ft. Folgetag (Kl./Zul.)          0     012              Bedingung erfüllt
Klasse PeriodenAZP               5        3 5           Bedingung erfüllt
Klasse TagesAZP                  3        3 5           Bedingung erfüllt
Tagestyp                         0     012              Bedingung erfüllt

Bedingungen/Zeit
Uhrzeit                                   22:00 - 30:00
Untergrenze
Obergrenze
Zu zählende Verarbeitungstypen
Zählen nur im Intervall
Festwert
Regel verlassen
ZlAuswahl beenden

Verarbeitete Paare
Uhrzeit              Anzahl            Generierte Lohnart
22:45 - 24:00        1,2500             1,250 Std. MQ30 Zuschlag Nacht 35%
```

Abbildung 13.12 Auf Verarbeitungstyp S oder M prüfen

Das Ergebnis der Lohnartengenerierung sind Lohnarten in der Tabelle DZL (Nachtzuschlag aus Sollarbeit) und Lohnarten in der Tabelle ZML (Mehrarbeit und Nachtzuschlag aus Mehrarbeit), siehe Abbildung 13.13.

In Kapitel 12, »Mehrarbeitszeiten ermitteln«, beschreiben wir, wie diese Tabellen/Lohnarten weiterverarbeitet oder zusammengeführt werden.

Tabelle ZML

Beginn	Ende	Lohnart	Lohnartentext	Vers	Ity	ALP	C1	AB	Anzahl
22:45	24:00	MM10	Mehrarbeit 25 %		M				1,2500
22:45	24:00	MQ30	Zuschlag Nacht 35%		M				1,2500

Abbildung 13.13 Tabelle ZML mit Lohnarten aus der Mehrarbeit

13.3.4 Bedingungen der Generierungsregeln

Wir wenden uns in diesem Abschnitt den Bedingungen zu, die Sie in der Tabelle T510S festlegen und für Ihre Aufgaben verwenden können. Den Einstieg in die Pflege dieser

Tabelle haben wir schon in Abschnitt 13.3, »Einstieg in die Lohnartengenerierung«, erläutert. Nun wollen wir den gesamten Ablauf beispielhaft anhand einer Lohnart zeigen (siehe Abbildung 13.14). Anschließend erläutern wir Ihnen die Felder, die Sie hier pflegen müssen bzw. können.

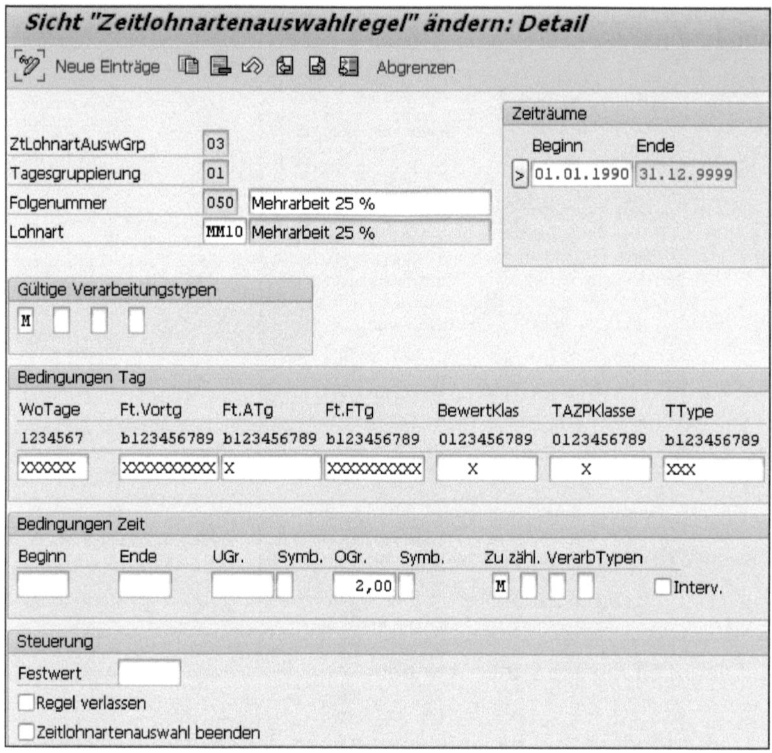

Abbildung 13.14 Gesamtsicht eines Eintrags der Tabelle T510S

In den folgenden Abschnitten zeigen wir Ihnen dann alle Felder der Tabelle T510S. Die in diesen Abschnitten gezeigten Abbildungen sind immer Teile der Gesamtsicht aus Abbildung 13.14.

Gültige Verarbeitungstypen

SAP liefert eine Vielzahl von Verarbeitungstypen aus, die Sie erweitern können. Sie erreichen die Tabelle zur Pflege dieser Verarbeitungstypen (Sicht V_T510V) über den Customizing-Pfad **Personalzeitwirtschaft • Zeitauswertung • Zeitauswertung uhrzeitbasiert • Zeitlohnartenauswahl und Mehrarbeitsverrechnung • Verarbeitungstypen definieren** (siehe Abbildung 13.15). Dieselbe Pflegeaktion können Sie auch über Transaktion SM30 (Sicht V_T510V) aufrufen. Leider würde dieses Buch jeden Rahmen sprengen, wenn wir uns mit jedem Verarbeitungstyp beschäftigen würden. Daher beschränken wir uns hier auf die uns schon bekannten Verarbeitungstypen S und M.

Abbildung 13.15 Beispiel für gültige Verarbeitungstypen

Wir haben schon in unserem Beispiel gezeigt, dass Sie an dieser Stelle festlegen, für welche Art der Tätigkeit Ihr Mitarbeiter eine Lohnart erhalten soll. Im vorliegenden Fall werden nur Lohnarten für die Sollarbeit generiert. Falls Sie weitaus komplexere Zeitwirtschaftsbedingungen umsetzen müssen, kann es vorkommen, dass die Auswahl/Vorgabe von vier unterschiedlichen Verarbeitungstypen nicht ausreicht. Für diesen Fall erzeugen Sie einfach einen neuen Eintrag in der Tabelle T510S für die entsprechende Lohnart mit einer neuen Regelnummer und tragen dann als gültige Verarbeitungstypen Ihre zusätzlich zu betrachtenden Typen ein.

Bedingungen an den aktuellen Tag

In Abbildung 13.16 sehen Sie einen Ausschnitt eines Eintrags der Tabelle T510S, in dem Sie die Bedingungen an den Tag stellen, um zu einer Lohnartengenerierung zu gelangen.

Bedingungen Tag

WoTage	Ft.Vortg	Ft.ATg	Ft.FTg	BewertKlas	TAZPKlasse	TType
1234567	b123456789	b123456789	b123456789	0123456789	0123456789	b123456789
XXXXXX	XXXXXXXXXX	X	XXXXXXXXXX	XXXXXXXXXX	XXXXXXXXX	XXXXXXXXXX

Abbildung 13.16 Bedingungen an den Tag und die Bewertungsklassen

Die Bedingungen resultieren aus den Eigenschaften des Kalendertages selbst und aus Bedingungen an die Bewertungsklassen des Periodenarbeitszeitplans und des Tagesarbeitszeitplans sowie des Tagestyps. Wir betrachten die einzelnen Felder im Detail:

- **WoTage (zulässige Wochentage)**
  Im Beispiel sind die Tage 1 bis 6 markiert – damit ist die Bedingung festgelegt, dass der aktuell auszuwertende Tag nur zwischen Montag und Samstag (einschließlich) liegen darf.
- **Ft.Vortg (zulässige Feiertagsklassen für den Vortag)**
  Sie haben Feiertagsklassen für Ihre Feiertagskalender gepflegt. Zur besseren Übersicht in der Tabelle T510S sollten Sie daher die Markierungen aller nicht verwendeten Feiertagsklassen löschen. Wenn Sie also nur die Klassen 0, 1 und 2 benutzen, entfernen Sie einfach in den Tabelleneinträgen die Markierungen 3 bis 9. So wird für alle Nutzer schnell sichtbar, welche Ausprägungen bereits belegt sind und welche Ausprägungen für zukünftige Änderungen nutzbar sind.

  Der Eintrag im oben dargestellten Beispiel sagt aus, dass die Ausprägung der Feiertagsklasse für den Vortag beliebig sein kann. Diese Bedingung ist sinnvoll, wenn ein Mitarbeiter z. B. in der Nacht um 2:00 Uhr seine Arbeit beginnt und der Vortag ein Feiertag war. Viele Betriebsvereinbarungen legen fest, dass der Feiertag bis 6:00 Uhr morgens am Folgetag andauert. Soll Ihr Mitarbeiter jetzt für diesen Zeitraum, der ja eigentlich kein Feiertag mehr ist, bestimmte Zuschläge erhalten, müssen solche Varianten hinterlegt werden können.

- **Ft.ATg (zulässige Feiertagsklassen für den aktuellen Tag)**
  Erlaubte Ausprägungen der Feiertagsklasse für den aktuellen Tag. In unserem Beispiel ist nur der Eintrag b (blank) markiert; der aktuelle Tag darf demnach kein Feiertag sein.
- **Ft.FTg (zulässige Feiertagsklassen für den Folgetag)**
  Erlaubte Ausprägungen der Feiertagsklasse für den Folgetag. Der Eintrag in unserem Beispiel sagt aus, dass die Ausprägung der Feiertagsklasse für den Folgetag beliebig sein kann. Eine sinnvolle Ausprägung wäre hier z. B., wenn auf einen normalen Arbeitstag (Feiertagsklasse = b) ein Feiertag folgen und Ihr Mitarbeiter mit einer Nachtschicht um 22:00 Uhr beginnen würde. Da der aktuelle Tag immer an der Beginn-Zeit festgemacht wird, würde also bis zum Ende der Schicht gegen 6:00 der Feiertag nicht zählen. Sie können also hier Customizing-Einstellungen vornehmen, die die Lohnartengenerierung steuern, wenn Ihr Mitarbeiter in einen Feiertag hineinarbeitet.

  Die zulässigen Feiertagsklassen definieren Sie im Rahmen des Kalender-Customizings, das Sie über den Pfad **Personalzeitwirtschaft • Arbeitszeitpläne • Feiertagsklassen festlegen** finden. Die Standardausprägungen sind »0« bzw. blank für keinen Feiertag, »1« für einen normalen Feiertag und »2« für einen halben Feiertag.
- **BewertKlas und TAZPKlasse**
  In Tabelle 13.2 haben wir beispielhaft beschrieben, wie die organisatorische Steuerung der einzelnen Schichtarten u. a. durch die Ausprägung der Verarbeitungsklasse vorgenommen werden kann. In diesen beiden Feldern legen Sie fest, welche Periodenarbeitszeitpläne und Tagesarbeitszeitpläne in Kombinationen zur Lohnartengenerierung beitragen können. Auch hier ist es sinnvoll, nur die Bewertungsklassen zu markieren, die Sie wirklich verwenden.

  Die Bewertungsklassen pflegen Sie in den Sichten des Tagesarbeitszeitplans über Transaktion SM30 und die Sicht V_T550A (Tabelle T550A) oder im Customizing über den Pfad **Personalzeitwirtschaft • Arbeitszeitpläne • Tagesarbeitszeitpläne** sowie für die Periodenarbeitszeitpläne über Transaktion SM30 und die Sicht V_551C_B (Tabelle T551C) oder im Customizing über den Pfad **Personalzeitwirtschaft • Zeitauswertung • Zeitauswertung uhrzeitbasiert • Zeitlohnartenauswahl und Mehrarbeitsverrechnung • Bewertungsklassen der Periodenarbeitszeitpläne definieren.**
- **TType (Tagestyp)**
  Im Standard werden die folgenden Tagestypen ausgeliefert und verwendet:

- Blank: Dieser Tag ist ein bezahlter Arbeitstag.
- 1: Dieser Tag ist frei und bezahlt.
- 2: Dieser Tag ist frei und unbezahlt.
- 3: Dieser Tag ist frei und ein Sondertag.

Die Pflege erreichen Sie über Transaktion SM30 und die Sicht V_T553T (Tabelle T553T) oder im Customizing über den Pfad **Personalzeitwirtschaft • Arbeitszeitpläne • Tagestypen • Tagestypen festlegen.**

Bedingungen an die Zeit

In vielen Betriebsvereinbarungen sind zeitliche Einschränkungen bei der Lohnartengenerierung vorgesehen. So ist es nicht selten, dass bestimmte Lohnarten, in den meisten Fällen Mehrarbeiten, nur in einem bestimmten zeitlichen Rahmen zu generieren sind. Dies können wir im Bildbereich **Bedingungen Zeit** hinterlegen (siehe Abbildung 13.17).

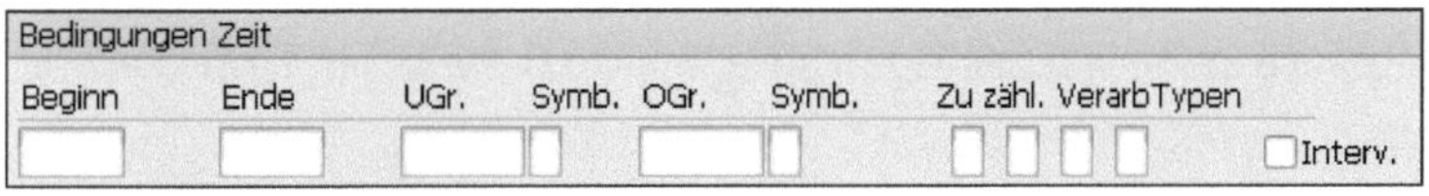

Bedingungen Zeit
Beginn Ende UGr. Symb. OGr. Symb. Zu zähl. VerarbTypen
Interv.

Abbildung 13.17 Bedingungen an die Zeit

Die Felder im Bildbereich **Bedingungen Zeit** haben die folgende Bedeutung:

- **Beginn**
  Hier können Sie festlegen, ab welcher Uhrzeit eine Lohnartengenerierung erfolgen soll. Mögliche Werte sind die Zeitspanne von 00:00 bis 47:59 Uhr. Dies würde z. B. bedeuten, von 00:00 bis 23:59 Uhr des Folgetages.
- **Ende**
  Hier können Sie festlegen, bis zu welcher Uhrzeit eine Lohnartengenerierung erfolgen soll. Die möglichen Werte sind dieselben wie für das Feld **Beginn**. Liegen die tatsächlichen Uhrzeiten laut TIP-Einträgen nach dem Beginn bzw. vor dem Ende, wird jeweils nur der Teil herangezogen, der auch tatsächlich in diesem Intervall liegt.
- **UGr./Symb.**
  Falls Sie z. B. Lohnarten für Mehrarbeiten erst dann generieren wollen, wenn bereits eine bestimmte Anzahl Stunden Mehrarbeiten geleistet worden ist, tragen Sie im Feld **UGr.** diese Stundenanzahl ein. Auch können Sie eine symbolische Größe wählen, indem Sie im Feld **Symb.** einen Eintrag vornehmen. Mögliche Werte sind hier:
  - S: Sollarbeitsstunden des Tages laut persönlichem Tagesarbeitszeitplan

 - T: Sollarbeitsstunden des Tages bei 100 % Arbeitszeitanteil laut persönlichem Tagesarbeitszeitplan
 - U: durchschnittliche Arbeitsstunden pro Tag laut Arbeitszeitplanregel

- **OGr./Symb.**
  Analog zur Untergrenze können Sie hier durch die Eingabe einer bestimmten Stundenanzahl festlegen, dass die betreffende Lohnart an jedem Tag nur für maximal diese Stunden eines bestimmten Verarbeitungstyps generiert werden soll. Die Ausprägungen für das Feld **Symb.** gelten analog wie bei der Untergrenze.
- **Zu zähl. VerarbTypen**
  Die soeben beschriebenen Unter- und Obergrenzen können sich aus Zeiten mit verschiedenen Verarbeitungstypen zusammensetzen. In diesem Feld geben Sie an, welche Verarbeitungstypen zur Stundenermittlung herangezogen werden sollen.
- **Interv.**
  Hier legen Sie fest, ob in der Bedingung an eine minimale oder maximale Stundenanzahl nur die Zeitpaare zu berücksichtigen sind, die im definierten Uhrzeitintervall liegen.

Steuerung

Im Bildbereich **Steuerung** der Tabelle T510S können Sie einstellen, dass Sie die Lohnartengenerierung vorzeitig beenden oder für bestimmte Lohnarten Festwerte hinterlegen wollen (siehe Abbildung 13.18).

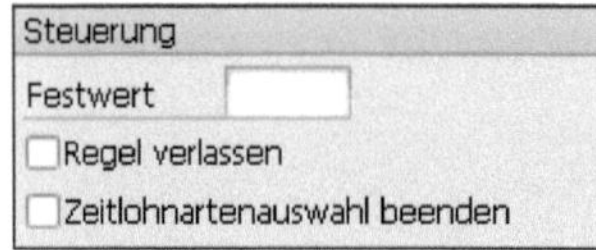

Abbildung 13.18 Lohnartengenerierung steuern

Auch hier wollen wir Ihnen die Felder detailliert vorstellen:

- **Festwert**
  In diesem Feld können Sie eine Stundenanzahl angeben, die für die Zeitlohnart generiert werden soll, wenn das Zeitpaar Ihres Mitarbeiters alle weiteren Bedingungen der Regel erfüllt hat. Bei der Festlegung von Festwerten wird die Lohnart immer für die in der Regel angegebene Anzahl von Stunden generiert, unabhängig davon, wie lang das Zeitpaar tatsächlich ist.
- **Regel verlassen**
  Bei der Zeitlohnartengenerierung werden für alle Zeitpaare alle hinterlegten Regeln überprüft, die gemäß Eintrittspunkt (Zeitlohnauswahlregelgruppe und Tages-

gruppierung) relevant sind. Durch Aktivieren dieses Kennzeichens bewirken Sie, dass die SAP-Zeitauswertung die Verarbeitung der aktuellen Regel beendet, sobald die Lohnart für ein Zeitpaar generiert werden konnte. Alle folgenden Zeitpaare des aktuellen Tages werden durch diese Regel nicht mehr verarbeitet. Die Zeitlohnartengenerierung wird dann mit der nächsten Regel fortgesetzt.

- **Zeitlohnartenauswahl beenden**
  Durch Aktivieren dieses Feldes bewirken Sie, dass die SAP-Zeitauswertung die Verarbeitung der aktuellen Regel beendet, sobald die Lohnart für ein Zeitpaar generiert worden ist. Die Zeitlohnartengenerierung wird dann für den aktuellen Tag insgesamt beendet.

Im Bildbereich **Steuerung** können Sie also z. B. vor allen in der Tabelle folgenden Lohnarten eine Lohnart mit einem besonderen Zuschlag generieren. Dazu müssen Sie in Ihrer Regelerstellung die Nummerierung so vornehmen, dass diese Regel vor den Regeln mit den Generierungsvorschriften der »üblichen« Zuschlagslohnarten in der Tabelle platziert wird.

Durch Aktivieren des Kennzeichens **Zeitlohnartenauswahl beenden** erreichen Sie dann, dass die Bearbeitung beendet wird, wenn dieser besondere Zuschlag generiert werden konnte und nachfolgende Zuschläge nicht mehr generiert werden sollen.

13.4 Fazit

Wir haben Ihnen in diesem Kapitel die Bedingungen der Zeitlohnartengenerierung vorgestellt. Die Einträge in der Tabelle T510S und ihre Auswirkungen sind schon sehr komplex, aber gerade in der Zeitwirtschaft werden nach unserer Erfahrung komplizierte und gelegentlich auch zeitlich abgegrenzte Regelungen zu realisieren sein. Zum Beispiel standen wir schon oft vor der Aufgabe, für einen bestimmten Fertigungsbereich eines Unternehmens eine zeitlich abgegrenzte Betriebsvereinbarung mit abweichenden Schichten und daraus resultierender Lohnartengenerierung umzusetzen. Wir möchten Ihnen deshalb nochmals nahelegen, alle Bedingungen, wie schon beschrieben, in einer eigenen Excel-Tabelle darzustellen, die für Sie nicht nur bei der ersten Zeitwirtschaftseinführung, sondern auch für zukünftige Erweiterungen ein Arbeitsinstrument ist.

Erfassen Sie für Einträge in den Feldern der Feiertagsklassen und Bewertungsklassen nur Ihre tatsächlich verwendeten Ausprägungen. So wird es für Sie oder andere Mitarbeiter leichter, die Tabelle T510S zu überarbeiten. Falls Sie dort Ausprägungen belassen, die eigentlich nicht verwendet werden, ist die spätere Recherche oft zeitaufwendig.

Kapitel 14
Zeitkonten führen

Die Führung von Zeitkonten kann durch Gesetze und Betriebsvereinbarungen bestimmt werden. Ihr Unternehmen kommt damit der Aufzeichnungspflicht gegenüber Behörden und Mitarbeitern nach. Sie können fast alle Zeitinformation in Zeitkonten abbilden. Welche Operationen, Funktionen und Customizing-Einstellungen dafür erforderlich sind, erfahren Sie in diesem Kapitel.

In der Zeitauswertung können Sie eine fast unendliche Anzahl von Zeitsalden bilden. Dafür und für die weitere Verarbeitung stehen Ihnen einige Standardfunktionen und Personalrechenregeln zur Verfügung, die wir in diesem Kapitel beschreiben. Dazu betrachten wir die Bildung von Tagessalden und den daraus abgeleiteten Summen für Soll-, Ist- und Produktivstunden, die Verarbeitung von Zeitumbuchungsvorgaben aus dem Infotyp 2012 (Zeitumbuchungsvorgaben) zur Veränderung der gebildeten Salden, die Kappung von Zeitsalden über die Funktion `LIMIT`, die Kumulation von Tagessalden in Periodensalden in der Funktion `CUMBT` und die Generierung von Abwesenheitskontingenten in der Funktion `QUOTA`.

Eine Zeitart ist eine Einteilung von Personalzeiten nach unterschiedlichen Gesichtspunkten. Diese Einteilung kann sich aus tariflichen Vorgaben ergeben, z. B. aus der Vorschrift zur Führung eines Lebensarbeitszeitkontos, oder einfach aus betrieblichen Kontrollaufgaben resultieren. In den Zeitarten werden die bei der Zeitauswertung gebildeten Salden fortgeschrieben – und zwar als Tagessumme, saldiert als Monats- oder Jahressumme. Diese Einstellung nehmen Sie im Customizing vor.

Einige Zeitarten werden in der Zeitauswertung den Zeitpaaren zugewiesen. Diese befinden sich nicht automatisch sofort in der Tabelle `TES` (Tagessalden). Andere Zeitarten werden durch Standard- oder Kundenregeln bearbeitet. Wir zeigen Ihnen in diesem Kapitel, wie Sie anhand der Zeitart des Zeitpaares festlegen, in welchen Tagessalden die Stundenanzahl der Zeitpaare gesammelt werden sollen und welche Zeitarten im Standard durch Personalrechenregeln verarbeitet werden.

14.1 Tagessalden bilden

SAP liefert vordefinierte Zeitarten aus, die Sie auch nicht ändern sollten. Aus diesen Standardzeitarten werden mithilfe von Standard-Personalrechenregeln bereits die wichtigsten Salden gebildet:

- 0002 (Sollzeit aus Sollarbeitszeit laut Tagesarbeitszeitplan)
- 0003 (Rahmenzeit, als Summe von)
  - 0110 (Füllzeit Anwesenheit)
  - 0120 (Füllzeit Abwesenheit)
  - 0130 (Füllzeit Dienstgang)
  - 0210 (Kernzeit Anwesenheit)
  - 0220 (Kernzeit Abwesenheit)
  - 0230 (Kernzeit Dienstgang)
  - 0411 (Mehrarbeit über Konti)
  - 0540 (Pause bezahlt)
- 0005 (GLZ-Saldo, Differenz aus)
  - 0003 (Rahmenzeit (+))
  - 0002 (Sollzeit (–))
- 0010 (Anwesenheit, als Summe von)
  - 0110 (Füllzeit Anwesenheit)
  - 0210 (Kernzeit Anwesenheit)
- 0020 (Abwesenheit, als Summe von)
  - 0120 (Füllzeit Abwesenheit)
  - 0220 (Kernzeit Abwesenheit)
- 0030 (Dienstgang (erfasste Anwesenheit aus Infotyp 2002) als Summe)
  - 0130 (Füllzeit Dienstgang)
  - 0230 (Kernzeit Dienstgang)
- 0040 (Geleistete Mehrarbeit, als Summe von)
  - 0041 (Mehrarbeit zur Kompensation)
  - 0042 (Mehrarbeit zur Vergütung)
  - 0043 (Mehrarbeit Grundl./Freiz.)
- 0050 (Produktivstunden, als Summe von)
  - 0010 (Anwesenheit)
  - 0030 (Dienstgang)
  - 0040 (Geleistete Mehrarbeit)

Diese Saldenbildung wird u. a. durch die Personalrechenregel TR10 realisiert, die Sie sich mithilfe von Transaktion PE02 anschauen können. Dabei wird diese Regel für jede vorgesehene Zeitart einzeln (zeitartengenau) abgearbeitet (siehe Abbildung 14.1).

Regel bearbeiten : TR10 Grpg MitarbKreis * L/ZArt 0110

Befehl [ ] Stapel

```
Zeile   VarArg.  FZ T Operation Operation Operation Operation Operation Operation *
        ------------+---------+---------+---------+---------+---------+---------+
000010              ADDDB*    ADDDB0100 ADDDB0010 ADDDB0003
```

Andere Auswahl / Neuanlage

Grpg MitarbKreis

Lohn-/Zeitart

Zurück | Überblick | Vor

Abbildung 14.1 Regel TR10 mit der Zeitart 0110

Die Regel TR10 wird u. a. im Schema TM00 mit der Funktion RTIP (Lies die Paartabelle TIP) aufgerufen. In der Tabelle TIP ist jedem Zeitpaar eine Zeitart zugeordnet. Die Regel TR10 liest jedes Zeitpaar, und abhängig von der vorliegenden Zeitart werden verschiedene Salden gebildet. Dieser Teil der Regel TR10 verarbeitet ein Zeitpaar mit der Zeitart 0110 (Füllzeit Anwesenheit). Durch die Operation ADDDB wird der Inhalt des Anzahlfeldes der Tabelle TIP in die verschiedenen Salden geleitet. Die Zeitart 0110 befüllt hier die Salden der Zeitarten 0110, 0100, 0010 und 0003. Innerhalb des Regeleditors erhalten Sie durch einen Klick auf den Button **Überblick** die in Abbildung 14.2 dargestellte Ansicht.

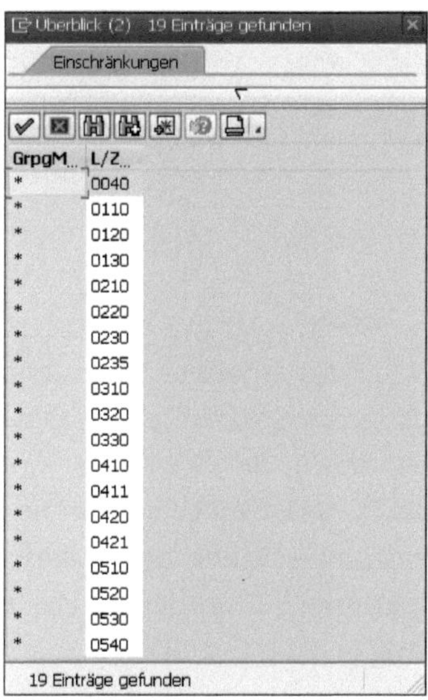
Überblick (2) 19 Einträge gefunden

Einschränkungen

GrpgM...	L/Z...
*	0040
*	0110
*	0120
*	0130
*	0210
*	0220
*	0230
*	0235
*	0310
*	0320
*	0330
*	0410
*	0411
*	0420
*	0421
*	0510
*	0520
*	0530
*	0540

19 Einträge gefunden

Abbildung 14.2 Überblick über die Ausprägungen der Personalrechenregel

Hier erkennen Sie, welche Zeitarten einzeln durch diese Regel bearbeitet werden. Wenn Sie auf einen Eintrag doppelklicken, erhalten Sie die Sicht für die ausgewählte Zeitart, wie in Abbildung 14.1 dargestellt. Die komplette Übersicht erhalten Sie, wenn Sie innerhalb der Regel die Druckfunktion ausführen und anschließend auf den Button **Aufgelöste Darstell.** klicken (siehe Abbildung 14.3).

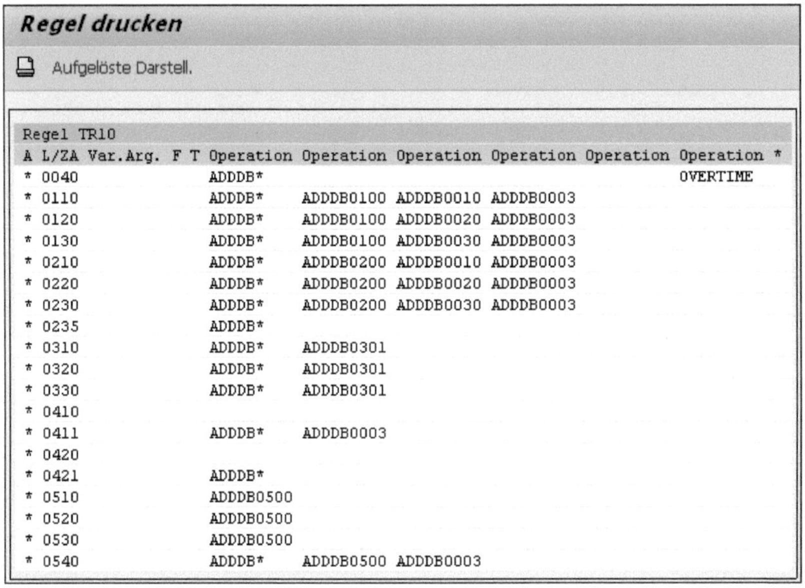

Regel drucken

Aufgelöste Darstell.

```
Regel TR10
A L/ZA Var.Arg. F T Operation Operation Operation Operation Operation Operation *
* 0040              ADDDB*                                            OVERTIME
* 0110              ADDDB*    ADDDB0100 ADDDB0010 ADDDB0003
* 0120              ADDDB*    ADDDB0100 ADDDB0020 ADDDB0003
* 0130              ADDDB*    ADDDB0100 ADDDB0030 ADDDB0003
* 0210              ADDDB*    ADDDB0200 ADDDB0010 ADDDB0003
* 0220              ADDDB*    ADDDB0200 ADDDB0020 ADDDB0003
* 0230              ADDDB*    ADDDB0200 ADDDB0030 ADDDB0003
* 0235              ADDDB*
* 0310              ADDDB*    ADDDB0301
* 0320              ADDDB*    ADDDB0301
* 0330              ADDDB*    ADDDB0301
* 0410
* 0411              ADDDB*    ADDDB0003
* 0420
* 0421              ADDDB*
* 0510              ADDDB0500
* 0520              ADDDB0500
* 0530              ADDDB0500
* 0540              ADDDB*    ADDDB0500 ADDDB0003
```

Abbildung 14.3 Komplette Darstellung der Regel TR10

Für fast jedes Unternehmen reicht dieser Standard nicht aus. Durch die unterschiedlichsten Bestimmungen Ihrer Betriebsvereinbarung müssen Sie diese Salden erweitern, da möglicherweise der Inhalt der Sollstunden weiter gefasst werden soll. Wir stellen Ihnen dazu im folgenden Abschnitt einige Beispiele vor.

14.2 Zeitzuschläge/Zeitabzüge gewähren

In der Praxis kommt es vor, dass sich Ihre Unternehmensteile zwar auf einem Firmengelände befinden, aber großflächig verteilt sind und Ihre Mitarbeiter einen mehr oder weniger weiten Weg zu ihren Arbeitsplätzen zurücklegen müssen. Die Mitarbeiter sollen aber nicht am Haupttor einstempeln, sondern erst in der Nähe ihrer Arbeitsplätze. Dafür soll ihnen eine pauschale Wegezeit die Rahmenzeit erhöhen. Diesen Fall können Sie im SAP-System abbilden, indem Sie bei Ihren Mitarbeitern diese pauschale Zeit im Infotyp 0050 (Zeiterfassungsinformationen) hinterlegen. Dazu eignet sich das Feld **Zeitzuschlag/-Abzug**, wie in Abbildung 14.4 dargestellt.

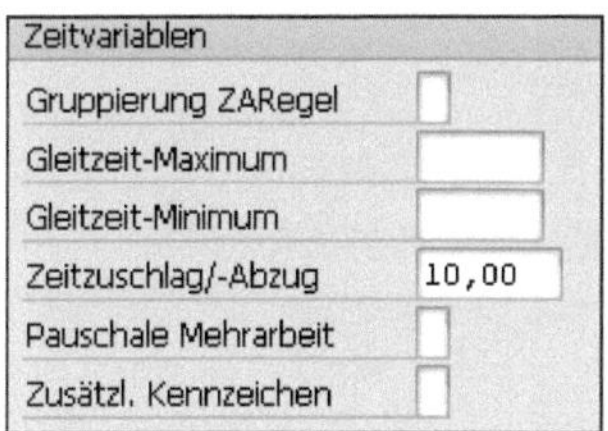

Abbildung 14.4 Zeitzuschlag/-Abzug im Infotyp 0050 erfassen

Dies ist eine freie Eingabe, und Sie können bestimmen, dass es sich dabei um Minuten handeln soll. Damit legen Sie fest, dass dem betreffenden Mitarbeiter täglich bei Anwesenheit zehn Minuten seiner Rahmenzeit gutgeschrieben werden sollen. Dazu müssen Sie nur noch eine eigene Personalrechenregel erstellen, die in einfacher Form etwa so aussehen kann, wie in Abbildung 14.5 dargestellt.

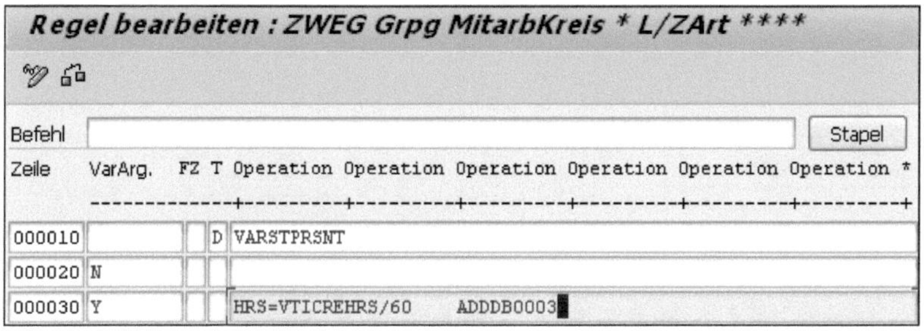

```
Regel bearbeiten : ZWEG Grpg MitarbKreis * L/ZArt ****

Befehl                                                      Stapel
Zeile   VarArg.  FZ T Operation Operation Operation Operation Operation Operation *
                 ------------+---------+---------+---------+---------+---------+---------+
000010              D VARSTPRSNT
000020  N
000030  Y               HRS=VTICREHRS/60    ADDDB0003
```

Abbildung 14.5 Regel ZWEG

Die Operation VARST mit der Ausprägung PRSNT ermittelt, ob der Mitarbeiter anwesend ist. Wenn ja, wird der Wert »Y« (Yes) in das variable Argument gestellt, und wenn er nicht anwesend ist, ein »N« (No). Die Operation HRS ist sozusagen der Allrounder in der Zeitauswertung. Hier nutzen Sie die Operation, um mit der Parameterausprägung V Informationen aus dem Infotyp 0050 (Zeiterfassungsinformationen) und der anschließenden Parameterausprägung TICRE den Wert aus dem Feld **Zeitzuschlag/-Abzug** zu holen. Dieser Wert steht dann im Stunden-Anzahl-Feld (HRS).

Da der Wert in Minuten vorliegt, dividieren Sie diese anschließend durch 60 und erhalten einen dezimalen Stundenwert. Diesen Stundenwert addieren Sie mit der Operation ADDDB in die Zeitart 0003 (Rahmenzeit). Diese Regel fügen Sie in Ihr Schema vor der Regel TR30 oder einer daraus kopierten und weiterentwickelten Kundenregel ein. Sie rufen die Regel mit der Funktion ACTIO auf (siehe Abbildung 14.6).

Um die Werte zu überprüfen, die Sie mit dieser Regel bearbeiten, können Sie jeweils vor und nach dem Aufruf im Schema PRINT Befehle für die Tabelle der Tageseinzelsalden (TES) platzieren. Im Protokoll der Zeitauswertung navigieren Sie dann an die entsprechenden Stellen und erhalten die Inhalte der Tabelle TES (siehe Abbildung 14.7).

Schema bearbeiten : ZM00

Befehl [ ] Stapel

Zeile	Fkt	Par1	Par2	Par3	Par4	D	Text
000830	BLOCK	BEG					Zeitkonten führen
000840	RTIP	TR10					Tagessalden bilden
000850	P2012						Zeitumbuchungsvorgaben bearbeiten
000860	PRINT		TES				
000870	ACTIO	ZWEG					Wegezeit aus IT 0050 verarbeiten
000880	PRINT		TES				
000890	ACTIO	TR30					Gleitzeitsaldo/Mehrarbeit-/Produktivstd.
000900	LIMIT						Limits für Zeitsalden
000910	CUMBT						Fortschreiben Salden, Lohnarten...
000920	QUOTA						Generierung von Abwesenheitskontingenten
000930	BLOCK	END					********************************

Abbildung 14.6 Kundenschema im Block »Zeitkonten führen«

Tabelle TES

Zeitart	Bezeichnung	Anzahl
0000	Hilfs-Zeitart 1	6,2500
0001	Hilfs-Zeitart 2	6,2500
0003	Rahmenzeit	6,2500

Abbildung 14.7 Ausschnitt der Tabelle TES vor dem Aufruf der Regel ZWEG

Die Zeitart 0003 hat hier den Wert »6,25«, den Ihre Regel ZWEG verändern soll. Abbildung 14.8 zeigt Ihnen die Abarbeitung der Regel ZWEG innerhalb der Zeitauswertung. In dieser Protokollsicht werden alle Operationen, die in der programmierten Regel in einer Zeile untergebracht sind, zeilenweise detailliert angezeigt.

```
 Aufruf der Regel ZWEG
Regel  GRPReg Ztart Vargt    Operation

ZWEG      *   ****           VARSTPRSNT Ma. anwesend
ZWEG      *   ****  Y        HRS=VTICRE Setzen
ZWEG      *   ****  Y        HRS/60     Division
ZWEG      *   ****  Y        ADDDB0003  Addiere Tagessaldo
```

Abbildung 14.8 Regel ZWEG abarbeiten

Im Ergebnis der Abarbeitung der Regel ZWEG hat sich der Saldo der Zeitart 0003 verändert (siehe Abbildung 14.9). Die Zeitart 0003 hat jetzt einen um 0,1667 Stunden (gleich zehn Minuten) erhöhten Saldo.

Tabelle TES

Zeitart	Bezeichnung	Anzahl
0000	Hilfs-Zeitart 1	6,2500
0001	Hilfs-Zeitart 2	6,2500
0003	Rahmenzeit	6,4167

Abbildung 14.9 Ausschnitt der Tabelle TES nach dem Aufruf der Regel ZWEG

14.3 Gleitzeitsaldo, Mehrarbeits- und Produktivstunden

Nachdem die Regel TR10 durch die den Zeitpaaren zugeordneten Zeitarten die unterschiedlichsten Salden gebildet hat und Sie durch eigene Regeln bestimmte Salden verändert haben, werden in der nun folgenden Regel u. a. die Salden für Gleitzeit und Mehrarbeit gebildet. Dazu stellen wir Ihnen in diesem Abschnitt die Personalrechenregel TR30 vor (siehe Abbildung 14.10). Diese Regel ermittelt durch Subtraktion der Sollzeit von der Rahmenzeit den Gleitzeitsaldo und errechnet darüber hinaus die geleisteten Mehrarbeits- und Produktivstunden. Voraussetzung für die korrekte Abarbeitung dieser Personalrechenregel ist die vorherige Bildung der Salden der folgenden Zeitarten in der Zeitauswertung:

- 0010 (Anwesenheit
- 0030 (Dienstgang)
- 0003 (Rahmenzeit)
- 0041 (Mehrarbeit zur Kompensation)
- 0042 (Mehrarbeit zur Vergütung)
- 0043 (Mehrarbeit Grundl./Freiz.)

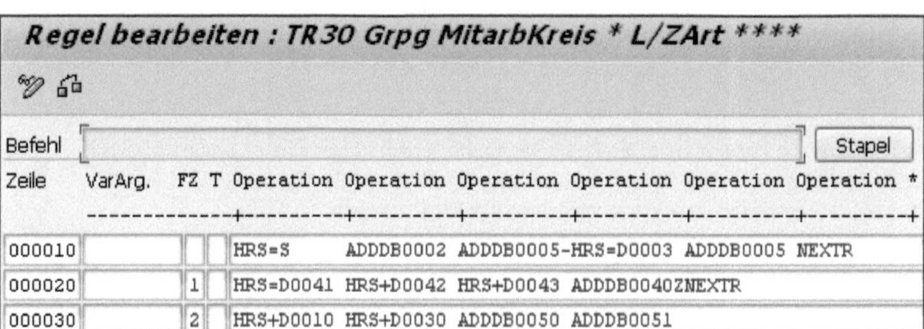

Abbildung 14.10 Personalrechenregel TR30

Der Ablauf der Berechnungen in dieser Personalrechenregel ist folgender:

1. Die Zeitart 0002 (Sollarbeit) wird anhand der Sollarbeitsstunden aus dem Tagesarbeitszeitplan gebildet.

2. Die Zeitart 0005 (Gleitzeitsaldo) wird durch Subtraktion des Wertes der Zeitart 0002 vom Wert der Zeitart 0003 (Rahmenzeit) ermittelt.
3. Die Zeitart 0040 (Geleistete Mehrarbeit) wird durch Addition der Zeitarten 0041 (Mehrarbeit zur Kompensation), 0042 (Mehrarbeit zur Vergütung) und 0043 (Mehrarbeit Grundlohn/Freizeit) berechnet.
4. Die Zeitart 0050 (Produktivstunden) berechnet sich aus der Summe von Zeitart 0040 (Geleistete Mehrarbeit), Zeitart 0010 (Anwesenheit) und Zeitart 0030 (Dienstgang). Der ermittelte Wert wird zusätzlich in der Zeitart 0051 (Produktivstunden kumul.) gespeichert.

Falls Sie hier weitere eigene Zeitarten in die Berechnung aufnehmen wollen, kopieren Sie diese Personalrechenregel in den Kundennamensraum und fügen Ihre eigenen Zeitarten ein.

Die Salden bestimmter Zeitarten wie Gleitzeit sollen nicht auf undefinierte Höhen anwachsen. Dafür können Sie die Funktion LIMIT nutzen, die ebenfalls im Schema aufgerufen wird und vorgegebene Zeitarten in der Höhe positiv oder negativ begrenzt. Die Beschreibung der Bearbeitung von Saldenlimits finden Sie in Kapitel 15, »Endeverarbeitung«.

14.4 Zeitsalden durch Abwesenheiten abbauen

In der Zeitauswertung können aufgebaute Zeitguthaben durch erfasste Abwesenheiten wieder abgebaut werden. Zum Beispiel bauen sich Ihre Mitarbeiter einen Gleitzeitsaldo auf, den sie bei Bedarf stunden- oder tageweise durch entsprechende Abwesenheit wie Gleitzeitausgleich in Freizeit umwandeln wollen. SAP liefert im Standard die Personalrechenregel TP20 gewissermaßen als Kopiervorlage aus (siehe Abbildung 14.11).

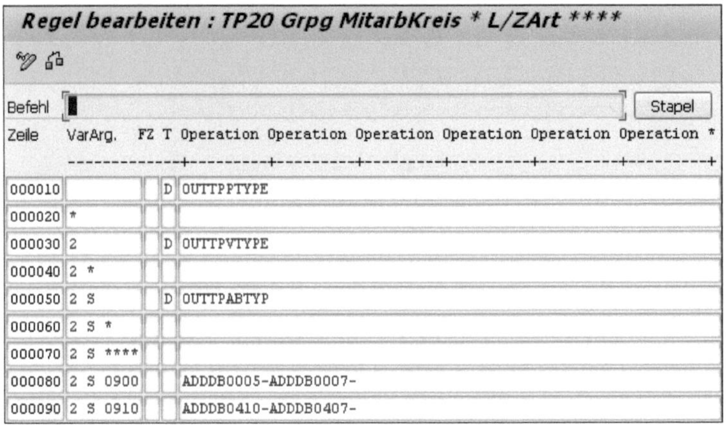

```
Regel bearbeiten : TP20 Grpg MitarbKreis * L/ZArt ****
Befehl                                                        Stapel
Zeile   VarArg.   FZ T Operation Operation Operation Operation Operation Operation *
```

Zeile	VarArg.	FZ	T	Operation
000010			D	OUTTPPTYPE
000020	*			
000030	2		D	OUTTPVTYPE
000040	2 *			
000050	2 S		D	OUTTPABTYP
000060	2 S *			
000070	2 S ****			
000080	2 S 0900			ADDDB0005-ADDDB0007-
000090	2 S 0910			ADDDB0410-ADDDB0407-

Abbildung 14.11 Personalrechenregel TP20

In dieser Regel sind die Abwesenheitsarten 0900 (Gleitzeitausgleich) und 0910 (Mehrarbeitsausgleich) implementiert. Die vereinfachte Abarbeitungsfolge innerhalb der Regel beschreiben wir im Folgenden.

Die Operation OUTTP mit dem Parameter PTYPE fragt den Paartyp des aktuellen Zeitpaares ab und stellt ihn in das variable Argument. Die Operation OUTTP mit dem Parameter VTYPE ermittelt wiederum den Verarbeitungstyp des aktuellen Zeitpaares und stellt das Ergebnis in das variable Argument. Letztlich ermittelt die Operation OUTTP mit dem Parameter ABTYP, ob eine Abwesenheit vorliegt, und stellt diese in das variable Argument. Anschließend führt das Vorhandensein der Abwesenheiten 0900 und 0910 zu einer Saldenveränderung der in der Regel angesprochenen Zeitarten.

Diese Regel wirkt auf die folgende Weise:

- Die Abwesenheitsart 0900 (Gleitzeitausgleich) reduziert die Zeitarten 0005 (Gleitzeitsaldo) und 0007 (Gleitzeitsaldoausgleich); dabei ist die Zeitart 0007 gewissermaßen als »Protokoll«-Zeitart vorgesehen, die standardmäßig auch auf dem Zeitnachweis angedruckt wird, um Gleitzeitsaldoänderungen nachvollziehen zu können.
- Die Abwesenheitsart 0910 (Mehrarbeitsausgleich) reduziert die Zeitart 0410 (Freizeit aus Mehrarbeit) und die Zeitart 0407 (Mehrzeitausgleich). Hier ist die Zeitart 0407 die »Protokoll«-Zeitart.

Die Regel zur Verrechnung der Abwesenheitszeiten mit Zeitsalden wird im Schema durch die Funktion RTIPA aufgerufen. Dieser Aufruf bedeutet Folgendes: »Lies die Tages-Input-Tabelle, aber nur, wenn Abwesenheiten vorliegen« (siehe Abbildung 14.12).

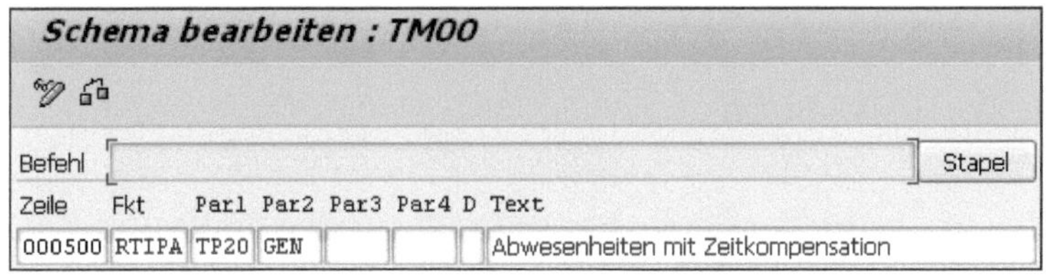

Abbildung 14.12 Personalrechenregel TP20 aufrufen

14.5 Abwesenheitskontingente führen

Innerhalb der Zeitauswertung haben Sie die Möglichkeit, Zeitguthaben nicht nur in Form von Zeitarten, sondern auch über den Infotyp 2006 (Abwesenheitskontingente) zu verwalten. Damit können Sie das Feld **Anspruch** in einem bereits angelegten Abwesenheitskontingentsatz verändern. Die Operation UPDTQ führt dieses Update durch. Beim Anlegen einer Abwesenheit kann gegen ein solches Abwesenheitskontingent verprobt werden. Damit kann sichergestellt werden, dass diese Abwesenheit nur bei genügend hohem Freizeitanspruch aufgegeben werden kann.

So kann beispielsweise in Ihrem Unternehmen geleistete Mehrarbeit durch Freizeit abgegolten werden. Die geleisteten Mehrarbeitsstunden bauen ein Kontingent **Freizeitanspruch aus Mehrarbeit** auf. Dagegen soll eine Abwesenheit **Freizeit aus Mehrarbeit** dieses Kontingent wieder abbauen. Das Konto **Freizeitanspruch aus Mehrarbeit** darf nie negativ werden.

Dazu soll schon beim Erfassen der Abwesenheit **Freizeit aus Mehrarbeit** im Infotyp 2001 (Abwesenheiten) geprüft werden, ob der Anspruch ausreicht. Zu diesem Zweck legen Sie einen Kontingenttyp 02 (Freizeit aus Mehrarbeit) an. Der Anspruch **Freizeit aus Mehrarbeit** wird in der Zeitart 0410 geführt. Falls Sie nun für einen Mitarbeiter im Infotyp 2006 (Abwesenheitskontingente) einen Satz mit dem Subtyp 02 angelegt haben, wird durch die Zeitauswertung parallel zur Zeitart 0410 der Freizeitanspruch in diesem Infotypsatz geführt. Dies geschieht in der Personalrechenregel TC20 mit der Operation UPDTQA02 (siehe Abbildung 14.13).

Regel bearbeiten : TC20 Grpg MitarbKreis * L/ZArt ****

Befehl Stapel

Zeile	VarArg.	FZ	T	Operation	Operation	Operation	Operation	Operation	Operation *
000010			D	VWTCL 17					
000020	*			ADDZLM*					VERGUETUNG
000030	A			ADDDB0042	ADDZLM*				VERG+ZTART
000040	B			ADDDB0043	ADDDB0410	UPDTQA02	ADDZLM1	ADDZLM2	ZUSCHLAG
000050	C			ADDDB0041	HRS*%012	ADDDB0410	UPDTQA02		KOMPENS.
000060	D		Z	GCY TC21					VERSL.
000070	E		Z	GCY TC21					VERSL.
000080	F		Z	GCY TC21					VERSL.

Abbildung 14.13 Personalrechenregel TC20

Abwesenheitskontingente aktualisieren

Abwesenheitskontingente, die Sie von der Zeitauswertung aktualisieren lassen wollen, müssen Sie entsprechend kennzeichnen (siehe Kapitel 2, »Customizing der Infotypen der Zeitwirtschaft«). Damit können Sie den Anspruch dieser Kontingente nicht mehr manuell verändern. Dies ist wichtig, damit die Zeitauswertungen Rückrechnungen richtig durchführen können. Die Zeitauswertung kann nur bestehende Sätze des Infotyps 2006 (Abwesenheitskontingente) aktualisieren und keine neuen Infotypsätze anlegen. Sie können Informationen aus Abwesenheitskontingenten in der Zeitauswertung durch die Verwendung der Funktion P2006 und der Operation HRS=Qxxxxx abfragen. Lesen Sie dazu die Systemdokumentation von P2006 und HRS.

14.6 Kumulierte Salden fortschreiben

In der Zeitauswertung können Sie neben den Tagessalden, die einzelnen ausgewerteten Tagen zugeordnet sind, auch Zeitsalden periodenweise kumuliert und in der eigenen Tabelle **Kumulierte Salden** abspeichern. Als Beispiel wählen Sie die klassische Zeitart **Gleitzeitsaldo**. Bei dieser Zeitart wollen Sie, dass die Werte periodenweise kumuliert werden und sowohl Tages- als auch Periodensaldo der Zeitart **Gleitzeitsaldo** abgespeichert werden.

Dazu müssen Sie die Definitionen in der Sicht V_T555A hinterlegen (siehe Abbildung 14.14).

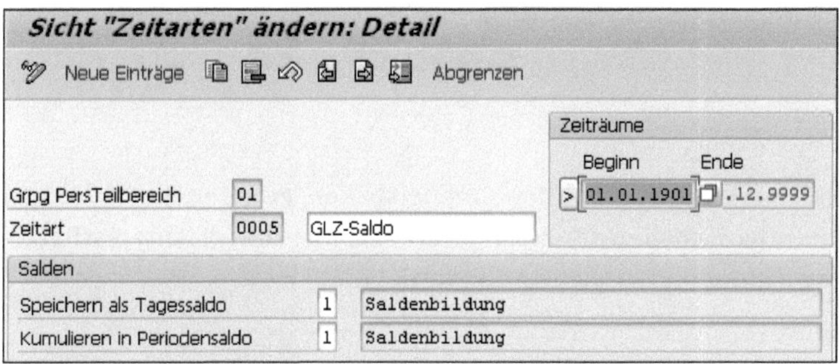

Abbildung 14.14 Saldenverarbeitung V_T555A steuern

Im SAP-Standard sind die beiden Angaben **Speichern als Tagessaldo** und **Kumulieren in Periodensaldo** mit »1« vorbelegt. Die Auswertung der Übernahmekennzeichen der Zeitarten erfolgt in der Zeitauswertung durch die Funktion CUMBT. Zeitarten, die zur Übernahme in die Tagessumme vorgesehen sind, werden in die abzuspeichernde Tabelle der Tagessalden übertragen (Tabelle ZES). Zeitarten, die zur Kumulation vorgesehen sind, werden in der entsprechenden Zeitart periodenweise kumuliert und in der Tabelle der kumulierten Salden gespeichert (Tabelle SALDO).

Funktion CUMBT aktivieren

Die Funktion CUMBT sollte in Ihrem Zeitauswertungsschema immer aktiv sein, da ansonsten Zeitsalden und die gebildeten Zeitlohnarten nicht in die auf der Datenbank abzuspeichernden Tabellen überführt werden. Beachten Sie auch, dass nicht alle Zeitarten derart verarbeitet werden müssen, weil sie nur als Hilfszeitarten dienen, die nur als Hilfsgröße bei einzelnen Berechnungen benötigt werden.

Innerhalb der Zeitauswertung erkennen Sie die Wirkungsweise der Funktion CUMBT im Protokoll der Zeitauswertung im Block **Zeitkonten führen** (siehe Abbildung 14.15).

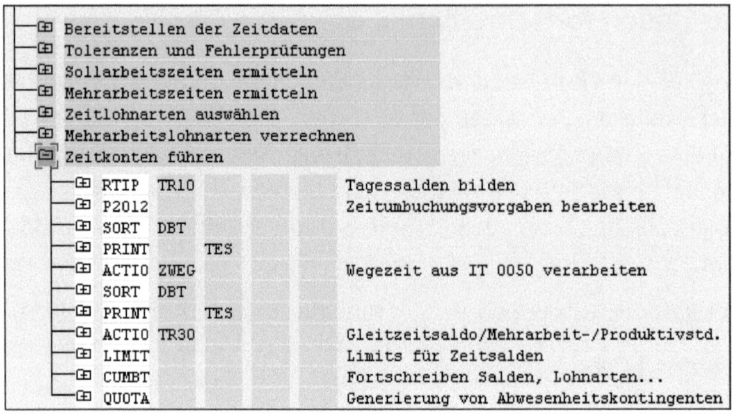

```
Bereitstellen der Zeitdaten
Toleranzen und Fehlerprüfungen
Sollarbeitszeiten ermitteln
Mehrarbeitszeiten ermitteln
Zeitlohnarten auswählen
Mehrarbeitslohnarten verrechnen
Zeitkonten führen
    RTIP   TR10            Tagessalden bilden
    P2012                  Zeitumbuchungsvorgaben bearbeiten
    SORT   DBT
    PRINT        TES
    ACTIO  ZWEG            Wegezeit aus IT 0050 verarbeiten
    SORT   DBT
    PRINT        TES
    ACTIO  TR30            Gleitzeitsaldo/Mehrarbeit-/Produktivstd.
    LIMIT                  Limits für Zeitsalden
    CUMBT                  Fortschreiben Salden, Lohnarten...
    QUOTA                  Generierung von Abwesenheitskontingenten
```

Abbildung 14.15 Protokollausschnitt

Wenn Sie im Protokoll auf die Funktion CUMBT doppelklicken, erhalten Sie in der Ansicht alle zu verarbeitenden Tabellen der Zeitauswertung, hier die uns interessierende Tabelle der Tageseinzelsalden TES (siehe Abbildung 14.16).

Tabelle TES

Zeitart	Bezeichnung	Anzahl
0000	Hilfs-Zeitart 1	6,2500
0001	Hilfs-Zeitart 2	6,2500
0003	Rahmenzeit	6,4167
0010	Anwesenheit	6,2500
0100	Füllzeit	3,7500
0110	Füllzeit Anwesenheit	3,7500
0200	Kernzeit	2,5000
0210	Kernzeit Anwesenheit	2,5000
0301	Überzeit	2,5000
0310	Überzeit Anwesenheit	2,5000
0940	Anwesenheitszeit	8,7500
0941	Anwesenheit ohne Pause	6,2500
0942	Anrechenbare Pause	2,5000
0944	Arbeitsbeginn	5,5000
0945	Arbeitsende	14,2500
0002	Sollzeit	4,0000
0005	GLZ-Saldo	2,4167
0040	geleistete Mehrarbeit	0,0000
0050	Produktivstunden	6,2500
0051	Produktivstunden kumul.	6,2500

Abbildung 14.16 Tabelle TES vor der Bearbeitung durch die Funktion CUMBT

Als Resultat der Funktion erhalten Sie die Tabelle der Zeiteinzelsalden ZES (siehe Abbildung 14.17) und die Tabelle der kumulierten Salden SALDO (siehe Abbildung 14.18) mit den Zeitarten, die nach Ihren Customizing-Einstellungen in der Sicht V_T555A (Tabelle T555A) entsprechend geschlüsselt sind.

Tabelle ZES

Tag	Zeitart	Bezeichnung	Anzahl
01	0003	Rahmenzeit	6,42
01	0010	Anwesenheit	6,25
01	0100	Füllzeit	3,75
01	0110	Füllzeit Anwesenheit	3,75
01	0200	Kernzeit	2,50
01	0210	Kernzeit Anwesenheit	2,50
01	0301	Überzeit	2,50
01	0310	Überzeit Anwesenheit	2,50
01	0002	Sollzeit	4,00
01	0005	GLZ-Saldo	2,42
01	0050	Produktivstunden	6,25
01	0051	Produktivstunden kumul.	6,25

Abbildung 14.17 Tabelle ZES (Zeiteinzelsalden)

In dieser Tabelle sind demnach alle Zeitarten saldiert vorhanden. Diese Tabelle wird tagesgenau geführt. Die Tabelle TES ist nach dem Aufruf der Funktion CUMBT leer.

Tabelle SALDO

Zeitart	Bezeichnung	Anzahl Stunden
0003	Rahmenzeit	6,42
0110	Füllzeit Anwesenheit	3,75
0210	Kernzeit Anwesenheit	2,50
0301	Überzeit	2,50
0310	Überzeit Anwesenheit	2,50
0002	Sollzeit	4,00
0005	GLZ-Saldo	2,42
0050	Produktivstunden	6,25
0051	Produktivstunden kumul.	6,25

Abbildung 14.18 Tabelle SALDO

Tabelle SALDO bearbeiten

Mithilfe von Operationen der Zeitwirtschaft ist es Ihnen möglich, die Zeitarten der Tabelle SALDO auch selbst zu beeinflussen. Da diese Tabelle aber periodenübergreifende Werte enthält, kann es bei eigener Programmierung, insbesondere bei Rückrechnungen, zu nicht mehr nachvollziehbaren Ergebnissen kommen. Daher empfehlen wir Ihnen, die Tabelle SALDO nur mithilfe der Funktion CUMBT zu bearbeiten.

Ihre Zeitsalden können Sie auf die vielfältigsten Arten verändern oder begrenzen. Dafür eignen sich die angesprochenen Regeln und Funktionen. Eine weitere Funktionalität, die gern und oft genutzt wird, ist die Verarbeitung von Zeitumbuchungsvorgaben. Diese haben wir in Abschnitt 2.10 im Zusammenhang mit dem Infotyp 2012 (Zeitumbuchungsvorgaben) ausführlich beschrieben.

14.7 Fazit

Durch die unterschiedlichen Möglichkeiten, Salden von Zeitarten aufzubauen und zu verändern, können Sie auch leicht Regelungen einbauen, die später schwer zu übersehen sind. Praktisch können Sie an beliebiger Stelle im Schema vor dem Aufruf der Funktion CUMBT Salden bearbeiten.

Der beste und einfachste Fall ist es, Salden nur an einer Stelle im Schema zu beeinflussen, was aber wahrscheinlich nicht möglich ist. In der Standardform des Schemas TM00 wird die Zeitart 0005 (Gleitzeit) an verschiedenen Stellen bearbeitet. In der Regel TR30 wird sie erstmals aufgebaut und in der Regel TP20 durch Abwesenheiten verändert. Schließlich kann sie noch durch eine Zeitumbuchung beeinflusst werden. In der Regel TP20 und in der Zeitumbuchung wird immer auch die Zeitart 0007 mitgeführt, damit Anwender und Mitarbeiter erkennen können, dass die Gleitzeit manuell verändert wurde. Die Verfahrensweise, eine »Protokoll«-Zeitart ähnlich der Zeitart 0007 zu führen, können wir Ihnen für alle Zeitarten empfehlen, die in der Zeitauswertung mehrfachen Änderungen unterworfen sind.

Kapitel 15
Endeverarbeitung

Die Endeverarbeitung ist der letzte Schritt der Zeitauswertung. Hier werden alle ermittelten Werte der Tagesverarbeitung überprüft und gespeichert. Wir stellen Ihnen den Aufbau und die wichtigsten Funktionen der Endeverarbeitung genauer vor.

Die Endeverarbeitung ist der letzte Schritt der Zeitauswertung in einer Zeitauswertungsperiode. Sie wird ausgeführt, wenn das Ende einer Zeitauswertungsperiode erreicht wird. Außerdem wird sie am letzten Tag des aktuellen WPBP-Zeitraums (Abrechnungsergebnis: Arbeitsplatz/Basisbezüge) gestartet, wie z. B. am letzten Beschäftigungstag eines Mitarbeiters oder am letzten Tag vor einem organisatorischen Wechsel.

Zunächst stellen wir Ihnen den Aufbau des Blocks der Endeverarbeitung genauer vor. Anschließend lernen Sie die wichtigsten Funktionen der Endeverarbeitung kennen. Wir konzentrieren uns dabei vor allem auf die Funktion `LIMIT`. Sie ist die mächtigste Funktion der Endeverarbeitung und ermöglicht Ihnen viele individuelle Einstellungen.

15.1 Der Block »Endeverarbeitung«

Genau wie die Tagesverarbeitung wird auch die Endeverarbeitung jeweils durch eine Funktion eingeleitet und beendet. Nach Abschluss der Tagesverarbeitung durch die Funktion `EDAY` wird die Endeverarbeitung durch die Funktion `BEND` eingeleitet. Abgeschlossen wird die Endeverarbeitung durch die Funktion `EEND`. Der Block **Endeverarbeitung** wird pro Mitarbeiter und Zeitauswertungsperiode nur einmal durchlaufen. Im Schema `TM00` (Zeitauswertung mit Personalzeitereignissen) ist die Funktion `LIMIT` der einzige aktive Verarbeitungsschritt (siehe Abbildung 15.1). Eine Musterlösung für die kontingentgesteuerte Umbuchung von Gleitzeitüberschuss in Mehrarbeit ist in diesem Schema deaktiviert. Prozessiert werden diese Schritte innerhalb der Funktion `IF` mit Parameter `3 = EOM` und dem Abschluss `ENDIF` in der Zeile 0930. Anschließend exportiert die Funktion `EXPRT` in der Zeile 0940 die Ergebnisse in die entsprechenden Ergebnis-Cluster.

000890	BEND						Endeverarbeitung
000900	IF			EOM			Falls letzter Tag der Periode
000910	P2007	TS20	GEN			*	Gleitzeitsaldoüberschuß in Mehrarbeit
000920	LIMIT						Gleitzeitsaldo ausgleichen
000930	ENDIF						Endif (letzter Tag der Periode)
000940	EXPRT						Export der Auswertungsergebnisse
000950	EEND						Ende des Verarbeitungsblocks

Abbildung 15.1 Block »Endeverarbeitung« des Schemas TM00 (Zeitauswertung mit Personalzeitereignissen)

Sie können zwischen den Funktionen IF und ENDIF zusätzliche Verarbeitungsschritte aufnehmen.

Sollten Sie mehrere Zeitauswertungsschemen z. B. für Positiv-, Negativ- und Fremdfirmenzeitauswertung nutzen, empfehlen wir Ihnen, diese Schemen in einem gemeinsamen übergeordneten Schema aufzurufen. Dadurch können Sie Probleme in der Zeitauswertung vermeiden, die z. B. entstehen, wenn Mitarbeiter – insbesondere innerhalb eines Monats – zwischen Negativ- und Positivauswertung wechseln. In diesem Fall müssen Sie die Funktionen BINI (Beginn Initialisierungsblock), EINI (Ende Initialisierungsblock), BDAY (Beginn Tagesverarbeitung), EDAY (Ende Tagesverarbeitung), BEND (Beginn Endeverarbeitung) und EEND (Ende Endeverarbeitung) im Überschema und nicht in den einzelnen Unterschemen aufrufen.

Ein Beispiel für den Aufbau eines solchen übergeordneten Zeitauswertungsschemas finden Sie in Abbildung 15.2.

000010	BINI						Initialisierung
000020	MOD	MODT	GEN				Gruppierungen festlegen
000030	EINI						Ende des Verarbeitungsblocks
000040	BDAY						Tagesverarbeitung
000050	IF	YPOS					Selektion Status ZW=1
000060	COPY	YM00					Positivzeitauswertung
000070	ENDIF						
000080	IF	YNEG					Selektion Status ZW=9
000090	COPY	YM01					Negativzeitauswertung
000100	ENDIF						
000110	EDAY						Ende der Tagesverarbeitung
000120	BEND						Endeverarbeitung
000130	IF			EOM			Falls letzter Tag der Periode
000140	P2007	TS20	GEN				Gleitzeitsaldoüberschuß in Mehrarbeit
000150	LIMIT						Gleitzeitsaldo ausgleichen
000160	ENDIF						Endif (letzter Tag der Periode)
000170	EXPRT						Export der Auswertungsergebnisse
000180	EEND						Ende des Verarbeitungsblocks

Abbildung 15.2 Aufbau eines übergeordneten Zeitauswertungsschemas für die Positiv- und Negativauswertung

Hier können Sie in den Blöcken **Initialisierung** und **Endeverarbeitung** bereits nach Positiv- und Negativzeitauswertung unterscheiden. Dies empfiehlt sich dann, wenn Sie in diesen Blöcken bereits sehr unterschiedliche Verarbeitungsschritte für die beiden Auswertungsverfahren anwenden wollen.

Beachten Sie, dass Sie die Funktion CHECK mit den Parametern, die den Status **Zeitwirtschaft** aus dem Infotyp 7 prüfen, nicht verwenden können. Diese Parameter (PON, TRC, PDC, TS7, SRV und NEG) werden je Mitarbeiter für das gesamte Schema geprüft. Wenn Sie in Ihrem Haupt- oder in einem der Unterschemen eine dieser Funktionen verwenden, werden nur Mitarbeiter selektiert, die diese Bedingung erfüllen. Wenn Sie z. B. die Funktion CHECK mit dem Parameter 3 = NEG an einer beliebigen Stelle in Ihrem Zeitauswertungshauptschema oder in einem der Unterschemen verwenden, werden Mitarbeiter mit dem Status **Zeitwirtschaft = 1** (Zeitauswertung Ist) nicht durch das Hauptschema selektiert und damit auch nicht ausgewertet.

In diesem Fall können Sie die Abfrage des Status **Zeitwirtschaft** in eine Personalrechenregel auslagern (siehe Abbildung 15.3). Dort können Sie bestimmen, welche Verarbeitung für Mitarbeiter mit dem entsprechenden Status **Zeitwirtschaft** erfolgen soll, indem Sie mit der Operation OUTWPTIMER die Mitarbeiter selektieren, für die in ein Unterschema verzweigt werden soll.

000010			D	OUTWPTIMER
000020	*			SCOND=F IF
000030	1			SCOND=T IF

Abbildung 15.3 Personalrechenregel als Beispiel für die Selektion von Mitarbeitern mit dem Status Zeitwirtschaft = 1 (Zeitauswertung Ist)

In den nächsten Abschnitten dieses Kapitels erfahren Sie, welche Verarbeitungsschritte innerhalb der Endeverarbeitung erfolgen können.

15.2 Gleitzeitsaldoüberschuss in Mehrarbeit

Wenn ein Mitarbeiter die Obergrenze des Gleitzeitkontos überschreitet, können Sie sich diese Überschreitung als Mehrarbeit auszahlen lassen. Dazu bietet sich die Funktion P2007 mit der Personalrechenregel TS20 (Umbuchen Gleitzeitsaldo-Überschuss in Mehrarbeit) an.

Die Personalrechenregel rufen Sie mit der Funktion P2007 (Anforderung einer Personalrechenregel über die Tabelle ANWKONTI) auf. Sie wird demnach nur ausgeführt, wenn ein Anwesenheitskontingent am letzten Auswertungstag der Zeitauswertungsperiode gültig ist. Die Personalrechenregel TS20 prüft zunächst, um welchen Kontingenttyp es sich bei dem aktuell zur Verarbeitung stehenden Eintrag in der internen Tabelle ANWKONTI (Anwesenheitskontingente) handelt (siehe Abbildung 15.4). Die Anwesenheitskontingenttypen 01 (Genehmigte Mehrarbeit) und 02 (Genehmigte Hilfsarbeit) werden identisch verarbeitet. Zunächst wird geprüft, ob das aktuelle Gleitzeitguthaben den Wert der Konstante GLMAX (Gleitzeitmaximum eines Monats) übersteigt. Ist dies nicht der Fall, wird die Verarbeitung beendet. Ist das Gleitzeitguthaben höher als der Wert der Konstante, wird diese Differenz, also der die Obergrenze übersteigende Teil, mit dem Wert des Anwesenheitskontingents verglichen. Anschließend werden die durch das Anwesenheitskontingent genehmigten Stunden aus dem Gleitzeitkonto in Mehrarbeit umgebucht.

000010			D	OUTPQTYP
000020	**			
000030	01		D	HRS=M0005 HRS?CGLMAX
000040	01 *			
000050	01 >		D	HRS=R HRS?GR
000060	01 > *			HRS=M0005 HRS-CGLMAXADDMB0005-NEXTR
000070	01 > *	1		ADDMB0410 ADDMB0043 ADDMB0040 UPDTQA02 COLTQ
000080	01 > >			HRS=GR ADDMB0005-ADDMB0410 ADDMB0043 ADDMB0040 NEXTR
000090	01 > >	1		UPDTQA02 COLTQ
000100	02		D	HRS=M0005 HRS?CGLMAX
000110	02 *			
000120	02 >		D	HRS=R HRS?GR
000130	02 > *			HRS=M0005 HRS-CGLMAXADDMB0005-NEXTR
000140	02 > *	1		ADDMB0420 ADDMB0043 ADDMB0040 UPDTQA02 COLTQ
000150	02 > >			HRS=GR ADDMB0005-ADDMB0420 ADDMB0043 ADDMB0040 NEXTR
000160	02 > >	1		UPDTQA02 COLTQ

Abbildung 15.4 Personalrechenregel TS20 (Umbuchen Gleitzeitsaldoüberschuss in Mehrarbeit)

Beachten Sie, dass die Mehrarbeit dadurch noch nicht ausgezahlt wird. Wollen Sie die Mehrarbeit nicht nur dem Mehrarbeitskonto gutschreiben, sondern auch eine Auszahlung vornehmen, können Sie dies in einer modifizierten Kopie der Personalrechenregel TS20 oder mit der Funktion LIMIT umsetzen. Die Funktion LIMIT beschreiben wir im nächsten Abschnitt.

15.3 Funktion LIMIT (Grenzwerte für Zeitsalden)

Die Funktion LIMIT (Grenzwerte für Zeitsalden) ist eine sehr vielfältig einsetzbare Funktion, die Sie über die Tabelle T559P (Limits für Zeitsalden) steuern können (siehe Abbildung 15.5). Sie können diese Funktion sowohl in der Tagesverarbeitung als auch in der Endeverarbeitung aufrufen. Welche vielfältigen Anwendungsmöglichkeiten diese Funktion bietet, erkennen Sie bereits an den Regelbezeichnungen im Einstiegsbild der Tabellenpflege.

GrPTB	Grp	Regel	Regelbezeichnung	Beginn	Ende
01	01	001	Kernzeitverletzung	01.01.1990	31.12.9999
01	01	010	Maximale tägliche Arbeitszeit	01.01.1990	31.12.9999
01	01	020	Mindestarbeitszeit	01.01.1990	31.12.9999
01	01	040	Ungenehmigte Mehrarbeit	01.01.1990	31.12.9999
01	01	111	Maximale 13 wöch. Sollzeit	01.01.1990	31.12.9999
01	01	113	Maximale 13 wöch. Arbeitszeit	01.01.1990	31.12.9999
01	01	499	Gleitzeitkappung Limit 50 Std.	01.01.1990	31.12.9999
01	01	500	Gleitzeitkappung - Obergrenze	01.01.1990	31.12.9999
01	01	501	Gleitzeitkappung - Untergrenze	01.01.1990	31.12.9999
01	01	700	Verletzung max. Pausenzeit DS	01.01.1990	31.12.9999
01	01	710	Maximale tägliche Arbeitszeit DS	01.01.1990	31.12.9999
01	01	750	Gleitzeitkappung - Obergrenze DS	01.01.1990	31.12.9999
01	01	751	Gleitzeitkappung - Untergrenze	01.01.2008	31.12.9999
01	01	752	Gleitzeitkappung - Quartal DS	01.01.1990	31.12.9999
01	01	900	Wöchentliche Arbeitszeit DS	01.01.1990	31.12.9999

Abbildung 15.5 Tabelle T559P (Sicht V_T559P) – Limits für Zeitsalden: Übersichtsbild

Die Funktion LIMIT lässt sich durch die Werte der Tabelle sehr flexibel steuern. Sie legen den Zugriff auf die Tabelle über die Personalteilbereichsgruppierung für die Zeiterfassung und die Zeitsaldenregelgruppe fest. Die Personalteilbereichsgruppierung wird dabei für jeden Personalteilbereich in der Tabelle T001P vergeben; der Wert der Zeitsaldenregelgruppe wird in der Zeitauswertung durch die Operation MODIF mit dem Parameterwert L= flexibel vergeben. Damit können Sie sehr genau festlegen, welche Regeln für welche Mitarbeiter angewandt werden.

Die Regeln des SAP-Standards bieten Ihnen viele Anwendungsmöglichkeiten. So können Sie z. B. Zeitkonten kappen, die Einhaltung von Wochenarbeitszeitvorgaben prüfen und Meldungen für verschiedene Ereignisse festlegen. Im Folgenden stellen wir Ihnen die Elemente der Sicht V_T559P zur Tabelle T559P (Limits für Zeitsalden) genauer vor.

Die Sicht V_T559P zur Tabelle T559P (Limits für Zeitsalden) gliedert sich in die folgenden Blöcke (siehe Abbildung 15.6 und Abbildung 15.8):

- Schlüsselfelder
- Grenzwert
- Art des Grenzwerts
- Zu vergleichendes Saldo
- Verarbeitung bei Überschreitung des Grenzwertes
- Verarbeitung bei Erreichen des Grenzwertes
- Zu vergleichendes Zeitsaldo abstellen in Zeitart
- Vergleichszeitpunkt
- Einschränkung ans Lebensalter

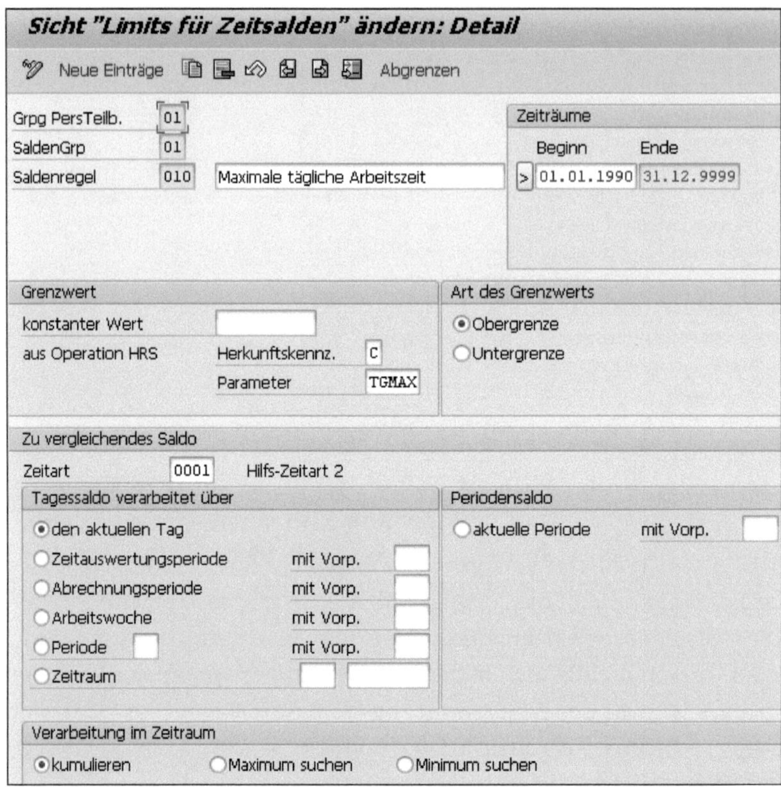

Abbildung 15.6 Tabelle T559P (Sicht V_T559P) – Limits für Zeitsalden: Detailbild (Teil 1)

Zunächst beschreiben wir die Schlüsselfelder links oben in der Pflegesicht: Das Feld **Grpg PersTeilb.** dient der Zuordnung zur jeweiligen Gruppierung der Personalteilbereiche für die Zeiterfassung (MOBDE) aus der Tabelle T001P. Entsprechend dient das Feld **SaldenGrp** der Zuordnung zu einer Zeitsaldenregelgruppe. Diese wird, wie Sie in Abbildung 15.7 sehen, z. B. in der Personalrechenregel MODT (Bestimmung von Gruppierungen) durch die Operation MODIF L= vergeben.

```
000010 MODIF W=01MODIF T=01MODIF A=01MODIF L=01
```

Abbildung 15.7 Personalrechenregel MODT (Bestimmung von Gruppierungen)

Im Feld **Saldenregel** tragen Sie eine frei wählbare Nummer ein, die die Reihenfolge festlegt, in der die einzelnen Regeln abgearbeitet werden.

Sie haben im Block **Grenzwert** die Möglichkeit, entweder einen festen Grenzwert im Feld **konstanter Wert** zu erfassen oder festzulegen, dass der Funktion LIMIT ein Wert aus der Operation HRS als Grenzwert zugewiesen wird. Diese Option steuern Sie durch das Feld **Herkunftskennz.** (Herkunftskennzeichen des dynamischen zu ermittelnden Grenzwertes). Dieses Feld kann die folgenden Ausprägungen haben:

- D: Tagessaldo
- M: Periodensaldo
- L: Tagessaldo Vortag
- O: Periodensaldo Vorperiode
- W: Tagessaldo kumuliert über aktuelle Woche
- X: Tagessaldo kumuliert über aktuelle Abrechnungsperiode
- S: Tagesarbeitszeitplan
- I: Infotyp Sollarbeitszeit
- V: Infotyp Zeiterfassungsinformation
- C: Konstante
- H: Information aus dem Urlaubskonto
- Y: Datumsangaben

Je nach gewähltem Herkunftskennzeichen können entweder Zeitarten aus den Tabellen TES oder SALDO aus der aktuellen oder der Vorperiode, ein kumulierter Wert von Tagesalden über verschiedene Zeiträume, ein Wert aus dem Tagesarbeitszeitplan, Werte aus verschiedenen Infotypen oder ein Wert aus der Konstantentabelle T511K (Abrechnungskonstanten) als Grenzwert für den durchzuführenden Vergleich herangezogen werden.

Im Feld **Parameter** können Sie Grenzwerte definieren. Welche Werte Sie verwenden können, hängt von dem Herkunftszeichen ab, dass Sie gewählt haben. Wenn Sie z. B. die Einträge D, M, L, O, W oder X gewählt haben, müssen Sie angeben, welche Zeitart in der entsprechenden Tabelle den Grenzwert enthält. Haben Sie die Ausprägung S gewählt, stehen Ihnen z. B. die Parameter MAX (Maximale tägliche Arbeitszeit) oder MIN (Minimale tägliche Arbeitszeit) zur Auswahl. Aus dem Tagesarbeitszeitplan können Sie mit dem Parameter S die folgenden Feldwerte als Grenzwerte nutzen:

- EMPCT: Arbeitszeitanteil
- DAHRS: Arbeitsstunden pro Tag
- WEHRS: Arbeitsstunden pro Woche
- MOHRS: Arbeitsstunden pro Monat
- YEHRS: Arbeitsstunden pro Jahr
- WKWDY: Arbeitstage pro Woche
- MINDY: Minimale Arbeitsstunden pro Tag (dyn. AZP)
- MAXDY: Maximale Arbeitsstunden pro Tag (dyn. AZP)
- MINWK: Minimale Arbeitsstunden pro Woche (dyn. AZP)
- MAXWK: Maximale Arbeitsstunden pro Woche (dyn. AZP)
- MINMO: Minimale Arbeitsstunden pro Monat (dyn. AZP)

- MAXMO: Maximale Arbeitsstunden pro Monat (dyn. AZP)
- MINYE: Minimale Arbeitsstunden pro Jahr (dyn. AZP)
- MAXYE: Maximale Arbeitsstunden pro Jahr (dyn. AZP)
- WWEEK: Beginnuhrzeit der Arbeitswoche

Im Block **Art des Grenzwerts** können Sie mithilfe der entsprechenden Radiobuttons **Untergrenze** und **Obergrenze** auswählen, ob es sich bei dem Grenzwert um die Unter- oder die Obergrenze handelt. Mit dieser Auswahl entscheiden Sie, in welche Richtung der Grenzwert angewandt werden soll. Im Block **Zu vergleichendes Saldo** geben Sie im Feld **Zeitart** die Zeitart an, deren Wert mit dem Grenzwert zu vergleichen ist.

Durch die Auswahl eines Radiobuttons im Block **Tagesaldo verarbeitet über** steuern Sie, dass diese Regel nur in der Tagesverarbeitung angewandt wird. Alternativ können Sie den Radiobutton **aktuelle Periode** im Block **Periodensaldo** auswählen. Dadurch legen Sie fest, dass der Vergleich in der Endeverarbeitung stattfinden soll.

Tagessalden können über die folgenden Perioden verglichen werden:

- **den aktuellen Tag**
  Hier wird die ausgewählte Zeitart aus der Tagessaldentabelle TES des aktuellen Tages mit dem Grenzwert verglichen.
- **Zeitauswertungsperiode**
  Mit der Zeitauswertungsperiode wird die ausgewählte Zeitart aus der Tagessaldentabelle TES in der für den Mitarbeiter definierten Zeitauswertungsperiode mit dem Grenzwert verglichen.
- **Abrechnungsperiode**
  Über den Radiobutton **Abrechnungsperiode** wird die ausgewählte Zeitart aus der Tagessaldentabelle TES in der für den Mitarbeiter definierten Abrechnungsperiode mit dem Grenzwert verglichen.
- **Arbeitswoche**
  Die Arbeitswoche wird im Infotyp 0007 (Sollarbeitszeit) definiert. Voraussetzung ist die erfolgte Definition der Arbeitswoche in den entsprechenden Customizing-Schritten.
- **Periode**
  Geben Sie einen Periodenparameter aus der Tabelle T549R (Periodenparameter) an.
- **Zeitraum**
  Definieren Sie einen frei wählbaren Zeitraum in Tagen, Wochen, Monaten oder Jahren.
- **Radiobuttons »Zeitauswertungsperiode«, »Abrechnungsperiode«, »Arbeitswoche« und »Periode«**
  Hier können Sie eine bestimmte Anzahl von Vorperioden in die Betrachtung einbeziehen.

Beim Vergleich eines Periodensaldos können Sie nur den Saldo der aktuellen Periode und eine frei wählbare Anzahl von Vorperioden angeben.

Im Block **Verarbeitung im Zeitraum** stehen die drei Radiobuttons **kumulieren**, **Maximum suchen** und **Minimum suchen** zur Auswahl. Mit diesen können Sie festlegen, wie die Zeitart verglichen werden soll, die Sie im Block **Zu vergleichendes Saldo** bestimmt haben. Bei der Auswahl der Option **kumulieren** summiert die Funktion `LIMIT` alle vorhandenen Saldenwerte innerhalb der festgelegten Periode und vergleicht die Summe mit dem Grenzwert. Die Option **Maximum suchen** bewirkt, dass die Funktion `LIMIT` im definierten Periodenzeitraum den höchsten Wert sucht und diesen mit dem Grenzwert vergleicht. Umgekehrt bewirkt die Option **Minimum suchen**, dass die Funktion `LIMIT` im definierten Periodenzeitraum den niedrigsten Wert sucht und diesen mit dem Grenzwert vergleicht.

Im Block **Verarbeitung bei Überschreitung des Grenzwerts** geben Sie an, wie die Funktion `LIMIT` reagieren soll, wenn der Vergleich des Saldos mit dem Grenzwert ergibt, dass dieser überschritten wurde (siehe Abbildung 15.8). Wie das SAP-System in diesem Fall reagieren soll, legen Sie in diesen Feldern fest:

- **Meldung**
  Hier geben Sie eine Meldungsart an, die als Fehlertyp 1 in der Tabelle `T555E` (Zeitauswertungsmeldungen) definiert wurde.
- **Radiobuttons »Hinweis«, »Information«, »Fehler«, »Abbruch«**
  Mit diesen Radiobuttons legen Sie fest, welche Qualität die zuvor ausgewählte Meldung bekommen soll, wenn der Grenzwert erreicht wurde.
- **Überschuß abstellen in Zeitsaldo**
  Sie geben hier einen Zeitsaldo an, in dem der Anteil Ihrer Vergleichszeitart abgestellt wird, der den Grenzwert übersteigt.
- **Wert ersetzen**
  Wenn Sie dieses Kennzeichen aktivieren, ersetzt der aktuelle Überschuss den Wert, der gegebenenfalls bereits im angegebenen Zeitsaldo enthalten ist.
- **Vorzeichen umkehren**
  Wenn Sie dieses Kennzeichen aktivieren, wird das Vorzeichen des Überschusses beim Abstellen der Zeitsaldos umgekehrt.
- **Überschuß abstellen in Lohnart**
  Sie geben hier eine Lohnart an, in die der Anteil Ihrer Vergleichszeitart abgestellt wird, der den Grenzwert übersteigt.
- **Informationstyp**
  In diesem Feld legen Sie fest, mit welchem Informationstyp die Lohnart zur Verarbeitung in der Personalabrechnung abgestellt wird (z. B. »M« für Mehrarbeit).

- **Vorzeichen umkehren**
  Wenn Sie dieses Kennzeichen aktivieren, wird das Vorzeichen des Überschusses beim Abstellen der Lohnart umgekehrt.

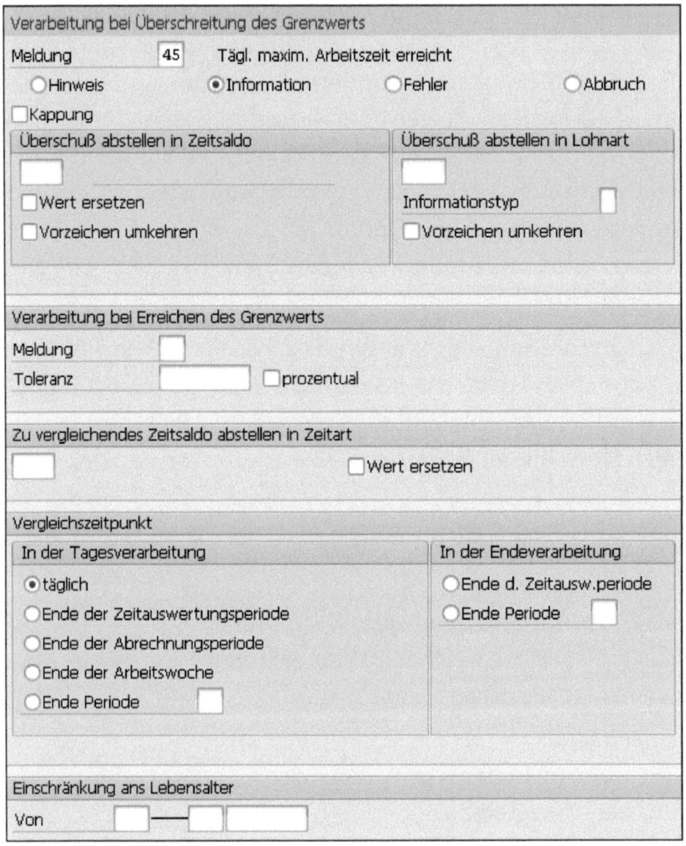

Abbildung 15.8 Tabelle T559P (Sicht V_T559P) – Limits für Zeitsalden: Detailbild (Teil 2)

Im Block **Verarbeitung bei Erreichen des Grenzwerts** geben Sie an, welche Reaktion die Funktion `LIMIT` zeigen soll, wenn der Vergleich des Saldos mit dem Grenzwert ergibt, dass dieser erreicht wurde.

- **Meldung**
  Hier geben Sie eine Meldungsart an, die als Fehlertyp 1 in der Tabelle `T555E` (Zeitauswertungsmeldungen) definiert wurde.
- **Toleranz**
  Hier können Sie eine Toleranz definieren, innerhalb derer die angegebene Meldung erzeugt wird, bevor der Grenzwert erreicht ist.

- **prozentual**
  Durch Aktivieren dieses Kennzeichens definieren Sie, dass der angegebene Wert ein prozentualer Wert sein soll.
- **Zu vergleichendes Zeitsaldo abstellen in Zeitart**
  Geben Sie hier eine Zeitart an, in die der Wert Ihrer Vergleichszeitart abgestellt werden soll.
- **Wert ersetzen**
  Wenn Sie dieses Kennzeichen aktivieren, ersetzt der aktuelle Vergleichswert den Wert, der gegebenenfalls bereits in der angegebenen Zeitart enthalten ist.

Im Block **Vergleichszeitpunkt** geben Sie an, zu welchem Zeitpunkt der Zeitauswertung die definierte Regel verarbeitet werden soll. Grundsätzlich müssen Sie zwischen der Tages- und der Endeverarbeitung unterscheiden. Die Tagesverarbeitung erfolgt zwischen den Funktionen BDAY (Verarbeitungsblock der Tagesverarbeitung einleiten) und EDAY (Verarbeitungsblock der Tagesverarbeitung beenden). Die Endeverarbeitung umfasst den Bereich zwischen den Funktionen BEND (Verarbeitungsblock nach der Tagesverarbeitung) und EEND (Verarbeitungsblock nach der Tagesverarbeitung).

Im Block **In der Tagesverarbeitung** können Sie die folgenden Optionen auswählen:

15

- **täglich**
  Die Regel wird täglich durch die Funktion LIMIT verarbeitet.
- **Ende der Zeitauswertungsperiode**
  Die Regel wird am letzten Tag der Zeitauswertungsperiode verarbeitet.
- **Ende der Abrechnungsperiode**
  Die Regel wird am letzten Tag der Abrechnungsperiode verarbeitet.
- **Ende der Arbeitswoche**
  Die Regel wird am letzten Tag der Arbeitswoche laut Infotyp 0007 (Sollarbeitszeit) verarbeitet.
- **Ende Periode**
  Die Regel wird am letzten Tag der gewählten Periode laut Tabelle T549R (Periodenparameter) verarbeitet.

Im Block **In der Endeverarbeitung** können Sie die folgenden Optionen auswählen:

- **Ende d. Zeitausw.periode**
  Die Regel wird am letzten Tag der Zeitauswertungsperiode verarbeitet.
- **Ende Periode**
  Die Regel wird am letzten Tag der gewählten Periode laut Tabelle T549R (Periodenparameter) verarbeitet.

Typische Anwendungsbeispiele für die Funktion `LIMIT` sind die Überprüfungen von Ober- und Untergrenzen für Zeitkonten oder die Ausgabe von Meldungen bei bestimmten Sachverhalten (Kernzeitverletzung, ungenehmigte Mehrarbeit, tägliche Arbeitszeit über- oder unterschritten). Die Funktion `LIMIT` bietet mit der Regeldefinition in der Tabelle `T559P` vielfältige Einsatzmöglichkeiten.

Wir zeigen Ihnen nun am Beispiel der Regel zur Prüfung der maximalen täglichen Arbeitszeit, wie sich die Einstellungen im Protokoll der Zeitauswertung auswirken. Diese Regel ist im SAP-Standard enthalten und wurde von uns bereits in Abbildung 15.6 und Abbildung 15.8 verwendet. Im Protokoll der Zeitauswertung gibt die Regel an einem Tag mit 11,6333 Stunden Arbeitszeit die Meldung »Tägl. Maxim. Arbeitszeit erreicht« aus (siehe Abbildung 15.9). Die Meldung wird als Hinweis ausgegeben und hat damit rein informativen Charakter.

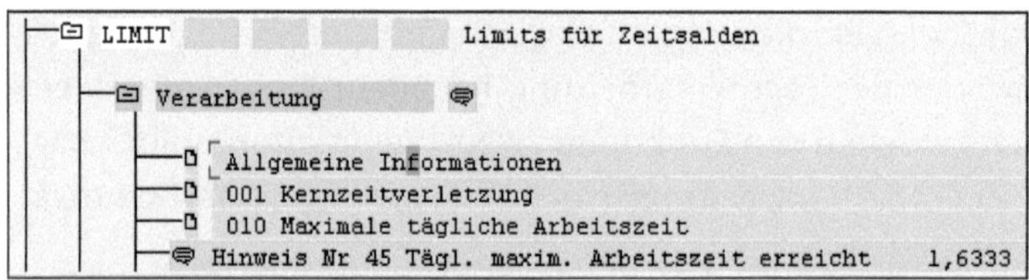

Abbildung 15.9 Zeitauswertungsprotokoll zur Verarbeitung der Funktion LIMIT in der Tagesverarbeitung – Hinweis »Tagesmaximum«

Im maximierten Protokoll der Verarbeitung, das Sie durch einen Doppelklick auf die Zeile **Verarbeitung** erreichen, erkennen Sie die Vergleichszeitart (0001), den Vergleichswert (11,6333), den Grenzwert aus der Konstante `TGMAX` (10,000) und den Überschuss (1,6333), siehe Abbildung 15.10.

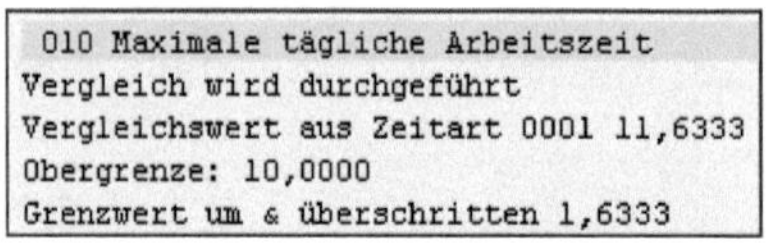

```
010 Maximale tägliche Arbeitszeit
Vergleich wird durchgeführt
Vergleichswert aus Zeitart 0001 11,6333
Obergrenze: 10,0000
Grenzwert um & überschritten 1,6333
```

Abbildung 15.10 Expandiertes Zeitauswertungsprotokoll zur Verarbeitung der Funktion LIMIT in der Tagesverarbeitung

Die folgenden Beispiele sollen verdeutlichen, welche Anwendungsoptionen die Funktion `LIMIT` bietet.

Eine Anforderung eines unserer Kunden war eine flexible und individuelle Steuerung von Kappungszeitpunkten und Grenzwerten für die Zeitkonten seiner Mitarbeiter, die sich mit den SAP-Standards nicht einfach und transparent abbilden ließ. Zu diesem Zweck haben wir einen Infotyp erstellt, in dem unser Kunde mitarbeiterspezifisch Kappungswerte und Kappungszeitpunkte erfassen kann (siehe Abbildung 15.11).

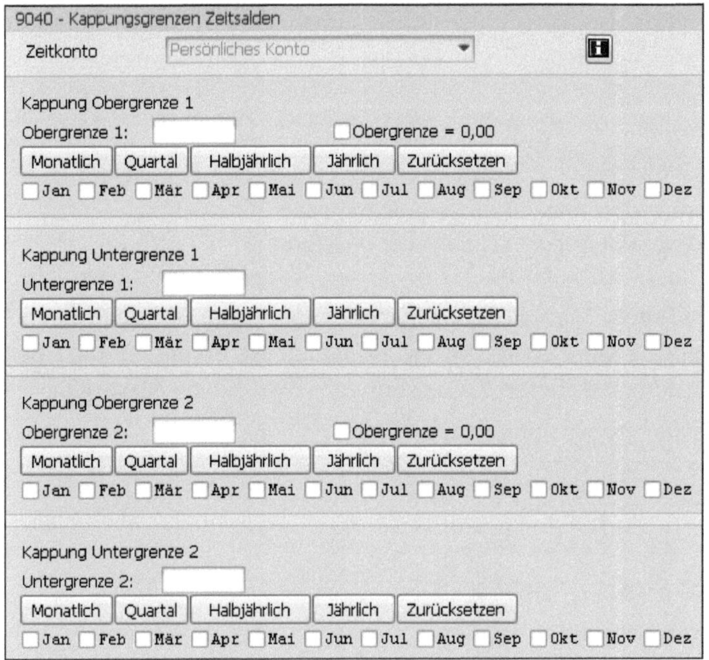

Abbildung 15.11 Kundeneigener Infotyp zur Steuerung von Zeitkontenkappungen

Der Infotyp verfügt über zwei Subtypen, mit denen der Kunde zwei Zeitkonten steuern kann. Für jedes dieser Konten kann er monatliche Kappungszeitpunkte für die Ober- und Untergrenze angeben. Dies ermöglicht es dem Kunden z. B., die Untergrenzen monatlich zu prüfen, während er die Obergrenzen nur quartalsweise überprüft. Darüber hinaus kann er zwei Ober- und Untergrenzen definieren.

Die in dem Infotyp erfassten Werte werden zu den Kappungszeitpunkten in einer kundeneigenen Funktion in der Zeitauswertung in Zeitarten abgestellt, die in der Tabelle `T559P` für die Funktion `LIMIT` als Grenzwerte hinterlegt sind. Auf diese Weise kann unser Kunde die Kappung für jeden Mitarbeiter individuell steuern, während die Kappung selbst weiterhin tabellengesteuert in der Standardfunktion `LIMIT` erfolgt.

Ein weiteres Beispiel für die Anwendung der Funktion `LIMIT` ist die Kappung von Zeitkonten an der Untergrenze. Dabei wird in der Regel zusätzlich zur Kappung des Zeitkontos eine Abzugslohnart generiert, die dazu führt, dass der die Untergrenze unterschreitende Wert geldlich abgegolten wird. Abbildung 15.12 zeigt das Protokoll der Zeitauswertung für diesen Verarbeitungsschritt. Zu erkennen sind sowohl der Wert der geprüften Zeitart 0005 (GLZ-Saldo) als auch der definierte Grenzwert und dessen Überschreitung. Außerdem ist dargestellt, dass die Unterschreitung des Grenzwertes in die Zeitart 0006 (GLZ-Über-/Unterschreitung) abgestellt und mit dem gleichen Wert die Lohnart M730 (Gleitzeitunterdeckung) gebildet wird.

```
 501 Gleitzeitkappung - Untergrenze
Vergleich wird durchgeführt
Vergleichswert aus Zeitart 0005 91,0000-
Untergrenze: 15,0000-
Grenzwert um & überschritten 76,0000-
Kappung erfolgt
Differenz mit Vorzeichen &1 in Zeitart &2 kumuliert '+' 0006
Differenz mit Vorzeichen &1 in Lohnart &2 abgestellt '+' M730
```

Abbildung 15.12 Zeitauswertungsprotokoll zur Verarbeitung der Funktion LIMIT in der Endeverarbeitung – Kappung der Untergrenze

Abbildung 15.13 zeigt die Tabelle `SALDO` in der Ausgabe der Funktion `LIMIT` nach der zuvor beschriebenen Kappung der Zeitart 0005 (GLZ-Saldo). Sie erkennen, dass der Wert nach der Kappung dem definierten Grenzwert von »15 Stunden« entspricht.

Tabelle SALDO

Zeitart	Bezeichnung	Anzahl Stunden
0005	GLZ-Saldo	15,00-
0008	GLZ-Vormonat	8,00-
0002	Sollzeit	158,00
0110	Füllzeit Anwesenheit	75,00
0003	Rahmenzeit	75,00
0500	Pause	6,00
0050	Produktivstunden	75,00
0051	Produktivstunden kumul.	75,00
0006	GLZ-Ueber/Unterschreitung	76,00-

Abbildung 15.13 Zeitauswertungsprotokoll zur Verarbeitung der Funktion LIMIT – Ausgabe der Tabelle SALDO (Monatssalden)

Die in die Tabelle `ZL` abgestellte Lohnart M730 (Gleitzeitunterschreitung) mit dem Wert »76« (Stunden) kann anschließend in der Entgeltabrechnung berücksichtigt werden (siehe Abbildung 15.14).

Tabelle ZL

Datum	Beginn	Ende	Lohnart	Lohnartentext	Info	ALP	C1	AB	Anzahl
31.07.2022			M730	Gleitzeitunterdeckung	M				76,00-

Abbildung 15.14 Zeitauswertungsprotokoll zur Verarbeitung der Funktion LIMIT – Ausgabe der Tabelle ZL (Zeitlohnarten)

Alternativ zur Kappung können Sie bei Erreichen einer Untergrenze auch nur eine Meldung ausgeben. Auf diese Weise können Sie einfach ein mehrstufiges Verfahren realisieren, bei dem zunächst eine Meldung ausgegeben wird und erst bei Erreichen eines weiteren Grenzwertes eine Kappung erfolgt.

15.4 Funktion EXPRT (Export der Abrechnungsergebnisse)

Zum Schluss der Endeverarbeitung wird die Funktion EXPRT aufgerufen. Die Positionierung in der Endeverarbeitung ist nicht zwingend erforderlich. Sie können die Funktion an einer beliebigen Stelle im Schema aufrufen. Durch die Funktion werden die Ergebnisse der Zeitauswertung in den Clustern PCL1 und PCL2 gespeichert und stehen damit auch der Personalabrechnung und gegebenenfalls in anderen Komponenten von SAP ERP HCM zur Verfügung.

15.5 Fazit

Sie haben in diesem Kapitel die Endeverarbeitung der Zeitauswertung kennengelernt. Alle Verarbeitungen, die nur am Monatsende oder in besonderen Situationen, wie z. B. dem Austritt eines Mitarbeiters, durchgeführt werden sollen, können in der Endeverarbeitung realisiert werden. Insbesondere die Funktion LIMIT ist dazu sehr variabel einsetzbar und bietet eine Fülle von Verarbeitungsoptionen, wie z. B. das beschriebene Beispiel des Kappungsinfotyps unseres Kunden zeigt.

Häufig wird von Kunden die Anforderung gestellt, bei Austritten von Mitarbeitern deren Zeitkonten automatisch auszugleichen. Dabei sollen Guthaben in der Regel ausgezahlt und negative Stände durch eine Entgeltkürzung in entsprechender Höhe ausgeglichen werden. Solche Anforderungen lassen sich in der Endeverarbeitung durch die Definition entsprechender Regeln in der Tabelle T559L (Limits für Zeitsalden) für die Steuerung der Funktion LIMIT auf einfache Weise umsetzen. Aber auch deutlich komplexere Anforderungen können auf diese Weise gut abgebildet werden. Prüfen Sie vor der Realisierung eigener Verarbeitungsschritte in Form von Personalrechenregeln, kundeneigenen Funktionen oder Operationen zur Abbildung einer gewünschten Funktionalität im Bereich von Zeitkonten, ob diese Anforderung nicht auch über die Funktion LIMIT umsetzbar ist.

Kapitel 16
Funktionen der Zeitauswertung

Funktionen sind ein wichtiger Bestandteil der Zeitauswertung. Sie werden in den Schemen der Zeitwirtschaft aufgerufen und können durch Parameter individuell gesteuert werden. Wir zeigen Ihnen, wie Sie Ihre Daten mithilfe von Funktionen auswerten und verarbeiten können.

Funktionen sind logische Objekte in der Zeitauswertung. Sie erfahren in diesem Kapitel, welche Funktionen in der Zeitauswertung zum Einsatz kommen und wie diese arbeiten. Wir beschreiben die Funktionsweise des Editors für Funktionen und Operationen und geben Ihnen eine Übersicht über alle von SAP bereitgestellten Funktionen und deren Parameter. Die wichtigsten Funktionen stellen wir Ihnen detailliert vor (Transaktion PE04).

16.1 Einführung

Ein Schema, das Sie zur Verarbeitung Ihrer Zeitdaten konfigurieren möchten, rufen Sie mit dem Schemeneditor (Transaktion PE01) auf. Ein Schema besteht aus einer offenen Anzahl von Zeilen und acht Spalten (siehe Abbildung 16.1):

- **Zeile**: Die Zeilen werden fortlaufend in Zehnerschritten nummeriert.
- **Fkt**: Hier geben Sie die Funktion ein, die aufgerufen werden soll.
- **Par1** ... **Par4**: Hier geben Sie die Parameter der Funktionen an.
- **D (Deaktivierung)**: Sie können eine Zeile deaktivieren, indem Sie hier »*« eintragen.
- **Text**: Hier haben Sie die Möglichkeit, zu jeder Zeile einen erläuternden Text zu erfassen.

In die Spalte **Fkt** tragen Sie die Funktion ein, die ausgeführt werden soll. Näheres dazu erfahren Sie in Kapitel 6, »Schemen der Zeitwirtschaft«. Welche und wie viele Parameter einer Funktion zugeordnet sind und welche davon obligatorisch sind, können Sie der Dokumentation der Funktionen entnehmen.

Zeile	Fkt	Par1	Par2	Par3	Par4	D	Text
000010							
000020							
000030							
000040							
000050							

Abbildung 16.1 Leeres Schema der Zeitauswertung (Transaktion PE01)

Den Pflegedialog für Funktionen und Operationen rufen Sie mit Transaktion PE04 auf (siehe Abbildung 16.2). Diese Transaktion bietet Ihnen die folgenden Optionen:

- Transport (Icon Lkw)
- Aktivieren (Icon Streichholz)
- Alle aktivieren
- Verwendungsnachweis (Icon Pfeile)
- Aufruf des Quelltexts (Icon Blatt)
- Aufruf der Dokumentation (Icon Info)
- Definition der Eingabeparameter
- Definition der Ausgabeparameter

Auf diese Bedienungsfunktionen gehen wir im Folgenden noch genauer ein.

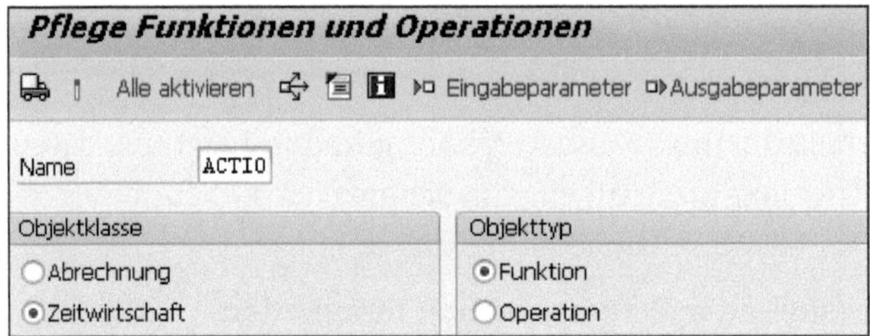

Abbildung 16.2 Pflegedialog für Funktionen und Operationen (Transaktion PE04)

Zunächst müssen Sie im Block **Objektklasse** zwischen **Abrechnung** und **Zeitwirtschaft** auswählen. Anschließend müssen Sie im Block **Objekttyp** auswählen, ob Sie eine **Funktion** oder eine **Operation** bearbeiten wollen.

Erst nachdem Sie diese Parameter im Einstiegsbild ausgewählt haben, ist es sinnvoll, die Wertehilfe F4 für das Feld **Name** aufzurufen. Wenn Sie den genauen Namen der Funktion oder Operation kennen, die Sie bearbeiten wollen, können Sie ihn auch selbst in das Feld eingeben. Sofern der Name eindeutig zugeordnet werden kann, wird daraufhin die Auswahl in den Blöcken **Objektklasse** und **Objekttyp** automatisch ergänzt. Ist der Name jedoch nicht eindeutig, wie z. B. bei der Funktion ACTIO, müssen Sie selbst die richtige **Objektklasse** angeben. Bei Namensgleichheit von Funktionen und Operationen werden Sie in einem Dialogfenster gefragt, ob Sie sich die entsprechende Funktion oder Operation ansehen möchten. Dies ist derzeit nur bei kundeneigenen Funktionen der Fall (siehe Kapitel 18, »Kundeneigene Funktionen und Operationen«).

Die Funktionen sind im Einzelnen:

- **Transport (Lkw-Button)**
  Sie haben hier die Möglichkeit, Funktionen in einen speziellen Transport aufzunehmen.
- **Aktivieren (Streichholz-Button)**
  Nach erfolgter Quellcodeänderung wird diese Funktion im Dictionary aktiviert.
- **Alle aktivieren**
  Alle Funktionen werden im Dictionary aktiviert.
- **Verwendungsnachweis (Pfeil-Button)**
  Es wird eine Liste von Schemen angezeigt, in denen die ausgewählte Funktion aufgerufen wird, bzw. eine Liste von Personalrechenregeln, in denen die ausgewählte Operation verwendet wird (siehe Abbildung 16.3).

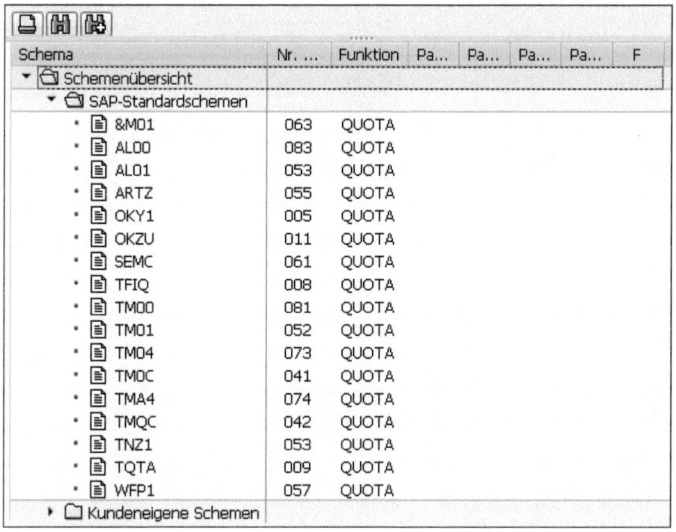

Schema	Nr. ...	Funktion	Pa...	Pa...	Pa...	Pa...	F
Schemenübersicht							
SAP-Standardschemen							
&M01	063	QUOTA					
AL00	083	QUOTA					
AL01	053	QUOTA					
ARTZ	055	QUOTA					
OKY1	005	QUOTA					
OKZU	011	QUOTA					
SEMC	061	QUOTA					
TFIQ	008	QUOTA					
TM00	081	QUOTA					
TM01	052	QUOTA					
TM04	073	QUOTA					
TM0C	041	QUOTA					
TMA4	074	QUOTA					
TMQC	042	QUOTA					
TNZ1	053	QUOTA					
TQTA	009	QUOTA					
WFP1	057	QUOTA					
Kundeneigene Schemen							

Abbildung 16.3 Verwendungsnachweis für die Funktion QUOTA

- **Aufruf Quelltext (Blatt-Button)**
  Hiermit navigieren Sie zu dem Programm, das den Quelltext der ausgewählten Funktion enthält (siehe Abbildung 16.4).
- **Aufruf Dokumentation (Info)**
  Anzeige der im System vorhandenen Anwendungsdokumentation (siehe Abbildung 16.5)

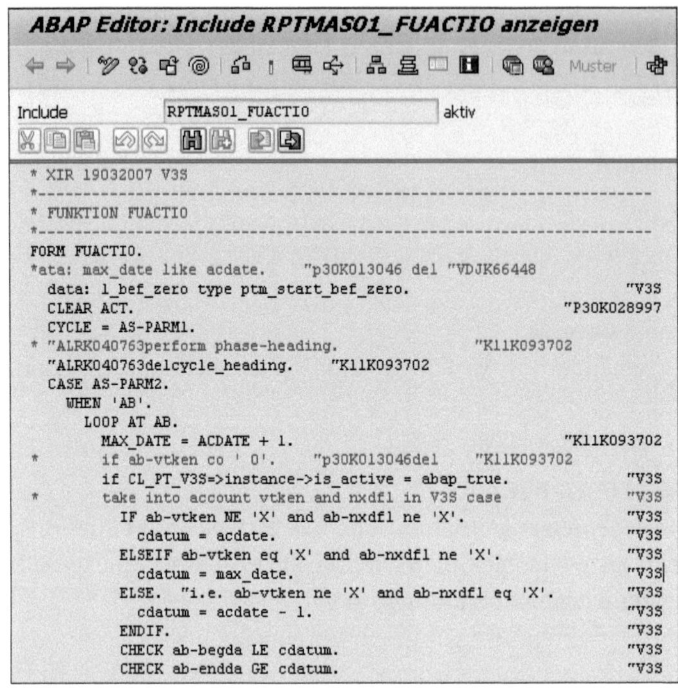


```
* XIR 19032007 V3S
*-------------------------------------------------------------------
* FUNKTION FUACTIO
*-------------------------------------------------------------------
FORM FUACTIO.
*ata: max_date like acdate.     "p30K013046 del "VDJK66448
  data: l_bef_zero type ptm_start_bef_zero.                     "V3S
  CLEAR ACT.                                             "P30K028997
  CYCLE = AS-PARM1.
* "ALRK040763perform phase-heading.                "K11K093702
  "ALRK040763delcycle_heading.    "K11K093702
  CASE AS-PARM2.
    WHEN 'AB'.
      LOOP AT AB.
        MAX_DATE = ACDATE + 1.                           "K11K093702
*       if ab-vtken co ' 0'.    "p30K013046del    "K11K093702
        if CL_PT_V3S=>instance->is_active = abap_true.          "V3S
*       take into account vtken and nxdfl in V3S case          "V3S
          IF ab-vtken NE 'X' and ab-nxdfl ne 'X'.               "V3S
            cdatum = acdate.                                    "V3S
          ELSEIF ab-vtken eq 'X' and ab-nxdfl ne 'X'.           "V3S
            cdatum = max_date.                                  "V3S
          ELSE.  "i.e. ab-vtken ne 'X' and ab-nxdfl eq 'X'.     "V3S
            cdatum = acdate - 1.                                "V3S
          ENDIF.                                                "V3S
          CHECK ab-begda LE cdatum.                             "V3S
          CHECK ab-endda GE cdatum.                             "V3S
```

Abbildung 16.4 Auszug aus dem Quelltext der Funktion ACTIO

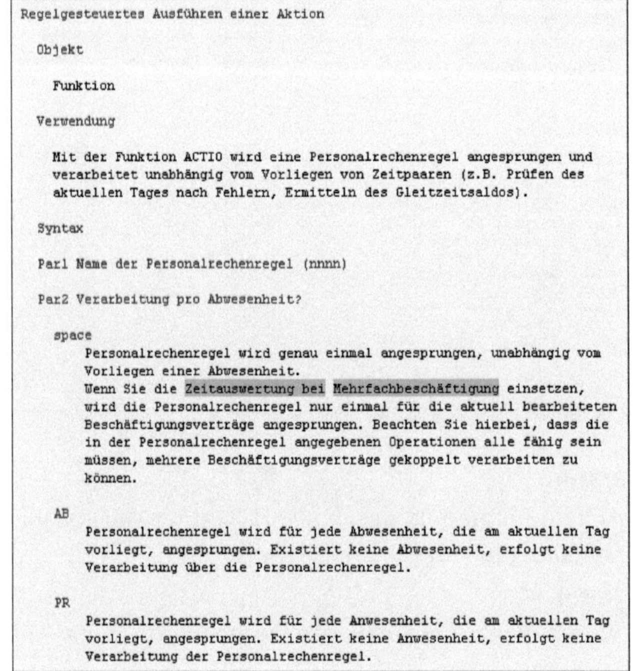

Regelgesteuertes Ausführen einer Aktion

Objekt

Funktion

Verwendung

Mit der Funktion ACTIO wird eine Personalrechenregel angesprungen und verarbeitet unabhängig vom Vorliegen von Zeitpaaren (z.B. Prüfen des aktuellen Tages nach Fehlern, Ermitteln des Gleitzeitsaldos).

Syntax

Par1 Name der Personalrechenregel (nnnn)

Par2 Verarbeitung pro Abwesenheit?

space
Personalrechenregel wird genau einmal angesprungen, unabhängig vom Vorliegen einer Abwesenheit.
Wenn Sie die Zeitauswertung bei Mehrfachbeschäftigung einsetzen, wird die Personalrechenregel nur einmal für die aktuell bearbeiteten Beschäftigungsverträge angesprungen. Beachten Sie hierbei, dass die in der Personalrechenregel angegebenen Operationen alle fähig sein müssen, mehrere Beschäftigungsverträge gekoppelt verarbeiten zu können.

AB
Personalrechenregel wird für jede Abwesenheit, die am aktuellen Tag vorliegt, angesprungen. Existiert keine Abwesenheit, erfolgt keine Verarbeitung über die Personalrechenregel.

PR
Personalrechenregel wird für jede Anwesenheit, die am aktuellen Tag vorliegt, angesprungen. Existiert keine Anwesenheit, erfolgt keine Verarbeitung der Personalrechenregel.

Abbildung 16.5 Auszug aus der Anwendungsdokumentation der Funktion ACTIO

- **Definition Eingabeparameter**
  Hier können Sie definieren, welche Tabellen in der Eingabe einer Funktion im Protokoll der Zeitauswertung angezeigt werden sollen (siehe Abbildung 16.6).

ProgKlasse T
Funktionsname ACTIO
Input/Output I Eingabeparameter

Ein-/Ausgabeparameter für Protokoll

Land	Par1	Par2	Par3	Par4	Status	N...	Objektname	Alle	Relevanz für CE ...
*		AB			SAP	1	AB	☐	CE und SE
*		PR			SAP	1	P2002	☐	CE und SE
*	TD30				SAP	1	TIP	☐	CE und SE
*	TD30				SAP	2	TZP	☐	CE und SE

Abbildung 16.6 Eingabeparameter der Funktion ACTIO

Die in den Eingabeparametern zur Anzeige festgelegten internen Tabellen werden im Protokoll der Zeitauswertung ausgegeben (siehe Abbildung 16.7).

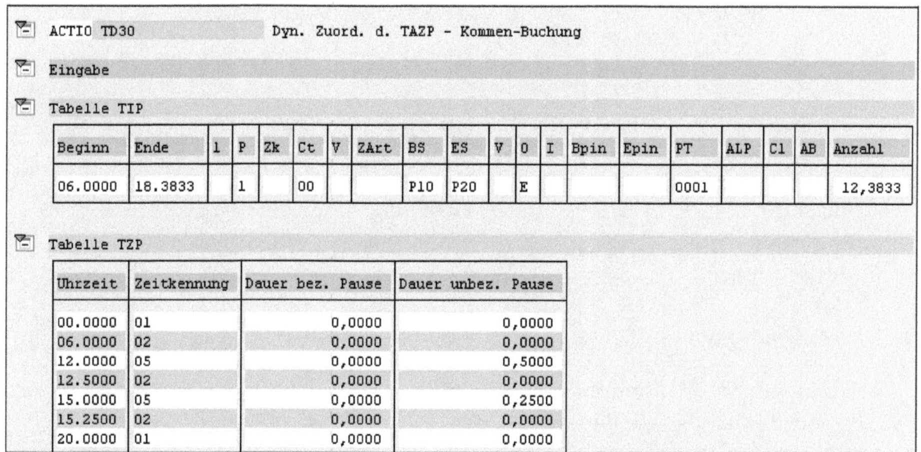

ACTIO TD30 Dyn. Zuord. d. TAZP - Kommen-Buchung

Eingabe

Tabelle TIP

Beginn	Ende	1	P	Zk	Ct	V	ZArt	BS	ES	V	O	I	Bpin	Epin	PT	ALP	C1	AB	Anzahl
06.0000	18.3833		1		00			P10	P20		E				0001				12,3833

Tabelle TZP

Uhrzeit	Zeitkennung	Dauer bez. Pause	Dauer unbez. Pause
00.0000	01	0,0000	0,0000
06.0000	02	0,0000	0,0000
12.0000	05	0,0000	0,5000
12.5000	02	0,0000	0,0000
15.0000	05	0,0000	0,2500
15.2500	02	0,0000	0,0000
20.0000	01	0,0000	0,0000

Abbildung 16.7 Eingabeprotokoll der Funktion ACTIO mit Aufruf der Personalrechenregel TD30

- **Definition Ausgabeparameter**
  Hier können Sie definieren, welche Tabellen in der Ausgabe einer Funktion im Protokoll der Zeitauswertung angezeigt werden.

16.2 Verzeichnis der Funktionen in der Zeitauswertung

In Tabelle 16.1 haben wir die aktuellen Funktionen der Zeitauswertung zusammengestellt. Neben der Bezeichnung der Funktion finden Sie auch Informationen zur Bedeutung der einzelnen Parameter.

Funktion	Text	Parameter 1	Parameter 2	Parameter 3	Parameter 4
A2003	Arbeitsplatzvertretungen verarbeiten	k. B.	k. B.	k. B.	k. B.
ACTIO	Regelgesteuertes Ausführen einer Aktion	Aufzurufende Rechenregel	Verarbeitung pro Ab- oder Anwesenheit	k. B.	k. B.
BDAY	Verarbeitungsblock der Tagesverarbeitung einleiten	k. B.	k. B.	k. B.	k. B.
BINI	Verarbeitungsblock einleiten	k. B.	k. B.	k. B.	k. B.
BLOCK	Protokollstrukturierung	Beginn oder Ende des semantischen Blocks	k. B.	k. B.	k. B.
BREAK	Setzen eines Break-Points	ABAP-Präfix	k. B.	k. B.	k. B.
CHECK	Allgemeine Prüfungen vor Auswertungen/Statusbestimmungen	k. B.	Steuerungskennzeichen	Steuerung Matchcode W	k. B.
COLLI	Vertragsübergreifende Kollisionsprüfung	Kontingentauswahl	k. B.	k. B.	k. B.
COM	Kommentarzeilen in einem Schema	k. B.	k. B.	k. B.	k. B.
COPY	Aufruf eines ausgelagerten Teilschemas	Aufzurufendes Schema	k. B.	k. B.	k. B.
CUMBT	Kumulation der Zwischenergebnisse	k. B.	k. B.	k. B.	k. B.

Tabelle 16.1 Übersicht über die Funktionen der Zeitauswertung (k. B. = keine Bedeutung)

Funktion	Text	Parameter 1	Parameter 2	Parameter 3	Parameter 4
DAYMO	Setzen der Tagesgruppierung für Zeitlohnartenauswahl	Kein Feiertag Mo–Sa	Kein Feiertag So	Feiertag Mo–Sa	Feiertag So
DEFTP	Festlegung der Sollarbeitszeitpaare	k. B.	Reaktion max. tgl. Arbeitszeit	k. B.	k. B.
DKG	Infotyp Kurzarbeit (0049)	k. B.	k. B.	k. B.	k. B.
DODMO	Setzen der Zeitlohnartenauswahlregelgruppe	Ostersamstag	Ostersonntag	24.12.	31.12.
DPTOL	Toleranzen des Tagesarbeitszeitplans	k. B.	Löschanweisung Zeitpaare innerhalb der Toleranz	Berücksichtigung von Abwesenheiten	Berücksichtigung von Anwesenheitskontingenten
DYNBR	Bestimme dynamische Pausen	Aufzurufende Rechenregel	Startuhrzeit Berechnung Pausenbeginn	Ermittlung Stundenanzahl	Regelung Pausen in Überzeit
DYNWS	Dynam. TAZP-Zuordnung – Überlappung Soll/Ist	k. B.	Einbeziehen persönlicher Tagesarbeitszeitplan	Berücksichtigung Vertretungen (Infotyp 2003)	k. B.
EDAY	Verarbeitungsblock der Tagesverarbeitung beenden	k. B.	k. B.	k. B.	k. B.
EEND	Verarbeitungsblock nach der Tagesverarbeitung	k. B.	k. B.	k. B.	k. B.
EINI	Verarbeitungsblock Initialisierung beenden	k. B.	k. B.	k. B.	k. B.

Tabelle 16.1 Übersicht über die Funktionen der Zeitauswertung (k. B. = keine Bedeutung) (Forts.)

16

Funktion	Text	Parameter 1	Parameter 2	Parameter 3	Parameter 4
ELSE	Funktionsausführung, wenn eine Bedingung nicht gilt	k. B.	k. B.	k. B.	k. B.
ENDIF	Ende-Funktion einer Bedingung	k. B.	k. B.	k. B.	k. B.
EXPRT	Export der Abrechnungsergebnisse	k. B.	k. B.	k. B.	k. B.
GOT	Generierung von Mehrarbeitszeitpaaren	Aufzurufende Rechenregel	Kontingentart	Kontingenuhrzeiten, Sortierung	Einschränkung auf Zeitkennungen
GOU	Generierung von Mehrarbeitszeitp. ohne Kontingentabtragung	Aufzurufende Rechenregel	Kontingentart	Kontingenuhrzeiten, Sortierung	Einschränkung auf Zeitkennungen
GWT	Generierung von Lohnarten aus den Zeitpaaren	k. B.	Selektion Verarbeitungstypen	Ausgabetabelle	Pufferverwaltung Lesezugriffe Tabelle T510S
IF	Funktionsausführung, wenn eine Bedingung erfüllt ist	Aufzurufende Rechenregel	Umkehrung der Bedingung	Fest definierte Bedingungen	Verarbeitungstypen für Parameter 3
KNTAG	Füllen der Leiste KNTAG für Kernnachtarbeit	k. B.	k. B.	Zu betrachtende Verarbeitungstypen (außer S, M oder K)	k. B.
LIMIT	Grenzwerte für Zeitsalden	k. B.	Zeitsaldenregelgruppe	k. B.	k. B.
MMSRV	Setzen Schalter für Fremddienstleistungsabrechnung	k. B.	k. B.	k. B.	k. B.

Tabelle 16.1 Übersicht über die Funktionen der Zeitauswertung (k. B. = keine Bedeutung) (Forts.)

Funktion	Text	Parameter 1	Parameter 2	Parameter 3	Parameter 4
MOD	Festlegung von Gruppierungen	Aufzurufende Rechenregel	Aufruf der Rechenregel	k. B.	k. B.
OPTT	Setzen von Programmparametern	Mailkennzeichen	Steuerung Mailanzahl	k. B.	k. B.
P2000	Tagesarbeitszeitplan einlesen/Zeitpaare aus der Tabelle TAZPL bilden	Arbeitstagprüfung	Abgrenzung vorhandener Paare	Kernzeit berücksichtigen	Zeitpaarbildung
P2001	Einlesen der Abwesenheiten in die Tabelle TIP	Arbeitstagprüfung	Abgrenzung vorhandener Paare	k. B.	Übernahme Kostenzuordnungen
P2002	Einlesen der Anwesenheiten in die Tabelle TIP	k. B.	Abgrenzung vorhandener Paare	k. B.	Übernahme Kostenzuordnungen
P2004	Einlesen der Bereitschaften in die Tabelle TIP	k. B.	Abgrenzung vorhandener Paare	Auswertung Uhrzeitangaben	Berücksichtigung Teilzeit
P2005	Einlesen der Mehrarbeiten in die Tabelle TIP	k. B.	Abgrenzung vorhandener Paare	k. B.	k. B.
P2006	Bearbeitung von Abwesenheitskontingenten	Aufzurufende Rechenregel	k. B.	k. B.	k. B.
P2007	Anforderung einer Personalrechenregel über die Tabelle ANWKONTI	Aufzurufende Rechenregel	Aufruf der Rechenregel	k. B.	k. B.
P2011	Tabelle TAZPl einlesen/erfasste Zeitpaare in die Tabelle TIP stellen	Übernahme Zeitpaare	Abgrenzung vorhandener Paare	Berücksichtigung Kernzeit	k. B.

Tabelle 16.1 Übersicht über die Funktionen der Zeitauswertung (k. B. = keine Bedeutung) (Forts.)

16

Funktion	Text	Parameter 1	Parameter 2	Parameter 3	Parameter 4
P2012	Verarbeitung der Zeitumbuchungsvorgaben	Aufzurufende Rechenregel	k. B.	k. B.	k. B.
P2013	Verarbeitung von Kontingentkorrekturen	k. B.	k. B.	k. B.	k. B.
PBRKS	Bearbeiten der Pausenvorgaben	Aufzurufende Rechenregel	Reihenfolge TIP-Einträge	Berücksichtigung nicht erfasster Zeiten	Zu berücksichtigende TIP-Einträge
PDB	Bearbeiten der Tages-Saldo-Tabelle TES	Aufzurufende Rechenregel	Aufruf der Rechenregel	k. B.	k. B.
PERT	Bearbeiten der Fehlertabelle PERT	Aufzurufende Rechenregel	k. B.	k. B.	k. B.
PMB	Bearbeiten der Periodensalden SALDO	Aufzurufende Rechenregel	Aufruf der Rechenregel	k. B.	k. B.
POVT	Bearbeiten der Tabelle ZML (Mehrarbeitslohnarten)	Aufzurufende Rechenregel	Aufruf der Rechenregel	k. B.	Verhalten bei Mehrfachbeschäftigung
PRINT	Druckanforderung	Seitenvorschub	Auswahl Drucktabelle	Steuerung Andruck (nur Test)	k. B.
PTIP	Bearbeiten der Zeitdatentabelle TIP	Aufzurufende Rechenregel	Aufruf der Rechenregel	Mitarbeiterkreisgruppierung für Aufruf festlegen	k. B.
PTIPA	Bearbeiten der Zeitdatentabelle TIP bei Abwesenheit	Aufzurufende Rechenregel	Aufruf der Rechenregel	Mitarbeiterkreisgruppierung für Aufruf festlegen	k. B.

Tabelle 16.1 Übersicht über die Funktionen der Zeitauswertung (k. B. = keine Bedeutung) (Forts.)

Funktion	Text	Parameter 1	Parameter 2	Parameter 3	Parameter 4
PZL	Bearbeiten der Zeitlohnarten-tabelle ZL	Aufzurufende Rechenregel	Aufruf der Rechenregel	Auswahl Informations-typen Lohn-arten	Verhalten bei Mehrfachbe-schäftigung
QUOTA	Generierung von Abwesenheits-kontingenten	k. B.	k. B.	k. B.	k. B.
RTIP	Lese die Paar-tabelle TIP	Aufzurufende Rechenregel	Aufruf der Rechenregel	Mitarbeiter-kreisgruppie-rung für Auf-ruf festlegen	k. B.
RTIPA	Lese die Paarta-belle TIP bei Vor-liegen einer Ab-wesenheit	Aufzurufende Rechenregel	Aufruf der Rechenregel	Mitarbeiter-kreisgruppie-rung für Auf-ruf festlegen	k. B.
SORT	Sortieren inter-ner Tabellen	Zu sortieren-de Tabelle	Sortiermodus	Sortierung für uhrzeitlo-se Einträge	Definition Sortier-kriterium
TIMTP	Zuordnung von Zeitarten zu den Zeitpaaren	k. B.	k. B.	k. B.	Verarbei-tungsweise
TYPES	Zuordnung von Verarbeitungs-typ und Zeitart	k. B.	Verarbeitung der TIP-Ein-träge ohne Verarbei-tungstyp/Zeitart	k. B.	k. B.

Tabelle 16.1 Übersicht über die Funktionen der Zeitauswertung (k. B. = keine Bedeutung) (Forts.)

Funktionen und Operationen finden

Nicht immer sind alle tatsächlich ausprogrammierten Verarbeitungsoptionen und Parameter in der SAP-Dokumentation beschrieben. Gelegentlich lohnt ein Blick in die Quelltexte der Funktion. Häufig ist auch ohne ausgeprägte Programmierkenntnisse ersichtlich, ob sich eine nicht beschriebene Funktionalität im Quelltext »versteckt«.

16.3 Beschreibung der wichtigsten Funktionen in der Zeitauswertung

In den folgenden Abschnitten stellen wir Ihnen die wichtigsten Funktionen der Zeitauswertung vor.

16.3.1 Funktion ACTIO

Mit der Funktion ACTIO rufen Sie Personalrechenregeln auf, die unterschiedlichste Verarbeitungen durchführen. Die Funktion verwendet die Parameter 1 und 2. In Parameter 1 geben Sie die Personalrechenregel an, die aufgerufen werden soll. In Parameter 2 haben Sie die Möglichkeit, die Personalrechenregel speziell für An- oder Abwesenheiten auszuführen. Dazu stehen Ihnen die Parameterausprägungen AB (Abwesenheiten) und PR (Anwesenheiten) zur Verfügung. Ohne die Verwendung dieser beiden Parameter wird die Personalrechenregel einmal aufgerufen (bei Mehrfachbeschäftigung einmal je Beschäftigungsvertrag). Verwenden Sie einen der genannten Parameter, wird die Personalrechenregel einmal je An- oder Abwesenheit aufgerufen. Die Personalrechenregel wird dann nicht durchlaufen, wenn keine An- oder Abwesenheit vorliegt.

Die Personalrechenregeln, die mit der Funktion ACTIO aufgerufen werden, können nahezu alle internen Tabellen verarbeiten, die in der Zeitauswertung von Bedeutung sind. Die Optionen dieser Funktion sind so vielfältig, dass wir an dieser Stelle nicht auf alle eingehen können.

Einige typische Anwendungen finden Sie im Zeitauswertungsschema TM00 (Zeitauswertung mit Personalzeitereignissen). Hier wird die Funktion siebenmal aufgerufen und erfüllt dabei unterschiedliche Funktionen, die wir Ihnen im Folgenden exemplarisch vorstellen.

Die Funktion ACTIO wird erstmalig in der Zeile 220 aufgerufen. Hier wird die Personalrechenregel TD10 (Prüfen, ob der Tagesarbeitszeitplan noch aktiv ist) ausgeführt (siehe Abbildung 16.8). Die Personalrechenregel prüft, ob zum Zeitpunkt der Zeitauswertung der Tagesarbeitszeitplan Ihres Mitarbeiters noch aktiv ist, und bricht in diesem Fall die Zeitauswertung ab.

Abbildung 16.8 Personalrechenregel TD10 durch die Funktion ACTIO aufrufen

Dies ist z. B. dann der Fall, wenn Ihre Zeitauswertung um 1 Uhr in der Nacht bis zum Vortag gestartet wird und die Mitarbeiter in der Nachtschicht ihre Arbeit um 22 Uhr am Vortag aufgenommen haben. Das heißt, dass die Nachtschicht zum Zeitpunkt der

Zeitauswertung noch arbeitet, obwohl die Zeitauswertung den Tag des Schichtbeginns mit auswerten sollte. Für diese Mitarbeiter wird der aktuelle Lauf der Zeitauswertung beendet.

In der Zeile 240 wird die Regel zum zweiten Mal aufgerufen (siehe Abbildung 16.9). Hier wird die Personalrechenregel TD60 (Behandlung von Urlaub während des KUG-Zeitraums) ausgeführt. Der Parameter 2 hat hier die Ausprägung AB.

000240	ACTIO	TD60	AB				TagesAZP umsetzen, falls KUG u. Urlaub

Abbildung 16.9 Personalrechenregel TD60 durch die Funktion ACTIO aufrufen

Die Personalrechenregel wird demnach nur dann gestartet, wenn für den aktuellen Tag mindestens eine Abwesenheit vorliegt. In der Personalrechenregel wird geprüft, ob der aktuelle Tag in einem Kurzarbeitszeitraum liegt. Wenn dies der Fall ist, wird abhängig von der Abwesenheitsart (z. B. bei Urlaub) der Tagesarbeitszeitplan aus dem Infotyp 0049 (Kurzarbeit/Saison-Kurzarbeit) durch den ursprünglichen Tagesarbeitszeitplan aus dem Infotyp 0007 (Sollarbeitszeit) ersetzt, um die Abwesenheit in der Zeitauswertung korrekt bewerten zu können.

In der Zeile 280 erfolgt der nächste Aufruf der Funktion ACTIO (siehe Abbildung 16.10). An dieser Stelle wird unmittelbar nach dem Aufruf der Personalrechenregel TD80 (Verarbeitung Ab-/Anwesenheitsgründe (Beginn-Buchung)) die Personalrechenregel TD90 (Gesperrte Sätze verarbeiten) verarbeitet.

000270	PTIP	TD80	GEN				Verarbeitung Ab-/Anwesenheitsgruende
000280	ACTIO	TD90					Verarbeitung generierte gesperrte Saetze

Abbildung 16.10 Personalrechenregel TD90 durch die Funktion ACTIO aufrufen

Die Personalrechenregel TD80 verarbeitet An- oder Abwesenheitsgründe, die an Ihrem Zeiterfassungssystem erfasst wurden. Die Personalrechenregel stellt einen gesperrten Satz der An- oder Abwesenheit in den entsprechenden Infotyp. Die Personalrechenregel TD90 verarbeitet diese gesperrten Sätze und erzeugt daraus Einträge in der Tagestabelle TIP. Dadurch werden auch die gesperrten Sätze zunächst verarbeitet. Es wird jedoch immer eine Rückrechnung auf den aktuellen Tag verursacht, damit die Sätze korrekt bewertet werden können, nachdem sie durch den Sachbearbeiter oder Zeitbeauftragten bearbeitet wurden.

Auch die Personalrechenregel TD30 (Dynamische Tagesarbeitszeitplanzuordnung) wird in der Zeile 310 des Schemas TM00 durch die Funktion ACTIO aufgerufen (siehe Abbildung 16.11).

000310	ACTIO	TD30					Dyn. Zuord. d. TAZP - Kommen-Buchung

Abbildung 16.11 Personalrechenregel TD30 durch die Funktion ACTIO aufrufen

Diese Personalrechenregel nutzt die Tabelle T552V (Dynamische Zuordnung des Tagesarbeitszeitplans), um alternative Tagesarbeitszeitpläne zuzuweisen. Nähere Informationen zur dynamischen Zuordnung von Tagesarbeitszeitplänen finden Sie in Abschnitt 9.1.4, »Dynamische Zuordnung von Tagesarbeitszeitplänen aufgrund von Kommen-Buchungen«.

Die Personalrechenregel TE20 (Tagesbezogene Fehlerprüfungen) wird in der Zeile 390 durch die Funktion ACTIO aufgerufen (siehe Abbildung 16.12).

Abbildung 16.12 Personalrechenregel TE20 durch die Funktion ACTIO aufrufen

Die Personalrechenregel TE20 prüft unterschiedlichste Konstellationen in der Zeitauswertung und erzeugt entsprechende Fehler und Hinweismeldungen, z. B. bei Anwesenheit an arbeitsfreien Tagen oder beim Auftreten von Kollisionen zwischen gestempelten Anwesenheiten und erfassten Abwesenheiten.

Der letzte Verarbeitungsschritt mit der Funktion ACTIO ist einer der wichtigsten Schritte in der Zeitauswertung. Er wird durch die Personalrechenregel TR30 (Errechnen des Gleitzeitsaldos) in der Zeile 780 des Schemas TM00 aufgerufen (siehe Abbildung 16.13).

000780 ACTIO TR30 Gleitzeitsaldo/Mehrarbeit-/Produktivstd.

Abbildung 16.13 Personalrechenregel TR30 durch die Funktion ACTIO aufrufen

Anders als es ihr Titel vermuten lässt, berechnet diese Regel weit mehr als den Gleitzeitsaldo des aktuellen Tages. Sie berechnet außerdem die Sollzeit des Tages, bildet eine Gesamtsumme aus der ermittelten Mehrarbeit und bildet und kumuliert die Produktivstunden.

Sie haben jetzt einen Eindruck davon erhalten, wie vielfältig Sie die Funktion ACTIO verwenden können. Letztlich führt sie in erster Linie die aufgerufenen Personalrechenregeln aus und erfüllt selbst keine Verarbeitungsschritte. Alle notwendigen Informationen für die möglichen Verarbeitungen werden durch das Rahmenprogramm in internen Tabellen bereitgestellt, und die gewünschten Verarbeitungsschritte müssen durch die Personalrechenregel abgebildet werden.

16.3.2 Die Funktionen PTIP, PTIPA, RTIP und RTIPA

Die Funktion PTIP und die davon abgeleiteten Funktionen PTIPA, RTIP und RTIPA dienen einem ähnlichen Zweck wie die Funktion ACTIO. Die Funktionen tragen die in Tabelle 16.2 genannten Bezeichnungen.

Funktion	Bezeichnung
PTIP	Bearbeiten der Zeitdatentabelle TIP
PTIPA	Bearbeiten der Zeitdatentabelle TIP bei Vorliegen einer Abwesenheit
RTIP	Lies die Paartabelle TIP
RTIPA	Lies die Paartabelle TIP bei Vorliegen einer Abwesenheit

Tabelle 16.2 Bezeichnungen der Funktionen PTIP, PTIPA, RTIP und RTIPA

Die Funktion wertet die Parameter 1, 2 und 3 aus. Im Parameter 1 geben Sie die aufzurufende Personalrechenregel an. Im Parameter 2 können Sie angeben, für welche Zeitpaare die Personalrechenregel ausgeführt werden soll. Wenn Sie den Parameter nicht vergeben (blank), werden nur die Zeitpaare verarbeitet, denen in der Tabelle TIP die Zeitart zugeordnet wurde, die auch in der Personalrechenregel verwendet wird. Wenn Sie hingegen den Parameter GEN vergeben, wird die Personalrechenregel für jeden Eintrag in der Tabelle TIP aufgerufen, unabhängig von der zugeordneten Zeitart.

Abbildung 16.14 zeigt den Zweig der Personalrechenregel TR10, der für die Zeitart 0110 definiert wurde. Dabei handelt es sich um eine Personalrechenregel, deren Verarbeitung immer zeitartenspezifisch erfolgt.

Regel bearbeiten : TR10 Grpg MitarbKreis * L/ZArt 0110

Befehl [ ] Stapel

```
Zeile   VarArg.  FZ T Operation Operation Operation Operation Operation Operation *
                 ------------+---------+---------+---------+---------+---------+---------+
000010               ADDDB*    ADDDB0100 ADDDB0010 ADDDB0003
```

Abbildung 16.14 Personalrechenregel TR10 für die Zeitart 0110

Der Aufruf der Personalrechenregel TR10 erfolgt demnach folgerichtig ohne den Wert GEN in Parameter 2 (siehe Abbildung 16.15).

```
000760 RTIP  TR10                Tagessalden bilden
```

Abbildung 16.15 Personalrechenregel TR10 durch die Funktion RTIP aufrufen

Die abgeleiteten Funktionen PTIPA, RTIP und RTIPA decken weitgehend den gleichen Einsatzbereich ab wie die Funktion PTIP. Die Funktion RTIP erlaubt jedoch nur einen lesenden Zugriff auf die Tabelle TIP. In den Personalrechenregeln, die Sie mit der Funktion RTIP aufrufen, müssen Sie daher nicht die Operation COLOP (Übermitteln von Daten in die interne Tabelle TOP) verwenden, um die Zeitpaare zu erhalten. Da der Zugriff nur lesend erfolgt, werden diese automatisch fortgeschrieben. Die Funktionen PTIPA und RTIPA entsprechen den Funktionen PTIP und RTIP; sie werden jedoch nur dann ausgeführt, wenn für den aktuellen Tag ein Datensatz vorliegt, der im Infotyp 2001 (Abwesenheiten) erfasst wurde.

Ebenso wie mit der Funktion ACTIO können Sie auch mit den Funktionen PTIP, PTIPA, RTIP und RTIPA viele verschiedene Personalrechenregeln verarbeiten. Im Unterschied zur Funktion ACTIO werden die Personalrechenregeln, die Sie durch die Funktion PTIP aufrufen, über die Tagestabelle TIP ausgeführt. Das heißt, dass für jeden Eintrag in der Tabelle TIP ein Aufruf der Personalrechenregel erfolgt.

In Abbildung 16.16 sehen Sie, dass der erste Aufruf der Personalrechenregel TR10 (Bilden der Tagessummen) für das Zeitpaar von 8.30 bis 12:00 Uhr stattfindet. Dieses Zeitpaar hat die Zeitart 0110 und wird deshalb durch die Operation ADDDB* in die Zeitart 0110 (Füllzeit Anwesenheit) kumuliert. Darüber hinaus wird in den Zeitarten 0100 (Füllzeit), 0010 (Anwesenheit) und 0003 (Rahmenzeit) eine Summe gebildet.

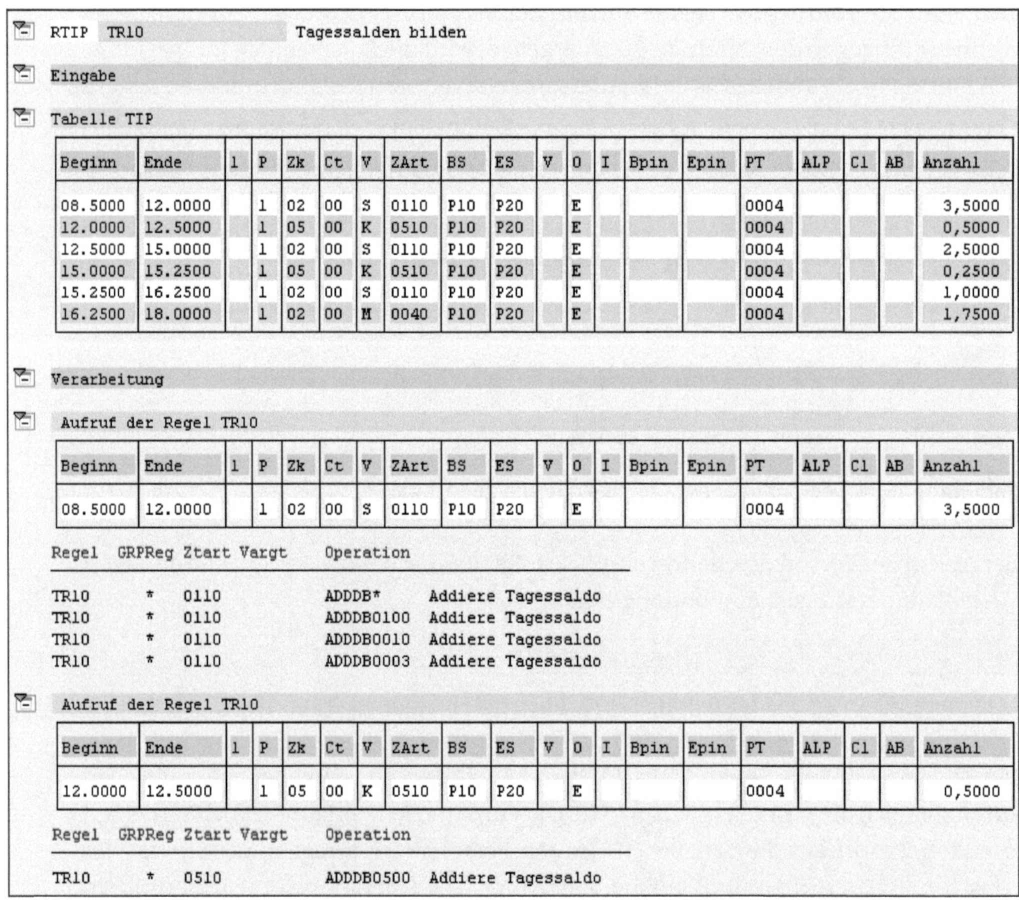

RTIP TR10 Tagessalden bilden

Eingabe

Tabelle TIP

Beginn	Ende	1	P	Zk	Ct	V	ZArt	BS	ES	V	O	I	Bpin	Epin	PT	ALP	C1	AB	Anzahl
08.5000	12.0000		1	02	00	S	0110	P10	P20		E				0004				3,5000
12.0000	12.5000		1	05	00	K	0510	P10	P20		E				0004				0,5000
12.5000	15.0000		1	02	00	S	0110	P10	P20		E				0004				2,5000
15.0000	15.2500		1	05	00	K	0510	P10	P20		E				0004				0,2500
15.2500	16.2500		1	02	00	S	0110	P10	P20		E				0004				1,0000
16.2500	18.0000		1	02	00	M	0040	P10	P20		E				0004				1,7500

Verarbeitung

Aufruf der Regel TR10

Beginn	Ende	1	P	Zk	Ct	V	ZArt	BS	ES	V	O	I	Bpin	Epin	PT	ALP	C1	AB	Anzahl
08.5000	12.0000		1	02	00	S	0110	P10	P20		E				0004				3,5000

```
Regel  GRPReg Ztart Vargt    Operation
TR10     *    0110           ADDDB*      Addiere Tagessaldo
TR10     *    0110           ADDDB0100   Addiere Tagessaldo
TR10     *    0110           ADDDB0010   Addiere Tagessaldo
TR10     *    0110           ADDDB0003   Addiere Tagessaldo
```

Aufruf der Regel TR10

Beginn	Ende	1	P	Zk	Ct	V	ZArt	BS	ES	V	O	I	Bpin	Epin	PT	ALP	C1	AB	Anzahl
12.0000	12.5000		1	05	00	K	0510	P10	P20		E				0004				0,5000

```
Regel  GRPReg Ztart Vargt    Operation
TR10     *    0510           ADDDB0500   Addiere Tagessaldo
```

Abbildung 16.16 Protokoll der Zeitauswertung für die Personalrechenregel TR10 (Bilden der Tagessummen)

Im zweiten Durchlauf der Verarbeitung der Personalrechenregel TR10 wird das Zeitpaar von 12:00 bis 12:30 Uhr verarbeitet. Dieses trägt die Zeitart 0510 (Pause Anwesenheit) und ist damit ein Pausenpaar. Es erfolgt in diesem Verarbeitungsschritt lediglich eine Addition in die Zeitart 0500 (Pause), wie es im unteren Teil von Abbildung 16.16 zu erkennen ist.

Ein weiteres Anwendungsbeispiel für die Funktion PTIP ist der Aufruf der Personalrechenregel TE30 (Paarbezogene Fehlerprüfungen), siehe Abbildung 16.17. In dieser Personalrechenregel wird der Status aller Zeitpaare in der Tabelle TIP ausgewertet, der zuvor in der Paarbildung vergeben wurde.

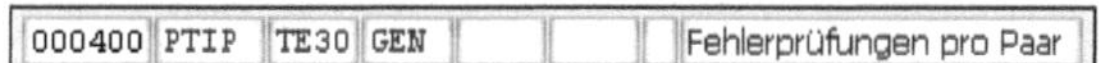

Abbildung 16.17 Personalrechenregel TE30 durch die Funktion PTIP aufrufen

Wurde in der Paarbildung ein Status vergeben, der eine Nachbearbeitung erforderlich macht, können Sie in der hier aufgerufenen Personalrechenregel einen entsprechenden Fehler erzeugen oder einen Hinweis ausgeben, der den Sachbearbeiter auf diesen Sachverhalt verweist. Indem Sie den festgestellten Status erst in der Personalrechenregel interpretieren und verarbeiten lassen, können Sie in einer kundeneigenen Personalrechenregel die Verarbeitungsroutine beeinflussen, ohne Modifikationen vornehmen zu müssen.

Wir demonstrieren Ihnen das anhand eines kurzen Beispiels: In der Standardverarbeitung wird für ein Zeitpaar, bei dem die Ende-Buchung fehlt, versucht, das Zeitpaar abzugrenzen, wenn die Bedingungen dafür erfüllt sind (siehe Abbildung 16.18).

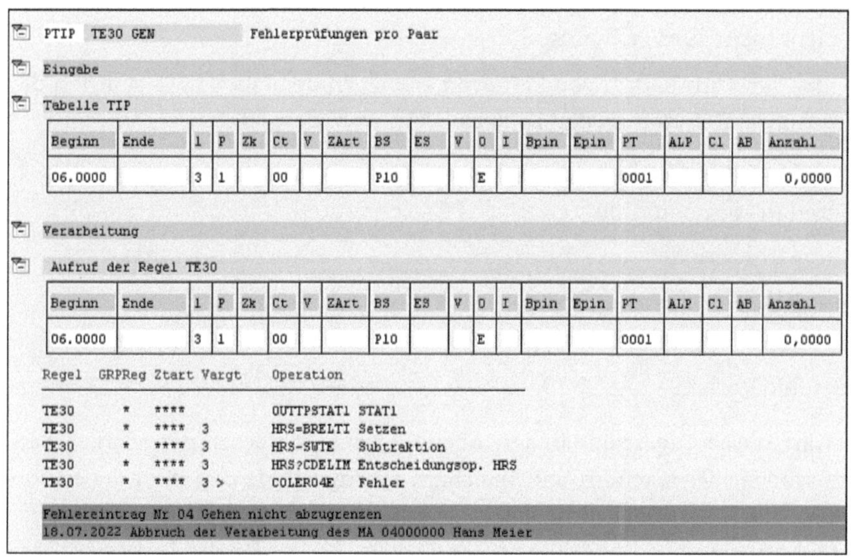

PTIP TE30 GEN Fehlerprüfungen pro Paar

Eingabe

Tabelle TIP

Beginn	Ende	1	P	Zk	Ct	V	ZArt	BS	ES	V	O	I	Bpin	Epin	PT	ALP	C1	AB	Anzahl
06.0000		3	1		00			P10			E				0001				0,0000

Verarbeitung

Aufruf der Regel TE30

Beginn	Ende	1	P	Zk	Ct	V	ZArt	BS	ES	V	O	I	Bpin	Epin	PT	ALP	C1	AB	Anzahl
06.0000		3	1		00			P10			E				0001				0,0000

```
Regel  GRPReg Ztart Vargt    Operation

TE30      *   ****           OUTTPSTAT1 STAT1
TE30      *   ****  3        HRS=BRELTI Setzen
TE30      *   ****  3        HRS-SWTE   Subtraktion
TE30      *   ****  3        HRS?CDELIM Entscheidungsop. HRS
TE30      *   ****  3 >      COLER04E   Fehler

Fehlereintrag Nr 04 Gehen nicht abzugrenzen
18.07.2022 Abbruch der Verarbeitung des MA 04000000 Hans Meier
```

Abbildung 16.18 Protokoll der Zeitauswertung für die Personalrechenregel TE30 (Paarbezogene Fehlerprüfungen)

Möchten Sie jedoch, dass bei fehlenden Buchungen immer eine Fehlermeldung ausgegeben wird, die eine manuelle Nachbearbeitung erfordert, erstellen Sie eine kundeneigene Personalrechenregel, mit der Sie die entsprechende Reaktion in der Zeitauswertung festlegen.

Bis jetzt haben wir Ihnen Funktionen vorgestellt, bei denen die eigentliche Verarbeitung in den Personalrechenregeln erfolgt. Im folgenden Abschnitt stellen wir Ihnen abschließend die Funktion CUMBT vor, die eigenständig funktioniert.

16.3.3 Funktion CUMBT

Die Funktion CUMBT (Kumulation der Zwischenergebnisse) ist eine geschlossene Funktion. Das heißt, dass sie keine Personalrechenregel aufrufen muss, damit eine Verarbeitung stattfindet. Sie können diese Funktion an Ihre eigenen Bedürfnisse anpassen.

Die Funktion CUMBT kumuliert die Tagesergebnisse der Zeitauswertung in Periodentabellen. Dazu wertet sie keinen der möglichen vier Parameter aus (siehe Abbildung 16.19). Sie wird einerseits über die Tabelle T555A (Zeitarten) gesteuert, in der Sie festlegen, wie die in der Tagesverarbeitung ermittelten Zeitarten verarbeitet werden sollen.

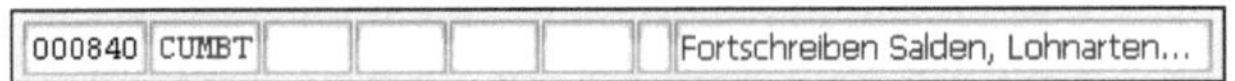

Abbildung 16.19 Funktion CUMBT ohne Parameter aufrufen

Darüber hinaus werden variable Salden und Lohnarten aus den Tagestabellen in die im Cluster B2 zu speichernden Tabellen übertragen (DVS → VS und CVS, DZL → ZL). Die Tagestabellen werden anschließend gelöscht und stehen damit in der weiteren Verarbeitung nicht mehr zur Verfügung.

Die Steuerung der Kumulation von Zeitarten erfolgt in der Tabelle T555A durch die Kennzeichnung der Zeitarten in den Feldern (siehe Abbildung 16.20):

- Speichern als Tagesaldo
- Kumulieren in Periodensaldo
- Übernahme Vorperiode
- Übernahme Vorjahr
- Periodensaldo Vorperiode
- Periodensaldo Vorjahr

Für eine Zeitart, die als Tagessaldo in der Tabelle ZES des Clusters B2 gespeichert werden soll, müssen Sie demnach im Feld **Speichern als Tagessaldo** den Wert »1« eintragen. Zeitarten, die diesen Wert nicht haben, werden nicht in die Tabelle ZES übertragen und stehen nach der Initialisierung der Tabelle TES, in der die Tageswerte für

Zeitarten gespeichert werden, nicht mehr zur Verfügung. Dies trifft z. B. auf Hilfszeitarten zu, die nur in der Tagesverarbeitung benötigt werden.

Zeiträume
Beginn Ende
> 01.01.1901 31.12.9999

Grpg PersTeilbereich 01
Zeitart 0002 Sollzeit

Salden
Speichern als Tagessaldo 1 Saldenbildung
Kumulieren in Periodensaldo 1 Saldenbildung

Übernahme Periodensaldo
Übernahme Vorperiode 0 keine Übernahme Periodensaldo Vorperiode
Übernahme Vorjahr keine Übernahme Periodensaldo Vorjahr

Abbildung 16.20 Tabelle T555A (Zeitarten) – Steuerung der Kumulationen

[+]

Schlüsselung der Zeitarten in der Tabelle T555A

Insbesondere für Ihr Reporting ist es wichtig, dass Sie ein schlüssiges Konzept für Ihre Zeitauswertung erarbeiten.

In diesem Konzept sollten Sie festlegen, welche Zeitarten benötigt werden, um allen Anforderungen in diesem Bereich gerecht werden zu können. Im Nachhinein ist es häufig sehr aufwendig, Informationen, die im Zeitauswertungs-Cluster B2 nicht zur Verfügung stehen, auf andere Art zur Verfügung zu stellen. Überlegen Sie deshalb, welche Zeitarten aus der Tagesverarbeitung im Cluster gespeichert werden sollten, um sie für die Auswertung nutzen zu können.

Durch das Feld **Kumulieren in Periodensaldo** steuern Sie, welche Zeitarten zusätzlich in der Tabelle SALDO des Clusters B2 kumuliert werden. Das heißt, dass hier monatliche Salden gebildet werden, deren Fortführung durch die Felder **Übernahme Vorperiode** und **Übernahme Vorjahr** gesteuert werden. Sie können damit also festlegen, ob ein Saldo von einem Monat zum nächsten und von einem Jahr in das nächste übergeben wird oder ob er für jeden Zeitraum neu gebildet wird. Wenn Sie abweichende Zeitarten für die Übernahme aus den Vorperioden in den Feldern **Periodensaldo Vorperiode** und **Periodensaldo Vorjahr** angeben, können Sie einen Periodenwert mit dem Stand zum Monatsende in einer separaten Zeitart speichern und diesen Stand als Vorperiodenwert in eine andere Zeitart übertragen (siehe Abbildung 16.21).

Damit können Sie durch die Speicherung eines Monatswertes sowohl die monatliche Veränderung des Saldos nachvollziehen als auch einen kumulierten Gesamtstand im SAP-System führen.

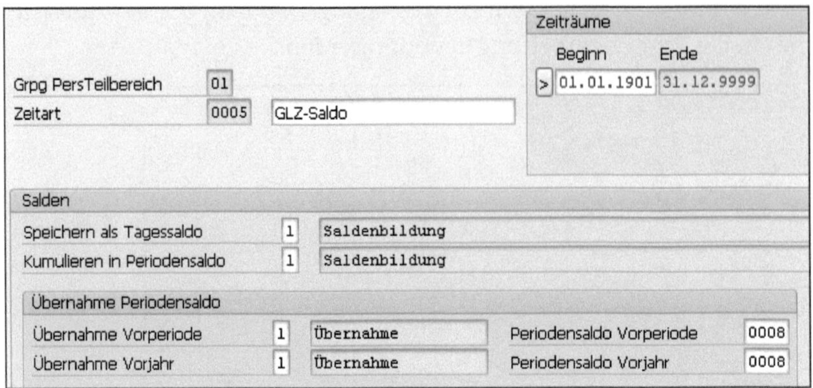

Abbildung 16.21 Tabelle T555A (Zeitarten) – Schlüsselung der Zeitart 0005 (GLZ-Saldo)

16.4 Fazit

Im Hinblick auf die Funktionen der Zeitauswertung gilt das, was wir in diesem Buch bereits angesprochen haben: Die zahlreichen unterschiedlichen Funktionen müssen häufig neu kombiniert oder in abgewandelter Reihenfolge aufgerufen werden, um spezielle Anforderungen abbilden zu können. Auch die Funktionen sind unserer Erfahrung nach – ebenso wie die Operationen – lediglich Bausteine im Customizing der Zeitauswertung. Diese Bausteine müssen, um Ihren individuellen Anforderungen gerecht zu werden, in vielen Fällen geändert oder neu zusammengestellt werden.

In vielen Projekten mussten wir uns jedoch auch der Frage stellen, ob eine Verarbeitung, die mit Personalrechenregeln in mehreren Schritten kompliziert abgebildet werden muss, stattdessen nicht in einer kundeneigenen Funktion oder Operation umgesetzt werden sollte. Häufig reichen zu diesem Zweck die »berühmten« drei ABAP-Code-Zeilen, um eine besondere Anforderung abzubilden (selbst wenn es dann doch mehr als drei Zeilen ABAP-Code werden sollten). Kapitel 18, »Kundeneigene Funktionen und Operationen«, stellt Ihnen die Alternativen zu den Standardfunktionen und -operationen vor.

Sind Sie sich über die vollständige Arbeitsweise einer Funktion nicht im Klaren, ist es ratsam, über den Verwendungsnachweis der Funktion in Transaktion PE04 zu erforschen, in welchen unterschiedlichen Parametrisierungen die Funktion im SAP-System bereits verwendet wird. Häufig lassen sich auf diese Weise Ansätze zu einer eigenen Lösung finden.

Darüber hinaus sollten Sie wissen, dass nicht alle Funktionen für die Zeitauswertung umfassend dokumentiert sind. Wenn Sie ABAP-Code korrekt interpretieren können, lohnt sich häufig ein Blick in den Quelltext von Funktionen. Gelegentlich entdeckt man so nützliche Optionen zur Steuerung der Zeitauswertung.

Kapitel 17
Operationen der Zeitwirtschaft

Operationen kann man als Bausteine der Personalrechenregeln bezeichnen. Mit Operationen können Sie den Ablauf der Zeitauswertung beeinflussen sowie Salden und Lohnartenwerte verändern. In diesem Kapitel stellen wir Ihnen die wichtigsten bzw. die am häufigsten verwendeten Operationen vor.

Mit den Operationen der Zeitwirtschaft gibt SAP Ihnen Werkzeuge an die Hand, um ohne Programmierkenntnisse in die Zeitauswertung einzugreifen und sie nach Ihren Wünschen zu beeinflussen. Natürlich liegt allen Operationen mit ihren Parameterausprägungen ein ABAP-Coding zugrunde. Dieses Coding finden Sie im Programm SAPFP51T.

In Kapitel 18, »Kundeneigene Funktionen und Operationen«, gehen wir näher auf das Programm SAPFP51T ein. Wir stellen Ihnen dort vor, wie Sie eigene Operationen entwickeln können.

In diesem Kapitel besprechen wir zunächst die wichtigsten Standardoperationen der Zeitwirtschaft. SAP unterscheidet Entscheidungsoperationen, Operationen, die eine oder mehrere Aktionen einleiten, und Verzweigungsoperationen. Eine Auswahl dieser Operationen beschreiben wir in den folgenden Abschnitten.

17.1 Entscheidungsoperationen

Entscheidungsoperationen steuern die weitere Verarbeitung innerhalb einer Personalrechenregel, indem sie Bedingungen abfragen, die z. B. mit »Y« (Yes) oder »N« (No), mit dem Namen eines Tagesarbeitszeitplans, mit dem Kürzel eines Personalbereichs oder mit einer Zeitart beantwortet werden können. Diese unterschiedlichen Verarbeitungen werden in einem sogenannten Entscheidungsbaum abgebildet.

Wenn Sie mehrere Entscheidungsoperationen in Ihre Personalrechenregel einfügen, werden diese kaskadenartig abgearbeitet. Dabei erweitert jede mögliche Antwort auf die Entscheidungsabfrage das variable Argument um die entsprechende Ausprägung (Antwort). In Abhängigkeit dieses variablen Arguments erfolgt dann die weitere Verarbeitung. Es muss also im variablen Argument als Antwort immer der vollständige Weg beschrieben sein, der durchlaufen wurde. Auch jeden Ausgang einer Entscheidung müssen Sie beschreiben. Eine Entscheidungsoperation erkennen Sie daran, dass die Zeile, in der sie vorkommt, mit dem Regeltyp D (Decision) versehen ist. Wir möchten u. a. die Operation VARST beschreiben, die in mehrfacher Form in der schon betrachteten Personalrechenregel TE20 vorhanden ist (siehe Tabelle 17.1). In dieser Abbildung können Sie die kaskadenartige Abarbeitung sehr gut erkennen: Wenn die Operation VARST mit dem Parameter FREE ein »N« liefert, wird die Operation VARST mit dem Parameter PRSNT aufgerufen. Falls diese wiederum ein »N« liefert, wird die Operation VARST mit dem Parameter ABSCE aufgerufen. Falls nun diese Operation wiederum ein »N« liefert, wird in dieser Kette schließlich die Operation VARST mit dem Parameter DAYTY aufgerufen.

```
Regel                Grpg MitarbKreis     Lohn-/Zeitart
Var.Arg.  F T Operation Operation Operation Operation Operation Operation *

TE20                  *                    ****
            D VARSTFREE                    SOLLSTUNDEN = 0?
N           D VARSTPRSNT                   MITARBEITER ANWESEND?
N N         D VARSTABSCE                   MITARBEITER ABWESEND?
N N N       D VARSTDAYTY                   TAGESTYP?
N N N *
N N N 0       COLER01F                     UNERLAUBT ABWESEND
N N N 1       ADDDB0600TGENTG              SOLLPAAR GENERIEREN
N N N 2       DAYPGOFF                     TAZP MIT SOLLSTD = 0
N N Y       D VARSTDAYTY                   TAGESTYP?
N N Y *
N N Y 0
N N Y 1     Z ADDDB0600TGCY TE21           ABWESENHEIT AM FEIERTAG
N N Y 2       DAYPGOFF                     TAZP MIT SOLLSTD = 0
N Y         D VARSTABSWD                   GANZTAEGIGE ABWESENHEIT?
N Y N       D VARSTDAYTY                   TAGESTYP?
N Y N *
N Y N 1       COLER08   ADDDB0600TGENTG              SOLLPAAR GENERIEREN
N Y N 2       DAYPGOFF                     TAZP MIT SOLLSTD = 0
N Y Y         COLER02E                     BEI GANZT. ABWES. ANWES.
Y           D VARSTPRSNT                   MITARBEITER ANWESEND?
Y N
Y Y           COLER00                      ANWESEND, OBWOHL FREI
```

Abbildung 17.1 Personalrechenregel TE20

Im folgenden Abschnitt beschreiben wir anhand des Beispiels der Operation VARST zuerst allgemein, wie Sie eine Regel mit einer Entscheidungsoperation programmieren können. Anschließend erklären wir Ihnen die Wirkungsweise dieser Operation und die Ausprägungen der Parameter.

17.1.1 Operation VARST (Bereitstellung allgemeiner Felder)

Jede Operation der Zeitauswertung (ebenso wie der Personalabrechnung) hat einen fest definierten Aufbau. Die Operation selbst stellt einen bis zu fünf Stellen langen Befehl dar. Die meisten Operationen enthalten überdies einen Parameterteil. Die möglichen Operationen erhalten Sie, wenn Sie mit Transaktion PE02 eine bereits bestehende

Personalrechenregel bearbeiten. Setzen Sie dann den Cursor an eine beliebige freie Stelle einer Zeile, gegebenenfalls an die Stelle, an der Sie eine Operation einfügen möchten. Dabei erscheint am Ende der Zeile ein Wertehilfe-Button (siehe Abbildung 17.2).

```
Befehl [                                                    ] [Stapel]
Zeile   VarArg.  FZ T Operation Operation Operation Operation Operation Operation *
        ------------+---------+---------+---------+---------+---------+---------+
000010 |        | |D|VARSTRDYWW                  RELATIVER TAG DER ARBEITSWOCHE
000020 |**      | | |
000030 |01      | | |
```

Abbildung 17.2 Einstieg in die Operationenauswahl

Wenn Sie den Werthilfe-Button anklicken oder die F4-Taste drücken, öffnet sich das Pop-up-Fenster **Generische Eingabe**. Diese Aufforderung zu einer Auswahl können Sie mit einem Klick auf den grünen Pfeil bestätigen. Sie erhalten als Antwort wiederum ein Pop-up-Fenster mit allen zulässigen Operationen der Zeitauswertung (siehe Abbildung 17.3).

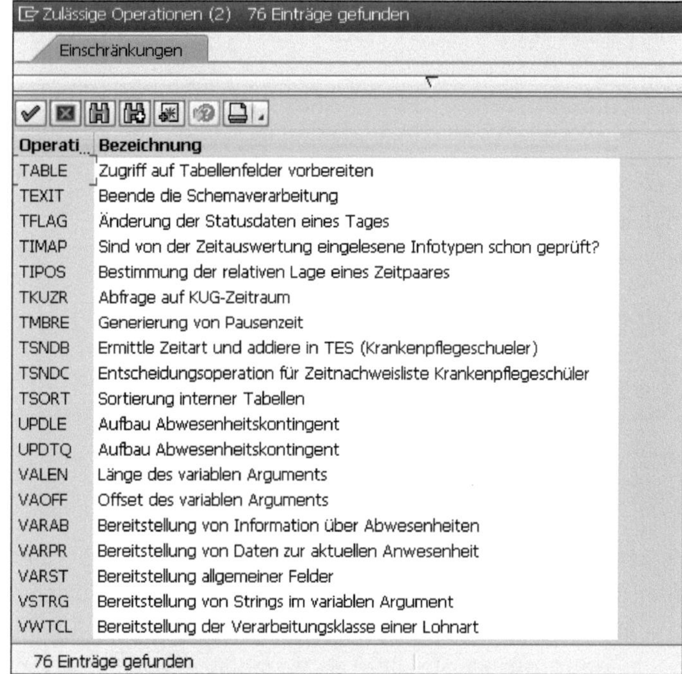

Zulässige Operationen (2) 76 Einträge gefunden

Einschränkungen

Operati…	Bezeichnung
TABLE	Zugriff auf Tabellenfelder vorbereiten
TEXIT	Beende die Schemaverarbeitung
TFLAG	Änderung der Statusdaten eines Tages
TIMAP	Sind von der Zeitauswertung eingelesene Infotypen schon geprüft?
TIPOS	Bestimmung der relativen Lage eines Zeitpaares
TKUZR	Abfrage auf KUG-Zeitraum
TMBRE	Generierung von Pausenzeit
TSNDB	Ermittle Zeitart und addiere in TES (Krankenpflegeschueler)
TSNDC	Entscheidungsoperation für Zeitnachweisliste Krankenpflegeschüler
TSORT	Sortierung interner Tabellen
UPDLE	Aufbau Abwesenheitskontingent
UPDTQ	Aufbau Abwesenheitskontingent
VALEN	Länge des variablen Arguments
VAOFF	Offset des variablen Arguments
VARAB	Bereitstellung von Information über Abwesenheiten
VARPR	Bereitstellung von Daten zur aktuellen Anwesenheit
VARST	Bereitstellung allgemeiner Felder
VSTRG	Bereitstellung von Strings im variablen Argument
VWTCL	Bereitstellung der Verarbeitungsklasse einer Lohnart

76 Einträge gefunden

Abbildung 17.3 Zulässige Operationen der Zeitauswertung

Jetzt können Sie auf die gewünschte Operation, z. B. VARST, doppelklicken, und es werden alle zulässigen Parameter der gewählten Operation (hier VARST) angezeigt (siehe Abbildung 17.4).

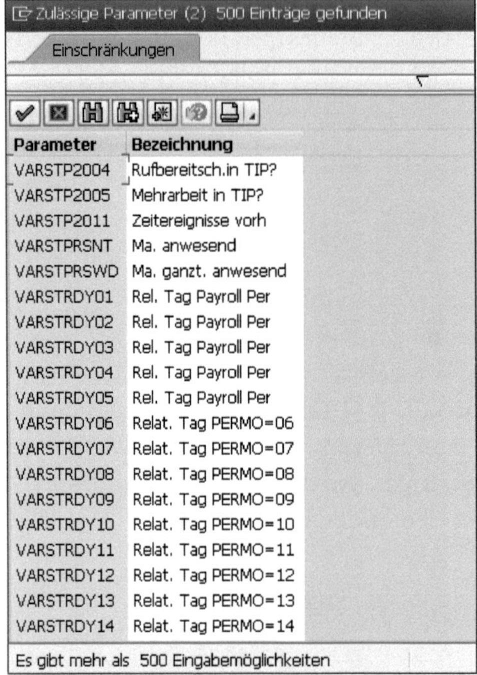

Zulässige Parameter (2) 500 Einträge gefunden

Einschränkungen

Parameter	Bezeichnung
VARSTP2004	Rufbereitsch.in TIP?
VARSTP2005	Mehrarbeit in TIP?
VARSTP2011	Zeitereignisse vorh
VARSTPRSNT	Ma. anwesend
VARSTPRSWD	Ma. ganzt. anwesend
VARSTRDY01	Rel. Tag Payroll Per
VARSTRDY02	Rel. Tag Payroll Per
VARSTRDY03	Rel. Tag Payroll Per
VARSTRDY04	Rel. Tag Payroll Per
VARSTRDY05	Rel. Tag Payroll Per
VARSTRDY06	Relat. Tag PERMO=06
VARSTRDY07	Relat. Tag PERMO=07
VARSTRDY08	Relat. Tag PERMO=08
VARSTRDY09	Relat. Tag PERMO=09
VARSTRDY10	Relat. Tag PERMO=10
VARSTRDY11	Relat. Tag PERMO=11
VARSTRDY12	Relat. Tag PERMO=12
VARSTRDY13	Relat. Tag PERMO=13
VARSTRDY14	Relat. Tag PERMO=14

Es gibt mehr als 500 Eingabemöglichkeiten

Abbildung 17.4 Zulässige Parameter

Als Letztes wählen Sie durch einen Doppelklick Ihre Parameterausprägung aus, und die Operation erscheint in Ihrer Personalrechenregel (siehe Abbildung 17.5).

Befehl [ ] Stapel

Zeile	VarArg.	FZ	T	Operation Operation Operation Operation Operation Operation *
000010			D	VARSTRDYWW RELATIVER TAG DER ARBEITSWOCHE
000020	**			VARSTPRSNT
000030	01			

Abbildung 17.5 Eingefügte Operation VARST mit dem Parameter PRSNT

Diese Regel ist in der vorliegenden Form noch fehlerhaft, da die Antwort auf die Frage VARSTPRSNT noch nicht in der Regel vorhanden ist und der Regeltyp D in der Spalte **T** noch fehlt. Die »Antworten« bestehen für die gerade betrachtete Operation und die Parameter aus »Y« oder »N«. Somit müssen Sie diese als variables Argument in die Folgezeilen nach der Abfrage VARSTPRSNT aufnehmen (siehe Abbildung 17.6).

Sie erkennen in der beispielhaften Regel, dass in derselben Operation mit unterschiedlichen Parametern auch unterschiedliche Antworten im variablen Argument erwartet werden. Die Personalrechenregeln, Funktionen und Operationen, die in den Standardschemen der Zeitwirtschaft verwendet werden können, sind in der SAP-Systemdokumentation ausführlich beschrieben. Sie haben immer die Möglichkeit, sich Informationen zu den einzelnen Funktionen, Operationen und Parametern aus den Schemen und Personalrechenregeln direkt über die Online-Hilfe anzuschauen. Positionieren Sie dafür den Cursor auf die gewünschte Operation oder Funktion, und drücken Sie anschließend die Taste [F1].

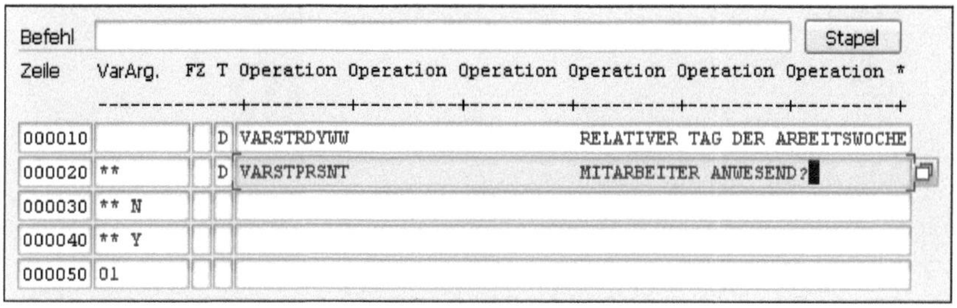

```
Befehl                                                              Stapel
Zeile   VarArg.  FZ T Operation Operation Operation Operation Operation Operation *
        ------------+---------+---------+---------+---------+---------+---------+
000010             D VARSTRDYWW                        RELATIVER TAG DER ARBEITSWOCHE
000020  **         D VARSTPRSNT                        MITARBEITER ANWESEND?
000030  ** N
000040  ** Y
000050  01
```

Abbildung 17.6 Fehlerfreie Personalrechenregel

Für die hier besprochene Operation VARST listet Tabelle 17.1 alle Parameter, die genutzt werden können, sowie ihre Bedeutungen sowie die möglichen Antworten für das variable Argument auf (siehe SAP-Online-Dokumentation).

Parameter	Name des Parameters bzw. was ermittelt werden soll	Antwort für variables Argument
DAYTY	Tagestyp	0–9
HOLCL	Feiertagsklasse	0–9
NDYHC	Feiertagsklasse (Folgetag)	0–9
FREE	Tagesarbeitszeitplan frei?	Y/N
DAYPG	Tagesarbeitszeitplan	max. vierst. Bez.
VARIA	Tagesarbeitszeitplanvariante	0–1, A–Z
DPRCL	Tagesarbeitszeitplanklasse	0–9
BREAK	Arbeitspausenplan	max. vierst. Bez.
TIMMD	Periodenarbeitszeitplan	max. vierst. Bez.
TIMCL	Bewertungsklasse des Periodenarbeitszeitplans	0–9
SUBST	Vertretungsart	zweist. Bez
PRSNT	Mitarbeiter anwesend?	Y/N
PRSWD	Mitarbeiter ganztägig anwesend (Infotyp 2002)	Y/N

Tabelle 17.1 Parameter der Operation VARST

Parameter	Name des Parameters bzw. was ermittelt werden soll	Antwort für variables Argument
ABSCE	Mitarbeiter abwesend?	Y/N
ABSWD	Mitarbeiter ganztägig abwesend?	Y/N
NDYPO	Status für die Zeitwirtschaft (Infotyp Sollarbeitszeit) »1« oder »2« am Folgetag?	Y/N
NDYNE	Status für die Zeitwirtschaft »9« am Folgetag?	Y/N
NDYAC	Mitarbeiter am Folgetag aktiv?	Y/N
FIRST	Erstes Paar in der Tabelle TIP?	Y/N
LAST	Letztes Paar in der Tabelle TIP?	Y/N
NOTIM	Einträge ohne Uhrzeiten in der Tabelle TIP?	Y/N
P2000	Wurde das Sollpaar laut Tabelle TAZP generiert?	Y/N
P2001	Wurde der Satz aus dem Infotyp 2001 (Abwesenheiten) eingelesen?	Y/N
P2002	Wurde der Satz aus dem Infotyp 2002 (Anwesenheiten) eingelesen?	Y/N
P2004	Wurde der Satz aus dem Infotyp 2004 (Bereitschaft) eingelesen?	Y/N
P2005	Wurde der Satz aus dem Infotyp 2005 (Mehrarbeiten) eingelesen?	Y/N
P2011	Wurde das Zeitpaar aus den Zeitbuchungen eingelesen?	Y/N
TPLN	Wurde die Zeitauswertung aus dem Sollplan der Personaleinsatzplanung gerufen?	Y/N
WEDAY	Relativer Wochentag	nn
WDY x	Relativer Wochentag = x?	Y/N
LDWDY	Relativer Wochentag, wobei der Wochenrahmen durch das Merkmal LDAYW gegeben ist.	n
LWDYx	Relativer Wochentag = x? (bezogen auf das Merkmal LDAYW)	Y/N
CURMO	Aktuelle Periode der Zeitauswertung	mm

Tabelle 17.1 Parameter der Operation VARST (Forts.)

Parameter	Name des Parameters bzw. was ermittelt werden soll	Antwort für variables Argument
CURYR	Aktuelles Jahr	jjjj
REDAY	Relativer Tag der Zeitauswertungsperiode	tt
LDAYP	Letzter Tag der Zeitauswertungsperiode?	Y/N
RDYPP	Relativer Tag d. L&G-Abrechnungsperiode	tt
FDYPP	Erster Tag d. L&G-Abrechnungsperiode?	Y/N
LDYPP	Letzter Tag d. L&G-Abrechnungsperiode?	Y/N
RDYxx	Relativer Tag aus der Abrechnungsperiode mit dem Periodenmodifikator xx?	nn
FDYxx	Erster Tag der Abrechnungsperiode mit dem Periodenmodifikator xx?	Y/N
LDYxx	Letzter Tag der Abrechnungsperiode mit dem Periodenmodifikator xx?	Y/N
RDYWW	Relativer Tag der Arbeitswoche	nn
FDYWW	Erster Tag der Arbeitswoche?	Y/N
LDYWW	Letzter Tag der Arbeitswoche?	Y/N
LRDxy	Urlaubsart xy abgetragen? xy = blank bedeutet, dass die Abfrage urlaubsart-übergreifend durchgeführt wird.	Y/N
OVPOS	Mehrarbeit automatisch aus der Tabelle T550A (Tagesarbeitszeitplan) X, falls T550A - OVPOS = X * sonst	X/*
MOD W	Gesetzte Zeitlohnartenauswahlregelgruppe aus der Tabelle T510S (Zeitlohnartenauswahlregel)	nn
MOD T	Gesetzte Zeitartenfindungsgruppe für die Tabelle T555Z (Zeitartenfindung)	nn
MOD A	Gesetzte Mitarbeitergrpg. für die Abwesenheitsbewertung für die Tabelle T554C (Bewertung von Abwesenheiten)	nn

Tabelle 17.1 Parameter der Operation VARST (Forts.)

Parameter	Name des Parameters bzw. was ermittelt werden soll	Antwort für variables Argument
MOD D	Gesetzte Tagesgruppierung für die Lohnartengenerierung für die Tabelle T510S (Zeitlohnartenauswahlregel)	nn
MOD S	Gesetzter Typ für die Tagesarbeitszeitplanzuordnung für die Tabelle T552W (Dynamische Tagesarbeitszeitplanzuordnung Überlappung Soll/Ist)	nn
MOD Q	Gesetzte Kontingenttypauswahlregelgruppe für die Tabelle T559L (Abwesenheitskontingenttypauswahl)	nn
MOD L	Gesetzte Zeitsaldenregelgruppe für die Tabelle T559P (Grenzwerte für Zeitsalden)	nn
SIM	Simulation?	Y/N

Tabelle 17.1 Parameter der Operation VARST (Forts.)

17.1.2 Operation OUTWP (Bereitstellung von Arbeitsplatzdaten)

Die Operation OUTWP liefert Ihnen viele Informationen über die Inhalte einiger Infotypen und der Tabelle WPBP, die während der Zeitauswertung mit den aktuellen Inhalten des Mitarbeiters gefüllt ist. Der Unterschied zur Operation VARST besteht darin, dass meistens nicht »Y« oder »N« die Antwort für das variable Argument ist, sondern der Inhalt der gerade gelieferten Information. Das könnten z. B. der Name des Buchungskreises (vierstellig) oder der Name der Kostenstelle (achtstellig) sein. Die Operation OUTWP liefert damit für bestimmte Felder der Tabelle WPBP oder der Infotypen, die als Parameter der Operation mitgegeben werden, die aktuellen Inhalte. Eine Übersicht finden Sie in Tabelle 17.2 (siehe auch die SAP-Online-Dokumentation).

Parameter	Inhalt	Max. Länge des variablen Arguments	Quelle
Herkunft: Infotyp 0001 (Organisatorische Zuordnung) oder Tabelle WPBP			
COMPY	Buchungskreis	4	WPBP
JUPER	Juristische Person	4	IT 0001
PLANT	Personalbereich	4	WPBP
PLTSC	Personalteilbereich	4	WPBP

Tabelle 17.2 Parameter der Operation OUTWP

Parameter	Inhalt	Max. Länge des variablen Arguments	Quelle
COSTC	Kostenstelle	8	WPBP
GSBER	Geschäftsbereich	4	WPBP
PERSG	Mitarbeitergruppe	1	WPBP
PERSB	Mitarbeiterkreis	2	WPBP
PAYSB	Abrechnungskreis	2	IT 0001
EMPLR	Anstellungsverhältnis	2	WPBP
PLANS	Planstellen-/Arbeitsplatzschlüssel	8	WPBP
JOBNO	Stellenschlüssel	8	WPBP
ORGEH	Organisationseinheit	8	WPBP
MSTBR	Meisterbereich	8	IT 0001
VDSK1	Organisationsschlüssel	8	WPBP
KOKRS	Kostenrechnungskreis	4	IT 0001
SBMOD	Sachbearbeitergruppe	4	IT 0001
SACHP	Sachbearbeiter Personal	3	IT 0001
SACHZ	Sachbearbeiter Zeitwirtschaft	3	IT 0001
SACHA	Sachbearbeiter L&G-Abrechnung	3	IT 0001
MOLGA	Länderkennzeichen aus der Tabelle T001P (Personalbereiche/-teilbereiche)	2	
Herkunft: Infotyp 0007 (Arbeitszeit)			
SHIFT	Arbeitszeitplanregel	8	IT 0007
TIMER	Status für die Zeitwirtschaft	1	WPBP
PARTT	Teilzeitkraft?	Y/N	IT 0007
DYSCH	Dynamische Erstellung des TAZP?	Y/N	WPBP
WWEEK	Arbeitswoche	2	IT 0007
ATIND	Zusatzkennzeichen Zeitwirtschaft	2	IT 0007

Tabelle 17.2 Parameter der Operation OUTWP (Forts.)

Parameter	Inhalt	Max. Länge des variablen Arguments	Quelle
Herkunft: Infotyp 0008 (Basisbezüge)			
TRFAR	Tarifart	2	IT 0008
TRFGB	Tarifgebiet	2	IT 0008
TRFGR	Tarifgruppe	8	IT 0008
TRFST	Tarifstufe	2	IT 0008
ITRFA	Interne Tarifvertragsart aus der Tabelle T510A. Ist dieses Feld nicht gepflegt, wird stattdessen ** ins variable Argument gestellt.	2	
TRFKZ	Mitarbeiterkreisgruppierung für die Tarifregelung aus der Tabelle T503 (Mitarbeitergruppe/Mitarbeiterkreise)	1	
Herkunft: Infotyp 0000 (Maßnahmen) oder Tabelle WPBP			
MASSN	Maßnahmenart	2	WPBP
MASSG	Maßnahmengrund	2	WPBP
STAT1	Status **Kundenindividuell**	1	WPBP
STAT2	Status **Beschäftigung**	1	WPBP
STAT3	Status **Sonderzahlung**	1	WPBP
Herkunft: Infotyp 0002 (Daten zur Person)			
SEX	Geschlecht (1 = männlich, 2 = weiblich)	1	IT 0002
Herkunft: Infotyp 0016 (Vertragsbestandteile)			
CTTYP	Vertragsart	2	WPBP

Tabelle 17.2 Parameter der Operation OUTWP (Forts.)

[»]

Nicht gefüllte Felder der Operation OUTWP

Falls ein abzufragendes Feld nicht gefüllt ist, wird ein * in das variable Argument gestellt. Die Felder aus dem Infotyp 0008 (Basisbezüge) können nur mit der Verwendung der Funktion CHECK mit dem Parameter BP in Ihrem Schema gelesen werden.

Einen technischen Überblick über die einzelnen Parameter der im SAP-System vorhandenen Operationen gewinnen Sie in der Tabelle T52BO (Operationsparameter). Abbildung 17.7 zeigt Ihnen als Beispiel einen Ausschnitt aus dieser Tabelle für die Operation OUTWP. Diesen Tabelleninhalt können Sie sich mithilfe von Transaktion SE16 anzeigen lassen.

Data Browser: Tabelle T52BO 41 Treffer

Prüftabelle...

PRO...	OPNAM	OPFLD	OSIGN	CNT...	TYP...	LEN...	REA...	TYPEK	LENGK	NUMOF	OPTXT
T	OUTWP	ATIND		*			D	ALL	2		Zusatzkenn[illegible]
T	OUTWP	COMPY		*			D	ALL	4		Buchungskreis
T	OUTWP	COSTC		*			D	ALL	8		Kostenstelle
T	OUTWP	CTTYP		*			D	ALL	2		Vertragsart
T	OUTWP	DYSCH		*			D	YESNO	1		Dynamischer AZP
T	OUTWP	EMPLR		*			D	ALL	2		Anstellungsverhält.
T	OUTWP	EXMPT		*			D	YESNO	1		Exempt?
T	OUTWP	GSBER		*			D	ALL	4		Geschäftsbereich
T	OUTWP	ITRFA		*			D	ALL	2		interne Tarifart
T	OUTWP	JOBNO		*			D	NUMERIC	8		Stellennummer
T	OUTWP	JUPER		*			D	ALL	4		Juristische Person
T	OUTWP	KOKRS		*			D	ALL	4		Kostenrechnungskreis
T	OUTWP	MASSG		*			D	ALL	2		Maßnahmengrund
T	OUTWP	MASSN		*			D	ALL	2		Maßnahmenart
T	OUTWP	MOLGA		*			D	ALL	2		Länderkennzeichen

Abbildung 17.7 Ausschnitt aus der Tabelle T52BO für die Operation OUTWP

17

17.1.3 Operation OUTTI (Bereitstellung von Feldern aus dem Infotyp 0050 (Zeiterfassungsinformation))

Die Operation OUTTI liefert Ihnen ausschließlich Informationen aus dem aktuellen Inhalt des Infotyps 0050 (Zeiterfassungsinformation). Sie stellt diese Informationen in das variable Argument (siehe Tabelle 17.3).

Parameter	Inhalt	Max. Länge des variablen Arguments
ABART	Mitarbeiterkreisgruppierung für die Personalrechenregel	1
BDEGR	Tabelle T705T (Gruppierung Subsystemanbindung)	3
ZANBE	Zutrittskontrollgruppe	2
ZDGBE	Dienstgangberechtigung	1
ZMGEN	Pauschale Mehrarbeit	1

Tabelle 17.3 Parameter der Operation OUTTI

Parameter	Inhalt	Max. Länge des variablen Arguments
ZUSKZ	Zusätzliches Kennzeichen	1
PMBDE	Arbeitszeitereignisartgruppe	2

Tabelle 17.3 Parameter der Operation OUTTI (Forts.)

17.1.4 Operation OUTTP (Bereitstellung von Zeitpaardaten)

Mithilfe der Operation OUTTP können Sie innerhalb der Zeitauswertung Daten des aktuell verarbeiteten Zeitpaares ermitteln, die wiederum in das variable Argument der Personalrechenregel gestellt werden. Diese Rechenregeln dürfen nur durch die folgenden Funktionen aufgerufen werden:

- PTIP: Bearbeiten der Zeitdatentabelle TIP
- PTIPA: Bearbeiten der Zeitdatentabelle TIP bei Abwesenheit
- RTIP: Lies die Paartabelle TIP
- RTIPA: Lies die Paartabelle TIP bei Vorliegen einer Abwesenheit
- GOT: Generieren von Mehrarbeitszeitpaaren

Tabelle 17.4 beschreibt die zulässigen Parameter der Operation OUTTP.

Parameter	Inhalt	Max. Länge des variablen Arguments
PTYPE	Paartyp (Pair Type)	1
COGOS	Anwesenheitszustand aus der Paarbildung	1
TIMDS	Zeitkennung (Time Descriptor)	2
CLTIM	Klasse VerarbTyp/Zeitart (für die Tabelle **Zeitart** und **Verarbeitungstyp**, abhängig von der Tabelle T555Y (Ab-/Anwesenheitsklasse))	2
VTYPE	Verarbeitungstyp (Valuation Type)	1
TITYP	Zeitart (aus der Tabelle T555A (Zeitarten))	4
ORIGS	Herkunftsstatus (Status of Origin)	1
ABTYP	Abwesenheitsart (Absence Type)	4
PRTYP	Anwesenheitsart (Presence Type)	4

Tabelle 17.4 Parameter der Operation OUTTP

Parameter	Inhalt	Max. Länge des variablen Arguments
CLTYP	Mehrarbeitsverrechnungsart (Clearing Key)	1
INTKY	Interner Schlüssel (Rufbereitschaft)	1
STAT1	Status vergeben bei der Paarbildung	1
BRTYP	Zeitereignisart zur Beginn-Zeit des Zeitpaares	3
ERTYP	Zeitereignisart zur Ende-Zeit des Zeitpaares	3
BTERM	Beginn-Terminal-ID	4
ETERM	Ende-Terminal-ID	4
BGCOD	Allg. Code Beginn-Buchung	4
EGCOD	Allg. Code Ende-Buchung (End General Code)	4
VAR01	Frei verfügbares Charakterfeld Länge 1	1
VAR02	Frei verfügbares Charakterfeld Länge 2	2
C1SET	Kostenverteilung vorhanden?	Y/N
ALSET	Abweichende Bezahlung vorhanden?	Y/N
EXTIM	Beginn- und Ende-Uhrzeiten gefüllt?	Y/N
EXBTM	Beginn-Uhrzeit gefüllt?	Y/N
EXETM	Ende-Uhrzeit gefüllt?	Y/N

Tabelle 17.4 Parameter der Operation OUTTP (Forts.)

17.1.5 Operation OUTZL (Bereitstellung von Informationen aus den Zeitlohnarten)

Eine weitere Entscheidungsoperation ist die Operation OUTZL. Sie stellt Informationen aus der Tabelle ZL (Zeitlohnarten) bzw. DZL (ZL pro Tag) in das variable Argument. Mit ihrer Hilfe können Sie z. B. aus bereits generierten Lohnarten eigene Salden bilden. Die vorgegebene Schreibweise dieser Operation besteht aus dem fünfstelligen Namen selbst, gefolgt von einem Leerzeichen, dem sich ein dreistelliger Parameter und diesem wiederum ohne Leerzeichen gegebenenfalls ein Zusatzparameter anschließt. Die allgemeine Form der Operation sieht demnach folgendermaßen aus: OUTZL xxxy. Tabelle 17.5 listet die Parameter auf.

Parameter	Inhalt	Zusatz-parameter	Max. Länge des variablen Arguments bzw. Inhalts
ABS	Abwesenheitsart?		4
DPC	Tagesprogrammklasse	y	Y/N oder 0–9
DPR	Tagesprogramm		4
DTY	Tagestyp	y	Y/N oder 0–2
HOL	Feiertag	y	Y/N oder 0–9
IFT	IFTYP der Lohnart?		1
LWD	Letzte Tageslohnart?		Y/N
LWP	Letzte PeriodenLart?		Y/N
LWW	Letzte Wochenlohna.?		Y/N
NDY	Neuer Tag?		Y/N
NWK	Neue Woche?	y	Y/N
NWP	Neue Woche in Periode?	y	Y/N
RED	ZL-POSID (Datum) abfragen		2
SPL	Split-Kennzeichen?	y	Y/N
TMC	Periodenarbeitszeitmodellklasse?	y	Y/N oder 0–9
TMO	Periodenarbeitszeitmodell?		4
WGT	Lohnart		4
WKD	Wochentag?	y	Y/N oder 1–7

Tabelle 17.5 Parameter der Operation OUTZL

Einige der angegebenen Parameter können durch einen Zusatzparameter erweitert werden:

- **Zusatzparameter für DPCy**
  Wenn Sie y leer lassen, stellt die Operation die Tagesarbeitszeitplanklasse (Ziffer zwischen 0 und 9 gemäß Tabelle 550A) in das variable Argument. Falls Sie die Tagesarbeitszeitplanklasse direkt abfragen wollen, nutzen Sie die Operation in der Form OUTZL DPCy (y = 0, 1, ... 9). Dann stellt die Operation »Y« oder »N« in das variable Argument, je nach Beantwortung der Frage.

- **Zusatzparameter für DTYy**
  Wenn Sie y leer lassen, stellt die Operation eine der Ziffern 0 bis 9 in das variable Argument. Die Bedeutung bestimmt sich hier entsprechend der Tabelle T553A (Bestimmungsregel für Tagestypen) wie folgt:
  - 0 für Arbeit bezahlt
  - 1 für frei bezahlt
  - 2 für frei unbezahlt
  - 3 bis 9 sind zurzeit nicht festgelegt; Sie sollten sie nicht verwenden.

  Falls Sie den Tagestyp direkt abfragen wollen, nutzen Sie die Operation in der Form OUTZL DTYy (y = 0, 1, ... 9). Dann stellt die Operation »Y« oder »N« in das variable Argument, je nach Beantwortung der Frage.

  Der Tagestyp 0 wird auf dem Bildschirm als blank angezeigt, aber intern als 0 abgespeichert.
- **Zusatzparameter für HOLy**
  Wenn Sie y leer lassen, stellt die Operation eine der Ziffern 0 (kein Feiertag) bis 9 (Feiertag der entsprechenden Klasse) in das variable Argument. Falls Sie die Feiertagsklasse direkt abfragen wollen, nutzen Sie die Operation in der Form OUTZL HOLy (y = 0, 1, ... 9). Dann stellt die Operation »Y« oder »N« in das variable Argument, je nach Beantwortung der Frage.
- **Zusatzparameter für NWKy oder WWPy**
  Durch den Zusatzparameter y können Sie einen speziellen Wochenbeginn und damit das Wochenende vorgeben (siehe Tabelle 17.6).

Zusatzparameter	Wochenbeginn	Wochenende
blank	Montag	Sonntag
1	Montag	Sonntag
2	Dienstag	Montag
3	Mittwoch	Dienstag
4	Donnerstag	Mittwoch
5	Freitag	Donnerstag
6	Samstag	Freitag
7	Sonntag	Montag

Tabelle 17.6 Zusatzparameter für die Parameter NWKy und NWPy

- **Zusatzparameter für SPLy**
  Bei einer Schleife über die Lohnarten in der Tabelle ZL können Sie abfragen, ob Split-Kennzeichen gesetzt sind. Sie können dabei die folgenden Werte für y verwenden, und die Operation stellt »Y« oder »N« in das variable Argument, je nach Beantwortung der Frage:
- A für Abfrage des AB-Splits
- C für Abfrage des C1-Splits
- P für Abfrage des ALP-Splits

  Lassen Sie y leer, prüft die Operation, ob mindestens einer der oben genannten Splits existiert, und stellt wiederum »Y« oder »N« in das variable Argument.
- **Zusatzparameter für TMCy**
  Wenn Sie y leer lassen, stellt die Operation die Bewertungsklasse des Periodenarbeitszeitplans (Tabelle T551C) in das variable Argument (Ziffern 0 bis 9). Falls Sie die Bewertungsklasse direkt abfragen wollen, nutzen Sie die Operation in der Form OUTZL TMCy (y = 0, 1, ... 9). Dann stellt die Operation »Y« oder »N« in das variable Argument, je nach Beantwortung der Frage.
- **Zusatzparameter für WKDy**
  Wenn Sie y leer lassen, stellt die Operation die Tagesnummer 1 bis 7 in das variable Argument. Falls Sie den Tag direkt abfragen wollen, nutzen Sie die Operation in der Form OUTZL WKDy (y = 0, 1, ... 7). Dann stellt die Operation »Y« oder »N« in das variable Argument, je nach Beantwortung der Frage.

17.2 Operationen, die eine oder mehrere Aktionen einleiten

Operationen, die eine oder mehrere Aktionen einleiten, sind Operationen, die Sie für die Saldenbildung oder zum Abstellen von Werten in Tabellen der Zeitauswertung nutzen. Diese Operationen ermöglichen es Ihnen, Werte von Feldern in den internen Tabellen zu verändern.

- **Operation COLER**
  Die Operation COLER ermöglicht es Ihnen z. B., Meldungen auszugeben. Mit ihr werden Fehler oder bestimmte Situationen, die bei der Verarbeitung aufgetreten sind (z. B. eine nicht erfasste Abwesenheit), in Form von Meldungen in die Tabelle FEHLER geschrieben. Diese Meldungen können Sie dann in der Fehlerbehandlung der Zeitauswertung bearbeiten.
- **Operation HRS**
  Mit der Operation HRS können Sie das Stunden-Anzahl-Feld bearbeiten. Sie können einen bestimmten Wert in das Stunden-Anzahl-Feld stellen und/oder Werte aus

Tabellen, Infotypen oder den Ergebnissen aus den Tabellen SALDO, TES, DZL oder ZML bereitstellen.

- **Operation TABLE**
  Mit der Operation TABLE sind Sie in der Lage, auf Werte aus einer bestimmten transparenten Tabelle zuzugreifen und mit diesen zu arbeiten.
- **Operation ADDDB**
  Die Operation ADDDB haben Sie bereits in Beispielen kennengelernt, die wir in Kapitel 14, »Zeitkonten führen«, beschrieben haben. Im folgenden Abschnitt wollen wir Ihnen diese Operationen detailliert darstellen.

17.2.1 Operation HRS (Bearbeite das Stunden-Anzahl-Feld)

Der Aufbau der Operation HRS lautet HRSOYZZZZ. Die Operation setzt sich somit aus vier Bestandteilen zusammen:

- HRS als Operationsname
- O als Operator
- Y als Herkunftszeichen des Operanden
- ZZZZZ als Operand

Mit dem Operator geben Sie an, wie der Wert der Stundenanzahl bearbeitet werden soll. Dabei sind die in Tabelle 17.7 aufgeführten Operatoren möglich.

Operator	Bedeutung
=	Gleichsetzung
+	Addition
-	Subtraktion
*	Multiplikation
/	Division
%	Prozentrechnung
<	Minimumbildung
>	Maximumbildung
S	Subtraktion bis kleinstens 0 (nicht negativ)
?	Vergleich des Stunden-Anzahl-Feldes

Tabelle 17.7 Operatoren für die Operation HRS

Die Wirkungsweise der Operatoren unterscheidet sich nach der Verwendung von ? und allen anderen Operatoren. Bei Verwendung des Operators ? wird der Wert des Stunden-Anzahl-Feldes mit dem durch den Operanden bestimmten Wert verglichen und das Ergebnis in der Form <, = oder > in das variable Argument gestellt. Bei allen anderen wird der Wert des Stunden-Anzahl-Feldes durch die angegebene Rechenoperation mit dem durch den Operanden bestimmten Wert verknüpft. Das Ergebnis dieser Rechenoperation überschreibt dann den gegebenenfalls schon vorhandenen alten Wert im Stunden-Anzahl-Feld.

Das Herkunftszeichen des Operanden beschreibt die Quelle des Wertes, mit dem das Stunden-Anzahl-Feld bearbeitet werden soll. Die inhaltlichen Funktionen der Operation HRS lassen sich nach der Art der Wertebereitstellung gruppieren. Die Ausprägungen der Parameter der Operation wollen wir in Tabellenform darstellen. Tabelle 17.8 beschreibt die Operanden für die Wertebereitstellung aus den Zeitarten.

Parameter	Inhalt
HRS=OZZZZ	Bereitstellung des Wertes der Zeitart ZZZZ aus der Tabelle SALDO (Periodensalden) des Vormonats
HRS=MZZZZ	Bereitstellung des Wertes der Zeitart ZZZZ aus der Tabelle SALDO (Periodensalden) des aktuellen Monats
HRS=DZZZZ	Bereitstellung des Wertes der Zeitart ZZZZ aus der Tabelle TES (Tagessalden) des aktuellen Tages
HRS=LZZZZ	Bereitstellung des Wertes der Zeitart ZZZZ aus der Tabelle ZES des Vortages
HRS=LZZZZA	Bereitstellung des Wertes der Zeitart ZZZZ aus der Tabelle ZES des letzten Tages vor dem aktuellen Tag, an dem der Mitarbeiter den Beschäftigungsstatus **aktiv** und einen Status Zeitwirtschaft ungleich null hatte
HRS=WZZZZ	Bereitstellung des Wertes der Zeitart ZZZZ aus der Tabelle ZES, kumuliert für die aktuelle Woche ohne den aktuellen Tag
HRS=XZZZZ	Bereitstellung des Wertes der Zeitart ZZZZ aus der Tabelle ZES, kumuliert über die bisher vergangenen Tage der aktuellen Lohn- und Gehaltsabrechnungsperiode ohne den aktuellen Tag

Tabelle 17.8 Operation HRS – Bereitstellung von Werten von Zeitarten

Tabelle 17.9 beschreibt die Operanden für die Wertebereitstellung aus dem aktuellen Zeitpaar der Tabelle TIP.

Parameter	Inhalt
HRS=PNUM	Stundenanzahl
HRS=PBEG	Beginn des Zeitpaares
HRS=PEND	Ende des Zeitpaares
HRS=PBGCOD	Ab-/Anwesenheitsgrund der Kommen-Buchung
HRS=PEGCOD	Ab-/Anwesenheitsgrund der Gehen-Buchung
HRS=PPTBEG	Uhrzeit der Beginn-Buchung, die zu dem aktuell verarbeiteten Zeitpaar gehört (siehe PTZNR)
HRS=PPTEND	Uhrzeit der Ende-Buchung, die zu dem aktuell verarbeiteten Zeitpaar gehört (siehe PTZNR)

Tabelle 17.9 Bereitstellung von TIP-Werten für die Operation HRS

Die Tabelle 17.10 enthält die Operanden für die Wertebereitstellung aus dem Abwesenheitspaar.

Parameter	Inhalt
HRS=ANUM	Stundenanzahl der Abwesenheit
HRS=APERC	Prozentsatz der Arbeitsunfähigkeit

Tabelle 17.10 Wertebereitstellung aus den Abwesenheiten für die Operation HRS

Bereitstellung aus dem Abwesenheitspaar für die Operation HRS

SAP empfiehlt hier, diesen Operanden nur zu verwenden, wenn Sie die verwendete Personalrechenregel mit der Funktion ACTIO und dem Parameter 2 = AB aufrufen.

Tabelle 17.11 stellt die Operanden für die Wertebereitstellung aus der Tabelle DZL (Zeitlohnarten) dar.

Parameter	Inhalt
HRS=ENUM	Anzahlfeld der Lohnart
HRS=EBEG	Beginn-Uhrzeit der Lohnart
HRS=EEND	Ende-Uhrzeit der Lohnart

Tabelle 17.11 Bereitstellung der Lohnarten-Informationen für die Operation HRS

In Tabelle 17.12 finden Sie die Operanden für die Wertebereitstellung aus der Tabelle ZML (Mehrarbeitslohnarten).

Parameter	Inhalt
HRS=ZNUM	Anzahlfeld der Lohnart
HRS=ZBEG	Beginn-Uhrzeit der Lohnart
HRS=ZEND	Ende-Uhrzeit der Lohnart

Tabelle 17.12 Bereitstellung der Mehrarbeitslohnarten-Informationen für die Operation HRS

Falls Sie mit sogenannten Hilfszeitarten arbeiten, die Sie nur zum Berechnen und nicht zur Abspeicherung in Zeitkonten einsetzen wollen, können Sie den Operanden für variable Salden nutzen (siehe Tabelle 17.13).

Parameter	Inhalt
HRS=Kxxxx	Aus der Tabelle VS wird der variable Saldo zum Identifikator xxxx gelesen, der vorher mit der Operation ADDVS aufgebaut wurde.

Tabelle 17.13 Bereitstellung variabler Salden für die Operation HRS

In den in Tabelle 17.14 aufgelisteten Ausprägungen für die Operation HRS (Bereitstellung von Informationen aus dem Tagesarbeitszeitplan) liefert das SAP-System für mehrere Angaben zusätzlich einen Returncode.

Parameter	Inhalt	Returncode
HRS=S	Sollstunden des Tages	–
HRS=SWTB	frühester Arbeitsbeginn	–
HRS=SWTE	spätestes Arbeitsende	–
HRS=SAVE	Ende-Uhrzeit der Bereitschaft, die am aktuellen Tag gültig ist. Die Ende-Uhrzeit wird zu 48:00 Uhr, falls die Bereitschaft nach dem Folgetag endet.	–
HRS=SNTB	Beginn der Normalarbeitszeit, falls gefüllt	RC=1
	sonst Beginn der Sollarbeitszeit	RC=0

Tabelle 17.14 Bereitstellung von Informationen aus dem Tagesarbeitsplan für die Operation HRS

Parameter	Inhalt	Returncode
HRS=SNTE	Ende der Normalarbeitszeit, falls gefüllt	RC=1
	sonst Ende der Sollarbeitszeit	RC=0
HRS=SCFB	erster Kernzeitbeginn, falls gefüllt	RC=1
	sonst Sollzeitbeginn	RC=0
HRS=SCSB	zweiter Kernzeitbeginn, falls gefüllt	RC=2
	sonst erster Kernzeitbeginn, falls gefüllt	RC=1
	sonst Sollzeitbeginn	RC=0
HRS=SCFE	erstes Kernzeitende, falls gefüllt	RC=1
	sonst Sollzeitende	RC=0
HRS=SCSE	zweites Kernzeitende, falls gefüllt	RC=2
	sonst erstes Kernzeitende, falls gefüllt	RC=1
	sonst Sollzeitende	RC=0
HRS=SBTBx	Beginn der x-ten Pause, falls gefüllt	RC=x
	sonst Beginn der ersten Pause, falls gefüllt	RC=1
	sonst aktuelles Anzahlfeld	RC=0
HRS=SBTEx	Ende der x-ten Pause, falls gefüllt	RC=x
	sonst Ende der letzten (N-ten) Pause, falls Pause vorhanden	RC=N
	sonst aktuelles Anzahlfeld = 0	RC=0
HRS=SBDUx	Pausendauer unbezahlt der x-ten Pause, falls gefüllt	RC=x
	sonst Pausendauer unbezahlt der letzten (N-ten) Pause; falls Pause vorhanden	RC=N
	sonst aktuelles Anzahlfeld = 0	RC=0

Tabelle 17.14 Bereitstellung von Informationen aus dem Tagesarbeitsplan für die Operation HRS (Forts.)

17

Parameter	Inhalt	Returncode
HRS=SBDPx	Pausendauer bezahlt der x-ten Pause, falls gefüllt	RC=x
	sonst Pausendauer bezahlt der letzten (N-ten) Pause, falls Pause vorhanden	RC=N
	sonst aktuelles Anzahlfeld = 0	RC=0
HRS=SBDUE	Pausendauer bezahlt der letzten (N-ten) Pause, falls Pause vorhanden	RC=N
	sonst aktuelles Anzahlfeld = 0	RC=0
HRS=SBDPE	Pausendauer unbezahlt der letzten (N-ten) Pause, falls Pause vorhanden	RC=N
	sonst aktuelles Anzahlfeld = 0	RC=0
HRS=SMAX	die tägliche Maximalarbeitszeit	–
HRS=SMIN	die tägliche Minimalarbeitszeit	–
HRS=SADV	die tägliche Vorholzeit	–
HRS=SADD	die täglichen zusätzlichen Stunden	–
HRS=SPSS	Sollstunden aus dem abgeschlossenen Sollplan (Tabelle PSOLL) beschaffen	–

Tabelle 17.14 Bereitstellung von Informationen aus dem Tagesarbeitsplan für die Operation HRS (Forts.)

Dieselben Ausprägungen wie für HRS=S... können Sie bei der Form HRS=U... anwenden, wobei hier keine Vertretungen verarbeitet werden. Sie erhalten damit die Informationen immer aus dem originalen, ursprünglichen Tagesarbeitszeitplan.

In der Form HRS=I... erhalten Sie Informationen aus dem Infotyp 0007 (Arbeitszeit), wie in Tabelle 17.15 dargestellt.

Parameter	Inhalt
HRS=IEMPCT	Arbeitszeitanteil
HRS=IDAHRS	Arbeitsstunden pro Tag
HRS=IWEHRS	Arbeitsstunden pro Woche

Tabelle 17.15 Bereitstellung von Informationen aus dem Infotyp 0007 für die Operation HRS

Parameter	Inhalt
HRS=IMOHRS	Arbeitsstunden pro Monat
HRS=IYEHRS	Arbeitsstunden pro Jahr
HRS=IWKWDY	Arbeitstage pro Woche
HRS=IMINDY	minimale Arbeitsstunden pro Tag (dyn. AZP)
HRS=IMAXDY	maximale Arbeitsstunden pro Tag (dyn. AZP)
HRS=IMINWK	minimale Arbeitsstunden pro Woche (dyn. AZP)
HRS=IMAXWK	maximale Arbeitsstunden pro Woche (dyn. AZP)
HRS=IMINMO	minimale Arbeitsstunden pro Monat (dyn. AZP)
HRS=IMAXMO	maximale Arbeitsstunden pro Monat (dyn. AZP)
HRS=IMINYE	minimale Arbeitsstunden pro Jahr (dyn. AZP)
HRS=IMAXYE	maximale Arbeitsstunden pro Jahr (dyn. AZP)
HRS=IWWEEK	Beginn-Uhrzeit der Arbeitswoche

Tabelle 17.15 Bereitstellung von Informationen aus dem Infotyp 0007 für die Operation HRS (Forts.)

Die Operation in der Form HRS=NBSGRD liefert Ihnen den Beschäftigungsgrad aus dem Infotyp 0008 (Basisbezüge), wobei der Wert der Tabelle WPBP entnommen wird.

Tabelle 17.16 enthält die gelieferten Informationen aus dem Infotyp 0050 (Zeiterfassungsinformationen) für die Form der Operation HRS=V...

Parameter	Inhalt
HRS=VFLMAX	Gleitzeitmaximum (NUM)
HRS=VFLMIN	Gleitzeitminimum (NUM)
HRS=VTICRE	Zeitzuschlag/Zeitabschlag (NUM)
HRS=VAPOTI	Schalter für allg. Mehrarbeitsberechtigung (CHAR)
HRS=VBDEGR	Gruppierung Subsystemanbindung (CHAR)
HRS=VZANBE	Zutrittskontrollgruppe (CHAR)
HRS=VSFLAG	Zusatzkennzeichen (CHAR)

Tabelle 17.16 Bereitstellung von Informationen aus dem Infotyp 0050 für die Operation HRS

Die mit CHAR (Zeichenkette) gekennzeichneten Felder können Sie im Infotyp 0050 (Zeiterfassungsinformation) nutzen, um kundenindividuelle Informationen zu hinterlegen und zu verarbeiten. Die Felder unterliegen einer komplizierten Typenkonvention. Falls Sie deshalb mit diesen Feldern Berechnungen (mit der Operation HRS) vornehmen wollen, füllen Sie die Felder am einfachsten nur numerisch (nur Ziffern, ohne etwaige Tausenderkennzeichnung) und nehmen dann in Ihren Regeln die weitere Berechnung selbst vor. Die Felder, die den Zusatz (NUM) tragen, konvertiert das SAP-System. Sind diese Felder nicht numerisch, bricht das SAP-System die Verarbeitung mit einem technischen Fehler ab.

Aus dem Infotyp 2006 (Abwesenheitskontingente) lassen sich mit der Operation HRS ebenso komfortabel Informationen bereitstellen. Der Aufbau der Operation lautet hier: HRS=Fxqqv. Die möglichen Ausprägungen der Parameter stellen wir in Tabelle 17.17, Tabelle 17.18 und Tabelle 17.19 dar.

Ausprägung für Parameter x	Information aus Kontingent
E	Anspruch
C	Verbrauch (ohne Abgeltung) zum Stichtag
M	Abgeltung bis Stichtag
F	Verbrauch (mit Abgeltung) zum Stichtag
R	Kontingentrest zum Stichtag
A	abgerechneter Kontingentstand
U	Überleitungsvorrat am Stichtag
X	Beginn-Uhrzeit des Kontingents
Y	Ende-Uhrzeit des Kontingents
Z	Differenz zwischen Ende- und Beginn-Uhrzeit
V	Anzahl Tage zw. Stichtag und Verfallstag des Kontingents (Maximalwert ist 99999)

Tabelle 17.17 Bereitstellung von Informationen aus dem Infotyp 2006 (Abwesenheitskontingente) für die Operation HRS (Parameter x)

Ausprägung für Parameter qq	Kontingentart
nn	Die Kontingentart nn wird betrachtet.

Tabelle 17.18 Bereitstellung von Informationen aus dem Infotyp 2006 (Abwesenheitskontingente) für die Operation HRS (Parameter qq)

Ausprägung für Parameter qq	Kontingentart
HH	Nur bei der Kumulation (siehe Parameter v = C): Die Information wird über alle in Stunden geführten Kontingente kumuliert.
DD	Nur bei Kumulation (siehe Parameter v = C): Die Information wird über alle in Tagen geführten Kontingente kumuliert.
blank	Nur möglich unter der Funktion P2006: Die Kontingentart des aktuell verarbeiteten Kontingents wird übernommen.

Tabelle 17.18 Bereitstellung von Informationen aus dem Infotyp 2006 (Abwesenheitskontingente) für die Operation HRS (Parameter qq) (Forts.)

Ausprägung für Parameter v	Bestimmung bei mehreren Kontingentsätzen
F	Der erste Satz (nach Gültigkeitsbeginn) wird betrachtet.
L	Der letzte Satz (nach Gültigkeitsbeginn) wird betrachtet.
C	Die Information wird über alle ausgewählten Kontingente kumuliert ausgegeben.
blank	Nur möglich, wenn qq = blank: Die Information über den aktuell verarbeiteten Kontingentsatz wird bereitgestellt.

Tabelle 17.19 Bereitstellung von Informationen aus dem Infotyp 2006 (Abwesenheitskontingente) für die Operation HRS (Parameter v)

Ebenso können Sie sich Informationen aus dem Infotyp 2007 (Anwesenheitskontingente) bereitstellen lassen. Die syntaktische Form der Operation lautet dann: HRS=Gxqqv. Wir stellen die Ausprägungen wieder in tabellarischer Form dar (siehe Tabelle 17.20, Tabelle 17.21 und Tabelle 17.22).

Ausprägung für Parameter x	Information aus Kontingent
E	Anspruch
C	Verbrauch zum Stichtag
R	Kontingentrest zum Stichtag
A	abgerechneter Kontingentstand

Tabelle 17.20 Bereitstellung von Informationen aus dem Infotyp 2007 (Anwesenheitskontingente) für die Operation HRS (Parameter x)

Ausprägung für Parameter x	Information aus Kontingent
X	Beginn-Uhrzeit des Kontingents
Y	Ende-Uhrzeit des Kontingents
Z	Differenz zwischen Ende- und Beginn-Uhrzeit
V	Anzahl Tage zwischen Stichtag und Verfallstag des Kontingents (Maximalwert ist 99999)

Tabelle 17.20 Bereitstellung von Informationen aus dem Infotyp 2007 (Anwesenheitskontingente) für die Operation HRS (Parameter x) (Forts.)

Ausprägung für Parameter qq	Kontingentart
nn	Die Kontingentart nn wird betrachtet.
HH	Nur bei Kumulation (siehe Parameter v = C): Die Information wird über alle in Stunden geführten Kontingente kumuliert.
DD	Nur bei Kumulation (siehe Parameter v = C): Die Information wird über alle in Tagen geführten Kontingente kumuliert.
Blank	Nur möglich unter den Funktionen P2007, GOT und GOU: Die Kontingentart des aktuell verarbeiteten Kontingents wird übernommen.

Tabelle 17.21 Bereitstellung von Informationen aus dem Infotyp 2007 (Anwesenheitskontingente) für die Operation HRS (Parameter qq)

Ausprägung für Parameter v	Bestimmung bei mehreren Kontingentsätzen
F	Der erster Satz (nach Gültigkeitsbeginn) wird betrachtet.
L	Der letzter Satz (nach Gültigkeitsbeginn) wird betrachtet.
C	Die Information wird über alle ausgewählten Kontingente kumuliert ausgegeben.
blank	Nur möglich, wenn qq = blank: Die Information über den aktuell verarbeiteten Kontingentsatz wird bereitgestellt.

Tabelle 17.22 Bereitstellung von Informationen aus dem Infotyp 2007 (Anwesenheitskontingente) für die Operation HRS (Parameter v)

Die Operation HRS erlaubt es Ihnen, Werte von Abrechnungskonstanten aus der Tabelle T511K zu lesen. Hierfür lautet die syntaktische Form HRS=Czzzzz. In der Tabelle T511K (Abrechnungskonstanten) können Sie beliebige Konstanten zzzzz hinterlegen und durch HRS=Czzzzz in das aktuelle Stunden-Anzahl-Feld stellen lassen. Eine Sonderverarbeitung findet bei der Belegung von zzzzz mit TGMAX (Maximale tägliche Arbeitszeit) statt. Falls im Tagesarbeitszeitplan eine maximale Arbeitszeit im Feld TGMAX hinterlegt ist, wird diese gelesen; ansonsten wird der Wert der Konstante TGMAX aus der Tabelle T511K (Abrechnungskonstanten) geliefert.

Mit der Operation HRS können Sie auf die zentrale Tabelle der Lohnartenbewertung der Personalabrechnung der Tabelle T512W in der Form HRS=% zugreifen. Je nach Belegung von zzzzz wird Ihnen dann aus der Tabelle T512W (Lohnartenbewertung) bereitgestellt:

- 0: Bereitstellung des Prozentsatzes der aktuellen Lohnart
  (z. B.: Prozentsatz = 25 % => Stunden-Anzahl-Feld = 0,25)
- 1: Bereitstellung des Prozentsatzes der ersten abgeleiteten Lohnart
- 2: Bereitstellung des Prozentsatzes der zweiten abgeleiteten Lohnart

Die Bereitstellung von Systemfeldern und Berechnungen können Sie mit den Formen HRS=Bzzzzz, HRS=Yzzzzz und HRS=R realisieren. Die Ausprägung der Operation wird in Tabelle 17.23 bis Tabelle 17.29 dargestellt.

Parameter für HRS=Bzzzzz	Inhalt
CURDY	laufender Tag
CURMO	zum Auswertungstag geltende Zeitauswertungsperiode
CURYR	laufendes Jahr
RELTI	aktuelle Uhrzeit zum Lauf der Zeitauswertung, bezogen auf das Datum des ausgewerteten Tages z. B. für die Differenzbildung für dezimalisierte Uhrzeiten, wie 36,5 Uhr
LOOPC	Schleifenzähler alle
LCREL	Schleifenzähler RELNR
	Die Ausprägungen LOOPC und LCREL sind nur in Verbindung mit der Operation PLOOP sinnvoll.
	Im Fall der Zeitauswertung bei Mehrfachbeschäftigung werden die Ausprägungen LOOPC und LCREL zurzeit nicht unterstützt.

Tabelle 17.23 Bereitstellung von Systemfeldern und Berechnungen für die Operation HRS (Parameter für HRS=Bzzzzz)

17

Parameter für HRS=Yfghjj	Inhalt
Y	Operator
f	Datumsangaben
g	Stichtag, auf den sich die Dauer bezieht
h	Einheit, in der die Dauer errechnet werden soll
jj	Datumsart zum Lesen des Infotyps 0041 (Datumsangaben)

Tabelle 17.24 Bereitstellung von Systemfeldern und Berechnungen für die Operation HRS (Parameter für HRS=Yfghjj)

Parameter f	Inhalt
f=A	Geburtsdatum laut Infotyp 2002 (Daten zur Person)
f=D	Datumsangaben im Infotyp 0041 (Datumsangaben)
f=S	Eintrittsdatum zuerst aus dem Infotyp 0041 (Datumsangaben), falls nicht vorhanden, aus dem Infotyp 0000 (Maßnahmen). Dazu müssen Sie für jj die Datumsart angeben.

Tabelle 17.25 Bereitstellung von Systemfeldern und Berechnungen für die Operation HRS (Parameter f)

Parameter g	Inhalt
g=A	Datum des ausgewerteten Tages
g=S	Datum des ausgewerteten Tages + 1
g=R	Datum des ausgewerteten Tages – 1
g=B	Beginn der Zeitauswertungsperiode
g=E	Ende der Zeitauswertungsperiode
g=X	01.01.2000 (= fixes Datum)

Tabelle 17.26 Bereitstellung von Systemfeldern und Berechnungen für die Operation HRS (Parameter g)

Parameter h	Inhalt
h=A	Tage
h=E	volle Woche
h=0	volle Monate
h=Y	volle Jahre

Tabelle 17.27 Bereitstellung von Systemfeldern und Berechnungen für die Operation HRS (Parameter h)

Parameter jj	Inhalt
jj=XX	XX = Datumsart aus dem Infotyp 0041

Tabelle 17.28 Bereitstellung von Systemfeldern und Berechnungen für die Operation HRS (Parameter jj)

Parameter R	Inhalt
HRS=R	Das Ergebnis der letzten HRS-Operation wird in das Stunden-Anzahl-Feld gestellt. Ausnahme: War der letzte Operator gleich ?, wird die Differenz Stunden-Anz-Feld-Operand 2 der letzten HRS-Operation in das Stunden-Anzahl-Feld gestellt.

Tabelle 17.29 Bereitstellung von Systemfeldern und Berechnungen für die Operation HRS (Parameter R)

Neben all diesen Parametern können Sie auch direkt Werte eingeben, mit denen Sie den Wert im Stunden-Anzahl-Feld neu festlegen. In allen Erläuterungen haben wir mit der Operation HRS das Zeichen = verwendet. Natürlich können Sie, wie am Anfang des Abschnitts beschrieben, auch alle anderen Operationszeichen verwenden.

Mit der Operation HRS=Tzzzzz können Sie sich auch Inhalte von Feldern aus Customizing-Tabellen bereitstellen lassen. Voraussetzung dafür ist, dass Sie sich ein wenig mit dem Dictionary des SAP-Systems auskennen, denn Sie müssen diesmal den eigentlichen Namen einer Tabelle und die Namen der Felder kennen, die Sie ansprechen möchten. Dann können Sie die Operation in der Syntax HRS=Tzzzzz nutzen. Damit wird je nach Belegung von zzzzz aus einer Customizing-Tabelle, die durch die Operation TABLE zuvor deklariert wurde, ein Feldinhalt in das aktuelle Stunden-Anzahl-Feldes bereitgestellt. Den Feldnamen legen Sie durch zzzzz fest. Dazu wollen wir vorher die Operation TABLE beschreiben.

17.2.2 Operation TABLE (Zugriff auf Tabellenfelder vorbereiten)

Die Operation TABLE (Zugriff auf Tabellenfelder vorbereiten) stellt ein Hilfsmittel dar, um auf beliebige Felder einer Customizing-Tabelle zuzugreifen, die durch einen Parameter spezifiziert werden muss. Dabei merkt sich die Operation TABLE den angegebenen Tabellennamen und bereitet den Zugriff auf deren Felder vor. Dieser Name gilt so lange, bis er durch eine erneute TABLE-Operation aktualisiert wird. Die Operation TABLE ist leider nicht unendlich dynamisch, was hier bedeuten soll, dass nur eine begrenzte Anzahl bestimmter Tabellen verarbeitet werden kann. Die Syntax der Operation lautet TABLExvvvv. Tabelle 17.30 und Tabelle 17.31 zeigen Ihnen die Möglichkeiten der Parameterausprägungen.

Ausprägung für Parameter x	Steuerungskennzeichen im Vertretungsfall
blank	Auch im Falle einer Schichtvertretung wird zum Lesen der Tabelle T508A die Arbeitszeitplanregel aus dem Infotyp 0007 (Sollarbeitszeit) herangezogen.
V	Schichtvertretungen werden beim Lesen der Tabelle T508A berücksichtigt.

Tabelle 17.30 Bereitstellung von Informationen aus Customizing-Tabellen durch die Operation TABLE (Parameter x)

Ausprägung für Parameter vvvv	Tabellenname
001P	Personalbereiche/-teilbereiche
503	Mitarbeitergruppe/Mitarbeiterkreise
508A	Arbeitszeitplanregel
510I	Tarifliche Arbeitszeit
559A	Arbeitswoche

Tabelle 17.31 Bereitstellung von Informationen aus Customizing-Tabellen durch die Operation TABLE (Parameter vvvv)

Wenn Sie zuerst den Feldnamen einer Customizing-Tabelle, z. B. der Tabelle T510I (Tarifliche Arbeitszeit), ermitteln wollen, verwenden Sie Transaktion SM30 zum Anzeigen der Sicht V_T510I und stellen den Cursor in der Tabellensicht auf ein Feld in der Spalte **Stunden** (siehe Abbildung 17.8).

Sicht "Tarifliche Arbeitszeit" ändern: Übersicht

Aufr. <-> Verb. Neue Einträge Abgrenzen

T...	Tarifgebiet	Tarifgebiettext	G	Beginn	Ende	Stunden	T...
01	01	Baden-Wuerttemberg	1	01.01.1900	31.12.9999	40,00	5
01	01	Baden-Wuerttemberg	2	01.01.1900	31.12.9999	40,00	5
01	01	Baden-Wuerttemberg	3	01.04.1989	31.12.9999	36,50	5

Abbildung 17.8 Sicht V_T510I (Tarifliche Arbeitszeit)

Anschließend drücken Sie die F1-Taste, und es erscheint das in Abbildung 17.9 dargestellte Pop-up-Fenster, das eine Dokumentation für das Tabellenfeld enthält. Neben einigen Buttons, die es Ihnen ermöglichen, u. a. auch in die Online-Bibliothek von SAP zu gelangen, ist in diesem Pop-up-Fenster der Button (**Technische Informationen**) zu finden.

Abbildung 17.9 Pop-up-Fenster (über die F1-Taste)

Nach einem Klick auf den Button **Technische Informationen** erscheint ein Bild mit den technischen Informationen (siehe Abbildung 17.10). Im Block **Feld-Daten** werden u. a. Tabellenname und Feldname angezeigt.

Feld-Daten	
Tabellenname	V_T510I
Tabellenart	Generierte Viewstruktur
Feldname	TRWAZ
Datenelement	TRWAZ

Abbildung 17.10 Block »Feld-Daten« (der technischen Informationen)

Dieser Feldname (fünfstellig) ist als Parameter für die Operation HRS erforderlich. Sie müssen in Ihrer Regel beide Operationen hintereinander erfassen: TABLE 510IHRS=TTRWAZ. Damit holen Sie sich die tarifliche wöchentliche Arbeitszeit (Tabellenfeld T510I-TRWAZ) als Wert in das Stunden-Anzahl-Feld.

Für Felder der Tabelle T508A (Arbeitszeitplanregel) ist es nicht unbedingt erforderlich, die Feldnamen mit der Operation TABLE zu ermitteln. In diesem speziellen Fall ist für die Operation HRS=Twwwww eine Sonderparametrisierung erlaubt (siehe Tabelle 17.32).

Ausprägung für Parameter wwwww	entspricht dem Feld der Tabelle T508A	Feldname aus Tabelle T508A
DAHRS	TGSTD	durchschnittl. tägliche Arbeitszeit
WEHRS	WOSTD	durchschnittl. wöchentl. Arbeitszeit
YEHRS	JRSTD	durchschnittl. jährliche Arbeitszeit
MOHRS	M1STD	durchschnittl. monatliche Sollstunden
ADHRS	M2STD	zusätzliche monatliche Stundenanzahl
WKWDY	WKWDY	wöchentliche Arbeitstage

Tabelle 17.32 Bereitstellung von Information aus der Tabelle T508A für die Operation HRS

Sie können damit z. B. die Operation HRS=TDAHRS oder die Operationenfolge TABLE 508AHRS=TTGSTD anwenden, da beide dasselbe Ergebnis liefern. Bei unseren Betrachtungen sind wir bisher immer davon ausgegangen, dass Sie Felder einlesen, die einen numerischen Wert haben, mit dem Sie weiterrechnen können. Die angesprochenen Tabellen besitzen auch Felder, die keinen numerischen Inhalt haben können; daher ist beim Einlesen von Tabellenfeldern eine gewisse Vorsicht geboten. Anders gesagt: Sie müssen bestimmte Typenkonventionen beim Verwenden der Operation HRS=Txxxxx beachten, da sonst unter Umständen ein Abbruch der Verarbeitung mit Fehlereintrag im Protokoll erfolgt.

Die zu beachtenden Typenkonventionen bei der Verwendung der Operation HRS=Txxxxx sind die folgenden:

- Das Feld darf nicht vom ABAP-Datentyp X (hexadezimal), D (Datum) oder T (Uhrzeit) sein.
- Die Feldlänge wird intern geprüft, und es wird ebenfalls geprüft, ob der Feldinhalt in eine gepackte 8-Byte-Zahl konvertiert werden kann.
- Felder vom Typ C (Character) müssen als Dezimaldarstellung einer Zahl interpretierbar sein.
- Tausenderpunkte werden nicht gelesen.
- Korrektes Rechnen mit Dezimalstellen wird nur zwischen den Typen I (integer), P (gepackte Zahl) und F (Gleitpunktzahl) garantiert.
- Felder vom Typ C mit Inhalt SPACE werden zu null konvertiert.
- Zeitarten haben eine Speicherlänge von 4 Byte, sodass nach dem Einstellen des Wertes in eine Zeitart gegebenenfalls noch mittels Division durch Zehnerpotenzen und Runden die Ausgabe vorbereitet werden muss.

17.2.3 Operation ADDDB (Sammle in Saldo-Tabelle des Tages) und Operation ADDMB (Sammle in Monats-Saldo-Tabelle)

Nachdem Sie die Möglichkeiten der Ermittlung von (Stunden-)Anzahl-Werten durch die Operation HRS kennengelernt haben, möchten wir Ihnen die Operationen ADDDB und ADDMB beschreiben. Mit diesen Operationen sind Sie in der Lage, Ihre ermittelten Werte in die Tabelle TES bzw. SALDO abzustellen. Sie stellen damit den Wert aus dem Stunden-Anzahl-Feld unter der angegebenen Zeitart in die Tabelle der Tageseinzelsalden (TES) bzw. in die Tabelle der Monatssalden (SALDO). Die syntaktischen Formen der Operationen lauten ADDDBxxxxy und ADDMBxxxxy. Tabelle 17.33 zeigt die möglichen Parameterausprägungen.

Parameter	Inhalt
xxxx	xxxx wird als vierstelliger alphanumerischer Name einer Zeitart interpretiert.
*	Name einer eben verwendeten Zeitart, der hier weiterverwendet wird
y	Steuerungskennzeichen
blank	Bedeutet Kumulation; damit wird der Wert zu einem eventuell schon in der Zeitart vorhandenen Wert addiert.
Z	Bedeutet Initialisieren (zero); damit wird ein eventuell in der Zeitart bereits enthaltener Wert überschrieben.
-	Bedeutet Umkehrung des Vorzeichens; damit wird vor der Kumulation das Vorzeichen des Stunden-Anzahl-Feldes umgekehrt, d. h., dass der Wert des Stunden-Anzahl-Feldes mit -1 multipliziert wird.
T	Bedeutet Sollstunden (Target Hours); damit wird vor der Kumulation das Stunden-Anzahl-Feld mit den Sollarbeitsstunden laut Tagesarbeitszeitplan gefüllt. Diese Form ADDDBxxxxT ist damit äquivalent zur Operationenfolge HRS=S ADDDBxxxx.

Tabelle 17.33 Operationen ADDDB und ADDMB und Parameter

Ein Beispiel für die Verwendung der Operationen HRS und ADDDB ist die in Abbildung 17.11 gezeigte Personalrechenregel TR30 (Errechnen des Gleitzeitsaldos).

Diese Regel haben wir bereits in Kapitel 14, »Zeitkonten führen«, beschrieben. Daher wollen wir die technische Beschreibung an dieser Stelle auf die erste Zeile der Regel beschränken.

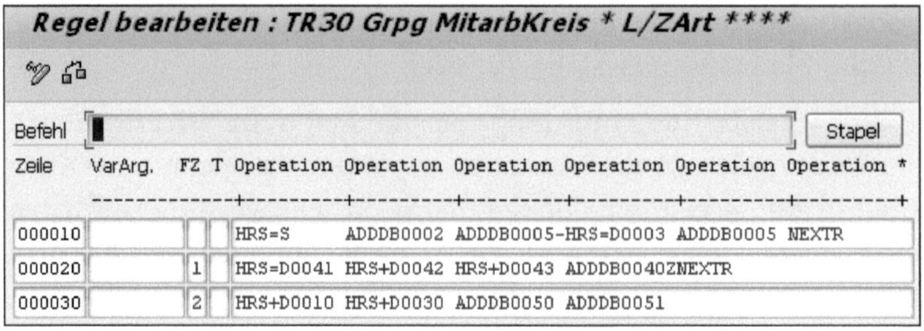

```
Regel bearbeiten : TR30 Grpg MitarbKreis * L/ZArt ****

Befehl                                                   Stapel
Zeile   VarArg.  FZ T Operation Operation Operation Operation Operation Operation *
                 ------------+---------+---------+---------+---------+---------+---------+
000010                HRS=S     ADDDB0002 ADDDB0005-HRS=D0003 ADDDB0005 NEXTR
000020           1    HRS=D0041 HRS+D0042 HRS+D0043 ADDDB0040ZNEXTR
000030           2    HRS+D0010 HRS+D0030 ADDDB0050 ADDDB0051
```

Abbildung 17.11 Regel TR30 (Errechnen des Gleitzeitsaldos)

Die Operation HRS=S füllt das Stunden-Anzahl-Feld mit den Sollstunden des aktuellen Tagesarbeitszeitplans. Diese Stunden werden mit der Operation ADDDB0002 in die Zeitart 0002 (Sollzeit) positiv addiert. Dieselben Stunden werden mit der Operation ADDDB0005- negativ in die Zeitart 0005 (Gleitzeit) addiert. Die Operation HRS=D0003 füllt das Stunden-Anzahl-Feld mit dem aktuellen Saldo der Zeitart 0003 (Rahmenzeit). Diese Stundenzahl wird mit der Operation ADDDB0005 positiv in die Zeitart 0005 addiert. Im Ergebnis ist der Saldo der Zeitart 0005 die Differenz aus Rahmenzeit und Sollzeit.

17.3 Verzweigungsoperationen

Verzweigungsoperationen ermöglichen es Ihnen, innerhalb einer Personalrechenregel in eine Unterpersonalrechenregel zu verzweigen. Dieses Vorgehen kann aus zwei Gründen sinnvoll oder sogar zwingend notwendig sein:

Die unterschiedlichen Antworten in einem Entscheidungsbaum erfordern zum einen mehrfach die gleiche Verarbeitung. Dieses können Sie durch die Erstellung einer Unterpersonalrechenregel abbilden. Der Platz im variablen Argument reicht zum anderen nicht aus, um alle Antworten aufzuführen. Dies kann Ihnen passieren, wenn Sie z. B. den Inhalt eines Personalbereichs und anschließend noch den Wert des Personalteilbereichs abfragen wollen. Beides zusammen passt dann nicht mehr in das variable Argument.

Sie können für diese Aufgabenstellung z. B. die Operation GCY (Verzweigung in eine andere Personalrechenregel – Go to Cycle) verwenden. Die Syntax der Operation GCY lautet GCYxyyyyz. Tabelle 17.34 zeigt die Parameterausprägungen der Operation.

Parameter	Inhalt
x	Bestimmt die Art des Personalrechenregelansprungs.
G	Die neue Personalrechenregel wird zeitartengenerell angesprungen.
blank	Die neue Personalrechenregel wird zeitartengenau angesprungen.
yyyy	Name der neue Personalrechenregel
z	Spezifizierung der Mitarbeiterkreisgruppierung für die Personalrechenregel
blank	Die Mitarbeiterkreisgruppierung für die Personalrechenregel wird beibehalten.
sonstiges Zeichen	Eine neue Mitarbeiterkreisgruppierung wird für die Personalrechenregel bestimmt, mit der die Verarbeitung fortgesetzt wird.

Tabelle 17.34 Parameter für die Operation GCY

Um die Wirkungsweise der Operation GCY zu verdeutlichen, haben wir ein einfaches Beispiel in Form einer eigenen Regel ZPER angelegt. Unser Beispiel hat den in Abbildung 17.12 gezeigten Aufbau.


```
Regel bearbeiten : ZPER Grpg MitarbKreis * L/ZArt ****

Befehl                                              Stapel
Zeile   VarArg.  FZ T Operation Operation Operation Operation Operation Operation *
                 ---------+---------+---------+---------+---------+---------+
000010              D OUTWPPLANT
000020  ****
000030  1100        Z GCYGZPERA
```

Abbildung 17.12 Personalrechenregel für die Abfrage des Personalbereichs

Wir setzen im Beispiel voraus, dass es keine zeitartenabhängige und keine mitarbeiterkreisguppierungsabhängige Verarbeitung geben wird. Mit der Operation OUTWPPLANT fragen wir den Personalbereich des Mitarbeiters ab. Wir haben die Personalrechenregel so aufgebaut, dass wir an der Stelle mit GCYGZPERA abspringen, an der die Abfrage auf den Personalbereich mit 1100 im variablen Argument beantwortet wird. Mit dem Absprung bleiben wir in derselben Personalrechenregel und nutzen hier die fiktive Mitarbeiterkreisgruppierung A (siehe Abbildung 17.13).

Regel bearbeiten : ZPER Grpg MitarbKreis A L/ZArt ****

Befehl [ ] Stapel

Zeile	VarArg.	FZ	T	Operation Operation Operation Operation Operation Operation *
000010			D	OUTWPPLTSC
000020	****			
000030	0001			
000040	0002			

Abbildung 17.13 Personalunterrechenregel für die Abfrage des Personalteilbereichs

Wir befinden uns immer noch in der Regel ZPER (Mitarbeiterkreisgruppierung A) und können hier weitere Berechnungen oder Abfragen vornehmen. Beachten Sie an dieser Stelle, dass Zeilen mit der Operation GCY mit dem Regeltyp Z gekennzeichnet werden (siehe Spalte **T**). Die Operation PCY (Verzweige in eine Unterpersonalrechenregel – Perform Cycle) ist ähnlich strukturiert. Die Unterschiede beider Operationen liegen darin, dass bei der Operation GCY die Verarbeitung in der angesprungenen oder weiteren Regeln stattfindet; bei der Operation PCY kehrt die Verarbeitung hingegen wieder an den Absprungort zurück. Sie können dann mit gegebenenfalls in der Unterregel ermittelten Werten in der Ausgangsregel weiterarbeiten. Die Operation PCY verlangt den Regeltyp P. Ein Beispiel für einen möglichen Aufbau haben wir in Abbildung 17.14 dargestellt.

Regel bearbeiten : ZPER Grpg MitarbKreis * L/ZArt ****

Befehl [ ] Stapel

Zeile	VarArg.	FZ	T	Operation Operation Operation Operation Operation Operation *
000010			D	OUTWPPLANT
000020	****			
000030	1100		P	PCYGZPERA ADDDBZ005

Abbildung 17.14 Absprung mit Wiederkehr

Für den Personalbereich 1100 springen Sie in die Unterregel ZPER mit Mitarbeiterkreisgruppierung A ab (siehe Abbildung 17.15).

In der Unterregel wird aufgrund des gerade vorhandenen Personalteilbereichs jeweils ein Stunden-Anzahl-Wert zurückgegeben, der anschließend in der Ausgangsregel in die Zeitart Z005 kumuliert wird.

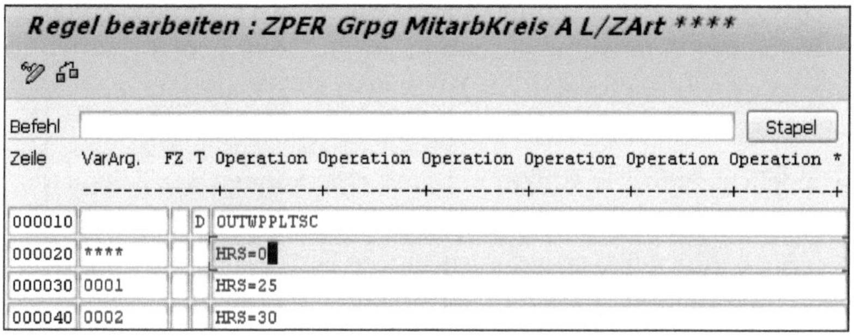

```
Regel bearbeiten : ZPER Grpg MitarbKreis A L/ZArt ****

Befehl                                                   Stapel
Zeile   VarArg.  FZ T Operation Operation Operation Operation Operation Operation *
                 ------------+---------+---------+---------+---------+---------+---------+
000010           D OUTWPPLTSC
000020  ****       HRS=0
000030  0001       HRS=25
000040  0002       HRS=30
```

Abbildung 17.15 Unterregel für Wiederkehr

17.4 Zusammenhang von Funktionen, Operationen und Tabellen

In Tabelle 17.35 möchten wir Ihnen den Zusammenhang einiger Funktionen, interner Tabellen und der Operationen darstellen, mit denen Sie Einträge dieser Tabellen beeinflussen können. Hier finden Sie die Funktionen zum Bearbeiten der internen Tabellen und die Operationen, mit denen Sie die entsprechenden Tabellen bearbeiten können.

Funktion	Bezeichnung	Tabelle	Operation	Bezeichnung
PTIP	Process Internal Table TIP	TIP	COLOP	Collect in Internal Table TOP
PZL	Process Table ZL	DZL	ADDZL	Add to Table ZL
POVT	Process Overtime Table	ZML	ADDOT	Add to Overtime Table
PDB	Process Daily Balance Table	TES	ADDDB	Add to Daily Balance Table
PMB	Process Monthly Balance Table	SALDO	ADDMB	Add to Monthly Balance Table
PERT	Process Error Table	ERT	COLER	Collect Error

Tabelle 17.35 Übersicht über Funktionen, Tabellen und Operationen

17.5 Fazit

Wir haben in diesem Kapitel einige Operationen besprochen, die unserer Auffassung nach die wichtigsten und am meisten gebrauchten sind. Für die komplette Übersicht verweisen wir Sie auf die SAP-Systemdokumentation, in der auch für einige Operationen Hinweise auf besondere Verarbeitungen bei Einsatz von Mehrfachbeschäftigung enthalten sind. Anhang E gibt Ihnen eine Übersicht über alle Operationen der Zeitauswertung.

Die Anwendungsmöglichkeiten der Funktionen und Operationen der Zeitauswertung decken eine Vielzahl von Arten der Datenbeschaffungen und Berechnungen ab. Es ist damit nur in Ausnahmefällen erforderlich, eigene Funktionen oder Operationen anzulegen. Für einige Fälle, in denen dies notwendig sein kann, stellen wir Ihnen in Kapitel 18, »Kundeneigene Funktionen und Operationen«, Beispiele vor.

Wenn Sie sich im ABAP-Code auskennen, sollten Sie mithilfe von Transaktion PE04 den Quelltext einiger Operationen analysieren. Sie erwerben damit nicht nur ein tieferes Verständnis der Wirkungsweise der Operationen, sondern erhalten auch Anregungen für selbst erstellte Operationen.

Kapitel 18
Kundeneigene Funktionen und Operationen

Funktionen und Operationen sind die Bausteine der Schemen und Regeln der Zeitauswertung. Eigene Tabellen können Sie mit den Standardregeln und Standardfunktionen nicht verarbeiten. In diesem Kapitel zeigen wir Ihnen daher, wie Sie Ihre eigenen Funktionen und Operationen anlegen können.

In Kapitel 17, »Operationen der Zeitwirtschaft«, haben wir Ihnen einige zentrale Operationen mit ihren vielen Auswertungsmöglichkeiten und Optionen für die Bereitstellung von Feldern aus den verschiedensten Quellen vorgestellt. Die Operation HRS kann z. B. Inhalte von internen Tabellen, transparenten Tabellen (z. B. Tabelle T508A) und Infotypen verarbeiten. Manchmal reichen jedoch selbst diese Möglichkeiten nicht aus, um ganz eigene firmenspezifische Vorgaben zu realisieren.

In solchen Fällen können Sie eigene Funktionen und/oder Operationen anlegen. Sie müssen sich jedoch mit der SAP-eigenen Sprache ABAP auskennen. Für die Datenbereitstellung müssen Sie wissen, wo die benötigten Daten abgelegt sind und wie Sie diese Daten ermitteln können. In diesem Kapitel möchten wir Ihnen das Vorgehen beim Anlegen einer eigenen Funktion und einer eigenen Operation anhand von Beispielen beschreiben.

18.1 Kundeneigene Operationen anlegen

Bevor Sie sich entschließen, eine eigene Operation anzulegen, sollten Sie alle Möglichkeiten prüfen, die die Standardoperationen mit ihren Parameterausprägungen anbieten. Erst wenn Sie sich sicher sind, dass die Standardlösungen für Ihre Aufgabenstellung nicht ausreichen, sollten Sie eigene Operationen nutzen.

In einem unserer Einführungsprojekte standen wir vor der Aufgabe, die Lohnartengenerierung für Mitarbeiter in Altersteilzeit von den Mitarbeitern ohne Altersteilzeit zu trennen. Diese Trennung können Sie durch unterschiedliche Zeitlohnartenauswahlregelgruppen für die Tabelle T510S vornehmen. Vorher müssen Sie jedoch ermitteln, ob sich ein Mitarbeiter in Altersteilzeit befindet oder nicht. Eine einfache Herangehensweise besteht in der zusätzlichen Erfassung einer Zeitumbuchungsart, die als Schalter fungiert. Das Vorhandensein dieser Zeitumbuchungsart fragen Sie innerhalb der Zeitauswertung in einer eigenen Regel ab und setzen Ihre Zeitlohnartenauswahlregelgruppe dementsprechend. Der verantwortliche Sachbearbeiter muss den Infotyp 2012 mit dieser Zeitumbuchungsart anlegen. Schließlich muss eine eigene Regel zur Abfrage dieser Zeitumbuchungsart angelegt werden, die dann die Zeitlohnauswahlregelgruppe setzt.

Es gibt aber auch eine andere Möglichkeit: Man kann den Infotyp 0521 (Altersteilzeit) der Personalabrechnung mit einer eigenen Operation in der Zeitauswertung einlesen und verarbeiten. Wir haben uns daher für das Anlegen einer eigenen Operation entschieden. Dieses Vorgehen möchten wir in diesem Abschnitt als Beispiel nutzen. Sie verwenden dafür Transaktion PE04 (Pflege Funktionen und Operationen), siehe Abbildung 18.1.

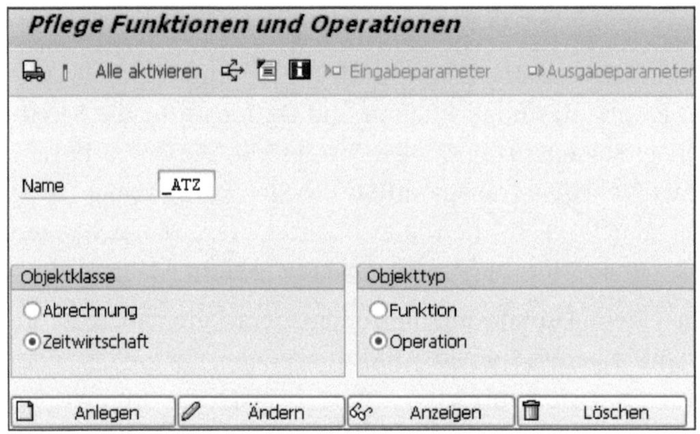

Abbildung 18.1 Einstieg in die Pflege der Operationen

Sie vergeben im Feld **Name** einen Namen, der nicht im SAP-Namensraum liegt, markieren die Radiobuttons **Zeitwirtschaft** und **Operation** und wählen anschließend **Anlegen**. Sie gelangen in das Folgebild, das Sie in Abbildung 18.2 sehen.

In diesem Teil des Pflegebildes erfassen Sie den Text für Ihre Operation und geben im Feld **selbstdefiniert** noch einmal den Namen der Operation an. Im Bereich **Länderzuordnung** können Sie alles markieren.

Für den Bereich **Parameter** müssen Sie Entscheidungen treffen, wie Ihre Operation arbeiten soll. In diesem Fall soll die Operation nur herausfinden, ob zum definierten Zeitpunkt Altersteilzeit für den entsprechenden Mitarbeiter vorliegt, und dies mit »Y« (Yes) oder »N« (No) beantworten lassen (siehe Abbildung 18.3).

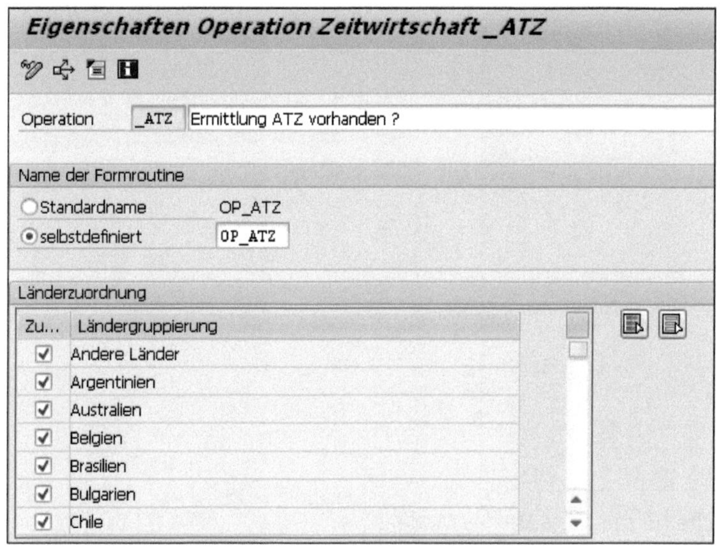

Abbildung 18.2 Eigenschaften der Operation pflegen

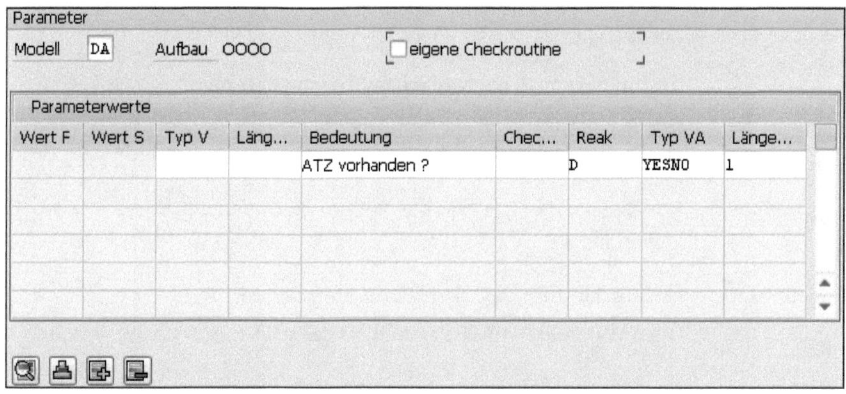

Abbildung 18.3 Parameter pflegen

Dafür suchen Sie sich mit der Wertehilfe F4 das geeignete Modell für die Operation aus (siehe Abbildung 18.4).

In unserem Beispiel wollen wir keine gesonderten Parameter bearbeiten und entscheiden uns für das Modell DA laut Wertehilfe, das nur die vierstellige Operation ohne Parameter vorsieht. Die anderen in Abbildung 18.4 sichtbaren Parameter beschreiben wir in Tabelle 18.1.

Abbildung 18.4 Wertehilfe für die Auswahl des Modells

Modellbeschreibung	Inhalt
blank	Bei der Operation darf an dieser Stelle kein Zeichen stehen.
O	Im O-Block muss der Name der Operation stehen. Der O-Block muss am Anfang stehen, und die Anzahl der Os muss kleiner als 6 sein.
F	Im F-Block steht das Feld der Operation. Die Anzahl der Fs muss kleiner als 6 sein.
S	Im S-Block steht das Operationskennzeichen. Die Anzahl der S muss kleiner als 3 sein.
V	Im V-Block steht der Wert der Operation.

Tabelle 18.1 Beschreibung des Modells

Im Block **Parameterwerte** ist für unser Beispiel keine Parameterangabe notwendig (siehe Abbildung 18.3). Allerdings muss definiert werden, wie das variable Argument (der Rückgabewert) aussehen soll. Anschließend sichern Sie die Operation und antworten im Pop-up-Fenster mit **Ja** (siehe Abbildung 18.5).

Damit ist Ihre Operation gesichert und aktiviert. Ihre Operation vervollständigen Sie, indem Sie nun noch die Dokumentation anlegen. Dazu klicken Sie auf den Button **Dokumentation** und gelangen in das in Abbildung 18.6 gezeigte Bild.

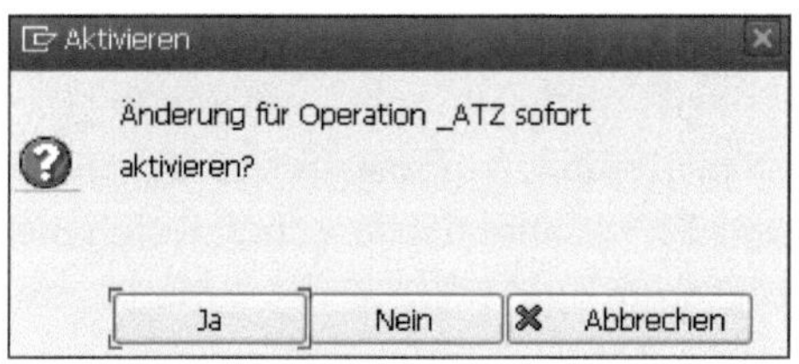

Abbildung 18.5 Pop-up-Fenster »Aktivieren«

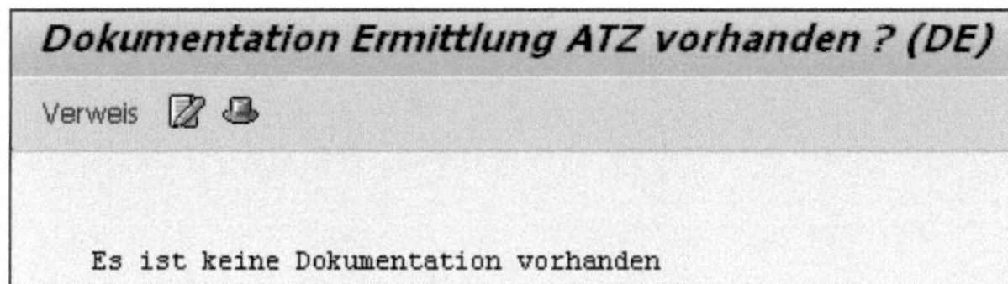

Abbildung 18.6 Einstieg in die Dokumentation der Operation _ATZ

Da es sich um Ihre eigene Regel handelt, kann noch keine Dokumentation vorhanden sein. Sie klicken auf den Button **(Editieren)** und können im Editiermodus Ihre Dokumentation pflegen (siehe Abbildung 18.7).

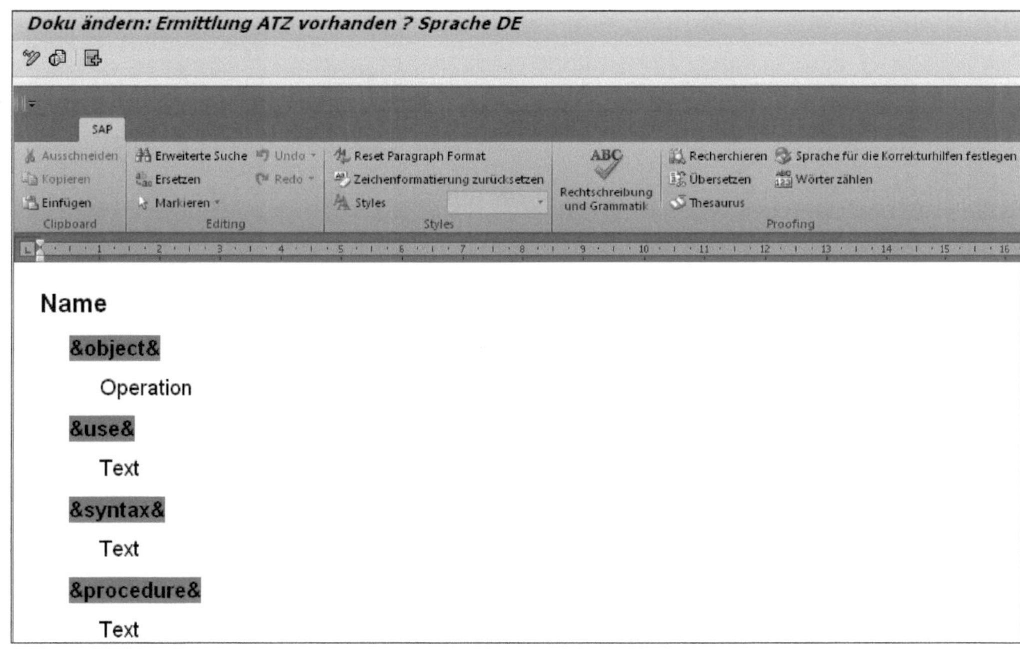

Abbildung 18.7 Dokumentation pflegen

Jetzt haben Sie alle Vorbereitungen getroffen, um Ihre Operation zu programmieren. Diese kundeneigenen Programmteile werden im Include-Report RPTMOZ00 der Zeitauswertung hinterlegt. Dieser ist Teil des Subroutinenpools SAPFP51T, in dem die SAP-Funktionalitäten für die Zeitauswertung hinterlegt sind. Sie können nun den Report RPTMOZ00 mit den Transaktionen SE80 oder SE38 bearbeiten, vorausgesetzt, dass Sie in Ihrem System als Entwickler und für das Objekt RPTMOZ00 registriert sind. Rufen Sie nun Transaktion SE38 auf, geben Sie unter **Programm** »RPTMOZ00« ein, markieren Sie **Quelltext**, und wählen Sie **Ändern**.

Anschließend wird Ihnen der Editiermodus für Programme angeboten (siehe Abbildung 18.8).

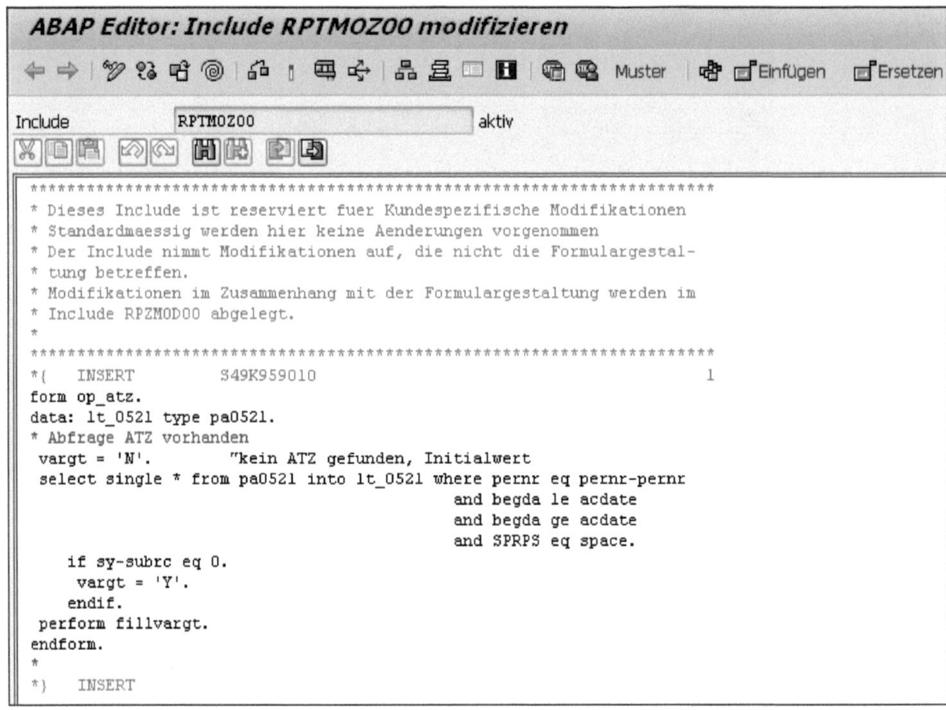

Abbildung 18.8 ABAP Editor

Das Programm RPTMOZ00 ist so voreingestellt, dass Sie es mit dem Modifikationsassistenten bearbeiten sollen. Dieses Programm wird von SAP nie geändert oder überschrieben, aber kenntlich gemacht, dass Kundenmodifikationen vorliegen. Durch einen Klick auf den Button **Einfügen** schaffen Sie sich Platz für leere Zeilen, in denen Sie Ihr Coding ablegen können. Kundeneigene Operationen werden wie SAP-Operationen in einzelne Unterprogramme gegliedert, deren Namen der Operation entsprechen müssen. Ihr Unterprogramm muss demzufolge mit FORM OP_ATZ beginnen.

In diesem Beispiel ist der Infotyp 0521 (Altersteilzeit) der Zeitauswertung nicht zugewiesen; daher lesen Sie die transparente Tabelle PA0521 zum Infotyp 0521 (Altersteilzeit). Initial wird das variable Argument vargt mit »N« vorbelegt. Findet Ihre Selektion zum aktuellen Datum ACDATE einen Satz der Tabelle, der zu Ihrer Personalnummer gehört und nicht gesperrt ist, wird die Variable VARGT mit »Y« gefüllt. Anschließend sorgt der Aufruf eines Standard-Unterprogramms FILLVARGT dafür, dass dieses variable Argument zurück an die Personalrechenregel geliefert wird. Ihr eigenes Unterprogramm schließen Sie mit ENDFORM ab und aktivieren das Programm RPTMOZ00 durch einen Klick auf den **Aktivieren**-Button. Anschließend erstellen Sie eine Personalrechenregel mit der eigenen Operation, die den in Abbildung 18.9 dargestellten Aufbau haben könnte.

Regel bearbeiten : ZATZ Grpg MitarbKreis * L/ZArt ****

Befehl [ ] Stapel

Zeile	VarArg.	FZ	T	Operation Operation Operation Operation Operation Operation *
000010			D	_ATZ
000020	N			SCOND=F IF
000030	Y			SCOND=T IF

Abbildung 18.9 Personalrechenregel der Abfrage ATZ

Wir haben die Regel so programmiert, dass als variables Argument immer »Y« (Mitarbeiter ist in Altersteilzeit) oder »N« (Mitarbeiter ist nicht in Altersteilzeit) geliefert wird. Durch diesen Aufbau ist die Regel geeignet, um kombiniert mit einer Funktion IF in das Schema der Zeitauswertung integriert zu werden (siehe Abbildung 18.10).

Schema bearbeiten : ZM00

Befehl [ ] Stapel

Zeile	Fkt	Par1	Par2	Par3	Par4	D	Text
000760	IF	ZATZ					Abfrage ATZ Be20120828
000770	ENDIF						
000780	GWT		S	DZL			Lohnartenauswahl Sollarbeit
000790	GWT		M	ZML			Lohnartenauswahl Mehrarbeit
000800	GWT		Y	ZML			Lohnartenauswahl Überzeit DACZ
000810	GWT		R	DZL			Lohnartenauswahl Rufbereitschaft

Abbildung 18.10 Regel in das Schema integrieren

Zwischen IF und ENDIF können Sie nun eine weitere Personalrechenregel einfügen, in der Sie die Zeitlohnartenauswahlregelgruppen für die Lohnartengenerierung auseinandersteuern.

18.2 Kundeneigene Funktionen anlegen

Kundeneigene Funktionen anzulegen kann sinnvoll sein, um komplexe Berechnungen mit einer gleichzeitigen Verarbeitung von Customizing-Tabellen oder auch kundeneigenen Tabellen der Zeitwirtschaft und/oder der Personalabrechnung vorzunehmen.

In einem unserer Einführungsprojekte sollte z. B. die Aufgabe realisiert werden, innerhalb der Zeitauswertung für bestimmte generierte Lohnarten eigene Salden zu berechnen und die Lohnarten danach nicht weiter zu speichern und zu bearbeiten. Die Anzahl-Stunden-Werte dieser Lohnarten sollten anhand der Prozentbewertung laut Tabelle `T512W` bewertet und jede Lohnart in unterschiedlichen Salden abgespeichert werden. Dazu haben wir eine eigene Tabelle mit der Zuordnung von Lohnart zu Zeitart mit den üblichen zeitabhängigen Eintragungen angelegt.

Sie beginnen wieder mit der Ausführung von Transaktion PE04 und gelangen damit in das Einstiegsbild analog zu Abbildung 18.1. Sie vergeben hier einen Namen, der nicht im SAP-Namensraum liegt, markieren diesmal **Zeitwirtschaft** und **Funktion** und wählen anschließend den Button **Anlegen**. Dadurch werden Sie in das Folgebild geleitet (siehe Abbildung 18.11).

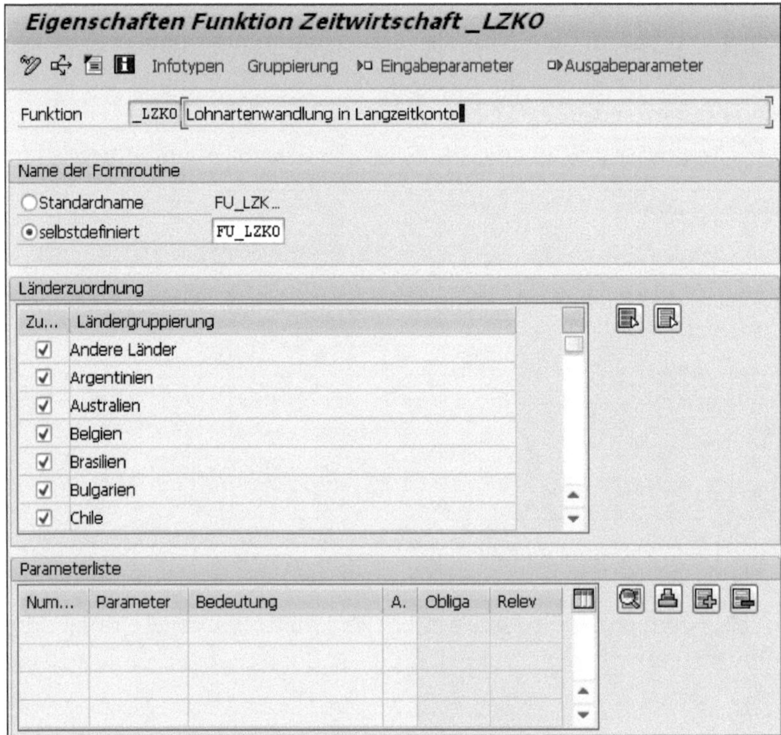

Abbildung 18.11 Eigenschaften der Funktion festlegen

In diesem Bild vergeben Sie einen Titel für Ihre Funktion, geben den selbst definierten Namen an und markieren alle Länder. Da Sie für unser Beispiel keine internen Tabellen unter Zuhilfenahme von Personalrechenregeln bearbeiten wollen, müssen Sie die Parameterliste nicht bearbeiten. Nach dem Sichern der Funktion und der Bestätigung des gleichzeitigen Aktivierens haben Sie die Vorarbeit für die Funktion abgeschlossen. Sie müssen jetzt mit Transaktion SE11 (ABAP Dictionary Pflege) Ihre eigene Tabelle der Zuordnung von Lohnarten zu Zeitarten anlegen. Diese könnte im ABAP Dictionary aussehen, wie in Abbildung 18.12 gezeigt.

Dictionary: Tabelle ändern

Technische Einstellungen Indizes... Append-Struktur...

Transp.Tabelle ZLGART_ZTART aktiv
Kurzbeschreibung Zuordnung Lohnart zu Zeitart

Eigenschaften | Auslieferung und Pflege | Felder | Eingabehilfe/-prüfung | Währungs-/Mengenfelder

Suchhilfe | Eingebauter Typ

Feld	K..	I...	Datenelement	Datentyp	Länge	Dez...	Kurzbeschreibung
MANDT	☑	☑	MANDT	CLNT	3	0	Mandant
LGART	☑	☑	LGART	CHAR	4	0	Lohnart
ZTART	☑	☑	PT_ZTART	CHAR	4	0	Zeitart
ENDDA	☑	☑	ENDDA	DATS	8	0	Gültigkeitsende
BEGDA	☐	☑	BEGDA	DATS	8	0	Gültigkeitsbeginn

Abbildung 18.12 Kundentabelle – Lohnart bzw. Zeitart zuordnen

18

Ihre Tabelle sollte immer mandantenabhängig sein. Nehmen Sie daher das Feld MANDT in Ihre Tabelle auf. Außerdem sollen die Felder LGART und ZTART später bei der Erfassung die einander zugeordnete Lohn- und Zeitart enthalten. Darüber hinaus sollten Ihre Eingaben zeitabhängig sein, sodass Sie die Felder BEGDA und ENDDA in Ihre Tabelle aufnehmen müssen. Mit Transaktion SM30 (Aufruf View-Pflege) ordnen Sie Ihre zu wandelnden Lohnarten den Zeitarten zeitabhängig zu (siehe Abbildung 18.13).

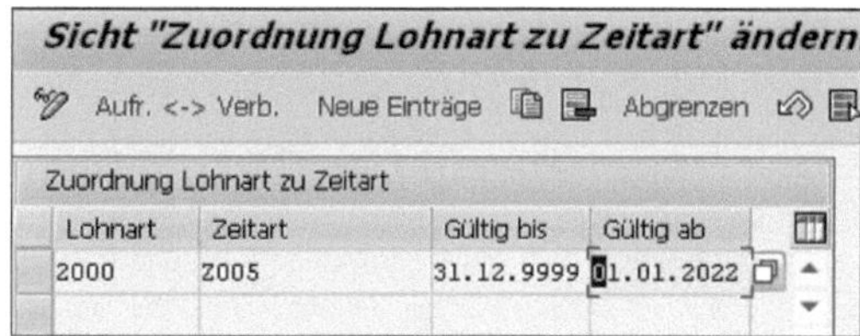

Abbildung 18.13 Tabellensicht der Zuordnung von Lohn- und Zeitart

Die verwendete Zeitart müssen Sie natürlich zuvor in der Sicht V_T555A gepflegt haben. Anschließend kontrollieren Sie in der Sicht V_512W_B, ob dort die erwarteten Prozentangaben hinterlegt sind (siehe Abbildung 18.14).

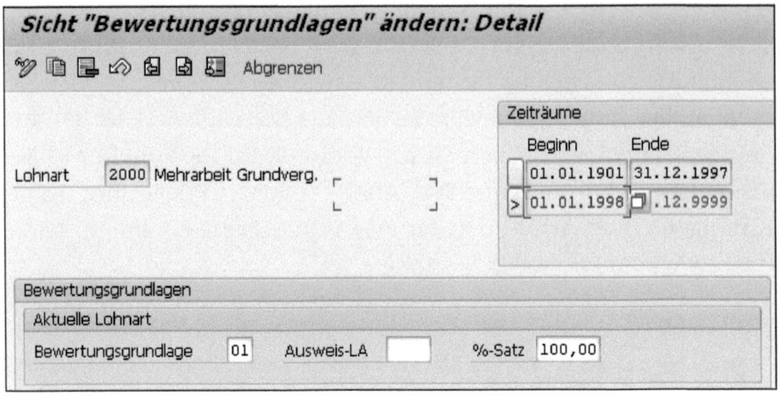

Sicht "Bewertungsgrundlagen" ändern: Detail

Abgrenzen

Zeiträume

Beginn	Ende
01.01.1901	31.12.1997
01.01.1998	.12.9999

Lohnart 2000 Mehrarbeit Grundverg.

Bewertungsgrundlagen

Aktuelle Lohnart

Bewertungsgrundlage 01 Ausweis-LA %-Satz 100,00

Abbildung 18.14 Sicht V_512W_B (Bewertungsgrundlagen)

Den notwendigen Programmteil legen Sie wieder im Report RPTMOZ00 an. Für Ihre Funktion müssen Sie im Report den Unterprogrammnamen FORM FU_XXXX wählen. Im Folgenden geben wir Ihnen ein Beispiel für ein Coding:

```
*********************************************************
* Form zur Wandlung von Lohnarten in Zeitarten
*********************************************************
FORM FU_LZKO.
DATA: lt_512w TYPE t512w.
DATA: lt_512t TYPE t512t.
DATA: lt_555b TYPE t555b.
DATA: lt_lgart_ztart TYPE zlgart_ztart.
DATA: anz(10) TYPE c.
DATA: lgtx(25) TYPE c.
  CLEAR ptext.
  ptext-tlevel     = 1.
  ptext-text1      = sy-uline(63).
  ptext-tlevel     = 1.
  ptext-tlength1   = 80.
  ptext-tintensiv1 = 1.
  APPEND ptext.
  CLEAR ptext.
LOOP AT dzl WHERE datum EQ acdate.

 SELECT SINGLE * FROM zlgart_ztart INTO lt_lgart_ztart
                   WHERE lgart EQ dzl-lgart AND
                         begda LE acdate    AND
                         endda GE acdate.
 IF sy-subrc EQ 0. "Lohnart zur Wandlung gefunden
```

```
SELECT SINGLE * FROM t512t INTO lt_512t
                WHERE sprsl EQ 'DE'   AND
                molga EQ '01'         AND
                lgart EQ dzl-lgart.
lgtx = lt_512t-lgtxt.
IF lgtx+24(1) EQ space.
  lgtx+24(1) = '.'.
ENDIF.
anz = dzl-anzhl.
CONCATENATE   sy-vline
             'umgewandelte Lohnart'
             sy-vline
             dzl-lgart
             sy-vline
             lgtx
             sy-vline
             anz
             sy-vline
             INTO ptext-text1.
ptext-tlevel     = 1.
ptext-tlength1   = 80.
ptext-tintensiv1 = 1.
APPEND ptext.
CLEAR ptext.
SELECT SINGLE * FROM t512w INTO lt_512w
                WHERE molga EQ '01'      AND
                lgart EQ dzl-lgart       AND
                begda LE acdate          AND
                endda GE acdate.

   IF sy-subrc EQ 0.
    tes-ztart = lt_lgart_ztart-ztart.
    tes-anzhl = dzl-anzhl * t512w-gvpro / 100.
    collect tes.
    ptext-text1      = sy-uline(63).
    ptext-tlevel     = 1.
    ptext-tlength1   = 80.
    ptext-tintensiv1 = 1.
    APPEND ptext.
    CLEAR ptext.
    SELECT SINGLE * FROM t555b INTO lt_555b
                         WHERE sprsl EQ 'DE'   AND
                         mobde EQ '01'         AND
```

```
                              ztart EQ lt_lgart_ztart-ztart.
        anz = tes-anzhl.
        lgtx = lt_555b-ztext.
        IF lgtx+24(1) EQ space.
         lgtx+24(1) = '.'.
        ENDIF.
        CONCATENATE   sy-vline
                     'heute umgewandelt in'
                      sy-vline
                      lt_lgart_ztart-ztart
                      sy-vline
                      lgtx
                      sy-vline
                      anz
                      sy-vline
                      INTO ptext-text1.
        ptext-tlevel      = 1.
        ptext-tlength1    = 80.
        ptext-tintensiv1 = 1.
        APPEND ptext.
        CLEAR ptext.
        ptext-text1       = sy-uline(63).
        ptext-tlevel      = 1.
        ptext-tlength1    = 80.
        ptext-tintensiv1 = 1.
        APPEND ptext.
        CLEAR ptext.
        DELETE dzl. "Löschen Lohnart aus DZL
       ENDIF.
   ENDIF.
ENDLOOP.
ENDFORM.
```

Listing 18.1 Coding für FORM FU_LZKO

Der Ablauf in diesem Programmteil ist folgender:

1. Mit dem Befehl LOOP führen Sie eine Schleife über die Tabelle der Zeitlohnarten DZL durch, d. h., dass Sie jeden Eintrag der Tabelle lesen.
2. Für jeden Eintrag der Tabelle DZL prüfen Sie, ob die gerade verarbeitete Lohnart in der Zuordnungstabelle enthalten ist.
3. Wenn die aktuell gelesene Lohnart der Tabelle DZL in der Zuordnungstabelle vorhanden ist, wird in der Tabelle T512W der Prozentsatz zur Verarbeitung gelesen, die

entsprechend bewertete Zeitart in die Tabelle TES geschrieben und die Lohnart aus der Tabelle DZL gelöscht.

Für eine Darstellung im Verarbeitungsprotokoll der Zeitauswertung werden die Bezeichnung der Zeitart aus der Tabelle T555B und die Bezeichnung der Lohnart aus der Tabelle T512T gelesen. Ihre Funktion müssen Sie letztlich noch in Ihr Schema aufnehmen (siehe Abbildung 18.15).

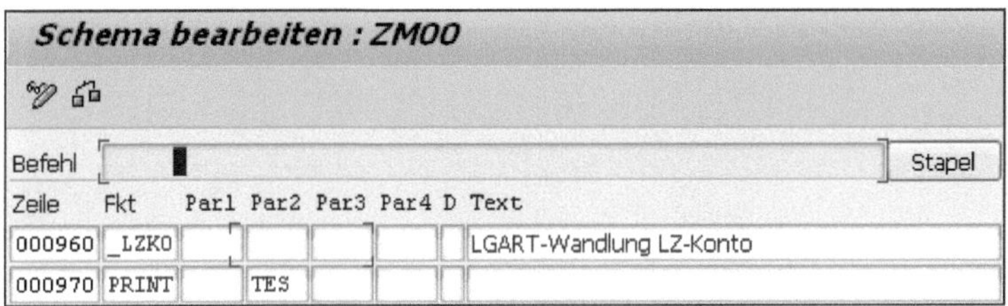

Abbildung 18.15 Kundenfunktion im Schema

Für unser Beispiel haben wir an einem Tag der Zeitauswertung die Lohnart 2000 generiert und wollen diese in die Zeitart Z005 (JAZ-Konto) umwandeln. Im Protokoll der Zeitauswertung stellt sich die Verarbeitung dar, wie in Abbildung 18.16 gezeigt.

```
Zeitkonten führen

RTIP  TR10                 Tagessalden bilden
P2012                      Zeitumbuchungsvorgaben bearbeiten
SORT  DBT
PRINT      TES
ACTIO ZWEG                 Wegezeit aus IT 0050 verarbeiten
SORT  DBT
PRINT      TES
ACTIO TR30                 Gleitzeitsaldo/Mehrarbeit-/Produktivstd.
_LZKO                      LGART-Wandlung LZ-Konto
```

Abbildung 18.16 Protokollausschnitt mit Kundenfunktion

Ein Doppelklick auf die Kundenfunktion _LZKO (LGART-Wandlung LZ-Konto) führt Sie zur Verarbeitungsdarstellung (siehe Abbildung 18.17).

_LZKO LGART-Wandlung LZ-Konto

Verarbeitung

umgewandelte Lohnart	2000	Mehrarbeit Grundverg.	.	1.8333
heute umgewandelt in	Z005	JAZ-Konto	.	1.8333

Abbildung 18.17 Protokoll der Kundenfunktion

Zur Kontrolle der Vollständigkeit können Sie nach der Funktion im Schema die Anweisung PRINT TES einfügen und im Protokoll der Zeitauswertung dort doppelklicken. Sie erhalten nun den Überblick über den aktuellen Inhalt der Tabelle TES (siehe Abbildung 18.18).

Tabelle TES

Zeitart	Bezeichnung	Anzahl
0000	Hilfs-Zeitart 1	8,0000
0001	Hilfs-Zeitart 2	9,8333
0003	Rahmenzeit	8,1667
0010	Anwesenheit	6,7500
0030	Dienstgang	1,2500
0040	geleistete Mehrarbeit	0,0000
0100	Füllzeit	6,0000
0110	Füllzeit Anwesenheit	4,7500
0130	Füllzeit Dienstgang	1,2500
0200	Kernzeit	2,0000
0210	Kernzeit Anwesenheit	2,0000
0235	Kernzeitverletzung	1,7500
0500	Pause	0,1667
0002	Sollzeit	8,0000
0005	GLZ-Saldo	0,1667
0050	Produktivstunden	8,0000
0051	Produktivstunden kumul.	8,0000
Z005	JAZ-Konto	1,8333

Abbildung 18.18 Inhalt der Tabelle TES nach dem Ausführen der Funktion _LZKO

Wenn Sie nun noch die Dokumentation analog der Operation angelegt haben, haben Sie Ihre eigene Funktion erfolgreich erstellt.

18.3 Fazit

Eigene Funktionen und Regeln sind erforderlich, wenn Sie für die Zeitauswertung Informationen von Infotypen benötigen, die normalerweise für die Zeitauswertung nicht relevant sind, oder wenn Sie Informationen aus eigenen Tabellen verarbeiten wollen. Es ist nicht immer leicht zu entscheiden, wann eine eigene Funktion und wann eine eigene Regel erstellt werden muss.

Falls Sie Informationen aus vorhandenen SAP-Tabellen oder Infotypen, die die Zeitauswertung nicht verarbeitet, benötigen, können Sie eine eigene Regel nutzen. Wenn Sie jedoch komplexere Berechnungen vornehmen wollen und dabei unter Umständen auch interne Tabellen der Zeitauswertung beeinflussen wollen, legen Sie eine eigene Funktion an. Die Standardfunktionen bearbeiten immer interne Tabellen der Zeitauswertung. Daher sollten Sie es vermeiden, innerhalb einer Standardfunktion mit einer eigenen Regel oder einer eigenen Operation zu arbeiten, die wiederum interne Tabellen beeinflusst.

Kapitel 19

Integration in die Personalabrechnung

Die Zeitauswertung ist mit den anderen Komponenten von SAP ERP HCM eng integriert. Wir zeigen Ihnen in diesem Kapitel, wie sich das Zusammenspiel der Zeitwirtschaft mit der Personalabrechnung gestaltet.

Die Zeitauswertung arbeitet mit den übrigen Komponenten in SAP ERP HCM eng zusammen. Wir stellen Ihnen im Folgenden die Zusammenarbeit zwischen der Zeitauswertung und der Personalabrechnung genauer vor. Vieles von dem, was Sie im Customizing für die Zeitauswertung einstellen, ist auch für eine korrekte Personalabrechnung wichtig.

Wie eng die Zeitauswertung mit der Personalabrechnung verknüpft ist, wollen wir kurz anhand eines Beispiels des Feiertagskalenders demonstrieren. Sie benötigen den Feiertagskalender, um Ihre Arbeitszeitmodelle auf einen konkreten Zeitraum abrollen zu können. Dieser Feiertagskalender basiert auf dem Kalender eines konkreten Jahres. Die Personalabrechnung betrachtet diesen Kalender für die entsprechenden Abrechnungsperioden und erstellt daraus den persönlichen Schichtplan (PSP) für die Abrechnung. Den PSPbenötigen Sie, um z. B. Abwesenheiten in der Personalabrechnung korrekt bewerten zu können, da er die Tagesarbeitszeitpläne enthält, die Auskunft über die Sollarbeitszeit der Mitarbeiter geben. Die Customizing-Einstellungen für die Feiertagskalender und die Arbeitszeitpläne sind Voraussetzung für die richtige Verarbeitung z. B. des Infotyps 0007 (Arbeitszeit) und aller besprochenen Zeitinfotypen. Der Feiertagskalender und die Arbeitszeitpläne haben außerdem Einfluss auf die Abwesenheitsbewertung innerhalb der Personalabrechnung. Wie Ihre Zeitlohnarten nun der Personalabrechnung zur Verfügung gestellt werden können, möchten wir im folgenden Abschnitt beschreiben.

19.1 Zeitauswertung im Rahmen der Personalabrechnung

Die Personalabrechnung wertet die Zeitdaten eines Mitarbeiters aus. Diese Auswertung erfolgt im Bruttoteil der Personalabrechnung. Dort finden Sie einen Block von

Funktionen z. B. im Unterschema DT00 (Bruttoteil der Abrechnung Deutschland), siehe Abbildung 19.1.

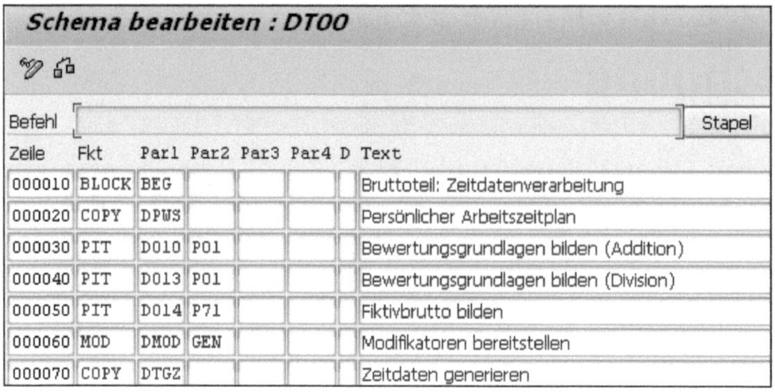

Schema bearbeiten : DT00

Befehl [ ] Stapel

Zeile	Fkt	Par1	Par2	Par3	Par4	D	Text
000010	BLOCK	BEG					Bruttoteil: Zeitdatenverarbeitung
000020	COPY	DPWS					Persönlicher Arbeitszeitplan
000030	PIT	D010	P01				Bewertungsgrundlagen bilden (Addition)
000040	PIT	D013	P01				Bewertungsgrundlagen bilden (Division)
000050	PIT	D014	P71				Fiktivbrutto bilden
000060	MOD	DMOD	GEN				Modifikatoren bereitstellen
000070	COPY	DTGZ					Zeitdaten generieren

Abbildung 19.1 Auszug aus dem Unterschema DT00

In diesem Block werden innerhalb der Personalabrechnung zeitwirtschaftliche Fragestellungen behandelt.

Unter anderem werden die folgenden Aktionen ausgeführt:

- Erstellen des persönlichen Arbeitszeitplans (Unterschema DPWS)
- Bildung von Teilmonatsfaktoren (Funktion PARTT im Unterschema DPWS)
- Bilden der Bewertungsgrundlagen (Personalrechenregel D010 und D013)
- Tagesverarbeitung der Zeitdaten über das Unterschema DTGZ (Zeitwirtschaftsteil der Abrechnung Deutschland)
- Verarbeitung der Zeitlohnarten (Überführen in die Personalabrechnung und ihre Bewertung)
- Bewertung von Abwesenheiten

In Abbildung 19.2 sehen Sie das Unterschema DTGZ. In diesem Unterschema legen Sie fest, wie die generierten Lohnarten aus der Zeitauswertung übernommen werden sollen.

Die in der Abbildung dargestellten Zeilen des Unterschemas bilden ab, wie die Zeitauswertung in die Personalabrechnung integriert wird. Um das Schema zu vereinfachen, deaktivieren Sie alle Zeilen, die die Komponente *Baulohn* betreffen. Das Schema sieht dann so aus wie in Abbildung 19.3.

Die Funktion IF fragt in der Zeile 140 als Erstes den Status Zeitwirtschaft unseres Mitarbeiters ab. Der Parameter PDC in der Spalte **Par2** bestimmt die Selektion. In diesem Fall muss ein Teilzeitraum der Abrechnungsperiode vorliegen, in dem der Status **Zeitwirtschaft** größer als 0 und ungleich 7 (Zeitauswertung ohne Integration Abrechnung) ist. Außerdem muss der Mitarbeiter in demselben Teilzeitraum den Status **aktiv** haben.

Schema bearbeiten : DTGZ

Befehl | Stapel

Zeile	Fkt	Par1	Par2	Par3	Par4	D	Text
000140	IF		PDC				If BDE aktiv in der laufenden Periode
000150	IMPRT		B2				Import Ergebnisse (Cluster B2)
000160	PRINT	NP	ZL				Andruck Zl nach Import
000170	DAYPR	TC00	PDC				
000180	ELSE						BDE nicht aktiv
000190	IF		BAU				Bauwirtschaft ?
000200	DAYPR	TCDB					Tagesverarbeitung Bauwirtschaft
000210	ELSE						kein Baulohn
000220	DAYPR	TC00					Tagesverarbeitung der Zeitdaten
000230	ENDIF						Ende Baulohn
000240	ENDIF						End of PDC activ

Abbildung 19.2 Auszug aus dem Unterschema DTGZ

Zeile	Fkt	Par1	Par2	Par3	Par4	D	Text
000140	IF		PDC				If BDE aktiv in der laufenden Periode
000150	IMPRT		B2				Import Ergebnisse (Cluster B2)
000160	PRINT	NP	ZL				Andruck Zl nach Import
000170	DAYPR	TC00	PDC				
000180	ELSE						BDE nicht aktiv
000190	IF		BAU			*	Bauwirtschaft ?
000200	DAYPR	TCDB				*	Tagesverarbeitung Bauwirtschaft
000210	ELSE					*	kein Baulohn
000220	DAYPR	TC00					Tagesverarbeitung der Zeitdaten
000230	ENDIF					*	Ende Baulohn
000240	ENDIF						End of PDC activ

Abbildung 19.3 Vereinfachte Befehlsfolge des Unterschemas DTGZ ohne Baulohn

Wird die Abfrage der Funktion IF mit »Ja« beantwortet, erfolgt die weitere Verarbeitung in der Zeile 150 durch die Funktion IMPRT mit dem Parameter B2. Diese liefert das Zeitauswertungs-Cluster B2 an die Personalabrechnung und stellt die Tabelle der Zeitlohnarten (ZL) der entsprechenden Abrechnungsperiode bereit.

Nach einem Kontrolldruck (PRINT NP ZL) der eingelesenen Zeitlohnartentabelle ZL erfolgt ein spezieller Aufruf des Unterschemas TC00. Dieser Aufruf erfolgt diesmal nicht mithilfe der Funktion COPY, sondern über die Funktion DAYPR (Tagesverarbeitung der Zeitdaten). Durch die Funktion DAYPR wird die tageweise Verarbeitung der Zeitdaten eingeleitet. Der in der Spalte **Par2** angegebene Schalter steuert die Verarbeitung des Schemas. Ist als **Par2** PDC angegeben, werden die BDE-Zeiten berücksichtigt. Dies sind Informationen aus der Betriebsdatenerfassung (BDE), z. B. Auftragsrückmeldungen aus einem Produktionsplanungssystem. Im Schema TC00 lassen Sie innerhalb der

Personalabrechnung Zeitlohnarten generieren. Das Schema TC00 dient dazu, Zeitdaten, die im Dialog erfasst wurden, einzulesen und zu verarbeiten. Sie können es für alle Mitarbeiter verwenden, für die keine Zeitauswertung durchlaufen wird, und für alle Tage einer Abrechnungsperiode, die zum Abrechnungszeitpunkt noch nicht von der Zeitauswertung verarbeitet wurden. Im Schema TC00 befindet sich nur die Tagesverarbeitung der Zeitdaten. Daher können Sie dieses Schema nicht über den Zeitauswertungstreiber RPTIME00 einsetzen. Das Schema TC00 wertet nur die vom Arbeitszeitplan abweichenden Zeitdaten aus.

Grundlage ist der Tagesarbeitszeitplan, aus dem ein Sollpaar generiert wird, das die Bewertungsgrundlage für die Zeitauswertung bildet. Dieses Sollpaar wird daraufhin mit den erfassten Anwesenheiten (Infotyp 2002) und Abwesenheiten (Infotyp 2001) verglichen, sodass sich eine Differenz ergibt.

Darüber hinaus generiert das Schema TC00 automatisch Mehrarbeiten für alle erfassten Anwesenheitszeiten, die außerhalb der Sollvorgaben aus dem Tagesarbeitszeitplan liegen. Wenn Sie Mehrarbeiten mit dem Infotyp 2005 (Mehrarbeiten) erfassen, können Sie außerdem Mehrarbeitszeiten kontrolliert genehmigen und dabei Mehrarbeitspausen berücksichtigen. Mit dem Schema TC00 können Sie die interne Tabelle TIP genauso verändern und dadurch Ihre Regelungen wie in der Zeitauswertung abbilden.

[»]

Zeitkonten und Kontingente im Schema TC00

Sie können im Schema TC00 keine Zeitkonten führen und Kontingente verändern. Dies ist nur in der Zeitauswertung möglich.

Überlegen Sie, wie Sie die Zeitdaten in die Personalabrechnung einfließen lassen und welche Konsequenzen dies für die Darstellung der Abrechnung für Ihre Mitarbeiter hat. Dazu betrachten wir im Folgenden zwei Varianten:

In der ersten Variante verwenden Sie die Zeitauswertung und starten Ihre Personalabrechnung am 20. des Monats. Die Personalabrechnung erkennt, dass für den Vormonat eine Rückrechnung anzustoßen ist, da in der letzten Abrechnung die Ergebnisse der Zeitauswertung zwischen dem 21. Tag und dem letzten Tag des Vormonats nicht aus dem tatsächlichen Ist, sondern nur aus dem Soll berechnet wurden. In der so angestoßenen Rückrechnung werden nun alle Zeitdaten noch einmal herangeholt und in der Personalabrechnung verarbeitet. In der aktuellen Abrechnungsperiode wurden wiederum alle Zeitdaten bis zum 20. des Monats aus dem Ist generiert, und anschließend erfolgt eine Verarbeitung der Zeitdaten aus dem Soll. Für den Rest des Monats werden Ihre Mitarbeiter also so bezahlt, als ob sie gemäß ihren Sollarbeitszeiten gearbeitet hätten. Eventuell schon bekannte An- oder Abwesenheiten werden dabei mit eingerechnet. In diesem Fall werden die Differenzen zwischen dieser Hochrechnung und den tatsächlich im SAP-System erfassten Daten im Folgemonat durch eine Rückrechnung der Personalabrechnung ausgeglichen. Diese Verarbeitung entspricht der Schemasteuerung in Abbildung 19.3.

Diese Variante ist für Ihre Mitarbeiter relativ unübersichtlich, da es für sie schwierig ist, ihre tatsächlich gearbeiteten und gegebenenfalls mit Zuschlägen versehenen Zeiten nachzuvollziehen.

In der zweiten Variante verwenden Sie ebenfalls die Zeitauswertung und starten Ihre Personalabrechnung am 20. des Monats. Diesmal wollen Sie für Ihre Mitarbeiter immer eine komplette Periode an Zeitauswertungsergebnissen auswerten. Dazu können Sie Ihre Personalabrechnung immer mit einer Rückrechnung auf den Vormonat starten lassen und verarbeiten in der Rückrechnung nur die Ergebnisse der Zeitauswertung. Dies hat für Ihre Mitarbeiter den Vorteil, dass alle Zeitauswertungsergebnisse einer (Rückrechnungs)periode übersichtlich dargestellt werden. Problematisch wird dies nur, wenn ein Mitarbeiter den Arbeitgeber mitten im Monat verlässt. Diesem Mitarbeiter würden dann die Zeitauswertungsergebnisse seiner aktuellen letzten Periode fehlen. Dies könnten Sie aber durch Abfragen in einer kundenspezifischen Personalrechenregel erkennen und im Unterschema DTGZ dementsprechend steuern lassen.

Ein Beispiel für eine solche Personalrechenregel zur Abfrage auf untermonatigen Austritt ist in Abbildung 19.4 dargestellt.

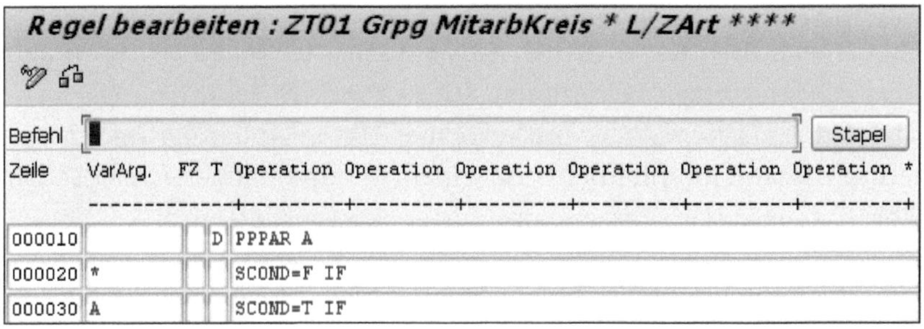

Regel bearbeiten : ZT01 Grpg MitarbKreis * L/ZArt **

Befehl [ ] Stapel

Zeile	VarArg.	FZ	T	Operation Operation Operation Operation Operation Operation *
000010			D	PPPAR A
000020	*			SCOND=F IF
000030	A			SCOND=T IF

Abbildung 19.4 Kundenregel zur Abfrage auf untermonatigen Austritt

Die Operation PPPAR (Teilperiodenparameter bereitstellen) gehört zur Personalabrechnung. Mithilfe dieser Operation können Sie z. B. ermitteln, ob der Mitarbeiter in der aktuellen Abrechnungsperiode aus dem Unternehmen ausgetreten ist. Die Antwort wird in das variable Argument gestellt und lautet hier A für ausgetreten und * für nicht ausgetreten. Durch die Operation SCOND werden unterschiedliche Bedingungen (F für falsch und T für richtig) gesetzt. Diese Bedingungen werden durch die Funktion IF in Verbindung mit dieser Regel ausgewertet. Die Personalrechenregel fügen wir in unser Abrechnungsschema ein (siehe Abbildung 19.5).

Schema bearbeiten : DTGZ

Befehl [ ] Stapel

Zeile	Fkt	Par1	Par2	Par3	Par4	D	Text
000140	IF		PDC				If BDE aktiv in der laufenden Periode
000150	IF		R				Rückrechnungsperiode ?
000160	IMPRT		B2				Import Ergebnisse (Cluster B2)
000170	PRINT	NP	ZL				Andruck Zl nach Import
000180	DAYPR	TC00	PDC			*	Tagesverarbeitung der Zeitdaten
000190	ELSE						
000200	IF	ZT01					Austritt in lfd. Periode ?
000210	IMPRT		B2				Import Ergebnisse (Cluster B2)
000220	PRINT	NP	ZL				Andruck Zl nach Import
000230	ENDIF						Austritt in lfd. Periode ?
000240	ENDIF						Rückrechnungsperiode ?
000250	ELSE						BDE nicht aktiv
000260	IF		BAU			*	Bauwirtschaft ?
000270	DAYPR	TCDB				*	Tagesverarbeitung Bauwirtschaft
000280	ELSE					*	kein Baulohn
000290	DAYPR	TC00					Tagesverarbeitung der Zeitdaten
000300	ENDIF					*	Ende Baulohn
000310	ENDIF						End of PDC activ

Abbildung 19.5 Schema DTGZ nach dem Einfügen der Kundenregel

In diesem Schema wird das Cluster B2 mit der Zeitlohnartentabelle ZL nur in den Rückrechnungsperioden komplett eingelesen. Auf eine weitere Verarbeitung (Hochrechnung) mit dem Unterschema TC00 wird verzichtet. Unsere Änderung am Schema bewirkt wiederum, dass nur für Mitarbeiter mit einem untermonatigen Austritt auch das bis zum Abrechnungsdatum vorhandene Cluster B2 importiert wird.

Verwaltungssatzprüfung aktivieren

Beachten Sie, dass die Funktion IF R nur richtige Ergebnisse (Antworten) liefert, wenn Sie im Unterschema DINO der Personalabrechnung die Prüfung auf den Verwaltungssatz aktiviert haben.

In diesem Abschnitt haben Sie erfahren, welche unterschiedlichen Gegebenheiten Sie beim Import der Zeitlohnarten in die Personalabrechnung beachten müssen und welche Konsequenzen dies für die Abrechnung hat. Im folgenden Abschnitt besprechen wir, wie die Zeitlohnarten in der Abrechnung verarbeitet werden.

19.2 Verarbeitung der Zeitlohnarten

Nachdem Sie Ihre Zeitlohnarten importiert haben, ist noch ein Schritt notwendig, um sie für die Personalabrechnung zur Verfügung zu stellen. Diese Verarbeitung erfolgt im Unterschema DT00 (Bruttoteil der Abrechnung Deutschland). Hier ruft die Funktion ZLIT die importierte Tabelle ZL auf und verarbeitet die Zeitlohnarten (siehe Abbildung 19.6).

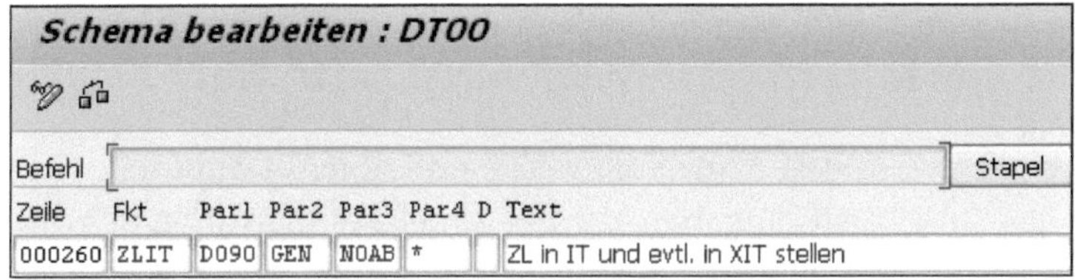

Abbildung 19.6 Funktion ZLIT im Unterschema DT00

Diese Funktion ruft wiederum die Personalrechenregel D090 auf, in der die Lohnarten entsprechend ihren Eigenschaften verarbeitet werden (siehe Abbildung 19.7).

Regel bearbeiten : D090 Grpg MitarbKreis * L/ZArt ****

Befehl | Stapel

Zeile	VarArg.	FZ	T	Operation Operation Operation Operation Operation Operation *
000010			D	ADDWT * OUTZL IFT
000020	*			
000030	A			
000040	B			BAUWIRTSCHAFT BEWEGUNGSDATEN
000050	M			ADXIT 012 MEHRARBEIT
000060	S		D	OUTZL DTY0 ABFRAGE AUF TAGESTYP 0: ARBEIT BEZAHLT
000070	S N			
000080	S Y			ADXIT 012 SOLLARBEIT
000090	X			ADXIT 012 MEHRARBEIT WÄHREND SOLLZEIT

Abbildung 19.7 Personalrechenregel D090

Hier erkennen Sie eine Verbindung zu den Lohnarteneigenschaften, die Sie in einigen Fällen in der Zeitauswertung selbst beeinflussen können. Die Regel filtert die Zeitlohnarten nach ihrer Entstehung (z. B. S = Sollarbeit, M = Mehrarbeit). Alle Zeitlohnarten werden unabhängig von ihrer Entstehung in die Tabelle OT (Output Table) der Personalabrechnung übernommen (Operation ADDWT *), sodass jede Lohnart innerhalb der Personalabrechnung bewertet wird. Die Lohnarten mit den Eigenschaften S oder M und gelangen zusätzlich noch in eine spezielle Tabelle XIT (Operation ADXIT 012). Die Tabelle dient zur steuerlichen Bewertung von Sonn-, Feiertags- und

Nachtzuschlägen, die nach § 3b des Einkommensteuergesetzes ganz oder teilweise steuerbefreit sein können. Diese Funktionalität finden Sie im Unterschema DAL0 (Aliquotierung und Abstellung (Bruttozusammenfassung)) Deutschland. Diese teilweise Steuerbefreiung ist ein Thema der Personalabrechnung und nicht der Zeitauswertung. Dafür ist die Verarbeitung von Kurzarbeit ein Aspekt der Zeitauswertung und der Personalabrechnung, den wir im folgenden Abschnitt beschreiben.

19.3 Verarbeitung von Kurzarbeit aus Zeitwirtschaftssicht

Wenn Sie Kurzarbeit einsetzen, müssen auch die variablen Entgeltbestandteile (Zuschlagslohnarten) in das Sollentgelt eingehen, die der Arbeitnehmer ohne den Arbeitsausfall erhalten hätte, soweit diese beitragspflichtig sind. Diese variablen Entgeltbestandteile können im SAP-Standard über die folgenden Sonderregeln erstellt werden:

- aus den Monaten vor Beginn der Kurzarbeit (Sonderregeln 01 und 02)
- aus dem Monat vor dem ersten Arbeitsausfall (Sonderregel 11)
- aus dem aktuellen Monat (Sonderregel 20)

Die von Ihnen genutzte Sonderregel tragen Sie bei den entsprechenden Mitarbeitern im Infotyp 0049 (Kurzarbeit) ein (siehe Abbildung 19.8).

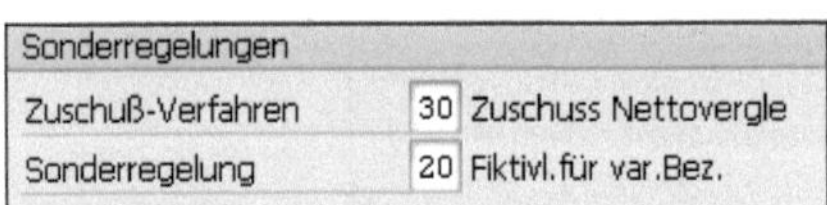

Abbildung 19.8 Infotyp 0049 (Sonderregelungen)

Innerhalb des SAP-Systems werden immer häufiger Fiktivläufe eingesetzt. Auch im Bereich der Kurzarbeit hat SAP einen Fiktivlauf geschaffen, in dem ermittelt wird, welche Zeitzuschläge der Mitarbeiter erhalten würde, wenn er sich nicht in Kurzarbeit befände. Diese Zuschläge werden innerhalb der Personalabrechnung ermittelt – und zwar über eine Fiktivabrechnung im Fiktivlauf KUGV. In diesem Fiktivlauf wird die Kurzarbeit storniert und so gerechnet, als würde der Mitarbeiter nicht an der Kurzarbeit teilnehmen. Innerhalb dieses Fiktivlaufs werden nur die Zuschläge berücksichtigt, deren Lohnarten in der Tabelle T512W in der Verarbeitungsklasse 71 mit 2 geschlüsselt und die nicht aufgrund von Mehrarbeiten entstanden sind. Die Steuerfreiheit wird ebenfalls nur für die relevanten Zuschläge berechnet. Am Ende des Fiktivlaufs wird der Betrag der steuerpflichtigen Zuschläge in der Lohnart /6A0 KuG/WAG Sollentgelt ungerundet in der Tabelle FIT gesichert. Dieser Betrag geht dann automatisch in das Sollentgelt der aktuellen Personalabrechnungsperiode ein. Im Fiktivlauf ist dies so organisiert, dass auch hier das Unterschema DT00 (Bruttoteil Deutschland) mit dem zugehörigen Unterschema DTGZ (Zeitwirtschaftsteil der Abrechnung Deutschland) aufgerufen und durchlaufen wird.

Wenn Sie Kurzarbeit einsetzen, müssen Sie außerdem beachten, wie Sie normalerweise die Zeitlohnarten für die Personalabrechnung bereitstellen. In Abschnitt 19.1, »Zeitauswertung im Rahmen der Personalabrechnung«, haben wir empfohlen, generell nur Zeitlohnarten der Rückrechnungsperiode einzulesen und zu verarbeiten. Dieses Konzept funktioniert nicht mehr, sobald Sie Kurzarbeit einsetzen. Allerdings haben Sie die Möglichkeit, mithilfe einiger Funktionen der Zeitauswertung und der Personalabrechnung entsprechende Abfragen in Ihr Schema zu integrieren und unterschiedliche Verarbeitungen für Mitarbeiter mit und ohne Kurzarbeit anstoßen zu lassen. Dies müssten Sie dann im Schema DTGZ vornehmen.

Generell empfehlen wir bei Einsatz von Kurzarbeit, die Vertretungsart Kurzarbeit zu nutzen. Unserer Erfahrung nach werden nicht immer alle Mitarbeiter eines Unternehmens für Kurzarbeit vorgesehen, und diese Mitarbeiter arbeiten oft nach ganz individuellen Schichtabläufen. Dies können Sie mithilfe der Vertretung **Kurzarbeit** gut abbilden, indem Sie KuG-Tagesarbeitszeitpläne zeitweise zuordnen, KuG-Monatsarbeitszeitpläne erstellen oder einfach freie Tage durch den Tagesarbeitszeitplan FREI fixieren, falls der Mitarbeiter tageweise wie gewöhnlich arbeitet, aber einige Tage in der Periode eben nicht.

19.4 Entgeltumwandlung in ein Zeitkonto

Arbeitszeitflexibilisierung und Lebensarbeitszeitkonten sind in immer mehr Unternehmen ein Thema. Unsere Erfahrung zeigt, dass die einzelnen Unternehmen hier sehr individuell vorgehen.

Wir hatten in einem Projekt die Aufgabe, einem Lebensarbeitszeitkonto Teilbeträge oder Gesamtbeträge einer oder mehrerer unterschiedlicher Sonderzahlungen als Stundengrößen gutzuschreiben. Dies haben wir mithilfe einer kundeneigenen Funktion, ähnlich, wie Abschnitt 18.2, »Kundeneigene Funktionen anlegen«, beschrieben, realisiert. Hier war der Ausgangspunkt eine Lohnart, die im Infotyp 0015 (Ergänzende Zahlungen) für einen bestimmten Tag aufgegeben und während der Zeitauswertung verarbeitet wird. Parallel dazu musste auch der Infotyp 0008 (Basisbezüge) gelesen werden. Aus dem Gesamtbetrag der Lohnarten des Infotyps 0008, dividiert durch die Arbeitsstunden, wurde ein Stundensatz zum Stichtag ermittelt, der z. B. am Tag der Verarbeitung der Lohnart aus Infotyp 0015 gültig war. Dieser Stundensatz wurde mit der aufgegebenen Einmalzahlung verrechnet (Betrag/Stundensatz = Anzahl Stunden) und die so ermittelte Stundenanzahl dem Konto gutgeschrieben.

Es wurde entschieden, die Verarbeitung dieser Lohnart im Infotyp 0015 auch auf dem Entgeltnachweis sichtbar zu machen, sie aber nicht entgeltwirksam zu verarbeiten.

Demnach müssen alle Kumulationen in der Tabelle `T512W` für diese Lohnart entfernt werden. Die andere Variante wäre gewesen, die Lohnart im Infotyp 0015 gesperrt zu erfassen und nur durch die kundeneigene Funktion während der Zeitauswertung zu verarbeiten. Dann wäre sie allerdings in der Personalabrechnung nicht sichtbar gewesen.

19.5 Fazit

Wir haben in diesem Kapitel der Übernahme von Zeitlohnarten (siehe Abschnitt 19.1, »Zeitauswertung im Rahmen der Personalabrechnung«) den größten Raum gegeben, da sich diese Übernahme auch in den Entgeltnachweisen, die Sie Ihren Mitarbeitern aushändigen müssen, wiederfindet. Für die Mitarbeiter ist eine hohe Transparenz in der Zeitauswertung und Personalabrechnung äußerst wichtig. Sie müssen nachvollziehen können, welche Lohnarten für sie über die Zeitauswertung generiert worden sind und wie sie sich, in der Personalabrechnung bewertet, auf dem Entgeltnachweis darstellen. Wir haben uns in diesem Kapitel in den Abschnitten, die die weitere Verarbeitung der Zeitlohnarten, die Verarbeitung der Kurzarbeit und die Möglichkeit der Umwandlung von Entgelten in ein Zeitkonto behandeln, nur auf den zeitwirtschaftlichen Aspekt beschränkt. Die tatsächliche Bewertung und Auswertung der Zeitlohnarten innerhalb der Personalabrechnung ist natürlich wesentlich umfangreicher.

Steuern Sie Ihre Zeitauswertung und die Integration in die Personalabrechnung so, dass die Zeitlohnarten immer für komplette Perioden in der Personalabrechnung verarbeitet werden. Vermeiden Sie Mischvarianten, in denen eine Teilperiode Zeitlohnarten aus der Istbewertung und eine andere Teilperiode Zeitlohnarten aus der Sollbewertung enthält.

Kapitel 20
Zeitnachweis

Dieses Kapitel gibt Ihnen einen Überblick über die Zeitnachweise, die auf HR-Formularen basieren, sowie über deren Einrichtung. Zudem gehen wir auf häufig auftretende Fehler ein und zeigen, wie Sie diese vermeiden können.

Zeitnachweise sind sowohl für den Arbeitnehmer als auch für den Arbeitgeber sehr wichtige Dokumente: Für beide Parteien sind sie nicht nur ein schlichter Nachweis der geleisteten Arbeit, sondern erlauben es auch zu kontrollieren, ob beispielsweise Zuschläge oder Überstunden von der Zeitauswertung korrekt berechnet wurden.

Klassischerweise ist der Zeitnachweis in die folgenden Bereiche aufgegliedert:

- **Kopfbereich**
  Allgemeine Informationen zum Mitarbeiter (z. B. Name, Personalnummer, Zeitausweisnummer) und zum Unternehmen (z. B. Personalbereich, Personalteilbereich, Buchungskreis)
- **Hauptbereich**
  Einzelergebnisse pro Tag (z. B. Datum, gebuchte Zeitereignisse, Sollstunden, Iststunden usw.)
- **Fußbereich**
  Informationen zu Fehlermeldungen, Kontingentständen, Zeitumbuchungen und Zeitlohnarten

Zunächst erläutern wir Ihnen im nächsten Abschnitt die unterschiedlichen Formulartechnologien mit ihren Vor- und Nachteilen. In Abschnitt 20.2 gehen wir auf die Einrichtung des Zeitnachweises mithilfe des HR-Formular-Workplace ein. In Abschnitt 20.3 stellen wir Ihnen schließlich einige Erweiterungen und Use Cases vor.

20.1 Übersicht der Technologien

Neben den bereits seit Jahren bekannten Zeitwirtschaftsformularen über Transaktion PE50 (Zeitwirtschaftsformulareditor), die auf einer klassischen Listausgabe basieren und nur über begrenzte Möglichkeiten zur individuellen Gestaltung verfügen, bietet SAP seit den Releases SAP ERP Human Capital Management (HCM) 6.0 und SAP

NetWeaver 7.0 auch die Möglichkeit, Zeitwirtschaftsformulare über den *HR-Formular-Workplace* (Transaktion HRFORMS) zu erstellen.

Der HR-Formular-Workplace dient als zentrales Werkzeug zur Erstellung von Druckformularen in der Personalwirtschaft, mit dessen Hilfe auch neuere Technologien wie *Smart Forms* oder *SAP Interactive Forms by Adobe* (kurz: SAP Interactive Forms) zur Formulargestaltung genutzt werden können. Ziel ist es, eine einheitliche Technologie und Plattform für die Erstellung aller Druckformulare in SAP ERP HCM bereitzustellen.

Diese neuen Technologien bringen die Möglichkeit mit sich, die Formulare individuell zu gestalten und an die eigenen Bedürfnisse anzupassen. So ist es z. B. möglich, ein bereits bestehendes Layout aus anderen Formularen zu übernehmen und ein einheitliches Erscheinungsbild entsprechend der Corporate Identity über alle SAP-Module hinweg zu schaffen. In den nachfolgenden Abschnitten werden die einzelnen Technologien und deren Vor- und Nachteile genauer erläutert.

20.1.1 Der Zeitwirtschaftsformulareditor

Der klassische Zeitnachweis in Form einer ABAP-Liste wird über den Zeitwirtschaftsformulareditor (Transaktion PE50) erstellt (siehe Abbildung 20.1).

```
Zeitnachweisliste
gedruckt am: 30.08.2022                                          Seite:   1

Mitarbeiter    : 01000009 Dipl.-Ing. Dagobert Duck
Sachbearbeiter:

Personalbereich   : D001       Personalteilbereich: 0001
Mitarbeitergruppe: A           Mitarbeiterkreis   : 05
Kostenstelle      : D0011000   Planstelle         : 00000000   AZPRegel: GLZ

Auswertungszeitraum vom 01.07.2022 bis 31.07.2022
```

Einzelergebnisse

Tag	Text	Kter	Gter	Beguz	Enduz	erf.	Sollz	Rahmz	Glz	Mehrz	TAZP
01	Fr			08:00	15:00	7,00	4,00	6,00	2,00	0,00	GLZ B
	Wochen-Summation						4,00	6,00	2,00	0,00	
04	Mo			08:00	16:00	8,00	8,00	6,00	2,00-	0,00	SFT1
05	Di			08:00	16:00	8,00	8,00	7,00	1,00-	0,00	GLZ
06	Mi			08:00	19:00	11,00	8,00	9,00	1,00	0,00	GLZ
07	Do			08:00	19:00	11,00	8,00	9,00	1,00	0,00	GLZ
08	Fr			08:00	16:00	8,00	4,00	7,00	3,00	0,00	GLZ B
09	Sa			21:00	06:00	9,00	8,00	7,50	0,50-	0,00	NS80
	Zuschlag Nacht 35%					7,50					
	Wochen-Summation						44,00	45,50	1,50	0,00	

Abbildung 20.1 Zeitnachweis mit Transaktion PE50 (Zeitwirtschafts-Formulareditor)

Obwohl diese Zeitnachweise rein optisch veraltet sind, werden sie nach wie vor unterstützt, da sie in der Zeitauswertung fest eingebunden sind. In der Zeitauswertung (Transaktion PT60) gibt es dafür den Parameter Zeitnachweisvariante, über den eine zuvor im Report RPTEDT00 angelegte Reportvariante ausgewählt werden kann. In dieser Reportvariante ist festgelegt, welches Zeitwirtschaftsformular verwendet werden und welche zusätzlichen Optionen beim Erstellen berücksichtigt werden sollen.

20.1.2 Smart Forms

Smart Forms ist ebenfalls eine bereits veraltete und nicht mehr weiterentwickelte Technologie zur Entwicklung und Gestaltung von Formularen innerhalb des SAP-Systems. Allerdings besitzen Smart Forms im Vergleich zum klassischen Zeitnachweis mit Transaktion PE50 bereits einen grafischen Editor und verschiedene Kontrollstrukturen (z. B. Schleifen, Tabellen und Alternativen) und sind daher im Aufbau wesentlich strukturierter (siehe Abbildung 20.2).

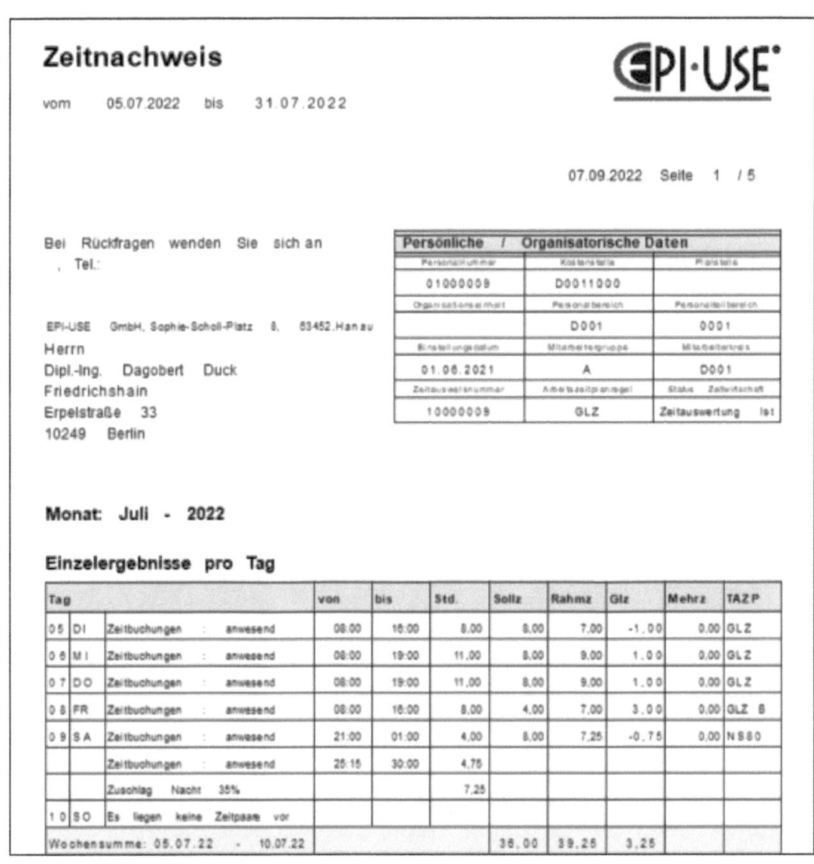

Zeitnachweis

EPI-USE

vom 05.07.2022 bis 31.07.2022

07.09.2022 Seite 1 / 5

Bei Rückfragen wenden Sie sich an
, Tel.:

EPI-USE GmbH, Sophie-Scholl-Platz 8, 63452 Hanau

Herrn
Dipl.-Ing. Dagobert Duck
Friedrichshain
Erpelstraße 33
10249 Berlin

Persönliche / Organisatorische Daten		
Personalnummer	Kostenstelle	Planstelle
01000009	D0011000	
Organisationseinheit	Personalbereich	Personalteilbereich
	D001	0001
Einstellungsdatum	Mitarbeitergruppe	Mitarbeiterkreis
01.06.2021	A	D001
Zeitausweisnummer	Arbeitszeitplanregel	Status Zeitwirtschaft
10000009	GLZ	Zeitauswertung Ist

Monat: Juli - 2022

Einzelergebnisse pro Tag

Tag			von	bis	Std.	Sollz	Rahmz	Glz	Mehrz	TAZP
05	DI	Zeitbuchungen : anwesend	08:00	16:00	8,00	8,00	7,00	-1,00	0,00	GLZ
06	MI	Zeitbuchungen : anwesend	08:00	19:00	11,00	8,00	9,00	1,00	0,00	GLZ
07	DO	Zeitbuchungen : anwesend	08:00	19:00	11,00	8,00	9,00	1,00	0,00	GLZ
08	FR	Zeitbuchungen : anwesend	08:00	16:00	8,00	4,00	7,00	3,00	0,00	GLZ 8
09	SA	Zeitbuchungen : anwesend	21:00	01:00	4,00	8,00	7,25	-0,75	0,00	NS80
		Zeitbuchungen : anwesend	25:15	30:00	4,75					
		Zuschlag Nacht 35%			7,25					
10	SO	Es liegen keine Zeitpaare vor								
Wochensumme: 05.07.22 - 10.07.22						36,00	39,25	3,25		

Abbildung 20.2 Zeitnachweis mit Smart Forms

Zudem können hier bereits Grafiken und Farben eingesetzt werden, wobei die Grafiken einer technischen Restriktion unterliegen. So dürfen diese nur eine maximale Farbtiefe von 256 Farben besitzen und im Bitmap-Format vorliegen. Weitere Vorzüge von Smart Forms sind:

- Für die Generierung der Formulare ist keine zusätzliche Infrastruktur erforderlich.
- Zur Formulargestaltung wird keine zusätzliche Software benötigt.
- Da die Formulare auf ABAP Coding basieren, sind diese im SAP komplett debugfähig, und Fehler können leichter lokalisiert werden.

20.1.3 SAP Interactive Forms

SAP Interactive Forms ist die neueste und von SAP bevorzugte Technologie zur Erstellung von Druckformularen (siehe Abbildung 20.3).

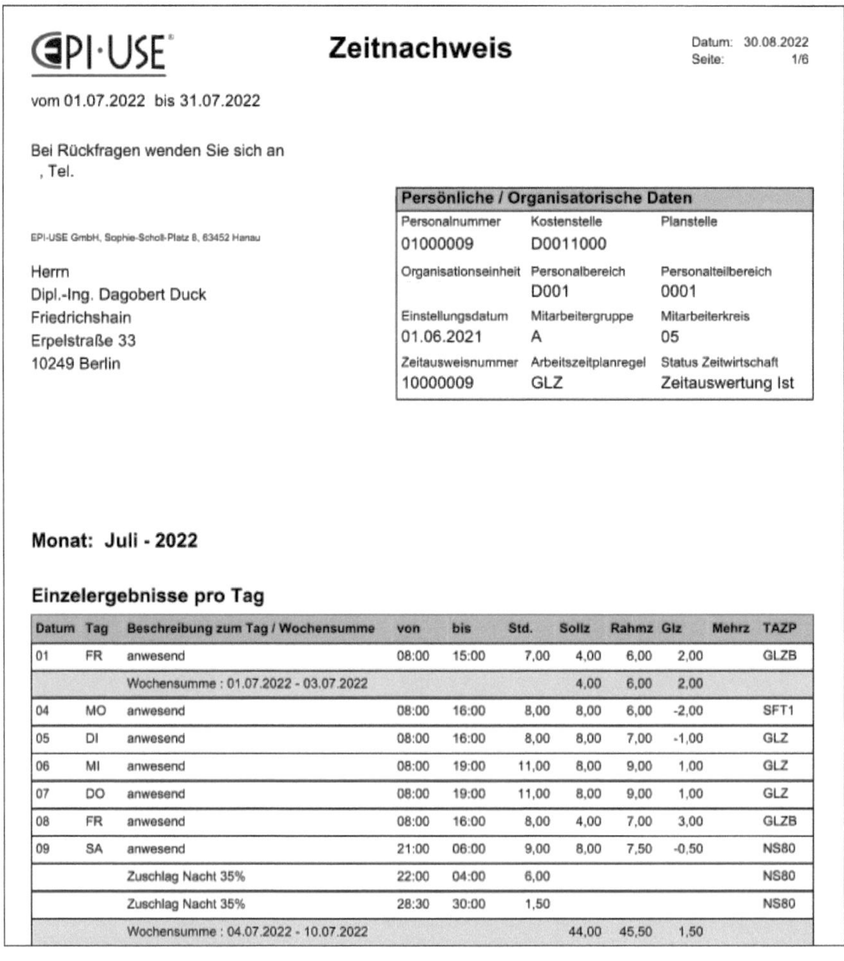

EPI·USE

Zeitnachweis

Datum: 30.08.2022
Seite: 1/6

vom 01.07.2022 bis 31.07.2022

Bei Rückfragen wenden Sie sich an
, Tel.

EPI-USE GmbH, Sophie-Scholl-Platz 8, 63452 Hanau

Herrn
Dipl.-Ing. Dagobert Duck
Friedrichshain
Erpelstraße 33
10249 Berlin

Persönliche / Organisatorische Daten		
Personalnummer 01000009	Kostenstelle D0011000	Planstelle
Organisationseinheit	Personalbereich D001	Personalteilbereich 0001
Einstellungsdatum 01.06.2021	Mitarbeitergruppe A	Mitarbeiterkreis 05
Zeitausweisnummer 10000009	Arbeitszeitplanregel GLZ	Status Zeitwirtschaft Zeitauswertung Ist

Monat: Juli - 2022

Einzelergebnisse pro Tag

Datum	Tag	Beschreibung zum Tag / Wochensumme	von	bis	Std.	Sollz	Rahmz	Glz	Mehrz	TAZP
01	FR	anwesend	08:00	15:00	7,00	4,00	6,00	2,00		GLZB
		Wochensumme : 01.07.2022 - 03.07.2022				4,00	6,00	2,00		
04	MO	anwesend	08:00	16:00	8,00	8,00	6,00	-2,00		SFT1
05	DI	anwesend	08:00	16:00	8,00	8,00	7,00	-1,00		GLZ
06	MI	anwesend	08:00	19:00	11,00	8,00	9,00	1,00		GLZ
07	DO	anwesend	08:00	19:00	11,00	8,00	9,00	1,00		GLZ
08	FR	anwesend	08:00	16:00	8,00	4,00	7,00	3,00		GLZB
09	SA	anwesend	21:00	06:00	9,00	8,00	7,50	-0,50		NS80
		Zuschlag Nacht 35%	22:00	04:00	6,00					NS80
		Zuschlag Nacht 35%	28:30	30:00	1,50					NS80
		Wochensumme : 04.07.2022 - 10.07.2022				44,00	45,50	1,50		

Abbildung 20.3 Zeitnachweis mit SAP Interactive Forms

Neben einem umfangreichen und intuitiven Design mittels WYSIWYG-Editor (What You See Is What You Get) sind die wichtigsten Vorteile von SAP Interactive Forms:

- Nutzung des plattformübergreifenden Formats PDF (Portable Document Format)
- klare Trennung zwischen Formularschnittstelle und Formularlayout
- Definition von Masterseiten
- Versionierung über den SAP-Standard
- Scripting im Formular über JavaScript oder FormCalc möglich

Allerdings sind für die Nutzung von SAP Interactive Forms auch zwei technische Voraussetzungen zu erfüllen:

- Für die Erstellung muss neben dem SAP GUI clientseitig noch der Adobe Livecycle Designer installiert sein, der als Layouteditor dient.
- Zur Generierung der Formulare muss entweder ein SAP NetWeaver Application Server mit Java-Stack und Adobe Document Services (kurz ADS) oder ein entsprechender Cloud-Service zur Verfügung stehen. Beide Lösungsansätze sind kostenpflichtig und müssen zusätzlich bereitgestellt werden.

20.1.4 Standardformulare

SAP liefert derzeit im Standard insgesamt vier verschiedene HR-Formulare für den Zeitnachweis aus, die sowohl auf Smart Forms als auch auf SAP Interactive Forms basieren (siehe Tabelle 20.1).

HR-Formular	Verwendete Technologie	Status
SAP_TIMESLIP	Smart Forms	**Veraltet**
SAP_TIM_99_0001	Smart Forms	**Veraltet**
SAP_TIM_99_0002	Smart Forms	**Aktuell**
SAP_TIM_99_0003	SAP Interactive Forms	**Aktuell**

Tabelle 20.1 Verfügbare Standard-Zeitnachweise als HR-Formulare

20.2 Neuen Zeitnachweis einrichten

Die Datenbasis (Beschreibung und Herkunft) eines HR-Formulars bildet das sogenannte *MetaNet*, das eine Fülle von Informationen aus verschiedenen Datenquellen vereint. Die Pflege eines MetaNet erfolgt über den HR-Metadaten-Workplace und ist über Transaktion HRFORMS_METADATA erreichbar.

HR-Metadaten-Workplace und HR-Formular-Workplace

Detaillierte Informationen zum HR-Metadaten-Workplace und HR-Formular-Workplace erhalten Sie in der SAP-Schulung HR 280 (Smart & Adobe Forms in HCM).

Für den Zeitnachweis wird in der Regel das Standard-MetaNet SAP_DEFAULT aus der Ländergruppierung 99 verwendet, da es für den Zeitnachweis meist keine länderspezifischen Anforderungen gibt. Es beinhaltet u. a.:

- Daten aus verschiedenen Infotypen zur Person:
  - organisatorische Zuordnung
  - Anschrift
  - Sollarbeitszeit
- Zeitauswertungsergebnisse
- wöchentliche Abrechnungsperioden

Bei der Anlage eines neuen Zeitnachweises sollte daher zuerst ermittelt werden, welche Daten auf dem Zeitnachweis ausgegeben werden sollen und welche Daten das MetaNet beinhaltet. Sollte es dort noch Differenzen geben, muss ein kundeneigenes MetaNet angelegt und dieses um die fehlenden Daten erweitert werden. Dieses sollte in jedem Fall vom Standard-MetaNet erben, damit zukünftige Änderungen seitens SAP am Standard-MetaNet auch im kundeneigenen MetaNet enthalten sind.

Anschließend kann ein bestehender Zeitnachweis kopiert und an die individuellen Anforderungen angepasst, aber auch ein komplett neuer Zeitnachweis angelegt werden. Dabei ist es auch möglich, das bereits verwendete MetaNet durch das zuvor eigens angelegte MetaNet zu ersetzen. Die Daten, die aus dem MetaNet speziell für dieses Formular verwendet werden, bilden das sogenannte *InfoNet*.

Standardzeitnachweise kopieren

In der Praxis werden aufgrund der Komplexität eines Zeitnachweises meist die vorhandenen SAP-Zeitnachweise kopiert und an die individuellen Bedürfnisse angepasst. Hierbei ist der Aufwand deutlich geringer im Vergleich zu einer kompletten Neuentwicklung.

20.2.1 Wöchentliche Abrechnungsperioden

Um Zeitnachweise auf der Basis von HR-Formularen ausgeben zu können, ist es zwingend erforderlich, Abrechnungsperioden für den Periodenparameter 03 (wöchentlich) zu generieren, da diese für den Aufbau der Einzelergebnisse pro Tag und die entsprechenden Wochensummen erforderlich sind.

Um diese Abrechnungsperioden zu generieren, muss zuerst über die Sicht V_T549A ein Abrechnungskreis mit dem Periodenparameter 03 angelegt werden oder bei einem bestehenden Abrechnungskreis temporär der Periodenparameter 03 zugewiesen werden, damit die Abrechnungsperioden anschließend über den Report RPUCTP00 generiert werden können. Anschließend können die Änderungen an den Abrechnungskreisen in der Sicht V_T549A wieder zurückgenommen werden.

Wöchentliche Abrechnungsperioden generieren

Wenn die Abrechnungsperioden nicht generiert wurden, werden lediglich die Daten zur Person auf dem Zeitnachweis ausgegeben. Alle anderen Daten wie z. B. die Einzelergebnisse pro Tag sind dann nicht sichtbar. Leider wird in diesem Fall keine Fehlermeldung ausgegeben, sodass keine Rückschlüsse auf die fehlenden Abrechnungsperioden gezogen werden können.

20.2.2 Aktivierung von HR-Formlaren in der Zeitauswertung

Damit HR-Formulare direkt in der Zeitauswertung verwendet werden können, muss im Selektionsbild der Zeitauswertung (Transaktion PT60) ein entsprechender Parameter eingeblendet werden, über den dann das gewünschte HR-Formular ausgewählt werden kann (siehe Abbildung 20.4).

Um diesen Parameter einzublenden, muss in der Sicht V_T77S0 der Wert der Gruppe TIMGT und des semantischen Kürzels HRFRM auf »X« gesetzt werden.

Abbildung 20.4 Auswahlparameter in der Zeitauswertung des HR-Formulars

20.3 Erweiterungen und Use Cases

Obwohl die im Standard ausgelieferten Zeitnachweise bereits eine große Bandbreite an Anforderungen abdecken und an die gewünschten Daten ausgeben, ist es in der Praxis meist so, dass diese noch angepasst werden müssen. Dies hängt zum einen mit den individuellen Anforderungen des Unternehmens zusammen, zum anderen aber auch mit ein paar kleinen Schönheitsfehlern, die sich in den ausgelieferten Zeitnachweisen verstecken (siehe z. B. Abschnitt 20.3.3, »Use Cases«). Diese Schönheitsfehler können zum Teil über Erweiterungen auf der Basis von BAdI-Implementierungen korrigiert werden oder bedürfen einer Anpassung der HR-Formulare.

In Abschnitt 20.3.1, »Einzelergebnisse anpassen«, und Abschnitt 20.3.2, »Formulare nach dem Transport automatisch aktivieren«, gehen wir zuerst auf die Anpassungsmöglichkeiten mithilfe von BAdIs ein. Anschließend werden in Abschnitt 20.3.3, »Use Cases«, häufig aufkommende Fehler und individuelle Anpassungen aufgeführt.

20.3.1 Einzelergebnisse anpassen

Das BAdI HRF_TIM_METADATA (HRFORMS: Metadaten Zeitwirtschaft beeinflussen) bietet einige Erweiterungsmethoden, mit denen die Aufbereitung der Ausgabedaten beeinflusst werden kann. Dieses BAdI wird während der Aufbereitung der Daten für den InfoStar TIM_DAILY_RES aufgerufen und kommt somit meist nur in den HR-Formularen vom Typ SAP Interactive Forms zum Tragen.

Alle nachstehend erläuterten Methoden beziehen sich auf das im BAdI verwendete Interface IF_EX_HRF_TIM_METADATA.

Text einer Zeile in den Einzelergebnissen anpassen

Mithilfe der Methode HRF_TIM_DETERMINE_VAR_TEXT können die aus dem Standard ermittelten Texte einer Zeile in den Einzelergebnissen individuell angepasst und durch einen alternativen Text ersetzt werden.

Im Standard wird an jedem Tag, an dem der Mitarbeiter anwesend war, auch der Text »anwesend« angedruckt. Dies kann hier z. B. dahingehend beeinflusst werden, dass bei der Anwesenheit des Mitarbeiters durch Zeitbuchungen grundsätzlich kein Text mehr angedruckt wird, sondern nur dann, wenn er auch eine Anwesenheit im Infotyp 2002 (Anwesenheiten) erfasst hat.

Aufbereitungseigenschaften der Tageseinzelergebnisse

Über die Methode HRF_TIM_DAILY_RES_CUSTOM besteht die Möglichkeit, die Ausgabe der Einzelergebnisse anzupassen. Jeder nachstehend genannte Changing-Parameter der

Methode HRF_TIM_DAILY_RES_CUSTOM steht für eine Aufbereitungseigenschaft, die nachstehend noch genauer erläutert wird. Im Standard sind alle Parameter bereits aktiv. Somit können die Aufbereitungseigenschaften durch die Implementierung des BAdIs nur deaktiviert werden. Dazu muss der genannte Changing-Parameter der Methode jeweils geleert werden:

- SUBSTRACT_24_FROM_ENDTIME: Über diese Option kann festgelegt werden, dass bei Zeitpaaren, deren Ende-Uhrzeit über 24 Uhr hinausgeht, von der Ende-Uhrzeit automatisch 24 Stunden abgezogen werden. Allerdings funktioniert dies nur bei Zeitpaaren, deren Beginn-Uhrzeit auch kleiner als 24 Uhr ist. Für alle anderen Zeitpaare muss eine zusätzliche Anpassung über die Methode HRF_TIM_MODIFY_STAR_TIM_ALL erfolgen.
- DATE_TEXT_ONLY4FIRSTREC: Zur Übersichtlichkeit werden Datum und Text des Wochentages nur in der ersten Zeile jedes Tages angedruckt.
- WEEKLY_SUMS_INSIDE: Die Wochensummen werden zur Übersichtlichkeit innerhalb der Einzelergebnisse mit angedruckt. Andernfalls werden die Wochensummen erst später auf dem Zeitnachweis angedruckt, und eine Prüfung zwischen Einzelergebnissen und Wochensummen ist nur schwer möglich.
- RES_BEFORE_SEL_BEGIN: Einzelergebnisse vor dem ausgewählten Zeitraum werden mit angezeigt. Sofern der ausgewählte Zeitraum also innerhalb einer Woche liegt, wird der Beginn der Woche aufgefüllt, damit die Woche vollständig angezeigt wird.
- GRAY_OUT_RES_BEF_SEL_BEG: Diese Aufbereitungseigenschaft funktioniert nur in Verbindung mit der Aufbereitungseigenschaft RES_BEFORE_SEL_BEGIN. Alle Einzelergebnisse, die vor dem ausgewählten Zeitraum liegen, erhalten zusätzlich im Feld LAYOUT_FLAG des InfoStars TIM_DAILY_RES den Wert »01«, der festlegt, dass dieses Einzelergebnis in der Ausgabe ausgegraut dargestellt werden soll. Auf diesen Wert »01« wird im Layouteditor zugegriffen und über ein Scripting die Hintergrundfarbe der Zeile angepasst. Wichtig ist, dass durch Aktivieren dieser Aufbereitungseigenschaft lediglich das Feld im InfoStar gefüllt wird. Im Layout selbst muss dann noch ein entsprechendes Skripting eingebaut werden, damit die Zeile auch als ausgegraut dargestellt wird.
- ZL_WITH_TIMES: Für die in der Zeitauswertung generierten Zeitlohnarten werden in den Einzelergebnissen pro Zeitlohnart auch die entsprechenden Uhrzeiten mit ausgegeben. Dadurch ist ersichtlich, zu welchen Zeiten die Zeitlohnart generiert wurde. Andernfalls würde für jede Zeitlohnart pro Tag nur ein Einzelergebnis ohne Uhrzeiten angedruckt, das dann aber die Summe der Stunden aller gleichen Zeitlohnarten ausweist.
- ZESONLY4FIRSTREC: Die in den Einzelergebnissen angedruckten Zeitarten wie Produktivstunden oder Sollstunden werden nur in der ersten Zeile angedruckt.

Einzelergebnisse individuell anpassen

Die Methode HRF_TIM_MODIFY_STAR_TIM_ALL bietet die Möglichkeit, die generierten Ergebnisse des InfoStars TIM_DAILY_RES noch individuell anzupassen.

20.3.2 Formulare nach dem Transport automatisch aktivieren

Wenn die Formularstuktur bzw. Datenbasis (InfoNet) eines HR-Formulars angepasst und das HR-Formular anschließend transportiert wird, muss dieses im Folgesystem noch einmal manuell über Transaktion HRFORMS aktiviert werden. Andernfalls ist das Formular im Folgesystem nicht aktiv und kann nicht verwendet werden. Da dies in der Praxis jedoch häufig vergessen wird, stellt SAP das BAdI HRFORM_AFTER_TRANSP zur Verfügung, mit dem eine automatische Aktivierung des HR-Formulars nach dem Import angestoßen werden kann. Für dieses BAdI gibt es eine Beispielimplementierung von SAP, die allerdings nicht im aktiven Zustand ausgeliefert wird.

Damit diese Funktion dennoch genutzt werden kann, legen Sie zuerst eine Implementierung des BAdIs HRFORM_AFTER_TRANSP an. Öffnen Sie anschließend über Transaktion SE19 die BAdI-Implementierung HRFORM_AFTER_TRANSP, und kopieren Sie den Inhalt der Methode IF_EX_HRFORM_AFTER_TRANSP~ACTIVATE_FORMS in die kundeneigene BAdI-Implementierung.

Längere Dauer beim Import

Durch die Aktivierung der automatischen Generierung kann der Import eines HR-Formulars um einiges länger dauern als gewohnt.

20.3.3 Use Cases

Nachfolgend werden aus unserer langjährigen Projekterfahrung heraus einige häufig auftretende Problemstellungen oder nicht vom SAP-Standard abgedeckte Funktionen mit möglichen Lösungen beschrieben.

Daten werden aus dem falschen Zeitraum gelesen

Ein häufig zum Zeitnachweis gemeldetes Problem ist die Anzeige von falschen Stammdaten bzw. die Anzeige von Daten aus einem anderen Gültigkeitszeitraum (z. B. wird der falsche Zeitsachbearbeiter ausgegeben). Dies kommt dadurch zustande, dass die Daten zum Teil aus den Zeitauswertungsergebnissen gelesen werden und somit den richtigen Datumsbezug haben und zum Teil direkt aus den Infotypen gelesen werden und dort den falschen Datumsbezug haben.

Um dieses Anzeigeproblem zu beheben, gibt es in den Druckprogrammen der Zeitnachweise eine versteckte Option, mit der festgelegt werden kann, dass die Daten aus den Infotypen nur innerhalb des selektierten Zeitintervalls gelesen werden sollen. Diese Option finden Sie im HR-Formular-Workplace im HR-Formular auf der rechten Seite unterhalb des InfoNet auf der Registerkarte **Selektionsbild**. Dazu muss zuvor im Bereich **InfoNet** der oberste Knoten ausgewählt worden sein. Für die Option **Nur Infotypsätze im Zeitintervall lesen** muss die Eigenschaft **Defaultwert setzen** aktiviert und die Option **Defaultwert** mit einem »X« versehen werden (siehe Abbildung 20.5).

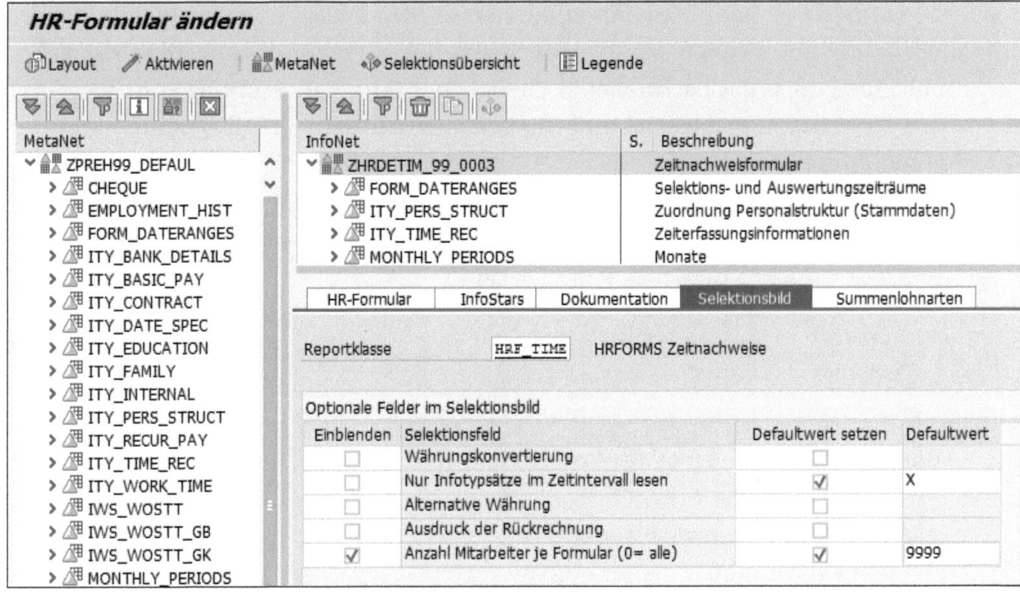

Abbildung 20.5 Nur Infotypsätze im Zeitintervall lesen

Einzelergebnisse vor dem ausgewählten Zeitraum ausgrauen

Um die Einzelergebnisse, die vor dem ausgewählten Zeitraum liegen, auszugrauen, muss in HR-Formularen auf der Basis von SAP Interactive Forms das Feld `LAYOUT_FLAG` des InfoStars `TIM_DAILY_RES` im Formularkontext aktiviert werden, sodass es im Layouteditor in der Tabelle der Einzelereignisse als neue Spalte mit aufgenommen werden kann. Anschließend muss das nachstehende clientseitige FormCalc-Scripting zum Zeitpunkt `form:ready` des Ausgabefeldes eingefügt werden, das dann die Hintergrundfarbe der gesamten Zeile anpasst.

Das Scripting (siehe Listing 20.1) prüft zuerst, ob das Feld `LAYOUT_FLAG` den Wert »01« hat und färbt anschließend den Hintergrund des übergeordneten Objekts (also der gesamten Zeile) mit einer RGB-Farbe ein.

```
if ($.rawValue == "01") then
    $.parent.fillColor = "236,236,236"
endif
```

Listing 20.1 FormCalc-Scripting: Einzelergebnisse ausgrauen

Wochensummen in Einzelergebnissen ausgrauen

Um die Wochensummen in den Einzelergebnissen auszugrauen, muss in HR-Formularen auf der Basis von SAP Interactive Forms das Feld `FLAG_WEEK_SUM` des InfoStars `TIM_DAILY_RES` im Formularkontext aktiviert werden, sodass es im Layouteditor in der Tabelle der Einzelereignisse als neue Spalte mit aufgenommen werden kann. Anschließend muss das nachstehende clientseitige FormCalc-Scripting zum Zeitpunkt `form:ready` des Ausgabefeldes eingefügt werden, das dann die Hintergrundfarbe der gesamten Zeile anpasst.

Das Scripting (siehe Listing 20.2) prüft zuerst, ob das Feld `FLAG_WEEK_SUM` den Wert »X« besitzt und färbt anschließend den Hintergrund des übergeordneten Objekts (also der gesamten Zeile) mit einer RGB-Farbe ein.

```
if ($.rawValue == "X") then
    $.parent.fillColor = "235,235,224"
endif
```

Listing 20.2 FormCalc-Scripting: Wochensummen ausgrauen

Zellen mit Nullwerten ausblenden

Standardmäßig werden die Werte von z. B. Zeit- oder Lohnarten auch dann angedruckt, wenn diese dem Wert 0 entsprechen. Optisch führt dies allerdings dazu, dass der Zeitnachweis sehr überladen wirkt und man schnell den Überblick verliert. Dies kann umgangen werden, indem das nachstehende clientseitige FormCalc-Scripting zum Zeitpunkt `form:ready` des jeweiligen Ausgabefeldes eingefügt wird.

Das Scripting (siehe Listing 20.3) prüft zuerst, ob das aktuelle Feld einen Wert gleich 0 beinhaltet und löscht anschließend den Wert des Feldes, sodass es leer angedruckt wird.

```
if ($.rawValue == "0") then
    $.rawValue = ""
endif
```

Listing 20.3 FormCalc-Scripting: Nullwerte ausblenden

Ganztägige Abwesenheiten ohne Uhrzeiten darstellen

An Tagen mit ganztägigen Abwesenheiten generiert die Zeitauswertung dennoch Zeitpaare mit Uhrzeiten, die dann in der Formularausgabe dargestellt werden. Da der Mitarbeiter an diesem Tag aber nicht gearbeitet hat, ist es meist nicht gewünscht, dass diese Uhrzeiten mit ausgegeben werden. Um dies zu verhindern, muss eine Implementierung für die BAdI-Methode HRF_TIM_METADATA~HRF_TIM_MODIFY_STAR_TIM_ALL mit dem nachstehenden ABAP-Coding angelegt werden. Das Coding (siehe Listing 20.4) löscht für alle ganztägigen Abwesenheiten die Uhrzeiten.

```
METHOD if_ex_hrf_tim_metadata~hrf_tim_modify_star_tim_all.
  FIELD-SYMBOLS: <lfs_data> TYPE hrf_tim_all.

  LOOP AT data_tab ASSIGNING <lfs_data>
    WHERE tp_subty IS NOT INITIAL
    AND   tp_origs EQ 'A'.        "Anwesenheiten
    READ TABLE tim_b2-ft_ab INTO DATA(ls_ab)
      WITH KEY tpznr = <lfs_data>-tpznr.
    IF sy-subrc = 0 AND ls_ab-alldf EQ abap_true.
      CLEAR: <lfs_data>-begtm, <lfs_data>-endtm.
    ENDIF.
  ENDLOOP.
ENDMETHOD.
```

Listing 20.4 ABAP-Coding: Uhrzeiten bei ganztägigen Abwesenheiten ausblenden

Uhrzeiten im korrekten Format darstellen

Die Uhrzeiten im Bereich der Einzelergebnisse sind im Standardformular mit der Ausgabelänge 6 definiert. Da zu diesen 6 Zeichen aber auch die Doppelpunkte zählen, erfolgt die Darstellung in der Ausgabe im Standard nicht korrekt. Für 21:00:00 wird auf dem Formular 21:00: ausgegeben (wie es in Abbildung 20.6 zu sehen ist).

Des Weiteren werden die Uhrzeiten nach 23:59:59 Uhr nicht korrekt dargestellt, wenn diese noch dem Vortag zugeordnet sind.

Einzelergebnisse pro Tag

Datum	Tag	Beschreibung zum Tag / Wochensumme	von	bis	Std.	Sollz	Rahmz	Glz	Mehrz	TAZP
09	SA	anwesend	21:00:	01:00:	4,00	8,00	7,25	-0,75	0,00	NS80
		Zuschlag Nacht 35%	22:00:	01:00:	3,00	0,00	0,00	0,00	0,00	NS80
		Zuschlag Nacht 35%	25:15:	28:00:	2,75	0,00	0,00	0,00	0,00	NS80
		anwesend	25:15:	30:00:	4,75	0,00	0,00	0,00	0,00	NS80
		Zuschlag Nacht 35%	28:30:	30:00:	1,50	0,00	0,00	0,00	0,00	NS80

Abbildung 20.6 Falsche Darstellung von Uhrzeiten

Um den Fehler in der Ausgabelänge zu korrigieren, muss die maximale Anzahl an Zeichen für die Uhrzeitfelder im Layouteditor von 6 auf 5 korrigiert werden.

Damit die Uhrzeiten nach 23:59:59 Uhr korrekt dargestellt werden, muss eine Implementierung für die BAdI-Methode HRF_TIM_METADATA~ HRF_TIM_MODIFY_STAR_TIM_ALL mit dem nachstehenden ABAP-Coding angelegt werden. Das Coding (siehe Listing 20.5) zieht 24 Stunden von den Uhrzeiten ab, sodass diese korrekt dargestellt werden können.

```
METHOD if_ex_hrf_tim_metadata~hrf_tim_modify_star_tim_all.
  DATA: lv_time(6) TYPE n.
  FIELD-SYMBOLS: <lfs_data> TYPE hrf_tim_all.

  LOOP AT data_tab ASSIGNING <lfs_data>.
    IF <lfs_data>-begtm(2) GE 24.
      lv_time = <lfs_data>-begtm.
      SUBTRACT 240000 FROM lv_time.
      <lfs_data>-begtm = lv_time.
    ENDIF.
    IF <lfs_data>-endtm(2) GE 24.
      lv_time = <lfs_data>-endtm.
      SUBTRACT 240000 FROM lv_time.
      <lfs_data>-endtm = lv_time.
    ENDIF.
  ENDLOOP.
ENDMETHOD.
```

Listing 20.5 ABAP-Coding: Uhrzeiten nach 23:59:59 korrigieren

20.4 Fazit

Mit den HR-Formularen, basierend auf SAP Interactive Forms by Adobe und dem HR-Formular-Workplace, stellt SAP seinen Kunden ein sehr zeitgemäßes und mächtiges Tool zur Erstellung von Zeitnachweisen zur Verfügung.

Die mit dem Standard ausgelieferten Formulare können sehr gut als Vorlage genutzt werden, da diese bereits einen Großteil aller relevanten Daten beinhalten und mit wenig Aufwand so angepasst werden können, dass sie auch den individuellen Anforderungen gerecht werden.

Im nachfolgenden Kapitel zeigen wir Ihnen, wie Sie in der Zeitwirtschaft mit Self-Services, basierend auf SAP Fiori, arbeiten können. Dabei werden Sie in die Grundlagen von SAP Fiori eingeführt und mit dem Einrichten und der Konfiguration der SAP-Fiori-Self-Services vertraut gemacht.

Kapitel 21
SAP-Fiori-Self-Services in der Zeitwirtschaft

Auf SAP Fiori basierende Self-Services integrieren den Mitarbeiter als Akteur in die administrativen Prozesse der Zeitwirtschaft. Dieses Kapitel gibt Ihnen eine Übersicht der in SAP ERP HCM vorhandenen Self-Services und beschreibt deren Einrichtung.

Heutzutage ist es für die meisten Mitarbeiter selbstverständlich, viele administrative Aufgaben des Alltags, wie z. B. die Abgabe der Lohnsteuererklärung, eigenständig digital erledigen zu können. Auch im Arbeitsleben werden sogenannte *Employee Self-Services* (ESS) von Mitarbeitern nicht nur begrüßt, sondern gelten als elementarer Bestandteil der modernen Arbeitsumgebung zur Bewältigung von Aufgaben. Gerade im Bereich der Personalzeitwirtschaft profitiert der Arbeitgeber in besonderem Maße durch die Reduktion administrativer Aufwände und die Möglichkeit zur Automatisierung digitaler Prozesse.

Dieses Kapitel vermittelt Ihnen zunächst die notwendigen Grundlagen zu SAP Fiori und gibt Ihnen einen Überblick über die vorhandenen SAP-Fiori-Self-Services in der Zeitwirtschaft. Anschließend wird die technische Einrichtung sowie Konfiguration der Self-Services beschrieben sowie auf Möglichkeiten der Erweiterung des SAP-Standards mit Bezug auf Use Cases aus Kundenprojekten eingegangen.

21.1 Einführung in SAP Fiori

Mit SAP Fiori beschreitet SAP einen Paradigmenwechsel bei der Gestaltung von Benutzeroberflächen. Grundsätzlich wird hierbei mit der bisher gängigen Herangehensweise gebrochen, einzelne Anwendungen mit einer Vielzahl von Funktionen auszustatten, damit sie von allen denkbaren Anwendergruppen, vom Gelegenheitsbenutzer bis hin zum Power-User, verwendet werden können. Der neue Design-Ansatz von SAP Fiori hat sich hingegen zum Ziel gesetzt, Anwendungen (kurz: Apps) für die Bedürfnisse einer bestimmten Rolle zur Erledigung genau definierter Aufgaben maßzuschneidern. Maßgeblich sind hierbei die folgenden fünf Designprinzipien, die von allen SAP-Fiori-Apps zwingend einzuhalten sind:

- **Rollenbasiert**
  Jede App ist für die Anforderungen einer bestimmten fachlichen Rolle maßgeschneidert. Im Bereich der SAP-ERP-HCM-Self-Services sind das die Rollen **Mitarbeiter** und **Manager**.
- **Responsives Design**
  Getreu dem Motto »Mobile first« ist jede SAP-Fiori-App auf beliebigen Endgeräten wie Smartphones oder Tablets einsetzbar, d. h., dass sich die Darstellung der verfügbaren Bildschirmgröße anpasst.
- **Einfach**
  Jede SAP-Fiori-App soll auf das Wesentliche reduziert werden und entsprechend einfach zu bedienen sein.
- **Einheitlich**
  Dank einer standardisierten Oberflächengestaltung lässt sich jede SAP-Fiori-App nach genau den gleichen Mustern bedienen.
- **Ansprechend**
  Entsprechend der SAP-Fiori-Designvorgaben soll jede SAP-Fiori-App ansprechend und intuitiv bedienbar sein und das Arbeiten mit der App dem Anwender Freude bereiten.

Der Zugriff auf die SAP-Fiori-Apps erfolgt grundsätzlich über einen Webbrowser. Ausgangspunkt für den Endanwender ist das *SAP Fiori Launchpad*, das dem Endbenutzer entsprechend seiner Rollenzuordnung die für ihn verfügbaren SAP-Fiori-Apps anzeigt (siehe Abbildung 21.1).

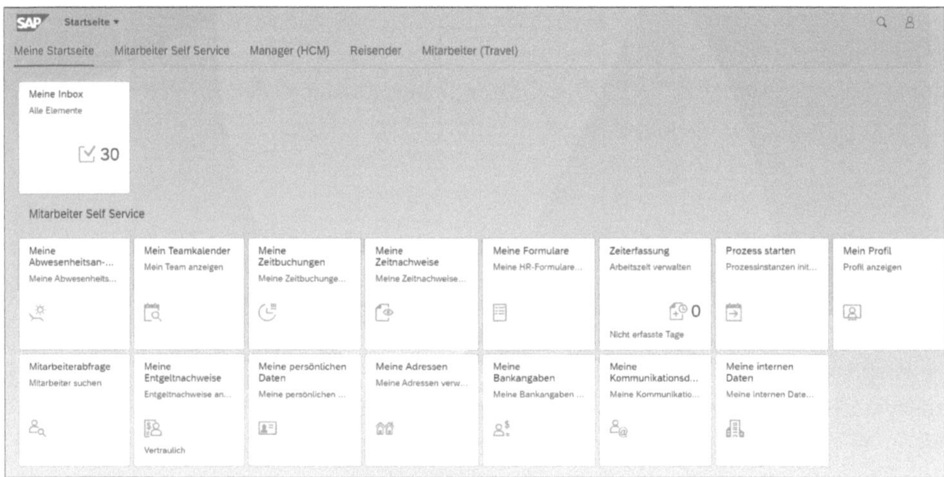

Abbildung 21.1 SAP Fiori Launchpad

Das SAP Fiori Launchpad teilt die verfügbaren Apps in einzelne Gruppen ein, die durch den Benutzer selbst angelegt oder aber zentral definiert werden können.

Die Architektur der SAP-Fiori-Systemlandschaft lässt sich vereinfacht in drei Schichten einteilen:

- **Endgeräte**
  Über Endgeräte wie Desktops, Tablets oder Smartphones greift der Endbenutzer auf das SAP Fiori Launchpad und auf die SAP-Fiori-Apps zu.
- **Frontend-Server**
  Das ABAP-Frontend stellt die Ressourcen für das SAP Fiori Launchpad und die SAP-Fiori-Apps bereit. Außerdem stellt es den SAP-Fiori-Apps die aus dem Backend-System abgerufenen Daten zur Verfügung. Hierbei kommt das *Open Data Protocol* (kurz: *OData*) zum Einsatz; die hierzu eingesetzte Komponente ist *SAP Gateway*.
- **Backend-Server**
  Das ABAP-Backend enthält die relevante Geschäftslogik und speichert die verarbeiteten Daten in der angebundenen Datenbank. In unserem Fall handelt es sich um das SAP-ERP-HCM-System, in dem auch die Personalzeitwirtschaft implementiert ist.

Frontend- und Backend-Server können in einem gemeinsamen System betrieben werden; man spricht hierbei vom sogenannten *Embedded Deployment*. Wird der Frontend-Server jedoch auf einem separaten System betrieben, spricht man von einem *Central Hub Deployment*. Letzteres ist vor allem dann sinnvoll, wenn Apps betrieben werden sollen, die ihre Daten aus unterschiedlichen ABAP-Backend-Systemen beziehen. Der Frontend-Teil einer SAP-Fiori-App ist in *SAPUI5* implementiert. Hierbei handelt es sich um ein auf JavaScript basierendes clientseitiges Framework. Die zu einer App gehörige Backend-Logik ist als *OData-Service* im ABAP-Backend implementiert.

Die für den Betrieb einer bestimmten SAP-Fiori-App vorausgesetzten Softwarekomponenten lassen sich in der *SAP Fiori Apps Reference Library* (*https://fioriappslibrary.hana.ondemand.com*) einsehen. Neben den wichtigsten Funktionen der jeweiligen App werden auf der Registerkarte **IMPLEMENTATION INFORMATION** im Bereich **Installation** die vorausgesetzten Front- und Backend-Komponenten aufgelistet. Bei der (Neu)einführung von SAP-Fiori-Apps sollten Sie zunächst eine Übersicht aller benötigten Apps erstellen, um anschließend den Releasestand der auf Front- und Backend-Server zu installierenden Komponenten bestimmen zu können.

21.2 Übersicht der SAP-Fiori-Self-Services

Eine Auflistung aller verfügbaren SAP-Fiori-Apps finden Sie in der SAP Fiori Apps Reference Library. Die Apps sind hier in unterschiedliche Kategorien eingeteilt. Eine Suche nach dem englischen Namen oder aber nach der ID der App ist ebenfalls möglich.

Die folgenden SAP-Fiori-Self-Services aus dem Bereich der Personalzeitwirtschaft werden derzeit angeboten (siehe Tabelle 21.1):

SAP-Fiori-App (App-ID)	Beschreibung
Meine Abwesenheitsanträge (F1311A)	Beantragung von Ab- bzw. Anwesenheiten durch den Mitarbeiter; genehmigte Anträge werden im Infotyp 2001 (Abwesenheiten) oder im Infotyp 2002 (Anwesenheiten) verbucht.
Mein Teamkalender (F1309A)	Einsicht in die Verfügbarkeit von Kollegen (in der Rolle **Mitarbeiter**) und unterstellten Mitarbeitern (in der Rolle **Manager**) in Form eines grafischen Teamkalenders.
Meine Zeiterfassung (F3074)	Erfassung von Zeiteinträgen für das SAP-Arbeitszeitblatt (SAP CATS)
Meine Zeitbuchungen (F1506A)	Erfassung oder Korrektur von Zeitbuchungen durch den Mitarbeiter; genehmigte Anträge werden in den Infotyp 2011 (Zeitereignisse) übertragen.
Meine Zeitnachweise (F3430)	Ermöglicht dem Mitarbeiter die Anzeige seiner Zeitnachweise.
Meine Formulare (F4938)	Neben dem Entgelt- und Zeitnachweis lassen sich über diese App auch weitere (kundeneigene) HCM-Formulare abrufen.
Meine Anträge für Mehrarbeitskontingente (F4939)	Beantragung von Mehrarbeit durch den Mitarbeiter; genehmigte Anträge werden in den Infotyp 2007 (Anwesenheitskontingente) übertragen.
Meine Inbox (F0862)	Die Genehmigung aller Anträge kann über die SAP-Fiori-App **Meine Inbox** erfolgen. Je Antragsart gibt es eine eigene App, die in den Detailbereich der App **Meine Inbox** eingebettet und zur Darstellung der Details des Antrags genutzt wird.
Prozess starten (F3596)	Abbildung von beinahe beliebig komplexen personalwirtschaftlichen Prozessen mittels der Komponente Prozesse und Formulare in SAP ERP HCM. Interaktive Formulare dienen der Dateneingabe, und der SAP Business Workflow bildet die einzelnen Prozessschritte ab.

Tabelle 21.1 SAP-Fiori-Apps der Personalzeitwirtschaft

21.3 Technische Einrichtung und Konfiguration

Damit sämtliche von den Apps im ABAP-Backend genutzten Funktionen verfügbar sowie die entsprechenden IMG-Knoten im SAP-Referenz-IMG sichtbar sind, müssen folgende *Enterprise Business Functions* über Transaktion SFW5 aktiviert werden:

- HCM_ESS_WDA_1 (Employee Self-Services mit dem Web Dynpro ABAP)
- HCM_TIM_WDA_1 (SAP ERP HCM, Mehrfachgenehm. für Abwesenheitsantrag)
- HCM_ASR_CI_1 – HCM_ASR_CI_7 (SAP ERP HCM: Administrative Services)

Für die auf SAP Fiori basierenden Self-Services existiert kein eigener Einführungsleitfaden. Neuerungen im Customizing aktualisiert SAP in der Regel über den Pfad **Personalmanagement • Employee Self-Services (Web Dynpro ABAP)**.

Die technische Einrichtung jeder SAP-Fiori-App umfasst die nachfolgenden Schritte. Die hierzu notwendigen technischen Details sind in der SAP Fiori Apps Reference Library auf der Registerkarte **IMPLEMENTATION INFORMATION** im Bereich **Configuration** einsehbar:

- **Aktivierung der OData-Services auf dem Frontend-Server**
  Damit die von einer App konsumierten OData-Services erreichbar sind, müssen diese in Transaktion /IWFND/MAINT_SERVICE aktiviert werden.
- **Aktivierung der ICF-Knoten der SAPUI5-Anwendungen**
  Um die Ressourcen der App vom Frontend-Server aus abrufen zu können, muss vorher der zugehörige ICF-Knoten in Transaktion SICF aktiviert werden.

Im Folgenden wird das Customizing der einzelnen SAP-Fiori-Apps der Personalzeitwirtschaft vorgestellt.

21.3.1 Meine Abwesenheitsanträge

Das Customizing für die SAP-Fiori-App **Meine Abwesenheitsanträge** erreichen Sie über den Customizing-Pfad **Personalmanagement • Employee Self-Services (Web Dynpro ABAP) • Servicespezifische Einstellungen • Arbeitszeiten • Abwesenheitsmitteilung**.

Grundlegend erforderlich für das Customizing dieser App sowie der Apps **Meine Zeitbuchungen**, **Meine Anträge für Mehrarbeitskontingente** sowie **Mein Teamkalender** sind die Definition von Regelgruppen in der Sicht V_HRWEB_RULE_GRP und das Bilden dieser Gruppen mittels des Merkmals WEBMO (siehe Abbildung 21.2).

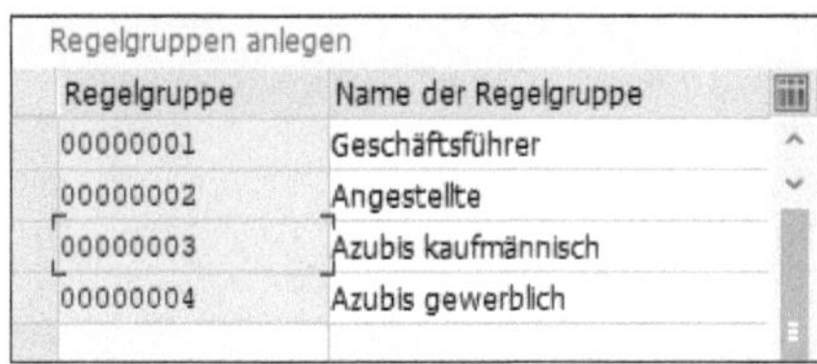
Regelgruppen anlegen

Regelgruppe	Name der Regelgruppe
00000001	Geschäftsführer
00000002	Angestellte
00000003	Azubis kaufmännisch
00000004	Azubis gewerblich

Abbildung 21.2 Sicht V_HRWEB_RULE_GRP (Regelgruppen)

Eine Regelgruppe teilt die Mitarbeiter eines Unternehmens anhand ihrer organisatorischen Zuordnung in Gruppen ein, für die gleiche Regelungen bezüglich der Beantragung von An- oder Abwesenheiten, bezüglich der Erfassung von Zeitbuchungen oder hinsichtlich der Erfassung von Mehrarbeitskontingenten gelten.

Regelgruppen definieren

Berücksichtigen Sie in jedem Fall, dass die Definition von Regelgruppen auch Auswirkungen auf das Customizing der SAP-Fiori-Apps **Meine Zeitbuchungen**, **Meine Anträge für Mehrarbeitskontingente** und **Mein Teamkalender** hat. Wird eine neue Regelgruppe definiert, ohne dass das abhängige Customizing einer dieser Apps ausgeprägt wird, sind Fehler beim Aufruf der jeweiligen App vorprogrammiert!

Je Regelgruppe müssen in der Sicht V_PTARQ_TPROCESS die Verarbeitungsprozesse für den Abwesenheitsantrag definiert werden (siehe Abbildung 21.3).

Abbildung 21.3 Sicht V_PTARQ_TPROCESS

Nachfolgend werden die wichtigsten Felder dieser Sicht und empfohlene Einstellungen beschrieben:

- **Prüfung mit nicht gebuchten Anträgen**
  Ist das Kennzeichen **Prüfung mit nicht gebuchten Anträgen** aktiviert, werden auch noch nicht gebuchte Anträge bei der Erfassung neuer Anträge berücksichtigt (Kollisionsprüfungen, Prüfung gegen vorhandenes Urlaubskontingent usw.). Diese

Checkbox sollte in jedem Falle markiert sein, da ansonsten erst bei der Verbuchung eines Antrags und nicht schon bei der Antragsstellung Konflikte identifiziert werden.

- **Mitarbeiter: Berechtigungsprüfung deaktivieren**
  Bei aktiviertem Kennzeichen **Mitarbeiter: Berechtigungsprüfung aktivieren** wird die Berechtigungsprüfung für die Infotypen 2001 (Abwesenheiten) und 2002 (Anwesenheiten) für den Mitarbeiter in der App **Meine Abwesenheitsanträge** sowie bei der Darstellung des Teamkalenders deaktiviert, d. h., dass keine Leseberechtigung für eine bestimmte Ab- bzw. Anwesenheitsart vorhanden sein muss, damit diese angezeigt wird. Bei gesetztem Haken und fehlender Leseberechtigung erfolgt eine Anonymisierung, d. h., dass im Teamkalender nur angezeigt wird, dass eine Abwesenheit vorliegt, jedoch nicht die konkrete Ab- bzw. Anwesenheitsart. Es empfiehlt sich, diese Einstellung zu aktivieren, da Sie so keine Berechtigungen für das Lesen von Stammdaten anderer Personalnummern vergeben müssen.

Ebenfalls je Regelgruppe muss in der Sicht V_PTARQ_TCONSTR festgelegt werden, bis zu welchem Zeitpunkt vergangene Ab- bzw. Anwesenheiten in der SAP-Fiori-App **Meine Abwesenheitsanträge** maximal angezeigt werden und welcher Abwesenheitstag bei der Neuanlage eines Antrags ohne Einstieg über den Kalender vorgeschlagen werden soll (siehe Abbildung 21.4). Das Feld **Farbige Darstellung der Status der Abwesenheitsanträge** ist für die App nicht relevant.

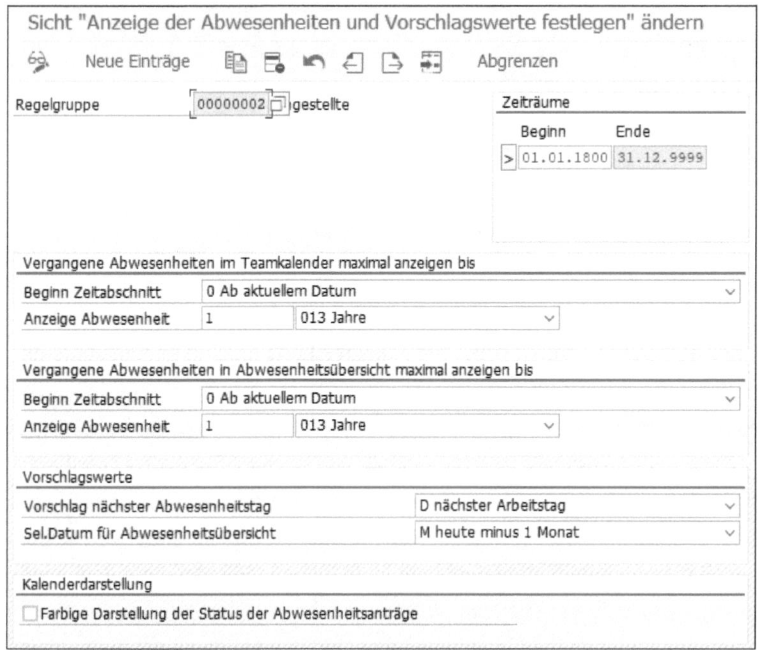

Abbildung 21.4 Sicht V_PTARQ_TCONSTR

Nun kann in der Sicht V_T554S_WEB je Regelgruppe und Gruppierung der Personalteilbereiche für Ab- bzw. Anwesenheitsarten die Verarbeitung pro Ab- bzw. Anwesenheitsart vorgegeben werden (siehe Abbildung 21.5).

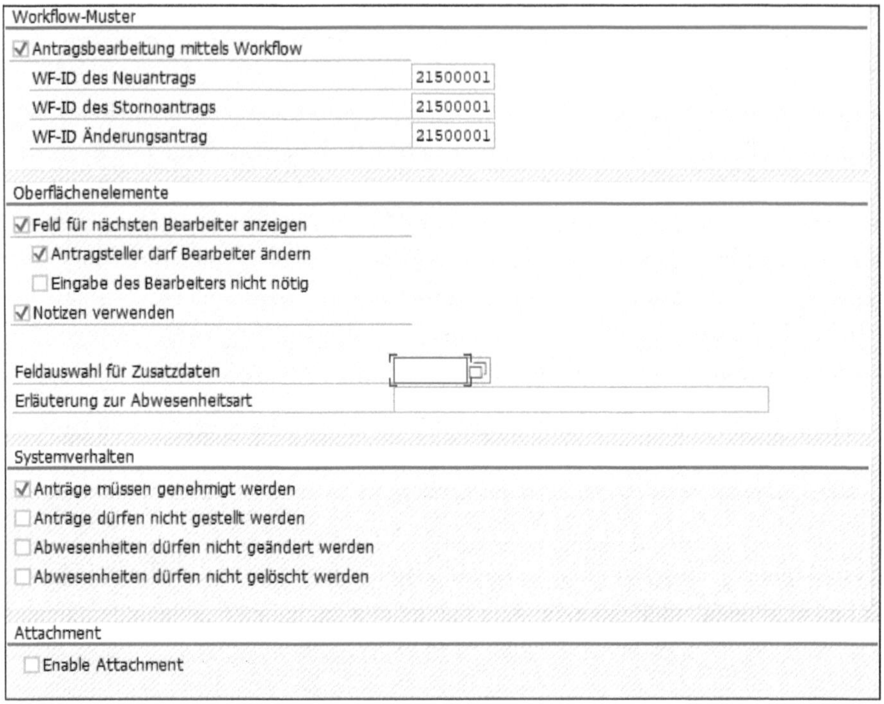

Workflow-Muster

☑ Antragsbearbeitung mittels Workflow

WF-ID des Neuantrags	21500001
WF-ID des Stornoantrags	21500001
WF-ID Änderungsantrag	21500001

Oberflächenelemente

☑ Feld für nächsten Bearbeiter anzeigen
☑ Antragsteller darf Bearbeiter ändern
☐ Eingabe des Bearbeiters nicht nötig
☑ Notizen verwenden

Feldauswahl für Zusatzdaten
Erläuterung zur Abwesenheitsart

Systemverhalten

☑ Anträge müssen genehmigt werden
☐ Anträge dürfen nicht gestellt werden
☐ Abwesenheiten dürfen nicht geändert werden
☐ Abwesenheiten dürfen nicht gelöscht werden

Attachment

☐ Enable Attachment

Abbildung 21.5 Ausschnitt aus Sicht V_T554S_WEB

Sie müssen hierbei alle Ab- bzw. Anwesenheitsarten aufnehmen, die in der SAP-Fiori-App **Meine Abwesenheitsanträge** beantragbar sind und/oder im Teamkalender sichtbar sein sollen. Nachfolgend erläutern wir alle nicht selbsterklärenden Blöcke oder Felder dieser Sicht:

- **Block »Workflow-Muster«**
  Über das Feld **Antragsbearbeitung mittels Workflow** lässt sich steuern, ob beim Senden eines Antrags ein SAP Business Workflow gestartet werden soll. Über die Felder **WF-ID des Neuantrags**, **WF-ID des Stornoantrags** und **WF-ID des Änderungsantrags** lassen sich bei der Anlage, Löschung und Änderung eines Abwesenheitsantrags unterschiedliche Workflow-Muster festlegen. Es muss jeweils die ID des Workflow-Musters ohne das vorangehende »WS« eingetragen werden. Das aktuelle, von SAP ausgelieferte Workflow-Muster ist WS33700137. Dieses kann für Neu-, Storno- und Änderungsanträge verwendet werden und unterstützt auch die mehrstufige Genehmigung. Falls diese Genehmigung verwendet werden soll, muss zwingend das BAdI PT_ABS_REQ implementiert und dort in Methode IF_EX_PT_ABS_

REQ~GET_MULTIPLE_APPROVERS die gewünschte Logik zur Ermittlung weiterer Genehmiger hinterlegt werden.

In früheren Versionen der SAP-Fiori-App **Meine Abwesenheitsanträge** ließ sich der Genehmigungsprozess auch ohne SAP Business Workflow nutzen. über die SAP-Fiori-App **Meine Inbox** (in Kombination mit der SAP-Fiori-App **Abwesenheitsanträge genehmigen** (Version 3)) funktioniert die Genehmigung allerdings nur, wenn in der Tabelle T77S0 der Schalter PTMW FABFI aktiviert wird. Dies bewirkt das Starten des Workflow-Musters WS27000001. Es empfiehlt sich bei Neuimplementierungen also immer, mit dem Workflow-Muster WS33700137 (oder Kopien hiervon) zu arbeiten, da Sie so auch mehrstufige Genehmigungsprozesse abbilden und generell die große Flexibilität des SAP Business Workflows nutzen können.

- **Block »Oberflächenelemente«**
  Über das Feld **Feldauswahl für Zusatzdaten** können Sie die vorab die im View-Cluster VC_PT_FIELD_SELECTION_LEA (Bildbereich LEA) definierten Zusatzfelder für eine Ab- bzw. Anwesenheit freischalten. Ein Zusatzfeld kann weitere Informationen zu einem Antrag enthalten. So könnten Sie z. B. für die Anwesenheitsart **Dienstreise** das Zusatzfeld **Zielort der Reise** definieren. Diese Felder stehen dann sowohl bei der Antragstellung zur Bearbeitung als auch bei der Genehmigung zur Ansicht zur Verfügung.
- **Feld »Enable Attachment«**
  Hier lässt sich für eine Ab- bzw. Anwesenheitsart die Möglichkeit zum Hochladen eines Anhangs freischalten.

Bei der Erfassung von Anträgen für Ab- bzw. Anwesenheiten werden die gleichen Prüfungen wie bei der direkten Anlage über Transaktion PA30 oder Transaktion PA61 durchlaufen. Die hierbei generierten Meldungen werden dem Mitarbeiter angezeigt, was oftmals zu Verwirrung und Rückfragen führen kann. Über die Sicht V_HRWEB_TRS_MESS lassen sich die Texte dieser Meldungen ändern oder aber komplett unterdrücken (siehe Abbildung 21.6).

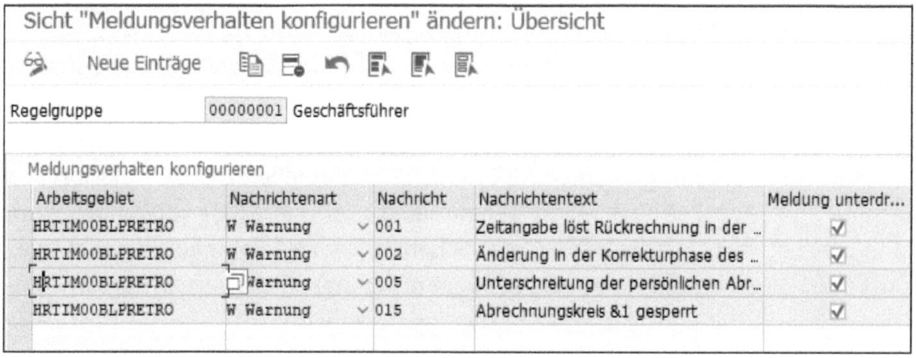

Sicht "Meldungsverhalten konfigurieren" ändern: Übersicht

Neue Einträge

Regelgruppe 00000001 Geschäftsführer

Meldungsverhalten konfigurieren

Arbeitsgebiet	Nachrichtenart	Nachricht	Nachrichtentext	Meldung unterdr...
HRTIM00BLPRETRO	W Warnung	001	Zeitangabe löst Rückrechnung in der ...	✓
HRTIM00BLPRETRO	W Warnung	002	Änderung in der Korrekturphase des ...	✓
HRTIM00BLPRETRO	W Warnung	005	Unterschreitung der persönlichen Abr...	✓
HRTIM00BLPRETRO	W Warnung	015	Abrechnungskreis &1 gesperrt	✓

Abbildung 21.6 Meldungsverhalten konfigurieren

In den Sichten V_T556A_WEB bzw. V_T556P_WEB können Sie je Regelgruppe und Gruppierung der Mitarbeiterkreise für Zeitkontingenttypen und je Gruppierung der Personalteilbereiche für Zeitkontingenttypen festlegen, welche Ab- bzw. Anwesenheitskontingente in der SAP-Fiori-App **Meine Abwesenheitsanträge** angezeigt werden sollen. Sollen darüber hinaus bestimmte Zeitsalden (wie z. B. der Gleitzeitsaldo) angezeigt werden, muss hierzu eine kundeneigene Implementierung des BAdIs PT_ABS_REQ angelegt und die Methode IF_EX_PT_ABS_REQ~GET_TIMETYPES_AS_QUOTAS implementiert werden.

Während der Implementierung ist die Verwendung von Transaktion PTARQ (Testumgebung Abwesenheitsantrag) sehr hilfreich. Denn neben dem direkten Absprung ins Customizing finden Sie hier alle für den Abwesenheitsantrag relevanten Reports, inklusive einiger nützlicher Hilfsreports.

21.3.2 Meine Zeitbuchungen

Über den Pfad **Personalmanagement • Employee Self-Services (Web Dynpro ABAP) • Servicespezifische Einstellungen • Arbeitszeiten • Zeitbuchungskorrekturen** erreichen Sie das Customizing für die SAP-Fiori-App **Meine Zeitbuchungen**.

Die Definition und Zuordnung von Regelgruppen läuft analog der SAP-Fiori-App **Meine Abwesenheitsanträge**. Je Regelgruppe müssen in der Sicht V_PTCOR_TCONSTR Bearbeitungsfristen für die Erfassung von Zeitbuchungen über die App definiert werden. Sie können festlegen, ob eine Bearbeitung nur innerhalb bestimmter Fristen oder aber nur für Tage, an denen Zeitauswertungsmeldungen vorliegen, möglich ist.

Den Verarbeitungsprozess für die Erfassung von Zeitbuchungen legen Sie anschließend je Regelgruppe in der Sicht V_PTCOR_WFATTR fest. Nachfolgend werden die wichtigsten Felder/Blöcke kurz beleuchtet:

- **Block »Workflow-Muster«**
  Falls die Erfassung von Zeitbuchungen für die aktuelle Regelgruppe genehmigungspflichtig ist (siehe den Block **Systemverhalten** im nächsten Punkt), kann hier der SAP Business Workflow zur Genehmigung aktiviert und für die Anlage, das Löschen und die Änderung von Buchungen je ein Workflow-Muster vorgegeben werden. Es muss hier lediglich die ID des Workflow-Musters ohne das führende »WS« eingetragen werden. Von SAP wird das Workflow-Muster WS13600347 ausgeliefert. Wenn für die Genehmigung die SAP-Fiori-App **Meine Inbox** in Kombination mit der SAP-Fiori-App **Zeitbuchungen genehmigen** (SAP Fiori 2.0) verwendet wird, kann alternativ in der Tabelle T77S0 der Schalter PTMW FABFI aktiviert werden. Dies führt dazu, dass bei der Erfassung eines genehmigungspflichtigen Antrags im Hintergrund das Workflow-Muster WS27000003 gestartet wird.
- **Block »Systemverhalten«**
  Nur wenn das Kennzeichen **Korrekturen müssen genehmigt werden** gesetzt ist, ist

eine Genehmigung der erfassten Zeitbuchungen erforderlich. Ansonsten werden die erfassten Anträge beim nächsten Lauf des Verbuchungsreports als Zeitereignisse (Tabelle TEVEN) gespeichert. Falls auf die Genehmigung verzichtet wird, kann das Kennzeichen **Zeitauswertungslauf direkt beim Sichern (Antwortzeiten)** gesetzt werden. In diesem Fall sichert das System die Zeitbuchung direkt beim Senden als Zeitereignis und startet anschließend die Zeitauswertung für den betreffenden Mitarbeiter. Allerdings ist die SAP-Fiori-App **Meine Zeitbuchungen** so konzipiert, dass das Ergebnis des Zeitauswertungslaufs (eine Änderung der vorhandenen Zeitauswertungsmeldungen) erst beim erneuten Aufruf der App sichtbar ist.

Transaktion PTCOR (Testumgebung Zeitbuchungskorrektur) fasst alle für die Einrichtung und den laufenden Betrieb der Self-Services benötigten Programme zusammen.

21.3.3 Meine Anträge für Mehrarbeitskontingente

Die SAP-Fiori-App **Meine Anträge für Mehrarbeitskontingente** ist der jüngste Neuzugang im Bereich der Zeitwirtschafts-Apps. Das Customizing der App lässt sich über den Pfad **Personalmanagement • Employee Self-Services (Web Dynpro ABAP) • Servicespezifische Einstellungen • Meine Mehrarbeit** aufrufen. Die Definition und Zuordnung der Regelgruppen (Sicht V_HRWEB_RULE_GRP) wurde von der SAP-Fiori-App **Meine Abwesenheitsanträge** bzw. **Meine Zeitbuchungen** übernommen. In der Sicht V_T77PT_OVT_APPL werden je Regelgruppe allgemeine Anwendungseinstellungen für die App definiert. Hier werden neben der Ermittlung des nächsten Bearbeiters bei genehmigungspflichtigen Anträgen die Vorschlagswerte für das Antragsdatum sowie der Zeitraum für die Anzeige der Antragsübersicht festgelegt.

Die je Regelgruppe, Gruppierung der Mitarbeiterkreise für Zeitkontingenttypen und Gruppierung der Personalteilbereiche für Zeitkontingenttypen für den Antrag verwendbaren Anwesenheitskontingenttypen werden in der Sicht V_T77PT_OVT_556P definiert (siehe Abbildung 21.7).

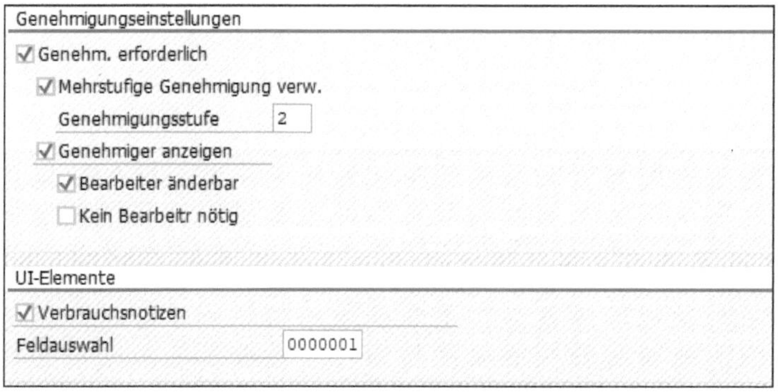

Genehmigungseinstellungen
☑ Genehm. erforderlich
☑ Mehrstufige Genehmigung verw.
Genehmigungsstufe 2
☑ Genehmiger anzeigen
☑ Bearbeiter änderbar
☐ Kein Bearbeitr nötig
UI-Elemente
☑ Verbrauchsnotizen
Feldauswahl 0000001

Abbildung 21.7 Ausschnitt aus Sicht V_T77PT_OVT_556P

Nachfolgend werden die wichtigsten Felder dieser Sicht näher erklärt:

- **Ben. Workflow verw.**
  Hier kann ein kundeneigenes Workflow-Muster für die Genehmigung des Antrags definiert werden. Falls bei Genehmigungspflicht des Antrags kein kundeneigenes Workflow-Muster hinterlegt wird, wird das Workflow-Muster `WS02400057` verwendet.
- **Block »Genehmigungseinstellungen«**
  Über das Feld **Genehm. erforderlich** kann der Genehmigungsprozess für den Antrag aktiviert werden. Falls eine mehrstufige Genehmigung zum Einsatz kommen soll, muss das Kennzeichen **Mehrstufige Genehmigung verw.** aktiviert werden und in das Feld **Genehmigungsstufe** die Anzahl an Genehmigungsstufen eingegeben werden. Für eine Vorbelegung der Genehmiger muss das BAdI `HRPT_B_TMD_MULTI_APPROVERS` implementiert werden.

21.3.4 Mein Teamkalender

Die SAP-Fiori-App **Mein Teamkalender** nimmt eine technische Sonderstellung ein, da der Teamkalender nicht nur als eigenständige App verwendet wird, sondern auch in andere Apps wie z. B. **Meine Abwesenheitsanträge** eingebettet wird (siehe Abbildung 21.8). Für diese App gibt es kein eigenständiges Customizing. Die für die SAP-Fiori-App **Meine Abwesenheitsanträge** in der Sicht `V_T554S_WEB` aufgeführten Ab- und Anwesenheiten sind jedoch maßgeblich für die Anzeige im Teamkalender.

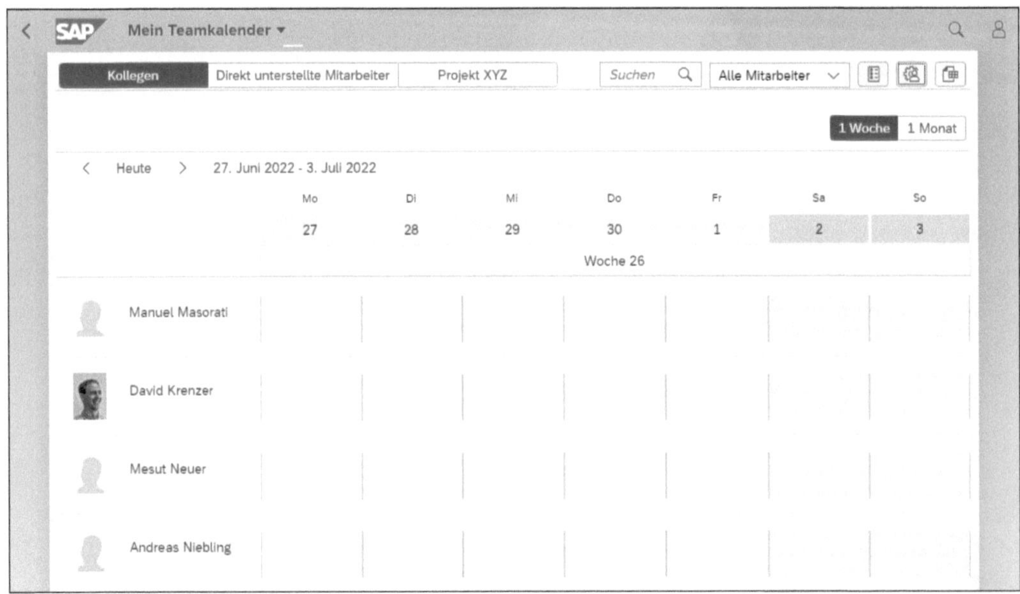

Abbildung 21.8 SAP-Fiori-App »Mein Teamkalender«

Viele Konfigurationsmöglichkeiten der SAP-Fiori-App **Mein Teamkalender** sind nicht über das Customizing einstellbar, sondern können ausschließlich über die Implementierung des BAdIs HCMFAB_B_TEAMCALENDAR_SETTINGS beeinflusst werden. Über die Methode IF_HCMFAB_TCAL_SETTINGS~GET_UI_SETTINGS lassen sich beispielsweise sehr einfach die folgenden Funktionen steuern:

- Anzeige des Mitarbeiterfotos (ja/nein)
- Filter nach Mitarbeiterverfügbarkeit anzeigen (ja/nein)
- Filtermodus (Alle Filter/Abwesende Mitarbeiter/Verfügbare Mitarbeiter)
- Suche nach Mitarbeitern einblenden (ja/nein)
- Legende anzeigen (ja/nein)
- Personalisierung (Keine Personalisierung/Sichten ändern/Sichten anlegen)
- Personalisierung der Sichten (Keine/Mitarbeiter ausblenden/Mitarbeiter ausblenden und hinzufügen)
- Excel-Download der Teamkalender-Daten (aktiviert/deaktiviert)

Die in den Standardsichten **Kollegen** und **Direkt unterstellte Mitarbeiter** angezeigten Mitarbeiter werden über die Methoden IF_EX_HCMFAB_COMMON~GET_COLLEAGUES bzw. IF_EX_HCMFAB_COMMON~GET_DIRECT_REPORTS des BAdIs HCMFAB_B_COMMON gesteuert. Die SAP-Standardimplementierung (Klasse CL_HCMFAB_FB_COMMON) greift zur Ermittlung auf die Strukturen des SAP-Organisationsmanagements zurück. Kollegen sind hierbei z. B. alle Mitarbeiter, die der gleichen Führungskraft unterstellt sind wie der angemeldete Mitarbeiter.

21.3.5 Meine Zeitnachweise

Das Customizing für die SAP-Fiori-App **Meine Zeitnachweise** ist über den Pfad **Personalmanagement • Employee Self-Services (Web Dynpro ABAP) • Servicespezifische Einstellungen • Arbeitszeiten • Zeitnachweis** erreichbar. Über das Merkmal HRFOR kann in Abhängigkeit von organisatorischen Kriterien und der Reportklasse der gewünschte Zeitnachweis festgelegt werden.

Keine Unterstützung für den PE50-Zeitnachweis

Sämtliche SAP-Standard-Self-Services zur Anzeige des Zeitnachweises unterstützen nur die Anzeige von Formularen, die mit dem HR-Formular-Workplace (Transaktion HRFORMS) angelegt wurden und auf den Formulartechnologien Adobe Forms oder SAP Smart Forms basieren. Der alte, mit dem Zeitwirtschaftsformulareditor (Transaktion PE50) konfigurierbare Zeitnachweis wird nicht unterstützt.

Über eine Implementierung des BAdIs `HRESS_WDA_TIME_STATEMT_CONFIG` lassen sich über die Methode `IF_HRESS_TIME_STATEMENT_WDA~PROVIDE_PERIOD_TABLE` die in der App angezeigten Perioden steuern. Oftmals ist es zur Optimierung der Ladezeiten sinnvoll, die Historie der aufrufbaren Zeitnachweise zu beschränken.

21.3.6 Meine Formulare

Die SAP-Fiori-App **Meine Formulare** stellt einen zentralen Zugangspunkt für die Mitarbeiter zum Aufruf aller personalwirtschaftlichen Formulare dar. Im SAP-Standard wird derzeit die Anzeige folgender Formulare unterstützt:

- Entgeltnachweis
- Zeitnachweis
- Lohnsteuerbescheinigung
- DEÜV-Bescheinigung

Für den Zeitnachweis bestehen die gleichen Möglichkeiten des Customizings wie in der SAP-Fiori-App **Meine Zeitnachweise**. Mithilfe einer Implementierung des BAdIs `HCMFAB_B_MYFORMS` lassen sich weitere kundeneigene Formulare in die App integrieren.

21.3.7 Meine Zeiterfassung

Die SAP-Fiori-App **Meine Zeiterfassung** (Version 3.0) stellt den aktuellen Self-Service für die Erfassung von Zeiten über das Arbeitszeitblatt (*Cross-Application Time Sheet*, kurz: *CATS*) dar. Zum Customizing gelangen Sie über den Pfad **Personalmanagement • Employee Self-Services (Web Dynpro ABAP) • Servicespezifische Einstellungen • Arbeitszeiten • Arbeitszeiten erfassen.**

Das Customizing von CATS steuert sowohl das Verhalten der App als auch das Verhalten der klassischen Backend-Transaktionen (wie z. B. Transaktion CAT2). Aufgrund des nicht unerheblichen Umfangs wird an dieser Stelle nicht weiter darauf eingegangen. Es sei jedoch auf das BAdI `HCMFAB_B_TSH_FUNCTIONAL` hingewiesen, das für funktionelle Erweiterungen der App zur Verfügung steht.

21.3.8 Prozess starten

Hinter der App **Prozess starten** verbirgt sich die aktuelle Oberfläche für die Komponente Prozesse und Formulare in SAP ERP HCM. Diese Komponente ermöglicht die Abbildung von personalwirtschaftlichen Prozessen in SAP ERP HCM mithilfe von Online-Formularen, die die für den Prozess benötigten Daten aufnehmen, sowie mithilfe des SAP Business Workflows, der die einzelnen Prozessschritte abbildet. In der Regel erfolgt die Speicherung der Eingaben in den definierten Infotypen spätestens mit dem Abschluss eines Prozesses. Die Daten aus offenen Prozessen werden im *Case Management* gespeichert. Datenänderungen sind so je Prozessschritt und auch nach Prozessabschluss nachvollziehbar.

Zur Veranschaulichung der Möglichkeiten der Komponente Prozesse und Formulare in SAP ERP HCM dienen die folgenden Praxisbeispiele für Prozesse aus der Personalzeitwirtschaft:

- **Gesundmeldung eines Mitarbeiters**
  Ein Mitarbeiter kann sich, sofern für ihn eine Abwesenheit mit der Abwesenheitsart Krankheit vorliegt, vorzeitig gesund melden. Hierzu muss er lediglich das Datum der Arbeitsaufnahme angeben (siehe Abbildung 21.9). Die Führungskraft des Mitarbeiters muss die Gesundmeldung genehmigen, und anschließend werden die Formulardaten durch den Workflow in den zugehörigen SAP-ERP-HCM-Infotypen gespeichert, was u. a. zur Abgrenzung der Abwesenheit **Krankheit** führt.

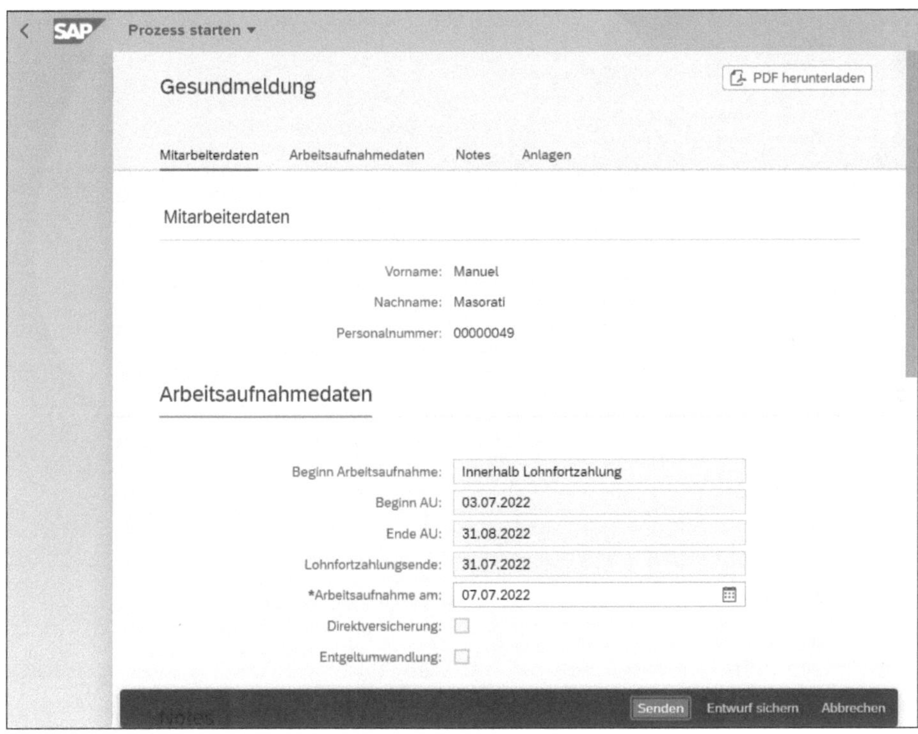

Abbildung 21.9 Startschritt des Prozesses »Gesundmeldung«

- **Meldung einer Schwangerschaft**
  Über diesen Prozess kann eine Schwangerschaft gemeldet werden. Nach der Prüfung der erfassten Daten durch den Personalsachbearbeiter werden die Formulardaten automatisch im Infotyp 0080 (Mutterschutz/Elternzeit) sowie im Infotyp 2001 (Abwesenheiten) gespeichert.

- **Freigabe von Saldenüberhängen**
  Ein kundeneigener Report startet bei der Überschreitung der Obergrenze des Gleitzeitkontos diesen Prozess. Die Führungskraft des Mitarbeiters muss die Überschreitung der Obergrenze genehmigen, damit die Gleitzeit nicht durch die Zeitauswertung gekappt wird. Bei Genehmigung wird durch den SAP Business Workflow ein Satz des Infotyps 2012 (Zeitumbuchungsvorgaben) angelegt, wodurch die Kappung des Gleitzeitsaldos unterbunden wird.

Zum Customizing der Komponente Prozesse und Formulare in SAP ERP HCM gelangen Sie über den Pfad **Personalmanagement • HR Administrative Services**. Viele der hier aufgeführten Customizing-Einstellungen lassen sich mittlerweile deutlich komfortabler über die Designumgebung für Prozesse- und Formulare (Transaktion HRASR_DT) vornehmen (siehe Abbildung 21.10).

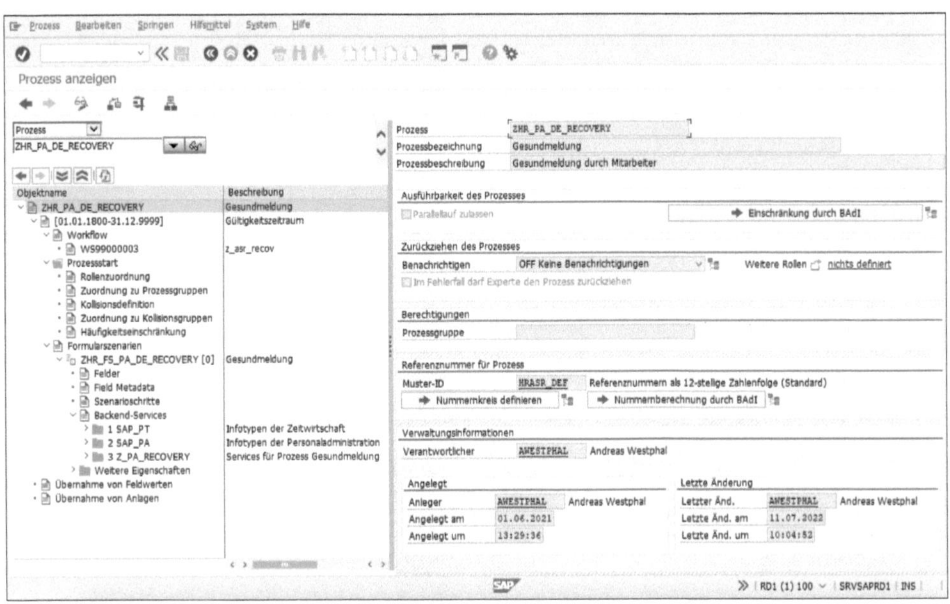

Abbildung 21.10 Designumgebung für Prozesse und Formulare

Zum Anlegen eines neuen Prozesses mit Transaktion HRASR_DT sind im Wesentlichen die folgenden Schritte notwendig:

1. **Anlage des Prozesses**
   Neben Namen und Beschreibung des abzubildenden Prozesses erfolgt auf der Ebene des Prozesses die Zuordnung des SAP Business Workflows, der die einzelnen Prozessschritte abbildet. Als Kopiervorlage für einen kundeneigenen Workflow bietet sich z. B. das Workflow-Muster `WS13600370` an. Des Weiteren werden z. B. die Rollen (z. B. **Mitarbeiter**, **Führungskraft** usw.) definiert, die einen Prozess starten dürfen.

2. **Anlage und Zuordnung eines Formularszenarios**
   Ein Formularszenario bildet ein Online-Formular mitsamt Verarbeitungslogik (Vorbelegung von Feldern, Wertehilfen und Prüfungen) ab. Das Formularszenario besitzt als Attribut die Formularart. Hier ist die Ausprägung **Fiori-Formular** zu wählen, damit es in der SAP-Fiori-App **Prozess starten** verwendet werden kann. Das Formularszenario definiert Felder, deren Inhalt und Verhalten über sogenannte Backend-Services bestimmt werden. Die wichtigsten Backend-Services für Prozesse der Personalzeitwirtschaft sind `SAP_PA` (Infotypen der Personaladministration) und `SAP_PT` (Infotypen der Zeitwirtschaft).
3. **Konfiguration des Formularszenarios**
   Je Formularszenario müssen im Knoten **Felder** die verwendeten Felder und ihre Attribute (z. B. Sichtbarkeit, Vorschlagswert und Wertehilfe) definiert werden. Im Knoten **Field Metadata** wird die Darstellung und Anordnung der Felder in der SAP-Fiori-App **Prozess starten** festgelegt. Weitere Eigenschaften eines Formularszenarios sind z. B. erlaubte Anlagearten oder die Angabe eines Adobe-Forms-Druckformulars.

21.3.9 Meine Inbox (Genehmigung)

Die SAP-Fiori-App **Meine Inbox** ist die zentrale Stelle für das Ausführen von Workflow-Aufgaben (siehe Abbildung 21.11).

Abbildung 21.11 SAP-Fiori-App »Meine Inbox« – Genehmigung eines Abwesenheitsantrags

Für die Genehmigung aller Anträge der SAP-Fiori-Apps **Meine Abwesenheitsanträge**, **Meine Zeitbuchungen**, **Meine Anträge für Mehrarbeitskontingente** sowie **Meine Zeiterfassung** gibt es je eine zugehörige App. Diese wird beim Anklicken einer Aufgabe in den Detailbereich der SAP-Fiori-App **Meine Inbox** eingebettet und dient der Darstellung der Antragsdetails.

Folgende SAP-Fiori-Apps zur Bearbeitung von Anträgen der Personalzeitwirtschaft werden angeboten:

SAP-Fiori-App (App ID)	Beschreibung
Genehmigung Abwesenheitsantrag (F2584)	Genehmigung von Anträgen der SAP-Fiori-App **Meine Abwesenheitsanträge**
Genehmigung Zeitbuchungen (F3099)	Genehmigung von Anträgen der SAP-Fiori-App **Meine Zeitbuchungen**
Genehmigung Zeiterfassung (F2585)	Genehmigung der über die SAP-Fiori-App **Meine Zeiterfassung** freigegebenen Daten
Genehmigung Mehrarbeit (F4937)	Genehmigung von Anträgen der SAP-Fiori-App **Meine Anträge für Mehrarbeitskontingente**
Prozess-Inbox (F3646)	Genehmigung oder Bearbeitung von Prozessschritten der SAP-Fiori-App **Prozess starten**

21.4 Erweiterungen und Use Cases

Obwohl die Standardauslieferung der vorgestellten SAP-Fiori-Apps bereits eine große Bandbreite an fachlichen Anforderungen abdeckt, machen manche Kundenanforderungen eine über das Customizing hinausgehende Anpassung der App unumgänglich. Nachfolgend werden zunächst die grundsätzlichen Möglichkeiten der Erweiterung beschrieben. Anschließend gehen wir auf häufig anzutreffende fachliche Anforderungen und mögliche Lösungen ein.

21.4.1 Möglichkeiten der Erweiterung

Alle vorgestellten Apps lassen sich über Erweiterungen an Kundenbedürfnisse anpassen. Eine Erweiterung verändert im Gegensatz zu einer Modifikation nicht den von SAP ausgelieferten Quellcode, sondern ergänzt ihn nur an dafür vorgesehenen Stellen, was künftige Konflikte beim Einspielen von Support Packages ausschließt.

Entsprechend der Architektur von SAP Fiori können Erweiterungen entweder auf der User-Interface- oder aber auf der Backend-Ebene erfolgen. Die Erweiterungen des User Interface beziehen sich hierbei auf die UI5-Anwendung, die über sogenannte View oder Controller Extensions erweitert werden kann. Die Erweiterung erfolgt in der Regel durch eine webbasierte integrierte Entwicklungsumgebung (IDE, kurz für: Integrated Development Environment) wie etwa *SAP Web IDE* oder deren Nachfolger *SAP Business Application Studio*.

Erweiterungen der Backend-Ebene, also des in ABAP implementierten OData-Service, können meist durch die Implementierung eines BAdIs vorgenommen werden. Die je App verfügbaren BAdIs finden Sie im Online-Zusatzmaterial dieses Buches.

21.4.2 Use Cases

Nachfolgend werden aus langjähriger Projekterfahrung einige häufig auftretende Problemstellungen oder nicht vom SAP-Standard abgedeckte Funktionen mit möglichen Lösungen beschrieben.

Meine Abwesenheitsanträge: Antragsstellung während des Abrechnungslaufs

Im SAP-Standard ist es nicht möglich, einen Antrag über die SAP-Fiori-App **Meine Abwesenheitsanträge** anzulegen, während die produktive Personalabrechnung durchgeführt wird, also der Abrechnungskreis des Mitarbeiters (einsehbar über Transaktion PA03) den Status **Frei zur Abrechnung** hat. In diesem Fall wird in der App beim Senden des Antrags der Fehler »Abrechnungskreis &1 gesperrt« angezeigt.

Diese Einschränkung ist unnötig, da der Antrag nicht unmittelbar in die Infotypen 2001/2002 verbucht, sondern zunächst in der Antragsdatenbank gespeichert wird. Ferner berücksichtigt der Report zum Verbuchen der genehmigten Anträge (RPTARQPOST) den Status des Abrechnungsverwaltungssatzes, d. h., dass keine Verbuchung erfolgt, während der Abrechnungskreis gesperrt ist.

Um diese Einschränkung aufzuheben, muss lediglich eine Implementierung des BAdIs PT_BLP_RET_MESS (Erweiterungsspot PT_BLP_EXITS) angelegt werden. Das Coding aus Listing 21.1 unterdrückt die Fehlermeldung »Abrechnungskreis &1 gesperrt«:

```
METHOD if_ex_pt_blp_ret_mess~set_data.
*Abrechnungskreis &1 gesperrt unterdrücken
    LOOP AT messagetab TRANSPORTING NO FIELDS WHERE
msgdat-msgid = 'HRTIMOOBLPRETRO' AND msgdat-msgno = '015'.
      DELETE messagetab INDEX sy-tabix.
    ENDLOOP.

    IF sy-subrc EQ 0.
```

```
    retcd = 0.
  ENDIF.
ENDMETHOD.
```

Listing 21.1 Implementierung des BAdIs PT_BLP_RET_MESS

Meine Abwesenheitsanträge: Verbuchen weiterer Zeitwirtschaftsinfotypen

Bei der Beantragung von bestimmten Anwesenheiten kann es wünschenswert sein, dass neben dem bei der Verbuchung des genehmigten Antrags angelegten Satz des Infotyps 2002 (Anwesenheiten) automatisch noch weitere Zeitwirtschaftsinfotypen mit bestimmter Vorbelegung angelegt werden.

Ein Fall aus der Praxis ist die Beantragung der Anwesenheit »Dienstreise«: Da der normale Gleitzeitrahmen des Mitarbeiters 8–8 Uhr beträgt, die Dienstreise jedoch außerhalb dieser Zeiten stattfindet, muss zusätzlich ein Satz des Infotyps 2003 (Vertretungen) angelegt werden, der dem Mitarbeiter für den Zeitraum der Dienstreise eine andere Arbeitszeitplanregel und damit einen anderen Gleitzeitrahmen zuordnet.

Diese Anforderung lässt sich durch Ausprogrammieren der Methoden IF_EX_PT_ABS_REQ~POST_VIA_BLOP und IF_EX_PT_ABS_REQ~SIMULATE_VIA_BLOP des BAdIs PT_ABS_REQ realisieren. Die Methode IF_EX_PT_ABS_REQ~SIMULATE_VIA_BLOP wird bereits bei der Antragsprüfung vor dem Senden des Antrags ausgeführt, während die Methode IF_EX_PT_ABS_REQ~POST_VIA_BLOP erst bei Verbuchung der genehmigten Abwesenheitsanträge durch den Report RXPTARQPOST aufgerufen wird. Nach einer festen Logik muss zusätzlich zur Anwesenheit ein Satz des Infotyps 2003 aufgebaut und beim Aufruf der Methode BLOP_MAINTAIN_TIMEDATA der Klasse CL_PT_ARQ_BADI über den Changing-Parameter CH_BLOP_TAB übergeben werden. Bei Löschung oder Änderung eines bestehenden Antrags muss darauf geachtet werden, dass der zuvor angelegte Satz des Infotyps 2003 ebenfalls gelöscht bzw. angepasst wird.

Versenden von Erinnerungs-E-Mails an Genehmiger

Genehmiger offener, noch nicht bearbeiteter Anträge sollen nach einer gewissen Anzahl von Tagen eine Erinnerungs-E-Mail erhalten. Diese Anforderung lässt sich ohne kundeneigene Programmierung über einen separat einzuplanenden Lauf der SAP-Standard-Reports für die E-Mail-Benachrichtigung der einzelnen Antragsarten realisieren:

- Zeitbuchungen: Report RPTCOREMAIL (siehe Abbildung 21.12)
- Abwesenheitsanträge: Report RPTARQEMAIL
- Anträge für Mehrarbeitskontingente: Report RPT_OVT_EMAIL

Zeitbuchungskorrektur: E-Mails an Prozessbeteiligte

E-Mail-Text für Genehmiger

☑ E-Mail senden

Mit folgendem Text HR_TIM_COR_APPROVER

○ Mit allgemeiner Nachricht ◉ Mit allen Belegen ○ Mit Versionen der Belege

☑ Nur bei Status 'Gesendet'

☐ Vertretersprache hinzufügen

E-Mail-Text für Manager

☐ E-Mail senden

E-Mail-Text für PersSachbearb.

☐ E-Mail senden

E-mail Einstellungen

E-mailtyp

Zeitraum

○ Seit letztem Lauf

○ Ab Belegdatum 06.07.2022

◉ Vergangener Zeitraum: 7 - 9999 Tage

☑ Nicht als 'Letzten Lauf' verbuchen

Abbildung 21.12 Report RPTCOREMAIL – Versand von Erinnerungs-E-Mails

Die Selektion für den Lauf des Reports ist wie folgt zu definieren: Das Kennzeichen **E-Mail senden** darf nur im Block **E-Mail-Text für Genehmiger** aktiviert werden. Des Weiteren muss zuvor das Kennzeichen **Nur bei Status ›Gesendet‹** aktiviert worden sein. Im Block **Zeitraum** muss der Radiobutton **Vergangener Zeitraum** ausgewählt werden. Es kann nun der Zeitraum angegeben werden, ab dem eine Erinnerungs-E-Mail versendet werden soll.

Beantragung und Anzeige von mobilem Arbeiten

Viele Unternehmen bieten ihren Mitarbeitern die Möglichkeit an, ihre Arbeit in Heimarbeit auszuführen. Eine Anwesenheitsart für mobiles Arbeiten muss oftmals beantragt werden und soll auch in der SAP-Fiori-App **Mein Teamkalender** angezeigt werden, damit Kollegen und Vorgesetzte sehen können, dass der betreffende Mitarbeiter in Heimarbeit tätig ist. Damit nicht nur Abwesenheiten, sondern auch Anwesenheiten im Teamkalender angezeigt werden, muss die Methode `IF_HCMFAB_TCAL_SETTINGS~GET_EVENT_TYPES` des BAdIs `HCMFAB_B_TEAMCALENDAR_SETTINGS` implementiert werden. Listing 21.2 zeigt den entscheidenden Ausschnitt des benötigten Codings:

```
*Hinzufügen der Kategorie Anwesenheiten
ls_event_type-event_category = if_hcmfab_tcal_constants=>gc_event_category-
attendance.
...
 APPEND ls_event_type TO et_event_types.
```

Listing 21.2 Anwesenheiten im Teamkalender anzeigen

Sofern es eine Obergrenze für die Beantragung der Anwesenheitsart **Mobiles Arbeiten** gibt, muss hierzu ein Anwesenheitskontingenttyp eingerichtet und je Mitarbeiter angelegt werden.

21.5 Fazit

Bereits die SAP-Standardauslieferung bietet eine solide und zeitgemäße Lösung für Self-Services in der Personalzeitwirtschaft. Durch die meist umfangreichen Konfigurationsmöglichkeiten sowie die Option der kundeneigenen Erweiterung lassen sich selbst anspruchsvolle Kundenanforderungen abdecken. Obwohl der Fokus von SAP auf der Weiterentwicklung der Cloud-Lösung SAP SuccessFactors liegt, werden auch Kunden der On-Premise-Zeitwirtschaftslösung im Bereich der Self-Services weiterhin mit zahlreichen Funktionserweiterungen sowie Neuentwicklungen versorgt – jüngstes Beispiel ist die SAP-Fiori-App **Meine Anträge für Mehrarbeitskontingente**. Darüber hinaus lassen sich auch komplexe personal(zeit)wirtschaftliche Prozesse mithilfe der Komponente Prozesse und Formulare in SAP ERP HCM digitalisieren.

Schließlich bieten die vorgestellten SAP-Fiori-Self-Services den großen Vorteil, dass sie sich nahtlos in die ebenfalls auf SAP Fiori basierende Oberfläche von SAP SuccessFactors einbinden lassen. Auf diese Weise können Sie bereits heute die Vorteile von SAP SuccessFactors Employee Central nutzen und die Zeit, in der das Zeitmanagement in SAP SuccessFactors Employee Central noch keine vollumfängliche Alternative zur Zeitwirtschaft in SAP ERP HCM darstellt, überbrücken.

Im nächsten Kapitel erfahren Sie, welche Möglichkeiten Ihnen hinsichtlich der Abbildung Ihrer Personalzeitwirtschaft die Cloud-Lösung SAP SuccessFactors Employee Central – Time Management bietet.

Kapitel 22
Zeitwirtschaft in SAP SuccessFactors

Die Cloud ist allgegenwärtiges Thema im Zusammenhang mit der Digitalisierung und damit auch mit der Personalwirtschaft. Nachdem zunächst Themen der Personalentwicklung im Fokus der Entwicklung von cloudbasierten Lösungen im Personalbereich standen, geht es jetzt auch immer mehr um die Kernthemen Entgeltabrechnung und Zeitwirtschaft. Den aktuellen Stand und die Perspektiven zeigen wir Ihnen in diesem Kapitel.

Die Personalwirtschaft war lange Zeit gleichbedeutend mit der On-Premise-Lösung SAP ERP HCM. Insbesondere in der Personalabrechnung und Zeitwirtschaft wird ein besonders hohes Maß an Genauigkeit benötigt. Den Sachbearbeitern kommt hierbei eine standardisierte und strukturiere Softwarelösung zugute, die, wie in den vorherigen Kapiteln gezeigt, dennoch über ein hohes Maß an Flexibilität verfügt.

Die voranschreitende Globalisierung, die damit einhergehende Fluktuation sowie der Wunsch nach mehr Flexibilität und Mobilität führen dazu, dass Aufgaben aus dem Personalwesen mehr und mehr von der Personalsachbearbeitung auf die Mitarbeiter und Führungskräfte übergehen. Im Zuge der Optimierung der Systemlandschaften werden an dieser Stelle immer häufiger cloudbasierte Lösungen eingesetzt, die die flexible Nutzung mittels Browser oder in Apps auf mobilen Endgeräten gestatten. Der Zugang erfolgt also auf eine Weise, die diesen Nutzern vom alltäglichen Leben her vertraut ist. Dies ist maßgeblich für die Akzeptanz eines derartigen Systems. An dieser Stelle kommt SAP SuccessFactors ins Spiel.

Nachdem anfangs der Fokus von SAP SuccessFactors vor allem auf den verschiedenen Talent-Modulen lag, wurde es, dank SAP SuccessFactors Employee Central, zu einem vollwertigen Personalwirtschaftssystem. Bereits zu diesem Zeitpunkt waren in SAP SuccessFactors Employee Central – Time Management einige Grundfunktionen der Zeitwirtschaft abgedeckt, konnten aber den Umfang des On-Premise-Systems nicht ersetzen. Seit 2019 wurde SAP SuccessFactors Employee Central – Time Management um eine Vielzahl an Funktionen erweitert.

Die Zeitwirtschaftslösung in SAP SuccessFactors besteht aus SAP *SuccessFactors Employee Central Time Off*, *SAP SuccessFactors Employee Central Time Sheet* und *SAP SuccessFactors Employee Central Time Tracking*, die wir in den folgenden Abschnitten näher betrachten. In Abschnitt 22.1, »Unterschiede zwischen SAP ERP HCM und SAP

SuccessFactors Employee Central – Time Management«, schauen wir uns zunächst die beiden Lösungen im Vergleich an und beleuchten einzelne Unterschiede. Danach erfahren Sie in Abschnitt 22.2, »SAP SuccessFactors Employee Central Time Management«, mehr über die grundsätzlichen Funktionen der Lösung. Abschließend sehen wir uns in Abschnitt 22.3, »Objekte in SAP SuccessFactors Employee Central Time Management«, die wichtigsten Objekte und ihre Beziehungen an. Nachdem wir uns SAP SuccessFactors Employee Central – Time Management angesehen haben, widmen wir uns in Abschnitt 22.4 SAP SuccessFactors Employee Central Time Tracking und schlagen somit die Verbindung zur Erfassung der An- und Abwesenheiten mit Buchungsterminals und -oberflächen.

22.1 Unterschiede zwischen SAP ERP HCM und SAP SuccessFactors Employee Central – Time Management

Bevor wir uns SAP SuccessFactors Employee Central – Time Management (inklusive SAP SuccessFactors Employee Central Time Tracking) genauer anschauen, stellen wir Ihnen in diesem Abschnitt die Unterschiede zwischen dem Zeitmanagement in SAP ERP HCM und SAP SuccessFactors Employee Central – Time Management vor. Wir konzentrieren uns dabei auf technologische Unterschiede, Unterschiede im Zeitmanagement und auf Unterschiede, die die Arbeit des Zeitadministrators betreffen.

22.1.1 Technologie

SAP SuccessFactors ist eine moderne, intuitiv zu bedienende und von überall zugängliche Cloud-Software, die für eine große Akzeptanz sorgt. Die Anwendung bietet mittels *Programmierschnittstellen* (auch Application Programming Interface bzw. API genannt) eine einfache Verbindung zu anderen Anwendungen. Eine Programmierschnittstelle ist ein Satz von Befehlen, Funktionen, Protokollen und Objekten, die Programmierer verwenden können, um eine Software zu erstellen oder mit einem externen System zu interagieren. Durch die datenmodellbasierte Architektur können Sie SAP SuccessFactors leicht und schnell erweitern. So können Sie innerhalb weniger Minuten z. B. ein benutzerspezifisches Feld, Workflows oder Benachrichtigungen hinzufügen.

Über die Verwendung von Business Rules und über das Integration Center besteht eine nahezu unbegrenzte Flexibilität, um z. B. Arbeitszeitnachweisvalidierungen durchzuführen oder Rückstellungen zu berechnen.

22.1.2 Zeitmanagement

SAP SuccessFactors Employee Central – Time Management unterscheidet sich von SAP ERP HCM in vielen Punkten der Logik des Systemaufbaus und der genutzten Objekte. So ist z. B. der Arbeitszeitplan entkoppelt vom Feiertagskalender, was die Verwaltung im System deutlich vereinfacht.

Auch in der Verarbeitung der Daten sind deutliche Unterschiede festzustellen. So arbeite SAP SuccessFactors Employee Central – Time Management mit einer Echtzeitbewertung. Hierdurch werden Informationen, die im Arbeitszeitbogen erfasst werden, sofort berechnet, ohne dass eine gesonderte Zeitauswertung ausgeführt werden muss.

22.1.3 Zeitadministrator

Im Zeitmanagement von SAP ERP HCM werden in der Zeitauswertung meldungsrelevante Sachverhalte geprüft und bei notwendiger Intervention unter der Nutzung z. B. des Time Manager's Workplace (TMW) nachbearbeitet.

In SAP SuccessFactors Employee Central – Time Management liegt der Fokus auf der Handlungsorientierung. Dies bedeutet, dass es in der Zeitbewertung möglich ist (ebenso wie in SAP ERP HCM), Fehler und Warnungen auszulösen, die per E-Mail an Zeitadministratoren (oder sogar Manager) gesendet werden. Die Benutzer können in SAP SuccessFactors, im Gegensatz zu SAP ERP HCM, selbst konfigurieren, welche Meldungen (Alerts) sie über E-Mails erhalten möchten und in welcher Häufigkeit.

Der wesentliche Unterschied besteht in dem Umgang mit Fehlern im Clock-in und Clock-out. Fehler, die durch z. B. vergessene Buchungen entstanden sind, müssen, sowohl in SAP ERP HCM als auch in SAP SuccessFactors durch den Mitarbeiter, Manager oder Zeitadministrator korrigiert werden. Im Gegensatz zur On-Premise-Version von SAP ERP HCM erfolgt die Verarbeitung innerhalb von SAP SuccessFactors Employee Central Time Management jedoch voll automatisch und kann in Echtzeit bereitgestellt werden, ohne dass ein Auslösen der Zeitauswertung über den Time Manager's Workplace oder ein Nachtlauf notwendig ist. Somit ist es für den Zeitadministrator möglich, schneller Fehler zu erkennen und zu beheben.

22.2 SAP SuccessFactors Employee Central Time Management

SAP SuccessFactors Employee Central Time Management unterteilt sich in zwei Bereiche: in die Verwaltung der Abwesenheiten der Mitarbeiter mit SAP SuccessFactors Employee Central Time Off und in SAP SuccessFactors Employee Central Time Sheet, worin die Mitarbeiter ihre Anwesenheiten in Arbeitszeitnachweisen erfassen können.

Neben der browserbasierten SAP-SuccessFactors-Anwendung können die Zeitdaten auch über ein Smartphone oder Tablet erfasst werden. Je nach Berechtigung können Mitarbeiter über Employee Self-Services (ESS) ihre Anwesenheiten erfassen oder ihre

Abwesenheiten beantragen, während Manager oder Zeitadministratoren die Time Workbench nutzen.

[!]

Benennung der Objekte

Da die gesamte Konfiguration durchweg in englischer Sprache erfolgt, sind in diesem Bereich auch die Objektnamen und Screenshots in Englisch gehalten. Der Grund dafür liegt darin, dass alle Implementation Guides, Hilfsartikel, Blogs usw. in englischer Sprache verfasst sind und sich die Konfiguration und Fehlersuche sonst sehr schwierig gestalten würden.

Was für einen Mitarbeiter in der Zeitwirtschaft erfasst und ausgeführt werden kann, hängt von den Einträgen im Block **Zeitinformationen (Time Information)** ab (siehe Abbildung 22.1). Dieser Bereich befindet sich im Block *Stelleninformation (Job Information)* des Personenprofils (People Profile). Hier können Sie das Zeitprofil, den Arbeitszeitplan und den Urlaubskalender sowie weitere Zeitobjekte, die im Anschluss an die Benutzeroberflächen beschrieben werden, zuordnen. Diese Felder können automatisch über Business Rules oder manuell befüllt werden.

Abbildung 22.1 Zeitinformationen im Personenprofil

22.2.1 SAP SuccessFactors Employee Central Time Off

In SAP SuccessFactors Employee Central Time Off werden alle Abwesenheiten sowie deren Kontingente verwaltet. Hierbei werden die Kontingente u. a. mittels Regeln gesteuert, die die Berechnung und Kumulation der Ansprüche vornehmen und das Ergebnis je Mitarbeiter sowohl im Personenprofil als auch in der Zeitwirtschaftsoberfläche bereitstellen.

In den nachfolgenden Abschnitten schauen wir uns die Benutzeroberflächen für die Administration der Zeitwirtschaft an.

Zeit verwalten (Time Off) für Mitarbeiter

Die Benutzeroberfläche **My Time Off** bietet Mitarbeitern die Möglichkeit, ihre eigenen Abwesenheiten zu beantragen. Welche Abwesenheiten ein Mitarbeiter sehen kann, wird durch sein Zeitprofil (Time Profile) festgelegt. Die Benutzeroberfläche besteht aus einer Kalenderansicht, die die Arbeitstage und arbeitsfreien Tage, ausstehende und genehmigte Urlaubsanträge sowie Feiertage anzeigt (siehe Abbildung 22.2). Des Weiteren werden die Salden der Zeitkonten angezeigt. Als Hauptfunktion kann der Mitarbeiter Abwesenheiten wie beispielsweise Urlaub erfassen, was dann, je nach Konfiguration, einen Genehmigungs-Workflow auslöst. Abhängig von den Berechtigungen kann der Mitarbeiter zudem die Abwesenheiten seines Teams einsehen.

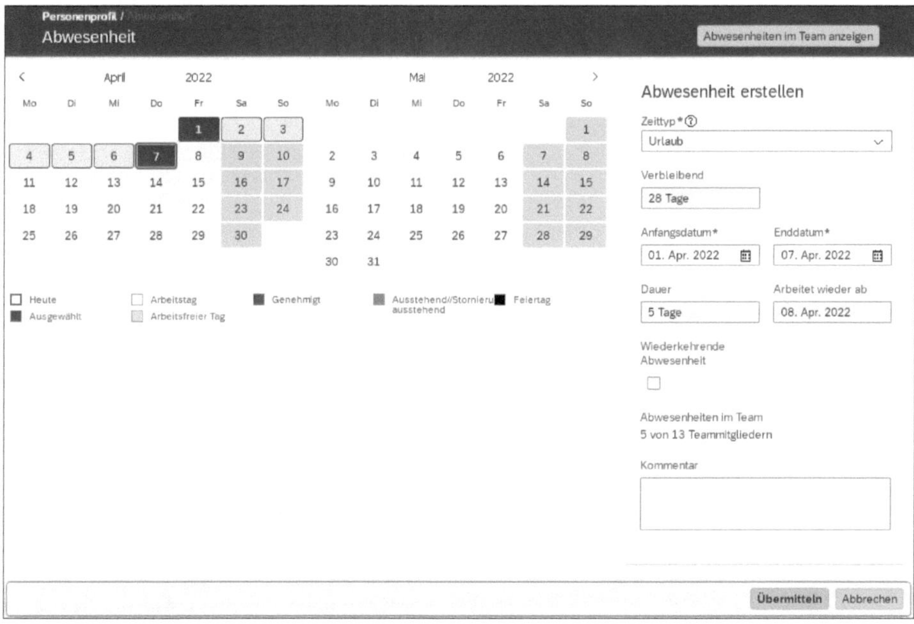

Abbildung 22.2 Abwesenheitserfassung auf der Benutzeroberfläche »My Time Off«

Zeit verwalten (Time Off) für Manager

Als Manager können Sie Abwesenheitsanträge entweder in der browserbasierten SAP-SuccessFactors-Anwendung oder auf einem mobilen Gerät genehmigen. Der Workflow liefert Informationen, aus denen die Art und die Dauer der Abwesenheit entnommen werden können. Auf diese Weise kann der Manager entscheiden, ob ein Antrag genehmigt oder abgelehnt werden sollte. Darüber hinaus können Manager, die entsprechende Berechtigung vorausgesetzt, mittels der Time Workbench Abwesenheiten für ihre Mitarbeiter anlegen, bearbeiten und stornieren.

Time Workbench für Zeitbeauftragte (Administer Time)

Die Benutzeroberfläche für Zeitbeauftragte ist die Time Workbench, die über die Transaktion **Arbeitszeit verwalten** aufgerufen werden kann. Mit diesem Tool erhalten Zeitbeauftragte einen Überblick über die bestehenden Abwesenheiten eines Mitarbeiters (siehe Abbildung 22.3). Der Zeitbeauftragte kann den Genehmigungsstatus überprüfen und sehen, wer die Genehmigung einer Abwesenheit vorzunehmen hat. Der Zeitbeauftragte oder die Person, die die entsprechende Berechtigung hat, kann Abwesenheiten für andere Mitarbeiter erstellen, bearbeiten und stornieren.

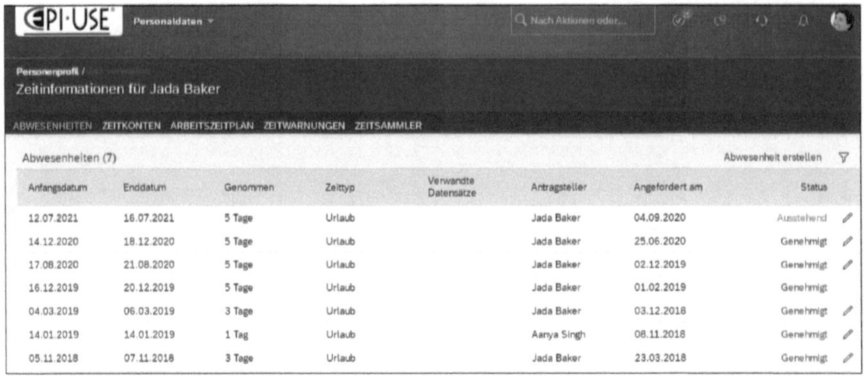

Anfangsdatum	Enddatum	Genommen	Zeittyp	Verwandte Datensätze	Antragsteller	Angefordert am	Status
12.07.2021	16.07.2021	5 Tage	Urlaub		Jada Baker	04.09.2020	Ausstehend
14.12.2020	18.12.2020	5 Tage	Urlaub		Jada Baker	25.06.2020	Genehmigt
17.08.2020	21.08.2020	5 Tage	Urlaub		Jada Baker	02.12.2019	Genehmigt
16.12.2019	20.12.2019	5 Tage	Urlaub		Jada Baker	01.02.2019	Genehmigt
04.03.2019	06.03.2019	3 Tage	Urlaub		Jada Baker	03.12.2018	Genehmigt
14.01.2019	14.01.2019	1 Tag	Urlaub		Aanya Singh	08.11.2018	Genehmigt
05.11.2018	07.11.2018	3 Tage	Urlaub		Jada Baker	23.03.2018	Genehmigt

Abbildung 22.3 Zeitinformationen

Zusätzlich erhält der Zeitbeauftragte Einblick in die verschiedenen Zeitkonten, die für einen Mitarbeiter existieren (siehe Abbildung 22.4).

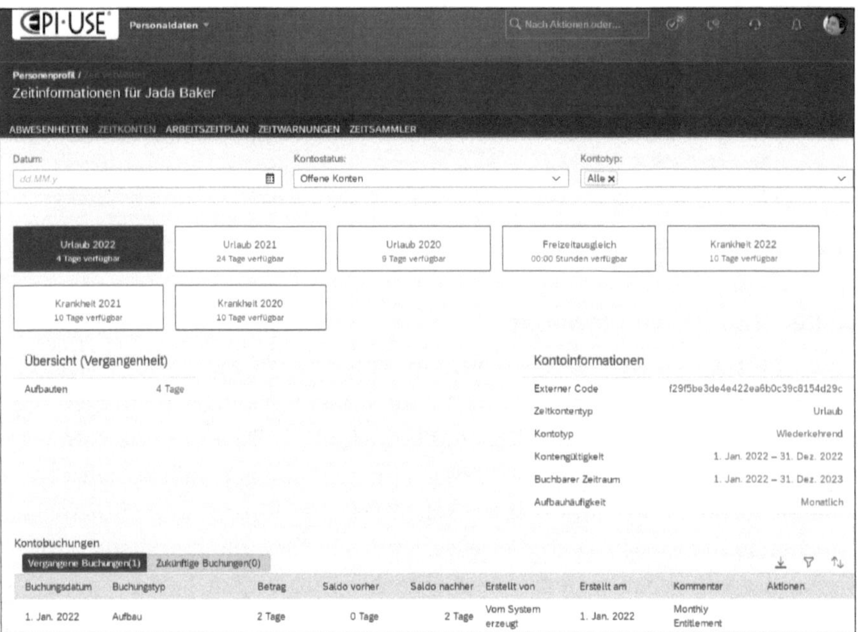

Buchungsdatum	Buchungstyp	Betrag	Saldo vorher	Saldo nachher	Erstellt von	Erstellt am	Kommentar	Aktionen
1. Jan. 2022	Aufbau	2 Tage	0 Tage	2 Tage	Vom System erzeugt	1. Jan. 2022	Monthly Entitlement	

Abbildung 22.4 Übersicht der Zeitkontingente

Hier sieht er die Art des Kontos oder Kontingents, den Gültigkeits- und Buchungszeitraum, die Frequenz des Kontingentaufbaus sowie die verschiedenen Buchungen (z. B. manuelle Anpassungen und Abwesenheiten).

Über die Transaktion **Zeit verwalten (Administer Time)** kann der Zeitverwalter die Arbeitszeitpläne der Mitarbeiter einsehen, für die er zuständig ist (siehe Abbildung 22.5).

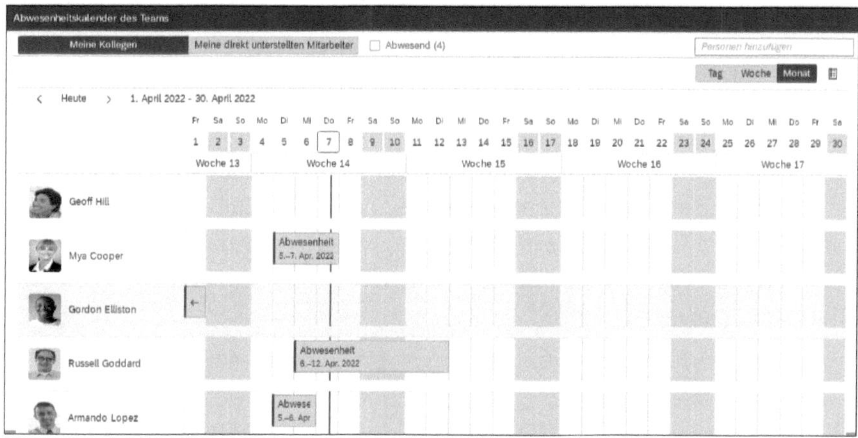

Abbildung 22.5 Detailansicht eines Arbeitszeitplans

Team-Abwesenheitskalender

Mitarbeiter, Manager und Zeitadministratoren können, je nach Berechtigung, die Abwesenheiten anderer Mitarbeiter über den Team-Abwesenheitskalender einsehen. So können sie sehen, welche Auswirkung das Beantragen bzw. die Genehmigung der Abwesenheit auf das Team hat (siehe Abbildung 22.6).

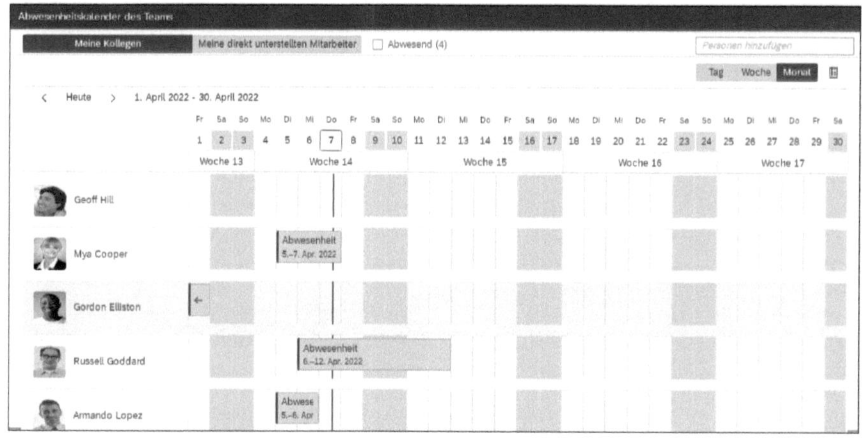

Abbildung 22.6 Abwesenheitskalender des Teams

Mitarbeiter können mit der App **SAP SuccessFactors Mobile** Abwesenheitsanträge stellen, den Teamkalender einsehen und Abwesenheitsanträge stornieren. Manager können die App zudem für Genehmigungen nutzen.

22.2.2 SAP SuccessFactors Employee Central Time Sheet

Im SAP SuccessFactors Employee Central Time Sheet können Mitarbeiter Anwesenheiten und Überstunden in der positiven Zeiterfassung sowie Ausnahmen von der geplanten Arbeitszeit in der negativen Zeiterfassung erfassen (siehe Abbildung 22.7). Dabei ist die Benutzeroberfläche in die Bereiche **Übersicht**, **Dateneingabe** und **Zusammenfassung** unterteilt.

Im Übersichtsbereich (links in Abbildung 22.7) existiert für jeden Wochentag eine Zeile mit geplanter und erfasster Arbeitszeit sowie dem Status. Zusätzlich werden diese Informationen auch für die gesamte Woche angezeigt. Um verschiedene Zeiträume zu betrachten oder zu erfassen, öffnen Sie einen Kalender, der den aktuellen und den nächsten Monat anzeigt.

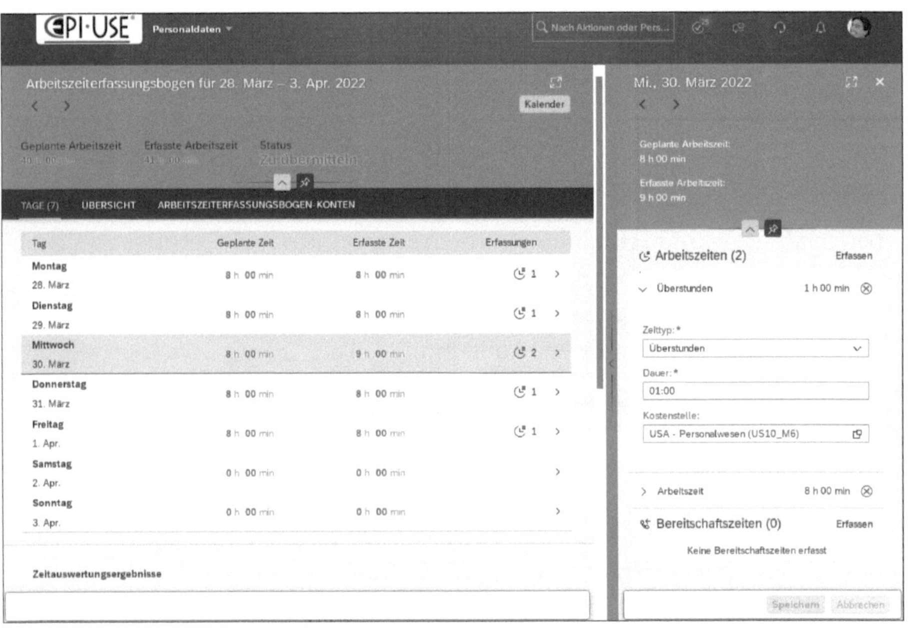

Abbildung 22.7 Arbeitszeiterfassungsbogen für Mitarbeiter (Time Sheet)

Im Erfassungsbereich (rechts in Abbildung 22.7) erfasst der Arbeitnehmer seine Arbeitszeiten, Bereitschaftszeiten und Zulagen (z. B. für Erschwerniszulage, Nachtschichtzulage o. Ä. für den gewählten Tag. Bei der Aufzeichnung von Anwesenheiten können Sie Kostenstellen oder Projekte hinzufügen. Auch kann der Mitarbeiter Abwesenheiten in diesem Bereich erfassen. Im Zusammenfassungsbereich finden Sie Zeitbewertungsergebnisse (wie reguläre Arbeitszeit, Überstunden mit unterschiedlichen Prämien) und die Salden der verschiedenen Zeitkonten, für die der Mitarbeiter berechtigt ist. Wenn der Mitarbeiter seine Zeiten erfasst hat, kann er den Arbeitszeitnachweis zur Genehmigung einreichen, noch nicht genehmigte Arbeitszeitnachweise zurückziehen und genehmigte Arbeitszeitnachweise anpassen.

22.3 Objekte in SAP SuccessFactors Employee Central Time Management

Für die Konfiguration von SAP SuccessFactors Employee Central – Time Management sind eine Reihe von Objekten und Regeln notwendig. In diesem Abschnitt wollen wir uns die wichtigsten Objekte im Groben ansehen: Zeitprofil (Time Profile), Zeittyp (Time Type), Zeitkontentyp (Time Account Type), Aufbauregeln (Accrual Rules), Periodenendverarbeitungsregeln (Period-End Processing Rules), Validierungsregeln (Take Rules), Dynamische Pausen (Dynamic Breaks) und die Zeitmanagementkonfliktlösung (Time Management Collision Resolution).

22.3.1 Zeitprofil (Time Profile)

Das *Zeitprofil* (Time Profile) fungiert als Container, der die Zeitarten enthält, die für einen Mitarbeiter verfügbar sind. Wenn das Zeitprofil z. B. Urlaub, Krankheit und Überstunden enthält, können diese Abwesenheiten und Anwesenheiten für den Mitarbeiter ausgewählt werden. Für jeden *Zeittyp* (Time Type) legen Sie fest, ob er für den Employee Self-Service verfügbar ist. Zusätzlich wird im Zeitprofil die *Zeiterfassungsvariante* (Time Recording Variant) definiert, d. h. ob die Zeiteinträge als Dauer (Duration), z. B. 4 Stunden, oder als Uhrzeitpaare (Clock-Time), z. B. 8–12 Uhr, behandelt werden. Außerdem werden hier die Hauptanwesenheitsart (wahrscheinlich Arbeitszeit oder Überstunden) und die Hauptabwesenheitsart (wahrscheinlich Urlaub) als Default-Werte konfiguriert, die auf den Benutzeroberflächen angezeigt werden.

22.3.2 Zeittyp (Time Type)

Damit ein Mitarbeiter SAP SuccessFactors Employee Central Time Off nutzen kann, müssen *Zeittypen* eingerichtet werden. Die Zeittypen definieren die verschiedenen Abwesenheiten und Anwesenheiten wie Urlaub, Krankheit, Arbeitszeit, Überstunden oder Bereitschaftsdienst mit allen Parametern. Solche Parameter sind z. B. die Klassifizierung (Abwesenheit, Anwesenheit, Bereitschaft), die Zeiteinheit (Stunden, Tage) und deren Stückelung (ganzer Tag, halber Tag, volle Stunde, Stunden und Minuten), die verwendet werden dürfen. Für einige Zeitarten wie z. B. Urlaub gibt es Zeitkontentypen/Zeitkontingente und Zeitkonten. Sie können entscheiden, ob Urlaubsanträge Workflows für Genehmigungsprozesse auslösen sollen.

22.3.3 Zeitkontentyp (Time Account Type)

Einige Zeitarten, wie z. B. Urlaub, verwenden Zeitkonten, die den Saldo dieser Zeitart enthalten. Sie werden durch Aufbauregeln auf- und durch die Erfassung, der dem Zeitkontentyp zugeordneten Abwesenheiten abgebaut. Hier wird festgelegt, ob das

Kontingent einmalig oder wiederkehrend angelegt werden soll, außerdem der Gültigkeits- und Buchungszeitraum sowie Regeln, die definieren, wie das Konto grundsätzlich aufgebaut werden soll, wie es in der Einstellungsperiode und wie es bei der Periode des Austritts bzw. der Kündigung aufgebaut werden soll (Abgrenzung/Proration). Es ist möglich, die Seniorität zu berücksichtigen. Bei Zeitarten mit zugeordneten Kontingenten wird beim Urlaubsantrag der vorhandene Saldo geprüft, um zu verhindern, dass Mitarbeiter mehr Urlaub buchen, als ihnen zusteht.

22.3.4 Aufbauregeln (Accrual Rules)

Aufbauregeln definieren die Anzahl der Tage oder Stunden, die zur Erhöhung des Saldos eines Kontingents bzw. Zeitkontos verwendet werden. Es wird eine Wenn-dann-Konstruktion verwendet. Das heißt, dass das Wenn die Bedingung darstellt, unter der der Dann-Ausdruck ausgeführt wird. Aufbauregeln können sehr einfach sein, wie z. B. »alle Mitarbeiter erhalten 30 Tage Urlaub«, aber auch sehr komplex mit Berechnungen oder kundenspezifischen Senioritätsobjekten. Der Aufbau der Aufbauregeln erfolgt über Geschäftsregeln (Business Rules), die sehr flexibel aufgebaut werden können, und somit können selbst komplexe Aufbaubedingungen durch die Erstellung benutzerdefinierter Objekte berücksichtigt werden.

Sonderfälle von Aufbauregeln sind Regeln bei Einstellung und Austritt. Sie werden verwendet, um den Aufbau entsprechend der Dauer der Zugehörigkeit eines Mitarbeiters zum Unternehmen anteilig vorzunehmen (Einstellungsperiode sowie Periode des Verlassens des Unternehmens). Des Weiteren gibt es Interimsregeln, die für Abgrenzungen während des Zeitraums verwendet werden können.

22.3.5 Periodenendverarbeitungsregel (Period-End Processing Rule)

Periodenendverarbeitungsregeln werden verwendet, um festzulegen, was am Ende des Gültigkeits-/Buchungszeitraums mit dem Kontingent geschehen soll. Üblich ist es, dass der Betrag ganz oder teilweise in die nächste Periode übertragen oder auf null gesetzt wird.

22.3.6 Validierungsregeln (Take Rules)

Validierungsregeln sind zeittypspezifisch. Wenn diese Zeitarten angefragt, bearbeitet oder storniert werden, können Validierungen durchgeführt werden. Take Rules können Warn-, Fehler- oder Informationsmeldungen erzeugen. Sie können durch die Verwendung von Parametern und Berechnungen dynamischer gestaltet werden.

22.3.7 Dynamische Pausen (Dynamic Breaks)

Sie können *dynamische Pausen* definieren, die nach einer bestimmten Anzahl von Arbeitsstunden stattfinden, je nachdem, wann der Mitarbeiter mit seiner Arbeit begonnen hat. Wenn eine 45-minütige Pause nach 6 Stunden eingelegt werden muss, muss ein Mitarbeiter, der um 6 Uhr mit der Arbeit begonnen hat, seine Pause um 12 Uhr einlegen. Ein anderer Mitarbeiter, der um 12 Uhr begonnen hat, muss seine Pause um 18 Uhr nehmen.

22.3.8 Zeitmanagementkonfliktlösung (Time Management Collision Resolution)

Sie können *Kollisionsregeln* definieren, die festlegen, wie das System reagieren soll, wenn zwei Zeiteinträge miteinander kollidieren. Ein häufiges Beispiel hierzu ist die Eingabe von Krankheit, während der Mitarbeiter im Urlaub ist. Die Krankheit dominiert den Urlaub. Infolgedessen überschreibt die Krankheit den Urlaubseintrag bzw. grenzt diesen ab. Andererseits verhindert die Kollisionsprüfung die Buchung von Urlaub, wenn an diesem Tag bereits ein Krankheitseintrag oder Urlaub vorhanden ist.

22.4 SAP SuccessFactors Employee Central Time Tracking

SAP SuccessFactors Employee Central Time Tracking bildet das Bindeglied zwischen dem bereits vorhandenen SAP SuccessFactors Employee Central Time Management und den Zeiterfassungsterminals bzw. Apps für die Erfassung von Kommen- und Gehen-Buchungen. SAP SuccessFactors Employee Central Time Tracking (inklusive Unterstützung für die tagesübergreifende Arbeit in Nachtschichten, die Integration von externen Zeiterfassungsterminals und Gleitzeit) ist nahtlos in die bestehenden Arbeitszeittabellenprozesse integriert und schließt damit die Lücke, um alle relevanten Schritte vom physischen »Punch« am Terminal bis zur Bezahlung des Mitarbeiters abzudecken.

Hierbei werden selbstverständlich ebenso rollenbasierte Berechtigungen und Workflows in der Funktion Clock-in/Clock-out unterstützt, wie Sie es bereits aus SAP SuccessFactors Employee Central – Time Management kennen.

22.4.1 Überblick der Funktionen

SAP SuccessFactors Employee Central Time Tracking verfügt in Kombination mit SAP SuccessFactors Employee Central Time Management über eine Vielzahl von Funktionen auf hohem Niveau, um die Anforderungen der Zeitwirtschaft abzudecken. Hierzu gehören u. a.:

1. **Globale Zeitkonfiguration**
   - Lokalisierungsfunktionen inklusive Aufbauregeln, Feiertagskalender, Geschäftsregeln, erweitertes Kollisions-Framework zur Erfüllung z. B. länderspezifischer paralleler Abwesenheitsszenarien
   - Arbeitszeitpläne, inklusive (dynamischer) Pausenabwicklung
   - Echtzeitauswertung zur Berechnung von Überstunden, Schichtdifferenzen, Prämien, Arbeitszeitkonten, Gleitzeit und Freizeitausgleich
2. **Self-Service-Zeiterfassungsszenarien**
   - Arbeitszeittabelle für positive und negative Zeiterfassungsszenarien
   - digitales Clock-in/Clock-out (App und Web)
   - workflowgestütztes Korrekturszenario (unterstützt ebenfalls 3rd-Party-Systeme)
   - Abwesenheitsbeantragung
   - spezifische Self-Services zum Erwerb und zur Abgeltung von Urlaub
3. **Erweiterte Konnektivität**
   - Integration von Zeiterfassungsterminals
   - vordefinierte Integration in Employee Central Payroll und SAP ERP HCM Payroll
   - Konnektivitätsoptionen mit Schichtplanungstools von Drittanbietern und laufende Integration mit Partnererweiterungen
4. **Berichte**
   - Dashboards für Admins und Manager
   - vordefinierte Berichte
   - Best-Practice-Inhalte

22.4.2 Clock-in-/Clock-out-Funktion

Die Clock-in- bzw. Clock-out-Funktion in SAP SuccessFactors Employee Central Time Tracking ist eine leistungsstarke und einfach zu bedienende Anwendung, mit der die Zeiten der Mitarbeiter verfolgt werden können, die über ein Zeiterfassungsterminal oder über die webbasierte oder mobile Clock-in-/Clock-out-Oberfläche erfasst wurden.

Durch die nahtlose Integration in die bestehenden Arbeitszeitprozesse sowie in SAP SuccessFactors Employee Central TimeManagement werden alle relevanten Schritte von der physischen Zeiterfassung bis hin zur Bezahlung des Mitarbeiters abgedeckt. Hierzu gehören selbstverständlich auch die rollenbasierten Berechtigungen und Workflows.

22.4.3 Hauptentitäten

Im Kontext von Clock-in/Clock-out werden einige Time-Management- sowie zusätzliche Entitäten genutzt, die notwendig sind, um die Zuordnungen der einzelnen Buchungen zu dem Arbeitszeitdatensatz der Mitarbeiter vorzunehmen. Diese Hauptentitäten müssen Sie in Abhängigkeit der genutzten Zeiterfassungslösung und der individuellen Anforderungen der Zeitwirtschaft konfigurieren.

Zeitereignis (Time Event)

Das *Zeitereignis* ist ein Datensatz, der in der Regel während der physischen Arbeitszeiterfassung an einem physischen Terminal oder über eine Web- oder mobile Punch-Anwendung erstellt wird. Innerhalb des Zeitereignisses werden die folgenden Daten erstellt:

- die Kennung eines Mitarbeiters/einer Beschäftigung
- der Zeitpunkt
- Attribute, die das Ereignis beschreiben

Die Attribute, die das Zeitereignis beschreiben, enthalten normalerweise eine Art Standortkennung, manchmal auch als *Terminal-ID* bezeichnet, und den Zweck des Zeitereignisses, den Zeitereignistyp. Ohne weitere Attribute beschreibt ein solches Zeitereignis lediglich die Tatsache "Ich war hier".

Zeitereignispaar (Time Event Pair)

Ein *Zeitereignispaar* bildet sich aus zwei Zeitereignissen eines Mitarbeiters, die nacheinander aufgezeichnet wurden, z. B. ein Clock-in um 6 Uhr und ein Clock-out um 15 Uhr. Zusätzlich zum Zeitstempel enthält das Zeitereignispaar weitere Daten zur genauen Identifizierung des Ereignisses:

- die Kennung für einen Mitarbeiter/eine Beschäftigung
- der Zeitraum
- mehrere *Attribute*, die das Paar beschreiben

Art des Zeitereignisses (Time Attribute)

Für die genauen Verarbeitungszwecke in der Zeitwirtschaft enthält das Zeitereignis in der Regel mindestens ein weiteres Attribut, das angibt, was passiert ist: den *Zeitereignistyp*. Zeitereignistypen, die in den meisten Systemen genutzt werden, sind z. B.:

- zur Arbeit kommen: **Einchecken**
- die Arbeit verlassen: **Ausstempeln**
- weggehen, aber noch arbeiten: **Kurze Geschäftsreise**
- Pause machen: **Pause machen**

Einige Systeme verwenden weniger Zeitereignistypen, z. B. nur das Ein- und Ausstempeln, oder aber je nach Geschäftsanwendungsfällen mehr Zeitereignistypen. Die individuelle Konfiguration ist jedoch innerhalb von SAP SuccessFactors Employee Central – Time Management kein Problem.

Ein Zeitereignistyp kann als *Start* (eine Aktivität für das Unternehmen starten) oder *Stopp* (Beenden einer Aktivität für das Unternehmen) definiert werden. Weitere Details stellen wir Ihnen später in diesem Abschnitt unter der Überschrift »Pairing Engine« vor.

Clock-in-/Clock-out-Gruppe (Clock-in/Clock-out Group)

Eine *Clock-in-/Clock-out-Gruppe* ist eine Kombination einer Reihe von Zeitereignistypen. Die Clock-in-/Clock-out-Gruppe kann den Jobinformationen im Profil des Mitarbeiters zugeordnet werden und wird für die folgenden Tätigkeiten verwendet:

- Angabe eines Mitarbeiters als Clock -in-/Clock-out-Mitarbeiter
- Definition, welche Zeitereignistypen für einen Mitarbeiter zulässig sind

Das Diagramm aus Abbildung 22.8 visualisiert alle Hauptentitäten von Clock-in und Clock-out und deren Beziehung zueinander.

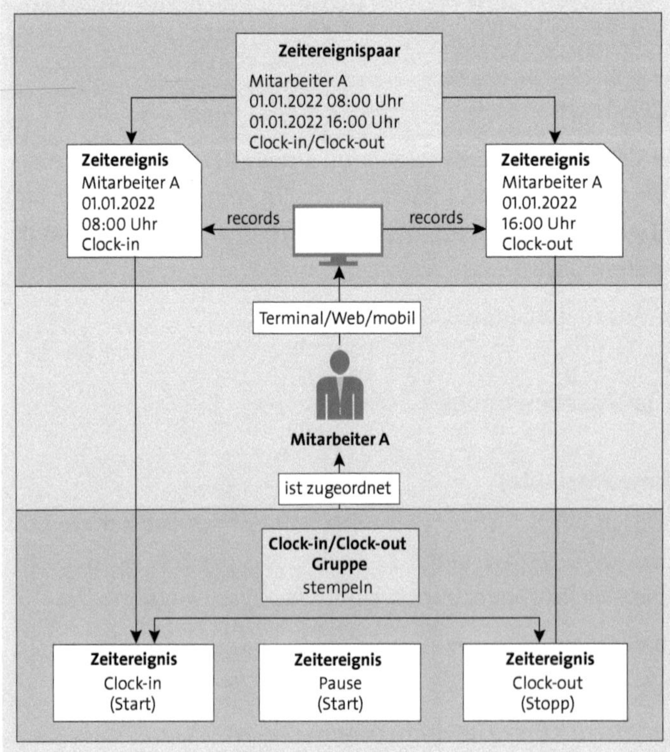

Abbildung 22.8 Beziehungen der Hauptentitäten

22.4.4 Hauptprozesse in Clock-in/Clock-out

Da Sie jetzt wissen, was die Hauptentitäten in Clock-in/Clock-out sind und wofür die Beziehungen der Hauptentitäten verwendet werden, können wir uns die Hauptprozesse von Clock-in/Clock-out ansehen, in denen die einzelnen Zeitereignisse validiert (Validierungs-Engine) und verpaart (Pairing Engine) werden.

Validierungs-Engine

Die Validierung wird direkt ausgeführt, nachdem ein neues Zeitereignis aufgezeichnet worden ist. Es validiert das Time Event auf Basis der definierten Stammdaten des Mitarbeiters (Time Event Type, Clock-in/Clock-out Groups usw.) auf seine strukturelle und semantische Korrektheit hin. Folgende Geschäftsvalidierungen werden z. B. ausgeführt:

- Mitarbeiter existieren und sind einer Clock-in-/Clock-out-Gruppe zugeordnet.
- Der aufgezeichnete Zeitereignistyp ist vorhanden und in der zugewiesenen Clock-in-/Clock-out-Gruppe vorhanden.

Falls ein ungültiges Zeitereignis erstellt wird, zeigt das System einen detaillierten Validierungsfehler an, und der Datensatz wird nicht gespeichert. Sofern das Zeitereignis über ein physisches Terminal aufgezeichnet wird, verhindert nur die strukturelle Validierung die Speicherung. Wenn eine Geschäftsvalidierung fehlschlägt, wird das Zeitereignis mit einem detaillierten Validierungsfehler gespeichert und muss z. B. durch einen Zeitadministrator manuell bearbeitet werden.

[!]

Validierungsstatus und -fehler

Fehlerhafte Zeitereignisse werden sowohl auf der Oberfläche **Time Admin** als auch in der Arbeitszeittabelle des Mitarbeiters hervorgehoben, um die Bearbeitung zu vereinfachen.

22.4.5 Pairing Engine

Zeitereignisse mit bestimmten Zeitereignistypen werden für die Zeitbewertung in Zeitereignispaare mit einem bestimmten Zeittyp umgewandelt. Im Normalfall werden zwei Zeitereignisse (wie Ein- und Ausstempeln) zu einem Zeitereignispaar gekoppelt und die Zeitereignisse während des *Pairings* einzeln auf einer Zeitachse angeordnet.

Für das automatisierte Pairing der Zeittypen ist das Attribut im Zeitereignistyp unabdingbar. Ein Zeitereignistyp kann als Start (eine Aktivität für das Unternehmen starten) oder als Stopp (Beenden einer Aktivität für das Unternehmen) definiert werden.

Mit den beiden grundlegenden Kategorien können Sie Paarungsregeln für eingehende Zeitereignisse festlegen:

- *Start nach Stopp*: entspricht dem Standard-Clock-in-Event. Eine neue Anwesenheitsphase beginnt; es folgt keine Paarung.
- *Start nach Start*: Die Person ist noch anwesend, aber die Art der Anwesenheit hat sich geändert. Dies impliziert das Ende der früheren Anwesenheit. Es folgt eine Paarung der früheren Anwesenheitsperiode.
- *Stopp nach Start*: entspricht dem Standard-Clock-Out-Event. Die frühere Anwesenheitsperiode endet. Es folgt eine Paarung der beendeten Anwesenheitsperiode.
- *Stopp nach Stopp*: Da kein Start-Event existiert, kann keine Kopplung durchgeführt werden, und es muss eine manuelle Korrektur erfolgen.

Diese automatisch erstellten Zeitereignispaare werden innerhalb von SAP SuccessFactors Employee Central Time Tracking in externe Zeitdaten umgewandelt, und es erfolgt ein Eintrag in die Arbeitszeittabellen des Mitarbeiters.

22.5 Geplante Funktionserweiterungen

Im Zuge der aktuellen Roadmap für SAP SuccessFactors Employee Central – Time Management und SAP SuccessFactors Employee Central Time Tracking sind einige weitere wichtige Funktionen geplant (siehe Tabelle 22.1).

Employee Central Time Off	Employee Central Time Tracking
weitere Verbesserung der Benutzeroberflächen	Verbesserungen bei der Zeitbewertung (erweiterte Rundungsfunktion, Abrundung bei Verspätungserkennung)
DocGen (für UK und globale Anforderungen)	verbesserte Unterstützung der Arbeit an Feiertagen (durch die Erweiterung der Feiertagsklassen und der untertägigen Feiertage)
Abwesenheitssegmentierung	Verbesserungen der Benutzeroberfläche des Stundenzettels, wie z. B. verbesserte Handhabung von bedingten Feldern und Filtern auf der Feldebene
	Mobile-Time-Sheet-Erweiterungen

Tabelle 22.1 Funktionserweiterungen, geplant für das 2. Halbjahr 2022

22.6 Fazit

Sie haben in diesem Kapitel die Strukturen, das grundlegende Customizing und den Funktionsumfang von SAP SuccessFactors Employee Central Time Management und SAP SuccessFactors Employee Central Time Tracking kennengelernt. Dieses Verständnis dient Ihnen als Basis für die anstehenden Systemoptimierungen und einer möglichen Abbildung der Zeitwirtschaft in der Cloud.

Mit dem Funktionsumfang, der bereits jetzt in SAP SuccessFactors vorhanden ist, sowie den geplanten Erweiterungen (siehe die SAP Roadmap) kann ein Teil der marktüblichen Zeitwirtschaftsanforderungen in SAP SuccessFactors abgebildet werden. Für komplexe Anforderungen der Zeitwirtschaft sind jedoch noch einige weitere Erweiterungen und Funktionen notwendig. Seitens SAP ist das Ziel definiert, 80 % des aktuellen Funktionsumfangs der klassischen SAP-Zeitwirtschaft in den nächsten 4 bis 5 Jahren umzusetzen. Eine vollständige Umsetzung aller Funktionen ist aktuell nicht geplant. Der geplante Umfang wird aber perspektivisch sicher bei sehr vielen Unternehmen einen großen Teil der üblichen Anforderungen abdecken.

Anhang

Anhang A
User-Exits und BAdIs

Dieses Kapitel gibt Ihnen einen Überblick über die Zeitnachweise, die auf HR-Formularen basieren, sowie über deren Einrichtung. Zudem gehen wir auf häufig auftretende Fehler ein und zeigen, wie Sie diese vermeiden können.

Die Zeitwirtschaft im SAP-System zeichnet sich bereits im Standard durch ein hohes Maß an Flexibilität aus. Durch gekonntes Anwenden und Kombinieren der Optionen, die sich im Customizing bieten, lassen sich sehr viele Anforderungen umsetzen, die an ein aktuelles Zeitwirtschaftssystem gestellt werden. Diese Flexibilität ist schon allein aufgrund der sehr unternehmensspezifischen Regelungen in der Zeitwirtschaft notwendig.

Sollten Sie darüber hinaus mit Anforderungen konfrontiert werden, für die sich im SAP-Standard keine Lösung findet, bietet das Erweiterungskonzept von SAP eine Reihe von Möglichkeiten, in User-Exits und Business Add-ins (BAdIs), den Standard modifikationsfrei zu erweitern.

Hier finden Sie eine Übersicht über die wichtigsten User-Exits und BAdIs in der Zeitwirtschaft. Wir beschreiben jeweils die Funktionalität, die Schnittstelle und die Parameter der Erweiterungen. Beachten Sie, dass Sie nur Parameter ändern können, die explizit als änderbar definiert sind (sogenannte Changing-Parameter). Sollten Ihnen die in der Schnittstelle zur Verfügung gestellten Daten nicht ausreichen, ist es in der Regel möglich, innerhalb der User-Exits beliebige Daten nachzulesen. Die Beschreibung der Erweiterungen beinhaltet in der Regel typische Anwendungsbeispiele. Häufig ergeben sich aber auch darüber hinaus Optionen, die Erweiterungen zu nutzen.

Beachten Sie, dass wir die folgenden Beschreibungen der einzelnen Erweiterungen nach bestem Wissen erstellt haben. Erweiterungen, die wir bisher selbst nicht genutzt haben und zu denen trotz intensiver Recherche keine Dokumentation zu finden war, haben wir trotzdem aufgeführt, jedoch nicht weiter beschrieben. Darüber hinaus erheben wir keinen Anspruch auf Vollständigkeit dieser Übersicht, da einige der von SAP zur Verfügung gestellten Erweiterungen länderspezifisch sind, in unseren Projekten keine Relevanz mehr haben oder bisher noch keine Relevanz hatten.

A.1 BAdI PT_ABS_ATT_COUNTRY (IF_EX_PT_ABS_ATT_COUNTRY)

Dieses BAdI dient zur freien Berechnung der Werte für Abrechnungsstunden und Abrechnungstage eines Mitarbeiters, die bei der Erfassung von Abwesenheiten ermittelt werden. In der folgenden Tabelle finden Sie eine Übersicht über die Methoden.

Methode	Beschreibung
CALCULATE_COUNTRY	Berechnung der Abrechnungstage und -stunden

Tabelle A.1 Freie Bestimmung von Abrechnungsstunden und -tagen

CALCULATE_COUNTRY

Mithilfe der Methode CALCULATE_COUNTRY werden Abrechnungstage und Abrechnungsstunden ermittelt. Die folgende Tabelle listet die Parameter dieser Methode auf.

Parameter	Art	Wert	Optional	Typisierung	Bezugstyp	Default	Beschreibung
FLT_VAL	Importing	–	–	Type	MOLGA	–	Ländergruppierung
PERNR	Importing	–	–	Type	PERNR_D	–	Standardselektionen für HR-Stammdaten-reporting
AWART	Importing	–	–	Type	AWART	–	Ab- oder Anwesenheitsart
BEGDA	Importing	–	–	Type	DATUM	–	Datum
ENDDA	Importing	–	–	Type	DATUM	–	Datum
BEGUZ	Importing	–	–	Type	UZEIT	–	Tageszeit
ENDUZ	Importing	–	–	Type	UZEIT	–	Tageszeit
VTKEN	Importing	–	–	Type	XFELD	–	Feld zum Ankreuzen
STDAZ	Importing	–	–	Type	JRSTD	–	Jahresarbeitsstunden
ALLDF	Importing	–	–	Type	XFELD	–	Feld zum Ankreuzen
CALC_FROM	Importing	–	X	Type	D	›00000000‹	Beginn der Berechnung

Tabelle A.2 Berechnung der Abrechnungsstunden und -tage

Parameter	Art	Wert	Optional	Typisierung	Bezugstyp	Default	Beschreibung
CALC_TO	Importing	–	X	Type	D	›00000000‹	Ende der Berechnung
MANUAL_LEAVE	Importing	–	X	Type	C	–	manuelle Urlaubsabtragung
M0001	Importing	–	–	Type	P0001_TAB	–	Personalstammsatz Infotyp 0001 (Org. Zuordnung)
PWS	Importing	–	–	Type	PTPSP_TAB	–	Tabelle von Übergabestrukturen für persönlichen AZP
TIMES_PER_DAY	Importing	–	–	Type	PTM_TIMES_PER_DAY_TAB	–	Tabelle mit ausgezählten An- oder Abwesenheitszeiten

Tabelle A.2 Berechnung der Abrechnungsstunden und -tage (Forts.)

A.2 BadI PT_ABS_REQ (IF_EX_PT_ABS_REQ)

Dieses BAdI wird in den folgenden Webanwendungen verwendet:

- Abwesenheitsantrag: Steuerung der Verarbeitung von Abwesenheitsanträgen
- Teamkalender: Gestaltung des Teamkalenders im MSS und ESS
- Zeitkonten (ESS): Ermittlung der Zeitkonten
- Anwesenheitsübersicht (MSS): Legende anpassen

In der folgenden Tabelle finden Sie eine Übersicht über die Methoden.

Methode	Beschreibung
SIMULATE_VIA_BLOP	An-/Abwesenheiten mit BLoP simulieren
VALIDATE_AND_SIMULATE	An-/Abwesenheiten mit BLoP validieren und simulieren
POST_VIA_BLOP	An-/Abwesenheiten mit BLoP verbuchen
CHECK_TIME_CONSTRAINTS	Datumsangaben des Antrags überprüfen

Tabelle A.3 Methoden zur Definition von An- und Abwesenheiten

Methode	Beschreibung
CHECK_TIME_CONSTR_FOR_SUBTY	Datumsangaben des Antrags überprüfen, abhängig vom Subtyp
GET_WORKFLOW_ATTRIBS	liefert Workflow-Customizing
GET_IT0005_QUOTAS	liefert Zeitkonten aus dem Infotyp 0005
GET_TIMETYPES_AS_QUOTAS	Zeitarten als Zeitkonten ermitteln
GET_MOD_AND_QTYPE	bestimmt die Parameter MOD und QTYPE für den Funktionsbaustein HR_GET_QUOTA_DATA
GET_FIELD_SELECTION_ATTRIBS	liefert Feldauswahl-Customizing
SET_CALENDAR_COLOR	Farben des Kalenders und Teamkalenders anpassen
SET_CALENDAR_OVERLAPPING_COLOR	Farbe für überlappende Abwesenheiten anpassen
SET_CALENDAR_LEGEND_COLORS	Legende für Kalender und Teamkalender anpassen
SET_OVERVIEW_LEGEND_COLORS	Legende für die Anwesenheitsübersicht anpassen
TEAM_CALE_ENRICHMENT	Teamkalender anreichern (Zeilen und Texte)
AUTH_CHECK_AND_ANONYMIZE_DATA	Berechtigungsprüfung und Datenanonymisierung
PROCESS_MESSAGES	Meldungen verarbeiten
CHECK_ATTACHMENT_MANDATORY	obligatorische Prüfung von Anlagen einrichten
CONVERT_FILE_FORMAT	Dateiformate von Anlagen konvertieren
GET_ATTATCHMENT_CONFIG	Anlagenkonfiguration holen
CHECK_DUPLICATED_APPROVERS	doppelte Genehmiger prüfen
GET_MULTIPLE_APPROVERS	mehrere Genehmiger abrufen
UPDATE_MULTIPLE_APPROVERS	mehrere Genehmiger aktualisieren
INDIRECT_SUBST_APPR	
ADD_ACCRUAL_TO_QUOTA_BAL	

Tabelle A.3 Methoden zur Definition von An- und Abwesenheiten (Forts.)

SIMULATE_VIA_BLOP

SIMULATE_VIA_BLOP ist eine Methode zur Simulation der Kontingentabtragung für zu beantragende Abwesenheiten – auch wenn der Kontingentanspruch nicht ausreicht. Beachten Sie, dass die Simulation von einem Aufruf der Methoden HR_TMW_BUFFER_

START_TRIAL und HR_TMW_BUFFER_DISCARD_TRIAL eingerahmt sein muss, damit das System die simulierten Abwesenheitskontingente nicht in den Infotypen 2006 (Abwesenheitskontingente) und 2007 (Anwesenheitskontingente) sichert. Die folgende Tabelle listet die Parameter dieser Methode auf.

Parameter	Art	Wert	Optional	Typisierung	Bezugstyp	Default	Beschreibung
IM_ATTABS_TAB	Importing	–	–	Type	PTARQ_ATTABSDATA_TAB	–	An-/Abwesenheiten
IM_COLLECT_MESSAGES	Importing	–	–	Type	FLAG	–	allgemeines Kennzeichen
EX_ATTABS_DEDUCT_TAB	Exporting	–	–	Type	PTARQ_ATTABS_DEDUCT_TAB	–	An-/Abwesenheiten und Kontingente

Tabelle A.4 An- und Abwesenheiten mit BLoP simulieren

VALIDATE_AND_SIMULATE

Die folgende Tabelle listet die Parameter dieser Methode auf.

Parameter	Art	Wert	Optional	Typisierung	Bezugstyp	Default	Beschreibung
REQUEST	Importing	–	–	Type Ref To	IF_PT_REQ_REQUEST	–	Antrags-ID
IM_GET_ACCOUNTS_SW	Importing	–	X	Type	BOOLE_D	SPACE	TRUE (= 'X') und FALSE (= ' ')
EX_RET_VALUE	Exporting	–	–	Type	SYSUBRC	–	Return-Tabelle
EX_SIMULATED_DATA	Exporting	–	–	Type Ref To	DATA	–	direkte Simulationsergebnisse
EX_ADDITIONAL_DATA	Exporting	–	–	Type Ref To	DATA	–	abgeleitete Simulationsergebnisse

Tabelle A.5 An- und Abwesenheiten mit BLoP validieren und simulieren

POST_VIA_BLOP

Die Methode POST_VIA_BLOP dient zur Verbuchung von Kontingenten mit dem Funktionsbaustein HR_BLP_MAINTAIN_TIMEDATA in den Infotypen 2006 (Abwesenheitskontingente) und 2007 (Anwesenheitskontingente). Die folgende Tabelle listet die Parameter dieser Methode auf.

Parameter	Art	Wert	Optional	Typisierung	Bezugstyp	Default	Beschreibung
IM_ATTABS_TAB	Importing	–	–	Type	PTARQ_ATTABSDATA_TAB	–	An-/Abwesenheiten
EX_ATTABS_TAB	Exporting	–	–	Type	PTARQ_ATTABSDATA_TAB	–	An-/Abwesenheiten
EX_CANNOT_POST	Exporting	–	–	Type	FLAG	–	allgemeines Kennzeichen

Tabelle A.6 Bewertung und Verbuchung von Abwesenheitskontingenten

CHECK_TIME_CONSTRAINTS

Mit der Methode CHECK_TIME_CONSTRAINTS werden Datumsangaben des Antrags überprüft. Die folgende Tabelle listet die Parameter dieser Methode auf.

Parameter	Art	Wert	Optional	Typisierung	Bezugstyp	Default	Beschreibung
IM_ATTABS_TAB	Importing	–	–	Type	PTARQ_ATTABSDATA_TAB	–	An-/Abwesenheiten
EX_RET_VALUE	Exporting	–	–	Type	SYSUBRC	–	Rückgabewert, Rückgabewert nach ABAP-Anweisungen

Tabelle A.7 Überprüfung von Datumsangaben

CHECK_TIME_CONSTR_FOR_SUBTY

Die Methode CHECK_TIME_CONSTR_FOR_SUBTY wird zur individuellen Berechnung der Fristen für Abwesenheitsanträge genutzt. Die folgende Tabelle listet die Parameter dieser Methode auf.

Parameter	Art	Wert	Optional	Typisierung	Bezugstyp	Default	Beschreibung
IM_ATTABS_TAB	Importing	–	–	Type	PTARQ_ATTABSDATA_TAB	–	An-/Abwesenheiten
EX_RET_VALUE	Exporting	–	–	Type	CHAR1	–	Rückgabewert, Rückgabewert nach ABAP-Anweisungen

Tabelle A.8 Fristen zur Verarbeitung von Abwesenheitsanträgen

GET_WORKFLOW_ATTRIBS

Die Methode GET_WORKFLOW_ATTRIBS dient zur Steuerung des Verarbeitungsprozesses von Abwesenheitsanträgen. Folgende Aspekte des Customizings können angepasst werden:

- Genehmigungspflicht für die Abwesenheiten
- Einsatz des SAP Business Workflows
- Festlegung des Systemverhaltens je nach ausgewähltem Verarbeitungsprozess
- Ermittlung der für die jeweiligen Aktionen (Neuantrag, Änderung, Storno) zugeordneten Workflow-Muster

Die folgende Tabelle listet die Parameter dieser Methode auf.

Parameter	Art	Wert	Optional	Typisierung	Bezugstyp	Default	Beschreibung
IM_ATTABSDATA_TAB	Importing	–	–	Type	PTARQ_ATTABSDATA_TAB	–	An-/Abwesenheiten
EX_WF_ATTRIBS	Exporting	–	–	Type	PTARQ_WFATTR	–	ESS: Attribute zum Workflow

Tabelle A.9 Customizing von Workflows

GET_IT0005_QUOTAS

Die Methode GET_IT0005_QUOTAS dient zur Bereitstellung von Informationen zu Urlaubsansprüchen aus dem dem Infotyp 0005 (Urlaubsanspruch) zusätzlich zu den Infotypen 2006 (Abwesenheitskontingente) und 2007 (Anwesenheitskontingente). Diese können in der Webanwendung **Abwesenheitsantrag** angezeigt werden. Die folgende Tabelle listet die Parameter dieser Methode auf.

Parameter	Art	Wert	Optional	Typisierung	Bezugstyp	Default	Beschreibung
IM_PERNR	Importing	–	–	Type	PERSNO	–	Personalnummer
IM_BEGDA	Importing	–	–	Type	DATUM	–	Datum
IM_ENDDA	Importing	–	–	Type	DATUM	–	Datum
IM_SEL_BEGDA	Importing	–	X	Type	P0005-BEGDA	'18000101'	Gültigkeitsbeginn
EX_TIME_QUOTA	Exporting	–	–	Type	PTARQ_BAPIABWKON_TAB	–	Rest der Abwesenheitskontingente
IM_SEL_ENDDA	Importing	–	X	Type	P0005-ENDDA	'99991231'	Gültigkeitsende

Tabelle A.10 Liefert Zeitkonten aus Infotyp 0005

GET_TIMETYPES_AS_QUOTAS

Mit der Methode GET_TIMETYPES_AS_QUOTAS werden die Zeitarten aus dem Cluster B2 ausgelesen, für die Sie die Webanwendung **Zeitkonten** bereitstellen können. Zusätzlich liefert sie die folgenden Informationen:

- Feld **Rückrechnung BDE** im Infotyp 0003 (Abrechnungsstatus) eines Mitarbeiters
- Datum des letzten Tages, für den die Paarbildung und die Generierung durchgeführt worden sind (laut Cluster-Tabelle QT)

Die folgende Tabelle listet die Parameter dieser Methode auf.

Parameter	Art	Wert	Optional	Typisierung	Bezugstyp	Default	Beschreibung
IM_PERNR	Importing	–	–	Type	PERSNO	–	Personalnummer
IM_BEGDA	Importing	–	–	Type	DATUM	–	Datum
IM_ENDDA	Importing	–	–	Type	DATUM	–	Datum
IM_MOBDE	Importing	–	–	Type	MOBDE	–	Gruppierung der Personalteilbereiche für Zeiterfassung
CH_QUOTAS	Changing	–	–	Type	PTARQ_TIME_ACCOUNTS_TAB	–	Tabelle der Ansprüche in Zeitkonten

Tabelle A.11 Zeitarten als Zeitkonten ermitteln

GET_MOD_AND_QTYPE

Die Methode GET_MOD_AND_QTYPE wird zur Steuerung der Anzeige von Zeitkonten in der Webanwendung **Abwesenheitsantrag** genutzt. Die folgende Tabelle listet die Parameter dieser Methode auf.

Parameter	Art	Wert	Optional	Typisierung	Bezugstyp	Default	Beschreibung
EX_MOD	Exporting	–	–	Type	CHAR1	–	einstelliges Kennzeichen
EX_QTYPE	Exporting	–	–	Type	CHAR1	–	einstelliges Kennzeichen

Tabelle A.12 Bestimmt Modifikator und Kontingenttyp.

GET_FIELD_SELECTION_ATTRIBS

Die Methode GET_FIELD_SELECTION_ATTRIBS dient zur Änderung oder Ergänzung der Feldauswahl für die Anzeigeobjekte in Webanwendungen. Die folgende Tabelle listet die Parameter dieser Methode auf.

Parameter	Art	Wert	Optional	Typisierung	Bezugstyp	Default	Beschreibung
IM_PERNR	Importing	–	–	Type	P_PERNR	–	Personalnummer
IM_SUBTY	Importing	–	–	Type	SUBTY	–	Subtyp
IM_MODUS	Importing	–	–	Type	PT_ARQ_MODE	–	Anwendungsmodus der Abwesenheitsmitteilung
CH_FIELD-CUST_TAB		–	Changing	Type	PTARQ_UIA_FIELDCUST_TAB	–	extra Customizing-Felder

Tabelle A.13 Liefert Feldauswahl-Customizing

SET_CALENDAR_COLOR

SET_CALENDAR_COLOR ist eine Methode zur Anpassung der Farben im Teamkalender. Diese Methode ermöglicht es, die Anträge, abhängig von den folgenden Aspekten, unterschiedlich farblich zu kennzeichnen:

- Status der Anträge (STATUS)
- Subtyp der Abwesenheit (SUBTY)
- Modus der Anwendung (MODUS)
- farbige Darstellung der Status der Abwesenheitsanträge (COLORS_ACTIVE)

Die folgende Tabelle listet die Parameter dieser Methode auf.

Parameter	Art	Wert	Optional	Typisierung	Bezugstyp	Default	Beschreibung
IM_STATUS	Importing	–	–	Type	TIM_REQ_STATUS	–	Belegstatus
IM_UIA_OPERATION	Importing	–	–	Type	IOPER	–	Infotyp-Operation
IM_SUBTY	Importing	–	–	Type	SUBTY	–	Subtyp
IM_BEGTM	Importing	–	–	Type	BEGTM	–	Beginn-Uhrzeit

Tabelle A.14 Farben des Kalenders und des Teamkalenders anpassen

Parameter	Art	Wert	Optional	Typisierung	Bezugstyp	Default	Beschreibung
IM_MODUS	Importing	–	–	Type	PT_REQ_MODE	–	Modus Webanwendung
IM_COLORS_ACTIVE	Importing	–	–	Type	BOOLEAN	–	boolesche Variable (X = TRUE, – = FALSE, space = UNKNOWN)
CH_LEGENDID	Changing	–	–	Type	STRING	–	

Tabelle A.14 Farben des Kalenders und des Teamkalenders anpassen (Forts.)

SET_CALENDAR_OVERLAPPING_COLOR

SET_CALENDAR_OVERLAPPING_COLOR ist eine Methode zur Änderung der Farbe von überlappenden Abwesenheiten im Teamkalender. Die Methode ermöglicht die Änderung der Farbe, abhängig von den folgenden Aspekten:

- Modus der Anwendung (MODUS)
- Farbige Darstellung der Status der Abwesenheitsanträge (COLORS_ACTIVE)

Die folgende Tabelle listet die Parameter dieser Methode auf.

Parameter	Art	Wert	Optional	Typisierung	Bezugstyp	Default	Beschreibung
IM_MODUS	Importing	–	–	Type	PT_REQ_MODE	–	Modus Webanwendung
IM_COLORS_ACTIVE	Importing	–	–	Type	BOOLEAN	–	boolesche Variable (X = TRUE, – = FALSE, space = UNKNOWN)
CH_OVERLAPPING_ID	Changing	–	–	Type	STRING	–	

Tabelle A.15 Farbe für überlappende Abwesenheiten anpassen

SET_CALENDAR_LEGEND_COLORS

Die Methode SET_CALENDAR_LEGEND_COLORS dient zur Änderung der Farbe für die Legende des Teamkalenders und des Kalenders und zur Ergänzung der Legende um eigene Einträge. Die Methode ermöglicht die Änderung der Farbe, abhängig von den folgenden Aspekten:

- Modus der Anwendung (MODUS)
- farbige Darstellung der Status der Abwesenheitsanträge (COLORS_ACTIVE)

Die folgende Tabelle listet die Parameter dieser Methode auf.

Parameter	Art	Wert	Optional	Typisierung	Bezugstyp	Default	Beschreibung
IM_MODUS	Importing	–	–	Type	PT_REQ_MODE	–	Modus Webanwendung
IM_COLORS_ACTIVE	Importing	–	–	Type	BOOLEAN	–	boolesche Variable (X = TRUE, – = FALSE, space = UNKNOWN)
CH_LEGEND_TAB	Changing	–	–	Type	PTREQ_UIA_LEGEND_TAB	–	Legende für Teamkalender (Tabelle)

Tabelle A.16 Legende für Kalender und Teamkalender anpassen

SET_OVERVIEW_LEGEND_COLORS

Die Methode SET_OVERVIEW_LEGEND_COLORS dient zur Änderung der Farbe für die Legende der Anwesenheitsübersicht. Die Methode ermöglicht die Änderung der Farbe, abhängig von den folgenden Aspekten:

- Modus der Anwendung (MODUS)
- farbige Darstellung der Status der Abwesenheitsanträge (COLORS_ACTIVE)

Die folgende Tabelle listet die Parameter dieser Methode auf.

Parameter	Art	Wert	Optional	Typisierung	Bezugstyp	Default	Beschreibung
CH_LEGEND_TAB	Changing	–	–	Type	PTREQ_UIA_LEGEND_TAB	–	Legende für Teamkalender (Tabelle)

Tabelle A.17 Legende für Anwesenheitsübersicht anpassen

TEAM_CALE_ENRICHMENT

Mit der Methode TEAM_CALE_ENRICHMENT wird der Teamkalender angepasst:

- Anpassung der Ausgabe des Mitarbeiternamens
- Zeilen anhängen
- ROW_ID (interne Nummer der Zeile)
- ROW_LABEL (Bezeichnung der Zeile)

Die folgende Tabelle listet die Parameter dieser Methode auf.

Parameter	Art	Wert	Optional	Typisierung	Bezugstyp	Default	Beschreibung
IM_MODUS	Importing	–	–	Type	PT_ARQ_MODE	–	Anwendungsmodus der Abwesenheitsmitteilung
CH_ROWLABEL	Changing	–	–	Type	PTARQ_UIA_ROWLABEL_TAB	–	Struktur der Teamkalender
CH_CALENDAR_TAB	Changing	–	–	Type	PTARQ_UIA_WEEKCALE_TAB	–	Wochenkalender (Tabelle)

Tabelle A.18 Teamkalender mit Zeilen und Texten anreichern

PROCESS_MESSAGES

Die Methode PROCESS_MESSAGES dient zur Prüfung und Erweiterung von Fehlermeldungen. Die folgende Tabelle listet die Parameter dieser Methode auf.

Parameter	Art	Wert	Optional	Typisierung	Bezugstyp	Default	Beschreibung
IM_COLLECT_MESSAGES	Importing	–	–	Type	FLAG	–	allgemeines Flag
IM_MESSAGE_TAB	Importing	–	–	Type	TIM_TMW_MESSAGE_TAB	–	TMW Message Handler: Arbeitstabelle für Meldungen
IM_MESSAGE_DEP_TAB	Importing	–	–	Type	TIM_TMW_MESSAGE_TAB	–	TMW Message Handler: Arbeitstabelle für Meldungen

Tabelle A.19 Berechtigungsprüfung und Datenanonymisierung

Parameter	Art	Wert	Optional	Typisierung	Bezugstyp	Default	Beschreibung
IM_BLOP_TAB	Importing	–	–	Type	TIM_TMW_BLPREQUEST_TAB	–	BLP: Übergabetabelle für Zeitdaten
IM_BLOP_RETCD	Importing	–	–	Type	SY-SUBRC	–	Rückgabewert von ABAP-Anweisungen

Tabelle A.19 Berechtigungsprüfung und Datenanonymisierung (Forts.)

CHECK_ATTACHMENT_MANDATORY

Die Methode CHECK_ATTACHMENT_MANDATORY dient zur Prüfung, ob eine Anlage im Abwesenheitsantrag erforderlich ist. Die folgende Tabelle listet die Parameter dieser Methode auf.

Parameter	Art	Wert	Optional	Typisierung	Bezugstyp	Default	Beschreibung
IM_PERNR	Importing	–	–	Type	PERNR_D	–	Personalnummer
IM_SUBTY	Importing	–	–	Type	SUBTY	–	Subtyp
IM_ABHOUR	Importing	–	–	Type	ABRST	–	Abwesenheitsstunden
EX_MANDATORY	Exporting	–	–	Type	BOOLE_D	–	Dateianlage erforderlich

Tabelle A.20 Obligatorische Prüfung von Anlagen einrichten

CONVERT_FILE_FORMAT

Die Methode CONVERT_FILE_FORMAT dient zur Anpassung eines Dateiformats und z. B. zur Konvertierung von Anlagen im Bild in ein PDF. Die folgende Tabelle listet die Parameter dieser Methode auf.

Parameter	Art	Wert	Optional	Typisierung	Bezugstyp	Default	Beschreibung
IM_ORIGIN_MIMETYPE	Importing	–	–	Type	SAEPOOLINF	–	originaler MIME-Type
IM_ORIGIN_FILE_PATH	Importing	–	X	Type	HRESS_PTARQ_ATT_PATH	–	originaler Dateipfad
IM_ORIGIN_FILE_CONTENT	Importing	–	–	Type	HRESS_PTARQ_ATT_CONTENT	–	originaler Dateiinhalt
IM_DOCUMENT_TYPE	Importing	–	–	Type	SAEOBJART	–	aktueller Dokumententyp
EX_NEW_FILE_CONTENT	Exporting	–	–	Type	HRESS_PTARQ_ATT_CONTENT	–	neuer Dateiinhalt
EX_NEW_FILE_SIZE	Exporting	–	–	Type	HRESS_PTARQ_ATT_SIZE	–	Dateigröße

Tabelle A.21 Dateiformate von Anlagen konvertieren

GET_ATTATCHMENT_CONFIG

Die Methode GET_ATTATCHMENT_CONFIG dient zum Einschränken der anzufügenden Dokumente. Es kann z. B. eine maximale Dateigröße vorgegeben werden. Die folgende Tabelle listet die Parameter dieser Methode auf.

Parameter	Art	Wert	Optional	Typisierung	Bezugstyp	Default	Beschreibung
INFOTYPE	Importing	–	–	Type	INFTY	–	Infotyp
SUBTYPE	Importing	–	–	Type	SUBTY	–	Subtyp

Tabelle A.22 Anlagenkonfiguration holen

Parameter	Art	Wert	Optional	Typisierung	Bezugstyp	Default	Beschreibung
EX_RESTRICT_FILE_TYPE	Exporting	–	–	Type		–	Dateitypen einschränken
EX_MAX_SIZE	Exporting	–	–	Type		–	maximale Größe der Datei
EX_SUPPORT_FILE_TYPE	Exporting	–	–	Type		–	unterstützter Dateityp
EX_DOCUMENT_TYPE	Changing	–	X	Type	SAEOBJART	–	Dokumentart

Tabelle A.22 Anlagenkonfiguration holen (Forts.)

CHECK_DUPLICATED_APPROVERS

Die Methode CHECK_DUPLICATED_APPROVERS dient zur Prüfung doppelter Genehmiger. Die folgende Tabelle listet die Parameter dieser Methode auf.

Parameter	Art	Wert	Optional	Typisierung	Bezugstyp	Default	Beschreibung
IM_REQUEST_ID	Importing	–	–	Type	GUID_32	–	Antrags-ID
IT_APPROVER	Importing	–	–	Type	PTREQ_APPROVER_TAB	–	Genehmiger des Abwesenheitsantrags
EV_HAS_DUPLICATION	Exporting	–	–	Type	ABAP_BOOL	–	Genehmiger doppelt vorhanden

Tabelle A.23 Doppelte Genehmiger prüfen

GET_MULTIPLE_APPROVERS

Die Methode GET_MULTIPLE_APPROVERS dient zur Ermittlung mehrerer Genehmiger für einen Abwesenheitsantrag. Die folgende Tabelle listet die Parameter dieser Methode auf.

Parameter	Art	Wert	Optional	Typisierung	Bezugstyp	Default	Beschreibung
IM_SUBTYPE	Importing	–	–	Type	SUBTY	–	Abwesenheitsart
IM_ACTOR-TYPE	Importing	–	–	Type Ref To	TIM_REQ_ACTOR_TYPE	–	Antragsbeteiligungstyp
IM_OTYPE	Importing	–	–	Type	OTYPE	–	Objekttyp
IM_OBJID	Importing	–	–	Type	OBJEKTID		Objekt-ID
IM_DATE	Importing	–	X	Type	DATUM	SY-DATUM	Datum
IS_REQUEST_PERIOD	Importing	–	–	Type	PTREQ_REQUEST_PERIOD	–	Zeitraum für Abwesenheitsantrag
ET_APPROVERS	Exporting	–	–	Type	PTREQ_APPROVER_TAB	–	Genehmiger des Abwesenheitsantrags
EV_APPROVER_LEVEL	Exporting	–	–	Type	TIM_REQ_APPROVER_LEVEL	–	Genehmigungsstufe des Abwesenheitsantrags
EV_NO_IMPLEMENTATION_FLAG	Exporting	–	–	Type	BOOLEAN	–	Kennzeichen: Keine Implementierung
EV_ESS_ADD_DELE_APPROVER_FLAG	Exporting	–	–	Type	BOOLEAN	–	Kennzeichen für Hinzufügen oder Löschen eines Genehmigers

Tabelle A.24 Mehrere Genehmiger abrufen

UPDATE_MULTIPLE_APPROVERS

Die Methode UPDATE_MULTIPLE_APPROVERS dient zur Aktualisierung der Genehmiger, wenn die Genehmigung über mehrere Schritte erfolgt. Die folgende Tabelle listet die Parameter dieser Methode auf.

Parameter	Art	Wert	Optional	Typisierung	Bezugstyp	Default	Beschreibung
IM_SUBTYPE	Importing	–	X	Type	SUBTY	–	Abwesenheitsart
IM_ACTORTYPE	Importing	–	X	Type Ref To	TIM_REQ_ ACTOR_TYPE	–	Antragsbeteiligungstyp
IM_OTYPE	Importing	–	X	Type	OTYPE	–	Objekttyp
IT_APPROVER	Importing	–	–	Type	PTREQ_ APPROVER_ TAB	–	Genehmiger des Abwesenheitsantrags
IM_OBJID	Importing	–	X	Type	OBJEKTID	–	Objekt-ID
IS_REQUEST_ PERIOD	Importing	–	X	Type	PTREQ_ REQUEST_ PERIOD	–	Zeitraum für Abwesenheitsantrag
EX_HAS_ERROR	Exporting	–	–	Type	ABAP_BOOL	–	fehlerhaft

Tabelle A.25 Mehrere Genehmiger aktualisieren

A.3 BAdI PT_ABS_REQ_CUST (IF_EX_PT_ABS_REQ_CUST)

Dieses BAdI wird zum Lesen des Customizings für die Abwesenheitsmitteilung genutzt. In der folgenden Tabelle finden Sie eine Übersicht über die Methoden.

Methode	Beschreibung
GET_T554S_WEB	Lesen des abwesenheitsartenabhängigen Customizings

Tabelle A.26 Lesen des abwesenheitsartenabhängigen Customizings

GET_T554S_WEB

Die Methode GET_T554S_WEB dient zum Lesen der Customizing-Tabelle T554S (An- und Abwesenheitsarten). Die folgende Tabelle listet die Parameter dieser Methode auf.

Parameter	Art	Wert	Optional	Typisierung	Bezugstyp	Default	Beschreibung
IM_WEBMO	Importing	–	–	Type	WEBMO	–	Regelgruppe für Customizing-Tabellen im Webumfeld
IM_MOABW	Importing	–	–	Type	MOABW	–	Gruppierung der Personalteilbereiche für Ab-/ Anwesenheitsarten
IM_AWART	Importing	–	–	Type	SUBTY	–	Subtyp
IM_DATE	Importing	–	–	Type	DATUM	–	Datum
EX_WEB_GRP_ID	Exporting	–	–	Type	WEB_GRP_ID	–	Webgruppen-ID
EX_SEQNR	Exporting	–	–	Type	SEQNR	–	Reihenfolgenummer
EX_APPROVAL_PROCESS	Exporting	–	–	Type	PT_APPROVAL_PROCESS	–	Genehmigungsart des Genehmigungsprozesses
EX_WORKFLOW_TASK_NEW	Exporting	–	–	Type	PD_TASK_ID	–	Aufgabe (ID der Aufgabe)
EX_WORKFLOW_TASK_DEL	Exporting	–	–	Type	PD_TASK_ID	–	Aufgabe (ID der Aufgabe)
EX_WORKFLOW_TASK_MOD	Exporting	–	–	Type	PD_TASK_ID	–	Aufgabe (ID der Aufgabe)
EX_WF_CHANGE_APPROVER	Exporting	–	–	Type	BOOLE_D	–	TRUE (= 'X') und FALSE (= ' ')
EX_WF_W_OUT_APPROVER	Exporting	–	–	Type	BOOLE_D	–	TRUE (= 'X') und FALSE (= ' ')
EX_DIRECT_PROCESSING	Exporting	–	–	Type	BOOLE_D	–	TRUE (= 'X') und FALSE (= ' ')
EX_DEACT_NEW_REQ	Exporting	–	–	Type	BOOLE_D	–	TRUE (= 'X') und FALSE (= ' ')
EX_DEACT_DEL_REQ	Exporting	–	–	Type	BOOLE_D	–	TRUE (= 'X') und FALSE (= ' ')

Tabelle A.27 Lesen der Tabelle T554S (An- u. Abwesenheitsarten)

Parameter	Art	Wert	Optional	Typisierung	Bezugstyp	Default	Beschreibung
EX_DEACT_CHG_REQ	Exporting	–	–	Type	BOOLE_D	–	TRUE (= 'X') und FALSE (= ' ')
EX_EARLIEST_NEW_BEF	Exporting	–	–	Type	EARLIEST_NEW_BEF	–	früheste Beantragung vorher (Zeitdifferenz)
EX_EARLIEST_NEW_BEF_U	Exporting	–	–	Type	PT_ZEINH	–	Zeit-/Maßeinheit
EX_LATEST_NEW_BEF	Exporting	–	–	Type	LATEST_NEW_BEF	–	späteste Beantragung vorher (Zeitdifferenz)
EX_LATEST_NEW_BEF_U	Exporting	–	–	Type	PT_ZEINH	–	Zeit-/Maßeinheit
EX_LATEST_NEW_AFT	Exporting	–	–	Type	LATEST_NEW_AFT	–	späteste Beantragung nachher (Zeitdifferenz)
EX_LATEST_NEW_AFT_U	Exporting	–	–	Type	PT_ZEINH	–	Zeit-/Maßeinheit
EX_EARLIEST_DEL_BEF	Exporting	–	–	Type	EARLIEST_DEL_BEF	–	frühestes Löschen vorher (Zeitdifferenz)
EX_EARLIEST_DEL_BEF_U	Exporting	–	–	Type	PT_ZEINH	–	Zeit-/Maßeinheit
EX_LATEST_DEL_BEF	Exporting	–	–	Type	LATEST_DEL_BEF	–	spätestes Löschen vorher (Zeitdifferenz)
EX_LATEST_DEL_BEF_U	Exporting	–	–	Type	PT_ZEINH	–	Zeit-/Maßeinheit
EX_LATEST_DEL_AFT	Exporting	–	–	Type	LATEST_DEL_AFT	–	spätestes Löschen nachher (Zeitdifferenz)
EX_LATEST_DEL_AFT_U	Exporting	–	–	Type	PT_ZEINH	–	Zeit-/Maßeinheit
EX_UNIT_IF_NO_QUOTA	Exporting	–	–	Type	PT_ZEINH	–	Zeit-/Maßeinheit

Tabelle A.27 Lesen der Tabelle T554S (An- u. Abwesenheitsarten) (Forts.)

A.4 BAdI PT_BLP_RET_MESS (IF_EX_PT_BLP_RET_MESS)

Dieses BAdI wird zur Anpassung von Fehlermeldungen beim Erstellen eines Abwesenheitsantrags oder einer Zeitbuchungskorrektur verwendet. Es wird z. B. in der Anwendung Time Manager's Workplace (TMW) oder in den SAP-Fiori-Apps **Meine Abwesenheitsanträge** oder **Meine Zeitbuchungskorrekturen** durchlaufen.

Methode	Beschreibung
SET_DATA	Bestimmung der Parameter

Tabelle A.28 Fehlermeldungen anpassen

SET_DATA

Mit der Methode SET_DATA können Fehlermeldungen, die in der Prüfung von Rückrechnungen ausgelöst werden, angepasst oder gar komplett gelöscht werden. Die folgende Tabelle listet die Parameter dieser Methode auf.

Parameter	Art	Wert	Optional	Typisierung	Bezugstyp	Default	Beschreibung
RECORD	Importing	–	X	Type	TIM_TMW_COMMTAB_ENTRY	–	TMW: Arbeitsbereich für Prozessierungstabelle
MESSAGETAB	Changing	–	–	Type	TIM_TMW_MESSAGE_TAB	–	TMW Message Handler: Arbeitstabelle für Meldungen
RETCD	Changing	–	–	Type	TIM_BLP_REQUEST_TAB	–	Rückgabewert von ABAP-Anweisungen

Tabelle A.29 Fehlermeldungen anpassen

A.5 BAdI PT_BLP_USER (IF_EX_PT_BLP_USER)

Dieses BAdI wird zur Erweiterung der Business-Logik für Zeitdaten genutzt. Mit diesem BAdI können Sie beeinflussen, wie Zeitdaten über die Methode HR_BLP_MAINTAIN_TIMEDATA (Bewertung von Zeitdaten) verarbeitet werden. Diese Methode wird z. B. in der Anwendung Time Manager's Workplace (TMW) durchlaufen. In der folgenden Tabelle finden Sie eine Übersicht über die Methoden.

Methode	Beschreibung
PROCESS_DATA	Zeitdaten bearbeiten

Tabelle A.30 Verarbeitung von Zeitdaten

PROCESS_DATA

PROCESS_DATA ist die Einstiegsmethode zum Aufruf eigener Methoden in der Kundenimplementierung. Die folgende Tabelle listet die Parameter dieser Methode auf.

Parameter	Art	Wert	Optional	Typisierung	Bezugstyp	Default	Beschreibung
FLT_VAL	Importing	X	–	Type	TIM_BLPTPOINT_EX	–	Zeitpunktkennung für Business-Logikerweiterungen
I_RECORD	Importing	X	X	Type Ref To	IF_PT_TD_CONTROL	–	aktueller Satz
I_TIME_DATA	Importing	X	–	Type	TIM_BLP_REQUEST_TAB	–	aktuelle Zeitdaten
E_MESSAGES	Exporting	–	–	Type	BAPIRET2_T	–	Ausgabemeldungen für die Transaktion
E_TIME_DATA	Exporting	–	–	Type	TIM_BLP_REQUEST_TAB	–	neue und geänderte Daten

Tabelle A.31 Zeitdatenbearbeitung

A.6 BAdI PT_COR_REQ (IF_EX_PT_COR_REQ)

Dieses BAdI dient zur Verarbeitung der Datensätze, die die Mitarbeiter im ESS bei den Zeitbuchungskorrekturen eingegeben haben. In der folgenden Tabelle finden Sie eine Übersicht über die Methoden.

Methode	Beschreibung
SIMULATE_VIA_BLOP	Zeitbuchungskorrekturen mit BLoP simulieren

Tabelle A.32 Zeitbuchungskorrektur

Methode	Beschreibung
POST_VIA_BLOP	Zeitbuchungskorrekturen mit BLoP verbuchen
CHECK_TIME_CONSTRAINTS	Datumsangaben des Belegs überprüfen
INDIRECT_SUBST_APPR	Indirekte Vertretung in POWL

Tabelle A.32 Zeitbuchungskorrektur (Forts.)

SIMULATE_VIA_BLOP

Die Methode SIMULATE_VIA_BLOP wird zur Simulation der Buchung von Belegen genutzt. Die folgende Tabelle listet die Parameter dieser Methode auf.

Parameter	Art	Wert	Optional	Typisierung	Bezugstyp	Default	Beschreibung
IM_TEVENT_TAB	Importing	–	–	Type	PTCOR_TEVDATA_TAB	–	Zeitereignisse – CORE, APL, KOSTL, ... (Korrekturszenario)
EX_TEVENT_TAB	Exporting	–	–	Type	PTCOR_TEVDATA_TAB	–	Zeitereignisse – CORE, APL, KOSTL, ... (Korrekturszenario)

Tabelle A.33 Simulation der Buchung von Belegen

POST_VIA_BLOP

Die Methode POST_VIA_BLOP bucht Zeitbuchungskorrekturen auf der Datenbank. Die folgende Tabelle listet die Parameter dieser Methode auf.

Parameter	Art	Wert	Optional	Typisierung	Bezugstyp	Default	Beschreibung
IM_TEVENT_TAB	Importing	–	X	Type	PTCOR_TEVDATA_TAB	–	Zeitereignisse – CORE, APL, KOSTL, ... (Korrekturszenario)

Tabelle A.34 Buchen von Zeitbuchungskorrekturbelegen

Parameter	Art	Wert	Optional	Typisierung	Bezugstyp	Default	Beschreibung
EX_TEVENT_TAB	Exporting	–	–	Type	PTCOR_TEVDATA_TAB	–	Zeitereignisse – CORE, APL, KOSTL, ... (Korrekturszenario)
EX_CANNOT_POST	Changing	–	–	Type	Kennzeichen	–	allgemeines Kennzeichen

Tabelle A.34 Buchen von Zeitbuchungskorrekturbelegen (Forts.)

CHECK_TIME_CONSTRAINTS

Die Methode CHECK_TIME_CONSTRAINTS dient zur Verfeinerung der Ermittlung des Zeitraums, innerhalb dessen Korrekturen bearbeitet werden können. Die folgende Tabelle listet die Parameter dieser Methode auf.

Parameter	Art	Wert	Optional	Typisierung	Bezugstyp	Default	Beschreibung
IM_TEVENTS	Importing	–	–	Type	PTCOR_TEVDATA_TAB	–	Zeitereignisse – CORE, APL, KOSTL, ... (Korrekturszenario)

Tabelle A.35 Datumsangaben des Belegs überprüfen

A.7 BAdI PT_COR_REQ_INTERN (IF_EX_PT_COR_REQ_INTERN)

Dieses BAdI wird zur Korrektur von Zeitbuchungen eingesetzt. In der folgenden Tabelle finden Sie eine Übersicht über die Methoden.

Methode	Beschreibung
CHECK_DURING_SIMULATION	Prüfung der Zeitbuchungskorrekturen bei der Simulation

Tabelle A.36 Prüfung von Korrekturen in der Simulation

CHECK_DURING_SIMULATION

Mit der Methode CHECK_DURING_SIMULATION werden Zeitdaten während der simulativen Buchung korrigiert. Die folgende Tabelle listet die Parameter dieser Methode auf.

Parameter	Art	Wert	Optional	Typisierung	Bezugstyp	Default	Beschreibung
IM_TEVENTS_TAB	Importing	–	–	Type	PTCOR_TEVDATA_TAB	–	Zeitereignisse – CORE, APL, KOSTL, ... (Korrekturszenario)

Tabelle A.37 Korrektur von Zeitangaben

A.8 BAdI PT_GEN_REQ (IF_EX_PT_GEN_REQ)

Dieses BAdI dient zur Steuerung des Verarbeitungsprozesses von ESS-Anwendungen. In der folgenden Tabelle finden Sie eine Übersicht über die Methoden.

Methode	Beschreibung
CHECK_IF_ACTOR_ABSENT	Überprüfung, ob ein Mitarbeiter abwesend ist
GET_ACTOR_SUBSTITUTES	Vertreter einlesen
SEARCH_FOR_NEXT_PROCESSOR	nächsten Bearbeiter suchen
CHECK_SELECTED_NEXT_PROCESSOR	ausgewählten Bearbeiter überprüfen
FIND_RESP_AND_DEFAULT_NEXT_PRC	Vorschlagsgenehmiger und -verantwortlichen für Mitarbeiter ermitteln
START_WF	Start Workflow
GET_EMPLOYEE_COMMUNICATION	E-Mail-Adresse ermitteln
GET_ADMINS	liefert die Tabelle mit E-Mail-Listen.
FILTER_NEXT_PROCESSOR	nächsten Bearbeiter filtern
MODIFY_APPLICATION_MESSAGES	Meldungen aus dem Backend-System ändern

Tabelle A.38 Steuerung des Verarbeitungsprozesses in ESS

Methode	Beschreibung
FILTER_REQUESTS_FOR_EMAILS	Filter für die vom E-Mail Report versendeten Mails
ENRICH_ICS_CALENDAR	Kalendereinträge anreichern

Tabelle A.38 Steuerung des Verarbeitungsprozesses in ESS (Forts.)

CHECK_IF_ACTOR_ABSENT

Durch die Methode CHECK_IF_ACTOR_ABSENT wird ermittelt, ob ein Mitarbeiter innerhalb der nächsten zwei Wochen ab dem aktuellen Systemdatum (SY-DATUM) anwesend ist, um festzustellen, ob ein Workitem für die Genehmigung aus dem Eingangskorb des Genehmigers an dessen Vertreter weitergeleitet werden muss. Die folgende Tabelle listet die Parameter dieser Methode auf.

Typ	Parametername	Bezeichnung
Import	IM_PERNR	Personalnummer
Return	RESULT	Datenelement Type BOOL (X) = TRUE; () = FALSE

Tabelle A.39 Überprüfen, ob ein Mitarbeiter abwesend ist

GET_ACTOR_SUBSTITUTES

Durch die Methode GET_ACTOR_SUBSTITUTES können die Vertreter für eine Workflow-Aufgabe ermittelt werden. Die folgende Tabelle listet die Parameter dieser Methode auf.

Typ	Parametername	Bezeichnung
Import	IM_USER	R/3-System, Anmeldename des Benutzers
Import	IM_TASK	Suchbegriff für Aufgaben
Export	EX_SUBST_OBJ	Orgmanagement: Tabelle von Objekteinträgen
Export	EX_SUBST_STR	Orgmanagement: Tabelle von Struktureinträgen

Tabelle A.40 Vertreter einlesen

SEARCH_FOR_NEXT_PROCESSOR

Die Methode SEARCH_FOR_NEXT_PROCESSOR dient zur Ermittlung des Genehmigers eines Abwesenheitsantrags oder einer Zeitbuchungskorrektur. Die folgende Tabelle listet die Parameter dieser Methode auf.

Typ	Parametername	Bezeichnung
Import	IM_APPROVER	Nachname (Feld für Suchhilfe)
Import	IM_USER	Benutzername
Import	IM_PERNR	Personalnummer
Import	IM_SEARCHSTRING	Suchstring für Mitarbeitersuche
Export	EX_PERSDATA_TAB	Abwesenheitsmitteilung: Genehmiger-Tabelle
Export	EX_MESSAGES	Abwesenheitsmitteilung: Message-Tabelle

Tabelle A.41 Nächsten Bearbeiter suchen

CHECK_SELECTED_NEXT_PROCESSOR

Wenn ein Mitarbeiter in der Webanwendung einen anderen Genehmiger als vom System vorgeschlagen auswählt, prüft das System mit der Methode CHECK_SELECTED_NEXT_PROCESSOR, ob der Mitarbeiter diesen Genehmiger auswählen darf. Die folgende Tabelle listet die Parameter dieser Methode auf.

Typ	Parametername	Bezeichnung
Change	IM_PERSDATA_TAB	PTREQ_UIA_APPROVER_TAB
Change	EX_MESSAGES	PTREQ_MESSAGE_TAG

Tabelle A.42 Ausgewählten Bearbeiter überprüfen

FIND_RESP_AND_DEFAULT_NEXT_PRC

Die Methode FIND_RESP_AND_DEFAULT_NEXT_PRC dient zur Ermittlung des für Mitarbeiter zuständigen Genehmigers. Anschließend ermittelt die Methode in der der Tabelle HRESSAPPROVER, welchen Genehmiger der Mitarbeiter für den letzten Antrag ausgewählt hat. Diesen Genehmiger bietet die Webanwendung als Vorschlagwert an. Wenn der Mitarbeiter in der Webanwendung einen anderen Genehmiger auswählt und dieser mit dem Inhaber der Leiterplanstelle identisch ist, übernimmt das System diesen Genehmiger in die Tabelle HRESSAPPROVER, nachdem der Mitarbeiter den Antrag gesendet hat. Die folgende Tabelle listet die Parameter dieser Methode auf.

Typ	Parametername	Bezeichnung
Import	IM_ACTORTYPE	Antragsbeteiligungstyp

Tabelle A.43 Vorschlagsgenehmiger und -verantwortlichen für einen Mitarbeiter ermitteln

Typ	Parametername	Bezeichnung
Import	IM_OTYPE	Objekttyp
Import	IM_OBJID	Objekt-ID
Import	IM_DATE	Datum
Export	EX_RET_VALUE	Rückgabewert, Rückgabewert nach ABAP-Anweisungen
Export	EX_RESPONSIBLE_ACTOR	Antragsbeteiligte
Export	EX_DEF_NEXT_PROC_ACTOR	Antragsbeteiligte

Tabelle A.43 Vorschlagsgenehmiger und -verantwortlichen für einen Mitarbeiter ermitteln (Forts.)

START_WF

Die Methode START_WF startet den SAP Business Workflow, der im Customizing für die Verarbeitungsprozesse von Webanwendungen der Zeitwirtschaft angegeben worden ist. Die folgende Tabelle listet die Parameter dieser Methode auf.

Typ	Parametername	Bezeichnung
Import	IM_MAIN_TASK	Aufgabenkennung
Import	IM_REQUEST	Antrag
Return	RETURN_CODE	Rückgabewert

Tabelle A.44 Start des SAP Business Workflows

GET_EMPLOYEE_COMMUNICATION

Die Methode GET_EMPLOYEE_COMMUNICATION dient zum Auslesen der E-Mail-Adresse eines Mitarbeiters aus dem Infotyp 0105 (Kommunikation). Die folgende Tabelle listet die Parameter dieser Methode auf.

Typ	Parametername	Bezeichnung
Import	IM_PERSONNELNUMBER	Personalnummer
Export	EX_REQS	Personalstammsatz Infotyp 0105 (Kommunikation)

Tabelle A.45 E-Mail-Adresse ermitteln

GET_ADMINS

Mit der Methode GET_ADMINS werden die Empfängerlisten für die E-Mail-Reports RPTARQEMAIL (Abwesenheitsanträge: Versenden von E-Mail) und RPTCOREMAIL (Zeitbuchungskorrektur: E-Mails an Prozessbeteiligte) erstellt. Die folgende Tabelle listet die Parameter dieser Methode auf.

Typ	Parametername	Bezeichnung
Import	IM_ITEMTYPE	Belegtyp
Import	IM_OWNER	Aktordaten
Import	IM_NEXT_PROCESSOR	Aktordaten
Change	CH_RECEIVERS	Tabelle mit E-Mail-Listen

Tabelle A.46 Liefert eine Tabelle mit E-Mail-Listen

FILTER_NEXT_PROCESSOR

Die Methode FILTER_NEXT_PROCESSOR dient zur Anpassung der Wertehilfe für das Feld **Information an** bzw. **Genehmiger** in den Webanwendungen **Zeitbuchungskorrektur** und **Abwesenheitsantrag**. Die folgende Tabelle listet die Parameter dieser Methode auf.

Typ	Parametername	Bezeichnung
Change	CH_PERSDAT_TAB	Abwesenheitsmitteilungen: Genehmiger-Tabelle

Tabelle A.47 Nächsten Bearbeiter filtern

MODIFY_APPLICATION_MESSAGES

Mit der Methode MODIFY_APPLICATION_MESSAGES wird die Ausgabe von Meldungen, die im Backend generiert werden, verfeinert. Die folgende Tabelle listet die Parameter dieser Methode auf.

Typ	Parametername	Bezeichnung
Import	IM_APPID	Anwendungs-ID
Change	CH_MESSAGE_TAB	Abwesenheitsmitteilung: Meldungstabelle

Tabelle A.48 Meldungen aus dem Backend-System ändern

FILTER_REQUESTS_FOR_EMAILS

Durch die Methode FILTER_REQUESTS_FOR_EMAILS können die Empfänger einer E-Mail aus dem Report RPTARQEMAIL oder RPTCOREMAIL beeinflusst werden. Die folgende Tabelle listet die Parameter dieser Methode auf.

Typ	Parametername	Bezeichnung
Import	REPORTTYPE	Antragstyp (ARQ oder COR)
Import	MODUS	Empfängertyp
Changing	REQ_TAB	Tabellentyp für E-Mail-Reports
Export	EX_SUBST_STR	Orgmanagement: Tabelle von Struktureinträgen

Tabelle A.49 Filter für die vom E-Mail-Report versendeten E-Mails

ENRICH_ICS_CALENDAR

Durch die Methode ENRICH_ICS_CALENDAR können die zu versendenden Kalendereinträge um weitere Informationen angereichert werden. Die folgende Tabelle listet die Parameter dieser Methode auf.

Typ	Parametername	Bezeichnung
Import	IS_ITEM	Antragsposition
Import	IV_SUBTY_TXT	Subtyptext
Import	IV_TIMEZONE	Zeitzone
Import	IV_OWNER	Kommunikation Identifikation/Nummer
Export	EX_SUBST_OBJ	Betreff
Export	EX_SUBST_STR	Inhalt des Kalendereintrages

Tabelle A.50 Anreichern von Kalendereinträgen

A.9 BAdI PT_GEN_REQ_INTERN (IF_EX_PT_GEN_REQ_INTERN)

Dieses BAdI dient zur Steuerung der Verarbeitungsprozesse für Webanwendungen. In der folgenden Tabelle finden Sie eine Übersicht über die Methoden.

Methode	Beschreibung
PROVIDE_TRANSITION_STATE_INFO	liefert Informationen für den Statustransfer

Tabelle A.51 Verarbeitungsprozess von Webanwendungen

PROVIDE_TRANSITION_STATE_INFO

Die Methode PROVIDE_TRANSITION_STATE_INFO bestimmt den Status von Belegen aus Webanwendungen. Die folgende Tabelle listet die Parameter dieser Methode auf.

Parameter	Art	Wert	Optional	Typisierung	Bezugstyp	Default	Beschreibung
IM_REQUEST_ID	Importing	–	–	Type	TIM_REQ_ID	–	Beleg-ID
IM_REQUEST_TYPE	Importing	–	–	Type	TIM_REQ_TYPE	–	Belegtyp
IM_CURR_STATUS	Importing	–	–	Type	TIM_REQ_STATUS	–	Belegstatus
IM_TRANSFER_EVENT	Importing	–	–	Type	TIM_REQ_XFER_EVENT	–	Statusübergangsereignis
IM_NEW_STATUS	Importing	–	–	Type	TIM_REQ_STATUS	–	Belegstatus
IM_NEW_VERSION	Importing	–	–	Type	TIM_REQ_VERSION	–	Belegversion
IM_APPROVAL_PROCESS	Importing	–	–	Type	PTREQ_PROCESS	–	ESS: Verarbeitungsprozess

Tabelle A.52 Liefert Information des Statustransfers

A.10 BAdI PT_ GUI_TMW_CALENDAR (IF_EX_PT_GUI_TMW_CALENDAR)

BAdI zum Generieren von Vorschlagswerten im TMW-Kalender. In der folgenden Tabelle finden Sie eine Übersicht über die Methoden.

Methode	Beschreibung
GET_VALUES	Auswahlzeitraumliste holen

Tabelle A.53 Auswahlzeiträume holen

GET_VALUES

Die Methode GET_VALUES dient zur Erzeugung von Zeiträumen als Vorschlagswerte für den Navigationsbereich des Kalenders im TMW. Die folgende Tabelle listet die Parameter dieser Methode auf.

Parameter	Art	Wert	Optional	Typisierung	Bezugstyp	Default	Beschreibung
FLT_VAL	Importing	X	–	Type	PT_TMW_PROFILE	–	Parameter FLT_VAL der Methode GET_VALUES
CH_VALUES	Changing	–	–	Type	PTM_CALENDAR_EXIT_TAB	–	Zeitraumliste

Tabelle A.54 Auswahlzeitraumliste holen

A.11 BAdI PT_GUI_TMW_TDE_NM (IF_EX_PT_GUI_TMW_TDE_NM)

Dieses BAdI wird zum Füllen von kundeneigenen Feldern in der Teamsicht des TMW genutzt. In der folgenden Tabelle finden Sie eine Übersicht über die Methoden.

Methode	Beschreibung
FILL_CUSTOMER_CELLS	Kundenfelder füllen

Tabelle A.55 Kundenfelder individuell mit Werten füllen

FILL_CUSTOMER_CELLS

Die Methode FILL_CUSTOMER_CELLS bestimmt die Werte von Kundenfeldern in der Teamsicht des TMW. Diese Methode wird jedes Mal beim Auffrischen der Anzeige erneut aufgerufen. Die folgende Tabelle listet die Parameter dieser Methode auf.

Parameter	Art	Wert	Optional	Typisierung	Bezugstyp	Default	Beschreibung
IM_TABSTRIP	Importing	–	–	Type	PTLYTID	–	Layout-ID Teamsicht TabStrip

Tabelle A.56 Kundenfelder füllen

Parameter	Art	Wert	Optional	Typisierung	Bezugstyp	Default	Beschreibung
IM_TDE_NM	Importing	–	–	Type Ref To	IF_PT_UIA_TMW_TDE_NM	–	Zeitdatenobjekte im ausgewählten Bereich
IM_VIEW_SETUP	Importing	–	X	Type	PTM_TMW_NM_VIEW_SETTINGS	–	TMW-Teamsicht: Benutzereinstellungen
FLT_VAL	Importing	X	–	Type	PT_TMW_PROFILE	–	TMW-Profil
CH_CUST_CELLS	Changing	–	–	Type	PTM_TMW_NM_CUST_CELL_TAB	–	Kundenfelder

Tabelle A.56 Kundenfelder füllen (Forts.)

A.12 BAdI PT_IAC_LEAVREQ_0001 (IF_EX_PT_IAC_LEAVREQ_0001)

BAdI zur Anpassung der Tabelle der ermittelten An-/Abwesenheitsarten ATTABS_LIST innerhalb der Webanwendung **Abwesenheitsmitteilung anlegen**. In der folgenden Tabelle finden Sie eine Übersicht über die Methoden.

Methode	Beschreibung
MODIFY_ATTABS_LIST	Liste der ermittelten An-/Abwesenheitsarten zur Bearbeitung

Tabelle A.57 Anpassung der An- und Abwesenheitsarten

FILL_CUSTOMER_CELLS

Mit der Methode FILL_CUSTOMER_CELLS werden die Tabellen MESSAGE_LIST und ATTABS_LIST geändert, in denen die für den Mitarbeiter ermittelten Werte stehen und nach eigenen Regeln verändert werden können. Die folgende Tabelle listet die Parameter dieser Methode auf.

Parameter	Art	Wert	Optional	Typisierung	Bezugstyp	Default	Beschreibung
PERNR	Importing	X	–	Type	P2001-PERNR	–	Personalnummer
BEGDA	Importing	X	X	Type	P2001-BEGDA	SY-DATLO	Gültigkeitsbeginn
ENDDA	Importing	X	X	Type	P2001-ENDDA	SY-DATLO	Gültigkeitsende
LANGU	Importing	X	X	Type	SY-LANGU	SY-LANGU	R/3-System, aktuelle Sprache
WEB_ATTABS_GRP	Importing	X	–	Type	PTIM_IAC_T554S-ABS_GRP	–	Feld mit der Länge 3 Bytes
WEB_APPROVAL	Importing	X	–	Type	PTIM_IAC_T554S-APPROVE	–	Feld zum Ankreuzen
WEB_WFTASK	Importing	X	–	Type	PTIM_IAC_T554S-WF-TASK	–	Aufgabenkennung
MESSAGE_LIST	Changing	X	X	Type	BAPIRET2_T	–	Tabelle der Fehlermeldungen
ATTABS_LIST	Changing	X	–	Type	PTIM_IAC_T554S_TAB	–	Tabelle der An-/Abwesenheitsarten

Tabelle A.58 Liste der ermittelten An- und Abwesenheitsarten

A.13 BAdI PT_QUOTA (IF_EX_PT_QUOTA)

Dieses BAdI dient zur Steuerung der automatischen Generierung von Abwesenheitskontingenten. In der folgenden Tabelle finden Sie eine Übersicht über die Methoden.

Methoden	Beschreibung
CHECK_RULE_APPLICABILITY	Überprüfung der Anwendbarkeit einer Generierungsregel
DETERMINE_HIRE_FIRE_DATE	Bestimmung des Ein-/Austrittsdatums

Tabelle A.59 Generierung von Abwesenheitskontingenten

Methoden	Beschreibung
CALCULATE_ACCRUAL_ENTITLEMENT	Berechnung des Kumulationsanspruchs
REDUCE_ACCRUAL_ENTITLEMENT	Kürzung des Kumulationsanspruchs
CALCULATE_BASE_ENTITLEMENT	Berechnung des Basisanspruchs
DETERMINE_PERIOD	Bestimmung Kumulations-/Basiszeitraum
SUPPLY_MISSING_REV_ATTRIBUTES	fehlende Generierungsattribute bei Kontingentkorrekturen
QUOTAS_TRANSFER	–
TRANSFER_RULE	–
QUOTA_INITIAL_PS	–

Tabelle A.59 Generierung von Abwesenheitskontingenten (Forts.)

CHECK_RULE_APPLICABILITY

Mit der Methode CHECK_RULE_APPLICABILITY wird die Anwendbarkeit einer Generierungsregel überprüft. Die folgende Tabelle listet die Parameter dieser Methode auf.

Parameter	Art	Wert	Optional	Typisierung	Bezugstyp	Default	Beschreibung
IM_ACCRUAL_PERIOD	Importing	–	–	Type	HRSEL_PERIOD	–	Zeitperiode (Beginn-Datum – Ende-Datum)
IM_GENERATION_RULE	Importing	–	–	Type	T559L	–	automatische Generierung von Abwesenheitskontingenten
IM_CONTRACT_INFOTYPES	Importing	–	–	Type	PTR_QUOTA_CONTRACT_INFOTYPES	–	Kontingentgenerierung – verfügbare Infotypen pro Vertrag
IM_PHIFI	Importing	–	–	Type	PTT_PHIFI	–	Splits aus den Infotypen 0000 und 0001

Tabelle A.60 Überprüfung der Anwendbarkeit einer Generierungsregel

Parameter	Art	Wert	Optional	Typisierung	Bezugstyp	Default	Beschreibung
CH_APPLICABLE	Changing	–	–	Type	BOOLE_D	–	Datenelement zur Domäne BOOLE: TRUE (= 'X') und FALSE (= ' ')

Tabelle A.60 Überprüfung der Anwendbarkeit einer Generierungsregel (Forts.)

DETERMINE_HIRE_FIRE_DATE

Die Methode DETERMINE_HIRE_FIRE_DATE dient zur Bestimmung des Ein- und Austrittsdatums des Mitarbeiters. Die folgende Tabelle listet die Parameter dieser Methode auf.

Parameter	Art	Wert	Optional	Typisierung	Bezugstyp	Default	Beschreibung
IM_DATE	Importing	–	–	Type	DATS	–	Generierungsdatum
IM_CONTRACT_INFOTYPES	Importing	–	–	Type	PTT_QUOTA_CONTRACT_INFOTYPES	–	Kontingentgenerierung – verfügbare Infotypen pro Vertrag
IM_CONTRACT_PHIFI	Importing	–	–	Type	PTT_CONTRACT_PHIFI	–	Infotyp 0000/0001 (Splits mit Vertrag)
IM_CONTRACT_GENERATION_RULES	Importing	–	–	Type	PTT_CONTRACT_T559L	–	Kontingent-generierungsregeln mit Vertrag
CH_CONTRACT_HIRE_FIRE	Changing	–	–	Type	PTT_CONTRACT_HIRE_FIRE_DATE	–	Ein-/Austrittsdatum pro Vertrag

Tabelle A.61 Bestimmung des Ein- und Austrittsdatums

CALCULATE_ACCRUAL_ENTITLEMENT

Die Methode CALCULATE_ACCRUAL_ENTITLEMENT berechnet die Kumulationsansprüche. Die folgende Tabelle listet die Parameter dieser Methode auf.

Parameter	Art	Wert	Optional	Typisierung	Bezugstyp	Default	Beschreibung
IM_ACCRUAL_PERIOD	Importing	–	–	Type	HRSEL_PERIOD	–	Zeitperiode (Beginn-Datum – Endedatum)
IM_CONTRACT_INFOTYPES	Importing	–	–	Type	PTT_QUOTA_CONTRACT_INFOTYPES	–	Kontingentgenerierung – verfügbare Infotypen pro Vertrag
IM_BASE_RULE	Importing	–	–	Type	T559E	–	Basisanspruch für Urlaubskumulation
IM_PHIFI	Importing	–	–	Type	PTT_CONTRACT_PHIFI	–	Infotyp 0000 bzw. 0001 (Splits mit Vertrag)
IM_CONTRACT_QTBASE	Importing	–	–	Type	PTT_CONTRACT_QTBASE	–	QTBASE mit Personalnummern
IM_CONTRACT_ZES	Importing	–	–	Type	PTT_CONTRACT_ZES	–	Tabellen ZES mit Personalnummern
IM_CONTRACT_SALDO	Importing	–	–	Type	PTT_CONTRACT_SALDO	–	SALDO mit Personalnummern
IM_RULE	Importing	–	–	Type	T559L	–	automatische Generierung von Abwesenheitskontingenten
IM_PBS_ACTIVE	Importing	–	–	Type	C	–	
IM_ACDATE	Importing	–	–	Type	DATUM	–	
CH_CONTRACT_ACCRUAL-ENTITLEMENT	Changing	–	–	Type	PTT_QUOTA_CONTRACT_RULE_NUMBER	–	Vertrag mit Generierungsregel und Kontingentanspruch
CH_MUL_FLAG	Changing	–	–	Type	C	'X'	

Tabelle A.62 Berechnung des Kumulationsanspruchs

REDUCE_ACCRUAL_ENTITLEMENT

Die Methode REDUCE_ACCRUAL_ENTITLEMENT dient zur Kürzung des Kumulationsanspruchs eines Kontingents. Die folgende Tabelle listet die Parameter dieser Methode auf.

Parameter	Art	Wert	Optional	Typisierung	Bezugstyp	Default	Beschreibung
IM_ACCRUAL_ PERIOD	Importing	–	–	Type	HRSEL_PERIOD	–	Zeitperiode (Beginndatum – Endedatum)
IM_BASE_ PERIOD	Importing	–	–	Type	HRSEL_PERIOD	–	Zeitperiode (Beginndatum – Endedatum)
IM_CONTRACT_ INFOTYPES	Importing	–	–	Type	PTT_QUOTA_ CONTRACT_ INFOTYPES	–	Kontingentgenerierung – verfügbare Infotypen pro Vertrag
IM_CONTRACT_ PHIFI	Importing	–	–	Type	PTT_CONTRACT_ PHIFI	–	Infotyp 0000/0001 (Splits mit Vertrag)
IM_BASE_RULE	Importing	–	–	Type	T559E	–	Basisanspruch für Urlaubskumulation
IM_RULE	Importing	–	–	Type	T559L	–	automatische Generierung von Abwesenheitskontingenten
IM_ACDATE	Importing	–	–	Type	DATUM	–	Datum
IM_PBS_ACTIVE	Importing	–	–	Type	C	–	
CH_CONTRACT_ ACCRUALENTITLEMENT	Changing	–	–	Type	PTT_QUOTA_ CONTRACT_RULE_ NUMBER	–	Vertrag mit Generierungsregel und Kontingentanspruch

Tabelle A.63 Kürzung des Kumulationsanspruchs

CALCULATE_BASE_ENTITLEMENT

Die Methode CALCULATE_BASE_ENTITLEMENT dient zur Berechnung des Basisanspruchs. Die folgende Tabelle listet die Parameter dieser Methode auf.

Parameter	Art	Wert	Optional	Typisierung	Bezugstyp	Default	Beschreibung
IM_CONTRACT_SEN_AGE_SPLITS	Importing	–	–	Type	PTT_CONTRACT_SEN_AGE_SPLITS	–	Dienst- und Lebensalter-Splits mit Vertrag
IM_CONTRACT_INFOTYPES	Importing	–	–	Type	PTT_QUOTA_CONTRACT_INFOTYPES	–	Kontingentgenerierung – verfügbare Infotypen pro Vertrag
IM_CONTRACT_TES	Importing	–	–	Type	PTT_CONTRACT_TES	–	Personalnummern und Tabelle TES
IM_CONTRACT_SALDO	Importing	–	–	Type	PTT_CONTRACT_SALDO	–	SALDO mit Personalnummern
CH_CONTRACT_BASEENTITLEMENT	Changing	–	–	Type	PTT_QUOTA_CONTRACT_RULE_NUMBER	–	Vertrag mit Generierungsregel und Kontingentanspruch

Tabelle A.64 Berechnung des Basisanspruchs

DETERMINE_PERIOD

Mit der Methode DETERMINE_PERIOD wird der Gültigkeitszeitraum der zu generierenden Abwesenheitskontingente bestimmt. Die folgende Tabelle listet die Parameter dieser Methode auf.

Parameter	Art	Wert	Optional	Typisierung	Bezugstyp	Default	Beschreibung
IM_DATE	Importing	–	–	Type	DATUM	–	Datum
IM_DATETYPE	Importing	–	–	Type	DATAR	–	Datumsart
IM_RELATIVE-VALUE	Importing	–	–	Type	VAREL	–	relative Lage
IM_RELATIVEUNIT	Importing	–	–	Type	PT_ZEINH	–	Zeit-/Maßeinheit

Tabelle A.65 Bestimmung des Kumulations- und Basiszeitraums

Parameter	Art	Wert	Optional	Typisierung	Bezugstyp	Default	Beschreibung
IM_TRANSFERRULE	Importing	–	–	Type	PTM_LRULE	–	Kontingentgenerierung – Regelung Übertragungszeitpunkte
IM_USAGE	Importing	–	–	Type	CHAR1	–	einstelliges Kennzeichen
IM_PURPOSE	Importing	–	–	Type	CHAR1	–	einstelliges Kennzeichen
IM_CONTRACT_INFOTYPES	Importing	–	–	Type	PTR_QUOTA_CONTRACT_INFOTYPES	–	Kontingentgenerierung – verfügbare Infotypen pro Vertrag
IM_QUOTA_TYPE	Importing	–	–	Type	ABWKO	–	Abwesenheitskontingenttyp
IM_FREQUENCY	Importing	–	–	Type	ACCFR	–	Ansammlungszeitpunkt für Urlaubsanspruch
IM_PERIODPARAMETER	Importing	–	–	Type	PTM_PERMO	–	Periodenparameter
CH_PERIOD	Changing	–	–	Type	HRSEL_PERIOD	–	Zeitperiode (Beginndatum – Endedatum)

Tabelle A.65 Bestimmung des Kumulations- und Basiszeitraums (Forts.)

SUPPLY_MISSING_REV_ATTRIBUTES

Die Methode SUPPLY_MISSING_REV_ATTRIBUTES dient zur Ermittlung fehlender Attribute bei Kontingentkorrekturen. Die folgende Tabelle listet die Parameter dieser Methode auf.

Parameter	Art	Wert	Optional	Typisierung	Bezugstyp	Default	Beschreibung
IM_DATE	Importing	–	–	Type	DATUM	–	Datum
IM_QUOTA_TYPE	Importing	–	–	Type	ABWKO	–	Abwesenheitskontingenttyp

Tabelle A.66 Fehlende Generierungsattribute bei Kontingentkorrekturen

Parameter	Art	Wert	Optional	Typisierung	Bezugstyp	Default	Beschreibung
IM_P0001	Importing	–	–	Type	PTT_P0001	–	P0001 (Tabellentyp)
IM_P0019	Importing	–	–	Type	PTT_P0019	–	P0019 (Tabellentyp, sortiert)
IM_P0041	Importing	–	–	Type	PTT_P0041	–	P0041 (Tabellentyp, sortiert)
EX_GENERATION_RULE	Exporting	–	–	Type	T559L	–	automatische Generierung von Abwesenheitskontingenten
EX_VALIDITY_PERIOD	Exporting	–	–	Type	PTR_PERIOD	–	Gültigkeitsintervall
EX_DEDUCTION_PERIOD	Exporting	–	–	Type	PTR_PERIOD	–	Abtragungsintervall

Tabelle A.66 Fehlende Generierungsattribute bei Kontingentkorrekturen (Forts.)

A.14 BAdI PT_QUOTA_DEDUCTION (IF_EX_PT_QUOTA_DEDUCTION)

Dieses BAdI wird zur Kontingentabtragung eingesetzt. In der folgenden Tabelle finden Sie eine Übersicht über die Methoden.

Methoden	Beschreibung
CALCULATE_QUOTA	Neuberechnung des Kontingentanspruchs

Tabelle A.67 Neuberechnung des Kontingentanspruchs

CALCULATE_QUOTA

Die Methode CALCULATE_QUOTA berechnet den Kontingentanspruch und die Kontingentabtragung. Die folgende Tabelle listet die Parameter dieser Methode auf.

Parameter	Art	Wert	Optional	Typisierung	Bezugstyp	Default	Beschreibung
P_PERNR	Importing	X	–	Type	PERNR_D	–	Personalnummer
P_INFTY	Importing	X	–	Type	INFTY	–	Infotyp
P_AWART	Importing	X	–	Type	AWART	–	Ab- oder Anwesenheitsart
P_TIMES_PER_DAY	Importing		–	Type	PTM_TIMES_PER_DAY_TAB	–	Tabelle mit ausgezählten An- oder Abwesenheitszeiten
FLT_VAL	Importing	X	–	Type	MOLGA	–	Parameter FLT_VAL der Methode CALCULATE_QUOTA
P_DOCNR	Importing	X	X	Type	PTM_DOCNR	–	Dokumentennummer Zeitdaten
P_TQUOTA	Changing	–	–	Type	PTM_QUOTA_TAB	–	Personalzeitkontingente – Grundfelder
P_TQUODED	Changing	–	X	Type	TIM_QUOTADED_TAB	–	Kontingentabtragung

Tabelle A.68 Neuberechnung des Kontingentanspruchs

A.15 BAdI PTCCE_DIST_DATA (IF_EX_PTCCE_DIST_DATA)

Das BAdI verteilt die Zeitauswertungsdaten auf die Verträge bei Mehrfachbeschäftigung. In der folgenden Tabelle finden Sie eine Übersicht über die Methoden.

Methoden	Beschreibung
DISTRIBUTE_DAILY_BALANCE	Verteilung von Tagessalden
DISTRIBUTE_PERIOD_BALANCE	Verteilung von Periodensalden
DISTRIBUTE_WAGETYPE	Verteilung einer Lohnart
DISTRIBUTE_QUOTA	Verteilung von Zeitkontingentstand

Tabelle A.69 Verteilung von Daten der Zeitauswertung

DISTRIBUTE_DAILY_BALANCE

Die Methode DISTRIBUTE_DAILY_BALANCE dient zur Verteilung von Tagessalden bei Mehrfachbeschäftigung. Die folgende Tabelle listet die Parameter dieser Methode auf.

Parameter	Art	Wert	Optional	Typisierung	Bezugstyp	Default	Beschreibung
IM_BALANCE	Importing	–	–	Type	ANZ5_4	–	Anzahl Stunden von Zeitsaldo
IM_CONTRACTS	Importing	–	–	Type	PTT_PERNRS	–	Liste von Personalnummern
IM_ORIGINAL_CONTRACT	Importing	–	–	Type	PCCE_PERNR	–	Vertrag, dem die Anzahl ursprünglich zugeordnet ist
IM_FROM_DAILY_OR_PERIOD_BAL	Importing	–	–	Type	PT_SCHEMA_BLOCK	–	D: aus Tagessalden; E: aus Periodensalden
IM_CONTRACT_AV_WORKTIME	Importing	–	–	Type	PTT_CONTRACT_AV_WORKTIME	–	Personalnummer + durchschnittliche Arbeitszeit pro Tag
IM_CONTRACT_CAP_UTILLEVEL	Importing	–	–	Type	PTT_CONTRACT_CAP_UTILLEVEL	–	Personalnummer + Beschäftigungsgrad
IM_CONTRACT_PLANNED_WORKTIME	Importing	–	–	Type	PTT_CONTRACT_PLANNED_WORKTIME	–	Personalnummer + geplante Arbeitszeit
IM_CONTRACT_DAILY_BALANCES	Importing	–	–	Type	PTT_CONTRACT_TES	–	Personalnummern und Tabelle TES
IM_CONTRACT_PERIOD_BALANCES	Importing	–	–	Type	PTT_CONTRACT_SALDO	–	SALDO mit Personalnummern
IM_DIST_BASIS_FOR_EX	Importing	–	–	Type Ref To	IF_PT_CCE_EX_DIST_CONTEXT	–	Interface für Verteilungs-BAdI

Tabelle A.70 Verteilung von Tagessalden

Parameter	Art	Wert	Optional	Typisierung	Bezugstyp	Default	Beschreibung
FLT_VAL	Importing	X	–	Type	PT_CCE_DIST_ME-THOD	–	Parameter FLT_VAL der Methode DISTRIBUTE_DAILY_BALANCE
EX_PORTIONS_PER_CONTRACT	Exporting	–	–	Type	PTT_CON-TRACT_DAILY_BA-LANCE_VAL	–	Personalnummer + Tagessaldo

Tabelle A.70 Verteilung von Tagessalden (Forts.)

DISTRIBUTE_PERIOD_BALANCE

Die Methode DISTRIBUTE_PERIOD_BALANCE dient zur Verteilung von Periodensalden bei Mehrfachbeschäftigung. Die folgende Tabelle listet die Parameter dieser Methode auf.

Parameter	Art	Wert	Optional	Typisierung	Bezugstyp	Default	Beschreibung
IM_BALANCE	Importing	–	–	Type	MBNUM	–	Anzahl Zeitsaldo in Periode
IM_CONTRACTS	Importing	–	–	Type	PTT_PERNRS	–	Liste von Personal-nummern
IM_ORIGINAL_CONTRACT	Importing	–	–	Type	PCCE_PERNR	–	Vertrag, dem die An-zahl ursprünglich zugeordnet ist
IM_FROM_DAILY_OR_PERIOD_BAL	Importing	–	–	Type	PT_SCHEMA_BLOCK	–	D: aus Tagessalden; E: aus Periodensalden
IM_CONTRACT_AV_WORKTIME	Importing	–	–	Type	PTT_CONT-RACT_AV_WORKTIME	–	Personalnummer + durchschnittliche Arbeitszeit pro Tag

Tabelle A.71 Verteilung von Periodensalden

Parameter	Art	Wert	Optional	Typisierung	Bezugstyp	Default	Beschreibung
IM_CONTRACT_CAP_UTILLEVEL	Importing	–	–	Type	PTT_CONTRACT_CAP_UTILLEVEL	–	Personalnummer + Beschäftigungsgrad
IM_CONTRACT_PLANNED_WORKTIME	Importing	–	–	Type	PTT_CONTRACT_PLANNED_WORKTIME	–	Personalnummer + geplante Arbeitszeit
IM_CONTRACT_DAILY_BALANCES	Importing	–	–	Type	PTT_CONTRACT_TES	–	Personalnummern und Tabelle TES
IM_CONTRACT_PERIOD_BALANCES	Importing	–	–	Type	PTT_CONTRACT_SALDO	–	SALDO mit Personalnummern
IM_DIST_BASIS_FOR_EX	Importing	–	–	Type Ref To	IF_PT_CCE_EX_DIST_CONTEXT	–	Interface für Verteilungs-BAdI
FLT_VAL	Importing	X	–	Type	PT_CCE_DIST_METHOD	–	Parameter FLT_VAL der Methode DISTRIBUTE_DAILY_BALANCE
EX_PORTIONS_PER_CONTRACT	Exporting	–	–	Type	PTT_CONTRACT_PERIOD_BAL_VAL	–	Personalnummer + Periodensaldo

Tabelle A.71 Verteilung von Periodensalden (Forts.)

DISTRIBUTE_WAGETYPE

Die Methode DISTRIBUTE_WAGETYPE dient zur Verteilung von Lohnarten bei Mehrfachbeschäftigung. Die folgende Tabelle listet die Parameter dieser Methode auf.

Parameter	Art	Wert	Optional	Typisierung	Bezugstyp	Default	Beschreibung
IM_DAILY_WAGETYPE	Importing	–	–	Type	PTM_DZL	–	DZL-Eintrag

Tabelle A.72 Verteilung einer Lohnart

Parameter	Art	Wert	Optional	Typisierung	Bezugstyp	Default	Beschreibung
IM_OVERTIME_WAGETYPE	Importing	–	–	Type	PZI08	–	ZML-Eintrag
IM_CONTRACTS	Importing	–	–	Type	PTT_PERNRS	–	Liste von Personalnummern
IM_ORIGINAL_CONTRACT	Importing	–	–	Type	PCCE_PERNR	–	Vertrag, dem die Lohnart ursprünglich zugeordnet ist
IM_FROM_DAILY_OR_PERIOD_BAL	Importing	–	–	Type	PT_SCHEMA_BLOCK	–	D: aus Tagessalden; E: aus Periodensalden
IM_CONTRACT_AV_WORKTIME	Importing	–	–	Type	PTT_CONTRACT_AV_WORKTIME	–	Personalnummer + durchschnittliche Arbeitszeit pro Tag
IM_CONTRACT_CAP_UTILLEVEL	Importing	–	–	Type	PTT_CONTRACT_CAP_UTILLEVEL	–	Personalnummer + Beschäftigungsgrad
IM_CONTRACT_PLANNED_WORKTIME	Importing	–	–	Type	PTT_CONTRACT_PLANNED_WORKTIME	–	Personalnummer + geplante Arbeitszeit
IM_CONTRACT_DAILY_BALANCES	Importing	–	–	Type	PTT_CONTRACT_TES	–	Personalnummern und Tabelle TES
IM_CONTRACT_PERIOD_BALANCES	Importing	–	–	Type	PTT_CONTRACT_SALDO	–	SALDO mit Personalnummern
IM_DIST_BASIS_FOR_EX	Importing	–	–	Type Ref To	IF_PT_CCE_EX_DIST_CONTEXT	–	Interface für Verteilungs-BAdI
FLT_VAL	Importing	X	–	Type	PT_CCE_DIST_METHOD	–	Parameter FLT_VAL der Methode DISTRIBUTE_WAGETYPE

Tabelle A.72 Verteilung einer Lohnart (Forts.)

Parameter	Art	Wert	Optional	Typisierung	Bezugstyp	Default	Beschreibung
CH_CONTRACT_DAILY_WAGE-TYPES	Changing	–	–	Type	PTT_CONTRACT_DZL	–	Personalnummern und Tabelle DZL
CH_CONTRACT_OVERTIME_WAGETYPES	Changing	–	–	Type	PTT_CONTRACT_ZML	–	Personalnummern und Tabelle ZML
CH_CONTRACT_C1	Changing	–	–	Type	PTT_CONTRACT_C1	–	C1 mit Personalnummern
CH_CONTRACT_ALP	Changing	–	–	Type	PTT_CONTRACT_ALP	–	ALP mit Personalnummern

Tabelle A.72 Verteilung einer Lohnart (Forts.)

DISTRIBUTE_QUOTA

Die Methode DISTRIBUTE_QUOTA dient zur Verteilung von Kontingenten bei Mehrfachbeschäftigung. Die folgende Tabelle listet die Parameter dieser Methode auf.

Parameter	Art	Wert	Optional	Typisierung	Bezugstyp	Default	Beschreibung
IM_BALANCE	Importing	–	–	Type	PTM_QUONUM	–	Anzahl eines Personalzeitkontingents
IM_CONTRACTS	Importing	–	–	Type	PTT_PERNRS	–	Liste von Personalnummern
IM_ORIGINAL_CONTRACT	Importing	–	–	Type	PCCE_PERNR	–	Vertrag, dem die Anzahl ursprünglich zugeordnet ist
IM_FROM_DAILY_OR_PERIOD_BAL	Importing	–	–	Type	PT_SCHEMA_BLOCK	–	D: aus Tagessalden; E: aus Periodensalden

Tabelle A.73 Verteilung von Zeitkontingentstand

Parameter	Art	Wert	Optional	Typisierung	Bezugstyp	Default	Beschreibung
IM_CONTRACT_AV_WORKTIME	Importing	–	–	Type	PTT_CONTRACT_AV_WORKTIME	–	Personalnummer + durchschnittliche Arbeitszeit pro Tag
IM_CONTRACT_CAP_UTILLEVEL	Importing	–	–	Type	PTT_CONTRACT_CAP_UTILLEVEL	–	Personalnummer + Beschäftigungsgrad
IM_CONTRACT_PLANNED_WORKTIME	Importing	–	–	Type	PTT_CONTRACT_PLANNED_WORKTIME	–	Personalnummer + geplante Arbeitszeit
IM_CONTRACT_DAILY_BALANCES	Importing	–	–	Type	PTT_CONTRACT_TES	–	Personalnummern und Tabelle TES
IM_CONTRACT_PERIOD_BALANCES	Importing	–	–	Type	PTT_CONTRACT_SALDO	–	SALDO mit Personalnummern
IM_DIST_BASIS_FOR_EX	Importing	–	–	Type Ref To	IF_PT_CCE_EX_DIST_CONTEXT	–	Interface für Verteilungs-BAdI
FLT_VAL	Importing	X	–	Type	PT_CCE_DIST_METHOD	–	Parameter FLT_VAL der Methode DISTRIBUTE_DAILY_BALANCE
EX_PORTIONS_PER_CONTRACT	Exporting	–	–	Type	PTT_CONTRACT_QUOTA_VAL	–	Personalnummer + Zeitkontingentstand

Tabelle A.73 Verteilung von Zeitkontingentstand (Forts.)

A.16 BAdI HRTIM_COV_HISTORY (IF_EX_HRTIM_COV_HISTORY)

Dies BAdI bestimmt, welche Abwesenheiten in der Abrechnung durch die Funktion XNAB weiter verfeinert werden sollen. In der Tabelle finden Sie eine Übersicht über die Methoden.

Methode	Beschreibung
HR_COV_CHECK_AB_RECORD	Soll der Abwesenheitssatz in der Funktion XNAB verarbeitet werden?

Tabelle A.74 Soll der Abwesenheitssatz in der Funktion XNAB verarbeitet werden?

HR_COV_CHECK_AB_RECORD

Die Methode HR_COV_CHECK_AB_RECORD legt fest, ob der Abwesenheitssatz in der Funktion XNAB verarbeitet werden soll. Die folgende Tabelle listet die Parameter dieser Methode auf.

Typ	Parametername	Bezeichnung
Import	P_PERNR	Personalnummer
Import	APER	Struktur der Tabelle APER in der Personalabrechnung
Import	AB	Cluster RD/B2, Tabelle AB
Import	WPBP	Abrechnungsergebnis: Arbeitsplatz/Basisbezüge
Import	MOLGA	Ländergruppierung
Import	P_MOABW	Gruppierung der Personalteilbereiche für Ab-/Anwesenheiten
Import	I0000	Tabelle Infotyp 0000
Import	I0001	Tabelle Infotyp 0001
Import	I0002	Tabelle Infotyp 0002
Import	I0004	Tabelle Infotyp 0004
Import	I0008	Tabelle Infotyp 0008
Import	I0016	Tabelle Infotyp 0016
Import	I0041	Tabelle Infotyp 0041
Import	PSP	Tabelle PSP, persönlicher Arbeitszeitplan
Import	P_AB	Tabelle AB, Cluster B2 und Abrechnungs-Cluster RX
Changing	P_ERROR_TAB	Übergabe – Tabelle mit allen SY-Feldern für T100
Changing	OMIT_AB_RECORD	Kennzeichen

Tabelle A.75 Verarbeitung des Abwesenheitssatzes in der Funktion XNAB

A.17 BAdI PT_EV_INFTY_COUNTRY (IF_EX_PT_EV_INFTY_COUNTRY)

Dieses BAdI dient zum Update länderspezifischer Infotypen in der Zeitauswertung. In der folgenden Tabelle finden Sie eine Übersicht über die Methoden.

Methoden	Beschreibung
GET_PSOPER	Beschaffung der geänderten Infotypsätze
INIT_PSOPER	Initialisierung der geänderten Infotypsätze
UPDATE_PSOPER	Aktualisierung der geänderten Infotypsätze

Tabelle A.76 Länderspezifische Zeitauswertung

GET_PSOPER

Die Methode GET_PSOPER dient zur Beschaffung der geänderten Infotypsätze. Die folgende Tabelle listet die Parameter dieser Methode auf.

Parameter	Art	Wert	Optional	Typisierung	Bezugstyp	Default	Beschreibung
FLT_VAL	Importing	X	–	Type	MOLGA	–	Parameter FLT_VAL der Methode GET_PSOPER
ALL_PERNRS	Importing	X	X	Type	PCCET_PNP_TAB_PERSON_PERNR	–	–
RESULT	Returning	X	–	Type	PSOPER_TAB	–	Tabellentyp zur Struktur PSOPER

Tabelle A.77 Beschaffung der geänderten Infotypsätze

INIT_PSOPER

Die Methode INIT_PSOPER wird zur Initialisierung der geänderten Infotypsätze genutzt. Die folgende Tabelle listet die Parameter dieser Methode auf.

Parameter	Art	Wert	Optional	Typisierung	Bezugstyp	Default	Beschreibung
FLT_VAL	Importing	X	–	Type	MOLGA	–	Parameter FLT_VAL der Methode INIT_PSOPER

Tabelle A.78 Initialisierung der geänderten Infotypsätze

UPDATE_PSOPER

Die Methode UPDATE_PSOPER dient zur Aktualisierung der geänderten Infotypsätze. Die folgende Tabelle listet die Parameter dieser Methode auf.

Parameter	Art	Wert	Optional	Typisierung	Bezugstyp	Default	Beschreibung
FLT_VAL	Importing	X	–	Type	MOLGA	–	Parameter FLT_VAL der Methode UPDATE_PSOPER
OLD_PNNNN	Importing	–	–	Type	PRELP_TAB	–	Tabelle von generischen Infotypen
NEW_PNNNN	Importing	–	–	Type	PRELP_TAB	–	Tabelle von generischen Infotypen

Tabelle A.79 Aktualisierung der geänderten Infotypsätze

A.18 BAdI TIM00ABSCOUNTRY_DAY (IF_EX_TIM00ABSCOUNTRY_DAY)

Dieses BAdI dient zur Auszählung und Bestimmung der Abrechnungstage und -stunden für die Infotypen 2001 (Abwesenheiten) und 2002 (Anwesenheiten) durch Multiplikation der errechneten Werte. In der folgenden Tabelle finden Sie eine Übersicht über die Methoden.

Methoden	Beschreibung
REGISTER	registriert die Landesimplementierung
OPEN	initialisiert die Tagesprozessierung

Tabelle A.80 Tageweise Bewertung von An- und Abwesenheiten mit Multiplikatoren

Methoden	Beschreibung
CALCULATE_ATTABS_MULT	Berechnung der dynamischen Multiplikatoren
CLOSE	abschließende Aktivitäten nach Ende der Auszählung

Tabelle A.80 Tageweise Bewertung von An- und Abwesenheiten mit Multiplikatoren

REGISTER

Die Methode REGISTER stellt eine vorhandene Landesimplementierung fest. Die folgende Tabelle listet die Parameter dieser Methode auf.

Parameter	Art	Wert	Optional	Typisierung	Bezugstyp	Default	Beschreibung
FLT_VAL	Importing	X	–	Type	MOLGA	–	Ländergruppierung
W554S	Importing	X	–	Type	T554S	–	An- und Abwesenheitsarten
E_REF	Exporting	–	–	Type Ref To	IF_EX_TIM00ABS-COUNTRY_DAY	–	BAdI-Interface IF_EX_TIM00ABSCOUNTRY_DAY

Tabelle A.81 Registriert die Landesimplementierung.

OPEN

Die Methode OPEN dient zur Initialisierung der tagesweisen Verarbeitung der An- und Abwesenheit. Die folgende Tabelle listet die Parameter dieser Methode auf.

Parameter	Art	Wert	Optional	Typisierung	Bezugstyp	Default	Beschreibung
FLT_VAL	Importing	X	–	Type	MOLGA	–	Landeskennung
START_DATE	Importing	X	–	Type	BEGDA	–	Beginndatum der An-/Abwesenheit
END_DATE	Importing	X	–	Type	ENDDA	–	Endedatum der An-/Abwesenheit
W508A	Importing	–	–	Type	T508A	–	Arbeitszeitplandefinition
W554S	Importing	–	–	Type	T554S	–	Definition der An-/Abwesenheit

Tabelle A.82 Initialisierung der Tagesbewertung

Parameter	Art	Wert	Optional	Typisierung	Bezugstyp	Default	Beschreibung
W0001	Importing	–	–	Type	P0001	–	Personalstammsatz Infotyp 0001 (Org. Zuordnung)
W0007	Importing	–	–	Type	P0007	–	Infotyp 0007 (Arbeitszeit)
W0008	Importing	–	–	Type	P0008	–	Personalstammsatz Infotyp 0008 (Basisbezüge)

Tabelle A.82 Initialisierung der Tagesbewertung (Forts.)

CALCULATE_ATTABS_MULT

Die Methode CALCULATE_ATTABS_MULT dient zur tageweisen Ermittlung des Multiplikators für Abrechnungsstunden und -tage. Die folgende Tabelle listet die Parameter dieser Methode auf.

Parameter	Art	Wert	Optional	Typisierung	Bezugstyp	Default	Beschreibung
FLT_VAL	Importing	X	–	Type	MOLGA	–	Landeskennung
W508A	Importing	X	–	Type	T508A	–	Arbeitszeitplan-definition
W556C	Importing	X	–	Type	T556C	–	Gültige Auszählungsregel
W0001	Importing	X	–	Type	P0001	–	Personalstammsatz Infotyp 0001 (Org. Zuordnung)
W0007	Importing	X	–	Type	P0007	–	Infotyp 0007 (Arbeitszeit)
W0008	Importing	X	–	Type	P0008	–	Personalstammsatz Infotyp 0008 (Basisbezüge)

Tabelle A.83 Berechnung der dynamischen Multiplikatoren

Parameter	Art	Wert	Optional	Typisierung	Bezugstyp	Default	Beschreibung
TIMES_PER_DAY	Importing	X	–	Type	PTM_TIMES_PER_DAY	–	Pro Tag ermittelte Personalistzeiten mit Abtragungsinformation
MULT_HOURS	Changing	–	–	Type	ABS_MULHR	–	Multiplikator für Abwesenheitsstunden
MULT_DAYS	Changing	–	–	Type	ABS_MULHR	–	Multiplikator für Abwesenheitstage

Tabelle A.83 Berechnung der dynamischen Multiplikatoren (Forts.)

CLOSE

Die Methode CLOSE schließt die Berechnung ab. Die folgende Tabelle listet die Parameter dieser Methode auf.

Parameter	Art	Wert	Optional	Typisierung	Bezugstyp	Default	Beschreibung
FLT_VAL	Importing	X	–	Type	MOLGA	–	Ländergruppierung
TIMES_PER_DAY	Importing	–	–	Type	PTM_TIMES_PER_DAY_TAB	–	Tabelle mit ausgezählten An- oder Abwesenheitszeiten

Tabelle A.84 Abschließende Aktivitäten nach Ende der Auszählung

A.19 BAdI TIM00ATTABSCOUNTING (IF_EX_TIM00ATTABSCOUNTING)

Dieses BAdI dient zur Multiplikation von Abrechnungsstunden und -tagen nach kundeneigenen Regeln. In der folgenden Tabelle finden Sie eine Übersicht über die Methoden.

Methoden	Beschreibung
REGISTER	registriert eine Implementierung.
OPEN	initialisiert die Tagesauszählung
CALCULATE_ATTABS_MULT	berechnet den dynamischen Multiplikator für Stunden und Tage
CLOSE	Abschlussaktivitäten nach der Auszählung

Tabelle A.85 Bewertung von An- und Abwesenheiten mit Multiplikatoren

REGISTER

Die Methode REGISTER dient zur Entscheidung, ob eine Implementierung für eine bestimmte Ab- oder Anwesenheitsart (Eintrag in Tabelle T554S (An-/ Abwesenheitsarten)) greifen soll. Die folgende Tabelle listet die Parameter dieser Methode auf.

Parameter	Art	Wert	Optional	Typisierung	Bezugstyp	Default	Beschreibung
FLT_VAL	Importing	X	–	Type	MOLGA	–	Parameter FLT_VAL der Methode REGISTER
W554S	Importing	X	–	Type	T554S	–	An- und Abwesenheitsartendefinition
E_REF	Exporting	–	–	Type Ref To	IF_EX_TIM00ATTABS-COUNTING	–	Implementierung des Auszählungsexits

Tabelle A.86 Registriert eine Implementierung

OPEN

Die Methode OPEN dient zur Initialisierung der Verarbeitung der An- und Abwesenheiten. Die folgende Tabelle listet die Parameter dieser Methode auf.

Parameter	Art	Wert	Optional	Typisierung	Bezugstyp	Default	Beschreibung
FLT_VAL	Importing	X	–	Type	MOLGA	–	Parameter FLT_VAL der Methode OPEN

Tabelle A.87 Initialisierung der Tagesbewertung

Parameter	Art	Wert	Optional	Typisierung	Bezugstyp	Default	Beschreibung
START_DATE	Importing	X	–	Type	BEGDA	–	Beginn (unter Berücks. des Vortagskennz.) der An-/Abwesenheit
END_DATE	Importing	X	–	Type	ENDDA	–	Ende (unter Berücks. des Vortageskennz.) der An-/Abwesenheit
W508A	Importing	–	–	Type	T508A	–	Arbeitszeitplanregel zum Beginn des Satzes
W554S	Importing	–	–	Type	T554S	–	An- und Abwesenheitsartendefinition zu Beginn des Satzes
W0007	Importing	–	–	Type	P0007	–	Infotyp 0007 zum Beginn des Satzes

Tabelle A.87 Initialisierung der Tagesbewertung (Forts.)

CALCULATE_ATTABS_MULT

Wird für jeden Tag aufgerufen, der zwischen dem Beginn-Datum und dem Ende-Datum des gerade bearbeiteten Infotypsatzes liegt. In der Methode CALCULATE_ATTABS_MULT findet die Berechnung des Faktors statt, mit dem die Abrechnungsstunden und Abrechnungstage multipliziert werden sollen. Die folgende Tabelle listet die Parameter dieser Methode auf.

Parameter	Art	Wert	Optional	Typisierung	Bezugstyp	Default	Beschreibung
FLT_VAL	Importing	X	–	Type	MOLGA	–	Ländergruppierung
W508A	Importing	X	–	Type	T508A	–	Arbeitszeitplanregel
W0007	Importing	X	–	Type	P0007	–	relevanter Infotyp 0007 (Sollarbeitszeit)
TIMES_PER_DAY	Importing	X	–	Type	PTM_TIMES_PER_DAY	–	Pro Tag ermittelte Personalistzeiten mit Abtr.info

Tabelle A.88 Bewertung von An- und Abwesenheiten mit Multiplikatoren

Parameter	Art	Wert	Optional	Typisierung	Bezugstyp	Default	Beschreibung
MULT_HOURS	Changing	–	–	Type	ABS_MULHR	–	Kontingentmultiplikator für Ab-/Anwesenheitsauszählung
MULT_DAYS	Changing	–	–	Type	ABS_MULHR	–	Kontingentmultiplikator für Ab-/Anwesenheitsauszählung

Tabelle A.88 Bewertung von An- und Abwesenheiten mit Multiplikatoren (Forts.)

CLOSE

Wird am Ende der Bearbeitung einer An- oder Abwesenheit aufgerufen. Die Methode CLOSE bietet die Möglichkeit, statische Variablen zu verarbeiten, die von der An- oder Abwesenheitsart sowie den verarbeiteten Zeitdaten abhängen. Die folgende Tabelle listet die Parameter dieser Methode auf.

Parameter	Art	Wert	Optional	Typisierung	Bezugstyp	Default	Beschreibung
FLT_VAL	Importing	X	–	Type	MOLGA	–	Parameter FLT_VAL der Methode CLOSE
TIMES_PER_DAY	Importing	–	–	Type	PTM_TIMES_PER_DAY_TAB	–	Tabelle mit ausgezählten An- oder Abwesenheitszeiten

Tabelle A.89 Abschließende Aktivitäten nach Ende der Auszählung

A.20 BAdI XSS_TIM_PER_INT (IF_EX_XSS_TIM_PER_INTERFACE)

Diese BAdI wird für die Bereitstellung des Zeitnachweises im ESS genutzt. In der folgenden Tabelle finden Sie eine Übersicht über die Methoden.

Methode	Beschreibung
PROVIDE_OVERVIEW_LINE	Aufbereitung einer Zeile der Übersichtstabelle
PROVIDE_DROPDOWN_ENTRIES	Dropdown-Listbox füllen

Tabelle A.90 Zeitnachweis für ESS einrichten

Methode	Beschreibung
PROVIDE_OVERVIEWTAB_FIELDCAT	Feldkatalog für Übersichtstabelle
PROVIDE_PERIOD_TABLE	Tabelle aller anzeigbaren Perioden erzeugen
PROVIDE_DEFAULT_DATE_RANGE	Vorschlagswert für Datumsanzeige

Tabelle A.90 Zeitnachweis für ESS einrichten (Forts.)

PROVIDE_OVERVIEW_LINE

Mit der Methode PROVIDE_OVERVIEW_LINE wird der Aufbau einer Zeile in der Übersichtsliste bestimmt. Die folgende Tabelle listet die Parameter dieser Methode auf.

Parameter	Art	Wert	Optional	Typisierung	Bezugstyp	Default	Beschreibung
IM_PERNR	Importing	–	–	Type	P_PERNR	–	Personalnummer
IM_PERIOD	Importing	–	–	Type	HRXSS_TIM_PER_PERIODS	–	anzeigbare Perioden
EX_OVERVIEW_ROW	Exporting	–	–	Type	HRXSS_SER_ROW_T	–	Zellen einer Zeile
EX_MESSAGE	Exporting	–	–	Type	BAPIRET2	–	Return-Parameter

Tabelle A.91 Aufbereitung einer Zeile der Übersichtstabelle

PROVIDE_DROPDOWN_ENTRIES

Mit der Methode PROVIDE_DROPDOWN_ENTRIES wird bestimmt, wie viele Einträge sich in der Dropdown-Listbox der Übersichtsliste befinden. Die folgende Tabelle listet die Parameter dieser Methode auf.

Parameter	Art	Wert	Optional	Typisierung	Bezugstyp	Default	Beschreibung
IM_PERNR	Importing	–	–	Type	P_PERNR	–	Personalnummer
IM_PERIODS	Importing	–	–	Type	HRXSS_TIM_PER_PERIODS_T	–	Tabellentyp Perioden Zeitnachweisformular

Tabelle A.92 Dropdown-Listbox füllen

Parameter	Art	Wert	Optional	Typisierung	Bezugstyp	Default	Beschreibung
EX_MESSAGE	Exporting	–	–	Type	BAPIRET2	–	Return-Parameter
EX_VALUE_SET_EXT	Exporting	–	–	Type	HRXSS_TIM_PER_VALUE_SET_EXT_T	–	ESS: Erweiterte Value-Set-Struktur
EX_DEFAULT_ENTRY	Exporting	–	–	Type	XSS_SER_STRING	–	–

Tabelle A.92 Dropdown-Listbox füllen (Forts.)

PROVIDE_OVERVIEWTAB_FIELDCAT

Die Methode PROVIDE_OVERVIEWTAB_FIELDCAT dient zur Bestimmung des Layouts der Übersichtstabelle. Sie definiert:

- die Anzahl der Spalten
- die Spaltenüberschriften
- die Spaltenbreite
- die Ausrichtung der angezeigten Daten

Die folgende Tabelle listet die Parameter dieser Methode auf.

Parameter	Art	Wert	Optional	Typisierung	Bezugstyp	Default	Beschreibung
IM_PERNR	Importing	–	–	Type	P_PERNR	–	Personalnummer
EX_FIELDCAT	Exporting	–	–	Type	HRXSS_SER_TAB_FIELDCAT_T	–	Layout einer Tabelle (Spaltendefinition)
EX_MESSAGE	Exporting	–	–	Type	BAPIRET2	–	Return-Parameter

Tabelle A.93 Feldkatalog für Übersichtstabelle

PROVIDE_PERIOD_TABLE

Die Methode PROVIDE_PERIOD_TABLE definiert die Periodizität, mit der die Daten eingelesen werden, und legt fest, wie viele Perioden maximal eingelesen werden. Die folgende Tabelle listet die Parameter dieser Methode auf.

Parameter	Art	Wert	Optional	Typisierung	Bezugstyp	Default	Beschreibung
IM_PERNR	Importing	–	–	Type	P_PERNR	–	Personalnummer
EX_PERIODS	Exporting	–	–	Type	HRXSS_TIM_PER_PERIODS_T	–	Tabellentyp, Perioden, Zeitnachweisformular
EX_MESSAGE	Exporting	–	–	Type	BAPIRET2	–	Return-Parameter

Tabelle A.94 Tabelle aller verfügbaren Perioden erzeugen

PROVIDE_DEFAULT_DATE_RANGE

Die Methode PROVIDE_DEFAULT_DATE_RANGE bestimmt, über welchen Zeitraum Zeitauswertungsdaten angezeigt werden sollen, wenn der Mitarbeiter den Service des Zeitnachweises mit freier Datumswahl verwendet. Die folgende Tabelle listet die Parameter dieser Methode auf.

Parameter	Art	Wert	Optional	Typisierung	Bezugstyp	Default	Beschreibung
IM_PERNR	Importing	–	–	Type	P_PERNR	–	Personalnummer
EX_ENDDA	Exporting	–	–	Type	ENDDA	–	Gültigkeitsende
EX_BEGDA	Exporting	–	–	Type	BEGDA	–	Gültigkeitsbeginn
EX_MESSAGE	Exporting	–	–	Type	BAPIRET2	–	Return-Parameter

Tabelle A.95 Vorschlagswert für Datumsanzeige

A.21 BAdI HRF_TIM_METADATA (IF_EX_HRF_TIM_METADATA)

Dieses BAdI dient der Anpassung von Parametern für die Aufbereitung der Ausgabedaten von HRFORMS-Formularen. In der folgenden Tabelle finden Sie eine Übersicht über die Methoden.

Methode	Beschreibung
HRF_TIM_DETERMINE_VAR_TEXT	Variablen Text in den Einzelergebnissen zum Tag bestimmen
HRF_TIM_MODIFY_STAR_TIM_ALL	MetaStar-Tabelle STAR_TIM_ALL verändern
HRF_TIM_DAILY_RES_CUSTOM	Aufbereitungseigenschaften der Tageseinzel-ergebnisse

Tabelle A.96 Anpassung in der Aufbereitung für HRFORMS-Zeitnachweise

HRF_TIM_DETERMINE_VAR_TEXT

Mit der Methode HRF_TIM_DETERMINE_VAR_TEXT können die aus dem Standard ermittelten Texte einer Zeile in den Einzelergebnissen individuell angepasst werden und durch einen alternativen Text ersetzt werden. Die folgende Tabelle listet die Parameter dieser Methode auf.

Parameter	Art	Wert	Optional	Typisierung	Bezugstyp	Default	Beschreibung
PERNR	Importing	–	–	Type	P_PERNR	–	Personalnummer
PERSON	Importing	–	–	Type	PCCE_PNP_PERSON	–	PNP CE: Person
LANGUAGE	Importing	–	–	Type	SYLANGU	–	Sprachenschlüssel der aktuellen Textumgebung
TIM_B2	Importing	–	–	Type	HRF_TIM_B2	–	Datentabellen aus dem Cluster B2
T001P	Importing				T001P		Personalbereich/-teilbereich
CURRENT_TP_LINE	Importing				PTR_F_TP		Zeilentyp TP Formular
CURRENT_PSP_LINE	Importing				PTR_F_PSP		Zeilentyp PSP Formular
FIRSTTPRECORD4DAY	Importing				TIM_YESNO		Ja-/Nein-Feld
CURRENT_DATE	Importing				DATUM		Datum

Tabelle A.97 Variablen Text in den Einzelergebnissen zum Tag bestimmen

Parameter	Art	Wert	Optional	Typisierung	Bezugstyp	Default	Beschreibung
INFONET	Importing				HRF_NAME		HR-Formulare: Objektname
COUNTRY_GRP	Importing				MOLGA		Ländergruppierung
VARIABLE_TEXT	Changing				HRF_TIM_VAR_TEXT		HRFORMS: variabler Text in Tageseinzelergebnissen

Tabelle A.97 Variablen Text in den Einzelergebnissen zum Tag bestimmen (Forts.)

HRF_TIM_MODIFY_STAR_TIM_ALL

Mit der Methode HRF_TIM_MODIFY_STAR_TIM_ALL können Sie die generierten Ergebnisse des InfoStars TIM_DAILY_RES noch einmal individuell anpassen. Die folgende Tabelle listet die Parameter dieser Methode auf.

Parameter	Art	Wert	Optional	Typisierung	Bezugstyp	Default	Beschreibung
PERNR	Importing	–	–	Type	P_PERNR	–	Personalnummer
PERSON	Importing	–	–	Type	PCCE_PNP_PERSON	–	PNP CE: Person
LANGUAGE	Importing	–	–	Type	SYLANGU	–	Sprachenschlüssel der aktuellen Textumgebung
TIM_B2	Importing	–	–	Type	HRF_TIM_B2	–	Datentabellen aus dem Cluster B2
INFONET	Importing				T001P		HR-Formulare: Objektname
COUNTRY_GRP	Importing				PTR_F_TP		Ländergruppierung
DATA_TAB	Changing				PTT_F_TIM_ALL		Tabellentyp Tageseinzelergebnisse im Formular

Tabelle A.98 Metastar-Tabelle STAR_TIM_ALL verändern

HRF_TIM_DAILY_RES_CUSTOM

Mithilfe der Methode HRF_TIM_DAILY_RES_CUSTOM besteht die Möglichkeit, die Ausgabe der Einzelergebnisse anzupassen und bestimmte Aufbereitungseigenschaften zu deaktivieren. Im Standard sind all diese Optionen aktiviert und können durch Ändern des jeweiligen Changing-Parameters deaktiviert werden. Die folgende Tabelle listet die Parameter dieser Methode auf.

Parameter	Art	Wert	Optional	Typisierung	Bezugstyp	Default	Beschreibung
PERNR	Importing	–	–	Type	P_PERNR	–	Personalnummer
PERSON	Importing	–	–	Type	PCCE_PNP_PERSON	–	PNP CE: Person
LANGUAGE	Importing	–	–	Type	SYLANGU	–	Sprachenschlüssel der aktuellen Textumgebung
INFONET	Importing			Type	T001P		HR-Formulare: Objektname
COUNTRY_GRP	Importing			Type	PTR_F_TP		Ländergruppierung
MOBDE	Importing			Type	PTT_F_TIM_ALL		Tabellentyp Tageseinzelergebnisse im Formular
SUBSTRACT_24_FROM_ENDTIME	Changing			Type	TIM_YESNO		Ja-/Nein-Feld
DATE_TEXT_ONLY4FIRSTREC	Changing			Type	TIM_YESNO		Ja-/Nein-Feld
WEEKLY_SUMS_INSIDE	Changing			Type	TIM_YESNO		Ja-/Nein-Feld
RES_BEFORE_SEL_BEGIN	Changing			Type	TIM_YESNO		Ja-/Nein-Feld
GRAY_OUT_RES_BEF_SEL_BEG	Changing			Type	TIM_YESNO		Ja-/Nein-Feld
ZL_WITH_TIMES	Changing			Type	TIM_YESNO		Ja-/Nein-Feld
ZESONLY4FIRSTREC	Changing			Type	TIM_YESNO		Ja-/Nein-Feld

Tabelle A.99 Aufbereitungseigenschaften der Tageseinzelergebnisse

A.22 BAdI HRFORM_AFTER_TRANSP (IF_EX_HRFORM_AFTER_TRANSP)

Dieses BAdI dient der automatischen Aktivierung von HRFORMS-Formularen, nachdem diese transportiert worden sind. Eine manuelle Aktivierung im Importsystem ist dann nicht mehr notwendig. In der folgenden Tabelle finden Sie eine Übersicht über die Methoden.

Methode	Beschreibung
ACTIVATE_FORMS	Formulare aktivieren

Tabelle A.100 HRFORMS-Formulare automatisch aktivieren

ACTIVATE_FORMS

Mit der Methode ACTIVATE_FORMS kann aufgrund des Formularnamens geprüft werden, ob eine automatische Aktivierung für ein Formular vorgenommen werden soll. Die folgende Tabelle listet die Parameter dieser Methode auf.

Parameter	Art	Wert	Optional	Typisierung	Bezugstyp	Default	Beschreibung
IM_HRFORMS	Importing	–	–	Type	TT_HRFORM	–	Formular
IM_TR_OBJECTS	Importing	–	X	Type	TR_OBJECTS	–	Objekte
EX_MESSAGES	Exporting	–	–	Type	SPROT_U_TAB	–	Tabellentyp zu SPROT_U (Schnittst. zur Protokollerstellung)

Tabelle A.101 Formulare aktivieren

A.23 BAdI HRESS_WDA_TIME_STATEMENT (IF_HRESS_TIME_STATEMENT_WDA)

Dieses BAdI wird zum Befüllen der Datenauswahlzeiträume und Kopftexte in den WebDynpro-Anwendungen für den Zeitnachweis verwendet. In der folgenden Tabelle finden Sie eine Übersicht über die Methoden.

Methode	Beschreibung
DD_LISTBOX_AND_DATES	Dropdown-Liste für Datenauswahlzeitraum füllen
PROVIDE_PERIOD_TABLE	Tabelle mit Zeiträumen aufbauen
FILL_OVERVIEW_TAB	Übersichtstabelle füllen
HEADER_TEXT_DATESEL	Kopftext für den Zeitnachweis mit Zeitraumauswahl ermitteln
HEADER_TEXT_PERSEL	Kopftext des periodischen Zeitnachweises ermitteln
PROVIDE_DEFAULT_DATE_RANGE	Standardzeitraum bereitstellen

Tabelle A.102 Datenauswahlzeitraum und Kopftexte in WebDynpro-Anwendungen

A.24 BAdI HRPT_B_TMD_MULTI_APPROVERS (IF_HRPT_TMD_MULTI_APPROVERS)

Dieses BAdI kann zur Ermittlung einer mehrstufigen Genehmigung in den Mehrarbeitsanträgen genutzt werden. In der folgenden Tabelle finden Sie eine Übersicht über die Methoden.

Methode	Beschreibung
GET_DEFAULT_APPROVERS	Ermittlung der Genehmiger
SAVE_DEFAULT_APPROVERS	Speichern der Genehmiger

Tabelle A.103 Genehmigerermittlung für Mehrarbeitsanträge

GET_DEFAULT_APPROVERS

Mit der Methode GET_DEFAULT_APPROVERS können die Standardgenehmiger für einen Mehrarbeitsantrag angepasst werden. Die folgende Tabelle listet die Parameter dieser Methode auf.

Parameter	Art	Wert	Optional	Typisierung	Bezugstyp	Default	Beschreibung
IV_PERNR	Importing	–	–	Type	PERNR_D	–	Personalnummer
IV_SUBTYPE	Importing	–	–	Type	SUBTY	–	Subtyp

Tabelle A.104 Ermittlung der Genehmiger

Parameter	Art	Wert	Optional	Typisierung	Bezugstyp	Default	Beschreibung
IS_REQUEST_PERIOD	Importing	–	–	Type	PTREQ_REQUEST_PERIOD		Zeitraum für Abwesenheitsantrag
RT_APPROVER_TAB	Returning	X	–	Type	PTREQ_APPROVER_TAB	–	Genehmiger

Tabelle A.104 Ermittlung der Genehmiger (Forts.)

SAVE_DEFAULT_APPROVERS

Mit der Methode SAVE_DEFAULT_APPROVERS können die angepassten Genehmiger für einen Mehrarbeitsantrag gesichert werden. Die folgende Tabelle listet die Parameter dieser Methode auf.

Parameter	Art	Wert	Optional	Typisierung	Bezugstyp	Default	Beschreibung
IV_PERNR	Importing	–	–	Type	PERNR_D	–	Personalnummer
IV_SUBTYPE	Importing	–	–	Type	SUBTY	–	Subtyp
IS_REQUEST_PERIOD	Importing	–	–	Type	PTREQ_REQUEST_PERIOD		Zeitraum für Abwesenheitsantrag
IT_APPROVER_TAB	Importing	–	–	Type	PTREQ_APPROVER_TAB	–	Genehmiger

Tabelle A.105 Speichern der Genehmiger

A.25 BAdI HCMFAB_B_TEAMCALENDAR (IF_HCMFAB_TCAL_EXTENSIONS)

Dieses BAdI kann zur Anreicherung von Daten und Einstellungen in der SAP-Fiori-App **Mein Teamkalender** verwendet werden. Es wird in den entsprechenden Methoden der OData-Services aufgerufen, um kundeneigene Parameter an das Frontend zu liefern und die Daten und Einstellungen zu manipulieren. In der folgenden Tabelle finden Sie eine Übersicht über die Methoden.

Methode	Beschreibung
ENRICH_SEARCH_RESULT	Suchergebnisse anreichern
ENRICH_EMPLOYEE	Mitarbeiterdaten anreichern
ENRICH_EVENT	Ereignisse anreichern
ENRICH_EVENT_TYPE	Ereigniskategorien anreichern
ENRICH_UI_SETTINGS	UI-Einstellungen anreichern
ENRICH_VIEW	Sichten anreichern

Tabelle A.106 Anreicherung und Manipulation von Daten und Einstellungen

A.26 BAdI HCMFAB_B_TEAMCALENDAR_SETTINGS (IF_HCMFAB_TCAL_SETTINGS)

Dieses BAdI kann zur Anpassung diverser Einstellungen in der SAP-Fiori-App **Mein Teamkalender** verwendet werden. In der folgenden Tabelle finden Sie eine Übersicht über die Methoden.

Methode	Beschreibung
GET_UI_SETTINGS	UI-Einstellungen für Teamkalender ermitteln
GET_EVENT_TYPES	Ereigniskategorien ermitteln
GET_VIEWS	Mitarbeitersichten ermitteln
GET_EMPLOYEE_DESCRIPTION	Mitarbeiterbeschreibung ermitteln
GET_ABSENCE_DATA	Abwesenheitsdaten ermitteln
GET_BDAY_ANNIVERSARIES	Geburtstage ermitteln
GET_TRAINING_DATA	Trainingsdaten ermitteln
GET_WORKSCHEDULE	Tagesarbeitszeitplandaten ermitteln
EXECUTE_EMPLOYEE_SEARCH	Mitarbeitersuche ausführen
VALIDATE_CUSTOM_EMPLOYEE	Manuell hinzugefügte Personen prüfen
GET_PERIODS	Auswählbare Perioden festlegen
GET_EMPLOYEE_DETAIL_ATTRIBUTES	Detaillierte Informationen zum Mitarbeiter lesen

Tabelle A.107 Einstellungen für die SAP-Fiori-App »Mein Teamkalender«

Methode	Beschreibung
GET_APPROVAL_SETTINGS	Genehmigungseinstellungen beim Hinzufügen neuer Sichten
TRIGGER_APPROVAL	Genehmigung einer neuen Sicht auslösen
CANCEL_APPROVAL	Genehmigung einer neuen Sicht abbrechen

Tabelle A.107 Einstellungen für die SAP-Fiori-App »Mein Teamkalender« (Forts.)

A.27 BAdI HCMFAB_B_ENRICH_MYFORMS (IF_EX_HCMFAB_MYFORMS)

Dieses BAdI kann zur Anreicherung von Daten und Einstellungen in der SAP-Fiori-App **Meine Formulare** verwendet werden. Es wird in den entsprechenden Methoden der OData-Services aufgerufen, um kundeneigene Parameter an das Frontend zu liefern und die Daten und Einstellungen zu manipulieren. In der folgenden Tabelle finden Sie eine Übersicht über die Methoden.

Methode	Beschreibung
ENRICH_FORMSLIST	Formularliste pro Formulartyp anreichern
ENRICH_FORMSDISPLAY	Formulare anreichern
ENRICH_FORMTYPES	Formulartypen anreichern
ENRICH_FORMSPECIFIC_FIELDS	Spezielle Felder pro Formulartyp anreichern

Tabelle A.108 Anreicherung und Manipulation von Daten und Einstellungen

A.28 BAdI HCMFAB_B_MYFORMS (HCMFAB_IF_MYFORMS)

Dieses BAdI kann zum Hinzufügen kundeneigener Formulare in der SAP-Fiori-App **Meine Formulare** verwendet werden. In der folgenden Tabelle finden Sie eine Übersicht über die Methoden.

Methode	Beschreibung
FILL_FORM_TYPES	Formulartypen hinzufügen
FILL_FORMS_LIST	Liste der Formulare pro Formulartyp erstellen
FILL_PDF_FORM_DISPLAY	PDF generieren

Tabelle A.109 Kundeneigene Formulare in der SAP-Fiori-App Meine Formulare aufnehmen.

Methode	Beschreibung
FILL_FORM_SPECIFIC_FIELDS	Formularspezifische Felder definieren und befüllen
GET_HIDE_REM_TIME_STATEMENT	Entgelt-/Zeitnachweis ausblenden

Tabelle A.109 Kundeneigene Formulare in der SAP-Fiori-App Meine Formulare aufnehmen. (Forts.)

In der folgenden Tabelle finden Sie eine Übersicht über die Methoden.

A.29 BAdI HCMFAB_B_COMMON (IF_EX_HCMFAB_COMMON)

Dieses BAdI wird als gemeinsames BAdI für alle HCM-SAP-Fiori-Apps gesehen und von diversen SAP-Fiori-Apps, wie z. B. dem Teamkalender, verwendet. Es kann zur Anpassung allgemeiner Einstellungen und zur Ermittlung von Mitarbeitersichten verwendet werden. In der folgenden Tabelle finden Sie eine Übersicht über die Methoden.

Methode	Beschreibung
GET_ONBEHALF_EMPLOYEES	Liste der Mitarbeiter für »im Auftrag von Agieren« ermitteln
GET_COLLEAGUES	Kollegen ermitteln
GET_DIRECT_REPORTS	direkt unterstellte Mitarbeiter ermitteln
GET_EMPLOYEES	Mitarbeiter je nach Sicht ermitteln
GET_MANAGER	Vorgesetzten des Mitarbeiters ermitteln
GET_EMPLOYEE_DETAILS	Detaildaten zum Mitarbeiter ermitteln
GET_EMPLOYEE_PICTURE	Bild des Mitarbeiters ermitteln
GET_OFFICE_ADDRESS	Büroadresse ermitteln
GET_CONFIGURATION	Einstellungen ermitteln
GET_CE_CONFIGURATION	Einstellungen für Mehrfachbeschäftigung ermitteln
EMPLOYEE_IS_MANAGER	Prüfen, ob der Mitarbeiter ein Vorgesetzter ist
EMPLOYEE_IS_ONBEHALF_RELEVANT	Prüfen, ob der Mitarbeiter zur Personenliste »im Auftrag von Agieren« gehört

Tabelle A.110 Gemeinsames BAdI für alle HCM-SAP-Fiori-Apps

A.30 BAdI HCMFAB_B_EMPLOYEE_SEARCH (IF_EX_HCMFAB_EMPLOYEE_SEARCH)

Dieses BAdI kann zur Anpassung der Mitarbeitersuche in den HCM-SAP-Fiori-Apps genutzt werden. Auch dieses BAdI wird von verschiedenen HCM-SAP-Fiori-Apps verwendet. In der folgenden Tabelle finden Sie eine Übersicht über die Methoden.

Methode	Beschreibung
GET_SEARCH_FIELDS	Definition der Felder, die in der Mitarbeitersuche genutzt werden können

Tabelle A.111 Erweiterung der Mitarbeitersuche

A.31 User-Exit: HRPTDW01

Erweiterung zur Versorgung einzelner Infofelder bei der Extraktion von Zeitdaten für SAP Business Warehouse (SAP BW). In der folgenden Tabelle finden Sie eine Übersicht über die Funktionsbausteine.

Funktionsbaustein	Beschreibung
EXIT_SAPLHRMS_BIW_PTDW_001	Customer-Exit Zeitdatenextraktor: Stunden laut persönlichem Arbeitszeitplan
EXIT_SAPLHRMS_BIW_PTDW_002	Customer-Exit Zeitdatenextraktor: Personalzeiten
EXIT_SAPLHRMS_BIW_PTDW_003	Customer-Exit Zeitdatenextraktor: Kontingentbewegungsdaten

Tabelle A.112 Funktionsbausteine des Zeitdatenextraktors

EXIT_SAPLHRMS_BIW_PTDW_001

Der Funktionsbaustein EXIT_SAPLHRMS_BIW_PTDW_001 dient zur Bestimmung des Wertes der InfoSource **Stunden** aus dem persönlichen Arbeitszeitplan (0HR_PT_01), die die Datengrundlage für die geplanten Arbeitszeiten von Mitarbeitern bereitstellt. Das Coding des Exits wird im Include ZXPTDWU01 abgelegt. Die folgende Tabelle listet die Parameter dieser Methode auf.

Parameter	Art	Wert	Optional	Typisierung	Bezugstyp	Default	Beschreibung
I_BEGDA	Importing	X	–	Like	SY-DATUM	–	Beginn-Datum
I_ENDDA	Importing	X	–	Like	SY-DATUM	–	Ende-Datum
I_PERNR_OBJECT	Importing	X	–	Type	TPTDW_PERNR_OBJECT	–	komplexes Objekt zur Person (TYPE-POOL TPTDW)
C_ACTUAL_PWS	Changing	X	–	Like	PTDW_PWS	–	zu versorgende Struktur
I_T_P0000	Tables	–	–	Like	P0000	–	Infotyptabelle (Maßnahmen)
I_T_P0001	Tables	–	–	Like	P0001	–	Infotyptabelle (Org. Zuordnung)
I_T_P0002	Tables	–	–	Like	P0002	–	Infotyptabelle (Daten zur Person)
I_T_P0007	Tables	–	–	Like	P0007	–	Infotyptabelle (Sollarbeitszeit)
I_T_P0049	Tables	–	–	Like	P0049	–	Infotyptabelle (Kurzarbeit)
I_T_P2001	Tables	–	–	Like	P2001	–	Infotyptabelle (Abwesenheiten)
I_T_P2002	Tables	–	–	Like	P2002	–	Infotyptabelle (Anwesenheiten)

Tabelle A.113 Kundeneigene Feldversorgung für den Zeitdatenextraktor

EXIT_SAPLHRMS_BIW_PTDW_002

Der Funktionsbaustein EXIT_SAPLHRMS_BIW_PTDW_002 dient zur Bestimmung des Wertes der InfoSource Personal-Istzeiten (0HR_PT_02), die die Datengrundlage für die tatsächlichen Arbeitszeiten von Mitarbeitern bereitstellt. Das Coding des Exits wird im Include ZXPTDWU02 abgelegt. Die folgende Tabelle listet die Parameter dieser Methode auf.

Parameter	Art	Wert	Optional	Typisierung	Bezugstyp	Default	Beschreibung
I_BEGDA	Importing	X	–	Like	SY-DATUM	–	Beginn-Datum
I_ENDDA	Importing	X	–	Like	SY-DATUM	–	Ende-Datum
I_PERNR_OBJECT	Importing	X	–	Type	TPTDW_PERNR_OBJECT	–	komplexes Objekt zur Person (aus dem Type-Pool TPTDW)
I_REPTT	Importing	X	–	Like	REPTT_TABTY	–	Zeitart für das Berichtswesen
I_P2001_PSREF	Importing	X	X	Type	TPTDW_PA2001_PSREF	–	aktuell bearbeitete Datenquelle (Abwesenheiten)
I_P2002_PSREF	Importing	X	X	Type	TPTDW_PA2002_PSREF	–	aktuell bearbeitete Datenquelle (Anwesenheiten)
ACTUAL_TIMES	Changing	X	–	Like	PTDW_TIMES	–	zu versorgende Struktur
I_T_P0000	Tables	–	–	Like	P0000	–	Infotyptabelle (Maßnahmen)
I_T_P0001	Tables	–	–	Like	P0001	–	Infotyptabelle (Org. Zuordnung)
I_T_P0007	Tables	–	–	Like	P0007	–	Infotyptabelle (Sollarbeitszeit)

Tabelle A.114 Kundeneigene Feldversorgung für den Zeitdatenextraktor

EXIT_SAPLHRMS_BIW_PTDW_003

Der Funktionsbaustein EXIT_SAPLHRMS_BIW_PTDW_003 dient zur Bestimmung des Wertes der InfoSource Kontingentbewegungsdaten (0HR_PT_03), die die Datengrundlage für Zeitguthaben von Mitarbeitern bereitstellt. Das Coding des Exits wird im Include ZXPTDWU03 abgelegt. Die folgende Tabelle listet die Parameter dieser Methode auf.

Parameter	Art	Wert	Optional	Typisierung	Bezugstyp	Default	Beschreibung
I_BEGDA	Importing	X	–	Like	SY-DATUM	–	Beginn-Datum
I_ENDDA	Importing	X	–	Like	SY-DATUM	–	Ende-Datum
I_QUOTA	Importing	X	–	Like	QUOTAS_TABTY	–	Kontingentart für das Berichtswesen
I_PERNR_OBJECT	Importing	X	–	Type	TPTDW_PERNR_OBJECT	–	komplexes Objekt zur Person (TYPE-POOL TPTDW)
I_KTANSP	Importing	X	–	Type	PTGQD_T_XKT-ANSP	–	Info zu den Kontingent-Ursprungsbelegen
C_T_ACTUAL_QUOTA	Changing	X	–	Like	PTDW_QUOT	–	zu versorgende Struktur
I_T_P0001	Tables	–	–	Like	P0001	–	Infotyptabelle (Org. Zuordnung)
I_T_P0007	Tables	–	–	Like	P0007	–	Infotyptabelle (Sollarbeitszeit)
I_T_P0005	Tables	–	–	Like	P0005	–	Infotyptabelle (Urlaubsanspruch)
I_T_P2006	Tables	–	–	Like	P2006	–	Infotyptabelle (Abwesenheitskontingent)
I_T_P2007	Tables	–	–	Like	P2007	–	Infotyptabelle (Anwesenheitskontingent)

Tabelle A.115 Kundeneigene Feldversorgung für den Zeitdatenextraktor

A.32 User-Exit: HRPTIM01

Dieser User-Exit wird zur Erweiterung für den Urlaubsaufbau im Infotyp 0005 (Urlaubsanspruch) genutzt. In der Tabelle finden Sie eine Übersicht über die Funktionsbausteine.

Funktionsbaustein	Beschreibung
EXIT_MP000500_001	User-Exit für den Infotyp 0005

Tabelle A.116 User-Exit für den Infotyp 0005

EXIT_MP000500_001

Der Funktionsbaustein EXIT_MP000500_001 dient zur Änderung der durch die Merkmale im Customizing generierten Vorschlagswerte für den Urlaubsanspruch im Infotyp 0005 (Urlaubsanspruch). Das Coding des Exits wird im Include ZXP01U01 abgelegt. Die folgende Tabelle listet die Parameter dieser Methode auf.

Parameter	Art	Wert	Optional	Typisierung	Bezugstyp	Default	Beschreibung
BEGIN_DATE	Importing	X	–	Like	P0005-BEGDA	–	Beginn-Datum des aktuellen Satzes
END_DATE	Importing	X	–	Like	P0005-ENDDA	–	Ende-Datum des aktuellen Satzes
PERSONEL_NUMBER	Importing	X	–	Like	PERNR-PERNR	–	Personalnummer
LEAVE_ENTITLEMENT	Tables	–	–	Like	IURART	–	Urlaubsarten und Urlaubsanspruch

Tabelle A.117 Beeinflussung von Urlaubsart und -anspruch

A.33 User-Exit: HRPTIM02

Mit diesem User-Exit nehmen Sie Erweiterungen für den Urlaubsaufbau im Infotyp 0005 (Urlaubsanspruch) vor. In der folgenden Tabelle finden Sie eine Übersicht über die Funktionsbausteine.

Funktionsbaustein	Beschreibung
EXIT_RPILVA00_001	User-Exit für den Urlaubsaufbau – Programm RPILVA00

Tabelle A.118 User-Exit für die HR-Zeitwirtschaft – Urlaubsaufbau

EXIT_RPILVA00_001

Der Funktionsbaustein EXIT_RPILVA00_001 dient zur Bestimmung der Urlaubskumulation im Programm RPILVA00 für den Infotyp 0005 (Urlaubsanspruch). Das Coding des Exits wird im Include ZXPLAU01 abgelegt. Die folgende Tabelle listet die Parameter dieser Methode auf.

Parameter	Art	Wert	Optional	Typisierung	Bezugstyp	Default	Beschreibung
PPERNR	Importing	–	X	Like	PERNR-PERNR	–	
LEAVE_YEAR	Importing	–	X	Like	RPTXXXXX-JAHR1	–	Anspruchsjahr
SENIORITY	Importing	–	X	Type	I	–	Dienstalter in Jahren
AGE	Importing	–	X	Type	I	–	Lebensalter in Jahren
HIRE_DATE	Importing	–	X	Like	SY-DATUM	–	Einstellungsdatum
FIRE_DATE	Importing	–	X	Like	SY-DATUM	–	Austrittsdatum
ACT_WRKHRS	Importing	–	X	Type	P	–	gearbeitete Stunden
PLN_WRKHRS	Importing	–	X	Type	P	–	Sollstunden
ONLY_NEW	Importing	–	X	Type	C	–	
ONLY_OLD	Importing	–	X	Type	C	–	
PP0000	Tables	–	–	Like	P0000	–	Maßnahmen
PP0001	Tables	–	–	Like	P0001	–	organisatorische Zuordnung
PP0004	Tables	–	–	Like	P0004	–	Behinderung
PP0005	Tables	–	–	Like	P0005	–	Urlaubsanspruch
PP0007	Tables	–	–	Like	P0007	–	Arbeitszeit
PP0008	Tables	–	–	Like	P0008	–	Basisbezüge

Tabelle A.119 User-Exit für HR-Zeitwirtschaft – Urlaubsaufbau

Parameter	Art	Wert	Optional	Typisierung	Bezugstyp	Default	Beschreibung
PPSP	Tables	–	–	Like	PTPSP	–	persönlicher Arbeitszeitplan
VACATION	Tables	–	–	Like	RPILVA00	–	Rückgabetabelle für Urlaubskumulation

Tabelle A.119 User-Exit für HR-Zeitwirtschaft – Urlaubsaufbau (Forts.)

A.34 User-Exit: HRPTIM03

Dieser User-Exit dient zur Bearbeitung der Werte für den Abwesenheitskontingentaufbau bei der manuellen Erfassung des Infotyps 2006 (Abwesenheitskontingente) oder beim maschinellen Aufbau von Kontingentsätzen. In der folgenden Tabelle finden Sie eine Übersicht über die Funktionsbausteine.

Funktionsbaustein	Beschreibung
EXIT_SAPLHRLV_001	User-Exit für die Kontingentgenerierung – Anwendbarkeit
EXIT_SAPLHRLV_002	User-Exit für die Kontingentgenerierung – Kumulationsanspruch
EXIT_SAPLHRLV_003	User-Exit für die Kontingentgenerierung – Kürzungsvorschrift
EXIT_SAPLHRLV_004	User-Exit für die Kontingentgenerierung – Basisanspruch
EXIT_SAPLHRLV_005	User-Exit für die Kontingentgenerierung – Überleitungsvorgabe
EXIT_SAPLHRLV_006	User-Exit für die Kontingentgenerierung – Ein-/Austrittsdatum
EXIT_SAPLHRLV_007	User-Exit für die Kontingentgenerierung – Gültigkeitsintervall Vorschlagswerte
EXIT_SAPLHRLV_008	User-Exit für die Kontingentgenerierung – Auswahlregelgruppe
EXIT_SAPLHRLV_009	User-Exit für die Kontingentgenerierung – Generierungsergebnis bei Vorschlagswerten
EXIT_SAPLHRLV_010	User-Exit für die Kontingentgenerierung – Infotyp 2013 (Gültigkeits-/Abtragungsintervall)

Tabelle A.120 User-Exits für den Kontingentaufbau

Funktionsbaustein	Beschreibung
EXIT_SAPLHRLV_011	User-Exit für die Kontingentgenerierung – Gültigkeits- und Abtragungsintervall
EXIT_SAPLHRLV_012	User-Exit für die Kontingentgenerierung – Kumulationszeitraum

Tabelle A.120 User-Exits für den Kontingentaufbau (Forts.)

EXIT_SAPLHRLV_001

Der Funktionsbaustein EXIT_SAPLHRLV_001 definiert eigene Bedingungen für die Anwendbarkeit einer Auswahlregel für Abwesenheitskontingenttypen. Das Coding des Exits wird im Include ZXPLAU02 abgelegt. Die folgende Tabelle listet die Parameter dieser Methode auf.

Parameter	Art	Wert	Optional	Typisierung	Bezugstyp	Default	Beschreibung
XPERNR	Importing	X	–	Like	PERNR-PERNR	–	Personalnummer
XACBEG	Importing	X	–	Like	SY-DATUM	–	Beginn Kumulationszeitraum
XACEND	Importing	X	–	Like	SY-DATUM	–	Ende Kumulationszeitraum
XT559L	Importing	X	–	Like	T559L	–	automatische Generierung von Abwesenheitskontingenten
XSUBRC	Exporting	X	–	Like	SY-SUBRC	–	
XP0000	Tables	–	–	Like	P0000	–	Personalstammsatz Infotyp 0000 (Maßnahmen)
XP0001	Tables	–	–	Like	P0001	–	Personalstammsatz Infotyp 0001 (Org. Zuordnung)
XP0002	Tables	–	–	Like	P0002	–	
XP0007	Tables	–	–	Like	P0007	–	
XP0008	Tables	–	–	Like	P0008	–	
XP0019	Tables	–	–	Like	P0019	–	

Tabelle A.121 Bedingungen für die Auswahlregel in Abwesenheitskontingenttypen

Parameter	Art	Wert	Optional	Typisierung	Bezugstyp	Default	Beschreibung
XP0041	Tables	–	–	Like	P0041	–	Personalstammsatz Infotyp 0041 (Datumsangaben)
XPHIFI	Tables	–	–	Like	PHIFI	–	

Tabelle A.121 Bedingungen für die Auswahlregel in Abwesenheitskontingenttypen (Forts.)

EXIT_SAPLHRLV_002

Der Funktionsbaustein EXIT_SAPLHRLV_002 dient zur Berechnung des Kumulationsanspruchs des aktuell verarbeiteten Kontingenttyps. Das Coding des Exits wird im Include ZXPLAU03 abgelegt. Die folgende Tabelle listet die Parameter dieser Methode auf.

Parameter	Art	Wert	Optional	Typisierung	Bezugstyp	Default	Beschreibung
XPERNR	Importing	X	–	Like	PERNR-PERNR	–	
XQTYPE	Importing	X	–	Like	T559L-QTYPE	–	
XACBEG	Importing	X	–	Like	SY-DATUM	–	
XACEND	Importing	X	–	Like	SY-DATUM	–	
XT559L	Importing	X	–	Like	T559L	–	automatische Generierung von Abwesenheitskontingenten
XQTNUM	Changing	X	–	Like	T559E-LVNUM	–	
XP0000	Tables	–	–	Like	P0000	–	Personalstammsatz Infotyp 0000 (Maßnahmen)
XP0001	Tables	–	–	Like	P0001	–	Personalstammsatz Infotyp 0001 (Org. Zuordnung)
XP0002	Tables	–	–	Like	P0002	–	
XP0007	Tables	–	–	Like	P0007	–	
XP0008	Tables	–	–	Like	P0008	–	

Tabelle A.122 Berechnung der Kumulationsansprüche

Parameter	Art	Wert	Optional	Typisierung	Bezugstyp	Default	Beschreibung
XP0019	Tables	–	–	Like	P0019	–	
XP0041	Tables	–	–	Like	P0041	–	Personalstammsatz Infotyp 0041 (Datumsangaben)

Tabelle A.122 Berechnung der Kumulationsansprüche (Forts.)

EXIT_SAPLHRLV_003

Der Funktionsbaustein EXIT_SAPLHRLV_003 dient dazu, die Kürzung des Kumulationsanspruchs des aktuell verarbeiteten Kontingenttyps zu beeinflussen. Das Coding des Exits wird im Include ZXPLAU04 abgelegt. Die folgende Tabelle listet die Parameter dieser Methode auf.

Parameter	Art	Wert	Optional	Typisierung	Bezugstyp	Default	Beschreibung
XPERNR	Importing	X	–	Like	PERNR-PERNR	–	
XQTYPE	Importing	X	–	Like	T559L-QTYPE	–	
XLVCUT	Importing	X	–	Like	T559M-LVCUT	–	
XACCAC	Importing	X	–	Like	T559E-LVNUM	–	Direktwert Basisanspruch für Kontingentgenerierung
XACBEG	Importing	X	–	Like	SY-DATUM	–	
XACEND	Importing	X	–	Like	SY-DATUM	–	
XGENZES	Importing	–	–	Type	PTM_ZES	–	Tabelle ZES: Einzelsalden
XGENSALDO	Importing	–	–	Type	PTM_SALDO	–	Tabelle SALDO: Periodensalden
XQTNUM	Changing	X	–	Like	T559E-LVNUM	–	
XP0000	Tables	–	–	Like	P0000	–	Personalstammsatz Infotyp 0000 (Maßnahmen)

Tabelle A.123 Kürzung des Kumulationsanspruchs

Parameter	Art	Wert	Optional	Typisierung	Bezugstyp	Default	Beschreibung
XP0001	Tables	–	–	Like	P0001	–	Personalstammsatz Infotyp 0001 (Org. Zuordnung)
XP0002	Tables	–	–	Like	P0002	–	
XP0007	Tables	–	–	Like	P0007	–	
XP0008	Tables	–	–	Like	P0008	–	
XP0019	Tables	–	–	Like	P0019	–	
XP0041	Tables	–	–	Like	P0041	–	Personalstammsatz Infotyp 0041 (Datumsangaben)
XPHIFI	Tables	–	–	Like	PHIFI	–	

Tabelle A.123 Kürzung des Kumulationsanspruchs (Forts.)

EXIT_SAPLHRLV_004

Der Funktionsbaustein EXIT_SAPLHRLV_004 dient zur Berechnung des Basisanspruchs bzw. des Basiszeitraums des aktuell verarbeiteten Kontingenttyps. Das Coding des Exits wird im Include ZXPLAU05 abgelegt. Die folgende Tabelle listet die Parameter dieser Methode auf.

Parameter	Art	Wert	Optional	Typisierung	Bezugstyp	Default	Beschreibung
XGDATE	Importing	X	–	Like	SY-DATUM	–	
XPERNR	Importing	X	–	Like	PERNR-PERNR	–	
XQTYPE	Importing	X	–	Like	T559E-QTYPE	–	
XRULNO	Importing	X	–	Like	T559E-RULNO	–	
XSEQNR	Importing	X	–	Like	T559E-SEQNR	–	

Tabelle A.124 Berechnung des Basisanspruchs bzw. -zeitraums

Parameter	Art	Wert	Optional	Typisierung	Bezugstyp	Default	Beschreibung
XGENZES	Importing		–	Type	PTM_ZES	–	Tabelle ZES: Einzelsalden
XGENSALDO	Importing		–	Type	PTM_SALDO	–	Tabelle SALDO: Periodensalden
XLVNUM	Changing	X	–	Like	T559E-LVNUM	–	
XTTZES	Changing	X	–	Like	T559E-TTZES	–	
XTTSAL	Changing	X	–	Like	T559E-TTSAL	–	
XBABEG	Changing	X	–	Like	SY-DATUM	–	
XBAEND	Changing	X	–	Like	SY-DATUM	–	
XP0000	Tables	–	–	Like	P0000	–	Personalstammsatz Infotyp 0000 (Maßnahmen)
XP0001	Tables	–	–	Like	P0001	–	Personalstammsatz Infotyp 0001 (Org. Zuordnung)
XP0002	Tables	–	–	Like	P0002	–	
XP0007	Tables	–	–	Like	P0007	–	
XP0008	Tables	–	–	Like	P0008	–	
XP0019	Tables	–	–	Like	P0019	–	
XP0041	Tables	–	–	Like	P0041	–	Personalstammsatz Infotyp 0041 (Datumsangaben)
XPHIFI	Tables	–	–	Like	PHIFI	–	

Tabelle A.124 Berechnung des Basisanspruchs bzw. -zeitraums (Forts.)

EXIT_SAPLHRLV_005

Der Funktionsbaustein EXIT_SAPLHRLV_005 dient zur Bearbeitung generierter Ergebnisse der Kontingentgenerierung in der Zeitauswertung. Das Coding des Exits wird im Include ZXPLAU06 abgelegt. Die folgende Tabelle listet die Parameter dieser Methode auf.

Parameter	Art	Wert	Optional	Typisierung	Bezugstyp	Default	Beschreibung
XPERNR	Importing	–	–	Like	PERNR-PERNR	–	
XDATE	Importing	–	–	Like	SY-DATUM	–	
XQTACC	Tables	–	–	Like	PC2BJ	–	Generierung von Abwesenheitskontingenten (Tabelle QTACC)
XZES	Tables	–	–	Like	PC2B6	–	Zeitsalden pro Tag (Tabelle ZES)
XSALDO	Tables	–	–	Like	PC2B5	–	Zeitsalden pro Periode (Tabelle SALDO)

Tabelle A.125 Erweiterung der Ergebnisse der Kontingentgenerierung

EXIT_SAPLHRLV_006

Der Funktionsbaustein EXIT_SAPLHRLV_006 dient zur Bestimmung des Ein- und Austrittsdatums. Das Coding des Exits wird im Include ZXPLAU07 abgelegt. Die folgende Tabelle listet die Parameter dieser Methode auf.

Parameter	Art	Wert	Optional	Typisierung	Bezugstyp	Default	Beschreibung
XPERNR	Importing	–	–	Like	PERNR-PERNR	–	Personalnummer
XDATE	Importing	–	–	Like	SY-DATUM	–	Datum und Zeit, aktuelles (Applikationsserver)datum
X559L	Importing	X	X	Like	T559L	–	automatische Generierung von Abwesenheitskontingenten
XHIRED	Changing	–	–	Type	DATUM	–	Eintrittsdatum
XFIRED	Changing	–	–	Type	DATUM	–	Austrittsdatum
XP0000	Tables	–	–	Like	P0000	–	Personalstammsatz Infotyp 0000 (Maßnahmen)

Tabelle A.126 Individuelle Regelung zum Ein- und Austritt eines Mitarbeiters

Parameter	Art	Wert	Optional	Typisierung	Bezugstyp	Default	Beschreibung
XP0001	Tables	–	–	Like	P0001	–	Personalstammsatz Infotyp 0001 (Org. Zuordnung)
XP0041	Tables	–	–	Like	P0041	–	Personalstammsatz Infotyp 0041 (Datumsangaben)

Tabelle A.126 Individuelle Regelung zum Ein- und Austritt eines Mitarbeiters (Forts.)

EXIT_SAPLHRLV_007

Der Funktionsbaustein EXIT_SAPLHRLV_007 dient zur Bestimmung des Gültigkeitsintervalls bei der Generierung von Abwesenheitskontingenten. Das Coding des Exits wird im Include ZXPLAU08 abgelegt. Die folgende Tabelle listet die Parameter dieser Methode auf.

Parameter	Art	Wert	Optional	Typisierung	Bezugstyp	Default	Beschreibung
XPERNR	Importing	–	–	Like	PERNR-PERNR	–	Personalnummer
XDATE	Importing	–	–	Like	SY-DATUM	–	Datum und Zeit, aktuelles (Applikationsserver)datum
XBEGDA	Changing	–	–	Type	DATUM	–	Datum
XENDDA	Changing	–	–	Type	DATUM	–	Datum
XP0000	Tables	–	–	Like	P0000	–	Personalstammsatz Infotyp 0000 (Maßnahmen)
XP0001	Tables	–	–	Like	P0001	–	Personalstammsatz Infotyp 0001 (Org. Zuordnung)
XP0007	Tables	–	–	Like	P0007	–	Personalstammsatz Infotyp 0007 (Sollarbeitszeit)
XP0016	Tables	–	–	Like	P0016	–	Personalstammsatz Infotyp 0016 (Vertragsbestandteile)

Tabelle A.127 Regelung für Gültigkeitsintervalle von Abwesenheitskontingenten

Parameter	Art	Wert	Optional	Typisierung	Bezugstyp	Default	Beschreibung
XP0019	Tables	–	–	Like	P0019	–	Personalstammsatz Infotyp 0019 (Terminverfolgung)
XP0041	Tables	–	–	Like	P0041	–	Personalstammsatz Infotyp 0041 (Datumsangaben)
XPHIFI	Tables	–	–	Like	PHIFI	–	Tabelle der Ein-/Austritte (Funktionsbaustein RP_HIRE_FIRE)

Tabelle A.127 Regelung für Gültigkeitsintervalle von Abwesenheitskontingenten (Forts.)

EXIT_SAPLHRLV_008

Der Funktionsbaustein EXIT_SAPLHRLV_008 dient zur Bestimmung der Kontingenttypauswahlregelgruppe. Das Coding des Exits wird im Include ZXPLAU09 abgelegt. Die folgende Tabelle listet die Parameter dieser Methode auf.

Parameter	Art	Wert	Optional	Typisierung	Bezugstyp	Default	Beschreibung
XPERNR	Importing	–	–	Like	PERNR-PERNR	–	Personalnummer
XDATE	Importing	–	–	Like	SY-DATUM	–	Datum und Zeit, aktuelles (Applikationsserver)datum
XQUOMO	Changing	–	–	Like	T559L-QUOMO	–	Kontingenttypauswahlregelgruppe
XP0001	Tables	–	–	Like	P0001	–	Personalstammsatz Infotyp 0001 (Org. Zuordnung)
XP0007	Tables	–	–	Like	P0007	–	Personalstammsatz Infotyp 0007 (Sollarbeitszeit)
XP0008	Tables	–	–	Like	P0008	–	Personalstammsatz Infotyp 0008 (Basisbezüge)
XP0016	Tables	–	–	Like	P0016	–	Personalstammsatz Infotyp 0016 (Vertragsbestandteile)

Tabelle A.128 Steuerung von Kontingenttypauswahlregelruppen

EXIT_SAPLHRLV_009

Der Funktionsbaustein EXIT_SAPLHRLV_009 dient zur Bearbeitung generierter Ergebnisse der Kontingentgenerierung, die nicht in der Zeitauswertung stattfindet. Das Coding des Exits wird im Include ZXPLAU10 abgelegt. Die folgende Tabelle listet die Parameter dieser Methode auf.

Parameter	Art	Wert	Optional	Typisierung	Bezugstyp	Default	Beschreibung
XPERNR	–	–	–	Like	PERNR-PERNR	–	Personalnummer
XBEGDA	–	–	–	Like	P2006-BEGDA	–	Gültigkeitsbeginn
XENDDA	–	–	–	Like	P2006-ENDDA	–	Gültigkeitsende
XP0000	–	–	–	Like	P0000	–	Personalstammsatz Infotyp 0000 (Maßnahmen)
XP0001	–	–	–	Like	P0001	–	Personalstammsatz Infotyp 0001(Org. Zuordnung)
XP0002	–	–	–	Like	P0002	–	Personalstammsatz Infotyp 0002 (Daten zur Person)
XP0007	–	–	–	Like	P0007	–	Personalstammsatz Infotyp 0007 (Sollarbeitszeit)
XP0008	–	–	–	Like	P0008	–	Personalstammsatz Infotyp 0008 (Basisbezüge)
XP0019	–	–	–	Like	P0019	–	Personalstammsatz Infotyp 0019 (Terminverfolgung)
XP0016	–	–	–	Like	P0016	–	Personalstammsatz Infotyp 0016 (Vertragsbestandteile)
XP0041	–	–	–	Like	P0041	–	Personalstammsatz Infotyp 0041 (Datumsangaben)
XDEF_VALUE_TAB	–	–	–	Type	HRQTA_T_DEFAULT	–	Generierung von Abwesenheitskontingenten

Tabelle A.129 Ergebnisveränderung der Kontingentgenerierung

EXIT_SAPLHRLV_010

Der Funktionsbaustein EXIT_SAPLHRLV_010 dient zur Bestimmung des Gültigkeits- und Abtragungsintervalls bei der Generierung von Abwesenheitskontingenten über eine Kontingentkorrektur. Das Coding des Exits wird im Include ZXPLAU11 abgelegt. Die folgende Tabelle listet die Parameter dieser Methode auf.

Parameter	Art	Wert	Optional	Typisierung	Bezugstyp	Default	Beschreibung
XPERNR	Importing	–	–	Like	PERNR-PERNR	–	Personalnummer
XDATE	Importing	–	–	Like	SY-DATUM	–	Datum und Zeit, aktuelles (Applikationsserver)datum
XQUOMO	Importing	–	–	Like	T559L-QUOMO	–	Kontingenttypauswahlregelgruppe
XMOPGK	Importing	–	–	Like	T503-KONTY	–	Gruppierung der Mitarbeiterkreise für Zeitkontingenttypen
XMOZKO	Importing	–	–	Like	T001P-MOZKO	–	Gruppierung der Personalteilbereiche für Zeitkontingenttypen
XMOBDE	Importing	–	–	Like	T001P-MOBDE	–	Gruppierung der Personalteilbereiche für die Zeiterfassung
XQTYPE	Importing	–	–	Like	P2013-KTART	–	Abwesenheitskontingenttyp
XACCFR	Changing	–	–	Like	T559L-ACCFR	–	Ansammlungszeitpunkt für Urlaubsanspruch
XAFREQ	Changing	–	–	Like	T559L-AFREQ	–	Periodenparameter
XACCDT	Changing	–	–	Like	T559L-ACCDT	–	Datumsart
XACCRV	Changing	–	–	Like	T559L-ACCRV	–	relative Lage
XACCRU	Changing	–	–	Like	T559L-ACCRU	–	Zeit-/Maßeinheit
XLVPER	Changing	–	–	Like	T559L-LVPER	–	Zeitpunkt für Übertrag in Urlaubsanspruch
XLFREQ	Changing	–	–	Like	T559L-LFREQ	–	Periodenparameter
XLVDAT	Changing	–	–	Like	T559L-LVDAT	–	Datumsart

Tabelle A.130 Steuerung des Gültigkeits- und Abtragungsintervalls bei der Generierung von Abwesenheitskontingenten

Parameter	Art	Wert	Optional	Typisierung	Bezugstyp	Default	Beschreibung
XLRULE	Changing	–	–	Like	T559L-LRULE	–	Kontingentgenerierung – Regelung Übertragungszeitpunkte
XNUPER	Changing	–	–	Like	T559E-NUPER	–	Zeitraum Basisanspruch für Kontingentgenerierung
XNFREQ	Changing	–	–	Like	T559E-NFREQ	–	Periodenparameter
XP0000	Tables	–	–	Like	P0000	–	Personalstammsatz Infotyp 0000 (Maßnahmen)
XP0001	Tables	–	–	Like	P0001	–	Personalstammsatz Infotyp 0001 (Org. Zuordnung)
XP0019	Tables	–	–	Like	P0019	–	Personalstammsatz Infotyp 0019 (Terminverfolgung)
XP0041	Tables	–	–	Like	P0041	–	Personalstammsatz Infotyp 0041 (Datumsangaben)

Tabelle A.130 Steuerung des Gültigkeits- und Abtragungsintervalls bei der Generierung von Abwesenheitskontingenten (Forts.)

EXIT_SAPLHRLV_011

Der Funktionsbaustein EXIT_SAPLHRLV_011 zur Bestimmung des Gültigkeits- und Abtragungsintervalls bei der Generierung von Abwesenheitskontingenten. Das Coding des Exits wird im Include ZXPLAU12 abgelegt. Die folgende Tabelle listet die Parameter dieser Methode auf.

Parameter	Art	Wert	Optional	Typisierung	Bezugstyp	Default	Beschreibung
XPERNR	Importing	–	–	Like	PERNR-PERNR	–	Personalnummer
XDDATE	Importing	–	–	Like	SY-DATUM	–	Datum und Zeit, aktuelles (Applikationsserver)datum

Tabelle A.131 Steuerung des Gültigkeits- und Abtragungsintervalls bei der Generierung von Abwesenheitskontingenten

Parameter	Art	Wert	Optional	Typisierung	Bezugstyp	Default	Beschreibung
XMOPGK	Importing	–	–	Like	T503-KONTY	–	Gruppierung der Mitarbeiterkreise für Zeitkontingenttypen
XMOZKO	Importing	–	–	Like	T001P-MOZKO	–	Gruppierung der Personalteilbereiche für Zeitkontingenttypen
XQTYPE	Importing	–	–	Like	P2006-KTART	–	Abwesenheitskontingenttyp
XACCFR	Importing	–	–	Like	T559L-ACCFR	–	Ansammlungszeitpunkt für Urlaubsanspruch
XAFREQ	Importing	–	–	Like	T559L-AFREQ	–	Periodenparameter
XACCDT	Importing	–	–	Like	T559L-ACCDT	–	Datumsart
XACCRV	Importing	–	–	Like	T559L-ACCRV	–	relative Lage
XACCRU	Importing	–	–	Like	T559L-ACCRU	–	Zeit-/Maßeinheit
XLVPER	Importing	–	–	Like	T559L-LVPER	–	Zeitpunkt für Übertrag in Urlaubsanspruch
XLFREQ	Importing	–	–	Like	T559L-LFREQ	–	Periodenparameter
XLVDAT	Importing	–	–	Like	T559L-LVDAT	–	Datumsart
XLRULE	Importing	–	–	Like	T559G-LRULE	–	Kontingentgenerierung – Regelung Übertragungszeitpunkte
XNUPER	Importing	–	–	Like	T559E-NUPER	–	Zeitraum Basisanspruch für Kontingentgenerierung
XNFREQ	Importing	–	–	Like	T559E-NFREQ	–	Periodenparameter
XBASDT	Importing	–	–	Like	T559E-BASDT	–	Datumsart
XBASRV	Importing	–	–	Like	T559E-BASRV	–	relative Lage
XBASRU	Importing	–	–	Like	T559E-BASRU	–	Zeit-/Maßeinheit
XHIRED	Importing	–	–	Like	SY-DATUM	–	Datum und Zeit, aktuelles (Applikationsserver)datum

Tabelle A.131 Steuerung des Gültigkeits- und Abtragungsintervalls bei der Generierung von Abwesenheitskontingenten (Forts.)

Parameter	Art	Wert	Optional	Typisierung	Bezugstyp	Default	Beschreibung
XFIRED	Importing	–	–	Like	SY-DATUM	–	Datum und Zeit, aktuelles (Applikationsserver)datum
XABKRS	Importing	–	–	Like	P0001-ABKRS	–	Abrechnungskreis
XCALLTYPE	Importing	–	–	Type	C	–	Aufrufstelle
XPURPOSE	Importing	–	–	Type	C	–	Verwendungszweck
XBEGDA	Changing	X	–	Like	SY-DATUM	–	Datum und Zeit, aktuelles (Applikationsserver)datum
XENDDA	Changing	X	–	Like	SY-DATUM	–	Datum und Zeit, aktuelles (Applikationsserver)datum
XBEGDE	Changing	X	–	Like	SY-DATUM	–	Datum und Zeit, aktuelles (Applikationsserver)datum
XENDDE	Changing	X	–	Like	SY-DATUM	–	Datum und Zeit, aktuelles (Applikationsserver)datum
XP0000	Tables	–	–	Like	P0000	–	Personalstammsatz Infotyp 0000 (Maßnahmen)
XP0001	Tables	–	–	Like	P0001	–	Personalstammsatz Infotyp 0001 (Org. Zuordnung)
XP0019	Tables	–	–	Like	P0019	–	Personalstammsatz Infotyp 0019 (Terminverfolgung)
XP0041	Tables	–	–	Like	P0041	–	Personalstammsatz Infotyp 0041 (Datumsangaben)
XPHIFI	Tables	–	–	Like	PHIFI	–	Tabelle der Ein-/Austritte (Funktionsbaustein RP_HIRE_FIRE)

Tabelle A.131 Steuerung des Gültigkeits- und Abtragungsintervalls bei der Generierung von Abwesenheitskontingenten (Forts.)

EXIT_SAPLHRLV_012

Der Funktionsbaustein EXIT_SAPLHRLV_012 dient zur Bestimmung des Kumulationszeitraums bei der Generierung von Abwesenheitskontingenten. Das Coding des Exits wird im Include ZXPLAU13 abgelegt. Die folgende Tabelle listet die Parameter dieser Methode auf.

Parameter	Art	Wert	Optional	Typisierung	Bezugstyp	Default	Beschreibung
XPERNR	Importing	–	–	Type	PERNR_D	–	Personalnummer
XDATE	Importing	–	–	Type	DATUM	–	Datum
XLRULE	Importing	–	–	Type	PTM_LRULE	–	Kontingentgenerierung – Regelung Übertragungszeitpunkte
XDATAR	Importing	–	–	Type	DATAR	–	Datumsart
XRVALU	Importing	–	–	Type	VAREL	–	relative Lage
XRUNIT	Importing	–	–	Type	PT_ZEINH	–	Zeit-/Maßeinheit
XPURPOSE	Importing	–	–	Type	C	–	
XP0000	Importing	–	–	Type	TIM_P0000_TAB	–	Tabelle von Infotyp 0000
XP0001	Importing	–	–	Type	TIM_P0001_TAB	–	Tabelle von Infotyp 0001
XP0041	Importing	–	–	Type	TIM_P0041_TAB	–	Tabelle von Infotyp 0041
XBEGDA	Changing	–	–	Type	DATUM	–	Datum
XENDDA	Changing	–	–	Type	DATUM	–	Datum

Tabelle A.132 Anpassung des Kumulationszeitraums

A.35 User-Exit: HRPTIM04

Dieser User-Exit wird zur Erweiterung zur Modifikation der Cluster-B2-Daten nach dem Import im Zeitnachweis (Report RPTEDT00) genutzt. In der Tabelle finden Sie eine Übersicht über die Methoden.

Funktionsbaustein	Beschreibung
EXIT_RPTEDT00_001	Modifikation der Cluster-B2-Daten nach Import im Report RPTEDT00

Tabelle A.133 Modifikation der Cluster-B2-Daten nach Import im Report RPTEDT00

EXIT_RPTEDT00_001

Der Funktionsbaustein EXIT_RPTEDT00_001 dient zur Veränderung der auf dem Formular anzudruckenden Tabellen des Clusters B2 (z. B. ZES = Zeiteinzelsalden, ANWES = Anwesenheiten usw.). Das Coding des Exits wird im Include ZXP01U02 abgelegt. Die folgende Tabelle listet die Parameter dieser Methode auf.

Parameter	Art	Wert	Optional	Typisierung	Bezugstyp	Default	Beschreibung
GET_PERNR	Importing	X	–	Like	PERNR-PERNR	–	
GET_PABRJ	Importing	X	–	Like	T549Q-PABRJ	–	
GET_PABRP	Importing	X	–	Like	T549Q-PABRP	–	
GET_FORML	Importing	X	–	Like	T512P-FORML	–	Formularname
GET_WPBP	Tables	–	–	Like	PC205	–	Abrechnungsergebnis: Arbeitsplatz/Basisbezüge
GET_AB	Tables	–	–	Like	PC20I	–	Cluster RD/B2: Tabelle AB
GET_SALDO	Tables	–	–	Like	PC2B5	–	Zeitsalden pro Periode (Tabelle SALDO)
GET_ZES	Tables	–	–	Like	PC2B6	–	Zeitsalden pro Tag (Tabelle ZES)
GET_ABWKONTI	Tables	–	–	Like	PC2B9	–	Abwesenheitskontingente (Tabelle ABWKONTI)
GET_PSP	Tables	–	–	Like	PC2BA	–	Persönlicher Arbeitszeitplan (Tabelle PSP)
GET_ANWKONTI	Tables	–	–	Like	PC2BB	–	Anwesenheitskontingente (Tabelle ANWKONTI)
GET_ANWES	Tables	–	–	Like	PC2BD	–	Anwesenheiten (Tabelle ANWES)
GET_ZL	Tables	–	–	Like	PC2BF	–	Zeitlohnarten (Tabelle ZL)
GET_VS	Tables	–	–	Like	PC2BH	–	variable Salden pro Tag (Tabelle VS)

Tabelle A.134 Modifikation der Cluster-B2-Daten nach Import im Report RPTEDT00

Parameter	Art	Wert	Optional	Typisierung	Bezugstyp	Default	Beschreibung
GET_CVS	Tables	–	–	Like	PC2BI	–	kumulierte variable Salden (Tabelle CVS)
GET_PT	Tables	–	–	Like	PDCPT	–	Zeitereignispaare
GET_FEHLER	Tables	–	X	Like	PC2B8	–	Meldungen (Tabelle FEHLER)
GET_VERT	Tables	–	X	Like	PC2B4	–	Cluster B2: Tabelle VERT
GET_SKO	Tables	–	X	Like	PC2B3	–	Cluster B2: Tabelle SKO
GET_MEHR	Tables	–	X	Like	PC2BC	–	Mehrarbeiten (Tabelle MEHR)
GET_RUFB	Tables	–	X	Like	PC2BE	–	Rufbereitschaften (Tabelle RUFB)
GET_ALP	Tables	–	X	Like	PC20E	–	Alternative Bezahlung (Tabelle ALP)
GET_C1	Tables	–	X	Like	PC25X	–	Kostenverteilung (Tabelle C1)

Tabelle A.134 Modifikation der Cluster-B2-Daten nach Import im Report RPTEDT00 (Forts.)

A.36 User-Exit: HRPTIM05

Dieser User-Exit wird für die Erweiterung der Kommunikation des SAP-Systems über die Schnittstelle HR-PDC mit einem Zeitwirtschaftssubsystem genutzt. In der Tabelle finden Sie eine Übersicht über die Funktionsbausteine.

Funktionsbaustein	Beschreibung
EXIT_SAPLRPPD_001	User-Exit für Verarbeitungszustände, Zeitereignisse und Paarbildung
EXIT_SAPLRPTC_001	User-Exit für den Download des Personalministamms
EXIT_SAPLRPTC_002	User-Exit für den Download der Personalzeitsalden
EXIT_SAPLRPTC_003	User-Exit für den Upload der Zeitereignisse
EXIT_SAPLRPTC_004	User-Exit für den Upload der Mitarbeiterausgaben

Tabelle A.135 Übersicht über die Funktionsbausteine

Funktionsbaustein	Beschreibung
EXIT_SAPLRPTC_005	User-Exit für den Download der An-/Abwesenheitsgründe
EXIT_SAPLRPTC_006	User-Exit für den Download der Kostenstellen
EXIT_SAPLRPTC_007	User-Exit für den Download der zulässigen Mitarbeiterausgaben
EXIT_SAPLRPTC_008	User-Exit für den Download der Innenaufträge
EXIT_SAPLRPTC_009	User-Exit für den Download der Objekte (z. B. Planstellen)
EXIT_SAPLRPTC_010	User-Exit für den Download der Zeitereignisartgruppen
EXIT_SAPLRPTC_011	User-Exit für den Download der Projekte

Tabelle A.135 Übersicht über die Funktionsbausteine (Forts.)

EXIT_SAPLRPPD_001

Der Funktionsbaustein EXIT_SAPLRPPD_001 dient zur Erweiterung der Verarbeitung von Zeitereignissen, Verarbeitungszuständen und zur Beeinflussung der Paarbildung der Zeitauswertung. Das Coding des Exits wird im Include ZXP05U12 abgelegt. Die folgende Tabelle listet die Parameter dieser Methode auf.

Parameter	Art	Wert	Optional	Typisierung	Bezugstyp	Default	Beschreibung
PROCESSING_STATE	Importing	X	–	Type	T705B-PROCS	–	Verarbeitungszustand Zeitereignisse und Paarbildung
PERSONEL_NUMBER	Importing	X	–	Type	PERNR-PERNR	–	Zeitereignis
EVALUATION_DATE	Importing	X	–	Type	D	–	
RETURN_VALUE	Exporting	X	–	Type	T705B-RETCD	–	Reaktion für Verarbeitungszustände
MESSAGE_NUMBER	Exporting	X	–	Type	T705B-ERROR	–	Fehlernummer
MESSAGE_TYPE	Exporting	X	–	Type	T705B-MESTY	–	Nachrichtentyp (E = Error; A = Abbruch; ' ' = Hinweis)

Tabelle A.136 User-Exit für Verarbeitungszustände, Zeitereignisse und Paarbildung

EXIT_SAPLRPTC_001

Der Funktionsbaustein EXIT_SAPLRPTC_001 dient zur Bearbeitung der an das Subsystem zu sendenden Personalministämme. Das Coding des Exits wird im Include ZXP05U01 abgelegt. Die folgende Tabelle listet die Parameter dieser Methode auf.

Parameter	Art	Wert	Optional	Typisierung	Bezugstyp	Default	Beschreibung
AS_OF_DATE	Importing	X	X	Type	PDC61-DATUM	–	Gültigkeitsbeginn des Personalministamms
NUMBER_OF_DAYS	Importing	X	X	Type	PDC61-NUMBD	–	Anzahl Tage des Stammsatzextrakts
MINI_MASTER	Tables	–	–	Like	BAPICC1DNPERSO	–	BAPI-Struktur für den Download des Personalministamms

Tabelle A.137 User-Exit für den Download des Personalministamms

EXIT_SAPLRPTC_002

Der Funktionsbaustein EXIT_SAPLRPTC_002 dient zur Bearbeitung der an das Subsystem zu sendenden Zeitsalden. Das Coding des Exits wird im Include ZXP05U02 abgelegt. Die folgende Tabelle listet die Parameter dieser Methode auf.

Parameter	Art	Wert	Optional	Typisierung	Bezugstyp	Default	Beschreibung
AS_OF_DATE	Importing	X	X	Type	PDC61-DATUM	–	Gültigkeitsbeginn des Personalministamms
NUMBER_OF_DAYS	Importing	X	X	Type	PDC61-NUMBD	–	Anzahl Tage des Stammsatzextrakts
BALANCES	Tables	–	–	Like	BAPICC1DNBALAN	–	BAPI-Struktur für den Download der Mitarbeitersalden

Tabelle A.138 User-Exit für den Download der Zeitsalden

EXIT_SAPLRPTC_003

Der Funktionsbaustein EXIT_SAPLRPTC_003 dient zur Bearbeitung der vom Subsystem gesendeten Zeitereignisse. Das Coding des Exits wird im Include ZXP05U03 abgelegt. Die folgende Tabelle listet die Parameter dieser Methode auf.

Parameter	Art	Wert	Optional	Typisierung	Bezugstyp	Default	Beschreibung
TIMEEVENTS	Tables	–	–	Like	CC1_TIMEEVENT	–	KK1 – Personenzeitereignis

Tabelle A.139 User-Exit für den Upload der Zeitereignisse

EXIT_SAPLRPTC_004

Der Funktionsbaustein EXIT_SAPLRPTC_004 dient zur Bearbeitung der vom Subsystem gesendeten Mitarbeiterausgaben. Das Coding des Exits wird im Include ZXP05U04 abgelegt. Die folgende Tabelle listet die Parameter dieser Methode auf.

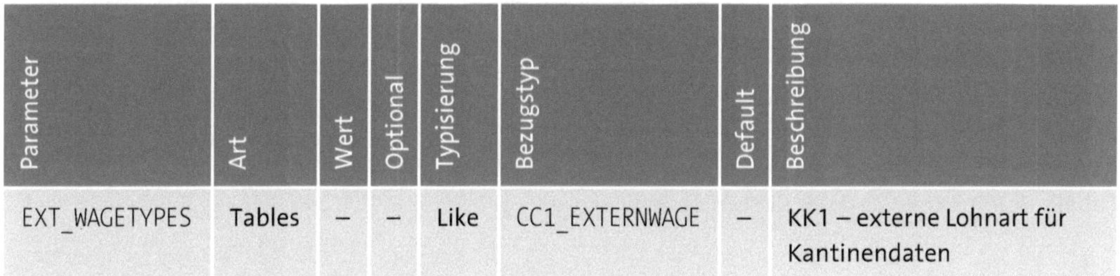

Parameter	Art	Wert	Optional	Typisierung	Bezugstyp	Default	Beschreibung
EXT_WAGETYPES	Tables	–	–	Like	CC1_EXTERNWAGE	–	KK1 – externe Lohnart für Kantinendaten

Tabelle A.140 User-Exit für den Upload der Mitarbeiterausgaben

EXIT_SAPLRPTC_005

Der Funktionsbaustein EXIT_SAPLRPTC_005 dient zur Bearbeitung der an das Subsystem zu sendenden Ab- und Anwesenheitsgründe. Das Coding des Exits wird im Include ZXP05U05 abgelegt. Die folgende Tabelle listet die Parameter dieser Methode auf.

Parameter	Art	Wert	Optional	Typisierung	Bezugstyp	Default	Beschreibung
ATT_ABS_REASONS	Tables	–	–	Like	BAPICC1DNATTAB	–	BAPI-Struktur für den Download der Ab-/Anwesenheitsgründe

Tabelle A.141 User-Exit für den Download der Ab-/Anwesenheitsgründe

EXIT_SAPLRPTC_006

Der Funktionsbaustein EXIT_SAPLRPTC_006 dient zur Bearbeitung der an das Subsystem zu sendenden Kostenstellen. Das Coding des Exits wird im Include ZXP05U06 abgelegt. Die folgende Tabelle listet die Parameter dieser Methode auf.

Parameter	Art	Wert	Optional	Typisierung	Bezugstyp	Default	Beschreibung
COSTCENTER	Tables	–	–	Like	BAPICC1DNCOSTC	–	BAPI-Struktur für den Download der Kostenstellen

Tabelle A.142 Download der Kostenstellen

EXIT_SAPLRPTC_007

Der Funktionsbaustein EXIT_SAPLRPTC_007 dient zur Bearbeitung der an das Subsystem zu sendenden zulässigen Mitarbeiterausgaben. Das Coding des Exits wird im Include ZXP05U07 abgelegt. Die folgende Tabelle listet die Parameter dieser Methode auf.

Parameter	Art	Wert	Optional	Typisierung	Bezugstyp	Default	Beschreibung
EXT_WAGETYPE	Tables	–	–	Like	BAPICC1DNEXTWT	–	BAPI-Struktur für den Download der zulässigen Mitarbeiterausgaben

Tabelle A.143 Download der zulässigen Mitarbeiterausgaben

EXIT_SAPLRPTC_008

Der Funktionsbaustein EXIT_SAPLRPTC_008 dient zur Bearbeitung der an das Subsystem zu sendenden Innenaufträge. Das Coding des Exits wird im Include ZXP05U08 abgelegt. Die folgende Tabelle listet die Parameter dieser Methode auf.

Parameter	Art	Wert	Optional	Typisierung	Bezugstyp	Default	Beschreibung
INTERNALORDER	Tables	–	–	Like	BAPICC1DNINORD	–	BAPI-Struktur für den Download der Innenaufträge

Tabelle A.144 Download der Innenaufträge

EXIT_SAPLRPTC_009

Der Funktionsbaustein EXIT_SAPLRPTC_009 dient zur Bearbeitung der an das Subsystem zu sendenden Objekte. Das Coding des Exits wird im Include ZXP05U09 abgelegt. Die folgende Tabelle listet die Parameter dieser Methode auf.

Parameter	Art	Wert	Optional	Typisierung	Bezugstyp	Default	Beschreibung
OBJECT	Tables	–	–	Like	BAPICC1DNOBJID	–	BAPI-Struktur für den Download der Objekte (z. B. Planstellen)

Tabelle A.145 Download der Objekte

EXIT_SAPLRPTC_010

Der Funktionsbaustein EXIT_SAPLRPTC_010 dient zur Bearbeitung der an das Subsystem zu sendenden zulässigen Zeitereignisartgruppen. Das Coding des Exits wird im Include ZXP05U10 abgelegt. Die folgende Tabelle listet die Parameter dieser Methode auf.

Parameter	Art	Wert	Optional	Typisierung	Bezugstyp	Default	Beschreibung
TIME_EVENT_TYPE	Tables	–	–	Like	BAPICC1DNTEVGR	–	BAPI-Struktur für den Download der Zeitereignisartgruppen

Tabelle A.146 Download der Zeitereignisartgruppen

EXIT_SAPLRPTC_011

Der Funktionsbaustein EXIT_SAPLRPTC_011 dient zur Bearbeitung der an das Subsystem zu sendenden PSP-Elemente. Das Coding des Exits wird im Include ZXP05U11 abgelegt. Die folgende Tabelle listet die Parameter dieser Methode auf.

Parameter	Art	Wert	Optional	Typisierung	Bezugstyp	Default	Beschreibung
WBS_ELEMENT	Tables	–	–	Like	BAPICC1DNWBSEL	–	BAPI-Struktur für den Download der PSP-Elemente

Tabelle A.147 Download der PSP-Elemente

A.37 User-Exit: HRPTIM06

Dieser User-Exit wird für die Erweiterung für Abwesenheitsmitteilungen in Webanwendungen eingesetzt. In der Tabelle finden Sie eine Übersicht über die Methoden.

Funktionsbaustein	Beschreibung
EXIT_SAPMWS01000109H_001	Abwesenheitsmitteilungen – Übersicht: Genehmiger festlegen
EXIT_SAPMWS04200009H_001	Abwesenheitsmitteilung: Genehmiger festlegen
EXIT_SAPMWS12400005H_001	Abwesenheitsmitteilungen – Übersicht: Genehmiger festlegen
EXIT_SAPMWS20000081H_001	Abwesenheitsmitteilung: Genehmiger festlegen

Tabelle A.148 Abwesenheitsmitteilung

EXIT_SAPMWS01000109H_001

Der Funktionsbaustein EXIT_SAPMWS01000109H_001 dient zur Ermittlung der Übersicht des Genehmigers von Abwesenheitsanträgen. Das Coding des Exits wird im Include ZXP01U05 abgelegt. Die folgende Tabelle listet die Parameter dieser Methode auf.

Parameter	Art	Wert	Optional	Typisierung	Bezugstyp	Default	Beschreibung
DEFAULTAPPROVER	Importing	X	–	Like	FORMABW-NAME	–	aufbereiteter Name des Mitarbeiters bzw. Bewerbers
DEFAULTUSAPPROVER	Importing	X	–	Like	FORMABW-ACTAGENT	–	tatsächl. Bearbeiter
APPROVER_OR_TABLE	Importing	X	–	Type	AUSGEBEN	–	Aufruf nach Default-Genehmiger-bestimmung oder bei Auswahlliste
POSSIBLE_APPROVERS	Table	–	–	Like	HRESS_APPROVERS	–	HR-Zeitwirtschaft: ESS-Abwesenheits-mitt. Genehmiger

Tabelle A.149 Abwesenheitsmitteilung

EXIT_SAPMWS04200009H_001

Der Funktionsbaustein EXIT_SAPMWS04200009H_001 dient zur Ermittlung des Genehmigers von Abwesenheitsanträgen. Das Coding des Exits wird im Include ZXP01U04 abgelegt. Die folgende Tabelle listet die Parameter dieser Methode auf.

Parameter	Art	Wert	Optional	Typisierung	Bezugstyp	Default	Beschreibung
DEFAULTAPPROVER	Importing	X	–	Like	FORMABW-NAME	–	aufbereiteter Name des Mitarbeiters bzw. Bewerbers
DEFAULTUSAPPROVER	Importing	X	–	Like	FORMABW-ACTAGENT	–	tatsächl. Bearbeiter
APPROVER_OR_TABLE	Importing	X	–	Type	AUSGEBEN	–	Aufruf nach Default-Genehmiger-bestimmung oder bei Auswahlliste
POSSIBLE_APPROVERS	Table	–	–	Like	HRESS_APPROVERS	–	HR-Zeitwirtschaft: ESS-Abwesenheits-mitt. Genehmiger

Tabelle A.150 User-Exit für die HR-Zeitwirtschaft – Abwesenheitsmitteilungen

EXIT_SAPMWS12400005H_001

Der Funktionsbaustein EXIT_SAPMWS12400005H_001 dient zur Ermittlung der Übersicht des Genehmigers von Abwesenheitsanträgen. Das Coding des Exits wird im Include ZXP01U07 abgelegt. Die folgende Tabelle listet die Parameter dieser Methode auf.

Parameter	Art	Wert	Optional	Typisierung	Bezugstyp	Default	Beschreibung
DEFAULTAPPROVER	Importing	X	–	Like	FORMABW-NAME	–	aufbereiteter Name des Mitarbeiters bzw. Bewerbers
DEFAULTUSAPPROVER	Importing	X	–	Like	FORMABW-ACTAGENT	–	tatsächl. Bearbeiter
APPROVER_OR_TABLE	Importing	X	–	Type	AUSGEBEN	–	Aufruf nach Default-Genehmigerbestimmung oder bei Auswahlliste

Tabelle A.151 User-Exit für die HR-Zeitwirtschaft – Abwesenheitsmitteilungen

Parameter	Art	Wert	Optional	Typisierung	Bezugstyp	Default	Beschreibung
POSSIBLE_APPROVERS	Table	–	–	Like	HRESS_APPROVERS	–	HR-Zeitwirtschaft: ESS-Abwesenheitsmitt. Genehmiger

Tabelle A.151 User-Exit für die HR-Zeitwirtschaft – Abwesenheitsmitteilungen (Forts.)

EXIT_SAPMWS20000081H_001

Der Funktionsbaustein EXIT_SAPMWS20000081H_001 dient zur Ermittlung des Genehmigers von Abwesenheitsanträgen. Das Coding des Exits wird im Include ZXP01U06 abgelegt. Die folgende Tabelle listet die Parameter dieser Methode auf.

Parameter	Art	Wert	Optional	Typisierung	Bezugstyp	Default	Beschreibung
DEFAULTAPPROVER	Importing	X	–	Like	FORMABW-NAME	–	aufbereiteter Name des Mitarbeiters bzw. Bewerbers
DEFAULTUS-APPROVER	Importing	X	–	Like	FORMABW-AC-TAGENT	–	tatsächl. Bearbeiter
APPROVER_OR_TABLE	Importing	X	–	Type	AUSGEBEN	–	Aufruf nach Default-Genehmigerbestimmung oder bei Auswahlliste
POSSIBLE_APPROVERS	Table	–	–	Like	HRESS_APPRO-VERS	–	HR-Zeitwirtschaft: ESS-Abwesenheitsmitt. Genehmiger

Tabelle A.152 User-Exit für die HR-Zeitwirtschaft – Abwesenheitsmitteilungen

A.38 User-Exit: HRPTIMAB

Dieser User-Exit wird zur Erweiterung der Abwesenheitsverfeinerung in der Personalabrechnung bei der Bestimmung der Regelgruppe für die Abwesenheitsbewertung eingesetzt. In der Tabelle finden Sie eine Übersicht über die Funktionsbausteine.

Funktionsbaustein	Beschreibung
EXIT_SAPLHRTIM00COV_HIST_001	Regelgruppe für die Abwesenheitsverfeinerung verändern
EXIT_SAPLHRTIM00COV_HIST_002	Bestimmung des Dienstalters
EXIT_SAPLHRTIM00COV_HIST_003	Auswahl der Regeln für die Abwesenheitsverfeinerung abrunden
EXIT_SAPLHRTIM00COV_HIST_004	Markierung für den Abwesenheitstag festlegen
EXIT_SAPLHRTIM00COV_HIST_005	Tabelle AB verfeinern
EXIT_SAPLHRTIM00COV_HIST_006	relevanten Zeitraum für den Markierungswechsel festlegen
EXIT_SAPLHRTIM00COV_HIST_007	Auswahl der Tage mit Markierungswechsel
EXIT_SAPLHRTIM00COV_HIST_008	Bestimmung des Lebensalters

Tabelle A.153 Abwesenheitsverfeinerung

EXIT_SAPLHRTIM00COV_HIST_001

Der Funktionsbaustein EXIT_SAPLHRTIM00COV_HIST_001 dient zur Bestimmung der Regelgruppe für die Verfeinerung von Abwesenheiten. Das Coding des Exits wird im Include ZXCOVERAGEHISTORYU01 abgelegt. Die folgende Tabelle listet die Parameter dieser Methode auf.

Parameter	Art	Wert	Optional	Typisierung	Bezugstyp	Default	Beschreibung
P_PERNR	Importing	–	–	Type	PERNR-PERNR	–	Personalnummer
BEGDA	Importing	–	–	Type	SY-DATUM	–	Abwesenheitsbeginn
ENDDA	Importing	–	–	Type	SY-DATUM	–	Abwesenheitsende
AB	Importing	–	–	Type	PC20I	–	Abwesenheitssatz
WPBP	Importing	–	–	Type	PC205	–	Abrechnungsergebnis: Arbeitsplatz/Basisbezüge
PACKAGE_ID	Changing	–	–	Like	T556E-COVPA	–	Regelgruppe
I0000	Tables	–	–	Like	P0000	–	

Tabelle A.154 Erweiterung der Regelgruppen für Abwesenheiten

Parameter	Art	Wert	Optional	Typisierung	Bezugstyp	Default	Beschreibung
I0001	Tables	–	–	Like	P0001	–	
I0002	Tables	–	–	Like	P0002	–	
I0004	Tables	–	–	Like	P0004	–	
I0007	Tables	–	–	Like	P0007	–	
I0008	Tables	–	–	Like	P0008	–	
I0016	Tables	–	–	Like	P0016	–	
I0041	Tables	–	–	Like	P0041	–	
P_ERROR_TAB	Tables	–	–	Like	EDIMESSAGE	–	Übergabestruktur mit allen Sy-Feldern für die T100

Tabelle A.154 Erweiterung der Regelgruppen für Abwesenheiten (Forts.)

EXIT_SAPLHRTIM00COV_HIST_002

Der Funktionsbaustein EXIT_SAPLHRTIM00COV_HIST_002 dient zur Ermittlung des Dienstalters für die Verfeinerung der Bewertung von Abwesenheiten. Das Coding des Exits wird im Include ZXCOVERAGEHISTORYU02 abgelegt. Die folgende Tabelle listet die Parameter dieser Methode auf.

Parameter	Art	Wert	Optional	Typisierung	Bezugstyp	Default	Beschreibung
P_PERNR	Importing	–	–	Like	PERNR-PERNR	–	
CHECK_DATE	Importing	–	–	Like	SY-DATUM	–	
AB_RECORD	Importing	–	–	Like	PC20I	–	Abwesenheitssatz
WPBP_RECORD	Importing	–	–	Like	PC205	–	Abrechnungsergebnis: Arbeitsplatz/Basisbezüge
HIRE_DATE	Changing	–	–	Like	SY-DATUM	–	Austrittsdatum

Tabelle A.155 Erweiterung der Bestimmung des Dienstalters

Parameter	Art	Wert	Optional	Typisierung	Bezugstyp	Default	Beschreibung
SENIORITY	Changing	–	–	Like	PTM_TUNITS	–	ausgewählte Zeiteinheiten
I0000	Tables	–	–	Like	P0000	–	
I0001	Tables	–	–	Like	P0001	–	
I0002	Tables	–	–	Like	P0002	–	
I0004	Tables	–	–	Like	P0004	–	
I0007	Tables	–	–	Like	P0007	–	
I0008	Tables	–	–	Like	P0008	–	
I0016	Tables	–	–	Like	P0016	–	
I0041	Tables	–	–	Like	P0041	–	
P_ERROR_TAB	Tables	–	–	Like	EDIMESSAGE	–	Übergabestruktur mit allen Sy-Feldern für die Tabelle T100

Tabelle A.155 Erweiterung der Bestimmung des Dienstalters (Forts.)

EXIT_SAPLHRTIM00COV_HIST_003

Der Funktionsbaustein EXIT_SAPLHRTIM00COV_HIST_003 dient zur Auswahl der Abwesenheitsbewertungsregel. Das Coding des Exits wird im Include ZXCOVERAGEHISTORYU03 abgelegt. Die folgende Tabelle listet die Parameter dieser Methode auf.

Parameter	Art	Wert	Optional	Typisierung	Bezugstyp	Default	Beschreibung
P_PERNR	–	–	–	Like	PERNR-PERNR	–	
CHECK_DATE	–	–	–	Like	SY-DATUM	–	
AB	–	–	–	Like	PC20I	–	Cluster RD/B2: Tabelle AB
I556G	–	–	–	Like	T556G	–	Regel zur Tagesmarkierung in der Coverage History

Tabelle A.156 Erweiterung der Regelauswahl für Abwesenheiten

Parameter	Art	Wert	Optional	Typisierung	Bezugstyp	Default	Beschreibung
PSP	–	–	–	Like	PC2BA	–	persönlicher Arbeitszeitplan (Tabelle PSP)
WPBP	–	–	–	Like	PC205	–	Abrechnungsergebnis: Arbeitsplatz/Basisbezüge
VALID	Changing	–	–	Type	BOOLEAN	–	
I0000	Tables	–	–	Like	P0000	–	
I0001	Tables	–	–	Like	P0001	–	
I0002	Tables	–	–	Like	P0002	–	
I0004	Tables	–	–	Like	P0004	–	
I0007	Tables	–	–	Like	P0007	–	
I0008	Tables	–	–	Like	P0008	–	
I0016	Tables	–	–	Like	P0016	–	
I0041	Tables	–	–	Like	P0041	–	
P_ERROR_TAB	Tables	–	–	Like	EDIMESSAGE	–	Übergabestruktur mit allen Sy-Feldern für die Tabelle T100

Tabelle A.156 Erweiterung der Regelauswahl für Abwesenheiten (Forts.)

EXIT_SAPLHRTIM00COV_HIST_004

Der Funktionsbaustein EXIT_SAPLHRTIM00COV_HIST_004 dient zur Umsetzung kundeneigener Regeln für die Abwesenheitsbewertung. Das Coding des Exits wird im Include ZXCOVERAGEHISTORYU04 abgelegt. Die folgende Tabelle listet die Parameter dieser Methode auf.

Parameter	Art	Wert	Optional	Typisierung	Bezugstyp	Default	Beschreibung
P_PERNR	Importing	–	–	Like	PERNR-PERNR	–	
CHECK_DATE	Importing	–	–	Like	SY-DATUM	–	
AB	Importing	–	–	Like	PC20I	–	Cluster RD/B2: Tabelle AB
I556G	Importing	–	–	Like	T556G	–	Regel zur Tagesmarkierung in der Coverage History
PSP	Importing	–	–	Like	PC2BA	–	Persönlicher Arbeitszeitplan (Tabelle PSP)
WPBP	Importing	–	–	Like	PC205	–	Abrechnungsergebnis: Arbeitsplatz/Basisbezüge
MARK	Changing	–	–	Like	PTM_COV_HISTORY-MARK	–	
I0000	Tables	–	–	Like	P0000	–	
I0001	Tables	–	–	Like	P0001	–	
I0002	Tables	–	–	Like	P0002	–	
I0004	Tables	–	–	Like	P0004	–	
I0007	Tables	–	–	Like	P0007	–	
I0008	Tables	–	–	Like	P0008	–	
I0016	Tables	–	–	Like	P0016	–	
I0041	Tables	–	–	Like	P0041	–	
FRACTION_MARK_TAB	Tables	–	X	Like	PTM_MARK_WITH_FRACTION	–	Markierungen der Coverage History mit Anteil
P_ERROR_TAB	Tables	–	–	Like	EDIMESSAGE	–	Übergabestruktur mit allen Sy-Feldern für die Tabelle T100

Tabelle A.157 Kundenindividuelle Steuerung von Regeln

EXIT_SAPLHRTIM00COV_HIST_005

Der Funktionsbaustein EXIT_SAPLHRTIM00COV_HIST_005 dient zum Splitten von Einträgen in der Tabelle AB und zur Zuordnung neuer Abwesenheitsbewertungsregeln zu den gesplitteten Sätzen. Das Coding des Exits wird im Include ZXCOVERAGEHISTORYU05 abgelegt. Die folgende Tabelle listet die Parameter dieser Methode auf.

Parameter	Art	Wert	Optional	Typisierung	Bezugstyp	Default	Beschreibung
P_PERNR	Importing	–	–	Type	PERNR-PERNR	–	
BEGDA	Importing	–	–	Like	SY-DATUM	–	
ENDDA	Importing	–	–	Like	SY-DATUM	–	
KLBEW	Importing	–	–	Like	PC20I-KLBEW	–	Cluster RD/B2: Tabelle AB
MODIF_A	Importing	–	–	Like	HRMODIF-MODOA	–	HR-PAY: Modifikatoren
WPBP	Importing	–	–	Like	PC205	–	Abrechnungsergebnis: Arbeitsplatz/Basisbezüge
AB	Importing	–	X	Like	PC20I	–	Cluster RD/B2: Tabelle AB
MARK_TAB	Tables	–	–	Like	PTM_MARKTAB	–	Markierungen der Coverage History
RETURN_TAB	Tables	–	–	Like	PTM_SPLITTAB	–	Splits der Bewertungsregeln
I0000	Tables	–	–	Like	P0000	–	
I0001	Tables	–	–	Like	P0001	–	
I0007	Tables	–	–	Like	P0007	–	
I0008	Tables	–	–	Like	P0008	–	
TIMES_PER_DAY	Tables	–	X	Like	PTM_TIMES_PER_DAY	–	pro Tag ermittelte Personalistzeiten mit Abtr.info
P_ERROR_TAB	Tables	–	–	Like	EDIMESSAGE	–	Übergabestruktur mit allen Sy-Feldern für die Tabelle T100

Tabelle A.158 Erweiterung zum Split von Einträgen der Tabelle AB

EXIT_SAPLHRTIM00COV_HIST_006

Der Funktionsbaustein EXIT_SAPLHRTIM00COV_HIST_006 dient zur Veränderung des Betrachtungszeitraums, in dem für einen Abwesenheitssatz nach Markierungswechseln gesucht wird. Das Coding des Exits wird im Include ZXCOVERAGEHISTORYU06 abgelegt. Die folgende Tabelle listet die Parameter dieser Methode auf.

Parameter	Art	Wert	Optional	Typisierung	Bezugstyp	Default	Beschreibung
P_PERNR	Importing	–	–	Like	PERNR-PERNR	–	
AB_RECORD	Importing	–	–	Like	P2001	–	Personalzeitsatz Infotyp 2001 (Abwesenheiten)
BEGDA_NEW	Changing	–	–	Like	SY-DATUM	–	
ENDDA_NEW	Changing	–	–	Like	SY-DATUM	–	
VALID_RULES	Tables	–	–	Like	PTM_COV_RULES_TAB	–	verwendete Regeln bei der Erstellung der Coverage History

Tabelle A.159 Erweiterung zur Veränderung des Betrachtungszeitraums

EXIT_SAPLHRTIM00COV_HIST_007

Der Funktionsbaustein EXIT_SAPLHRTIM00COV_HIST_007 dient zur Selektion von relevanten Datumsangaben zu Tagen, an denen in der Tabelle COVERAGE_HISTORY ein Markierungswechsel stattfindet. Diese Tage können an dieser Stelle bei Bedarf gelöscht werden. Das Coding des Exits wird im Include ZXCOVERAGEHISTORYU07 abgelegt. Die folgende Tabelle listet die Parameter dieser Methode auf.

Parameter	Art	Wert	Optional	Typisierung	Bezugstyp	Default	Beschreibung
P_PERNR	Importing	–	–	Like	PERNR-PERNR	–	
AB_RECORD	Importing	–	–	Like	P2001	–	Personalzeitsatz Infotyp 2001 (Abwesenheiten)

Tabelle A.160 Erweiterung der Löschung von Tagen mit Markierungswechsel

Parameter	Art	Wert	Optional	Typisierung	Bezugstyp	Default	Beschreibung
CHANGING_DATES	–	–	–	Like	PTM_COV_CHANGE_DATES	–	Tage, an denen die Markierung in der Coverage History wechselt
SELECTED_DATES	–	–	–	Like	PTM_COV_SELECTED_DATES	–	Tage, die einen relevanten Wechsel in der Coverage History angeben

Tabelle A.160 Erweiterung der Löschung von Tagen mit Markierungswechsel (Forts.)

EXIT_SAPLHRTIM00COV_HIST_008

Der Funktionsbaustein EXIT_SAPLHRTIM00COV_HIST_008 dient zur Berechnung des Lebensalters eines Mitarbeiters anhand verschiedenster Kriterien. Das Coding des Exits wird im Include ZXCOVERAGEHISTORYU08 abgelegt. Die folgende Tabelle listet die Parameter dieser Methode auf.

Parameter	Art	Wert	Optional	Typisierung	Bezugstyp	Default	Beschreibung
P_PERNR	–	–	–	Like	PERNR-PERNR	–	Personalnummer
CHECK_DATE	–	–	–	Like	SY-DATUM	–	Datum und Zeit, aktuelles (Applikationsserver)datum
AB_RECORD	–	–	–	Like	PC20I	–	Cluster RD/B2: Tabelle AB
WPBP_RECORD	–	–	X	Like	PC205	–	Abrechnungsergebnis: Arbeitsplatz/Basisbezüge
BIRTH_DATE	–	–	–	Like	SY-DATUM	–	Datum und Zeit, aktuelles (Applikationsserver)datum
AGE	–	–	–	Like	PTM_TUNITS	–	ausgewählte Zeiteinheiten
I0002	–	–	–	Like	P0002	–	Personalstammsatz Infotyp 0002 (Daten zur Person)

Tabelle A.161 Erweiterung der Kriterien zur Berechnung des Lebensalters eines Mitarbeiters

Parameter	Art	Wert	Optional	Typisierung	Bezugstyp	Default	Beschreibung
I0041	–	–	–	Like	P0041	–	Personalstammsatz Infotyp 0041 (Datumsangaben)
P_ERROR_TAB	–	–	–	Like	EDIMESSAGE	–	Übergabestruktur mit allen Sy-Feldern für die Tabelle T100

Tabelle A.161 Erweiterung der Kriterien zur Berechnung des Lebensalters eines Mitarbeiters

A.39 User-Exit: HRPTIMEW

Dieser User-Exit wird zur Erweiterung und Steuerung der Übernahme externer Lohnarten eingesetzt. Die folgende Tabelle gibt Ihnen eine Übersicht über die relevanten Funktionsbausteine.

Funktionsbaustein	Beschreibung
EXIT_RPIEWT00_001	Versorgung des Währungsschlüssels

Tabelle A.162 Erweiterung zur Übernahme externer Lohnarten

EXIT_RPIEWT00_001

Der Funktionsbaustein EXIT_RPIEWT00_001 dient zur Steuerung der Übernahme externer Lohnarten. Das Coding des Exits wird im Include ZXEWTU01 abgelegt. Die folgende Tabelle listet die Parameter dieser Methode auf.

Parameter	Art	Wert	Optional	Typisierung	Bezugstyp	Default	Beschreibung
WAERS_X	Changing	X	–	Like	TCURX-CURRKEY	–	Währung aus der Tabelle TCURC
WAERS_C	Changing	X	–	Like	TCURC-WAERS	–	Währungsschlüssel aus der Tabelle TCURX

Tabelle A.163 Definition der Währung und des Währungsschlüssels

A.40 Übersicht über die wichtigsten User-Exits und BAdIs

Nachstehend finden Sie eine Auflistung der wichtigsten und meistverwendeten User-Exits und BAdIs in der SAP-Zeitwirtschaft.

User-Exit/BAdI	Bezeichnung
HRPTDW01	Zeitdatenextraktor: kundeneigene Feldversorgung
HRPTIM01	User-Exit für HR-Zeitwirtschaft
HRPTIM02	User-Exit für HR-Zeitwirtschaft – Urlaubsaufbau
HRPTIM03	Erweiterung Zeitwirtschaft – Abwesenheitskontingentaufbau
HRPTIM04	Modifikation der Cluster-B2-Daten nach Import im Report RPTEDT00
HRPTIM05	User-Exit für die HR-Zeitwirtschaft – KK1
HRPTIM06	User-Exit für die HR-Zeitwirtschaft –Abwesenheitsmitteilungen
HRPTIMAB	Abwesenheitsverfeinerung
HRPTIMAR	Kundenerweiterung Zeitwirtschaft: Ab-/Anwesenheitsreporting
HRPTIMEW	User-Exit für HR-Zeitwirtschaft – Übernahme ext. Lohnarten
HRPY0001	Setzen des Beginn-/Endedatums für die Kumulationsdatensätze
PT_ABS_ATT_COUNTRY	freie Bestimmung von Abrechnungsstunden und Abrechnungstagen
PT_ABS_REQ	Erweiterungen für die Abwesenheitsmitteilung
PT_ABS_REQ_CUST	Lesen des Customizings für die Abwesenheitsmitteilung
PT_BLP_RET_MESS	BLP-Rückrechnung: Meldungen/Returncode ändern
PT_BLP_USER	Erweiterung der Business-Logik für Zeitdaten
PT_COR_REQ	Erweiterungen zur Korrektur von Zeitbuchungen
PT_COR_REQ_INTERN	SAP-interne Erweiterungen zur Korrektur von Zeitbuchungen
PT_FMLA	Verwaltung von FMLA-Anträgen

User-Exit/BAdI	Bezeichnung
PT_GEN_REQ	BAdI: Verarbeitungsprozesse für Webanwendungen steuern
PT_GEN_REQ_INTERN	BAdI: Verarbeitungsprozesse für Webanwendungen (intern)
PT_GUI_TMW_CALENDAR	Füllen von Vorschlagswerten im TMW-Kalender
PT_GUI_TMW_TDE_NM	TMW-Teamsicht: Kundenfelder füllen
PT_IAC_LEAVREQ_0001	Webanwendung Abwesenheitsmitteilung: An-/Abwesenheitsarten
PT_IAC_REPORT	Reportvariante der Anwendung über den Benutzernamen festlegen
PT_QUOTA	automatische Generierung von Abwesenheitskontingenten
PT_QUOTA_DEDUCTION	BAdI zur Kontingentabtragung
PT_QUOTA_DEF_VAL	Entscheidung über Vorschlagswerte bei Kontingenten
PTCCE_DIST_DATA	Verteilung von Zeitauswertungsdaten auf Verträge
PTRM_SUBSTITUTE_BADI_DEF	ESA Fast Track 'Vertreter' BAdI-Definition
PTRM_TRIPUPDATE_BADI_DEF	BAdI-Definition Exit bei Trip-Update
PTDW_CREATE_0439	Erweiterung zum Anlegen von Infotyp-0439-Sätzen
HRTIM_COV_HISTORY	Erweiterungen zur Abrechnungsfunktion XNAB
HRTIM_UCCONV_COVER	Unicodekonvertierung der Tabelle COVER im Cluster PC
PT_EV_INFTY_COUNTRY	Update länderspezifischer Infotypen in der Zeitauswertung
TIM00ABSCOUNTRY_DAY	Landeserweiterung der Tageweise-Auszählung in den Infotypen 2001/2
TIM00ATTABSCOUNTING	Multiplikation von Abrechnungsstunden und Abrechnungstagen
HRSPPBS_ADD_CHECKS	Ad-hoc-Aktualisierung der Infospalten
XSS_TIM_PER_INT	BAdI für den Zeitnachweis im ESS
HRF_TIM_METADATA	HRFORMS: Metadaten der Zeitwirtschaft beeinflussen

User-Exit/BAdI	Bezeichnung
HRFORM_AFTER_TRANSP	HRFORMS: nach einem Transport durchzuführende Operationen
HRESS_WDA_TIME_STATEMENT	BAdI: Konfiguration der Services für den Zeitnachweis mit dem Web Dynpro ABAP
HRPT_B_TMD_MULTI_APPROVERS	BAdI: Mehrstufige Genehmigung für Zeitdatenanforderungen
HCMFAB_B_TEAMCALENDAR	BAdI: Erweiterungen für Teamkalender-Odata-Entitäten
HCMFAB_B_TEAMCALENDAR_SETTING	Einstellungen für den Teamkalender
HCMFAB_B_ENRICH_MYFORMS	BAdI: SAP-Fiori-App **Meine Formulare**: Anreicherung
HCMFAB_B_MYFORMS	BAdI: SAP-Fiori-App **Meine Formulare**
HCMFAB_B_COMMON	Gemeinsames BAdI für alle HCM-SAP-Fiori-Apps
HCMFAB_B_EMPLOYEE_SEARCH	BAdI für Mitarbeitersuche in HCM-SAP-Fiori-Apps

A.41 Zusammenfassung

Sie haben erfahren, welche Optionen SAP ERP HCM bietet, um den SAP-Standard versionsneutral zu erweitern. Die genannten BAdIs und User-Exits umfassen zwar nicht das komplette Spektrum dieser Erweiterungsmöglichkeiten, bieten aber einen guten Überblick darüber, welche Funktionen Sie erweitern können, ohne Modifikationen des SAP-Standards vornehmen zu müssen. Unserer Erfahrung nach ist es ratsam, auch jede Erweiterung auf ihre Notwendigkeit hin zu überprüfen. Häufig bietet der SAP-Standard Lösungen, die nicht auf den ersten Blick zu finden sind, und häufig können Prozesse in Unternehmen ohne großen Aufwand so angepasst werden, dass eine Erweiterung nicht zwingend erforderlich ist.

Dennoch werden wir in unseren Projekten immer wieder mit Anforderungen konfrontiert, die nicht im vorgegebenen Rahmen der Zeitwirtschaft mit SAP umzusetzen sind. Für diese Fälle lassen sich durch sinnvolle Erweiterungen des Systems häufig sehr gute Lösungen realisieren. Reichen auch die genannten Erweiterungsoptionen nicht aus, wägen wir sehr genau ab, ob eine Eigenentwicklung im Kundennamensraum die Anforderung abdecken kann. Eine Modifikation des SAP-Systems ist für uns der letztmögliche Weg.

Anhang B
Tabellen

Tabelle	Beschreibung
T550P	Arbeitspausenpläne
T550A	Tagesarbeitszeitpläne
T551A	Periodenarbeitszeitpläne
T508A	Arbeitszeitplanregeln
T507A	KuG: Abgrenzung der betroffenen Mitarbeiter
T508Z	Zuordnung Grpg. der PTB-Arbeitszeitpläne zu TagesAZP
T510S	Zeitlohnartenauswahl
T510V	Prüftabelle Verarbeitungstypen T510S
T510Y	Sonderregeln Lohnartengenerierung
T511K	Abrechnungskonstanten
T512D	Zeilenaufbau im Fenster
T512E	Formularbezogene Steuerung der Lohnarten
T512F	Formularfenster
T512G	Gruppenzusatztexte
T512H	Zuordnung Textbausteine zum Formular
T512N	Regeltabelle Formular
T512P	Formularhintergrund
T512Q	Informationen an festen Positionen
T512R	Summenlohnarten im Formularwesen
T512S	Texte zu Summenlohnarten im Formularwesen
T514B	Seitentypen für Formularklassen
T514C	Zulässige Konvertierungen im Formularwesen

Tabelle	Beschreibung
T514D	Formularverzeichnis
T514F	Attribute zu Formularklassen
T514K	Zulässige Tabellennamen/Kurzkennungen im Formularwesen
T514N	Zulässige Feldnamen im Formularwesen
T514R	Texte zu Seitentypen
T514S	Texte zu Tabellennamen
T514T	Texte zu Feldnamen
T514U	Texte zu Konvertierungen
T514V	Texte zu Formularnamen
T550X	Tagesarbeitszeitplanauswahlregel
T551A_COR_CALE	ESS-Korrekturszenario: Periodenarbeitszeitplan für Kalender
T551C	Zeitmodellbewertung
T552A	Monatsarbeitszeitplan
T552V	Dynamische Zuordnung des Tagesarbeitszeitplans
T552W	Dynam. TAZPl-Zuordnung – Überlappung Soll/Ist
T553A	Bestimmungsregeln für Tagestypen
T553S	Tagestypen für Sondertage
T553T	Tagestypentexte
T554A	Abwesenheitsaufteilung nach Kontingentabtragung
T554C	Bewertung von Abwesenheiten
T554D	Dienstgrade für Wehrdienst
T554E	Zählklassen der Abwesenheitsbewertung
T554F	Zählklassen der Abwesenheitsbewertung
T554G	Geburtsarten
T554H	Auswertungsart für An-/Abwesenheiten
T554HT	Auswertungsart für An-/Abwesenheiten – Texte (für T554H)

Tabelle	Beschreibung
T554L	Abwesenheitsbewertungsregeln
T554M	Regeltabelle Abwesenheiten für Mutterschutz
T554O	Bewertungsklassen
T554P	Symbole für Ab- und Anwesenheiten (Kalender)
T554Q	Zuordnung der Bewertung von Abwesenheiten
T554R	Tagesspezifische Regeln für die Abwesenheitsbewertung
T554S	An- und Abwesenheitsarten
T554S_ESSEX	ESS: Deaktivierung von An-/Abwesenheitsarten
T554S_WEB	ESS-Abwesenheitsmitt.: Attribute von An-/ Abwesenheitsart
T554V	Vorschläge für Abwesenheitsarten
T554W	Fristen für Wehrdienst
T554X	Regeln für An-/Abwesenheitsauszählung und Urlaubsabtragung
T554Y	Zeitbindungstabelle RP-ZEIT
T555A	Zeitarten
T555A_WEB	Anzuzeigende Zeitarten
T555B	Zeitartenbezeichnung
T555C	Zulässige BDE-PIN-Codes
T555E	Zeitauswertungsmeldungen
T555F	Zeitauswertungsfehlertexte
T555H	Zutrittskontrollgruppen – räumlich
T555I	BDE-Stammsatz-Infos
T555J	Umbuchung in Zeitarten
T555K	Umbuchung in Zeitlohnarten
T555L	Umbuchung in Abwesenheitskontingente
T555M	BDE-Abrechnungsarten
T555N	Gruppierung der Mitarbeiter für die Zeitauswertungsregel

Tabelle	Beschreibung
T555O	Zutrittskontrollgruppen – zeitlich
T555P	Personalzeitumbuchungsart
T555R	Mehrarbeitsverrechnungsart
T555S	BDE-Satzartenkonvertierung
T555U	Mitarbeiterstatus für die Personalzeitwirtschaft
T555X	Bezeichnung Zutrittskontrollgruppen – zeitlich
T555Y	Verarbeitungstyp und Zeitart, abh. von Ab-/Anwesenheitsklasse
T555Z	Zeitkennung – Zeitart und Verarbeitungstyp
T556	Vertretungsarten
T556A	Abwesenheitskontingenttyp
T556A_WEB	ESS-Abwesenheitsmitt.: anzuzeigende Kontingentarten
T556B	Abwesenheitskontingenttyp Texte
T556C	Auszählungsregelung für Ab- und Anwesenheiten
T556E	Regelgruppe (Coverage Package)
T556G	Regel zur Tagesmarkierung in der Coverage History
T556M	Verarbeitung untertägiger Abwesenheiten durch die Funktion XN
T556P	Anwesenheitskontingente
T556P_WEB	ESS-Abwesenheitsmitt.: anzuzeigende Kontingentarten
T556Q	Anwesenheitskontingenttyp Texte
T556R	Regelung Abtragungsreihenfolge für Abwesenheitskontingent
T556T	Vertretungsarten Texte
T556U	Ab-/Anwesenheitskontingent-Abgeltungsarten
T556W	Lohnartenzuordnung für Ab-/Anwesenheitskontingentabgeltung
T557	Bereitschaftsarten
T557A	Zeitarten für das Berichtswesen
T557B	Zeitartenbezeichnungen für das Berichtswesen

Tabelle	Beschreibung
T557CU	Zeitarten für das Berichtswesen
T557D	Kontingentarten für das Berichtswesen
T557E	Kontingentartenbezeichnungen für das Berichtswesen
T557G	Relationstabelle Akkumulation Ab-/Anwesenheiten
T557H	Relationstabelle Akkumulation Zeitarten
T557I	Relationstabelle Akkumulation Zeitlohnarten
T557J	Relationstabelle Kontingentarten für das Berichtswesen
T557K	Relationstabelle Kontingentarten für das Berichtswesen
T557L	Relationstabelle Kontingentarten für das Berichtswesen
T557M	Relationstabelle Zeitarten (aus Monatssummentabelle)
T557T	Bereitschaftsartentexte
T559A	Arbeitswochen
T559D	Gültigkeits-/Abtragungsintervall für Abwesenheitskontingente
T559E	Basisanspruch für Urlaubskumulation
T559F	Verarbeitung von Abwesenheitskontingentresten
T559G	Kontingentgenerierung – Regelung Übertragungszeitpunkte
T559J	Umsetzung Urlaubsarten in Kontingenttypen
T559L	Automatische Generierung von Abwesenheitskontingenten
T559M	Kürzungsregeln für die Generierung von Abwesenheitskontingenten
T559P	Limits für Zeitsalden
T559QT	Übertragung von Kontingentresten in neue Kontingente
T559R	Rundungsvorschriften

Tabelle	Beschreibung
T559U	Mehrarbeitsregeln
T559V	Gültigkeitsintervall Abw.Kontingente für Vorschlagswerte
T559X	Auswertungsklassen für Zeiten (interne Tabelle TIP)
T559Z	Bedingungen an Mitarbeiterzeiten in der Zeitauswertung
T569B	Archivierungsinformationen für Cluster B2
T569R	Rückrechnungstiefen Zeitwirtschaft
T599Y	Umsetzung ext. Lohnarten
T599Z	Zeitlohnarten an ext. Systeme
T7050	Zeitpunkte Kommunikation Personalzeitwirtschaft
T705A	An-/Abwesenheitsgründe Subsystem
T705B	Verarbeitungszustände BDE
T705C	Interne Satzarten
T705D	Funktionscodes
T705E	Reaktion der Fehlertransaktion
T705F	Arbeitszeitereignisartgruppe
T705G	Personalzeitereignisartgruppenbezeichnung
T705H	An-/Abwesenheitsgründe Subsystem Texte
T705I	Gruppierung Ab-/Anwesenheitsgrund
T705J	Gruppierung externe Lohnarten
T705K	Externe Lohnarten Subsystem
T705L	Bezeichnung Gruppierung Ab-/Anwesenheitsgrund
T705M	Bezeichnung Gruppierung externe Lohnarten
T705O	Persönl. Modifs BDE
T705P	Arbeitszeitereignisartgruppe
T705Q	Langtexte für externe Lohnarten vom Subsystem

Tabelle	Beschreibung
T705R	Zuordnung Arbeitsplatz -> BDE-Gruppe
T705S	Zuordnung Leitstandgruppe -> BDE-Gruppen
T705T	Gruppierung Subsystem-Anbindung
T705U	Zusatztexte für Satzarten
T705V	Funktionscodetexte
T705W	BDE-Kommunikationsparameter
T705X	Bezeichnung Gruppierung Subsystem-Anbindung
T705Z	Zeitpunkte Kommunikation
T001P	Gruppierungen Personalbereiche/-teilbereiche
T503	Gruppierungen Mitarbeitergruppen/-kreise
TPT_ABQT_OBJECTS	TMW: Zuordnung: Kontingentart – Objekt-ID
TPT_DISP_OBJ_CT	TMW: Anzeigeobjekte Spaltentexte (kurz)
TPT_DISP_OBJ_T	TMW: Anzeigeobjekte Spaltentexte (kurz)
TPT_ESS_FSEL_SFD	Feldauswahl für Table Control
TPT_ESS_FSEL_TC	Feldauswahl für Table Control
TPT_ESS_FSEL_TXT	Feldauswahl für Table Control
TPT_EVENTATTR	Paarbildung: Eigenschaften von Zeitereignisarten
TPT_FIELD_CAT	Feldkatalog
TPT_FIELD_CAT_T	Feldkatalog – Kurzbeschreibung
TPT_FIELD_SEL	Feldauswahl
TPT_FIELD_SEL_C	Feldauswahl – Customizing
TPT_FIELD_SEL_L	Feldbezeichner für Felder in der Feldauswahl
TPT_FIELD_SEL_T	Feldauswahl – Kurzbeschreibung
TPT_GUI_CLNT_FRM	Funktionsbausteine für GUI-Objekte – mandantenabh. Cust.
TPT_GUI_CLNT_LAY	GUI-Layout-Definition – mandantenabhängiges Customizing
TPT_GUI_CLNT_LYS	GUI-Layout – Struktur, Objekt-Zuordnung, mandantenabhängig
TPT_GUI_CLNT_LYT	Text zum GUI-Layout

Tabelle	Beschreibung
TPT_GUI_CLNT_OBJ	GUI-Objekttypen nach ID – mandantenabhängig
TPT_GUI_CLNT_OBT	Texte zu GUI-Objekten
TPT_GUI_CLNTSSCR	Zuordnung Objekt-ID zu Subdynpro
TPT_GUI_LAYOUT	GUI-Layout – Struktur und Zuordnung von Objekten
TPT_GUI_LAYOUT_T	Text zum GUI-Layout
TPT_GUI_LAYOUTS	GUI-Layout – Definition
TPT_GUI_OBJECT_T	Texte zu GUI-Objekten
TPT_GUI_OBJECTS	GUI-Objekttypen nach ID
TPT_GUI_SAP_FRM	Zuordnung GUI-Objekttypen zu Funktionsbausteinen
TPT_GUI_SAP_SSCR	Zuordnung Objekt-ID zu Subdynpro
TPT_HEAD_SCR_DIR	TMW-Header: Directory für generierte Subscreens
TPT_MDAT_OBJ_SAP	TMW: (SAP)-Zuordnung Stammdateninfotypfeld – Objekt-ID
TPT_MDAT_OBJECTS	TMW: Zuordnung Stammdateninfotypfeld – Objekt-ID
TPT_PAIRSTAT2	Zustandstabelle der Paarbildung
TPT_SCR_AREA	Bildbereich
TPT_SCR_AREA_FCT	Zuordnung Feldkatalog zu Bildbereich
TPT_SCR_AREA_T	Bildbereich – Kurzbeschreibung
TPT_SLIPSTATE	Zustandstabelle der Lohnscheingenerierung
TPT_TBAL_OBJECTS	TMW: Zuordnung: Zeitart für das Berichtswesen – Objekt-ID
TPT_TMW_PROF_FLD	Time Manager's Workplace – Profileinstellungen Feldauswahl
TPT_TMW_PROF_TXT	Time Manager's Workplace – Profileinstellungen Bezeichnung
TPT_TMW_PROFILE	Time Manager's Workplace – Profileinstellungen
TPT_WLIST_AREA	Meldungsbearbeitung – Sachgebiet
TPT_WLIST_AREA_T	Meldungsbearbeitung – Sachgebietsbezeichnung
TPT_WLIST_PROC	Meldungsbearbeitung – Bearbeitungsverfahren
TPT_WLIST_PROC_T	Meldungsbearbeitung – Bearbeitungsverfahrensbezeichnung

Anhang C
Personalrechenregeln

Regel	Bezeichnung
DOT1	Bearbeiten Bereitschaften
DOT2	Bei Bereitschaft INFTY auf M setzen
DOTM	Modifikatoren Tagesverarbeitung
MODT	Bestimmung von Gruppierungen
OKA0	AZV-Tag
OKA1	AZV-Tag: Reduzieren der Zeitart für AZV-Kontingent
OKA2	AZV-Tag: Berechnung des Stundenabzugs
OKA3	AZV-Tag: Verarbeitung bei Dienst am AZV-Tag
OKA4	AZV-Tag: Reduzieren der Zeitart für AZV-Kontingent bei Krankheit
OKA5	AZV-Tag: Generieren des AZV-Anspruchs (OKAA)
OKB0	Bereitschaftsdienststunden zählen
OKB1	Bereitschaft heute beendet?
OKB2	Bereitschaften zählen
OKB3	Vortagesdauern übernehmen
OKB4	Bereitschaftszuschlag ermitteln
OKB5	Bereitschaftsstunden zur Bezahlung
OKB6	Maximale Bereitschaftsdienstzahl prüfen
OKB7	Bewertung gemäß Tarifgruppe
OKB8	Ende einer mehrtägigen Bereitschaft
OKB9	Heute Beginn der Bereitschaft?
OKBA	Bereitschaftsbeginn und -ende feststellen

Regel	Bezeichnung
OKBB	Heute Beginn der Bereitschaft?
OKBC	Bereitschaftspaare vorläufig kennzeichnen
OKBD	Bestimmen: freie Stunden zwischen letztem Gehen und erstem Kommen
OKBE	Bestimmen des Zeitraums für Zählung
OKBF	Einsätze in Rufbereitschaft finden
OKBG	Einsätze in Rufbereitschaft finden
OKBH	Einsätze in Rufbereitschaft finden
OKBT	RB initialisieren
OKC0	Nur eine RB am Tag erlaubt
OKC1	Rufbereitschaftszeit und Einsätze abgleichen
OKC2	Einsätze in Rufbereitschaft finden
OKC3	Löschen der Einsatzpaare aus der Tabelle TIP
OKC4	Arbeitszeitende durch Anwesenheit verlängert?
OKC5	Rufbereitschaftseinsätze nach RB-Ende
OKC6	RB-Zeitraum verlängern
OKC7	Bilde Mehrarbeitsblöcke außerhalb des Sollblocks
OKC8	Rufbereitschaftseinsätze kennzeichnen
OKC9	Einsätze in Rufbereitschaft finden
OKCA	Unterzyklus Zeitkonto Abtragung, Abtragungsreihenfolge
OKCB	Unterzyklus Zeitkonto Abtragung, Abtragungsreihenfolge
OKCC	Unterzyklus Zeitkonto Abtragung, Abtragungsreihenfolge
OKCD	Unterzyklus Überstundenkonto Abtragung, Abtragungsreihenfolge
OKCE	Einsätze in Rufbereitschaft finden
OKCF	Kürzester Einsatz Vortag
OKCG	Prüfe Tag = arbeitsfrei -> schnellere Bestimmung Hilfszeitarten
OKCH	Rufbereitschaftsende heute?
OKCI	RB-Einsatz bestimme Garantie

Regel	Bezeichnung
OKCJ	Bereitschaftsflag setzen, Zuschlag RB
OKCK	Bereitschaftsflag setzen, Zuschlag RB
OKCL	Bereitschaftsflag setzen, Zuschlag RB
OKCM	Übertragen RB-Zeitraumdaten von gestern
OKCN	Vorläufig vergebenen Verarbeitungstyp zurücknehmen
OKCO	Bewertung gemäß Tarifgruppe
OKCP	Bewertung gemäß Tarifgruppe
OKCQ	Einsätze in Rufbereitschaft finden
OKCR	Einsätze in Rufbereitschaft finden
OKCS	Rufbereitschaften Sollplan
OKCT	RB initialisieren
OKCU	RB initialisieren
OKCV	Lückenkennzeichen auf »ja«?
OKCX	Bestimme Beginn Sollblock
OKCY	Initialisierung Hilfszeitarten
OKCZ	Prüfe Tag = arbeitsfrei -> schnellere Bestimmung Hilfszeitarten
OKD1	Anwesenheitsflag korrigieren
OKD2	Beginn- und Ende-Uhrzeiten für Formularanzeige erzeugen
OKE2	Prüfen durchschnittliche maximale Arbeitszeit
OKF0	Antrag für Feiertagskompensation § 15 Abs 6 BAT
OKF2	Aktuelles Feiertagskonto in Vorwochenkonto
OKF3	Feiertagsvergütung verrechnen
OKF4	Feiertagskonto der Vorwoche gefüllt
OKF5	Lohnart OKV1 in Zeitkonto
OKF6	Feiertagskonto nicht auszugleichen
OKFA	Unterzyklus Zeitkonto Abtragung, Abtragungsreihenfolge

Regel	Bezeichnung
OKFB	Unterzyklus Zeitkonto Abtragung, Abtragungsreihenfolge
OKFC	Unterzyklus Zeitkonto Abtragung, Abtragungsreihenfolge
OKK0	Konten nachweisen
OKK1	Abtragen der Zeitkonten
OKK2	Warnung Zeitkonto in Folgeperiode ausgl.
OKK3	Bereitschaftskonto nicht auszugleichen
OKK4	Überstundenkonto nicht auszugleichen
OKK5	RB-Einsatzkonto nicht auszugleichen
OKK6	Vorfesttagskonto ausgleichen!
OKKA	Zeitkonto aktueller Monat
OKKB	Zeitkonto Monat -1
OKKC	Abtragen Zeitkonto -2 Monate
OKKD	Abtragen Zeitkonto -3
OKN1	Nachtschichten in Zeitarten schreiben
OKN2	Liegt die meiste Arbeitszeit zwischen 20 und 6 Uhr?
OKN3	Einsätze in Rufbereitschaft finden
OKON	Bestimmung von Gruppierungen
OKOP	Bestimmung von Gruppierungen
OKR1	Bestimmen: freie Stunden zwischen letztem Gehen und erstem Kommen
OKR2	Suche erstes Kommen und letztes Gehen
OKR3	Ganztägig frei
OKR4	Bestimmen: freie Stunden zwischen letztem Gehen und erstem Kommen
OKR5	Ruhezeiten überprüfen
OKR6	Tag ist Arbeitstag
OKR7	Prüfe Ruhezeit bei Bereitschaft
OKR8	Fehlruhezeitkonto aufbauen
OKRA	Finde erstes Kommen und letztes Gehen

Regel	Bezeichnung
OKRB	Kollision RB/BD-Beginn mit Sollende Vortag
OKRC	Kollision Sollbeginn mit RB-Ende Vortag
OKRD	Kollision RB/BD-Beginn mit Sollende Vortag
OKRE	Kollision Sollbeginn mit RB-Ende Vortag
OKRF	Rufbereitschaft nicht vor und nach TAZP
OKRG	Bereitschaftsdienst nicht vor und nach TAZP
OKRJ	Aktuelles Sonntagskonto in Vorwochenkonto
OKRK	Einsätze in Rufbereitschaft finden
OKS0	Sollarbeitszeitermittlung
OKS1	Sonntagsarbeit in Zeitarten schreiben
OKSA	Ermitteln, Sollplan-AZPR Sollstundendifferenz
OKSB	Ermitteln Istplan-Sollplan-Sollstundendifferenzen für Mehrarbeit
OKSC	AZPR-Sollplan: Soll bestimmen
OKSY	Einsätze in Rufbereitschaft finden
OKSZ	Einsätze in Rufbereitschaft finden
OKT0	Vorläufige Bildung der Salden für den Ausbildungszeitnachweis
OKT1	Bildung der Salden für den Ausbildungszeitnachweis
OKT2	Bildung der Abwesenheitssalden für den Ausbildungszeitnachweis
OKTA	Prüfung, ob Personalnummer Pflegeschüler/-in ist
OKTB	Unterrechenregel zu OKT1
OKTC	Unterrechenregel zu OKT2
OKU1	Überstunden in Zeitkonto, aus Ist/Sollkonto
OKU3	§ 48a: Bestimme Arbeitstage
OKU4	§ 48a: Setze Modifikator für Quota
OKU5	Abfrage, ob aktuelle Periode gleich Dezember
OKU6	Setze Zähler für Tage anhand Grenzwerten
OKU7	§ 48a: Fülle Zeitarten OK11–OK26 mit den Konstanten OKG01–OKG16

Regel	Bezeichnung
OKU8	Erhöhe Anspruch abhängig vom Alter
OKUA	Unterzyklus Zeitkonto Abtragung, Abtragungsreihenfolge
OKUB	Unterzyklus Zeitkonto Abtragung, Abtragungsreihenfolge
OKUC	Unterzyklus Zeitkonto Abtragung, Abtragungsreihenfolge
OKUD	Unterzyklus Überstundenkonto Abtragung, Abtragungsreihenfolge
OKUW	Einsätze in Rufbereitschaft finden
OKUX	Einsätze in Rufbereitschaft finden
OKUY	Einsätze in Rufbereitschaft finden
OKUZ	Einsätze in Rufbereitschaft finden
OKV1	Vorfesttagskonto Abtragung Oster-/Pfingst-Sa. ab 12
OKV2	Vorfesttagskonto Abtragung 24./31.12. Sa. ab 12
OKV3	Vorfesttagskonto Abtragung 24./31.12. Werkt. ab 12
OKV4	Vorfesttagskonto Abtragung 24./31.12. Sonnt. ab 12
OKV5	Vorfesttagskonto Abtragung 24./31.12. bis 12
OKVA	Freizeit aus frei am 24./31.12 §16 Abs. 2, Protokollnotiz
OKVB	am 24./31.12. Arbeitsbeginn vor 12:00
OKVC	Frei 1/10 wöch. Std. Abtragung 24./31.12.
OKVD	Bewert.klasse d. Periodenarbeitszeitplans für Vorfesttage abfragen
OKVN	AZV-Tag: AZV-Anspruch per IT2012 gewähren
OKVO	AZV-Tag: Überprüfen und Erzeugen des AZV-Anspruchs
OKVP	AZV-Tag
OKVQ	AZV-Tag: Vertretung 'Rücknahme AZV-Tag dienstlich'
OKVR	AZV-Tag: Löschen des AZV-Anspruchs
OKZ0	Schichtbeginn und Ende festlegen
OKZ1	Prüfung, wurde Zulage 200 DM generiert?
OKZ2	Muss eventuell WSZ 120 DM generiert werden?
OKZ3	Prüfung, wurde Zulage 200 DM/120 DM generiert?

Regel	Bezeichnung
OKZ4	Schichtzulage 90 DM
OKZ5	Ist MA berechtigt für Wechselschicht-/Schichtzulage?
OKZ6	Berechtigt für Wechselschichtzulage
OKZ7	Schichtzulage 120 DM
OKZA	Einsätze in Rufbereitschaft finden
OKZC	Einsätze in Rufbereitschaft finden
OKZD	Einsätze in Rufbereitschaft finden
OKZE	Einsätze in Rufbereitschaft finden
OKZF	Einsätze in Rufbereitschaft finden
OKZH	Einsätze in Rufbereitschaft finden
OKZI	Einsätze in Rufbereitschaft finden
OZN1	Einsätze in Rufbereitschaft finden
OZN2	Einsätze in Rufbereitschaft finden
OZN3	Einsätze in Rufbereitschaft finden
PC10	Drucktarif: Verrechnung der Mehrarbeit
PC11	Drucktarif: Verrechnung der Mehrarbeit
PC20	Verrechnung der Mehrarbeit
PC21	Verrechnung der Mehrarbeit
PC22	Verrechnung der Mehrarbeit
PC25	Personalrechenregel PC25
PCAG	Drucktarif: Check, ob Antrittsgebühren zu generieren sind
PCP1	PT: Change Presence Time Pairs for Subtypes 08A1/2/3 08B1/2/3
PCPK	Drucktarif: Beispiel für Abfrage auf Personenkreis
PCSF	Drucktarif: Check, ob Sonn-/Feiertag
PCTZ	Drucktarif: Check, ob Teilzeitkraft
PDA1	Drucktarif: Setze Tagesgrpg. Lohnartengenerierung gemäß Istzeiten
PDA2	Drucktarif: Setze Tagesgrpg. Lohnartengenerierung gemäß Sollzeiten

Regel	Bezeichnung
PDAY	Drucktarif: Setze TaGrgp. Lohnartengen. abh. von Kommen und Gehen
PEND	Drucktarif: Rücksetzen Zeitarten
PFSA	Berechne Freischichtanspruch
PGAG	Drucktarif: Generiere Antrittsgebühren
PHAE	Drucktarif: Berechnung und Generierung der Hätte-Überstunden
PHFT	Drucktarif: Vtyp H bei Teilzeitmehrarbeit vor TPWOS/5 Stunden
PHSH	Drucktarif: Hat schlägt Hätte
PHUB	Drucktarif: Fortsetzung der Personalrechenregel PHAE
PIAG	Drucktarif: IFTYP für Antrittsgebühren
PINI	Drucktarif: Initialisierung div. Zeitarten
PMA1	Drucktarif: Geschenkte Mehrarbeitspausen II, Fortsetzung von PMAP
PMAP	Drucktarif: Geschenkte Mehrarbeitspausen
PMOD	Drucktarif: Setze Zeitlohnartenauswahlregelgruppe für LA-Gen.
P010	Drucktarif: Pauschale Mehrarbeitsgenerierung
P011	Drucktarif: Ermittlung Mehrarbeitspaare
P012	Drucktarif: Fortsetzung von Personalrechenregel P011, analog zu Personalrechenregel T012
PP20	Drucktarif: Abtragung Freischichten
PPT3	Drucktarif: Paartyp 3 auf 1 setzen
PR30	Drucktarif: Errechnen des Gleitzeitsaldos
PR31	Drucktarif: Fortsetzung von Personalrechenregel PR30
PRM2	Drucktarif: Durchführen Aufrundung Mehrarbeitszeitpaare
PRMA	Drucktarif: Runde Mehrarbeit auf halbe Stunden auf
PSAG	Drucktarif: Summiere Zeiten für Antrittsgebühren LA P922 P923
PSB1	Drucktarif: Fortsetzung von Personalrechenregel PSBE
PSBE	Drucktarif: Setze Beginn und Ende Anwesenheit
PSF8	Drucktarif: Sonn- und Feiertage: VTYP=M erst ab 9. Stunde

Regel	Bezeichnung
PSFV	Drucktarif: Setze Vtyp X auf M, Zeitart wird 0310
PSMA	Drucktarif: Summiere Mehrarbeitsstunden
PSUS	Drucktarif: Speichere Überstunden für Hätte-Überstd.-Berechnung
PUA1	Drucktarif: Fortsetzung von Personalrechenregel PUAB
PUAB	Drucktarif: Ungünstiger Arbeitszeitbeginn (max. 4 x 0,5 Std.)
PVK1	Drucktarif: Vor COMOT wird Vtyp K auf M geschaltet
PVK2	Drucktarif: Nachbearbeitung COMOT
PVNR	Drucktarif: Lohnart für verkürzte Nachtruhe generieren
PZN1	Drucktarif: Setze Hilfszeitarten für Zeitnachweisformular
PZNW	Drucktarif: Summiere ZL in TES für Zeitnachweis
RTCO	Processing Overtime Wage Types
TB10	Kürzen von automatisch abgegrenzten Dienstgängen
TB11	Kürzen von automatisch abgegrenzten Dienstgängen
TB20	Überzeit bei automatisch abgegrenzten Dienstgängen
TC00	Verarbeiten Mehrarbeitslohnarten
TC01	Verrechnung der Mehrarbeit
TC02	Verrechnung der Mehrarbeit
TC03	Verrechnung der Mehrarbeit
TC10	Verrechnung der Mehrarbeit
TC11	Verrechnung der Mehrarbeit
TC12	Verrechnung der Mehrarbeit
TC20	Verrechnung der Mehrarbeit
TC21	Verrechnung der Mehrarbeit
TC22	Verrechnung der Mehrarbeit
TC30	Verrechnung der Mehrarbeit (Kompensation tageweise)
TC31	Verrechnung der Mehrarbeit (Kompensation tageweise)

Regel	Bezeichnung
TC32	Verrechnung der Mehrarbeit (Kompensation tageweise)
TC33	Verrechnung der Mehrarbeit (Kompensation tageweise)
TC34	Verrechnung der Mehrarbeit (Kompensation tageweise)
TC35	Verrechnung der Mehrarbeit (Kompensation tageweise)
TC40	Verrechnung der Mehrarbeit
TC41	Verrechnung der Mehrarbeit
TC42	Verrechnung der Mehrarbeit
TD00	Steuerung der Pausenverarbeitung
TD01	Korrektur des Paartyps
TD02	Korrektur des Paartyps
TD03	Feiertag auf einem Sonntag
TD10	Prüfen, ob Tagesarbeitszeitplan noch aktiv ist
TD20	Verarbeitung Fehler aus der Paarbildung
TD30	Dynamische Tagesarbeitszeitplanzuordnung
TD40	Verarbeitung des Infotyps Mehrarbeiten (2005)
TD60	Behandlung von Urlaub während KUG-Zeitraum
TD61	Behandlung von Urlaub während KUG-Zeitraum
TD70	Anwesenheitsflag korrigieren
TD80	Verarbeitung Ab-/Anwesenheitsgründe (Beginn-Buchung)
TD81	Verarbeitung Ab-/Anwesenheitsgründe (Ende-Buchung)
TD90	Gesperrte Sätze verarbeiten
TD91	Gesperrte Sätze verarbeiten
TE10	Einfügen von Abwesenheiten
TE11	Abwesenheitsflag korrigieren
TE20	Tagesbezogene Fehlerprüfungen
TE21	Tagesbezogene Fehlerprüfungen
TE30	Paarbezogene Fehlerprüfungen

Regel	Bezeichnung
TE31	Paarbezogene Fehlerprüfungen (Alternative zu Regel TE30)
TE40	Einsätze in Rufbereitschaft finden
TF00	Uhrzeiten generieren
TF10	Startzeitpunkt für dynamische Pausen
TF20	Ganztägige An-/Abwesenheiten?
TF21	Pausenabzug: Anwesenheitszeit
TF22	Pausenabzug: Mindestpausendauer
TF23	Pausenabzug: Zusätzlicher Pausenabzug
TF24	Pausenabzug: Arbeitsbeginn/-ende
TF25	Pausenabzug: Mindestpausendauer
TG01	Prüfe Tag = arbeitsfrei → schnellere Bestimmung Hilfszeitarten
TG02	Initialisierung Hilfszeitarten
TG03	Bestimme Beginn Sollblock
TG04	Bestimme Ende Sollblock
TG05	Lückenkennzeichen auf »ja«?
TG06	Mehrarbeit ohne Anschluss an den Sollarbeitszeitrahmen
TG07	Bilde Mehrarbeitsblöcke außerhalb des Sollblocks
TG08	Erzeuge GMA-Paar pro Mehrarbeitspaar außerhalb des Sollblocks
TG09	Initialisiere GMA-Saldo und Hilfszeitarten
TG10	Behalte pro Mehrarbeitsblock genau ein GMA-Paar
TG11	Behalte pro Tag genau ein GMA-Paar
TL10	Runden erstes/letztes Paar
TMAP	Prüfung der bereitgestellten Daten
TMCI	Bestimmung von Tabellenmodifikatoren
TMOD	Bestimmung von Tabellenmodifikatoren
TMON	Bestimmung von Gruppierungen

Regel	Bezeichnung
TMOP	Bestimmung von Tabellenmodifikatoren
TN10	Initialisierung für wöchentliche Mehrarbeitsbetrachtung
TN20	Wöchentliche Mehrarbeitsbetrachtung
TN23	Mehrarbeitsermittlung nach Erreichen von OVERT Sollstunden
TN30	Wöchentliche Mehrarbeitsbetrachtung
TN80	Mehrarbeitsermittlung anhand spezieller Anwesenheitsarten
TN85	Mehrarbeitsverrechnung gegen Abwesenheitskontingent
T000	Mehrarbeitsermittlung für alle Anwesenheitsstunden
T001	Ermittlung Mehrarbeitspaare nach x Stunden
T002	Ermittlung Mehrarbeitspaare nach x Stunden
T010	Pauschale Mehrarbeitsgenehmigung (P0050)
T011	Ermittlung Mehrarbeitspaare
T012	Ermittlung Mehrarbeitspaare
T013	Tägliche maximale Arbeitszeit prüfen
T015	Auswertung Mehrarbeitsgenehmigung aus Tagesarbeitszeitplan (T550A)
T016	Mehrarbeitsermittlung für die Zeitpaare in der Überzeit
T017	Ermittlung Mehrarbeitspaare nach x Stunden
T020	Bildung von Mehrarbeitspaaren
T021	Bildung von Mehrarbeitspaaren
T030	Mehrarbeitsermittlung mit Rundung
T031	Mehrarbeitsermittlung mit Rundung
T040	Rundung von Mehrarbeitsstunden
T050	Mehrarbeitsgenerierung
T060	Mehrarbeitsermittlung mit Rundung
T061	Mehrarbeitsermittlung mit Rundung
T070	Mehrarbeiten abrunden

Regel	Bezeichnung
T080	Zeitpaare als Mehrarbeiten kennzeichnen
T090	Mehrarbeit an Feiertagen – zeitlicher Abgleich
T096	Entscheidung: Mehrarbeit an Feiertagen?
T097	Mehrarbeit an Feiertagen – zeitlicher Abgleich
T098	Mehrarbeit an Feiertagen – Pausen Tagesarbeitszeitplan auswerten
T099	Mehrarbeit an Feiertagen
TOEX	Überprüfung: Ist der Mitarbeiter EXEMPT? (nur relevant in den USA)
TOF0	Zeitumbuchungsvorgabe TF0A verarbeiten
TOF1	Mehrarbeitsermittlung aufgrund Zeitumbuchungsvorgabe TF0A
TOP1	Mehrarbeit/Periodenweise: Vorläufige Ermittlung der Mehrarbeit
TOP2	Mehrarbeit/Periode: Summation tägl. Soll- u. Mehrarbeit
TOP3	Mehrarbeit/Periode: Korrekturkontingent 11 für Mehrarbeit
TOP4	Mehrarbeit/Periode: Erzeugen zusätzliche Sollarbeit
TOP5	Mehrarbeit/Periode: Kontingent 01 – endgültige Mehrarbeit
TOP6	Mehrarbeit/Periode: Tag feststellen
TOP7	Mehrarbeit/Periode Korrekturkontingent erstellen
TOPA	Mehrarbeit/Periode: Vorläufige Ermittlung der Mehrarbeit
TOPF	Mehrarbeit/Periode: Initialisiere Monatstabelle
TOPL	Mehrarbeit/Periode: Korrekturkontingent 11 für Mehrarbeit
TOPR	Mehrarbeit/Periode Kumulation von Salden pro Periode
TOW1	Mehrarbeit/Woche: Vorläufige Ermittlung der Mehrarbeit
TOW2	Mehrarbeit/Woche: Summation tägl. Soll- u. Mehrarbeit
TOW3	Mehrarbeit/Woche: Korrekturkontingent 11 für Mehrarbeit
TOW4	Mehrarbeit/Woche: Erzeugen zusätzliche Sollarbeit
TOW5	Mehrarbeit/Woche: Kontingent 01 – endgültige Mehrarbeit
TOW6	Mehrarbeit/Woche: Fehlende Sollzeit ermitteln

Regel	Bezeichnung
TOW7	Mehrarbeit/Woche: Korrekturkontingent erstellen
TOWA	Mehrarbeit/Woche: Vorläufige Ermittlung der Mehrarbeit
TOWB	Mehrarbeit/Woche: Fehlende Sollzeit ermitteln
TOWC	Mehrarbeit/Woche: Initialisierung anrechenbare Stunden
TOWD	Mehrarbeit/Woche: Vergleich Teilzeit- mit Vollzeitmitarbeitern
TOWE	Mehrarbeit/Woche: Korrektur anrechenbare Stunden
TP00	Kostenverteilung mittels Anwesenheiten
TP01	Kostenverteilung mittels Anwesenheiten – zeitlicher Abgleich
TP02	Kostenverteilung mittels Anwesenheiten – zeitlicher Abgleich
TP03	Kostenverteilung mittels Anwesenheiten – zeitlicher Abgleich
TP04	Kostenverteilung mittels Anwesenheiten
TP05	Sollpaar generiert?
TP06	An-/Abwesenheiten aus Sollpaar abziehen
TP07	An-/Abwesenheiten aus Sollpaar abziehen
TP09	Vorläufige Sollstunden bestimmen
TP10	Berücksichtigen Abwesenheiten, wenn Gleitzeitsaldo > 0
TP11	Berücksichtigen Abwesenheiten, wenn Gleitzeitsaldo > 0
TP20	Verarbeiten der Abwesenheiten mit Zeitkompensation
TP01	Mehrarbeit/Woche: Vorläufige Ermittlung der Mehrarbeit
TP02	Mehrarbeit/Woche: Summation tägl. Soll- u. Mehrarbeit
TP03	Mehrarbeit/Woche: Bereitstellen der Mehrarbeitskorrektur
TP04	Mehrarbeit/Woche: Korrektur Mehrarbeit
TP05	Mehrarbeit/Woche: Endgültige Mehrarbeit
TP06	Mehrarbeit/Woche: Fehlende Sollzeit ermitteln
TP07	Mehrarbeit/Woche: Anstoß interne Rückrechnung
TP08	Korrektur wö. Mehrarbeit
TP09	Mehrarbeit/Woche: Anstoß interne Rückrechnung

Regel	Bezeichnung
TP0A	Mehrarbeit/Woche: Vorläufige Ermittlung der Mehrarbeit
TP0B	Mehrarbeit/Woche: Summation der Protokollzeitarten
TP0C	Korrektur Mehrarbeit
TP0D	Mehrarbeit/Periode: Summation der Protokollzeitarten
TP0E	Korrektur Mehrarbeit
TPP1	Mehrarbeit/Periode: Vorläufige Ermittlung der Mehrarbeit
TPP2	Mehrarbeit/Periode: Summation tägl. Soll- u. Mehrarbeit
TPP3	Mehrarbeit/Periode: Bereitstellen der Mehrarbeitskorrektur
TPP4	Mehrarbeit/Periode: Korrektur Mehrarbeit
TPP5	Mehrarbeit/Periode: Endgültige Mehrarbeit
TPP6	Mehrarbeit/Periode: Fehlende Sollzeit ermitteln
TPP7	Mehrarbeit/Periode: Anstoß interne Rückrechnung
TQF0	Berechnung des Congé de Fractionnement
TQF2	Abstellen des Urlaubsanspruchs in die Tabelle ZL
TQP0	Bestimmung anrechenbarer Iststunden
TQP1	Berechnung Istzeit/Sollzeit pro Abrechnungsperiode
TQTR	Übernahme von Kontingentresten
TR10	Bilden der Tagessummen
TR11	Bilden der Tagessummen (bei Verwendung der Tabelle T555Y)
TR15	Aufbau des Vorholzeitkontos
TR20	Saldokorrekturen bearbeiten
TR30	Errechnen des Gleitzeitsaldos
TR33	Technische Lohnarten
TR40	Prüfen der täglichen Mindestarbeitszeit
TR50	Prüfen der täglichen maximalen Arbeitszeit
TR60	Prüfen der Kernzeitverletzung
TR90	Gleitzeitsaldo (pro Lohn- und Gehaltsabrechnung)

Regel	Bezeichnung
TR91	Kompensationskonto (Prüfung pro L&G-Periode)
TS01	Paarbezogene Fehlerprüfungen
TS02	Paarbezogene Fehlerprüfungen
TS10	Fortschreiben Urlaubssaldo
TS11	Automatischer Urlaubsaufbau (Beispiel)
TS12	Automatischer Urlaubsaufbau (=)
TS13	Automatischer Urlaubsaufbau (+)
TS14	Automatischer Urlaubsaufbau (mittels Konstante)
TS15	Automatischer Urlaubsaufbau
TS20	Umbuchen Gleitzeitsaldo-Überschuss in Mehrarbeit
TS30	Prüfen auf Gleitzeitüber-/unterschreitung
TS31	Gleitzeitüberschreitung vergüten
TTIG	Füllen der variablen Salden für Time-in-Grade
TW00	Aufeinanderfolgende Anwesenheitstage
TW01	Initialisierung für wöchentliche Mehrarbeitsbetrachtung
TW02	Wöchentliche Mehrarbeitsbetrachtung
TW03	Wöchentliche Mehrarbeitsbetrachtung
TW04	Mehrarbeitsermittlung nach dem Erreichen von OVERT Sollstunden
TW05	Initialisierung für wöchentliche Mehrarbeitsbetrachtung
TW06	Wöchentliche Mehrarbeitsbetrachtung
TW07	Wöchentliche Mehrarbeitsbetrachtung
TW10	Initialisierung für die wöchentliche Mehrarbeitsbetrachtung
TW20	Wöchentliche Mehrarbeitsbetrachtung
TW30	Wöchentliche Mehrarbeitsbetrachtung
TW31	Initialisierung für die wöchentliche Mehrarbeitsbetrachtung
TW32	Wöchentliche Mehrarbeitsbetrachtung
TW33	Wöchentliche Mehrarbeitsbetrachtung

Regel	Bezeichnung
TW34	Initialisierung für die wöchentliche Mehrarbeitsbetrachtung
TW35	Wöchentliche Mehrarbeitsbetrachtung
TW36	Wöchentliche Mehrarbeitsbetrachtung
TW40	Initialisierung für die wöchentliche Mehrarbeitsbetrachtung
TW41	Jahresüberstunden initialisieren
TW42	Freizeitanspruch verlängern I
TW43	Freizeitanspruch verlängern II
TW44	Verarbeiten der Abwesenheiten mit Zeitkompensation
TW45	Wöchentliche Mehrarbeitsermittlung
TW46	Wöchentl. Mehrarbeitsstd. ermitteln
TW47	Ermittlung des Freizeitausgleichs
TW48	Aufbau des Freizeitanspruchs
TW49	Freizeitanspruch ausbezahlen
TW4A	Saldenkorrektur bei wöchentlicher Mehrarbeitsbetrachtung
TW4C	Mehrarbeitsermittlung nach Erreichen von OVWTL Sollstunden
TW4D	Verarbeiten der Abwesenheiten mit Zeitkompensation
TW4F	Initialisierung für wöchentliche Mehrarbeitsbetrachtung
TW4G	Wöchentl. Mehrarbeit und Freizeitausgleich ermitteln
TW4H	Aufbau des Freizeitanspruchs
TW4I	Saldenkorrektur bei wöchentlicher Mehrarbeitsbetrachtung
TW4S	Wöchentl. Mehrarbeit und Freizeitausgleich ermitteln
TZ20	Ganztägige An-/Abwesenheiten?
WFP1	Tagesbezogene Fehlerprüfungen
WFPZ	Zuordnungen aus Anweisenheit in Zeitart

Anhang D
Operationen

Operationsname	Feldparameter	Kennzeichen-parameter	Operation Text
*			Nächste Zeile
ADDDB			Sammle in Saldotabelle des Tages
ADDDB		-	Subtrahiere Tagess.
ADDDB		T	Sollzeit → Tagess.
ADDDB		Z	Initial. Tagessaldo
ADDMB			Sammle in Monats-Saldotabelle
ADDMB		-	Subtrahiere Per.sald
ADDMB		T	Sollzeit → Per.sald
ADDMB		Z	Initial. Per.saldo
ADDOT			Überführe in Tabelle ZMO
ADDVS			Sammle in Tabelle der variablen Salden
ADDZL			Kumulation in die Tabelle der Zeitlohnarten
ADDZL		A	Add. in ZL, IFTYP A
ADDZL		M	Add. in ZL, IFTYP M
ADDZL		S	Add. in ZL, IFTYP S
ALLDT			Überprüfen 24h-Abdeckung ab Periodenbeginn
ALLDT		1	Setze 1. Zeitart
ALLDT		2	Setze 2. Zeitart
ALLDT		B	Interv. Beginn – Ende

Operationsname	Feldparameter	Kennzeichen-parameter	Operation Text
BITQU			Erstellen Batch-Input-Mappe auf die Anwesenheitskontingente
BITQU	01		Batch-Input auf 2007
BITQU	99		Batch-Input auf 2007
BITQU	LD		Batch-Input auf 2007
BITQU	PP		Batch-Input auf 2007
BITQU	TP		Batch-Input auf 2007
BITQU	WW		Batch-Input auf 2007
BREAK			Setze einen Breakpoint
COLER			Überführung in Fehlertabelle
COLER	*		Errtyp übernommen
COLER	1		Errtyp durch COLER
COLER	2		User-Fehler Paarb.
COLER	3		Techn. Fehler Paarb.
COLER	4		Techn. Fehler Zeit
COLER	S		Anz. übernehmen
COLER	S*		Anz. übernehmen
COLER	S1		Anz. übern., Typ 2
COLER	S2		Anz. übern., Typ 2
COLER	S3		Anz. übern., Typ 3
COLER	S4		Anz. übern., Typ 4
COLER	E		Fehler
COLER	E *		Fehler
COLER	E 1		Fehler, Errtyp 1
COLER	E 2		Fehler, Errtyp 2
COLER	E 3		Fehler, Errtyp 3
COLER	E 4		Fehler, Errtyp 4

Operationsname	Feldparameter	Kennzeichen-parameter	Operation Text
COLER	ES		Fehler, Anzahl
COLER	ES*		Fehler, Anzahl
COLER	ES1		Fehler, Anzahl, Typ 1
COLER	ES2		Fehler, Anzahl, Typ 2
COLER	ES3		Fehler, Anzahl, Typ 3
COLER	ES4		Fehler, Anzahl, Typ 4
COLER	F		Meldung mit Rückr.
COLER	F *		Meldung mit Rückr.
COLER	F 1		Meldung, RR, Typ 1
COLER	F 2		Meldung, RR, Typ 2
COLER	F 3		Meldung, RR, Typ 3
COLER	F 4		Meldung, RR, Typ 4
COLER	FS		RR, Anzahl
COLER	FS*		RR, Anzahl
COLER	FS1		RR, Anzahl, Typ 1
COLER	FS2		RR, Anzahl, Typ 2
COLER	FS3		RR, Anzahl, Typ 3
COLER	FS4		RR, Anzahl, Typ 4
COLER	I		Information
COLER	I *		Information
COLER	I 1		Information, Typ 1
COLER	I 2		Information, Typ 2
COLER	I 3		Information, Typ 3
COLER	I 4		Information, Typ 4
COLER	IS		Info, Anzahl
COLER	IS*		Info, Anzahl

Operationsname	Feldparameter	Kennzeichen-parameter	Operation Text
COLER	IS1		Info, Anzahl, Typ 1
COLER	IS2		Info, Anzahl, Typ 2
COLER	IS3		Info, Anzahl, Typ 3
COLER	IS4		Info, Anzahl, Typ 4
COLOP			Übermitteln von Daten in die interne Tabelle TOP
COLOP		*	TIP → TOP akt. Zeitart
COLOP		A	TIP → TOP Ausw. Ztart
COLPA			Überführe in Paartabelle
COLPA		B	Modif. Beginn-Zeit
COLPA		E	Modif. Ende-Zeit
COLTQ			Erhöhung des Kontingentverbrauchs
COMOT			Mehrarbeitspaare abgleichen
DAYPG			Ersetze Tagesarbeitszeitplan
DELIM			Abgrenzung eines Zeitpaares
DELIM		B	Arbeitszeit Beginn
DELIM		E	Arbeitszeit Ende
DELIM	C	B	Kernzeit Beginn
DELIM	C	E	Kernzeit Ende
DELIM	N	B	Normalzeit Beginn
DELIM	N	E	Normalzeit Ende
DYNDP			Dynamische Tagesarbeitszeitplanzuordnung
FILLP			Änderung von Informationen eines Zeitpaares
FILLP		1	Status STAT1
FILLP		A	Stammkostenst. in C1

Operationsname	Feldparameter	Kennzeichen-parameter	Operation Text
FILLP		B	Beginn-Uhrzeit
FILLP		C	Verrechnungsart
FILLP		E	Ende-Uhrzeit
FILLP		F	Beginn-Satzart
FILLP		G	Endesatzart
FILLP		H	Herkunftskennzeichen
FILLP		I	An-/Abwgrund Beginn
FILLP		K	Interner Schl. INTKY
FILLP		L	Terminal Beginn
FILLP		M	Terminal Ende
FILLP		N	Stundenanzahl
FILLP		O	An-/Abwgrund Ende
FILLP		P	Paartyp
FILLP		T	Zeitkennung
FILLP		V	Verarbeitungstyp
FILLP		W	TIP-VAR01
FILLP		X	TIP-VAR02
FILLP		Y	Init alle Felder
FILLP		Z	Init Zeiger
FILLW			Fülle die Daten einer Lohnart
FILLW		A	Fülle Lohnart Abwes
FILLW		B	Fülle C1-Split
FILLW		C	Fülle Lohnart Verre
FILLW		I	Fülle Lohnart IFTYP
FILLW		L	Fülle ALP-Split
FILLW		T	Fülle Lohnart Uhrz.

Operationsname	Feldparameter	Kennzeichen-parameter	Operation Text
GCY			Verzweigung in eine andere Personalrechenregel
GCY		G	Springe auf Zyklus
GENOT			Generierung von Mehrarbeits-Zeit-paaren
GENOW			Generiere Lohnart in ZML
GENOW		B	Gen. M-Lohnart Beg.
GENOW		E	Gen. M-Lohnart Ende
GENTG			Generierung eines TIP-Eintrages
GENTG		H	TIP-Paar m. act. Std
GENTG		S	Sollpaar laut TAZP
GENTG		T	Paar laut TAZP + Split
GENTG		V	Paar laut TAZP + Split
GENTP			Splitten eines TIP-Eintrags
GENTP		B	Trenne Zeitpaar Beg.
GENTP		E	Trenne Zeitpaar Ende
GENTW			Generierung von Lohnarten
GENTW		B	Gen.Zeitlohnart Beg.
GENTW		E	Gen.Zeitlohnart Ende
GOTC			Anforderung eines internen Rück-rechnungslaufs der Zeit-abrechnung
HRS			Bearbeite das Stunden-Anzahl-Feld
HRS		%	Prozent
HRS		*	Multiplikation
HRS		+	Addition
HRS		-	Subtraktion
HRS		/	Division

Operationsname	Feldparameter	Kennzeichen-parameter	Operation Text
HRS		<	Minimumbildung
HRS		=	Setzen
HRS		>	Maximumbildung
HRS		?	Entscheidungsop. HRS
HRS		S	Subtraktion bis max 0
INSLR			Gesperrte Sätze in die Tabelle TIP stellen
INSLR		W	Satz evtl. verlängern
INSTP			Richte das Paar richtig aus
INSTP		A	Zeitp. mit Vtype A
INSTP		M	Zeitp. mit Vtype M
INSTP		P	Zeitp. mit Vtype P
INSTP		S	Zeitp. mit Vtype S
LDPAY			Abfrage des Lohnfortzahlungs-endes
LEAVE			Beende die Verarbeitung der Personalrechenregel
MESSG			Ausgabe einer Nachricht
MNPAS			Ermittlung des Hauptbe-schäftigungsvertrags
MODIF			Festlegung von Gruppierungen
MODIF	A	=	Modifikator setzen
MODIF	D	=	DAYMO T510S setzen
MODIF	L	=	Gruppierung T559P
MODIF	Q	=	QUOMO T559L setzen
MODIF	S	=	Modifikator setzen
MODIF	T	=	Modifikator setzen
MODIF	W	=	Modifikator setzen

Operationsname	Feldparameter	Kennzeichen-parameter	Operation Text
NEXTR			Nächste Zeile
OUTAL			Bereitstellung von Daten der abweichenden Bezahlung
OUTAL	AUFKZ		Aufgeldkennzeichen
OUTAL	BWGRL		Bewertungsgrundlage
OUTAL	OTYPE		Objekttyp
OUTAL	PLANS		Planstelle
OUTAL	PRAKN		Prämiennummer
OUTAL	PRAKZ		Prämienkennzeichen
OUTAL	TRFGR		Tarifgruppe
OUTAL	TRFST		Tarifstufe
OUTAQ			Bereitstellung von Informationen aus den Abwesenheits-kontingenten
OUTAQ	DED		Kont. abtragbar?
OUTAQ	EXT		Exist. Abw.-Kont.?
OUTAQ	TYP		Kontingentart
OUTAQ	VAL		Kont. aufbaubar?
OUTER			Fehlerinformationen
OUTER	N		Fehlernummer in VArg
OUTER	T		Fehlertyp in VarArg
OUTOT			Bereitstellung von Mehrarbeits-lohnarten-Daten
OUTOT	CLTYP		VerrechSchl in VarAr
OUTOT	WGTYP		Lohnart in VarArg
OUTPQ			Bereitstellung von Informationen aus den Anwesenheits-kontingenten
OUTPQ	CLT		Verr.schl. Anw.Kont.

Operationsname	Feldparameter	Kennzeichen-parameter	Operation Text
OUTPQ	DED		Abtragungsart?
OUTPQ	EXT		Exist. Anw.-Kont.?
OUTPQ	TYP		Kontingentart
OUTTI			Bereitstellung von Feldern aus dem Infotyp 'Zeiterfassungsinfo'
OUTTI	ABART		AbrechArt in VarArg
OUTTI	BDEGR		SatzartenBündel in VarArg
OUTTI	PMBDE		Pers.Modif.BDE in VarArg
OUTTI	ZANBE		Zeitberecht. in VarArg
OUTTI	ZDGBE		Dienstgangber. in VarArg
OUTTI	ZMGEN		Pausch.Mehrarb in VarArg
OUTTI	ZUSKZ		ZusatzKennz. in VarArg
OUTTP			Bereitstellung von Zeitpaardaten
OUTTP	ABTYP		Abwesenheitsart
OUTTP	ALSET		ALP-Zeiger gesetzt
OUTTP	BGCOD		AbwGrund Beg.Buchung
OUTTP	BRTYP		Satzart Beg.Buchung
OUTTP	BTERM		Terminal Beg.Buchung
OUTTP	BUSER		Paarbeginn Infofeld
OUTTP	C1000		Anwesend 2002/2011?
OUTTP	C1SET		C1-Zeiger gesetzt
OUTTP	CLTIM		Kl. Vtyp/Zeitart
OUTTP	CLTYP		VerrechSchl in VarArg
OUTTP	COGOS		AnwStatus aus Paarb.
OUTTP	EGCOD		AbwGrund Endebuchung
OUTTP	ERTYP		Satzart Endebuchung
OUTTP	ETERM		Terminal Endebuchung

Operationsname	Feldparameter	Kennzeichen-parameter	Operation Text
OUTTP	EUSER		Paarende Infofeld
OUTTP	EXBTM		Exist. Beginn-Uhrz.?
OUTTP	EXETM		Exist. Ende-Uhrz.?
OUTTP	EXTIM		Exist. Uhrzeiten?
OUTTP	INTKY		Interner Schlüssel
OUTTP	ORIGS		Herkunftstatus
OUTTP	PRTYP		Anwesenheitsart
OUTTP	PTYPE		Paartyp
OUTTP	STAT1		STAT1
OUTTP	TIMDS		Zeitkennung
OUTTP	TITYP		Zeitart
OUTTP	VAR01		Var. Feld in VarArg
OUTTP	VAR02		Var. Feld in VarArg
OUTTP	VTYPE		Verarb.typ
OUTWP			Bereitstellung von Arbeitsplatzdaten
OUTWP	ATIND		Zusatzkennz. I0007
OUTWP	COMPY		Buchungskreis
OUTWP	COSTC		Kostenstelle
OUTWP	CTTYP		Vertragsart
OUTWP	DYSCH		Dynamischer AZP
OUTWP	EMPLR		Anstellungsverhält.
OUTWP	EXMPT		Exempt?
OUTWP	GSBER		Geschäftsbereich
OUTWP	ITRFA		Interne Tarifart
OUTWP	JOBNO		Stellennummer
OUTWP	JUPER		Juristische Person

Operationsname	Feldparameter	Kennzeichen-parameter	Operation Text
OUTWP	KOKRS		Kostenrechnungskreis
OUTWP	MASSG		Maßnahmengrund
OUTWP	MASSN		Maßnahmenart
OUTWP	MOLGA		Länderkennzeichen
OUTWP	MSTBR		Meisterbereich
OUTWP	ORGEH		Organisationseinheit
OUTWP	PARTT		Teilzeitkraft
OUTWP	PAYSB		Abrechnungskreis
OUTWP	PERSB		Mitarbeiterkreis
OUTWP	PERSG		Mitarbeitergruppe
OUTWP	PLANS		Planstellenschlüssel
OUTWP	PLANT		Werk in Varg
OUTWP	PLTSC		Personalteilbereich
OUTWP	SACHA		Sachb. Abrechnung
OUTWP	SACHP		Sachb. Stammdaten
OUTWP	SACHZ		Sachbearbeiter Zeit
OUTWP	SBMOD		Sachbearbeitergruppe
OUTWP	SEX		Geschlecht
OUTWP	SHIFT		Arbeitszeitplanregel
OUTWP	STAT1		Status **Kundenindiv.**
OUTWP	STAT2		Status **Beschäftigung**
OUTWP	STAT3		Status **Sonderzahlung**
OUTWP	TIMER		Status **Zeitwirtsch.**
OUTWP	TRFAR		Tarifart
OUTWP	TRFGB		Tarifgebiet
OUTWP	TRFGR		Tarifgruppe

Operationsname	Feldparameter	Kennzeichen-parameter	Operation Text
OUTWP	TRFKZ		Tarifkennzeichen
OUTWP	TRFST		Tarifstufe
OUTWP	VDSK1		Organisationsschl.
OUTWP	WWEEK		Arbeitswoche
			Bereitstellung von Informationen aus den Zeitlohnarten
OUTZL	ABS		Abwesenheitsart?
OUTZL	DPC		Tagesprogrammklasse
OUTZL	DPR		Tagesprogramm
OUTZL	DTY		Tagestyp
OUTZL	HOL		Feiertag?
OUTZL	IFT		IFTYP der Lohnart?
OUTZL	LWD		Letzte Tageslohnart?
OUTZL	LWP		Letzte PeriodenLart?
OUTZL	LWW		Letzte Wochenlohna.?
OUTZL	NDY		Neuer Tag?
OUTZL	NWK		Neue Woche?
OUTZL	NWP		Neue Woche in Period
OUTZL	RED		ZL-POSID abfragen
OUTZL	SPL		Split-Kennzeichen?
OUTZL	TMC		Zeitmodellklasse?
OUTZL	TMO		Zeitmodell?
OUTZL	WGT		Lohnart
OUTZL	WKD		Wochentag?
PAYTP			Setzen der Mitarbeiterkreisgrpg. für die Personalrechenregel
PAYTP		G	GrPReg Lohnart gener

Operationsname	Feldparameter	Kennzeichen-parameter	Operation Text
PAYTP		V	GrPReg in VarArg
PCY			Verzweige in eine Unterpersonal-rechenregel
PCY		G	Call Zyklus
PLOOP			N-maliges Ausführen einer Befehls-folge
PPINC			Verarbeiten An-/Abwesenheits-gründe (PIN-Codes)
PPINC	C		AWART Folget & CHECKIT
PPINC	B		AWART m. Beg.-UZ
PPINC	B C		AWART m. CHECK-Infty
PPINC	BC		AWART m. Kernzeit
PPINC	BCC		Kernzeit & CHECK-Infty
PPINC	BH		AWART m. Std.Feld
PPINC	BHC		Std.Feld & CHECK-Infty
PPINC	BN		AWART m. Normalaz.
PPINC	BNC		Normalaz & CHECK-Infty
PPINC	BP		AWART m. Sollaz.
PPINC	BPC		Sollaz & CHECK-Infty
PPINC	E		AWART m. Endeuz.
PPINC	E C		AWART m. CHECK-Infty
PPINC	EC		AWART m. Kernzeit
PPINC	ECC		Kernzeit & CHECK-Infty
PPINC	EH		AWART m. Std.Feld
PPINC	EHC		Std.Feld & CHECK-Infty
PPINC	EN		AWART m. Normalaz.
PPINC	ENC		Normalaz & CHECK-Infty

Operationsname	Feldparameter	Kennzeichen-parameter	Operation Text
PPINC	EP		AWART m. Sollaz.
PPINC	EPC		Sollaz & CHECK-Infty
R555D			Lesen der Tabelle An-/Abwesenheitsgründe Subsystem
R555D		B	Lesen T555D m. Beg.
R555D		E	Lesen T555D m. Ende
RETCD			Frage den Returncode ab
RJCT			RJCT: Ablehnung des Mitarbeiters
RNDOT			Abrundung von Zeitpaaren
ROUND			Rundung von Uhrzeiten oder dem Stundenanzahlfeld
ROUND		H	Basis letzte Stunde
ROUND	<		Abrunden Beg. u. Ende
ROUND	<	H	Abrunden letzte Std.
ROUND	>		Aufrunden Beg.u.End.
ROUND	>	H	Aufrunden letzte Std.
ROUND	R		Rundung gemäß T559R
ROUND	B		Beginn-Uhrzeit runden
ROUND	B	H	Beginn runden
ROUND	B<		Beginn abrunden
ROUND	B<	H	Beginn abrunden
ROUND	B>		Beginn aufrunden
ROUND	B>	H	Beginn aufrunden
ROUND	BR		Rundung gemäß T559R
ROUND	C		Beginn kaufmännisch
ROUND	C	H	Beginn kaufmännisch
ROUND	C<		Beginn abrunden

Operationsname	Feldparameter	Kennzeichen-parameter	Operation Text
ROUND	C<	H	Beginn abrunden
ROUND	C>		Beginn aufrunden
ROUND	C>	H	Beginn aufrunden
ROUND	CR		Rundung gemäß T559R
ROUND	E		Ende-Uhrzeit runden
ROUND	E	H	Ende runden
ROUND	E<		Ende-Uhrzeit abrunden
ROUND	E<	H	Ende-Uhrzeit abrunden
ROUND	E>		Ende-Uhrzeit aufrunden
ROUND	E>	H	Ende-Uhrzeit aufrunden
ROUND	ER		Rundung gemäß T559R
ROUND	G		Ende kaufmännisch
ROUND	G	H	Ende kaufmännisch
ROUND	G<		Ende abrunden
ROUND	G<	H	Ende abrunden
ROUND	G>		Ende aufrunden
ROUND	G>	H	Ende aufrunden
ROUND	GR		Rundung gemäß T559R
ROUND	H		Std.feld runden
ROUND	H	H	Std.feld runden
ROUND	H<		Std.feld abrunden
ROUND	H<	H	Std.feld abrunden
ROUND	H>		Std.feld aufrunden
ROUND	H>	H	Std.feld aufrunden
ROUND	HR		Rundung gemäß T559R
ROUND	N		Anzahl kaufm. runden

Operationsname	Feldparameter	Kennzeichen-parameter	Operation Text
ROUND	N	H	Anzahl kaufm. runden
ROUND	N<		Anzahl abrunden
ROUND	N<	H	Anzahl abrunden
ROUND	N>		Anzahl aufrunden
ROUND	N>	H	Anzahl aufrunden
ROUND	NR		Rundung gemäß T559R
ROUND	S		Anzahl kaufm. runden
ROUND	S	H	Anzahl kaufm. runden
ROUND	S<		Anzahl abrunden
ROUND	S<	H	Anzahl abrunden
ROUND	S>		Anzahl aufrunden
ROUND	S>	H	Anzahl aufrunden
ROUND	SR		Rundung gemäß T559R
SCOND			Gültigkeit der Bedingung setzen (IF ... EIF)
SCOND	=F IF		IF-Bedingung False
SCOND	=T IF		IF-Bedingung True
SORTP			Umsortierung der Tages-Input-Tabelle TIP
SUBST			Vertretungen
SUM			Kumulation einer Zeitart über einen bestimmten Zeitraum
TABLE			Zugriff auf Tabellenfelder vorbereiten
TEXIT			Beende die Schemaverarbeitung
TEXIT	E		
TEXIT	N		
TEXIT	W		Rückr. f. RPTEZL00

Operationsname	Feldparameter	Kennzeichen-parameter	Operation Text
TEXIT	WE		
TEXIT	WN		Rückr. f. RPTEZL00
TEXIT	R		Rückrechn. setzen
TEXIT	R E		
TEXIT	R N		Rückrechn. setzen
TEXIT	RW		
TEXIT	RWE		
TEXIT	RWN		
TEXIT	N		Ende ohne Update
TEXIT	N E		
TEXIT	N N		
TEXIT	N W		kein CUMBT
TEXIT	N WE		kein CUMBT, Abbruch
TEXIT	N WN		
TEXIT	NE E		Abbruch
TEXIT	NE N		Abbruch
TEXIT	NEWE		Abbruch
TEXIT	NEWN		Abbruch
TEXIT	NR		kein Upd./Rückr.
TEXIT	NR E		
TEXIT	NR N		
TEXIT	NRW		Alles
TEXIT	NRWE		
TEXIT	NRWN		
TFLAG			Änderung der Statusdaten eines Tages
TFLAG		A	Flag = Abwesenheit

Operationsname	Feldparameter	Kennzeichen-parameter	Operation Text
TFLAG		B	Überzeitpausen lesen
TFLAG		K	Flag = Kernnachtarb.
TFLAG		P	Flag = Anwesenheit
TFLAG	1	B	Pausentyp 1 lesen
TFLAG	2	B	Pausentyp 2 lesen
TIMAP			Sind von der Zeitauswertung eingelesene Infotypen schon geprüft?
TIPOS			Bestimmung der relativen Lage eines Zeitpaares
TKUZR			Abfrage auf KUG-Zeitraum
TMBRE			Generierung von Pausenzeit
TMBRE		B	Anspruch bez. Pause
TMBRE		U	Anspruch ubez. Pause
TSNDB			Ermittle Zeitart und addiere in TES (Krankenpflegeschüler)
TSNDB	I01		Auch Org.E. aus I01
TSNDB	TAO		Nur Abordnungen
TSNDC			Entscheidungsoperation für Zeitnachweisliste Krankenpflegeschüler
TSNDC	ASI01		Abord. oder I01 Zu.?
TSNDC	ASSIG		Abordnung vorhanden?
TSNDC	EXSCE		Prüfungsord./Ausb.
TSNDC	RELEV		Pernr relevant?
TSORT			Sortierung interner Tabellen
TSORT	DBT		Sort. TES aufsteig.
TSORT	MBT		Sort. SALDO aufsteig
TSORT	OWT		Sort. ZML

Operationsname	Feldparameter	Kennzeichen-parameter	Operation Text
TSORT	OWT	T	Sort. ZML n. B./E.
TSORT	TIP		Sort. TIP aufsteig.
TSORT	TIP	-	Sort. TIP absteig.
TSORT	ZL		Sort. ZL aufsteig.
UPDLE			Aufbau Abwesenheitskontingent
UPDTQ		A	Aufbau Abwesenheitskontingent
VALEN			Länge des variablen Arguments
VAOFF			Offset des variablen Arguments
VARAB			Bereitstellung von Informationen über Abwesenheiten
VARAB	ABSTP		Abw.typ Kalendererf.
VARAB	CAT		AbwesArt in VarArg
VARAB	DAY		ganztägige Abwes.?
VARAB	OCABS		Kennz. Offcycle-Abre
VARAB	PSS		AbsTyp aus PSOLL
VARAB	TIM		Grpg. für VTyp/Zart
VARAB	TYP		AbwesTyp in VarArg
VARAB	VCL		AbwesKlass in VarArg
VARPR			Bereitstellung von Daten zur aktuellen Anwesenheit
VARPR	ABSTP		Anw.typ Kalendererf
VARPR	CAT		Klasse Zeitausw.
VARPR	DAY		Ganztägige Anwes.?
VARPR	EVLTP		Auswertungsart
VARPR	TIM		Zuord.Kl in VarArg
VARPR	TYP		AnwesTyp in VarArg
VARPR	VCL		AnwesKlass in VarArg

Operationsname	Feldparameter	Kennzeichenparameter	Operation Text
VARPR	VERSL		Mehrarbeitsverr
VARST			Bereitstellung allgemeiner Felder
VARST	ABSCE		Ma. abwesend
VARST	ABSWD		Ma. ganzt. abwesend
VARST	BREAK		Pausenmodell
VARST	CURMO		Aktuelle Periode
VARST	CURYR		Aktuelles Jahr
VARST	DAYPG		Tagesarbeitszeitplan
VARST	DAYTY		Tagestyp
VARST	DPRCL		TagesAZPklasse
VARST	FDYnn		Erster Tag der Abrechnungsperiode Periodenmodif nn
VARST	FDYPP		1. Tag Payroll Per.?
VARST	FDYWW		Erster Tag Workweek
VARST	FIRST		Erstes Paar
VARST	FREE		Sollstd. TAZP = 0?
VARST	HOLCL		Feiertagsklasse
VARST	LAST		Letztes Paar
VARST	LDAYP		Letzter d. Periode
VARST	LDWDY		re. Wochentag LDAYW
VARST	LDYnn		Letzter Tag PERMO=nn
VARST	LDYPP		Letzter T. Pay.Per.?
VARST	LDYWW		Letzter Tag Workweek
VARST	LRD		Urlaub – Abtrag?
VARST	LRDnn		Urlaubsart nn abgetragen?
VARST	LWDY1		Wochentag 1 LDAYW
VARST	LWDY2		Wochentag 2 LDAYW

Operationsname	Feldparameter	Kennzeichen-parameter	Operation Text
VARST	LWDY3		Wochentag 3 LDAYW
VARST	LWDY4		Wochentag 4 LDAYW
VARST	LWDY5		Wochentag 5 LDAYW
VARST	LWDY6		Wochentag 6 LDAYW
VARST	LWDY7		Wochentag 7 LDAYW
VARST	MOD A		MODIF T554C
VARST	MOD D		DAYMO T510S
VARST	MOD L		GRBAL T559P
VARST	MOD Q		QUOMO T559L
VARST	MOD S		DYTPE T552W
VARST	MOD T		MODIF T555Z
VARST	MOD W		ORGMO T510S
VARST	NDYAC		Folgetag aktiv?
VARST	NDYHC		Feiertagskl. Folget.
VARST	NDYNE		Folget. Neg.-Zeitauw
VARST	NDYPO		Folget. Pos.-Zeitauw
VARST	NOTIM		Daten ohne Uhrzeiten
VARST	OVPOS		Mehrarbeit autom.
VARST	P2000		Sollpaar in TIP?
VARST	P2001		Abwesenheit in TIP?
VARST	P2002		Anwesenheit in TIP?
VARST	P2004		Rufbereitsch.in TIP?
VARST	P2005		Mehrarbeit in TIP?
VARST	P2011		Zeitereignisse vorh.
VARST	PRSNT		Ma. anwesend
VARST	PRSWD		Ma. ganzt. anwesend

Operationsname	Feldparameter	Kennzeichen-parameter	Operation Text
VARST	RDYnn		Rel. Tag Payroll Perioden-modifikator nn
VARST	RDYPP		Rel. Tag Payroll-Periode
VARST	RDYWW		Rel. Tag Workweek
VARST	REDAY		Rel. Tag Time Period
VARST	SIM		Simulation
VARST	SUBST		Vertretungsart
VARST	TIMCL		Bewert.klasse PAZP
VARST	TIMMD		PeriodenAZP
VARST	TIMQU		Anwes. Kont.art
VARST	TPLN		Sollplanung
VARST	TQUnn		Anw-Konti nn vorh.
VARST	VARIA		TagesprogVariante
VARST	WDY 1		Wochentag 1
VARST	WDY 2		Wochentag 2
VARST	WDY 3		Wochentag 3
VARST	WDY 4		Wochentag 4
VARST	WDY 5		Wochentag 5
VARST	WDY 6		Wochentag 6
VARST	WDY 7		Wochentag 7
VARST	WEDAY		rel. Wochentag
VSTRG			Bereitstellung von Strings im variablen Argument
VWTCL			Bereitstellung der Verarbeitungs-klasse einer Lohnart

Anhang E

Funktionen

Funktion	Wert	Bezeichnung	Pflichtangabe
ACTIO – Regelgesteuertes Ausführen einer Aktion			
Parameter 1: Name der Personalrechenregel (nnnn) Personalrechenregel	xxxx	Angabe der Personalrechenregel	X
Parameter 2: Verarbeitung pro Abwesenheit?	blank	Regel immer ausführen	
	AB	Nur bei Vorliegen einer Abwesenheit	
BLOCK – Protokollstrukturierung			
Parameter 1: Beginn/Ende des semantischen Blocks	BEG	Kennzeichen **Beginn Block**	X
	END	Kennzeichen **Ende Block**	X
BREAK – Setzen eines Breakpoints			
Parameter 1: ABAP-Präfix	xxx	ABAP-Präfix des Benutzers	X
CHECK – Allgemeine Prüfungen vor Auswertungen/Statusbestimmungen			
Parameter 2: Steuerungskennzeichen	PON	Selektion der Mitarbeiter mit dem Status **Zeitwirtschaft** ungleich 0	X
	TRC	Selektion der Mitarbeiter mit dem Status **Zeitwirtschaft** gleich 1	X
	PDC	Selektion der Mitarbeiter mit dem Status **Zeitwirtschaft** gleich 2	X
	TS7	Selektion der Mitarbeiter mit dem Status **Zeitwirtschaft** gleich 7	X
	SRV	Selektion der Mitarbeiter mit dem Status **Zeitwirtschaft** gleich 8	X
	NEG	Selektion der Mitarbeiter mit dem Status **Zeitwirtschaft** gleich 9	X

Funktion	Wert	Bezeichnung	Pflichtangabe
	INFT	Prüfung, ob die Infotypen 2001, 2002, 2004, 2005 und 2012 in Schemen verarbeitet werden.	X
	NOTR	Infotyp 50 wird nicht eingelesen.	X
	BP	Infotyp 8 einlesen	X
	CHAL	Infotyp 4 einlesen	X
	FUT	Zeitauswertung in die Zukunft erlauben	X
	RPR	Setzen des Rückrechnungskennzeichens für die Entgeltabrechnung	X
	NOB1	Cluster B1 nicht lesen und schreiben	X
Parameter 3: MACO Aufnahme in den Matchcode 'W'	blank	Keine Aufnahme in den Matchcode W für die Entgeltabrechnung	
	MACO	Aufnahme in den Matchcode W für die Entgeltabrechnung	
COLLI – Vertragsübergreifende Kollisionsprüfung			
Parameter 1: Kontingente berücksichtigen	blank	Die Kontingente werden nicht geprüft.	
	ABQ	Kollisionen von Abwesenheitskontingenten bei Mehrfachbeschäftigung prüfen	
	ATQ	Kollisionen von Anwesenheitskontingenten bei Mehrfachbeschäftigung prüfen	
	QTA	Kollisionen von Ab- und Anwesenheitskontingenten bei Mehrfachbeschäftigung prüfen	
COPY – Kopieren eines ausgelagerten Teilschemas			
Wert	xxxx	Angabe des Personalrechenschemas	X
DAYMO – Setzen der Tagesgruppierung			
Parameter 1: Mo.–Sa., kein Feiertag			
Wert	xx	Angabe des Tagesmodifikators für die Zeitlohnartenauswahl für die Wochentage Montag bis Samstag (kein Feiertag)	X

Funktion	Wert	Bezeichnung	Pflichtangabe
Parameter 2: So., kein Feiertag			
Wert	xx	Angabe des Tagesmodifikators für die Zeitlohnartenauswahl für Sonntag (kein Feiertag)	X
Parameter 3: Mo.–Sa., Feiertag			
Wert	xx	Angabe des Tagesmodifikators für die Zeitlohnartenauswahl für die Wochentage Montag bis Samstag (Feiertag)	X
Parameter 4: So., Feiertag			
Wert	x	Angabe des Tagesmodifikators für die Zeitlohnartenauswahl für Sonntag (Feiertag)	X
DEFTP – Festlegung der Sollarbeitszeitpaare			
Parameter 2: Reaktion bei Überschreiten der maximalen täglichen Arbeitszeit	blank	Zeitpaare, die die maximale tägliche Arbeitszeit überschreiten, behalten ihre Zeitkennung.	
Wert	xx	Angabe der Zeitkennung für Zeitpaare, die die maximale tägliche Arbeitszeit überschreiten	
DODMO – Setzen der Zeitlohnartenauswahlregelgruppe			
Parameter 1: Wert an Samstag vor Ostersonntag			
Wert	xx	Angabe des Tagesmodifikators für die Zeitlohnartenauswahl für Ostersamstag	X
Parameter 2: Wert an Samstag vor Pfingstsonntag			
Wert	xx	Angabe des Tagesmodifikators für die Zeitlohnartenauswahl für Pfingstsamstag	X
Parameter 3: Wert am 24.12.			
Wert	xx	Angabe des Tagesmodifikators für die Zeitlohnartenauswahl für Heiligabend	X
Parameter 4: Wert am 31.12.			
Wert	xx	Angabe des Tagesmodifikators für die Zeitlohnartenauswahl für Silvester	X

Funktion	Wert	Bezeichnung	Pflichtangabe
DPTOL – Toleranzen des Tagesarbeitszeitplans			
Parameter 2: Löschanweisung für Paare, die vollständig innerhalb der Toleranz liegen	blank	Paare in der Toleranzzeit werden nicht gelöscht.	
	D	Löschen aller Paare in der Toleranzzeit	
	C	Löschen aller Paare in der Toleranzzeit, die nicht aus Wechsel- oder Zwischenbuchungen stammen	
Parameter 3: Berücksichtigung von Abwesenheiten	blank	Alle Paare werden verändert.	
	A	Abwesenheitspaare werden nicht verändert.	
Parameter 4: Berücksichtigung von Anwesenheitskontingenten	blank	Anwesenheitskontingente werden nicht berücksichtigt.	
Wert	xx	Der angegebene Anwesenheitskontingenttyp wird berücksichtigt.	
DYNBR – Bestimmte dynamische Pausen			
Parameter 1: Name der Personalrechenregel	blank	Bestimmung der Startuhrzeit nach Parameter 2	
Personalrechenregel	xxxx	Angabe der Personalrechenregel zur Bestimmung der Startuhrzeit	
Parameter 2: Startuhrzeit, ab der die Stundenanzahl zu rechnen ist	blank	Beginnzeit des ersten Zeitpaares als Startuhrzeit festlegen	
	P	Die Startuhrzeit für die Berechnung der dynamischen Pause ist der Sollarbeitsbeginn.	
	N	Die Startuhrzeit für die Berechnung der dynamischen Pause ist der Normalarbeitsbeginn.	
	C	Die Startuhrzeit für die Berechnung der dynamischen Pause ist der Kernzeitbeginn.	

Funktion	Wert	Bezeichnung	Pflichtangabe
Parameter 3: Wie ist die Stundenanzahl x der Pause anzurechnen?	blank	Die Pause beginnt nach der im Pausenplan angegebenen Zeitspanne.	
Wert	xx	Angabe der Paartypen, die für die Ermittlung der Zeit bis Pausenbeginn verwendet werden sollen	
Parameter 4: Pausen in Überzeit generieren	blank	Die Pausen werden auch in der Überzeit generiert.	
	N	Die Pausen werden nicht in der Überzeit generiert.	
DYNWS – Dynam. TAZP-Zuordnung – Überlappung Soll/Ist			
Parameter 2: Einbeziehen des persönlichen Tagesarbeitszeitplans	blank	Der persönliche Arbeitszeitplan wird in die Auswahlmenge aufgenommen.	
	NPWS	Der persönliche Arbeitszeitplan wird nicht in die Auswahlmenge aufgenommen.	
Parameter 3: Berücksichtigung von Vertretungen	blank	Die Zuweisung findet nicht statt, wenn eine Vertretung erfasst ist.	
	S	Die Zuweisung findet auch statt, wenn eine Vertretung erfasst ist.	
GOT – Generierung von Mehrarbeitszeitpaaren			
Parameter 1: Name der Personalrechenregel			
Personalrechenregel	xxxx	Angabe der Personalrechenregel	X
Parameter 2: Kontingentart			
Wert	xx	Zu verarbeitende Kontingentart	X
Parameter 3: Kontingentuhrzeiten/Sortierung	blank	Absteigende Sortierung der Zeitpaare	
	TEX	Berücksichtigung der Uhrzeiten des zu verarbeitenden Anwesenheitskontingents	
	NOT	Keine Berücksichtigung der Uhrzeiten des zu verarbeitenden Anwesenheitskontingents	

Funktion	Wert	Bezeichnung	Pflichtangabe
	ASC	Aufsteigende Sortierung der Zeitpaare	
Parameter 4: Einschränkung auf bestimmte Zeitkennungen/Paartypen	blank	Es werden nur Zeitpaare mit den Zeitkennungen 01 oder 01 bis 03 verarbeitet.	
Wert (nnn)	xxx	Es werden nur Zeitpaare mit der angegebenen Zeitkennung verarbeitet (nnn).	
Wert (x)	x	Es werden nur Zeitpaare mit dem angegebenen Paartyp verarbeitet (x).	
GOU – Generierung von Mehrarbeitszeitpaaren			
Parameter 1: Name der Personalrechenregel			
Personalrechenregel	xxxx	Angabe der Personalrechenregel	X
Parameter 2: Kontingentart			
Wert	xx	Zu verarbeitende Kontingentart	X
Parameter 3: Kontingentuhrzeiten/Sortierung	blank	Absteigende Sortierung der Zeitpaare	
	TEX	Berücksichtigung der Uhrzeiten des zu verarbeitenden Anwesenheitskontingents	
	NOT	Keine Berücksichtigung der Uhrzeiten des zu verarbeitenden Anwesenheitskontingents	
	ASC	Aufsteigende Sortierung der Zeitpaare	
Parameter 4: Einschränkung auf bestimmte Zeitkennungen/Paartypen	blank	Es werden nur Zeitpaare mit den Zeitkennungen 01 oder 01 bis 03 verarbeitet.	
Wert (nnn)	xxx	Es werden nur Zeitpaare mit der angegebenen Zeitkennung verarbeitet (nnn).	
Wert (x)	x	Es werden nur Zeitpaare mit dem angegebenen Paartyp verarbeitet (x).	

Funktion	Wert	Bezeichnung	Pflichtangabe
GWT – Generierung von Lohnarten aus den Zeitpaaren			
Parameter 2: Verarbeitungstyp			
Wert	xx	Angabe des zu verarbeitenden Verarbeitungstyps	X
Parameter 3: Output Tabelle für die generierten Lohnarten	DZL	Die generierten Lohnarten werden in die Tabelle DZL abgestellt.	X
	ZML	Die generierten Lohnarten werden in die Tabelle ZML abgestellt.	X
Parameter 4: Optional: Steuerung Archivierung (Puffer)	blank	Pufferung der Tabelle T510S nur im Online-Modus	
	BTH	Pufferung der Tabelle T510S im Online- und im Batch-Modus	
	NTR	Pufferung der Tabelle T510S weder im Online- noch im Batch-Modus	
IF – Funktionsausführung, wenn eine Bedingung erfüllt ist			
Parameter 1: Name der Personalrechenregel (nnnn)	blank	Aufruf mit dem Parameter 3	
Personalrechenregel	xxxx	Angabe der Personalrechenregel	
Parameter 2: Umkehrung der Bedingung (NOT)	NOT	Umkehrung der in der Personalrechenregel abgefragten Bedingungen	
Parameter 3: Symbolischer Name (xxx)	blank	Aufruf mit dem Parameter 1 (Personalrechenregel)	
	Dxx	Abfrage auf den relativen Tag der Zeitauswertungsperiode, der in xx angegeben wird	
	NEG	Selektion von Mitarbeitern mit dem Status **Zeitwirtschaft** gleich 9	
	POS	Selektion von Mitarbeitern mit dem Status **Zeitwirtschaft** gleich 1	
	TS7	Selektion von Mitarbeitern mit dem Status **Zeitwirtschaft** gleich 7	

Funktion	Wert	Bezeichnung	Pflichtangabe
	PART	Selektion von Teilzeitmitarbeitern (Teilzeitkennzeichen **IT7**)	
	EOM	Abfrage auf den letzten Tag der Zeitauswertungsperiode	
	EDP	Abfrage auf den letzten Tag der Entgelt-Abrechnungsperiode	
	Exx	Abfrage auf den letzten Tag der Periode mit dem Periodenparameter xx	
	FDT	Abfrage auf den ersten Tag der Zeiterfassung (erster Tag mit Status **Zeitwirtschaft** ungleich 0, 8 oder 9)	
	FUT	Liegt der aktuelle Tag in der Zeitauswertung in der Zukunft?	
	GWT	Sind Lohnarten zu generieren?	
	SIM	Ist die aktuelle Zeitauswertung eine Simulation?	
	SIMF	Ist die aktuelle Zeitauswertung eine Simulation in die Zukunft?	
	TPLN	Wurde die aktuelle Zeitauswertung aus der Sollplanung der Dienst- und Einsatzplanung gestartet?	
	VTYP	Existiert für den aktuellen Tag ein Zeitpaar mit dem in Parameter 4 angegebenen Verarbeitungstyp?	
	NTI	Existiert für den aktuellen Tag ein Zeitpaar ohne Uhrzeiten (Tabelle TIP)?	
	WTI	Existiert für den aktuellen Tag ein Zeitpaar mit Uhrzeiten (Tabelle TIP)?	
	WW	Arbeitswoche in Infotyp 7 hinterlegt?	
	WWTI	Arbeitswoche mit Uhrzeiten in Infotyp 7 hinterlegt?	
Parameter 4: Verarbeitungstypen für Par3 = VTYP (xxxx)			
Wert	**	Angaben der Verarbeitungstypen für den Parameter 3 = VTYP	

Funktion	Wert	Bezeichnung	Pflichtangabe
KNTAG – Füllen der Leiste KNTAG für Kernnachtarbeit			
Parameter 3: Verarbeitungstyp der zu betrachtenden Paare außer S, M oder K	blank	Die Verarbeitungstypen S, M und K werden für die Ermittlung von Kernnachtarbeit betrachtet.	
	x	Zusätzlich zu betrachtende Verarbeitungstypen (außer S, M und K) für die Ermittlung von Kernnachtarbeit	
LIMIT – Grenzwerte für Zeitsalden			
Parameter 2: Zeitsaldenregelgruppe für die Tabelle Grenzwerte für Zeitsalden	blank	Verwendung der bereits gesetzten Zeitsaldenregelgruppe für den Aufruf der Tabelle `T559P` (Operation `MODIF=L`)	
Wert	xx	Angabe der Zeitsaldenregelgruppe für den Aufruf der Tabelle `T559P`	
MOD – Festlegung von Gruppierungen			
Parameter 1: Name der Personalrechenregel (nnnn)			
Personalrechenregel	xxxx	Angabe der Personalrechenregel, in der Modifikatoren für Tabellenzugriffe gesetzt werden	X
Parameter 2: Art des Ansprungs einer Personalrechenregel	blank	Lohnartengenauer Aufruf der Personalrechenregel	
OPTT – Setzen von Programmparametern			
Parameter 1: Mail-Kennzeichen setzen (MAIL)	`MAIL`	Mail senden	
Parameter 2: Keine Mail bei Fehlermeldungen (blank)	blank	Keine Mail bei Fehlermeldungen senden	
	1	Bei Fehlern eine Mail an den Sachbearbeiter Zeit senden	
	2	Bei Fehlern je eine Mail an den Sachbearbeiter Zeit pro betroffener Personalnummer senden	
	3	Steuerung der Mail-Anzahl über den User-Parameter `MKZ`	

Funktion	Wert	Bezeichnung	Pflichtangabe
P2000 – Tagesarbeitszeitplan einlesen/Zeitpaare aus TAZP bilden			
Parameter 1: Arbeitstagprüfung	blank	Ein Sollpaar wird nur in die Tabelle TIP geschrieben, wenn der Tagestyp blank oder 0 ist.	
	EVER	Ein Sollpaar wird auch in die Tabelle TIP geschrieben, wenn der Tagestyp 1 ist.	
Parameter 2: Abgrenzung von bereits vorhandenen Paaren	blank	Bereits vorhandene Zeitpaare bleiben unverändert.	
Wert	xx	Nur Zeitpaare, deren Verarbeitungstyp hier angegeben ist, werden beim Erzeugen der Sollpaare abgegrenzt.	
Parameter 3: Kernzeit berücksichtigen	blank	Kernzeit beachten	
	N	Kernzeit nicht beachten	
Parameter 4: Zeitpaare aufgrund des TAZPL	blank	Das Sollpaar aus dem Tagesarbeitszeitplan wird gebildet und nicht in der Tabelle PT gespeichert.	
	SAVE	Das Sollpaar wird in der Tabelle PT (Cluster B2) gespeichert (Anzeige Zeitnachweis)	
	NOTP	Es wird kein Sollpaar aus dem Tagesarbeitszeitplan gebildet	
P2001 – Einlesen der Abwesenheiten in der Tabelle TIP			
Parameter 1: Arbeitstagspüfung	blank	Abwesenheiten werden nur an Arbeitstagen eingelesen.	
	EVER	Abwesenheiten werden an allen Tagen eingelesen.	
Parameter 2: Abgrenzung von bereits vorhandenen Paaren	blank	In der Tabelle TIP bereits vorhandene Paare werden nicht verändert.	
Wert	xx	In der Tabelle TIP bereits vorhandene Paare der im Parameter 2 angegebenen Paartypen werden abgegrenzt.	

Funktion	Wert	Bezeichnung	Pflichtangabe
	*	Alle in der Tabelle TIP bereits vorhandenen Paare werden abgegrenzt.	
Parameter 4: Übernahme von C1-Split-Kennzeichen (Kostenverteilung) aus Vertretungssätzen (Infotyp 2003), die die Arbeitszeit verändern, in die Tabelle TIP	blank	Keine Übernahme von Split-Kennzeichen aus Vertretungen	
	A	Übernahme von Split-Kennzeichen aus Vertretungen	
P2002 – Einlesen der Anwesenheiten in die Tabelle TIP			
Parameter 2: Abgrenzung von bereits vorhandenen Paaren	blank	In der Tabelle TIP bereits vorhandene Paare werden nicht verändert.	
Wert	xx	In der Tabelle TIP bereits vorhandene Paare der in Parameter 2 angegebenen Paartypen werden abgegrenzt.	
	*	Alle in der Tabelle TIP bereits vorhandenen Paare werden abgegrenzt.	
Parameter 4: Übernahme von ALP-Split-Kennzeichen (abweichende Bezahlung) und C1-Split-Kennzeichen (Kostenverteilung) aus Vertretungssätzen (Infotyp 2003), die die Arbeitszeit verändern, in die Tabelle TIP	blank	Keine Übernahme von Split-Kennzeichen aus Vertretungen	
	A	Übernahme von Split-Kennzeichen aus Vertretungen	
P2004 – Einlesen der Bereitschaften in die Tabelle TIP			
Parameter 2: Abgrenzung von bereits vorhandenen Paaren	blank	In der Tabelle TIP bereits vorhandene Paare werden nicht verändert.	

Funktion	Wert	Bezeichnung	Pflichtangabe
Wert	xx	In der Tabelle TIP bereits vorhandene Paare der in Parameter 2 angegebenen Paartypen werden abgegrenzt.	
	*	Alle in der Tabelle TIP bereits vorhandenen Paare werden abgegrenzt.	
Parameter 3: Auswertung der Uhrzeitangabe	blank	Bei Sätzen, die mehrere Tage umfassen, gelten die erfassten Uhrzeiten für den ersten (Beginn-Zeit) und den letzten Tag (Ende-Zeit).	
	TED	Bei Sätzen, die mehrere Tage umfassen, gelten die erfassten Uhrzeiten für jeden Tag.	
Parameter 4: Berücksichtigung von Teilzeit	blank	Das Kennzeichen **Dynamische Erstellung Tagesarbeitszeitplan** aus dem Infotyp 0007 (Sollarbeitszeit) wird für Teilzeitmodelle berücksichtigt.	
	NDYN	Das Kennzeichen **Dynamische Erstellung Tagesarbeitszeitplan** aus dem Infotyp 0007 (Sollarbeitszeit) wird für Teilzeitmodelle nicht berücksichtigt.	
P2005 – Einlesen der Mehrarbeiten in die Tabelle TIP			
Parameter 2: Abgrenzung von bereits vorhandenen Paaren	blank	In der Tabelle TIP bereits vorhandene Paare werden nicht verändert.	
Wert	xx	In der Tabelle TIP bereits vorhandene Paare der in Parameter 2 angegebenen Paartypen werden abgegrenzt.	
	*	Alle in der Tabelle TIP bereits vorhandenen Paare werden abgegrenzt.	
P2006 – Bearbeitung von Abwesenheitskontingenten			
Parameter 1: Name der Personalrechenregel			
Personalrechenregel	xxxx	Angabe der Personalrechenregel	X
P2007 – Anforderung einer Personalrechenregel über die Tabelle ANWKONTI			
Parameter 1: Name der Personalrechenregel			
Personalrechenregel	xxxx	Angabe der Personalrechenregel	X

Funktion	Wert	Bezeichnung	Pflichtangabe
Parameter 2: Art des Ansprungs der Personalrechenregel	GEN	Zeitartengenereller Aufruf der Personalrechenregel	X
P2011 – TAZP einlesen – erfasste Zeitpaare in die Tabelle TIP stellen			
Parameter 1: Alle Paare übernehmen	blank	Zeitpaare, deren Gehen-Uhrzeit der Kommen-Uhrzeit entspricht, werden nicht eingelesen.	
	ALL	Zeitpaare, deren Gehen-Uhrzeit der Kommen-Uhrzeit entspricht, werden eingelesen.	
Parameter 2: Abgrenzung von bereits vorhandenen Paaren	blank	In der Tabelle TIP bereits vorhandene Paare werden nicht verändert.	
Wert	xx	In der Tabelle TIP bereits vorhandene Paare der in Parameter 2 angegebenen Paartypen werden abgegrenzt.	
	*	Alle in der Tabelle TIP bereits vorhandenen Paare werden abgegrenzt.	
Parameter 3: Kernzeit berücksichtigen?	blank	Kernzeiten aus dem Tagesarbeitszeitplan werden eingelesen.	
	N	Kernzeiten aus dem Tagesarbeitszeitplan werden nicht eingelesen.	
P2012 – Verarbeitung der Zeitumbuchungsvorgaben			
Parameter 1: Name der Personalrechenregel	blank	Steuerung über die Zeitumbuchungsvorschriften in den Tabellen T555J, T555K und T555L	
Personalrechenregel	xxxx	Angabe der Personalrechenregel	
Parameter 2:			
Wert	xx	Angabe einer Zeitart für den Aufruf der Personalrechenregel (muss der zu verarbeitenden Zeitumbuchungsart entsprechen)	

Funktion	Wert	Bezeichnung	Pflichtangabe
	GEN	Zeitartengenereller Aufruf der Personalrechenregel (Verarbeitung von Zweig **** der Personalrechenregel, Aufruf unabhängig von der erfassten Zeitumbuchungsart)	
PBRKS – Bearbeiten der Pausenvorgaben			
Parameter 1: Name der Personalrechenregel	blank	Zuerst unbezahlte, dann bezahlte Pausen auswerten	
Personalrechenregel	xxxx	Aufruf einer Personalrechenregel zur Bearbeitung der Pausenzeiten	
Parameter 2: Reihenfolge, in der die TIP-Einträge der Pause angerechnet werden	blank	Chronologische Anrechnung der TIP-Einträge	
	1	Zuerst nicht erfasste Zeiten anrechnen (Paartyp 0), dann chronologisch	
	2	Zuerst Abwesenheiten anrechnen (Paartyp 2), dann nicht erfasste Zeiten, dann chronologisch	
	3	Zuerst Abwesenheiten anrechnen, dann Anwesenheiten (Paartyp 1 oder 3), dann nicht erfasste Zeiten	
	4	Zuerst nicht erfasste Zeiten anrechnen (Paartyp 0), dann Anwesenheiten, dann chronologisch	
	5	Zuerst Anwesenheiten anrechnen, dann nicht erfasste Zeiten, dann Abwesenheiten	
	6	Zuerst Anwesenheiten anrechnen, dann Abwesenheiten, dann nicht erfasste Zeiten	
	7	Zuerst nicht erfasste Zeiten anrechnen, dann Anwesenheiten, dann Abwesenheiten	
Parameter 3: Berücksichtigung nicht erfasster Zeiten	blank	Es wurden nur nicht erfasste Zeiten im Pausenrahmen als Pause angerechnet.	

Funktion	Wert	Bezeichnung	Pflichtangabe
	ALL	Auch an den Pausenrahmen angrenzende nicht erfasste Zeiten werden angerechnet.	
	AFT	Auch nicht erfasste Zeiten unmittelbar nach dem Pausenrahmen werden angerechnet.	
	BEF	Auch nicht erfasste Zeiten unmittelbar vor dem Pausenrahmen werden angerechnet.	
	ABE	Alle nicht erfassten Zeiten vor dem Pausenrahmen werden angerechnet.	
Parameter 4: Zu berücksichtigende TIP-Einträge	blank	Alle Paare in der Tabelle TIP müssen Uhrzeiten, eine Zeitart und einen Verarbeitungstyp haben.	
	OWTI	Paare in der Tabelle TIP ohne Uhrzeiten und nicht erfasste Zeiten (Paartyp 0) werden nicht verarbeitet.	
	NOTI	Pausen werden nur auf uhrzeitlose Paare angerechnet, TIP-Paare mit Uhrzeiten und/oder Zeitkennung werden nicht verändert.	4
PDB – Bearbeiten der Tages-Saldo-Tabelle TES			
Parameter 1: Name der Personalrechenregel			
Personalrechenregel	xxxx	Angabe der Personalrechenregel	X
Parameter 2: Art des Personalrechenregelansprungs	blank	Zeitartengenauer Aufruf der Personalrechenregel	
	GEN	Zeitartengenereller Aufruf der Personalrechenregel	
PERT – Bearbeiten der Fehlertabelle PERT			
Parameter 1: Name der Personalrechenregel			
Personalrechenregel	xxxx	Angabe der Personalrechenregel	
PMB – Bearbeiten der Periodensalden SALDO			
Parameter 1:			
Personalrechenregel	xxxx	Angabe der Personalrechenregel	X

Funktion	Wert	Bezeichnung	Pflichtangabe
Parameter 2:	blank	Zeitartengenauer Aufruf der Personalrechenregel	
	GEN	Zeitartengenereller Aufruf der Personalrechenregel	
POVT – Bearbeiten der Tabelle ZML (Mehrarbeitslohnarten)			
Parameter 1: Name der Personalrechenregel			
Personalrechenregel	xxxx	Angabe der Personalrechenregel	X
Parameter 2: Art des Personalrechenregelansprungs	blank	Lohnartengenauer Aufruf der Personalrechenregel	
	GEN	Lohnartengenereller Aufruf der Personalrechenregel	
Parameter 4: Nur bei Zeitauswertung bei Mehrfachbeschäftigung relevant	blank	Mehrfachbeschäftigung: Alle Lohnarten mit dem gleichen Bearbeitungsgegenstand wie die Personalrechenregel aus Parameter 1 werden eingelesen.	
	RAL	Mehrfachbeschäftigung: Alle Lohnarten des aktuellen Beschäftigungsvertrags werden eingelesen.	
	ALL	Mehrfachbeschäftigung: Alle Lohnarten aller Beschäftigungsverträge werden eingelesen.	
PRINT – Druckanforderung			
Parameter 1: Seitenvorschub	blank	Ausdruck auf der aktuellen Seite	
	NP	Ausdruck auf neuer Seite	
Parameter 2: Zu druckende Information	ALP	Alternative Bezahlung	X
	C1	Kostenzuordnungen	X
	CVS	Kumulierte variable Salden	X
	DVS	Variable Salden des aktuellen Tages	X
	DZL	Zeitlohnarten des aktuellen Tages	X
	KNTG	Kernnachtarbeitsleiste	X

Funktion	Wert	Bezeichnung	Pflichtangabe
	NAM	Name des Mitarbeiters	X
	PSP	Persönlicher Arbeitszeitplan	X
	SALD	Periodensalden	X
	SKO	Zeitumbuchungsvorgaben	X
	TES	Tagessalden	X
	TIP	Zeitpaare	X
	TZP	Tagesarbeitszeitplan (Zeitscheiben)	X
	VS	Variable Salden	X
	ZL	Zeitlohnarten der aktuellen Periode	X
	ZML	Zeitlohnarten aus Mehrarbeit am aktuellen Tag	X
Parameter 3: Beschränkung auf Testumgebung	blank	Ausdruck nur im Testlauf	
	EVER	Ausdruck immer	
PTIP – Bearbeiten von Zeitdaten TIP			
Parameter 1: Name der Personalrechenregel			
Personalrechenregel	xxxx	Angabe der Personalrechenregel	X
Parameter 2: Art des Personalrechenregelansprungs	blank	Zeitartengenauer Aufruf der Personalrechenregel	
	GEN	Zeitartengenereller Aufruf der Personalrechenregel	
Parameter 3: Setzen der Mitarbeiterkreisgruppierung für die Personalrechenregel	blank	Aufruf mit Mitarbeiterkreisgruppierung für Personalrechenregeln *	
Personalrechenregel	ABRT	Aufruf mit der im Infotyp 0050 angegebenen Mitarbeiterkreisgruppierung für Personalrechenregeln	
PTIPA – Bearbeiten von Zeitdaten TIP bei Abwesenheit			
Parameter 1: Name der Personalrechenregel			
Personalrechenregel	xxxx	Angabe der Personalrechenregel	X

Funktion	Wert	Bezeichnung	Pflichtangabe
Parameter 2: Art des Personalrechenregelansprungs	blank	Zeitartengenauer Aufruf der Personalrechenregel	
	GEN	Zeitartengenereller Aufruf der Personalrechenregel	
Parameter 3: Setzen der Mitarbeiterkreisgruppierung für die Personalrechenregel	blank	Aufruf mit Mitarbeiterkreisgruppierung für Personalrechenregeln *	
Personalrechenregel	ABRT	Aufruf mit der im Infotyp 0050 angegebenen Mitarbeiterkreisgruppierung für Personalrechenregeln	
PZL – Bearbeiten der Zeitlohnartentabelle ZL			
Parameter 1: Name der Personalrechenregel (nnnn)			
Personalrechenregel	xxxx	Angabe der Personalrechenregel	X
Parameter 2: Art des Personalrechenregelansprungs	blank	Lohnartengenauer Aufruf der Personalrechenregel	
	GEN	Lohnartengenereller Aufruf der Personalrechenregel	
	Pxx	Lohnartengenereller Aufruf der Personalrechenregel mit der Ausprägung der Lohnart der in xx angegebenen Verarbeitungsklasse im variablen Argument	
	Exx	Die Personalrechenregel wird lohnartengenerell und mit der Auswertungsklasse xx der Lohnart im variablen Argument angesprungen.	
Parameter 3: IF-Typen der zu verarbeitenden Lohnarten	IFTP1	Angabe der IF-Typen der zu selektierenden Lohnarten.	X
RTIP – Lesen der Paartabelle TIP			
Parameter 1: Name der Personalrechenregel (nnnn)			
Personalrechenregel	xxxx	Angabe der Personalrechenregel	X
Parameter 2: Art des Personalrechenregelansprungs	blank	Zeitartengenauer Aufruf der Personalrechenregel	

Funktion	Wert	Bezeichnung	Pflichtangabe
	GEN	Zeitartengenereller Aufruf der Personalrechenregel	
Parameter 3: Setzen der Mitarbeiterkreisgruppierung für die Personalrechenregel	blank	Aufruf mit Mitarbeiterkreisgruppierung für Personalrechenregeln *	
Personalrechenregel	ABRT	Aufruf mit der im Infotyp 0050 angegebenen Mitarbeiterkreisgruppierung für Personalrechenregeln	
RTIPA – Lese Paartabelle bei Vorliegen einer Abwesenheit			
Parameter 1: Name der Personalrechenregel (nnnn)			
Personalrechenregel	xxxx	Angabe der Personalrechenregel	
Parameter 2: Art des Personalrechenregelansprungs	blank	Zeitartengenauer Aufruf der Personalrechenregel	X
	GEN	Zeitartengenereller Aufruf der Personalrechenregel	
Parameter 3: Setzen der Mitarbeiterkreisgruppierung für die Personalrechenregel	blank	Aufruf mit Mitarbeiterkreisgruppierung für Personalrechenregeln *	
Wert	ABRT	Aufruf mit der im Infotyp 0050 angegebenen Mitarbeiterkreisgruppierung für Personalrechenregeln	
SORT – Sortieren interner Tabellen			
Parameter 1: Name der Tabelle, die sortiert wird	TIP	Zeitpaare in der Tabelle TIP sortieren	X
	DBT	Tagessalden in der Tabelle TES sortieren	X
	MBT	Periodensalden in der Tabelle SALDO sortieren	X
	ZL	Lohnarten der Periode in der Tabelle ZL sortieren	X
	DZL	Lohnarten des Tages in der Tabelle DZL sortieren	X

Funktion	Wert	Bezeichnung	Pflichtangabe
	OWT	Mehrarbeitslohnarten des Tages in der Tabelle ZML sortieren	X
Parameter 2: Sortiermodus	DES	Absteigende Sortierung der Tabelle	
	TIM	Sortierung der Tabelle nach Dauer (nur für Parameter 1 = TIP verwendbar)	
	NUM	Sortierung der Tabelle nach Beginn- und Ende-Ehrzeit (nur für den Parameter 1 = TIP verwendbar)	
Parameter 3: Sortierung für uhrzeitlose TIP-Einträge	AFT	Sortierung der Tabelle nach Parameter 2 und 4; uhrzeitlose Einträge werden nach den Uhrzeiteinträgen einsortiert.	
	BEF	Sortierung der Tabelle nach Parameter 2 und 4; uhrzeitlose Einträge werden vor den Uhrzeiteinträgen einsortiert.	
	SPACE	Sortierung der Tabelle nach Parameter 2 und 4; uhrzeitlose Einträge werden einsortiert (nur für Parameter 1 = TIP verwendbar).	
Parameter 4: Sortierkriterium	C	Uhrzeitlose Einträge werden nach Klasse Verarbeitungstyp/Zeitart sortiert (nur für Parameter 1 = TIP verwendbar).	
	Pxyz	Uhrzeitlose Einträge werden nach ihren Paartypen in der Reihenfolge xyz sortiert.	
	Vxyz	Uhrzeitlose Einträge werden nach ihren Verarbeitungstypen in der Reihenfolge xyz sortiert.	
TIMTP – Zuordnung von Zeitarten zu den Zeitpaaren			
Parameter 4: Verarbeitungsweise	blank	Alle TIP-Einträge müssen Uhrzeiten tragen (Abbruch der Zeitauswertung).	
	TIME	TIP-Einträge ohne Uhrzeiten werden nicht verarbeitet (kein Abbruch).	
TYPES – Zuordnung von Verarbeitungstyp und Zeitart			
Parameter 2: Klasse VerarbTyp/Zeitart, falls initial	blank	Lesen der Tabelle T555Y (Verarbeitungstyp und Zeitart Abh. von Ab-/Anwesenheitsklasse) mit der Klasse 00	

Funktion	Wert	Bezeichnung	Pflichtangabe
Wert	xx	Lesen der Tabelle T555Y (Verarbeitungstyp und Zeitart Abh. von Ab-/Anwesenheitsklasse) mit der angegebenen Klasse xx	

Anhang F
Merkmale

Merkmal	Beschreibung
GRDWK	Merkmal für die Gruppierung der Reportingkontingente
GRDWT	Merkmal für die Gruppierung der Reportingzeitarten
HDATE	Festlegung der Datumsart zur Bestimmung des Eintrittsdatums
HRSIF	Uhrzeitlose Erfassung von An-/Abwesenheiten
LDAYW	Festlegung des letzten Tages einer Woche
LIMIE	Stundengrenzwerte für Tagessalden
LIMIS	Stundengrenzwerte für kumulierte Salden
LIMIT	Stundengrenzwerte für kumulierte Salden (RPTBAL00)
LIMIZ	Stundengrenzwerte für Zeitlohnarten
LLREP	Zeitwirtschaft Reportvarianten
P2001	Bildsteuerung für alle Zeitinfotypen
P2002	Bildsteuerung Infotyp 2002 (Anwesenheit)
P2011	Bildsteuerung Infotyp 2011 (Zeitereignisse)
QDATE	Set Date Type for Determining Entry Date
QUOMO	Festlegung der Kontingenttypauswahlregelgruppe
REPT1	Untermerkmal zu REPTA; Vorauswahl von Infotypen und Tabellen
REPT2	Untermerkmal zu REPTA; Vorauswahl von Infotypen und Tabellen
REPTA	Vorauswahl von Infotypen und Tabellen
RETRO	Abweichender Rückrechnungsanstoß
ROREX	Steuerung, welche Zuordnungsbegriffe zulässig sind
TIMMO	Bestimmung des Modifikators für die Tabelle T569R

Merkmal	Beschreibung
TIMTA	Bestimmung der täglichen Vorgabezeit
TIRIG	Gruppierung von Beschäftigungsverträgen
TIROG	Gruppierung von Beschäftigungsverträgen
TIRUG	Gruppierung von Beschäftigungsverträgen
VTART	VTART: Bestimmung der Vertretungsart
WEBMO	Festlegung der Regelgruppe für die Customizing-Tabelle
WWKMO	Festlegung der Mitarbeitergruppe für die Wochenumrechnung (USA)

Anhang G
Schemen

Schema	Text zum Schema
ARCO	Lohnartengenerierung INTERNATIONAL (RPCALCXO)
DOTC	Lohnartengenerierung INTERNATIONAL
OK01	Hauptschema Dienst- und Einsatzplanung Kliniken/Krankenhäuser
OK10	Hauptschema Dienst- und Einsatzplanung Kliniken/Krankenhäuser
OKA1	Unterschema OK01: Attribute/Schalter setzen
OKB1	Unterschema OK01: Bereitschaftsdienst
OKB3	Unterschema OK01: Bereitschaftsdienst
OKC1	Rufbereitschaften verarbeiten
OKC2	Rufbereitschaften verarbeiten
OKCS	Rufbereitschaften im Sollplan
OKD1	Unterschema OK01: Zeitdaten bereitstellen
OKD2	Unterschema OK01: Zeitdaten bereitstellen
OKE1	Unterschema OK01: Endeverarbeitung
OKF1	Feiertagskonto führen
OKK1	Unterschema OK01: Freizeitkontingente
OKR1	Unterschema OK01: Arbeitszeitregeln prüfen
OKS1	Unterschema OK01: Soll-Ist-Vergleich
OKSI	Unterschema OK01: Soll-Ist-Vergleich
OKSS	Unterschema OK01: Soll-Ist-Vergleich
OKSY	Unterschema OK01: Soll-Ist-Vergleich
OKSZ	Unterschema OK01: Soll-Ist-Vergleich

Schema	Text zum Schema
OKTO	Vorläufige Bildung der Salden für den Ausbildungszeitnachweis
OKT1	Bildung der Salden für den Ausbildungszeitnachweis
OKT2	Bildung der Abwesenheitssalden für den Ausbildungszeitnachweis
OKU1	Unterschema OK01: Überstunden
OKU2	Unterschema OK01: Überstunden
OKV1	AZV-TAG
OKY1	Unterschema OK01: Freizeitkontingente + Fortschreiben (Daten-Export Cluster B2)
OKZ1	Unterschema OK01: Wechselschichtzulagen
OKZ2	Unterschema OK01: Wechselschichtzulagen
OKZ3	Unterschema OK01: Wechselschichtzulagen
OKZU	Zusatzurlaub für Wechselschicht-, Schicht- und Nachtarbeit (§ 48 a)
PC00	Lohnartengenerierung INTERNATIONAL
RTC0	Wage Type Generation – Singapore
TB00	Kürzen von automatisch abgegrenzten Dienstgängen
TC00	Lohnartengenerierung INTERNATIONAL
TC04	Lohnartengenerierung INTERNATIONAL für Stundenerfassung
TC30	Verrechnung der Mehrarbeit durch einen Kompensationstag
TCDB	Lohnartengenerierung Deutschland Bauwirtschaft
TDR1	Include des Schemas TDRT
TDRT	Musterschema RPTIME00 (Drucktarif)
TDT0	Bereitstellen von Sollvorgaben und An-/Abwesenheiten
TF00	Uhrzeiten für uhrzeitlose Einträge der Tabelle TIP generieren
TF20	Pausenabzug aufgrund gearbeiteter Stunden
TG00	Schema für Garantiestunden und isolierte Mehrarbeit
TM00	Zeitauswertung mit Personalzeitereignissen
TM01	Zeitauswertung für Abweichungen von Arbeitszeitplan

Schema	Text zum Schema
TM02	Zeitauswertung für Fremddienstleistungsabwicklung
TM04	Zeitauswertung für Stundenerfassung
TMOC	Zeitauswertungsschema für RPTIME01
TMA4	Schema TMA4
TMQC	Schema TMQC
TN20	Wöchentliche Mehrarbeitsbetrachtung
TNZ1	Schema TNZ1
TO00	Rundung von Mehrarbeitsstunden
TO03	Mehrarbeitsermittlung
TO10	Mehrarbeitsgenerierung ohne Kontingente
TOB0	Pausen bei Mehrarbeit am Feiertag
TOF0	Mehrarbeitsgenehmigung durch Umbuchungsvorgabe
TOH0	Mehrarbeit am Feiertag
TOP0	Mehrarbeitsbetrachtung für eine allgemeine Abrechnungsperiode
TOP1	Mehrarbeitsbetrachtung innerhalb einer Periode
TOW0	Wöchentliche Mehrarbeitsbetrachtung
TOW1	Wöchentliche Mehrarbeitsbetrachtung
TOW2	Wöchentliche Mehrarbeitsbetrachtung für Teilzeitmitarbeiter
TP00	Kostenverteilung mittels Anwesenheiten (Infotyp 2002)
TP01	An-/Abwesenheiten vom Sollpaar abziehen
TPOP	Mehrarbeitsbetrachtung für eine allgemeine Abrechnungsperiode
TPOW	Wöchentliche Mehrarbeitsbetrachtung
TQF1	Berechnung des Conge de Fractionnement
TQF2	Abstellen des Urlaubsanspruchs
TQPP	Berechnung Ist/Soll pro Abrechnungsperiode für Kont.Generierung
TQTA	Generierung von Abwesenheitskontingenten
TW00	Wöchentliche Mehrarbeitsbetrachtung

Schema	Text zum Schema
TW10	Mehrarbeit anhand aufeinanderfolgender Anwesenheitstage
TW15	Mehrarbeit nach x Stunden auf täglicher Basis
TW20	Wöchentliche Mehrarbeitsbetrachtung
TW30	Wöchentliche Mehrarbeitsbetrachtung mit Arbeitswoche
TW40	Wöchentliche Mehrarbeitsbetrachtung
TW41	Wöchentliche Mehrarbeitsbetrachtung
WFP1	Zeitauswertung für Abweichungen vom Arbeitszeitplan
WFP2	Zeitauswertung für Abweichungen vom Arbeitszeitplan
WFPZ	Zuordnungen verarbeiten

Anhang H
Transaktionen

Transaktion	Beschreibung
PT_ABS20_ATT	Ab-/Anwesenheitsdaten – Übersicht
PT_BAL00	Kumulierte Zeitauswertungsergebnisse
PT_BPC00	Generierung des persönlichen Kalenders
PT_BPC10	Aufbau Urlaubs- und Kontingentabtrag
PT_CLSTB1	Temp. Zeitausw.-ergebn. (Cluster B1)
PT_CLSTB2	Zeitauswertungsergebn. (Cluster B2)
PT_CLSTG1	Gruppenleistungslohn (Cluster G1)
PT_CLSTL1	Einzelleistungslohn (Cluster L1)
PT_CLSTPC	Cluster PC: Persönlicher Kalender
PT_DOW00	Zeitkonten
PT_DSH20	Tagesarbeitszeitplan
PT_EDT_TEDT	Zeitnachweis
PT_EDT_TELU	Zeitsaldenübersicht
PT_ERL00	Zeitauswertungsmeldungen – Analyse
PT_LEA40_ABS	Graphische An-/Abwesenheitsübersicht
PT_LEA40_ATT	Graphische An-/Abwesenheitsübersicht
PT_LEACONV	Übernahme des Resturlaubs vom Infotyp
PT_QABS	Abwesenheiten – Liste
PT_QATT	Anwesenheiten – Liste
PT_QREM	Entgeltbelege
PT_QTA00	Generierung Abwesenheitskontingente

Transaktion	Beschreibung
PT_QTAL	Personalzeiten
PT_REOPC	Reorg. Pers. Kalender (Cluster PC)
PT_SHF00	Generieren von Arbeitszeitplänen
PT_UPD00	Neubew. von Ab-/Anwesenheitssätzen
PT_UTPR00	Neubewerten Tagesarbeitszeitpläne
PT_UWSH00	Neubewertung des Infotyps Sollarbeit
PT00_M99_HRF	Zeitnachweis
PT01	Arbeitszeitplan hinzufügen
PT02	Arbeitszeitplan ändern
PT03	Arbeitszeitplan anzeigen
PT10	Nummernkreispflege: PTM_DOCNR
PT11	Nummernkreispflege: PTM_QUONR
PT12	Nummernkreispflege: HRAA_PDOC
PT40	BDE – Fehlertransaktion
PT41	Customizing Kommunikationsparam. KK1
PT42	Versorgung Personaldaten
PT43	Versorgung Stammtabellen
PT44	Uploadanforderung
PT45	Verbuchung Personenzeitereignisse
PT46	Verbuchung Arbeitszeitereignisse
PT50	Kontingentübersicht
PT60	Zeitauswertung
PT61	Zeitnachweis
PT62	Anwesenheitsliste
PT63	Persönlicher Arbeitszeitplan
PT64	Absence List
PT65	Graphische An-/Abwesenheitsübersicht

Transaktion	Beschreibung
PT66	Anzeige Cluster B2
PT67	Fremde Lohn- und Gehaltsabrechnung
PT68	Leistungsverrechnung
PT70	Infosystem Zeitwirtschaft
PT71	Werkzeugauswahl Zeitwirtschaft
PT80	KK1-Manager
PT90	Absences: Calendar View
PT90_ATT	Anwesenheiten – Kalendersicht
PT91	Absences: For Multiple Employees
PT91_ATT	Anwesenh. – mitarbeiterübergreifend
PTARQ	Testumgebung Abwesenheitsmitteilung
PTCCX	Testumgebung
PTCOR	Testumgebung Zeitbuchungskorrektur

Die Autoren

Andreas Niebling ist seit mehr als 20 Jahren Geschäftsführer der EPI-USE GmbH (früher i/Con GmbH) mit Sitz in Hanau. In mehr als 100 Projekten hat er Erfahrungen innahezu allen Komponenten der SAP-Personalwirtschaft gesammelt. Sein Schwerpunkt liegt auf den Kernkomponenten von HCM, insbesondere auf der Personalzeitwirtschaft. Andreas Niebling betreut deutsche und internationale Kunden aller Größenordnungen als Projektleiter sowie in der strategischen Managementberatung.

Ulrich Bertel war Senior-Consultant für SAP ERP HCM. Nach seinem Studium der Mathematik war er in verschiedenen Unternehmen in der Projektentwicklung und Programmierung beschäftigt. Seit 1993 bis 2019 war er in der HCM-Beratung tätig. Ulrich Bertel war von 2004 bis 2019 Gesellschafter der iCon_Berlin GmbH mit Sitz in Berlin. In mehr als 50 HCM-Projekten in Deutschland, Österreich und der Schweiz hatte er Erfahrungen in nahezu allen Komponenten von SAP ERP HCM gesammelt. Seine Schwerpunkte waren die Personalzeitwirtschaft und die Personalabrechnung.

Jérôme Unger betreut seit mehr als sieben Jahren Kunden im Bereich SAP ERP HCM. Sein Schwerpunkt liegt in Projekten rund um die Personalzeitwirtschaft sowie in der Konzeption von Schnittstellen und User Interfaces. Seit 2021 ist er Leiter eines Teams aus Beratern der verschiedenen SAP-HCM-Core-Module bei der EPI-USE GmbH mit Sitz in Hanau. Seine Erfahrung hat er in Projekten mit nationalen und internationalen Kunden gesammelt.

Mitwirkende

David Krenzer ist seit mehr als 15 Jahren als Entwickler im SAP-ERP-Umfeld tätig. Als Mitarbeiter der EPI-USE GmbH unterstützt er seit 2013 seine Kollegen im SAP-ERP-HCM-Umfeld als Entwickler und Berater in der Konzeption und Umsetzung kundenindividueller Anforderungen sowie bei Anpassungen und Erweiterungen des SAP-Standards.

Andreas Westphal ist seit 2006 als Entwickler und Berater im SAP-ERP-HCM-Umfeld tätig. Er ist Mitarbeiter der EPI-USE GmbH und kann Erfahrungen aus der Mitwirkung in zahlreichen Projekten in beinahe allen Komponenten von SAP ERP HCM vorweisen. Seine Schwerpunkte liegen aktuell auf der Implementierung von Self-Services mit SAP Fiori sowie auf der Integration zwischen SAP ERP HCM und SAP SuccessFactors.

Dirk Witkowski ist seit 2013 als Berater und Dozent im Bereich SAP ERP HCM tätig. Seit 2017 hat er sich auf SAP SuccessFactors spezialisiert und ist als Senior Consultant für die EPI-USE GmbH tätig. Sein Schwerpunkt liegt auf den Modulen SAP SuccessFactors Employee Central, Performance & Goals, Succession, Development und Learning Management. Neben der Durchführung von Projekten hält er regelmäßig interne Weiterbildungen und externe Schulungen.

Patrick Wolter ist seit 2010 als Berater im Bereich SAP ERP HCM tätig. Seit mehr als vier Jahren hat er sich auf SAP SuccessFactors spezialisiert und ist als Solution Architect bei der EPI-USE GmbH tätig. Durch eine Vielzahl an nationalen und internationalen Projekten hat er Kenntnisse in fast allen Modulen gesammelt. Sein Schwerpunkt liegt hierbei auf der technischen Leitung von SAP-SuccessFactors-Projekten sowie auf der Analyse und Optimierung von Systemlandschaften.

Index

B

C

D

E

F

G

H

I

N

O

P

Q

R

S

T

W

Z